国家科学技术学术著作出版基金资助出版

植物与生物相互作用研究丛书

丛书主编 方荣祥

植物与生物相互作用总论

主编 方荣祥

科学出版社

北京

内 容 简 介

　　自然生态系统中广泛存在着生物之间的相互作用，植物作为基础营养级与很多生物相互作用。在农业生态系统中，有害生物与植物的互作滋生出病虫草害，而有益生物与植物的互作则滋养着植物健康生长。本书共11章，总结了植物与真菌、卵菌、细菌、病毒、线虫、昆虫、寄生植物之间相互作用的研究成果，介绍了植物与根系微生物群落的共生关系，梳理了国内外在植物抗病虫分子育种应用、植物生物农药、抗病虫与高产协调的分子育种等方面的研究进展与发展趋势。全书由78位一线专家编撰，既有互作机制的系统阐述，又有实际应用的全面总结，系统展示了植物与生物相互作用研究领域的最新进展和发展前景。

　　本书内容丰富、表达简练、图文并茂，可供科研院所植物保护学、植物学、微生物学、昆虫学、遗传学、生物化学与分子生物学、基因组学等相关研究领域的科研人员、研究生阅读，也可供高校植物保护学、生物学、农学等相关专业的师生参考。

图书在版编目（CIP）数据

植物与生物相互作用总论/方荣祥主编. —北京：科学出版社，2023.5
（植物与生物相互作用研究丛书/方荣祥主编）
ISBN 978-7-03-074010-6

Ⅰ.①植… Ⅱ.①方… Ⅲ.①植物–相互作用–生物–研究 Ⅳ.①Q94

中国版本图书馆 CIP 数据核字（2022）第 224458 号

责任编辑：陈　新　闫小敏/责任校对：严　娜
责任印制：吴兆东/封面设计：无极书装

科学出版社 出版
北京东黄城根北街 16 号
邮政编码：100717
http://www.sciencep.com

北京中科印刷有限公司 印刷
科学出版社发行　各地新华书店经销

*

2023 年 5 月第 一 版　开本：787×1092　1/16
2023 年 6 月第二次印刷　印张：33 1/4
字数：684 000

定价：388.00 元
（如有印装质量问题，我社负责调换）

"植物与生物相互作用研究丛书"编委会

《植物与生物相互作用总论》编委会

前　　言

所有植物都受到周围生物的影响，也影响着周围的生物，这被称为植物与其他生物的相互作用。这些相互作用既有有利于目标植物的，也有有害于目标植物的。类似的相互作用还发生在植物与非生物或环境因素（如光、热、水）之间。趋利避害，不仅对植物本身有着重要意义，而且对人类的生活、生存（如农作物的产量、品质，地球的生态环境等）产生重要影响。这些就是我们研究植物与生物相互作用的目的所在。

从基因或分子层面阐明植物与生物的相互作用可以更清楚地知道发生相互作用的双方或多方参与者及其作用方式或原理，以及产生的后果及其原因。还可以通过加强或减弱一些作用因子人为地调控这些相互作用，使之向符合我们意愿的方向倾斜。这些就是我们研究植物与生物相互作用的科学手段。

本书由国内植物与生物互作研究领域一线专家撰写，汇集了一批植物与有害生物，包括真菌、卵菌、细菌、病毒、线虫、昆虫、寄生植物等病原体相互作用的研究成果，阐述了这些病原体使植物发生病虫害的机理以及植物是如何应对这些病原体的（称为防卫反应或免疫反应）。另外，植物与有益微生物和植物体内寄生或共生微生物的互作也是重要的一方面，会是今后植物与生物互作的研究重点之一。

本书撰稿和审稿分工如下。

第一章　撰稿：方荣祥，邓一文，吕东平，赵建华，叶健，何祖华，周俭民，郭惠珊；审稿：姜道宏，叶健。

第二章　撰稿：刘慧泉，孙广宇，成玉林，汤春蕾，江聪，郭军，赵杰，王晓杰，冯浩，曾庆东，康振生；审稿：彭友良，康振生。

第三章　撰稿：王源超，叶文武，詹家绥，仇敏，董莎萌，单卫星，王燕，窦道龙；审稿：国立耘，周俭民。

第四章　撰稿：何晨阳，姜伯乐，许景升，赵廷昌，李红玉，李欣，钱韦，何亚文，杨凤环，余超，贾燕涛，魏海雷，刘俊，田芳，蔡新忠，邱德文；审稿：何晨阳，钱韦，何亚文。

第五章　撰稿：李毅，周涛，范在丰，李方方，刘玉乐，魏太云，周雪平，王晓伟，李世访，张志想，李广垚，赵坤；审稿：李大伟，于嘉林。

第六章　撰稿：彭德良，彭焕，赵建龙，张鑫，卓侃，刘敬，龙海波，刘世名，韩少杰；审稿：彭德良，张克勤。

第七章　撰稿：王琛柱，李传友；审稿：刘同先，吴建强。

第八章　撰稿：吴建强，齐金峰，王蕾，申国境；审稿：娄永根，曾任森。

第九章　撰稿：王晓伟，万方浩，窦道龙，冯玉龙，蒋明星，卢新民，赵莉蔺；审稿：陈茂华。

第十章　撰稿：王二涛，白洋；审稿：田长富，张忠明。

第十一章　撰稿：何祖华，何光存，邱德文，邓一文；审稿：张正光，陈学伟。

中国科学院微生物研究所王忠勤等参与了书稿整理工作。在此，向所有参与撰稿、整理的老师致以衷心的感谢。感谢国家科学技术学术著作出版基金对本书出版的资助。

相关前沿学科如基因组学和微生物组学的发展，以及新技术如基因编辑和合成生物学的应用，推动了植物与生物相互作用研究向广度和深度发展。近十年来，我国学者在这方面的研究取得了突出成绩，其成果之多、进展之快，不少方面超出了编著本书的节奏，书中涵盖面不全或未更新之处恐难避免，请广大读者批评指正。

中国科学院院士　方荣祥

2022 年 4 月

目　　录

第一章
我国的植物与生物相互作用研究

方荣祥[1]，邓一文[2]，吕东平[3]，赵建华[1]，

叶 健[1]，何祖华[2]，周俭民[3]，郭惠珊[1]

[1] 中国科学院微生物研究所；[2] 中国科学院分子植物科学卓越创新中心；
[3] 中国科学院遗传与发育生物学研究所

第一节 我国植物与生物相互作用研究概况

一、发展简史

植物病害在我国古代就有记载，早在 380 多年前明代宋应星所著《天工开物》中第一篇《乃粒·稻灾》就有关于稻瘟病的描述，阐述了病害发生与气候和栽培技术的关系，并提出了一些防治措施。近代我国对植物病害的研究始于 1913 年中央农业试验场成立植物病虫害科，开始植物病害调查和病原真菌分布研究。1916 年章祖纯发表了《北京附近发生最盛之植物病害调查表》，这是我国关于作物病害的第一篇完整的调查报告。

植物病理学学科中发展最早的是真菌学，真菌病害的种类多、危害性大，如小麦和玉米的锈病、黑粉病、白粉病，水稻的稻瘟病、纹枯病，棉花的枯萎病、黄萎病等，是早期植物病理学家的主要研究对象。1939 年中央研究院动植物研究所出版了邓叔群撰写的《中国高等真菌志》，该志书记载真菌 1391 种，其中有 3 个新属、116 个新变种。1932～1939 年戴芳澜先生发表了 9 篇《中国真菌杂录》。我国的细菌病害和病毒病害研究起步较晚。俞大绂教授于 1936 年首次报道细菌病害蚕豆茎腐病，拉开了我国植物细菌病害研究的序幕。在我国研究最多的细菌病害是水稻白叶枯病和条斑病，以及各种植物的青枯病和冠瘿病、柑橘溃疡病、大白菜软腐病、马铃薯软腐病等。我国植物病毒病害最早的报道是俞大绂教授于 1939 年发表的《蚕豆温性花叶病》，之后全国各地展开了对大豆、蚕豆等豆科植物，水稻、小麦、大麦、马铃薯及各种蔬菜、果树等病毒病害的研究。

1950 年以后，随着农业生产的恢复和发展，我国植物病理学家在主要农作物病害防治方面做出了重要贡献，如小麦条锈病菌抗性和生理小种的检测、水稻抗白叶枯病和稻瘟病品种的育成和推广。20 世纪 80 年代成立的全国稻瘟病联合攻关协作组，建立了适合我国稻区的稻瘟病菌生理小种鉴别体系，系统鉴定了我国的主要稻瘟病抗源，为抗病育种和稻瘟病防控奠定了坚实的基础。

我国早期的植物病理学研究主要集中在病原菌分类、病害鉴定、病害生理学、病害流行学及病害防治等方面。国际上，从 1946 年 Harold H. Flor 建立"基因对基因"假说（gene-for-gene hypothesis）之后，科学家开始病原菌与寄主间的互作研究（Flor，1971）。自 20 世纪 80 年代以来，植物分子生物学迅速发展，植物与生物互作研究进入了分子时代，欧美科学家鉴定分离了一些病原菌的无毒基因和激发子等，建立了植物抗病基因克隆系统，1992 年从玉米中克隆到第一个植物抗病基因 *Hm1*（Johal and Briggs，1992）。随后，国际上开始利用模式植物拟南芥的病害体系作为主要研究对象，在寄主与病原菌的互作研究、质膜模式识别受体（pattern recognition receptor，PRR）和病原菌效应子鉴定、病原菌识别机制解析、胞内抗病免疫受体克隆及抗病免疫激发和信号转导通路揭示等方面取得一系列重要进展，由此建立了植物先天免疫的双层次理论框架，提出"之"字形（zigzag）模型（Jones and Dangl，2006）。我国科学家在植物先天免疫及信号通路的解析方面起步晚，在 2000 年前后的 10 多年间，只有少数科学家以拟南芥为病害研究体系开展研究，多数科学家主要以农作物病害为研究对象，在农作物抗病基因克隆、抗性信号通路解析、作物与病原微生物互作、病原微生物成灾机制、作物抗病育种理论等方向进行布局并展开了系统性研究（Zhang et al.，2019a）。

在 2010～2019 年这 10 年间，我国植物免疫领域的科研力量大大增强。我国科研人员的研究方向更加多样化，在病原菌基因组学、病原菌效应子致病机理、免疫与生长平衡、抗虫基因鉴定，以及利用新型生物技术控制农作物病虫害等方面取得了一系列重要进展，我国植物免疫领域的科研工作开始向阐明植物与生物互作分子机制的基础研究方向转变（图 1-1A）。与美国学者以拟南芥为模式植物研究相比，我国学者在面向农业领域的重要农作物病害研究方面投入力量较大，以主要农作物病害，如水稻的稻瘟病、白叶枯病及小麦的锈病、白粉病、赤霉病等为研究对象，鉴定克隆农作物广谱抗病基因，解析抗病信号通路，阐明抗病分子机理，建立抗病育种分子技术体系，以解决我国农业生产面临的病虫害泛滥重大问题（图 1-1B）。

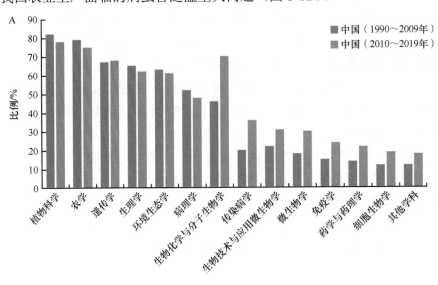

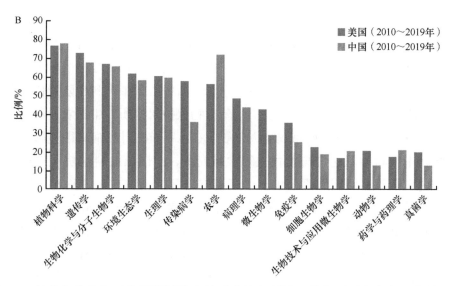

图 1-1　植物与生物相互作用领域发表的研究论文所涉及的主要研究方向及学科分布

A. 两个时间节点中国学者在各学科（横坐标）发表植物与生物相互作用领域论文数量的比例（纵坐标）；
B. 2010～2019 年中国与美国学者在植物与生物相互作用领域研究方向与学科的比较分析

二、学术队伍

我国在"十一五"至"十三五"期间（2006～2020 年）加大了科研力量的投入，科技部设立了多个 973 项目和转基因重大专项，中国科学院前瞻性地部署了战略性先导科技专项，2016 年国家重点研发计划"七大农作物育种"专项"主要农作物抗病虫抗逆性状形成的分子基础"等项目启动，重点研究主要作物对重要病虫害和主要逆境因子的抗性基因、抗病虫抗逆性状形成的分子遗传机制及调控网络、重要抗性目标改良的分子遗传途径、我国主要农作物多抗育种的理论与技术体系。这些科研项目的投入培养和稳定了我国一大批植物与生物互作领域的研究队伍，取得了一系列重要的研究成果。我国学者已经成为国际上推动植物与生物互作研究领域发展的重要力量。

1）在植物-病原菌互作与抗病机制研究领域，解析了抗病小体的结构、免疫信号建立与激发的分子机制，提出了抗病受体与病原菌效应子的"诱饵"模型（Gao et al.，2008；Zhang and Zhou，2010；Zhang et al.，2010，2015；Feng et al.，2012；Feng and Zhou，2012；Liu et al.，2012a，2012b，2015a；Li et al.，2014a；Ma et al.，2017；Tang et al.，2017；Wang et al.，2017，2018a；Liang and Zhou，2018）。研究队伍主要来自中国科学院遗传与发育生物学研究所、中国科学院分子植物科学卓越创新中心、中国科学院微生物研究所、中国农业科学院作物科学研究所、中国农业科学院植物保护研究所、南京农业大学、华中农业大学、四川农业大学、西北农林科技大学、中国农业大学、山东农业大学、中山大学、福建农林大学、浙江大学、清华大学、北京大学和广西大学等，这些有国际竞争优势的研究团队培养出了很多国家杰出青年科学基金获得者。

2）在作物抗病基因克隆方面，我国在稻瘟病抗病基因的克隆及其功能研究上处于国际领先地位，克隆了 13 个抗瘟性基因，建立了抗病基因的初步调控网络，并成功应用于抗病分子育种（Qu et al.，2006；Zhou et al.，2006；Lin et al.，2007；Liu et al.，2007；Yuan et al.，2011；Zhai et al.，2011；Deng et al.，2017；Zhang et al.，2019b），主要研究单位有中国科学院分子植物科学卓越创新中心、中国科学院遗传与发育生物学研究所、四川农业大学、中国农业科学院植物保护研究所、中国农业科学院作物科学研究所、华南农业大学、南京农业大学等。在水稻抗白叶枯病基因克隆方面，华中农业大学、中国科学院遗传与发育生物学研究所、中国农业科学院作物科学研究所和上海交通大学等科研团队克隆了多个广谱抗病基因，包括 *Xa3/Xa26*、*Xa4*、*Xa23*、*xa13* 和 *xa5* 等，已广泛应用于水稻抗白叶枯病育种（Sun et al.，2004；Chu et al.，2006；Jiang et al.，2006；Wang et al.，2015a；Hu et al.，2017）。在小麦重要病害的抗病基因克隆方面，研究队伍主要包括西北农林科技大学、中国科学院遗传与发育生物学研究所、南京农业大学、山东农业大学和福建农林大学等，已经完成 10 个具有重要应用价值的抗病基因克隆工作，广泛开展了小麦抗病分子育种工作（Cao et al.，2011；He et al.，2018；Xing et al.，2018；Zou et al.，2018；Li et al.，2019；Wang et al.，2020）。

3）在激素调控植物免疫研究领域，尤其在水稻抗病分子网络及其与其他生理性状互作的激素调控网络和茉莉酸生物合成与信号传递调控机制方面，我国的研究处于国际领先地位，主要研究队伍包括清华大学、中国科学院分子植物科学卓越创新中心、中国科学院遗传与发育生物学研究所和华中农业大学等团队（Liu et al.，2010；Yang et al.，2012；Yan et al.，2013，2018；Zhai et al.，2013；Du et al.，2017；He et al.，2017；Hu et al.，2018）。

4）在植物-昆虫互作与抗虫机制研究领域，由中国科学院动物研究所团队领衔的蝗虫的生物学与群体信号感应研究一直处于国际领先地位。我国的水稻-稻飞虱互作与抗病基因克隆与育种应用研究也处于国际领先水平，武汉大学、中国农业科学院和南京农业大学等在水稻抗稻飞虱系列基因发掘上取得了重大突破。第一个抗褐飞虱基因 *Bph14* 被克隆后，从水稻中又相继成功克隆了多个抗褐飞虱基因，包括 *Bph15*、*Bph3*、*Bph29*、*Bph9* 及其等位基因（*Bph1*、*Bph2*、*Bph7*、*Bph10*、*Bph21*、*Bph26*）、*Bph32* 和 *Bph6*。这些抗稻飞虱基因在水稻生产中具有重要的应用价值（Du et al.，2009；Liu et al.，2015b；Zhao et al.，2016a；Guo et al.，2018a）。

5）在植物与病毒互作研究领域，RNA 沉默或 RNA 干扰（RNA interference，RNAi）机制是植物抵抗病毒入侵的主要途径，北京大学、中国科学院微生物研究所、中国农业科学院植物保护研究所、清华大学等在这方面取得了重要的研究进展（Du et al.，2011；Cao et al.，2014；Wu et al.，2015，2017a；Zhang et al.，2016a；Zheng et al.，2017）。南京农业大学团队发现了核苷酸结合位点-富亮氨酸重复结构域受体［nucleotide-binding site (NBS) and leucine-rich repeat (LRR) domain receptor，NLR］抗病毒的新机制（Zhu et al.，2017）。

6）病原致病基因组学及致病生物学方面的研究队伍庞大，其中真菌病原学方面的研究队伍主要来自中国农业大学、西北农林科技大学、南京农业大学、福建农林大学和中国农业科学院植物保护研究所等，卵菌生物学方面的研究队伍主要来自南京农业大学和西北农林科技大学等，细菌生物学方面的研究队伍主要来自南京农业大学、广西大学、华中农业大学和上海交通大学等，线虫病原学方面的研究队伍主要来自中国农业科学院植物保护研究所、云南大学和福建农林大学等，植物病毒生物学方面的研究队伍主要来自中国科学院微生物研究所、中国农业科学院植物保护研究所、浙江大学、华南农业大学、福建农林大学和北京大学等。

三、学术论文

系统梳理和统计分析 1990～2009 年国内外学者在植物免疫领域发表的论文，发现我国学者在这个领域与国际同行的研究差距较大：我国总共发表研究论文和综述文章 6441 篇，而美国科研人员发表的研究论文数量是我国的 3 倍多（图 1-2A）。美国学者在植物与生物互作领域的研究内容已经涉及多学科方向，包括植物学、微生物学、细胞及生物化学、免疫学、病理学及遗传学等。而我国学者主要集中在植物学、遗传学、农学及植物生理学等学科方向，侧重开展农作物抗性遗传及病虫害防治、病虫害生理学及环境生态对致病性影响等宏观方面的研究，在生物化学、分子生物学及细胞学、免疫学等学科方向上研究较少。2010～2019 年我国科学家在植物抗病虫基础理论研究及病虫害绿色防控生物技术等方面取得了长足进步（图 1-1A），在植物与生物互作研究领域发表的论文数量呈现爆发式增长，据统计达 19 200 多篇，一举超越美国，

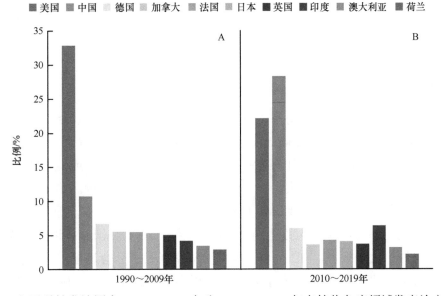

图 1-2　主要科技发达国家 1990～2009 年和 2010～2019 年在植物免疫领域发表论文情况
中国在 2010～2019 年发表的论文数量居世界首位，文献检索依据基本科学指标数据库（Essential Science Indicators，ESI）收录的所有数据库的研究论文和综述文章

占全球发表论文数量的 1/3（图 1-2B）。而且在此期间我国植物免疫领域的学者在国际三大顶尖期刊 *Cell*、*Nature* 和 *Science* 发表的论文达 12 篇（Deng et al.，2012，2017；Feng et al.，2012；Liu et al.，2012b；Sun et al.，2013；Jiang et al.，2017；Li et al.，2017；Ma et al.，2017；Wang et al.，2018b，2019a，2019b；Xiao et al.，2019），其中有 5 篇论文以农作物病害为研究对象，为农业病虫害的防控提供了可利用的抗病基因资源和理论与技术支持。据统计，截至 2020 年 10 月 22 日，我国科学家作为通信作者在植物与农业领域的三大期刊发表文章 14 篇（*Cell* 5 篇、*Nature* 5 篇、*Science* 4 篇），呈现出强劲势头。

在杂志期刊宣传方面，我国还没有像美国一样通过美国植物病理学会主办的国际化专业期刊 *Molecular Plant-Microbe Interactions*（*MPMI*）来专门发表植物与微生物互作研究领域的最新研究论文。但中国植物生理与植物分子生物学学会（Chinese Society for Plant Biology，CSPB）自主创办的植物科学领域国际化期刊 *Molecular Plant* 已经成为我国植物免疫领域科学家发表最新研究成果的重要学术刊物，到目前为止已经发表植物免疫领域研究论文 249 篇，其中 117 篇来自我国学者在植物免疫领域的研究成果，主要包括分子生化、分子遗传及细胞学研究方向。*Molecular Plant* 在 2020 年的 SCI 影响因子达到 12.08，2021 年跃升为 21.949，居植物科学研究类期刊全球第一，已经成为宣传我国植物免疫领域最新研究成果的重要窗口。2020 年 *Molecular Plant* 的姊妹刊 *Plant Communication* 创刊，还专门刊发了一期 *Plant-Pathogen Interaction* 专刊，介绍国内外植物与病原菌互作领域的研究进展。目前，我国植物免疫领域的研究队伍庞大，科研进展突飞猛进，相信高质量的研究论文和期刊将会继续推出，如最近由中国植物病理学会创办的英文期刊 *Phytopathology Research*、西北农林科技大学创办的英文期刊 *Stress Biology*，期待能成为我国植物与生物互作研究领域的高水平专业期刊。

四、学术活动

由我国学者作为主席成功举办了系列植物-生物互作国际会议（International Conference on Biotic Plant Interactions，ICBPI）。第一届会议于 2008 年在澳大利亚举行。第二届会议于 2011 年在我国云南昆明举行，来自 10 个国家或地区的 300 多位专家学者参加会议，会议设 3 个大会报告主题和 7 个专题报告主题。第三届、第四届会议分别于 2013 年、2015 年在我国陕西杨凌、江苏南京举行。第五届会议于 2017 年在我国福建厦门举行，参加人数达到 1300 人，来自 20 多个国家或地区的 35 位国际知名科学家做了大会报告，112 位科学家及青年学者做了分会场报告。受新冠疫情影响，2021 年由西北农林科技大学主办的第六届会议在线上举行，国内外 8 万余名研究者相聚云端，国内外 123 位专家分别在 6 个专题分会场做了报告。该会议已经成为国际植物-生物互作研究领域的品牌会议，该系列会议的举办有力推动了植物-生物互作领域国际科学家的相互交流，促进了我国青年科学家与国际顶尖科学家的合作，大大推动了我国植物病理学的发展，极大提升了我国科学家在国际植物免疫领域的影响力。

近年来，微信（WeChat）作为互联网自媒体的一个方便工具，在国内植物-生物互作研究者群体的学术交流中起着重要的作用：及时了解研究进展和发布论文，征询实验材料和技术需求，促进人员联系和交换，尤其在新冠疫情期间，常规的学术会议和实验室互访受到限制，代之以各种规模的网络视频会议和学术报告，起到了类似的甚至更为省时、经济的效果。目前有 3 个颇具规模的微信群："植物抗病-MPMI"群（451 位群友）、"细菌专家讨论"群（89 位群友）、"植物病毒学"群（436 位群友），合计 970 多人（次），这些微信群大部分参与者是年轻的植物-生物互作研究者，这种参与对他们尽早进入前沿的学术领域、积极与资深学者开展讨论大有裨益。微信公众号"BioArt Plants"、"iPlants"、"Mol. Plant-植物科学"和"植物科学最前沿"等受到植物科学研究者的广泛关注，提供了大量有价值的及时信息。

五、小结与展望

总体上，近十年我国在植物与生物互作领域的研究突飞猛进，特别是在作物抗病和抗虫的基因克隆、植物免疫受体的结构与作用机制、免疫信号的激发与转导、病原菌效应子的鉴定及致病机制、植物抗病毒和病毒致病的机制、植物抗病虫的生物技术开发与应用等方面取得重要研究进展，为国际植物免疫学学科的进步做出突出贡献。在本章中介绍了编者比较熟悉的几个例子，用于说明我国学者在植物与生物互作研究领域取得的成果（第二节——抗病小体，第三节——植物-病原菌跨界 RNA 沉默，第四节——抗病性与产量兼顾，第五节——自然环境下的三者互作）。因编者学识和文字篇幅的限制，未能更多地介绍植物与生物互作研究领域的其他成果，对此表示歉意。读者可以参阅相关学者撰写的其他章节或分册来了解更多的植物与生物互作研究背景和国内外进展。

我们也要看到繁荣现象背后的不足，我国研究论文虽然总体上数量最多，但高水平的研究论文还是偏少，代表研究领域原创性和引领性的研究论文较少，部分研究论文还存在一些低水平的重复研究现象；同时存在基础研究与应用脱节的现象，导致很多优秀的基础研究成果不能迅速推广应用到农业生产。在未来的植物与生物互作研究领域，不仅需要加强探索型原创性研究，还要使研究服务于我国农业可持续发展的战略需求。

国际同行在 2019 年 MPMI 国际大会上提出了植物-微生物互作研究领域以下 10 个重大科学问题（Zhang et al., 2019a）。

1）植物在与有益微生物互作的同时，如何限制病原微生物？

2）环境因素如何影响植物-微生物互作？

3）如何才能将植物免疫基础研究应用到农作物抗病虫害中？

4）微生物-微生物互作如何影响植物-微生物互作？

5）效应子触发的免疫（effector-triggered immunity，ETI）与病原体相关分子模式（pathogen-associated molecular pattern，PAMP）触发的免疫（PAMP-triggered immunity，PTI）是否有本质区别，抑或 ETI 是增强还是重建 PTI？

6）非寄主抗性的分子基础是什么？

7）NLR 蛋白如何诱导细胞死亡？

8）为什么有的病原微生物需要很多效应子，而有的却只需很少？

9）病原菌如何产生新的毒性功能？

10）植物-微生物二元互作研究得到的发现在生态系统中是否能被证实？

我国学者不仅要参与国际同行的重要科学问题研究，还需要结合我国当前农业生产面临的病虫害瓶颈问题，切实有效地开展以下几个方面的研究。

1）针对目前我国农业生产实际存在的新发生病虫害及老病新发病虫害，加强农作物的抗性机制、病原物的为害机制研究，提出有效的控制策略。

2）目前还有一些重要的病害像水稻稻曲病、纹枯病和柑橘黄龙病等还没有发现有效的抗源，一方面继续利用种质资源及近缘种挖掘鉴定抗源，另一方面加强新兴生物技术或者非寄主抗病机制研究以控制该类病害的发生与流行。

3）加强田间病原菌群体组学（field pathogenomics）研究，监测田间病原菌的变异，分析田间病原菌致病性的变异规律，加强毒性小种测报，为抗病基因的布局和有效利用提供坚实的理论基础。

4）以农作物病害为研究对象，加强研究聚合高抗的 NLR 基因和广谱抗性的 PRR 基因，实现广谱持久的抗病效果。

5）加强环境因子如光照、温度和湿度等影响农作物抗病性与病原菌致病性的分子机制研究，为病虫害的防控提供理论与技术支撑。

6）鉴定重要病原菌的相关分子模式和效应子（致病因子），挖掘农作物类似 XA21 的重要模式识别受体（PRR），为农作物病害防控提供新的广谱持久抗病基因。

7）鉴定病原菌效应子靶向的重要植物感病基因，通过基因编辑手段进一步改良提高农作物的基础抗性。

8）布局植物叶际、根际微生物菌群（microbiota）与免疫调控研究，植物-共生菌互作的信号识别与营养交换研究，有益微生物与病原菌互作研究等，为生态防控植物病虫害提供基础理论。

9）加强我国植物与生物互作研究领域上游与下游团队的紧密合作，加强植物免疫基础研究队伍与作物育种队伍的紧密结合，力争在植物免疫基础理论与作物抗性设计改良方面产生新的重大突破，更好地服务于我国农作物抗病虫绿色防控这一重大战略需求。

第二节　抗病小体

一、抗病小体的概念

　　要说明白抗病小体是什么，首先得介绍植物的免疫系统。在 21 世纪初，人们建立起对植物免疫系统的认识。与动物的免疫系统不同，植物不具备获得性免疫系统，但存在着与动物类似的先天免疫系统，以确保在病原菌侵染时能及时启动防卫反应。从概念上，植物先天免疫系统可分成两个层次，即 PAMP 触发的免疫（PTI）和效应子触发的免疫（ETI）（Jones and Dangl，2006），形成"Z"字形（zigzag）模型。有两个层次的先天免疫系统，就有两类免疫受体。对于 PTI，受体为位于植物细胞表面的模式识别受体（PRR），能够识别来自入侵微生物的保守的病原体/微生物相关分子模式（pathogen/microbe-associated molecular pattern，PAMP/MAMP），或者植物自身的损伤相关分子模式（damage-associated molecular pattern，DAMP）。PRR 包括类受体激酶（receptor-like kinase，RLK）和类受体蛋白（receptor-like protein，RLP）两类，二者均为单次跨膜的质膜蛋白。对于 ETI，植物中存在能够识别病原菌效应子的胞内免疫受体 NLR 蛋白。NLR 蛋白通常由一个 N 端结构域、一个保守的核苷酸结合位点（nucleotide-binding site，NBS）和一个 C 端富亮氨酸重复（leucine-rich repeat，LRR）结构域共三部分构成。NLR 蛋白能够直接或间接地识别病原菌的效应子，从而激发比 PTI 反应更为强烈的先天免疫 ETI 反应。抗病小体（resistosome）是指能激活 ETI 的胞内免疫受体，它是以拟南芥的一种 NLR 蛋白 ZAR1（HOPZ-ACTIVATED RESISTANCE 1）为核心，与其他两个亚基 RKS1（RESISTANCE RELATED KINASE 1）和 PBL2^{UMP} 一起组成的蛋白复合体（Wang et al.，2019a）。ZAR1 通过其 LRR 结构域与 RKS1（传递免疫信号的胞质类受体激酶 RLCK 的一个成员）结合，先形成 ZAR1-RKS1 复合体；当 AvrAC（黄单胞菌的一个效应子）进入植物细胞后对 PBL2（PBS1-like protein 2）进行 UMP 化修饰变成 PBL2^{UMP}，后者被招募到 ZAR1-RKS1 复合体中形成 ZAR1-RKS1-PBL2^{UMP} 三元胞内免疫受体复合体。抗病小体通常以上述蛋白复合体的五聚体形成"风火轮"结构（图 1-3）。

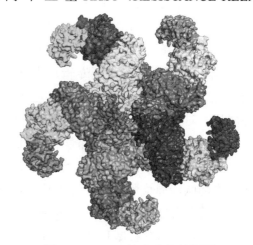

图 1-3　ZAR1 抗病小体俯视图

ZAR1、RKS1、PBL2^{UMP} 三个蛋白（由内向外分别用不同颜色显示）组成一个单体，5 个单体通过 ZAR1 蛋白分子间互作形成寡聚体；ZAR1 位于抗病小体"风火轮"中央（五角星形状），RKS1 和 PBL2^{UMP} 则位于"风火轮"叶片。图片来源于蛋白质结构数据库 PDB（ID：6J5T）

二、抗病小体的工作机理

植物 NLR 作为抗病蛋白被发现至今已有 25 年的历史，但它们的工作原理一直是一个未解之谜。究其原因，是由于 NLR 蛋白的构成复杂、构象多变且分子量相对较大，因而极大地限制了 NLR 结构的解析。

2019 年，周俭民团队与清华大学的柴继杰团队和王宏伟团队合作，成功组装了静息状态的 ZAR1-RKS1、中间状态的 ZAR1-RKS1-PBL2^{UMP}，以及激活状态的 ZAR1-RKS1-PBL2^{UMP} 三个复合体，首次解析了植物全序列抗病蛋白的结构。冷冻电镜结构解析结果显示，在静息状态时，ZAR1 与 RKS1 直接互作并以一个异源二聚体形式存在。ADP 结合到 ZAR1 的 NBS 结构域和翼状螺旋（winged-helix）结构域，抑制了 ZAR1 发生多聚化。然而，当 PBL2 被效应子 AvrAC 修饰以后，PBL2^{UMP} 与 RKS1 的结合引起了 RKS1 的构象变化，导致 RKS1 与结合到 ZAR1 上的 ADP 发生碰撞，从而促进了 ZAR1 上的 ADP 被 ATP 替换。ZAR1-RKS1-PBL2^{UMP} 复合体构象的剧烈变化使该复合体形成了一个含 3 个亚基共 15 个蛋白的环状五聚体蛋白机器，即抗病小体。非常有意思的是，抗病小体中所有 ZAR1 的 N 端 α 螺旋向上升起，在抗病小体中央形成一个漏斗状的结构，该结构可作为一个离子通道参与改变胞内离子的平衡或影响细胞质膜的完整性，导致 ETI 相关的细胞死亡，从而激发植物的免疫反应（Wang et al.，2019a，2019b）。

三、抗病小体的科学价值

植物抗病小体的发现及其作用机制的阐释是近年来植物免疫研究领域的重大进展，推动了植物 NLR 蛋白抗病机制的深入研究，对今后设计有效的新型抗病蛋白具有指导意义。张杰等 15 位植物抗病研究专家在《中国科学：生命科学》的《新中国成立 70 周年生命科学研究进展专辑》中撰文指出"该研究成果是国际植物免疫研究领域 25 年来重要的里程碑式进展，也是我国科学家在植物免疫研究领域取得的重大突破性成果。对未来高效和合理利用植物 NLR 蛋白，进而改良植物抗病性具有重要指导意义"（张杰等，2019）。陈学伟等在 *Science in China Series C: Life Sciences* 的 *Research Highlight* 中指出对 NLR 蛋白进行纯化和结晶以解析其结构是一个很大的挑战，柴继杰团队、周俭民团队、王宏伟团队在 *Science* 发表的两篇论文报道了解决这一重大难题的令人鼓舞的进展（Wang et al.，2019c）。

国际植物抗病研究权威科学家 Jeffery Dangl 和 Jonathan Jones 在 *Science* 刊登植物抗病小体成果的同期发表了专文评述，指出"首个抗病小体的发现为植物如何控制细胞死亡和免疫提供了线索"、"澄清了对 NLR 蛋白功能的诸多猜测"和"这些重要发现大大加深了我们对植物先天免疫机制的认识"（Dangl and Jones，2019）。《植物学报》发表了国际著名植物抗病专家加拿大不列颠哥伦比亚大学教授 Xin Li（李昕）等题为

"开启防御之门：植物抗病小体"的专文评述，认为该项成果"完成了植物 NLR 蛋白复合体的组装、结构和功能分析，揭示了 NLR 作用的关键分子机制，是植物免疫研究的里程碑事件"（夏石头和李昕，2019）。英国皇家学会会士 Sophien Kamoun 等三位国际同行在 *Nature Plant* 撰写评论文章高度评价了这一研究成果："创建了一个全新的概念框架，增进了我们对植物 NLR 激活的结构生物学和生物化学基础的认识"，并认为"来自植物、动物、真菌的 NLR 具有惊人的相似性，反映它们在进化上具有共同的起源，而不是以前认为的先独立进化后趋同"（Adachi et al.，2019）。*Cell Host & Microbe* 刊发了综述，评价抗病小体的发现"使我们对植物 NLR 如何发挥作用的认识有了量子式的跨越"（Burdett et al.，2019）。

四、抗病小体的研究成果

周俭民团队在植物与病原微生物相互作用的研究领域砥砺耕耘 25 年，近 10 年来在植物免疫领域成果累累，抗病小体是其系列积累的重要突破和自然延伸。下面列举与抗病小体相关的研究论文以显示抗病小体成果的发展轨迹，读者可参阅相关文献以详细了解周俭民团队及其合作者对植物免疫发展的贡献。

1. 细胞表面受体的结构

2013 年，周俭民团队和清华大学的柴继杰团队合作，解析了 FLS2-flg22-BAK1 复合体的晶体结构。这是第一个被解析的植物 LRR 类模式识别受体复合体，文章发表在 *Science* 上（Sun et al.，2013）。

2. 受体激酶与配体的结构

柴继杰团队和周俭民团队合作，完成了拟南芥几丁质受体激酶 CERK1 与配体复合体的结构解析，发现 CERK1 通过胞外 LysM 结构域的二聚化来感应长链几丁质多糖，文章发表在 *Science* 上（Liu et al.，2012b）。

3. 免疫信号的传递

BIK1 是 RLCK Ⅶ-8 中的一个成员，是多个 PRR 复合体的直接底物和免疫受体下游的枢纽蛋白。周俭民团队解析了 BIK1 参与天然免疫信号转导的机理，文章发表在 *Cell Host & Microbe* 上（Zhang et al.，2010；Li et al.，2014a）。

4. 免疫信号的调控

周俭民团队发现，E3 泛素连接酶 PUB25 和 PUB26 通过对 BIK1 蛋白进行泛素化修饰，导致其通过 26S 蛋白酶体途径被降解，从而负调控植物天然免疫反应，文章发表在 *eLife*（Liang et al.，2016）和 *Molecular Cell* 上（Wang et al.，2018a）。

5. 效应子抑制寄主免疫

AvrAC 是一个广泛存在于 Xcc 菌株中的效应子。周俭民研究组发现，AvrAC 是一个尿苷单磷酸转移酶，特异性修饰 BIK1 激活环中保守的丝氨酸和苏氨酸（Ser251 和 Thr252），使得它们被 UMP 占据，而导致 BIK1 无法被 PRR 激活。该项研究提供了一个病原细菌利用一种具有独特生化活性的效应子来精准攻击植物免疫系统的极佳例证，文章发表在 *Nature* 上（Feng et al.，2012）。

6. NLR 识别效应子的诱饵模型

周俭民团队在 21 世纪初就在国际上率先提出了植物 NLR 识别病原细菌效应子的"诱饵模型"（Zhou and Chai，2008；Dou and Zhou，2012）。AvrAC 对 BIK1 的同源蛋白 PBL2 也进行了 UMP 化修饰，但 AvrAC 对 PBL2 的修饰并不能抑制植物天然免疫。相反，植物把 AvrAC 对 PBL2 的修饰看作细菌入侵的信号，从而激活胞内的 ETI 反应。在此过程中，PBL2 扮演了一个"诱饵"的角色。当植物受到黄单胞菌侵染时，分泌到植物细胞内的 AvrAC 对 PBL2 的特异位点（Ser253 和 Thr254）进行 UMP 化修饰形成 PBL2^{UMP}，而后 PBL2^{UMP} 被招募到 ZAR1-RKS1 受体复合体中，进而激活 ETI 反应，文章发表在 *Cell Host & Microbe* 上（Wang et al.，2015a），此工作乃是抗病小体成果的前奏。

第三节 植物-病原菌跨界 RNA 沉默

植物的 RNA 沉默体系和病原物的 RNA 沉默抑制子是植物与病原物互作关系的重要方面，是植物抗病毒免疫机制中典型的"敌我双方军备竞赛"（Ding and Voinnet，2007）。这场免疫争斗的主角是各种类型的短链（21～30nt）小 RNA，以及与这些小 RNA 的产生、功能化或去功能化相关的各种蛋白。我们将列举研究这场"军备竞赛"的排头兵——中国科学院微生物研究所郭惠珊团队的研究成果，以国内一批十分活跃的团队为"集团军"，描述我国科学家在 RNA 沉默和 RNA 沉默抑制方面所做出的贡献。

一、RNA 沉默的早期研究

1986 年哈佛大学教授 Walter Gilbert（因发明 DNA 化学测序法获得了 1980 年诺贝尔化学奖）提出了"RNA World"假说，这是关于生命起源的假说，体现了 RNA 在生命活动中的重要地位。在此之前，David Baltimore 发现了反转录酶，可以由 RNA 合成 DNA，补充了中心法则关于遗传信息流向（DNA → RNA →蛋白）的内容，他因此成果获得了 1975 年诺贝尔生理学或医学奖。在此之后，T. Cech 发现了核酶（ribozyme），即 RNA 本身具有酶催化活性，1989 年获得了诺贝尔化学奖。2006 年更是 RNA 研究的丰收之年，这一年的诺贝尔化学奖授予了 Roger Kornberg，以表彰他在 RNA 转录分子机制研究领域取得的重要成果。同年的诺贝尔生理学或医学奖则授予了 Craig Mello 和 Andrew Fire，他们发现了双链 RNA 可以抑制同源序列的基因表达，称之为 RNA 干扰（RNAi）。同一年获得两项诺贝尔奖，突显了 RNA 在基因表达调控中的重要作用。2006 年诺贝尔生理学或医学奖授予了两位研究线虫 RNAi 的科学家 Craig Mello 和 Andrew Fire，引起了植物科学界的不平（Bots et al.，2006），因为在植物中发现 RNA 沉默比 RNAi 更早（Napoli et al.，1990；van der Krol et al.，1990），而且内容更丰富（Baulcombe，2004）。郭惠珊团队的研究内容正是在 RNA 沉默这个热门领域中。

另一个值得一提的研究背景是 1986 年美国华盛顿大学 Roger Beachy 团队与孟山都公司合作在 *Science* 发表了转烟草花叶病毒（TMV）外壳蛋白（CP）基因的烟草抗 TMV 侵染的论文（Abel et al.，1986），这是世界上第一篇关于抗病毒转基因植物的论文，具有革命性和引领性。此后 10 年世界上许多实验室跟踪这个策略，研制了无数的抗各种病毒的转基因植物，这种策略称为外壳蛋白调控的抗性（coat protein-mediated resistance，CPMR）（Beachy et al.，1990）。随着研究的深入，发现这种转基因抗性并非由蛋白介导，而是由 RNA 介导的（Lindbo et al.，1993）。郭惠珊在西班牙马德里大学 J. Garcia 实验室发表了 *MPMI* 封面论文，揭示了抗病毒的 RNA 沉默机理，是早期代表性论文之一（Guo and Garcia，1997）。

二、植物中 RNA 沉默途径及功能

近年来，越来越多研究证明 RNAi 普遍存在于真核生物中，在植物中存在由多种小 RNA（sRNA）介导的 RNA 沉默途径，通过转录后基因沉默（post-transcriptional gene silencing，PTGS）或转录基因沉默（transcriptional gene silencing，TGS）对基因表达进行调控。植物中有两种小 RNA，即 miRNA 和 siRNA，它们介导的基因表达调控过程如下：植物内源或者外源的 dsRNA 及单链 RNA 折叠成茎环结构，被 RNase Ⅲ 型酶 Dicer-like（DCL）识别并剪切成 20～24nt 的 sRNA，sRNA 结合不同的 AGO 蛋白形成 RNA 诱导的沉默复合体（RNA-induced silencing complex，RISC），RISC 通过碱基互补配对实现靶基因的 mRNA 剪切、DNA 甲基化或者翻译抑制。PTGS 途径主要是通过由 20nt 左右的 miRNA 或 siRNA 对靶基因进行剪切或者翻译抑制来实现的；TGS 途径主要是通过由 24nt 的 siRNA 指导的靶标 DNA 甲基化（RNA-directed DNA methylation，RdDM）来实现的（图 1-4）。

郭惠珊团队参与了早期的 miRNA 功能研究，发现 miR164 调控拟南芥侧根发育，是当时少数几个功能被解析的 miRNA 之一（Guo et al.，2005）。郭惠珊团队还发现拟南芥 miR847 参与生长素信号调控（Wang and Guo，2015）。她的团队首先报道了油菜 miR1885 靶向植物抗病基因（He et al.，2008），揭示了植物 miRNA 调控抗病基因的表达。之后，她的团队与段成国团队合作揭示了油菜 miR1885 通过不同方式调控植物抗病性与开花（Cui et al.，2020）。国内许多研究团队在 miRNA 调控植物生长发

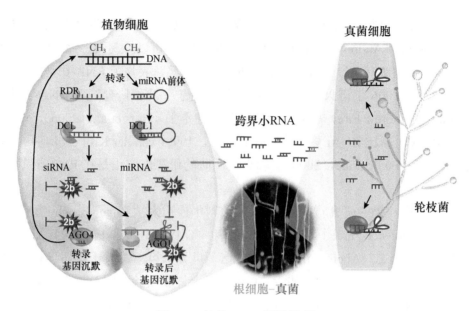

图 1-4　植物 RNA 沉默途径

植物 RNA 沉默途径包括转录基因沉默和转录后基因沉默；转录基因沉默主要通过 siRNA 介导的 DNA 甲基化实现对靶基因的转录调控，转录后基因沉默是通过 miRNA 或者 siRNA 剪切靶标 mRNA 或抑制其翻译来完成的；RNA 沉默是植物重要的抗病途径，但病原微生物编码 RNA 沉默抑制子来抵抗植物 RNA 沉默，如黄瓜花叶病毒编码的抑制子 2b 蛋白，通过结合 sRNA 或 AGO 蛋白，抑制植物抗病毒 RNA 沉默；在植物–真菌互作过程中，植物将自身的 miRNA 传递到真菌细胞内，靶向并降解真菌关键致病基因，抑制真菌致病性

育研究方面也取得了重要进展。戚益军团队发现 5′ 端碱基决定 sRNA 与不同 AGO 蛋白结合（Mi et al.，2008），并解析了 AGO 蛋白与 sRNA 核质穿梭的分子机制（Ye et al.，2012），推动了植物 RNA 沉默机制的研究；沈前华团队发现 miR9863 调控抗性和细胞死亡（Liu et al，2014）；曹晓风、李毅和吴建国团队解析了 miR528 的功能及其调控机制（Wu et al.，2017a；Yang et al.，2019a；Yao et al.，2019）；李毅团队证实了响应茉莉酸信号的转录因子通过调节 AGO 蛋白表达来影响水稻 RNAi 途径（Yang et al.，2020）；姚颖垠团队证实了小麦 miR9678 通过 phasiRNA 调控脱落酸和赤霉素信号通路，从而影响种子萌发（Guo et al.，2018b）；戚益军团队报道了 RdDM 途径通过调控 miRNA 表达影响水稻分蘖（Xu et al.，2020）；朱健康研究团队在 RdDM 途径关键因子及 DNA 甲基化功能研究领域做出了突出贡献（Zhang et al.，2018）。

　　除影响生长发育外，RNA 沉默途径也是植物抵抗病原入侵的重要机制。RNA 沉默抵抗病毒侵染的主要过程包括：RNA 病毒复制过程形成的双链 RNA，或者 DNA 病毒双向转录产生的部分双链 RNA，以及病毒基因组或转录物单链 RNA 折叠成的不完全互补的双链结构，被植物 DCL 蛋白识别并剪切成病毒来源的 siRNA（virus-derived siRNA，viRNA），即初级 viRNA。以病毒基因组为模板、初级 viRNA 为引物，在寄主 RDR 蛋白作用下形成的新 dsRNA 继续被剪切产生次级 viRNA，这些被扩增的次级 viRNA 在抗病毒信号系统传递中发挥重要作用（Ding and Voinnet，2007；Zhao et al., 2016b)。我国科学家处于水稻抗病毒 RNA 沉默研究的前沿，如在水稻中，多个团队鉴定到多个参与植物-病毒互作的 miRNA，如水稻 miR444（Wang et al.，2016）、miR528（Wu et al.，2017a）、miR319（Zhang et al.，2016a）。

三、RNA 沉默抑制子

在植物-病原长期互作过程中，病原微生物进化出多种抵抗植物抗病毒 RNA 沉默的机制。目前研究表明，病毒、细菌、卵菌和真菌都能够通过编码 RNA 沉默抑制子抵抗植物抗病毒 RNA 沉默，促进自身侵染。病毒沉默抑制子的发现也证实了植物中确实存在 RNA 沉默，加速了植物-病毒互作研究的进程。病毒编码的 RNA 沉默抑制子是最早被发现的（Pumplin and Voinnet，2013；Zhao et al.，2016b），而黄瓜花叶病毒（*Cucumber mosaic virus*，CMV）编码的 2b 蛋白又是病毒中最早被发现的 RNA 沉默抑制子（Li et al.，1999）。郭惠珊早期在丁守伟实验室开启了 CMV 2b 蛋白的功能研究（Guo and Ding，2002），随后她领导自己的团队分析了 2b 蛋白的各个结构域在 RNA 沉默途径中的作用，为解析 2b 蛋白功能做出了权威性的结论（Duan et al.，2012；Fang et al.，2016；Zhao et al.，2018）（图 1-4）。与此同时，国内其他团队阐明了 CMV 2b 蛋白的其他功能。例如，方荣祥团队证实 2b 蛋白能够与 AGO4 直接互作，影响寄主 DNA 甲基化（Hamera et al.，2012）（图 1-4）；谢道昕、康乐和丁守伟团队合作发现 2b 蛋白靶向茉莉酸信号通路蛋白，抑制茉莉酸信号，揭示了病毒操控激素信号调控寄主吸引昆虫媒介的分子机制（Wu et al.，2017b）；王献兵团队发现 CMV 外壳蛋白通过影响 2b 蛋白活性，介导病毒自我抑制和长期症状恢复（Zhang et al.，2017b）。除 CMV 编码的 2b 蛋白以外，国内研究团队对多个病毒编码的 RNA 沉默抑制子也进行了深入研究。例如，李大伟和刘玉乐团队解析了大麦条纹花叶病毒（*Barley stripe mosaic virus*，BSMV）编码的 RNA 沉默抑制子 γb 促进病毒侵染的分子机制（Zhang et al.，2017a；Yang et al.，2018a，2018b）；周雪平和戚益军团队解析了芜菁黄叶病毒编码的 RNA 沉默抑制子 P69 引起亮黄色花叶病症的分子机制（Ni et al.，2017）；周雪平团队在双生病毒 RNA 沉默抑制子鉴定及功能研究中做出了突出贡献，他们发现 βC1、V2 和 AC5 等多个抑制子通过不同方式参与病毒与植物的互作（Wang et al.，2014；Li et al.，2015；Xu et al.，2015；Shen et al.，2016；Yang et al.，2019b）；谢旗团队和郭惠珊团队解析了甜菜严重曲顶病毒（*Beet severe curly top virus*，BSCTV）编码的 C2 蛋白影响植物自身基因组及病毒基因组从头甲基化的过程（Zhang et al.，2011）；郭惠珊团队揭示了双生病毒劫持寄主印记基因使 C2 蛋白逃避 RNA 沉默抑制的新机制（Chen et al.，2020）；叶健团队发现了双生病毒的基因沉默抑制子 βC1 参与植物-双生病毒-媒介昆虫三者互作（Li et al.，2014b）。

综上所述，以郭惠珊为代表的中国科学家在植物抗病毒 RNA 沉默和病毒抵抗 RNA 沉默的研究中做出了重要贡献。

四、跨界 RNAi

在 RNAi 现象被鉴定之初，就已经证实 RNAi 能够跨物种发挥作用（Timmons and Fire，1998）。通过在寄主植物中表达靶向病原的 sRNA 来抵抗病原侵染的技术称为寄主诱导的基因沉默（host-induced gene silencing，HIGS）（Hua et al.，2018）。方荣祥团队和郭惠珊团队分别通过 HIGS 技术，成功利用人工 miRNA 或 siRNA 抑制了病毒侵染（Qu et al.，2007；Duan et al.，2008）。在植物与病原真菌互作研究中，金海翎团队证实灰葡萄孢（*Botrytis cinerea*）sRNA 进入植物细胞发挥效应子功能，利用植物 AGO 蛋白抑制寄主免疫相关基因表达，促进灰葡萄孢定植（Weiberg et al.，2013）。2016 年郭惠珊团队报道，在棉花中表达靶向大丽轮枝菌（*Verticillium dahliae*）致病基因的 sRNA，能显著提高棉花抗性（Zhang et al.，2016b）。郭惠珊团队在进一步的研究中发现，棉花能够将自身的 miRNA 传递到大丽轮枝菌细胞内，靶向并降解大丽轮枝菌致病基因，影响致病性（Zhang et al.，2016c）（图 1-4）。该研究为国际上首次报道利用植物–真菌跨界 RNAi 抵抗土传真菌病害。培育得到的抗黄萎病 RNAi 棉花新品系，无论是在实验室条件下还是在新疆病圃中都表现出良好的抗病性，该项成果必将推动抗病棉种质创新。基于此，2017 年郭惠珊团队在我国棉花主产区（新疆）建立了"棉花黄萎病、枯萎病田间工作站"。此外，人们还发现致病真菌白僵菌（*Beauveria bassiana*）miRNA 进入蚊子细胞后，利用蚊子 AGO1 蛋白靶向蚊子免疫相关基因，促进白僵菌侵染（Cui et al.，2019）。同时，国内多个团队报道从哺乳动物细胞中鉴定到植物来源的 miRNA，并证实这些 miRNA 能够发挥重要生理功能，如水稻来源的 miR168a 能够调控哺乳动物低密度脂蛋白受体基因的表达（Zhang et al.，2012a）；绿色蔬菜来源的 miR156a 在血浆中的积累量与心血管疾病相关（Hou et al.，2018）；金银花来源的 miR2911 能够抵抗流感病毒（Zhou et al.，2015）。通过食物获取植物来源的具有治疗功能的 miRNA 是跨界 RNA 研究的一个重要方面，读者请参阅专门的综述文章（Szadeczky-Kardoss et al.，2018；Zhao and Guo，2019）。

第四节　抗病性与产量兼顾

植物面对病虫害等逆境，会部署高效的防卫系统。但这些防卫系统的配置和应激反应需要消耗植物的能量，往往以延缓植物的生长为代价，这就是植物的"生长–防卫平衡"（growth-defense tradeoffs）（Huot et al.，2014），即传统农作物育种中常遇到的"高产不抗病，抗病不高产"瓶颈问题。为了培育既抗病又高产的优良品种，科学家研究了抗病性和产量性状相互制约的机理，进而找到抗病性与产量兼顾的育种路线和技术。

一、植物抗病性与生长发育平衡的分子机制

植物在与病原菌互作的过程中，进化出一系列精细调控抗病性与生长发育平衡的分子机制，主要包括抗病基因表达及免疫反应激活的多层次调控、植物激素信号通路的交叉互作和不同转录因子调控网络。

（一）抗病基因表达及免疫反应激活的多层次调控

在转录水平、转录后水平、翻译后修饰水平进行调控，可控制抗病基因处于一种低表达和未激活状态，避免抗病反应对植物生长发育产生影响。①在转录水平调控抗病基因表达，主要是通过调节染色质结构、组蛋白修饰、DNA甲基化及调控转录因子等保证植物获得适当的抗病基因转录水平，避免过度转录引发程序性细胞死亡（programmed cell death，PCD），影响植物的发育和生长。②抗病基因的转录后调控，主要包括选择性剪接、选择性聚腺苷酸化，以及miRNA和siRNA介导的抑制。③在翻译后修饰水平调控抗病蛋白，翻译后修饰主要包括泛素化、磷酸化、糖基化等，其中泛素化修饰应用最为广泛，应严格控制抗病受体蛋白的稳态，避免其自激活导致细胞死亡。

（二）植物激素信号通路的交叉互作

植物的抗病性主要通过防卫激素水杨酸（SA）、茉莉酸（JA）和乙烯（ET）的信号通路放大与传递来实现，植物的生长发育则通过赤霉素（GA）、生长素（auxin，AU）、油菜素内酯（BR）、细胞分裂素（CK）、脱落酸（ABA）等激素的作用来实现。许多调控生长发育的激素与参与防卫反应的激素在信号通路间存在相互交叉和拮抗，形成一个复杂的互作网络，共同调控生长发育和抗病性之间的平衡（图1-5）。从激素调控途径出发，系统分析相关激素在病原菌侵染时双向调节作物抗病性和生长发育的机理，不但可以阐明激素在植物抗病性调控中的功能，而且对作物的抗病高产分子设计育种有重要的指导意义。

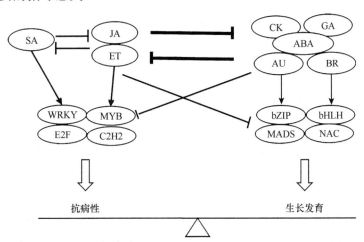

图 1-5　植物激素和转录因子交叉互作调控抗病性与生长发育的平衡

（三）不同转录因子调控网络

植物抗病性与生长发育的拮抗，还受到不同的转录因子调控。例如，BR 信号通路中 BZR1 可以与多个 WRKY 转录因子互作以抑制植物的基础免疫信号通路，促进植物幼嫩组织快速生长，表明 BZR1 是一个优先调控生长发育的转录调控因子（Wang and Wang，2014）。WRKY45 是一个受 SA 诱导的转录因子，参与调控水稻对稻瘟病菌和白叶枯病菌的基础抗性、由 NLR 受体激活的专化性抗病性（Shimono et al.，2007；Inoue et al.，2013）。超表达 WRK45 可以提高水稻抗病性，同时引起植株的生长发育缺陷（Shimono et al.，2012）。

二、植物抗病性与生长发育平衡的调控策略

近年来人们在寻求提高植物抗病性的同时不影响植物生长的策略方面已有不少进展。例如，陈学伟团队发现水稻的一个广谱抗稻瘟病转录因子突变体 *bsr-d1*（Li et al.，2017）和通过化学诱变获得一个抗稻瘟病和白叶枯病的 RNA 结合蛋白突变体 *bsr-k1*（Zhou et al.，2018），前者因启动子的一个碱基自然突变而导致转录抑制因子 MYBS1 下调过氧化氢酶的表达，后者上调抗病性相关基因（*PAL*）的 mRNA 积累。这两种突变体都表现出抗病性增强但水稻产量不减少。美国杜克大学董欣年团队利用调控植物免疫的转录因子 TBF1 基因 5′ 端的两个上游可读框（uORF）和一段富含腺嘌呤的序列（R-motif）在翻译水平调控拟南芥关键免疫因子 NPR1 在水稻中的表达。在没有病原菌侵染时，因 uORF 和 R-motif 的阻挡，NPR1 只是少量合成，对植株的生长发育没有影响；在病原菌侵染时，由于 NPR1 的基因在短时间内高度表达，转基因植株表现出广谱抗病性而没有出现抗病性代价（Xu et al.，2017）。鉴于 uORF 序列在许多植物中都是保守的，所以未来可以应用该策略开发具有广谱抗性而无抗性代价的抗病基因应用新途径。

近三年来，我国科学家在水稻抗病性与产量平衡的机制研究和相应的育种技术方面取得了重大突破，主要体现在对抗病基因位点 *Pigm* 和控制产量性状的 *IPA1* 基因的研究上。

（1）*Pigm*

何祖华团队通过筛选抗稻瘟病种质资源，在我国地方品种谷梅 4 号中鉴定到一个广谱持久抗稻瘟病位点 *Pigm*。该位点包含 13 个 NLR 类抗病基因，经过转基因分析发现 *PigmR* 在水稻的各个组织部位组成型表达，控制水稻对稻瘟病菌小种的广谱抗性，但存在降低水稻产量的抗病性代价问题。另一个 NLR 受体蛋白 PigmS 可以与 PigmR 结合形成异源二聚体，从而降低 PigmR 激发的广谱抗病性，但可以提高水稻的产量。由于 *PigmS* 基因的启动子包含两个微型反向重复转座元件（MITE），受到 DNA 甲基化调控，因而 *PigmS* 基因仅在水稻花粉中特异性高表达，而在稻瘟病

菌侵染的叶片和茎秆等组织部位不表达。因此，PigmS 既不影响 PigmR 在叶片和茎秆等稻瘟病菌侵染部位激发的广谱抗病性，又能弥补 PigmR 对产量的影响，所以含有 *Pigm* 位点的品种既有广谱、持久的抗病性，又有稳定的产量性状（Deng et al.，2017；Wang and Valent，2017）（图 1-6A）。该研究揭示了一个采用表观遗传策略调控一对功能拮抗的 NLR 基因在不同部位表达从而实现广谱抗病性和产量平衡的独特机制，为培育高抗高产的作物品种提供了一种新思路。该基因及分子标记的专利已授权，并建立了高效的抗病分子育种技术体系，被国内 40 多家种子公司和育种单位应用于水稻抗病育种。其中，隆平高科已经利用该基因选育出 4 个高抗高产的杂交水稻新品种，并通过国家品种区试审定；荃银高科利用 *Pigm* 改良选育的 3 个抗病新品种已通过审定；中国水稻研究所利用 *Pigm* 选育出广谱抗病早稻新品种 2 个。据不完全统计，含有 *Pigm* 位点的新品种已经累计推广 2700 万亩（1 亩≈666.7m²，后文同），挽回稻谷损失 6 亿 kg，经济效益达到 15 亿元，减少农药及人工成本支出 11 亿元。

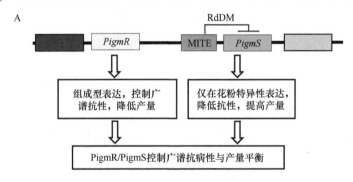

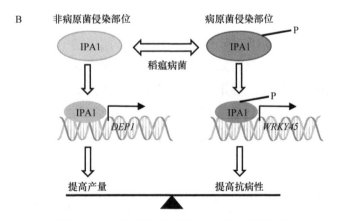

图 1-6 植物调控抗病性与产量平衡的策略

A. 一对拮抗的抗病受体基因 *PigmR*/*PigmS* 协同调控水稻广谱抗病性与产量平衡；B. IPA1 调控不同下游靶标实现水稻产量与抗病性平衡，在非病原菌侵染部位 IPA1 调控下游靶标 *DEP1* 提高产量，在病原菌侵染部位磷酸化的 IPA1 增强下游 *WRKY45* 的表达而提高抗病性

（2）*IPA1*

李家洋团队曾鉴定发现一个水稻的 *IPA1*（ideal plant architecture 1）基因可产生较多的有效分蘖和穗粒数而提高产量（Jiao et al.，2010）。陈学伟团队与李家洋团队

合作发现 *IPA1* 基因具有双重功能，即在调控高产的大穗性状的同时，也可提高水稻对稻瘟病的田间抗病性（Wang et al.，2018b）。在正常生长条件下，IPA1 通过调控下游靶标蛋白 DEP1 的表达来提高水稻的产量。在水稻遭受稻瘟病菌侵染时，IPA1 被诱导发生磷酸化修饰，继而转向调控 *WRKY45* 等防卫反应基因的表达，从而提高水稻的抗病性。在稻瘟病菌侵染后的 48h 内，IPA1 又回到脱磷酸化状态，恢复其对产量相关基因转录的调控，实现了仅用一个蛋白即可调控水稻抗病性与产量的平衡（图 1-6B）。杨东雷团队对利用 IPA1 实现抗病性与高产的平衡进行了改进，他们利用由白叶枯病菌诱导的 *OsHEN1* 启动子驱动 IPA1 的表达（简称 HIP），这样在无白叶枯病菌侵染的情况下，HIP 水稻保持适度水平的 IPA1 使水稻增产；而当水稻受到白叶枯病菌侵染时，白叶枯病菌侵染部位 IPA1 的表达显著提高，从而增强水稻对白叶枯病菌的抗性，同时不影响 IPA1 对产量性状相关基因的调控，保证 HIP 水稻抗病性提高的同时不影响产量（Liu et al.，2019）。因此，优异等位基因 *qWS8/ipa1-2D* 在超级杂交稻抗病育种中大范围推广应用（Zhang et al.，2017）。

三、展望

在以拟南芥、水稻等为对象研究植物抗病性和生长发育平衡的调控机制方面已经取得了很大进展，对作物抗病性代价问题的认识有了提高。在未来育种中，育种家使用抗病基因提高作物抗病性，兼顾考虑抗病基因对生长发育的影响。因此，未来研究还需加强以下方面：①明确哪些抗病基因没有抗性代价，可以有效地应用于抗病育种；②鉴定弱免疫激活突变的农作物新种质，这类种质一般有对多种病原菌具广谱抗性的优点，即使有较低的抗病性代价，但还是具有重要的育种应用价值，应加强这类基因的鉴定与克隆；③加强对 uORF 类序列的鉴定，在不同作物中应用 uORF 类序列对抗病基因翻译进行精细控制，可以有效避免抗病性代价的影响。深入研究植物调控抗病性与生长发育平衡的信号网络，鉴定挖掘新型的无抗性代价的广谱抗病基因，优化抗病基因应用新策略，在农业生态系统实现农作物病害防控利益最大化，将有助于实现以绿色环保的可持续发展方式使农作物高产高抗的农业发展目标，从而满足日益增长的世界人口需求。

第五节　自然环境下的三者互作

一、从二者互作到三者互作

以往研究植物病害往往注重于病原微生物和寄主植物两个方面，而实际上参与病害发生的生物因子还有传播介体生物，构成了植物病害的微生物病原-传播介体-寄主植物三元生物因子系统。例如，目前已知的 1480 种植物病毒，约 75% 由媒介昆虫传播。病毒在植物之间主要靠半翅目的刺吸式昆虫如飞虱、烟粉虱、蚜虫、叶蝉等传播，缨翅目昆虫蓟马、鞘翅目昆虫叶甲和瓢虫等也是重要的媒介昆虫，造成病毒和昆虫的双重危害。植物和介体体内的微生物群落及自然环境中非生物因子如光照、湿度、温度都可以对三者产生作用，影响植物病害的发生和流行。图 1-7 概括了病原微生物-媒介昆虫-寄主植物三者互作系统，它由核心、内层和外围 3 个层次组成。在狭义的三者互作内容中，只涉及病原-媒介-植物（核心），但随着该领域的迅速发展，更多的相关生态现象被发现，其内涵不断被丰富。植物和昆虫的微生物组，包括各种病原菌和益生菌等，以及其他非媒介昆虫、天敌昆虫等都参与了三者的互作过程（内层）。农业生态系统是人为干涉较多的系统，除了生物因子，包括农药使用、栽培管理、营养施肥及一些光照、降水等环境因子在内的非生物因子均会对三者互作系统产生直接或间接的影响，这些非生物因子可以认为是三者互作的外围系统（外围）。因此，研究虫媒病害循环中微生物-昆虫-植物这 3 种生命形式互作的分子信号和分子机制，阐明影响三者互作的非生物环境因子作用机制，是发展高效绿色防控策略的理论基础，也可为虫媒病害的物理、化学和生物防控提供直接方案，是我国粮食安全、农业生物安全和农业可持续发展的有力保障。

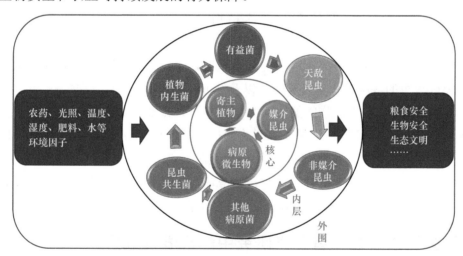

图 1-7　病原微生物-媒介昆虫-寄主植物三者互作

三者互作系统由核心、内层和外围 3 个层次组成。病原微生物-媒介昆虫-寄主植物是三者互作的核心层；植物和昆虫的微生物组，包括各种病原菌和有益菌等，以及非媒介昆虫、天敌昆虫等都参与三者的互作过程，是紧密围绕在核心层周围的内层互作因子；农业生态系统是人为干涉较多的系统，除了生物因子，各种非生物因子均会对三者互作系统产生直接或间接的影响，是三者互作的外围系统

二、三者互作研究的科学问题

三者互作研究早期关注病害流行的传播规律，旨在通过发现传毒媒介生物实现传播途径的阻断。20 世纪 30 年代，河北省定县和贵州的小麦蜜穗病发生严重，而这些地区又是小麦线虫病发病区，当时在清华大学担任助教的周家炽先生通过在北京和昆明的多年多地接种实验证明，小麦蜜穗病菌（*Clavibacter tritici*，原名

Corynebacterium tritici）只有以线虫为媒介才能侵染小麦，纯化病原菌即使进行注射接种也不能引起小麦蜜穗病，在国际上首先证明小麦蜜穗病是由土壤线虫传播的细菌引起的，揭示了病原微生物-媒介线虫-寄主植物之间的关系，这也为防治小麦蜜穗病提供了途径，即通过消灭线虫防治小麦蜜穗病（Cheo，1946）。目前，小麦的线虫病已得到了很好的防控，小麦蜜穗病也已无发生。1957 年周家炽先生从高等教育部调到中国科学院应用真菌研究所任研究员，组建了我国第一个植物病毒研究室并担任研究室主任。国际上，病毒学家很早就开始关注病毒侵染植物对媒介昆虫的生态学和行为学影响，1951 年英国剑桥动物学研究实验室的 Kennedy 在 *Nature* 首次报道了病毒侵染植物有利于媒介昆虫种群增长的生态学现象（Kennedy，1951）。

近几十年来，分子生物学研究已经大大丰富了我们对病原微生物-媒介昆虫-寄主植物互作的认知。特别是近 10 年来，科学家开始逐渐揭示三者互作的分子机制。2007 年我国科学家在国际上首次发现烟粉虱-双生病毒协同入侵的分子机制（Jiu et al.，2007），将植物病毒学从二维平面阶段拓展到贴近自然发生条件的三维立体动态多元生物互作阶段，在植物病毒学理论突破和病害防控应用上均具有重要意义。

目前，病原微生物-媒介昆虫-寄主植物三者互作关系研究中的主要科学问题如下。

1）媒介昆虫识别及传播病原菌的分子机制，重点研究病原与细胞的识别、病原菌如何突破昆虫的各种膜和免疫屏障，以及经卵传播机制。

2）虫传病原与寄主植物间的致病和防御机制，重点研究病原菌侵染如何重新编排寄主的基因表达和代谢，尤其是重要的调控因子、小 RNA 和次生代谢物，以及寄主抗性基因和基因沉默系统如何抵御病原的侵染。

3）媒介昆虫、病原微生物和寄主植物三者复杂性状的互作机制，从微观和宏观两个层面研究媒介昆虫经感病植物加重致害的分子与生态学机制。

三、我国科学家在三者互作研究中的代表性成果

近 10 年来，我国科学家在病毒-媒介昆虫-寄主植物三者互作研究中取得了多项重要进展，有些处于世界领先。

（一）媒介昆虫-病毒通过寄主植物产生的互惠关系

农作物虫传病毒病需要有大量传毒介体才能实现其大范围蔓延，从而暴发流行成灾。虫传病毒通常和媒介昆虫互作进而加重病害的发生与流行。寄主植物受到病毒侵染后，可能产生挥发性气味化合物，吸引大量媒介昆虫取食、产卵，并调控媒介昆虫的交配行为、生殖方式。浙江大学和中国科学院微生物研究所研究发现，携带双生病毒——中国番茄黄化曲叶病毒（*Tomato yellow leaf curl China virus*，TYLCCNV）的烟粉虱比无毒烟粉虱更易取食植物，其口针刺入植物韧皮部的时间也更长。由于介体的唾液是病毒传播所必需的，这类由病毒介导的介体行为的改变更有利于双生病毒的

扩散（Liu et al.，2013）。另外，烟粉虱取食感染双生病毒的植物后，可促进烟粉虱卵巢发育、卵黄蛋白合成与摄取量升高，从而提高烟粉虱的生殖力，导致病毒与烟粉虱对植物的双重危害加剧（Jiu et al.，2007；Guo et al.，2012，2014）。研究发现，双生病毒与其卫星 DNA 共同侵染抑制了植物茉莉酸防御信号通路相关基因的表达，降低了植物中茉莉酸的滴度，而植物中茉莉酸滴度的降低提高了烟粉虱的存活力和生殖力（Zhang et al.，2012b；Li et al.，2014b）。另外，取食感染番茄斑萎病毒（*Tomato spotted wilt virus*，TSWV）的植物后，媒介昆虫西花蓟马（*Frankliniella occidentalis*）生殖力提高的现象也与病毒侵染抑制植物茉莉酸防御途径有直接的关系，这也是发病植物更容易吸引传毒介体蓟马在其上取食、产卵（繁殖更多后代蓟马获毒与传毒），从而导致病毒与蓟马对植物的双重危害加剧的一个主要因素（Wu et al.，2019）。植物防御成分萜烯类物质也可介导虫传病毒与媒介昆虫的互惠关系，如烟粉虱取食感染 TYLCCNV 的植物后可抑制植物中萜类物质的合成，降低了其对烟粉虱的影响，也相对提高了烟粉虱的生殖力（Luan et al.，2013）。

迄今有关其他媒介昆虫如叶蝉、稻飞虱等与水稻病毒及寄主植物之间互作关系及其生理分子机制的研究还相当匮乏，媒介昆虫、病毒和寄主植物间的互作如何影响病毒的传播与流行是解析虫传病毒致灾机理的关键科学问题，急需明确。这些问题包括：当寄主植物受到病毒侵染后，其防御机制是否被损害与抑制，或寄主植物为应对病毒而产生的免疫是否能激发其他调控网络、代谢途径，从而改变寄主植物营养成分，导致其对媒介昆虫的适合度变化，尤其是媒介昆虫取食病毒侵染植物后其行为和种群动态的改变；病毒的侵染会影响寄主植物正常的基因转录、翻译及蛋白修饰，由此产生非正常生理状态，使光合作用与呼吸作用、激素平衡、次生代谢物合成等生理活动紊乱，最终致使代谢物发生改变，这些代谢物的变化是否会改变媒介昆虫的取食行为，从而有利于病毒的传播和流行。

（二）媒介昆虫传播病毒的分子机制

采用持久增殖型方式传播的虫传病毒，可在其相应的媒介昆虫体内增殖，并随着昆虫的取食传播至健康植物，称之为水平传播；有些还可经卵传播，称之为垂直传播。持久增殖型传播病毒在媒介昆虫体内的水平传播过程一般是病毒随植物汁液通过昆虫食道到达中肠肠腔，侵入中肠细胞，从中肠基底膜释放入血淋巴，接着侵入唾液腺，再从唾液腺释放到口针，最后进入植物组织致病（Ye et al.，2021）。水稻矮缩病毒、水稻条纹病毒等通过介体食道进入肠腔，穿过中肠微绒毛侵染少数的中肠上皮细胞并建立初侵染点，在上皮细胞内复制增殖后穿过基底膜到达肠道表面的肌肉细胞，随后沿着肌纤维扩散到整个消化管道表面，释放到血淋巴并扩散到唾液腺，完成在介体内的整个侵染循环过程（Jia et al.，2012a，2012b）。随后的研究发现，水稻矮缩病毒可以利用小管结构以穿越介体叶蝉肠道上皮细胞微绒毛的形式在介体内扩散（Wei and Li，2016）。在垂直传播方面，中国科学院微生物研究所和浙江大学发现了一种经典入卵传播途径，即病毒通过和卵黄原蛋白（一种昆虫卵发育所需的营养蛋白）互作，借助卵黄原蛋白受体介导的内吞作用进入卵巢细胞，实现垂直传播。这种机制在灰飞虱传播水稻条纹病毒（Huo et al.，2014，2018，2019）和烟粉虱传播 TYLCCNV 体系进行了深入的研究与验证（Wei et al.，2017）。除了劫持利用媒介昆虫营养物质运输途径进行垂直传播，近几年研究还发现了几种其他的病毒垂直传播途径。叶蝉传播水稻矮缩病毒是通过病毒与内共生菌膜上的蛋白质互作，利用内共生菌的入卵通道穿越卵巢屏障侵染卵细胞，从而实现垂直传播（Jia et al.，2017）。通过叶蝉传播的水稻瘤矮病毒入卵传播时形成管状结构，经过卵泡细胞间隙，借助卵泡细胞-卵细胞连接处的肌动蛋白侵染卵细胞（Liao et al.，2017）。除了经卵垂直传播，在水稻瘤矮病毒垂直传播研究中发现了经精子垂直传播的途径：病毒和叶蝉精子细胞表面的硫酸类肝素蛋白多糖互作，当精卵融合时，病毒侵染受精卵，实现垂直传播（Mao et al.，2019）。

（三）媒介昆虫细胞系

建立并优化媒介生物不同细胞类型（如中肠和唾液腺等）的细胞系，对于植物病毒与其媒介昆虫的互作关系研究，尤其是与病毒侵入介体并在其中增殖、扩散及释放相关的介体细胞因子研究至关重要。北京大学和福建农林大学等几个实验室建立了叶蝉单层培养细胞体系，研究了水稻矮缩病毒与叶蝉细胞的识别、进入细胞的机制和在叶蝉细胞内的侵染循环模型，以及病毒复制、装配及在介体细胞间扩散的机制（Wei et al.，2006a，2006b，2008；Pu et al.，2011）。这是无包膜植物病毒与介体细胞识别并进入介体细胞和在介体组织内扩散的首次研究报道。目前建立了多种媒介昆虫如叶蝉和飞虱的细胞系，这些细胞系可以稳定支持植物病毒持久侵染（Jia et al.，2012c）。

（四）病毒与媒介昆虫的协同进化

一些由媒介昆虫通过持久增殖型方式传播的植物病毒，如植物呼肠孤病毒、弹状病毒、番茄斑萎病毒和纤细病毒，既可以在植物内复制，又可以在媒介昆虫内复制，目前多认为它们起源于昆虫病毒。以水稻矮缩病毒为例，病毒可以经介体叶蝉的卵 100% 传递到子代，而不能经水稻的种子传播，而且病毒在叶蝉体内可以大量复制而不致病，但在水稻上可致病。另外，感染病毒的水稻通过无性繁殖的方式连续传代多年后，病毒基因组中与介体传播相关的外壳蛋白 P2 和非结构蛋白 Pns10 的核苷酸序列逐渐积累无义突变，而在叶蝉培养细胞中传代多年的病毒基因组保存完整（Pu et al.，2011）。

病毒与传毒媒介昆虫间存在广泛而明显的专化性选择和亲和性识别差异。病毒与介体特异性的互作模式是病毒与其传毒介体间亲和性识别的内在生理机制。例如，水稻矮缩病毒和不同的叶蝉介体间存在广泛而明显的亲和性识别差异，这种差异很有可能和病毒的介体传毒因子 Pns10 与相应靶蛋白（如介体中肠微绒毛的肌动蛋白）的特异性识别及互作紧密相关（Chen et al.，2012）。

四、三者互作研究的新领域

病毒是微小的传染性病原体，通过侵入活细胞和其他媒介生物体内繁殖，高度依赖寄主，不断进化出利用和改变寄主生理生化过程的能力。根据传播方式，植物病毒分成 4 种：非持久传毒型、半持久传毒型、持久循环型、持久增殖型。病毒可以通过影响植物激素、表观遗传修饰、天然免疫、蛋白降解途径等生理学功能途径从而间接改变调控媒介昆虫与寄主植物的互作关系（图 1-8）。媒介昆虫也能通过分泌蛋白等物质进入植物体内，与病毒或者植物细胞来源的分子进行分子间识别与互作，从而影响三者互作关系（图 1-8）。

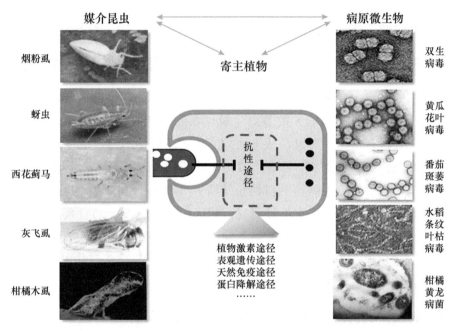

图 1-8　三者互作分子机制模式图

白色圆球表示昆虫分泌的唾液效应子，黑色圆球表示病毒基因组编码的病毒效应子

（一）植物激素参与昆虫和病毒之间的相互作用

植物激素在植物生长发育和抗病虫害过程中发挥重要作用，植物防卫激素如茉莉酸、水杨酸和乙烯等在病毒-媒介昆虫-寄主植物三者互作中都扮演着关键角色。然而，在自然界中植物对病毒和对媒介昆虫的抗性反应并不一定是统一的，有时甚至是截然相反的。由于茉莉酸与水杨酸的相互拮抗效应，茉莉酸信号通路的激活增强了植物对昆虫的防卫反应，同时导致水杨酸信号通路的衰减，使得植物抗病能力下降。病毒侵染过程中，植物激素信号发生改变，植物的正常生理过程被打乱，病毒可以通过

影响植物激素来调节植物的生长发育和抗虫抗病性，从而促进自身传播。深入了解三者互作机制对于虫传病害的绿色防控尤为重要。例如，双生病毒 TYLCCNV 和卷心菜曲叶病毒（*Cabbage leaf curl virus*，CaLCuV）可以抑制植物茉莉酸信号通路中转录因子 MYC2，从而抑制萜烯类化合物合成，促进其与昆虫互惠共生（Li et al.，2014b）。番茄斑萎病毒 TSWV 编码的 NS 蛋白可以抑制植物茉莉酸信号通路调控基因的表达，使得植物抗病能力下降；同时可以改变介体西花蓟马的取食行为，感染 TSWV 的雄性蓟马的捕食率比未感染的雄性蓟马高 3 倍，从而提高了病毒接种的效率（Wu et al.，2019）。黄瓜花叶病毒（*Cucumber mosaic virus*，CMV）在世界范围内广泛分布且寄主范围很广，在植物间通过汁液和蚜虫传播。植物病毒在寄主体内复制的过程会诱发 RNA 沉默而起到抗病毒作用，CMV 编码的 2b 蛋白是最早发现的一种典型 RNA 沉默抑制子。烟草感染 CMV 后蚜虫数量增加，而缺少了 2b 蛋白的烟草感染 CMV 后蚜虫数量减少。研究发现，CMV 2b 蛋白通过直接与寄主茉莉酸信号通路中 ZIM 结构蛋白互作来抑制其降解，从而增强寄主对昆虫的吸引力（Wu et al.，2017b）。

（二）研究大田生产条件下病毒病害多元生物体系的作用及其互作

注重从农业生产中发现总结病害流行规律，鼓励微观分子机制与宏观生态学现象相结合，探求病毒病害防治的关键节点，设计农业生产条件下有效的病毒防治策略。建议以我国主要粮食作物为对象，从平面到立体，从病毒本身致病性研究延伸到病毒与植物、媒介昆虫、有益昆虫（天敌昆虫和授粉昆虫等）、根际微生物及内生菌等微生物菌群互作研究等更接近病害的自然系统研究（Zhao et al.，2019）；开展主要作物的病毒组学研究，重视重大病害基础研究与病害防控措施设计的联系，挑选大田生产中重要的、难以开展抗性育种工作的病毒病害，研究光照、温度等主要环境因子调控三者互作的分子机制（Zhao et al.，2021），进行多病害间交叉互作及病毒组学研究，明确准种（quasispecies）在致病及病害发生过程中的作用机制。

（三）加强领域前沿基础研究和新方法新策略探索

加强如昆虫神经分子生物学技术手段、化学药物合成理论与技术的应用，注重病毒与寄主、长链非编码 RNA、媒介昆虫及内生菌的跨界信号交流、致病机理和新型农药开发的联系，耕作制度变化与病害发生的关系。以绿色防控虫媒病害为导向开展系统的虫媒病害发生流行过程相关的微生物组学研究：作为前沿性技术，开展重要主粮作物和经济作物地上部分与地下部分根际、根围和昆虫体内微生物组学研究，发现并人工设计高效生防微生物工程菌株，为绿色防控策略的制定提供理论依据。依据生态学和病毒病害田间自然体系，研究复杂系统中多因素之间的相互影响、相互制约关系。综合利用多者关系，探讨有效绿色防控策略。

参 考 文 献

夏石头, 李昕. 2019. 开启防御之门：植物抗病小体. 植物学报, 54(3): 1-5.

张杰, 董莎萌, 王伟, 等. 2019. 植物免疫研究与抗病虫绿色防控：进展、机遇与挑战. 中国科学：
生命科学, 49(11): 1-29.

Abel PP, Nelson RS, De B, et al. 1986. Delay of disease development in transgenic plants that express
the tobacco mosaic virus coat protein gene. Science, 232(4751): 738-743.

Adachi H, Kamoun S, Maqbool A. 2019. A resistosome-activated 'death switch'. Nature Plants, 5(5):
457-458.

Baulcombe D. 2004. RNA silencing in plants. Nature, 431(7006): 356-363.

Beachy RN, Loeschfries S, Tumer NE. 1990. Coat protein-mediated resistance against virus-infection.
Annu Rev Phytopathol, 28: 451-474.

Bots M, Maughan S, Nieuwland J. 2006. RNAi nobel ignores vital groundwork on plants. Nature,
443(7114): 906.

Burdett H, Bentham A, Williams S, et al. 2019. The plant "resistosome": structural insights into
immune signaling. Cell Host & Microbe, 26(2): 193-201.

Cao A, Xing L, Wang X, et al. 2011. Serine/threonine kinase gene *Stpk-V*, a key member of powdery
mildew resistance gene *Pm21*, confers powdery mildew resistance in wheat. Proc Natl Acad Sci
USA, 108(19): 7727-7732.

Cao M, Du P, Wang X, et al. 2014. Virus infection triggers widespread silencing of host genes by a distinct
class of endogenous siRNAs in *Arabidopsis*. Proc Natl Acad Sci USA, 111(40): 14613-14618.

Chen Q, Chen H, Mao Q, et al. 2012. Tubular structure induced by a plant virus facilitates viral
spread in its vector insect. PLOS Pathogens, 8(11): e1003032.

Chen ZQ, Zhao JH, Chen Q, et al. 2020. DNA geminivirus infection induces an imprinted E3 ligase
gene to epigenetically activate viral gene transcription. The Plant Cell, 32(10): 3256-3272.

Cheo C. 1946. A note on the relation of nematos to the development of the bacterial disease of wheat
caused by *Bacterium tritici*. Ann Appl Biology, 33(4): 447-449.

Chinnusamy V, Zhu JK. 2009. RNA-directed DNA methylation and demethylation in plants. Science
in China Series C: Life Sciences, 52(4): 331-343.

Chu Z, Yuan M, Yao L, et al. 2006. Promoter mutations of an essential gene for pollen development
result in disease resistance in rice. Genes & Development, 20(10): 1250-1255.

Cui C, Wang JJ, Zhao JH, et al. 2020. A *Brassica* miRNA regulates plant growth and immunity
through distinct modes of action. Molecular Plant, 13(2): 231-245.

Cui C, Wang Y, Liu J, et al. 2019. A fungal pathogen deploys a small silencing RNA that attenuates
mosquito immunity and facilitates infection. Nature Communications, 10(1): 4298.

Dangl J, Jones J. 2019. A pentangular plant inflammasome. Science, 364(6435): 31-32.

Deng D, Yan C, Pan X, et al. 2012. Structural basis for sequence-specific recognition of DNA by TAL
effectors. Science, 335(6069): 720-723.

Deng Y, Zhai K, Xie Z, et al. 2017. Epigenetic regulation of antagonistic receptors confers rice blast
resistance with yield balance. Science, 355(6328): 962-965.

Ding SW, Voinnet O. 2007. Antiviral immunity directed by small RNAs. Cell, 130(3): 413-426.

Dou D, Zhou JM. 2012. Phytopathogen effectors subverting host immunity: different foes, similar battleground. Cell Host & Microbe, 12(4): 484-495.

Du B, Zhang W, Liu B, et al. 2009. Identification and characterization of *Bph14*, a gene conferring resistance to brown planthopper in rice. Proc Natl Acad Sci USA, 106(52): 22163-22168.

Du M, Zhao J, Tzeng DTW, et al. 2017. MYC2 orchestrates a hierarchical transcriptional cascade that regulates jasmonate-mediated plant immunity in tomato. The Plant Cell, 29(8): 1883-1906.

Du P, Wu J, Zhang J, et al. 2011. Viral infection induces expression of novel phased microRNAs from conserved cellular microRNA precursors. PLOS Pathogens, 7(8): e1002176.

Duan CG, Fang YY, Zhou BJ, et al. 2012. Suppression of *Arabidopsis* Argonaute1-mediated slicing, transgene-induced RNA silencing, and DNA methylation by distinct domains of the cucumber mosaic virus 2b protein. The Plant Cell, 24(1): 259-274.

Duan CG, Wang CH, Fang RX, et al. 2008. Artificial microRNAs highly accessible to targets confer efficient virus resistance in plants. Journal of virology, 82(22): 11084-11095.

Fang YY, Zhao JH, Liu SW, et al. 2016. CMV 2b-AGO interaction is required for the suppression of RDR-Dependent antiviral silencing in *Arabidopsis*. Frontiers in Microbiology, 7: 1329.

Feng F, Yang F, Rong W, et al. 2012. A xanthomonas uridine 5′-monophosphate transferase inhibits plant immune kinases. Nature, 485(7396): 114-118.

Feng F, Zhou JM. 2012. Plant-bacterial pathogen interactions mediated by type III effectors. Current Opinion in Plant Biology, 15(4): 469-476.

Flor HH. 1971. Current status of gene-for-gene concept. Annu Rev Phytopathol, 9: 275-296.

Gao M, Liu J, Bi D, et al. 2008. MEKK1, MKK1/MKK2 and MPK4 function together in a mitogen-activated protein kinase cascade to regulate innate immunity in plants. Cell Research, 18(12): 1190-1198.

Guo G, Liu X, Sun F, et al. 2018b. Wheat miR9678 affects seed germination by generating phased siRNAs and modulating abscisic acid/gibberellin signaling. The Plant Cell, 30(4): 796-814.

Guo HS, Ding SW. 2002. A viral protein inhibits the long range signaling activity of the gene silencing signal. EMBO J, 21(3): 398-407.

Guo HS, Garcia JA. 1997. Delayed resistance to plum pox potyvirus mediated by a mutated RNA replicase gene: involvement of a gene-silencing mechanism. Molecular Plant-Microbe Interactions, 10(2): 160-170.

Guo HS, Xie Q, Fei JF, et al. 2005. MicroRNA directs mRNA cleavage of the transcription factor NAC1 to downregulate auxin signals for *Arabidopsis* lateral root development. The Plant Cell, 17(5): 1376-1386.

Guo J, Xu C, Wu D, et al. 2018a. *Bph6* encodes an exocyst-localized protein and confers broad resistance to planthoppers in rice. Nature Genetics, 50(2): 297-306.

Guo JY, Cheng L, Ye GY, et al. 2014. Feeding on a *Begomovirus*-infected plant enhances fecundity via increased expression of an insulin-like peptide in the whitefly, MEAM1. Archives of Insect Biochemistry and Physiology, 85(3): 164-179.

Guo JY, Dong SZ, Yang XL, et al. 2012. Enhanced vitellogenesis in a whitefly via feeding on a *Begomovirus*-infected plant. PLOS ONE, 7(8): e43567.

Hamera S, Song X, Su L, et al. 2012. Cucumber mosaic virus suppressor 2b binds to AGO4-related small RNAs and impairs AGO4 activities. Plant Journal, 69(1): 104-115.

He H, Zhu S, Zhao R, et al. 2018. *Pm21*, encoding a typical CC-NBS-LRR protein, confers broad-spectrum resistance to wheat powdery mildew disease. Molecular Plant, 11(6): 879-882.

He XF, Fang YY, Feng L, et al. 2008. Characterization of conserved and novel microRNAs and their targets, including a TuMV-induced TIR-NBS-LRR class *R* gene-derived novel miRNA in *Brassica*. FEBS Letters, 582(16): 2445-2452.

He Y, Zhang H, Sun Z, et al. 2017. Jasmonic acid-mediated defense suppresses brassinosteroid-mediated susceptibility to rice black streaked dwarf virus infection in rice. New Phytologist, 214(1): 388-399.

Hou D, He F, Ma L, et al. 2018. The potential atheroprotective role of plant MIR156a as a repressor of monocyte recruitment on inflamed human endothelial cells. The Journal of Nutritional Biochemistry, 57: 197-205.

Hu K, Cao J, Zhang J, et al. 2017. Improvement of multiple agronomic traits by a disease resistance gene via cell wall reinforcement. Nature Plants, 3(3): 17009.

Hu Q, Min L, Yang X, et al. 2018. Laccase GhLac1 modulates broad-spectrum biotic stress tolerance via manipulating phenylpropanoid pathway and jasmonic acid synthesis. Plant Physiology, 176(2): 1808-1823.

Hua C, Zhao JH, Guo HS. 2018. Trans-kingdom RNA silencing in plant-fungal pathogen interactions. Molecular Plant, 11(2): 235-244.

Huo Y, Liu W, Zhang F, et al. 2014. Transovarial transmission of a plant virus is mediated by vitellogenin of its insect vector. PLOS Pathogens, 10(3): e1003949.

Huo Y, Yu Y, Chen L, et al. 2018. Insect tissue-specific vitellogenin facilitates transmission of plant virus. PLOS Pathogens, 14(2): e1006909.

Huo Y, Yu Y, Liu Q, et al. 2019. Rice stripe virus hitchhikes the vector insect vitellogenin ligand-receptor pathway for ovary entry. Philos Trans R Soc Lond B Biol Sci, 374(1767): 20180312.

Huot B, Yao J, Montgomery BL, et al. 2014. Growth-defense tradeoffs in plants: a balancing act to optimize fitness. Molecular Plant, 7(8): 1267-1287.

Inoue H, Hayashi N, Matsushita A, et al. 2013. Blast resistance of CC-NB-LRR protein Pb1 is mediated by WRKY45 through protein-protein interaction. Proc Natl Acad Sci USA, 110(23): 9577-9582.

Jia D, Chen H, Mao Q, et al. 2012a. Restriction of viral dissemination from the midgut determines incompetence of small brown planthopper as a vector of *Southern rice black-streaked dwarf virus*. Virus Res, 167(2): 404-408.

Jia D, Chen H, Zheng A, et al. 2012b. Development of an insect vector cell culture and RNA interference system to investigate the functional role of fijivirus replication protein. Journal of Virology, 86(10): 5800-5807.

Jia D, Guo N, Chen H, et al. 2012c. Assembly of the viroplasm by viral non-structural protein Pns10 is essential for persistent infection of rice ragged stunt virus in its insect vector. The Journal of General Virology, 93: 2299-2309.

Jia D, Mao Q, Chen Y, et al. 2017. Insect symbiotic bacteria harbour viral pathogens for transovarial transmission. Nature Microbiology, 2(5): 17025.

Jiang GH, Xia ZH, Zhou YL, et al. 2006. Testifying the rice bacterial blight resistance gene *xa5* by genetic complementation and further analyzing *xa5* (*Xa5*) in comparison with its homolog *TFIIAγ1*. Molecular Genetics and Genomics, 275(4): 354-366.

Jiang Y, Wang W, Xie Q, et al. 2017. Plants transfer lipids to sustain colonization by mutualistic mycorrhizal and parasitic fungi. Science, 356(6343): 1172-1175.

Jiao Y, Wang Y, Xue D, et al. 2010. Regulation of *OsSPL14* by *OsmiR156* defines ideal plant architecture in rice. Nature Genetics, 42(6): 541-544.

Jiu M, Zhou XP, Tong L, et al. 2007. Vector-virus mutualism accelerates population increase of an invasive whitefly. PLOS ONE, 2(1): e182.

Johal G, Briggs S. 1992. Reductase activity encoded by the HM1 disease resistance gene in maize. Science, 258(5084): 985-987.

Jones JD, Dangl JL. 2006. The plant immune system. Nature, 444(7117): 323-329.

Kennedy JS. 1951. Benefits to aphids from feeding on galled and virus-infected leaves. Nature, 168(4280): 825-826.

Li F, Xu X, Huang C, et al. 2015. The AC5 protein encoded by mungbean yellow mosaic india virus is a pathogenicity determinant that suppresses RNA silencing-based antiviral defenses. New Phytologist, 208(2): 555-569.

Li G, Zhou J, Jia H, et al. 2019. Mutation of a histidine-rich calcium-binding-protein gene in wheat confers resistance to *Fusarium* head blight. Nature Genetics, 51(7): 1106-1112.

Li HW, Lucy AP, Guo HS, et al. 1999. Strong host resistance targeted against a viral suppressor of the plant gene silencing defence mechanism. EMBO J, 18(10): 2683-2691.

Li L, Li M, Yu L, et al. 2014a. The FLS2-associated kinase BIK1 directly phosphorylates the NADPH oxidase RbohD to control plant immunity. Cell Host & Microbe, 15(3): 329-338.

Li R, Weldegergis BT, Li J, et al. 2014b. Virulence factors of geminivirus interact with MYC2 to subvert plant resistance and promote vector performance. The Plant Cell, 26(12): 4991-5008.

Li W, Zhu Z, Chern M, et al. 2017. A natural allele of a transcription factor in rice confers broad-spectrum blast resistance. Cell, 170(1): 114-126.

Liang X, Ding P, Lian K, et al. 2016. *Arabidopsis* heterotrimeric G proteins regulate immunity by directly coupling to the FLS2 receptor. eLife, 5: e13568.

Liang X, Zhou JM. 2018. Receptor-like cytoplasmic kinases: central players in plant receptor kinase-mediated signaling. Annual Review of Plant Biology, 69: 267-299.

Liao Z, Mao Q, Li J, et al. 2017. Virus-induced tubules: a vehicle for spread of virions into ovary oocyte cells of an insect vector. Frontiers in Microbiology, 8: 475.

Lin F, Chen S, Que Z, et al. 2007. The blast resistance gene *Pi37* encodes a nucleotide binding site-leucine-rich repeat protein and is a member of a resistance gene cluster on rice chromosome 1. Genetics, 177(3): 1871-1880.

Lindbo JA, Silva-Rosales L, Proebsting WM, et al. 1993. Induction of a highly specific antiviral state in transgenic plants: implications for regulation of gene expression and virus resistance. The Plant Cell, 5(12): 1749-1759.

Liu B, Li JF, Ao Y, et al. 2012a. Lysin motif-containing proteins LYP4 and LYP6 play dual roles in peptidoglycan and chitin perception in rice innate immunity. The Plant Cell, 24(8): 3406-3419.

Liu B, Preisser EL, Chu D, et al. 2013. Multiple forms of vector manipulation by a plant-infecting virus: *Bemisia tabaci* and tomato yellow leaf curl virus. Journal of Virology, 87(9): 4929-4937.

Liu F, Jiang H, Ye S, et al. 2010. The *Arabidopsis* P450 protein CYP82C2 modulates jasmonate-induced root growth inhibition, defense gene expression and indole glucosinolate biosynthesis. Cell Research, 20(5): 539-552.

Liu J, Cheng XL, Liu D, et al. 2014. The miR9863 family regulates distinct *Mla* alleles in barley to attenuate NLR receptor-triggered disease resistance and cell-death signaling. PLOS Genetics, 10(12): e1004755.

Liu J, Huang J, Zhao Y, et al. 2015a. Structural basis of DNA recognition by PCG2 reveals a novel DNA binding mode for winged helix-turn-helix domains. Nucleic Acids Research, 43(2): 1231-1240.

Liu M, Shi Z, Zhang X, et al. 2019. Inducible overexpression of ideal plant architecture1 improves both yield and disease resistance in rice. Nature Plants, 5(8): 389-400.

Liu T, Liu Z, Song C, et al. 2012b. Chitin-induced dimerization activates a plant immune receptor. Science, 336(6085): 1160-1164.

Liu X, Lin F, Wang L, et al. 2007. The in silico map-based cloning of *Pi36*, a rice coiled-coil-nucleotide-binding site-leucine-rich repeat gene that confers race-specific resistance to the blast fungus. Genetics, 176(4): 2541-2549.

Liu Y, Wu H, Chen H, et al. 2015b. A gene cluster encoding lectin receptor kinases confers broad-spectrum and durable insect resistance in rice. Nature Biotechnology, 33(3): 301.

Luan JB, Yao DM, Zhang T, et al. 2013. Suppression of terpenoid synthesis in plants by a virus promotes its mutualism with vectors. Ecology Letters, 16(3): 390-398.

Ma Z, Zhu L, Song T, et al. 2017. A paralogous decoy protects *Phytophthora sojae* apoplastic effector PsXEG1 from a host inhibitor. Science, 355(6326): 710-714.

Mao Q, Wu W, Liao Z, et al. 2019. Viral pathogens hitchhike with insect sperm for paternal transmission. Nature Communications, 10: 955.

Mao YB, Cai WJ, Wang JW, et al. 2007. Silencing a cotton bollworm P450 monooxygenase gene by plant-mediated RNAi impairs larval tolerance of gossypol. Nature Biotechnology, 25(11): 1307-1313.

Mi S, Cai T, Hu Y, et al. 2008. Sorting of small RNAs into *Arabidopsis* argonaute complexes is directed by the 5′ terminal nucleotide. Cell, 133(1): 116-127.

Napoli C, Lemieux C, Jorgensen R. 1990. Introduction of a chimeric chalcone synthase gene into petunia results in reversible co-suppression of homologous genes in trans. The Plant Cell, 2(4): 279-289.

Ni F, Wu L, Wang Q, et al. 2017. Turnip yellow mosaic virus P69 interacts with and suppresses GLK transcription factors to cause pale-green symptoms in *Arabidopsis*. Molecular Plant, 10(5): 764-766.

Pu Y, Kikuchi A, Moriyasu Y, et al. 2011. Rice dwarf viruses with dysfunctional genomes generated in plants are filtered out in vector insects: implications for the origin of the virus. Journal of Virology, 85(6): 2975-2979.

Pumplin N, Voinnet O. 2013. RNA silencing suppression by plant pathogens: defence, counter-defence and counter-counter-defence. Nature Reviews Microbiology, 11(11): 745-760.

Qu J, Ye J, Fang R. 2007. Artificial microRNA-mediated virus resistance in plants. Journal of Virology, 81(12): 6690-6699.

Qu SH, Liu GF, Zhou B, et al. 2006. The broad-spectrum blast resistance gene *Pi9* encodes a nucleotide-binding site-leucine-rich repeat protein and is a member of a multigene family in rice.

Genetics, 172(3): 1901-1914.

Shen Q, Hu T, Bao M, et al. 2016. Tobacco RING E3 ligase NtRFP1 mediates ubiquitination and proteasomal degradation of a geminivirus-encoded betaC1. Molecular Plant, 9(6): 911-925.

Shimono M, Koga H, Akagi A, et al. 2012. Rice WRKY45 plays important roles in fungal and bacterial disease resistance. Molecular Plant Pathology, 13(1): 83-94.

Shimono M, Sugano S, Nakayama A, et al. 2007. Rice WRKY45 plays a crucial role in benzothiadiazole-inducible blast resistance. The Plant Cell, 19(6): 2064-2076.

Sun X, Cao Y, Yang Z, et al. 2004. *Xa26*, a gene conferring resistance to *Xanthomonas oryzae* pv. *oryzae* in rice, encodes an LRR receptor kinase-like protein. Plant Journal, 37(4): 517-527.

Sun Y, Li L, Macho AP, et al. 2013. Structural basis for flg22-induced activation of the *Arabidopsis* FLS2-BAK1 immune complex. Science, 342(6158): 624-628.

Szadeczky-Kardoss I, Csorba T, Auber A, et al. 2018. The nonstop decay and the RNA silencing systems operate cooperatively in plants. Nucleic Acids Research, 46(9): 4632-4648.

Tang D, Wang G, Zhou JM. 2017. Receptor kinases in plant-pathogen interactions: more than pattern recognition. The Plant Cell, 29(4): 618-637.

Timmons L, Fire A. 1998. Specific interference by ingested dsRNA. Nature, 395(6705): 854.

van der Krol AR, Mur LA, Beld M, et al. 1990. Flavonoid genes in petunia: addition of a limited number of gene copies may lead to a suppression of gene expression. The Plant Cell, 2(4): 291-299.

Wang B, Li F, Huang C, et al. 2014. V2 of tomato yellow leaf curl virus can suppress methylation-mediated transcriptional gene silencing in plants. The Journal of General Virology, 95(Pt 1): 225-230.

Wang C, Wang G, Zhang C, et al. 2017. OsCERK1-mediated chitin perception and immune signaling requires receptor-like cytoplasmic kinase 185 to activate an MAPK cascade in rice. Molecular Plant, 10(4): 619-633.

Wang C, Zhang X, Fan Y, et al. 2015b. Xa23 is an executor R protein and confers broad-spectrum disease resistance in rice. Molecular Plant, 8(2): 290-302.

Wang G, Roux B, Feng F, et al. 2015a. The decoy substrate of a pathogen effector and a pseudokinase specify pathogen induced modified-self recognition and immunity in plants. Cell Host & Microbe, 18(3): 285-295.

Wang GL, Valent B. 2017. Durable resistance to rice blast. Science, 355(6328): 906-907.

Wang H, Jiao X, Kong X, et al. 2016. A signaling cascade from miR444 to RDR1 in rice antiviral RNA silencing pathway. Plant Physiology, 170(4): 2365-2377.

Wang H, Sun S, Ge W, et al. 2020. Horizontal gene transfer of *Fhb7* from fungus underlies *Fusarium* head blight resistance in wheat. Science, 368(6493): eaba5435.

Wang J, Chern M, Chen XW. 2019c. Structural dynamics of a plant NLR resistosome: transition from autoinhibition to activation. Science in China Series C: Life Sciences, 63(4): 617-619.

Wang J, Grubb LE, Wang J, et al. 2018a. A regulatory module controlling homeostasis of a plant immune kinase. Molecular Cell, 69(3): 493-504.

Wang J, Hu M, Wang J, et al. 2019a. Reconstitution and structure of a plant NLR resistosome conferring immunity. Science, 364(6435): eaav5870.

Wang J, Wang J, Hu M, et al. 2019b. Ligand-triggered allosteric ADP release primes a plant NLR complex. Science, 364(6435): eaav5868.

Wang J, Zhou L, Shi H, et al. 2018b. A single transcription factor promotes both yield and immunity in rice. Science, 361(6406): 1026-1028.

Wang JJ, Guo HS. 2015. Cleavage of INDOLE-3-ACETIC ACID INDUCIBLE28 mRNA by microRNA847 upregulates auxin signaling to modulate cell proliferation and lateral organ growth in *Arabidopsis*. The Plant Cell, 27(3): 574-590.

Wang W, Wang ZY. 2014. At the intersection of plant growth and immunity. Cell Host & Microbe, 15(4): 400-402.

Wei J, He YZ, Guo Q, et al. 2017. Vector development and vitellogenin determine the transovarial transmission of begomoviruses. Proc Natl Acad Sci USA, 114(26): 6746-6751.

Wei T, Kikuchi A, Suzuki N, et al. 2006a. Pns4 of rice dwarf virus is a phosphoprotein, is localized around the viroplasm matrix, and forms minitubules. Archives of Virology, 151(9): 1701-1712.

Wei T, Li Y. 2016. Rice reoviruses in insect vectors. Annu Rev Phytopathol, 54: 99-120.

Wei T, Shimizu T, Hagiwara K, et al. 2006b. Pns12 protein of rice dwarf virus is essential for formation of viroplasms and nucleation of viral-assembly complexes. The Journal of General Virology, 87(2): 429-438.

Wei T, Shimizu T, Omura T. 2008. Endomembranes and myosin mediate assembly into tubules of Pns10 of rice dwarf virus and intercellular spreading of the virus in cultured insect vector cells. Virology, 372(2): 349-356.

Weiberg A, Wang M, Lin FM, et al. 2013. Fungal small RNAs suppress plant immunity by hijacking host RNA interference pathways. Science, 342(6154): 118-123.

Wu D, Qi T, Li WX, et al. 2017b. Viral effector protein manipulates host hormone signaling to attract insect vectors. Cell Research, 27(3): 402-415.

Wu J, Yang R, Yang Z, et al. 2017a. ROS accumulation and antiviral defence control by microRNA528 in rice. Nature Plants, 3: 16203.

Wu J, Yang Z, Wang Y, et al. 2015. Viral-inducible Argonaute18 confers broad-spectrum virus resistance in rice by sequestering a host microRNA. eLife, 4: e05733.

Wu X, Xu S, Zhao P, et al. 2019. The *Orthotospovirus* nonstructural protein NSs suppresses plant MYC-regulated jasmonate signaling leading to enhanced vector attraction and performance. PLOS Pathogens, 15(6): e1007897.

Xiao Y, Stegmann M, Han Z, et al. 2019. Mechanisms of RALF peptide perception by a heterotypic receptor complex. Nature, 572(7768): 270-274.

Xing L, Hu P, Liu J, et al. 2018. *Pm21* from *Haynaldia villosa* encodes a CC-NBS-LRR protein conferring powdery mildew resistance in wheat. Molecular Plant, 11(6): 874-878.

Xu G, Yuan M, Ai C, et al. 2017. uORF-mediated translation allows engineered plant disease resistance without fitness costs. Nature, 545(7655): 491-494.

Xu L, Yuan K, Yuan M, et al. 2020. Regulation of rice tillering by RNA-Directed DNA methylation at miniature inverted-repeat transposable elements. Molecular Plant, 13(6): 851-863.

Xu Y, Wu J, Fu S, et al. 2015. Rice stripe *Tenuivirus* nonstructural protein 3 hijacks the 26S proteasome of the small brown planthopper via direct interaction with regulatory particle non-ATPase subunit 3. Journal of Virology, 89(8): 4296-4310.

Yan C, Fan M, Yang M, et al. 2018. Injury activates Ca^{2+}/calmodulin-dependent phosphorylation of JAV1-JAZ8-WRKY51 complex for jasmonate biosynthesis. Molecular Cell, 70(1): 136-149.

Yan L, Zhai Q, Wei J, et al. 2013. Role of tomato lipoxygenase D in wound-induced jasmonate biosynthesis and plant immunity to insect herbivores. PLOS Genetics, 9(12): e1003964.

Yang DL, Yao J, Mei CS, et al. 2012. Plant hormone jasmonate prioritizes defense over growth by interfering with gibberellin signaling cascade. Proc Natl Acad Sci USA, 109(19): E1192-E1200.

Yang M, Li Z, Zhang K, et al. 2018a. Barley stripe mosaic virus γb interacts with glycolate oxidase and inhibits peroxisomal ROS production to facilitate virus infection. Molecular Plant, 11(2): 338-341.

Yang M, Zhang Y, Xie X, et al. 2018b. Barley stripe mosaic virus γb protein subverts autophagy to promote viral infection by disrupting the ATG7-ATG8 interaction. The Plant Cell, 30(7): 1582-1595.

Yang R, Li P, Mei H, et al. 2019a. Fine-tuning of MiR528 accumulation modulates flowering time in rice. Molecular Plant, 12(8): 1103-1113.

Yang X, Guo W, Li F, et al. 2019b. Geminivirus-associated betasatellites: exploiting chinks in the antiviral arsenal of plants. Trends Plant Sci, 24(6): 519-529.

Yang Z, Huang Y, Yang J, et al. 2020. Jasmonate signaling enhances RNA silencing and antiviral defense in rice. Cell Host & Microbe, 28(1): 89-103.

Yao S, Yang Z, Yang R, et al. 2019. Transcriptional regulation of miR528 by OsSPL9 orchestrates antiviral response in rice. Molecular Plant, 12(8): 1114-1122.

Ye J, Zhang L, Zhang X, et al. 2021. Plant defense networks against insect-borne pathogens. Trends Plant Sci, 26(3): 272-287.

Ye R, Wang W, Iki T, et al. 2012. Cytoplasmic assembly and selective nuclear import of *Arabidopsis* Argonaute 4/siRNA complexes. Molecular Cell, 46(7): 859-870.

Yuan B, Zhai C, Wang W, et al. 2011. The *Pik-p* resistance to *Magnaporthe oryzae* in rice is mediated by a pair of closely linked CC-NBS-LRR genes. Theoretical and Applied Genetics, 122(5): 1017-1028.

Zhai C, Lin F, Dong Z, et al. 2011. The isolation and characterization of *Pik*, a rice blast resistance gene which emerged after rice domestication. New Phytologist, 189(1): 321-334.

Zhai Q, Yan L, Tan D, et al. 2013. Phosphorylation-coupled proteolysis of the transcription factor MYC2 is important for jasmonate-signaled plant immunity. PLOS Genetics, 9(4): e1003422.

Zhang C, Ding Z, Wu K, et al. 2016a. Suppression of jasmonic acid-mediated defense by viral-inducible microRNA319 facilitates virus infection in rice. Molecular Plant, 9(9): 1302-1314.

Zhang H, Lang Z, Zhu JK. 2018. Dynamics and function of DNA methylation in plants. Nature Reviews Molecular Cell Biology, 19(8): 489-506.

Zhang J, Dong S, Wang W, et al. 2019a. Plant immunity and sustainable control of pests in China: advances, opportunities and challenges. Scientia Sinica (Vitae), 49(11): 1479-1507.

Zhang J, Li W, Xiang T, et al. 2010. Receptor-like cytoplasmic kinases integrate signaling from multiple plant immune receptors and are targeted by a *Pseudomonas syringae* effector. Cell Host & Microbe, 7(4): 290-301.

Zhang J, Zhou JM. 2010. Plant immunity triggered by microbial molecular signatures. Molecular Plant, 3(5): 783-793.

Zhang K, Zhang Y, Yang M, et al. 2017a. The *Barley stripe mosaic virus* γb protein promotes chloroplast-targeted replication by enhancing unwinding of RNA duplexes. PLOS Pathogens, 13(4): e1006319.

Zhang L, Hou D, Chen X, et al. 2012a. Exogenous plant MIR168a specifically targets mammalian LDLRAP1: evidence of cross-kingdom regulation by microRNA. Cell Research, 22(1): 107-126.

Zhang L, Yu H, Ma B, et al. 2017c. A natural tandem array alleviates epigenetic repression of IPA1 and leads to superior yielding rice. Nature Communications, 8: 14789.

Zhang M, Wang S, Yuan M. 2019b. An update on molecular mechanism of disease resistance genes and their application for genetic improvement of rice. Molecular Breeding, 39(11): 154.

Zhang T, Jin Y, Zhao JH, et al. 2016b. Host-induced gene silencing of the target gene in fungal cells confers effective resistance to the cotton wilt disease pathogen *Verticillium dahliae*. Molecular Plant, 9(6): 939-942.

Zhang T, Luan JB, Qi JF, et al. 2012b. *Begomovirus*-whitefly mutualism is achieved through repression of plant defences by a virus pathogenicity factor. Molecular Ecology, 21(5): 1294-1304.

Zhang T, Zhao YL, Zhao JH, et al. 2016c. Cotton plants export microRNAs to inhibit virulence gene expression in a fungal pathogen. Nature Plants, 2(10): 16153.

Zhang X, Dong W, Sun J, et al. 2015. The receptor kinase CERK1 has dual functions in symbiosis and immunity signalling. Plant Journal, 81(2): 258-267.

Zhang XP, Liu DS, Yan T, et al. 2017b. Cucumber mosaic virus coat protein modulates the accumulation of 2b protein and antiviral silencing that causes symptom recovery in planta. PLOS Pathogens, 13(7): e1006522.

Zhang Z, Chen H, Huang X, et al. 2011. BSCTV C2 attenuates the degradation of SAMDC1 to suppress DNA methylation-mediated gene silencing in *Arabidopsis*. The Plant Cell, 23(1): 273-288.

Zhao JH, Guo HS. 2019. Trans-kingdom RNA interactions drive the evolutionary arms race between hosts and pathogens. Current Opinion in Genetics & Development, 58-59: 62-69.

Zhao JH, Hua CL, Fang YY, et al. 2016b. The dual edge of RNA silencing suppressors in the virus-host interactions. Current Opinion in Virology, 17: 39-44.

Zhao JH, Liu XL, Fang YY, et al. 2018. CMV 2b-dependent regulation of host defense pathways in the context of viral infection. Viruses, 10(11): 618.

Zhao P, Yao X, Cai C, et al. 2019. Viruses mobilize plant immunity to deter nonvector insect herbivores. Sci Adv, 5(8): eaav9801.

Zhao PZ, Zhang X, Gong XQ, et al. 2021. Red-light is an environmental effector for mutualism between *Begomovirus* and its vector whitefly. PLOS Pathogens, 17(1): e1008770.

Zhao Y, Huang J, Wang Z, et al. 2016a. Allelic diversity in an NLR gene *BPH9* enables rice to combat planthopper variation. Proc Natl Acad Sci USA, 113(45): 12850-12855.

Zheng L, Zhang C, Shi C, et al. 2017. *Rice stripe virus* NS3 protein regulates primary miRNA processing through association with the miRNA biogenesis factor OsDRB1 and facilitates virus infection in rice. PLOS Pathogens, 13(10): e1006662.

Zhou B, Qu S, Liu G, et al. 2006. The eight amino-acid differences within three leucine-rich repeats between Pi2 and Piz-t resistance proteins determine the resistance specificity to *Magnaporthe grisea*. Molecular Plant-Microbe Interactions, 19(11): 1216-1228.

Zhou JM, Chai J. 2008. Plant pathogenic bacterial type III effectors subdue host responses. Current Opinion in Microbiology, 11(2): 179-185.

Zhou XG, Liao HC, Chern M, et al. 2018. Loss of function of a rice TPR-domain RNA-binding protein confers broad-spectrum disease resistance. Proc Natl Acad Sci USA, 115(12): 3174-3179.

Zhou Z, Li X, Liu J, et al. 2015. Honeysuckle-encoded atypical microRNA2911 directly targets influenza a viruses. Cell Research, 25(1): 39-49.

Zhu M, Jiang L, Bai B, et al. 2017. The intracellular immune receptor Sw-5b confers broad-spectrum resistance to tospoviruses through recognition of a conserved 21-amino acid viral effector epitope. The Plant Cell, 29(9): 2214-2232.

Zou S, Wang H, Li Y, et al. 2018. The NB-LRR gene *Pm60* confers powdery mildew resistance in wheat. New Phytologist, 218(1): 298-309.

第二章
植物与真菌相互作用

刘慧泉[1]，孙广宇[1]，成玉林[2]，汤春蕾[1]，江　聪[1]，郭　军[1]，
赵　杰[1]，王晓杰[1]，冯　浩[1]，曾庆东[1]，康振生[1]

[1] 西北农林科技大学植物保护学院；[2] 重庆大学生命科学学院

第一节　植物病原真菌概述

真菌是一类具有真正细胞核的异养生物，营养体通常是丝状分枝的菌丝体。真菌不同于植物，其细胞壁含有几丁质，没有根、茎、叶的分化，通常产生各种类型的孢子进行有性生殖或无性繁殖，以吸收的方式获取营养。真菌具有广义的真菌和狭义的真菌两种概念。广义的真菌是指传统上由真菌学家研究的一类生物，统称为菌物，包括真菌界（Fungi）的所有物种，以及藻物界（Chromista）的卵菌（Oomycota）、丝壶菌（Hyphochytriomycota）、网黏菌（Labyrinthulomycota），原生生物界（Protista）的根肿菌（Plasmodiophoromycota）、黏菌（Myxomycota）、网柱黏菌（Dictyosteliomycota）、集孢黏菌（Acrasiomycota）等。狭义的真菌仅指真菌界的物种。《菌物字典》（第10版）（*Ainsworth & Bisby's Dictionary of the Fungi*, 10th edition）（Kirk et al., 2008）将真菌界分为6个门，即壶菌门（Chytridiomycota）、接合菌门（Zygomycota）、子囊菌门（Ascomycota）、担子菌门（Basidiomycota）、球囊菌门（Glomeromycota）和微孢子门（Microsporidia）。真菌是地球上分布非常广泛的生命形式，以腐生、共生和寄生等多种方式与自然环境、人类和其他生物发生着广泛的联系。真菌是地球生物圈中除昆虫以外种类多样性最为丰富的类群。这类生物在地球生态系统维持和物质能量循环中起着不可替代的作用。同时，许多真菌是植物的病原物，植物病害的70%左右是由真菌引起的，给农林业生产及人类生活带来了严重危害。

一、植物病原真菌的种类与分布

引起植物病害的真菌种类很多，其多样性很高。真菌界6个门中，除了微孢子门，每个门内都分布有植物病原真菌。此外，藻物界的卵菌和丝壶菌、原生生物界的黏菌和根肿菌也都可引起植物病害。

真菌在自然界分布极广，是生物中一个庞大的类群，根据《菌物字典》（第10版）（Kirk et al., 2008）统计，全世界已描述的真菌有1万多个属9.7万余种。目前，我国分布有真菌约1.4万种。Hawksworth（1991）估计全球真菌种数为150万种。这一

估值已被广泛引用，但多方面的证据显示这一估测是相当保守的。

真菌采用拉丁双名制命名法。真菌的拉丁学名由"属名+种加词+定名人"三部分组成。由于真菌的多型性，很多真菌生活史存在有性阶段和无性阶段。在相当长时期内，真菌分类所遵循的《国际植物命名法规》（*International Code of Botanical Nomenclature*，ICBN）允许子囊菌和担子菌的无性阶段拥有独立的名称，即有性态名称和无性态名称。为了避免名称混乱，国际真菌分类委员会委托荷兰皇家艺术和科学院于 2011 年 4 月在阿姆斯特丹组织召开了 One Fungus, One Name 国际研讨会，与会学者提出"一种菌物一个名称"的新系统，该系统于 2011 年在墨尔本举行的第 18 届国际植物学大会命名法分会通过。按照新的《国际藻类、菌物和植物命名法规》（*International Code of Nomenclature for Algae, Fungi and Plants*），一种菌物只能有一个正式名称。

二、植物病原真菌的危害

大多数真菌是腐生的，少数可以寄生于植物、人和动物体上引起病害。目前有记载的植物病原真菌达 8000 种以上。在植物病害中，由真菌引起的病害数量最多，占植物病害的 70%～80%，如常见的白粉病、锈病、瘟病等。小麦白粉病是我国小麦生产中的主要病害之一，是小麦上发病面积最大的病害，1990～1991 年连续在全国大流行，两年发病面积均超过 1200 万 hm^2，约占全国小麦种植面积的 40%，分别造成 14.38 亿 kg、7.7 亿 kg 的损失。锈菌为害多种经济作物，给农林业生产造成极大损失。小麦上发生 3 种不同锈病，即小麦条锈病、小麦秆锈病和小麦叶锈病。我国以小麦条锈病发生最为广泛，主要发生在西北、华北、长江中下游和西南各省（自治区、直辖市）；小麦秆锈病的常发区和易发区有福建、广东东南沿海及云南越冬区，江淮中下游冬麦区，东北及内蒙古东部晚熟春麦区；小麦叶锈病在我国各地均有分布，过去以西南地区发生较重，近年来在华北地区也逐渐严重起来。梨孢属（*Pyricularia*）侵染禾本科植物可引起瘟病。其中，由稻梨孢（*P. oryzae*）引起的稻瘟病是水稻第一大病害，可导致水稻大幅度减产，严重时减产 40%～50%，甚至颗粒无收。2016 年，由"稻梨孢小麦致病型"引起的麦瘟病在孟加拉国小麦产区大面积暴发，成为小麦生产的新威胁。

三、植物病原真菌的生活史与生殖方式

（一）真菌生活史

真菌从一种孢子萌发开始，经过一系列的生长和发育阶段，最后又产生同一种孢子的整个过程，称为真菌的生活史。典型的真菌生活史包括无性繁殖和有性生殖。一般是真菌孢子萌发形成菌丝体，在适宜的条件下进行无性繁殖产生无性孢子，增大群体的数量，通常在植物生长季对病害的传播和流行起着重要的作用；有性生殖阶段在

生活史中往往产生一次有性孢子，通常在病菌侵染后期产生，有性生殖易于形成多样性后代，有利于病菌适应环境、繁衍与进化。

了解真菌的生活史对于揭示植物病害的侵染循环有着重要意义。有些真菌在生活史中可以产生两种或两种以上的孢子，这种现象称作多型现象，如禾柄锈菌可以产生性孢子、锈孢子、夏孢子、冬孢子和担孢子共 5 种不同类型的孢子。这些孢子可以在不同寄主上产生，表现为转主寄生现象。

一个完整的真菌生活史包括单倍体和二倍体两个阶段。单倍体的菌体经质配、核配形成二倍体，二倍体经过减数分裂进入单倍体阶段。不同真菌这两个阶段发生的时间长短差异很大：一些真菌核配后立即进行减数分裂，故二倍体阶段很短；有的真菌在质配后不立即进行核配，形成双核单倍体，双核阶段在生活史中占有很长的时期，这种现象在担子菌中比较常见。依据单倍体、双倍体和双核阶段的有无和长短，可将真菌生活史划分为以下 5 种类型。

1. 无性型（asexual）

只有单倍体的无性阶段，缺乏有性阶段，如部分子囊菌、接合菌等。

2. 单倍体型（haploid）

营养体和无性繁殖是单倍体，有性生殖过程中，质配后立即进行核配和减数分裂，二倍体阶段很短，如接合菌、子囊菌和少数担子菌。

3. 单倍体-双核型（haploid-dikaryotic）

生活史中出现单核单倍体和双核单倍体菌丝，如高等子囊菌和多数担子菌。许多担子菌由性孢子与受精丝之间进行质配形成的双核细胞可以发育成发达的单倍双核菌丝体，并可以独立生活，双核阶段占据了整个生活史相当长的时期，如锈菌的锈孢子、夏孢子及休眠阶段的冬孢子，直至冬孢子萌发时才进行核配变为二倍体，之后很快进行减数分裂。

4. 单倍体-二倍体型（haploid-diploid）

生活史中出现单倍体和二倍体营养体，有明显的单倍体和二倍体相互交替的现象，只有少数低等壶菌，如异水霉属属于这种类型。

5. 二倍体型（diploid）

营养体为二倍体，二倍体阶段占据生活史中的大部分时期，只是在部分菌丝细胞分化为藏卵器和雄器时，细胞核在藏卵器和雄器内发生减数分裂形成单倍体，随后藏卵器和雄器很快进行交配又恢复为二倍体，如壶菌。

（二）真菌生殖

生殖是形成具有种全部典型特征的新个体的过程。生殖现象包括配子、孢子和相应器官的形成，需要在控制遗传、营养物质和环境条件下进行。真菌的繁殖有利于新个体的形成，而且可形成能抵御不良环境和有利于传播的结构，以便于物种的延续。真菌一般具有无性繁殖和有性生殖两种形式。

1. 无性繁殖

无性繁殖（asexual reproduction）是不经过性细胞或性器官的结合，营养体直接经有丝分裂形成新个体的繁殖方式，产生的孢子称为无性孢子或有丝分裂孢子。

无性繁殖后代可以保持亲本的原有性状，对于保持遗传性状的稳定性具有重要作用。大多数真菌可通过无性繁殖产生后代。真菌完成一个无性繁殖世代所需的时间短（通常只需要几天），每次产生的无性孢子数量巨大，在植物生长季反复多次发生，有利于植物病害的发生和蔓延。无性孢子形态各异，其形状、大小、色泽、细胞数目、产生部位和排列方式不同，对于真菌分类和鉴定具有重要参考价值。

真菌的无性繁殖方式包括断裂、裂殖、芽殖和原生质割裂等。断裂指真菌的菌丝断裂成短小片段或菌丝细胞相互脱离产生孢子。裂殖是指真菌的营养体细胞发生有丝分裂后，一分为二，分裂成性状相似的两个菌体，主要发生在单细胞真菌中，如酵母中的裂殖酵母。芽殖是指单细胞营养体、孢子或丝状真菌的产孢细胞以芽生的方式产生无性孢子，如黑粉菌担孢子可通过芽殖的方式产生芽孢子。原生质割裂是指成熟孢子囊内的原生质分割成若干小块，每小块原生质被膜后转变成一个孢子，如接合菌的孢子囊孢子、壶菌的游动孢子以这种方式形成。

真菌繁殖产生的无性孢子包括游动孢子、孢囊孢子、分生孢子和厚垣孢子等。

（1）游动孢子（zoospore）

游动孢子是壶菌门等真菌的无性孢子类型，具 1～2 根鞭毛，可以在水中游动，故称为游动孢子。产生游动孢子的孢子囊称为游动孢子囊（zoosporangium）。游动孢子的鞭毛有尾鞭和茸鞭两种类型。尾鞭式鞭毛只有 1 根粗的表面光滑的鞭杆，而茸鞭式鞭毛在鞭杆的四周还有许多细小的纤毛，形似茸毛。

（2）孢囊孢子（sporangiospore）

孢囊孢子是接合菌的无性孢子，形成于孢子囊（sporangium）内，无鞭毛，不能游动，所以又称为静孢子。

（3）分生孢子（conidium）

分生孢子是最常见的无性孢子类型，种类繁多，是子囊菌及担子菌无性阶段所产生的孢子类型。分生孢子可以直接产生在菌丝上，但更常见的是产生在由菌丝分化而成的分生孢子梗上，分生孢子梗可以发生于一些载孢体上，如分生孢子座、分生孢子盘和分生孢子器等。

（4）厚垣孢子（chlamydospore）

厚垣孢子是菌丝体或分生孢子的个别细胞膨大、原生质浓缩、细胞壁加厚而形成的有休眠功能的孢子。厚垣孢子寿命长，是一种可抵抗不良环境的休眠孢子，真菌能借以度过高温、低温、干燥和营养贫乏等不良环境，常见于老化的菌丝中。

2. 有性生殖

有性生殖（sexual reproduction）是指两个性细胞［配子（gamete）］或两个性器官［配子囊（gametangium）］结合后，经质配、核配和减数分裂产生新个体的一种生殖方式，产生的孢子称为有性孢子。

真菌的有性生殖有同宗配合和异宗配合两种方式。同宗配合是自体可孕的，即单个菌株就可完成有性生殖；异宗配合是单个菌株不能完成有性生殖，需要两个相反交配型的菌株共同生长在一起才能完成有性生殖。真菌的有性生殖一般包括质配、核配和减数分裂 3 个阶段。

（1）质配

质配是指两个可亲和的性细胞或性器官的细胞质连同细胞核结合在一个细胞中。质配过程因不同种群而不同，主要有以下 5 种方式。

1）游动配子配合（planogametic copulation）：两个裸露配子的结合，一个或两个配子是能动的，这种能动的配子称为游动配子（planogamete）。游动配子配合多发生在低等的水生真菌中。

2）配子囊接触（gametangial contact）：在两个配子囊相互接触时，雄性的核通过配子囊壁接触点溶解成的小孔进入雌配子囊，有的通过短的受精管进入雌配子囊。核输送完成后，雌配子囊（藏卵器）发育而雄配子囊（雄器）最后消解。雌配子囊、雄配子囊可以是同形的也可以是异形的，如子囊菌可通过配子囊接触形式形成子囊和子囊孢子。

3）配子囊交配（gametangial copulation）：两个配子囊接触后两者内容物相互融合的过程，主要有两种方式。一种是雄配子囊的内容物通过配子囊壁接触点溶解成的小孔转移到雌配子囊中，是整体产果式真菌的典型配合方式，如某些水生壶菌就属于这一类型。另一种是两个配子囊壁接触部位溶解，在溶解孔处两个配子囊的内容物融合形成一个新细胞，是接合菌有性生殖中的典型配合方式。

4）受精作用（spermatization）：指真菌以各种方式产生很多小的、单核的孢子状雄性结构，称为不动精子（spermatium）或性孢子（pycniospore），这些精子由昆虫、风、水或其他方法带到受精丝或者营养菌丝上，在接触点形成一个孔，精子的内容物输入后完成质配过程。这种方式多发生在子囊菌和担子菌中，如锈菌等。

5）体细胞配合（somatogamy）：很多高等真菌不产生任何性器官（或性器官退化），而是通过营养体菌丝的融合代替性器官的功能，大多数担子菌采用此类生殖方式。体细胞融合使得有性生殖趋于简单化，可看成有性生殖的退化现象。

（2）核配

核配是质配后两个可亲和的单倍体核进入同一细胞内进行配合，进而形成二倍体细胞核。质配后，在低等真菌中两个细胞核可随即发生核配形成二倍体核，双核阶段不明显；而在高等真菌中每个融合的体细胞内含有两个遗传性不同的单倍体核，它们通过双核分裂产生新的双核体细胞，生活史中呈现较长时间的双核阶段，经一定时期才能进行核配。双核阶段的长短，不同真菌有较大的差异，如子囊菌的双核阶段短，典型的双核阶段只出现在它的产囊丝中；而担子菌的双核阶段很长，质配后要经过很长时间才发生核配。

（3）减数分裂

核配后的二倍体细胞发生减数分裂，细胞核内染色体数目减半，恢复为原来的单倍体状态。单倍体核连同周围的原生质及其分泌物积累形成的细胞壁，发育成有性孢子，有性孢子萌发产生单倍体的营养体。

真菌的有性孢子有5种类型：休眠孢子囊、卵孢子、接合孢子、子囊孢子和担孢子。

（1）休眠孢子囊（resting sporangium）

休眠孢子囊是由两个游动配子结合而成的二倍体，具厚壁，能抵抗不良环境并长期存活，萌发时释放出1至多个单倍体的游动孢子，如多数壶菌。

（2）卵孢子（oospore）

卵孢子是部分壶菌的有性孢子类型。当藏卵器（大型配子囊）和雄器（小型配子囊）交配接触时，雄器通过产生的受精丝将其细胞质和细胞核输送入藏卵器中，进而发育成卵孢子。在藏卵器中，原生质在与雄器配合之前往往收缩成一个或数个原生质小团，称为卵球（oosphere）。藏卵器通常分化为两层，中部密集的原生质称为卵质，外层称为卵周质，卵质即为卵球。

（3）接合孢子（zygospore）

接合孢子是接合菌的有性孢子。它是由菌丝上生出的形态相同或略有不同的两个配子囊接合而成的，有同宗配合和异宗配合两种形式。当两个邻近的菌丝相遇时，各自向对方长出极短的侧枝，称为原配子囊。两个原配子囊接触后，各自的顶端膨大并形成横隔，称为配子囊。两个配子囊之间的隔膜消失后，质与核各自相互配合形成双倍体的接合孢子。

（4）子囊孢子（ascospore）

子囊孢子是子囊菌的有性孢子。在较高等的子囊菌中，两个异形配子囊——雄器（通常较小）和产囊体相接触，雄器的细胞质和核通过受精丝进入产囊体中，产囊体上形成许多丝状分枝的产囊丝，产囊丝顶端细胞伸长并弯曲形成产囊丝钩（crozier），而后形成一个棒状的子囊母细胞。子囊母细胞发育成子囊，在子囊内两个细胞核发生核配后常经过减数分裂和一次有丝分裂形成内生的单倍体子囊孢子。子囊的形状有球形、圆筒形等，子囊孢子的形状差异很大。

（5）担孢子（basidiospore）

担孢子是担子菌的有性孢子。在担子菌中，越是高等的担子菌其有性生殖方式越趋于简单，两性器官多退化，多以菌丝结合的方式产生双核菌丝。双核菌丝在两个核分裂之前可以产生钩状分枝而形成锁状联合（clamp connection），这有利于双核并裂，双核菌丝的顶端细胞膨大为担子，担子内两性细胞核配合后形成一个二倍体细胞核，经减数分裂后形成 4 个单倍体细胞核。同时在担子顶端长出 4 个小梗，小梗顶端膨大，最后 4 个核分别进入小梗的膨大部位，形成 4 个外生的单倍体担孢子。担孢子多为圆形、椭圆形、肾形和腊肠形等。

3. 准性生殖

准性生殖（parasexuality）是指异核体真菌菌丝细胞中两个遗传物质不同的细胞核可以结合成杂合的二倍体细胞核，这种二倍体细胞核在有丝分裂过程中发生染色体交换和单倍体化，最后形成遗传物质重组的单倍体。准性生殖可以提高真菌，特别是没有有性生殖的无性型真菌的遗传变异性和适应性，保持了自然群体的平衡，所以有重要意义。

第二节　植物病原真菌侵染机制

植物病原物的侵染过程是指病原物与寄主植物的侵染部位接触，以及侵入寄主植物后在其体内扩展、致病、繁殖等一系列顺序事件的过程。研究发现，在植物病原真菌侵入、扩展及相应的寄主植物防御等方面具有以下特征。

一、侵入方式

大多数植物病原真菌的侵染具有主动性，以侵染钉（penetration peg）、菌丝或根状菌索等侵染结构直接侵入，以及通过自然孔口或伤口侵入。

（一）直接侵入

病原真菌直接穿透寄主植物表皮的角质层和细胞壁，从而侵入寄主植物，是植物病原真菌最普遍的侵入方式。稻瘟病菌、白粉病菌和炭疽病菌等重要植物病原真菌均依靠这种侵入方式。真菌直接侵入的典型过程：落在植物表面的真菌孢子在适宜的条件下萌发产生芽管（germ tube），芽管的顶端膨大形成附着胞（appressorium），附着胞一方面通过分泌的黏液将菌体固定在植物的表面，另一方面与植物接触的部位产生侵染钉，侵染钉穿透植物表皮进入植物细胞（Gan et al.，2012）。研究发现，这类植物病原真菌穿透植物表皮主要依赖侵染钉的机械压力和化学方面的作用，其具体入侵机制也是目前植物病理学的一个热点研究领域（Horbach et al.，2011）。稻瘟病菌的初生附着胞透明，但随着黑色素的沉积和膨压的形成，附着胞颜色逐渐加深，细胞壁变厚，从而变成成熟的附着胞，成熟附着胞通过侵染钉可以在瞬间形成大约 8MPa 的压力（相当于汽车轮胎内部压强的 30 倍左右）（Howard et al.，1991；de Jong et al.，1997）。真菌黑色素是一类生物聚合分子的总称，DOPA 黑色素和 DHN 黑色素是研究最广泛的两种黑色素，它们与植物病原真菌的侵染紧密相关（周真等，2011）。当病原真菌侵染寄主植物时，黑色素在病原真菌附着胞细胞壁的内层沉积，形成有助于病原真菌入侵的机械压力，从而有利于病原真菌入侵寄主植物（曹志艳等，2006）。关于化学方面的作用，植物病原真菌则主要依靠自身的降解酶和毒素，酶类物质对寄主植物的细胞壁具有分解作用，毒素则使寄主植物细胞失去防御功能（Horbach et al.，2011）。

（二）自然孔口侵入

许多病原真菌通过植物的自然孔口侵入寄主植物。侵入的自然孔口主要包括气孔、水孔和皮孔等，其中气孔最为常见。很多重要植物病原真菌，如锈菌、苹果轮纹病菌和苹果树腐烂病菌等均依靠这种侵入方式。锈菌夏孢子在寄主植物表面萌发产生芽管，芽管向气孔方向延伸，遇到气孔后则在气孔上方形成附着胞，附着胞下方产生侵染钉，通过侵染钉穿过气孔保卫细胞，从而完成对寄主植物的侵入（Gan et al.，2012）。研究发现，锈菌夏孢子在非寄主植物表面大多能正常萌发产生芽管，但芽管与非寄主植物的气孔进行识别并形成附着胞的概率很低，这是因为芽管与非寄主植物的气孔之间缺乏相应的物理和化学识别信号（Ayliffe et al.，2011；Cheng et al.，2012）。

（三）伤口侵入

不少病原真菌通过植物表面的各种伤口侵入寄主植物。侵入的植物伤口主要指机械损伤、冻伤、灼伤、虫伤，也包括植物自身在生长过程中产生的一些自然伤口，如叶片脱落后的叶痕和侧根穿过皮层时所形成的伤口等。很多弱寄生的真菌依靠这种侵入方式，如绝大多数果实采后病原真菌依靠果实储运期间的伤口完成对寄主植物的侵入（Mari et al.，2007）。引起油菜菌核病的核盘菌在脱落并黏附在油菜茎秆或叶片上的花瓣上生活，然后进一步侵入叶片和茎秆（Hegedus and Rimmer，2005）。

二、扩展方式

根据扩展范围的大小，可将植物病原真菌的扩展方式分为局部扩展和系统扩展。局部扩展植物病原真菌仅在侵染点附近扩展，形成局部或点发性感染，其病害潜育期较短，这种现象称为局部侵染。系统扩展植物病原真菌则从侵染点向各个部位蔓延，从而引起全株性的系统侵染，这类植物病原真菌引起的危害更加严重。大丽轮枝菌属于典型的系统扩展植物病原真菌，其引起的黄萎病是棉花生产过程中的头号病害（Bhat and Subbarao，1999）。侵入寄主植物维管束后，大丽轮枝菌菌丝通过纹孔吸附和侵染相邻的导管系统，同时萌芽的孢子会随着水分或营养物质的流动被纹孔腔或者导管端壁的捕捉位点捕获，从而侵染相邻的导管系统，菌丝或孢子沿着彼此相邻的导管组织系统向寄主植物的顶端扩展或沿着植物导管壁上的纹孔向相邻的导管系统扩展，进而侵染整个维管束系统，最终导致整个感病植株发生萎蔫（赵凤轩和戴小枫，2009）。

根据病原真菌在寄主植物组织内的生长蔓延情况，可将植物病原真菌的扩展方式分为胞间扩展、胞内扩展、胞间和胞内同时扩展。

（一）胞间扩展

病原真菌在寄主植物细胞间扩展和生长，从细胞间隙或借助于特殊的侵染结构——吸器从细胞内吸收营养和水分，这类病原真菌多为专性寄生菌，如锈菌（Gan et al.，2012）。吸器是专性寄生菌形成的存在于植物组织内的唯一结构，但实质上它依然被特化的植物细胞质膜——吸器外质膜（extra-haustorial membrane，EHM）包裹（Mendgen and Hahn，2002）。吸器和吸器外质膜之间会形成一个特殊的区间——吸器外间质，该交界面在植物与病原真菌进行营养物质和信息的交换中起着关键作用（Hahn and Mendgen，2001；Mendgen and Hahn，2002）。近来越来越多的证据表明，吸器也通过介导病原菌致病关键因子——效应子的跨膜转运在植物病原真菌的致病性中起着重要作用（Petre and Kamoun，2014）。

（二）胞内扩展

病原真菌在寄主植物细胞内扩展和生长，直接从寄主植物细胞吸收营养和水分，很多重要植物病原真菌如稻瘟病菌、炭疽病菌等采用这种扩展方式。侵入寄主植物后，稻瘟病菌在寄主植物表皮细胞里形成大量形状不规则的侵染菌丝（infection hypha），侵染菌丝紧密包被在由寄主植物细胞质膜形成的侵染菌丝外套膜内并通过植物的胞间连丝进入邻近的植物细胞（Sakulkoo et al.，2018）。研究发现，在稻瘟病菌的活体营养阶段，侵染菌丝外套膜与靠近侵染菌丝尖端的间隔区域会形成一种特异的病原诱导结构——活体营养界面复合体（biotrophic interfacial complex，BIC），该结构主要负责稻瘟病菌效应子的分泌（Khang et al.，2010）。

（三）胞间和胞内同时扩展

有些病原真菌既可在寄主植物细胞间扩展和生长，又可穿透寄主植物细胞在细胞内扩展和生长，一些兼性寄生菌如禾谷镰刀菌、小麦全蚀病菌等采用这种扩展方式。禾谷镰刀菌在侵染小麦穗部的过程中会同时产生胞间菌丝和胞内菌丝，相比于胞间菌丝，胞内菌丝通常较粗且分枝较多（Guenther and Trail，2005）。这些菌丝最终通过穗轴和小穗轴的维管束扩展进入邻近小花，进而迅速侵染整个穗轴，形成典型的病状（Brown et al.，2010）。

三、寄主植物对病原真菌侵染的抵御

在长期的进化过程中，寄主植物形成了固有的抗病性（又称被动抗病性）或病原物诱导的抗病性（又称主动抗病性），以抵御病原物的侵染（Ayliffe et al.，2011）。研究发现，寄主植物对病原真菌侵染的抵御在组织结构水平和细胞化学水平等方面具有以下特征。

（一）组织结构水平

1. 物理的被动抗病性

在病原真菌接触或侵染之前，寄主植物已经形成了一些结构性或物理性的抗病机制以抵御病原真菌，这些防御结构主要包括体表附属物、角质层、自然孔口、木栓化和木质化组织等。

（1）体表附属物

植物的表皮毛不利于真菌的侵入，植物表皮毛越多，真菌孢子越难以接触到水滴和植物组织，从而影响孢子的附着和萌发，如表皮毛较多的小麦品种上禾柄锈菌（*Puccinia graminis*）的附着胞形成很少（Lewis and Day，1972）。另外，一些植物可以形成特化的腺分泌毛状体，它们可以分泌一些具有抗菌性的次生代谢物，从而抵抗病原真菌的侵染（Lazniewska et al.，2012）。

（2）角质层

角质层由角质和蜡质组成，是植物防御外来侵入的第一道屏障，主要通过蜡质对病原物进行抑制，蜡质的厚薄是植物抗病性的一个重要指标。一方面，蜡质具有明显的疏水性，能防止植物外部水分在植物表面顺利展布而形成水膜、水滴，从而使真菌孢子不能萌发；另一方面，蜡质中存在抑菌物质，通过抑菌物质对病原真菌产生抗性（Lazniewska et al.，2012）。

（3）自然孔口

许多病原真菌可通过气孔、皮孔等自然孔口进入植物体内。对于经气孔入侵的病原真菌，植物表面气孔的密度、大小、构造及开闭习性等是植物对其抗性的决定因素（Underwood et al.，2007）。据研究报道，气孔也在植物抵抗病原真菌侵染中发挥作用。在小麦与条锈病菌的不亲和互作中，抑制单脱氢抗坏血酸还原酶基因的表达可以诱导气孔形态变化，导致病原菌对气孔识别度变差，从而降低侵染效率（Abou-Attia et al.，2016）。

（4）木栓化和木质化组织

木栓层是植物块茎、根和茎等部位抵抗病原真菌的物理屏障。植物伤口组织木栓化后，不仅可以有效保护伤口不受病原真菌的侵染，还能防止病原真菌产生的有毒物质进一步扩散。另外，植物细胞的胞间层、初生壁和次生壁等组织可积累木质素，从而阻止病原真菌的扩展（Bhuiyan et al.，2009）。受大丽轮枝菌侵染后，棉花的木质化纤维增加，木质化程度加深，从而阻碍病原真菌的侵染（Huckelhoven，2007）。

2. 物理的主动抗病性

在病原物突破寄主植物固有的抗病性（被动抗病性）后，寄主植物通过一系列主动的抗病反应进行抵御。其中，病原真菌侵染后会诱导寄主植物形成乳突、侵填体和胶质等具有抗病性的组织结构。

（1）乳突

寄主植物受到病原真菌侵染后，在侵染点的细胞壁与细胞膜之间，在与真菌附着胞和侵染钉相对应的位置上，常会形成半球形沉淀物，即乳突（papillae）结构。乳突是植物细胞壁介导抗病性形成的最典型结构，富含胼胝质、木质素、酚类等抗病物质，是植物抵抗白粉病菌侵入的重要因素（Voigt，2014）。

（2）侵填体和胶质

针对为害植物维管束的病原真菌，寄主植物的维管束可通过形成侵填体和胶质阻塞维管束，从而阻止病原真菌随蒸腾液流进行扩展，同时导致寄主抗菌物质积累，阻止病菌酶和毒素的扩散。棉花、番茄等植物受黄萎病菌侵染后，其抗病品种中侵填体和胶质形成既快又多，是植物抵抗黄萎病菌侵染的一种有效手段（Daayf，2015）。

（二）细胞化学水平

1. 化学的被动抗病性

寄主植物也可通过自身固有的化学物质来抵御病原真菌的侵染，这些化学物质主要包括体表分泌物、酶抑制剂和水解酶、次生代谢物等。

（1）体表分泌物

植物的叶片和根系组织经常会分泌各种物质，有许多生化物质，如番茄苷、甜菜碱、酚类物质、大蒜素等，对病原真菌具有防御作用。研究发现，体表分泌物具有以下3种抗病机制：分泌物对病原真菌有直接毒害作用，影响真菌孢子萌发和芽管形成；分泌物对病原真菌起间接作用，被活化后可抑制病原真菌的生长；分泌物可终止或减弱病原真菌的侵入活动（Konno，2011；Baetz and Martinoia，2014）。

（2）酶抑制剂和水解酶

植物体内的某些酚类、单宁和蛋白是水解酶的抑制剂，可抑制病原真菌分泌的水解酶，从而阻止病原真菌的侵染。酚类物质普遍存在于植物体内，是目前被讨论最多的一类抵抗病原真菌的化学物质（Lattanzio et al.，2006）。另外，植物细胞含有多种水解酶，当受到病原真菌侵染之后，寄主植物可通过自身的水解酶，如几丁质酶、β-1,3-葡聚糖酶，分解病原真菌的细胞壁成分，从而使菌丝溶解（Misas-Villamil and van der Hoorn，2008）。

（3）次生代谢物

植物体内的很多次生代谢物，如酚类、皂角苷、不饱和内酯、芥子油、糖苷类化合物，具有抗菌活性（Mazid et al.，2011）。植物中的次生代谢物，如葡糖异硫氰酸盐、1-甲基色氨酸等，通过抑制菌丝生长或参与其他抗病反应来抵抗灰葡萄孢的侵染（张燕等，2018）。近来研究发现，指状青霉的侵染会诱导柑橘果实次生代谢相关基因的高水平表达（Gonzalez-Candelas et al.，2010），富含花青素的番茄果实抵抗灰葡萄孢侵染的能力较强（Zhang et al.，2013），这些研究结果表明次生代谢物也在果实抵御采后病原真菌侵染中发挥作用。

2. 化学的主动抗病性

在病原真菌突破寄主植物固有的抗病性（被动抗病性）后，寄主植物在细胞化学方面会产生相应的防卫反应，主要包括植物保卫素、防御酶、过敏性坏死反应。

（1）植物保卫素

植物保卫素是指植物受到病原物侵染后或遭受物理、生理刺激后所产生或积累的一类低分子量抗菌性物质。大多数植物保卫素对病原真菌有强毒性，有时也对细菌、线虫和其他生物有毒性。已知植物保卫素的化学组分主要有类异黄酮、类萜化合物、生物碱等，其中黄烷酮类植物保卫素生成量最大，抗菌活性最强，其抗真菌活性可能在于能干扰真菌的甾体营养或直接影响真菌细胞膜的透性（Ahuja et al.，2012）。

（2）防御酶

防御酶是指植物受到病原物或各种逆境因子作用后所诱导产生的一类可直接作用于病原物，或参与植物抗性物质合成，或维持正常的细胞生理活动和生长发育且具有催化作用的蛋白，具有酶的所有特征。针对病原真菌的侵染，植物主要通过过氧化物酶、苯丙氨酸氨裂合酶、多酚氧化酶、超氧化物歧化酶、β-1,3-葡聚糖酶和几丁质酶等防御酶进行抵御。过氧化物酶和超氧化物歧化酶是植物活性氧动态平衡的重要调控酶，通过对活性氧的调控可避免过量活性氧对植物细胞的伤害，同时促使活性氧作为抗病信号分子激发植物对白粉病菌、锈菌、稻瘟病菌等重要病原真菌的抗病性（Torres et al.，2006）。

（3）过敏性坏死反应

过敏性坏死反应（hypersensitive response，HR）是指植物遭受病原物侵染后，侵染点周围的少数植物细胞迅速坏死，从而遏制病原物进一步定植或扩展的现象。研究表明，过敏性坏死反应是一种特殊的程序性细胞死亡，是由植物抗病基因介导的抗病性中最普遍的防御方式，特别在植物对一些活体专性寄生真菌（锈菌、白粉病菌等）的抗性中尤为重要（Lam et al.，2001）。然而，过敏性坏死反应在植物与死体营养型（necrotrophic）真菌互作体系中发挥着相反的功能，灰葡萄孢侵染寄主植物诱导产生的过敏性坏死反应加速了灰葡萄孢的进一步侵染（Govrin and Levine，2000），这是因为加速植物细胞坏死是死体营养型病原菌的一种毒性作用机制，通过杀死植物细胞进而更容易从植物细胞吸收营养（Greenberg and Yao，2004）。

第三节 植物病原真菌组学研究

一、植物病原真菌基因组的特征

自 1996 年第一个真菌——酿酒酵母（*Saccharomyces cerevisiae*），2003 年第一个丝状真菌——粗糙脉孢菌（*Neurospora crassa*），2005 年第一个植物病原真菌——稻瘟病菌（*Magnaporthe oryzae*）全基因组测序完成并发表以来，随着高通量测序技术的发展，基因组测序成本不断降低，越来越多的真菌基因组得到了测定和分析。截至目前，已有超过 1000 种真菌的基因组数据得到释放，并且这一数字还在迅速攀升（Aylward et al.，2017；Stajich，2017）。一些大规模真菌基因组测序计划（如 "1000 个真菌基因组计划"）对产生目前可得的真菌基因组数据做出了重要贡献，它们还将继续发挥重要作用。已测序的真菌中病原菌种类最多，达到 35% 以上，其中以植物病原真菌为主（超过 200 种），且其中 60% 以上是对粮食作物造成危害的病原真菌（Aylward et al.，2017）。

基因组测序结果显示，真菌在基因组大小和 DNA 重复序列含量等方面均表现出极大的多样性。就基因组大小而言，虽然大多数已测序真菌的基因组为 30～40Mb，但波动范围从 2Mb 一直到 2Gb（Aylward et al.，2017；Stajich，2017）。与其他真菌相比，已测序的植物病原真菌基因组相对较大。植物病原担子菌基因组平均大小为 57Mb，植物病原子囊菌基因组平均大小为 39Mb，均高于其他真菌基因组的平均大小（35Mb）。此外，活体营养专性寄生的植物病原真菌的基因组通常较大，如白粉病菌和锈菌是活体营养专性寄生真菌，只能在寄主植物中增殖，已测序的布氏白粉菌（*Blumeria graminis*）基因组为 166.6Mb，小麦条锈病菌（*Puccinia striiformis* f. sp. *tritici*，Pst）基因组为 83Mb，番石榴柄锈菌（*Austropuccinia psidii*）基因组超过 1.2Gb。共生真菌也有类似的基因组扩张趋势，如黑松露（*Tuber melanosporum*）能够与相关植物的根形成外生菌根共生体，其基因组大小约 125Mb。需要注意的是，有些活体营养专性寄生真菌的基因组是收缩的，如黑粉菌（*Ustilago maydis*）基因组只有 21Mb。就基因含量而言，已测序真菌平均预测的蛋白编码基因总量约为 1.1 万个（Aylward et al.，2017；Stajich，2017）。仅从总数来看，植物病原真菌与其他真菌的蛋白编码基因数量并没有明显差异，但考虑基因组大小时，它们的蛋白编码基因数量明显偏少。也就是说，植物病原真菌蛋白编码基因的数量并没有随着基因组的扩张而增加。通常情况下，植物病原真菌基因组较大主要是由重复 DNA 序列特别是转座子扩张导致的。一些植物病原真菌基因组中重复 DNA 序列的比例极高，如接近 85% 的布氏白粉菌基因组和超过 53% 的小麦条锈病菌基因组为重复 DNA 或转座子序列。这些重复 DNA 序列含量高的植物病原真菌要么是活体营养专性寄生真菌，要么是半活体营养寄生真菌，表明植物病原真菌的高重复 DNA 序列含量与其侵染寄主期间存在活体营养阶段有关。

植物病原真菌基因含量的变化与其特定基因家族发生谱系特异的扩增和收缩有关（Raffaele and Kamoun，2012；Möller and Stukenbrock，2017）。相对于非致病种，目前已经发现几种与毒性相关的基因家族在植物病原真菌致病种中发生了扩增，这些扩增的基因主要编码裂解酶和转运蛋白，这两种蛋白的功能与真菌寄生性进化有关。相反，一些活体营养专性寄生病原真菌的基因组丢失或减少了特定类型的基因。例如，黑粉菌中一些编码植物细胞壁降解酶的基因减少，可能是对其活体营养专性寄生方式适应的结果。白粉病菌和锈菌等活体营养专性寄生真菌的基因组缺乏编码特定种类植物细胞壁降解酶和参与硫酸盐同化等各种代谢过程的基因，鉴于这些基因丢失现象独立发生在不相关的真菌谱系中，基因丢失可能是对植物专性寄生趋同适应的结果。

基于基因组的分析结果显示，病原真菌通常具有较高的基因组可塑性和可变的基因组结构（Raffaele and Kamoun，2012；Möller and Stukenbrock，2017）。许多丝状病原真菌被认为已经进化出了所谓的"双速"基因组，基因组中不同的区域以不同的速率进化，其中慢速基因组区富含基因，特别是调控一般生理的核心基因，而快速基因组区通常富含转座子，这些转座子被认为可通过在切除过程中引起 DNA 断裂或作为重组的底物促进基因组进化。快速进化的可塑基因组区涉及特定的区域，这些区域要么位于核心染色体上，要么位于条件非必需染色体上，包括附属或谱系特异的染色体、AT 富集同质区、转座子富集岛和串联重复基因簇。可塑基因组区通常富含效应子基因，这些效应子基因在病原真菌与寄主植物的相互作用中介导毒性，进化相对较快。病原真菌基因组的可塑性能够使其适应环境变化并占据新的生态位，是其在与寄主的"军备竞赛"中快速适应和进化所必需的。

二、植物病原真菌与植物互作的转录组学

转录组（transcriptome）是由基因组在特定条件、特定细胞/组织中产生的一整套 RNA 转录物，而转录组学（transcriptomics）是采用高通量方法对转录组进行研究（Lowe et al.，2017）。基于杂交的微阵列（microarray）和基于序列的 RNA-seq 是目前转录组学研究普遍采用的两大高通量技术。尤其是 RNA-seq 技术，其功能强大，不依赖任何转录物的先验知识，并且可以产生大量数据，成本也比微阵列等较老的技术低得多，因而备受研究人员青睐。转录组学研究的主要目的：①鉴定不同类型的转录

产物，包括 mRNA、非编码 RNA、小 RNA 等；②确定基因的转录结构，如转录起始和终止位点、内含子剪接模式，以及其他转录后修饰如 RNA 编辑等；③定量比较同一基因或转录物在不同发育时期或条件下的表达水平变化。

植物病原真菌与寄主植物之间的互作就好比一场战斗，是一个活跃而动态的过程。病原菌通过操纵植物的免疫系统导致寄主发病，而植物通过诱导各种防御机制来阻止病原菌的入侵。转录组学在剖析植物病原真菌与植物互作的转录组动态中发挥了重要作用，极大地促进了人们对植物病原真菌的致病机理及其与植物互作关系的认识（Wise et al.，2007）。RNA-seq 应用于病原菌与植物互作研究领域的优势在于，可以在同一样品中同时准确地检测病原菌和植物的转录物。这种策略被称为互作转录组测序（dual RNA-seq）（Naidoo et al.，2017；Westermann et al.，2017），目前是植物和医学领域中一种比较新的技术。

互作转录组测序研究的最终目的是获得所研究的互作体系中的生物学奥秘，特别是那些决定发病严重程度的因子。由于互作转录组测序方法相对较新，其应用尚未得到普及。但是近年来其在不同营养方式（活体、半活体、死体）病原真菌与多种植物互作系统研究中的成功应用充分展示了该方法的通用性，但也提示了该类研究中实验设计的重要性（Naidoo et al.，2017）。实验设计直接影响互作转录组测序的研究结果，在设计实验之前，很有必要了解发病过程、病原菌与寄主之间的物理互作，如菌丝穿透寄主细胞的时间、半活体营养寄生病原真菌从活体到死体营养阶段转变的时间等，这些信息可以为互作转录组测序选择最佳取样时间点提供依据。另外，可以选择不同的样本组（寄主抗性或病原菌毒性强弱差异）来了解那些最有可能与特定表型有关的互作反应，如比较抗性寄主和敏感寄主在相同菌株侵染下的反应或相同寄主在强毒菌株和弱毒菌株侵染下的反应等。在互作转录组研究中还必须考虑环境（生长室、温室或田间）和接种技术的影响。

目前已开展的互作转录组测序研究中，采用的生物学重复（biological replicate）数量通常为 1~5 个。生物学重复除了可以考虑生物学变异，还显著影响差异表达基因鉴定的能力和准确性。目前研究表明，生物学重复数增加可以增加准确鉴定到的差异表达基因的数量。因此，生物学重复对于所有 RNA-seq 实验都至关重要，尤其是互作转录组测序，因为其生物学变异来自病原菌与植物两方面。如果无生物学重复或生物学重复的个数少，获得的差异表达基因信息虽然可以用来指导后续的实验研究，但出现假阳性或假阴性的概率很高。因此，在当前测序成本降低的背景下，设置 3 个及以上生物学重复是必要的。不同互作转录组测序结果中，能够比对到病原菌参考基因组上的读长（read）比例差异很大，但是与寄主相比，该比例通常都非常低。因此，互作转录组测序实验设计和样本采集时需要考虑给定样本中病原菌与植物细胞的相对数量，因为其会影响样本中病原菌 RNA 相对于寄主 RNA 的数量（Naidoo et al.，2017）。通常情况下，相较于一般的转录组测序（RNA-seq），互作转录组测序需要较高的测序覆盖度，病原菌 RNA 的比例越低，就越需要更高的测序深度来捕捉病原菌的转录物信息。

　　近十年来，在植物病原真菌与寄主互作领域已成功开展了上百次转录组学实验，研究人员已把转录组学作为一个成熟的平台来破译植物病原真菌与寄主互作的机理。转录组学已帮助我们发现了在互作过程中被操纵的关键生化和信号通路，揭示了基因对基因的抗性和基础防御机制、非寄主抗性机制，以及活体、半活体、死体营养寄生病原真菌的致病机制等。今后，还需要改进分析系统和大规模数据比较的有效方法，以提高我们对植物病原真菌与寄主互作中转录组组成和动态的认识。转录组学也正在迅速改进，测序成本持续下降，新的方法和设备正在开发中，单细胞转录组学变得更加可行。未来的转录组学研究，结合蛋白质组学和代谢组学研究，将为深入认识植物病原真菌与寄主植物间的互作机理提供强有力的平台。

三、植物病原真菌与植物互作的蛋白质组学

　　细胞执行机体必需的功能依靠蛋白质。蛋白质组（proteome）是特定组织或细胞在特定条件下产生或修饰的一整套蛋白质的总称。越来越多的研究表明，mRNA 和蛋白质表达水平之间的相关性较差，转录组学分析获得的 mRNA 含量并不能直接反映细胞中蛋白质的含量，mRNA 的产生只是蛋白质合成一系列事件中的第一步，mRNA 可在蛋白质翻译水平受到调控，而且已经形成的蛋白质会发生翻译后修饰。因此，蛋白质组学（proteomics）应运而生，蛋白质组学一般是指对蛋白质组进行大规模实验分析研究（Graves and Haystead，2002）。基于质谱和基于微阵列的方法是当前大规模研究蛋白质最常用的技术。

　　植物病原真菌与寄主植物接触后，孢子萌发，产生吸器、附着胞、侵染菌丝等结构，并分泌一系列蛋白质进入寄主细胞内或细胞间隙，干扰寄主防卫反应，从寄主细胞吸收养分，这些分泌蛋白统称为分泌组（secretome）（Martínez-González et al.，2018）。分泌组研究结果表明，真菌可分泌细胞壁降解酶、磷脂酶、蛋白酶、效应子等多种蛋白质进入寄主细胞。互作蛋白质组学研究也揭示了植物中参与防御、应激调控、代谢、能量生产和信号转导等途径的相关蛋白在真菌侵染过程中被诱导表达，其中病程相关蛋白（pathogenesis-related protein）在植物与真菌互作中具有重要作用。虽然蛋白质组学也被成功地应用于研究多种病原菌（包括真菌）与植物的互作过程，揭示了不同蛋白质在病原菌致病入侵和寄主防御过程中的功能与作用机制（González-Fernández et al.，2010；Quirino et al.，2010；Kaur et al.，2017），但相较于基因组学和转录组学，病原菌与植物互作的蛋白质组学还是一个比较新的研究领域，许多方法和技术还有待完善。

　　有关互作转录组学研究实验设计方面的考虑同样适用于互作蛋白质组学研究（González-Fernández et al.，2010）。由于蛋白质组学分析结果稳定性较差，易受样品和环境条件的影响，因而比较蛋白质组学实验需要设计技术重复及更多的生物学重复。除此以外，在细胞裂解和样品制备方面也需要特殊考虑，如植物组织中病原真菌

的分泌蛋白浓度很低，有时会低于检出范围。一些互作过程中产生的化学物质可能损害蛋白质定量的标准方法，并可能导致对总蛋白质的严重高估。分析植物病原真菌在侵染过程中产生的一些特殊结构（如附着胞、吸器等）是互作蛋白质组学的一个新的研究领域，虽然目前已经开发了一些方法来分离这些侵染结构，但面临的一个主要问题是可得的样品量太少，与转录组学相比，蛋白质组学分析需要大量的材料。总之，由于没有单一的蛋白质提取方案可以捕获全部的蛋白质组，因此所选择的实验方案应该针对研究目的进行优化。理想的方法应该是高度重复性的，应该能提取到最多的蛋白质种类，同时减少污染物的水平，尽量减少人为导致的蛋白质降解和修饰。以往植物病原真菌的蛋白质组学研究大多局限于单向和双向电泳分析，然而，随着各种强大的蛋白质组学方法开发出来，用于定量蛋白质组学的第二代质谱技术，如二维差异凝胶电泳（2D-DIGE）、稳定同位素标记（ICAT、iTRAQ 和 SILAC）和无标记方法（label-free）已经开始应用于真菌及其与植物互作蛋白质组学研究（González-Fernández et al.，2010；Quirino et al.，2010；Kaur et al.，2017）。

综上所述，由于植物病原真菌对许多作物造成重大损失，因此有必要对这些微生物进行高通量研究，以确定其关键致病因子。虽然基于基因组和转录组的真菌-植物互作研究可以提供关于基因表达变化的有用信息，但蛋白质丰度变化的研究也很重要，以便确定在互作中必不可少的蛋白质及其表达或累积量的变化。蛋白质组学分析是一个很好的工具，可以通过高通量研究方法为我们提供大量关于真菌致病性及其与寄主互作机制方面的信息。该方法可以鉴定新的真菌致病因子，表征信号转导或生物化学途径，研究真菌的生命周期及其生活方式。还可以利用这些信息为农作物病害防控提供新的杀菌剂靶标。这对于植物病原真菌分泌组分析也特别重要，因为真菌在侵染过程中会分泌一系列细胞外酶类，以降解植物细胞壁、穿透植物细胞、获取营养。此外，基于质谱的蛋白质组学还可以帮助我们鉴定真菌菌株，并在真菌与植物互作中发现新的生物标志物。简而言之，植物病原真菌及其与植物互作的蛋白质组学研究才刚刚兴起。与人类、细菌、酵母或植物的蛋白质组研究相比，植物病原真菌蛋白质组学研究还需要进一步的技术突破和投入。近年来，国家和企事业单位在真菌蛋白质组学研究上的重大投入预示着未来植物病原真菌与植物互作的蛋白质组学研究前景良好。

第四节　植物病原真菌侵染生长及生殖的分子调控

目前已知植物病原真菌有近万种。在这些病原真菌中，有些寄主范围很窄，有些则寄主范围很广、可以侵染多种植物。根据寄生方式的不同，植物病原真菌可分为专性寄生真菌和非专性寄生真菌。专性寄生真菌只能在寄主植物上生长繁殖，而非专性寄生真菌则仅在生活史的某一特定阶段需要寄主，具有脱离寄主在其他介质上生长或繁殖的能力。无论是专性寄生真菌还是非专性寄生真菌，其生长发育均受到复杂而有序的分子调控，除了病原真菌自身的调节，还涉及真菌对环境和寄主的响应。植物病原真菌生长发育的分子机制是微生物分子遗传学研究的重要内容，同时是有效开展真菌病害防控工作的理论基础。

一、植物病原真菌侵染生长的分子调控

真菌菌丝实现极性生长需要不断向延展的细胞顶端运输负责重排细胞膜和细胞壁的酶。依赖微丝的肌球蛋白和沿微管运动的驱动蛋白及动力蛋白负责囊泡的运输。真菌极性生长的相关元件是抗真菌剂开发的潜在靶标，用于防治小麦赤霉病的多菌灵和氰烯菌酯就是分别针对微管蛋白、肌球蛋白发挥作用的。

真菌的营养生长在模式真菌曲霉和粗糙脉孢菌中得到了系统的研究，病原真菌的营养生长很可能遵循着相似的调控模式。除了营养生长，病原真菌入侵植物后，植物体内的侵染菌丝生长和扩展更应得到关注。以模式病原真菌稻瘟病菌为例，成熟的附着胞帮助稻瘟病菌突破水稻的表面屏障，继而发育出侵染钉并进入寄主细胞。经历成功的穿透过程后，侵染钉分化出初级侵染菌丝，在水稻细胞内生长。这一阶段，稻瘟病菌和水稻细胞建立了密切的活体联系。之后稻瘟病菌的初级侵染菌丝转化为膨大的侵染菌丝，并被一层来源于寄主细胞质膜的侵染菌丝外套膜包裹。分化的侵染菌丝在顶端会形成特化结构，称为活体营养界面复合体（BIC）。稻瘟病菌可以通过这一结构将效应子分泌到水稻细胞内以抑制寄主的防卫反应（Giraldo et al.，2013）。稻瘟病菌的侵染菌丝通过植物的胞间连丝进入相邻的水稻细胞，继续侵染生长。控制稻瘟病菌附着胞产生的丝裂原活化蛋白激酶 Pmk1 在侵染菌丝的生长及胞间穿梭中起到了决定性的作用，然而其敲除突变体的营养生长基本正常。这说明稻瘟病菌侵染生长和营养生长受到了不同的分子调控（Sakulkoo et al.，2018）。实际上，同一基因在营养生长和侵染生长阶段存在功能差异的现象在病原真菌中十分普遍，尖孢镰刀菌转录因子 SGE1 基因的敲除不影响营养生长，但是该基因参与调控了一系列效应子的表达，对于尖孢镰刀菌的侵染生长是必需的。通过对禾谷镰刀菌细胞周期研究发现，细胞周期蛋白依赖性激酶 Cdc2A 和 Cdc2B 在营养生长阶段功能冗余，在侵染生长阶段则仅有 Cdc2A 发挥调控功能（Liu et al.，2015）。这表明侵染生长与营养生长的细胞周期调控存在差异。

真菌的生长离不开营养的吸收。在寄主与病原真菌互作的过程中，高效的营养吸收是侵染菌丝发育和扩展的必要前提（Divon and Fluhr，2007）。在活体营养专性寄生真菌中，吸器是负责营养吸收的主要器官，而不依赖吸器的营养吸收方式对于病原真菌同样重要。转化酶和己糖转运蛋白可以帮助病原真菌利用寄主的糖，以补充自身的营养。植物在遭到病原真菌侵染时会产生大量的胞外转化酶，进而参与植物防卫反应，而这些酶可以被白粉病菌等病原真菌用于糖类的吸收。γ-氨基丁酸（γ-aminobutyric acid，GABA）是番茄质外体中一类主要的氨基酸，病原真菌的 GABA 转氨酶 Gat1，把 GABA 转化为琥珀半醛为自己所用，这是番茄叶霉病菌吸收氮源营养的方式之一。

　　病原真菌可以在偏好的营养存在的情况下，抑制其他营养的吸收，同时能在偏好的营养缺乏时，促进其他类型营养的利用，这就是所谓的碳分解代谢物阻遏（carbon catabolite repression，CCR）和氮分解代谢物阻遏（nitrogen catabolite repression，NCR）（Divon and Fluhr，2007）。激酶 Snf1 及其下游的转录因子 CreA 是碳分解代谢物阻遏途径的关键调控因子。Snf1 可以帮助病原真菌在葡萄糖缺乏时启动对其他糖类的利用，保证侵染菌丝生长过程中的营养供给。缺少了 Snf1 的尖孢镰刀菌碳源利用效率低，菌丝生长受限，对寄主拟南芥和甘蓝的侵染能力变弱，这说明碳分解代谢物阻遏与致病力直接相关。在氮分解代谢物阻遏途径中，AreA 是核心调控因子，它调控了氮源利用所需通透酶和分解酶的表达，从而帮助病原真菌适应不同的营养环境。3 个铵通透酶 MepA、MepB、MepC 均受到了 AreA 的调控，并参与了铵的吸收和信号识别。在水稻恶苗病菌和禾谷镰刀菌中，AreA 和铵通透酶还分别参与了赤霉素（gibberellic acid，GA）与脱氧雪腐镰刀菌烯醇（deoxynivalenol，DON）的合成调控，而这两种次生代谢物是导致水稻恶苗病和小麦赤霉病发生的重要因子。

　　真菌在生长过程中，会受到来源于周围环境和寄主的胁迫影响，如何响应这些胁迫决定了真菌能否正常生长发育。活性氧积累作为植物防卫反应的重要一环，会严重抑制病原真菌的侵染生长。因而病原真菌需要具有高效的抗活性氧胁迫系统，以确保其能在寄主植物体内生存。Ap1 是活性氧响应系统的主要调控因子，其基因的缺失会导致稻瘟病菌侵染菌丝扩展受阻，病斑无法形成。然而，在同样为病原真菌的灰葡萄孢、异旋孢腔菌及禾谷镰刀菌中，该基因却没有直接参与侵染过程。作为 Ap1 的下游，稻瘟病菌的硫氧还蛋白 Trx2 通过对 Pmk1 信号通路的调控，影响了侵染菌丝的生长。

二、植物病原真菌无性产孢的调控及影响因素

　　无性产孢是丝状真菌最普遍的繁殖方式。这一过程涉及一系列有序的细胞分化，并受到了精确的分子调控。高等真菌非运动的无性孢子称为分生孢子，是由产孢细胞通过有丝分裂及反复发生的不对称分裂产生的。一般，产孢从厚壁的足细胞起始，分化出产孢梗柄。产孢梗柄的顶端膨胀并形成多核的囊泡。在囊泡的表面排列着由多重细胞分裂成的分子孢子梗基。这些分子孢子梗基顺次萌发产生单核的瓶梗孢子，并最终发育成孢子。

　　分生孢子的产生和传播对于真菌病害的流行至关重要。在真菌病害的发生发展过程中，分生孢子的数量与发病率呈正相关。感染稻瘟病的水稻叶片，遇到合适的自然条件，在病斑形成处就会释放出大量的分生孢子，参与病害的再循环。稻瘟病菌分生孢子的产生依赖分生孢子梗的形成及孢子梗顶端的膨大。一般一个孢子梗可以产生 3～5 个分生孢子或更多。通过化学诱变或插入突变的方式，在稻瘟病菌中鉴定出了一系列影响产孢量及孢子形态的突变体。其中，con1 和 con2 敲除突变体分生孢子产量严重降低，且产生的分生孢子形态异常。con1 敲除突变体的分生孢子末端延长，而 con2 敲除突变体的分生孢子分隔减少。另外，Con4 和 Con7 也参与了调控产孢量

与孢子形态。Homeobox 类转录因子 Htf1 不参与菌丝的生长,但是对于无性产孢则是必需的。研究发现,*htf1* 敲除突变体产生了比野生型菌株更多的孢子梗,但是无法产生分生孢子(Liu et al.,2010)。作为构巢曲霉 MedA 的同源蛋白,稻瘟病菌 Acr1 的表达受到 Htf1 的调控。Acr1 是一个阶段特异性的产孢负调控因子,*acr1* 敲除突变体在孢子梗上出现了头尾相连的成串孢子。此外,稻瘟病菌的几丁质合成酶 Chs1 调控了孢子的产生、形态及萌发,Chs6 则参与了无性孢子的产生,而这两个酶基因的缺失会显著降低稻瘟病菌的致病力(Kong et al.,2012)。这也说明,细胞壁的组成可能会影响无性孢子的产生和形态建成。

孢子的产生还受到了胞内信号通路的调控,稻瘟病菌和灰葡萄孢细胞壁完整性通路对于无性孢子的产生至关重要。然而,并非所有病原真菌的细胞壁完整性通路都参与对无性产孢的调控。在禾谷镰刀菌中,该通路关键激酶 MGV1 的缺失会导致子囊孢子形态异常,但对产孢量无显著影响,这也说明不同的病原真菌在产孢的分子调控上存在差异。除了细胞壁完整性通路,G 蛋白途径和 cAMP-PKA 途径也通过对 Htf1 等产孢相关蛋白的调控影响病原真菌的无性产孢能力。

光照是影响孢子产生的重要环境因子。稻瘟病菌的二次侵染主要在夜间发生,原因是无性孢子主要在夜间释放,导致田间的孢子量在午夜到清晨的时间段达到顶峰。事实上,稻瘟病菌孢子释放最有利的条件是光到暗的转变。蓝光受体 Wc-1 介导了稻瘟病菌对光的响应及光对孢子释放的调控。玉米尾孢菌和禾谷镰刀菌的 Wc-1 均被证明与产孢有关。velvet 复合体也参与了光对病原真菌产孢的调控(Wang et al.,2016b)。在禾旋孢腔菌中,敲除 velvet 复合体的主要组分 VeA 和 VelB,在持续光照条件下降低了孢子梗的产量,却提高了持续黑暗时的孢子梗产量。与野生型菌株相比,*velB* 敲除突变体还改变了产孢模式,孢子成串存在,旧的孢子在基部,新的孢子在旧孢子的顶端产生。而野生型菌株则是一个孢子梗顶端分化出 3~5 个孢子的模式。VeA 和 VelB 还参与了光对孢子形态的调控,表现为 *veA* 和 *velB* 敲除突变体在持续黑暗下会产生一定比例的小尺寸孢子。除了光照,通气性和湿度等环境条件也是影响无性产孢的重要因素。可以说,病原真菌无性产孢的时空变化与其对多环境因子的适应性是密不可分的。

三、植物病原真菌有性生殖的调控

真菌的有性生殖有助于真核生物的遗传重组,可清除有害突变,产生更具适应性的后代。一般,真菌有性生殖需要经历交配对象识别、细胞质及细胞核融合、减数分裂及染色体倍性变化等几个阶段。

有性生殖在许多病原真菌的侵染循环中具有极其重要的地位。玉米瘤黑粉病菌在生命周期中存在酵母状单倍体孢子和双核菌丝体两个状态。其中双核菌丝体是入侵寄主、实现有性生殖的状态。玉米瘤黑粉病菌需要成功寄生于寄主植物中才能完成有性生殖,而其有性发育过程实际上也就是其致病过程。玉米瘤黑粉病菌含有交配型位

点 a 和 b。a 位点编码了信息素识别系统，控制了担孢子的交配过程。b 位点则是双核菌丝体发育所必需的，决定了其侵染能力（Spellig et al.，1994）。担孢子交配信号通过 MAP 类激酶调控 b 位点相关基因的表达，双核菌丝体的形成标志着进入了致病性发育阶段。在尖孢镰刀菌中，信息素受体 Ste2 参与识别番茄根部分泌的过氧化物酶，从而介导病原菌的向性生长，这表明信息素识别系统在病原真菌中的功能并不局限于有性发育阶段（Turra et al.，2015）。禾谷镰刀菌有性生殖形成的子囊壳是其越冬的主要形式，同时有性子囊孢子作为初侵染源在禾谷镰刀菌的侵染循环中扮演着不可替代的角色。有性生殖过程引起的遗传重组也是小麦锈菌毒性变异和小种产生的重要途径。小檗属和十大功劳属是小麦秆锈病菌和条锈病菌的转主寄主，为锈菌进行有性生殖提供了重要场所（Zhao et al.，2016）。

　　减数分裂会刺激转座子在基因组内和基因组间的交换，造成基因组的不稳定。因此，转座子活性的控制在有性生殖阶段就显得尤为重要。重复序列诱导点突变（repeat-induced point mutation，RIP）在减数分裂过程中通过突变多拷贝 DNA，能最大限度地减少转座子的影响，是一种重要的基因组防御机制（Cambareri et al.，1991）。除此之外，RIP 导致的大量无义突变加速了小分泌蛋白的产生和进化。而这些小分泌蛋白作为潜在的效应子，在病原真菌的致病力进化中起到了关键的作用。从这一角度看，RIP 驱动了病原真菌基因组的多样性进化。近年来，在禾谷镰刀菌等真菌中发现了另一种特异性发生于有性生殖阶段的表观修饰机制：A-to-I RNA 编辑（Liu et al.，2016a）。该机制通过 RNA 水平的编辑提高有性发育阶段蛋白质组的复杂度，而由其产生的氨基酸改变对物种来说通常是有益的，进化上受到正向选择。A-to-I RNA 编辑是真菌适应性进化的重要驱动力。

第五节　植物病原真菌致病因子

　　植物在与病原真菌长期共同进化中，为了抵御病原真菌的侵染，除了本身存在的一些物理屏障与化学屏障，还形成了复杂而精细的免疫反应系统。只有克服了这两层屏障后，病原真菌才能够成功侵入植物，在植物组织细胞内定植、扩展并致病。为此，植物病原真菌进化出了多样的针对性致病机制，如分泌植物细胞壁降解酶降解植物细胞壁而促进入侵，释放效应子来调控植物的免疫反应，从活体细胞汲取营养物质；腐生真菌分泌毒素与酶类物质杀死植物细胞，从死亡的组织中汲取养分等。本节将重点介绍植物病原真菌致病过程中的关键致病因子及其作用方式。

一、真菌植物细胞壁降解酶

　　植物表皮的角质层与细胞壁构成了抵御病原真菌的物理屏障。不同植物种类的细胞壁成分有所不同，但都含有纤维素、半纤维素、果胶、木质素及一些结构蛋白。为了克服这层屏障，植物病原真菌会在与寄主互作的界面分泌能够降解植物细胞壁成分的胞外酶，称为植物细胞壁降解酶（cell wall degrading enzyme，CWDE），通过 CWDE 消解植物细胞壁来获得营养物质，从而促进病原菌入侵植物细胞及在植物组织内扩展。

根据细胞壁成分，病原真菌进化产生特异的 CWDE，包括纤维素降解酶、半纤维素降解酶、果胶酶和角质酶等。将能够水解寡聚糖或多聚糖（包括纤维素和半纤维素）糖苷键的酶统称为糖苷水解酶（glycoside hydrolase，GH），目前在 131 种真菌中鉴定到 453 个 GH。纤维素水解酶分为内切型和外切型，二者共同作用将纤维素水解为可溶性的纤维糊精单体，之后被 β-葡糖苷酶水解为葡萄糖。内切型和外切型纤维素水解酶的划分并不是绝对的，而是一个持续转化的动态过程，至于每一种类型具体的功能、持续性及活性目前仍不清楚。在 40 个子囊菌基因组中，严格的外切型纤维素水解酶仅在 2 个 GH 家族中存在，而内切型纤维素水解酶（内切葡聚糖酶）则更为普遍。据研究报道，在粗糙脉孢霉和嗜热子囊菌中鉴定到一类新型的依赖铜离子的多糖单加氧酶，其在外源电子存在的情况下，能够催化水解氧化状态下纤维素的剪切（Quinlan et al.，2011；Beeson et al.，2012）。

半纤维素又称为非纤维素多糖，包含木葡聚糖、木聚糖和半乳甘露聚糖。病原真菌利用具有木葡聚糖酶活性的内切-β-1,4-葡聚糖酶水解木葡聚糖的主链骨架，利用内切-β-1,4-木聚糖酶剪切木聚糖骨架的糖苷键。一些真菌含有其他的具有木葡聚糖酶活性的 GH 家族，对乙酰化甲基葡萄糖醛酸木聚糖具有更好的水解活性。半乳甘露聚糖降解酶包括 β-甘露聚糖酶、β-甘露糖苷酶和 α-半乳糖苷酶。果胶酶的底物为果胶、果胶酸、D-半乳糖醛酸，根据对底物的偏好性不同，果胶酶又分为果胶裂解酶、果胶酸裂合酶和多聚半乳糖醛酸酶（polygalacturonase，PG）。

细胞壁降解酶的种类和数量与真菌类型及生活模式有关。与非病原真菌相比，植物病原真菌碳水化合物酯酶（如角质酶、木聚糖酶和果胶裂解酶）数量更多，半纤维素降解酶对木聚糖及木葡聚糖的水解活性更高，表明这些水解酶对于病菌致病性有重要作用（King et al.，2007）。与死体营养寄生真菌及其他真菌相比，活体营养寄生真菌中糖苷水解酶数量最少，包括半纤维素降解酶、葡糖苷酶、果胶裂解酶等在内都有所缺失。然而，番茄叶霉病菌例外，含有显著增多的糖苷水解酶（Zhao et al.，2013）。

CWDE 在植物病原真菌入侵及侵染过程中发挥着重要作用。在小麦赤霉病菌侵染的小麦细胞中，细胞壁显著减少；在玉米瘤黑粉病菌和稻瘟病菌侵染过程中，细胞壁降解酶表达水平都呈上调趋势（Mathioni et al.，2011；Martinez-Soto et al.，2013），表明 CWDE 是病菌侵染植物所需的重要致病因子。由于 CWDE 的功能冗余，明确 CWDE 是否是病原真菌的毒力因子比较困难。已有研究表明，角质酶在病菌致病力中起作用，*Fusarium solani* f. sp. *pisi* 角质酶 *cutA* 缺失突变体对豌豆的致病力降低（Rogers et al.，1994），稻瘟病菌角质酶 CUT2 能够感知疏水界面，在稻瘟病菌在水稻和大麦上的分化与致病力中起作用（Skamnioti and Gurr，2007）。

目前，鉴定到一些多聚半乳糖醛酸酶基因作为病原真菌的毒性决定因子。灰葡萄孢（*Botrytis cinerea*）和黄曲霉（*Aspergillus flavus*）中的多聚半乳糖醛酸酶Bcpg1和P2c与病菌的成功侵染相关（ten Have et al.，1998），麦角菌（*Claviceps purpurea*）*cppg1*和*cppg2*两个多聚半乳糖醛酸酶缺失突变体几乎丧失致病性（Oeser et al.，2002）。为抵御病菌多聚半乳糖醛酸酶，植物生成多聚半乳糖醛酸酶抑制蛋白（polygalacturonase-inhibiting protein，PGIP），在植物细胞壁上抑制真菌活性，但并不抑制植物多聚半乳糖醛酸酶活性，导致长链寡聚半乳糖醛酸积累，从而激发植物的防卫反应（Ridley et al.，2001）。相较于多聚半乳糖醛酸酶，对糖苷水解酶在病菌致病性中的作用研究较少。在稻瘟病菌中，一些内切木葡聚糖酶被认为与病原真菌侵染及在植物细胞内扩展相关。灰葡萄孢的木聚糖酶Xyn11A活性降低，影响其病斑面积，Xyn11A缺失导致病菌致病能力丧失（Noda et al.，2010）。在稻瘟病菌中利用RNAi对不同糖苷水解酶家族木葡聚糖酶进行沉默，发现一些糖苷水解酶的沉默降低了病菌的致病力，表明了木聚糖酶在病菌侵染中的重要性（Van Vu et al.，2012）。

二、植物病原真菌效应子

活体营养寄生真菌是一类高度专化的植物病原菌，它们通过形成特异的侵染菌丝或吸器等与寄主细胞亲密接触，从活的植物细胞中汲取营养。兼性寄生真菌在活体营养寄生阶段通过抑制寄主的免疫反应与细胞死亡，促进侵染菌丝扩展，之后在腐生阶段分泌毒素杀死植物细胞。至于活体营养专性寄生和兼性寄生真菌如何调控寄主的免疫反应、操控植物细胞的存活，一直是个谜。直到近年来，随着对植物与病原真菌互作分子模式的研究逐渐成熟，人们发现活体营养专性寄生和兼性寄生真菌主要通过向寄主细胞分泌一类毒力分子——效应子，调控修饰寄主的免疫反应或代谢机制等，使寄主丧失或弱化防卫反应，从而在植物体内生长、繁殖。

1. 植物病原真菌效应子的特征

真菌效应子大多N端含有分泌信号肽，编码小分子量的、功能未知的分泌蛋白，通过经典的内质网-高尔基体分泌途径被分泌到真菌与寄主植物互作的界面后，一部分效应子在此停留，称为质外体效应子（apoplastic effector）；另一部分效应子通过未知的作用机制被转运到寄主细胞内行使功能，称为细胞质效应子（cytoplasmic effector）。

目前在多种病原真菌，如玉米瘤黑粉病菌、小麦锈菌、小麦白粉病菌等基因组中预测得到大量候选效应子。相较于细菌效应子，真菌效应子的数量更多，多数缺少保守的或分子功能明确的结构域，存在遗传多样性，且与已有功能注释的基因相似性低。目前，仅在小麦白粉病菌、小麦秆锈病菌、小麦叶锈病菌和小麦条锈病菌等能够形成吸器的真菌效应子中发现存在Y/W/FXC结构域，具体功能仍未知，推测与效应子的转运相关。

真菌效应子大多在病菌侵染的植物细胞内诱导表达，在病原真菌侵染不同阶段常成簇表达，表明不同效应子在真菌不同侵染阶段发挥功能。十字花科蔬菜炭疽病菌

（*Colletotrichum higginsianum*）（Kleemann et al.，2012）效应子表达分为 3 个阶段，分别为附着胞侵染、活体营养寄生菌丝生长及从活体营养寄生到腐生阶段的转变，每个阶段都有特异的效应子表达。与表达模式一致，在活体寄生阶段表达的效应子能够抑制细胞坏死，而在腐生阶段表达的效应子则具有诱导细胞坏死的功能。玉米瘤黑粉病菌效应子 Pep1 在病菌初始侵染过程中表达，对于病菌初始侵染是必需的，Pit2 则在稍迟的侵染过程中表达，对于维持建立活体营养寄生至关重要，Tin2 则在早期侵染过程中表达，调控植物代谢以保证病菌从植物中汲取营养（Doehlemann et al.，2009，2011；Tanaka et al.，2014）。由此可见，真菌效应子呈现较强的侵染阶段特异性，在不同侵染阶段，真菌会释放不同的效应子发挥作用。

结合生物信息学预测与异源系统瞬时表达等方法，对病原真菌效应子亚细胞定位进行分析发现，真菌细胞质效应子转运到寄主细胞内能够靶标寄主不同细胞器起作用。一些稻瘟病菌效应子在水稻原生质及细胞核中积累，Bas107 则在水稻细胞核中定位（Giraldo et al.，2013；Yi and Valent，2013）。对小麦条锈病菌、小麦秆锈病菌、杨树叶锈病菌、亚麻锈菌、大豆锈菌等锈菌效应子研究发现，效应子定位在不同植物亚细胞组分中，如细胞核、核仁、细胞质膜、叶绿体、线粒体、加工小体（processing body，P-body）、胞间连丝等（Dagvadorj et al.，2014；Petre et al.，2015，2016a，2016b）。这说明病原真菌在侵染中会分泌不同的效应子到寄主细胞内的不同部位行使功能。

由于真菌效应子数量多，存在大量的功能冗余，敲除或沉默单个效应子不能显著影响病菌的致病性，因此真菌效应子的功能研究受到阻碍。然而，近年来越来越多的真菌效应子的功能被逐渐揭示。

2. 质外体效应子的功能

质外体效应子在寄主细胞间隙富含蛋白酶的环境中，通过半胱氨酸残基形成的二硫键来保持其稳定性。对质外体效应子的功能研究发现，不同病原真菌的这类效应子通常靶标寄主胞外防卫反应中的保守成分以抑制寄主的免疫反应。

（1）抑制寄主胞外蛋白酶活性

受到病菌侵染时，寄主植物会诱导产生大量胞外蛋白酶来抵御病菌的侵染，如木瓜蛋白酶样半胱氨酸蛋白酶（papain-like cysteine protease，PLCP）、几丁质酶、过氧化物酶等。一些病原真菌的效应子则作为蛋白酶抑制剂，抑制寄主胞外防御相关蛋白酶活性。番茄叶霉病菌效应子 Avr2 特异结合并抑制番茄胞外 PLCP 的 Rcr3 和 Pip1，从而促进番茄叶霉病菌在寄主胞间的生长（van Esse et al.，2007）。玉米瘤黑粉病菌 Pit2 则是作为玉米胞间 PLCP 的底物被其水解成具有蛋白酶抑制活性的含有 PID14 的短肽，通过 PID14 抑制 PLCP，从而调控寄主免疫（Misas-Villamil et al.，2019）。PID14 关键结构域在其他植物病原真菌中保守存在，表明效应子作为 PLCP 抑制剂在不同真菌中保守存在。

玉米瘤黑粉病菌效应子 Pep1 对于病原菌的成功侵染及瘤状物的形成具有重要作用。据研究报道，Pep1 可与玉米细胞外的过氧化物酶 POX12 结合并抑制其活性，从而抑制活性氧的产生，进而干扰下游信号转导，最终不能激发抗病反应（Doehlemann et al.，2011，2009）。

（2）抑制真菌几丁质激发的免疫反应

植物的质外体中含有多种真菌细胞壁降解酶，如几丁质酶，可降解真菌细胞壁中的几丁质而释放几丁质寡聚物，这些聚合物被寄主细胞表面的受体识别后激发病原体相关分子模式（PAMP）触发的免疫（PTI）。为避免被寄主受体识别，病原真菌会释放一系列几丁质结合效应子，通过结合几丁质来抑制由几丁质诱导的 PTI。番茄叶霉病菌 Avr4 效应子含有 CBM14 结构域，能够特异与真菌细胞壁上的几丁质结合，防止其被寄主几丁质酶降解（van Esse et al.，2007）。含有 LysM 几丁质结合区域的番茄叶霉病菌效应子 Ecp6 和稻瘟病菌效应子 Slp1，可以选择性地与几丁质寡糖结合，阻止几丁质聚合物与寄主表面受体的识别，从而抑制由几丁质诱导产生的免疫反应（de Jonge et al.，2010；Mentlak et al.，2012）。近来研究发现，可可丛枝病菌（*Moniliophthora perniciosa*）进化产生的类几丁质酶效应子 MpChi 能够与几丁质结合，但是由于酶活性位点突变丧失了几丁质酶活性，从而阻止由几丁质引发的免疫反应。在可可灰色果腐病菌（*Moniliophthora roreri*）中也发现了类几丁质酶效应子，可见赋予现有保守酶类蛋白新的功能已成为病菌进化产生新致病因子的新策略（Fiorin et al.，2018）。

3. 细胞质效应子的功能

目前鉴定到的真菌效应子大多为细胞质效应子，其进入寄主细胞内在不同亚细胞部位通过多样的作用机制抑制寄主的防卫反应，从而增强病原菌致病力以更好地在寄主中侵染繁殖。由于真菌效应子功能冗余且大多编码未知功能蛋白，对大部分真菌细胞质效应子的生物学活性仍不清楚。目前，已经发现一些效应子在寄主与病原菌互作中的作用及其机制。

（1）调控寄主激素信号通路

植物复杂的内源激素信号网络在植物抵御病原菌的防卫反应中起着关键作用。水杨酸（salicylic acid，SA）主要负责对活体和半活体营养寄生病原菌的抗性，而茉莉酸（jasmonic acid，JA）和乙烯（ethylene，ET）主要负责对死体营养寄生病原菌的抗性。玉米瘤黑粉病菌效应子 Cmu1 为分支酸变位酶，促使莽草酸酯合成途径中的代谢前体转化成芳香族氨基酸而不是水杨酸，导致水杨酸含量降低，从而抑制水杨酸介导的寄主免疫反应（Djamei et al.，2011）。这说明，Cmu1 通过调节莽草酸代谢途径来调控 SA 合成水平以抑制寄主的防卫反应。

（2）调节寄主基因表达

病菌侵染植物会导致植物在转录水平的重新编程，如玉米瘤黑粉病菌侵染玉米导致21%的玉米基因发生转录水平的变化。病原菌已进化产生了多样化的调控机制来操纵寄主基因的表达，包括调控转录因子与DNA结合发挥转录调控活性或干扰寄主的基因沉默等，诱导感病相关基因的表达。大豆锈菌效应子PpEC23在吸器中诱导表达，为小分子量的富含半胱氨酸残基的分泌蛋白，在寄主细胞内能够被大豆转录因子GmSPL121招募到细胞核中互作。GmSPL121负调控大豆抗病性，推测PpEC23可能通过调控GmSPL121的稳定性或转录活性调控下游防御相关基因的表达，从而抑制寄主免疫反应（Qi et al.，2016）。杨树叶锈病菌效应子Mlp124478定位在植物细胞核和核仁，含有DNA-结合结构域，能够与TGA1a启动子区DNA结合，在拟南芥中过表达可抑制防御相关基因的表达，推测其通过结合DNA在转录水平操控植物基因表达，抑制正常的防御相关基因转录，诱导与防御不相关的基因表达（Ahmed et al.，2018）。禾生毛盘孢菌（*Colletotrichum graminicola*）效应子CgEP1通过DNA结合活性发挥毒性功能，从而促进玉米炭疽病的发生（Vargas et al.，2016）。据研究报道，小麦秆锈病菌效应子PgtSR1作为寄主RNA沉默抑制子，能够干扰寄主RNA沉默，调节靶标植物免疫反应中关键基因的sRNA丰度，从而抑制寄主的防卫反应。

（3）调节寄主泛素降解途径抑制寄主免疫反应

稻瘟病菌效应子AvrPiz-t在稻瘟病菌侵染过程中于活体营养界面复合体（BIC）中积累，除了发挥无毒性功能，还具有抑制寄主PTI反应的功能。研究表明，AvrPiz-t在寄主细胞内与泛素E3连接酶APIP6互作，一方面AvrPiz-t被APIP6泛素化降解，另一方面AvrPiz-t与APIP6互作导致APIP6降解。APIP6作为寄主PTI反应中关键的正调控因子，其降解导致活性氧（ROS）产生减少，从而提高水稻对稻瘟病菌的感病性（Park et al.，2012）。

三、真菌毒素

死体营养寄生真菌在侵染过程中向寄主细胞分泌毒素，在寄主植物中诱导类似过敏性坏死反应的细胞坏死，促使植物营养释放，促进病菌在植物组织的定植。根据寄主范围不同，真菌毒素分为寄主特异毒素（host specific toxin，HST）和寄主非特异毒素（non-HST）。non-HST能够影响多种植物，其活性不存在物种特异性而是主要依赖浓度，如百日菊链格孢醇、细交链孢菌酮酸、布雷菲德菌素A、弯孢霉菌素、腾毒素（tentoxin）、5-丁基-2-吡啶甲酸和壳梭孢（菌）素等。non-HST能够增强病菌的致病力，但不是致病决定因子。尾孢菌属（*Cercospora*）能够侵染多种植物引起褐斑病，这与non-HST尾孢菌素（cercosporin）有关。尾孢菌素为苯二酚化合物，能够被光激活产生活性氧中间产物，如单线态氧、过氧化氢、羟自由基等，对细胞产生毒性作用，导致细胞凋亡，促进病菌侵染（Daub and Ehrenshaft，2000；Daub and Chung，2009）。链格孢属（*Alternaria*）产生的腾毒素是一种寄主非特异毒素，通过与叶绿体中F1-ATPase结合抑制ATP的水解，导致能量供给丧失，在感病植物上引起褪绿症状（Groth，2002）。

　　HST 只在特定植物（或作物品种）中起作用，是决定病菌致病性与寄主特异性的因子。HST 包含非核糖体多肽和小分子量次生代谢物，如 AAL 毒素、ACT 毒素、AK 毒素、AM 毒素、AF 毒素、Victorin、HC 毒素和 T 毒素等。Victorin 是维多利亚旋孢腔菌对燕麦致病的关键因子，能够与线粒体甘氨酸脱羧酶复合体中的两个蛋白结合，抑制苏氨酸的合成（Navarre and Wolpert，1995；Curtis and Wolpert，2004）。HC 毒素是由子囊菌玉米圆斑病菌（*Cochliobolus carbonum*）产生的环状四肽，作为组蛋白去乙酰化酶抑制剂导致组蛋白超乙酰化，干扰寄主防卫基因的转录激活，决定病菌对寄主的特异性与毒性，不能产生毒素的 *C. carbonum* 在感病玉米上产生的坏死斑变小。此外，HC 毒素还能够激活有机或无机分子如硝酸盐进入玉米根部（Brosch et al.，1995，2001；Baidyaroy et al.，2002）。玉米异旋孢腔菌（*Cochliobolus heterostrophus*）毒力因子 T 毒素为线性多聚酮，在德州雄性不育（*tms*）系玉米上呈高毒性，能够与仅在 *tms*-感病玉米中存在的线粒体 URF-13 蛋白互作，导致线粒体膜孔形成，最终引起线粒体分子外泄、电化学势崩溃（Dewey et al.，1988；Levings，1990；Siedow et al.，1995）。镰刀菌属（*Fusarium*）产生的恩镰孢菌素（enniatin）是环六肽内酯，能够提高镰刀菌的毒性，可能作为螯合剂和二价阳离子的转运蛋白起作用，但是具体作用机制仍不清楚（Vallejos et al.，1975）。壳二孢属植物病原菌 *Ascochyta cypericola* 和高粱茎点霉（*Phoma sorghina*）产生的莎草素（cyperin）是一种二苯醚类化合物，通过抑制烯醇还原酶干扰磷脂合成，高浓度的莎草素还能够抑制原卟啉原氧化酶的活性，抑制卟啉合成，从而抑制寄主免疫（Dayan et al.，2008）。脱氧雪腐镰刀菌烯醇（DON）属于单端孢霉烯族化合物，能够抑制蛋白合成，是病菌侵染植物所需的毒力因子。DON 合成由 TRI5 单端孢霉烯合酶调控，其基因缺失导致 DON 合成缺陷，抑制病症向其他小穗扩展。Tri101 为单端孢霉毒素 3-*O*-乙酰基转移酶，可将 DON 转化为 3-ADON，过表达 Tri101 显著降低毒素的效应（Jansen et al.，2005）。

　　除了小分子量毒性化合物，一些植物致病真菌还会分泌蛋白类 HST 加强病菌致病力。例如，小麦黄斑叶枯病菌（*Pyrenophora tritici-repentis*）可产生诱导坏死的毒素蛋白 PtrToxA 和诱导褪绿的毒素蛋白 ToxB（Ciuffetti and Tuori，1997），小分子量非蛋白类毒素 PtrToxC（Effertz et al.，2002）。HST 毒素对寄主的毒性还取决于寄主细胞中相应的感病基因，PtrToxA 在携带有 Tsn1 的寄主植物上可致病（Stock et al.，1996），而 PtrToxB 和 PtrToxC 的毒性功能分别由 Tsc2 和 Tsc1 介导（Friesen and Faris，2004；Antoni et al.，2010）。从小麦叶斑病菌（*Stagonospora nodorum*）中分离到的 SnToxA、SnTox2、SnTox3 和 SnTox4，能够分别在携带有 Tsn1、Snn2、Snn3 和 Snn4 的感病小麦植株中诱导坏死并提高其感病性。Tsn1 同时介导 PtrToxA 和 SnToxA 的毒性功能（Friesen et al.，2007；Abeysekara et al.，2009；Manning et al.，2009）。对 PtrToxA 深入分析发现，PtrToxA 在 N 端含有一个信号肽，紧随信号肽后是负责转运的 RGD 结构域，在 C 端含有一个效应子结构域。PtrToxA 进入寄主细胞后被转运到叶绿体，与叶绿体蛋白 ToxABP1 互作，依赖光的存在干扰光合作用系统，最终导致活性氧大量积累，从而增强病原菌毒性（Manning et al.，2009）。

死体营养寄生病原真菌 HST 毒素也被称为效应子，它们与寄主感病基因对于病菌致病都是必需的，不同于活体和半活体营养寄生真菌效应子介导寄主的抗病反应，死体营养寄生真菌效应子介导寄主的感病反应。二者符合植物与病原菌互作的正向选择进化。

四、真菌激素

植物激素信号网络在植物抗病反应中扮演着至关重要的角色，而病菌对激素信号通路的激活或抑制则对于其致病性非常重要。植物病原真菌能够产生不同的激素，如生成生长素、脱落酸（ABA）、赤霉素、乙烯（ET）和茉莉酸（JA）等。目前对植物激素信号网络研究较多，其实 JA 和茉莉酸-异亮氨酸（JA-Ile）最早是作为真菌产物被鉴定到的。JA 是从可可球二孢菌培养液中分离到的具有促进衰老活性的化合物，JA-Ile 是藤仓赤霉菌产生的一种代谢物。研究发现，病原真菌产生的激素能够调控植物激素信号通路，抑制植物免疫，提高病菌致病性，是病菌的重要致病因子。

多种植物病原真菌能够产生 JA 抑制寄主的免疫反应。可可毛色二孢菌（*Lasiodiplodia theobromae*）在侵染过程中能够通过脂肪酸途径产生 JA，抑制寄主植物 SA 合成，导致 SA 介导的系统获得抗性受抑。JA 在植物生长和免疫反应中具有重要调节功能，羟基化茉莉酸（12OH-JA）能够促进花与根茎的发育，却会阻止 JA 信号通路和防卫反应的诱导。研究发现，稻瘟病菌单加氧酶 Abm 能够将内源游离的 JA 转变为 12OH-JA。在侵染过程中，稻瘟病菌分泌 12OH-JA 抑制 JA 介导的免疫反应，促进稻瘟病菌在水稻内的定植与扩展（Patkar et al.，2015）。病菌在侵染前和侵染后，都能分泌 12OH-JA 和 Abm，表明 12OH-JA 能够帮助病菌调节植物以促进入侵，而 Abm 辅助后续病菌在植物组织中的定植。尖孢镰刀菌（*Fusarium oxysporum*）能够在被侵染植物体内产生茉莉酸，茉莉酸被植物细胞的茉莉酸感知因子 COI1 感知，通过不同途径提高病菌在幼苗及根部的致病性。此外，稻瘟病菌还能够产生 ABA，通过增强植物感病性和提高病菌本身致病性调控病害发生，ABA 合成基因缺陷显著降低稻瘟病菌的致病性（Spence et al.，2015）。

细胞分裂素（cytokinin，CK）是植物细胞分裂和分化的重要修饰因子，包括异戊烯基腺嘌呤（isopentenyladenine，iP）、双氢玉米素（dihydrozeatin，DHZ）、反式玉米素（*trans*-zeatin，transZCK）或顺式玉米素（*cis*-zeatin，cisZCK）。异戊烯基转移酶（isopentenyl transferase，IPT）是合成 CK 的关键酶，包括腺嘌呤-IPT 和 tRNA-IPT，分别通过甲羟戊酸（mevalonic acid，MVA）途径和甲基赤藓糖醇磷酸途径合成 CK（Sakakibara，2006）。燕麦病菌 *Claviceps purpurea* 利用腺嘌呤-IPT 和 tRNA-IPT 调节 CK 合成，二者缺陷导致真菌不能生成 CK（Hinsch et al.，2016）。稻瘟病菌利用 tRNA-IPT 基因 *CKS1* 合成 CK，该基因缺失使得 CK 合成途径停止，导致病菌在水稻中的生长受到抑制，推测稻瘟病菌 CK 可能通过干扰植物的免疫反应及侵染位点营养物质的汲取调控病菌的生长发育（Chanclud et al.，2016）。玉米瘤黑粉病菌在侵染过程中能够通过 IPT1 合成 cisZCK，使其在病菌侵染的玉米幼苗和瘤状组织中积累。*ipt1* 缺失导致玉米瘤黑粉病菌中 CK 合成停止，在植物中的病症被改变（Yonekura-Sakakibara et al.，2004；Morrison et al.，2015）。玉米瘤黑粉病菌产生的 cisZCK 被玉米吸收，与玉米 CK 受体结合改变玉米 CK 合成途径，导致玉米 CK 合成增多。玉米 CK 也可以被玉米瘤黑粉病菌吸收，由此病菌与植物产生的 CK 相互影响，共同影响瘤状物的生成与发展。瘤状物也可以产生 CK，反馈调节植物与真菌，最终诱导瘤状物的生长与其他激素如 ABA 的改变。因此，CK 的积累导致瘤状物生成，是决定病菌致病性的重要因子（Morrison et al.，2017）。

第六节　植物病原真菌致病过程的信号转导

病原真菌在与寄主植物互作时，会受到各种微环境变化的影响、植物因子的刺激，进而启动侵染反应，并最终导致植物真菌病害的发生。这一过程涉及植物病原真菌毒力因子的表达、代谢物的合成及与侵染相关的细胞分化等一系列复杂的生物学过程。植物病原真菌胞内的信号转导是决定侵染精确有序发生的关键。目前，关于植物病原真菌信号转导的研究，主要包括信号的识别、信号通路的组成与功能分化，以及不同信号通路的相互调控等几方面内容。

一、植物病原真菌膜受体介导的信号识别

植物病原真菌胞内信号通路的激活依赖上游膜受体对外界信号的识别。与植物和动物不同，真菌并不含有受体激酶及类受体激酶。G 蛋白偶联受体作为一类含有 7 次跨膜结构域的受体超家族，在病原真菌的信号识别过程中发挥了重要功能（Brown et al.，2018）。在模式真菌酿酒酵母中，信息素受体是研究得最为深入的 G 蛋白偶联受体，该受体在识别相反交配型细胞分泌的信息素后，触发胞内信号通路，启动交配过程。在土传病原真菌尖孢镰刀菌中，信息素受体识别寄主番茄根部分泌的过氧化物酶，并介导了菌丝的向根性生长。目前尚未发现信息素受体和病原真菌致病力之间存在直接联系，但尖孢镰刀菌中信息素受体的研究表明，同一受体可能通过识别不同配体来调控多样化的细胞功能。

稻瘟病菌的 Pth11 是植物病原真菌中报道的第一个侵染相关 G 蛋白偶联受体。Pth11 属于非经典的 G 蛋白偶联受体，该受体识别寄主的疏水表面，进而调控稻瘟病菌附着胞的形成，从而影响稻瘟病菌的致病力。Pth11 受体蛋白含有一个 CFEM 基序，这一基序以含 8 个保守的半胱氨酸为基本特征。CFEM 基序不仅存在于 G 蛋白偶联受体的胞外区，还存在于病原真菌的分泌蛋白中。虽然目前 CFEM 基序的具体功能尚不明确，但是破坏 Pth11 受体蛋白中 CFEM 基序的结构，会显著降低稻瘟病菌附着

胞的形成率及致病力，说明该基序对于 Pth11 受体蛋白的功能是必需的。Pth11 感知信号后会从细胞膜上内化进入内体囊泡中，这一过程对于胞内信号通路的激活至关重要。在病原真菌中，与 Pth11 序列相近、结构相似的受体统称为类 Pth11 受体（Brown et al.，2018）。不同于酿酒酵母，多数植物病原真菌拥有更多数量的 G 蛋白偶联受体，主要原因是类 Pth11 受体在植物病原真菌中出现了不同程度的扩张。在禾谷镰刀菌中，发现了另外一类扩张的 G 蛋白偶联受体亚家族（EIG 亚家族），该亚家族的多数成员在侵染时期特异表达，并负责禾谷镰刀菌对寄主信号的协同识别，这种识别模式有利于禾谷镰刀菌侵染的发生。

G 蛋白偶联受体介导的信号传递通过异源三聚体 G 蛋白将信号传递到胞内（Brown et al.，2018）。该异源三聚体由 Gα、Gβ 和 Gγ 三个亚基组成，G 蛋白偶联受体在结合配体后发生构象变化，促进与 Gα 亚基结合的 GDP 释放，导致 Gα 与 Gβγ 的解离，从而激活下游信号通路。玉米瘤黑粉病菌含有 4 个 Gα 亚基，其中 Gpa3 介导了信息素响应，在调控玉米瘤黑粉病菌交配过程中发挥了关键作用。虽然信息素对于玉米瘤黑粉病菌的侵染并非必需，但 gpa3 缺失突变体表现为致病力丧失。因此，玉米瘤黑粉病菌的 G 蛋白信号通路在调控致病性时，可能响应除信息素外的其他信号。在稻瘟病菌中，缺失 Gα 亚基 MagB 或者 Gβ 亚基 Mgb1，均会导致附着胞形成缺陷及致病力降低。在不同亚基分离并激活了相应的信号通路后，由于 G 蛋白调节蛋白（RGS）的阻遏调节，促进了异源三聚体 G 蛋白的重新形成。稻瘟病菌中 G 蛋白调节蛋白 RGS1，可以与 3 个 Gα 亚基（MagA、MagB 和 MagC）直接互作，进而调节致病性。G 蛋白偶联受体的激活及 RGS 蛋白的负调控有效地实现了 G 蛋白信号通路的平衡与稳定。

植物病原真菌中还存在其他保守的膜受体，同样对于侵染至关重要，如 Msb2、Sho1。在玉米瘤黑粉病菌、尖孢镰刀菌及大丽轮枝菌中，Msb2 在激活下游信号通路及调控致病性时发挥重要作用。而在灰葡萄孢中，虽然 Bmp1 信号通路的激活依赖 Msb2，但是 Msb2 的敲除对致病力无显著影响。Sho1 作为另一个重要的膜受体，同样参与了对病原真菌侵染的调控。稻瘟病菌中，msb2 sho1 双敲除突变体在人工疏水表面上鲜有附着胞形成，但仍可感受植物表面的蜡质等物质，并形成附着胞。Msb2 与另一个类黏蛋白 Cbp1 具有功能重叠，在 msb2 cbp1 双敲除突变体中，Pmk1 信号通路无法激活，导致菌株致病性的完全丧失。

二、植物病原真菌侵染相关的信号转导

植物病原真菌胞内的信号转导系统主要由一条 cAMP-PKA 通路及三条丝裂原活化蛋白激酶（mitogen-activated protein kinase，MAPK）信号通路（Fus3/Kss1、Slt2 及 Hog1）组成。这几条信号通路的核心组分在进化上高度保守，负责调控植物病原真菌侵染过程中各个关键环节的发生及转换，包括侵染结构形成、对寄主细胞的穿透及侵染菌丝的分化扩展等（Jiang et al.，2018）。

（一）cAMP-PKA 信号通路

蛋白激酶 A（protein kinase A，PKA）是由两个催化亚基（cPKA）和两个调节亚基（rPKA）组成的四亚基复合体，是 cAMP-PKA 信号通路的核心元件。当细胞接收到外界刺激后，会产生第二信使 cAMP 并与 PKA 的调节亚基结合，进而释放催化亚基以磷酸化下游靶标，从而调控一系列细胞生理过程（Li et al.，2012）。

cAMP 由腺苷酸环化酶产生，在多个植物病原真菌中敲除腺苷酸环化酶基因均严重影响其致病力，其中稻瘟病菌中敲除腺苷酸环化酶 MAC1 基因直接影响附着胞的正常形成，而在苜蓿炭疽病菌和胶孢炭疽菌中敲除腺苷酸环化酶基因，突变体虽然可以形成附着胞，却无法成功穿透寄主表皮。禾谷镰刀菌的腺苷酸环化酶基因缺失后无法形成侵染垫，同时丧失合成脱氧雪腐镰刀菌烯醇（DON）这一重要毒力因子的能力。有意思的是，腺苷酸环化酶 FAC1 基因虽然对于禾谷镰刀菌侵染寄主小麦是必不可少的，却并非其侵染玉米所必需。这说明 cAMP 信号通路的功能与病原真菌侵染寄主的方式有关。Cap1 是腺苷酸环化酶的互作蛋白，通过调控腺苷酸环化酶的活性影响胞内 cAMP 的浓度。Cap1 具有类似肌动蛋白的亚细胞定位，表明其可能在信号通路和细胞骨架之间发挥着桥梁的作用。无论是腺苷酸环化酶还是其互作蛋白 Cap1 缺失所造成的缺陷，均可以通过外源添加 cAMP 来回复。因此，这两类蛋白功能的实现依赖 cAMP 信号通路。与腺苷酸环化酶相反，磷酸二酯酶 Pde 则是胞内 cAMP 的负调控因子。缺失磷酸二酯酶 Pde 基因会引起胞内 cAMP 浓度的提高，引起 PKA 信号通路的过激活，同样不利于病原真菌的侵染。多数植物病原真菌含有两个磷酸二酯酶，即 PdeL 和 PdeH。其中，PdeH 为高亲和性的磷酸二酯酶，被认为是 cAMP 信号通路的主效负调控因子。

在稻瘟病菌、禾谷镰刀菌、炭疽病菌、灰葡萄孢及大丽轮枝菌等植物病原真菌中，均已对 PKA 激酶的催化亚基（cPKA）进行了功能的解析。植物病原真菌的 cPKA 一般包括两个亚基：cPK1 和 cPK2。cPK1 被认为承担了主要的 PKA 激酶活性，在发育和侵染调控中发挥了主要作用。在稻瘟病菌和禾谷镰刀菌中，敲除 cPK2 并未发现菌株存在明显缺陷，而 *cpk1 cpk2* 双敲除突变体则表现出比 *cpk1* 单敲除突变体更严重的表型缺陷，这表明 PKA 的两个催化亚基之间存在一定程度的功能重叠。相比于催化亚基，PKA 的调节亚基则研究甚少。在禾谷镰刀菌中敲除 PKA 的调节亚基 rPKA，发现敲除突变体虽然 DON 毒素产量提高，侵染能力却严重降低，表现为侵染菌丝在小麦穗轴中的扩展受限。进一步的研究还发现，rPKA 与细胞自噬存在联系。

通过比较转录组学分析禾谷镰刀菌和串珠镰刀菌 cAMP-PKA 信号通路的功能差异，发现其在细胞周期调控、蛋白合成及压力响应等过程中功能是保守的，而在调控一些物种特异性的次生代谢途径时具有明显的功能分化。

（二）Fus3/Kss1 MAPK 信号通路

酵母 Fus3/Kss1 信号通路在信息素响应和有性配对时具有重要功能，而在植物病原真菌中，该通路被证实与侵染密切相关（Li et al.，2012；Jiang et al.，2018）。最早将该通路与侵染联系起来的是在稻瘟病菌中对 Fus3/Kss1 同源基因 *PMK1* 进行的研究（Wilson et al.，2009；Turra et al.，2014）。研究发现，稻瘟病菌的 *pmk1* 敲除突变体虽然可以识别植物的疏水表面，却无法形成附着胞，因而丧失了致病力。近年来的研究还发现，稻瘟病菌的 Pmk1 除了对于附着胞形成是必需的，其还调控了侵染菌丝在植物细胞间的穿梭。在稻瘟病菌的 *pmk1* 敲除突变体中表达炭疽病菌和条锈病菌中的 *PMK1* 同源基因，可以回复突变体的附着胞形成缺陷，说明 Pmk1 介导附着胞形成的功能在病原真菌中高度保守。在麦角菌、小麦壳针孢及颖枯壳针孢等不产附着胞的病原真菌中，Fus3/Kss1 信号通路则参与调控了病原菌对植物表面的穿透及侵染菌丝的生长。能够侵染多寄主的尖孢镰刀菌的 *kss1* 敲除突变体对番茄无致病力，但在鼠模型系统中则表现为致病力正常，表明该激酶在病原真菌侵染不同寄主时功能存在差异。玉米瘤黑粉病菌中存在 Pmk1 的两个同源蛋白，即 Kpp6 和 Kpp2。分别敲除这两个蛋白所获得的单敲除突变体致病力减弱，*kpp2 kpp6* 双敲除突变体则致病力完全丧失，说明两个蛋白间存在功能的重叠。而在调控附着胞穿透时，Kpp6 相比 Kpp2 则更为重要，又表明两者存在功能的分化（Turra et al.，2014）。

Pmk1 的激活依赖其上游的丝裂原活化蛋白激酶激酶（MAPKK/MEK）Mst7 及丝裂原活化蛋白激酶激酶激酶（MAPKKK/MEKK）Mst11。作为最上游的激酶，Mst11 存在分子内的自抑制现象，其 N 端区域和 C 端的激酶区通过相互作用来确保其在未受到上游信号刺激时处于关闭状态。Ras 蛋白通过 Ras 结合结构域与 Mst11 互作，是 Pmk1 信号通路激活的关键元件。在 Mst11 缺失时，表达激活态的 Mst7 可实现对 Pmk1 的激活。Mst7 与 Pmk1 在附着胞形成时期直接互作，互作区域的缺失不影响 Mst7 的激酶活性，却影响了其对 Pmk1 的激活效率。Mst7 可以形成同源二聚体，有报道发现细胞的氧化还原状态对 Mst7 同源二聚体的形成具有重要影响。

Mst12 作为 Fus3/Kss1 信号通路的下游转录因子，在植物病原真菌侵染过程中发挥重要作用（Li et al.，2012）。在稻瘟病菌中，*mst12* 缺失突变体因无法正常形成侵染钉而导致致病力降低。Mcm1 是 Mst12 的互作蛋白，其突变体在疏水表面产生长的畸形芽管，并且在附着胞形成和侵染生长时存在缺陷。Mst12 和 Mcm1 作为 Pmk1 信号通路的下游转录因子，参与了对病原真菌侵染反应的调控。通过酵母双杂交文库的筛选，鉴定到 Pic1 和 Pic5 这两个 Pmk1 互作蛋白，其中敲除 Pic1 基因未发现有明显表型，而 Pic5 则在附着胞形成及穿透阶段均具有重要功能，可能是一个受 Pmk1 信号通路调控的新毒力因子。

（三）Slt2 MAPK 信号通路

Slt2 信号通路在植物病原真菌中高度保守，主要负责调控细胞壁的完整性，但在侵染时期的调控作用则在不同真菌中存在明显差异。在酿酒酵母中，Slt2 丝裂原活化蛋白激酶（MAPK）级联包括 Bck1（MAPKKK）、MKK1/MKK2（MAPKK）和 Slt2（MAPK）。受体蛋白将胞外信号依次传递给小 G 蛋白及 PKC 家族激酶，进而激活 Slt2 信号通路最上游的激酶 Bck1，通过依次磷酸化 MAPK 级联激酶激活转录因子，从而调控相关基因的表达（Hamel et al.，2012）。

在稻瘟病菌中，Slt2 的同源蛋白 Mps1 对附着胞的形成不是必需的，但 *mps1* 缺失突变体形成的附着胞无法穿透植物表皮，因而表现为致病力的丧失。在稻瘟病菌中表达假单胞菌的效应子 HopAI 会显著减弱 Mps1 的磷酸化水平，从而影响稻瘟病菌的致病力。禾谷镰刀菌的 Slt2 同源蛋白 Mgv1 参与了关键毒力因子 DON 毒素的生物合成，并影响了其对小麦穗部的侵染。葫芦科刺盘孢和炭疽病菌的 Slt2 信号通路在附着胞形成的早期阶段发挥了关键作用，影响附着胞的形成。小麦壳针孢的 *Mgslt2* 缺失突变体能够正常通过气孔穿透植物表皮，但在侵染菌丝分化及扩展时出现缺陷。灰葡萄孢的 Bmp3 不仅影响其对寄主植物的穿透，还影响分生孢子的形成。玉米瘤黑粉病菌的 Mpk1 参与了细胞周期的调控，Mpk1 激酶的过激活会促进细胞脱离有丝分裂的 G2 期。虽然不同病原真菌中 Slt2 信号通路作用于侵染的不同阶段，但是该通路对于病原真菌的致病性是必不可少的。

Rlm1 和 Swi6 是 Slt2 信号通路的两个下游靶蛋白（Wilson et al.，2009；Li et al.，2012）。稻瘟病菌的 *mig1*（*rlm1* 同源物）缺失突变体可以形成黑化的附着胞，但不能在植物中分化产生侵染菌丝。*swi6* 缺失突变体菌丝生长有缺陷，对细胞壁和活性氧胁迫都极度敏感，产生畸形的分生孢子和附着胞，从而导致附着胞膨压减小及致病力下降。在 Slt2 MAPK 级联途径中，MKK1（MAPKK）能够响应真菌侵染阶段的内质网应激压力和二硫基苏糖醇（DTT）处理，与自噬相关蛋白复合体互作，被自噬体激酶 Atg1 磷酸化，激活下游 Mps1 激酶，从而影响稻瘟病菌的致病性。此外，在稻瘟病菌中，糖原合酶激酶（glycogen synthase kinase，GSK）GSK3 基因的表达受 Mps1 调控，并调控了病菌对寄主表皮的穿透及致病力。

（四）Hog1 MAPK 信号通路

Hog1 信号通路负责真菌对渗透压的响应。与其他两个 MAPK 激酶（Fus3/Kss1 和 Slt2）具有苏氨酸-谷氨酸-酪氨酸（TEY）磷酸化位点不同，Hog1 及其同源蛋白具有苏氨酸-甘氨酸-酪氨酸（TGY）磷酸化位点。在稻瘟病菌和稻平脐蠕孢中敲除 Hog1 的同源基因，并未发现致病力存在缺陷。在灰葡萄孢和禾生球腔菌等真菌的侵染过程中，Hog1 信号通路发挥了重要作用。其中，禾生球腔菌的 *Mghog1* 缺失突变体在酵母态-菌丝态的转化方面存在缺陷，并且完全丧失了致病力。侵染时期产生真菌毒素是禾谷镰刀菌、稻曲病菌等病原真菌的侵染策略，Hog1 信号通路是这些病原真菌中负责调控真菌毒素合成的关键途径。禾旋孢腔菌的 *Cshog1* 缺失突变体在侵染大麦根部时致病力正常，在侵染叶片时毒性则显著降低，说明 Hog1 信号通路不仅在不同物种中功能不同，即使在同一病原真菌侵染寄主的不同部位时，其功能也存在差异（Jiang et al.，2018）。

Hog1 信号通路中的 Ssk22 MEKK 及 Pbs2 MEK 决定了 Hog1 的激活。在禾谷镰刀菌中，*Fgpbs2* 和 *Fgssk22* 缺失突变体与 *Fghog1* 缺失突变体的表型缺陷一致，说明了该通路组分之间功能的相关性。此外，Hog1 信号通路的激活还依赖双组分信号转导系统。病原真菌中的双组分信号转导系统由 Sln1-Ypd1-Ssk1 组成。稻瘟病菌的 Sln1 介导了其对膨压的响应，并驱动了其对寄主的侵染。而灰葡萄孢的 Sln1 和另一个膜受体 Sho1 在激活 Hog1 及调控致病性时存在功能冗余。

Atf1 是 Hog1 信号通路的下游关键转录因子，在禾谷镰刀菌中，将 Atf1 在 *Fghog1* 缺失突变体中过表达，可以恢复突变体在渗透压响应及致病性方面的缺陷。而该转录因子本身同样在致病过程中发挥了重要作用。稻瘟病菌的 Atf1 通过调控漆酶和过氧化物酶基因的表达来响应寄主的活性氧爆发等防卫反应。大丽轮枝菌的 VdAtf1 则通过介导病原真菌的氮响应及氮代谢来调控致病性。

（五）植物病原真菌胞内信号通路的相互关系及协同调控

植物病原真菌侵染过程中的信号转导错综复杂，cAMP-PKA 及 MAPK 信号通路相互作用、协同工作，是决定侵染过程有序发生的关键（Jiang et al.，2018）。

Ras 蛋白在多个植物病原真菌中均被证实同时介导了 cAMP-PKA 及 MAPK 信号通路的激活（Hamel et al.，2012）。在稻瘟病菌中，Ras2 的过激活导致稻瘟病菌在非诱导性表面形成不正常的附着胞，而这种附着胞形成异常的现象在 *cpka* 和 *pmk1* 缺失突变体中则未被发现，因此 Ras2 的下游信号转导依赖 cAMP-PKA 和 Pmk1 信号通路。在禾生炭疽菌和果生炭疽菌中导入稻瘟病菌过激活的 Ras2 蛋白，可以在气生菌丝上观察到类附着胞结构的形成，表明 Ras2 对信号通路的调控在植物病原真菌中高度保守。禾谷镰刀菌的 Cdc25 蛋白可与 Ras2 蛋白直接互作，并通过 cAMP 信号通路影响产毒小体和 DON 毒素的产生。此外，Cdc25 还分别与 Pmk1 上游的 MEKK 激酶 FgSte11，以及 Slt2 上游的 MEKK 激酶 FgBck1 互作，从而分别调控侵染结构的形成及细胞壁的完整性。

不同信号通路在调节不同生理生化过程时可能存在相向或相背的功能（Jiang et al.，2018）。在尖孢镰刀菌中，Fmk1 和 Mpk1 协同调控病菌对细胞壁压力与热应激的响应，而 Hog1 则可能参与了 Fmk1 和 Mpk1 信号通路的抑制。在异旋孢腔菌中，Chk1 和 Mps1 共同调控了黑色素调节转录因子 Cmr1 及黑色素合成基因等下游靶标。Hog1 虽然在介导致病性时与 Chk1 具有重叠的功能，但在调控部分靶标时与 Chk1 功能相反。禾谷镰刀菌中敲除 Hog1 会增强 *mgv1* 缺失突变体对细胞壁压力的耐受性，但仍无法恢复致病力。Mgv1 的缺失会提高 Hog1 的磷酸化水平，而在 *mgv1 hog1* 双敲除突变体中，Gpmk1 的磷酸化水平显著提高。蛋白质互作是不同信号通路之间建立联系的主要途径。在稻瘟病菌中，Mst50 通过与 Pmk1 信号通路的关键组分互作，稳定了该通路不同组分间的互作关系。该蛋白还与 Mck1 和 Mkk2 相互作用，介导对细胞壁完整性通路的调控，在外源添加细胞壁压力下，*mst50* 缺失突变体的磷酸化存在缺陷。除此之外，Mst50 通过影响 Osm1 的激活参与了病菌对高渗透压的应激响应。因此，Mst50 是连接 3 条 MAPK 信号通路的关键蛋白。作为磷酸二酯酶，PdeH 可与细胞壁完整性通路的 Mck1 互作，进而影响该通路的激活。而细胞壁完整性通路则通过对 PdeH 表达的调控，反馈调节胞内的 cAMP 水平。此外，PdeH 还介导了病菌对渗透压的响应，从而在 cAMP-PKA 信号通路和 Hog1 信号通路之间建立联系。

不同信号通路可能具有相同的下游靶基因（Li et al., 2012）。在玉米瘤黑粉病菌中，cAMP-PKA 和 MAPK 信号通路通过 Prf1 共同调节交配过程发生。其中 Prf1 上的 PKA 磷酸化位点对于 *a* 和 *b* 交配型基因的表达是必需的，而 MAPK 磷酸化位点则造成了 *a* 和 *b* 交配型基因表达的差异。稻瘟病菌 Sfl1 作为 Pmk1 信号通路的下游，其功能缺失突变会引起 *cpkA cpk2* 双敲除突变体的生长缺陷表型向野生型方向回复。研究发现，PKA 信号通路通过磷酸化 Sfl1 来减弱该蛋白与 Cyc8-Tup1 复合体的互作，从而介导菌丝生长及附着胞形成相关基因表达的调控。

第七节　植物病原真菌毒性变异与群体进化

一、毒性变异途径

植物病原菌的许多遗传改变，可导致病原菌毒性变异。毒性变异多指病原菌由无毒小种变为毒性小种的变异。植物病原真菌毒性变异导致产生新毒性小种，使病原菌群体结构发生变化。新毒性小种的发展和积累，均有可能因寄主植物的选择而成为优势致病型或小种。毒性变异是病原菌新小种产生和农作物品种抗病性"丧失"的主要原因。生殖方式影响生物进化及基因组结构演化，真菌的不同生殖方式决定着真菌基因组进化、突变的频率及真菌物种形成（speciation）的速率（郑鹏和王成树，2013）。植物病原真菌的毒性变异途径包括有性遗传重组、突变、异核作用、准性生殖及适应性变异等。

（一）有性遗传重组

病原菌通过有性生殖进行基因重组的过程就是有性遗传重组（sexual genetic recombination）。真菌的有性生殖现象于 100 多年前就被发现，主要分布于壶菌门、接合菌门、子囊菌门和担子菌门。一般能进行有性生殖的真菌在大多数情况下可形成一定的性器官及性细胞，整个过程包括质配、核配和减数分裂。真菌的"性别特征"（sexual identity）由交配型位点（mating-type locus，MAT）控制（Ni et al., 2011;

Whittle et al.，2011）。根据互补交配型基因在真菌单倍体（haploid）细胞中的分布，真菌的有性生殖类型可分为异宗配合、同宗配合和假同宗配合（Whittle et al.，2011；Zheng et al.，2013）。异宗配合（heterothallism）真菌的单倍体细胞核仅有一种交配型基因，表现为自交不育（self-sterility），需要和与其互补的交配型单倍体融合完成受精作用（fertilization）方可实现有性生殖。相反，同宗配合（homothallism）真菌的单倍体细胞具有两种亲和的交配型基因，位于相同或不同的染色体，表现为自交可育（self-fertility）。假同宗配合（pseudohomothallism）又称次级同宗配合，亦表现为自交可育，但是与同宗配合不同，其单个有性生殖细胞中同时携带有两种互补的交配型单倍体细胞核，可自主进行有性生殖。此外，部分同宗配合真菌可同时进行异交生殖，部分异宗配合真菌也可进行自交生殖（Pontecorvo et al.，1953；Ni et al.，2011）。相比较而言，真菌同宗配合比异宗配合更易累积基因组有害突变（genome deleterious mutation）（Whittle et al.，2011），因此异宗配合较同宗配合可能更有利于促进物种进化。

有性遗传重组是导致毒性变异的重要方式。病原菌的繁殖方式和交配体系影响群体基因型多样性和适应性变异能力。交配体系仅与有性生殖有关，从严格自交到杂交。病原菌通过杂交或自交的不同配合方式，均可以由无毒小种产生毒性小种（Johnson et al.，1932；Tian et al.，2016，2017）。杂合体更容易经有性遗传重组产生新的毒性小种（李振岐和商鸿生，1989）。

（二）突变

突变（mutation）是遗传物质可遗传的变化，是所有遗传变异的根源。广义的突变包括染色体结构的变异和基因组的变异。染色体结构的变异方式有缺失、重复、倒位和易位，影响基因的排列和相互关系。基因组的变异方式有基因的替换、缺失、插入和倒位。基因内一个或几个核苷酸的增加、缺失或代换可导致点突变。突变会造成植物病原菌毒性的变化，可能是病原菌克服主效基因抗病性的重要原因，造成寄主植物对毒性突变菌株"丧失"抗病性。多数情况下，毒性突变是根据表型变化而推定的。在无性繁殖的植物病原真菌群体中，毒性突变是植物病原菌产生新小种或类型的重要途径之一（商鸿生，1995）。

突变有自发突变和人工诱变。自发突变是自然发生的突变，其频率因病原菌种类和基因位点不同而异，是毒性变异的重要途径。研究者还可通过人工诱变诱导病原真菌产生突变体，以进行毒性变异的遗传机制研究。人工诱变包括物理诱变、化学诱变和插入突变等途径。常用的物理诱变剂有紫外线、X射线、γ射线、超声波、激光等。化学诱变剂种类较多，有叠氮化合物、烷化剂类、移码诱变剂及其他。植物病原菌中常用的化学诱变剂是烷化剂，如甲基磺酸乙酯（ethyl methanesulfonate，EMS）、硫酸二乙酯（diethyl sulfate，DES）、亚硝基胍（nitrosoguanidine，NTG）。在众多诱变方法中，EMS诱变是最有效的方法之一，适用于任何基因型，可以产生大量的单碱基突变和基因功能多态。有时，两种或多种诱变剂先后使用或同时使用，也可获得毒性突变菌系。

插入突变是当前在植物病原真菌遗传研究中广泛应用的技术，是将已知序列的DNA片段插入基因中，破坏或改变基因的表达。在植物病原真菌中，常用的3种插入突变法分别是限制性内切酶介导整合（restriction enzyme-mediated integration，REMI）、转座子诱变、T-DNA插入。

（三）异核作用

真菌的菌丝、单个细胞或孢子中含有两个或两个以上遗传性不同的细胞核的现象称为异核现象（heterokaryosis），这样的个体称为异核体（heterokaryon）（周健和梁宗琦，1985；马青，1992）。异核作用的产生途径主要是遗传性不同的孢子或菌丝融合后发生了细胞核交换形成异核体；其次是多核菌丝发生了核基因突变形成异核体（周健和梁宗琦，1985）。异核重组可导致病原真菌的性状变异。异核现象在丝状真菌，尤其是锈菌、立枯丝核菌中非常普遍。在许多真菌中，种、变种、专化型及菌株间均可经异核重组形成异核体。异核体的形成受内外因素的制约。内部因素包括异核体的不亲和性、菌丝融合细胞质与细胞核的亲和性及无毒基因的杂合性。外部因素包括寄主与病菌的亲和性和环境因素。异核体形成后，往往表现不稳定，出现核游离现象，异核体的一部分复原为原来的同核菌系。与此同时，异核体其他性状如致病性、颜色等的变异现象也随之消失，但是也有一部分异核体可以发展为新的致病型。异核体的形成在禾谷类锈菌中是一种普遍现象，部分异核体是不同于双亲菌系的新小种（Nelson et al.，1955；Bartos，1967；Little and Manners，1969；Dmitriev and Shelomova，1976；康振生等，1993）。

（四）准性生殖

准性生殖（parasexuality 或 parasexual reproduction）是真菌的另一种生殖方式。真菌的准性生殖多发生于子囊菌纲的曲霉属（*Aspergillus*）和青霉属（*Penicillium*）及半知菌纲中。当来源相同或不同的菌丝接触后，菌丝间连接处生长出菌丝细胞，携带来自两个菌丝体的细胞质和细胞核，当此菌丝细胞的细胞核为不同的基因型，就产生了异核体。异核体经核配形成杂合二倍体。异核体的同源染色体会发生交换和基因重组。准性生殖通过无性繁殖的形式表现出来，但具有有性生殖的因素而又不同于有性生殖。准性生殖由体细胞先进行质配，再进行核配，最后单倍体化，单倍体化主要通过同源染色体发生非整倍体分裂，不断丢失染色体，最后恢复为单倍体。准性生殖过程不产生特殊的有性生殖器官及性细胞，进行准性生殖的真菌通过细胞的有丝分裂来实现同源染色体间的染色体交换和基因重组。准性生殖在大自然状态下出现的频率并不高，但由它产生的单倍体往往具有新遗传性状（景汝勤，1983）。以无性繁殖为主的植物病原真菌往往有准性生殖过程，从而发生了遗传重组，有利于其遗传变异和群体进化。

（五）适应性变异

植物病原菌在一定条件下对某种植物或某个品种逐渐适应而发生致病性变化的现象称为适应性变异。这种变异可通过遗传上有关联的"桥梁寄主"逐步实现。致病性的适应性变异大多是定向的逐代渐进的群体变异，具有可逆性，很有可能是病原菌新小种产生的途径之一。

二、病原真菌遗传多样性

遗传多样性（genetic diversity）是指物种内群体间或群体内个体间遗传变异的总和，是物种群体多样性的基础和核心。遗传多样性研究中的种群（population）泛指同一物种内通过亲缘关系或基因交流而相互联系起来的个体群。遗传多样性是物种在各种生境条件下逐步适应、变化以维持生存、发展和进化的基础，反映了物种对环境的适应能力。对于植物病原真菌群体的遗传多样性，每一种病原菌是由许多小种或致病型群体构成的，这些小种或致病型因遗传背景不同，对特定的寄主品种或品系的毒性表现出多样性。一般来讲，病原菌群体的遗传变异越丰富，病原菌对环境变化的适应能力就越强，越容易克服杀菌剂或抗病品种等不利因素，进而在寄主植物上定植和繁殖，适应不利的生存环境，从而扩大生存环境，增加群体数量。

遗传多样性的本质是生物体遗传物质的变异，也就是编码遗传信息的脱氧核糖核酸（DNA）或核糖核酸（RNA）组成和结构的变异。遗传多样性的产生在于遗传物质的变异，遗传物质的变异可由突变和重组实现，这也是遗传多样性产生的基础（陈晓锋等，2001）。

根据病原菌致病基因突变频率和营养突变频率估算，一个病原菌应有 100 个以上致病基因。通过毒性分析进行小种鉴定或致病型鉴定是分析病原菌群体遗传结构组成及变化的主要方法。在相同鉴别寄主上鉴定到的具有相同毒性的菌系或毒性谱相同的小种间，遗传上依然存在一定差异，因此病原菌群体的小种间或致病型间仍存在一定的遗传异质性。

群体遗传多样性涉及基因多样性和基因型多样性。基因多样性由等位基因丰富度、多态性位点在群体中的比例与等位基因的频率分布决定。对于双倍体或双核体病原菌，基因多样性可采用基因位点的杂合度来体现。一般来讲，基因多样性受采样方法、DNA 序列标记类型和群体样本量大小等因素影响。等位基因丰富度因群体样本量的大小而波动较大，但可较好地反映病原菌群体进化的潜在能力。基因型多样性通常受基因重组率和生殖方式的影响。以有性生殖为主的病原菌群体往往具有很高的基因型多样性；反之，以无性繁殖为主或缺失基因重组的病原菌群体由于是由少数有限的无性谱系群体构成的，通常具有非常低的基因型多样性。

研究遗传多样性可以通过多个层次进行，如形态学水平、细胞学水平、生态学水平、生理生化水平和分子水平（包括蛋白水平和核酸水平）等，其中在分子水平进行遗传多样性研究是最普遍、最有效的层次。分子生物学方法包括同工酶电泳、DNA限制性酶切长度多态性、DNA指纹图谱、建立在PCR基础上的DNA多态性检测技术、DNA序列分析、DNA片段标记技术等（陈晓锋等，2001）。DNA序列分析的优点是核苷酸差异程度的衡量标准比较统一，可用于研究分析的DNA片段多，能揭示从个体到物种不同层次的遗传变异。DNA片段标记技术能有效检测可遗传的个体遗传变异的核苷酸序列，不受组织特异性、发育阶段和环境条件的影响，同时具有数量大、变异丰富、遗传稳定、检测简便等优点。DNA序列分析已在多种植物病原真菌的遗传多样性研究中应用。

虽然大量的遗传标记已经被用于植物病原真菌的遗传多样性研究，但是独立的遗传标记不能从根本上回答全基因组层面的问题（Grünwald et al.，2016）。基因组学（genomics）是对生物的全基因组序列及其测序方法进行研究的一门科学。真菌基因组学研究涉及功能基因组学、比较基因组学、进化基因组学等。目前，超过1500种真菌完成了全基因组测序（https://stateoftheworldsfungi.org/）。在NCBI（https://www.ncbi.nlm.nih.gov/）数据库公布的真菌基因组超过400个，包括子囊菌、担子菌、壶菌和接合菌类群（Kersey et al.，2016）。群体基因组学（population genomics）是群体遗传学一种新的表现形式，可以从全基因组水平揭示群体结构与进化。群体基因组学狭义地定义为研究分布于基因组上大量遗传标记的群体遗传学（Stinchcombe and Hoekstra，2008）。群体基因组学已用于分析基因组水平的遗传多样性样式、分布及连锁不平衡水平，探索物种的系统发育、群体分化与适应性进化。真菌群体基因组学的研究与发展，加深了人们对植物病原真菌遗传多样性的认知。

随着测序技术的不断发展，以模式物种基因组为参考基因组（reference genome），利用基于重测序的群体基因组学研究，从基因组水平鉴定群体遗传多样性已成为可能。同一种真菌群体中通常存在对寄主作物品种（植物生态型）具有毒性和无毒性的菌株，通过比较其基因组能够获知哪些基因是无毒或毒性菌株所特有的或缺少的；即使同样是致病真菌，其基因组间的序列差异也能够反映出不同的致病型（pathotype）。寄主广泛的致病性真菌与寄主单一的致病性真菌也能够通过其基因组序列差异反映出来。群体基因组学已应用于多种植物病原真菌的群体遗传学研究。但是基于重测序的群体基因组学研究仍存在不足之处（Schirawski et al.，2010）。其一，基于重测序的研究在检出遗传变异时依赖短序列正确比对到参考基因组上，从而有可能遗漏高度多态性基因组区域的遗传变异信息，特别是研究对象的基因组存在丰富的变异与转座子活性时（Wendel et al.，2016；Zhao et al.，2018）。其二，参考基因组不能代表一个物种所有的遗传信息，部分功能重要的基因有可能在参考基因组上缺失而位于该物种其他个体的基因组上（Li et al.，2016；Montenegro et al.，2017；Zhao et al.，2018）。泛基因组学（pan-genomics）研究能有效解决上述不足。泛基因组学研究对一个物种的不同个体进行深度测序和从头组装，能区别物种的核心基因组（core genome）、非必需基因组（dispensable genome）与个体特异的基因（Vernikos et al.，2015）。泛基因组学已在植物病原真菌研究中应用，结合泛基因组学的群体基因组学研究能更精准地揭示物种基因组的变异及其功能。

三、群体进化

植物病原真菌群体进化是病原真菌、寄主植物及环境条件长期相互作用的产物，也是各种进化因素相互作用的结果。进化因素包括突变、基因重组、基因流（基因迁移）、遗传漂变和自然选择等，均可引起等位基因频率发生改变，是影响病原菌群体遗传结构的重要因素。突变、基因重组和基因流通过改变基因序列（如碱基变化、序列重排和序列引入）产生新的 DNA 序列，从而增加自身群体遗传多样性。遗传漂变和自然选择通过不断清除不利突变（如有害突变）来降低病原菌群体的遗传多样性水平。另外，施用杀菌剂、种植抗病品种及耕作制度变化等也会对病原菌群体产生影响（陈晓锋等，2001）。

突变、遗传漂变和选择压力使得群体的遗传差异性逐渐增大，进而使物种出现遗传分化以致产生新的物种，基因流的作用则与之相反，使群体间保持遗传相似性，共享基因库。

群体进化是表现在 DNA 水平的变化，病原菌群体遗传多样性的 DNA 标记同样可以用于群体进化研究，通过 DNA 标记分析可以解决病原菌系统发育和起源问题，也可推测群体间遗传关系和群体进化的生态背景等。

许多病原菌群体的毒性变异过程中，新小种或新致病型并不是在病害发生当地产生的，而是由外地迁移到当地的。在地理上隔离的病原菌群体之间，特定的基因或个体（基因型）发生交流，就是基因流（gene flow）或基因型流（genotype flow）。无性繁殖的病原菌，群体间往往发生基因流。

病原菌的不同地理群体可以通过基因流突破地理界限而连接起来，形成更大的群体。基因流度高的病原菌群体，有效群体规模较大。通过气流传播的区域流行病害，如麦类锈病、白粉病，其病原菌毒性基因流的地理范围较大，甚至涵盖全部陆地。基因流使新出现的毒性突变等位基因在群体间广泛传播。

突变对病原菌群体是否有利与物种的突变率和有效群体的大小相关。高突变率有利于病原菌的存活，可以使病原菌迅速地适应变化了的新环境。在小规模群体中，有害突变可以通过遗传漂变而不断累积，造成病原菌的生存能力和繁殖力逐渐降低，继而导致病原菌有效群体大小减小和有害突变累积，造成病原菌群体消失。自然选择可使有利的新突变在病原菌群体中固定并扩大规模。中性突变可通过遗传漂变不断提高频率，然而，绝大多数突变体在病原菌群体中频率非常低，根本不可能通过检测发现。

基因流是指不同地理区域间的病原菌群体通过配子体和/或个体的迁移将其所携带的遗传物质交换。基因流在植物病原菌的群体遗传和进化中起着重要作用。基因流是群体遗传多样性的重要遗传机制。通过基因流，病原菌群体从相邻种群中引入新的等位基因或重组基因，增加本地群体的遗传多样性。基因流导致新的毒性基因或抗药性基因快速地从起源地传播到其他不同的地理区域。病原菌的扩散方式影响病原菌基因流。气传和虫传病原菌（可远距离传播）比通过雨水飞溅作用传播的病原菌（传播距离有限）发生基因流的可能性高。国际旅游与贸易往来等加剧了病原菌的远距离基因流。基因流导致新小种或病害的全球范围传播，给传入地的作物生产带来了巨大的威胁（Dutech et al.，2008）。

病原菌的有效群体规模影响突变体存在的频率，还可通过随机遗传漂变影响群体的基因多样性。遗传性状传递时发生随机效应，即遗传漂变。在突变率恒定的条件下，规模较大的群体会产生较多的突变体。规模较小的群体，随着时间的推移，遗传漂变使突变基因从群体中消失。群体规模大的病原菌比群体规模小的病原菌具有更大的进化潜力。

群体基因组学是群体遗传学的扩展，综合了基因组概念和技术与群体遗传学理论体系，从基因组水平解析基因组进化与群体结构的关系，位点特异性效应（如选择、突变、选型交配及遗传重组等）和全基因组效应（如遗传漂移、基因迁移）的关系，可了解在进化过程中影响基因组和群体变异的因素（Black et al.，2001）。通过群体基因组学研究，可以发现与表型相关的适应性特性（如致病性、致病力、杀菌剂抗性和寄主专化性）的遗传机制，因为通过同一个真菌种的多个个体可以获得其基因组序列或者大量的单核苷酸多态性（single nucleotide polymorphism，SNP）位点信息（Grünwald et al.，2016），这涉及自然群体的遗传分析、近缘种的比较基因组学分析、选择作用下的基因鉴定，以及自然群体或杂交产生的分离群体的连锁分析。通过比较基因组学研究，可以深入了解病原菌起源、物种形成、突现（emergence）、寄主跟踪（host tracking）及寄主跳转（host jump），也可了解杂交、水平转移和染色体重排对新病原菌出现的影响（Grünwald et al.，2016）。目前，在植物病原真菌中，通过基因组学研究，在揭示核异质性（Zheng et al.，2013）、遗传重组（Zheng et al.，2013；Milgroom et al.，2014；Talas and McDonald，2015；Menardo et al.，2016）、病原菌来源（Islam et al.，2016）等方面获得了重要证据。

全基因组关联研究（genome-wide association studies，GWAS）是近年来群体基因组学研究的热点，已广泛用于人类及动植物数量性状遗传研究，但是用于真菌的研究不多。GWAS旨在将自然群体的表型与基因型建立稳固的关联，从而通过分析全基因组的多态性位点发现病原菌致病机理，主要用于鉴定与毒力因子、寄主专化性、真菌药剂敏感性、次生代谢物产生、热适应性、病原菌繁殖和生长速率等重要性状相关联的分子遗传标记（王博和孙广宇，2016）。

随着测序技术的发展，基于基因组学的群体遗传学研究的范围也将从模式真菌种扩大到非模式真菌种，结合多组学（如转录组学、蛋白质组学、代谢组学、表型组学、翻译组学、三维基因组学）的数据进行荟萃分析（meta-analysis），可从不同层面上揭示真菌群体在进化过程中发生的变化，解析复杂性状形成及其调控的分子机制（王博和孙广宇，2016；张荆城等，2019）。

第八节　植物免疫反应及其调控

一、病原体相关分子模式触发的免疫

植物在生长过程中，面临着有害微生物的入侵。由于缺乏适应性免疫系统，植物在与病原菌的长期斗争中进化出了两层识别系统来抵抗病原体侵染（Jones and Dangl，2006）。第一层称为病原体相关分子模式（PAMP）触发的免疫（PTI），依赖细胞质膜上的模式识别受体（PRR）对微生物/病原体相关分子模式（MAMP/PAMP）或内源性损伤相关分子模式（DAMP）进行识别（Thomma et al.，2011）。

植物模式识别受体主要包括细胞膜上的类受体激酶（RLK）和类受体蛋白（RLP），PRR 多以与共受体和调节蛋白形成动态复合体的形式确保抗病信号的激活与及时转导（Tang et al.，2017）。PRR 因与不同的配体特异性识别与结合而具有不同的胞外结构域，包括富亮氨酸重复结构域（LRR）、赖氨酸基序（lysine motif，LysM）、凝集素基序（lectin motif）及类表皮生长因子结构域（epidermal growth factor-like domain）（Yu et al.，2017）。LRR 类识别受体主要在肽类配体识别和信号转导中起作用，如 FLS2（flagellin sensing 2）是细菌鞭毛蛋白的受体，EFR 可以识别 elf18，PEPR1（PEP1 receptor 1）可以识别 AtPEP。PRR 可以与共受体形成复合体来转导信号，如 flg22 诱导 FLS2 与其共受体 BAK1 异二聚化的同时激活 FLS2 受体复合体（Chinchilla et al.，2007；Heese et al.，2007；Sun et al.，2013）。

从真菌中也鉴定到多种 PAMP。其中，几丁质（chitin）是真菌细胞壁的主要成分，能够被植物的膜受体识别为 PAMP。在水稻中鉴定到的含有 LysM 基序的受体蛋白 OsCEBiP 及受体蛋白激酶 OsCERK1 能够识别几丁质，并触发 PTI 反应（Shimizu et al.，2010；Akamatsu et al.，2013）。真菌的麦角甾醇（ergosterol）能够以极微量水平诱导植物迸发活性氧（Rossard et al.，2010）。真菌的乙烯诱导木聚糖酶（ethylene inducing xylanase，EIX）能够被番茄和马铃薯等植物的 LRR 类受体蛋白 LeEix 识别，并激活 PTI 反应（Ron and Avni，2004）。PRR 与 PAMP 的识别过程可能只需要短暂的几秒钟，之后迅速激活钙离子内流、活性氧爆发、MAPK 级联反应等，PAMP 刺激 30min 就会导致植物 3% 的基因发生转录水平变化（Bethke et al.，2012；Nitta et al.，2014）。

二、效应子触发的免疫

在与植物的协同进化中，病原菌为了突破植物的 PTI，向植物细胞分泌效应子（effector）等小分子蛋白干扰植物的基础免疫，一些植物也进化出相应的胞内受体来识别这些效应子，产生植物的第二层免疫——效应子触发的免疫（ETI）。其典型特征是发生局部的细胞坏死以限制病原菌的扩展，这是植物牺牲小我保全大我的一种免疫方式。这些胞内受体称为抗病蛋白，而被抗病蛋白识别的效应子则称为无毒蛋白（avirulence protein，Avr）。20 世纪 40 年代，Harold H. Flor 通过研究亚麻与亚麻锈菌间的相互作用，提出了"基因对基因"假说，即植物的抗病基因与病原菌的无毒基因之间存在对应关系，这一假说后来在许多其他病害系统中得到了广泛验证。在识别方式上，抗病蛋白可以通过直接或间接的方式识别无毒蛋白。

（一）抗病蛋白直接识别无毒蛋白

已鉴定到的抗病蛋白大多数是 NBS-LRR。小麦 Sr35 是一个典型的 NBS-LRR 类秆锈病抗病蛋白，对流行小种 Ug99 具有较强的抗性。研究发现，有些秆锈病菌小种可以通过转座元件的插入使效应子 AvrSr35 基因失活，而含有抗病蛋白 Sr35 的小麦随之也失去了对这些秆锈病菌小种的抗性，证明了 AvrSr35 是 Sr35 对应的无毒蛋白；另外，AvrSr35 与 Sr35 在烟草中共表达可以引起烟草细胞坏死，并发现二者能够直接互作，表明这对无毒蛋白与抗病蛋白可以通过直接识别的方式介导 ETI（Salcedo et al.，2017）。同时期发现的另一个秆锈病抗病蛋白 Sr50 也是通过直接方式识别秆锈病菌无毒蛋白 AvrSr50 的（Chen et al.，2017）。另外，在小麦中，抗白粉病菌蛋白 Mla1 直接识别白粉病菌无毒蛋白 AVRa1（Lu et al.，2016），*Pm3* 等位基因编码蛋白 Pm3b、Pm3c 直接识别 AvrPm3$^{b2/c2}$（Bourras et al.，2019）。

多数研究认为，在典型的 NBS-LRR 类抗病蛋白中 LRR 是负责识别无毒蛋白的结构，而有些抗病蛋白还通过整合其他结构域来识别无毒蛋白。水稻 NLR 蛋白 RGA5 的 C 端含有一个 RATX1/HMA（heavy metal-associated）结构域，RGA5 通过其 HMA 结构域与稻瘟病菌效应子 Avr-Pia、Avr-CO39 相互作用，引起构象的改变，使 RGA4/RGA5 复合体解离，释放 RGA4，从而触发 RGA4 依赖的免疫（Cesari et al.，2013；Guo et al.，2018）。小麦条锈病抗病蛋白 Yr7、Yr5 和 YrSP 在 N 端均整合了一个 BED 结构域，通过研究小麦突变体发现，BED 结构域对 Yr7、Yr5 和 YrSP 介导的抗性是必需的，但是否由 BED 结构域直接识别无毒蛋白还是未知的（Marchal et al.，2018）。

不同的抗病蛋白之间也可以形成复合体协同参与无毒蛋白的识别。水稻抗瘟蛋白 RGA4 与 RGA5 是一对 NLR 蛋白，其中 RGA4 是细胞坏死的诱导者，RGA5 是无毒蛋白的受体，在没有稻瘟病菌存在的状态下，RGA5 结合 RGA4 并抑制其活性；当稻瘟病菌入侵时，RGA5 识别无毒蛋白 AVR-Pia 并改变构象，RGA4 抑制解除，引起细胞坏死（Ortiz et al.，2017）。

（二）抗病蛋白间接识别无毒蛋白

一些抗病蛋白与无毒蛋白之间通过间接识别触发 ETI，在这类识别模式中，效应子与其寄主靶标互作，而抗病蛋白通过监测效应子的寄主靶标的变化来间接识别无毒蛋白，这种分子模型称为"保卫模型"。丁香假单胞菌的效应子 AvrRpt2 能够剪切植物蛋白 RIN4，而植物抗病蛋白 Rps2 能够监测到 RIN4 的变化，进而启动 ETI（Mackey et al.，2003）。植物也进化出一种可模拟效应子靶标的诱饵蛋白，称为"Bait"，当效应子靶向诱饵蛋白时，抗病蛋白可以监测到诱饵蛋白的变化，从而启动 ETI，这种分子模型称为"诱饵模型"。黄单孢菌的效应子 AvrAC 具有尿苷基转移酶活性,可以尿苷化 PBL2,拟南芥抗病蛋白 ZAR1-RKS1 复合体在识别尿苷化 PBL2^{UMP} 后发生构象上的改变,ZAR1-RKS1-PBL2^{UMP} 复合体通过 ZAR1 的螺旋卷曲(coiled coil,CC)结构域形成一个五聚体的抗病小体,引起细胞死亡,介导 ETI 反应(Wang et al.,2019a)。

三、系统获得抗性

当植物受到病原物侵染时,被侵染部位以局部组织迅速坏死的方式阻止病害扩散,即发生过敏性坏死反应。随后在一定的时期内,植株会对病原物产生抗性,称为系统获得抗性(system acquired resistance,SAR)。系统获得抗性是一种诱导防御机制,可提供针对广谱微生物的长期保护,为植物抵抗病原菌的免疫启动和针对大多数病菌的广谱抗性提供了保障。

水杨酸是植物系统获得抗性一个重要的调控因子,会通过质外体途径从病原菌侵染部位优先转运到未被侵染的部位,水杨酸的长距离迁移对于系统获得抗性是必需的(Lim et al.,2020)。SAR 需要信号分子水杨酸(SA)参与,并与病程相关蛋白(pathogenesis-related protein,PR 蛋白)的积累有关。对模式植物拟南芥的研究发现,病原菌侵染会引起植物体内水杨酸含量的升高。水杨酸含量的升高促使细胞质中的 NPR1 蛋白发生还原、解聚,转而进入细胞核,并在细胞核内与 TGA2 转录因子结合,引起 PR 基因的上调表达,最终产生对次生病原菌侵染的抗性反应(Durrant and Dong,2004)。喷施 SA 或其类似物 INA 和 BTH,同样可以引发系统获得抗性。2018 年,在 SAR 中起着信使功能的化合物 N-羟基哌啶酸(N-hydroxy-pipecolic acid,NHP)被鉴定出来。NHP 由含黄素单加氧酶 1(FMO1)催化合成,作为重要的调控因子参与植物对病原菌侵染的系统获得抗性产生,在系统获得抗性的信号起始和放大中起着重要作用(Hartmann et al.,2018)。N-羟基哌啶酸作为一种植物代谢物,在植物叶片中积累以响应局部病原微生物侵染,并能在远端叶片组织中诱导系统获得抗性。NHP 可作为独立于 SA 信号的免疫调节剂,通过在叶片之间主动移动来激活系统获得免疫反应(Yildiz et al.,2021)。

四、植物免疫中的活性氧

植物在遭受病原体侵染时,会发生过敏性坏死反应,同时造成大量活性氧的产生和积累,这种现象称为活性氧爆发(oxidative burst)(Pitsili et al.,2020)。在受到病原体侵染或诱导物处理后,寄主植物的细胞内外同时产生活性氧,活性氧爆发与植物的过敏性坏死反应密切相关。发生过敏性坏死反应的寄主植物都会产生两个活性氧峰值,第二个峰比第一个峰持续的时间长、强度大,而不能发生过敏性坏死反应的寄主植物产生活性氧的过程中只有一个强度比较小的峰。在发生时间上,活性氧爆发的时间要早于过敏性坏死反应发生的时间。

活性氧在植物的抗病防卫反应中有着积极和重要的作用，其含量水平与过敏性坏死细胞的数量呈正相关，因此活性氧可能是引发植物过敏性坏死反应的关键因子。活性氧参与细胞壁的强化作用，形成物理屏障，阻碍病原体的穿透。植保素（phytoalexin，PA）是植物被侵染后产生的对病原体起拮抗作用的一类低分子量物质，活性氧能够诱导植保素的形成。活性氧在病原体侵染部位的大量积累会对入侵的病原体产生直接的毒害作用。另外，活性氧能作为植物免疫信号分子在植物体内起作用。随着人们对活性氧研究的深入，越来越多的 ROS 功能将得到阐明，尤其是 ROS 在植物基因表达调控信号网络中的作用。

五、植物免疫中的过敏性坏死反应

在与病原菌长期互作过程中，植物进化出了一套复杂的先天免疫系统，以应对各种病原体的潜在侵染。了解植物抵御各种病原体的关键分子机制，对于开发植物病害控制新策略至关重要。在植物中，对病原菌侵染的抵抗通常与过敏性坏死反应（HR）有关，HR 是一种快速的程序性细胞死亡（PCD）形式，发生在病原菌试图侵染的部位（Zhou et al.，2018）。植物与病原体之间的"基因对基因"关系决定了它们之间相互作用的结果是植物感病或抗病。在大多数情况下，抗病蛋白介导的抗病性与HR 相关（Balint-Kurti，2019）。PTI 反应中的信号分子也参与 PCD，拟南芥受体激酶BAK1 参与 BR 的信号转导及 PAMP 诱导的免疫反应，也能控制病原菌侵染引起的细胞死亡。拟南芥的 *bak1* 缺失突变体在感染后会出现蔓延性坏死，并伴随着活性氧中间体的产生，导致其对坏死性真菌病原体的敏感性增强（Kemmerling et al.，2017）。液泡加工酶（vacuolar processing enzyme，VPE）是与植物 PCD 相关的胱天蛋白酶样（caspase-like）蛋白酶，在拟南芥 *vpe* 缺失突变体中，用 FB1（一种真菌毒素）处理不能诱导拟南芥发生 PCD，表明 VPE 是毒素诱导细胞死亡的关键分子（Kuroyanagi et al.，2005）。ROS 作为触发 PCD 的必要信使，可增强细胞壁，诱导防御相关基因表达（Torres et al.，2006）。HR 通过阻断活体营养寄生病原菌获取植物细胞营养物质来抑制病原菌增殖，并可能通过释放液泡毒素来抑制半活体营养和死体营养寄生病原菌（van Doorn et al.，2011）。然而，HR 是植物抗病的原因还是结果尚无定论。尽管存在这方面的知识空白，但 HR 诱导细胞死亡被认为是一种清楚的可指示植物先天免疫活动的指标（Coll et al.，2011）。

六、病程相关蛋白

病程相关蛋白是植物防卫系统的重要组成部分，是植物受病原物胁迫后诱导产生并积累的一类蛋白的总称。植物 PR 蛋白首先在感染烟草花叶病毒的烟草植物中发现和报道（van Loon and van Kammen，1970）。大多数植物 PR 蛋白具有酸溶性、低分子量和抗蛋白酶等共同的生化特性（Leubner-Metzger and Meins，1999；Neuhaus，1999）。根据等电点的区别，PR 蛋白可分为酸性 PR 蛋白和碱性 PR 蛋白。大多数酸性 PR 蛋白分泌到细胞外空间中，而碱性 PR 蛋白主要存在于液泡中（Legrand et al.，1987）。在植物与病原菌互作过程中，酸性 PR 蛋白会被水杨酸（Yalpani et al.，1991）和活性氧（Chamnongpol et al.，1998）等信号分子诱导，而碱性 PR 蛋白受到乙烯和茉莉酸甲酯等激素诱导后上调表达（Xu，1994）。根据 PR 蛋白的氨基酸序列相似性、血清分类学关系和酶分子活性最早将其分为 17 个家族，包括 β-1,3-葡聚糖酶、几丁质酶、奇异果甜蛋白样蛋白、过氧化物酶、核糖体失活蛋白、防御蛋白、硫素、非特异性脂质转移蛋白、草酸氧化酶和草酸氧化酶样蛋白等（van Loon et al.，1999）。在这些 PR 蛋白中，几丁质酶和 β-1,3-葡聚糖酶是两个重要的在许多植物物种被不同类型的病原体侵染后富含的水解酶。由于几丁质和 β-1,3-葡聚糖也是许多病原真菌细胞壁的主要结构成分，因而在侵染过程中这两种酶的数量显著增加，并通过降解细胞壁发挥对病原真菌的防御作用。真菌侵染后，β-1,3-葡聚糖酶似乎与几丁质酶协同表达。二者已在许多植物物种中得到描述，包括大豆、豌豆、番茄、烟草、玉米、马铃薯和小麦等（Ebrahim et al.，2011）。

七、植物免疫中的激素

植物激素作为一类化学信号协调高等植物的各种细胞活动，以调节植物生长发育及帮助植物应对生物胁迫和非生物胁迫。植物激素代谢途径涉及激素的生物合成与信号转导。目前发现的植物激素主要有水杨酸（SA）、茉莉酸（JA）、乙烯（ET）、脱落酸（abscisic acid，ABA）、生长素（auxin）、赤霉素（gibberellin，GA）、细胞分裂素（cytokinin，CK）、独脚金内酯（strigolactone，SL）、油菜素甾醇（brassinosteroid，BR）和肽类激素等（图 2-1）。全面了解植物激素信号调节通路、病原菌如何干扰植物激素有助于探索植物抗病新策略，提高植物应对各种应激反应的能力。

（一）水杨酸、茉莉酸、乙烯相互调节作用

水杨酸在植物对活体营养型及半活体营养型病原菌的抗性反应中扮演着重要角色。在病原菌入侵时，水杨酸主要通过苯丙氨酸途径和异分支酸途径进行生物合成，并在植物体内积累进而导致植物产生系统获得抗性（SAR）（Vlot et al.，2009；Klessig et al.，2018）。外源水杨酸能够促进病程相关蛋白的表达，以及增强植物对多种病原菌的抵抗能力。水杨酸缺陷型拟南芥植株（*sid2-1*）对病原菌的抗性降低。茉莉酸类激素包括茉莉酸和茉莉酸甲酯可调节植物生长发育及帮助植物应对非生物胁迫，尤其是参与植物对死体营养型真菌的抗性反应。研究表明，水稻中茉莉酸的积累能够诱导一系列病程相关蛋白 PR1a、PR1b、PR2 和 PR10 的上调表达，外源茉莉酸能够促进水稻对稻瘟病菌的抗性（Bari and Jones，2009）。乙烯主要调控植物的各种生长发育过程，包括种子萌发、幼苗生长、器官发育、果实成熟、器官衰老脱落，同时参与植物抵御生物与非生物胁迫，如盐、干旱、病原菌和昆虫等胁迫。

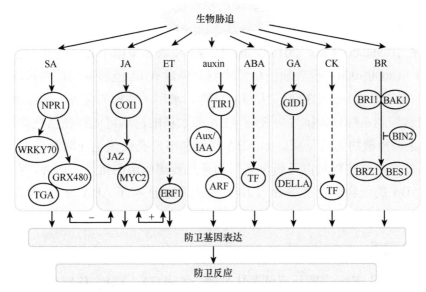

图 2-1　参与植物激素信号通路主要元件概括（Bari and Jones，2009）

生物胁迫下，植物激素主要调节元件调控植物体内激素水平的变化及抗性反应的激活。NPR1：病程相关基因非表达子 1；WRKY70：WRKY 家族转录因子 70；GRX480：谷氧还原蛋白；TGA：TGACG 序列特异性结合蛋白（TGA）转录因子；COI1：茉莉酸感知因子 1；JAZ：茉莉酸 ZIM 结构域（jasmonate ZIM-domain）蛋白；MYC2：茉莉酸信号通路核心转录因子；ERF1：乙烯响应因子；TIR1：生长素受体蛋白 1；Aux/IAA：生长素/吲哚-3-乙酸；ARF：生长素响应因子；TF：转录因子；GID1：赤霉素受体蛋白 1；DELLA：转录抑制因子 DELLA 蛋白；BRI1：油菜素甾醇不敏感因子 1；BAK1：BRI1 相关激酶 1；BIN2：油菜素甾醇不敏感因子 2；BES1：BRI1 EMS 抑制因子 1；BRZ1：芸薹素唑抗性因子 1。+代表正向调控，−代表负向调控

　　大量的研究结果表明，植物激素通常是交互作用的，共同影响植物生长发育及其对外界的应激反应（Thaler et al.，2012；Torres-Vera et al.，2014）。例如，水杨酸和茉莉酸信号通路存在拮抗作用，茉莉酸的正调控因子 WRKY33 能够抑制水杨酸信号通路。相反，水杨酸的累积也会抑制茉莉酸信号通路，增强植物对死体营养寄生真菌的感病性（Birkenbihl et al.，2012）。丁香假单胞菌侵染拟南芥后产生的冠菌素能够模拟激活茉莉酸信号通路，同时抑制水杨酸信号通路。在野生型拟南芥上，冠菌素缺陷型突变体的细菌毒性功能降低，但水杨酸缺陷型突变体的细菌毒性并未降低（Zheng et al.，2012）。相反，茉莉酸与乙烯通路通常存在相互协调作用，以激活下游抗病相关基因的表达（Lee et al.，2013）。有研究报道，拟南芥乙烯响应因子（ethylene response factor 1，ERF1）正调控茉莉酸与乙烯信号通路（Lorenzo et al.，2003）。因此，植物体内水杨酸、乙烯和茉莉酸激素水平之间协调及信号通路协调互作，能够精确地调节各种防卫基因的表达以应对多样的病原微生物（Nobori et al.，2018）。

（二）脱落酸

　　脱落酸（ABA）参与调节植物多种生长过程及帮助其应对环境压力，如种子萌发、胚胎成熟、叶片衰老、气孔张力、干旱胁迫和植物抗性等。一般，脱落酸主要负

调控植物对各种活体/死体营养寄生真菌的抗性反应。例如，ABA 缺陷型番茄突变体（*abi1-1*、*abi2-1*、*aba1-6*、*aba2-12*、*aao3-2*、*pyr1/pyl1/pyl2/pyl4*）对多种病原菌表现出较强抗性（Denance et al.，2013）。而且，ABA 缺陷型拟南芥突变体对丁香假单胞菌 DC3000（PstDC3000）也表现出抗性增强。外源 ABA 能够减弱植物对各种病原菌的抗性，如拟南芥对 PstDC3000，大豆对疫霉，水稻对稻瘟病菌等。在拟南芥上，施加 ABA 能够抑制系统获得抗性，表明 ABA 和水杨酸通路可能存在拮抗作用。但是，ABA 也能正调控植物的抗反应，如 ABA 能够调节气孔关闭进而阻断病原菌的入侵。外源 ABA 能够增强植物对白菜黑斑病菌和黄瓜萎蔫病菌的抗性。另外，在水稻根系中，抑制 ABA 的生物合成能够导致 JA 水平升高，证实了 ABA 与 JA 存在拮抗作用（Kyndt et al.，2017）。

（三）赤霉素

赤霉素（GA）是一类四环双萜类化合物，包括 GA_1、GA_2、GA_3 等上百种赤霉素。该激素的合成主要从牻牛儿基牻牛儿基二磷酸（geranylgeranyl diphosphate，GGPP）开始，在质体环化形成内根-贝壳杉烯酸，在内质网中转化为 GA_{12}-醛，随后在细胞质中转化成各种 GA。赤霉素通过激活负调节因子 DELLA 蛋白的降解，促进植物的生长。DELLA 蛋白缺陷型拟南芥突变体对腐生菌灰葡萄孢和黑斑病菌更敏感，但是对 PstDC3000 表现出抗性（Navarro et al.，2008）。此外，在该突变体中，水杨酸相关基因 *PR1*、*PR2* 出现上调表达，但是 JA/ET 相关基因 *PDF1.2* 显著下降（Navarro et al.，2008）。同时在非生物胁迫下，DELLA 蛋白能够促进活性氧解毒酶基因的表达，从而调控活性氧的积累，并且 GA 能够诱导细胞坏死，表明赤霉素在植物应对非生物胁迫中起重要作用（Achard et al.，2008；Hou et al.，2017）。

（四）生长素与细胞分裂素

生长素主要以共轭体偶联物形式调节 IAA 的激活和失活。过表达生长素响应因子 GH3～GH8 能够增强水稻对白叶枯病菌的抗性。而且，过表达 GH3～GH8 抑制水杨酸和茉莉酸响应基因的表达，进而降低水杨酸和茉莉酸水平（Ding et al.，2008；Wang et al.，2018）。在 PstDC3000 侵染拟南芥时，植物体内 IAA 水平显著提高，IAA 水平的升高促进了病害的发生（Kunkel and Harper，2018）。细胞分裂素（CK）是一种涉及多种生物过程的植物激素，包括叶绿体发生、种子发育、根生长和分枝、芽和花序发育、叶片衰老、营养平衡及抗应激能力等（Bielach et al.，2017），但其在植物抗性中的作用尚未得到广泛研究。过表达细胞分裂素氧化酶基因能够提高拟南芥对根肿菌的抗性。借助根癌农杆菌在植物体内表达磷酸腺苷异戊烯基转移酶，该酶进入植物质体中作用于细胞分裂素的合成途径，从而促使植物产生根瘤（Sakakibara et al.，2005；Gamas et al.，2017）。然而，细胞分裂素影响植物防御的分子机制尚不清楚。

（五）独脚金内酯

作为一类新的类胡萝卜素衍生植物激素，独脚金内酯（SL）可调节植物的各种发育过程，包括参与植物应对干旱和盐分胁迫等非生物胁迫，同时能促进丛枝菌根真菌与植物的共生关系。在非生物胁迫中，缺磷环境能够促进植物产生独脚金内酯，独脚金内酯的产生有利于植物根部结瘤，建立菌根真菌共生关系，促进磷酸盐的吸收（Siddiqi and Husen，2017）。独脚金内酯通过调控柑橘贮藏碳水化合物的分配，调节柑橘黄龙病植株的营养和生殖发育反应，从而改善柑橘黄龙病的影响（Zheng et al.，2018）。此外，独脚金内酯与其他植物激素存在相互作用。在水稻和百脉根中，外源赤霉素（GA）抑制独脚金内酯的生物合成（Marzec，2017）。内源独脚金内酯能够抑制寄生杂草 *Phelipanche ramosa* 在番茄上的寄生，独脚金内酯缺失突变体中 ABA 水平显著升高，可增强寄生杂草的寄生能力（Cheng et al.，2017）。同时，独脚金内酯缺失突变体中其他的植物激素如茉莉酸、水杨酸水平显著降低，有利于病原物的侵染（Torres-Vera et al.，2014；Cheng et al.，2017）。

（六）油菜素甾醇与肽类激素

油菜素甾醇（BR）是一类独特的植物激素，在结构上与动物类固醇相似，参与调节植物的生长发育及抗性反应。BR 能够增强烟草对 TMV、Pst 的抗性。类似地，BR 也能提高水稻植株对稻瘟病菌、白叶枯病菌的抗性。然而，BR 诱导的植物抗性与水杨酸介导的植物防卫信号无关。但是在马铃薯上，外源 BR 可增强其对疫霉的抗性，这种抗性伴随着 ABA 和 ET 水平的上升。这表明 BR 与其他激素信号交叉介导植物的防卫反应。

肽类激素是一类包括系统素、富羟脯氨酸糖肽类、植物磺肽素、短肽激素 Pep1 等的新激素，能够参与植物各方面的生理反应，如对害虫的防卫反应（Farrokhi et al.，2008）。短肽激素 Pep1 主要是由伤口或 JA 诱导的蛋白，可激活局部或系统抗性应对昆虫等伤害，同时能作为激发子激活抗性相关基因的表达（Huffaker et al.，2006）。在烟草中过表达富羟脯氨酸糖肽类基因，可激活蛋白酶抑制剂基因的表达，增加烟草对棉铃虫的抗性。而且，系统素和富羟脯氨酸糖肽类能够激活抗植食性昆虫的蛋白酶抑制剂及酚类氧化酶，以应对植物虫害（Ren and Lu，2006）。这些研究结果表明，肽类激素在抗性反应激活中起着重要作用。

八、植物免疫的转录调控

在植物识别病原体后，快速、大规模的转录重编程是植物与植物病原体相互作用的关键步骤。植物转录因子（transcription factor，TF）是这一过程关键的参与者，通过调节病原体相关分子模式触发的免疫、效应子触发的免疫、激素信号通路和植物抗毒素合成相关基因的表达来实现寄主免疫（Seo and Choi，2015；Birkenbihl et al.，

2017）。目前从高等植物中鉴定到 58 个转录因子家族（Jin et al.，2017），与真菌病害的防御信号密切相关的有 AP2/ERF、bHLH、MYB、MADS、NAC、WRKY、bZIP、ATAF1/2 等，调控由病原菌触发的各种级联信号（Ng et al.，2018）。水稻 WRKY 类转录因子 WRKY45 受苯并噻二唑（benzothiadiazole，BTH）和水杨酸的诱导表达，对水稻的抗瘟性十分重要（Shimono et al.，2007）。WRKY45 与 Pb1、Pi36、Pib、Pita、Pit、Piz-t 等多个 CC-NBS-LRR 类抗病蛋白存在相互作用，可能在防御信号的传递方面起作用（Liu et al.，2015）。拟南芥中 AP2/ERF 类转录因子 ERF5、ERF6、RAP2.2 在其对灰葡萄孢的抗性及乙烯信号通路中起着重要的调节作用（Moffat et al.，2012；Zhao et al.，2012）。

第九节　植物与真菌互作的表观遗传调控

在长期的协同进化过程中，寄主植物与病原真菌总体上保持着抗病性和致病性的动态平衡，即寄主植物抗病性的变化必然被病原真菌致病性的变化平衡，反之亦然。这一特征由寄主植物和病原真菌的遗传物质所决定。近年来，越来越多的研究表明表观遗传调控在寄主植物与病原真菌互作过程中同样发挥着重要作用。这种机制通常被认为是在 DNA 序列未发生改变的情况下，基因功能发生了可遗传的变化，而这种变化最终导致生物表型产生差异。常见的表观遗传调控机制主要包括 DNA 甲基化修饰、组蛋白修饰及非编码 RNA 调控等。

一、DNA 甲基化修饰

DNA 甲基化是表观遗传调控的一种保守形式，通常指在 S-腺苷甲硫氨酸作为甲基供体的情况下，由 DNA 甲基化酶将 5-甲基胞嘧啶的甲基基团转移到胞嘧啶的 5 位碳原子上的过程。DNA 甲基化对寄主植物抵抗生物胁迫和非生物胁迫有着非常重要的影响，被认为是植物的一种非常关键的适应机制（Sahu et al.，2013）。

（一）DNA 甲基化修饰在植物响应真菌侵染中的功能

植物 DNA 甲基化主要发生于 CG、CHG 和 CHH 序列。DNA 甲基化的建立依赖一条 RNA 介导的 DNA 甲基化（RNA-directed DNA methylation，RdDM）途径。研究发现，寄主植物 RdDM 途径的基因缺陷能够增强水杨酸信号，并通过拮抗茉莉酸信号来抑制茉莉酸防御途径，从而降低寄主植物对灰葡萄孢的抗性（Yu et al.，2017）。这表明，RdDM 途径可以通过促进茉莉酸信号转导，正向调控植物对死体营养寄生真菌的抗性。同时，DNA 甲基化（尤其是 CHH 甲基化）可以提高寄主小麦对专性寄生菌——白粉病菌（*Blumeria graminis* f. sp. *tritici*）的抗性（Geng et al.，2018）。此外，DNA 去甲基化也可以调节植物抗病性，如拟南芥去甲基化相关基因 *ros1 dml2 dml3*（*rdd*）三重缺失突变体表现出对尖孢镰刀菌（*Fusarium oxysporum*）的敏感性增强。

进一步分析发现，*ros1 dml2 dml3* 的缺失导致植物抗病基因 *RPP7* 启动子区域出现高度甲基化。这表明拟南芥 DNA 去甲基化对其尖孢镰刀菌抗性具有积极作用。

（二）DNA 甲基化修饰影响病原真菌的致病性

DNA 甲基化修饰除了调控寄主植物的抗病性，还可以通过调控病原真菌生长、繁殖体形成及致病力等生物学过程参与病原真菌与寄主植物的互作，如在希金斯刺盘孢（*Colletotrichum higginsianum*）中，CclA 是介导 H3K4 甲基化复合体形成的亚基，*cclA* 的缺失导致菌丝生长、无性孢子产生和孢子萌发受阻，但没有影响附着胞的形成。同时，ΔcclA 突变体菌丝的穿透能力减弱，导致其对植物的侵染致病功能急剧减弱。

二、组蛋白修饰

组蛋白是一类在氨基酸序列进化上非常保守的碱性蛋白。组蛋白 N 端的赖氨酸、丝氨酸等残基可以进行共价修饰，包括乙酰化修饰、甲基化修饰等。组蛋白修饰是表观遗传调控的重要方式和途径，蛋白残基的修饰状态影响 DNA 和核小体的缠绕状态，从而调控染色质的松弛程度，进而影响基因的表达。

（一）组蛋白乙酰化与植物防御调节

组蛋白在不同位置均可发生乙酰化和去乙酰化。乙酰化水平与组蛋白乙酰转移酶（HAT）和组蛋白去乙酰化酶（HDAC）的拮抗活性有关。大多数 HAT 和 HDAC 被视为植物免疫的正调控因子或负调控因子。拟南芥 HDA19 是目前研究最多的植物 HDAC 之一，其基因的缺失导致拟南芥 JA 通路防卫基因表达量降低，但是能够提高 SA 水平及 SA 防御通路标记基因（包括 *PR1* 和 *PR2*）的表达。另外，该基因的过表达植株对死体营养寄生真菌的抗性显著提高，表明 HDA19 是植物依赖 SA 途径的免疫正调控因子（Zhou et al.，2005，2010；Choi et al.，2012）。同时，延伸因子复合体（elongator complex）作为一种染色质修饰因子，在组蛋白乙酰化中具有重要作用。拟南芥延伸因子复合体亚基 2 的缺失会降低组蛋白乙酰化水平，并影响拟南芥对灰葡萄孢的抗性水平（Wang et al.，2013，2015）。

（二）组蛋白甲基化参与病原真菌与植物互作

组蛋白甲基化水平取决于组蛋白甲基转移酶（HMT）及组蛋白去甲基化酶（HDM）的动态平衡。无论修饰后的残基如何，组蛋白甲基化都可以根据其位置激活或抑制基因表达（Xiao et al.，2016）。在稻瘟病菌（*Magnaporthe oryzae*）中，敲除组蛋白去甲基化酶基因可导致其附着胞形成和入侵后定植扩展等方面的能力降低。但基因回补只能恢复包括附着胞形成在内的入侵前期的生长发育缺陷，而入侵后的定植扩展缺陷并没有得到恢复，表明了组蛋白去甲基化对于稻瘟病菌侵染初期的重要性（Huh et al.，2017）。同时，组蛋白甲基化被认为是镰刀菌毒力的重要调控机制（Connolly et al.，2013）。

（三）组蛋白泛素化与植物防御

作为一种重要的组蛋白修饰形式，H2B 的单泛素化广泛地参与 DNA 复制、基因表达与转录、DNA 损伤修复及异染色质维持等生物学事件。组蛋白单泛素化通常与转录激活有关，在调控基因转录方面起着重要的作用（Weake and Workman，2008）。HUB 是组蛋白 H2B 单泛素化连接酶。研究发现，拟南芥 HUB1 能够通过调节 ET和 SA 介导的反应来抵抗各种死体营养寄生真菌（Dhawan et al.，2009）。在番茄中，HUB1 和 HUB2 通过调节 SA 与 JA/ET 介导的信号通路之间的平衡来增强番茄对灰霉病菌的抗性（Zhang et al.，2015）。

三、非编码 RNA 调控

非编码 RNA（non-coding RNA，ncRNA）是一类不具有编码蛋白功能的 RNA（Ghildiyal and Zamore，2009），根据长短不同可分为长链非编码RNA（long non-coding RNA，lncRNA）和短链非编码 RNA（small non-coding RNA，sncRNA，常简称为小 RNA）。根据小 RNA 的前体结构和产生方式不同，sncRNA 又主要分为微 RNA（microRNA，miRNA）和小干扰 RNA（small interfering RNA，siRNA）（Jin and Zhu，2010）。非编码 RNA 通过剪切靶基因 mRNA、抑制翻译及转录等方式调控基因表达，在基因组稳定性维持、生长、发育、生物和非生物胁迫应答等多种生物学过程中发挥着重要作用，已经成为表观遗传调控的全新研究方向（Jin and Zhu，2010；Holoch and Moazed，2015；Li et al.，2017）。

（一）小 RNA 调控植物对病原真菌的抗性

植物内源小 RNA 介导的基因沉默可以通过调控植物免疫相关基因的表达从而实现对植物免疫反应的精细调控（Katiyar-Agarwal and Jin，2010；Huang et al.，2016），如受小麦白粉病菌侵染后，小麦 miRNA 可通过调控生长素信号通路基因的表达从而影响小麦对白粉病菌的抗性（Xin et al.，2010）。同时，小麦 miRNA 可以通过调控单脱水抗坏血酸还原酶基因的表达从而促进寄主细胞活性氧的积累，进而提高寄主对小麦条锈病菌的抗性（Feng et al.，2014）。水稻 miRNA398b 可以通过调控多个超氧化物歧化酶的表达进而促进活性氧的产生，从而提高水稻对稻瘟病菌的抗性（Li et al.，2019）。此外，大丽轮枝菌（*Verticillium dahliae*）的侵染可诱导棉花 miR482 家族的下调表达，进而提高棉花抗病 NBS-LRR 的表达水平（Zhu et al.，2013）。番茄 slmiR482f 和 slmiR5300 可以通过调控多个核苷酸结合蛋白编码基因的表达提高其对尖孢镰刀菌的抗性（Ouyang et al.，2014）。

（二）小 RNA 调控真菌的致病性

相比于植物，真菌小 RNA 研究较为落后。但近年来越来越多的研究表明，真菌小 RNA 能够参与调控病菌的致病性，如稻瘟病菌小 RNA 能够影响病菌的生长、发育及致病性（Nunes et al.，2011）。转录组分析表明，稻瘟病菌致病相关基因的表达受到小 RNA 的调控（Raman et al.，2017）。大丽轮枝菌 VdmilRNA1 可以通过增强组蛋白 H3K9 甲基化抑制一个致病相关基因的表达，进而调控病菌的致病性（Jin et al.，2019）。另外，通过高通量测序技术，在其他植物病原真菌，如小麦叶枯病菌（*Zymoseptoria tritici*）、水稻立枯丝核菌（*Rhizoctonia solani*）和新月弯孢（*Curvularia lunata*）中也鉴定到与致病相关的 milRNA（Yang et al.，2015；Lin et al.，2016；Liu et al.，2016b）。研究发现，黑腐皮壳属真菌 *Valsa mali* 的 Vm-milR16 可以通过适应性调控多个致病基因的表达来参与病菌的致病过程（Xu et al.，2020）。但是，由于目前缺乏有效的针对真菌小 RNA 的靶基因鉴定技术，真菌小 RNA 的功能研究尚浅。随着新研究技术的应用，真菌小 RNA 的调控机制和功能将会被逐渐揭示。

（三）小 RNA 跨界调控

小 RNA 不仅可以调控生命体内源基因的表达，还可以参与不同物种间基因表达的跨界调控。在植物与病原真菌互作过程中，一方面，病菌小 RNA 可以作为新型的效应子通过跨界劫持寄主的 RNAi 通路抑制寄主抗性相关基因的表达，以促进病菌的侵染；另一方面，寄主的小 RNA 可以被转运到病菌体内沉默其致病相关基因的表达，以提高寄主的抗病性。这种双向的跨界调控在 RNA 水平也体现了病原真菌与寄主植物之间的"军事竞赛"。死体营养寄生真菌灰葡萄孢在侵染拟南芥和番茄的过程中可以产生大量依赖 Dicer 样蛋白（DCL）的小 RNA。这些小 RNA 能够被跨界转运到寄主植物细胞内，并被植物 AGO1 结合进而抑制寄主免疫相关基因的表达（Weiberg et al.，2013）。进一步研究发现，Bc-siR37 可以抑制多个寄主免疫相关基因的表达，从而促进灰葡萄孢的侵染（Wang et al.，2017）。同时，活体营养寄生真菌小麦条锈病菌（*Puccinia striiformis* f. sp. *tritici*，Pst）Pst-milR1 可以通过抑制寄主病程相关蛋白 2（pathogenesis related protein 2，PR2）的表达来促进病菌的侵染（Wang et al.，2017）。核盘菌小 RNA 可通过调控寄主的数量性状抗病基因表达来影响病菌和寄主的互作过程（Derbyshire et al.，2019）。此外，禾谷镰刀菌 Fg-sRNA1 可以通过沉默小麦几丁质激发子结合蛋白（chitin elicitor binging protein，CEBiP）编码基因来促进病害的发生（Jian and Liang，2019）。另外，寄主植物的小 RNA 也可以被跨界转运到植物病原真菌体内抑制其致病相关基因的表达，从而提高寄主的抗病性。研究发现，棉花 miR166 和 miR159 可以被跨界转运到大丽轮枝菌细胞中，通过 miRNA 介导的 mRNA 切割方式沉默病菌致病相关基因的表达，以提高寄主对病菌的抗性（Zhang et al.，2016）。在灰葡萄孢-拟南芥互作过程中，拟南芥通过分泌类似外泌体的胞外囊泡将寄主的小 RNA 转运到病菌体内，同样以 mRNA 切割的方式沉默灰葡萄孢致病相关基因的表达，进而提高寄主对灰葡萄孢的抗性（Cai et al.，2018）。

根据小 RNA 可以跨界转运并发挥作用的特点，寄主诱导的基因沉默（HIGS）技术已经成为持久抗病材料创制的一项技术措施。该技术主要通过在寄主中表达靶向植物病原真菌生长发育或致病关键基因的 dsRNA，dsRNA 被切割形成大量 siRNA 后以某种方式被转运到病菌体内，进而抑制病菌重要的生长发育或致病相关基因表达，从而提高寄主植物的抗病性。该技术在大麦−麦类白粉病菌、小麦−麦类白粉病菌、小麦−条锈病菌、小麦−禾谷镰刀菌（*Fusarium graminearum*）、棉花−大丽轮枝菌、水稻−稻瘟病菌的互作系统中得到了有效验证（Nowara et al.，2010；Koch et al.，2013；Zhang et al.，2016；Zhu et al.，2017；Xu et al.，2018；Guo et al.，2019）。此外，研究表明，外施的靶向病菌致病相关基因的小 RNA 或 dsRNA 均可以被灰葡萄孢吸收到菌丝细胞中引发喷雾诱导的基因沉默（spray-induced gene silencing，SIGS），进而起到抑菌的作用（Wang et al.，2016a）。由此可见，HIGS 和 SIGS 均具有靶向性强、环境友好的特点，应用前景广阔（Wang and Jin，2017）。

（四）长链非编码 RNA 在植物病原真菌与植物互作中的作用

长链非编码 RNA（lncRNA）是一类长度大于 200nt 的非编码 RNA 分子，在真核生物基因表达与沉默途径中扮演着重要角色。寄主植物 lncRNA 被推测为植物防卫反应的关键因子（Zaynab et al.，2018）。研究发现，拟南芥 lncRNA 转录活性区（TAR）的诱导表达被取消后导致拟南芥对尖孢镰刀菌的抗性显著降低。随后，鉴定了 5 个受尖孢镰刀菌侵染特异诱导产生的 lncRNA，并发现其参与调控植物的抗性（Zhu et al.，2014）。在棉花与黄萎病菌的互作体系中，研究发现棉花 lncRNA 的差异表达影响了抗性海岛棉（*Gossypium barbadense* cv. '7124'）与易感陆地棉（*G. hirsutum* cv. 'YZ1'）对黄萎病的抗性。进一步分析显示，两个关键 lncRNA（GhlncNAT-ANX2 和 GhlncNAT-RLP7）被沉默的棉花幼苗对大丽轮枝菌和灰葡萄孢的抗性增强（Zhang et al.，2018）。

四、展望

表观遗传调控广泛参与植物与病原真菌的互作过程。表观遗传调控的重要性主要在于给予了寄主植物充足的自然选择时间，为其提供了遭遇病虫害或自然逆境时的缓冲方式。本节简要介绍了 DNA 甲基化修饰、组蛋白修饰及非编码 RNA 调控通过影响植物防卫基因及病原真菌致病基因的表达进而影响植物与真菌互作的相关研究。虽然近年来有关表观遗传调控的研究进展迅速，但依然存在广阔的研究前景与应用空间，特别是将发现的表观遗传调控因子应用于生产实践等问题还需要不断地进行深入探讨。

第十节 植物对真菌病害抗性的遗传改良

作物抗病品种持久利用是育种家、植物病理学家和生产者所关注且致力追求的目标。然而，就"持久抗病性"这一概念，目前尚无在生物学、遗传学和经济学各方面都能解释通的模式（Nelson et al.，2018）。作物品种抗病的持久性，取决于在一定生态条件下病害流行过程中寄主与病原物群体双方的遗传稳定性（Brown et al.，2018）。因此，一方面，要提高品种抗病性，需要在明确抗病性效应和育种效应基础上，采用基因聚合等手段培育具有持久抗病性潜质的品种（Rimbaud et al.，2018）；另一方面，在明确病害流行规律基础上，通过抗病基因合理布局，从空间和时间上阻止病菌新小种的定向选择与发展，防范新毒性小种产生（Mundt，2018）。克隆抗病基因、揭示抗病机制、探索抗病基因抗性丧失的成因，将有助于更好地保护性利用珍贵的植物抗病基因资源。

一、抗病基因的克隆与特征

植物抗病性取决于病原菌侵染时，寄主植物抗病基因（编码产物）是否能够及时识别病原菌无毒基因（编码产物），并有效启动植物防卫反应。病原菌通过进化出新的毒力策略来克服抗病基因，以逃避寄主感知和避免其启动防卫反应。自从第一个植物抗病基因（玉米 *Hm1*）被克隆以来，已经有 300 多个不同的抗病基因被陆续鉴定和分离。对这些抗病基因进行分析，通过抗病蛋白诱导抗病性的分子机制把抗病基因划为九大类，为解析植物免疫潜在的分子机制提供了新的线索（Kourelis and van der Hoorn，2018）。

（一）抗病基因克隆方法

分子生物学、生物信息学及相关技术方法的迅速发展，为人们提供了许多克隆植物抗病基因的有效方法。

1. 转座子标签克隆法

转座子（transposon）广泛存在于原核生物和真核生物基因组中，是一段能够在基因组中移动的 DNA 片段，它可从染色体的一个位置跳到另一个位置。当转座子跳跃而插入某个功能基因中时，就会引起该基因的失活，并诱导产生突变型，而当转座子再次转座离开这一位点时，失活基因的功能又可得以回复。基于这一现象，将转座子设计为 DNA 探针筛选突变株的基因组文库，根据获取的阳性克隆的转座子侧翼序列再次设计探针，筛选野生型的基因组文库，最终得到完整的基因。这一方法称为转座子标签（transposon tagging）技术，是研究功能基因的有效工具之一（Brutnell，2002）。植物中的第一个抗病基因——玉米圆斑病抗病基因 *Hm1* 就是通过这一方法克隆到的（Johal and Briggs，1992）。

2. 图位克隆法

图位克隆是最为经典且有效的基因克隆方法。应用该方法克隆基因需要两个前提条件，首先需要作图群体，其次需要大片段基因组文库。根据抗病基因在染色体上的位置，所需要的群体大小不同，所处区域重组率越低，所需群体越大。当获取到共分离或紧密连锁的标记时就可以筛选大片段基因组文库。细菌人工染色体（bacterial artificial chromosome，BAC）文库（Shizuya et al.，1992）是在细菌寄主体系基础上改造成的克隆体系，具有操作简单、稳定和嵌合度低的优点，成为目前遗传学研究的首选（Farrar and Donnison，2007）。用共分离标记筛选出阳性克隆后进行序列分析，获得候选基因，再通过遗传学及分子生物学研究克隆到目标基因。水稻抗白叶枯病基因 *Xa21* 是利用该方法克隆到的第一个植物抗病基因（Pruitt et al.，2015）。然而，在基因组较大、染色体结构复杂的植物（如小麦）中运用该方法克隆基因进展缓慢。主要是因为重复序列的存在，一方面使大基因组作物的测序工作难以顺利进行，无法快速构建高密度的遗传连锁图，另一方面造成高质量、大尺度 DNA 的插入文库构建困难。但高通量测序等技术的广泛应用及新型分子标记的发展，将会促进大基因组作物的抗病基因克隆。

3. 基于突变体和高通量测序的抗病基因克隆新方法

大部分植物专化性抗病基因（典型的抗病基因）编码的蛋白包含 NBS 和 LRR 结构域（Dangl et al.，2013），根据这一特点，将保守序列设计为探针对全基因组序列进行捕获测序，可在全基因组水平对抗病基因进行富集测序（RenSeq）（Jupe et al.，2013）。在此基础上，对抗病功能丧失的感病突变体进行 RenSeq 测序，可在不依赖目标基因精细遗传图谱和物理图谱的情况下快速克隆典型的抗病基因，这一技术称为 MutRenSeq（Steuernagel et al.，2016）。利用该方法成功克隆到了多个抗病基因，如小麦秆锈病抗性基因 *Sr22* 和 *Sr45*（Steuernagel et al.，2016），小麦条锈病抗性基因 *Yr5*、*Yr7* 和 *YrSP*（Marchal et al.，2018）。

对于不具备典型 NLR 结构域的抗病基因，MutRenSeq 方法难以适用，由此另一种整合多种技术的流程被开发出来——目标染色体长片段组装（targeted chromosome-based cloning via long-range assembly，TACCA）技术。这一技术首先利用流式细胞仪对抗病基因所在的目标染色体进行分离（Vrana et al.，2000），随后对分离出来的染色体构建多种文库并测序，利用 Chicago 技术（Putnam et al.，2016）快速获得目标基因所在区段的物理图谱及序列信息，通过这一技术快速克隆到了抗叶锈病基因 *Lr22a*（Thind et al.，2017）。

4. 抗病基因克隆的其他方法

（1）同源克隆

该方法依赖抗病基因序列在不同物种之间的保守性，通过设计通用引物进行扩增测序。该方法简单有效，已克隆到大量抗病基因（Ruffel et al., 2002; Stein et al., 2005; Nicaise et al., 2013）。

（2）差异筛选法

随着基因芯片技术及高通量测序技术的快速发展，分析基因时空表达差异的成本越来越低，效率越来越高。通过对处理和对照组进行芯片或转录组测序，获取表达具有显著差异的基因，再通过功能注释可快速获取抗病基因及相关基因。

（二）抗病基因特征

植物中克隆的抗病基因已超过 300 个，其中抗真菌基因占到一半（Kourelis and van der Hoorn，2018）。根据这些抗病基因的结构可将它们分成三大类：受体类（受体蛋白、受体蛋白激酶）、核苷酸结合位点类（NLR、NLR-ID、CNL、CNL-ID、TN、TNL、TNL-ID、TN-BRX）及其他类（表 2-1）。其中受体类根据是否包含蛋白激酶结构域分为受体蛋白和受体蛋白激酶两个亚类，目前克隆到的这两类结构的基因数量基本差不多。目前已克隆到的抗病基因中超过 60% 的结构为核苷酸结合位点类，这一类又根据N端结构域和C端结构域分为多个亚类，绝大多数包含核苷酸结合位点（NBS）结构域和富亮氨酸重复（LRR）结构域。N端结构域主要分为以下三类：螺旋卷曲（CC）结构域、Toll/白细胞介素受体（Toll/interleukin receptor，TIR）结构域及没有结构域。在 C 端有的基因结构包含整合结构域（integrated domain），有两个不包含 LRR 结构域。其中不包含 LRR 结构域的基因结构包含 3 个 BRX 结构域，在整个拟南芥基因组中也只有一个包含这种结构的基因（Peele et al.，2014）。还有一些抗病基因的结构不包含典型的抗病结构域，如抗叶锈病的 *Lr34*、*Lr67*，抗条锈病的 *Yr36* 等（Fu et al.，2009；Krattinger et al.，2009；Moore et al.，2015）。

表 2-1 植物抗真菌基因结构所包含的结构域及其数量

类别	结构域	数量
NLR	核苷酸结合位点，富亮氨酸重复	4
NLR-ID	NLR，整合结构域	2
CNL	螺旋卷曲，NLR	92
CNL-ID	螺旋卷曲，NLR，整合结构域	9
TNL	TIR，NLR	21
TNL-ID	TIR，NLR，整合结构域	1
TN	TIR，核苷酸结合位点	1

续表

类别	结构域	数量
TN-BRX-BRX-BRX	TN，BRX	1
RLK	受体（receptor），蛋白激酶（protein kinase）	22
RLP	受体	26
Other	其他	27

二、抗病基因的利用

利用抗病基因防控病害是最经济、有效、环保的方法（Line and Chen，1995）。以小麦条锈病防治为例，在2002～2012年，Chen等在美国环太平洋西北部地区种植了春小麦、冬小麦不同抗性水平的主栽品种和感病对照，试验完全在自然条件下进行。经统计发现，这10年间冬小麦感病对照品种产量损失为18%～90%，平均在44%；不同抗性水平的冬小麦品种产量损失为2%～21%，平均在8%。春小麦感病对照品种产量损失为5%～50%，平均在33%；不同抗性水平的春小麦抗病品种产量损失为0～27%，平均在13%。药剂防治对感病品种效果最好，且随着品种自身抗性水平的提高而防治效果减弱（Chen，2014）。这一结果充分说明了抗病基因在病害防治中的作用。然而，目前克隆到的大部分抗病基因是小种专化性抗病基因，受遗传控制的植物抗病性往往很快被病原菌克服，抗病基因"丧失"抗病性，从而造成巨大的损失（Lin and Chen，2009）。因此，应用多种策略控制病原菌的进化潜力，提高抗病持久性十分重要。目前，有以下4种抗病基因利用策略可控制病原菌的进化潜力：①抗病基因轮换（rotation），随着时间变化，利用不同的抗病基因；②抗病基因聚合（pyramiding），将位于不同染色体位点的抗病基因聚集在同一品种中；③品种混合（cultivar mixture），将不同抗病基因品种混合种植在同一田块；④品种嵌合（mosaic），将不同抗病基因品种种植在不同田块。这4种抗病基因利用策略各有优点，没有一种策略是普遍最优的。在对2个抗条锈病主效基因研究时发现，基因聚合具有最高的抗病性，但是在高突变潜力下，品种嵌合、混合及轮换策略能更好地延缓超级病原菌的出现。4种策略在短期内都能很好地控制病害流行，然而一旦所有抗病基因都"丧失"抗病性后，品种轮换是最好的选择（Rimbaud et al.，2018）。

三、植物抗病遗传改良新策略

植物NLR类抗病基因可以通过基因工程手段实现人工逐步进化，可增强抗病基因的正向性，消除其对抗病性的负面效应（Harris et al.，2013）。利用基因工程手段设计改造抗病基因，已经有提高抗病持久性的实例。有研究报道（Kim et al.，2016）利用"诱捕"策略对拟南芥NLR类基因*RPS5*进行编辑改造，当寄主另外一个蛋白PSB1被病原菌分泌的蛋白酶AvrPphB裂解时，激活该抗病基因编码的RPS5蛋白，从而对病原菌新小种产生抗病性。利用诱饵扩展植物抗病蛋白的识别特异性，可强化拟南芥的病原识别系统，从而提高专化性抗病基因持久的抗病性。

基因编辑技术是一种基因精确改造技术，可以高效率、高特异性地对目标基因进行敲除、敲入和替换等"编辑"，随着技术不断改进，CRISPR/Cas9 技术被认为能够允许人们在活细胞中高效便捷地"编辑"任何基因。我国科学家首次在六倍体小麦中对 *MLO* 基因的 3 个拷贝同时进行了突变，使小麦对白粉病产生了广谱抗性（Shan et al.，2013）。

另外，利用基因工程手段可调控抗病基因精准表达。王石平与董欣年两个课题组合作，在上游可读框（uORF）介导下在翻译水平精准调控抗病基因表达，在显著提高植物对不同类型病原菌广谱抗性的同时，不影响其他农艺性状（Xu et al.，2017a）。利用拟南芥 NPR1 的基因作为植物免疫的"主调节者"，其只有在植物遭受病原菌攻击时才"开启"抗病基因的表达，在正常生长时则保持"关闭"状态（Xu et al.，2017b）。可见，模式生物抗病基因工程的成功，为通过编辑改造作物抗病基因来提高抗病持久性提供了新思路。

参 考 文 献

曹志艳, 杨胜勇, 董金皋. 2006. 植物病原真菌黑色素与致病性关系的研究进展. 微生物学通报, 33(1): 154-158.

陈晓锋, 谭声江, 栗士朋, 等. 2001. 遗传多样性研究的理论、方法及应用 // 陈灵芝, 马克平. 生物多样性科学: 原理与实践. 上海: 上海科学技术出版社: 93-125.

戴玉成, 庄剑云. 2010. 中国菌物已知种数. 菌物学报, 29(5): 625-628.

景汝勤. 1983. 真菌的准性生殖. 植物杂志, 4: 20-21.

康振生, 李振岐, 商鸿生. 1993. 小麦条锈菌异核作用产生的一新菌系. 西北农业大学学报, 21(1): 97-99.

李振岐, 商鸿生. 1989. 小麦锈病及其防治. 上海: 上海科学技术出版社.

马青. 1992. 禾谷类锈菌异核现象的研究进展. 麦类作物学报, 5: 47-49.

商鸿生. 1995. 植物免疫学. 2 版. 北京: 中国农业出版社: 122-130.

王博, 孙广宇. 2016. 基于高通量测序的群体基因组学: 植物病原真菌研究新方向. 菌物学报, 35(12): 1434-1440.

张荆城, 边银丙, 肖扬. 2019. 真菌群体基因组学研究进展. 微生物学通报, 46(2): 345-353.

张燕, 夏更寿, 赖志兵. 2018. 植物抗灰霉病菌分子机制的研究进展. 生物技术通报, 34(2): 10-24.

赵凤轩, 戴小枫. 2009. 棉花黄萎病菌的侵染过程. 基因组学与应用生物学, 28(4): 786-792.

郑鹏, 王成树. 2013. 真菌有性生殖调控与进化. 中国科学: 生命科学, 43(12): 1090-1097.

周健, 梁宗琦. 1985. 真菌的异核现象及其与植物及昆虫病原毒力变异的关系. 贵州农业科学, 3: 1-6.

周真, 杜妍娴, 李希清. 2011. 黑色素与常见病原真菌致病性的关系. 中国真菌学杂志, 6(6): 373-376, 384.

Abeysekara NS, Friesen TL, Keller B, et al. 2009. Identification and characterization of a novel host-toxin interaction in the wheat-*Stagonospora nodorum* pathosystem. Theor Appl Genet, 120(1):

117-126.

Abou-Attia MA, Wang XJ, Al-Attala MN, et al. 2016. TaMDAR6 acts as a negative regulator of plant cell death and participates indirectly in stomatal regulation during the wheat stripe rust-fungus interaction. Physiologia Plantarum, 156(3): 262-277.

Achard P, Renou JP, Berthome R, et al. 2008. Plant DELLAs restrain growth and promote survival of adversity by reducing the levels of reactive oxygen species. Current Biology, 18(9): 656-660.

Ahmed B, Santos KCGD, Sanchez IB, et al. 2018. A rust fungal effector binds plant DNA and modulates transcription. Sci Rep, 8(1): 14718.

Ahuja I, Kissen R, Bones AM. 2012. Phytoalexins in defense against pathogens. Trends Plant Sci, 17(2): 73-90.

Akamatsu A, Wong HL, Fujiwara M, et al. 2013. An OsCEBiP/OsCERK1-OsRacGEF1-OsRac1 module is an essential early component of chitin-induced rice immunity. Cell Host & Microbe, 13: 465-476.

Antoni EA, Rybak K, Tucker MP, et al. 2010. Ubiquity of ToxA and absence of ToxB in Australian populations of *Pyrenophora tritici-repentis*. Australasian Plant Pathology, 39(1): 63-68.

Apel K, Hirt H. 2004. Reactive oxygen species: metabolism, oxi-dative stress, and signal transduction. Annu Rev Plant Biol, 55: 373-399.

Arbona V, Gomez-Cadenas A. 2015. Metabolomics of disease resistance in crops. Current Issues in Molecular Biology, 19: 13-30.

Ayliffe M, Jin Y, Kang ZS, et al. 2011. Determining the basis of nonhost resistance in rice to cereal rusts. Euphytica, 179(1): 33-40.

Aylward J, Steenkamp ET, Dreyer LL, et al. 2017. A plant pathology perspective of fungal genome sequencing. IMA Fungus, 8(1): 1-15.

Baetz U, Martinoia E. 2014. Root exudates: the hidden part of plant defense. Trends Plant Sci, 19(2): 90-98.

Baidyaroy D, Brosch G, Graessle S, et al. 2002. Characterization of inhibitor resistant histone deacetylase activity in plant-pathogenic fungi. Eukaryotic Cell, 1(4): 538-547.

Balint-Kurti P. 2019. The plant hypersensitive response: concepts, control and consequences. Molecular Plant Pathology, 20(8): 1163-1178.

Bari R, Jones JD. 2009. Role of plant hormones in plant defence responses. Plant Molecular Biology, 69(4): 473-488.

Bartos P. 1967. Nuclear reassociation in *Puccinia coronata* f. sp. *avenae*. Phytopathology, 57(8): 803.

Beeson WT, Phillips CM, Cate JH, et al. 2012. Oxidative cleavage of cellulose by fungal copper dependent polysaccharide monooxygenases. Journal of the American Oil Chemists Society, 134(2): 890-892.

Bernoux M, Burdett H, Williams SJ, et al. 2016. Comparative analysis of the flax immune receptors L6 and L7 suggests an equilibrium-based switch activation model. The Plant Cell, 28(1): 146-159.

Bethke G, Pecher P, Eschen-Lippold L, et al. 2012. Activation of the *Arabidopsis thaliana* mitogen-activated protein kinase MPK11 by the flagellin-derived elicitor peptide, flg22. Molecular Plant-Microbe Interactions, 25(4): 471-480.

Bhat R, Subbarao K. 1999. Host range specificity in *Verticillium dahliae*. Phytopathology, 89(12): 1218-1225.

Bhuiyan NH, Selvaraj G, Wei Y, et al. 2009. Role of lignification in plant defense. Plant Signaling & Behavior, 4(2): 158-159.

Bielach A, Hrtyan M, Tognetti VB. 2017. Plants under stress: involvement of auxin and cytokinin. International Journal of Molecular Sciences, 18(7): 1427.

Birkenbihl RP, Diezel C, Somssich IE. 2012. *Arabidopsis* WRKY33 is a key transcriptional regulator of hormonal and metabolic responses toward *Botrytis cinerea* infection. Plant Physiology, 159(1): 266-285.

Birkenbihl RP, Liu S, Somssich IE. 2017. Transcriptional events defining plant immune responses. Current Opinion in Plant Biology, 38: 1-9.

Black WC IV, Baer CF, Antolin MF, et al. 2001. Population genomics: genome-wide sampling of insect populations. Annual Review of Entomology, 46: 441-469.

Bourras S, Kunz L, Xue MF, et al. 2019. The AvrPm3-Pm3 effector-NLR interactions control both race-specific resistance and host-specificity of cereal mildews on wheat. Nature Communications, 10: 2292.

Brosch G, Dangl M, Graessle S, et al. 2001. An inhibitor resistant histone deacetylase in the plant pathogenic fungus *Cochliobolus carbonum*. Biochemistry, 40(43): 12855-12863.

Brosch G, Ransom R, Lechner T, et al. 1995. Inhibition of maize histone deacetylases by HC toxin, the host-selective toxin of *Cochliobolus carbonum*. The Plant Cell, 7(11): 1941-1950.

Brown NA, Schrevens S, van Dijck P, et al. 2018. Fungal G-protein-coupled receptors: mediators of pathogenesis and targets for disease control. Nature Microbiology, 3(4): 402-414.

Brown NA, Urban M, Van De Meene AML, et al. 2010. The infection biology of *Fusarium graminearum*: defining the pathways of spikelet to spikelet colonisation in wheat ears. Fungal Biology, 114(7): 555-571.

Brutnell TP. 2002. Transposon tagging in maize. Functional & Integrative Genomics, 2(1): 4-12.

Buchanan BB, Balmer Y. 2005. Redox regulation: a broadening horizon. Annu Rev Plant Biol, 56: 187-220.

Cai Q, Qiao LL, Wang M, et al. 2018. Plants send small RNAs in extracellular vesicles to fungal pathogen to silence virulence genes. Science, 360(6393): 1126-1129.

Cambareri EB, Singer MJ, Selker EU. 1991. Recurrence of repeat-induced point mutation (RIP) in *Neurospora crassa*. Genetics, 127(4): 699-710.

Cervone F, Hahn MG, De Lorenzo G, et al. 1989. Host-pathogen interactions: XXXIII. A plant protein converts a fungal pathogenesis factor into an elicitor of plant defense responses. Plant Physiology, 90(2): 542-548.

Cesari S, Kanzaki H, Fujiwara T, et al. 2014. The NB-LRR proteins RGA4 and RGA5 interact functionally and physically to confer disease resistance. EMBO, 33(17): 1941-1959.

Cesari S, Thilliez G, Ribot C, et al. 2013. The rice resistance protein pair RGA4/RGA5 recognizes the *Magnaporthe oryzae* effectors AVR-Pia and AVR1-CO39 by direct binding. The Plant Cell, 25(4): 1463-1481.

Chamnongpol S, Willekens H, Moeder W, et al. 1998. Defense activation and enhanced pathogen tolerance induced by H_2O_2 in transgenic tobacco. Proc Natl Acad Sci USA, 95(10): 5818-5823.

Chanclud E, Kisiala A, Emery NRJ, et al. 2016. Cytokinin production by the rice blast fungus is a pivotal requirement for full virulence. PLOS Pathogens, 12(2): e1005457.

Chen JP, Upadhyaya NM, Ortiz D, et al. 2017. Loss of *AvrSr50* by somatic exchange in stem rust leads to virulence for *Sr50* resistance in wheat. Science, 358(6370): 1607-1610.

Chen LQ, Hou BH, Lalonde S, et al. 2010. Sugar transporters for intercellular exchange and nutrition of pathogens. Nature, 468(7323): 527-532.

Chen Q, Li YB, Wang JZ, et al. 2018. Cpubi4 is essential for development and virulence in chestnut blight fungus. Frontiers in Microbiology, 9: 1286.

Chen XM. 2014. Integration of cultivar resistance and fungicide application for control of wheat stripe rust. Canadian Journal of Plant Pathology, 36(3): 311-326.

Cheng X, Flokova K, Bouwmeester H, et al. 2017. The role of endogenous strigolactones and their interaction with aba during the infection process of the parasitic weed *Phelipanche ramosa* in tomato plants. Front Plant Sci, 8: 392.

Cheng YL, Zhang HC, Yao JN, et al. 2012. Characterization of non-host resistance in broad bean to the wheat stripe rust pathogen. BMC Plant Biology, 12: 96.

Chinchilla D, Zipfel C, Robatzek S, et al. 2007. A flagellin-induced complex of the receptor FLS2 and BAK1 initiates plant defence. Nature, 448(7152): 497-501.

Choi SM, Song HR, Han SK, et al. 2012. HDA19 is required for the repression of salicylic acid biosynthesis and salicylic acid-mediated defense responses in *Arabidopsis*. Plant Journal, 71(1): 135-146.

Ciuffetti LM, Tuori RP, Gaventa JM. 1997. A single gene encodes a selective toxin causal to the development of tan spot of wheat. The Plant Cell, 9(2): 135-144.

Coll NS, Epple P, Dangl JL. 2011. Programmed cell death in the plant immune system. Cell Death & Differentiation, 18(8): 1247-1256.

Connolly LR, Smith KM, Freitag M. 2013. The *Fusarium graminearum* histone H3 K27 methyltransferase KMT6 regulates development and expression of secondary metabolite gene clusters. PLOS Genetics, 9(10): e1003916.

Curtis MJ, Wolpert TJ. 2004. The victorin-induced mitochondrial permeability transition precedes cell shrinkage and biochemical markers of cell death, and shrinkage occurs without loss of membrane integrity. Plant Journal, 38(2): 244-259.

Daayf F. 2015. Verticillium wilts in crop plants: pathogen invasion and host defence responses. Canadian Journal of Plant Pathology, 37(1): 8-20.

Dagvadorj B, Ozketen AC, Andac A, et al. 2014. A *Puccinia striiformis* f. sp. *tritici* secreted protein activates plant immunity at the cell surface. Sci Rep, 7(1): 1141.

Dangl JL, Horvath DM, Staskawicz BJ. 2013. Pivoting the plant immune system from dissection to deployment. Science, 341(6147): 746-751.

Daub ME, Chung KR. 2009. Photoactivated perylenequinone toxins in plant pathogenesis // Deising HB. Plant Relationships Ⅴ. Heidelberg: Springer-Verlag: 201-219.

Daub ME, Ehrenshaft M. 2000. The photoactivated *Cercospora* toxin cercosporin: contributions to plant disease and fundamental biology. Annu Rev Phytopathol, 38: 461-490.

Dayan FE, Ferreira D, Wang YH, et al. 2008. A pathogenic fungi diphenyl ether phytotoxin targets plant enoyl (acyl carrier protein) reductase. Plant Physiology, 147(3): 1062-1071.

de Jong JC, McCormack BJ, Smirnoff N, et al. 1997. Glycerol generates turgor in rice blast. Nature, 389: 244-245.

de Jonge R, van Esse HP, Kombrink A, et al. 2010. Conserved fungal LysM effector Ecp6 prevents chitin-triggered immunity in plants. Science, 329(5994): 953-955.

Dean RA, Talbot NJ, Ebbole DJ, et al. 2005. The genome sequence of the rice blast fungus *Magnaporthe grisea*. Nature, 434(7036): 980-986.

Denance N, Sanchezvallet A, Goffner D, et al. 2013. Disease resistance or growth: the role of plant hormones in balancing immune responses and fitness costs. Front Plant Sci, 4: 155.

Derbyshire M, Mbengue M, Barascud M, et al. 2019. Small RNAs from the plant pathogenic fungus *Sclerotinia sclerotiorum* highlight host candidate genes associated with quantitative disease resistance. Molecular Plant Pathology, 20(9): 1279-1297.

Desmond OJ, Manners JM, Stephens AE, et al. 2008. The *Fusarium mycotoxin* deoxynivalenol elicits hydrogen peroxide production, programmed cell death and defence responses in wheat. Molecular Plant Pathology, 9(4): 435-445.

Dewey RE, Siedow JN, Timothy DH, et al. 1988. A 13-kilodalton maize mitochondrial protein in *E. coli* confers sensitivity to *Bipolaris maydis* toxin. Science, 239(4837): 293-295.

Dhawan R, Luo H, Foerster AM, et al. 2009. Histone monoubiquitination 1 interacts with a subunit of the mediator complex and regulates defense against necrotrophic fungal pathogens in *Arabidopsis*. The Plant Cell, 21(3): 1000-1019.

Ding XH, Cao YL, Huang LL, et al. 2008. Activation of the indole-3-acetic acid-amido synthetase gh3-8 suppresses expansin expression and promotes salicylate- and jasmonate-independent basal immunity in rice. The Plant Cell, 20(1): 228-240.

Divon HH, Fluhr R. 2007. Nutrition acquisition strategies during fungal infection of plants. FEMS Microbiology Letters, 266(1): 65-74.

Djamei A, Schipper K, Rabe F. et al. 2011. Metabolic priming by a secreted fungal effector. Nature, 478: 395-398.

Dmitriev AP, Shelomova LF. 1976. Study on heterocaryosis of the pathogen of brown rust of wheat. Biulleten, 39: 61-64.

Dodds PN, Lawrence GJ, Catanzariti AM, et al. 2006. Direct protein interaction underlies gene-for-gene specificity and coevolution of the flax resistance genes and flax rust avirulence genes. Proc Natl Acad Sci USA, 103(23): 8888-8893.

Doehlemann G, Reissmann S, Assmann D, et al. 2011. Two linked genes encoding a secreted effector and a membrane protein are essential for *Ustilago maydis*-induced tumour formation. Molecular Microbiology, 81(3): 751-766.

Doehlemann G, van der Linde K, Amann D, et al. 2009. Pep1, a secreted effector protein of *Ustilago maydis*, is required for successful invasion of plant cells. PLOS Pathogens, 5(2): e1000290.

Dong W, Nowara D, Schweizer P. 2006. Protein polyubiquitination plays a role in basal host resistance of barley. The Plant Cell, 18(11): 3321-3331.

Durrant WE, Dong X. 2004. Systemic acquired resistance. Annu Rev Phytopathol, 42: 185-209.

Dutech C, Rossi JP, Fabreguettes O, et al. 2008. Geostatistical genetic analysis for inferring the dispersal pattern of a partially clonal species: example of the chestnut blight fungus. Molecular Ecology, 17(21): 4597-4607.

Dutilleul C, Garmier M, Noctor G, et al. 2003. Leaf mitochondria modulate whole cell redox homeostasis, set antioxidant ca-pacity, and determine stress resistance through altered signaling and diurnal regulation. The Plant Cell, 15: 1212-1226.

Ebrahim S, Usha K, Singh B. 2011. Pathogenesis related (PR) proteins in plant defense mechanism age-related pathogen resistance. Current Research and Technological Advances, 2011: 1043-1054.

Effertz RJ, Meinhardt SW, Anderson JA, et al. 2002. Identification of a chlorosis-inducing toxin from *Pyrenophora tritici-repentis* and the chromosomal location of an insensitivity locus in wheat. Phytopathology, 92(5): 527-533.

Farrar K, Donnison IS. 2007. Construction and screening of BAC libraries made from *Brachypodium* genomic DNA. Nature Protocols, 2(7): 1661-1674.

Farrokhi N, Whitelegge JP, Brusslan JA. 2008. Plant peptides and peptidomics. Plant Biotechnology Journal, 6(2): 105-134.

Feng H, Wang XJ, Zhang Q, et al. 2014. Monodehydroascorbate reductase gene, regulated by the wheat PN-2013 miRNA, contributes to adult wheat plant resistance to stripe rust through ROS metabolism. Biochimica et Biophysica Acta, 1839(1): 1-12.

Feussner I, Polle A. 2015. What the transcriptome does not tell: proteomics and metabolomics are closer to the plants' patho-phenotype. Current Opinion in Plant Biology, 26: 26-31.

Fiorin GL, Sanchez-Vallet A, Thomazella D, et al. 2018. Suppression of plant immunity by fungal chitinase-like effectors. Current Biology, 28(18): 3023-3030.

Friesen TL, Chu CG, Liu ZH, et al. 2009. Host-selective toxins produced by *Stagonospora nodorum* confer disease susceptibility in adult wheat plants under field conditions. Theor Appl Genet, 118(8): 1489-1497.

Friesen TL, Faris JD. 2004. Molecular mapping of resistance to *Pyrenophora tritici-repentis* race 5 and sensitivity to Ptr ToxB in wheat. Theor Appl Genet, 109(3): 464-471.

Friesen TL, Meinhardt SW, Faris JD. 2007. The *Stagonospora nodorum*-wheat pathosystem involves multiple proteinaceous host-selective toxins and corresponding host sensitivity genes that interact in an inverse gene-for-gene manner. Plant Journal, 51(4): 681-692.

Fu DL, Uauy C, Distelfeld A, et al. 2009. A kinase-START gene confers temperature-dependent resistance to wheat stripe rust. Science, 323(5919): 1357-1360.

Fukuoka S, Saka N, Koga H, et al. 2009. Loss of function of a proline-containing protein confers durable disease resistance in rice. Science, 325(5943): 998-1001.

Gamas P, Brault M, Marie-Françoise J, et al. 2017. Cytokinins in symbiotic nodulation: when, where, what for? Trends Plant Sci, 22(9): 792-802.

Gan PHP, Dodds PN, Hardham AR. 2012. Plant infection by biotrophic fungal and oomycete pathogens // Perotto S, Baluška F. Signaling and Communication in Plant Symbiosis. Berlin: Springer: 183-212.

Geng SF, Kong XC, Song GY, et al. 2018. DNA methylation dynamics during the interaction of wheat progenitor *Aegilops tauschii* with the obligate biotrophic fungus *Blumeria graminis* f. sp. *tritici*. New Phytologist, 221: 1023-1035.

Ghag SB. 2017. Host induced gene silencing, an emerging science to engineer crop resistance against harmful plant pathogens. Physiological and Molecular Plant Pathology, 100: 242-254.

Ghildiyal M, Zamore PD. 2009. Small silencing RNAs: an expanding universe. Nature Reviews Genetics, 10(2): 94-108.

Giraldo MC, Dagdas YF, Gupta YK, et al. 2013. Two distinct secretion systems facilitate tissue invasion by the rice blast fungus *Magnaporthe oryzae*. Nature Communications, 4: 1996.

Gonzalez-Candelas L, Alamar S, Sanchez-Torres P, et al. 2010. A transcriptomic approach highlights induction of secondary metabolism in citrus fruit in response to *Penicillium digitatum* infection. BMC Plant Biology, 10: 194.

González-Fernández R, Prats E, Jorrin-Novo JV. 2010. Proteomics of plant pathogenic fungi. Journal of Biomedicine and Biotechnology, 2010: 932527.

Govrin EM, Levine A. 2000. The hypersensitive response facilitates plant infection by the necrotrophic pathogen *Botrytis cinerea*. Current Biology, 10(13): 751-757.

Graves PR, Haystead TA. 2002. Molecular biologist's guide to proteomics. Microbiology and Molecular Biology Reviews, 66(1): 39-63.

Greenberg JT, Yao N. 2004. The role and regulation of programmed cell death in plant-pathogen interactions. Cell Microbiology, 6(3): 201-211.

Groth G. 2002. Structure of spinach chloroplast F1-ATPase complexed with the phytopathogenic inhibitor tentoxin. Proc Natl Acad Sci USA, 99(6): 3464-3468.

Grünwald NJ, McDonald BA, Milgroom MG. 2016. Population genomics of fungal and oomycete pathogens. Annu Rev Phytopathol, 54: 323-346.

Guenther JC, Trail F. 2005. The development and differentiation of *Gibberella zeae* (anamorph: *Fusarium graminearum*) during colonization of wheat. Mycologia, 97(1): 229-237.

Guo LW, Cesari S, de Guillen K, et al. 2018. Specific recognition of two MAX effectors by integrated HMA domains in plant immune receptors involves distinct binding surfaces. Proc Natl Acad Sci USA, 115(45): 11637-11642.

Guo XY, Li Y, Fan J, et al. 2019. Host-induced gene silencing of *MoAP1* confers broad-spectrum resistance to *Magnaporthe oryzae*. Front Plant Sci, 10: 433.

Hahn M, Mendgen K. 2001. Signal and nutrient exchange at biotrophic plant-fungus interfaces. Current Opinion in Plant Biology, 4(4): 322-327.

Halperin W, Jensen WA. 1967. Ultrastructural changes during growth and embryogenesis in carrot cell cultures. Journal of Ultrastructure Research, 18(3-4): 428-443.

Hamel LP, Nicole MC, Duplessis S, et al. 2012. Mitogen-activated protein kinase signaling in plant-interacting fungi: distinct messages from conserved messengers. The Plant Cell, 24(4): 1327-1351.

Harris CJ, Slootweg EJ, Goverse A, et al. 2013. Stepwise artificial evolution of a plant disease resistance gene. Proc Natl Acad Sci USA, 110(52): 21189-21194.

Hartmann M, Zeier T, Bernsdorff F, et al. 2018. Flavin monooxygenase-generated *N*-hydroxypipecolic acid is a critical element of plant systemic immunity. Cell, 173(2): 456-469.

Hawksworth DL. 1991. The fungal dimension of biodiversity: magnitude, significance, and conservation. Mycological Research, 95(6): 641-655.

Heese A, Hann DR, Gimenez-Ibanez S, et al. 2007. The receptor-like kinase SERK3/BAK1 is a central regulator of innate immunity in plants. Proc Natl Acad Sci USA, 104: 12217-12222.

Hegedus DD, Rimmer SR. 2005. *Sclerotinia sclerotiorum*: when "to be or not to be" a pathogen? FEMS Microbiology Letters, 251(2): 177-184.

Hemetsberger C, Herrberger C, Zechmann B, et al. 2012. The *Ustilago maydis* effector Pep1 suppresses plant immunity by inhibition of host peroxidase activity. PLOS Pathogens, 8(5): e1002684.

Hinsch J, Galuszka P, Tudzynski P. 2016. Functional characterization of the first filamentous fungal tRNA-isopentenyltransferase and its role in the virulence of *Claviceps purpurea*. New Phytologist, 211(3): 980-992.

Holoch D, Moazed D. 2015. RNA-mediated epigenetic regulation of gene expression. Nature Reviews Genetics, 16(2): 71-84.

Horbach R, Navarro-Quesada AR, Knogge W, et al. 2011. When and how to kill a plant cell: infection strategies of plant pathogenic fungi. Journal of Plant Physiology, 168(1): 51-62.

Hou HL, Zheng XK, Zhang H, et al. 2017. Histone deacetylase is required for GA-induced programmed cell death in maize aleurone layers. Plant Physiology, 175(3): 1484-1496.

Howard RJ, Ferrari MA, Roach DH, et al. 1991. Penetration of hard substrates by a fungus employing enormous turgor pressures. Proc Natl Acad Sci USA, 88(24): 11281-11284.

Huang J, Yang M, Lu L, et al. 2016. Diverse functions of small RNAs in different plant-pathogen communications. Frontiers in Microbiology, 7: 1552.

Huckelhoven R. 2007. Cell wall-associated mechanisms of disease resistance and susceptibility. Annu Rev Phytopathol, 45: 101-127.

Huffaker A, Pearce G, Ryan CA. 2006. An endogenous peptide signal in *Arabidopsis* activates components of the innate immune response. Proc Natl Acad Sci USA, 103: 10098-10103.

Huh A, Dubey A, Kim S, et al. 2017. *MoJMJ1*, encoding a histone demethylase containing JmjC domain, is required for pathogenic development of the rice blast fungus, *Magnaporthe oryzae*. Plant Pathology Journal, 33(2): 193-205.

Islam MT, Croll D, Gladieux P, et al. 2016. Emergence of wheat blast in Bangladesh was caused by a South American lineage of *Magnaporthe oryzae*. BMC Biology, 14(1): 84.

Jansen C, von Wettstein D, Scher W, et al. 2005. Infection patterns in barley and wheat spikes inoculated with wild-type and trichodiene synthase gene disrupted *Fusarium graminearum*. Proc Natl Acad Sci USA, 102(46): 16892-16897.

Jian J, Liang X. 2019. One small RNA of *Fusarium graminearum* targets and silences *CEBiP* gene in common wheat. Microorganisms, 7(10): 425.

Jiang C, Zhang X, Liu HQ, et al. 2018. Mitogen-activated protein kinase signaling in plant pathogenic fungi. PLOS Pathogens, 14(3): e1006875.

Jin H, Zhu J. 2010. How many ways are there to generate small RNAs? Molecular Cell, 38(6): 775-777.

Jin JP, Tian F, Yang DC, et al. 2017. PlantTFDB 4.0: toward a central hub for transcription factors and regulatory interactions in plants. Nucleic Acids Research, 45(D1): D1040-D1045.

Jin Y, Zhao JH, Zhao P, et al. 2019. A fungal milRNA mediates epigenetic repression of a virulence gene in *Verticillium dahliae*. Philos Trans R Soc Lond B Biol Sci, 374(1767): 20180309.

Johal GS, Briggs SP. 1992. Reductase activity encoded by the HM1 disease resistance gene in maize. Science, 258(5084): 985-987.

Johnson T, Newton M, Brown AM. 1932. Hybridization of *Puccinia graminis tritici* with *Puccinia graminis secalis* and *Puccinia graminis agrostidis*. Scientific Agriculture, 13(3): 141-153.

Jones JDG, Dangl JL. 2006. The plant immune system. Nature, 444(7117): 323-329.

Jupe F, Witek K, Verweij W, et al. 2013. Resistance gene enrichment sequencing (RenSeq) enables reannotation of the NB-LRR gene family from sequenced plant genomes and rapid mapping of resistance loci in segregating populations. Plant Journal, 76(3): 530-544.

Katiyar-Agarwal S, Jin HL. 2010. Role of small RNAs in host-microbe interactions. Annu Rev Phytopathol, 48: 225-246.

Kaur A, Kumar A, Reddy MS. 2017. Plant-pathogen interactions: a proteomic approach // Singh RP, Kothari R, Koringa PG, et al. Understanding Host-Microbiome Interactions: An Omics Approach. Singapore: Springer Nature Singapore Pte Ltd.: 207-225.

Kemmerling B, Schwedt A, Rodriguez P, et al. 2017. The BRI1-associated kinase 1, BAK1, has a brassinolide-independent role in plant cell-death control. Current Biology, 17(13): 1116-1122.

Kersey PJ, Allen JE, Armean I, et al. 2016. Ensembl Genomes 2016: more genomes, more complexity. Nucleic Acids Research, 44(D1): D574-D580.

Khang CH, Berruyer R, Giraldo MC, et al. 2010. Translocation of *Magnaporthe oryzae* effectors into rice cells and their subsequent cell-to-cell movement. The Plant Cell, 22(4): 1388-1403.

Kim SH, Qi D, Ashfield T, et al. 2016. Using decoys to expand the recognition specificity of a plant disease resistance protein. Science, 351(6274): 684-687.

King BC, Waxman KD, Nenni NV, et al. 2007. Arsenal of plant cell wall degrading enzymes reflects host preference among plant pathogenic fungi. Biotechnology for Biofuels, 4: 4.

Kirk PM, Cannon PF, Minter DW, et al. 2008. Ainsworth and Bisby's Dictionary of the Fungi. 10th ed. Wallingford: CAB International.

Kleemann J, Rincon-Rivera LJ, Takahara H, et al. 2012. Sequential delivery of host-induced virulence effectors by appressoria and intracellular hyphae of the phytopathogen *Colletotrichum higginsianum*. PLOS Pathogens, 8(4): e1002643.

Klessig DF, Choi HW, Dempsey DA. 2018. Systemic acquired resistance and salicylic acid: past, present and future. Molecular Plant-Microbe Interactions, 31(9): 871-888.

Koch A, Kumar N, Weber L, et al. 2013. Host-induced gene silencing of cytochrome P450 lanosterol C14-demethylase-encoding genes confers strong resistance to *Fusarium species*. Proc Natl Acad Sci USA, 110(48): 19324-19329.

Kong LA, Yang J, Li GT, et al. 2012. Different chitin synthase genes are required for various developmental and plant infection processes in the rice blast fungus *Magnaporthe oryzae*. PLOS Pathogens, 8(2): e1002526.

Konno K. 2011. Plant latex and other exudates as plant defense systems: roles of various defense chemicals and proteins contained therein. Phytochemistry, 72(13): 1510-1530.

Kourelis J, van der Hoorn RAL. 2018. Defended to the nines: 25 years of resistance gene cloning identifies nine mechanisms for R protein function. The Plant Cell, 30(2): 285-299.

Krattinger SG, Lagudah ES, Spielmeyer W, et al. 2009. A putative ABC transporter confers durable resistance to multiple fungal pathogens in wheat. Science, 323(5919): 1360-1363.

Kunkel BN, Harper CP. 2018. The roles of auxin during interactions between bacterial plant pathogens and their hosts. Journal of Experimental Botany, 69(2): 245-254.

Kuroyanagi M, Yamada K, Hatsugai N, et al. 2005. Vacuolar processing enzyme is essential for mycotoxin-induced cell death in *Arabidopsis thaliana*. Journal of Biological Chemistry, 280(38): 32914-32920.

Kyndt T, Nahar K, Haeck A, et al. 2017. Interplay between carotenoids, abscisic acid and jasmonate guides the compatible rice-*Meloidogyne graminicola* interaction. Front Plant Sci, 8: 951.

Lam E, Kato N, Lawton M. 2001. Programmed cell death, mitochondria and the plant hypersensitive response. Nature, 411(6839): 848-853.

Lattanzio V, Lattanzio VM, Cardinali A. 2006. Role of phenolics in the resistance mechanisms of plants against fungal pathogens and insects. Phytochemistry: Advances in Research, 661(2): 23-67.

Lazniewska J, Macioszek VK, Kononowicz AK. 2012. Plant-fungus interface: the role of surface structures in plant resistance and susceptibility to pathogenic fungi. Physiological and Molecular Plant Pathology, 78: 24-30.

Lee S, Ishiga Y, Clermont K, et al. 2013. Coronatine inhibits stomatal closure and delays hypersensitive response cell death induced by nonhost bacterial pathogens. Peer J, 1: e34.

Legrand M, Kauffmann S, Geoffroy P, et al. 1987. Biological function of pathogenesis-related proteins: four tobacco pathogenesis-related proteins are chitinases. Proc Natl Acad Sci USA, 84(19): 6750-6754.

Leubner-Metzger G, Meins Jr F. 1999. Functions and regulation of plant β-1,3-glucanases (PR-2) // Datta SK, Muthukrishnan S. Pathogenesis-Related Proteins in Plants. Boca Raton: CRC Press: 49-76.

Levings CS III. 1990. The Texas cytoplasm of maize: cytoplasmic male sterility and disease susceptibility. Science, 250(4983): 942-947.

Lewis B, Day J. 1972. Behaviour of uredospore germ-tubes of *Puccinia graminis tritici* in relation to the fine structure of wheat leaf surfaces. Transactions of the British Mycological Society, 58(1): 139-145.

Li GT, Zhou XY, Xu JR. 2012. Genetic control of infection-related development in *Magnaporthe oryzae*. Current Opinion in Microbiology, 15(6): 678-684.

Li MZ, Chen L, Tian SL, et al. 2016. Comprehensive variation discovery and recovery of missing sequence in the pig genome using multiple *de novo* assemblies. Genome Research, 27(5): 865-874.

Li SJ, Castillo-González C, Yu B, et al. 2017. The functions of plant small RNAs in development and in stress responses. Plant Journal, 90(4): 654-670.

Li X, Kapos P, Zhang YL. 2015. NLRs in plants. Current Opinion in Immunology, 32: 114-121.

Li Y, Cao XL, Zhu Y, et al. 2019. Osa-miR398b boosts H_2O_2 production and rice blast disease-resistance via multiple superoxide dismutases. New Phytologist, 222(3): 1507-1522.

Lim GH, Liu HZ, Yu KS, et al. 2020. The plant cuticle regulates apoplastic transport of salicylic acid during systemic acquired resistance. Sci Adv, 6(19): eaaz0478.

Lin F, Chen XM. 2009. Quantitative trait loci for non-race-specific, high-temperature adult-plant resistance to stripe rust in wheat cultivar express. Theor Appl Genet, 118(4): 631-642.

Lin RM, He LY, He JY, et al. 2016. Comprehensive analysis of microRNA-Seq and target mRNAs of rice sheath blight pathogen provides new insights into pathogenic regulatory mechanisms. DNA Research, 23(5): 415-425.

Line RF, Chen XM. 1995. Successes in breeding for and managing durable resistance to wheat rusts. Plant Disease, 79(12): 1254-1255.

Little R, Manners J. 1969. Somatic recombination in yellow rust of wheat (*Puccinia striiformis*): II. germ tube fusions, nuclear number and nuclear size. Transactions of the British Mycological Society, 53(2): 251-258.

Liu HQ, Wang QH, He Y, et al. 2016a. Genome-wide A-to-I RNA editing in fungi independent of

ADAR enzymes. Genome Research, 26(4): 499-509.

Liu HQ, Zhang SJ, Ma JW, et al. 2015. Two Cdc2 kinase genes with distinct functions in vegetative and infectious hyphae in *Fusarium graminearum*. PLOS Pathogens, 11(6): e1004913.

Liu J, Jung C, Xu J, et al. 2012. Genome-wide analysis uncovers regulation of long intergenic noncoding RNAs in *Arabidopsis*. The Plant Cell, 24(11): 4333-4345.

Liu T, Hu J, Zuo YH, et al. 2016b. Identification of microRNA-like RNAs from *Curvularia lunata* associated with maize leaf spot by bioinformation analysis and deep sequencing. Molecular Genetics and Genomics, 291(2): 587-596.

Liu WD, Xie SY, Zhao XH, et al. 2010. A homeobox gene is essential for conidiogenesis of the rice blast fungus *Magnaporthe oryzae*. Molecular Plant-Microbe Interactions, 23(4): 366-375.

Liu ZH, Faris JD, Oliver RP, et al. 2009. *SnTox3* acts in effector triggered susceptibility to induce disease on wheat carrying the *Snn3* gene. PLOS Pathogens, 5(9): e1000581.

Lorenzo O, Piqueras R, Sanchez-Serrano JJ, et al. 2003. ETHYLENE RESPONSE FACTOR1 integrates signals from ethylene and jasmonate pathways in plant defence. The Plant Cell, 15(1): 165-178.

Lorrain C, Petre B, Duplessis S. 2018. Show me the way: rust effector targets in heterologous plant systems. Current Opinion in Microbiology, 46: 19-25.

Lowe R, Shirley N, Bleackley M, et al. 2017. Transcriptomics technologies. PLOS Computational Biology, 13(5): e1005457.

Lu XL, Kracher B, Saur INL, et al. 2016. Allelic barley mla immune receptors recognize sequence-unrelated avirulence effectors of the powdery mildew pathogen. Proc Natl Acad Sci USA, 113(42): E6486-E6495.

Ma ZC, Zhu L, Song TQ, et al. 2017. A paralogous decoy protects *Phytophthora sojae* apoplastic effector PsXEG1 from a host inhibitor. Science, 355(6326): 710-714.

Manning VA, Chu AL, Steeves JE, et al. 2009. A host-selective toxin of *Pyrenophora tritici-repentis*, PtrToxA, induces photosystem changes and reactive oxygen species accumulation in sensitive wheat. Molecular Plant-Microbe Interactions, 22(6): 665-676.

Manocha MS, Shaw M. 1964. Occurrence of lomasomes in mesophyll cells of 'Khapli' wheat. Nature, 203: 1402-1403.

Marchal C, Zhang JP, Zhang P, et al. 2018. BED-domain-containing immune receptors confer diverse resistance spectra to yellow rust. Nature Plants, 4(9): 662-668.

Mari M, Neri F, Bertolini P. 2007. Novel approaches to prevent and control postharvest diseases of fruits. Stewart Postharvest Review, 3(6): 1-7.

Mackey D, Belkhadir Y, Alonso JM, et al. 2003. *Arabidopsis* RIN4 is a target of the type III virulence effector AvrRpt2 and modulates RPS2-mediated resistance. Cell, 112: 379-389.

Martínez-González A, Ardila H, Martínez-Peralta S, et al. 2018. What proteomic analysis of the apoplast tells us about plant-pathogen interactions. Plant Pathology, 67(8): 1647-1668.

Martínez-Soto D, Robledo-Briones AM, Estrada-Luna AA, et al. 2013. Transcriptomic analysis of *Ustilago maydis* infecting *Arabidopsis* reveals important aspects of the fungus pathogenic mechanisms. Plant Signaling & Behavior, 8: e25059.

Marzec M. 2017. Strigolactones and gibberellins: a new couple in the phytohormone world? Trends Plant Sci, 22(10): 813-815.

Mathioni SM, Belo A, Rizzo CJ, et al. 2011. Transcriptome profiling of the rice blast fungus during invasive plant infection and *in vitro* stresses. BMC Genomics, 12: 49.

Mau S, Prabha SR, Singh KG, et al. 2014. Current overview of allergens of plant pathogenesis related protein families. The Scientific World Journal, 2014: 543195.

Mazid M, Khan T, Mohammad F. 2011. Role of secondary metabolites in defense mechanisms of plants. Biology and Medicine, 3(2): 232-249.

Menardo F, Praz CR, Wyder S, et al. 2016. Hybridization of powdery mildew strains gives rise to pathogens on novel agricultural crop species. Nature Genetics, 48(2): 201-205.

Mendgen K, Hahn M. 2002. Plant infection and the establishment of fungal biotrophy. Trends Plant Sci, 7(8): 352-356.

Mentlak TA, Kombrink A, Shinya T, et al. 2012. Effector-mediated suppression of chitin-triggered immunity by *Magnaporthe oryzae* is necessary for rice blast disease. The Plant Cell, 24(1): 322-335.

Micali CO, Neumann U, Grunewald D, et al. 2011. Biogenesis of a specialized plant-fungal interface during host cell internalization of *Golovinomyces orontii haustoria*. Cell Microbiology, 13(2): 210-226.

Milgroom MG, Jiménez-Gasco MM, Olivares GC, et al. 2014. Recombination between clonal lineages of the asexual fungus *Verticillium dahliae* detected by genotyping by sequencing. PLOS ONE, 9(9): e106740.

Misas-Villamil JC, Mueller AN, Demir F, et al. 2019. A fungal substrate mimicking molecule suppresses plant immunity via an inter-kingdom conserved motif. Nature Communications, 10(1): 1576.

Misas-Villamil JC, van der Hoorn RAl. 2008. Enzyme-inhibitor interactions at the plant-pathogen interface. Current Opinion in Plant Biology, 11(4): 380-388.

Moffat CS, Ingle RA, Wathugala DL, et al. 2012. ERF5 and ERF6 play redundant roles as positive regulators of JA/Et-mediated defense against *Botrytis cinerea* in *Arabidopsis*. PLOS ONE, 7(4): e35995.

Möller IM. 2001. Plant mitochondria and oxidative stredd: electron transport, NADPH turnover, and metabolism of reactive oxygen species. Annu Rev Plant Physiol Plant Mol Biol, 52: 561-591.

Möller M, Stukenbrock EH. 2017. Evolution and genome architecture in fungal plant pathogens. Nature Reviews Microbiology, 15(12): 756-771.

Montenegro JD, Golicz AA, Bayer PE, et al. 2017. The pangenome of hexaploid bread wheat. Plant Journal, 90(5): 1007-1013.

Moore JW, Herrera-Foessel S, Lan CX, et al. 2015. A recently evolved hexose transporter variant confers resistance to multiple pathogens in wheat. Nature Genetics, 47(12): 1494-1498.

Morrison EN, Emery RJN, Saville BJ. 2015. Phytohormone involvement in the *Ustilago maydis-Zea mays* pathosystem: relationships between abscisic acid and cytokinin levels and strain virulence in infected cob tissue. PLOS ONE, 10(6): e0130945.

Morrison EN, Emeryb RJN, Saville BJ. 2017. Fungal derived cytokinins are necessary for normal *Ustilago maydis* infection of maize. Plant Pathology, 66(5): 726-742.

Mundt CC. 2018. Pyramiding for resistance durability: theory and practice. Phytopathology, 108(7): 792-802.

Naidoo S, Visser EA, Zwart L, et al. 2017. Dual RNA-seq to elucidate the plant-pathogen duel. Curr Issues Mol Biol, 27: 127-141.

Navarre DA, Wolpert TJ. 1995. Inhibition of the glycine decarboxylase multienzyme complex by the host-selective toxin, victorin. The Plant Cell, 7(4): 463-471.

Navarro L, Bari R, Achard P, et al. 2008. DELLAs control plant immune responses by modulating the balance of jasmonic acid and salicylic acid signaling. Current Biology, 18(9): 650-655.

Nelson R, Wiesner-Hanks T, Wisser R, et al. 2018. Navigating complexity to breed disease-resistant crops. Nature Reviews Genetics, 19(1): 21-33.

Nelson RR, Wilcoxson RD, Christensen JJ. 1955. Heterokaryosis as a basis for variation in *Puccinia graminis* var. *tritici*. Phytopathology, 45: 639-643.

Neuhaus JM. 1999. Plant chitinases (PR-3, PR-4, PR-8, PR-11) // Datta SK, Muthukrishnan S. Pathogenesis-Related Proteins in Plant. Boca Raton: CRC Press: 77-105.

Ng D, Abeysinghe J, Kamali M. 2018. Regulating the regulators: the control of transcription factors in plant defense signaling. International Journal of Molecular Sciences, 19(12): 3737.

Ni M, Feretzaki M, Sun S, et al. 2011. Sex in fungi. Annual Review of Genetics, 45: 405-430.

Nicaise V, Joe A, Jeong BR, et al. 2013. *Pseudomonas* HopU1 modulates plant immune receptor levels by blocking the interaction of their mRNAs with GRP7. EMBO J, 32(5): 701-712.

Ning Y, Liu W, Wang GL. 2017. Balancing immunity and yield in crop plants. Trends Plant Sci, 22(12): 1069-1079.

Ning YS, Shi XT, Wang RY, et al. 2015. OsELF3-2, an ortholog of *Arabidopsis* ELF3, interacts with the E3 ligase APIP6 and negatively regulates immunity against *Magnaporthe oryzae* in rice. Molecular Plant, 8(11): 1679-1682.

Nitta Y, Ding P, Zhang Y. 2014. Identification of additional MAP kinases activated upon PAMP treatment. Plant Signaling & Behavior, 9(11): e976155.

Nobori T, Mine A, Tsuda K. 2018. Molecular networks in plant-pathogen holobiont. FEBS Letters, 592(12): 1937-1953.

Noda J, Brito N, Gonzalez C. 2010. The *Botrytis cinerea* xylanase Xyn11A contributes to virulence with its necrotizing activity, not with its catalytic activity. BMC Plant Biology, 10: 38.

Nowara D, Gay A, Lacomme C, et al. 2010. HIGS: host-induced gene silencing in the obligate biotrophic fungal pathogen *Blumeria graminis*. The Plant Cell, 22(9): 3130-3141.

Nunes CC, Gowda M, Sailsbery J, et al. 2011. Diverse and tissue-enriched small RNAs in the plant pathogenic fungus, *Magnaporthe oryzae*. BMC Genomics, 12: 288.

O'Brien JA, Daudi A, Butt VS, et al. 2012. Reactive oxygen species and their role in plant defence and cell wall metabolism. Planta, 236(3): 765-779.

Oeser B, Heidrich PM, Muller U, et al. 2002. Polygalacturonase is a pathogenicity factor in the *Claviceps purpurea/rye* interaction. Fungal Genetics and Biology, 36(3): 176-186.

Oh IS, Park AR, Bae MS, et al. 2005. Secretome analysis reveals an *Arabidopsis* lipase involved in defense against *Alternaria brassicicola*. The Plant Cell, 17(10): 2832-2847.

Ortiz D, de Guillen K, Cesari S, et al. 2017. Recognition of the *Magnaporthe oryzae* effector AVR-Pia by the decoy domain of the rice NLR immune receptor RGA5. The Plant Cell, 29(1): 156-168.

Ouyang S, Park G, Atamian HS, et al. 2014. MicroRNAs suppress NB domain genes in tomato that confer resistance to *Fusarium oxysporum*. PLOS Pathogens, 10(10): e1004464.

Park CH, Chen SB, Shirsekar G, et al. 2012. The *Magnaporthe oryzae* effector AvrPiz-t targets the RING E3 ubiquitin ligase APIP6 to suppress pathogen-associated molecular pattern-triggered immunity in rice. The Plant Cell, 24(11): 4748-4762.

Park CH, Shirsekar G, Bellizzi M, et al. 2016. The E3 ligase APIP10 connects the effector AvrPiz-t to the NLR receptor Piz-t in rice. PLOS Pathogens, 12(3): e1005529.

Patkar RN, Benke PI, Qu ZW, et al. 2015. A fungal monooxygenase-derived jasmonate attenuates host innate immunity. Nature Chemical Biology, 11(9): 733-740.

Peele HM, Guan N, Fogelqvist J, et al. 2014. Loss and retention of resistance genes in five species of the Brassicaceae family. BMC Plant Biology, 14: 298.

Petre B, Kamoun S. 2014. How do filamentous pathogens deliver effector proteins into plant cells? PLOS Biology, 12(2): e1001801.

Petre B, Lorrain C, Saunders DGO, et al. 2016b. Rust fungal effectors mimic host transit peptides to translocate into chloroplasts. Cellular Microbiology, 18(4): 453-465.

Petre B, Saunders DGO, Sklenar J, et al. 2016a. Heterologous expression screens in *Nicotiana benthamiana* identify a candidate effector of the wheat yellow rust pathogen that associates with processing bodies. PLOS ONE, 11(2): e0149035.

Petre B, Saunders DGO, Sklenar J, et al. 2015. Candidate effector proteins of the rust pathogen *Melampsora larici-populina* target diverse plant cell compartments. Molecular Plant-Microbe Interactions, 28(6): 689-700.

Pitsili E, Phukan UJ, Coll NS. 2020. Cell death in plant immunity. Cold Spring Harb Perspect Biol, 12(6): a036483.

Pontecorvo G, Roper JA, Chemmons LM, et al. 1953. The genetic of *Aspergillus nidulans*. Advance in Genetics, 5: 141-238.

Pruitt RN, Schwessinger B, Joe A, et al. 2015. The rice immune receptor XA21 recognizes a tyrosine-sulfated protein from a Gram-negative bacterium. Sci Adv, 1(6): e1500245.

Putnam NH, O'Connell BL, Stites JC, et al. 2016. Chromosome-scale shotgun assembly using an *in vitro* method for long-range linkage. Genome Research, 26(3): 342-350.

Qi MS, Link TI, Müller M, et al. 2016. A small cysteine-rich protein from the Asian soybean rust fungus, *Phakopsora pachyrhizi*. PLOS Pathogens, 12(9): e1005827.

Quinlan RJ, Sweeney MD, Leggio LL, et al. 2011. Insights into the oxidative degradation of cellulose by a copper metallo enzyme that exploits biomass components. Proc Natl Acad Sci USA, 108(37): 15079-15084.

Quirino B, Candido E, Campos P, et al. 2010. Proteomic approaches to study plant-pathogen interactions. Phytochemistry, 71(4): 351-362.

Raffaele S, Kamoun S. 2012. Genome evolution in filamentous plant pathogens: why bigger can be better. Nature Reviews Microbiology, 10(6): 417-430.

Raman V, Simon SA, Demirci F, et al. 2017. Small RNA functions are required for growth and development of *Magnaporthe oryzae*. Molecular Plant-Microbe Interactions, 30(7): 517-530.

Ren F, Lu YT. 2006. Overexpression of tobacco hydroxyproline-rich glycopeptide system in precursor a gene in transgenic tobacco enhances resistance against *Helicoverpa armigera* larvae. Plant Sci, 171(2): 286-292.

Ridley BL, O'Neill MA, Mohnen D. 2001. Pectins: structure, biosynthesis, and oligogalacturonide-related signaling. Phytochemistry, 57(6): 929-967.

Rimbaud L, Papaïx J, Barrett LG, et al. 2018. Mosaics, mixtures, rotations or pyramiding: What is the optimal strategy to deploy major gene resistance? Evolutionary Applications, 11(10): 1791-1810.

Rogers LM, Flaishman MA, Kolattukudy PE. 1994. Cutinase gene disruption in *Fusarium solani* f. sp. *pisi* decreases its virulence on pea. The Plant Cell, 6(7): 935-945.

Ron M, Avni A. 2004. The receptor for the fungal elicitor ethylene-inducing xylanase is a member of a resistance-like gene family in tomato. The Plant Cell, 16: 1604-1615.

Rossard S, Roblin G, Atanassova R. 2010. Ergosterol triggers characteristic elicitation steps in *Beta vulgaris* leaf tissues. Journal of Experimental Botany, 61: 1807-1816.

Roux M, Schwessinger B, Albrecht C, et al. 2011. The *Arabidopsis* leucine-rich repeat receptor-like kinases BAK1/SERK3 and BKK1/SERK4 are required for innate immunity to hemibiotrophic and biotrophic pathogens. The Plant Cell, 23(6): 2440-2455.

Ruffel S, Dussault MH, Palloix A, et al. 2002. A natural recessive resistance gene against potato virus Y in pepper corresponds to the eukaryotic initiation factor 4E (eIF4E). Plant Journal, 32(6): 1067-1075.

Rutter BD, Innes RW. 2017. Extracellular vesicles isolated from the leaf apoplast carry stress-response proteins. Plant Physiology, 173(1): 728-741.

Sahu PP, Pandey G, Sharma N, et al. 2013. Epigenetic mechanisms of plant stress responses and adaptation. Plant Cell Report, 32(8): 1151-1159.

Sakakibara H. 2006. Cytokinins: activity biosynthesis, and translocation. Annual Review of Plant Biology, 57: 431-449.

Sakakibara H, Kasahara H, Ueda N, et al. 2005. *Agrobacterium tumefaciens* increases cytokinin production in plastids by modifying the biosynthetic pathway in the host plant. Proc Natl Acad Sci USA, 102(28): 9972-9977.

Sakulkoo W, Oses-Ruiz M, Oliveira Garcia E, et al. 2018. A single fungal MAP kinase controls plant cell-to-cell invasion by the rice blast fungus. Science, 359: 1399-1403.

Salcedo A, Rutter W, Wang SC, et al. 2017. Variation in the *AvrSr35* gene determines *Sr35* resistance against wheat stem rust race Ug99. Science, 358: 1604-1606.

Sanchez-Vallet A, Lopez G, Ramos B, et al. 2012. Disruption of abscisic acid signalling constitutively activates *Arabidopsis* resistance to the necrotrophic fungus *Plectosphaerella cucumerina*. Plant Physiology, 160(4): 2109-2124.

Schirawski J, Mannhaupt G, Munch K, et al. 2010. Pathogenicity determinants in smut fungi revealed by genome comparison. Science, 330(6010): 1546-1548.

Schorey JS, Cheng Y, Singh PP, et al. 2015. Exosomes and other extracellular vesicles in host-pathogen interactions. EMBO Reports, 16(1): 24-43.

Seo E, Choi D. 2015. Functional studies of transcription factors involved in plant defenses in the genomics era. Briefings in Functional Genomics, 14(4): 260-267.

Shan QW, Wang YP, Li J, et al. 2013. Targeted genome modification of crop plants using a CRISPR-Cas system. Nature Biotechnology, 31(8): 686-688.

Shen Q, Liu YY, Naqvi NI. 2018. Fungal effectors at the crossroads of phytohormone signaling. Current Opinion in Microbiology, 46: 1-6.

Shi H, Shen QJ, Qi YP, et al. 2013. BR-SIGNALING KINASE1 physically associates with FLAGELLIN SENSING2 and regulates plant innate immunity in *Arabidopsis*. The Plant Cell, 25(3): 1143-1157.

Shimizu T, Nakano T, Takamizawa D, et al. 2010. Two LysM receptor molecules, CEBiP and

OsCERK1, cooperatively regulate chitin elicitor signaling in rice. Plant Journal, 64: 204-214.

Shimono M, Sugano S, Nakayama A, et al. 2007. Rice wrky45 plays a crucial role in benzothiadiazole-inducible blast resistance. The Plant Cell, 19(6): 2064-2076.

Shirsekar GS, Vega-Sanchez ME, Bordeos A, et al. 2014. Identification and characterization of suppressor mutants of *spl11*-mediated cell death in rice. Molecular Plant-Microbe Interactions, 27(6): 528-536.

Shizuya H, Birren B, Kim UJ, et al. 1992. Cloning and stable maintenance of 300-kilobase-pair fragments of human DNA in *Escherichia coli* using an F-factor-based vector. Proc Natl Acad Sci USA, 89(18): 8794-8797.

Siddiqi KS, Husen A. 2017. Plant response to strigolactones: current developments and emerging trends. Applied Soil Ecology, 120: 247-253.

Siedow JN, Rhoads DM, Ward GC, et al. 1995. The relationship between the mitochondrial gene *T-urf13* and fungal pathotoxin sensitivity in maize. Biochimica et Biophysica Acta, 1271(1): 235-240.

Skamnioti P, Gurr SJ. 2007. *Magnaporthe grisea* cutinase2 mediates appressorium differentiation and host penetration and is required for full virulence. The Plant Cell, 19(8): 2674-2689.

Spellig T, Bolker M, Lottspeich F, et al. 1994. Pheromones trigger filamentous growth in *Ustilago maydis*. EMBO J, 13(7): 1620-1627.

Spence CA, Lakshmanan V, Donofrio N, et al. 2015. Crucial roles of abscisic acid biogenesis in virulence of rice blast fungus *Magnaporthe oryzae*. Front Plant Sci, 6: 1082.

Stajich JE. 2017. Fungal genomes and insights into the evolution of the kingdom. Microbiology Spectrum, 5(4): 10.

Stein N, Perovic D, Kumlehn J, et al. 2005. The eukaryotic translation initiation factor 4E confers multiallelic recessive *Bymovirus* resistance in *Hordeum vulgare* (L.). Plant Journal, 42(6): 912-922.

Steuernagel B, Periyannan SK, Hernandez-Pinzon I, et al. 2016. Rapid cloning of disease-resistance genes in plants using mutagenesis and sequence capture. Nature Biotechnology, 34(6): 652-655.

Stijn LD, Hemelrijck WV, Bolle MD, et al. 2008. Building up plant defenses by breaking down proteins. Plant Sci, 174(4): 375-385.

Stinchcombe JR, Hoekstra HE. 2008. Combining population genomics and quantitative genetics: finding the genes underlying ecologically important traits. Geredity, 100(2): 158-170.

Stock WS, Br-Babel AL, Penner GA. 1996. A gene for resistance to a necrosis-inducing isolate of *Pyrenophora tritici-repentis* located on 5BL of *Triticum aestivum* cv. Chinese spring. Genome, 39(3): 598-604.

Sun Y, Li L, Macho AP, et al. 2013. Structural basis for flg22-induced activation of the *Arabidopsis* FLS2-BAK1 immune complex. Science, 342: 6158.

Talas F, McDonald BA. 2015. Genome-wide analysis of *Fusarium graminearum* field populations reveals hotspots of recombination. BMC Genomics, 16: 996.

Tanaka S, Brefort T, Neidig N, et al. 2014. A secreted *Ustilago maydis* effector promotes virulence by targeting anthocyanin biosynthesis in maize. eLife, 3: e01355.

Tang DZ, Wang GX, Zhou JM. 2017. Receptor kinases in plant-pathogen interactions: more than pattern recognition. The Plant Cell, 29(4): 618-637.

ten Have A, Mulder W, Visser J, et al. 1998. The endopolygalacturonase gene *Bcpg1* is required for full virulence of *Botrytis cinerea*. Molecular Plant-Microbe Interactions, 11(10): 1009-1016.

Thaler JS, Humphrey PT, Whiteman NK. 2012. Evolution of jasmonate and salicylate signal crosstalk. Trends Plant Sci, 17(5): 260-270.

Thind AK, Wicker T, Šimková H, et al. 2017. Rapid cloning of genes in hexaploid wheat using cultivar-specific long-range chromosome assembly. Nature Biotechnology, 35(8): 793-796.

Thomma BPHJ, Nurnberger T, Joosten MHAJ. 2011. Of PAMPs and effectors: the blurred PTI-ETI dichotomy. The Plant Cell, 23(1): 4-15.

Tian Y, Zhan GM, Chen XM, et al. 2016. Virulence and simple sequence repeat marker segregation in a *Puccinia striiformis* f. sp. *tritici* population produced by selfing a Chinese isolate on *Berberis shensiana*. Phytopathology, 106(2): 185-191.

Tian Y, Zhang GM, Lu X, et al. 2017. Determination of heterozygosity for avirulence/virulence loci through sexual hybridization of *Puccinia striiformis* f. sp. *tritici*. Frontiers of Agricultural Science and Engineering, 4(1): 48-58.

Tomoya N, Ichiro M, Shigemi S, et al. 1998. Antagonistic effect of salicylic acid and jasmonic acid on the expression of pathogenesis-related (PR) protein genes in wounded mature tobacco leaves. Plant & Cell Physiology, 39(5), 500-507.

Torres MA, Jones JDG, Dangl JL. 2006. Reactive oxygen species signaling in response to pathogens. Plant Physiology, 141(2): 373-378.

Torres-Vera R, García JM, Pozo MJ, et al. 2014. Do strigolactones contribute to plant defence? Molecular Plant Pathology, 15(2): 211-216.

Tsukad K, Takahashi K, Nabeta K. 2010. Biosynthesis of jasmonic acid in a plant pathogenic fungus, *Lasiodiplodia theobromae*. Phytochemistry, 71(17-18): 2019-2023.

Turra D, El Ghalid M, Rossi F, et al. 2015. Fungal pathogen uses sex pheromone receptor for chemotropic sensing of host plant signals. Nature, 527(7579): 521-524.

Turra D, Segorbe D, Pietro AD. 2014. Protein kinases in plant-pathogenic fungi: conserved regulators of infection, Annu Rev Phytopathol, 52: 267-288.

Underwood W, Melotto M, He SY. 2007. Role of plant stomata in bacterial invasion. Cell Microbiology, 9(7): 1621-1629.

Uppalapati SR, Ayoubi P, Weng H, et al. 2005. The phytotoxin coronatine and methyl jasmonate impact multiple phytohormone pathways in tomato. Plant Journal, 42(2): 201-217.

Vallejos RH, Andreo CS, Ravizzini RA. 1975. Divalent-cation ionophores and Ca^{2+} transport in spinach chloroplasts. FEBS Letters, 50(2): 245-249.

van den Burg HA, Harrison SJ, Joosten MHAJ, et al. 2006. *Cladosporium fulvum* Avr4 protects fungal cell walls against hydrolysis by plant chitinases accumulating during infection. Molecular Plant-Microbe Interactions, 19(12): 1420-1430.

van Doorn WG, Beers EP, Dangl JL, et al. 2011. Morphological classification of plant cell deaths. Cell Death & Differentiation, 18(8): 1241-1246.

van Esse HP, Bolton MD, Stergiopoulos I, et al. 2007. The chitin-binding *Cladosporium fulvum* effector protein Avr4 is a virulence factor. Molecular Plant-Microbe Interactions, 20(9): 1092-1101.

van Loon LC, van Kammen A. 1970. Polyacrylamide disc electrophoresis of the soluble leaf proteins from *Nicotiana tabacum* var. Samsun and Samsun NN. II. Changes in protein constitution after infection with tobacco mosaic virus. Virology, 40: 199-211.

van Loon LC, van Strien EA. 1999. The families of pathogenesis-related proteins, their activities, and comparative analysis of PR-1 type proteins. Physiological and Molecular Plant Pathology, 55: 85-97.

Van Vu B, Itoh K, Nguyen QB, et al. 2012. Cellulases belonging to glycoside hydrolase families 6 and 7 contribute to the virulence of *Magnaporthe oryzae*. Molecular Plant-Microbe Interactions, 25(5): 1135-1141.

Vargas WA, Sanz-Martín JM, Rech GE, et al. 2016. A fungal effector with host nuclear localization and DNA-binding properties is required for maize anthracnose development. Molecular Plant-Microbe Interactions, 29(2): 83-95.

Vernikos G, Medini D, Riley DR, et al. 2015. Ten years of pan-genome analyses. Current Opinion in Microbiology, 23: 148-154.

Visentin I, Montis V, Döll K, et al. 2012. Transcription of genes in the biosynthetic pathway for *Fumonisin mycotoxins* is epigenetically and differentially regulated in the fungal maize pathogen *Fusarium verticillioides*. Eukaryotic Cell, 11(3): 252-259.

Vlot AC, Dempsey DA, Klessig DF. 2009. Salicylic acid, a multifaceted hormone to combat disease. Annu Rev Phytopathol, 47: 177-206.

Voigt CA. 2014. Callose-mediated resistance to pathogenic intruders in plant defense-related papillae. Front Plant Sci, 5: 168.

Vrana J, Kubalakova M, Simkova H, et al. 2000. Flow sorting of mitotic chromosomes in common wheat (*Triticum aestivum* L.). Genetics, 156(4): 2033-2041.

Walley JW, Shen ZX, McReynolds MR, et al. 2017. Fungal-induced protein hyperacetylation in maize identified by acetylome profiling. Proc Natl Acad Sci USA, 115(1): 210-215.

Wang B, Sun YF, Song N, et al. 2017. *Puccinia striiformis* f. sp. *tritici* microRNA-like RNA 1 (Pst-milR1), an important pathogenicity factor of Pst, impairs wheat resistance to Pst by suppressing the wheat pathogenesis-related 2 gene. New Phytologist, 215(1): 338-350.

Wang CG, Ding YZ, Yao J, et al. 2015. *Arabidopsis* elongator subunit 2 positively contributes to resistance to the necrotrophic fungal pathogens *Botrytis cinerea* and *Alternaria brassicicola*. Plant Journal, 83(6): 1019-1033.

Wang JZ, Hu MJ, Wang J, et al. 2019a. Reconstitution and structure of a plant NLR resistosome conferring immunity. Science, 364(6435): eaav5870.

Wang JZ, Wang J, Hu MJ, et al. 2019b. Ligand-triggered allosteric ADP release primes a plant NLR complex. Science, 364(6435): eaav5868.

Wang M, Jin HL. 2017. Spray-induced gene silencing: a powerful innovative strategy for crop protection. Trends in Microbiology, 25(1): 4-6.

Wang M, Weiberg A, Dellota E, et al. 2017. *Botrytis* small RNA Bc-siR37 suppresses plant defense genes by cross-kingdom RNAi. RNA Biology, 14(4): 421-428.

Wang M, Weiberg A, Lin FM, et al. 2016a. Bidirectional cross-kingdom RNAi and fungal uptake of external RNAs confer plant protection. Nature Plants, 2(10): 16151.

Wang R, Leng YQ, Shrestha S, et al. 2016b. Coordinated and independent functions of velvet-complex genes in fungal development and virulence of the fungal cereal pathogen *Cochliobolus sativus*. Fungal Biology, 120(8): 948-960.

Wang YD, Zhang T, Wang RC, et al. 2018. Recent advances in auxin research in rice and their implications for crop improvement. Journal of Experimental Botany, 69(2): 255-263.

Wang YS, An CF, Zhang XD, et al. 2013. The *Arabidopsis* elongator complex subunit 2 epigenetically regulates plant immune responses. The Plant Cell, 25(2): 762-776.

Weake VM, Workman JL. 2008. Histone ubiquitination: triggering gene activity. Molecular Cell, 29(6): 653-663.

Weiberg A, Wang M, Lin FM, et al. 2013. Fungal small RNAs suppress plant immunity by hijacking host RNA interference pathways. Science, 342(6154): 118-123.

Wendel JF, Jackson SA, Meyers BC, et al. 2016. Evolution of plant genome architecture. Genome Biology, 17: 37.

Westermann AJ, Barquist L, Vogel J. 2017. Resolving host-pathogen interactions by dual RNA-seq. PLOS Pathogens, 13(2): e1006033.

Whittle CA, Nygren K, Johannesson H. 2011. Consequences of reproductive mode on genome evolution in fungi. Fungal Genetics and Boiology, 48: 661-667.

Wilson RA, Talbot NJ. 2009. Under pressure: investigating the biology of plant infection by *Magnaporthe oryzae*. Nature Reviews Microbiology, 7(3): 185-195.

Wise RP, Moscou MJ, Bogdanove AJ, et al. 2007. Transcript profiling in host-pathogen interactions. Annu Rev Phytopathol, 45: 329-369.

Xiao J, Lee US, Wagner D. 2016. Tug of war: adding and removing histone lysine methylation in *Arabidopsis*. Current Opinion in Plant Biology, 34: 41-53.

Xin MM, Wang Y, Yao YY, et al. 2010. Diverse set of microRNAs are responsive to powdery mildew infection and heat stress in wheat (*Triticum aestivum* L.). BMC Plant Biology, 10: 123.

Xu GY, Greene GH, Yoo HJ, et al. 2017a. Global translational reprogramming is a fundamental layer of immune regulation in plants. Nature, 545(7655): 487-490.

Xu GY, Yuan M, Ai CR, et al. 2017b. uORF-mediated translation allows engineered plant disease resistance without fitness costs. Nature, 545(7655): 491-494.

Xu J, Wang XY, Li YQ, et al. 2018. Host-induced gene silencing of a regulator of G protein signalling gene (*VdRGS1*) confers resistance to *Verticillium* wilt in cotton. Plant Biotechnology Journal, 16(9): 1629-1643.

Xu M, Guo Y, Tian RZ, et al. 2020. Adaptive regulation of virulence genes by microRNA-like RNAs in *Valsa mali*. New Phytologist, 227(3): 899-913.

Xu Y. 1994. Plant defense genes are synergistically Induced by ethylene and methyl jasmonate. The Plant Cell, 6(8): 1077-1085.

Yadav IS, Sharma A, Kaur S, et al. 2016. Comparative temporal transcriptome profiling of wheat near isogenic line carrying *Lr57* under compatible and incompatible interactions. Front Plant Sci, 1(7): 1943.

Yalpani N. 1991. Salicylic acid is a systemic signal and an inducer of pathogenesis-related proteins in virus-infected tobacco. The Plant Cell, 3(8): 809-818.

Yáñez-Mó M, Siljander PRM, Andreu Z, et al. 2015. Biological properties of extracellular vesicles and their physiological functions. Journal of Extracellular Vesicles, 4: 27066.

Yang F. 2015. Genome-wide analysis of small RNAs in the wheat pathogenic fungus *Zymoseptoria tritici*. Fungal Biology, 119(7): 631-640.

Yang F, Jensen JD. 2012. Secretomics identifies *Fusarium graminearum* proteins involved in the interaction with barley and wheat. Molecular Plant Pathology, 13(5): 445-453.

Yang QQ, Yan LY, Gu Q, et al. 2012. The mitogen-activated protein kinase kinase kinase BcOs4 is required for vegetative differentiation and pathogenicity in *Botrytis cinerea*. Applied Microbiology and Biotechnology, 96(2): 481-492.

Yi M, Valent B. 2013. Communication between filamentous pathogens and plants at the biotrophic interface. Annu Rev Phytopathol, 51: 587-611.

Yildiz I, Mantz M, Hartmann M, et al. 2021. The mobile SAR signal *N*-hydroxypipecolic acid induces NPR1-dependent transcriptional reprogramming and immune priming. Plant Physiology, 186: 1679-1705.

Yonekura-Sakakibara K, Kojima M, Yamaya T, et al. 2004. Molecular characterization of cytokinin-responsive histidine kinases in maize: differential ligand preferences and response to *cis*-zeatin. Plant Physiology, 134(4): 1654-1661.

Yu X, Feng BM, He P, et al. 2017. From chaos to harmony: responses and signaling upon microbial pattern recognition. Annu Rev Phytopathol, 55: 109-137.

Zaynab M, Fatima M, Abbas S, et al. 2018. Long non-coding RNAs as molecular players in plant defense against pathogens. Microbial Pathogenesis, 121: 277-282.

Zeng LR, Qu S, Bordeos A, et al. 2004. Spotted leaf 11, a negative regulator of plant cell death and defense, encodes a U-Box/armadillo repeat protein endowed with E3 ubiquitin ligase activity. The Plant Cell, 16(10): 2795-2808.

Zhang L, Wang MJ, Li NN, et al. 2018. Long non-coding RNAs involve in resistance to *Verticillium dahliae*, a fungal disease in cotton. Plant Biotechnology Journal, 16(6): 1172-1185.

Zhang T, Jin Y, Zhao JH, et al. 2016. Host-induced gene silencing of the target gene in fungal cells confers effective resistance to the cotton wilt disease pathogen *Verticillium dahliae*. Molecular Plant, 9(6): 939-942.

Zhang Y, Butelli E, De Stefano R, et al. 2013. Anthocyanins double the shelf life of tomatoes by delaying overripening and reducing susceptibility to gray mold. Current Biology, 23(12): 1094-1100.

Zhang YF, Li DY, Zhang HJ, et al. 2015. Tomato histone H2B monoubiquitination enzymes SlHUB1 and SlHUB2 contribute to disease resistance against *Botrytis cinerea* through modulating the balance between SA- and JA/ET-mediated signaling pathways. BMC Plant Biology, 15: 252.

Zhao J, Wang MN, Chen XM, et al. 2016. Role of alternate hosts in epidemiology and pathogen variation of cereal rusts. Annu Rev Phytopathol, 54: 207-228.

Zhao Q, Feng Q, Lu HY, et al. 2018. Pan-genome analysis highlights the extent of genomic variation in cultivated and wild rice. Nature Genetics, 50(2): 278-284.

Zhao Y, Wei T, Yin KQ, et al. 2012. *Arabidopsis* RAP2.2 plays an important role in plant resistance to *Botrytis cinerea* and ethylene responses. New Phytologist, 195(2): 450-460.

Zhao Z, Liu H, Wang C, et al. 2013. Comparative analysis of fungal genomes reveals different plant cell wall degrading capacity in fungi. BMC Genomics, 14: 274.

Zheng WM, Huang LL, Huang JQ, et al. 2013. High genome heterozygosity and endemic genetic recombination in the wheat stripe rust fungus. Nature Communications, 4: 2673.

Zheng XY, Spivey NW, Zeng WQ, et al. 2012. Coronatine promotes *Pseudomonas syringae* virulence in plants by activating a signaling cascade that inhibits salicylic acid accumulation. Cell Host & Microbe, 11(6): 587-596.

Zheng YQ, Kumar N, Gonzalez P, et al. 2018. Strigolactones restore vegetative and reproductive developments in huang long bing (hlb) affected, greenhouse-grown citrus trees by modulating carbohydrate distribution. Scientia Horticulturae, 237: 89-95.

Zhou BJ, Zeng LR. 2018. Immunity-associated programmed cell death as a tool for the identification of genes essential for plant innate immunity. Methods in Molecular Biology, 1743: 51-63.

Zhou CH, Zhang L, Duan J, et al. 2005. Histone deacetylase 19 is involved in jasmonic acid and ethylene signalling of pathogen response in *Arabidopsis*. The Plant Cell, 17(4): 1196-1204.

Zhou JL, Wang XF, He K, et al. 2010. Genome-wide profiling of histone H3 lysine 9 acetylation and dimethylation in *Arabidopsis* reveals correlation between multiple histone marks and gene expression. Plant Molecular Biology, 72(6): 585-595.

Zhu QH, Fan LJ, Liu Y, et al. 2013. miR482 regulation of NBS-LRR defense genes during fungal pathogen infection in cotton. PLOS ONE, 8(12): e84390.

Zhu QH, Stephen S, Taylor J, et al. 2014. Long non-coding RNAs responsive to *Fusarium oxysporum* infection in *Arabidopsis thaliana*. New Phytologist, 201(2): 574-584.

Zhu XG, Qi T, Yang Q, et al. 2017. Host-induced gene silencing of the MAPKK gene *PsFUZ7* confers stable resistance to wheat stripe rust. Plant Physiology, 175(4): 1853-1863.

第三章

植物与卵菌相互作用

王源超[1]，叶文武[1]，詹家绥[2]，仇　敏[1]，

董莎萌[1]，单卫星[3]，王　燕[1]，窦道龙[1]

[1] 南京农业大学植物保护学院；[2] 瑞典农业大学森林真菌学和植物病理系；
[3] 西北农林科技大学农学院

第一节　卵 菌 概 述

一、卵菌的分类地位

卵菌是茸鞭生物界卵菌门成员的统称，由于其有性生殖产生卵孢子，因而称之为卵菌。卵菌在形态与营养吸收方式上与丝状真菌相似，但在细胞壁组成、繁殖方式等方面与真菌差异较大，系统分类学上与不等鞭毛纲的硅藻和褐藻有更近的亲缘关系，是一类具有独立分类地位的群体。

二、卵菌对植物的危害

卵菌包括很多重要的植物病原菌，主要有霜霉属（*Hyaloperonospora*）、疫霉属（*Phytophthora*）、疫腐霉属（*Phytopythium*）和腐霉属（*Pythium*）等，对人类农业生产产生巨大的威胁。以疫霉属为例，目前已经鉴定到的100多种疫霉都是重要的植物病原菌，几乎可以侵染所有的双子叶植物，严重威胁人类经济甚至文化发展。其中最著名的是发生在19世纪中叶，由致病疫霉（*Phytophthora infestans*）引起的马铃薯晚疫病造成"爱尔兰大饥荒"，使当时爱尔兰人口锐减1/4，整个欧洲大陆因饥饿而死亡的人数达到75万（Zadoks，2008）。这一事件也促进了植物病理学的发展。今天，晚疫病仍然是马铃薯生产的主要限制因素，对粮食安全持续构成威胁。大豆疫霉（*Phytophthora sojae*）引起的根腐病仍是大豆生产中的一种毁灭性病害。樟疫霉（*Phytophthora cinnamomi*）和橡树疫霉（*Phytophthora ramorum*）为害林木，在全世界范围内造成森林衰减。霜霉是多种果树、蔬菜和大田作物上的重要病原菌，其中最著名的是引起葡萄霜霉病的葡萄生单轴霉，对其防治中发现的"波尔多液"直接催生了植物病害的化学防治。腐霉和疫腐霉也是导致植物根腐病的重要病原菌，分布广、危害重。综上所述，卵菌作为重要的病原菌严重威胁着农作物生产和生态环境安全。

三、卵菌的侵染与传播方式

植物病原卵菌营养方式包括活体营养型、半活体营养型、死体营养型三种。其游动孢子或游动孢子囊落在寄主组织上生出芽管，芽管末端形成附着胞，并形成一个侵染钉穿透表皮细胞进入植物。在营养生长阶段，菌丝生长在细胞间隙，活体营养型、半活体营养型卵菌会形成吸器进入植物细胞内吸取养分，并通过分泌效应子抑制寄主防卫反应。随后，疫霉转变到死体营养阶段，且感染的组织出现坏死性损伤。在这个阶段，菌丝穿过气孔在植物组织表面形成大量孢子囊。孢子囊很容易随风或水传播，发现新寄主后可以直接萌发或释放游动孢子并开始一个新的侵染循环。在适宜的条件下，卵菌可以在几天内完成从侵染到孢子形成的循环。在田间，这个周期在一个生长季节可重复多次，产生数十亿个孢子。在条件不适宜的情况下，卵菌会产生卵孢子或厚垣孢子，其在土中可以存活几年。同时，菌丝可以在死亡的植物组织中继续存活，为病害防治带来困难。

四、卵菌的寄主范围

总体来说，卵菌的寄主范围很广，但不同种卵菌的寄主范围差异很大。有些卵菌具有高度的寄主专化性，如致病疫霉（*P. infestans*）只侵染马铃薯和番茄等少数几种茄科植物而不侵染其他植物；大豆疫霉在田间仅对大豆造成经济损失。有些卵菌则具有广泛的寄主，如橡树疫霉可以侵染大部分的阔叶树和观赏植物，终极腐霉（*Pythium ultimum*，现用名 *Globisporangium ultimum*）可以在超过 300 个不同的寄主上引起立枯病和根腐病。

五、卵菌的研究进展

在过去的 20 年里，人们对卵菌独特的系统发育和生物学的认识不断提高，其中国际卵菌分子遗传委员会（Oomycete Molecular Genetics Network）发挥了关键作用。这个卵菌研究团体是植物病理学领域最早发起转录组和基因组测序项目的团体之一。随着基因组、转录组测序的完成，研究人员通过生物信息学、蛋白质组学和功能基因组学研究揭示了分泌蛋白影响寄主与病原菌的机制。其中最经典的就是效应子 RXLR（R 代表精氨酸，X 代表任意氨基酸，L 代表亮氨酸）和 CRN（crinkling and necrosis inducing protein）效应子的发现。近些年，通过对 RXLR 效应子研究发现，许多无毒基因编码的都是 RXLR 效应子。RXLR 效应子变异迅速，变异机制包括重复结构域丢失或获得、基因重组、点突变及表观遗传调控等，揭示了抗病基因在利用过程中丧失抗性的分子机制。随着卵菌转化系统的建立，效应子的亚细胞定位、抑制免疫反应的作用机制和分子靶标等一系列分子研究迅速发展，使卵菌成为研究寄主与微生物相互作用、效应子生物学和基因组进化的新模式物种。如今，随着基因组成为基础研究和应用研究的独特资源，卵菌被描述为"基因组学家的梦想"。

六、卵菌病害的防控

目前，卵菌病害的主要防治策略是化学防治和培育抗病品种。但是，卵菌病害在田间防治非常困难，并且针对不同的卵菌病害采用的防治策略也不相同。例如，针对致病疫霉和霜霉，农户主要依靠化学农药进行防治，但是许多化学农药的作用机制未知；针对大豆疫霉，主要通过种植含有抗病基因的大豆品种进行防治。但是，由于卵菌变异速度快，许多抗病基因在田间推广几年后就会被病菌克服，并且目前卵菌抗药性的分子机制研究缓慢，病原菌产生抗药性造成农药失效的分子机制尚不清楚。例如，甲霜灵是最早发现对卵菌表现出特异性防效的化学物质之一，但是在其广泛应用后不久，田间便出现了抗药的菌系。近些年，随着卵菌分子生物学研究的深入，研究人员发现植物专化性抗病基因的抗性容易因病原菌无毒基因的变异而被克服，导致卵菌病害难以控制。非寄主抗病性具有稳定持久的特点，有望用于植物的抗卵菌基因工程设计。因此，未来卵菌的致病机制和植物的抗性分子机制研究将备受关注。

七、展望

卵菌的研究还有许多亟待解决的问题：①不同卵菌的寄主范围差异为何如此悬殊？随着基因组学、生物信息学的发展，科学家有望从分子层面来解释这个问题。随着不同卵菌基因组测序的完成，究竟是某些基因赋予了广泛的寄主范围，还是存在更复杂的调控机制等问题即将被揭示。②卵菌的效应子如何进入植物细胞，如何协同调控植物的免疫网络？对卵菌逃避识别和攻击植物免疫系统的分子机制研究，对于预测抗病基因抗性的持久性至关重要。使用效应子作为鉴定抗病基因的工具，将加速作物抗病基因的鉴定进程，丰富抗病基因资源，通过合理选择和组合抗病基因实现植物的持久抗病性。③合理使用农药控制卵菌病害。为了更合理地设计农药，应该对卵菌功能基因组学进行系统研究，鉴定新的药物靶标。将卵菌的基础生物学知识转化为有效的病害控制措施，会使植物病害防控提升到一个新的水平。

第二节　卵菌基因组学

一、卵菌基因组测序

卵菌与真菌分属于不同的生物界，由于基因组结构复杂、遗传操作相对困难等生物学属性及技术问题，卵菌的研究在一段时间相对滞后。测序等组学分析技术及生物信息学的快速发展促进了卵菌的反向遗传学研究。2006 年，随着大豆疫霉（*Phytophthora sojae*）和橡树疫霉（*Phytophthora ramorum*）的基因组草图公布（Tyler et al., 2006），卵菌的分子生物学研究进入了新时代。2011 年，由美国、中国、加拿大、荷兰、瑞士、澳大利亚、瑞典等国家的研究人员组成的国际疫霉基因组测序联盟正式成立，旨在通过对所有已发现的疫霉进行全基因组测序和转录组分析，更加系统地探索疫霉的适应性进化及致病机制，为病害防控提供科学的理论依据。

　　根据 NCBI 数据库的统计，目前基因组已测序的卵菌达到 67 种，其中 64 种来自霜霉目（Peronosporales，44 种）、腐霉目（Pythiales，11 种）和水霉目（Saprolegniales，9 种），其余 3 种来自白锈目（Albuginales，1 种）和链壶菌目（Lagenidiales，2 种）；大部分为植物病原菌（表 3-1）。除了 NCBI 数据库，卵菌的基因组资源也收录在 FungiDB（https://fungidb.org/fungidb/app）、JGI Genome Portal（http://genome.jgi.doe.gov）等数据库中，供数据获取及挖掘。

表 3-1　卵菌不同物种的基因组测序完成情况

目	科	属	种数	寄主类型
Albuginales	Albuginaceae	*Albugo*	1	植物
Lagenidiales	Lagenidiaccac	*Lagenidium*	1	动物
	Lagenidiales（地位未定）	*Paralagenidium*	1	动物
Peronosporales	Peronosporaceae	*Bremia*	1	植物
		Hyaloperonospora	1	植物
		Nothophytophthora	1	植物
		Peronospora	3	植物
		Phytophthora	31	植物
		Plasmopara	4	植物
		Pseudoperonospora	2	植物
		Sclerospora	1	植物
Pythiales	Pythiaceae	*Globisporangium*	1	植物
		Phytopythium	1	植物
		Pilasporangium	1	植物
		Pythium	8	植物和动物
Saprolegniales	Saprolegniaceae	*Achlya*	1	植物
		Aphanomyces	4	植物和动物
		Saprolegnia	3	动物
		Thraustotheca	1	不清楚

　　注：种数来源于 https://www.ncbi.nlm.nih.gov/Taxonomy/Browser/wwwtax.cgi（2019 年 4 月 10 日）

　　目前，研究人员已开发了多种基因组注释与分析数据库，提供了更快捷的可直接利用的参考资源，如转录因子数据库 FTFD（http://ftfd.snu.ac.kr/）、过氧化物酶数据库 fPoxDB（http://peroxidase.riceblast.snu.ac.kr/index.php?a=view）、细胞壁降解酶数据库 FPDB（http://pcwde.riceblast.snu.ac.kr）、分泌蛋白数据库 FSD（http://fsd.snu.ac.kr/index.php?a=view）、致病相关基因数据库 PHI-base（www.phi-base.org）、比较基因组分析平台 CFGP（http://cfgp.snu.ac.kr）等。

二、卵菌基因组进化

卵菌的基因组大小存在较大差异，*Albugo candida*（33Mb）、*Peronospora effusa*（32Mb）、*Pythium oligandrum*（36Mb）、*Phytophthora litchii*（38Mb）等基因组较小，而 *Phytophthora infestans*（229Mb）、*Phytophthora cambivora*（231Mb）、*Phytophthora alni*（236Mb）、*Sclerospora graminicola*（300Mb）等基因组较大，相差近 10 倍。基因数量的差异则相对较小，为 8000～35 000 个；出现这种差异有可能是因为卵菌为二倍体且一些物种杂合水平较高，给基因预测增加了难度。基因组大小与基因数量基本呈正相关，但也有例外，如 *Phytophthora infestans* 仅预测到 17 797 个基因，其基因组膨胀扩大的原因主要是含有约 75% 的重复序列（Haas et al.，2009）。

基因组中基因数量差异及序列多态性，与卵菌对寄主及环境的适应性等密切相关。不同卵菌的基因组间存在大量保守的核心基因。例如，大豆疫霉、致病疫霉和橡树疫霉的基因组之间有 8492 组同源基因（orthologue cluster），核心基因占所有基因的 65% 以上（Haas et al.，2009）。这些核心基因对于维持生物体基本的生理、生化和生物学过程（如 DNA 复制、转录和蛋白翻译等）具有重要作用。与之相反的是，基因组中还存在一些特异基因，以及一些基因家族出现了扩张和紧缩现象。例如，在疫霉和霜霉基因组中发现了数百个特有的 RXLR 与 CRN 家族效应子的编码基因（Jiang et al.，2008；Haas et al.，2009），以及扩张的 bZIP 转录因子家族的编码基因（Ye et al.，2013）；在白锈菌基因组中发现了编码效应子 CHXC（C 代表半胱氨酸，H 代表组氨酸，X 代表任意氨基酸）的基因（Kemen et al.，2011）；一些霜霉基因组中丢失了部分氮和硫代谢相关基因（Baxter et al.，2010；Ye et al.，2016a）。

保守（核心）基因与非保守（特异）基因的进化速率不同，这种差异的基础是卵菌基因组中存在保守区和可塑区（plastic region）两个区域。可塑区存在大量重复序列，基因间距大、排列疏松，有利于基因的插入与缺失及变异、重组，许多致病相关基因往往位于该区域；反之，重复序列少、基因排列紧密的保守区，不利于基因快速进化。在致病疫霉中，基因可塑区内的存在/缺失多态性（presence/absence polymorphism）是基因保守区的 13 倍，基因拷贝数变异、正选择压力（非同义突变率大于同义突变率）都显著大于基因保守区（Raffaele et al.，2010）。在真菌中也存在类似的基因组结构及进化特征，这种特征称作基因组的"二速性"进化（two-speed genome）（Haas et al.，2009；Dong et al.，2015）。镰孢菌属（*Fusarium*）等植物病原真菌基因组中具有通过种间水平转移获得的致病相关染色体或染色体区域（Ma et al.，2010），但在卵菌中目前尚未发现。

异核不亲和性并不能完全阻止细胞核和细胞质中遗传物质的交换，长期具有共同的生态位、共生与拮抗作用都有利于遗传物质的转移（Rosewich and Kistler，2000；Walton，2000）。除了基因组内部的进化事件，跨物种的水平基因转移（horizontal gene transfer）也是卵菌基因组进化的一种重要机制。卵菌与硅藻、褐藻等非致病生物具有共同的祖先，通过水平基因转移从真菌及细菌等病原生物基因组中获得致病"武器"，促成了卵菌最终进化成植物和动物的病原生物。例如，橡树疫霉约 7.6% 的分泌蛋白（包括许多致病因子）编码基因是通过水平基因转移从真菌中获得的；从大豆疫霉中发现了 37 个水平转移基因家族（包括 201 个基因）（Richards et al.，2011；Misner et al.，2014；Savory et al.，2015）。通过水平基因转移获得的基因更多地出现在基因组的可塑区，并伴随着基因复制、序列变异等基因组内部的进化事件，为跨物种的遗传信息交换提供了后续发展空间。

第三节　卵菌群体遗传及多样性

群体遗传学是遗传学的重要分支学科，是应用遗传学基本原理，以生物统计为主要手段，研究生物群体遗传结构，即群体遗传多样性的时空分布及形成机制的学科。群体遗传学的研究对象不是个体，而是孟德尔群体，是指在特定时间和空间，由一定数量（一般不少于 30 个）能够自由交配和繁殖的同种生物个体所组成的自然群体或田间群体（徐刚标，2009）。从狭义上说，植物病原物群体遗传学通过对孟德尔群体遗传结构进行量化研究，揭示病原物的进化史，解密突变、基因流、基因重组、遗传漂变和自然选择等遗传机制在某一特定病原物进化过程中的作用。从广义上说，植物病原物群体遗传学的研究内容还包括评估病原物的进化潜力、分析其进化方向，以及利用抗病基因和杀菌剂的时空调控、农艺操作、植病检疫、生产卫生等手段减缓有益于病原物生存竞争的突变体出现、降低定向选择的压力、抑制病原物在植物群体间的传播，以实现延长抗性品种的使用寿命、减少化学农药的投入、降低植病防治的环境和生态成本及可持续性植病防治的目的（祝雯和詹家绥，2012）。

卵菌是一类容易发生变异的生物，种类丰富，生活史复杂，分布广，是用于遗传分析的理想材料。本节主要阐述卵菌的群体遗传结构，即群体多样性的特征、时空分布和形成机制，以及如何基于卵菌的群体遗传结构特征来制定可持续防控病害的策略。

一、群体多样性的描述及特征

群体的遗传结构是种群生物学的一个基本科学问题，对其进行研究有助于加深我们对病原物进化过程和潜力的认识（Foll and Gaggiotti，2006）。群体的遗传多样性是突变、基因重组、基因流、遗传漂变和自然选择 5 种进化机制长期相互作用的结果（Zhan and McDonald，2004；Frickel et al.，2018）。遗传多样性包括基因多样性和基因型多样性两种。基因多样性是由等位基因丰富度、多态性位点在群体中的比例及等位基因的频率分布决定的。由于卵菌营养阶段是二倍体，其基因多样性也可以用基因位点的杂合度来量化。基因型是由生物体中所有遗传物质组成的，它的多样性是由群体的基因型种类及其频率分布特征决定的，主要受不同卵菌种类或群体的基因重组率和生殖模式影响。缺失基因重组或以无性繁殖为主的卵菌群体多由少数有限的无性谱系组成，具有较低的基因型多样性；相反，以有性生殖为主的卵菌群体表现出高度的基因型多样性。

与其他物种相似，Nei 遗传多样性指数是度量卵菌群体遗传多样性的常用参数，变异范围为 [0, 1]，能很好地体现群体内和群体间的遗传相似性程度，数值越小，表明卵菌群体的遗传相似性越高，一般认为 Nei 指数低于 0.5 的卵菌群体，遗传多样性较低，Nei 指数高于 0.5 的群体没有受到高强度的选择，具有丰富的遗传多样性。遗传多样性直接影响卵菌群体的进化潜力。根据 Fisher 自然选择定理，群体中那些与生存和繁殖密切相关的生理生态特征的遗传变异度决定了种群对不断变化的环境的适应性。遗传多样性高的病原物群体能更快地克服抗生素、杀菌剂或抗性品种等，因而更难防治（祝雯和詹家绥，2012）。

由于卵菌的二倍体特性及其在遗传上具有较低的同源重组率，对卵菌的遗传操作比很多真菌困难很多，因而卵菌群体遗传和进化研究进展较缓慢（Latijnhouwers et al.，2003），而且侧重于遗传多样性的简单评估，对遗传多样性的形成机制及其在适应环境变迁中的作用等方面研究较少。近年来，分子生物学技术的发展加快了卵菌各领域尤其是群体遗传和进化领域的研究步伐。疫霉属（*Phytophthora*）中许多能引起毁灭性病害的病原菌，是卵菌中研究得比较深入的种属。国内外学者主要通过同工酶、AFLP、RALP、RAPD、SSR 和脱氧核糖核酸测序等分子手段来研究卵菌的遗传多样性，从而对其进化机制和潜力进行分析（Fry et al.，2009；Linzer et al.，2009；Stewart et al.，2011；Li et al.，2013a）。

二、群体多样性的时空动态

传统植物病理学侧重于从个体水平研究病害发生的机制及其控制方法，往往把病害发生相关因素（如病原物的致病性、寄主的抗病性）当成是孤立的、静止的事件来处理。事实上，病害的发生与流行是寄主、病原物和环境三者之间互作的产物，而寄主和病原物本身又是由复杂的具动态结构的个体组成的，所以我们通常所说的病原物致病性或寄主抗病性是指在特定时间、地理条件下某一特定的病原物群体同某一特定寄主之间的关系（Regoes et al.，2000）。随着病原物群体结构发生时空变化，这种特定的寄主-病原物关系也必将随之变化。当某一特定的植物病害防治方法（如新的抗病品种或药剂）引入生产中时，病原物群体发生变化，其中的某一个甚至多个个体从无毒菌株突变成为有毒菌株，或从药物敏感菌株突变成为抗药菌株，有毒菌株或抗药菌株在群体中的比例因自然选择而逐步提高，并通过基因流从一个地区扩散到另一个地区，从而导致原有抗性品种或杀菌剂的失效。而病原物的突变率、选择压力、迁移状况取决于病原物本身的生物学和群体遗传学特性，如繁殖模式、传播模式、遗传多样性、群体量大小及病原物同寄主和环境的互作等因素（Zhan，2009）。

目前，国内外研究学者已经对卵菌的遗传多样性、时空变化及群体结构的形成机制进行了探讨，其中以致病疫霉的研究最多、覆盖的地区最广，这些研究发现：除了北欧如瑞典（Yuen and Andersson，2013），其他地区的致病疫霉都以无性繁殖为主，尽管 A2 交配型的全球扩散及自育型的大量出现为有性生殖提供了条件。例如，在我国南方福建和云南的某些年份，自育型在群体中占绝对优势（Zhu et al.，2016）。虽然大多数致病疫霉群体由少数几个主要基因型组成，但更替频繁，使新的优势基因型不断出现，且迅速大面积传播，形成群体纵向波动（随时间的波动）大于横向波动（随空间的波动）的特征（Zhu et al.，2015）。目前国际上该病原菌的群体遗传研究多采用基于片段大小的分子标记，由于以该标记分类的等位基因同源性较低，而且许多欧美主要实验室使用无性系（如 US1、US8、Bule-13-A2）而非基因型来描述致病疫霉群体结构，无形中低估了群体的遗传多样性，但高估了空间群体间的相似度。例如，Blue-13-A2 无性系含有数百种不同的基因型，不能因为不同群体都含有 Blue-13-A2 无性系就认为它们之间遗传迁移频繁或具有共同起源。对 Blue-13-A2 无性系分析认为，印度和中国致病疫霉群体间具有一些遗传信息交流（Li et al.，2013b；Chowdappa et al.，2014），但是 eEF-1α 的核苷酸序列分析则表明两国致病疫霉之间并没有任何遗传信息交流的现象（Wang et al.，2020a）。基因型和无性系的区别在于前者基于物种整个基因组信息来考量，而后者则把同一亲本的所有无性繁殖后代（包括发生突变的）合并在一起。在毒性频率方面，能侵染 11 个具有地霉松（*Solanum demissum*）抗病基因寄主的单一生理小种的频率都在 30% 以上，超级生理小种即能侵染具有 11 个抗病基因寄主的生理小种在群体中也占有一定的比例（Wu et al.，2016）。自 1980 年首次在欧洲检测到抗甲霜灵的致病疫霉菌株后，在全球各地马铃薯产区相继报道了甲霜灵抗性菌株的出现（Randall et al.，2014）。现在，甲霜灵在一些地区已经基本失去药效，但不同地区群体的抗药性差异显著（Chen et al.，2018a）。例如，Jaime-Garcia 及其同事分析了墨西哥 Del Fuerte 山谷 3 个连续生长季节（1994～1995 年、1995～1996 年和 1996～1997 年）共 357 株致病疫霉群体遗传结构的时空动态模式（Jaime-Garcia et al.，2000），结果表明：在 1995～1996 年和 1996～1997 年两个生长季节中并未发现抗药性强的基因型，因此建议农户在这个地区可以采用低剂量的药剂或者延长两次喷洒的间隔时间的策略来控制病害。除了甲霜灵，致病疫霉对其他农药如嘧菌酯、烯酰吗啉等还未出现抗药性（Qin et al.，2016；Lurwanu et al.，2020）。在其他卵菌方面，Lamour 和 Hausbeck（2002）通过研究 1997～2000 年美国密歇根州辣椒疫霉群体遗传结构的时空动态发现，所有的群体都具有丰富的基因及基因型多样性，这与有性生殖的存在密切相关。同时，作者检测到一定比例的对甲霜灵不敏感的菌株，该现象可能是由有性重组导致的。另外，研究人员还发现每个群体的遗传变异具有较高的相似性，每个群体的遗传稳定性很高，表明辣椒疫霉长距离传播在密歇根州是不常发生的，种植户的病害监测防控可着重于防止病害从发病中心向周围扩散。Kamvar 等（2015）于 2001～2014 年在美国俄勒冈州不同地区的森林里采集了 513 株栎树猝死病菌，研究了这些菌株的群体遗传史，结果发现 NA1 无性系栎树猝死病菌在美国俄勒冈州占主导地位，栎树猝死病菌最初是从 Joe Hall 这个地区向其他地区扩散的。陈庆河团队利用 SSR 标记研究分析了 2002～2013 年我国福建、吉林和黑龙江等地的 19 个大豆疫霉群体的遗传结构，发现该病菌总体遗传多样性低、处于连锁不平衡；此外，他们还发现这些群体含有能侵染多个大面积使用的抗病品种的毒性基因，频率高且在不断增加（Wu et al.，2019）。

三、群体多样性的形成机制

基因突变是指 DNA 序列在染色体复制过程中极偶然发生的核苷酸序列顺序或数目改变的过程。卵菌可以通过单个碱基替换所引起的点突变，或多个碱基序列插入、缺失、重复、转位和转座等形式改变 DNA 序列以适应外界环境的波动。不同卵菌甚至同一卵菌不同基因的突变率差异悬殊。一般认为，与生存竞争和生态环境适应力相关的基因如效应子基因，比结构基因（如组蛋白基因）或持家基因（如翻译延长因子基因）的突变率高（Hodgkinson and Eyre-Walker，2011；Monroe et al.，2022），这与它们所处的染色体片段位置和所含核苷酸比例不同有关，但是保守基因可能通过翻译后修饰来弥补突变率低这一先天不足（Wang et al.，2020b）。致病疫霉比其他卵菌物种突变率高，进化速度快，可能与前者基因组中含有极高比例的转座子有关（Haas et al.，2009），而且许多与生存竞争和生态环境适应力相关的快速进化基因皆坐落于转座子区域。不同功能基因甚至同一功能基因家族的不同成员采用的变异机制也不尽相同（Hodgkinson and Eyre-Walker，2011；Yang et al.，2018，2020）。在以上所有的突变机制中，点突变的生存代价最低，这可能是重要的结构基因和持家基因如 eEF-1α、ATPase 和 RAD 的基因都以这种机制改变序列结构的原因（张佳峰等，2017；Wang et al.，2020a，2020b）。相反，与生存竞争和生态环境适应力相关的基因往往同时采用多种突变机制改变其遗传结构，如在致病疫霉的 AVR2、AVR3a 和 AVR4 效应子基因中同时发现点突变、序列缺失、序列重复、提前终止和无起始密码子现象（Yang et al.，2018，2020）。但是，很多致病疫霉的抗药性是通过点突变形成的，RPA190 基因序列发生点突变是致病疫霉对甲霜灵产生抗性的主要原因（Randall et al.，2014），而且该抗药突变有多个地理起源中心（Chen et al.，2018a）。

基因重组是病原物中已存在的基因产生新组合的过程，主要由繁殖模式决定，是最直接也是最重要的遗传变异来源。在卵菌中，基因重组可同时通过减数分裂和有丝分裂进行，也可以发生在基因之间和基因之内（Yang et al.，2018，2020；Dale et al.，2019）。减数分裂的基因重组主要通过有性生殖产生。卵菌的有性生殖方式呈现出从自交到强制异型杂交的多样化。在异宗配合卵菌中，有性生殖过程涉及对立交配型菌丝体的暂时融合、减数分裂和个体间遗传物质的交换，即对于异宗配合卵菌，在一个地区内只有同时具备两个相对立的交配型，有性生殖才有可能发生。在有性生殖时，真菌两种对立的交配型通过检测彼此产生的信息素来诱导菌丝间的融合并最终实现有性生殖（Turgeon，1998），致病疫霉可能采用相同的机制（方治国，2013）。在同宗配合卵菌中，有性生殖通过自我受精来完成，不需要对立的交配型存在。尽管同宗配合真菌比异宗配合卵菌有更高的有性生殖概率，但通过自交模式的有性生殖形成新基因或基因型的机会比异宗配合真菌低。传统认为致病疫霉为异宗配合卵菌，因为在很多情况下，其有性生殖需要两种基因型的菌丝参与，但随着自育型的出现（Zhu et al.，2016），说明该卵菌也可以实现同宗配合，分类上应该做相应的改变。总体来说，致病疫霉的有性生殖后代比无性繁殖后代平均适合度（fitness）低（Fry et al.，2008）。此外，有些卵菌还可以进行准性生殖（Kamoun，2003）。

基因流也称作基因迁移，它是指不同地理区域间的种群通过配子体和/或个体的迁移来完成遗传信息的交换。基因流的产生至少需要两个条件：①物种至少存在一个以上的种群或亚种群；②不同种群或亚种群间的个体有自由移动的机会。基因流在卵菌的群体遗传和进化中起着重要作用，也是导致致病疫霉主要基因型如 US1、US8 和 Blue-13-A2 全球传播的重要原因。基因流可以是自然形成的，如卵菌孢子体的自身游动，或借助风、水流等自然力，也可以是人为介导的，如种薯调运、世界贸易等。在我国，致病疫霉的基因出现从北到南、从西到东流动的趋势，北方一作区为病原的主要输出地，而南方冬作区则是病原的主要输入地，这和我国马铃薯种薯流动方向一致（Zhu et al.，2015）。有些研究认为我国和世界各地致病疫霉存在广泛的基因流（Li et al.，2013b），主要证据是起源于英格兰的 Blue-13-A2 在我国也检测到。但正如上文所说，由于所用分子标记的局限性，这个结论应该需要更多的数据验证。

遗传漂变是指有限群体（尤其是小群体）中个体随机丢失而导致种群中现有等位基因频率的变化，主要表现为以下两点：①不同地区的卵菌群体中性位点存在显著的频率差异（Zhu et al.，2015；Shakya et al.，2017；Wu et al.，2017）；②同一地区的群体存在明显的基因型纵向波动（Zhu et al.，2015；Ali et al.，2017），由遗传漂变引起的非适应性群体遗传分化等同影响所有的中性遗传位点，使得整个基因组中所有中性变异的群体遗传分化水平相近。遗传漂变形成的这一群体结构特征已经被用于检测卵菌数量性状如抗药性、致病力、抗逆性的演化史（Qin et al.，2016；Yang et al.，2016b；Wu et al.，2019；Lurwanu et al.，2020）。遗传漂变程度主要由有效群体大小决定，因季节交替、轮作、抗性品种替换和杀菌剂使用，大多数农作物上的卵菌群体经历不断扩张和收缩、定植与灭绝、瓶颈和奠基者等遗传漂变现象严重，这也是致病疫霉群体出现明显的基因型纵向波动的原因。通过对云南致病疫霉群体的8年连续观察，我们发现大部分的基因型只出现一年，只有少部分能存在3年以上，这种情况在福建尤为明显。

由于选择方向和种类的不同，自然选择可以增加或减少卵菌群体的遗传多样性和群体遗传分化。例如，平衡选择（balancing selection）可以通过避免或减轻由遗传漂变造成的基因丢失来提高群体遗传多样性，而定向选择则加速群体遗传多样性的丢失。自然选择是导致病原群体适应性变化及病害防控手段失效的主要原因。在卵菌群体中不同性状受到不同种类的选择压力,且各种选择方式相互交错,构成复杂的物种进化曲线。对卵菌病原进行自然选择的可以是生物因素(如寄主抗性)和非生物因素(如农药和气候因子)。近几年对国内不同地区的致病疫霉进行了普查和田间试验,结果表明:①该病原对温度具有反梯度适应特点,来自高温地区的病原菌比来自低温地区的病原菌生长慢、致病力弱、抗药性差、毒性频率低(Flier et al.,2003;Qin et al.,2016;Yang et al.,2016b,2018;Wu et al.,2017);②海拔和地理结构对病原进化速度、致病力、抗紫外线能力、抗药性形成及选择压力影响很大(Wu et al.,2017;Yang et al.,2019);③提高马铃薯群体遗传多样性可以减缓致病疫霉的进化潜力和速度,包括抗药性和致病力的形成(Yang et al.,2019);④效应子 AVR3a 在演化过程中经历了选择性扫除(selective sweep),即不同群体同时选择相同的有益 AVR3a 突变,导致所有群体内该效应子的基因遗传多样性快速减少(Yang et al.,2018),而大部分数量性状如热适应则受到歧化选择(disruptive selection)。

病原物群体结构及其变化直接影响植物病害的发生、流行和防治。自 20 世纪 80 年代起,人们逐渐开始研究病原物的群体遗传学。各国研究人员通过分析不同抗药性、生理小种等表现型和 SSR、RFLP 等基因型的群体遗传结构,研究卵菌的进化机制、进化潜力,评估主要抗性品种和化学农药的使用风险及卵菌对气候变迁的适应能力,为有效、经济、安全和长久控制卵菌病害奠定了基础。

第四节　卵菌功能基因组分析

"基因组学"(genomics)这一概念由美国科学家 Thomas Roderick 于 1986 年提出,指对所有基因进行基因组作图(包括遗传图谱、物理图谱和转录物图谱)、核苷酸序列分析、基因定位和基因功能分析的一门学科。因此,基因组研究包含两方面的内容:以全基因组测序为目标的结构基因组学(structural genomics)和以基因功能鉴定为目标的功能基因组学(functional genomics),也称为后基因组学(post-genomics)。功能基因组学研究是利用结构基因组提供的信息,以研究基因组功能及调控机制为目标,从基因或蛋白水平阐述复杂的生物学现象(赵亚华,2011)。研究手段主要包括基因表达模式分析、基因编辑和突变体检测、从基因组水平阐述基因的规律等。研究内容涉及基因或蛋白的生物学功能、细胞学功能、发育学功能等。

卵菌是多核的真核微生物,属于茸鞭生物界,与真菌在菌丝形态、生长模式和传播方式等方面较为相似,但在细胞和分子水平及进化距离上相距甚远。在细胞和分子水平,卵菌为二倍体,具有独特的细胞壁成分、细胞骨架结构、信号传递元件及致病机制。例如,真菌的细胞壁组成成分多为几丁质,而卵菌多为纤维素和 β-葡聚糖(Judelson and Blanco,2005)。真菌的线粒体嵴为扁平状,而卵菌的线粒体嵴为管状(Walker and Van West,2007)。真菌细胞骨架中肌动蛋白多为点状分布,而在卵菌中多为斑块状分布(Meijer et al.,2014a)。这些不同之处导致卵菌有着和真菌不同的药剂敏感性。例如，广泛运用于绿色农业的杀菌剂——甾醇生物合成抑制剂对卵菌没有作用，因为卵菌不合成甾醇（van den Hoogen and Govers，2018）。因此，需要加强卵菌的功能基因组学研究，从而为抵御卵菌病害提供强有力的理论指导。

目前，卵菌功能基因组学研究主要集中于卵菌的生长与发育、对寄主信号的感知与应答、侵染过程调控等方面，主要研究内容包括 GPCR/G 蛋白信号通路、MAPK 信号通路、蛋白外泌途径及分泌于胞外的效应子。本节将介绍一些相关的研究进展，这些研究对于揭示卵菌独特的致病机制，寻找致病关键因子及其作用机制具有重要的推动作用，是挖掘针对卵菌的杀菌剂作用靶标和制定植物卵菌病害控制策略的重要依据。

一、生长与发育

卵菌的营养体主要为管状、多核的无隔菌丝体，在无性繁殖阶段通过产生大量孢子囊来进行空间传播，孢子囊可以直接萌发或释放游动孢子。卵菌在有性生殖阶段会形成厚壁的卵孢子，并利用其越冬或者在恶劣条件下存活。在致病疫霉中发现，孢子囊阶段大量信号转导、囊泡运输、鞭毛组装、细胞结构及代谢相关基因呈现上调现象（Judelson et al.，2008），而在有性生殖过程中则发现大量蛋白激酶、蛋白磷酸酶和转录因子，还有代谢转运相关酶类及细胞周期蛋白上调表达（Prakob and Judelson，2007），其中营养储备相关基因在以上两个阶段均受诱导表达。

生物需要感知外界信号并做出适当的反应，这对于生物的生长发育是必需的。G 蛋白偶联受体 GPCR 是一类重要的跨膜蛋白受体家族，可以将各种细胞外信号传递给胞内的异源三聚体 G 蛋白（由 Gα、Gβ、Gγ 亚基构成）（Li et al.，2007；Xue et al.，2008），是调控生物生长发育的重要信号转导系统。基因组分析显示，每个疫霉物种至少含有 50 个编码 GPCR 的基因（Tyler et al.，2006），其中大豆疫霉 GPCR 蛋白——PsGPR11 参与游动孢子释放、休止孢萌发及游动孢子致病性（Wang et al.，2009）。此外，致病疫霉 G 蛋白 Gβ 亚基 PiGPB1 和 Gγ 亚基 PiGPG1 参与了孢子囊形成（Latijnhouwers and Govers，2003；van den Hoogen et al.，2018）。

蛋白激酶是真核生物中最庞大的蛋白家族，可以利用蛋白磷酸化对生物细胞的有丝分裂与分化、信号转导与交流、代谢和转录等众多活动进行调控，在传递胞外信号和调控生长发育过程中发挥关键作用。MAPK 途径是信号从细胞质转导到细胞核内部的重要途径之一，是由 MAPKKK-MAPKK-MAPK 组成的三级激酶模式，通过磷酸化将上游信号传递至下游应答分子。致病疫霉中共含有 5 个 MAPKKK、6 个 MAPKK 及 15 个 MAPK，而大豆疫霉中这三者的数目分别为 3 个、4 个和 14 个。目前仅对大豆疫霉中的 3 个 MAPK 基因 *Psmpk1*、*Psmpk3*（或者 *Pssak1*）和 *Psmpk7* 进行了生物学功能研究。*Psmpk1* 参与菌丝生长、细胞壁完整性、孢子囊形成及致病力（Li et al.，2014）。*Pssak1* 的沉默影响了游动孢子发育，加快了游动孢子的休止，并降低了休止孢萌发率和病原菌对大豆叶片的侵染能力（Li et al.，2010）。*Psmpk7* 沉默突变体的卵孢子数量下降，对渗透压及氧化压力胁迫更为敏感，致病力下降（Gao et al.，2014）。

基因的表达在各个层面上都受到精密的调控，其中转录水平的调控是控制基因表达的重要环节之一。转录因子通过结合基因上游的特异序列来调控基因的转录，从而响应胞间信号传递及参与生物发育。转录因子一般具有至少两个结构域：DNA 结合结构域，用于识别和结合 DNA 的一定序列；激活结构域，用于和其他参与转录的蛋白结合。基因组分析发现，疫霉的 Myb 转录因子家族高度保守，且大部分含有 2～3 个 DNA 结合结构域的串联重复，其中 8 个 *myb* 基因在孢子囊阶段上调，3 个 *myb* 基因在游动孢子释放阶段上调，并且沉默其中一个 *myb* 基因（*myb2R3*）后发现孢子囊产量显著降低，说明 Myb 转录因子参与调控孢子囊发育过程（Xiang and Judelson，2014）。此外，对大豆疫霉中的 Myb 转录因子也进行了功能研究，PsMyb1 为致病疫霉 Myb2R3 的同源蛋白，但 *Psmyb1* 沉默转化子会产生更多的孢子囊，呈现出了与 *myb2R3* 沉默转化子不同的表型（Zhang et al.，2012a）。推测可能是由于大豆疫霉 *Psmyb1* 的沉默还影响孢子囊的割裂与游动孢子的释放，从而导致孢子囊的积累。此外，PsMyb1 转录因子作用于 MAPK 途径的下游，其表达水平受到 PsSAK1 的调控（Zhang et al.，2012a）。另外，在卵菌中发现一类高度保守具有指状结构域的 C2H2 转录因子，其中仅 CZF1 在羧基端有 4 个锌指结构串联的情况，为卵菌特异的锌指蛋白，对该基因进行沉默发现 PsCZF1 参与菌丝生长、游动孢子释放及卵孢子形成（Wang et al.，2009）。

卵菌无性阶段的孢子囊发育和游动孢子释放过程在细胞学与生理学方面的研究已十分深入，但是关于参与调控的分子机制研究才刚刚起步。随着卵菌基因编辑技术的发展，近年来研究者发掘了一系列参与卵菌无性阶段发育的功能基因。例如，具有 DEAD-box 的 RNA 解旋酶 PiRNH1（Walker et al.，2008）和钙离子通道组成蛋白 PpMID1（Hwu et al.，2017）参与了孢子囊的割裂；丝氨酸/苏氨酸蛋白激酶 PsYPK1（Qiu et al.，2020）、磷酸酶 PiCDC14（Ah Fong and Judelson，2003）、细胞凋亡 DNA 降解关键基因 *PsTatD4*（Chen et al.，2014）参与调控孢子囊的形成；调控蛋白入核的亲核蛋白 α 亚基 PsIMPA 影响孢子囊及卵孢子的形成（Yang et al.，2015）；质膜 ATP 酶 PnPMA1 的沉默转化子产生了无鞭毛、体积增大的游动孢子（Zhang et al.，2012b）。

二、感知寄主信号与应答

卵菌的孢子囊可以释放单核、无细胞壁、具有两根鞭毛的游动孢子。游动孢子具有 α 螺旋状的游动模式：前方的鞭毛产生推力，后方的鞭毛掌管方向（Cahill et al.，1996）。游动孢子在寄主体内营养物质充足的情况下，可以持续游动数小时。游动孢子可以通过感知植物释放的特异或非特异趋化物（如大豆根部释放的异黄酮类物质）而向寄主游动，这种趋化性在卵菌与植物早期互作过程中起着关键性的作用。

大部分疫霉属的游动孢子对氨基酸、乙醇和糖类存在趋化性（Khew and

Zentmyer，1973）；一些腐霉属的游动孢子对 L-谷氨酰胺、L-天冬氨酸、L-天冬酰胺、L-谷氨酸和 L-丙氨酸存在趋化性（Donaldson and Deacon，1993）。另外，部分趋化现象具有寄主特异性。例如，根腐丝囊霉（*Aphanomyces euteiches*）的游动孢子对其寄主豌豆分泌的樱黄素具有趋化性（Sekizaki and Yokosawa，1988）；螺壳状丝囊霉的游动孢子对其寄主菠菜分泌的黄酮 cochliophilin A 具有特异的趋化性（Horio et al.，1992）；大豆疫霉的游动孢子可以感知大豆根部释放的两种异黄酮：黄豆苷元和染料木黄酮（Morris and Ward，1992）。研究表明，大豆疫霉游动孢子可以感知浓度低至 10nmol/L 的黄豆苷元和染料木黄酮，而另外 7 种疫霉或腐霉对浓度高达 30μmol/L 的黄豆苷元和染料木黄酮仍不具有趋化性。大豆疫霉寄主范围十分狭窄，仅侵染大豆及扁豆（Hildebrand，1959），所以有可能是大豆疫霉游动孢子对异黄酮特异的趋化性决定了其寄主特异性（Morris and Ward，1992；Tyler et al.，1996）。类似的现象也存在豌豆疫霉中，豌豆疫霉对豌豆产生的樱黄素具有趋化性，而对非寄主大豆产生的异黄酮类物质并不具有趋化性（Hosseini et al.，2014）。

此外，研究发现部分卵菌的游动孢子萌发形成芽管也具有趋化性，如两性绵霉（*Achlya bisexualis*）的芽管对酪蛋白水解物及氨基酸具有趋化性（Musgrave et al.，1977；Manavathu and Thomas，1985）；瓜果腐霉（*Pythium aphanidermatum*）的芽管对谷氨酸和天冬氨酸具有趋化性（Jones et al.，1991）；大豆疫霉的芽管对异黄酮具有趋化性。

现阶段卵菌游动孢子趋化性的分子机制研究主要集中于 GPCR/G 蛋白途径。卵菌存在一类新型的 GPCR，除了氨基端的受体功能域，在羧基端还包含 PIPK（磷酸磷脂酰肌醇激酶）结构域（van den Hoogen and Govers，2018）。在所有非卵菌真核生物中，仅在盘基网柄菌（*Dictyostelium discoideum*）的 55 个 GPCR 中发现一个 RpkA 蛋白同时包含 GPCR 和 PIPK 功能域（Bakthavatsalam et al.，2006）。基因组分析发现，大部分卵菌基因组编码 11～12 个 GPCR-PIPK（GK）（Bakthavatsalam et al.，2006；Hua et al.，2013），其中大豆疫霉 *PsGK4* 沉默突变体游动孢子的趋化性显著降低，同时游动孢子休止率及休止孢萌发率异常；*PsGK5* 参与卵孢子形成，且外源添加大豆卵磷脂或性激素不能恢复卵孢子产量；*PsGK4* 及 *PsGK5* 的沉默均影响了致病力（Yang et al.，2013），说明不同 GK 参与调控卵菌生活史的不同阶段。GPCR 是目前最为重要且成功的药物靶标（Schlyer and Horuk，2006；Xue et al.，2008），因此卵菌特异的 GK 也可以作为筛选作用于植物病原卵菌的药物靶标。

大部分真核生物有多个 Gα 与 Gβ 亚基，且其在信号转导过程中具有不同的功能。然而，卵菌通常只有一个 Gα 亚基及一个 Gβ 亚基（Maria Laxalt et al.，2002）。在致病疫霉和大豆疫霉中，均已证实 Gα 亚基参与调控游动孢子的趋化性和致病性。在致病疫霉中，野生型游动孢子的趋化性可以受到 25mmol/L 谷氨酸的诱导，而 *PiGPA1* 突变体的游动孢子对高达 100mmol/L 的谷氨酸也不具有趋化性（Latijnhouwers et al.，2004）。大豆疫霉 Gα 亚基的沉默突变体的游动孢子则丧失了对大豆异黄酮及大豆根毛的趋化性（Hua et al.，2008；Zhang et al.，2016b）。同时，大豆疫霉 Gα 亚基可以与下游一个组氨酸三聚体核苷结合蛋白 PsHint1 互作，共同调控游动孢子的趋化性（Zhang et al.，2016b）。此外，Gα 亚基的沉默还影响了一系列 Gα 潜在下游靶标蛋白的表达，如钙结合蛋白和 G 蛋白信号调节蛋白（Hua et al.，2008）。

趋化性在植物病原卵菌的早期致病过程中起着关键性的作用，但对该过程的分子机制知之甚少，对 G 蛋白偶联受体及其下游靶标蛋白的研究有助于我们了解疫霉属病原菌的趋化性及致病性相关信号网络。

三、侵染过程的转录调控

卵菌的孢子在接触到寄主表面后，其腹面朝向根部并迅速分泌黏附物质附着于寄主表面，同时鞭毛脱落，形成具有细胞壁的休止孢。随后，休止孢的腹面萌发伸出芽管，伸出芽管通过寄主表皮细胞间隙侵入植物组织（Hardham and Gubler，1990）。之后，植物细胞壁局部降解，细胞质内陷，质膜高度糖基化、厚度增加并形成吸器外质膜结构（Roberts et al.，1993）。卵菌的侵染菌丝早期主要在植物细胞间进行扩展，通过特化的吸器结构来获取寄主营养物质，同时分泌大量的效应子干扰植物防卫反应，从而促进侵染（Kamoun，2006；Hardham，2007）。

在致病疫霉中，很多致病相关基因在休止孢萌发阶段上调表达，如抵御植物防卫反应的酶（谷胱甘肽转移酶、过氧化物酶和 ABC 转运蛋白）、细胞壁降解酶（角质酶、木聚糖酶、纤维素酶、β-葡糖苷酶、内切葡聚糖酶）、RXLR 效应子（AVR3a）、植物细胞坏死与乙烯诱导蛋白 ［necrosis and ethylene-inducing peptide 1 (Nep1)-like protein，NLP］（Judelson et al.，2008）。在大豆疫霉中，大量致病相关基因在休止孢萌发阶段也上调表达，如 PDR 类 ABC 转运蛋白、谷胱甘肽转移酶、谷氧还蛋白、天冬氨酰蛋白酶类、角质酶及 RXLR 效应子和 NLP 蛋白（Ye et al.，2011）。大豆疫霉 NPP1 基因在侵染后期同样上调表达，说明 NPP 类蛋白在卵菌致病过程中发挥着重要的作用（Qutob et al.，2002）。

在植物与病原菌互作过程中，植物会产生一系列的防卫反应来抵御病原菌的侵入与扩展，其中最快的防卫反应就是活性氧爆发。在大豆疫霉中鉴定到了一个调节氧化胁迫反应的热激转录因子 PsHSF1，发现它在氧化胁迫下快速诱导表达。热激转录因子（heat shock transcription factor，HSF）是一类从酵母到人类都十分保守的胁迫反应调节蛋白，并作为由热胁迫、化学刺激、发育进程或氧化胁迫诱导形成的信号级联反应的终端（Nover et al.，2001）。酵母及果蝇各有一个 HSF 编码基因，但在卵菌基因组中则多达 18～24 个。其在卵菌基因组上分为六簇排列，每一簇中的基因都成串排列且具有较高的同源性，说明其可能是基因复制的结果。此外，PsHSF1 的沉默影响胞外过氧化物酶及漆酶的分泌，以及病原对 H_2O_2 产生高敏感性。说明在侵染过程中 PsHSF1 可能通过清除植物产生的活性氧来缓解氧化胁迫，从而促进侵染（Sheng et al.，2014）。

　　bZIP 是包含碱性亮氨酸拉链功能域的转录因子，存在于所有真核生物中，是研究最多的转录因子家族之一。真菌和藻类中 bZIP 基因的数目均约为 20 个，而卵菌中 bZIP 基因的数目发生明显的扩张，并且 DNA 结合结构域中高度保守的天冬酰胺被半胱氨酸所替换。例如，在大豆疫霉基因组中预测到 71 个 bZIP 转录因子基因，其中超过 50% 发生了天冬酰胺的替换。此外，一些侵染相关的 bZIP 基因在 H_2O_2 处理后表达水平明显增加，说明这些转录因子可能在侵染过程中参与病原抵御来自寄主的氧化胁迫（Ye et al.，2013）。在致病疫霉的 38 个 bZIP 中，超过一半的转录因子同样发生了保守天冬酰胺位点被替换的现象。分别对 8 个位点发生替换的 bZIP 转录因子进行基因沉默，发现其中一个可以保护病原菌免遭由超氧化物引起的伤害（Gamboa-Melendez et al.，2013）。另外，致病疫霉 PibZIP1 同样是一个保守天冬酰胺位点被半胱氨酸替换的转录因子。*Pibzip1* 的沉默会导致游动孢子绕圈游动，而不是正常的 "Z" 形向前游动，游动孢子休止率下降，休止孢萌发的芽管无法在植物表面定植且丧失了侵染寄主的能力（Blanco and Judelson，2005）。

　　参与氧化胁迫应答的转录因子在真菌中普遍存在且十分保守，然而由于卵菌与真菌的进化距离远，有些关键转录因子在卵菌中没有同源蛋白，说明卵菌可能有一套不同的氧化胁迫应答机制，因此解析卵菌转录因子在致病过程中的调控机制是研究植物卵菌致病机制的重要内容。

四、小结

　　随着卵菌结构基因组学的发展，卵菌的基因组学研究已进入功能基因组时代。功能基因组学研究是 21 世纪国际研究的前沿，也是当前最热门的研究领域之一。目前在卵菌中，关于基因功能的研究大多停留在单一基因研究，大规模、批量的基因研究正处于起步阶段。近年来基因组和转录组信息的完善及基因编辑技术的建立，为卵菌功能基因组学研究提供了强有力的理论依据和技术支持。因此，需要研究者采用新技术结合生物信息学对大量基因的结构和功能进行分析与比较，从整体上对基因的活动规律进行全面分析。

第五节　卵菌效应子

　　本节主要介绍卵菌中主要代表菌（拟南芥霜霉病菌、白锈菌、终极腐霉、致病疫霉、大豆疫霉）效应子的组成、种类、特征，以及部分重要效应子的生物学功能。

一、效应子的数量和种类

　　目前，多种植物病原卵菌的基因组已测序并公布，预测与鉴定编码效应子的基因往往是基因组分析中的重要内容。疫霉基因组普遍编码 2000～3000 个具有分泌信号肽的蛋白，其中大部分可能是分泌蛋白。其中，致病疫霉的基因组编码 1000 个左右的胞内转运蛋白,包括560多个RXLR类效应子和450多个CRN类效应子(Haas et al.,2009),大豆疫霉的基因组编码400多个RXLR类效应子和200多个CRN类效应子(Tyler et al.,2006);而在寄生霜霉基因组中仅仅预测到了134个可能的RXLR类效应子基因,数量相比疫霉明显减少(Levesque et al.,2010)。疫霉基因组中还存在近千个编码胞间效应子的基因,这些基因在疫霉侵染过程中显著上调表达,提示这些效应子可能具有调节植物免疫的功能,其中INF1、NLP等效应子能够诱导植物免疫反应(Kamoun et al.,1997;Orsomando et al.,2001;Liu et al.,2005)。目前,除了少量胞间效应子的生化功能,如降解细胞壁、抑制蛋白酶等被揭示外,绝大部分效应子的功能尚不清楚,这给通过基因组准确预测效应子的数量与种类带来了巨大挑战。在其他重要卵菌中,从终极腐霉基因组中没有找到RXLR类效应子基因,但是预测有26个CRN类效应子基因。虽然终极腐霉基因组中缺失RXLR类效应子基因,但根据效应子的基因特征发现了194个分泌蛋白家族,进一步比对搜索发现其中91个蛋白具有一个保守的YxSL[RK]氨基酸序列元件(Levesque et al.,2010),推测其也具有引导分泌蛋白跨植物细胞膜转运到寄主细胞内的功能。拟南芥霜霉病菌由于是专性活体寄生菌,其基因组丢失了大量基因,因此效应子基因数量相应减少,但也含有CRN和RXLR类效应子基因,如RXLR类效应子基因有134个。白锈菌基因组中除了编码RXLR和CRN类效应子的基因,还发现了一类新的CHXC类效应子基因,经实验验证它也具有引导分泌蛋白跨植物细胞膜转运到寄主细胞内的功能(Kemen et al.,2011)。

二、胞间效应子的重要特征及主要功能

对真菌、卵菌等丝状病原菌主要效应子的研究,初期都集中在胞间效应子,在卵菌中这类研究主要集中于植物疫霉。这些胞间效应子的特点除了具有分泌信号肽,往往还含有半胱氨酸残基,半胱氨酸残基之间可相互形成二硫键。二硫键对于稳定蛋白的结构并保护效应子在植物细胞质外体环境中免受酸和蛋白酶的降解具有重要作用(Sevier and Kaiser,2002),也成为鉴定胞外效应子的一个参考依据。目前鉴定到的主要卵菌胞间效应子,如激发子(INF1类)、蛋白酶抑制子(EPIC类、EPI类)、细胞坏死与乙烯诱导蛋白(NLP类)、细胞壁降解酶、降解酶类蛋白(XEG1等),均具有至少一对半胱氨酸残基。此外,卵菌基因组还包括一类小半胱氨酸富集蛋白(SCR)基因,这类蛋白往往含有4个半胱氨酸残基,其功能可能与转运营养物质和调节植物免疫相关。同时,这些胞间效应子缺乏RXLR、CRN等效应子所含有的转运功能域。目前,卵菌中胞间效应子主要具有的功能包括:促进细胞壁成分降解,诱导植物细胞死亡,促进植物病害进程,通过结合细胞壁促进病菌黏附,抑制寄主胞外蛋白酶的活性,作为诱饵吸引植物抑制子从而保护真正的功能性蛋白等。其中,具有诱导细胞死亡功能的蛋白称为激发子类蛋白,抑制子类蛋白则是目前研究得最清楚的胞外效应子,这两类效应子将在本节具体阐述。

（一）激发子类蛋白的特征与功能

激发子类蛋白有广义与狭义之分，这里指广义激发子类蛋白，也就是具有诱导植物抗病反应功能的病菌分泌蛋白。早期经典的研究有疫霉分泌的依赖钙离子的转谷氨酰胺酶 TGase，其酶活位点所在的一个由连续 13 个氨基酸位点组成的肽段 Pep13 能强烈引发大麦、马铃薯等植物的抗性反应（Brunner et al.，2002）。在这之后，国内外学者通过生化分离、EST 片段的克隆调取，分离到了一批具有激发子活性的胞间效应子，具代表性的包括有强烈诱导活性的致病疫霉 INF1 激发子、棉疫霉 PB90 激发子、寄生疫霉和大豆疫霉的细胞坏死与乙烯诱导蛋白 NLP、大豆疫霉富含脯氨酸的激发子类 Soj6、纤维素结合蛋白类激发子 CBEL 等一批激发子类蛋白。这些蛋白往往含有半胱氨酸残基，缺失半胱氨酸残基往往直接导致其激发子活性丧失。这些激发子类蛋白多数短小，除了半胱氨酸残基和可以预测的水解、结合等功能域，没有其他可以预测的信息，给鉴定其功能带来巨大困难。其中，对一个 scr74 类激发子的蛋白结构解析揭示其可能具有与甾醇等结合的功能。NLP 类激发子在侵染晚期表达，这一表达模式可能与疫霉从活体营养阶段到死体营养阶段的转换有关，但是这些推测均有待进一步用实验证据予以确认。

目前仅有极少量激发子类蛋白的生物化学功能被解析，代表性工作包括从大豆疫霉培养液中分离鉴定到一个具有木葡聚糖酶和 β-葡聚糖酶活性的效应子 XEG1，其可降解植物细胞壁，XEG1 全长蛋白可被 PRR 类植物关键跨膜受体类蛋白 RXEG1 识别，从而引发寄主免疫反应（Ma et al.，2015）。进一步研究发现，疫霉进化出了 XEG1 的同源失活效应子 XLP1，其虽不具备降解细胞壁的功能，但是能更强地结合寄主分泌的抑制子，从而保护 XEG1 作用于寄主细胞壁，揭示了一种新的致病模式——"诱饵模式"（Ma et al.，2017）。这些工作说明激发子类蛋白可能具有很多尚未知晓的生物学功能，并在卵菌与寄主植物互作中起到重要作用，这一领域尚有广阔的研究空间。

（二）抑制子类蛋白的功能

植物质外体空间呈酸性且富含多种水解酶，为了顺利完成侵入和定植，卵菌需要通过分泌抑制子抑制寄主水解酶的活性，保护病原菌自身结构的完整性，并保护分泌的蛋白不受寄主水解酶的破坏，这是抑制子参与病原菌-植物互作过程的重要方式。目前，疫霉中研究得比较清楚的抑制子包括丝氨酸蛋白酶抑制子（EPI 类）、半胱氨酸蛋白酶抑制子（EPIC 类）和葡聚糖抑制子（GIP 类）。

半胱氨酸蛋白酶抑制子的代表为致病疫霉分泌的 EPIC1、EPIC2A、EPIC2B，其中 EPIC1 可以通过特异性地结合番茄中的 RCR3 和 C14 两种半胱氨酸蛋白酶来抑制其活性（Song et al.，2009；Kaschani et al.，2010），EPIC2B 则是活性更强的半胱氨酸蛋白酶抑制子，能强烈地抑制番茄 RCR3 和 PIP1 的蛋白酶活性（Tian et al.，2007）。遗传学研究表明，蛋白酶 RCR3、PIP1 和 C14 均参与番茄对致病疫霉的抗性，因此致病疫霉通过分泌蛋白酶抑制子有效地抑制寄主蛋白酶是其主要的致病机制之一。据研究报道，寄主范围不同的病原菌携带具有序列多态性的 EPIC1 抑制子，在生化功能上具有高度的选择性。例如，EPIC1 上第 111 位氨基酸谷氨酰胺/精氨酸突变导致其能更强地抑制新寄主的蛋白酶，进一步说明疫霉 EPIC1 胞间效应子是一类重要的致病因子；而致病疫霉 EPI1 和 EPI10 分泌蛋白分别具有 2 个和 3 个 Kazal 功能域，在体外具有很强的丝氨酸蛋白酶抑制活性，可以在体内特异性地结合并抑制番茄丝氨酸蛋白酶 P69B 的活性（Tian et al.，2004，2005），这类 Kazal 蛋白酶抑制子在致病疫霉和其他疫霉中具有同源蛋白，这些蛋白的寄主靶标和功能机制尚不清楚。在更早的研究中，植物可产生内切-β-1,3-葡聚糖酶降解病原体细胞壁，不但可直接破坏病菌本身，还可以通过产生具有激发子活性的葡聚糖寡糖诱导植物的免疫反应（Rose，2002）。大豆疫霉能够分泌一种葡聚糖酶抑制蛋白（glucanase inhibitory protein，GIP），GIP 与丝蛋白酶中胰蛋白酶类为同源蛋白，但没有关键的催化活性位点，因此没有蛋白水解功能。GIP 能特异性地结合并抑制大豆葡聚糖内切酶 EGaseA，抑制其降解大豆疫霉细胞壁产生葡聚糖寡糖，进而抑制植物免疫。其他卵菌抑制子类蛋白的靶标及功能还有待进一步研究。

（三）胞内效应子的重要特征

胞内效应子的研究最早源于对霜霉、疫霉无毒基因的研究，由于植物感知病原菌的 NLR 类受体蛋白均为胞内蛋白，因此其识别的病原菌无毒基因产物（编码蛋白）也应该被输送至植物细胞内。基于这一推断，卵菌无毒基因产物应该被转运到植物体内，是一类典型的胞内效应子。早期通过对无毒基因的克隆与鉴定，发现致病疫霉 AVR3a、大豆疫霉 Avr1b 及寄生霜霉 ATR13 等效应子在氨基端均具有信号肽序列；紧接着信号肽后面的是保守的 RXLR 序列，并将其命名为 RXLR 类蛋白，RXLR 序列被证明具有转运效应子进入植物细胞的作用（Govers and Bouwmeester，2008）；再后面羧基端是效应子的功能域，通常含有被称为 L、W、Y 的结构域，这一部分序列通常与维持效应子的结构和功能有关（Jiang and Tyler，2012）。羧基端序列并不保守，仅半数左右的效应子具有可识别的 LWY 序列元件，且只是若干个氨基酸位点的序列相对保守（Jiang et al.，2008）。C 端序列通常以缺失 L 区的 WY 开头，WY1 类效应子（如 PexRD2）仅有一个 WY，WY1-(LWY)$_n$ 类（如 PsPSR2）和 WY1-(WY)$_n$ 类（如 PexRD54）则在 WY 后连有一个或多个串联重复的 LWY 或 WY，WY1-(LWY)$_n$ 类效应子的数量是 WY1-(WY)$_n$ 类的 2～6 倍（He et al.，2019）。

对于 CRN 类效应子，紧接着信号肽后面的是保守的 FLAK（F：苯丙氨酸，L：亮氨酸，A：丙氨酸，K：赖氨酸）序列和 HVLVVVP（H：组氨酸，V：缬氨酸，L：亮氨酸，P：脯氨酸）序列，这两个序列相邻且高度保守。羧基端为效应子的功能域，可能经过重组产生了不同元件的多样化组合，奠定了效应子功能多样性的基础（Haas et al.，2009；Shen et al.，2013）。CRN 家族同时存在许多假基因（pseudogene），这些（真/假）基因大量存在于基因组的"可塑区"，许多成簇排列，一些受到正向选择压力（Haas et al.，2009；Sun et al.，2011；Dale et al.，2019）。研究发现，CRN 类效应子存在于卵菌和真菌中，可能是由真核生物（包括非病原生物）中普遍存在的一个 CR（crinkler-RHS-type）蛋白家族进化而来的（Zhang et al.，2016a）。此外，研究者也鉴定到其他类型的胞内效应子，如 SNE1 和非典型分泌型的 Isc1 胞内效应子（Kelley et al.，2010；Liu et al.，2014）。除此之外，卵菌中也存在其他类型的胞内效应子。例如，从白锈菌中鉴定到的 CHXC 效应子家族（Kemen et al.，2011），从终极腐霉中发现的含有 YxSL[RK] 保守基序的效应子家族（Levesque et al.，2010）。从进化角度来看，RXLR 类效应子主要分布在霜霉目，尤其是疫霉属和霜霉属；而 CRN 类效应子在目前已测序的卵菌中广泛存在，是一类古老的卵菌保守效应子家族。从胞内效应子在寄主植物中的亚细胞定位来看，卵菌 RXLR 类效应子定位在寄主细胞的不同亚细胞场所。例如，大豆疫霉的 PsAvh240 和 PsAvh241 定位在细胞质膜上（Guo et al.，2019；Yu et al.，2012），PsAvh52 和 PsAvr3c 定位在细胞核中（Huang et al.，2017；Li et al.，2018），并且它们的定位模式是其发挥毒性功能所必需的。而对于 CRN 类效应子，目前几乎所有卵菌中的 CRN 类效应子都定位在植物的细胞核，并且这些 CRN 类效应子的细胞核定位依赖寄主植物的核转运蛋白 importin-α（Schornack et al.，2010；Stam et al.，2013a）。

三、RXLR 类效应子的功能

在卵菌基因组上有数百个编码 RXLR 类效应子的基因，彼此间序列分化很大，这很有可能是由于该类效应子具有调节植物免疫的重要功能，因此其在长期的植物-卵菌协同进化中受到来自寄主强烈的选择压力，进而在序列水平呈现快速分化。此外，绝大部分 RXLR 类效应子缺少保守的生化功能域，为深入揭示这些效应子的生化功能带来了困难。通过序列特点发现效应子功能的研究不多，具有代表性的是大豆疫霉中 PsAvr3b 拥有 Nudix 水解酶功能域，并具有 NADH 和 ADP-ribose 焦磷酸化酶活性，能强烈抑制激发子诱导的植物活性氧爆发，PsAvr3b 具体的体内底物目前尚不清楚，但是推测其很可能通过降解 NADH、ADPR 等参与植物免疫的化学分子来抑制植物的免疫反应（Dong et al.，2011）。

目前，蛋白晶体结构已被解析的 RXLR 类效应子包括：拟南芥霜霉病菌（*Hyaloperonospora arabidopsidis*，曾用名 *Peronospora parasitica* 或 *Hyaloperonospora parasitica*）的 ATR1（Chou et al.，2011）和 ATR13（Leonelli et al.，2011），辣椒疫霉的 AVR3a（Yaeno et al.，2011）和 PcRxLR12（Zhao et al.，2018），致病疫霉的 PexRD2 和 PexRD54（King et al.，2014；Maqbool et al.，2016），大豆疫霉的 Avh5（Sun et al.，2013）、Avh240（Guo et al.，2019）和 PSR2（He et al.，2019）。尽管这些效应子的序列相差很大，但其 C 端都有类似的 α 螺旋结构（Chou et al.，2011；Leonelli et al.，2011；Yaeno et al.，2011；Sun et al.，2013；King et al.，2014；Maqbool et al.，

2016；Zhao et al.，2018；Guo et al.，2019；He et al.，2019）。以 PsPSR2 为例，WY 及其下游的 6 个 LWY 分别折叠成 3 个和 5 个高度重叠的 α 螺旋，序列元件中的保守位点在结构的内部支撑和外部连接中具有关键作用，WY1 和 LWY2 两个区域对 PsPSR2 的功能具有重要决定作用，表明 LWY 既是效应子的蛋白结构单元，也是功能单元（He et al.，2019）。不仅仅是含有 LWY 的成员，几乎所有 RXLR 类效应子的二级结构普遍富含 α 螺旋（Ye et al.，2015）。然而，LWY 与 WY 单元或类似单元如何决定效应子的功能，以及相同或不同效应子单元之间可能存在的重组是否与效应子功能的多样性相关，均有待进一步研究。

迄今在疫霉与霜霉中鉴定的无毒基因编码产物均为 RXLR 类效应子（拟南芥霜霉病菌的 ATR1、ATR5、ATR13 和 ATR39，致病疫霉的 AVR1、AVR2、AVR3a、AVR4、AVRblb2、IPI-O 和 AVRVnt1，大豆疫霉的 Avr1a、Avr1b、Avr1c、Avr1d、Avr1k、Avr3a/5、Avr3b、Avr3c 和 Avr4/6），表明 RXLR 类效应子既是疫霉致病的关键"武器"，也是导致病原菌被植物识别的关键"把柄"（Anderson et al.，2015）。作为外部因素，植物抗病系统对病原 RXLR 类效应子的识别，是其基因水平进化的正向选择压力，RXLR 类效应子基因的序列多态性远高于基因组的整体水平，可能源于部分位点受到强烈选择（Wang et al.，2011；Ye et al.，2016b）；而发生上述变异的内在基础可能是这些基因普遍位于基因组的"可塑区"，提供了基因快速变异的"温床"（Haas et al.，2009）。许多无毒 RXLR 类效应子可通过编码区的点突变、基因缺失、启动子变异，或基因沉默等机制逃避抗病基因的识别（Anderson et al.，2015）。与结构相联系的是，RXLR 类效应子序列发生变异的位点，大部分不与蛋白结构骨架相关，这些位点一般暴露于蛋白结构表面，可能参与了这些蛋白与寄主分子的相互作用（Ye et al.，2015）。

鉴于 RXLR 类效应子缺乏保守生化结构域的特点，近年来研究者通过鉴定这些效应子在寄主中的互作靶标来认识它们的功能和作用机制，目前已经取得一些重要的研究进展。已报道的 RXLR 类效应子主要靶向以下抗病相关途径：第一，磷酸化修饰过程，如致病疫霉分泌的 Pi04314 可以与寄主的磷酸酶 PP1c 互作，通过干扰磷酸化修饰过程进而调控免疫反应（Boevink et al.，2016）。第二，泛素化修饰过程，如致病疫霉的 AVR3a 与 Pi02860 可以和寄主体内的 E3 泛素连接酶互作，通过干扰泛素化修饰过程进而调控免疫反应（Bos et al.，2010；Yang et al.，2016a）。第三，蛋白分泌过程，如致病疫霉的 AVRblb2 与大豆疫霉的 PsAvh240 通过抑制蛋白酶分泌进而调控免疫反应（Bozkurt et al.，2011；Guo et al.，2019）；致病疫霉 AVR1 可以靶向寄主胞吐复合体亚基 Sec5 蛋白，干扰抗病物质的分泌，从而促进侵染（Du et al.，2015b）。第四，细胞自噬过程，如致病疫霉中 PexRD54 通过攻击植物的自噬相关蛋白 ATG8CL 来干扰植物的免疫（Dagdas et al.，2016）。第五，MAPK 抗病信号传递过程，如致病疫霉中 PexRD2 可以与 MAPKKKε 互作抑制植物的防卫反应（King et al.，2014）；Pi17316 可以与 StVIK 互作帮助病原菌侵染（Murphy et al.，2018）。第六，RNA 的代谢过程，如大豆疫霉分泌的 PSR1 与 PINP1 互作干扰小 RNA 的合成，进而促进侵染（Qiao et al.，2015）；PsAvr3c 通过与大豆体内的 GmSKRP 蛋白互作重编程寄主 pre-mRNA 的可变剪切，进而通过抑制植物免疫来发挥其毒性功能（Huang et al.，2017）。第七，组蛋白修饰过程，如大豆疫霉中 Avh23 通过与 ADA2 互作干扰组蛋白修饰过程，影响寄主细胞内 H3K9Ac 的乙酰化修饰水平，进而抑制植物免疫（Kong et al.，2017）；大豆疫霉中 PsAvh52 与 GmTAP1 互作影响寄主细胞内 H3K9Ac 和 H2AK5Ac 的乙酰化修饰水平，从而帮助病原菌侵染（Li et al.，2018）。以上这些研究结果表明，RXLR 类效应子通过靶向寄主植物的多种防卫相关途径帮助病原菌侵染，虽然取得了一些成果，但是目前仍然有大量的 RXLR 类效应子功能是未知的。

四、CRN 类效应子及其他效应子的功能

CRN 类效应子是另一类在疫霉中发现的可以转运到植物细胞内，并往往定位到细胞核上的一类病菌分泌蛋白。目前，关于 CRN 类效应子的功能研究较少，仅有几篇文章报道。研究表明，在烟草及马铃薯中过表达致病疫霉中的 CRN1 和 CRN2 会引起叶片皱缩与细胞死亡，同时伴随防卫相关基因的诱导表达（Torto et al.，2003）。大豆疫霉的 PsCRN108 可以直接结合寄主植物的 DNA，通过与转录因子竞争性结合 DNA 调控热激蛋白的转录（Song et al.，2015）；大豆疫霉的 PsCRN63 能够在本氏烟和大豆中诱导细胞死亡，而 PsCRN115 则能够抑制 PsCRN63 诱导的细胞死亡，进一步研究发现 PsCRN63 能够与植物中的过氧化氢酶互作，破坏植物体内过氧化氢的平衡，并操控程序性细胞死亡（Zhang et al.，2015）。此外，研究还发现致病疫霉中的 SNE1 可以抑制 NLP 引起的细胞坏死、无毒蛋白–抗病蛋白互作引起的细胞坏死（Kelley et al.，2010）。大豆疫霉中非典型的分泌效应子 PsIsc1 可以降解植物水杨酸合成的前体物质异分支酸，通过干扰水杨酸抗病信号通路来发挥其毒性功能（Liu et al.，2014）。以上研究结果表明，卵菌也可以通过利用 CRN 类及其他效应子来干扰寄主的免疫反应，从而促进其侵染，具体机制还有待进一步的探索。

第六节　植物对卵菌的抗性机制研究

一、植物天然免疫系统

植物在与病原菌相互作用和协同进化过程中，进化出多层次的防御策略来对抗病原菌的威胁和侵染（Han，2019）。其中，植物在与病原菌协同进化过程中进化出与动物类似的天然免疫系统——植物天然免疫系统（plant innate immune system），该系统包含复杂的识别机制，使植物通过感知"自我"和"非我"分子来激活防卫反应，从而抵御病原菌的入侵。植物天然免疫系统大致可以分为两个层面：第一个层面是植物通过其细胞表面模式识别受体（PRR）对病原体相关分子模式（PAMP）或损

伤相关分子模式（DAMP）的识别而触发的免疫反应，称为病原体相关分子模式触发的免疫（PTI）；第二个层面是植物通过其胞内的专化性抗病蛋白特异性识别病原菌分泌的无毒蛋白（效应子，effector）而激发下游的专化性防卫反应，即效应子触发的免疫（ETI）（Jones and Dangl，2006；Boller and Felix，2009；Dodds and Rathjen，2010；Spoel and Dong，2012）。

（一）植物的 PTI 反应

1. 病原体相关分子模式或损伤相关分子模式

在早期文献中，科学家把能在植物中诱导免疫反应的病原分子称为激发子（elicitor），并且对其已有多年的研究历史。而真正的突破始于瑞士科学家 Thomas Boller 实验室在 20 世纪 90 年代对细菌鞭毛蛋白（flagellin）的研究工作。细菌的鞭毛蛋白为一种典型的激发子，人工合成细菌鞭毛蛋白 N 端保守的 22 个氨基酸小肽（flg22）在极低浓度下即具有诱导植物免疫反应的能力（Felix et al.，1999）。通过正向遗传学手段，筛选获得了对 flg22 不敏感的拟南芥突变体，从而鉴定到了拟南芥中识别 flg22 的受体蛋白 FLS2（flagellin sensing 2）（Gómez-Gómez and Boller，2000）。

病原体相关分子模式（PAMP）通常被认为是位于病原微生物表面的、作为其生存所必需的一类进化上高度保守的分子。由于 PAMP 并非病原微生物所特有，而同样在非病原微生物中存在，故而也称为微生物相关分子模式（MAMP）（Nürnberger and Brunner，2002；Thomma et al.，2011）。目前，已被证明的 PAMP 包括细菌的鞭毛蛋白、翻译延伸因子（elongation factor-Tu，EF-Tu）、脂多糖（lipopolysaccharide，LPS）、冷休克蛋白（cold shock protein，CSP）及肽聚糖（peptidoglycan）等，真菌的几丁质（chitin）、麦角甾醇（ergosterol）、木聚糖酶（xylanase）及内聚半乳糖醛酸酶（endopolygalacturonase，PG）等，卵菌的 β-葡聚糖、纤维素结合凝集素（cellulose binding elicitor lectin，CBEL）、谷氨酰胺转氨酶（transglutaminase，TGase）及激发子等，真菌和卵菌中的糖苷水解酶 12（glycoside hydrolase 12，GH12）家族蛋白 XEG1、细菌、真菌和卵菌中都存在的细胞坏死与乙烯诱导蛋白（NLP）（Nürnberger et al.，2004；Zhang et al.，2014；Ma et al.，2015；Gui et al.，2017）。这些 PAMP 是许多病原物或潜在病原物产生的，并且不存在于寄主植物中。因此，植物可以通过细胞膜表面的免疫受体 PRR 将这些 PAMP 识别为"非我"分子，进而激活 PTI 反应（Couto and Zipfel，2016；Tang et al.，2017）。此外，在病原微生物侵染或植物组织（或细胞）受损伤时，植物还会因损伤而产生或释放自身的细胞壁降解分子、内源多肽或胞外腺苷三磷酸（extracellular ATP，eATP）等分子，这些内源激发子统称为损伤相关分子模式（DAMP）（Gust et al.，2017）。拟南芥在受到病原真菌灰葡萄孢（*Botrytis cinerea*）侵染的过程中会降解细胞壁，从细胞壁中释放出寡聚半乳糖醛酸（oligogalacturonide，OG），OG 作为 DAMP 被拟南芥细胞膜受体 WAK1 所感知（Brutus et al.，2010）。源自植物自身的植物激发子肽（plant elicitor peptide，Pep）被认为是一种 DAMP，在拟南芥中能够被类受体激酶 PEPR1 和 PEPR2（PEP receptor 1 and 2）所感知，从而增强植物的免疫反应（Yamaguchi et al.，2010）。受病原物侵染或植物细胞受损破裂后，植物自身释放 ATP 到细胞外，这些胞外的 ATP（extracellular adenosine triphosphate，eATP）作为 DAMP 被 PRR 型免疫受体 DORN1（does not respond to nucleotides 1）识别（Choi et al.，2014）。DAMP 能作为"危险"信号被位于植物细胞表面的相应 PRR 识别，并进一步激活免疫反应（Boller and Felix，2009；Yamaguchi et al.，2010；Couto and Zipfel，2016；Gust et al.，2017）。

2. 模式识别受体

模式识别受体（PRR）主要由细胞膜定位的类受体蛋白激酶（RLK）和类受体蛋白（RLP）组成，并且能特异性识别"非我"或"自我"PAMP 或 DAMP 分子（Couto and Zipfel，2016；Tang et al.，2017）。

RLK 通常含有一个胞外受体结构域、一个跨膜区和一个胞内蛋白激酶结构域。胞外受体结构域通常识别 PAMP（或 DAMP）进而激活免疫信号，诱导胞内蛋白激酶结构域的构象改变和活化，并将免疫信号进一步传递至胞内蛋白激酶和其他信号转导元件（Couto and Zipfel，2016；Tang et al.，2017）。例如，拟南芥胞外富亮氨酸重复（extracellular leucine-rich repeat，eLRR）结构的 RLK 类免疫受体 FLS2 和 EFR（elongation factor-Tu receptor）能分别特异性地识别源自细菌的 flagellin（flg22）和 EF-Tu（Boller and Felix，2009）；拟南芥胞外含赖氨酸基序（LysM）的 RLK 类免疫受体 CERK1 和 LYK5 能识别源自真菌的几丁质片段（Couto and Zipfel，2016；Tang et al.，2017）。

除了 RLK，RLP 也能对一些 PAMP（或 DAMP）进行特异性识别。与 RLK 相比，RLP 缺少胞内蛋白激酶结构域，故而缺少对 PAMP（或 DAMP）识别后 RLP 下游所产生的信号通路。因此，RLP 通常与共受体 RLK 形成受体复合体，依赖 RLK 的胞内蛋白激酶结构域将激活的免疫信号向下游传递。例如，拟南芥 RLP 类免疫受体 RLP23 能够识别源自细菌、真菌和卵菌 NLP 蛋白中一段保守的肽段（nlp20 或 nlp24）；野生马铃薯（*Solanum microdontum*）中的 ELR（elicitin response）可识别致病疫霉（*Phytophthora infestans*）中激发子 INF1；本氏烟（*Nicotiana benthamiana*）中的 RXEG1 可识别源自大豆疫霉（*P. sojae*）的 XEG1，它们需要与其共受体 BAK1 和 SOBIR1 形成蛋白复合体，从而介导激活的免疫信号从胞外转导至胞内（Albert et al.，2015a；Du et al.，2015a；Domazakis et al.，2018a；Wang et al.，2018a）。

3. PTI 的信号转导通路

植物细胞膜表面的 PRR（如 FLS2、EFR、PEPR1 和 PEPR2）对 PAMP 或 DAMP 的识别可以迅速地诱导一系列的植物免疫反应，拟南芥 PRR 类免疫受体 FLS2 识别细菌鞭毛蛋白 flagellin（flg22）进而激活免疫信号的转导通路是目前研究最为深入的 PTI 信号转导通路。PRR（如 FLS2）在识别 PAMP（如 flg22）后立即招募共受体类受体蛋白激酶 BAK1 或 BAK1 家族的其他成员，形成激活的受体复合体，然后通过磷酸化直接激活下游的细胞质类受体激酶（RECEPTOR-LIKE CYTOPLASMIC KINASE, RLCK）BIK1（BOTRYTIS-INDUCED KINASE1）及 PBL（PBS1-LIKE KINASE）（Couto and Zipfel，2016；Tang et al.，2017）。这些活动导致细胞膜上的钙离子通道开启，迅速增加胞质钙离子浓度，激活钙调蛋白激酶（CDPK），诱导活性氧爆发，激活 MAPK 级联途径，激活细胞核内的转录因子，从而开启防卫基因表达及气孔关闭和胼胝质沉积等，进而限制病原物侵入植物或在植物中繁殖（Couto and Zipfel，2016；Tang et al.，2017）。

由于 PAMP 分子是许多病原物或潜在病原物普遍具有的，在进化上相对保守，植物 PRR 识别 PAMP 并激活植物的 PTI 反应便成为抵御病原微生物的第一道屏障，是植物基础抗病性的最主要体现，因此认为 PTI 对病原物的抗性具有相对广谱、稳定和持久的特点。

（二）植物的 ETI 反应

植物的 PTI 反应抵御了大部分病原微生物的入侵，但少数病原微生物为了克服植物的 PTI 反应，利用进化出的效应子来干扰或阻断寄主植物的 PTI 反应，从而增强致病性，进而实现对植物的侵染（Toruño et al.，2016）。效应子的类型多样，蛋白质（通常称为效应子）、核酸及代谢物都可以作为效应子来发挥作用（Snelders et al.，2018）。为了应对病原微生物效应子对 PTI 反应的抑制，植物则进化出识别效应子的抗病蛋白，进而启动植物第二层面的免疫防线——效应子触发的免疫（ETI）。尽管大多数效应子在结构上缺少相似性，但识别效应子的大部分植物抗病蛋白都含有相似的 NBS-LRR（nucleotide-binding site and leucine-rich repeat）结构域，故称为 NLR 受体（Cui et al.，2017b）。抗病蛋白以直接或间接的（如警戒模型、诱饵模型）方式识别效应子，并激活下游的免疫信号，启动一系列的防卫反应，进而抑制病原微生物的侵染。ETI 反应通常伴随着植物局部的程序性细胞死亡，即过敏性坏死反应（HR），以及植物激素水杨酸的累积，并进一步诱导邻近植物细胞的系统获得抗性（SAR）（Jones and Dangl，2006；Boller and Felix，2009）。

能够诱导抗病蛋白触发 ETI 反应的病原物效应子通常称为无毒蛋白或无毒因子（avirulence factor），其编码基因称为无毒基因（avirulence gene）（Jones and Dangl，2006）。抗病基因与无毒基因之间存在的对应关系遵从"基因对基因"假说，这一假说最早由美国植物病理学家 Harold H. Flor 在研究亚麻锈病时提出（Flor，1971）：寄主植物中的每一个抗病基因，在病原物中都有一个与之对应的无毒基因，二者之间存在一一对应的关系，只有当寄主植物抗病基因和病原物相对应的无毒基因同时存在且发生识别时，植物才会产生抗病反应，否则植物表现为感病。随着越来越多的寄主植物抗病基因和病原物无毒基因被克隆，"基因对基因"假说已在多个植物与病原微生物的互作系统中得到了证实。

由抗病基因介导的 ETI 反应是植物针对病原菌产生小种专化性抗性的主要形式，抗病基因作为农作物抗病育种的主要基因资源，是植物抗病性研究的主要领域。

二、植物免疫受体基因的鉴定和利用

（一）基于效应子识别策略克隆免疫受体基因

植物的抗病性与病原微生物的致病性从来都不是一成不变的，植物与病原微生物处于长期的协同进化过程中。在自然选择压力下，病原微生物持续地进化出新的致病基因来攻克植物的免疫系统，而植物也不断进化出新的抗病基因来增强其抗病能力，抵御病原微生物的入侵（Zhan et al.，2015）。鉴于植物免疫受体基因在植物抵御病原微生物中所扮演的重要角色，以及在作物抗病育种中潜在的利用价值，因此新的植物免疫受体基因的分离和鉴定工作一直是作物抗病育种研究的重要突破口之一。

除了基于植物对病原物的特异性抗病性策略来筛选和鉴定植物免疫受体基因，还利用基于效应子识别策略的高通量功能基因组学分析方法，即效应子组学（effectoromics）来筛选植物种质资源，以此加快特异性免疫受体基因的筛选、分离和鉴定（Vleeshouwers and Oliver，2014）。例如，借助效应子组学策略从野生马铃薯中克隆得到了致病疫霉分泌的 PAMP 分子 INF1 的免疫受体 ELR 的基因（Du et al.，2015a）；基于效应子组学策略并结合反向遗传学方法从本氏烟中分离得到了大豆疫霉分泌的 PAMP 分子 XEG1 的免疫受体 RXEG1 的基因（Wang et al.，2018a）；基于效应子组学策略鉴定到高抗晚疫病马铃薯种质的 SW93-1015 可对致病疫霉效应子 AVR2 进行特异性识别，并从 SW93-1015 中克隆到 NLR 型免疫受体 R2 基因的功能同源基因 *Rpi-ABPT*（Lenman et al.，2016），揭示了马铃薯种质 SW93-1015 高抗晚疫病的主要抗性机制。类似地，运用效应子组学策略在马铃薯种质群体中筛选到两个能识别致病疫霉重要效应子 AVR3a^{EM} 的马铃薯基因型（Elnahal et al.，2020），这为马铃薯晚疫病抗性改良提供了重要的基因资源。

效应子组学策略加快了从马铃薯栽培种与马铃薯近缘种中克隆免疫受体基因的速度，大大加快了马铃薯抗病育种进程。因此，效应子组学策略已成为马铃薯抗病育种及免疫受体基因快速鉴定的重要工具。

（二）结合高通量测序鉴定免疫受体基因

传统的抗病基因分离方法（如图位克隆）耗费大量人力、物力，且周期长。随着近年高通量测序技术和植物基因组研究的快速发展，为了能更快速、经济地克隆植物抗病基因，若干基于基因组信息的基因功能挖掘方法被建立起来，如抗病基因富集测序（resistance gene enrichment sequencing，RenSeq）技术（Jupe et al.，2013a），结合 RenSeq 的单分子实时测序（single-molecule real-time sequencing，SMRT）的 SMRT

RenSeq（Witek et al.，2016），以及结合关联遗传分析的 AgRenSeq（association genetics combined with RenSeq）（Arora et al.，2019）。其中，运用 SMRT RenSeq 技术成功从野生土豆的近缘种少花龙葵（*Solanum americanum*）中分离得到抗晚疫病基因 *Rpi-amr3i*（Witek et al.，2016）。类似地，利用 RenSeq 技术和针对单或低拷贝基因的 GenSeq（generic-mapping enrichment sequencing）方法作为互补的序列富集测序技术从墨西哥野生的二倍体马铃薯 *S. verrucosum* 中克隆得到抗晚疫病基因 *Rpi-ver1*（Chen et al.，2018c）。

上述几种富集测序方法主要针对分离 NLR 型免疫受体基因，而针对分离细胞膜定位的 PRR 型免疫受体基因的 RLP/K 富集测序（RLP/K enrichment sequencing，RLP/KSeq）技术也被开发出来，并以马铃薯-致病疫霉作为模式互作系统进行了验证（Lin et al.，2020a）。利用 RLP/KSeq 结合效应子组学等技术将野生马铃薯中识别致病疫霉质外体效应子 SCR74 的免疫受体定位于 9 号染色体 43kb 的 G-LecRK 位点上（Lin et al.，2020b）。

此外，正向或反向遗传学策略、物种自然变异或人工诱变群体、基于免疫受体与配体直接互作的配体免疫亲和分离技术及以免疫共受体作为诱饵蛋白的策略等被用于免疫受体编码基因的分离（Boutrot and Zipfel，2017）。随着越来越多物种基因组序列的释放，利用效应子组学、基于核酸测序的免疫受体基因富集测序（RenSeq/RLP/KSeq）技术，再结合传统分离基因的辅助技术（如分子标记辅助选择技术），将大大加速作物免疫受体基因的分离和鉴定工作，最终也将加速作物分子育种的设计进程。

（三）天然免疫受体基因的利用

全球气候变化和当今人口广泛交流等因素加速了农作物病虫害的发生，严重影响了食品品质和食品安全。除了使用传统化学药剂，培育抗病虫作物品种是作物抗病虫害最为绿色的防控手段，而植物天然免疫受体基因是培育抗病虫作物品种最为重要的基因资源。

传统上，无种间生殖障碍的植物可以通过人工杂交的方法将亲本携带的免疫受体基因转育到商品种中。例如，*S. demissum* 和 *S. bulbocastanum* 等野生马铃薯中的抗病基因通过杂交的方法已被转育到栽培品种中（金黎平等，2005）。对于由于存在种间生殖障碍或连锁累赘等而无法利用杂交方法将免疫受体基因转育至商品种中的问题，现代生物技术提供了有效手段，以扩展免疫受体基因的利用。2010 年，英国 The Sainsbury Laboratory 的科研团队首次报道了将十字花科植物拟南芥 PRR 型免疫受体 EFR 基因在茄科植物本氏烟和番茄（*Solanum lycopersicum*）中异源表达而增强植物对细菌的抗性（Lacombe et al.，2010）。该发现令研究者对免疫受体基因在植物抗病性改良和扩展中应用见到了曙光。有趣的是，随后相继报道拟南芥 EFR 在豆科植物蒺藜苜蓿（*Medicago truncatula*）及与其亲缘关系较远的禾本科植物水稻（*Oryza sativa*）

和小麦（*Triticum aestivum*）中针对特定病原细菌提供了抗性（Lu et al., 2015; Schoonbeek et al., 2015; Schwessinger et al., 2015; Pfeilmeier et al., 2019）。现在越来越多的研究报道为通过基因工程手段扩展免疫受体基因的利用提供了实验室证据。例如，将拟南芥 PRR 型免疫受体基因 *LecRK-I.9*（DORN1）分别在马铃薯和本氏烟中异源表达而增强了植物的晚疫病抗性（Bouwmeester et al., 2011; Wang et al., 2016b）。类似地，拟南芥 PRR 型免疫受体 RLP23 增强了马铃薯对晚疫病的抗性（Albert et al., 2015）。

　　由于植物与病原菌共同进化，病原菌可以通过突变或丢失效应子编码基因的方式逃避植物免疫受体对其的识别，从而导致单一免疫受体基因介导的抗性可以被病原菌迅速克服。如果将多个免疫受体基因聚合（或叠加）在同一作物品种中，那么聚合了多个免疫受体基因的作物品种可具有更广谱和持久的抗病性。利用基因工程方法可以快速将多个不同来源的免疫受体基因聚合（或叠加）到同一种作物品种中，以提高作物广谱的病原菌抗性（Kim et al., 2012; Zhu et al., 2012; Jo et al., 2014; Haesaert et al., 2015）。

　　为了使免疫受体基因介导的抗病性更持久，其他能增强植物抗病能力的策略也可被探索和利用，如编辑植物隐性抗病基因（常称为易感基因，或免疫负调控因子），或基于小 RNA 在植物与病原菌间跨界转运现象的寄主诱导的基因沉默技术（HIGS）等，最终让植物免疫受体基因在作物病虫害绿色防控中发挥最佳功效。

三、植物新型抗病途径的发现及利用

　　植物病原卵菌为害多种农作物、观赏植物及森林植物，在世界范围内造成严重的经济损失和生态环境破坏（Lamour et al., 2012; Hansen, 2015）。该类病原菌分泌大量毒力因子到植物中，通过靶向寄主蛋白从而操控寄主的生理生化过程，这些因子即效应子。在感病植物中，效应子通过多种机制来抑制植物的防卫反应，从而提高植物的感病性；在抗病植物中，效应子被植物抗病蛋白所识别，激活寄主防卫反应并引发过敏性细胞坏死（Kamoun, 2003）。合理利用植物抗病途径，可有效提高寄主的防卫反应。深入研究病原卵菌效应子的功能、鉴定及分析其寄主靶标是研究植物-病原卵菌互作的重点，是挖掘新型抗病基因和探索新型抗病途径的基础。

（一）植物病原卵菌效应子及其寄主靶标的多样性

　　如前所述，根据效应子在植物中的定位，可将其分为细胞质效应子和质外体效应子。质外体效应子包括葡聚糖酶抑制子、半胱氨酸蛋白酶抑制子和丝氨酸蛋白酶抑制子等（Kamoun, 2006）。目前已经鉴定到的病原卵菌细胞质效应子主要有两类，分别是 RXLR 类效应子和 CRN 类效应子（Jiang et al., 2008; Haas et al., 2009; Bozkurt et al., 2012）。病原卵菌的效应子在其与植物长期的斗争中已经进化出多种多样的致病机制，能够以多种方式干扰寄主防卫反应相关组件或者代谢通路，从而促进病原菌的侵染。植物组织的质外体是植物与入侵微生物的重要战场（Ma et al.，2017），疫霉通过分泌一系列可以抑制寄主植物防卫反应相关酶类的质外体效应子来干扰寄主的防卫反应（Rose et al.，2002；Tian et al.，2004，2007；Song et al.，2009；Kaschani et al.，2010）。

病原卵菌细胞质效应子干扰寄主免疫反应的机制十分多样。例如，大豆疫霉RXLR效应子Avr3b通过与寄主的亲环素蛋白CYP1相互作用而激活其自身的水解酶活性，从而发挥毒性功能（Kong et al.，2015）；致病疫霉效应子PexRD54靶向并干扰寄主的自噬作用，从而削弱植物的防卫反应（Dagdas et al.，2016）；致病疫霉效应子Pi03192通过靶向植物NAC转录因子NTP1和NTP2来抑制其进入细胞核，从而促进病菌侵染（McLellan et al.，2013）；大豆疫霉效应子PSR1可以与植物PINP1互作，通过抑制防卫相关siRNA的产生，抑制植物免疫（Qiao et al.，2015）；晚疫病菌效应子通过靶向寄主剪切复合体核心蛋白U1-70K，调控寄主mRNA可变剪切途径，进而促进病菌对寄主的侵染（Huang et al.，2020）；甘蓝疫霉（*P. brassicae*）效应子RxLR3通过靶向胼胝质合成酶，促进植物共质体的运输，从而调控甘蓝疫霉与拟南芥在细胞间运输方面的竞争（Tomczynska et al.，2020）。

此外，根据病原卵菌寄主靶标在植物免疫过程中的功能，可以大致将效应子的作用机制分为两类。第一类，病原卵菌RXLR类效应子通过靶向并抑制植物防卫反应正调控因子来抑制免疫反应。例如，致病疫霉的效应子AVRblb2通过与植物免疫的正调控因子木瓜蛋白酶样半胱氨酸蛋白酶C14相互作用，抑制C14转移到质外体发挥功能，从而促进病原菌的定植（Bozkurt et al.，2011）。有趣的是，致病疫霉的质外体效应子也靶向C14，说明植物免疫反应中的重要组件可以被不同的效应子在植物中不同位置靶向（Kaschani et al.，2010；Bozkurt et al.，2011）。致病疫霉RXLR效应子AVR2可与植物中的磷酸酶BSL1相互作用，BSL1不仅是植物针对致病疫霉产生防卫反应所必需的，还介导了R2对AVR2的识别（Saunders et al.，2012）；PexRD2通过靶向并抑制正向调控由番茄受体Cf4激发的细胞坏死的MAP3Kε蛋白，从而抑制植物免疫（King et al.，2014）；AVR1通过稳定植物胞吐复合体亚基Sec5蛋白，干扰植物向质外体分泌抗性物质，从而抑制植物的基础防卫反应，促进病原菌侵染（Du et al.，2015b）。辣椒疫霉效应子PcAvr3a12通过靶向并抑制肽基脯氨酰顺反异构酶FKBP15-2的活性，干扰内质网胁迫介导的免疫反应（Fan et al.，2018）。

第二类，病原卵菌RXLR类效应子通过靶向植物防卫反应的负调控因子（即感病因子）促进植物感病。例如，致病疫霉效应子Pi04089通过靶向并稳定一个负调控植物免疫的RNA结合蛋白KRBP1，从而促进病菌侵染（Wang et al.，2015）；Pi04314通过模拟蛋白磷酸酶PP1c的调控亚基并与其结合，从而帮助PP1c发挥其免疫负调控因子的作用，促进病原菌侵染（Boevink et al.，2016）。疫霉致病关键的AVR3a家族效应子通过共同靶向并稳定能够抑制植物基础防卫反应的肉桂醇脱氢酶CAD7，从而促进病菌侵染（Li et al.，2019）。晚疫病菌Pi20303通过靶向并稳定一个负调控马铃薯免疫的 MAPK 级联蛋白 StMKK1，促进植物感病（Du et al.，2021）。

（二）植物病原卵菌效应子寄主靶标的利用

效应子寄主靶标的鉴定不仅是效应子功能研究的主要内容，还是发现植物免疫反应中新组件的重要途径，合理利用这些关键的效应子寄主靶标是基于植物–病原菌互作认知构建新型抗病途径的基础。

基因编辑技术的发展和逐步成熟为效应子寄主靶标的利用提供了便利。例如，致病疫霉可以分泌丝氨酸蛋白酶抑制子和半胱氨酸蛋白酶抑制子，它们分别可以靶向寄主分泌的丝氨酸蛋白酶和半胱氨酸蛋白酶，从而促进侵染（Tian et al.，2007；Song et al.，2009；Kaschani et al.，2010）。其中，番茄的半胱氨酸蛋白酶 RCR3 不仅能够被致病疫霉的质外体效应子 EPIC1 和 EPIC2B 抑制，还能被病原真菌番茄叶霉病菌的效应子 AVR2 抑制（Song et al.，2009），通过对 RCR3 的基因进行编辑，避免其被疫霉和真菌的效应子所抑制，则可以有效阻止病菌效应子对寄主免疫的干扰，提高植物对疫霉和真菌的抗病性。对于被效应子保守靶向的负调控因子，如 AVR3a 家族效应子的共同靶标 CAD7（Li et al.，2019），可以通过基因编辑技术对其进行修饰使其免于被效应子操控，从而抑制病菌的入侵。

在长期的进化过程中，病原卵菌效应子与植物靶基因的斗争从未停止。大豆疫霉通过分泌质外体效应子 XEG1 来促进病菌侵染，而植物质外体会产生葡聚糖酶抑制蛋白 GmGIP1 与 XEG1 结合，从而抑制其发挥毒性功能。然而，大豆疫霉会通过分泌一个失去酶活性但与 GmGIP1 有更强结合能力的与 XEG1 类似的蛋白 XLP1 来作为诱饵，从而使得真正发挥毒性功能的 XEG1 不被 GmGIP1 结合，最终成功促进大豆疫霉的定植（Ma et al.，2017）。在此基础上，可以通过生物技术手段提高植物靶标 GmGIP1 的表达，以应对病原菌诱饵效应子 XLP1 的干扰，提高植物抗病性。

四、植物–卵菌负调控因子研究进展

在植物与病原菌的亲和互作过程中，病原菌会依赖一系列植物调控因子参与的营养传递、分子交换及激素信号转导过程来实现自身成功的侵染和定植，这些被病原菌利用和操控的植物调控因子称为感病因子（Pavan et al.，2010）。当这些感病因子缺失时，植物就会表现出对病原菌的抗性，这为植物抗病育种打开了新的思路。通过寻找植物感病因子的天然突变体或利用定点突变使其丧失功能来增强植物抗性的策略已经在植物抗真菌育种中得到了应用。例如，已经发现了几种天然缺失功能的植物感病因子的等位基因，它们都表现出对病原真菌有持久的抗性（Cook，1961；Jorgensen，1992）。

到目前为止，利用正向遗传学或者分析病原菌侵染初期寄主植物转录组数据等手段已经鉴定到数十个植物对卵菌的免疫负调控因子（表 3-2）。依据它们发挥功能所处的侵染阶段可大致分为以下三大类：影响病原菌初期定植的感病因子、调控植物免疫反应的感病因子和影响病原菌生存的感病因子（van Schie et al.，2014；Fawke et al.，2015）。

表 3-2　目前已克隆的植物对卵菌的感病基因

卵菌	已克隆的感病基因
拟南芥霜霉病菌（*Hyaloperonospora arabidopsidis*）	拟南芥 *SNI1*（Li et al.，1999），*SSI1*（Nandi et al.，2003；Shah et al.，1999），*MPK4*（Petersen et al.，2000），*SSI2*（Shah et al.，2001），*SON1*（Kim et al.，2002），*PMR4*（Nishimura et al.，2003），*PUB22/23/24*（Trujillo et al.，2008），*DMR1*（Van Damme et al.，2005，2009），*RPS1/2*（Stuttmann et al.，2011），*EDR2*（Tang et al.，2005；Vorwerk et al.，2007），*DMR6*（Van Damme et al.，2008；Zeilmaker et al.，2015），*BIR1*（Gao et al.，2009），*cdd1*（Swain et al.，2011），*IOS1*（Hok et al.，2011），*RSP1/2*（Stuttmann et al.，2011），*AtPAM16*（Huang et al.，2013），*AtAGD5*（Schmidt et al.，2014），*MKP1*（Escudero et al.，2018）
东北霜霉菌（*Peronospora manshurica*）	大豆 *GmMPK4*（Liu et al.，2011）
致病疫霉（*Phytophthora infestans*）	马铃薯 *StREM1.3* 和本氏烟 *NbREM1.3*（Bozkurt et al.，2014），马铃薯和番茄 *DND1*（Sun et al.，2016a），番茄 *miR1916*（Chen et al.，2019）
棕榈疫霉（*Phytophthora palmivora*）	蒺藜苜蓿 *RAM2*（Wang et al.，2012），*LATD*（Rey et al.，2015）
寄生疫霉（*Phytophthora parasitica*）	拟南芥 *RTP1*（Pan et al.，2016），*RTP5*（Li et al.，2020），*ERF019*（Lu et al.，2020）
辣椒疫霉（*Phytophthora capsici*）	拟南芥 *DMR6*（Zeilmaker et al.，2015），辣椒 *CaSBP12*（Zhang et al.，2018）
大豆疫霉（*Phytophthora sojae*）	大豆 *GmSSI2*（Kachroo et al.，2008），*gma-miR1510a/b*（Cui et al.，2017b）

（一）影响病原菌初期定植的感病因子

孢子囊萌发、附着胞形成等过程是卵菌成功侵染的关键阶段，如果相关过程被阻断可以有效地提高植物抗性。目前已经明确的影响卵菌早期定植的感病因子较少，只有拟南芥的 *AtAGD5*（Schmidt et al.，2014）和蒺藜苜蓿的 *RAM2*（Wang et al.，2012）。蒺藜苜蓿中的 *RAM2* 编码一个参与角质单体合成的甘油-3-磷酸乙酰转移酶，它是苜蓿与丛枝菌形成正常菌根所必需的重要蛋白，但同时被棕榈疫霉招募参与疫霉附着胞的形成，从而发挥感病功能（Wang et al.，2012）。

（二）调控植物免疫反应的感病因子

植物在识别到病原菌侵染后会激发一系列免疫反应来限制病原菌的扩展。到目前为止，大部分鉴定到的植物感病因子都是直接或间接地参与调控植物一个或多个免疫反应或相关信号通路。PTI 反应是植物防卫病原菌侵染的第一层免疫反应，包括胼胝质沉积、活性氧爆发等一系列的防卫反应。来自拟南芥的 3 个 E3 泛素连接酶缺失突变体 *pub22/23/24* 可以促进由 PAMP 引发的 PTI 反应，如活性氧爆发、MPK3 通路激活及相关免疫蛋白表达，进而增强植物对细菌和拟南芥霜霉病菌的抗性（Trujillo et al.，2008）。

活性氧爆发是植物防卫活体/半活体营养型病原菌的重要手段。拟南芥丝裂原活化蛋白激酶磷酸酶1（MKP1）负调控 PAMP 诱发的活性氧爆发，进而调控拟南芥对拟南芥霜霉病菌和丁香假单胞菌（*Pseudomonas syringae*）的抗性（Escudero et al.，2018）。拟南芥 *rtp1* 突变体可以在寄生疫霉侵染过程中激发更早和更为强烈的活性氧爆发与细胞死亡以限制病原菌的扩展（Pan et al.，2016）。

水杨酸信号通路是植物响应活体/半活体营养型寄生菌的重要通路。目前鉴定到数个感病因子如 *SNI1*（Li et al.，1999）、*EDR2*（Vorwerk et al.，2007）、*cdd1*（Swain et al.，2011）等是通过抑制水杨酸信号通路来发挥免疫功能的。突变 *SNI1* 可以恢复拟南芥 *npr1-1* 感病突变体中病程相关蛋白 PR-1 的表达，以及其对拟南芥霜霉病菌的抗性（Li et al.，1999；Wubben et al.，2008）。拟南芥 *EDR2* 负调控由水杨酸信号通路引发的细胞死亡，在突变体植株受到霜霉或白粉病菌侵染时，侵染点细胞迅速死亡以抑制病原菌扩展（Vorwerk et al.，2007）。

目前也鉴定到一些小 RNA 如 miRNA 可作为植物感病因子调控免疫功能。番茄 miRNA1916 在致病疫霉侵染过程中下调表达，沉默其基因后可以提高番茄碱、花青素合成及一些植物抗病相关基因的表达，最终增强番茄植株对致病疫霉和番茄灰霉病菌的抗性（Chen et al.，2019）。来自大豆（*Glycine max*）的 miRNA1510a/b 则靶向一个含有 NBS-LRR 结构域的植物免疫受体蛋白基因，从而调控其对大豆疫霉的免疫反应（Cui et al.，2017b）。

植物的生长和免疫常常是相互拮抗的，因此在植物中敲除感病因子后，由于免疫反应持续激活往往会影响植物生长。例如，在大豆中沉默 *GmMPK4* 可以增强其对东北霜霉菌的抗性，但同时植株表现出发育不良和自发发生细胞坏死的表型（Liu et al.，2011）。这在一定程度上限制了感病因子在生产中的应用，但同时鉴定到一些感病因子不影响或微弱影响植物的生长和发育，如 *PUB22/23/24*、*SON1*、*EDR2*、*SNI1*、*RTP1* 和 *cdd1* 等。

（三）影响病原菌生存的感病因子

当病原菌在寄主植物上成功定植后，植物病原菌就需要调控或利用植物的代谢通路来满足自身生长及繁殖需要的一系列营养物质。到目前为止，鉴定到的这一类感病因子还相对较少，有拟南芥 *DMR1*（Van Damme et al.，2005，2009）和 *RPS1/2*（Stuttmann et al.，2011）。Van Damme 等（2005）利用寄生霜霉接种筛选拟南芥诱变突变体库得到了一系列可提高寄生霜霉抗性的突变体。通过图位克隆，鉴定到了 *DMR1* 基因，*DMR1* 编码一个催化高丝氨酸磷酸化的高丝氨酸激酶（homoserine kinase，HSK），这个酶是初级氨基酸代谢中的关键蛋白。在 *dmr1* 突变体中，*DMR1* 的突变使其编码产物酶活性降低，导致高丝氨酸过量积累，进而诱发拟南芥的抗病反应（Van Damme et al.，2009）。

（四）感病因子的跨物种功能保守性

虽然目前鉴定到的卵菌感病因子主要是利用拟南芥-卵菌的亲和互作体系得到的，但通过在茄科植物中沉默其他物种感病因子的直系同源基因来增强疫霉抗性已经有了一些初步探索。2016 年，Sun 等（2016b）通过 RNAi 技术分别在马铃薯中沉默包括 *DMR1* 和 *DMR6* 在内的 6 个已知拟南芥感病基因的直系同源基因，提高了马铃薯对致病疫霉的抗性。在马铃薯和番茄中沉默拟南芥感病因子 *DND1* 的同源基因也可以提高其对致病疫霉与霜霉的抗性（Sun et al.，2016a）。这进一步表明植物的感病因子具有跨物种的功能保守性。因此，可以利用模式植物-卵菌亲和互作体系，结合正向或反向遗传学手段来快速开展卵菌感病因子的挖掘和免疫机制研究，最终可以指导作物抗病育种。特别是随着基因编辑技术的发展，通过在植物中改变感病因子的表达特征、蛋白序列或进行基因敲除，最终实现利用生物育种技术推动作物广谱抗病性的创制和利用。

第七节　卵菌与植物互作常用研究技术

本节根据卵菌与植物互作的最新研究进展，总结了相关实用研究技术，包括卵菌基因编辑技术、卵菌蛋白体内和体外表达技术、蛋白质互作技术、染色技术，以及卵菌与植物互作的组学研究技术等。

一、疫霉基因编辑与转化技术

卵菌包含疫霉、腐霉、霜霉、水霉、白锈菌等多种动植物病原菌。目前，仅有疫霉和腐霉能够通过 PEG 介导的原生质体转化体系实现有效的基因敲除、沉默与过表达等。本部分以疫霉为例阐述基因编辑和转化的技术方案。

（一）疫霉基因编辑、过表达和沉默载体构建

1. 利用 CRISP/Cas9 技术敲除疫霉基因

CRISPR/Cas9 介导的基因编辑技术在疫霉基因功能研究中应用比较广泛。CRISPR/Cas9 系统由识别靶基因组的 sgRNA 序列和双链 DNA 核酸酶 Cas9 两部分组成。核酸酶 Cas9 位于 CRISPR 位点附近，在 sgRNA 的引导下对靶位点进行切割，通过细胞内的非同源末端连接机制（NHEJ）和同源重组修复机制（HDR）对断裂 DNA 进行修复，从而进行基因的敲除和插入。在疫霉中，CRISPR/Cas9 介导的基因编辑主要采用 Fang 和 Tyler 等建立的基因敲除体系（Fang and Tyler，2016；Fang et al.，2017）。sgRNA 长度一般为 20bp，3′ 端含有 NGG 序列。利用 sgRNA 在线设计工具（http://www.broadinstitute.org/rnai/public/analysis-tools/sgrna-design）设计 sgRNA 序列。

将 sgRNA 连接到 pYF2.3G-ribo-sgRNA 或 pYF515 载体上。同源替换需要首先克隆候选基因下游 1kb 片段，作为同源重组的同源臂。利用疫霉原生质体转化技术将同源臂、sgRNA（sgRNA1 和 sgRNA2）和 Cas9 基因共同转化到疫霉中以敲除候选基因。

2. 疫霉基因过表达

以疫霉的 cDNA 为模板，利用高保真 DNA 聚合酶进行 PCR 特异性扩增目的基因。将目的基因构建到疫霉过表达载体 pTOR 或 pHAM34 和 pTH209 中（Cvitanich and Judelson，2003）。根据实验需要可以在目的基因前后添加蛋白标签，疫霉转化常用的蛋白标签包括 Flag、GFP、mRFP 等。验证正确后利用无内毒素质粒大量提取试剂盒提取质粒用于疫霉转化。

3. 疫霉基因沉默

设计特异靶序列，以疫霉的 cDNA 为模板，利用高保真 DNA 聚合酶进行 PCR 扩增目的片段，获得正向和反向两个片段，构建到载体 pTOR 中形成发夹结构。验证正确后利用无内毒素质粒大量提取试剂盒提取质粒用于疫霉转化。

（二）PEG 介导的疫霉原生质体转化

该转化方法适用于大豆疫霉、致病疫霉、寄生疫霉、樟疫霉和辣椒疫霉等。

1. 实验材料

疫霉菌株与待转化的质粒根据实验需求确定。

2. 试剂与培养基

0.8mol/L 甘露醇、40% PEG、0.5mol/L $CaCl_2$、0.5mol/L MES-KOH（pH 5.7）、0.5mol/L KCl、W5 溶液、0.5mol/L 豌豆甘露醇（液体和固体）培养基、营养豌豆（液体和固体）培养基（Nutrient Pea Broth & Agar Media，NPB）、V8 培养基。

3. 实验用具

200mL/50mL 烧杯、滤布、50mL Falcon 离心管、纱布、计时器、镊子、1000μL/200μL/25μL 枪头、培养皿、磁力搅拌机、摇床。

4. 转化步骤

（1）大豆疫霉的培养

1）在营养豌豆培养基（NPB）上活化大豆疫霉菌株 P6497，在 25℃下黑暗培养 3～4d。

2）将培养的新鲜菌板切成 3mm×3mm 的菌丝块，将菌丝块培养在装有 50mL 营养豌豆培养液的 250mL 三角瓶中，每瓶培养 6 块，共培养 3 瓶，25℃黑暗培养 2d。

（2）PEG 介导大豆疫霉原生质体转化的步骤

1）配制 40% 的 PEG 溶液（0.5g/mL PEG4000、0.25mol/L 甘露醇、0.125mol/L CaCl$_2$），搅拌至完全溶解，过滤除菌后置于冰上。

2）用包扎纱布的 200mL 烧杯收集菌丝后，用镊子将菌丝放入含有 0.8mol/L 甘露醇的 50mL 离心管中漂洗一次，然后将漂洗过的菌丝转入含 0.8mol/L 甘露醇的离心管中室温摇洗 10min。

3）裂解液配制：按表 3-3 中组分和比例配制裂解液，在灭过菌的烧杯中溶解，然后倒入离心管中准备室温下消解菌丝。

表 3-3   裂解液配制

组成	比例
裂解酶	0.15g
纤维素酶	0.06g
0.8mol/L 甘露醇	10mL
灭菌去离子水	8mL
0.5mol/L KCl	800μL
0.5mol/L MES（pH 5.7）	800μL
0.5mol/L CaCl$_2$	400μL

4）向含有裂解液的离心管中加入洗好的菌丝，在 25℃ 摇床中以 40r/min 酶解 35min，镜检酶解效果。

5）酶解 45～50min 后，用已包扎好两层 micro-cloth 的 50mL 烧杯过滤菌丝收集原生质体，然后将收集好的原生质体倒入 50mL Falcon 离心管，4℃ 下以 1500r/min 离心 3min，弃去上清液。

注：后面的实验步骤需低温操作以保持原生质体低温。

6）加入 10mL 预冷的 W5 溶液轻轻重悬原生质体，再加 W5 溶液至 35mL，4℃ 下以 1500r/min 离心 4min。

7）弃上清，加入 7mL 预冷的 W5 溶液轻轻重悬原生质体，用细胞计数板计算原生质体浓度，将原生质体的浓度调至 2×10^6/mL，在冰上放置 30min，4℃ 下以 1500r/min 离心 4min。

8）弃上清，加入 7mL 预冷的 W5 溶液轻轻重悬原生质体，使原生质体的浓度保持在 2×10^6/mL，室温放置 10min。

9）取若干 50mL Falcon 离心管置于冰上，在管壁上做好记录，然后向管底部加入适量待转化载体（载体 pTOR 加入 35μg 或 pYF515 加入 20～30μg）。

10）向每个含有待转化质粒的 50mL Falcon 离心管中加入 1mL 原生质体，冰上放置 5～10min。

11）向每个离心管分 3 次加入 580μL 的 PEG 溶液，在加 PEG 溶液的过程中轻轻转动离心管，使得 PEG 溶液能顺着管壁流进质粒与原生质体的混合液中，加完 3 次后轻轻地旋转离心管，冰上放置 20min。

12）向灭菌培养皿中加入 10mL 0.5mol/L 豌豆甘露醇培养液，再加 20μL 氨苄青霉素贮液（50mg/mL），并在培养皿上做好记录。

13）向每个离心管中加入 2mL 0.5mol/L 豌豆甘露醇培养液（预冷），缓慢颠倒一次，冰上放置 2min。

14）向每个离心管中加入 8mL 0.5mol/L 豌豆甘露醇培养液（预冷），缓慢颠倒一次，冰上放置 2min。

15）向离心管中加入 10mL 0.5mol/L 豌豆甘露醇培养液，将离心管用封口膜包好，倾斜放置后在 25℃下静置培养，过夜再生。

16）从过夜生长的离心管中取 5μL 在显微镜下镜检再生的情况，离心管以 2000r/min 离心 5min，收集再生的菌丝。

17）弃上清至管内液体剩余 5mL 左右，用移液器充分吸打均匀，然后加入含有 25μg/mL G418 的 0.5mL 豌豆甘露醇培养基（~42℃），混匀后倒入培养皿中，吹干水汽，25℃下培养 2~3d。

18）观察培养基表面是否长出菌丝，待大部分新生菌丝长出后，用含 50μg/mL G418 的 V8 培养基覆盖，25℃下继续培养。

19）将重新从覆盖的培养基里面长出的小菌落挑到含 50μg/mL G418 的 V8 培养基或利马豆培养基上继续培养并且筛选。

20）将最终确定为转化子的菌株用于后面的研究。

二、蛋白质的表达与提取

（一）疫霉蛋白提取

将含有过表达目的基因的疫霉转化子进行液培，根据蛋白的特性收集菌丝体或培养滤液进行目的蛋白的提取和纯化。

1. 疫霉菌丝体总蛋白提取

1）收集菌丝，用灭菌去离子水冲洗菌丝 1~2 次，用吸水纸压干菌丝。往研钵中加入液氮研磨菌丝至粉末状。

2）将粉末转移到含有蛋白提取液 [500μL 1×PBS，1% 蛋白酶抑制剂（protease inhibitor cocktail），1% 0.1mol/L PMSF] 的离心管中，振荡 1min，4℃、14 000r/min 离心 20min。

3）吸取上清液，一方面，加入蛋白上样缓冲液，沸水浴 5min 后置-20℃保存用于 SDS-PAGE 电泳或蛋白印迹（Western blotting）检测；另一方面，加入含有特定标签的磁珠或凝胶珠进行目的蛋白富集纯化。

2. 疫霉外泌蛋白提取

1）收集疫霉培养滤液，1200*g* 离心 20min。

2）吸取上清液，用 Whatman 滤纸过滤收集滤液。

3）在滤液中加入 $(NH_4)_2SO_4$ 沉淀，置 4℃冰箱 12h 以上。

4）利用色谱柱提取纯化蛋白，具体流程请参考 Xia 等（2018）的方法。

（二）原核蛋白表达系统

1. 构建重组表达载体

（1）目的基因克隆

从组织中提取总 RNA，以 mRNA 为模板，反转录形成 cDNA，以反转录产物为模板，利用高保真 DNA 聚合酶进行 PCR 扩增获得目的基因片段。

（2）重组载体构建

回收目的基因片段，通过 T4 DNA 连接酶或 Infusion 连接酶将目的片段连接入原核蛋白表达载体，常用载体包括 pET28a（含有组氨酸 His 标签）、pET32a（含有组氨酸 His 标签）、pGEX-4T-1（含有谷胱甘肽 *S*-转移酶 GST 标签）、pGEX-4T-2（含有谷胱甘肽 *S*-转移酶 GST 标签）等。

2. 转化宿主菌，获得含重组表达质粒的菌株

1）将连接产物转化至大肠杆菌 JM109 或 DH5α，根据重组载体的抗生素抗性筛选阳性菌株，抽提质粒，测序验证目的片段。

2）以此重组质粒 DNA 转化宿主菌感受态细胞，常用宿主菌为 BL21、Rosseta 等。

3. IPTG 介导的原核蛋白表达

1）挑取含重组质粒的宿主菌单菌落至 2mL LB 或 2×YT（含抗生素 50μg/mL）培养液中，以 37℃、200r/min 过夜培养。

2）取菌液以 1∶50～1∶100 的浓度接种于 30～200mL LB 或 2×YT 培养液，37℃扩培至 OD_{600} 为 0.6～0.8。

3）菌液放至常温，选择适当的诱导条件进行蛋白诱导，取部分液体作为未诱导的对照组：37℃，0.1mmol/L IPTG，3～6h（常规条件，部分适用）；16～20℃，0.1mmol/L IPTG，12h（极端条件，一般普遍适用）。对于很多蛋白，以上条件可能都不是最合适的条件，可以自己根据具体情况优化诱导条件。

4）5000r/min 离心 10min，取沉淀，用灭菌去离子水洗沉淀两次后，用 1×PBS 洗沉淀 3 次，并分装于 2mL EP 管，每管 1mL 菌液。一般 100mL 菌液可浓缩至 3mL，具体浓缩体积根据菌量确定。

4. 蛋白提取纯化

1）每管浓缩菌液加入 20μL 20mg/mL 溶菌酶、10μL 100mmol/L PMSF（PMSF 有毒、易降解，需冰上操作）。

2）超声波破碎，每次破碎时间不超过 10s、冰上放置时间不少于 10s，冰上破碎至溶液透明。

3）破碎后菌液加入 Triton X-100 至终浓度 1%，4℃用 360° 转子孵育 30min。

4）8000r/min 离心 10～20min，分别取上清和沉淀进行 SDS-PAGE 电泳或 Western blotting 检测，分析蛋白表达情况和溶解性。

5）对于可溶性蛋白，根据重组表达载体含有的蛋白标签，在上清液中加入含有对应标签抗体的磁珠或凝胶珠进行目的蛋白富集纯化。

（三）真核蛋白表达系统

与上述原核蛋白表达系统相比，真核蛋白表达系统具有许多优点，如可进行蛋白加工、折叠、翻译后修饰等。毕赤酵母表达系统是卵菌与植物互作研究中最常用的真核蛋白表达系统。毕赤酵母是甲醇营养型酵母，可利用甲醇作为其唯一碳源诱导蛋白产生。毕赤酵母蛋白表达流程：构建含有目的基因的重组表达载体→转化宿主菌→甲醇诱导靶蛋白表达→表达蛋白的分析→蛋白提取纯化。毕赤酵母蛋白表达具体方法请参考 Invitrogen 的《毕赤酵母表达操作手册》。

三、蛋白质互作技术

蛋白质互作技术用于检测两个已知蛋白的相互作用，或者筛选与已知蛋白相互作用的未知蛋白。常用的实验技术包括植物体内免疫共沉淀技术（co-immunoprecipitation，Co-IP）和体外蛋白互作技术（pull-down）。

（一）植物体内免疫共沉淀技术

1. 构建重组表达载体

（1）目的基因克隆

从组织中提取总 RNA，以 mRNA 为模板，反转录形成 cDNA，以反转录产物为模板，利用高保真 DNA 聚合酶进行 PCR 扩增获得目的基因片段。

（2）重组载体构建

回收目的基因片段，通过 T4 DNA 连接酶或 Infusion 连接酶将目的片段连接入植物蛋白表达载体，常用载体包括 PVX 系列载体（如 pGR106、pGR107 等）、pCAMBIA-1300 系列载体、Gateway 系列载体、pFGC5941、pCHI86988 等。将重组载体转化至大肠杆菌 JM109 或 DH5α，根据重组载体的抗生素抗性筛选阳性菌株，抽提质粒，测序验证目的片段。

2. 农杆菌介导的植物蛋白表达

根据需转化的植物、组织不同，选择合适的转化方法。下面以烟草为例介绍农杆菌诱导的植物蛋白瞬时表达系统。

1）将测序正确的植物表达载体转化至农杆菌感受态 GV3101 或 AGL1 等，根据重组载体的抗生素抗性筛选阳性菌株。

2）挑取含重组质粒的农杆菌至 2mL LB（含适量抗生素）培养液中，以 28℃、200r/min 过夜培养。

3）5000r/min 离心 5min，去掉上清，用适量农杆菌注射缓冲液 [10mmol/L MgCl$_2$、10mmol/L MES（pH 5.6）、100μmol/L 乙酰丁香酮] 悬浮菌液。重复该步骤 3 次。

4）根据具体实验，将悬浮菌液配成合适浓度（OD$_{600}$），室温静置 2～3h 后，注射烟草叶片。

5）含有多种不同基因的农杆菌共注射时，菌液以适当的比例混合后注射烟草叶片。注射烟草置于 22℃、16h 光照条件下培养。注射 2～3d 后取注射烟草叶片，进行蛋白提取或于 −70℃ 冰箱保存。

3. 植物蛋白提取

1）取适量表达目的基因的植物组织，加液氮研磨至粉末状。

2）研磨样品中加入蛋白提取液 [50mmol/L Tris-HCl（pH 7.5）、150mmol/L NaCl、0.5mmol/L EDTA、0.5% NP40]、1% 蛋白酶抑制剂（protease inhibitor cocktail）或 1% 的 0.1mol/L PMSF，振荡 1min 后，冰上放置 30min。

3）4℃、12 000r/min 离心 10min，取上清。

4）取部分上清液加入蛋白上样缓冲液，沸水浴 5min 后置 −20℃ 保存，用于 SDS-PAGE 电泳或 Western blotting 检测。

5）取部分上清液，加入含有特定标签的磁珠或凝胶珠进行目的蛋白富集纯化。4℃ 用 360° 转子孵育 30min 至 3h。

6）4℃、500～1000g 离心 2min，弃上清，加入 1000μL 提取液重悬磁珠或凝胶珠，离心。重复该步骤 4～6 次。在样品中加入 SDS 上样缓冲液，沸水浴 5min，用于后续 Western blotting 检测。

（二）体外蛋白互作技术

体外蛋白互作技术（pull-down）根据待检测蛋白所带标签选择合适的凝胶珠或磁珠进行蛋白富集。以常用的 GST 标签为例，pull-down 实验操作步骤如下。

1. 体外原核或真核蛋白表达

实验步骤如上文蛋白表达部分所述。

2. pull-down 步骤

1）将待检测互作的不同蛋白溶液按适当比例（可根据蛋白量调整）混合于 2mL 离心管中。

2）每 2mL 蛋白加入 50μL 谷胱甘肽琼脂糖凝胶珠（Glutathione Sepharose 4B）悬浮液。

3）4℃用 360° 转子（20r/min）孵育 4～12h。

4）4℃、2500g 离心 2min，去上清，加入 1mL 预冷的蛋白提取液（1×PBS、1% Triton X-100）。重复该步骤 5 次。

5）离心，去上清，加入蛋白上样缓冲液，沸水处理 5min，冰上放置 2min，12 000r/min 离心 2min 取上清，用于 Western blotting 检测。

四、常用染色技术

（一）DAPI 核染色

1）将 10mg DAPI（4′,6- 二脒基-2-苯基吲哚）染料（Invitrogen，D3571）溶于 2mL 去离子水中，配制成 5mg/mL 的贮液，4℃避光保存。将配制好的 DAPI 染料贮液和灭菌去离子水按照 1∶5000 体积进行稀释作为染液的工作浓度。

2）将新鲜制备的样品（菌丝或者游动孢子囊）表面残余水分用滤纸吸除后充分浸润于 DAPI 染液中，染色 5min 左右为宜，染色完毕后用灭菌去离子水冲洗样品数次；对游动孢子、萌发休止孢进行染色时，将染液和样品悬浮液按照不低于 2∶1 的体积比进行混合，染色 2～5min 后即可直接制片观察。

3）DAPI 的激发波长范围和最大发射波长峰值分别为 330～405nm 和 461nm。

（二）刚果红（Congo red）染色

1）将刚果红 100mg 溶于 1mL 灭菌去离子水中，配制成 10mg/mL 的贮液，使用浓度为 0.5mg/mL。染色时间不宜超过 10min。

2）在新鲜制备的样品（菌丝或者萌发休止孢）中加入刚果红，终浓度为 0.5mg/mL，处理 5～10min，染色完毕后用灭菌去离子水清洗样品表面，利用荧光显微镜观察。

3）刚果红的激发波长范围和最大发射波长峰值分别为 560～631nm 和 631nm。

（三）FM® 4-64 膜染色

1）将 100μg FM® 4-64（Invitrogen，T13320）粉末溶解于 1mL 灭菌去离子水中，配制成浓度为 165μmol/L 的贮液，避光保存。

2）将新鲜制备的菌丝样品用 10～20μmol/L 的染料处理 1min（冰上操作），利用荧光显微镜观察。

3）FM® 4-64 的激发波长范围和最大发射波长峰值分别为 510～570nm 和 734nm。

（四）MitoTracker Red CMXRos 线粒体染色

1）将 50μg 的 MitoTracker Red CMXRos（Invitrogen，M7512）粉末溶解于 188μL DMSO 中，配制成浓度为 500μmol/L 的贮液，避光保存。

2）将新鲜制备的菌丝用 100nmol/L 的染料处理 5～10min 后利用荧光显微镜观察。

3）MitoTracker Red CMXRos 的激发波长范围和最大发射波长峰值分别为 530～580nm 和 599nm。

五、卵菌与植物互作的转录组学

表达序列标签（expressed sequence tag）、基因芯片（microarray）、RNA-seq 等转录组学研究技术已先后应用于卵菌和植物互作过程的研究中，主要目的是鉴定病原菌发育与致病过程中阶段性特异表达的基因（Judelson et al.，2008；Ye et al.，2011；Stassen et al.，2012），以及鉴定植物在卵菌侵染过程中的抗病相关基因（Jupe et al.，2013b；Zuluaga et al.，2016；Yang et al.，2017）。例如，致病疫霉 2.7% 的基因中包含效应子基因等许多致病相关基因，在致病疫霉侵染马铃薯过程中（相比于菌丝阶段）上调了至少 2 倍（Haas et al.，2009）。致病相关基因转录的上调关系着疫霉在寄主体内由活体营养阶段向死体营养阶段转变的过程（Haas et al.，2009），RXLR（Wang et al.，2011）、CRN（Stam et al.，2013b）、NLP（Kanneganti et al.，2006）等效应子的基因在上述不同阶段都有特定的转录模式，RXLR 和 CRN 类效应子的基因一般在侵染早期上调表达，而 NLP 类效应子的基因一般在侵染后期上调表达。例如，致病疫霉的 563 个 RXLR 类效应子基因中有 79 个在侵染早期（活体营养阶段）具有极高的转录水平，而在侵染晚期（死体营养阶段）则恢复到较低水平（Haas et al.，2009）。转录模式的精确编程与效应子的功能相联系。例如，大豆疫霉 RXLR 类效应子的基因有侵染早期逐步上调表达（E 类）、侵染过程中持续高表达（IE 类）两种主要模式，其中 IE 类能够抑制激发子 INF1 引发的细胞坏死，而 E 类则能够抑制效应子引发的细胞坏死（Wang et al.，2011）。

转录组学研究也常用于分析特定因子突变体的差异表达基因，进而探究其生物学功能及作用机制（Kong et al.，2017；Lin et al.，2018）。此外，转录组学研究也用于卵菌与植物互作相关的小 RNA（small RNA）（Guo et al.，2011；Qutob et al.，2013；Wong et al.，2014；Luan et al.，2015；Wang et al.，2016a；Hou and Ma，2017；Jia et al.，2017）、长链非编码 RNA（lncRNA）（Cui et al.，2017a；Wang et al.，2018b）等 RNA 类调控因子的鉴定与功能研究。

六、卵菌与植物互作的蛋白质组学

卵菌与植物互作的蛋白质组学研究主要利用双向凝胶电泳（Shepherd et al.，

2003；Colignon et al.，2017）和质谱（Colditz et al.，2004）等技术。除了常规的全组织取样分析，在辣椒疫霉侵染番茄过程中，通过富集番茄细胞核进行蛋白质组的定量分析，发现其中许多蛋白的动态表达发生了变化，高效揭示了番茄对卵菌的免疫调节因子（Howden et al.，2017）；通过对不同培养条件下致病疫霉的分泌蛋白质组及胞外蛋白质组进行分析，鉴定了多个 RXLR 和 CRN 类效应子，以及一些不含典型信号肽的蛋白（Meijer et al.，2014b）。一些蛋白的转录后修饰也得到鉴定。例如，利用一种新发展的 3D SDS-PAGE 方法，受致病疫霉侵染的马铃薯叶片中内源的类泛素化修饰相关蛋白（small ubiquitin-like modifier，SUMO）及其蛋白量变化得到解析（Colignon et al.，2017）；对大豆疫霉乙酰化蛋白质组分析，鉴定到 2197 个位点及与不同生物学过程相关的 1150 个蛋白（Li et al.，2016）。由于蛋白质组学技术的通量目前仍比较有限，一般一次能鉴定上万个肽段，仅对应到 2000 多个蛋白，一定程度上限制了比较蛋白质组学分析（特别是低表达量蛋白的分析）。

七、卵菌与植物互作的其他组学

近年来，DNA 甲基化组、代谢组等组学技术也得到应用并取得新发现。例如，全基因组 DNA 甲基化测序发现，疫霉的 6mA 在重复序列及基因稀疏区富集，与基因的低表达相关（Chen et al.，2018b）；分析大豆疫霉与亲和/非亲和大豆互作的代谢组发现，包括糖（单糖和低聚糖）、有机酸（草酸、异丙酸）、氨基酸衍生物，以及醇、辛醛、次黄嘌呤、大豆苷元等在内的次生代谢物可能参与大豆对大豆疫霉的防卫过程（Zhu et al.，2018）；分析致病疫霉侵染番茄过程的代谢组发现，番茄碱（tomatidine）、皂苷（saponin）和异香豆素（isocoumarin）分别可作为不同侵染阶段的重要代谢标志物（Galeano Garcia et al.，2018）。在取样方法上，基于番茄单细胞系的致病疫霉侵染系统，将为研究卵菌与植物互作提供更加精准的途径（Schoina et al.，2017）。

第八节　卵菌与植物互作研究展望

植物与卵菌互作研究领域近年来发展迅速，在卵菌基因组学、群体遗传学、功能基因组学、效应子、植物抗性及利用等方面取得了突出的成绩。当前，由于全球气候变暖和农业结构调整等客观因素，卵菌病害暴发风险和防控压力依然巨大；科学上新理论、新发现与新技术层出不穷，不断带来新的挑战和机遇；另外，卵菌作为一个独特的生物类群，对其基本生物学规律一直缺乏系统认识。由于上述诸多原因，这一研究领域在未来相当长时间内还面临巨大挑战，需要进一步瞄准前沿重大科学问题和技术难题。

卵菌效应子是过去十年本研究领域的热点，对其功能与作用机制的解析显著加深了人们对卵菌致病成灾机制和植物抗病性机制的认识水平。下一步面临的科学问题依然很多，例如：卵菌为什么编码如此多的效应子？在进化上卵菌效应子的来源和变异规律仍然未知，它们在病害暴发、寄主适应性、寄主范围决定和病原菌致病类型分化中扮演什么角色？我们需要抓住机遇，充分利用效应子作为切入点，通过培育抗病品种、合理布局现有品种、研发有效的作物免疫诱抗剂等措施，将基础研究成果应用于作物病害的大田防控。

卵菌群体遗传学一直是卵菌与植物互作领域的重点。卵菌的典型特征是变异快和适应性强，目前基因组学、生物信息学、人工智能和表观生物学等领域发展迅猛，利用这些新技术和理论，解析卵菌变异的时空动态和规律，可从理论上挖掘其对不同环境和寄主适应的决定性因子，从应用上进一步开发病害防治技术。

卵菌与植物互作除了要有病原菌和寄主两个主要因素，宏观上还受环境（如光照、温度和湿度等）和其他生物（非寄主、土壤和内生微生物等）等影响；微观上还受互作界面微环境中的氮源、碳源、金属离子、酸碱化水平等诸多因素影响。这些宏观和微观生态因素如何影响互作？如何开展复杂条件下的多生物体系互作研究？能否通过开发有益微生物和精准药剂等手段实现病害的绿色防控？这些都是未来需要研究阐明的。

利用植物抗性是病害防控最为经济有效的措施。植物免疫学日渐成熟，抗病育种成为病害防控的主要手段，但是作物免疫诱抗剂的开发和应用还处于初期阶段。卵菌与其他病原菌相比有其特殊性，卵菌有活体、死体和半活体等不同营养型，有叶部、茎部和根部等不同器官偏好性。鉴定和利用植物抗性决定基因，研究其识别和激活机制，仍是本领域的重要方向；提出普适性的植物免疫学新理论仍面临巨大挑战，培育持久广谱抗病品种和开发免疫诱抗剂将会在生产中扮演重要角色。

卵菌在进化上的地位有别于熟知的真菌界、植物界和动物界，为茸鞭生物界（Stramenopila）。不同生物界的物种有其不同的生长、发育、遗传、代谢和生化特征，但目前对卵菌的基础生物学认识还比较有限。研究卵菌独特的生物学规律，将会推动整个生命科学的进展。探究卵菌独特的关键节点因子及其作用机制，将为开发新型有效药剂提供靶标。

研究机制上，跨国界、跨学科、跨领域的合作机制尚需加强，贯穿基础研究到应用研究甚至商业化推广的一体化体系尚需机制保障。尤其对于我国科学工作者，与国际同行相比，面临的保障粮食、食品和国家生态安全需求更加迫切。我们已经从国际研究"跟跑者"实现了个别领域"领跑者"的跨越发展。新时代新形势下，我们需要瞄准和解决重大科学问题才能在国际本领域发挥更加重要的作用，瞄准和解决产业难题才能更好地服务于国家的农产业重大战略需求。

参 考 文 献

方治国. 2013. 中国马铃薯晚疫病菌交配型与无毒基因多样性分析. 福州: 福建农林大学硕士学位论文.

金黎平, 屈冬玉, 谢开云, 等. 2005. 马铃薯及其近缘种的利用 // 中国作物学会马铃薯专业委员会. 2005 年全国马铃薯产业学术年会论文集: 235-242.

徐刚标. 2009. 植物群体遗传学. 北京: 科学出版社.

严霞, 牛晓磊, 陶均. 2018. 病原菌诱发的植物先天免疫研究进展. 分子植物育种, 16(3): 821-831.

杨俊, 吕东平. 2018. 植物 PTI 天然免疫信号转导研究进展. 中国生态农业学报, 26(10): 1585-1592.

张佳峰, 吴娥娇, 罗桂火, 等. 2017. 致病疫霉 *ATP6* 基因单倍型与地理因素的相关性分析. 江苏农业科学, 45(8): 75-78.

赵亚华. 2011. 分子生物学教程. 3 版. 北京: 科学出版社.

祝雯, 詹家绥. 2012. 植物病原物的群体遗传学. 遗传, 34(2): 157-166.

Ah Fong MV, Judelson HS. 2003. Cell cycle regulator Cdc14 is expressed during sporulation but not hyphal growth in the fungus-like oomycete *Phytophthora infestans*. Mol Microbiol, 50(2): 487-494.

Albert I, Böhm H, Albert M, et al. 2015. An RLP23-SOBIR1-BAK1 complex mediates NLP-triggered immunity. Nat Plants, 1(10): 15140.

Ali SS, Shao J, Lary DJ, et al. 2017. *Phytophthora megakarya* and *P. palmivora*, causal agents of black pod rot, induce similar plant defense responses late during infection of susceptible cacao pods. Front Plant Sci, 8: 169.

Amaro TM, Thilliez GJ, Motion GB, et al. 2017. A perspective on CRN proteins in the genomics age: evolution, classification, delivery and function revisited. Front Plant Sci, 8: 99.

Anderson RG, Deb D, Fedkenheuer K, et al. 2015. Recent progress in RXLR effector research. Molecular Plant-Microbe Interactions, 28(10): 1063-1072.

Arora S, Steuernagel B, Gaurav K, et al. 2019. Resistance gene cloning from a wild crop relative by sequence capture and association genetics. Nat Biotechnol, 37(2): 139-143.

Bakthavatsalam D, Meijer HJ, Noegel AA, et al. 2006. Novel phosphatidylinositol phosphate kinases with a G-protein coupled receptor signature are shared by *Dictyostelium* and *Phytophthora*. Trends Microbiol, 14(9): 378-382.

Baxter L, Tripathy S, Ishaque N, et al. 2010. Signatures of adaptation to obligate biotrophy in the *Hyaloperonospora arabidopsidis* genome. Science, 330(6010): 1549-1551.

Blanco FA, Judelson HS. 2005. A bZIP transcription factor from *Phytophthora* interacts with a protein kinase and is required for zoospore motility and plant infection. Mol Microbiol, 56(3): 638-648.

Boevink PC, Wang X, McLellan H, et al. 2016. A *Phytophthora infestans* RXLR effector targets plant PP1c isoforms that promote late blight disease. Nature Communications, 7: 10311.

Boller T, Felix G. 2009. A renaissance of elicitors: perception of microbe-associated molecular patterns and danger signals by pattern-recognition receptors. Annu Rev Plant Biol, 60: 379-406.

Bos JIB, Armstrong MR, Gilroy EM, et al. 2010. *Phytophthora infestans* effector AVR3a is essential for virulence and manipulates plant immunity by stabilizing host E3 ligase CMPG1. Proc Natl Acad Sci USA, 107(21): 9909-9914.

Boutrot F, Zipfel C. 2017. Function, discovery, and exploitation of plant pattern recognition receptors for broad-spectrum disease resistance. Annu Rev Phytopathol, 55: 257-286.

Bouwmeester K, De Sain M, Weide R, et al. 2011. The lectin receptor kinase LecRK-I. 9 is a novel *Phytophthora* resistance component and a potential host target for a RXLR effector. PLOS Pathogens, 7(3): e1001327.

Bozkurt TO, Richardson A, Dagdas YF, et al. 2014. The plant membrane-associated REMORIN1.3

accumulates in discrete perihaustorial domains and enhances susceptibility to *Phytophthora infestans*. Plant Physiology, 165(3): 1005-1018.

Bozkurt TO, Schornack S, Banfield MJ, et al. 2012. Oomycetes, effectors, and all that jazz. Current Opinion in Plant Biology, 15(4): 483-492.

Bozkurt TO, Schornack S, Win J, et al. 2011. *Phytophthora infestans* effector AVRblb2 prevents secretion of a plant immune protease at the haustorial interface. Proc Natl Acad Sci USA, 108(51): 20832-20837.

Brunner F, Rosahl S, Lee J, et al. 2002. Pep-13, a plant defense-inducing pathogen-associated pattern from *Phytophthora transglutaminases*. EMBO J, 21(24): 6681-6688.

Brutus A, Sicillia F, Macone A, et al. 2010. A domain swap approach reveals a role of the plant wall-associated kinase 1 (WAK1) as a receptor for oligogalacturonides. Proc Natl Acad Sci USA, 107: 9452-9457.

Cahill DM, Cope M, Hardham AR. 1996. Thrust reversal by tubular mastigonemes: immunological evidence for a role of mastigonemes in forward motion of zoospores of *Phytophthora cinnamomi*. Protoplasma, 194(1-2): 18-28.

Champouret N. 2010. Functional Genomics of *Phytophthora infestans* Effectors and *Solanum* Resistance Genes. Wageningen: Wageningen University.

Chen F, Zhou Q, Xi J, et al. 2018a. Analysis of RPA190 revealed multiple positively selected mutations associated with metalaxyl resistance in *Phytophthora infestans*. Pest Manag Sci, 74(8): 1916-1924.

Chen H, Shu HD, Wang LY, et al. 2018b. *Phytophthora* methylomes are modulated by 6mA methyltransferases and associated with adaptive genome regions. Genome Biol, 19(1): 181.

Chen L, Meng J, He XL, et al. 2019. *Solanum lycopersicum* microRNA1916 targets multiple target genes and negatively regulates the immune response in tomato. Plant, Cell & Environment, 42(4): 1393-1407.

Chen L, Shen D, Sun N, et al. 2014. *Phytophthora sojae* TatD nuclease positively regulates sporulation and negatively regulates pathogenesis. Molecular Plant-Microbe Interactions, 27(10): 1070-1080.

Chen XW, Lewandowska D, Armstrong MR, et al. 2018c. Identification and rapid mapping of a gene conferring broad-spectrum late blight resistance in the diploid potato species *Solanum verrucosum* through DNA capture technologies. Theor Appl Genet, 131(6): 1287-1297.

Chiang YH, Coaker G. 2015. Effector triggered immunity: NLR immune perception and downstream defense responses. Arabidopsis Book, 2015(13): e0183.

Choi J, Tanaka K, Cao Y, et al. 2014. Identification of a plant receptor for extracellular ATP. Science, 343(6168): 290-294.

Chou S, Krasileva KV, Holton JM, et al. 2011. *Hyaloperonospora arabidopsidis* ATR1 effector is a repeat protein with distributed recognition surfaces. Proc Natl Acad Sci USA, 108(32): 13323-13328.

Chowdappa P, Nirmal Kumar BJ, Madhura S, et al. 2014. Severe outbreaks of late blight on potato and tomato in South India caused by recent changes in the *Phytophthora infestans* population. Plant Pathol, 64(1): 191-199.

Colditz F, Nyamsuren O, Niehaus K, et al. 2004. Proteomic approach: identification of *Medicago truncatula* proteins induced in roots after infection with the pathogenic oomycete *Aphanomyces euteiches*. Plant Mol Biol, 55(1): 109-120.

Colignon B, Dieu M, Demazy C, et al. 2017. Proteomic study of SUMOylation during *Solanum tuberosum-Phytophthora infestans* interactions. Molecular Plant-Microbe Interactions, 30(11): 855-865.

Cook AA. 1961. A mutation for resistance to *Potato virus Y* in pepper. Phytopathology, 51: 550-552.

Couto D, Zipfel C. 2016. Regulation of pattern recognition receptor signalling in plants. Nat Rev Immunol, 16(9): 537-552.

Cui J, Luan Y, Jiang N, et al. 2017a. Comparative transcriptome analysis between resistant and susceptible tomato allows the identification of *lncRNA16397* conferring resistance to *Phytophthora infestans* by co-expressing glutaredoxin. Plant Journal, 89(3): 577-589.

Cui X, Yan Q, Gan S, et al. 2017b. Overexpression of gma-miR1510a/b suppresses the expression of a NB-LRR domain gene and reduces resistance to *Phytophthora sojae*. Gene, 621: 32-39.

Cvitanich C, Judelson HS. 2003. Stable transformation of the oomycete, *Phytophthora infestans* using microprojectile bombardment. Cur Genet, 42(4): 228-235.

Dagdas YF, Belhaj K, Maqbool A, et al. 2016. An effector of the Irish potato famine pathogen antagonizes a host autophagy cargo receptor. eLife, 5: e10856.

Dale AL, Feau N, Everhart SE, et al. 2019. Mitotic recombination and rapid genome evolution in the invasive forest pathogen *Phytophthora ramorum*. mBio, 10(2): e02452-18.

Dodds PN, Rathjen JP. 2010. Plant immunity: towards an integrated view of plant-pathogen interactions. Nat Rev Genetics, 11(8): 539-548.

Domazakis E, Lin X, Aguileragalvez C, et al. 2017. Effectoromics-based identification of cell surface receptors in potato. Methods Mol Biol, 1578: 337-353.

Domazakis E, Wouters D, Visser RGF, et al. 2018. The ELR-SOBIR1 complex functions as a two-component receptor-like kinase to mount defense against *Phytophthora infestans*. Molecular Plant-Microbe Interactions, 31(8): 795-802.

Donaldson SP, Deacon JW. 1993. Effects of amino-acids and sugars on zoospore taxis, encystment and cyst germination in *Pythium aphanidermatum* (Edson) Fitzp, *P. catenulatum* Matthews and *P. dissotocum* Drechs. New Phytologist, 123(2): 289-295.

Dong S, Raffaele S, Kamoun S. 2015. The two-speed genomes of filamentous pathogens: waltz with plants. Curr Opin Genet Dev, 35: 57-65.

Dong S, Yin W, Kong G, et al. 2011. *Phytophthora sojae* avirulence effector Avr3b is a secreted NADH and ADP-ribose pyrophosphorylase that modulates plant immunity. PLOS Pathogens, 7(11): e1002353.

Du J, Rietman H, Vleeshouwers VG. 2014. Agroinfiltration and PVX agroinfection in potato and *Nicotiana benthamiana*. J Vis Exp, 83: e50971.

Du J, Verzaux E, Chaparrogarcia A, et al. 2015a. Elicitin recognition confers enhanced resistance to *Phytophthora infestans* in potato. Nat Plants, 1(4): 15034.

Du J, Vleeshouwers VGAA. 2017. New strategies towards durable late blight resistance in potato // Kumar CS, Xie C, Kumar TJ. The Potato Genome. Compendium of Plant Genomes. Cham: Springer.

Du Y, Chen X, Guo Y, et al. 2021. *Phytophthora infestans* RXLR effector PiTG20303 targets a potato

MKK1 protein to suppress plant immunity. New Phytologist, 229(1): 501-515.

Du Y, Mpina MH, Birch PR, et al. 2015b. *Phytophthora infestans* RXLR effector AVR1 interacts with exocyst component Sec5 to manipulate plant immunity. Plant Physiology, 169(3): 1975-1990.

Elnahal A, Li J, Wang X, et al. 2020. Identification of natural resistance mediated by recognition of *Phytophthora infestans* effector gene *AVR3a^{EM}* in potato. Front Plant Sci, 19(11): 919.

Escudero V, Torres MÁ, Delgado M, et al. 2018. Mitogen-activated protein kinase phosphatase 1 (MKP1) negatively regulates the production of reactive oxygen species during *Arabidopsis* immune responses. Molecular Plant-Microbe Interactions, 93(3): 471-479.

Fan G, Yang Y, Li T, et al. 2018. A *Phytophthora capsici* RXLR effector targets and inhibits a plant PPIase to suppress endoplasmic reticulum-mediated immunity. Mol Plant, 11(8): 1067-1083.

Fang Y, Cui L, Gu B, et al. 2017. Efficient genome editing in the oomycete *Phytophthora sojae* using CRISPR/Cas9. Curr Protoc Microbiol, 44(21): A.1.1-A.1.6.

Fang Y, Tyler BM. 2016. Efficient disruption and replacement of an effector gene in the oomycete *Phytophthora sojae* using CRISPR/Cas9. Mol Plant Pathol, 17(1): 127-139.

Fawke S, Doumane M, Schornack S. 2015. Oomycete interactions with plants: infection strategies and resistance principles. Microbiol Mol Biol Rev, 79(3): 263-280.

Felix G, Duran JD, Volko S, et al. 1999. Plants have a sensitive perception system for the most conserved domain of bacterial flagellin. Plant Journal, 18(3): 265-276.

Flier WG, Grünwald NJ, Kroon LPNM, et al. 2003. The population structure of *Phytophthora infestans* from the Toluca Valley of Central Mexico suggests genetic differentiation between populations from cultivated potato and wild *Solanum* spp. Phytopathol, 93(4): 382-390.

Flor HH. 1971. Current status of the gene-for-gene concept. Annu Rev Phytopathol, 9: 275-296.

Foll M, Gaggiotti O. 2006. Identifying the environmental factors that determine the genetic structure of populations. Genetics, 174(2): 875-891.

Frickel J, Feulner PGD, Karakoc E, et al. 2018. Population size changes and selection drive patterns of parallel evolution in a host-virus system. Nature Communications, 9(1): 1706.

Fry WE. 2008. *Phytophthora infestans*: the plant (and *R* gene) destroyer. Mol Plant Pathol, 9(3): 385-402.

Fry WE, Grunwald NJ, Cooke DEL, et al. 2009. Population genetics and population diversity of *Phytophthora infestans*. Oomycete Genet Genom, 7: 139-164.

Galeano Garcia P, Neves Dos Santos F, Zanotta S, et al. 2018. Metabolomics of *Solanum lycopersicum* infected with *Phytophthora infestans* leads to early detection of late blight in asymptomatic plants. Molecules, 23(12): 3330.

Gamboa-Melendez H, Huerta AI, Judelson HS. 2013. bZIP transcription factors in the oomycete *Phytophthora infestans* with novel DNA-binding domains are involved in defense against oxidative stress. Eukaryot Cell, 12(10): 1403-1412.

Gao J, Cao M, Ye W, et al. 2014. PsMPK7, a stress-associated mitogen-activated protein kinase (MAPK) in *Phytophthora sojae*, is required for stress tolerance, reactive oxygenated species detoxification, cyst germination, sexual reproduction and infection of soybean. Mol Plant Pathol, 16(1): 61-70.

Gao M, Wang X, Wang D, et al. 2009. Regulation of cell death and innate immunity by two receptor-like kinases in *Arabidopsis*. Cell Host & Microbe, 6(1): 34-44.

Göhre Vera, Jones AM, Sklenář J, et al. 2012. Molecular crosstalk between PAMP-triggered immunity and photosynthesis. Molecular Plant-Microbe Interactions, 25(8): 1083.

Gómez-Gómez L, Boller T. 2000. FLS2: an LRR receptor-like kinase involved in the perception of the bacterial elicitor flagellin in *Arabidopsis*. Molecular Cell, 5(6): 1003-1011.

Govers F, Bouwmeester K. 2008. Effector trafficking: RXLR-dEER as extra gear for delivery into plant cells. The Plant Cell, 20(7): 1728-1730.

Gui Y, Chen J, Zhang D, et al. 2017. *Verticillium dahliae* manipulates plant immunity by glycoside hydrolase 12 proteins in conjunction with carbohydrate-binding module 1. Environ Microbiol, 19(5): 1914-1932.

Guo B, Wang H, Yang B, et al. 2019. *Phytophthora sojae* effector PsAvh240 inhibits a host aspartic protease secretion to promote infection. Molecular Plant, 12(4): 552-564.

Guo N, Ye W, Wu X, et al. 2011. Microarray profiling reveals microRNAs involving soybean resistance to *Phytophthora sojae*. Genome, 54(11): 954-958.

Gust AA, Pruitt R, Nurnberger T. 2017. Sensing danger: key to activating plant immunity. Trends Plant Sci, 22(9): 779-791.

Haas BJ, Kamoun S, Zody MC, et al. 2009. Genome sequence and analysis of the Irish potato famine pathogen *Phytophthora infestans*. Nature, 461(7262): 393-398.

Haesaert G, Vossen JH, Custers R, et al. 2015. Transformation of the potato variety Desiree with single or multiple resistance genes increases resistance to late blight under field conditions. Crop Prot, 77: 163-175.

Han GZ. 2019. Origin and evolution of the plant immune system. New Phytologist, 2(1): 70-83.

Hansen EM. 2015. *Phytophthora* species emerging as pathogens of forest trees. Curr For Rep, 1(1): 16-24.

Hardham AR. 2007. Cell biology of plant-oomycete interactions. Cell Microbiol, 9(1): 31-39.

Hardham AR, Gubler F. 1990. Polarity of attachment of zoospores of a root pathogen and pre-alignment of the emerging germ tube. Cell Biol Int Rep, 14(11): 947-956.

He J, Ye W, Choi DS, et al. 2019. Structural analysis of *Phytophthora* suppressor of RNA silencing 2 (PSR2) reveals a conserved modular fold contributing to virulence. Proc Natl Acad Sci USA, 116(16): 8054-8059.

Hickey DA, Golding GB. 2018. The advantage of recombination when selection is acting at many genetic loci. J Theor Biol, 442: 123-128.

Hildebrand A. 1959. A root and stalk rot of soybeans caused by *Phytophthora megasperma* Drechsler var. *sojae* var. nov. Can J Bot, 37: 927-957.

Hodgkinson A, Eyre-Walker A. 2011. Variation in the mutation rate across mammalian genome. Nat Rev Genet, 12(11): 756-766.

Hok S, Danchin EGJ, Allasia V, et al. 2011. An *Arabidopsis* (malectin-like) leucine-rich repeat receptor-like kinase contributes to downy mildew disease. Plant, Cell & Environment, 34(11): 1944-1957.

Horio T, Kawabata Y, Takayama T, et al. 1992. A potent attractant of zoospores of *Aphanomyces cochlioides* isolated from its host, Spinacia-Oleracea. Experientia, 48: 410-414.

Hosseini S, Heyman F, Olsson U, et al. 2014. Zoospore chemotaxis of closely related legume-root infecting *Phytophthora* species towards host isoflavones. Plant Pathology, 63(3): 708-714.

Hou Y, Ma W. 2017. Small RNA and mRNA profiling of *Arabidopsis* in response to *Phytophthora infection* and PAMP treatment. Methods Mol Biol, 1578: 273-283.

Howden AJM, Stam R, Martinez Heredia V, et al. 2017. Quantitative analysis of the tomato nuclear proteome during *Phytophthora capsici* infection unveils regulators of immunity. New Phytologist, 215(1): 309-322.

Hua C, Meijer HJ, De Keijzer J, et al. 2013. GK4, a G-protein-coupled receptor with a phosphatidylinositol phosphate kinase domain in *Phytophthora infestans*, is involved in sporangia development and virulence. Mol Microbiol, 88(2): 352-370.

Hua C, Wang Y, Zheng X, et al. 2008. A *Phytophthora sojae* G-protein alpha subunit is involved in chemotaxis to soybean isoflavones. Eukaryot Cell, 7(12): 2133-2140.

Huang J, Gu L, Zhang Y, et al. 2017. An oomycete plant pathogen reprograms host pre-mRNA splicing to subvert immunity. Nature Communications, 8(1): 2051.

Huang J, Lu X, Wu H, et al. 2020. *Phytophthora* effectors modulate genome-wide alternative splicing of host mRNAs to reprogram plant immunity. Molecular Plant, 13(10): 1470-1484.

Huang Y, Chen X, Liu Y, et al. 2013. Mitochondrial AtPAM16 is required for plant survival and the negative regulation of plant immunity. Nature Communications, 4: 2558.

Hwu FY, Lai MW, Liou RF. 2017. PpMID1 plays a role in the asexual development and virulence of *Phytophthora parasitica*. Front Microbiol, 8: 610.

Jaime-Garcia R, Trinidad-Correa R, Felix-Gastelum R, et al. 2000. Temporal and spatial patterns of genetic structure of *Phytophthora infestans* from tomato and potato in the Del Fuerte Valley. Phytopathol, 90(11): 1188-1195.

Jamieson PA, Libo S, Ping H. 2018. Plant cell surface molecular cypher: receptor-like proteins and their roles in immunity and development. Plant Sci, 274: 242-251.

Janeway CA Jr. 1989. Approaching the asymptote? Evolution and revolution in immunology. Cold Spring Harb Symp Quant Biol, 54(1): 1-13.

Jia J, Lu W, Zhong C, et al. 2017. The 25-26 nt small RNAs in *Phytophthora parasitica* are associated with efficient silencing of homologous endogenous genes. Front Microbiol, 8: 773.

Jia Y, McAdams SA, Bryan GT, et al. 2000. Direct interaction of resistance gene and avirulence gene products confers rice blast resistance. EMBO J, 19(15): 4004-4014.

Jiang RH, Tripathy S, Govers F, et al. 2008. RXLR effector reservoir in two *Phytophthora* species is dominated by a single rapidly evolving superfamily with more than 700 members. Proc Natl Acad Sci USA, 105(12): 4874-4879.

Jiang RH, Tyler BM. 2012. Mechanisms and evolution of virulence in oomycetes. Annu Rev Phytopathol, 50: 295-318.

Jo KR, Kim CJ, Kim SJ, et al. 2014. Development of late blight resistant potatoes by cisgene stacking. BMC Biotechnol, 14: 50.

Jones JDG, Dangl JL. 2006. The plant immune system. Nature, 444: 323-329.

Jones JDG, Vance RE, Dangl JL. 2016. Intracellular innate immune surveillance devices in plants and animals. Science, 354(6316): aaf6395.

Jones SW, Donaldson SP, Deacon JW. 1991. Behavior of zoospores and zoospore cysts in relation to root infection by *Pythium aphanidermatum*. New Phytologist, 117(2): 289-301.

Jorgensen JH. 1992. Discovery, characterization and exploitation of *Mlo* powdery mildew resistance in barley. Euphytica, 63: 141-152.

Judelson HS, Ah-Fong AM, Aux G, et al. 2008. Gene expression profiling during asexual development of the late blight pathogen *Phytophthora infestans* reveals a highly dynamic transcriptome. Molecular Plant-Microbe Interactions, 21(4): 433-447.

Judelson HS, Blanco FA. 2005. The spores of *Phytophthora*: weapons of the plant destroyer. Nat Rev Microbiol, 3(1): 47-58.

Jupe F, Witek K, Verweij W, et al. 2013a. Resistance gene enrichment sequencing (RenSeq) enables reannotation of the NB-LRR gene family from sequenced plant genomes and rapid mapping of resistance loci in segregating populations. Plant Journal, 76(3): 530-544.

Jupe J, Stam R, Howden AJ, et al. 2013b. *Phytophthora capsici*-tomato interaction features dramatic shifts in gene expression associated with a hemi-biotrophic lifestyle. Genome Biol, 14(6): R63.

Kachroo A, Fu DQ, Havens W, et al. 2008. An oleic acid-mediated pathway induces constitutive defense signaling and enhanced resistance to multiple pathogens in soybean. Molecular Plant-Microbe Interactions, 21(5): 564-575.

Kale SD, Gu B, Capelluto DG, et al. 2010. External lipid PI3P mediates entry of eukaryotic pathogen effectors into plant and animal host cells. Cell, 142(2): 284-295.

Kamoun S. 2003. Molecular genetics of pathogenic oomycetes. Eukaryotic Cell, 2(2): 191-199.

Kamoun S. 2006. A catalogue of the effector secretome of plant pathogenic oomycetes. Annu Rev Phytopathol, 44: 41-60.

Kamoun S, Furzer O, Jones JDG, et al. 2015. The Top 10 oomycete pathogens in molecular plant pathology. Mol Plant Pathol, 16(4): 413-434.

Kamoun S, Lindqvist H, Govers F. 1997. A novel class of elicitin-like genes from *Phytophthora infestans*. Molecular Plant-Microbe Interactions, 10(18): 1028-1030.

Kamvar ZN, Larsen MM, Kanaskie AM, et al. 2015. Spatial and temporal analysis of populations of the sudden oak death pathogen in Oregon forests. Phytopathol, 105(7): 982-989.

Kanneganti TD, Huitema E, Cakir C, et al. 2006. Synergistic interactions of the plant cell death pathways induced by *Phytophthora infestans* Nep1-like protein PiNPP1.1 and INF1 elicitin. Molecular Plant-Microbe Interactions, 19(8): 854-863.

Kaschani F, Shabab M, Bozkurt T, et al. 2010. An effector-targeted protease contributes to defense against *Phytophthora infestans* and is under diversifying selection in natural hosts. Plant Physiology, 154(4): 1794-1804.

Kelley BS, Lee SJ, Damasceno CM, et al. 2010. A secreted effector protein (SNE1) from *Phytophthora infestans* is a broadly acting suppressor of programmed cell death. Plant Journal, 62(3): 357-366.

Kemen E, Gardiner A, Schultz-Larsen T, et al. 2011. Gene gain and loss during evolution of obligate parasitism in the white rust pathogen of *Arabidopsis thaliana*. PLOS Biology, 9(7): e1001094.

Khew KL, Zentmyer GA. 1973. Chemotactic response of zoospores of five species of *Phytophthora*. Phytopathology, 63: 1511-1517.

Kim HJ, Lee HR, Jo KR, et al. 2012. Broad spectrum late blight resistance in potato differential set plants *MaR8* and *MaR9* is conferred by multiple stacked R genes. Theor Appl Genet, 124(5): 923-935.

Kim HS, Delaney TP. 2002. *Arabidopsis* SON1 is an F-Box protein that regulates a novel induced defense response independent of both salicylic acid and systemic acquired resistance. The Plant Cell, 14(7): 1469-1482.

King SR, McLellan H, Boevink PC, et al. 2014. *Phytophthora infestans* RXLR effector PexRD2 interacts with host MAPKKKε to suppress plant immune signaling. The Plant Cell, 26(3): 1345-1359.

Kong G, Zhao Y, Jing M, et al. 2015. The activation of *Phytophthora* effector Avr3b by plant cyclophilin is required for the nudix hydrolase activity of Avr3b. PLOS Pathogens, 11(8): e1005139.

Kong L, Qiu XF, Kang JG, et al. 2017. A *Phytophthora* effector manipulates host histone acetylation and reprograms defense gene expression to promote infection. Current Biology, 27(7): 981-991.

Krings M, Taylor TN, Dotzler N. 2011. The fossil record of the Peronosporomycetes (Oomycota). Mycologia, 103(3): 455-457.

Lacombe S, Rougon-Cardoso A, Sherwood E, et al. 2010. Interfamily transfer of a plant pattern-recognition receptor confers broad-spectrum bacterial resistance. Nature Biotechnology, 28(4): 365-369.

Lamour KH, Huasbeck MK. 2002. The spatiotemporal genetic structure of *Phytophthora capsici* in michigan and implications for disease management. Phytopathol, 92(6): 681-684.

Lamour KH, Stam R, Jupe J, et al. 2012. The oomycete broad-host-range pathogen *Phytophthora capsici*. Mol Plant Pathol, 13(4): 329-337.

Latijnhouwers M, de Wit PJGM, Govers F. 2003. Oomycetes and fungi: similar weaponry to attack plants. Trends Microbiol, 11(10): 462-469.

Latijnhouwers M, Govers F. 2003. A *Phytophthora infestans* G-protein beta subunit is involved in sporangium formation. Eukaryot Cell, 2(5): 971-977.

Latijnhouwers M, Ligterink W, Vleeshouwers VG, et al. 2004. A galpha subunit controls zoospore motility and virulence in the potato late blight pathogen *Phytophthora infestans*. Mol Microbiol, 51(4): 925-936.

Lenman M, Ali A, Mühlenbock P, et al. 2016. Effector-driven marker development and cloning of resistance genes against *Phytophthora infestans* in potato breeding clone SW93-1015. Theor Appl Genet, 129(1): 105-115.

Leonelli L, Pelton J, Schoeffler A, et al. 2011. Structural elucidation and functional characterization of the *Hyaloperonospora arabidopsidis* effector protein ATR13. PLOS Pathogens, 7(12): e1002428.

Levesque CA, Brouwer H, Cano L, et al. 2010. Genome sequence of the necrotrophic plant pathogen *Pythium ultimum* reveals original pathogenicity mechanisms and effector repertoire. Genome Biol, 11(7): R73.

Li A, Wang Y, Tao K, et al. 2010. PsSAK1, a stress-activated MAP kinase of *Phytophthora sojae*, is required for zoospore viability and infection of soybean. Molecular Plant-Microbe Interactions, 23(8): 1022-1031.

Li A, Zhang M, Wang Y, et al. 2014. PsMPK1, an SLT2-type mitogen-activated protein kinase, is required for hyphal growth, zoosporogenesis, cell wall integrity, and pathogenicity in *Phytophthora sojae*. Fungal Genet Biol, 65: 14-24.

Li D, Lv B, Tan L, et al. 2016. Acetylome analysis reveals the involvement of lysine acetylation in diverse biological processes in *Phytophthora sojae*. Sci Rep, 6: 29897.

Li H, Wang H, Jing M, et al. 2018. A *Phytophthora* effector recruits a host cytoplasmic transacetylase into nuclear speckles to enhance plant susceptibility. eLife, 7: e40039.

Li L, Wright SJ, Krystofova S, et al. 2007. Heterotrimeric G protein signaling in filamentous fungi. Annu Rev Microbiol, 61: 423-452.

Li T, Wang Q, Feng R, et al. 2019. Negative regulators of plant immunity derived from cinnamyl alcohol dehydrogenases are targeted by multiple *Phytophthora* Avr3a-like effectors. New Phytologist, doi: 10.1111/nph.16139.

Li W, Zhao D, Dong J, et al. 2020. *AtRTP5* negatively regulates plant resistance to *Phytophthora* pathogens by modulating the biosynthesis of endogenous jasmonic acid and salicylic acid. Mol Plant Pathol, 21(1): 95-108.

Li X, Zhang Y, Clarke JD, et al. 1999. Identification and cloning of a negative regulator of systemic acquired resistance, SNI1, through a screen for suppressors of *npr1-1*. Cell, 98(3): 329-339.

Li Y, Cooke DEL, Jacobsen E, et al. 2013a. Efficient multiplex simple sequence repeat genotyping of the oomycete plant pathogen *Phytophthora infestans*. J Microbiol Methods, 92(3): 316-322.

Li Y, van der Lee T, Zhu J, et al. 2013b. Population structure of *Phytophthora infestans* in China: geographic clusters and presence of the EU genotype Blue_13. Plant Pathol, 62(4): 932-942.

Lin L, Ye W, Wu J, et al. 2018. The MADS-box transcription factor PsMAD1 is involved in zoosporogenesis and pathogenesis of *Phytophthora sojae*. Front Microbiol, 9: 2259.

Lin X, Armstrong M, Baker K, et al. 2020a. RLP/K enrichment sequencing: a novel method to identify receptor-like protein (RLP) and receptor-like kinase (RLK) genes. New Phytologist, 227(4): 1264-1276.

Lin X, Wang S, de Rond L, et al. 2020b. Divergent evolution of PcF/SCR74 effectors in oomycetes is associated with distinct recognition patterns in *Solanaceous* plants. mBio, 11(3): e00947-20.

Linzer RE, Rizzo DM, Cacciola SO, et al. 2009. AFLPs detect low genetic diversity for *Phytophthora nemorosa* and *Pseudomonas syringae* in the US and Europe. Mycol Res, 113(3): 298-307.

Liu JZ, Horstman HD, Braun E, et al. 2011. Soybean homologs of MPK4 negatively regulate defense responses and positively regulate growth and development. Plant Physiology, 157(3): 1363-1378.

Liu T, Song T, Zhang X, et al. 2014. Unconventionally secreted effectors of two filamentous pathogens target plant salicylate biosynthesis. Nature Communications, 5: 4686.

Liu Z, Bos JI, Armstrong M, et al. 2005. Patterns of diversifying selection in the phytotoxin-like *scr74* gene family of *Phytophthora infestans*. Mol Biol and Evol, 22(3): 659-672.

Lu F, Wang H, Wang S, et al. 2015. Enhancement of innate immune system in monocot rice by transferring the dicotyledonous elongation factor Tu receptor EFR. J Integr Plant Biol, 57(7): 641-652.

Lu W, Deng F, Jia J, et al. 2020. The *Arabidopsis thaliana* gene *AtERF019* negatively regulates plant resistance to *Phytophthora parasitica* by suppressing PAMP-triggered immunity. Mol Plant Pathol, 21(9): 1179-1193.

Luan Y, Cui J, Zhai J, et al. 2015. High-throughput sequencing reveals differential expression of miRNAs in tomato inoculated with *Phytophthora infestans*. Planta, 241(6): 1405-1416.

Lurwanu Y, Wang YP, Abdul W, et al. 2020. Temperature-mediated plasticity regulates the adaptation of *Phytophthora infestans* to azoxystrobin fungicide. Sustainability, 12(3): 1188.

Ma LJ, van der Does HC, Borkovich KA, et al. 2010. Comparative genomics reveals mobile pathogenicity chromosomes in *Fusarium*. Nature, 464(7287): 367-373.

Ma Z, Song T, Zhu L, et al. 2015. A *Phytophthora sojae* glycoside hydrolase 12 protein is a major virulence factor during soybean infection and is recognized as a PAMP. The Plant Cell, 27(7): 2057-2072.

Ma Z, Zhu L, Song T. 2017. A paralogous decoy protects *Phytophthora sojae* apoplastic effector

PsXEG1 from a host inhibitor. Science, 355(6326): 710-714.

Macho AP, Zipfel C. 2014. Plant PRRs and the activation of innate immune signaling. Molecular Cell, 54(2): 263-272.

Manavathu EK, Thomas DDS. 1985. Chemotropism of *Achlya ambisexualis* to methionine and methionyl compounds. J Gen Appl Microbiol, 131(4): 751-756.

Maqbool A, Hughes RK, Dagdas YF, et al. 2016. Structural basis of host autophagy-related protein 8 (ATG8) binding by the Irish potato famine pathogen effector protein PexRD54. J Biol Chem, 291(38): 20270-20282.

Maria Laxalt A, Latijnhouwers M, Van Hulten M, et al. 2002. Differential expression of G protein alpha and beta subunit genes during development of *Phytophthora infestans*. Fungal Genet Biol, 36(2): 137-146.

McLellan H, Boevink PC, Armstrong MR, et al. 2013. An RxLR effector from *Phytophthora infestans* prevents re-localisation of two plant NAC transcription factors from the endoplasmic reticulum to the nucleus. PLOS Pathogens, 9(10) : e1003670.

Meijer HJ, Hua C, Kots K, et al. 2014a. Actin dynamics in *Phytophthora infestans*; rapidly reorganizing cables and immobile, long-lived plaques. Cell Microbiol, 16(6): 948-961.

Meijer HJ, Mancuso FM, Espadas G, et al. 2014b. Profiling the secretome and extracellular proteome of the potato late blight pathogen *Phytophthora infestans*. Mol Cell Proteomics, 13(8): 2101-2113.

Misner I, Blouin N, Leonard G, et al. 2014. The secreted proteins of *Achlya hypogyna* and *Thraustotheca clavata* identify the ancestral oomycete secretome and reveal gene acquisitions by horizontal gene transfer. Genome Biol Evol, 7(1): 120-135.

Monroe JG, Srikant T, Carbonell-Bejerano P, et al. 2022. Mutation bias reflects natural selection in *Arabidopsis thaliana*. Nature, 602(7895): 101-105.

Morris PF, Ward EWB. 1992. Chemoattraction of zoospores of the soybean pathogen, *Phytophthora sojae*, by isoflavones. Physiol Mol Plant Pathol, 40(1): 17-22.

Murphy F, He Q, Armstrong M, et al. 2018. The potato MAP3K StVIK is required for the *Phytophthora infestans* RXLR effector Pi17316 to promote disease. Plant Physiology, 177(1): 398-410.

Musgrave A, Ero L, Scheffer R, et al. 1977. Chemotropism of *Achlya bisexualis* germ hyphae to casein hydrolysate and amino acids. J Gen Microbiol, 101: 65-70.

Naito K, Taguchi F, Suzuki T, et al. 2008. Amino acid sequence of bacterial microbe-associated molecular pattern flg22 is required for virulence. Molecular Plant-Microbe Interactions, 21(9): 1165-1174.

Nandi A, Kachroo P, Fukushige H, et al. 2003. Ethylene and jasmonic acid signaling affect the NPR1-independent expression of defense genes without impacting resistance to *Pseudomonas syringae* and *Peronospora parasitica* in the *Arabidopsis ssi1* mutant. Molecular Plant-Microbe Interactions, 16(7): 588-599.

Nishimura MT, Stein M, Hou BH, et al. 2003. Loss of a callose synthase results in salicylic acid-dependent disease resistance. Science, 301(5635): 969-972.

Nover L, Bharti K, Doring P, et al. 2001. *Arabidopsis* and the heat stress transcription factor world: how many heat stress transcription factors do we need? Cell Stress Chaperones, 6(3): 177-189.

Nürnberger T, Brunner F. 2002. Innate immunity in plants and animals: emerging parallels between the recognition of general elicitors and pathogen-associated molecular patterns. Current Opinion in Plant Biology, 5(4): 318-324.

Nürnberger T, Brunner F, Kemmerling B, et al. 2004. Innate immunity in plants and animals: striking similarities and obvious differences. Immunol Rev, 198(1): 249-266.

Oliva R, Win J, Raffaele S, et al. 2010. Recent developments in effector biology of filamentous plant pathogens. Cell Microbiol, 12(7): 705-715.

Orsomando G, Lorenzi M, Raffaelli N, et al. 2001. Phytotoxic protein PcF, purification, characterization, and cDNA sequencing of a novel hydroxyproline-containing factor secreted by the strawberry pathogen *Phytophthora cactorum*. J Biol Chem, 276(24): 21578-21584.

Pan Q, Cui B, Deng F, et al. 2016. RTP1 encodes a novel endoplasmic reticulum (ER)-localized protein in *Arabidopsis* and negatively regulates resistance against biotrophic pathogens. New Phytologist, 209(4): 1641-1654.

Patricia L. 2007. Stress-induced mutagenesis in bacteria. Crit Rev Biochem Mol Biol, 42(5): 373-397.

Pavan S, Jacobsen E, Visser RGF, et al. 2010. Loss of susceptibility as a novel breeding strategy for durable and broad-spectrum resistance. Molecular Breeding, 25(1): 1-12.

Pecrix Y, Buendia L, Penouilh-Suzette C, et al. 2019. Sunflower resistance to various downy mildew pathotypes revealed by recognition of conserved effectors of the oomycete *Plasmopara halstedii*. Plant Journal, 97(4): 730-748.

Peng YJ, Wersch RV, Zhang YL. 2017. Convergent and divergent signaling in PAMP-triggered immunity and effector-triggered immunity. Molecular Plant-Microbe Interactions, 31(4): 403-409.

Petersen M, Brodersen P, Naested H, et al. 2000. *Arabidopsis* map kinase 4 negatively regulates systemic acquired resistance. Cell, 103(7): 1111-1120.

Pfeilmeier S, George JP, Morel A, et al. 2019. Expression of the *Arabidopsis thaliana* immune receptor EFR in *Medicago truncatula* reduces infection by a root pathogenic bacterium, but not nitrogen-fixing rhizobial symbiosis. Plant Biotechnol J, 17(3): 569-579.

Prakob W, Judelson HS. 2007. Gene expression during oosporogenesis in heterothallic and homothallic *Phytophthora*. Fungal Genet Biol, 44(8): 726-739.

Qiao Y, Shi J, Zhai Y, et al. 2015. *Phytophthora* effector targets a novel component of small RNA pathway in plants to promote infection. Proc Natl Acad Sci USA, 112(18): 5850-5855.

Qin CF, He MH, Chen FP, et al. 2016. Comparative analyses of fungicide sensitivity and SSR marker variations indicate a low risk of developing azoxystrobin resistance in *Phytophthora infestans*. Sci Rep, 6: 20483.

Qiu M, Li Y, Zhang X, et al. 2020. G protein alpha subunit suppresses sporangium formation through a serine/threonine protein kinase in *Phytophthora sojae*. PLOS Pathogens, 16(1): e1008138.

Qutob D, Chapman BP, Gijzen M. 2013. Transgenerational gene silencing causes gain of virulence in a plant pathogen. Nature Communications, 4: 1349.

Qutob D, Kamoun S, Gijzen M. 2002. Expression of a *Phytophthora sojae* necrosis-inducing protein occurs during transition from biotrophy to necrotrophy. Plant Journal, 32(3): 361-373.

Raffaele S, Farrer RA, Cano LM, et al. 2010. Genome evolution following host jumps in the Irish potato famine pathogen lineage. Science, 330(6010): 1540-1543.

Randall E, Young V, Sierotzki H, et al. 2014. Sequence diversity in the large subunit of RNA polymerase I contributes to Mefenoxam insensitivity in *Phytophthora infestans*. Mol Plant Pathol, 15(7): 664-676.

Regoes RR, Nwoak MA, Bonhoeffer S. 2000. Evolution of virulence in a heterogeneous host population. Evolution, 54(1): 64-71.

Rey T, Chatterjee A, Buttay M, et al. 2015. *Medicago truncatula* symbiosis mutants affected in the interaction with a biotrophic root pathogen. New Phytologist, 206(2): 497-500.

Richards TA, Soanes DM, Jones MD, et al. 2011. Horizontal gene transfer facilitated the evolution of plant parasitic mechanisms in the oomycetes. Proc Natl Acad Sci USA, 108(37): 15258-15263.

Roberts AM, Mackie AJ, Hathaway V, et al. 1993. Molecular differentiation in the extrahaustorial membrane of pea powdery mildew haustoria at early and late stages of development. Physiol Mol Plant Pathol, 43(2): 147-160.

Rose JKC, Ham KS, Darvill AG, et al. 2002. Molecular cloning and characterization of glucanase inhibitor proteins: coevolution of a counter defense mechanism by plant pathogens. The Plant Cell, 14(6): 1329-1345.

Rosenblum EB, Poorten TJ, Joneson S, et al. 2012. Substrate-specific gene expression in *Batrachochytrium dendrobatidis*, the chytrid pathogen of amphibians. PLOS ONE, 7(11): e49924.

Rosewich UL, Kistler HC. 2000. Role of horizontal gene transfer in the evolution of fungi. Annu Rev Phytopathol, 38: 325-363.

Saijo Y, Loo PI, Yasuda S. 2017. Pattern recognition receptors and signaling in plant-microbe interactions. Plant Journal, 93(4): 592-613.

Saunders DG, Breen S, Win J, et al. 2012. Host protein BSL1 associates with *Phytophthora infestans* RXLR effector AVR2 and the *Solanum demissum* immune receptor R2 to mediate disease resistance. The Plant Cell, 24(8): 3420-3434.

Savory F, Leonard G, Richards TA. 2015. The role of horizontal gene transfer in the evolution of the oomycetes. PLOS Pathogens, 11(5): e1004805.

Schlyer S, Horuk R. 2006. I want a new drug: G-protein-coupled receptors in drug development. Drug Discov Today, 11(11-12): 481-493.

Schmidt SM, Kuhn H, Micali C, et al. 2014. Interaction of a *Blumeria graminis* f. sp. *hordei* effector candidate with a barley ARF-GAP suggests that host vesicle trafficking is a fungal pathogenicity target. Mol Plant Pathol, 15(6): 535-549.

Schoina C, Bouwmeester K, Govers F, 2017. Infection of a tomato cell culture by *Phytophthora infestans*: a versatile tool to study *Phytophthora*-host interactions. Plant Methods, 13: 88.

Schoonbeek H, Wang HH, Stefanato FL, et al. 2015. *Arabidopsis* EF-Tu receptor enhances bacterial disease resistance in transgenic wheat. New Phytologist, 206(2): 606-613.

Schornack S, Van Damme M, Bozkurt TO, et al. 2010. Ancient class of translocated oomycete effectors targets the host nucleus. Proc Natl Acad Sci USA, 107(40): 17421-17426.

Schwessinger B, Bahar O, Thomas N, et al. 2015. Transgenic expression of the dicotyledonous pattern recognition receptor EFR in rice leads to ligand-dependent activation of defense responses. PLOS Pathogens, 11(3): e1004809.

Sekizaki H, Yokosawa R. 1988. Studies on zoospore-attracting activity. 1. Synthesis of isoflavones and their attracting activity to *Aphanomyces euteiches* zoospore. Chem Pharm Bull, 36(12): 4876-4880.

Sevier CS, Kaiser CA. 2002. Formation and transfer of disulphide bonds in living cells. Nat Rev Mol Cell Biol, 3(11): 836-847.

Shah J, Kachroo P, Klessig DF. 1999. The *Arabidopsis ssi1* mutation restores pathogenesis-related gene expression in *npr1* plants and renders defensin gene expression salicylic acid dependent. The Plant Cell, 11(2): 191-206.

Shah J, Kachroo P, Nandi A, et al. 2001. A recessive mutation in the *Arabidopsis SSI2* gene confers SA- and NPR1-independent expression of *PR* genes and resistance against bacterial and oomycete pathogens. Plant Journal, 25(5): 563-574.

Shakya SK, Larsen MM, Cuenca-Condoy MM, et al. 2017. Variation in genetic diversity of *Phytophthora infestans* populations in Mexico from the center of origin outwards. Plant Dis, 102(8): 1534-1540.

Shen D, Liu T, Ye W, et al. 2013. Gene duplication and fragment recombination drive functional diversification of a superfamily of cytoplasmic effectors in *Phytophthora sojae*. PLOS ONE, 8(7): e70036.

Sheng Y, Wang Y, Meijer HJ, et al. 2014. The heat shock transcription factor PsHSF1 of *Phytophthora sojae* is required for oxidative stress tolerance and detoxifying the plant oxidative burst. Environ Microbiol, 17(4): 1351-1364.

Shepherd SJ, Van West P, Gow NA. 2003. Proteomic analysis of asexual development of *Phytophthora palmivora*. Mycol Res, 107(4): 395-400.

Snelders NC, Kettles GJ, Rudd JJ, et al. 2018. Plant pathogen effector proteins as manipulators of host microbiomes? Mol Plant Pathol, 19(2): 257-259.

Song J, Win J, Tian M, et al. 2009. Apoplastic effectors secreted by two unrelated eukaryotic plant pathogens target the tomato defense protease Rcr3. Proc Natl Acad Sci USA, 106(5): 1654-1659.

Song T, Ma Z, Shen D, et al. 2015. An oomycete CRN effector reprograms expression of plant HSP genes by targeting their promoters. PLOS Pathogens, 11(12): e1005348.

Spoel SH, Dong X. 2012. How do plants achieve immunity? Defence without specialized immune cells. Nat Rev Immunol, 12(2): 89-100.

Stam R, Howden AJ, Delgado-Cerezo M, et al. 2013a. Characterization of cell death inducing *Phytophthora capsici* CRN effectors suggests diverse activities in the host nucleus. Front Plant Sci, 4: 387.

Stam R, Jupe J, Howden AJ, et al. 2013b. Identification and characterisation CRN effectors in *Phytophthora capsici* shows modularity and functional diversity. PLOS ONE, 8(3): e59517.

Stassen JH, Seidl MF, Vergeer PW, et al. 2012. Effector identification in the lettuce downy mildew *Bremia lactucae* by massively parallel transcriptome sequencing. Mol Plant Pathol, 13(7): 719-731.

Stewart S, Wickramasinghe D, Dorrance AE, et al. 2011. Comparison of three microsatellite analysis methods for detecting genetic diversity in *Phytophthora sojae* (Stramenopila: Oomycete). Biotechnol Lett, 33(11): 2217-2223.

Stuttmann J, Hubberten HM, Rietz S, et al. 2011. Perturbation of *Arabidopsis* amino acid metabolism causes incompatibility with the adapted biotrophic pathogen *Hyaloperonospora arabidopsidis*. The Plant Cell, 23(7): 2788-2803.

Sun F, Kale SD, Azurmendi HF, et al. 2013. Structural basis for interactions of the *Phytophthora sojae* RxLR effector Avh5 with phosphatidylinositol 3-phosphate and for host cell entry. Molecular Plant-Microbe Interactions, 26(3): 330-344.

Sun G, Yang Z, Kosch T, et al. 2011. Evidence for acquisition of virulence effectors in pathogenic chytrids. BMC Evol Biol, 11: 195.

Sun K, Wolters AM, Loonen AE, et al. 2016a. Down-regulation of *Arabidopsis DND1* orthologs in potato and tomato leads to broad-spectrum resistance to late blight and powdery mildew. Transgenic Research, 25(2): 123-138.

Sun K, Wolters AM, Vossen JH, et al. 2016b. Silencing of six susceptibility genes results in potato late blight resistance. Transgenic Research, 25(5): 731-742.

Swain S, Roy S, Shah J, et al. 2011. *Arabidopsis thaliana cdd1* mutant uncouples the constitutive activation of salicylic acid signalling from growth defects. Mol Plant Pathol, 12(9): 855-865.

Tang D, Wang G, Zhou JM. 2017. Receptor kinases in plant-pathogen interactions: more than pattern recognition. The Plant Cell, 29(4): 618-637.

Tang DL, Kang R, Coyne CB, et al. 2012. PAMPs and DAMPs: signal 0s that spur autophagy and immunity. Immunol Rev, 249(1): 158-175.

Tang DZ, Ade J, Frye CA, et al. 2005. Regulation of plant defense responses in *Arabidopsis* by EDR2, a PH and START domain-containing protein. Plant Journal, 44(2): 245-257.

Thines M, Kamoun S. 2010. Oomycete-plant coevolution: recent advances and future prospects. Current Opinion in Plant Biology, 13(4): 427-433.

Thomma BP, Nurnberger T, Joosten MH. 2011. Of PAMPs and effectors: the blurred PTI-ETI dichotomy. The Plant Cell, 23(1): 4-15.

Tian M, Benedetti B, Kamoun S. 2005. A second Kazal-like protease inhibitor from *Phytophthora infestans* inhibits and interacts with the apoplastic pathogenesis-related protease P69B of tomato. Plant Physiology, 138(3): 1785-1793.

Tian M, Huitema E, Da Cunha L, et al. 2004. A Kazal-like extracellular serine protease inhibitor from *Phytophthora infestans* targets the tomato pathogenesis-related protease P69B. J Biol Chem, 279(25): 26370-26377.

Tian M, Win J, Song J, et al. 2007. A *Phytophthora infestans* cystatin-like protein targets a novel tomato papain-like apoplastic protease. Plant Physiology, 143(1): 364-377.

Tomczynska I, Stumpe M, Doan TG, et al. 2020. A *Phytophthora* effector protein promotes symplastic cell-to-cell trafficking by physical interaction with plasmodesmata-localised callose synthases. New Phytologist, 227(5): 1467-1478.

Torto TA, Li S, Styer A, et al. 2003. EST mining and functional expression assays identify extracellular effector proteins from the plant pathogen *Phytophthora*. Genome Res, 13(7): 1675-1685.

Toruño TY, Stergiopoulos I, Coaker G. 2016. Plant-pathogen effectors: cellular probes interfering with plant defenses in spatial and temporal manners. Annu Rev Phytopathol, 54: 419-441.

Trujillo M, Ichimura K, Casais C, et al. 2008. Negative regulation of PAMP-triggered immunity by an E3 ubiquitin ligase triplet in *Arabidopsis*. Current Biology, 18(18): 1396-1401.

Turgeon BG. 1998. Application of mating type gene technology to problems in fungal biology. Annu Rev Phytopathol, 36: 115-137.

Tyler BM, Tripathy S, Zhang X, et al. 2006. *Phytophthora* genome sequences uncover evolutionary origins and mechanisms of pathogenesis. Science, 313(5791): 1261-1266.

Tyler BM, Wu M, Wang J, et al. 1996. Chemotactic preferences and strain variation in the response of *Phytophthora sojae* zoospores to host isoflavones. Appl Environ Microbiol, 62(8): 2811-2817.

Van Damme M, Andel A, Huibers RP, et al. 2005. Identification of *Arabidopsis* loci required for susceptibility to the downy mildew pathogen *Hyaloperonospora parasitica*. Molecular Plant-Microbe Interactions, 18(6): 583-592.

Van Damme M, Huibers RP, Elberse J, et al. 2008. *Arabidopsis DMR6* encodes a putative 2OG-Fe(II) oxygenase that is defense-associated but required for susceptibility to downy mildew. Plant Journal, 54(5): 785-793.

Van Damme M, Zeilmaker T, Elberse J, et al. 2009. Downy mildew resistance in *Arabidopsis* by mutation of HOMOSERINE KINASE. The Plant Cell, 21(7): 2179-2189.

van den Hoogen J, Govers F. 2018. GPCR-bigrams: enigmatic signaling components in oomycetes. PLOS Pathogens, 14(7): e1007064.

van den Hoogen J, Kruif NVD, Govers F. 2018. The G-protein gamma subunit of *Phytophthora infestans* is involved in sporangial development. Fungal Genet Biol, 116: 73-82.

van Schie CC, Takken FL. 2014. Susceptibility genes 101: how to be a good host. Annu Rev Phytopathol, 52: 551-581.

Van Weymers PS, Baker K, Chen X, et al. 2016. Utilizing "Omic" technologies to identify and prioritize novel sources of resistance to the oomycete pathogen *Phytophthora infestans* in potato germplasm collections. Front Plant Sci, 7: 672.

Vleeshouwers VGAA, Oliver RP. 2014. Effectors as tools in disease resistance breeding against biotrophic, hemibiotrophic, and necrotrophic plant pathogens. Molecular Plant-Microbe Interactions, 27(3): 196-206.

Vorwerk S, Schiff C, Santamaria M, et al. 2007. *EDR2* negatively regulates salicylic acid-based defenses and cell death during powdery mildew infections of *Arabidopsis thaliana*. BMC Plant Biol, 7(1): 35.

Voss S, Betz R, Heidt S, et al. 2018. RiCRN1, a crinkler effector from the arbuscular mycorrhizal fungus *Rhizophagus irregularis*, functions in arbuscule development. Front Microbiol, 9: 2068.

Walker CA, Van West P. 2007. Zoospore development in the oomycetes. Fungal Biol Rev, 21(1): 10-18.

Walton JD. 2000. Horizontal gene transfer and the evolution of secondary metabolite gene clusters in fungi: an hypothesis. Fungal Genet Biol, 30(3): 167-171.

Wang E, Schornack S, Marsh JF, et al. 2012. A common signaling process that promotes mycorrhizal and oomycete colonization of plants. Current Biology, 22(23): 2242-2246.

Wang Q, Han C, Ferreira AO, et al. 2011. Transcriptional programming and functional interactions within the *Phytophthora sojae* RXLR effector repertoire. The Plant Cell, 23(6): 2064-2086.

Wang Q, Li T, Xu K, et al. 2016a. The tRNA-derived small RNAs regulate gene expression through triggering sequence-specific degradation of target transcripts in the oomycete pathogen *Phytophthora sojae*. Front Plant Sci, 7(308): 1938.

Wang X, Boevink P, McLellan H, et al. 2015. A Host KH RNA-Binding protein is a susceptibility factor targeted by an RXLR effector to promote late blight disease. Molecular Plant, 8(9): 1385-1395.

Wang Y, Dou D, Wang X, et al. 2009. The *PsCZF1* gene encoding a C2H2 zinc finger protein is required for growth, development and pathogenesis in *Phytophthora sojae*. Microb Pathog, 47(2): 78-86.

Wang Y, Nsibo DL, Juhar HM, et al. 2016b. Ectopic expression of *Arabidopsis* L-type lectin receptor kinase genes *LecRK-I.9* and *LecRK-IX.1* in *Nicotiana benthamiana* confers *Phytophthora* resistance. Plant Cell Rep, 35(4): 845-855.

Wang Y, Xie JH, Wu EJ, et al. 2020a. Lack of gene flow between *Phytophthora infestans* populations of two neighboring countries with the largest potato production. Evol Appl, 13(2): 318-329.

Wang Y, Xu Y, Sun Y, et al. 2018a. Leucine-rich repeat receptor-like gene screen reveals that *Nicotiana* RXEG1 regulates glycoside hydrolase 12 MAMP detection. Nature Communications, 9(1): 594.

Wang Y, Yahuza L, Ding JP, et al. 2020b. Evolutionary disadvantage of low genetic variation in eEF-1α of *Phytophthora infestans* is compensated for by post-translational modifications. Front Micriobiol, 11(10): 5484-5496.

Wang Y, Ye WW, Wang YC. 2018b. Genome-wide identification of long non-coding RNAs suggests a potential association with effector gene transcription in *Phytophthora sojae*. Mol Plant Pathol, 19(9): 2177-2186.

Witek K, Jupe F, Witek AI, et al. 2016. Accelerated cloning of a potato late blight-resistance gene using RenSeq and SMRT sequencing. Nature Biotechnology, 34(6): 656-660.

Wong J, Gao L, Yang Y, et al. 2014. Roles of small RNAs in soybean defense against *Phytophthora sojae* infection. Plant Journal, 79(6): 928-940.

Wu E, Wang Y, Shen L, et al. 2019. Strategies of *Phytophthora infestans* adaptation to local UV radiation conditions. Evol Appl, 12(3): 415-424.

Wu E, Yang L, Zhu W, et al. 2016. Diverse mechanisms shape the evolution of virulence factors in the potato late blight pathogen *Phytophthora infestans* sampled from China. Sci Rep, 6: 26182.

Wu ML, Li B, Liu P, et al. 2017. Genetic analysis of *Phytophthora sojae* populations in Fujian, China. Plant Pathol, 66(7): 1182-1190.

Wubben MJ, Jin J, Baum TJ. 2008. Cyst nematode parasitism of *Arabidopsis thaliana* is inhibited by salicylic acid (SA) and elicits uncoupled SA-independent pathogenesis-related gene expression in roots. Molecular Plant-Microbe Interactions, 21(4): 424-432.

Xia Y, Wang Y, Wang Y. 2018. Preparation and purification of proteins secreted from *Phytophthora sojae*. Bio-Protocol, 8(20): e3045.

Xiang Q, Judelson HS. 2014. Myb transcription factors and light regulate sporulation in the oomycete *Phytophthora infestans*. PLOS ONE, 9(4): e92086.

Xue C, Hsueh YP, Heitman J. 2008. Magnificent seven: roles of G protein-coupled receptors in extracellular sensing in fungi. FEMS Microbiol Rev, 32(6): 1010-1032.

Yaeno T, Li H, Chaparro-Garcia A, et al. 2011. Phosphatidylinositol monophosphate-binding interface in the oomycete RXLR effector AVR3a is required for its stability in host cells to modulate plant immunity. Proc Natl Acad Sci USA, 108(35): 14682-14687.

Yamaguchi Y, Huffaker A, Bryan AC, et al. 2010. PEPR2 is a second receptor for the Pep1 and Pep2 peptides and contributes to defense responses in *Arabidopsis*. The Plant Cell, 22(2): 508-522.

Yang JK, Tong ZJ, Fang DH, et al. 2017. Transcriptomic profile of tobacco in response to *Phytophthora nicotianae* infection. Sci Rep, 7(1): 401.

Yang L, Liu H, Duan GH, et al. 2020. Phytophtora infestans AVR2 effector escapes R2 recognition through effector disordering. Molecular Plant-Microbe Interactions, 33(7): 921-931.

Yang L, McLellan H, Naqvi S, et al. 2016a. Potato NPH3/RPT2-like protein StNRL1, targeted by a *Phytophthora infestans* RXLR effector, is a susceptibility factor. Plant Physiology, 171(1): 645-657.

Yang L, Ouyang H, Fang Z, et al. 2018. Evidence for intragenic recombination and selective sweep in an effector gene of *Phytophthora infestans*. Evol Appl, 11(8): 1342-1353.

Yang L, Pan Z, Zhu W, et al. 2019. Enhanced agricultural sustainability through within-species diversification. Nat Sustain, 2: 46-52.

Yang L, Zhu W, Wu E, et al. 2016b. Trade-offs and evolution of thermal adaptation in the Irish potato famine pathogen *Phytophthora infestans*. Mol Ecol, 25(16): 4047-4058.

Yang XY, Ding F, Zhang L, et al. 2015. The importin alpha subunit PsIMPA1 mediates the oxidative stress response and is required for the pathogenicity of *Phytophthora sojae*. Fungal Genet Biol, 82: 108-115.

Yang X, Zhao W, Hua C. 2013. Chemotaxis and oospore formation in *Phytophthora sojae* are controlled by G-protein-coupled receptors with a phosphatidylinositol phosphate kinase domain. Mol Microbiol, 88(2): 382-394.

Ye W, Wang X, Tao K, et al. 2011. Digital gene expression profiling of the *Phytophthora sojae* transcriptome. Molecular Plant-Microbe Interactions, 24(12): 1530-1539.

Ye W, Wang Y, Dong S, et al. 2013. Phylogenetic and transcriptional analysis of an expanded bZIP transcription factor family in *Phytophthora sojae*. BMC Genomics, 14: 839.

Ye W, Wang Y, Shen D, et al. 2016a. Sequencing of the litchi downy blight pathogen reveals it is a *Phytophthora* species with downy mildew-like characteristics. Molecular Plant-Microbe Interactions, 29(7): 573-583.

Ye W, Wang Y, Tyler BM, et al. 2016b. Comparative genomic analysis among four representative isolates of *Phytophthora sojae* reveals genes under evolutionary selection. Front in Microbiol, 7: 1547.

Ye W, Wang Y, Wang Y. 2015. Bioinformatics analysis reveals abundant short alpha-helices as a common structural feature of oomycete RxLR effector proteins. PLOS ONE, 10(8): e0135240.

Yin JL, Gu B, Huang GY, et al. 2017. Conserved RXLR effector genes of *Phytophthora infestans* expressed at the early stage of potato infection are suppressive to host defense. Front Plant Sci, 8: 2155.

Yu X, Tang J, Wang Q, et al. 2012. The RxLR effector Avh241 from *Phytophthora sojae* requires plasma membrane localization to induce plant cell death. New Phytologist, 196(1): 247-260.

Yuen J, Andersson B. 2013. What is the evidence for sexual reproduction of *Phytophthora infestans* in Europe. Plant Pathol, 62(3): 485-491.

Zadoks JC. 2008. The potato murrain on the European continent and the revolutions of 1848. Potato Res, 51(1): 5-45.

Zeilmaker T, Ludwig NR, Elberse J, et al. 2015. DOWNY MILDEW RESISTANT 6 and DMR6-LIKE OXYGENASE 1 are partially redundant but distinct suppressors of immunity in *Arabidopsis*. Plant Journal, 81(2): 210-222.

Zhan J, Thrall PH, Papaïx J, et al. 2015. Playing on a pathogen's weakness: using evolution to guide sustainable plant disease control strategies. Annu Rev Phytopathol, 53: 19-43.

Zhan JS. 2009. The population genetics of plant pathogens // Donabedian S, Woodford N, Palepou M, et al. Encyclopedia of Life Sciences. Chichester: John Wiley & Sons, Ltd.

Zhan JS, McDonald BA. 2004. The interaction among evolutionary forces in the pathogenic fungus *Mycosphaerella graminicola*. Fungal Genet Biol, 41(6): 590-599.

Zhang D, Burroughs AM, Vidal ND, et al. 2016a. Transposons to toxins: the provenance, architecture and diversification of a widespread class of eukaryotic effectors. Nucleic Acids Res, 44(8): 3513-3533.

Zhang HX, Ali M, Feng XH, et al. 2018. A novel transcription factor *CaSBP12* gene negatively regulates the defense response against *Phytophthora capsici* in pepper (*Capsicum annuum* L.). Int J Mol Sci, 20(1): 48.

Zhang L, Kars I, Essenstam B, et al. 2014. Fungal endopolygalacturonases are recognized as microbe-associated molecular patterns by the *Arabidopsis* receptor-like protein RESPONSIVENESS TO BOTRYTIS POLYGALACTURONASES1. Plant Physiology, 164(1): 352-364.

Zhang M, Coaker G. 2017. Harnessing effector-triggered immunity for durable disease resistance. Phytopathol, 107(8): 912-919.

Zhang M, Li Q, Liu T, et al. 2015. Two cytoplasmic effectors of *Phytophthora sojae* regulate plant cell death via interactions with plant catalases. Plant Physiology, 167(1): 164-175.

Zhang M, Lu J, Tao K, et al. 2012a. A Myb transcription factor of *Phytophthora sojae*, regulated by MAP kinase PsSAK1, is required for zoospore development. PLOS ONE, 7(6): e40246.

Zhang M, Meng Y, Wang Q, et al. 2012b. PnPMA1, an atypical plasma membrane H(+)-ATPase, is required for zoospore development in *Phytophthora parasitica*. Fungal Biol, 116(9): 1013-1023.

Zhang X, Zhai C, Hua C, et al. 2016b. PsHint1, associated with the G-protein alpha subunit PsGPA1, is required for the chemotaxis and pathogenicity of *Phytophthora sojae*. Mol Plant Pathol, 17(2): 272-285.

Zhao L, Zhang X, Zhang X, et al. 2018. Crystal structure of the RxLR effector PcRxLR12 from *Phytophthora capsici*. Biochem Biophys Res Commun, 503(3): 1830-1835.

Zhu L, Zhou Y, Li X, et al. 2018. Metabolomics analysis of soybean hypocotyls in response to *Phytophthora sojae* infection. Front Plant Sci, 9: 1530.

Zhu S, Li Y, Vossen JH, et al. 2012. Functional stacking of three resistance genes against *Phytophthora infestans* in potato. Transgenic Res, 21(1): 89-99.

Zhu W, Shen LL, Fang ZG, et al. 2016. Increased frequency of self-fertile isolates in *Phytophthora infestans* may attribute to their higher fitness relative to the A1 isolates. Sci Rep, 6: 29428.

Zhu W, Yang L, Wu E, et al. 2015. Limited sexual reproduction and quick turnover in the population genetic structure of *Phytophthora infestans* in Fujian, China. Sci Rep, 5: 10094.

Zipfel C. 2014. Plant pattern-recognition receptors. Trends in Immunol, 35(7): 345-351.

Zuluaga AP, Vega-Arreguin JC, Fei Z, et al. 2016. Analysis of the tomato leaf transcriptome during successive hemibiotrophic stages of a compatible interaction with the oomycete pathogen *Phytophthora infestans*. Mol Plant Pathol, 17(1): 42-54.

第四章

植物与细菌相互作用

何晨阳[1]，姜伯乐[2]，许景升[1]，赵廷昌[1]，李红玉[3]，李 欣[4]，

钱 韦[5]，何亚文[6]，杨凤环[1]，余 超[1]，贾燕涛[5]，魏海雷[7]，

刘 俊[8]，田 芳[1]，蔡新忠[9]，邱德文[1]

[1] 中国农业科学院植物保护研究所；[2] 广西大学生命科学与技术学院；

[3] 兰州大学生命科学学院；[4] 河南科技大学食品与生物工程学院；

[5] 中国科学院微生物研究所；[6] 上海交通大学生命科学技术学院；

[7] 中国农业科学院农业资源与农业区划研究所；[8] 中国农业大学植物保护学院；

[9] 浙江大学农业与生物技术学院生物技术研究所

第一节 植物病原细菌毒性表达和调控

一、病原细菌对植物的侵染过程

作为一类重要的植物病原微生物，细菌侵染造成了许多农作物重大病害的发生和流行，成为全球粮食安全生产的重大威胁，给世界农业、经济和环境造成了严重的影响（Tarkowski and Vereecke，2014；Sundin et al.，2016）。植物细菌病害症状多种多样，包括坏死、枯萎、腐烂和增生。细菌侵染过程主要包括侵入前的附生存活、侵入和侵入后的致病等重要环节（Pfeilmeier et al.，2016a；Leonard et al.，2017）（图4-1）。细菌首先通过适应植物表面环境，进行附生和存活；然后通过信号感知、传导和整合，激发群体应答反应；之后通过趋化和运动，向植物组织内移动；随后通过克服寄主屏障，入侵到植物体内；最后通过分泌和释放毒性蛋白，改变寄主生理、代谢和免疫应答反应。

1. 细菌在植物表面的存活及其环境胁迫适应性

细菌在植物表面会不断地面临温度、干旱、紫外线、渗透压和机械损伤等多种生境因子的胁迫，但其种群密度仍可达到$10^6 \sim 10^7$个细胞/cm^2叶片。细菌有多种在环境和植物表面生存与繁衍的策略，包括利用外排泵对细胞进行解毒、产生抗生素抗性、形成生物膜和持留（persistence）细胞（Lewis，2007，2008）。持留细胞是细菌群体中小部分变异个体，具多药耐受性，但在遗传上并无改变。持留是细菌在植物表面存活的主要策略之一（Lewis，2010；Martins et al.，2018）。环境胁迫引起的代谢反应也有助于细菌附生和存活。胞外多糖（extracellular polysaccharide，EPS）不仅与抗冻、

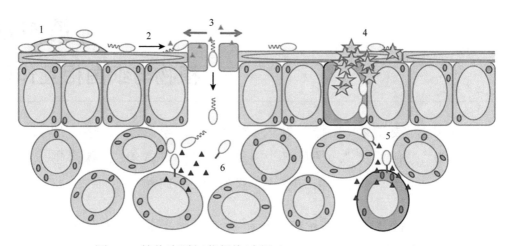

图 4-1　植物病原细菌侵染过程（Pfeilmeier et al.，2016a）

1. 在植物表面形成生物膜；2. 鞭毛和纤毛驱动细菌向植物质外体运动，进入侵染位点；3. 释放植物毒素，抑制气孔关闭；4. 形成冰核，破坏植物表面；5. 分泌胞外酶，降解植物细胞壁；6. 分泌毒素和效应子，改变植物生理和免疫反应

抗旱、耐渗透压胁迫、维持种群密度等密切相关（Laue et al.，2006；Dunger et al.，2007；Freeman et al.，2013；Yu et al.，2013），而且与由钙离子信号淬灭介导的植物免疫逃避也密切相关（Aslam et al.，2008）。海藻糖作为一种渗透压保护剂，与丁香假单胞菌在叶围的存活、种群密度维持和致病性有关（Freeman et al.，2013）。果聚糖积累可作为生物膜形成后期的营养储备（Laue et al.，2006）。

　　病原细菌信号系统主要包含群体感应（quorum sensing，QS）和核苷酸第二信使通路，其调控了 EPS 产生、生物膜形成、运动性、毒性基因表达，以及种内和种间的细胞通讯等（Römling et al.，2013；Dow，2017）。黄单胞菌的可扩散信号因子（diffusible signal factor，DSF）和环鸟苷二磷酸（c-di-GMP）信号通路研究得比较充分（He and Zhang，2008；Zhou et al.，2017；Yang et al.，2019）。细菌利用 QS 进行通讯，通过产生自身诱导物信号小分子感知周围环境中细胞浓度变化；一旦信号分子达到一个临界浓度，就会影响细菌相关基因表达。QS 分子具有结构和功能多样性，主要包括 N-乙酰基高丝氨酸内酯、DSF 和自身诱导物——2 型信号分子（AI-2）（Dow，2017）。c-di-GMP 是一种普遍存在的核苷酸类第二信使，可调控多种细胞生物学功能，包括细胞代谢和分化、细胞表面特性、菌落形态、毒力因子产生、运动性、生物膜形成及其相关基因的表达等（Hengge，2009；Römling et al.，2013；Jenal et al.，2017）。此外，同一个细菌信号系统含有多重和相同的输入信号，不同信号系统之间、不同细菌种之间也存在大量的信息交流（Ham，2013；Venturi and Fuqua，2013）。

　　与存活相关的转录反应发生改变是细菌对环境信号的一种应答反应。例如，在豆类植物表面附生的丁香假单胞菌渗透压耐受性受诱导后，藻酸盐合成和Ⅵ型分泌系统（type Ⅵ secretion system，T6SS）开始启动，参与毒性、运动性、趋化性、膜运输、营养富集和胞内信号转导过程的相关基因表达明显增加（Freeman et al.，2013；Yu et al.，2013）。

在自然环境条件下，病原细菌与植物微生物组（microbiome）发生互作，显著地调控和影响了其附生与存活相关行为（Ritpitakphong et al., 2016）。因此，迫切需要全面和深入地认识在整个微生物组环境中细菌在植物表面的生存与定植机制。

2. 细菌侵染及其植物内环境适应性

（1）由叶表向质外体移动

一旦外部环境条件适宜，细菌利用鞭毛和纤毛运动系统，通过气孔、水孔和伤口等部位，由植物叶表向质外体迁移。在侵染早期阶段，鞭毛运动对于细菌的定植和毒性相当重要（Chaban et al., 2015）。鞭毛生成通常受到严格的控制，这样既能使细菌有效定向迁移、进入质外体，又能避免其被定位于质膜的植物模式识别受体（PRR）识别而激发免疫反应（Macho and Zipfel, 2014）。碱性磷酸酶 AprA 可降解过多的鞭毛蛋白单体，实现鞭毛在表达水平和产量上的严格调节（Pel et al., 2014）。鞭毛蛋白的基因表达也常与趋化性、表面活性剂分子的产生和分布相协调。Ⅳ型纤毛（T4P）参与了附着、蹭行运动、生物膜形成及毒性表达（Cianfanelli et al., 2016）。表面活性剂分子有助于细菌在植物叶片表面爬行（Yu et al., 2013）。因此，运动性、鞭毛蛋白/纤毛蛋白/表面活性剂适时表达及其调控是细菌重要的侵染机制。

（2）入侵植物质外体

在克服植物表面的防卫屏障后，细菌便可成功入侵质外体。植物关闭气孔是一种天然免疫应答反应，可以有效地阻止细菌的进入。许多病原细菌能产生和分泌植物毒素，以抑制气孔关闭这种免疫反应（Melotto et al., 2006; Zeng and He, 2010; Melotto and Kunkel, 2013; Xin and He, 2013）。

细菌还可以通过植物伤口进入质外体。许多细菌通过Ⅱ型分泌系统（T2SS）产生并释放大量的蛋白酶、纤维素酶、果胶酶、木聚糖酶等细胞壁降解酶和蛋白，以降解细胞壁结构分子和胞间结缔组织片层，为细菌在质外体繁殖和传播提供碳源（Korotkov et al., 2012; Chang et al., 2014）。

一些木质部难养细菌和植原体利用取食植物汁液的昆虫作为带菌者，穿透并进入寄主植物组织，从而进行侵染和传播（Sugio and Hogenhout, 2012）。

（3）干扰植物激素信号通路和生理功能

细菌毒素既能直接损伤植物细胞，导致组织黄萎和坏死，又能通过调控寄主代谢和信号转导通路破坏防卫反应。丁香毒素和丁香肽等环式脂肽毒素可导致植物细胞质膜形成孔洞，引起组织坏死；烟草野火毒素可诱导植物组织黄萎与坏死（Melotto and Kunkel, 2013）。

由于在结构和功能上与植物激素相似，细菌毒素能够干扰植物激素的生理功能和信号转导通路，克服寄主免疫反应。冠菌素与聚酮类植物激素相似，可诱导气孔开放，促进细菌在质外体增殖（Zeng and He, 2010）。冠菌素被植物 COI1-JAZ 受体复合体识别后，激活了茉莉酸信号通路，从而抑制水杨酸介导的防卫反应（Xin and He，2013）。冠菌素与茉莉酸的生理效应相似，可诱导黄化、花青素产生、根生长抑制和多种茉莉酸应答基因表达。此外，细菌还具有细胞分裂素、脱落酸、吲哚乙酸、茉莉酮酸和乙烯等多种植物激素的合成途径（Robert-Seilaniantz et al.，2011）。在根癌土壤杆菌、大豆细菌性褐斑病菌和丁香假单胞菌中均已发现了植物生长素代谢的操纵子（Spaepen and Vanderleyden，2011）。由于植物激素信号转导通路之间存在大量且复杂的信号交流，细菌可通过产生或抑制不同的激素，利用信号网络操控植物的防卫和代谢活动，从而提高植物的感病性（Robert-Seilaniantz et al.，2011；Spaepen and Vanderleyden，2011）。

（4）效应子传输及其功能

细菌成功侵染主要依赖多种酶类、毒素和寄主调控因子的分泌，进入寄主胞外环境或直接进入胞内。黄单胞菌、假单胞菌等利用 I ～ VI 型分泌系统（T1SS～T6SS）泌出和传输效应子，以控制寄主组分的结构和功能，从而进行高效且协调的侵染、增殖和扩展（Lenders et al.，2013；Chang et al.，2014；Green and Mecsas，2016；Pfeilmeier et al.，2016a；Thomassin et al.，2017；Bai et al.，2018；Galán and Waksman，2018；Nguyen et al.，2018；Rapisarda and Fronzes，2018）（图 4-2）。

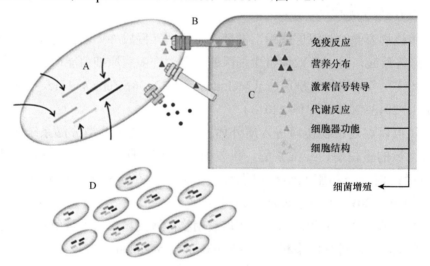

图 4-2　细菌效应子的作用过程（Pfeilmeier et al.，2016a）

A. 细菌毒性基因受到诱导而表达并产生调控作用；B. 不同分泌系统协调传输效应子；C. 效应子靶向寄主免疫反应、营养分布、代谢反应、激素信号转导等生理过程，促进细菌增殖；D. 病原菌-寄主互作驱动了进化机制，形成了不同的毒性基因家族，改变了细菌群体的效应子组分

为了应答外部刺激信号的变化，细菌需要协调不同的分泌系统。黄单胞菌 QS 信号在 T2SS 调控中具有重要作用（Jha et al.，2005；Cianciotto and White，2017）。丁香假单胞菌感应激酶 RetS 和 LadS 拮抗性地调控了 T3SS 与 T6SS（Records and Gross，2010）。T3SS 结构和调节基因、T3SE 基因等 Hrp 调节子的调控研究已有大量的报道（Büttner and Bonas，2010；Tampakaki et al.，2010；Büttner，2012；Genin and Denny，

2012）。除通过 T3SS 转录调控外，细菌在侵染期通过转录后机制控制 T3SE 输送层次和时间（Tang et al.，2006；Galán et al.，2014）。例如，伴侣和输出控制蛋白等相关蛋白（Hpa）被用于协调 T3SE 进入寄主植物细胞。c-di-GMP 信号分子通过变构作用调节了 ATPase 中 HrcN 活性，在 T3SE 传输动态变化中发挥了重要的作用（Trampari et al.，2015）。c-di-GMP 信号通路不仅在铜绿假单胞菌中通过感应激酶 RetS 调控了 T3SS 和 T6SS 的表达，而且在根癌土壤杆菌中调控了 T4SS 和 T6SS 的活性（Moscoso et al.，2011；McCarthy et al.，2019）。

　　T1SS 利用 ABC 转运蛋白盒进行 ATP 驱动的生物活性分子的跨膜递送，如马铃薯黑胫病菌和果胶杆菌酯酶、其他病原细菌甾醇和毒素（Kanonenberg et al.，2013）。T2SS 传输细胞壁降解酶、蛋白酶和毒素分子通过细胞质膜，经修饰后再穿过外膜，如果胶杆菌细胞壁降解酶、梨火疫病菌蔗糖酶和水稻黄单胞菌半胱氨酸蛋白酶（Jha et al.，2005；Johnson et al.，2006；Cianciotto and White，2017）。T3SS 是许多重要病原细菌毒性表达所必需的，通过菌毛样结构将效应子注入寄主细胞中；效应子具有蛋白水解活性，可抑制寄主防卫反应、调节植物激素生理过程、诱发寄主细胞水分和养分外泌到质外体（Deng et al.，2017a；Wagner et al.，2018）。T4SS 是由菌毛（pilus）构成的另一种分泌系统，能直接将核酸、蛋白和效应子分泌到真核与原核细胞中（Bhatty et al.，2013）。根癌土壤杆菌可将 T-DNA 转移到寄主植物细胞中诱导肿瘤产生（Gohlke and Deeken，2014）。例如，黄单胞菌通过传输毒素杀死其他细菌，为自身在复杂的种群环境中创造竞争优势（Byndloss et al.，2017；Cenens et al.，2020）。T5SS 是苛养木杆菌、水稻黄单胞菌、番茄细菌性疮痂病菌的自转运蛋白系统，在细菌与寄主组织表面黏附中发挥作用（Records and Gross，2010）。T6SS 类似于噬菌体注射机制，可能与根癌土壤杆菌、丁香假单胞菌、水稻黄单胞菌的毒性、免疫应答反应及寄主特异性有关（Jani and Cotter，2010；Joshi et al.，2017；Bernal et al.，2018；Choi et al.，2020）。

　　T3SE 与寄主免疫组分互作是病原细菌和植物之间"军备竞赛"的模式之一（Dodds and Rathjen，2010）。T3SE 的主要功能是抑制植物免疫应答反应（Block and Alfano，2011；Macho and Zipfel，2015）；它们还靶向了寄主植物包括营养分布与代谢、细胞器功能和细胞发育在内的其他生命过程（Macho，2016；Khan et al.，2018）。

　　如果细菌的代谢途径与寄主植物的生理状况同步，细菌的生长环境则最佳。转录激活类（TAL）效应子行使植物转录因子的功能，细菌通过此类效应子与植物建立一个共处环境来维持自身的生长，并促进其毒性表达（Bogdanove et al.，2010）。水稻黄单胞菌通过 TAL 效应子调控了水稻糖转运蛋白 SWEET 基因的表达（Streubel et al.，2013）。细菌也能通过操控发育调节因子或植物激素信号通路来改变植物组织形态与功能。野油菜黄单胞菌 AvrBs3 可诱导植物细胞调节因子 UPA20 的表达，导致叶肉细胞扩大，促进细菌生长和繁殖（Kay et al.，2007）。丁香假单胞菌 AvrRpt2、Hopx1 和 AvrPtoB 分别影响植物生长素、茉莉酸和脱落酸信号通路（De Torres Zabala et al.，

2009；Cui et al.，2013；Gimenez-Ibanez et al.，2014）。通过 T3SE 干扰寄主激素信号转导的现象在病原细菌中是广泛存在的，这可能直接或间接地破坏了植物的免疫应答反应，影响了其生理代谢，为细菌增殖创造了一个微环境（Kazan and Lyons，2014）。此外，T3SE 也直接干扰次生代谢物的生物合成途径。例如，菠萝泛菌 AvrE 扰乱了植物苯丙基代谢，提高了细菌的毒性（Asselin et al.，2015）。T3SE 还靶定植物叶绿体和线粒体。丁香假单胞菌 HopK1 定位于叶绿体上，抑制了光合作用，提高了细菌的毒性；HopG1 扰乱了线粒体功能和植物发育。总之，细菌利用 T3SE 操控植物的多种途径，从而产生了适合其存活、生长、繁殖和传播的植物环境。

细菌与寄主之间的分子“军备竞赛”驱动了 T3SE 的进化（Lindeberg et al.，2012；Win et al.，2012）。细菌通过对某一条植物防卫途径进行多重靶定来防止单个特异的 T3SE 被寄主识别而失效，从而确保其在侵染中能有效破坏植物的防卫系统（Khan et al.，2018）。共进化研究表明，虽然变异的 T3SE 成为高度冗余的组分，但其具有保护核心 T3SE 的功能（Lindeberg et al.，2012）。当新的植物抗病品种产生时，细菌种群能够从具有毒性功能的特异菌株中获得 T3SE 组分，保证细菌种群生存下来。这种在进化上“两面下注”的策略，使得细菌种群保留了冗余的 T3SE，从而可以灵活地应答寄主植物的进化（Win et al.，2012）。T3SE 组分多样化也是细菌一个重要的毒性保持策略，其已经进化出 T3SE 基因的得失机制（Jackson et al.，2011）。细菌能够通过修饰 T3SE 基因表达、蛋白活性、靶基因特异性，实现对寄主植物抗病蛋白的监测（Ma and Guttman，2008）。

综上所述，病原细菌对植物侵染的分子过程涉及细菌的附生存活、生长、繁殖及毒性表达等诸多重要环节和策略，尤其是细菌效应子的泌出、传输、功能及进化机制。在这个快速发展的研究领域中，未来还需要进一步阐明的关键科学问题有：①在植物相关微生物组环境下，促进病原细菌附生存活和提高其适应性的通路及其功能，微生物组对侵染和发病的影响及其调控机制；②细菌不同信号通路在侵染中的调控功能及其信号交叉互作的机制；③细菌 T3SE 分泌的时空调控及其与寄主植物组分互作的机制；④细菌毒性基因在不同种和变种水平的多样性分布及其决定因素和进化机制。总之，全面和深入地认识细菌对植物的侵染过程和致病机制，对于发展植物细菌病害控制新策略具有重要的科学意义。

二、细菌毒力因子及其致病功能

1. 细菌分泌系统及其效应子

（1）细菌Ⅲ型分泌系统

Ⅲ型分泌系统（T3SS）及其所分泌转运的效应子（T3SE）是病原细菌的致病决定因子（De Nisco et al.，2018）。T3SE 在植物细胞体内与寄主抗病蛋白的特异识别和互作，决定了细菌在寄主体内能否成功地定植和扩展（Feng and Zhou，2012；

Timilsina et al.，2020）。

　　大多数植物病原细菌拥有一个高度保守的 T3SS，类似于注射器装置，是细菌和寄主互作所必需的蛋白分泌和释放系统之一（Jones and Dangl，2006）。细菌通过 T3SS 将毒性蛋白 T3SE 直接注入植物细胞体内，调节或干扰寄主的正常生理活动，从而建立寄生关系或引起抗病反应。尽管不是所有病原细菌都有 T3SS，但对于依赖 T3SS 的细菌，该分泌系统的缺失导致效应子无法转运至寄主细胞内，细菌对感病寄主的致病性和抗病寄主或非寄主植物的过敏性坏死反应丧失（González-Prieto and Lesser，2018）。

　　病原细菌 T3SS 由过敏性坏死反应与致病性（hypersensitive response and patho-genicity，*hrp*）基因簇编码，该核心基因簇由 25～40 个基因组成，与富含Ⅲ型效应子基因的 *hrp* 旁侧形成所谓的"致病岛"（Mecsas and Strauss，1996；Lindgren，1997）。病原细菌 T3SS 主要由 *hrc* 基因编码的保守蛋白组成，包括外膜通道蛋白（HrcC）、周质脂蛋白（HrcJ）、内膜通道蛋白（HrcU、HrcV、HrcR、HrcS、HrcT）、ATP 酶（HrcN）、结构蛋白 HrcQ 等（Qian et al.，2005；Burkinshaw and Strynadka，2014；Portaliou et al.，2016）。菌毛 Hrp 主要由 HrpE 组装，由转运体（translocon）HrpF 蛋白镶嵌在植物细胞壁上（Sugio et al.，2005；Weber and Koebnik，2006）。结构蛋白 HrpB5 提供分泌装置组装所需的能量。HpaB 和 HpaP 为分子伴侣，HpaA 被推测为Ⅲ型效应子的分泌分子开关（Büttner et al.，2004；Lorenz et al.，2008a，2008b）。植物病原细菌 *hrp* 编码的 T3SS 模式见图 4-3。

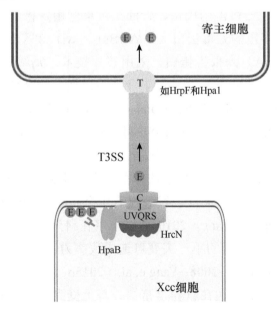

图 4-3　植物病原细菌 *hrp* 基因簇编码的 T3SS 模式

Hpa1 是一种结构蛋白

　　T3SS 将 T3SE 蛋白分泌转运至寄主植物体内以行使多种功能。T3SE 通过改变寄主细胞骨架和膜结构、攻击寄主的免疫防御系统、与寄主 DNA 作用、干扰寄主正常代谢、改变寄主囊泡运输等，促进病原菌进入寄主细胞及在胞内定植、扩展和生长（Nomura and He，2005）。不同类型的 T3SE 有着不同的寄主胞内靶标位点，效应子与寄主胞内靶标位点相互识别及作用的结果决定了细菌的致病性与寄主专一性（Kjemtrup et al.，2000）。依据其结构特征、功能和植物靶标位点，黄单胞菌 T3SE 一般分为转录激活类效应子（transcription activation-like effector，TALE）和非转录激活类效应子（non-TALE）两大类（Gürlebeck et al.，2006）。定位在寄主细胞膜上或胞质内的非转录激活类效应子通过行使蛋白酶、乙酰转移酶、尿苷转移酶等各种功能，干扰寄主细胞生理过程，抑制 PTI 反应、干扰 MAPK 信号通路等（Mudgett and Staskawicz，1999；Orth et al.，2000；Shao et al.，2002；Hotson et al.，2003；Feng et al.，2012；Timilsina et al.，2020）。而定位在细胞核的非转录激活类效应子通过抑制植物激素信号通路、植物泛素−蛋白酶体系统（ubiquitin-proteasome system，UPS），从而抑制 ETI 反应（Üstün and Börnke，2014；Erickson et al.，2018）。以 AvrBs3 家族为代表的转录激活类效应子具有更保守的特征，各家族成员间具有高度的同源性（氨基酸一致性高达 90% 以上）。所有成员都含有 4 个结构保守特征：效应子中心的 34 肽重复区（TPR）、不完整的亮氨酸拉链 7 肽重复区（LZ repeat）、核定位信号（NLS）和 C 端的酸性激活区（AAD）（Gürlebeck et al.，2005）。这类效应子通过植物核定位蛋白的帮助和指导，最后定位在寄主植物细胞核内，通过与靶 DNA 序列结合，识别寄主启动子，直接操纵寄主植物抗感病基因（如 *Os8N3*、*OsSWEET11* 等）行使功能（Yang et al.，2006；Kay et al.，2007；Li et al.，2013）。

在丁香假单胞菌、茄科雷尔氏菌、野油菜黄单胞菌辣椒斑点病变种和十字花科黑腐病菌中，利用已鉴定的无毒蛋白（如 AvrBs1、AvrBs2 等）或依赖植物钙调蛋白的腺苷酸环化酶（CyaA）为报告蛋白，采用芯片技术、*hrp* 调节子和转座子随机诱变等多种不同方法，对效应子基因进行了全基因组规模的高通量筛查，鉴定了大量的 T3SE 基因（Guttman et al.，2002；Cunnac et al.，2004；Roden et al.，2004；Chang et al.，2005；姜伟，2009）。已鉴定的 T3SE 可在 http://www.pseudomonas-syringae.org、http://www.xanthomonas.org/t3e.html 等网站上查询（Tay et al.，2010）。

植物病原细菌 T3SE 在功能上往往具有冗余性。对水稻白叶枯病菌 PXO99^A 菌株 18 个 non-TALE 效应子进行了突变，发现仅有 1 个 non-TALE 效应子 XopZ$_{PXO99}$ 对病菌致病力有贡献（Song and Yang，2010）。在十字花科黑腐病菌 Xcc8004 菌株已鉴定的 T3SE 中，至少有 7 个基因的单一突变可造成致病力下降（He et al.，2007a；Jiang et al.，2008，2009；Xu et al.，2008；Yang et al.，2015b）。

hrp/T3SS 相关基因的表达在营养丰富培养基上受到抑制，而在营养贫瘠培养基上和植物体内受到诱导（Schulte and Bonas，1992b；Wei et al.，2007；Huang et al.，2009；Jiang et al.，2014b），具体的环境和植物内源诱导信号分子尚不清楚。碳水化合物、氨基酸、磷酸盐和苯丙素类物质等能够影响黄单胞菌 *hrp*/T3SS 相关基因的表达（Schulte et al.，1992a；Li et al.，2009，2015；Anderson et al.，2014；Jiang et al.，

2014a；Ikawa and Tsuge，2016；Fan et al.，2017；Zhang et al.，2017）。

根据其组成和调控方式的异同，植物病原细菌 *hrp* 调控系统可分成两组。第一组为在丁香假单胞菌和解淀粉欧文氏菌中，由 Sigma 因子 HrpL 调控的 *hrp* 调控系统（Chatterjee et al.，2002；Tang et al.，2006；Jovanovic et al.，2017）。第二组为在茄科雷尔氏菌和黄单胞菌中，由 AraC 类转录激活蛋白 HrpX 或 HrpB 调控的 *hrp* 调控系统（Wengelnik and Bonas，1996；Wengelnik et al.，1996；Tang et al.，2006；Wei et al.，2007；Huang et al.，2009；Li et al.，2014；Xue et al.，2014；Hikichi et al.，2017）。

双组分或多组分调控系统（GacA/GacS、HrpX/HrpY、HrpR/HrpS/HrpL 和 PrhA/PrhI/PrhJ/PrhR/HrpG 等）及 RsmA、RsmB、RsmV 和 Lon 蛋白酶等介导了 *hrp* 基因的转录/转录后调控（Chatterjee et al.，2002；Tang et al.，2006；Takeuchi et al.，2014；Hikichi et al.，2017；Jovanovic et al.，2017；Janssen et al.，2018）。例如，致病因子调控系统（*rpf*）关键调控蛋白 RpfC 通过未知模式调控 HrpX 表达（Jiang，2018）。黄单胞菌 *hrp*/T3SS 系统关键调控蛋白包括 AraC 类转录激活蛋白 HrpX、OmpR 家族双组分调控系统（TCS）反应调节蛋白 HrpG、感应蛋白组氨酸激酶 HpaS 等。HpaS 可与 HrpG 互作，并可磷酸化 HrpG，以调控 *hrp* 基因表达，推测两者构成了一对 TCS。HrpG 被磷酸化后激活 *hrpX* 表达，HrpX 再激活其他 *hrp* 基因和 T3SE 编码基因的表达（Wengelnik and Bonas，1996；Wengelnik et al.，1996；Li et al.，2014）。由 HrpX 调控的基因启动子往往具有 PIP box，其基序为 TTCG-N_{16}-TTCG 或 TTCGB-N_{15}-TTCGB，也有一些受 HrpX 调控的基因启动子区无 PIP box，但很多启动子区含有 PIP box 的基因不受 HrpX 调控（Koebnik et al.，2006；Jiang et al.，2009，2014b）。RsmA 通过稳定 *hrpG* 5′ 非编码区激活 Xcc T3SS（Andrade et al.，2014）。Xoo LacI 类转录激活蛋白 XylR 与木糖代谢和 HrpX 积累相关（Ikawa and Tsuge，2016；Ikawa et al.，2018）。LysR 类转录激活蛋白 GamR 与半乳糖代谢相关，并可同时激活 HrpG 和 HrpX 转录（Rashid et al.，2016）。水稻细菌性条斑病菌（Xoc）T3SS 装置蛋白 HrcT 也调控 *hrpX* 表达（Liu et al.，2014）。Xcc GntR 家族调节蛋白 HpaR1、转录激活蛋白 HpaR2、MarR 家族转录调控蛋白 HpaR、Zn^{2+} 吸收和排放调控蛋白 Zur 等均参与 *hrp* 基因表达调控（Wei et al.，2007；Huang et al.，2009；Li et al.，2014；Su et al.，2016a）。黄单胞菌 *hrp* 调控模式见图 4-4。

（2）细菌 II 型分泌系统

II 型分泌系统（T2SS）普遍存在于除根癌土壤杆菌外的大多数植物病原细菌中，包括解淀粉欧文氏菌、果胶杆菌、软腐病菌、茄科雷尔氏菌、野油菜黄单胞菌、水稻黄单胞菌、木质部难养菌等（Goodner et al.，2001；Filloux，2004）。

T2SS 装置由 Gsp 分泌途径蛋白基因簇（*gsp*）所编码，主要由 12~15 个核心蛋白组成，包括外膜通道蛋白 GspD，内膜通道蛋白 GspC、GspF、GspG、GspH、GspI、GspJ、GspK、GspL、GspM，ATP 酶 GspE 和先导肽酶 GspO 等（Lory，1998；

Korotkov and Sandkvist，2019）。植物病原细菌 *gsp* 编码的 T2SS 模式见图 4-5。

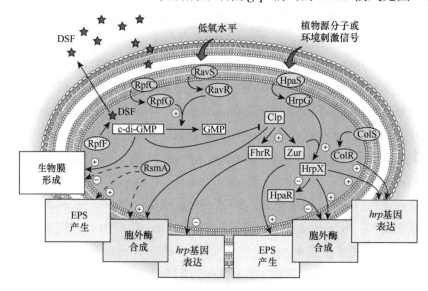

图 4-4　黄单胞菌 *hrp* 基因调控模式［根据 Büttner 和 Bonus（2010）修改］

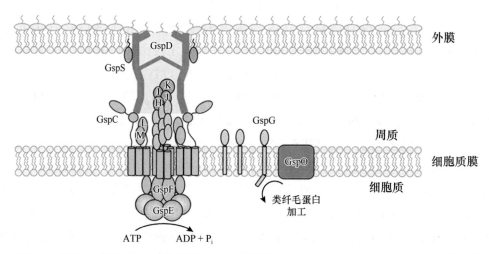

图 4-5　植物病原细菌 *gsp* 编码的 T2SS［根据 Korotkov 和 Sandkvist（2019）修改］

T2SS 分泌蛋白主要有两个步骤：蛋白首先通过 Sec 途径（SEC）或双精氨酸途径（TAT）从细胞质内跨内膜分泌到周质空间，折叠成三级结构或寡聚化后，再经外膜通道蛋白跨外膜分泌到胞外（Filloux，2004；Korotkov and Sandkvist，2019）。

由于 T2SS 能够分泌多种植物毒素和细胞壁降解酶，如胞外蛋白酶、胞外纤维素酶、胞外淀粉酶、胞外果胶酶、胞外木聚糖酶等，对于植物病原细菌的致病性至关重要，尤其在欧文氏菌属（*Erwinia*）中甚至比 T3SS 更重要（Cianciotto and White，2017）。T2SS 参与了细菌的致病过程，包括侵入、破坏寄主细胞、导致组织坏死和细胞死亡、形成生物膜、改变寄主离子通道，以及营养和水分吸收等（Genin and Boucher，2002）。

（3）细菌Ⅵ型分泌系统

细菌Ⅵ型分泌系统（T6SS）首先正式命名于霍乱弧菌和铜绿假单胞菌（Mougous et al.，2006；Pukatzki et al.，2006）。T6SS 作为一种纳米分子武器，可以将细菌毒性效应蛋白注射到真核和原核细胞中（Ho et al.，2013）。具有 T6SS 生物活性的细菌通常能合成免疫蛋白，阻止毒性效应蛋白对自身或者同种细胞产生伤害。T6SS 通过超分子复合体穿过细胞内外膜，将毒性效应蛋白注射到靶细胞内。这个复合体一般由 13 个核心蛋白（Tss）组成，其编码基因通常位于同一基因簇（Leiman et al.，2009；Felisberto-Rodrigues et al.，2011；Kapitein et al.，2013；Shneider et al.，2013；Silverman et al.，2013；Kudryashev et al.，2015；Cianfanelli et al.，2016；Planamente et al.，2016；Taylor et al.，2016）。此外，许多 T6SS 基因簇还编码其他附属组分蛋白（Tag），负责 T6SS 的装配或者调控。T6SS 装置与噬菌体尾突结构类似，由 T6SS 标志性蛋白 Hcp 形成环状六聚体，然后堆聚形成一根细管，外面包裹着可收缩的外鞘。外鞘由 TssB 和 TssC 两种蛋白以螺旋状组成，外鞘蛋白通过解聚和重新组装可循环利用。尾突结构聚合后，可以延伸进入细胞质，形成基板结构。基板由 TssA、TssE、TssF、TssG 和 TssK 组成。TssL、TssM 和 TssJ 蛋白整合到细胞膜形成膜复合体，基板与膜复合体相互作用，将尾突结构锚定到细胞内膜上。VgrG 以三聚体形式组成类似火炬的结构，位于 Hcp 管顶部，同时 PAAR 蛋白形成顶部的尖端。外鞘收缩可以推动 Hcp 管、VgrG 和 PAAR 组成的顶部穿刺装置进入靶细胞。Hcp 和 VgrG 既是 T6SS 装置的结构蛋白，也是 T6SS 分泌的效应子。通过检测 Hcp 和 VgrG 是否泌出，可以反映细菌 T6SS 是否具有功能活性（Pukatzki et al.，2006）。T6SS 最后一个核心组分 ClpV 蛋白是一种 ATP 酶，为外鞘蛋白的解聚提供能量。

许多编码 T6SS 效应子及相应免疫蛋白的基因与 hcp、vgrG 或 paar 基因连锁，效应子和 Hcp 或 VgrG/PAAR 蛋白的特异性互作与其遗传上的连锁是相关的（Dong et al.，2013；Hachani et al.，2014；Ma et al.，2014；Liang et al.，2015）。因此，通过 Hcp 管的保护及 VgrG/PAAR 顶部穿刺装置，T6SS 将效应子运送到靶细胞内（Shneider et al.，2013；Hachani et al.，2014；Whitney et al.，2014）。此外，T6SS 是模块化的，可以容纳不同 VgrG/PAAR 蛋白形成的尖端结构（Cianfanelli et al.，2016）。表明单个 T6SS 的外鞘蛋白通过一次收缩就可以将多个效应子同时泌出（Shneider et al.，2013；Silverman et al.，2013；Hachani et al.，2014；Whitney et al.，2014）。

大约 25% 革兰氏阴性细菌具有 T6SS 基因簇，包括许多植物病原细菌和共生菌，变形菌（α-变形菌纲、β-变形菌纲和 γ-变形菌纲）是其中的大多数。植物病原细菌 T6SS 初始研究的目是深入解析其毒性机制。随后研究表明，丁香假单胞菌、根癌土壤杆菌和菠萝泛菌等可以通过 T6SS 将毒性效应蛋白注射到竞争细菌中，从而在细菌间的存活竞争中获得优势（表 4-1）（Haapalainen et al.，2012；Koskiniemi et al.，2013；Ma et al.，2014；Shyntum et al.，2015；Zhu et al.，2020）。根癌土壤杆菌 T6SS 效应子具有 DNase 酶和抗菌活性，使得其在寄主植物体内具有绝对的竞争优势，完全压制了铜绿假单胞菌；而在体外与铜绿假单胞菌竞争并不具有任何优势，表明 T6SS 的作用还依赖细菌生存环境（Ma et al.，2014）。丁香假单胞菌番茄致病变种通过 T6SS 不仅比竞争细菌具有生长优势，还可以抵抗真核微生物（Haapalainen et al.，2012），表明与其他细菌一样，丁香假单胞菌的 T6SS 效应子可以同时作用于原核细胞和真核细胞（Russell et al.，2013）。在引起植物细菌性青枯病的茄科雷尔氏菌中，TssB 缺失导致细菌毒性减弱，运动性和生物膜形成能力均降低（Zhang et al.，2014）。T6SS 突变导致运动性和生物膜表型变化与西瓜嗜酸菌和荧光假单胞菌的研究结果一致（Tian et al.，2015a；Gallique et al.，2017）。

表 4-1　含Ⅵ型分泌系统的植物病原细菌

细菌	功能	文献
西瓜噬酸菌（*Acidovorax citrulli*）	细菌间竞争和毒性	Tian et al.，2015a
泰国伯克霍尔德氏菌（*Burkholderia thailandensis*）	细菌间竞争和毒性	Schwarz et al.，2010
根癌土壤杆菌（*Agrobacterium tumefaciens*）	细菌间竞争	Ma et al.，2014
达旦提迪基氏（*Dickeya dadantii*）	细菌间竞争	Koskiniemi et al.，2013
菠萝泛菌（*Pantoea ananatis*）	细菌间竞争和毒性	Shyntum et al.，2015
黑腐果胶杆菌（*Pectobacterium atrosepticum*）	毒性	Bernal et al.，2017
山葵果胶杆菌（*Pectobacterium wasabiae*）	毒性	Nykyri et al.，2012
丁香假单胞菌（*Pseudomonas syringae*）	细菌间竞争和毒性	Haapalainen et al.，2012
茄科雷尔氏菌（*Ralstonia solanacearum*）	运动性、生物膜形成和毒性	Zhang et al.，2014
水稻细菌性条斑病菌（*Xanthomonas oryzae* pv. *oryzicola*）	细菌间竞争	Zhu et al.，2020

由于恶臭假单胞菌基因组携带 3 个 T6SS 基因簇，含有大量效应子，该生防菌比野油菜黄单胞菌、丁香假单胞菌、根癌土壤杆菌和胡萝卜果胶杆菌等病原细菌具有更广泛的竞争优势（Bernal et al.，2017）。

关于动物病原菌 T6SS 功能特性和机理已有更多研究，甚至能直接观察到效应子注射到动物细胞内的过程。植物病原细菌 T6SS 的研究报道相对较少。在农业生产上，可将含有 T6SS 的工程菌或杀菌剂应用于植物病害生物防治，以减少作物产量损失。

根据 T6SS 组成基因的分析，细菌很可能是通过水平基因转移获得 T6SS 的，而不是通过适应生态环境进化而来的。与动物病原细菌相比，目前尚未发现植物病原细菌 T6SS 效应子能直接操控植物细胞的证据。T6SS 作用机制的解析将是一个重要研究方向。

2. 细菌胞外多糖和生物膜

胞外多糖（EPS）是由病原细菌合成并释放到细胞外表面的大分子碳水化合物，一般由单糖或者复杂的糖类混合组成，主要包括中性己糖、6-脱氧己糖、多元醇、糖醛酸和氨基糖。此外，还有磷酸盐、甲酸、丙酮酸和琥珀酸等作为一些替代物（Costerton et al.，1981；Sutherland et al.，1988；李江等，2006；周丹等，2011）。广义上 EPS 是糖被（glycocalyx），包括微荚膜、黏液层和菌胶团，狭义上是黏液层（黄晓波等，2006）。大部分植物病原细菌在致病过程中往往会经历腐生及附生状态，厚而连续且高度有序的胞外多糖包被在细菌外层，可使细菌细胞紧密联系在一起，共同克服生存环境中的不利因素。因 EPS 高度水合并带阴性电荷，可依据环境变化为病原细菌选择性提供帮助，包括保护细菌免受干旱损伤、寄主细胞和噬菌体的吞噬，螯合重金属离子防止重金属毒害，防止抗生素破坏，以及提供高氧张力，增强病原菌表面吸附作用。此外，EPS 还参与金属离子吸收、营养物质转运及贮藏等过程，对于病原细菌的黏附及在竞争环境中的存活和生长都具有重要意义（Sutherland et al.，1988；Denny et al.，1995；周丹等，2011）。EPS 在植物病原细菌在寄主植物内生长及病害症状扩展等方面也具有重要贡献，是重要的毒力因子，与病原菌毒力正相关（周丹等，2011）。在病原细菌与寄主互作过程中，EPS 可增强病原菌运动能力，提升病原菌对寄主的侵染和定植能力，通过掩盖细胞表面可被寄主识别的分子模式，保护细菌逃避寄主的识别和免疫防御，还能抑制寄主植物胼胝质的形成，在寄主体内为病原细菌创造良好的生存环境，易于其在寄主体内生长、繁殖（Saile et al.，1997；Yun et al.，2006；Mori et al.，2016）。黄单胞菌 EPS 产量可影响病原菌的气孔入侵能力（李有志等，1998）。在茄科雷尔氏菌、假单胞菌、黄单胞菌中，EPS 是阻塞寄主维管束系统、减少寄主水分运输、造成寄主叶片黄萎的重要因素（Király et al.，1997；Saile et al.，1997；Mcgarvey et al.，1999；Yu et al.，1999；王军等，2008；周丹等，2011；陈小强等，2018；王丽等，2020）。

生物膜（biofilm）也称生物被膜，是指附着于生物体或非生物体表面或聚集在空气-液体交界面的被细菌自身分泌的胞外大分子物质包裹使得单细胞个体相互黏附在一起的有组织的细菌群体，由细胞和自身分泌的胞外多聚物构成，其水分含量可高达 97% 左右，是细菌为抵抗不利环境、营造适宜生存环境所产生的一种黏附定植式包膜，可以保护病原菌耐受杀菌剂、干燥环境、紫外线辐射、酸碱和渗透应力。有研究表明，可形成黏附生物膜的病原细菌对抗生素的敏感性显著降低（常桂娇等，2007；Danhorn et al.，2007；Antony et al.，2017）。生物膜内的细菌能对营养物质、代谢物和细菌群体密度做出反应，调节新陈代谢，更便捷地进行细胞间交流。

生物膜内含有蛋白质、多糖、核酸、肽聚糖、脂和磷脂等生物大分子物质，还含有细菌分泌的大分子多聚物、吸附的营养物质和代谢物及细菌裂解产物等。生物膜形成是一个复杂的动态过程，受 C/N、pH、温度等很多因素的影响，大致包括可逆及不可逆黏附、表面微菌落形成、分化成熟及老化脱落 5 个阶段。其中，可逆黏附指病原细菌利用鞭毛、纤毛和菌丝等胞外细胞器与外层膜蛋白黏附于载体表面；不可逆黏附为病原菌通过分泌的胞外多聚物增强细胞和载体之间的黏附；表面微菌落形成指病原细菌黏附后，在生长繁殖时分泌大量的胞外多聚物黏附单个细胞而形成微菌落，在此阶段，群体感应系统会对生物膜的形成进行调控；在分化成熟阶段，细菌生物膜结构从扁平、不均一到高度结构化，由于拥挤、化学梯度和营养竞争驱动，生物膜内产生分层和亚群体，微菌落成长为具有三维结构的成熟生物膜；老化脱落阶段指部分细胞从生物膜上脱落，由于脱落细胞可在新的生境中重新吸附于载体表面并形成新的生物膜，因此老化脱落过程有利于生物膜的繁殖和群落的自我重建（常桂娇等，2007；戚韩英等，2013；刘永升等，2014；Antony et al.，2017）。作为生物膜骨架的胞外多聚物是构成生物膜三维结构的关键因子，而部分因子及信号系统则调控生物膜的形成，如环鸟苷二磷酸（c-di-GMP）作为广泛存在于病原细菌中的第二信使，可以通过调控胞外多聚物的生物合成调控生物膜的形成，低浓度的 c-di-GMP 抑制胞外多聚物的产生和生物膜的形成，而高浓度的 c-di-GMP 则增强胞外多聚物的表达，促进生物膜形成（戚韩英等，2013）。植物病原细菌形成的生物膜大多存在于植物表面及根际周围，生物膜结构及组成成分随着定植点、菌落数量及定植环境的不同而有所变化。植物病原细菌在植物根部形成的生物膜受到根部组织渗透压、环境中营养物质及植物抗性相关化合物的影响（Monier et al.，2004）。植物对营养物质的吸收，如环境中磷元素增加，也会影响生物膜的形成。生物膜在病原细菌的致病过程中发挥重要作用，不仅对于植物病原细菌的定植能力至关重要，也有利于细菌逃避植物免疫反应而促进病害的发生。叶部病原细菌在叶片表面形成生物膜，这种细菌间的群体协同效应对于其维持正常的生存及毒性功能的发挥起到关键作用。而对于维管束病原细菌，生物膜形成可以阻碍组织水分及营养物质的运输，从而造成病害发生（Monier et al.，2005）。

3. 细菌毒素与抗毒素系统

毒素与抗毒素系统（toxin-antitoxin system，TA 系统）在细菌和古菌中普遍存在，其中包括植物病原细菌。另外，一些单细胞真菌可能也存在 TA 系统。典型的 TA 系统通常由两个共表达的基因组成，一个编码毒素，另一个编码抗毒素。毒素通常为蛋白质，性质相对稳定，可抑制细菌生长，但多数不杀菌，只是干扰噬菌体繁殖、抑制细胞膜调节能力、阻碍正常粒子形成，毒素的表达也不会使细菌自身的存活率大幅下降。抗毒素有的是蛋白质，有的是 RNA，其半衰期短于毒素，可拮抗毒素，抑制毒素的表达和功能。抗毒素降解可以激活与其共表达的毒素，毒素则会干扰一系列生理过程，致使细菌生长受到抑制（Shidore and Triplett，2017）。

最早的 TA 系统于 1983 年在 *Escherichia coli* 中最初作为质粒稳定分子被发现的。随着进一步研究，越来越多染色体 TA 分子被发现（Jaffé et al.，1985；Gerdes et al.，1986）。目前认为染色体 TA 系统与质粒稳定性维持无关，功能表现出多样性，主要通过调节代谢和生长状况来对抗不利环境（Wang and Wood，2011）。质粒 TA 分子的唯一功能被认为是执行分裂后致死效应（PSK），即杀死未继承父辈 TA 质粒的子代细胞（Gerdes et al.，1986）。

根据抗毒素中和毒素的机制，目前 TA 系统被分成了 6 种类型。其中，Ⅰ～Ⅲ型为研究得较为成熟的 TA 系统，Ⅳ～Ⅵ型为发现相对较晚的 TA 系统。Ⅰ型 TA 系统包括非编码 sRNA 抗毒素和蛋白质毒素，其抗毒素 sRNA 碱基可抑制毒素 mRNA 的翻译（Brantl，2012a，2012b）。Ⅱ型为数量最多且研究最多的 TA 系统，其抗毒素为蛋白质，基因组分析表明游离生活的各种细菌或古菌基因组中存在 3～97 个Ⅱ型 TA 系统，根据系统发育可将毒素-抗毒素基因分为 12 个超家族，其编码的抗毒素蛋白通过直接结合毒素蛋白来抑制毒素合成，同时Ⅱ型抗毒素蛋白作为毒素编码基因操纵子的转录抑制因子发挥调控作用（Pandey and Gerdes，2005；Rocker and Meinhart，2016）。Ⅲ型 TA 系统的抗毒素与Ⅰ型一样为 sRNA，但是其解毒机制为直接结合毒素蛋白（Brantl and Natalie，2015）。Ⅳ型 TA 系统的抗毒素和毒素均为蛋白质，其抗毒素的作用机制为竞争性结合毒素蛋白作用底物（Brown and Shaw，2003）。Ⅴ型系统抗毒素直接切割毒素编码基因 mRNA（Wang et al.，2013）。Ⅵ型系统由蛋白质毒素 SocB 和蛋白质抗毒素 SocA 组成，抗毒素 SocA 是一种蛋白水解衔接蛋白，通过促进 ClpXP 降解来中和 SocB 毒性（Aakre et al.，2013）。

　　TA 系统在植物病原细菌致病过程中扮演着重要作用。黄单胞菌 T3SE 中 AvrRxo1 在结构上与 TA 系统毒素高度同源，即作为 TA 系统的一部分，其在与寄主植物互作过程中起到抑制免疫反应的功能（Triplett et al.，2016）。木质部难养菌中 MqsR 毒素可以借助外膜囊泡分泌至胞外发挥功能（Merfa et al.，2016；Santiago et al.，2016）。TA 系统在诱导细菌进入休眠状态中起到重要的调控作用。细菌一旦进入休眠状态，即可躲避诸如抗生素、寄主抗性反应等不利的生存环境。在生产实际中，这将降低细菌病害化学防控技术的使用效率。TA 系统也会影响植物病原细菌生物膜形成，如木质部难养菌 TA 系统中 MqsA、MqsR 可调控生物膜形成，MqsR 过表达后明显促进生物膜形成。总体上看，植物病原细菌 TA 系统主要通过参与调控 DNA 复制、致病性、休眠状态、生物膜形成及自身噬菌体抗性来发挥其生物学功能。TA 系统可能在许多植物相关细菌中广泛存在，但是目前鲜为人知；关于它们在植物病原细菌中的作用和分布研究非常少，深入了解植物相关细菌的 TA 系统将为有害生物综合治理提供更多依据。

4. 细菌运动性和趋化性

　　细菌运动性为其生活史中重要的行为特征之一；运动性为病原细菌在与寄主互作过程中提供了优势。运动过程中细菌感知环境变化及寄主抗性反应变化，在其适应过程中起到至关重要的作用。细菌的运动性有几种不同的类型，可分为游泳运动、群集运动、蹭行运动、滑行运动等（Venieraki et al.，2016）。目前研究最广泛的是由鞭毛参与的游泳运动和群集运动。游泳运动是指细菌在液体环境中利用端生鞭毛或周生鞭毛进行的直线运动或翻滚运动，细菌的运动性通常指的是这种游泳运动（赖世龙等，2006）。而群集运动是细菌在固体表面上的多细胞运动，表现为细菌在半固体培养基上从接种点向周围分散生长。细菌最主要的运动"器官"是鞭毛，其由细菌内膜上的一个分子马达、鞭毛细丝和钩状物三部分组成（Terashima et al.，2008）。细菌鞭毛运动的能源来自细胞膜电子传递系统产生的一种电化学梯度（Larsen et al.，1974），鞭毛马达和基部直接连接分子信号转导级联，分子信号转导级联感知化学梯度，并将吸引或排斥的信号传送到鞭毛马达，然后鞭毛马达可以通过改变旋转方向来做出反应（Harshey，2003）。鞭毛运动分为顺时针旋转和逆时针旋转两种方式。当鞭毛顺时针旋转时，细胞鞭毛分开，细菌通过在原地做翻滚运动来调整运动方向；当鞭毛逆时针旋转时，鞭毛拧成一束，产生向前的推动力，在无外界刺激情况下，细菌先平地直线运动一段距离，然后翻滚一次改变方向再向前运动，以一种游动间翻滚的方式随机选择性运动（刘晓东等，2013）。在复杂的环境条件下，细菌就是通过不断调整自己的运动方式来完成趋利避害的。细菌的运动性是由其一定的遗传特性所决定的，有报道表明编码运动性的基因大部分分布在染色体上（Callegan et al.，2002）。有关大肠杆菌和沙门氏菌运动性的研究显示，编码鞭毛和运动性的基因主要分为三类：参与鞭毛组装的 *fla*、参与鞭毛旋转的 *mot* 和参与开关调节的 *che*（Macnab and Aizawa，1984）。早期关于大肠杆菌和沙门氏菌的鞭毛介导运动性的研究报道较多（Charon and Goldstein，2002），这为病原细菌鞭毛功能解析提供了重要的参考资料。细菌运动性具有重要的生态学和病理学意义，对于植物病原细菌，运动性是重要的致病因素之一。例如，泳动使茄科雷尔氏菌能够有效地入侵和在寄主植物上定植（Tans-Kersten et al.，2004）。若细菌失去运动能力或只表达不完整的运动系统，则其会在定植、致病力方面受到损害或完全丧失（Josenhans and Suerbaum，2002）。此外，植物病原细菌的鞭毛除了作为细菌运动的主要"器官"，还对其黏附、生物膜形成能力有十分重要的贡献（丁莉莎等，2009；黄前川等，2010）。整体而言，鞭毛在病原菌侵染早期阶段起到了关键作用（Mao and He，1998）。

细菌朝向或逆向刺激源的运动性称为细菌趋化性。趋化运动使细菌趋向有益刺激，逃避有害刺激，是具有运动能力细菌的本能。这种定向移动能力受到细胞表面受体蛋白的调节，经过一系列分子信号传递最终完成对细菌运动能力的调控，而这种信号传递调控的本质即趋化信号转导系统调控鞭毛马达的转动方向。通常，信号通路分为以下 3 个部分：膜上趋化受体接收信号，从膜受体到鞭毛马达的信号转导，对最初信号输入的适应（Chaban et al.，2015）。对于植物病原细菌，细菌的生活史离不开与寄主的互作过程，细菌利用复杂有效的趋化信号转导系统探测生存环境，趋利避害，使自身趋向于利己的定植生存环境。植物抗性免疫反应过程中通常会产生大量的代谢物，这些物质对细菌具有诱导作用，从而限制病原菌进一步的致病过程。长期进化过程中，细菌的趋化"嗅觉"同样会帮助其逃避植物的抗性机制，如水稻白叶枯病菌的游泳运动可以帮助其逃避水稻免疫系统的识别，而鞭毛蛋白是受到趋化性调控的，那么趋化性在细菌逃避植物免疫反应过程中必然起到至关重要的作用。趋化运动在病原菌定植和侵染过程中同样是必需的。土传病原菌根癌土壤杆菌和茄科雷尔氏菌具有趋化性才能在土壤环境中正确找到寄主植物根，丁香假单胞菌利用鞭毛运动性和趋化性在寄主叶表面成功侵染（Chaban et al.，2015）。许多趋化性突变体致病力明显减弱，

如蜡样芽孢杆菌 *cheA* 基因缺失突变株侵染力减弱（李威等，2007）。由此可见，趋化性与植物病原细菌的致病性有关，在菌株定植寄主的过程中起关键作用。

5. 细菌抗氧化反应系统

活性氧（ROS）包括超氧阴离子（$O_2^- \cdot$）、过氧化氢（H_2O_2）、羟自由基（$\cdot OH$）及单线态氧（$^1O_2$）等，是细胞新陈代谢的产物（Barth et al.，2004）。由于活性氧化学性质十分活泼，参与介导了许多细胞现象（Demidchik et al.，2003），在许多生命过程中 ROS 都发挥着重要作用（Almagor et al.，1984；Wojtaszek，1997）。

植物病原细菌无时不在遭受 ROS 的袭扰（Li and Wang，1999；Panek and O'Brian，2004）。ROS 有两个主要来源：一是源于植物-病原菌互作过程中的活性氧爆发（Shangguan et al.，2018）；二是源于植物病原细菌自身（刘田田，2011；Li et al.，2014）。在植物-病原菌互作过程中活性氧爆发产生的 ROS 主要源于植物细胞质膜的氧化还原系统（Sharma et al.，2012；Huang et al.，2016）。细菌自身产生的 ROS 主要源于细菌生物膜的氧化还原系统（Sukchawalit et al.，2001；李欣等，2006）。

无论 ROS 源于哪里，当环境中 ROS 过多时，会导致植物病原细菌处于氧化胁迫状态。为了生存，细菌相应地进化出了抗氧化反应系统（Mongkolsuk et al.，2000；Schouten et al.，2002）。在正常情况下，细菌抗氧化反应系统维持着其自身的氧化还原平衡（Ahn and Baker，2016）。当抗氧化反应系统无法及时清除环境中过多的 ROS 时，细菌自身氧化还原平衡被破坏，氧化胁迫发生。

植物病原细菌抗氧化反应系统主要由抗氧化酶系和抗氧化调节元件构成，在植物-病原菌互作过程中发挥着重要作用（张建唐等，2009；刘田田，2011）。

（1）抗氧化酶系

超氧化物歧化酶（SOD）、过氧化氢酶（CAT）及烷基过氧化物还原酶（Ahp）所组成的抗氧化酶系形成了对抗 ROS 的第一道防线。SOD 可将 $O_2^- \cdot$ 歧化为 H_2O_2，从而导致 H_2O_2 的增加；而 CAT 则是将 H_2O_2 降解为水和氧气（Schouten et al.，2002；Cuéllar-Cruz et al.，2008；Sies，2017）。细菌 Ahp 的主要功能是清除有机过氧化物（OP）的毒性，催化 OP 还原成醇类，并降解有氧呼吸中内生的 H_2O_2。Ahp 能够与 CAT 协同控制胞内 H_2O_2 浓度（Pulliainen et al.，2008）。

（2）抗氧化调节元件

抗氧化反应系统中的抗氧化调节元件是一类调控蛋白，其在接收到调控信号后，通过控制特殊启动子的开关来调节活性氧清除相关功能基因的表达。这类抗氧化调节元件主要有以下几类。

1）SoxR 抗氧化调节元件：SoxR 抗氧化调节元件与超氧化物反应蛋白调节相关，它可调节约40种超氧化物激活蛋白中的9种，包括至少3种具有抗氧化特性的蛋白质：Mn-SOD、核酸内切酶Ⅳ和6-磷酸葡萄糖脱氢酶。这些蛋白质在转录水平受诱导，实

现了对 $O_2^-\cdot$ 的清除（周建波，2006）。

2）OxyR 抗氧化调节元件：OxyR 抗氧化调节元件存在两种形式——氧化型和还原型，而仅有氧化型可激活转录，在 H_2O_2 的识别、过氧化物酶基因的转录中起着重要的调控作用，实现了对 H_2O_2 的清除（Ahn and Baker，2016）。

3）OhrR 抗氧化调节元件：OhrR 抗氧化调节元件被 OP 特异性诱导，但不受其他 ROS 因子的影响（Fuangthong et al.，2001；Oh et al.，2007；Atichartpongkul et al.，2010）。OhrR 抗氧化调节元件是一个以半胱氨酸为基础的巯基依赖性过氧化物酶，它能够更加有效地还原 OP 而非 H_2O_2（Lesniak et al.，2002；Cussiol et al.，2003）。

4）PerR 抗氧化调节元件：PerR 抗氧化调节元件是一种存在于多种细菌中的转录因子，属于铁吸收调节蛋白（Fur）型转录因子大家族的一员（Lee and Helmann，2006）。研究表明，转录因子 PerR 抗氧化调节元件参与了细胞的抗氧化反应、致病性等生理作用（周辉等，2014）。它的独特之处在于每个 PerR 抗氧化调节元件的蛋白质分子只能执行一个 ROS 控制的转录调控循环，这也进一步实现了病原细菌对胞内氧化还原平衡的精细调节（Ahn and Baker，2016）。

三、细菌毒力因子表达的调控途径

1. 双组分信号转导系统

双组分信号转导系统（TCS）是原核生物用于感应外界环境信号刺激，并调控细胞基因表达和行为的主要分子机制。该系统一般由一个跨膜的组氨酸激酶（HK）和一个胞内反应调节蛋白（RR）组成，经由蛋白质磷酸化的方式进行信号的跨膜传递。典型的组氨酸激酶主要由两个结构域组成：位于氨基端、感应外界（或细胞内）环境刺激的信号接收区（input domain），位于羧基端、催化 ATP 水解和自磷酸化的信号传递区（transmitter domain）（Hoch，2000；Stock et al.，2000）。当 HK 感应到外界特异性的环境刺激时，其催化 ATP 水解，将信号传递区中一个保守的组氨酸残基（His）自磷酸化。随后，由 HK 催化，将磷酸基团传递到下游 RR。典型的 RR 也由两个结构域组成：位于氨基端的磷酸基团接受区和位于羧基端的效应子区。当 RR 磷酸基团接受区的保守天冬氨酸残基（Asp）被磷酸化后，由其效应子区激活或者抑制目的基因的表达（图 4-6）。大约 70% 的 RR 效应子区具有转录因子活性，可通过直接结合基因启动子区的方式控制下游基因转录。但很多 RR 也具有甲基转移酶（methyl transferase）、环鸟苷二磷酸环化酶（c-di-GMP cyclase）、磷酸二酯酶活性，催化相应的生物化学反应过程。一些 RR 不存在效应子区，主要通过蛋白质-蛋白质相互作用控制其他蛋白质的活性。因此，TCS 在调控原核生物的生理代谢时具有一定的多样性。此外，部分 HK 也具有信号接收结构域（REC），被称为杂合组氨酸激酶。杂合 HK 具有多个磷酸基团供体和磷酸基团受体位点，通过含有 Hpt 结构域的蛋白质进行磷酸化传递，从而增加了信号过程调控的节点，有利于生物对复杂环境进行响应和适应（Defosse et al.，2015）。

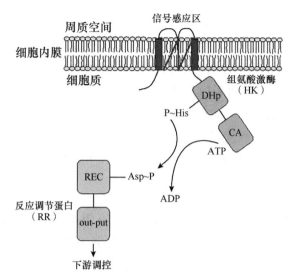

图 4-6　双组分信号转导系统的调控过程

组氨酸激酶（HK）感应外界条件刺激被激活后，在 CA 催化下水解 ATP，并将高能磷酸基团传递给 DHp 中保守的组氨酸残基（His），HK 催化将 DHp 中 His 位点的磷酸基团传递给反应调节蛋白 REC 的保守 Asp，磷酸化的 RR 通过 out-put 结构域调节下游基因的表达。REC：信号接收结构域（receiver domain）；DHp：二聚体化和组氨酸磷酸转移酶结构域（dimerization and histidine phosphotransfer domain），是信号传递区的一部分；CA：催化 ATP 酶（catalytic ATPase）；out-put：out-put 结构域（out-put domain）

　　基因组学分析表明，TCS 不仅存在于细菌和古菌中，蓝细菌、真菌、黏菌及植物中也存在双组分信号转导系统，表明该信号系统可能起源于原核生物并在进化中辐射到各类真核生物类群中。然而，迄今为止未在高等动物基因组中发现编码 TCS 的基因（Thomason and Kay，2000；Wuichet et al.，2010）。因此，以控制 HK 和 RR 的活性作为目标，TCS 具有成为理想的抗菌药物分子靶标的潜力。

　　（1）HK 和 RR 的结构与功能

　　多数 HK 是细菌内膜锚定蛋白。HK 在催化蛋白质的二聚体化、激活蛋白质间的磷酸化反应过程中的核心功能是感应外界条件刺激。位于 HK 信号接收结构域的信号感应区（sensor）在序列和结构上是多变的，以感应不同的信号刺激，如蓝光、渗透压、pH、离子浓度、抗菌肽和膜电位梯度等（Krell et al.，2010）。根据信号感应区结构的组成模式和序列相似性，大致将其分为以下三类（Mascher et al.，2006）：一类是在两个位于外膜的螺旋结构之间具有一个位于周质空间的感应区域，其监测到胞外刺激后，进行信号跨膜传递，调节 HK 的自激酶-磷酸转移酶-磷酸酶活性平衡；第二类没有周质空间结构区域，而是由多个（2～20 个）跨膜螺旋组成，通过整合细胞膜组分和离子梯度调节酶的活性；第三类结构域位于细胞质中，感应可扩散的细胞内部刺激信号。在所有 HK 蛋白中，具有 PAS 结构域（Per-Arnt-Sim domain）的占 33%，它们可以感应光、氧、氧化还原电势和细胞能量的变化等；具有可结合小分子配体的 GAF 结构域（cyclic GMP, adenylyl cyclase, FhlA domain）的占 9%；此外，有的还具有 α-螺旋结构域、内酰胺类抗生素（PBP）结合结构域、金属离子结合结构域等

（Casino et al.，2010；Zschiedrich et al.，2016）。

与 HK 相比，RR 的序列一般比较保守，根据其信号输出域的结构相似性可分为具有 DNA 结合、RNA 结合、酶活性、蛋白质结合及单一结合结构域等类型（Zschiedrich et al.，2016）。随着越来越多微生物基因组被解析，在数据库中预测发现了更多 RR 输出域的新结构，如嗜烷烃脱硫菌编码的一个 RR，其信号输出域是一种转运硝酸盐、硫酸盐和乙二酸的膜转运子；而一些细菌可编码具有膜连接结构域和 ABC 转运子 ATPase 结构域的 RR 类型（Galperin，2006）。

（2）TCS 调控植物病原细菌的致病力

TCS 是原核生物细胞最主要的信号感知与反应调控机制。除支原体等极少数细菌类群以外，原核生物细胞一般编码数个至 300 余个 TCS 蛋白。TCS 几乎控制细菌所有的生理生化过程，包括毒力因子表达、群体感应、生物膜形成、同化作用、运动性、胁迫反应等。其中无论是动物还是植物病原细菌，均发现 TCS 是控制致病力和细菌适应寄主环境能力的关键分子机制。HK 和 RR 编码基因的突变往往导致致病力水平下降甚至完全丧失。

在植物病原细菌中发现较早的致病力调控 TCS 是根癌土壤杆菌的 VirA-VirG 系统。VirA 是一个杂合的 HK，其感知植物伤口部位的 pH、寡糖和酚类分子信号，使其第 474 位组氨酸残基自磷酸化，随后 VirA 磷酸化 RR 中 VirG 的第 52 位天冬氨酸残基。磷酸化后的 VirG 发生二聚体化并被激活，在细胞内结合调控细菌毒力因子的 *vir* 基因启动子区，从而控制这些毒力相关基因的转录水平。有意思的是，VirA 的信号接收结构域与 VirG 能发生互作，可控制 VirG 的激活（Wise et al.，2016）。因此，VirA 通过磷酸化、蛋白质−蛋白质相互作用两种方式来调控 VirG 的转录因子活性。

在假单胞菌属中，已经发现多个 TCS 可调控细菌的致病力。其中 GacS-GacA 系统与动物病原铜绿假单胞菌同源（Chambonnier et al.，2016）。GacS（HK）感应的信号目前尚不清楚，其可和另外一个 HK 即 RetS 互作。丁香假单胞菌（*P. syringae*）GacA 编码基因缺失后会导致 T3SS 基因如 *hrpR*、*hrpS* 的表达水平下降。此外，GacA 也控制丁香假单胞菌群体感应和冠菌素合成过程，是一个全局性的调控蛋白（O'Malley et al.，2020）。丁香假单胞菌 CvsS-CvsR 系统控制致病力的过程依赖环境中 Ca^{2+} 浓度变化。CvsR（RR）可直接激活两个 T3SS 调控基因 *hrpR* 和 *hrpS* 的转录，从而间接控制下游毒力因子的表达水平（Fishman et al.，2018）。此外，丁香假单胞菌 RhpS-RphR 系统也可控制其致病过程，该系统主要控制 T3SS 基因的表达。表明 RhpR 磷酸化后抑制 T3SS 的诱导表达，在植物或诱导培养基中，RhpS 控制 RphR 的磷酸化水平，解除其抑制功能（Deng et al.，2009；Xie et al.，2019）。通过 ChIP-seq 和 RNA-seq 等组学研究，RphR 的调节子（regulon）已经被解析。除 T3SS 外，RhpS-RphR 系统还控制细菌游动性、脂多糖合成、生物膜合成等途径。目前，RhpS 感知什么信号仍然是未知的。

欧文氏菌是重要的植物病原细菌类群，其中梨火疫病菌（*Erwinia amylovory*）共编码 20 个 HK、26 个 RR。对上述蛋白质编码基因进行了系统突变和表型分析，从其中鉴定到了控制致病力的基因，其中包括 EnvZ-OmpR、GrrS-GrrA 等系统的编码基因。这两个系统的基因突变后，均导致细菌一种特殊多糖（amylovoran）产量下降，是其负调控因子（Wang et al.，2012）。二者在调控细菌游动性和 T3SS 基因表达时方式不同。目前，对欧文氏菌 TCS 的研究仍然以遗传学和生理学分析为主，其调控通路和生物化学特性研究还较薄弱。

在植物病原细菌中，有关黄单胞菌 TCS 的研究较为系统和深入。多个细菌的 HK 和 RR 基因进行了系统突变与功能分析，特别是在 HK 感知外界环境与寄主植物刺激领域取得了重要发现（图 4-7）。

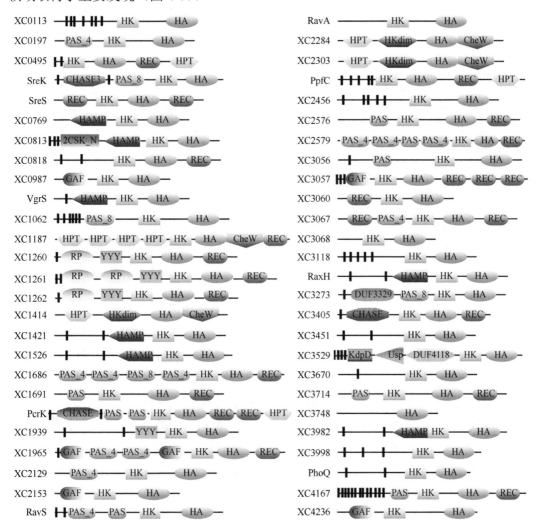

图 4-7　野油菜黄单胞菌组氨酸激酶结构

二级结构预测采取 pfam 方法并命名，HK：HisKA domain，PF07730；HA：HATPase C domain，PF02518；REC：response reg domain，PF00072；HPT：HPT domain，PF01627；YYY：Y_Y_Y domain，PF07495；PAS_4：PAS_4 domain，PF08448；PAS_8：PAS_8 domain，PF13188；PAS：PAS domain，PF00989；CHASE：CHASE domain，PF05227；GAF：GAF domain，PF01590；DUF3329：DUF3329 domain，PF11808；CHASE3：CHASE3 domain，PF05227；HAMP：HAMP domain，PF00672；2CSK_N：2CSK_N domain，PF08521；HK dim：H-kinase_dim domain，PF02895；DUF4118：DUF4118 domain，PF13495

（3）病原细菌 HK 的信号感知机制

绝大多数黄单胞菌属细菌是植物病原细菌或植物共生细菌。其中，导致十字花科植物患黑腐病的野油菜黄单胞菌（*Xanthomonas campestris* pv. *campestris*，Xcc）和导致水稻白叶枯病的水稻黄单胞菌（*X. oryzae* pv. *oryzae*，Xoo）是主要研究的模式生物。以 Xcc 为例，该细菌基因组大小约 5.2Mb，编码 4200 多个基因。其中 Xcc8004 菌株编码 106 个 TCS 蛋白，含有 34 个典型 HK、20 个杂合 HK 和 52 个 RR（Qian et al.，2005，2008）。目前对该细菌 TCS 的比较基因组学、进化与遗传多态性、基因功能、调控机制和信号感知机制进行了系统的研究（图 4-8）。

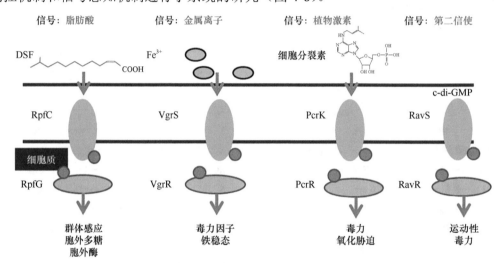

图 4-8　野油菜黄单胞菌组氨酸激酶感知环境与植物信号

RpfC 感知群体感应信号 DSF；VgrS 感知铁离子匮乏信号；
PcrK 特异性感知植物细胞分裂素；RavS 感知细胞内 c-di-GMP 信号

1）RpfC-RpfG 系统

RpfC-RpfG 系统是 Xcc 中最早被鉴定的致病力调控系统。该系统基因的突变导致致病力、生物被膜形成能力和胞外多糖、胞外酶产量严重下降。RpfC 是一个含有 5 个跨膜区的杂合 HK，而 RpfG 具有 HD-GYP 结构域，已经被证明具有 c-di-GMP 水解酶的功能，能够水解 c-di-GMP 成为 GMP，解除 c-di-GMP 对全局性调控因子 Clp 的抑制功能。RpfC-RpfG 系统同时是控制黄单胞菌群体感应的系统，研究表明黄单胞菌的群体感应信号是一类脂肪酸衍生物，包括 DSF、BDSF、CDSF 等多种信号分子（He et al.，2008）。*rpfC* 和 *rpfG* 缺失突变体合成 DSF 类信号分子的水平显著提高，表明 RpfC-RpfG 是合成 DSF 分子的负调控因子。通过酶学和精细遗传分析发现，DSF 分子直接结合 RpfC 位于周质空间的一段长 22aa 的肽段区域，丙氨酸扫描突变分析发现其中 6 个氨基酸残基对于 DSF 信号感知发挥关键作用。当 DSF 结合 RpfC 后，解除了 RpfC 近膜区（juxtamembrane region）对激酶区的自抑制作用，从而激活 RpfC 的自激酶活性，通过磷酸化 RpfG 来调控细胞的适应过程（Cai et al.，2017）。这也是首次在细菌组氨酸激酶领域发现自抑制在酶活性控制中的作用。

2）VgrS-VgrR 系统

VgrS-VgrR 系统是一个类似 EnvZ-OmpR 的 TCS，其编码基因突变后均会导致细菌致病力下降及生长缓慢。其中 VgrR 具有转录因子活性，通过结合基因的启动子区，控制 300 余个基因的转录水平，其结合的一致序列被证实为一段长 15 个核苷酸且富含 AT 的序列。VgrS 已被证实结合 Fe^{3+}，可感知植物或环境中的铁匮乏。在缺铁环境下，VgrS 保持较高的磷酸化水平，并通过激活 VgrR 控制细菌基因转录，特别是铁吸收相关基因，从而保证细菌从寄主植物体内吸收必要的铁离子。有意思的是，当细菌细胞内铁浓度上升后，VgrR 能够结合 Fe^{2+}，这一过程使其与 VgrS 和下游基因的启动子区解离，从而避免对铁继续吸收导致的毒害作用（Wang et al.，2016）。虽然 VgrS-VgrR 是控制细菌致病力的关键系统，具有发展为抗菌药物分子靶标的意义。但后续研究发现，在渗透胁迫下，Xcc 周质空间中的 Prc 蛋白酶会特异性地水解其第 9～10 位肽键，使 VgrS 激酶活性严重下降，但这一过程反而提高了细菌抗渗透胁迫的能力（Deng et al.，2018）。因此，以 TCS 作为药物分子靶标的研究必需综合考虑药物-蛋白质相互作用后的复杂后果，以免产生意想不到的副作用。

3）PcrK-PcrR 系统

细菌识别寄主植物的重要化合物信号是一个长期被观察到的现象，但很少被详细研究过，也缺乏生物化学证据的证明。在 Xcc 中，通过系统筛选与鉴定，发现 PcrK-PcrR 系统特异性响应细胞分裂素的浓度变化。PcrK 含有一个位于周质空间的 CHASE 结构域，能特异性地结合异戊烯基腺嘌呤（2-iP），但不结合玉米素、激动素和 6-苄氨基嘌呤（6-BA）等细胞分裂素。2-iP 结合 PcrK 后，导致其激酶水平下降，从而不能通过原有的四步磷酸化过程来磷酸化 PcrR。脱磷酸化的 PcrR 是其激活状态，脱磷酸化导致 PcrR 的 HD-GYP 结构域水解 c-di-GMP，激活了细菌的抗氧化反应（Wang et al.，2017）。PcrK 是首个在原核生物中被实验发现的植物激素受体。这一研究证明植物病原细菌可跨界感知植物激素信号，从而控制自身的生理过程，为进一步探索植物与细菌的相互作用开辟了新的研究方向。

4）RavS-RavA-RavR 系统

RavS-RavA-RavR 是一个"三组分信号转导系统"，并表现出极其复杂的调控特征。其中，RavA（PdeK）是一个无跨膜区的胞内 HK，RavS 是一个跨膜的 HK，而 RavR（PdeR）是含有 EAL 和 GGDEF 结构域的 RR（He et al.，2008；Yang et al.，2012）。遗传分析发现，*ravS* 和 *ravA/ravR* 的突变效应完全相反：突变 *ravA* 和 *ravR* 导致细菌致病力严重下降，但提高了细菌的游动性；而突变 *ravS* 对致病力影响不明显，但使细菌游动性完全丧失，过表达 *ravS* 则导致细菌致病力严重下降。磷酸化分析表明，RavA 能直接磷酸化 RavR，它们组成一个 TCS。然而，RavS 不直接磷酸化 RavR，只有在 c-di-GMP 存在的情况下，RavS 才迅速将 RavR 磷酸化。因此，c-di-GMP 能控制

RavS 的磷酸转移酶活性。c-di-GMP 结合 RavS 的 CA 结构域，研究表明 RavS 第 656 位的精氨酸残基在其与 c-di-GMP 结合中发挥核心功能。RavS-RavA-RavR 系统精细地控制着细菌游动性和致病性之间的表型转换：当细菌处于自由生存的游动状态时，RavR 的 EAL 结构域激活并降解 c-di-GMP，使得 RavS 不能将磷酸基团传递给 RavR 而处于高磷酸化水平，正调控游动性。然而，当细菌侵染植物时，细菌细胞内 c-di-GMP 保持较高的浓度水平，c-di-GMP 结合 RavS 后激活其磷酸转移酶而将磷酸基团转移给 RavR，从而使 RavS 的磷酸化水平下降，有利于毒力因子的表达和细菌对寄主的侵染（Cheng et al.，2019）。在上述过程中，RavA 究竟发挥什么样的生物化学功能，以及 RavA 和 RavS 对 RavR 的协同调控过程尚不清楚。

5）PhoP-PhoQ 系统

PhoP-PhoQ 系统是病原细菌中一个代表性的研究模式。PhoP-PhoQ 系统控制很多病原细菌的致病过程，包括大肠杆菌、沙门氏菌、志贺氏菌、鼠疫杆菌、铜绿假单胞菌等。其中 PhoQ（HK）特异性地感知生存环境中的 Mg^{2+}、Ca^{2+}、pH 和抗菌肽信号。PhoP（RR）则是一个转录因子。PhoP-PhoQ 系统的编码基因在上述病原细菌中都可被突变，属于典型的非必需基因（Dalebroux and Miller，2014）。

然而，*phoP-phoQ* 同源系统难以在 Xcc 和 Xoo 中被突变（Zheng et al.，2016）。Xcc 的 *phoP-phoQ* 基因突变导致细胞分裂异常和死亡，是细菌生存不可或缺的必需基因。表明在进化过程中，Xcc 的 PhoP-PhoQ 系统获得了"必需性"这个重要的生物学特性。经过遗传学、生物化学和组学分析，发现这一功能进化既不是由 *phoP-phoQ* 基因序列本身发生变异引起的，也不是由转录因子 PhoP 结合的 DNA 特征序列发生了明显的遗传变异引起的，而是由于在物种形成过程中转录因子 PhoP 与下游被调控基因的启动子区发生了重新组合和重新配对，因此在黄单胞菌中 PhoP 能结合至少 4 个必需结构基因的启动子，以控制它们的表达，从而获得了必需性。然而，在铜绿假单胞菌中，上述 4 个必需结构基因的启动子缺乏 PhoP 结合位点，因而它们的表达完全不受 PhoP-PhoQ 系统控制，PhoP-PhoQ 自然不是必需系统（Peng et al.，2017）。PhoP-PhoQ 必需性起源研究揭示了调控系统功能进化的分子机制。

此外，在黄单胞菌中还发现 TriP、RaxH/RaxR、HrpG、HpaS、DetR 和 StoS 等 TCS 蛋白可控制致病力，正在对这些蛋白质的分子调控机制和功能进行分析。

综上所述，在寄主与病原细菌互作过程中，识别"自我"和"非我"分子是决定寄主免疫还是病原微生物致病的首要环节。尽管通过在 Xcc 中开展的系统性研究已经发现了细菌利用组氨酸激酶识别群体感应信号、寄主非特异性金属离子信号、特异性激素信号、细胞内第二信使等，但对于植物病原细菌研究领域，这些发现还是远远不足的。应综合利用膜蛋白构象重建、分子酶学和遗传学等多学科方法，高通量地筛选、鉴定与植物病原细菌 HK 相互作用的重要植物化合物；利用配体物质作为小分子化学探针，探索其在调控 HK 活性和细菌致病信号转导通路中的机制；阐明病原细菌识别寄主植物及有关环境因子的生化过程，探索细菌细胞的响应机制。在此基础上，通过筛选、人工设计与合成方法，鉴定能够对 HK 活性产生激活或抑制作用的结构类似化合物，评价其在干扰病原细菌生理代谢过程中的功能与作用，为发展新型抗菌化合物或抗病新策略提供理论依据。

2. 群体感应信号调控系统

群体感应（QS）是指细菌在特定环境中，通过感应自身合成并分泌到胞外的信号分子，诱导相关基因表达、适应群体密度变化的一种通讯机制（Platt and Fuqua，2010）。在植物病原细菌中已发现的群体感应系统主要包括以下三类：一是基于 *N*-乙酰基高丝氨酸内酯（*N*-acylhomoserine lactone，AHL）类信号分子的感应系统；二是基于 DSF 家族信号分子的感应系统；三是茄科雷尔氏菌中基于 3-OH-棕榈酸甲酯信号分子的感应系统（von Bodman et al.，2003；Dow and Venturi，2015）。

AHL 家族群体感应系统组分主要包括：① LuxI 家族合成酶，催化酰基载体蛋白（ACP）的酰基侧链与 *S*-腺苷甲硫氨酸（SAM）的高丝氨酸结合；②可扩散到胞外的水溶性小分子化合物 AHL；③胞内 LuxR 家族受体蛋白，也是一类转录因子。AHL-LuxR 复合体通过结合目标基因的启动子区来调控相关基因的表达，因而本系统也简称 LuxI-LuxR 系统。多个植物病原细菌中有 LuxI-LuxR 的同源蛋白，产生的 AHL 类信号分子都共有一个保守的高丝氨酸内酯结构，但酰基侧链的长短具有多样性。根癌土壤杆菌在自然条件下趋化性地侵染 140 多种双子叶植物或裸子植物的受伤部位，将 Ti 质粒转入植物细胞，引导 T-DNA 整合到植物细胞基因组上，T-DNA 中 8 个左右基因在植物细胞内表达并诱导产生冠瘿瘤。诱导根癌土壤杆菌 Ti 质粒转移的"因子"就是群体感应信号分子 OC8HSL（*N*-3-oxo-octanoylhomoserine lactone）（Zhang et al.，1993）；OC8HSL 的生物合成和感应均由 TraI-TraR 系统完成（Lang and Faure，2014）。玉米细菌性枯萎病菌（Pss）是玉米产业上的重要病原细菌。Pss 属于植物维管束病原细菌，在高群体密度条件下产生大量胞外多糖（EPS）堵塞维管束，导致植株萎蔫。Pss 利用 EsaI-EsaR 系统合成群体感应信号分子 OC6HSL，用于感应群体密度，调控 EPS 生物合成（Kernell et al.，2015）。马铃薯软腐病菌（Pcc）编码 LuxI 同源蛋白 ExpI，可合成两种信号分子 OC6HSL 和 OC8HSL；大多数 Pcc 菌株也相应编码两个 LuxR 同源蛋白 ExpR1 和 ExpR2。Pcc 利用群体感应机制调控细胞壁降解酶和抗生素合成、Ⅲ型分泌系统表达（Ham and da Cunha，2015）。梨火疫病菌可产生 AHL 家族和 AI-2 家族两类群体感应信号分子，但没有后续研究报道，其感应机制和生物学功能还有待进一步证实（Venturi et al.，2004）。水稻细菌性谷枯病菌合成的 QS 信号分子未知，但它们通过 QS 系统调控毒力因子脂肪酶 LipA 和毒黄素（toxoflavin）的合成与分泌，从而影响其对水稻的致病性（Kim et al.，2004）。很多植物病原假单胞菌也含有 LuxI-LuxR 群体感应系统，主要调控病原菌在植物表面的附生能力和致病性。丁香假单胞菌包含 AhlI-AhlR 群体感应系统，合成的信号分子为 OC6HSL（Quiñones et al.，2004）。谷物细菌性鞘腐病菌拥有两套 AHL 群体感应系统：① PfsI-PfsR 负责合成和感应信号分子 C10HSL 与 C12HSL；② PfvI-PfvR 负责合成和感应信号分子 OC10HSL 与 OC12HSL（Mattiuzzo et al.，2011）。番茄细菌性髓部坏死病菌通过 PcoI-PcoR 系统合成和感应 C6HSL 信号分子，调控对非寄主的过敏性坏死反应、自身的运动性和致病力（Licciardello et al.，2007）。

DSF 是在野油菜黄单胞菌（Xcc）中首先被鉴定的新型群体感应信号分子，化学结构为顺-11-甲基-2-十二碳烯酸；Xcc 还能合成 DSF 结构类似物 BDSF、CDSF 和 IDSF，统称为 DSF 家族群体感应信号分子（Zhou et al.，2017）。DSF 以氨基酸和碳水化合物为前体，通过脂肪酸循环途径合成；RpfF 具有脱硫和脱水双重活性，是 DSF 信号生物合成途径最后一个关键酶（Zhou et al.，2015）。DSF 信号分子的受体是 RpfC-RpfG 双组分感应系统，其信号转导通路还包括第二信使 c-di-GMP、全局性转录因子 Clp 及其下游转录因子等（He et al.，2007b；Cai et al.，2017）。在 Xcc 中，DSF 信号分子调控三类生物学功能：一是促进致病相关基因表达；二是抑制生物膜形成；三是促进黄单胞菌做出代谢调整，以适应高群体密度环境。DSF 信号不仅存在于所有黄单胞菌属细菌（如水稻黄单胞菌、柑橘溃疡病菌等）中，也广泛存在于葡萄皮尔斯病菌（*Xylella fastidiosa*）、洋葱伯克霍尔德氏菌等植物病原细菌中，可调控多种生物学功能，与病原菌的适应性和致病性密切相关（He and Zhang，2008；Deng et al.，2011；周莲等，2013）。

茄科雷尔氏菌（*Ralstonia solanacearum*，Rss）能侵染多种植物，包括重要的经济作物烟草、番茄、马铃薯、香蕉和生姜等。EPS 是 Rss 合成的一类重要的致病因子，其生物合成受一类新型群体感应信号分子（3-OH-棕榈酸甲酯、3-OH-PAME）调控（Flavier et al.，1997）。PhcB 是 3-OH-PAME 生物合成途径中的关键酶；膜蛋白 PhcS 与 PhcR 形成一套双组分系统，用于感应 3-OH-PAME 的积累和信号转导，以进一步通过下游 PhcA 调控相关基因表达（Jacobs and Allen，2015）。

3. 核苷酸信号调控系统

核苷酸不仅是生命细胞的组成部分和重要的能量来源，也是真核生物、细菌和古菌细胞中的第二信使，在信号转导网络中可将外界信号转换成胞内可感知的化学小分子（Hengge et al.，2016）。目前在细菌中发现的第二信使包括 c-di-GMP、环腺苷二磷酸（c-di-AMP）、环腺苷酸（cAMP）、环鸟苷酸（cGMP）、鸟苷四磷酸或五磷酸 [(p)ppGpp]、3,3-环鸟苷酸-腺苷酸（3,3-cGAMP）等（Kalia et al.，2013；Hengge et al.，2016；Galperin，2018）。这些第二信使调控细菌的多种生物学功能。cAMP 和 (p)ppGpp 控制着细菌基因组的广泛表达，参与细菌碳代谢、生物膜形成、毒性基因表达等。cGMP 是真核生物中重要的核苷酸信使，细菌也可以合成 cGMP，并通过依赖 cGMP 的转录因子来调控细菌发育过程。3,3-cGAMP 在霍乱弧菌定殖肠道过程中发挥重要作用。c-di-AMP 信号主要存在于人类或动物病原细菌中，参与调控细胞周期、细胞壁稳定性、细胞形态和外界环境胁迫应答等生理过程，并可以被寄主细胞识别，激发寄主细胞产生初级免疫反应。c-di-GMP 和 c-di-AMP 信号作为主要的核苷酸第二信使在细菌中广泛存在，但是通常认为细菌只产生其中的一种。

　　c-di-GMP 是 20 世纪 80 年代在葡糖酸醋酸杆菌中发现的纤维素合成酶异构激活因子（Ross et al.，1987）。随后在重要的动物、人类及植物病原细菌中发现：c-di-GMP 是一种普遍存在的第二信使，可调控多种细胞生物学功能，包括细胞代谢、分化、表面特性、菌落形态、胞外多糖产生、毒力因子产生、运动性、生物膜形成及其相关基因的表达等（Hall and Lee，2018）。高浓度 c-di-GMP 会促进生物膜形成、抑制运动性，使细菌在静止和运动的生活形式间转变，而低浓度 c-di-GMP 则有利于诱导运动性及毒力因子分泌等（Römling et al.，2013）。

　　c-di-GMP 水平受到鸟苷酸环化酶（DGC）和磷酸二酯酶（PDE）的控制（Römling et al.，2013；Hengge et al.，2016）。DGC 具有 GGDEF 结构域，PDE 具有 EAL 结构域或 HD-GYP 结构域。许多 c-di-GMP 代谢相关蛋白都具有 GAF、PAS、REC、HAMP 等信号感应结构域，说明它们的酶活性可能会受到双组分系统磷酸化作用或其他环境信号的调控（Hall and Lee，2018）。编码 GGDEF、EAL 及 HD-GYP 结构域的基因广泛分布在不同细菌中，革兰氏阴性植物病原细菌基因组中这种现象尤为明显。在木质部难养菌、丁香假单胞菌、软腐病菌、野油菜黄单胞菌、梨火疫病菌基因组中都发现了十个到几十个编码 GGDEF、EAL 及 HD-GYP 结构域的基因（Martinez-Gil and Ramos，2018）。

　　c-di-GMP 信号发挥作用需要与受体蛋白结合，通过改变受体蛋白的空间构象及其功能，影响下游基因的表达或相关蛋白的酶活性；通过与不同受体结合在转录、翻译及翻译后水平对下游靶标进行调控。c-di-GMP 信号受体类型多样，包括 PilZ 结构域蛋白、转录调控因子、退化的 GGDEF 和 EAL 结构域蛋白、核糖体开关、多核苷酸磷酸化酶和新发现的蛋白激酶等（Chou and Galperin，2016；杨凤环等，2017）。在植物病原细菌中目前已鉴定到多种类型的 c-di-GMP 受体，主要包括：① PilZ 结构域蛋白，PilZ 结构域是最早发现可以与 c-di-GMP 结合的结构域，细菌基因组中通常编码一个或多个 PilZ 结构域蛋白。带有 PilZ 结构域的 c-di-GMP 受体在植物病原菌中广泛存在，如软腐病菌中 PilZ 结构域蛋白 YcgR 可作为 c-di-GMP 受体调控 T3SS 的表达（Yuan et al.，2015）。②转录调控因子，作为 c-di-GMP 受体，可通过与下游调控序列结合调控基因转录。Xcc 中 CRP（cAMP 受体蛋白）家族蛋白 Clp 与 c-di-GMP 结合可实现转录水平的调控（He et al.，2007b；Chin et al.，2010）。③退化的 GGDEF 和 EAL 结构域蛋白，虽然不具有 DGC 或 PDE 活性，但可与 c-di-GMP 结合发挥调控作用。在植物病原细菌中已经鉴定的此种类型受体包括 FimX 蛋白、Filp 蛋白（Guzzo et al.，2013；Yang et al.，2014）。④ Xcc 中 YajQ 蛋白和激酶蛋白 RavS，YajQ 蛋白作为 c-di-GMP 受体可参与调控细菌毒性和生物膜形成（An et al.，2014），而激酶蛋白 RavS 与 c-di-GMP 结合可以增强 RavS 到 RavR 的磷酸转移，从而调节细菌致病性与运动性之间生活方式的转换（Cheng et al.，2019）。鉴于 c-di-GMP 受体的多样性，深入挖掘和鉴定 c-di-GMP 受体，将有助于解析植物病原细菌中复杂的 c-di-GMP 调控系统。

植物病原细菌 c-di-GMP 信号调控网络非常复杂。水稻白叶枯病菌（Xoo）菌株 PXO99^A 基因组编码 26 个 c-di-GMP 代谢相关蛋白（Yang et al.，2019）。目前已经鉴定了多个含有 GGDEF 结构域的 DGC、含有 GGDEF/EAL 结构域的 DGC 和 PDE、含有 EAL 或 HD-GYP 结构域的 PDE。它们通过调控 c-di-GMP 浓度或与特定蛋白质相互作用，参与调控 Xoo 胞外多糖产生、运动性、生物膜形成、T3SS 和致病性（He et al.，2010；Yang et al.，2012，2019；Su et al.，2016b；Xue et al.，2018）。其中，PdeR 可以与上游的激酶蛋白 PdeK 组成双组分系统，通过激活 PDE 活性从而调控 EPS 产生和致病性（Yang et al.，2012）。转录调控因子 TriP 的 REC 结构域可以与 PdeR 的 EAL 结构域互作，在 PdeK 出现的情况下 TriP 可以促进 PdeR 的 PDE 活性，说明 Xoo 中可能存在一个复杂的 PdeK/PdeR/TriP/TriK 信号级联调控网络（Li et al.，2019）。此外，从 Xoo 中鉴定了 3 种类型的受体：cNMP 和 DNA 结合结构域蛋白、退化的 GGDEF/EAL 结构域蛋白和 PilZ 结构域蛋白，这些受体参与调控 Xoo 毒性和运动性等重要的生物学表型（Yang et al.，2014，2015a；李建宇等，2016）。退化的 GGDEF/EAL 结构域蛋白 Filp 通过与非典型的 PilZ 结构域蛋白 PilZX3 特异性互作发挥 c-di-GMP 信号受体的作用，共同调控 Xoo 致病性（Yang et al.，2014）。Filp 和 PilZX3 发生互作，共调控了下游 157 个靶标蛋白的表达，包括 TCS 激酶和反应调控蛋白、PDE 和 DGC、趋化蛋白、TonB 类受体、前噬菌体蛋白、Ⅳ型菌毛或Ⅵ型分泌系统相关蛋白等；其中，HGdpX2、CheW1 和 TdrX2 正调控 Xoo 致病性，而 HrrP 和 ProP 负调控 Xoo 致病性，表明这些蛋白质是受 Filp/PilZX3 调控的新致病调控因子（Shahbaz et al.，2020）。可见，c-di-GMP 信号调控系统在植物病原细菌致病中发挥了重要的作用，进一步解析病原细菌 c-di-GMP 信号代谢—受体感应—毒性调控途径，将有助于阐明细菌的致病分子机理，为病害有效防治提供新思路和途径。

4. σ 及其转录激活因子介导的调控作用

细菌 σ 因子是一类重要的转录调控因子，其二级结构一般包括 DNA 结合区、转录调控区、寡聚化位点及核定位信号等功能区。其通过与 RNA 聚合酶核心酶结合，识别特异的启动子区，从而调控多种重要功能基因的转录。σ 因子按照特异性识别位点可以分为两大类：一类是识别启动子 -35/-10 区的 σ^70 家族，大多数 σ 因子属于此类；另一类是识别启动子 -24/-12 区的 σ^54 家族，其识别序列具有高度的保守性，即结合位点是 -24 区的 GG 和 -12 区的 TGC 元件（Barrios et al.，1999；Yang et al.，2015c）。在所有已研究的细菌中均发现了 σ^70 因子的存在，其负责细菌大部分基因的转录调控，是菌体在正常环境下生存所必需的，故 σ^70 因子又称为"看家" σ 因子。σ^54 因子则在细菌的许多代谢过程中起着重要的作用，如参与细菌氮代谢、碳水化合物代谢、生物膜形成、运动性等。此外，σ^54 因子在病原菌毒性调控方面也发挥着关键的作用。

不同于 σ^70 因子可以在转录起始时独立行使功能，σ^54 因子调控基因的转录依赖转录激活因子，即 σ⁵⁴-RNA 聚合酶全酶与目标基因启动子结合形成闭合复合体时，目标基因的转录是沉默的，只有在 σ⁵⁴ 因子特异性的转录激活因子参与后，才形成有转录活性的开放复合体而起始转录（Sasse-Dwight and Gralla，1988）。σ⁵⁴ 转录激活因子一般包含 3 个保守结构域：N 端的信号接收结构域，主要功能是感知转导信号和调整转录激活因子的活性；中部的 AAA⁺ 结构域，主要功能是水解 ATP 释放能量，与 σ⁵⁴ 因子互作；C 端的 DNA 结合结构域（Studholme and Dixon，2003；Schumacher et al.，2006）。其中与 σ⁵⁴ 因子互作的结构域最为保守，所有 σ⁵⁴ 转录激活因子都具有该结构域；N 端的信号接收结构域和 C 端的 DNA 结合结构域存在较大差异，少数 σ⁵⁴ 转录激活因子缺失 N 端或 C 端结构域。鉴于 σ⁵⁴ 转录激活因子结构保守的特点，鉴定和分析转录激活因子的结构与功能成为 σ⁵⁴ 因子调控机制研究的热点。

丁香假单胞菌 σ⁵⁴ 因子 RpoN 缺失影响了病菌运动性、氮素利用、冠菌素产生，以及对非寄主的过敏性坏死反应和对寄主的致病性（Hendrickson et al.，2000a，2000b；Alarcon-Chaidez et al.，2003；Kazmierczak et al.，2005）。RpoN 在转录激活因子 HrpR 和 HrpS 的协助下直接调控 σ⁷⁰ 因子 HrpL 的转录，从而调控 *hrp* 和 *avr* 等相关基因的表达，进而调控了病菌对寄主的致病性（Hutcheson et al.，2001）。同时，HrpL 能够负反馈调节自身的表达，从而改变病菌Ⅲ型分泌系统相关基因的表达及效应子的分泌，影响病菌与寄主的互作（Waite et al.，2017）。同样，σ⁵⁴ 因子的缺失导致梨火疫病菌不能侵染寄主苹果的嫩枝，也不能诱导非寄主烟草的过敏性坏死反应（Ramos et al.，2013）。与丁香假单胞菌不同，茄科雷尔氏菌基因组可编码两个 σ⁵⁴ 因子，分别为 RpoN1、RpoN2。RpoN1 调控病菌的运动性、生长速率和毒性，而 RpoN2 的转录受 RpoN1 的调控，但其缺失不影响病菌的毒性。说明 RpoN1 和 RpoN2 功能没有冗余，其在病菌与植物互作中发挥着各自不同的作用（Lundgren et al.，2015；Ray et al.，2015）。水稻白叶枯病菌基因组也可编码两个 σ⁵⁴ 因子 RpoN1 和 RpoN2，这两个 σ⁵⁴ 因子的缺失均能影响病菌的毒性，但其具体调控机制尚不清楚。FleQ 是已经鉴定的一个 σ⁵⁴ 转录激活因子，其与 RpoN2 共同调控病菌的鞭毛合成和运动性（张静等，2008），然而其缺失并不影响病菌毒性（Tian et al.，2015a）。水稻白叶枯病菌基因组还可编码另外 5 个 σ⁵⁴ 转录激活因子，其生物学功能及其与 RpoN1 和 RpoN2 的关系未见报道。因此，σ⁵⁴ 因子及其转录激活因子作为全局性的转录调控因子在调控细菌运动性和毒性中发挥着重要的作用，但其作用机制尚需深入研究。

5. 细菌小 RNA 的调控作用

细菌小 RNA（sRNA）是一类长度为 50～500 个核苷酸的非编码 RNA，分布于核心基因组、插入序列、质粒、噬菌体和致病岛上（Livny and Waldor，2007）。sRNA 是原核细胞中重要的调控因子，参与了环境应答、物质代谢、蛋白质合成、致病性等多种生物学过程。通常一种 sRNA 有多个靶基因或靶标位点，在转录后水平调节靶基因表达，可使细菌更快速、灵敏地对外界环境做出应答，并对基因表达进行精细调节（Papenfort and Vogel，2009）。

细菌 sRNA 分为顺式编码和反式编码的 sRNA，以互补配对的作用方式对靶基因进行调控。顺式编码的 sRNA 通常由其所调控靶基因的互补链转录而来，与其调控的靶基因完全互补配对；反式编码的 sRNA 通常由细菌染色体中与其所调控靶基因不相邻的基因区转录而来，能够与靶标 mRNA 通过不完全的碱基互补配对方式结合（图 4-9）。

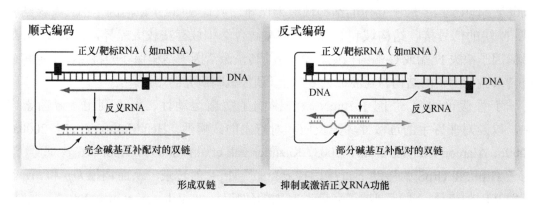

图 4-9　顺式编码和反式编码的 sRNA（Brantl，2012a）
反义 RNA 标为红色，正义 RNA 标为蓝色，黑色方块代表启动子

sRNA 以碱基互补配对的方式与靶标 mRNA 翻译区结合来影响 mRNA 的稳定性，或者与 mRNA 的 UTR 区域结合调控 mRNA 的翻译来影响靶基因的表达和蛋白质的稳定性，这是 sRNA 发挥调控功能的最主要机制。顺式编码的 sRNA 大部分通过与靶基因核糖体结合位点（ribosome binding site，RBS）碱基互补配对来抑制靶基因的翻译，结合区域也可能在 RBS 的备选结合区域，如 IstR-1/*tisAB*（Darfeuille et al.，2007）。有些 sRNA 如 RatA/txpA 影响靶标的稳定性，可促进 mRNA 的降解（Silvaggi et al.，2005），有些如 GadY/gadX 则是增强靶标 mRNA 的稳定性（Opdyke et al.，2004）。sRNA 与 mRNA 结合，改变其折叠状态，影响转录终止子的形成，进而调控 mRNA 的转录，如 RNA Ⅲ /RNA Ⅱ（Brantl，2012a）（图 4-10）。

反式编码的 sRNA 与靶标 mRNA 碱基互补配对通常发生于 mRNA 的 5′ 端，覆盖 RBS 或起始密码子，通过阻止核糖体的进入而抑制翻译，RBS 上游富含 C/A 的反义增强子区也是 sRNA 结合的区域（Sharma et al.，2007）。如果 mRNA 具有抑制表达的二级结构，通过与 sRNA 的结合使 mRNA 二级结构打开以利于核糖体的进入，则能激活 mRNA 的表达（Sharma et al.，2007）。sRNA 还可通过促进 RNase 介导的降解作用，影响靶基因的表达，该过程有可能是 RNaseE、Hfq 和 sRNA 共同参与的主动降解过程（Prevost et al.，2011）（图 4-11）。

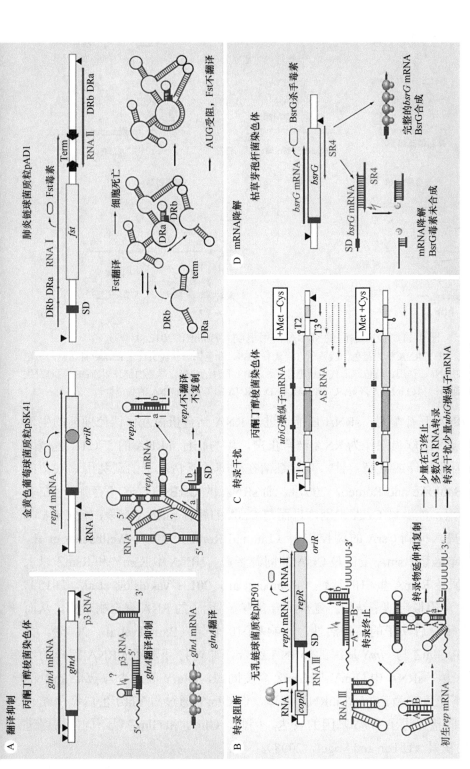

图 4-10 顺式编码的 sRNA 作用机制（Brantl, 2012a）

反义 RNA 标为红色，正义 RNA 标为蓝色，黑色方框代表正义 RNA 基因，黄色三角形代表启动子，黄色球形代表核糖体，绿色箭头代表 RNase Ⅲ 切割，紫色符号代表 RNase R。A. 翻译抑制模式，左：p3/glnA，sRNA 阻断 SD 序列；中：pSK41 的 RNA Ⅰ/repA，sRNA 行使翻译阻断功能（sRNA 诱导 repA mRNA 折叠使 SD 进入双链区，从而阻断其功能）；右：正义链（fst mRNA）与反义链 sRNA（RNA Ⅱ）以两个区域进行碱基配对，覆盖 SD 序列。B. 转录阻断模式，反义 sRNA（RNA Ⅲ）使 repR 转录终止，转录抑制 CopR 以二聚体形式与正义链启动子结合，使 repR mRNA 水平降低 10%~20%，这样就阻止了正义和反义链的基因转录，链球菌质粒 pAMβ1 和 pSM19035 的基因调控利用了上述同样的策略。C. 转录干扰模式，枯草芽孢杆菌的 txpA/RatA 利用了相同的调控模式。D. mRNA 降解模式，枯草芽孢杆菌 ubiG 操纵子 mRNA。SD 序列：夏因-达尔加诺序列（Shine-Dalgarno sequence）；Term：转录终止子（transcription terminator）

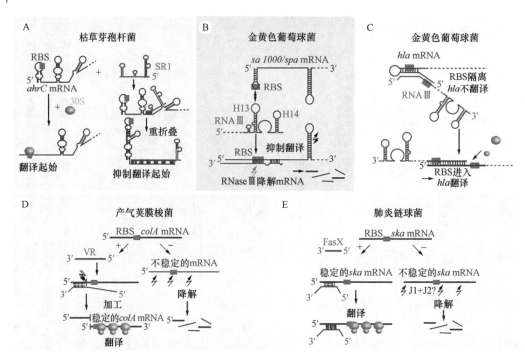

图 4-11 反式编码的 sRNA 作用机制（Brantl，2012a）

反义 RNA 标为红色，正义 RNA 标为蓝色，浅蓝色方块代表 RBS，绿色锯齿状箭头代表 RNase Ⅲ 切割，黑色锯齿状箭头代表未知 RNase 作用，黄色球形代表核糖体。A. RBS 下游结构变化导致的翻译阻断；B. 同时发生的翻译抑制和 mRNA 降解；C. 翻译激活；D. mRNA 加工；E. mRNA 的稳定性

除了与 mRNA 互补配对，sRNA 还能通过与 RNA 结合蛋白互作调控细菌的生理功能。例如，CsrA 家族蛋白作为 RNA 结合蛋白，可与靶标 mRNA 的 5'-UTR 区域结合，调控靶基因的翻译或其稳定性，介导细菌在营养缺乏情况下的碳利用和细菌的运动性调节（Babitzke and Romeo，2007）。而 sRNA 的 CsrB 和 CsrC 序列中存在多个 CrsA 结合位点，能够被 CrsA 识别，进而与 CrsA 的靶标 mRNA 竞争，使 CsrA 与靶标 mRNA 解离，抑制 CsrA 的调控作用（Liu and Romeo，1997；Weilbacher et al.，2003）。铜绿假单胞菌 RsmA 蛋白是 CrsA 的同源蛋白，sRNA 中 RsmY 和 RsmZ 以上述同样的方式调控 RsmA 蛋白的活性（Romeo et al.，2013；Vakulskas et al.，2015）。细菌中 6S RNA 可模拟启动子结构，竞争结合含有 σ^{70} 因子的 RNA 聚合酶全酶，从而改变 RNA 聚合酶对启动子的调控活性，影响基因的转录（Barrick et al.，2005）。大肠杆菌 sRNA 中 GlmZ 与 glmS 基因的 mRNA 结合，通过打开阻断 mRNA 翻译的结构促进蛋白质表达。sRNA 中 GlmY 与 GlmZ 高度同源，GlmY 因缺少与 glmS mRNA 互补的序列，不能直接激活 glmS mRNA 翻译，但 GlmY 通过与 YhbJ 蛋白竞争结合而释放 GlmZ，间接促进了 glmS 基因的表达。因此，GlmY 和 GlmZ 以不同方式促进了 GlmS 蛋白的积累（Urban and Vogel，2008）。

sRNA 在植物病原细菌致病过程中发挥重要作用，非编码 sRNA 与胁迫应答和致病性调控有关。辣椒斑点病菌 sRNA 中 sX12 和 sX13 是重要的致病调节因子，两个 sRNA 的缺失均导致病原菌致病力的降低。其中 T3SS 转录因子 HrpX 能够诱导 sX12 的表达，而 sX13 的缺失导致Ⅲ型分泌系统 HrpF、HrcN 和 HrcJ 蛋白表达水平降低（Schmidtke et al.，2012，2013）。植物源 γ-氨基丁酸可诱导根癌土壤杆菌内酯酶 AttM 的表达，通过降解细菌群体感应信号分子使细菌毒力减弱。ABC 转运蛋白与周质结合蛋白 Atu2422 将 γ-氨基丁酸从寄主植物转运到根癌土壤杆菌细胞质中，sRNA 中 AbcR1 通过掩蔽 atu2422 基因的 Shine-Dalgarno 序列抑制其翻译的起始，从而降低 atu2422 转录物的稳定性，减少对 γ-氨基丁酸的转运（Wilms et al.，2012）。Hfq 是细菌保守的 RNA 结合蛋白，hfq 的缺失导致细菌多种表型变化。欧文氏菌 hfq 缺失突变体致病力和运动性下降，促进细胞聚集和生物膜成熟，且与Ⅲ型效应子外泌调控有关（Zeng et al.，2013）。根癌土壤杆菌 hfq 的缺失导致菌体形态改变，生长延迟，致病力和运动能力降低（Wilms et al.，2012）。沙雷氏菌 hfq 缺失突变体对胁迫的耐受能力下降，次生化合物合成受阻，运动性和致病力降低，且 Hfq 能够调控群体感应转录因子 SmaR 和 CarR 的表达（Wilf et al.，2011）。RNA 结合蛋白 CsrA/RsmA 作为全局性调控因子，其缺失导致野油菜黄单胞菌 T3SS 基因表达下调和致病力丧失。丁香假单胞菌 RsmA2 和 RsmA3 蛋白与细菌致病力调控有关（Chao et al.，2008；Ge et al.，2019）。

第二节 植物免疫反应的激发和抑制

植物在生长发育过程中会面临多种病原物的侵染，但是不同于动物，植物不能主动避开病原物，因此植物在自然选择过程中进化出相应的先天免疫系统（innate immunity system），以抵抗病原物的入侵（Jones and Dangl，2006；Dodds and Rathjen，2010）。植物先天免疫系统主要分为两种，其中一种是由病原体/微生物相关分子模式（PAMP/MAMP）触发的免疫（PTI），它是植物抵御病害侵染的第一道防御系统。但是，病原菌可以分泌一系列的致病效应子克服 PTI 屏障，使植物发生感病反应。植物又进化出一些核苷酸结合位点-亮氨酸富集重复结构域受体（NLR），它们可以识别特殊的效应子，引起效应子触发的免疫（ETI），进而形成植物的第二道病害防御系统（Jones and Dangl，2006）。虽然 PTI 和 ETI 接收信号的机制不同，但二者信号错综交替和紧密关联，形成一个交互的防御体系。

一、病原体相关分子模式激发的植物免疫反应

病原体相关分子模式（PAMP）是一类在微生物中相对保守的分子模式，并非病原菌所特有。已发现 PAMP/MAMP 包括细菌源的鞭毛蛋白、脂多糖、延伸因子、嗜冷蛋白等，真菌源的几丁质、麦角固醇、木聚糖酶、多聚半乳糖醛酸内切酶（Postel and Kemmerling，2009；Mariutto and Ongena，2015；Boutrot and Zipfel，2017；Saijo et al.，2018）。PAMP 激发的 PTI 反应通常由植物细胞表面受体蛋白识别，并激活下

游信号通路，从而产生非寄主抗性或基础抗性，以抵御寄主或非寄主病原菌的侵染（Couto and Zipfel，2016；Tang et al.，2017）。PTI 典型特征包括气孔关闭、活性氧爆发、离子外流、病灶化合物积累、胼胝质沉积、抑制效应子输入、限制病原菌扩增和繁殖。PAMP 激活的气孔关闭现象与植物激素如脱落酸（ABA）、水杨酸（SA）及一氧化氮的信号传递有关，表明生物胁迫和非生物胁迫引发的免疫系统存在交叉（Couto and Zipfel，2016）。

1. 具有激发植物免疫活性的细菌 PAMP

目前，已发现的细菌来源的病原体相关分子模式远远多于其他微生物，既有蛋白质类激发子，也有小分子化合物；既有细胞壁和胞外分泌物，也有胞内组分（表 4-2）。鞭毛蛋白是研究最早最深入的细菌源分子模式之一，广泛存在于病原性和非病原性细菌中。利用遗传实验证明，荧光假单胞菌 Pf0-1 接种本氏烟可以激发大量的活性氧产生，而鞭毛合成基因 *fliC* 缺失突变体则完全丧失发生活性氧爆发的能力。将 Pf0-1 与病原菌挑战接种本氏烟，可以很好地抑制病原菌的繁殖和病害的产生，而 *fliC* 缺失突变体却丧失了抵御病原菌侵染的能力。利用根癌土壤杆菌在本氏烟中瞬时表达 *fliC* 基因无法激发活性氧产生，但是如果将烟草 PR1a 蛋白的 N 端胞外分泌信号肽与 FliC 融合，则可使活性氧激增。说明鞭毛蛋白作用于植物质外体，并通过植物胞外受体被识别（Wei et al.，2013）。鞭毛蛋白两个短链肽段可以激发 PTI 反应，分别为 22 个氨基酸的 flg22 和 28 个氨基酸的 flg28（Felix et al.，1999；Cai et al.，2011）。flg22 是鞭毛蛋白 N 端相对保守的肽段，最早分离自丁香假单胞菌烟草致病变种（*Pseudomonas syringae* pv. *tabaci*），可以使番茄、烟草、马铃薯、拟南芥等细胞 pH 升高（Felix et al.，1999）。但是并非所有细菌的鞭毛蛋白都具有 PTI 激发活性。根癌土壤杆菌、根瘤菌和茄科雷尔氏菌的鞭毛蛋白及其肽段无法激发 PTI 相关的免疫反应（Felix et al.，1999；Pfund，2004）。细菌细胞壁也是 PTI 反应的重要激发子，其组分肽聚糖和脂多糖可以在拟南芥、水稻等植物中激发免疫反应（Ranf et al.，2015）。黄单胞菌群体感应系统中顺式非饱和脂肪酸可扩散信号因子（DSF）也可以使拟南芥、本氏烟、水稻等模式植物产生过氧化氢、发生细胞坏死等免疫应答，但是其受体和信号通路尚不明确（Kakkar et al.，2015）。Harpin 是植物病原细菌Ⅲ型分泌系统的一个组分，可以分泌到细菌胞外并在植物表面激发过敏性坏死反应（Wei et al.，1992）。将 Harpin 也归为细菌 PAMP（Postel and Kemmerling，2009）。此外，细菌中还存在一些胞内成分可以作为 PAMP 激发植物的 PTI 反应，如延伸因子（EF-Tu）N 端的 18 个氨基酸肽段 elf18 可以被拟南芥等十字花科植物识别，另一个肽段 EFa50 可以被水稻识别（Kunze et al.，2004；Furukawa et al.，2014）。黄单胞菌来源的 RaxX、eMax 分别激发水稻、拟南芥的免疫系统（Jehle et al.，2013）。细菌内源的嗜冷蛋白也具有激发植物免疫反应的能力，位于 RNP-1 保守域的 22 个氨基酸 csp22 可以引起活性氧爆发等 PTI 反应。植物病原细菌和根围植物促生细菌（PGPR）还具有一些潜在的分子模式，如黄嘌呤通透酶 xup25、Nep1 类蛋白、嗜铁素、鼠李糖脂等，但其受体与免疫信号通路还有待进一步研究论证（Mariutto and Ongena，2015）。

表 4-2 细菌 PAMP 与植物模式识别受体

分子模式	受体蛋白	寄主植物	文献
flg22	FLS2	拟南芥，本氏烟，番茄，水稻，葡萄，马铃薯等	Felix et al.，1999；Takai et al.，2008；Trda et al.，2014
flg28	FLS3	番茄	Cai et al.，2011；Hind et al.，2016
elf18	EFR	拟南芥	Kunze et al.，2004
RaxX21	XA21	水稻	Pruitt et al.，2015
csp22	CORE，CSPR	番茄，本氏烟	Saur et al.，2016；Wang et al.，2016
脂多糖	LORE	拟南芥	Ranf et al.，2015
肽聚糖	LYM1/LYM3	拟南芥	Willmann et al.，2011
胞外多糖	EPR3	百脉根	Kawaharada et al.，2015
xup25	XPS1	拟南芥	Mott et al.，2016
nlp20	RLP23	拟南芥	Albert et al.，2015
eMax	ReMAX/RLP1	拟南芥	Jehle et al.，2013
Harpin	\	黄瓜，烟草，番茄，拟南芥	Wei et al.，1992
EFa50	\	水稻	Furukawa et al.，2014
DSF	\	拟南芥，本氏烟，水稻	Kakkar et al.，2015
嗜铁素	\	烟草	van Loon et al.，2008
鼠李糖脂	\	葡萄	Varnier et al.，2009

注："\"表示未知

2. 植物模式识别受体及其信号通路

植物模式识别受体（PRR）包括类受体激酶（RLK）和类受体蛋白（RLP）（表 4-2）。RLK 由胞外配体结合域、跨膜域、胞内激酶结合域三部分组成。与 RLK 不同的是，RLP 缺少胞内激酶结合域。FLS2 是细菌鞭毛蛋白的受体，也是最早发现的 PRR 蛋白，它可以识别鞭毛蛋白的肽段 flg22。flg22 无法在 FLS2 基因沉默的本氏烟中激发 PTI 反应（Wei et al.，2013）。FLS2 同源蛋白广泛存在于拟南芥、本氏烟、番茄、水稻、葡萄等多种植物中。鞭毛蛋白另一肽段 flg28 识别的并不是 FLS2，从野生番茄中找到了 flg28 的受体蛋白 FLS3（Hind et al.，2016）。细菌延伸因子 EF-Tu 及其 N 端肽段 elf18 可以被植物 PRR 蛋白 EFR 识别，但是 EFR 同源蛋白及其与 elf18 的识别仅限于十字花科植物。番茄 CORE（cold shock protein receptor）蛋白可以特异性地识别 csp22，本氏烟中 CSPR 蛋白也可以被 csp22 激活（Saur et al.，2016；Wang et al.，2016）。随着研究的深入，越来越多的 PAMP 受体被发掘，如 LysM（Lys motif）受体类蛋白 LYM1 和 LYM3 可以识别肽聚糖，CERK1 可以识别几丁质，

LORE 可以特异性识别假单胞菌和黄单胞菌 LPS 保守的类脂 A，水稻 XA21、拟南芥 ReMAX 蛋白分别可以识别黄单胞菌的 RaxX、eMax（Pruitt et al.，2015）。

许多 RLK 或 RLP 类型的模式识别受体可以与受体激酶在植物细胞膜上形成复合体。例如，FLS2 和 EFR 可以与 BAK1（BRI1-associated receptor kinase 1）或 SERK（somatic embryogenesis receptor kinase）形成复合体（Saijo et al.，2018）。BAK1 与 PRR 复合体的形成通常是配体依赖性的。通过对复合体的晶体结构解析发现，BAK1 是 flg22 的共受体。FLS2 胞外域通过其螺线状凹面连续的 β-片层来识别 flg22，而 BAK1 通过其 N 端的帽子结构直接与 flg22 的 C 端互作，由此形成分子胶一样稳定的 FLS2-BAK1 二聚体结构（Sun et al.，2013）。SERK 与 PRR 复合体的形成并不总是配体依赖性的。水稻 XA21 不需要 RaxX 的激活就可以直接与 SERK2 发生互作。除此之外，植物细胞还具有其他复合体形式，CERK1 可以作为受体激酶与许多含有 LysM 的 PRR 形成复合体。水稻 CEBiP（LysM-RLP chitin elicitor-binding protein）与几丁质结合形成同源二聚体，随后 CERK1 发生异源二聚化，进而形成一个三明治式的受体系统（Shimizu et al.，2010；Hayafune et al.，2014）。LYP4 和 LYP6 是两个含有 LysM 的类受体蛋白，可以双重特异性地识别几丁质和肽聚糖，被配体激活后，与 CERK1 互作形成复合体（Liu et al.，2012）。受体激酶与 PRR 的结合是具有特异性的，相互之间没有必然的交叉互作。例如，几丁质激发的 PTI 反应不需要 BAK1 的参与，CERK1 不介入 flg22-FLS2 免疫途径，LORE 的激活与 BAK1 和 CERK1 无关。

PRR 受配体激活并结合受体激酶，然后通过细胞质类受体激酶（RLCK）向下游传递免疫信号。与受体激酶相比，细胞质类受体激酶只有激酶结合域而没有胞外域和跨膜结构域。拟南芥和水稻中分别有超过 160 个和 280 个 RLCK（Lehti-Shiu et al.，2009）。BIK1（botrytis-induced kinase 1）是拟南芥中Ⅶ亚家族的 RLCK，在 PTI 信号传递过程中起重要作用（Zhang et al.，2010）。正常状态下 BIK1 可以与 FLS2 和 BAK1 结合，而 FLS2 一旦被 flg22 激活，BAK1 与 FLS2 发生相互作用使 BIK1 磷酸化，进而 BAK1 和 FLS2 也被磷酸化，随之 BIK1 从 PRR 复合体上释放，启动下游信号传递（Lu et al.，2010）。BIK1 可以通过磷酸化 NADPH 氧化酶 RbohD 来控制活性氧的释放。RbohD 蛋白是个多功能域蛋白，具有多个跨膜结构域、FAD 和 NADPH 结合位点、N 端 Ca^{2+} 结合域及氧化酶功能区。活性氧爆发能够正调控 Ca^{2+} 信号，促进 Ca^{2+} 内流，从而导致气孔关闭，限制病原菌通过气孔侵染植物（Li et al.，2014）。elf18 与几丁质所激发的 PTI 信号通路也同样需要 BIK1 与近缘的 PBL（PBS1-like kinase）蛋白参与。水稻 RLCK176 与 RLCK185 也是Ⅶ亚家族的 RLCK，通过与 CERK1 互作正调控肽聚糖和几丁质所激发的 PTI 反应（Yamaguchi et al.，2013）。另一个Ⅻ亚家族激酶 BSK1（brassinosteroid-signaling kinase 1）只参与 flg22 而非 elf18 激发的信号通路（Shi et al.，2013）。因此，RLCK 被认为是 PTI 信号通路上游共有的节点因子。

PAMP 配体激活 PRR 复合体后胞内受体激酶即可启动一系列免疫信号的传递：丝裂原活化蛋白激酶（MAPK）级联反应和钙离子蛋白激酶（CDPK）反应，将免疫信号传递到细胞核，导致转录重排，从而引起植物局部或系统性的 PTI 反应（Saijo et al.，2018）。目前，已报道的 PRR 可激活两种级联途径。一种由 MAPKKK（MEKK1）、MKK1/MKK2、MPK4 组成，另一种由 MKK4/MKK5 和 MPK3/MPK6 组成。第二种途径在免疫反应中作用更大，可以引起防卫基因表达、植保素和乙烯合成、气孔免疫等。有关第二种途径上游 MAPKK 的报道并不多，有研究表明 MAPKKK5 和 PBL27 可以正调控几丁质激发的 MPK3/MPK6 表达（Yamada et al.，2016）。进一步的研究显示，在拟南芥中 MAPKKK3 和 MAPKKK5 可以激活 MPK3/MPK6 的表达，从而产生对病原细菌和真菌的抗性（Bi et al.，2018）。在 PTI 信号通路中，MAPK 可以通过直接或间接调控转录因子活性，使植物转录水平发生巨大的变化，引起抗菌酶或化合物产生、胼胝质沉积和细胞壁加固、激素合成和转录水平调控。其中 WRKY 转录因子是 MAPK 磷酸化的重要底物蛋白，直接控制免疫相关基因的转录。例如，MPK3 和 MPK6 通过磷酸化转录因子 WRKY22 与 WRKY29 正调控植物的 PTI 反应，而 MPK4 通过激活 WRKY25 和 WRKY33 调节下游免疫相关基因的表达（Couto and Zipfel，2016）。CDPK 也是 PTI 信号通路上游一类重要的多功能域蛋白，包含 N 端可变结构域、丝氨酸/苏氨酸激酶结构域、钙调蛋白结构域（CaM-LD）和一个自抑制结构域。在非激活状态下，CDPK 的自抑制结构域与激酶结构域结合，从而抑制激酶结构域的活性。当 Ca^{2+} 存在时，CaM-LD 结构域被激活，蛋白质构象发生改变，激酶结构域和自抑制结构域发生分离，激酶结构域与底物蛋白互作，从而调节下游的信号转导（Saijo et al.，2018）。在拟南芥中有 30 多个 CDPK 家族蛋白，其中 CDPK4、CDPK5、CDPK6 和 CDPK11 与免疫抗性相关（Saijo et al.，2018）。在这 4 个蛋白编码基因的多重突变体中，flg22 诱导的活性氧爆发和对病原菌的抗性都明显减弱（Boudsocq et al.，2010）。CDPK 蛋白并不影响 flg22 诱导的 MAPK 信号传递，表明 CDPK 和 MAPK 是两条独立的 PTI 信号通路（Dubiella et al.，2013）。

　　G 蛋白在 PAMP 介导的免疫反应中发挥重要的调控作用。拟南芥异源三聚体 G 蛋白由 Gα（GPA1、XLG1、XLG2、XLG3）、Gβ（AGB1）、Gγ（AGG1、AGG2、AGG3）组成，可以与单跨膜结构蛋白 RK、RLK、RLP 互作（Stateczny et al.，2016）。免疫激发子 flg22 通过调控鸟嘌呤核苷酸激活 XLG2-Gβγ 复合体功能，XLG2-Gβγ 复合体与 FLS2-BIK1 相互作用正调控植物免疫系统（Liang et al.，2016）。在拟南芥中，RGS1 负调控 GPA1 介导的信号通路（Chen et al.，2003）。RGS1 可以与 FLS2 和 XLG 直接互作调控异源三聚体 G 蛋白。在接收 flg22 信号之前，RGS1 利用 GAP1 活性调节 XLG2-Gβγ 的非激活状态。当植物受到 flg22 激发后，RGS1 被 BIK1/PBL 磷酸化从而与 FLS2 和 XLG2 解离。这一过程使 Gα 自激活，从而与 Gβγ 和 FLS2 受体复合体解离并启动免疫信号传递（Liang et al.，2018）。进一步实验证明，elf18、几丁质、Pep2 具有相似的 RGS1 磷酸化作用方式和通过 RGS1 调控 GPA1 的机制（Liang et al.，2018）。此外，遗传证据也表明 GPA1 与 FLS2 介导的气孔防卫反应有关，但分子机制尚不明确（Zeng et al.，2010）。

二、细菌效应子激发的植物免疫反应

1. 植物抗病蛋白对细菌效应子的识别

病原细菌通过 T3SS 系统分泌的效应子干扰植物的 PTI 或基础抗性。细菌效应子的发现源于"基因对基因"假说。该假说指出只有寄主植物中携带有特定的抗病基因并且病菌中存在对应的"无毒"基因时，侵染才表现出非亲和性，即植物对病菌侵染有抗性；而其他的情况则表现为亲和性，即植物对病菌侵染的易感性。后来的研究发现，这些"无毒基因"编码的是具有致病力的效应子。在寄主植物与病菌的互作过程中，植物进化出了能够识别这些效应子的抗病蛋白，激活了免疫，进而阻止病菌的入侵。在植物中这一类抗病基因编码的蛋白质一般具有典型的 NBS-LRR 结构域。效应子被植物抗病蛋白识别后，产生的免疫反应称作 ETI，典型的 ETI 反应可诱发植物的过敏性坏死反应。

植物基因组通常编码数百个 NBS-LRR 蛋白，如拟南芥基因组编码近 150 个 NBS-LRR 蛋白，水稻和番茄等植物的基因组编码 400 多个此类蛋白质。这类蛋白质 N 端通常具有 CC 或 TIR 结构域。在大多数 NBS-LRR 蛋白中，CC 和 TIR 是信号结构域，其二聚体化可引起细胞死亡；NB-ARC 结构域通过调控 ADP/ATP 结合和水解来改变 NBS-LRR 的分子内互作，可能进一步促进 NBS-LRR 的多聚体化，进而激活 NBS-LRR 介导的免疫。LRR 结构域通常决定此类蛋白质对效应子的识别特异性，且 LRR 结构域的缺失可造成 NBS-LRR 蛋白的组成型激活。因此，LRR 的一个功能可能是负调控 NBS 结构域介导的多聚体化（Jones et al.，2016）。有研究报道了首个植物全长 CC-NBS-LRR 蛋白 ZAR1 复合体自抑制态、中间态及激活态的晶体结构。在静息状态下，植物 ZAR1 蛋白与假激酶 RKS1 形成蛋白复合体。当黄单胞菌入侵植物时，其分泌的效应子 AvrAC 通过尿苷酰化修饰植物激酶 PBL2，被修饰的 PBL2 与 RKS1 结合，诱导 ZAR1 的 NBS 结构域构象改变和 ADP 释放，形成 ZAR1 蛋白复合体的中间态。dATP 诱导 ZAR1-RKS1-PBL2 在体外寡聚形成五聚复合体的抗病小体（resistosome），从结构生物学角度证明了植物 NBS-LRR 蛋白的寡聚激活机制（Wang et al.，2019a，2019b）。此外，TIR-NBS-LRR 的激活机制也在近期被揭示。两个不同的实验室解析了两个不同 TIR-NBS-LRR 的结构，发现它们都能形成四聚体，当结合效应子时，暴露出烟酰胺腺嘌呤二核苷酸（NAD，又称辅酶Ⅰ）水解酶的活性位点，启动了 NAD 的水解，进而促进了免疫激活（Ma et al.，2020；Martin et al.，2020）。

NBS-LRR 介导的免疫识别一般发生在细胞内，其对细菌效应子的识别通常是间接的，这种间接识别是指 NBS-LRR 可以识别与效应子结合或经修饰的效应子的靶蛋白。最典型的例子是拟南芥 NBS-LRR 蛋白对细菌效应子 AvrRpm1、AvrRpt2 和 AvrB 的识别。拟南芥 NBS-LRR 蛋白 RPM1 和 RPS2 均可以与其质膜上的免疫蛋白 RIN4 互作，RIN4 被修饰，RPM1 或 RPS2 则被激活。效应子 AvrRpt2 具有蛋白酶活性，在胞内可以直接剪切 RIN4；而效应子 AvrB 和 AvrRpm1 可以引起 RIN4 磷酸化。RIN4

的降解和磷酸化可以分别激活 RPS2、RPM1，引发免疫反应（Elmore et al.，2011；Khan et al.，2016）。在这个过程中，RPS2 和 RPM1 识别的是修饰后的 RIN4，因为 RIN4 的降解或磷酸化可以不依赖细菌效应子而直接激活 RPS2 和 RPM1，使植物产生免疫应答反应。这一免疫应答模式证实了著名的"警戒"假说（guard hypothesis）及"诱饵模型"（decoy model）。在这个假说中，RIN4 就是典型的警戒蛋白（guardee），NBS-LRR 监视警戒蛋白的修饰进而激活免疫反应（Chisholm et al.，2006）。抗病蛋白除了具有典型的 NBS-LRR 结构域，还衍生出一些其他结构域，如拟南芥 RRS1-R 蛋白还具有 WRKY 结构域，其识别的效应子 PopP2 可以与植物中的 WRKY 蛋白互作，并对其进行修饰，干扰其调控的抗病反应；WRKY 结构域同样能与 PopP2 结合并被其修饰，RRS1-R WRKY 结构域的修饰不仅可以激活 RRS1-R，还可以降低 PopP2 对植物中其他 WRKY 蛋白的干扰，增强植物的抗病性（Sarris et al.，2015）。

NBS-LRR 抗病蛋白需要分子伴侣协助其进行正确折叠、富集和活性调节。RAR1、SGT1 和 HSP90 等蛋白质可形成两两复合体或三聚复合体行使对 NBS-LRR 抗病蛋白的调控功能。RAR1 和 HSP90 对于 RPM1 等蛋白质的稳定性与积累是必需的，而 SGT1 可以通过 26S 蛋白酶体途径降解 NBS-LRR 蛋白。研究发现，其他一些抗病相关蛋白，如 SRFR1（suppressor of rps4-RLD1）和 CRT1（compromised recognition of TCV）可以与上述的分子伴侣蛋白互作，共同调节 NBS-LRR 蛋白的稳定性（Elmore et al.，2011）。

此外，NBS-LRR 蛋白介导的免疫激活还需要下游信号组分的参与。CC-NBS-LRR 蛋白，如 RPS2、RPM1 和 RPS5 激活的反应完全依赖细胞质膜定位的 NDR1 蛋白。NDR1 是一个整联蛋白（integrin），在 PTI 反应和 ETI 反应中均具有重要的作用，但其参与免疫的机制尚不明确（Cui et al.，2015）。TIR-NBS-LRR 蛋白激活的免疫需要下游 3 个具有类脂酶（lipase-like）活性的蛋白质参与，这 3 个蛋白质分别是 EDS1、PAD4 和 SAG101。其中 EDS1 蛋白定位于细胞质和细胞核中，可与多个 TIR-NBS-LRR 蛋白互作，这些蛋白质激活的免疫在很大程度上依赖 EDS1，且 PAD4 和 SAG101 也可能参与了该过程。此外，一些 CC-NBS-LRR 蛋白也参与了 TIR-NBS-LRR 蛋白激活的反应，如烟草的 NRG1 蛋白参与了 TIR-NBS-LRR 中 N 抗病蛋白激活的免疫，而拟南芥 ADR 蛋白则参与了多个 TIR-NBS-LRR 蛋白激活的免疫。因此，这些 CC-NBS-LRR 蛋白作为辅助蛋白质参与了 TIR-NBS-LRR 介导的免疫过程（Peng et al.，2018）。

2. ETI 介导的特异性抗病反应

效应子被 NBS-LRR 蛋白识别后产生的典型表型是植物细胞在病菌侵染部位产生由过敏性坏死反应（HR）引起的程序性细胞死亡。HR 能非常有效地阻止白粉病菌、丁香假单胞菌和稻瘟病菌等寄生与半寄生性病原菌的侵染，因为这类病原菌都需要从活体植物组织获取营养。程序性细胞死亡分为自溶性和非自溶性，前者通过液泡释放水解酶，迅速清除和降解细胞质蛋白，引起细胞死亡；而后者液泡不释放水解酶，由液泡膜与质膜融合并释放液泡内的抗菌蛋白等物质进入质外体，并伴随细胞死亡（Wu et al.，2014）。

HR过程可以产生大量的活性氧（ROS）和水杨酸（SA），其中ROS的大量积累可能是引起植物细胞死亡的主要原因。植物NADPH氧化酶由 *Rboh* 家族基因编码，在ETI激活的HR中起重要作用。然而，近年来也有报道显示ROS可能不是引起HR的主要原因。例如，在拟南芥 *nca1*（no catalase activity 1）和 *cat2*（catalase 2）缺失突变体中，尽管细胞内依然维持较高的ROS水平，但效应子AvrRpm1被抗病蛋白RPM1识别后引起的细胞坏死程度反而降低了。此外，侵染部位SA的大量合成也会造成ROS积累及最终的细胞死亡。ROS还可以将病菌侵染信号传递到未被侵染的叶片，并促进未侵染叶片中SA和ROS的积累，使植物产生系统获得抗性（SAR）（Wu et al.，2016）。

ETI的另外一个特征是引发转录重编程。转录重编程是生物体受到外界干扰后，其基因转录过程发生改变，转录组重新调整，以应对外界干扰。例如，RRS1作为一个NBS-LRR-WRKY蛋白，在没有被效应子激活时，可以通过WRKY结构域抑制 *PR1*、*PR5*、*EDS1* 和 *PAD4* 等下游抗病相关基因的表达。在识别效应子PopP2后，RRS1激活了抗病信号，解除了对这些基因的转录抑制。与WRKY转录因子类似，拟南芥SPL6蛋白可以激活一系列防卫基因的表达，是TIR-NBS-LRR蛋白RPS4介导的免疫激活所必需的。有意思的是，SPL6介导的免疫仅对TIR-NBS-LRR蛋白有效，对于如CC-NBS-LRR蛋白RPS2和RPM1却不是必需的（Cui et al.，2015）。

此外，转录调节因子Mediator（MED）复合体可能也介导了ETI下游转录重编程的信号转导。MED是广泛存在于真核生物中的转录调节因子，与RNA聚合酶的接头蛋白一起参与转录调控。拟南芥MED14和MED16在ETI过程中作为正调控因子参与免疫，其缺失突变体不能进行效应子AvrRpt2识别后的转录重编程。在转录重编程过程中，染色质修饰和超结构变化也发挥了重要的作用，如DNA甲基化和去甲基化、组蛋白修饰和ATP依赖的染色体重构等均参与了ETI激活过程。拟南芥伸长复合体亚基蛋白ELP2具有DNA去甲基化酶和组蛋白乙酰转移酶活性，可以诱导 *NPR1*、*PAD4*、*EDS1* 和 *PR2* 等抗病相关基因的表达，正向调节抗病蛋白RPS2和RPS4等介导的ETI反应。此外，与染色体高级结构相关的蛋白质，如MORC（mutation of microrchidia）家族的CRT1蛋白参与了DNA解聚，并可以与许多NBS-LRR蛋白，包括RPS2和Rx等结合，参与植物免疫。因此，推测这类蛋白质可能通过影响染色体高级结构的变化调控了转录进程，进而参与了ETI反应（Wu et al.，2014）。

植物ETI和PTI介导的基因转录在很大程度上是重叠的，不同的抗病基因激活的基因表达谱也存在很大程度的重叠。PTI激活的典型反应包括ROS积累、Ca^{2+}内流、CPK介导的磷酸化和MAPK激活等，而许多ETI激活的过程同样伴随着上述反应，但是激活的强度高和时间长，最终导致细胞死亡。因此，ETI反应可能与PTI反应共享免疫激活途径，且 ETI 反应可能是"放大"的 PTI 反应，并最终导致其调控的免疫基因大量表达及过敏性坏死反应（Muthamilarasan and Prasad，2013；Cui et al.，2015）。

三、病原细菌对植物免疫反应的抑制

1. 细菌效应子对植物 PTI 途径的操控

病菌保守的 PAMP 被识别后所激活的植物 PTI 反应由定位在细胞质膜上的模式识别受体（PRR）介导。PTI 可以阻止绝大部分病原菌的侵染，但是很多病原菌进化出了效应子来干扰 PTI 途径（表 4-3）（Macho and Zipfel，2015）。细菌Ⅲ型分泌系统（T3SS）分泌的效应子可以在多个层面影响或抑制 PTI。植物遭受病菌侵染时，PRR 蛋白识别 PAMP 进而被激活，激活的 PRR 及其复合体启动 PTI 反应。因此，许多病原菌进化出了一些效应子靶向 PRR，以干扰其表达或影响其活性，进而抑制植物 PTI 反应。例如，丁香假单胞菌效应子 HopU1 具有单 ADP-核糖基转移酶活性，可以特异性地修饰植物 RNA 结合蛋白 GRP7。GRP7 具有结合 *FLS2* 和 *EFR* mRNA 的功能，而 HopU1 干扰了它们的结合，进而抑制了这些 PRR 的表达。因此，GRP7 缺失突变体对丁香假单胞菌显示了较强的感病性（Nicaise et al.，2013）。

表 4-3　细菌效应子在植物体内的靶标［修改自 Macho 和 Zipfel（2015）］

效应子	细菌种类	活性	PTI 相关的植物靶标	植物种类
HopU1	丁香假单胞菌	单 ADP-核糖基转移酶	GRP7，RNA 结合蛋白	拟南芥
HopQ1/XopQ	丁香假单胞菌/黄单胞菌	假定的核苷水解酶	细胞分裂素合成/14-3-3 蛋白	拟南芥/番茄/菜豆
AvrPtoB	丁香假单胞菌	E3 泛素连接酶/激酶活性抑制	FLS2，CERK1，LecRK	拟南芥
AvrPto	丁香假单胞菌	激酶活性抑制	FLS2，EFR	拟南芥
HopAO1	丁香假单胞菌	酪氨酸磷酸酶	EFR，FLS2，LORE	拟南芥
HopF1/F2	丁香假单胞菌	ADP-核糖基转移酶	RIN4，BAK1，MKK5	本氏烟/拟南芥/菜豆
Xoo2875	白叶枯病菌	未知	OsSERK2	水稻
AvrPphB	栖菜豆假单胞菌	半胱氨酸蛋白酶	胞内受体激酶	拟南芥
AvrAC/XopAC	甘蓝黑腐黄单胞菌	尿苷 5′-单磷酸转移酶	胞内受体激酶	拟南芥
Xoo1488	白叶枯病菌	未知	胞内受体激酶	水稻
HopAI1	丁香假单胞菌	磷酸苏氨酸裂解酶	MAPK	拟南芥
HopM1	丁香假单胞菌	未知	囊泡运输/14-3-3 蛋白	拟南芥/本氏烟
XopJ	野油菜黄单胞菌	假定的 SUMO 蛋白酶	蛋白分泌/RPT6	拟南芥
XopB/XopS	野油菜黄单胞菌	未知	囊泡运输	拟南芥

续表

效应子	细菌种类	活性	PTI 相关的植物靶标	植物种类
XopN	甘蓝黑腐黄单胞菌/野油菜黄单胞菌	未知	TFT1（14-3-3 蛋白）/TARK1	番茄
XopL	野油菜黄单胞菌	E3 泛素连接酶	质体微管	拟南芥/本氏烟
XopR	白叶枯病菌	未知	BIK1/胞内受体激酶	拟南芥
AvrBsT	野油菜黄单胞菌	酰基转移酶	微管相关蛋白，ACIP1	拟南芥/辣椒
HopK1	丁香假单胞菌	未知	叶绿体	拟南芥
AvrRpt2	丁香假单胞菌	半胱氨酸蛋白酶	RIN4	拟南芥
AvrRpm1	丁香假单胞菌花椰菜变种	未知	RIN4	拟南芥
AvrB	丁香假单胞菌	未知	RAR1/RIN4	拟南芥
AvrE/AvrE1	丁香假单胞菌	未知	PP2A	拟南芥
HopG1	丁香假单胞菌	假定的蛋白酶抑制剂	线粒体/肌动蛋白重塑	拟南芥/本氏烟
HopS1	丁香假单胞菌	未知	未知	拟南芥
HopAF1	丁香假单胞菌	假定的脱酰胺酶	MTN1 和 MTN2	拟南芥
HopT1-1	丁香假单胞菌	未知	未知	拟南芥
HopT1-2	丁香假单胞菌	未知	未知	拟南芥
HopAA1-1	丁香假单胞菌	未知	未知	拟南芥
HopC1	丁香假单胞菌	未知	未知	拟南芥
NopM	共生根瘤菌	E3 泛素连接酶	MAPK	本氏烟

细菌效应子还可以在蛋白质水平调控 PRR，从而抑制 PTI 反应。最为典型的例子是丁香假单胞菌的效应子 AvrPtoB，该效应子具有泛素连接酶活性，可以靶向 FLS2 和 EFR 并导致其降解，从而干扰其介导的 PTI 激活。而另外一个效应子 AvrPto 可以与 FLS2 和 EFR 结合，抑制 PAMP 引起的 FLS2 和 EFR 磷酸化，从而阻止其下游 RLCK 的磷酸化，削弱 PTI 反应。其他一些效应子，如 HopB1 和 HopF2，可以靶向 FLS2 和 EFR 的共受体蛋白 BAK1 或 EFR-BAK1 蛋白复合体，以干扰其信号感应。此外，野油菜黄单胞菌效应子 AvrAC 具有尿苷 5′-单磷酸转移酶活性，可以将尿苷 5′-单磷酸转移至多个 RLCK，包括许多 PRR 的共受体 BIK1，从而干扰其在 PTI 反应中的作用（Feng et al.，2012）。

植物 MAPK 级联途径包括 MEKK1、MKK4/MKK5 及 MPK3/MPK6，作用于 PRR 激活通路的下游。由于 MAPK 介导的级联途径是引起 PTI 的关键步骤，因而成为众多效应子的靶标。丁香假单胞菌效应子 HopAI1 具有苏氨酸磷酸裂解酶活性，可以解除 MPK3、MPK4 和 MPK6 的磷酸化，抑制其活性；而效应子 HopF2 可以通过 MKK5 的 ADP-核糖基化来阻止其磷酸化及其对下游 MAPK 的激活。此外，效应子 HopAO1 可以靶向 MAPK。在烟草中瞬时表达 MAPK 可以引起细胞坏死，但是 HopAO1 可以阻止坏死。然而在拟南芥中表达 HopAO1 不能抑制 MPK3 和 MPK6 的激活。因此，HopAO1 可能间接影响 MAPK 活性并抑制 PTI（Zhang et al.，2007；Wang et al.，2010）。

　　除了操控 PTI 主要信号通路，细菌效应子还可以干扰其他一些 PTI 组分。例如，效应子 HopM1 可以靶向降解鸟嘌呤核苷交换因子 MIN7，该蛋白质参与了微囊体运输，并介导了如胼胝质积累等过程；HopM1 还可以干扰 14-3-3 蛋白参与的 PTI 反应。此外，某些病原细菌还进化出一些效应子来干扰特定植物细胞器的功能。例如，效应子 HopG1 分泌到植物细胞后，定位于植物细胞线粒体，调节其参与的呼吸作用并影响 ROS 的水平；重要免疫蛋白 RIN4 可以与保卫细胞中的 H^+-ATPase 结合并在病菌侵染时调节其活性，实现对气孔开闭的调节，阻止细菌入侵。然而，RIN4 可被效应子 AvrB 和 AvrRpm1 靶向并引起其磷酸化，影响了 H^+-ATPase 活性和气孔开闭，表明这两个效应子可以通过磷酸化 RIN4 参与病菌侵染过程中寄主气孔开闭的调节（Lee et al.，2015）。这些研究揭示了病菌在漫长的进化过程中获得了功能各异的效应子，并且利用这些效应子干扰或操控了植物免疫过程，特别是对 PTI 的抑制（表 4-3）。

2. 细菌鞭毛蛋白糖基化修饰与免疫逃逸

　　鞭毛是细菌的主要运动器官之一，其主要结构包括基体、钩形鞘和鞭毛丝三部分。鞭毛蛋白是组成鞭毛丝的蛋白亚基。不同细菌鞭毛蛋白中间区域是可变的，但 N 端和 C 端则高度保守。鞭毛蛋白是一类重要的 PAMP 分子，可被寄主受体 FLS2 特异性识别，从而激发寄主的 PTI 反应（Gomez-Gomez et al.，2000；武晓丽等，2011）。

　　蛋白质翻译后修饰是对蛋白质进行共价加工的过程，主要是通过在氨基酸残基上加修饰基团或通过蛋白质水解剪切，使蛋白质成为具有活性和功能的成熟蛋白。蛋白质翻译后修饰直接决定着蛋白质的三级和四级结构，不仅影响蛋白质的化学性质，还对其在细胞中的定位、与其他大分子物质的互作有影响。蛋白质有多种翻译后修饰，目前研究较多的有糖基化、磷酸化、甲基化和乙酰化修饰等。

　　糖基化是一类重要的蛋白质翻译后修饰，在细胞免疫、信号转导、蛋白质翻译调控、蛋白质降解等诸多生物过程中起着重要的作用。蛋白质糖基化是低聚糖以糖苷的形式与蛋白质上特定的氨基酸残基共价结合的过程，根据氨基酸和糖的连接方式不同，蛋白质糖基化分为以下四类：O 位糖基化、N 位糖基化、C 位糖基化和糖基磷脂酰肌醇锚定连接，其中 O 位糖基化主要发生在蛋白质的苏氨酸和丝氨酸残基上（Nothaft and Szymanski，2010）。

　　不同细菌鞭毛蛋白的糖基化修饰方式和位点是不同的。铜绿假单胞菌 a 型菌株鞭毛蛋白的糖基化为 O 位糖基化，有两个糖基化位点，其糖基化修饰由鞭毛蛋白基因簇中 14 个基因组成的糖基化岛（glycosylation island，GI）基因决定；而 b 型菌株的鞭毛蛋白却无任何糖基化位点，鞭毛蛋白基因簇也无糖基化岛基因（Arora et al.，

2001，2004；Schirm et al.，2004）。丁香假单胞菌鞭毛蛋白的糖基化由 3 个基因组成的糖基化岛基因决定（Takeuchi et al.，2003），有 6 个糖基化位点，其中第 176、183 和 193 位为关键的糖基化位点（Taguchi et al.，2006）；空肠弯曲杆菌的鞭毛蛋白则有多达 19 个糖基化位点（Ewing et al.，2009）。

在与寄主植物互作中，细菌进化出了很多逃避寄主特异性识别的机制，鞭毛蛋白糖基化修饰就是其中重要的一种。目前普遍认为，糖基化修饰可使鞭毛蛋白逃避寄主识别，寄主的 PTI 受到抑制，包括细胞过敏性坏死反应（HR）、过氧化氢产生、活性氧爆发、胼胝质沉积和防卫基因表达等，病菌毒性相应增强。丁香假单胞菌大豆、番茄和烟草致病变种的鞭毛蛋白具有相同的氨基酸序列，但诱导烟草 HR 的作用机制不相同（Taguchi et al.，2003a，2003b）。通过对丁香假单胞菌基因组进行分析，发现在鞭毛蛋白基因上游有 3 个基因（*orf1*、*orf2* 和 *orf3*）组成的糖基化岛基因，其中 *orf1* 缺失突变后，突变体鞭毛蛋白的糖基化缺失，对寄主的致病性减弱，但对非寄主的致病性增强（Takeuchi et al.，2003）。说明鞭毛蛋白糖基化决定病原菌对寄主的专一性，即丁香假单胞菌非糖基化鞭毛蛋白能被寄主识别，进而激发寄主的 PTI，减轻病害；而糖基化鞭毛蛋白则能逃避寄主识别，不激发寄主的 PTI，从而加重病害。相反的是，非糖基化鞭毛蛋白能逃避非寄主识别，使非寄主感病；而糖基化的丁香假单胞菌鞭毛蛋白则能被非寄主识别，从而诱导非寄主植物一系列 PTI 反应（Iwano et al.，2002；Tanaka et al.，2003）。此外，糖基化还有助于稳定鞭毛蛋白，抑制其消解，保持细菌运动性（Taguchi et al.，2008，2009）。同时，鞭毛蛋白糖基化缺失后，群体感应信号分子水平显著下降，细菌对抗生素的耐受性显著上升（Taguchi et al.，2010a）。而在水稻与白叶枯病菌互作中，鞭毛蛋白糖基化的缺失增强了病菌对水稻的致病性（孙艳伟等，2009；Yu et al.，2018）。说明鞭毛蛋白糖基化修饰在病原菌与寄主互作中的作用机制是复杂和多样的。

3. 细菌抗氧化反应系统与植物免疫诱导和抑制

在与植物互作的过程中，植物病原细菌常常处于植物活性氧爆发造成的氧化胁迫环境中，植物病原细菌的抗氧化反应系统首先必须维持自身的氧化还原平衡，从而保障自身的生存（Ahn and Baker，2016）。

（1）细菌抗氧化反应系统与植物免疫诱导

植物病原细菌侵染抗病品种和非寄主植物，通常都会引起植物的过敏性坏死反应（HR），这是植物对抗外来病原的一种快速的主动防卫反应机制（Apel and Hirt，2004）。感染部位的细胞同时产生信号分子，诱导植物其余部分产生局部获得抗性（LAR）或系统获得抗性（SAR），以防止病原物的进一步扩展和二次侵染，是一种典型的植物免疫机制（Heil and Bostock，2002）。植物天然免疫系统为彼此相互关联的两个层面：PTI 和 ETI。其中，PTI 是由 PAMP 诱发的植物免疫。PAMP 被位于植物细胞表面的受体识别后，将免疫信号通过胞质类受体激酶 BIK、MAPK 级联、CDPK 等向下游传递，诱导活性氧爆发、气孔关闭、免疫基因表达等，从而抑制病原细菌生长。免疫信号在传递过程中会在多个层次上被精细调控，以保证合适的反应强度和持续时间（杨俊等，2018）。

植物 HR 发生的前提条件是具有活力的病原细菌与植物之间发生互作、细菌抗氧化反应系统正常运行。随着植物 HR 启动、活性氧爆发发生，细菌抗氧化反应系统无法及时清除环境中过多的 ROS，细菌自身氧化还原平衡被破坏，HR 中的重要事件之一——病原细菌氧化胁迫就发生了（Torres and Dangl，2005；Mittler，2017；Shangguan et al.，2018）。

细菌抗氧化反应系统的正常运行是植物 HR 发生的前提条件，HR 启动活性氧爆发，形成对细菌的氧化胁迫又是植物 HR 最后的归宿。这对更加深入地理解植物免疫反应具有相当重要的意义。

（2）细菌抗氧化反应系统与植物免疫抑制

当植物病原细菌抗氧化反应系统的活性足够强大，强大到可消除大部分互作中产生的活性氧（或与植物抗氧化反应系统配合），从而抑制活性氧爆发、阻止过敏性坏死反应发生时，植物病原细菌抗氧化反应系统对植物免疫的抑制就实现了。

在互作体系中，由于植物与病原细菌双方抗氧化反应系统的活性共同起作用，很难区分来源，加之细菌的抗氧化反应系统水平与植物相比较为微量，细菌抗氧化反应系统相关蛋白表达的变化难以检测，因而目前仍未见明确的研究报道。

4. c-di-GMP 信号机制与植物免疫逃避

c-di-GMP 作为一个重要的信号分子，在植物病原细菌致病性表达及其调控方面发挥了重要作用，其主要的调控机制是通过控制细菌 PAMP、胞外多糖（EPS）及 T3SS 效应子的产生等多种途径，参与细菌逃避植物的免疫反应（Pfeilmeier et al.，2016b；Martinez-Gil and Ramos，2018）。

植物病原细菌产生的多种保守 PAMP 分子可被植物受体识别，从而激活植物的 PTI 反应。植物病原细菌可以通过调控 PAMP 的产生和表达，从而逃避植物受体的识别。病原细菌鞭毛一方面在植物的定植和迁移过程中发挥重要功能，另一方面作为 PAMP 诱导植物免疫系统的早期反应。因此，植物病原细菌既需要利用鞭毛有效定植，又需要逃避鞭毛诱导的植物免疫（Chinchilla et al.，2007）。细菌胞内高浓度 c-di-GMP 可以抑制其运动性（Römling et al.，2013；Valentini and Filloux，2019）。丁香假单胞菌 c-di-GMP 浓度升高抑制了鞭毛蛋白的表达水平，影响其运动性，从而帮助其逃避被植物鞭毛受体 FLS2 识别（EngI et al.，2014；Pfeilmeier et al.，2016b）。水稻黄单胞菌 c-di-GMP 合成酶 GdpX1 过表达和降解酶 PXO_03945 缺失突变，导致 c-di-GMP 胞内水平明显提高，抑制了鞭毛蛋白基因表达及细菌运动性（Yang et al.，2016）。基于水稻具有识别细菌鞭毛蛋白的受体，水稻黄单胞菌通过 c-di-GMP 信号分子对鞭毛蛋白基因表达进行调控，可能会影响鞭毛蛋白与水稻受体的识别（Wang et al., 2015）。铜绿假单胞菌 FleQ 既是鞭毛蛋白基因转录的一个全局性调控因子，又是 c-di-GMP 信号分子的直接受体（Hickman and Harwood，2008）。由于多种植物病原细菌含有 FleQ，因而可能普遍存在 c-di-GMP 直接与信号受体 FleQ 结合，从而影响鞭毛蛋白基因表达、鞭毛蛋白产生及其与植物受体识别。

EPS 是植物病原细菌重要的毒力因子，可以通过隔离植物产生的抗生素或抗菌肽、形成静电壁垒、击退阳离子抗菌成分、激活物理防护来对抗活性氧，从而帮助细菌细胞逃避植物的免疫反应。在霍乱弧菌、鼠疫杆菌等一些重要的人类和动物病原细菌中都发现，c-di-GMP 可通过调控 EPS 的合成，从而影响生物膜合成和细菌毒性（Liang，2015）。水稻黄单胞菌 EPS 合成主要由 gum 基因簇编码酶系完成（Kim et al.，2009）。c-di-GMP 合成酶 GdpX1 和 DgcA 过表达，或降解酶 PdeR、EdpX1、PXO_03945 和 PXO_02944 缺失突变，都会导致 c-di-GMP 水平明显升高，抑制 gum 基因簇中相关基因的表达，导致 EPS 合成显著减少（Yang et al.，2012，2016；李潇桐等，2014；Su et al.，2016b；钱珊珊等，2017；Xue et al.，2018）。此外，脂多糖、降解酶、毒素及抗氧化剂等都可被植物病原细菌利用来对抗植物的 PTI 反应。

病原细菌不仅通过 T3SS 影响植物的免疫系统，还通过调节植物激素信号代谢、细胞器功能等生理过程影响细菌的生存、复制和传播。在细菌软腐病菌、梨火疫病菌、丁香假单胞菌、水稻黄单胞菌中都发现了 c-di-GMP 参与 T3SS 的表达调控。软腐病菌 c-di-GMP 信号系统可以通过多种途径参与调控 T3SS（Yi et al.，2010；Wu et al.，2014；Yuan et al.，2015，2018，2019）。c-di-GMP 降解酶 EcpB/EcpC 可以通过调控 HrpL 调控因子 RpoN 的表达来影响 HrpL 的表达，从而影响 T3SS 基因表达；c-di-GMP 降解酶 CsrD 通过调控葡聚糖合成相关蛋白 OpgGH 的表达来调控小 RNA rsmB 的表达，进而影响 T3SS 相关基因表达。CsrD 也通过直接影响 c-di-GMP 水平来调控 T3SS。鞭毛主调基因 FlhD 可通过调控鞭毛蛋白基因 fliA 来影响 c-di-GMP 受体蛋白 YcgR 的表达，而 YcgR 又参与调控 T3SS 相关基因的表达。c-di-GMP 合成酶 GcpA 通过调控 rsmB 参与 T3SS 相关基因的表达。水稻黄单胞菌磷酸二酯酶 PdeR、HD-GYP 结构域蛋白 RpfG、GGDEF/EAL 结构域蛋白 PXO_02944、c-di-GMP 受体蛋白 FilP 可通过调控 T3SS 基因的表达来调控细菌毒性（Yang et al.，2012，2014；李潇桐等，2014）。梨火疫病菌高水平的 c-di-GMP 可以抑制 T3SS 基因的表达（Pique et al.，2015）。在铜绿假单胞菌和丁香假单胞菌中，c-di-GMP 信号可以直接与 T3SS 输出蛋白 HrcN 结合，从而对 T3SS 进行直接的变构调控（Trampari et al.，2015）。此外，丁香假单胞菌体内 c-di-GMP 水平的升高和降低会影响 hrpR、hrpL、hrpB、hrcC 和 hrcN 等 T3SS 相关基因的表达（Wang et al.，2019c）。

c-di-GMP 在病原细菌逃避植物氧化反应的机制中也发挥作用。野油菜黄单胞菌可以拦截植物激素信号，促进其对氧化应激的适应能力。这种调控过程涉及植物细胞分裂素特异性结合细菌组氨酸激酶 PcrK，进而激活下游的反应调控蛋白；PcrR 具有 c-di-GMP 降解酶的活性，调控了下游一系列基因的表达，增强了细菌对氧化反应的应对能力（Wang et al.，2017）。

　　总之，c-di-GMP 作为细菌中普遍存在的第二信使，在细菌侵染植物过程中，通过多种调控途径和方式，增强了细菌自身逃避植物免疫反应的能力，从而实现了细菌的有效侵染和毒性表达。c-di-GMP 作为植物病原细菌的一个重要信号分子，在其致病性调控方面发挥了重要作用，其可通过调控细菌 PAMP 分子、EPS 及 T3SE 的产生等多种途径，参与病原细菌逃避植物的免疫反应（Pfeilmeier et al.，2016a，2016b；Martinez-Gil and Ramos，2018）。

第三节　植物与细菌互作中的信号交流

一、细菌群体感应信号对植物基因表达的调控

　　群体感应（QS）是一种协同细菌行为的调控方式，可提高细菌对复杂营养及环境条件的适应性。QS 不但能介导细菌种内和种间的信号转导，还能介导细菌与真核寄主之间的跨界信号交流。革兰氏阴性细菌的 *N*-乙酰基高丝氨酸内酯（AHL）是研究得最为深入的 QS 信号分子（Fuqua et al.，2001）。在许多细菌中已发现了 AHL 衍生物，其分子结构差异主要在于酰基侧链的长度及酰基侧链上 C3 的氧化状态（发生羟基化或者甲基或酮基的添加）（Eberl，1999）。经典的 AHL-QS 系统包含 LuxI 和 LuxR 蛋白，分别作为 AHL 合成酶和信号分子受体起作用（Fuqua et al.，1994）。

　　QS 信号分子在植物与病原菌相互作用过程中具有多种功能。病原细菌产生的 AHL 信号分子能影响植物生长发育和免疫等多种生理功能（表 4-4）。中华根瘤菌产生的 3-oxo-C14-HSL，使蒺藜苜蓿的结瘤数量增加，其作用依赖乙烯信号通路（Veliz-Vallejos et al.，2014）。在大麦中，3 种 AHL 分子（C6-HSL、C8-HSL 和 C10-HSL）能影响谷胱甘肽转移酶和脱氢抗坏血酸还原酶等解毒酶的活性；在豆薯中，解毒酶的活性虽然不受这 3 种 AHL 分子的影响，但在 C10-HSL 分子处理后叶片中叶绿素含量显著降低（Gotz-Rosch et al.，2015）。在拟南芥中，AHL 影响根的形态发育，效果与 AHL 酰基侧链的长度有关，其中 C10-HSL 最有效，可促进侧根的形成（Ortiz-Castro et al.，2008）；3-oxo-C6-HSL 能够激活转录因子 AtMYB44 的表达，并通过调控细胞分裂素和生长素合成相关基因的表达介导主根的生长，促进分生区细胞分裂及伸长区细胞伸长（Zhao et al.，2016）。C4-HSL 处理拟南芥导致胞质钙离子浓度瞬时增加，C6-HSL 则诱导钙调蛋白水平增加（Zhao et al.，2015）。因此，钙离子信号通路可能在植物响应细菌 AHL 的过程中发挥了重要作用。

表 4-4 细菌 AHL 信号分子对植物的影响（Hartmann et al.，2014）

AHL 类型	植物应答反应	植物种类
短链 AHL	蒸腾作用增强，气孔导度增加	菜豆
C6	主根伸长	拟南芥
C6	代谢、转运和转录调控上调	拟南芥
C6（液化沙雷氏菌）	防卫基因上调	番茄
C6，C8，C10	内酯酶诱导	豆薯
oxo-C6，oxo-C8	用于根生长的 G 蛋白偶联受体表达	拟南芥
3-oxo-C6（沙雷氏菌）	免疫靶向	黄瓜、番茄
C6，C8，C10	根和茎生长	大麦
3-O-C10	不定根形成	豇豆
C10	侧根形成	拟南芥
C12	根毛发育	拟南芥
3-oxo-C12（绿脓杆菌）	防御和胁迫控制基因表达，植物激素和代谢调控上调	蒺藜苜蓿
oxo-C12	抗性诱导	拟南芥
oxo-C14	对奥隆特高氏白粉病菌产生系统抗性	拟南芥
oxo-C14	禾本科植物产生系统抗性	大麦
3-oxo-C（苜蓿中华根瘤菌）	防御和胁迫控制基因表达，植物激素和代谢调控上调	蒺藜苜蓿

　　植物的系统抗性（ISR）受非致病性根际细菌诱导。除了已发现的众多微生物因子，AHL 也能激发植物产生 ISR。在番茄根际施加可产生 C4-HSL 和 C6-HSL 的液化沙雷氏菌（*Serratia liquefaciens*）MG1，可以提高其对链格孢霉（*Alternaria alternata*）的系统抗性；AHL 合成酶基因缺失突变株 MG44 对番茄链格孢霉的抗病性明显减弱（Schuhegger et al.，2006）。此外，长链 AHL 也可以激活植物的抗性反应。中华根瘤菌（*Sinorhizobium meliloti*）、绿脓杆菌（*Pseudomonas aeruginosa*）分别产生的 AHL 分子 3-oxo-C16-HSL 和 3-oxo-C12-HSL 能够诱导苜蓿防御与胁迫相关蛋白的大量积累（Mathesius et al.，2003）。用黏质沙雷氏菌（*Serratia marcescens*）的 AHL 合成酶和降解酶基因分别转化烟草，在表达 AHL 合成酶基因的烟草中 ISR 被激活，可有效抵御病原细菌的侵染，而表达 AHL 降解酶基因的烟草由于 ISR 未被激活，无法抵御病原菌的侵染（Ryu et al.，2013）。oxo-C14-HSL 能够激活拟南芥植物免疫途径相关蛋白表达，包括丝裂原激活蛋白激酶 AtMPK3 和 AtMPK6、转录调控因子 WRKY22 和 WRKY29、防御相关蛋白 PR-1 等（Schikora et al.，2011）。同时，oxo-C14-HSL 也能诱导植物产生抗病相关的生理特征，包括胼胝质和酚类化合物积累、植物细胞壁木质化、脂氧化合物积累、水杨酸介导的气孔关闭等（Schenk et al.，2014）。

　　在野油菜黄单胞菌（Xcc）中发现的 DSF 是另一类具有代表性的 QS 信号分子，其分子结构是一种 α,β-不饱和脂肪酸（顺-11-甲基-2-十二碳烯酸）。*rpf*（regulation of pathogenicity factor）基因簇参与 DSF 的合成及应答，*rpfF* 编码 DSF 合成酶（Wang et al.，2004）。DSF 的合成并不局限于黄单胞菌属的细菌，DSF 衍生物在洋葱伯克霍尔德氏菌、嗜麦芽窄食单胞菌和铜绿假单胞菌等中也有发现，这些发现扩展了 DSF 家族的信号分子种类。一种细菌能产生不止一种 DSF 信号分子，不同种细菌也可能产生同一种 DSF 信号分子。DSF 家族信号分子在调控真核生物生理代谢过程中发挥重要作用。与不能合成 DSF 的 *rpfF* 缺失突变株相比，野生型嗜麦芽窄食单胞菌菌株细胞更易形成聚集的群落，并促进油菜籽萌发（Alavi et al.，2013）。在拟南芥中，Xcc 野生型菌株能够干扰细菌或脱落酸（ABA）引起的气孔免疫反应；*rpfF* 和 *rpfC* 缺失突变体由于不能合成与感应 DSF 信号分子，则不能抑制植物的气孔免疫反应（Gudesblat et al.，2009）。DSF 能激活拟南芥、烟草和水稻的程序性细胞死亡、胼胝质积累、过氧化氢产生、PR-1 蛋白表达等与免疫相关的反应，而这些免疫反应能够被 Xcc 野生型菌株分泌的黄原胶（EPS 主要成分）所抑制（Kakkar et al.，2015）。

二、植物信号分子对细菌信号系统及其基因表达的影响

（一）植物小分子化合物对细菌 QS 的影响

真核细胞产生的 QS 信号分子类似物可通过激活或拮抗细菌 QS 系统发挥作用。例如，海洋红藻产生的卤代呋喃酮分子结构与 AHL 相似，是植物源天然抑制剂，可与黏质沙雷氏菌及其他细菌中 AHL 受体竞争结合，促进受体降解，从而抑制 AHL 诱导的细菌行为（Manefield et al.，2002）。在 AHL 处理条件下，蒺藜苜蓿及其他豆科植物分泌的 AHL 类似物能够抑制细菌 AHL 的调控效应（Mathesius et al.，2003）。利用紫色杆菌和根癌土壤杆菌报告菌株作为生物检测器，发现某些药用植物具有抗 QS 的特性（Adonizio et al.，2006），其提取物抑制了铜绿假单胞菌 QS 控制的毒力因子产生（Adonizio et al.，2008）。风车子属植物的黄酮类化合物能够抑制铜绿假单胞菌 QS 中关键调控基因 *lasI/lasR* 和 *rhlI/rhlR*（*luxI/luxR* 同源物）及 *lasB* 与 *rhlA* 的表达（Vandeputte et al.，2010）。L-刀豆氨酸是苜蓿及其他豆科植物大量产生的一种精氨酸类似物，能抑制紫色杆菌产生紫色杆菌素，也能抑制中华根瘤菌的 QS 系统（*sinI/sinR*）所调控的胞外多糖合成基因 *exp* 的表达。AHL 诱导植物根部产生拮抗 QS 反应的化合物，同时能抑制 LasR 和 AI-2 报告系统的基因表达（Mathesius et al.，2003）。大蒜、番茄、小冠花、豆类和水稻等植物能分泌具有 AHL 衍生物活性的化合物，但其性质还未鉴定。尽管很多植物产生的化合物抑制 QS 的分子机制还不清楚，但显然植物能够通过调控细菌的 QS 系统，从而控制与其共存的微生物。几乎所有 QS 抑制剂都能促进 LuxR 受体蛋白的水解。因此，利用 QS 抑制剂干扰病原细菌 QS 系统从而抑制其在植物中生长，在农业生产上具有潜在的应用价值。

植物产生的化合物也可能被细菌利用从而利于细菌在植物中定植。例如，单细胞衣藻产生的维生素 B$_2$ 及其衍生物光色素可作为激动剂与 QS 受体 LasR 结合，从而激

活铜绿假单胞菌 QS 靶基因的表达（Teplitski et al.，2004；Rajamani et al.，2008）。植物迷迭香酸作为 AHL 类似物与 C4-HSL 竞争结合铜绿假单胞菌 QS 受体蛋白 RhlR，调控了 QS 介导的系列生理过程，包括促进生物膜的形成、绿脓菌素和弹性蛋白酶两种毒力因子的产生（Corral-Lugo et al.，2016）。在互作过程中，细菌诱导植物产生迷迭香酸也被认为是植物的一种防御机制。由于迷迭香酸刺激细菌 QS 反应过早发生，从而起到保护植物的作用（Corral-Lugo et al.，2016）。植物激素水杨酸处理水稻白叶枯病菌，能引起细菌分泌 DSF 信号分子，从而促进细菌黄原胶和胞外多糖的产生（Xu et al.，2015）。根癌土壤杆菌 T-DNA 插入植物基因组可导致冠瘿碱的产生，冠瘿碱参与调控根癌土壤杆菌 QS 转录调控因子 TraR、TraR 的抗激活子 TrlR 及 AHL 的剪切酶编码基因 *aiiB* 的表达（Liu et al.，2007；Haudecoeur et al.，2009）。沼泽红假单胞菌则利用植物产生的对香豆酸作为前体化合物，合成产生一种新型的酰基高丝氨酸内酯信号分子对香豆酰高丝氨酸内酯。可见只有细菌靠近其真核寄主时新的信号分子才能产生并发挥作用（Schaefer et al.，2008）。

植物产生的 AHL 类似物在调控不同细菌 QS 信号通路时具有双重作用。例如，豌豆幼苗渗出物一方面能够抑制 AHL 诱导的紫色杆菌素合成，另一方面能够互补黏质沙雷氏菌 AHL 合成酶缺失突变体的运动性减弱表型，激活大肠杆菌 QS 报告菌株的荧光蛋白表达（Teplitski et al.，2000）。AHL 及其类似物对不同微生物基因调节的差异性，有可能影响微生态环境中菌群的代谢途径，其代谢物继而又影响植物的生长发育。

（二）植物酚类化合物对细菌毒性表达的诱导和抑制

酚类化合物是植物产生的最重要、最广泛的次生代谢物，具有天然的抗氧化活性。同时，植物酚类化合物还具有多种生理生化功能，在植物生长发育、抵御逆境、抵抗外来病原菌侵染等方面起着重要的调控作用（华晓雨等，2017）。

1. 植物酚类化合物的种类

植物酚类化合物主要通过莽草酸途径和苯丙氨酸代谢途径合成（王玲平等，2010）。已知的植物酚类化合物超过 8000 种，从结构上主要分为以下两类：一类是多酚单体，即非聚合物，主要包括黄酮类化合物（类黄酮）和非黄酮类化合物；另一类为多酚聚合体，主要是单宁类物质（Daglia，2012）。

（1）类黄酮

类黄酮是最主要的一类酚类化合物，目前发现有 4000 多种，占到所有酚类化合物的一半以上。类黄酮的共同结构特征是具有一个 C_6-C_3-C_6 母核，两个苯环（环 A 和环 B）由中间的三碳链连接起来，同时三碳链与环 A 形成一个封闭的吡喃环（环 C）。根据吡喃环氧化状态的不同，可以将类黄酮分为几个亚类，包括黄酮醇、黄酮、花青素、黄烷醇类等。这些化合物广泛存在于植物叶子、果实及植物类饮品当中，具有不同程度的抗氧化活性和杀菌活性。

（2）非黄酮类化合物

酚酸是主要的非黄酮类化合物，包括苯甲酸衍生物及肉桂酸衍生物。羟基苯甲酸型化合物有几种在植物中普遍存在，包括对羟基苯甲酸、香草酸、丁香酸和原儿茶酸等。邻羟基苯甲酸即水杨酸是植物中重要的信号分子，在植物产生抗病性的过程中起非常关键的调控作用（Fu and Dong，2013）。羟基肉桂酸型酚酸有香豆酸、咖啡酸、阿魏酸、芥子酸等，它们多存在于植物的果实中，容易形成酯结构。

（3）单宁类化合物

单宁类化合物是多酚的聚合体，又称鞣质或鞣酸，在植物中含量丰富，仅次于纤维素和木质素。从结构上又可分为水解单宁和缩聚单宁两种类型。

2. 植物酚类化合物抑制细菌的毒性

长期以来，人们已经认识到植物中的多酚化合物具有杀菌的功效，但是对它们的作用机制并不十分清楚。近年来的研究表明，这些化合物不仅具有直接的杀菌活性，而且具有抑制细菌毒力因子的活性。

（1）表没食子儿茶素没食子酸酯（EGCG）抑制细菌生物膜的形成

EGCG 是从绿茶中提取的茶多酚的主要成分，是茶叶中特有的儿茶素，是由表没食子儿茶素与没食子酸形成的酯。它具有多酚类化合物普遍存在的抗氧化活性，并且有抗菌、抗病毒、抗炎症、抗肿瘤等活性。EGCG 具有广谱的抑菌活性，可以在较低浓度下抑制大肠杆菌、霍乱弧菌、幽门螺杆菌等生长。EGCG 在不影响大肠杆菌生长的浓度下，可以抑制其生物膜形成（Lee et al.，2009）。EGCG 通过两种途径影响了大肠杆菌生物膜形成：一是直接干扰菌毛蛋白亚基聚集组装成淀粉状菌毛体；二是刺激 σ^E 因子依赖的小 RNA RybB 增加，从而降低菌毛蛋白调控因子 CsgD 的表达（Serra et al.，2016）。这些结果充分支持了 EGCG 可能被用于解决与细菌生物膜相关的各种健康问题。

（2）酚酸类化合物抑制果胶杆菌毒力因子的表达

果胶杆菌属细菌导致植物的软腐病，主要是腐生型细菌通过分泌各种酶类到细胞外，从而降解植物细胞壁产生的一种病害。果胶杆菌属的细菌可以侵染很多在热带、亚热带种植的蔬菜、果实等，造成严重的经济损失（Ma et al.，2007）。检测几种酚酸类化合物包括肉桂酸、香豆酸、丁香酸、水杨酸对果胶杆菌生长的抑制作用，发现它们都可以不同程度地抑制细菌生长，其中水杨酸的抑制效果最为显著（Joshi，2015）。在不影响细菌生长的浓度下，这些化合物抑制了果胶杆菌生物膜的形成和胞外酶尤其是果胶酶的分泌，从而抑制了果胶杆菌在寄主植物上的致病力。

（3）植物酚类化合物诱导细菌分泌系统的表达

1）乙酰丁香酮诱导根癌土壤杆菌 T4SS 的表达

根癌土壤杆菌是存在于土壤中的革兰氏阴性菌，可以侵染很多种双子叶植物、单子叶植物、裸子植物的受伤部位，用位于其 Ti 质粒上的 *vir* 基因产物来诱导植物产生冠瘿瘤。在侵染过程中，根癌土壤杆菌感受植物受伤部分释放的化学物质，重要的有乙酰丁香酮等酚类化合物，从而诱导 *vir* 基因表达（Lee et al.，1995）。根癌土壤杆菌 TCS 中 VirA/VirG 在其识别乙酰丁香酮并诱导下游 *vir* 基因表达的过程中发挥着重要作用（Lee et al.，1995）。*vir* 基因编码的蛋白功能多样，其中包括负责 T-DNA 运输的 T4SS 组装成分（Subramoni et al，2014）。根癌土壤杆菌介导的基因转化已被广泛运用于各种植物基因工程研究。在实际操作过程中，人为地加入适量乙酰丁香酮，可以增加外源基因的转化效率（Singh et al.，2016）。

2）酚酸 OCA 和 TCA 诱导软腐病菌 T3SS 的表达

软腐病菌（*Dickeya dadantii*）是广寄生的植物病原细菌，在土豆、大白菜等蔬菜作物上导致软腐病，造成严重的经济损失。T3SS 是软腐病菌侵染寄主过程中重要的毒力因子之一，软腐病菌是研究 T3SS 基因表达调控的模式菌株之一（Yang et al.，2008）。在筛选植物源 T3SS 诱导剂的工作中，发现两种酚类化合物邻香豆酸（*o*-coumaric acid，OCA）和反式肉桂酸（*trans*-cinnamic acid，TCA）可以诱导病菌 T3SS 基因的表达（Yang et al.，2008）。在软腐病菌中，主要有两条途径 HrpX/HrpY-HrpS-HrpL 和 GacS/GacA-*rsmB*-RsmA 分别在转录与转录后水平调控 *hrp* 基因表达。这可能是 OCA 信号被双组分系统 GacS/GacA 识别后，促进了小 RNA *rsmB* 的表达，通过拮抗 RsmA 的负调控作用，从而使 *hrp* 基因上调表达（Li et al.，2009）。

3. 植物酚类化合物抑制细菌 T3SS 的表达

由于 T3SS 在病原细菌致病过程中起关键作用，T3SS 功能缺失突变体往往表现出对寄主的侵染能力显著降低或者丧失。因此，使用抑制 T3SS 功能的化合物在理论上可以阻断病原菌的侵染。

（1）酚类化合物抑制软腐病菌 T3SS 的表达

为了进行高通量筛选获得 T3SS 表达的抑制剂，Li 等构建了检测 T3SS 基因表达的报告系统，利用报告基因 *gfp* 来指示菌毛编码基因 *hrpA* 的表达水平高低。他们筛选了 30 多种 OCA 和 TCA 的结构类似物，发现了一个新的化合物——对羟基肉桂酸（*p*-coumaric acid，PCA），该化合物可以在软腐病菌中抑制 *hrpA* 基因的表达（Li et al.，2009）。经过对 PCA 化学结构式的改造和筛选，获得了一种更高效的化合物 TS103，比 PCA 抑制效果提高了 8 倍。TS103 抑制了 HrpY 的磷酸化，导致 HrpS 和 HrpL 转录物减少。此外，通过降低小 RNA *rsmB* 的水平，TS103 也在转录后水平通过 *rsmB*-RsmA 调控途径影响了 *hrpL* 的 mRNA 转录物（Li et al.，2015）。另外，几种酚类化合物也可调控梨火疫病菌和铜绿假单胞菌 T3SS 的表达（Yamazaki et al.，2012；Khokhani et al.，2013）。4- 甲氧基肉桂酸（4-methoxy-cinnamic acid，TMCA）和苯甲酸（benzoic acid，BA）可以减弱梨火疫病菌在非寄主烟草植株上引起的过敏性坏死反应（Khokhani et al.，2013）。

（2）酚类化合物抑制水稻黄单胞菌 T3SS 的表达

水稻白叶枯病菌、水稻条斑病菌分别引起水稻细菌性白叶枯病、条斑病，发病时造成水稻减产 20%～50%。黄单胞菌 T3SS 分泌的 TAL 和 none-TAL 两类效应子，在其与水稻互作过程中起到关键作用（White and Yang，2009；Song and Yang，2010；Ji et al.，2016）。为了获得针对这两个病原菌 T3SS 的抑制剂，构建了含有 Harpin 蛋白基因 *hpa1* 启动子与报告基因 *gfp* 的融合表达载体 *hpa1*-GFP，并导入了水稻白叶枯病菌中；检测了 56 种植物源酚类化合物及其衍生物的活性，显示其中 10 个化合物显著抑制了 *hpa1* 启动子活性（Fan et al.，2017），5 种化合物 TS006（OCA）、TS010、TS012、TS015 和 TS018 显著抑制了病菌在非寄主烟草上诱导过敏性坏死反应的能力。转导实验显示，TS006、TS010、TS015、TS018 抑制了 T3SS 效应子转导，这 4 个抑制剂可以不同程度地抑制两种细菌在水稻上的病症，为其将来应用于田间的病害防治提供了理论依据。

（3）7-羟基香豆素抑制茄科雷尔氏菌 T3SS 的表达

茄科雷尔氏菌寄主范围广泛，导致的植物枯萎病是在世界范围内发生的重要病害，会导致多种农作物的减产，而且一旦发生，并没有十分有效的防治方法。通过筛选近 20 种植物源香豆素类化合物及其衍生物的作用，发现 6 种化合物显著抑制了效应子 *ripX* 基因启动子的活性，其中 7-羟基香豆素又名伞形酮（UM）的抑制作用最强（Yang et al.，2017）。它的抑制作用可能是通过 HrpG-HrpB 和 PrhG-HrpB 调控途径实现的。UM 抑制了多个 T3SS 相关基因的表达，但对 T2SS 没有影响。此外，UM 处理减弱了细菌生物膜形成能力，虽然并不影响它的运动性。UM 通过减弱细菌在烟草根茎部的定植和繁殖，抑制了枯萎病的症状（Yang et al.，2017）。

第四节　基于互作机制的植物细菌病害防控策略

一、基于植物免疫反应的抗病转基因途径

针对基因在植物免疫反应中的作用，一般采取新增、增强和抑制等不同的转基因策略。"新增"策略是将受体植物本身不携带的新基因，如 PRR 和 NLR 基因导入受体植物，被导入的基因对免疫起正向作用，从而使转基因植物获得新的抗性。"增强"策略是导入受体植物本身拥有的对免疫起正向作用的基因，通过采用强组成型或诱导型启动子，使导入基因具有比本身更强的表达，从而使转基因植物拥有更强的抗性。"抑制"策略是导入对受体植物本身拥有的、对免疫起反向作用的基因功能起抑制作

用的因子，如反义链或 miRNA，或采用 RNAi 或基因编辑等方法抑制其表达，从而提高转基因植物的抗病性。

为了提高抗病性或扩大抗病范围，可对现有基因进行碱基修饰、结构域置换或增减等改良，然后将改良的基因导入植物。除了将抗病基因导入植物，还可以将 PAMP 或无毒基因导入携带能识别它们的抗病基因的植物，或者同时将 PRR-PAMP/DAMP、NLR-Avr 基因对导入不含这些抗病基因的植物，组成型获得对病原细菌的广谱抗性。

为了使植物抗病性更加广谱，可在同一植株中导入多个免疫调控基因，进行基因聚合或堆积。在很多情况下，一个基因的抗病强度和/或抗病对象范围很有限。例如，PRR 基因抗病对象范围虽广，但抗病强度较低；而 NLR 基因抗病强度虽高，但抗病对象范围很窄。因此，如果要获得持久广谱的抗病植株，就需要将多个抗病基因聚合到同一基因型植株中。通常选择抗性激发机制不同、抗病激发能力强、抗病对象不同的基因进行聚合，以获取强烈、持久、广谱的抗病植株。

1. 基于 PTI 的转基因途径

PAMP 在许多病原细菌中保守存在，对这些细菌的适应和生存至关重要。因此，PAMP 发生突变的概率较低。DAMP 同样是植物非常保守的危险信号，能诱导植物产生对各类病原物的抗性。因此，PTI 可以很好地用于持久、广谱抗病性的开发（Huang and Zimmerli，2014；Boutrot and Zipfel，2017）。PRR 对 PAMP 的识别是 PTI 产生的第一步，因此给植物导入一个新的 PRR 基因，将使植物产生针对新病原物的抗性。例如，EF-Tu 是细菌中丰富、保守和缓慢进化的蛋白质之一，PRR 中 EFR 对 EF-Tu 或 PAMP（elf18）的识别只特异性存在于十字花科植物。导入拟南芥 EFR 的茄科植物本氏烟和番茄获得了对 elf18 的识别能力，显著增强了其对携带 EF-Tu 的病原细菌的抗性，其中包括导致青枯病的土传病原细菌茄科雷尔氏菌。导入拟南芥 EFR 的水稻对水稻白叶枯病菌和燕麦食酸菌的抗性提高了。而导入拟南芥 EFR 的小麦对丁香假单胞菌水稻致病变种的抗性提高了。这些转基因植物没有组成型激活防卫反应，生长发育也没有受到影响，因此满足了实际生产应用中对农艺性状的要求。而且，从理论上说，那些与寄主植物共进化的病原物不会拥有靶向这些原本没有的新 PRR 信号转导的效应子。

除了 EFR，两个识别黄单胞菌 PAMP 的 PRR 也有类似的应用前景。识别黄单胞菌 eMAX 的 ReMAX 并不存在于本氏烟等茄科植物中。瞬时表达 ReMAX 的本氏烟具有了对 eMAX 的识别能力。识别 RaxX 的 XA21 存在于野生水稻中，导入 XA21 的香蕉对枯萎病菌的抗性增强了，且与 EFR 转基因植株一样生长发育不受影响。导入 XA21 的甘薯和番茄分别对柑橘溃疡病菌与雷尔氏菌的抗性增强了。因此，XA21 也具有在不同植物中表达以增强其对多种病原物抗性的转基因工程应用潜力。

据研究报道，PAMP-PRR 之间存在类似 Avr-NLR 的"军备竞赛"共进化。将最新进化出的 PRR 导入缺乏该 PRR 的感病植物，可使其获得抗病性。例如，茄科雷尔氏菌产生了与 flg22 这一典型鞭毛蛋白 PAMP 不同的 flg22^{Rso}，克服了典型 FLS2 的识别。大豆进化出了能识别 flg22^{Rso} 的 FLS2^{Rso}。将 FLS2^{Rso} 异源表达到番茄等感病植物，增强了其对茄科雷尔氏菌引起的青枯病的抗性（Wei et al.，2020）。

PTI 调控基因也是抗细菌免疫遗传工程重要的基因资源。拟南芥 LecRK-Ⅵ.2 是 FLS2 识别复合体的一个组分，超表达其基因的拟南芥植株组成型表达 PTI 及对丁香假单胞菌、胡萝卜果胶杆菌的抗性。异源表达 LecRK-Ⅵ.2 至茄科植物本氏烟，显著增强了其对丁香假单胞菌、胡萝卜果胶杆菌的抗性，但不改变其对病原真菌的抗性。利用该基因异源表达提高对细菌抗性有以下两大优点：一是不影响植株生长发育；二是产生的抗性持久和广谱，因为 LecRK-Ⅵ.2 是 flg22、elf18、PGN 及 LPS 等各类 PAMP 激发的抗细菌 PTI 的强化因子。LecRK-Ⅵ.2 基因有望开发应用于持久和广谱抗病植物的创制。

通过不同 PRR 之间胞外或胞内结构域的置换，可以人工构建出对某个 PAMP 具有更强识别能力或能识别更多 PAMP 的超级 PRR，并可应用于抗细菌病害转基因植物的创制。例如，以 Cf-9 跨膜区及胞内部分置换 EFR 相应区域，可显著增强 EFR 对 elf18 的识别，其转基因烟草对两种假单胞菌的抗性增强了（Wu et al.，2019）。

2. 基于 ETI 的转基因途径

（1）NLR 基因直接应用

植物 NLR 识别病原细菌无毒蛋白并激活防卫反应后，引发了 ETI。ETI 最大的特点是具有专一性，一个 NLR 通常只识别含有相应无毒蛋白的病原细菌，从而产生专化性抗性（Cesari，2018）。与 PTI 反应相比，ETI 反应通常更强烈，常伴随过敏性坏死反应的发生。虽然识别不同病原物无毒蛋白的 NLR 各不相同，但其下游的信号转导通路在不同物种中很保守。将异源 NLR 基因导入植物构建抗病植物也是可行之道。例如，将拟南芥 RPS4/RRS1-R 基因转入十字花科其他植物白菜、油菜及非十字花科植物番茄、本氏烟和黄瓜，均能激发它们对丁香假单胞菌番茄致病变种（AvrRps4）及茄科雷尔氏菌的抗性，转基因黄瓜还表现出对炭疽病的抗性。因此，导入 NLR 基因是常规杂交育种、异源 NLR 基因遗传工程育种的重要策略之一，对于那些缺乏 NLR 基因的物种尤其重要。例如，将辣椒 *Bs2* 基因导入番茄，可以有效控制由黄单胞菌引起的斑点病；在不施用任何农药的情况下，转基因番茄的产量平均为非转基因的 2.5 倍。另外，将玉米 NLR 基因 *Rxo1* 导入水稻，可有效地提高其对细菌性条斑病的抗性。存在于植物基因组的近千个 NLR 基因中，已有 300 多个抗病基因被鉴定，120 多个基因的作用机制已经明确，它们将是植物抗病遗传工程的重要基因资源（Kourelis and van der Hoorn，2018）。

有些抗病性需要不止一个 NLR 基因，而是需要一个基因对（Baggs et al.，2017；Richard and Takken，2017）。其中一个 NLR 基因是感知者，起感知病原物的作用，而另一个则是执行者或辅助者或传导者，起活化下游信号转导的作用。拟南芥对丁香假单胞菌番茄致病变种（AvrRps4）及雷尔氏菌的抗性需要 RPS4/RRS1-R 基因对。采用这些 NLR 基因构建转基因抗病植物时，必须考虑同时导入激活抗性所需的所有 NLR 基因。

（2）NLR 基因遗传改良

改良 NLR 基因可以激活组成型抗性或扩大抗病范围。对 NLR 信号转导 NBS 结构域进行突变，可产生组成型抗性。但是需要解决这种抗病性与生长抑制间的平衡问题。对 NLR 的 LRR 和/或 NBS 结构域进行突变或置换，可改变其识别特异性或增强其作用强度。对 NLR 的 ID 结构域进行置换或增加，可改变病原细菌识别特异性或扩大寄主抗病对象。对保卫蛋白或诱饵蛋白进行修饰或置换，可改变寄主抗病对象。ZAR1 能保卫由不同病原物效应子靶向的 3 种类似 ZED1 的不同假激酶诱饵（Seto et al.，2017），表明通过诱饵蛋白修饰改变寄主抗病对象的策略是可行的。丁香假单胞菌半胱氨酸蛋白酶 AvrPphB-诱饵激酶 PBS1-寄主蛋白 RPS5 互作系统的改造是一个成功的例子（Kim et al.，2016）。

（3）基于 TALE 的抗病转基因途径

TALE 是黄单胞菌和雷尔氏菌等病原细菌的效应子，能直接结合植物靶基因启动子的特异序列（UPT 盒），诱导靶基因表达，增强细菌毒性及寄主感病性（Schornack et al.，2013）。寄主植物感病基因通常是 TALE 靶基因，如编码糖转运蛋白 SWEET 的家族基因。植物已进化出执行抗病基因，这些基因的转录产物起防卫作用，其启动子携带 UPT 盒（或称 EBE），起主动诱捕 TALE 的作用。这些执行抗病基因包括辣椒基因 *Bs3*、*Bs3-E* 和 *Bs4C-R*，以及水稻基因 *Xa7*、*Xa10*、*Xa23* 和 *Xa27*。通过其 DNA 结合结构域，TALE 与靶基因结合。DNA 结合结构域由高度保守的 33～35 个氨基酸组成的重复基序后加半个重复基序组成。与其他转录因子明显不同，在 TALE 的 DNA 结合结构域的每个重复序列中，第 12 个和第 13 个氨基酸决定了 TALE 与靶标结合的特异性。这些 TALE 密码子氨基酸与 UPT 盒碱基的对应情况为：NI:A、HD:C、NN/NK:G、NG:T，而 NS 或 N（第 13 位氨基酸缺失）没有碱基特异性。

TALE 对靶基因的特异性识别机制可被用于抗病遗传工程。一是利用识别特异性进行预测，鉴定重要的 TALE 植物靶基因（感病基因），然后利用 TALEN、CRISPR 等技术敲除或失活感病基因，使植物表现出对该病原细菌的抗病性。由于有些感病基因是不同 TALE 的共同靶标，使之失活将使植物产生广谱抗病性。例如，*OsSWEET14* 基因是世界各地 Xoo 菌株 TALE（AvrXa7、PthXo3、TalC 和 Tal5）的共同靶标，通过 TALEN 技术获取的 AvrXa7 和 Tal5 特异性 EBE 突变水稻表现出对相应 Xoo 菌株的广谱抗性（Blanvillain-Baufumé et al.，2017）。抗 Xoo 隐性基因 *xa13* 就是自然情况下实际发生的一个例子。此外，通过同时突变靶向多个感病基因的多个 EBE，可以创制出广谱抗病植株。例如，采用 CRISPR/Cas 基因编辑技术构建的针对 3 个 *OsSWEET* 基因（*OsSWEET11*、*OsSWEET13* 和 *OsSWEET*）的多个 EBE 同时突变的水稻表现出对 Xoo 强烈的广谱抗性，具有广阔的应用前景（Oliva et al.，2019；Xu et al.，2019）。二是将 TALE 的 EBE 整合到执行抗病基因或其他重要防卫基因的启动子中，人为构建抗含病原菌 TALE 的植株。这个策略的应用范围非常广。针对某个病原物，通过将不同 EBE 分别插入一系列不同的执行抗病基因或其他重要防卫基因的启动子中，构建基于 EBE 和植物执行抗病基因或其他防卫基因的不同系列抗病工程植株，可有效避免抗病性的丧失。此外，可将不同病原物不同 TALE 的 EBE 构建到同一执行抗病基因或其他防卫基因的启动子中，构建可同时识别多个病原物 TALE 的转基因植株，从而获取广谱抗病植株。例如，将 14 个柑橘溃疡病菌 TALE 的 EBE 一起聚合到无毒基因 avrGf1，使该基因的表达受不同来源病菌的诱导，表现出对所有供试菌株的广谱抗性（Shantharaj et al.，2017），为柑橘溃疡病的防治提供了良好对策。因此，基于 TALE 的转基因抗病植物创制是针对病原黄单胞菌的重要防治策略。

3. 抗病转基因途径中植物生长-防卫平衡

高水平表达抗病基因能产生高强度的抗病性，但同时可能导致植物生长发育受到抑制。许多抗病基因尤其是 NLR 基因有这种诱导免疫产生的同时对生长和产量产生抑制的作用，即所谓的"适应性代价"。例如，RPS5 和 RPM1 转基因植株比非转基因植株的产量下降了 5%～10%。虽然植物生长-防卫负相关的产生机制还不完全明确，但显然植物已产生了各种机制来降低防卫诱导对生长的抑制，包括时间上的调节——形成病原侵染后诱导抗性、敏化抗性和跨代诱导抗性等形式的抗病性，空间上的调节——产生器官特异性调控机制。不管哪种调节，都涉及植物激素和抗病/防卫基因转录、转录后、翻译和翻译后等不同层次的调控（Ning et al.，2017；Guo et al.，2018；Richard et al.，2018）。利用抗病基因进行转基因抗病植株创制时，不能高水平组成型表达抗病基因，而是用病原诱导性启动子或组织特异性启动子来驱动基因表达，使抗病基因只在细菌侵染及特定组织中表达，尽量减少其对生长的抑制。利用 TBF1 诱导性启动子及两个转录起始密码子上游 ORF 序列作为启动子驱动抗病基因 SNC1 及 NPR1 的表达，转基因拟南芥和水稻均产生强烈抗病性，但生长没有受到抑制（Xu et al.，2017）。不同抗病基因的适应性代价有差异，进行转基因抗病育种时应该考虑选择没有或者适应性代价较低的抗病基因。

为了保持植物生长与防卫之间的平衡，还可聚合抗病基因及病菌侵染时表达受抑的生长正调控基因，类似于通过聚合抗旱基因与生长调控基因获取既抗旱、生长又不受影响的植株（Kudo et al.，2019）。有些抗病基因拥有正调控产量的感病等位基因，如水稻抗稻瘟病菌基因 PigmR 及其感病等位基因 PigmS（Deng et al.，2017b），这时则应该同时导入两个基因。通过常规杂交进行基因聚合的周期较长，而采用转基因或基因编辑技术进行基因聚合，针对性强、周期短、效率更高。

有些抗病基因同时可促进植物生长，此类基因的利用值得关注。例如，转录因子 IPA1（ideal plant architecture 1）可提高产量，同时可通过响应稻瘟病菌侵染增加

WRKY45 转录来提高水稻对稻瘟病菌的抗性，因此通过提高 IPA1 表达可获得既抗病又增产的水稻品种（Wang et al.，2018）。

4. 植物抗病转基因新技术

随着研究技术的发展，针对抗病基因的转基因利用研发出了一些新技术，包括基于 CRISPR/Cas 系统的基因编辑、将病原物基因导入植物的寄主诱导的基因沉默（HIGS）技术。

在 CRISPR/Cas 系统中，基于靶基因设计的 sgRNA 能结合 Cas 蛋白，然后靶向目的基因对其进行特异性切割。CRISPR/Cas 介导的基因编辑技术正在飞速发展和完善（Gao，2021），由早先只能对单个基因进行编辑发展到现在可以对多个基因同时进行编辑。很多情况下需要利用转基因技术将 CRISPR/Cas 载体导入植物，不需要转基因的基因编辑技术还在开发之中。CRISPR/Cas 基因编辑技术已经越来越广泛地应用于抗病种质创制工程（Borrelli et al.，2018；Gao，2021）。最常见的应用方式是对植物感病基因或者抗病抑制因子基因进行敲除，从而获得抗病性。目前已有的抗细菌应用例子包括：采用 CRISPR/Cas9 系统突变了单个或同时突变了多个水稻感病基因 *OsSWEET* 启动子中 TALE 特异性 EBE，导致单个或多个 *OsSWEET* 基因表达不能被相应 TALE 诱导，从而使植株表现出对 Xoo 特异菌株的被动抗性或广谱抗性（Blanvillain-Baufumé et al.，2017；Oliva et al.，2019；Xu et al.，2019）。另外，采用 CRISPR/Cas9 突变了葡萄柚和柑橘感病基因 *CsLOB1* 启动子中柑橘溃疡病菌 TALE——PthA4 特异性 EBE，导致 *CsLOB1* 基因表达不能被 PthA4 诱导，从而使植株表现出对溃疡病菌的被动抗性。可以预见，随着精确性、效率和可操作性等的提高，CRISPR/Cas 介导的基因编辑技术将会越来越广泛地应用于抗病遗传工程。

RNAi 技术在植物保护中的应用也越来越广。RNAi 技术是一种基于 RNA 水平的靶基因表达抑制技术。将植物靶基因的一段序列构建于 RNAi 载体，通过转基因技术导入植物中，可获得稳定的靶基因表达受抑的植株，如果受抑的是感病基因或抗病抑制因子基因，则 RNAi 植株将获得增高的抗病性。另外，RNAi 可以跨界起作用（Niu et al.，2021）。表达靶向病原物基因的 dsRNA 的转基因植株能稳定产生靶向病原物基因的 sRNA，可跨界干扰病原物基因，使病原物不能正常生长发育或致病性下降，从而使植物获得抗性，这种技术称为 HIGS。HIGS 技术应用的抗病效率和适用病原物范围还有待进一步的研究与提高。

二、细菌群体感应淬灭途径的鉴定和利用

群体感应淬灭（quorum quenching）是利用 AHL 降解酶降解 QS 信号分子，阻止病原细菌之间信号交流，干扰致病因子表达的一种途径（Dong et al.，2001）。根据细菌 QS 的组成和特点，群体感应淬灭逐渐发展为以下 3 种方式：①以信号分子生物合成途径或关键合成酶为靶标，筛选特异性抑制信号分子生物合成的天然或已知化合

物，用于干扰 QS；②以 QS 信号分子为靶标，筛选特异性降解信号分子的酶，降解信号分子，使受群体感应调控的基因即使在细胞达到相应的群体密度时也不能正常表达；③干扰信号分子与受体蛋白结合或信号转导过程，使之不能完成相应的生物学功能（张力群等，2010；Grandclément et al.，2016）。QS 抑制剂研究主要集中于针对医学微生物的新型抗生素。目前只有酰基高丝氨酸内酯（AHL）类 QS 信号降解酶基因在植物病原细菌病害防治方面受到广泛关注。AHL 降解酶共分以下四类：①内酯酶作用于 AHL 内酯键，产生酰基高丝氨酸；②酰基转移酶作用于酰胺键，释放高丝氨酸内酯和相应的脂肪酸；③酰胺酶作用于酰胺键，释放高丝氨酸内酯和相应的脂肪酸；④对氧磷酶作用于 AHL 内酯键，产生酰基高丝氨酸（Grandclément et al.，2016）。其中，对氧磷酶基因来自哺乳类，其他基因均分离自微生物。

胡萝卜果胶杆菌（Pcc）可侵染马铃薯、甘蓝、番茄、辣椒、胡萝卜、芹菜、洋葱、花椰菜等多种植物，引起软腐病，是首先用于群体感应淬灭研究的模式菌株。在侵染过程中，Pcc 合成和分泌能降解植物细胞壁的水解酶，如果胶酶、多聚半乳糖醛酸酶、果胶酸裂合酶等，以及 T3SE 等，造成软腐症状（Toth et al.，2003）。这些致病因子的产生均受 QS 的严格调控，主要信号分子为 N-3-羰基己酰高丝氨酸内酯（OC6HSL）（Ham and da Cunha，2015）。在 Pcc 中表达来自芽孢杆菌的 AHL 降解酶基因 aiiA，发现所得 Pcc 菌株胞外酶产量显著降低，其对大白菜、茄子和马铃薯的致病性大大降低（Dong et al.，2000）。此外，将 aiiA 基因转入西甜瓜细菌性果斑病菌后，显著降低了信号分子的产生和致病性（陈涛等，2008）。表达内酯酶基因 aidH 的 Pcc 菌株不能产生 AHL，在大白菜、马铃薯和萝卜上的致病力也显著下降（Mei et al.，2010）。进一步构建表达内酯酶 AiiA 的转基因烟草和马铃薯，在转基因烟草叶片和马铃薯块茎上接种 Pcc 病原菌，没有病斑出现或病斑出现显著推迟，说明其对 Pcc 的抗性显著提高（Dong et al.，2001）。转 aiiA 基因的魔芋和大白菜，抗软腐病能力显著提高（Ban et al.，2009；Vanjildorj et al.，2009）。一般认为，转基因植物抗性提高是由于病原菌产生的 QS 信号分子被内酯酶及时降解而不能积累，致病基因不能有效表达；同时，寄主植物获得更多的时间启动其自身防御系统来抵抗病原菌的进一步侵染。对表达根癌土壤杆菌内酯酶 AttM 的转基因植物根际微生物的群落特征研究，发现转入该基因对根际微生物没有显著影响（D'Angelo-Picard et al.，2011）。

获得群体感应信号分子降解能力可提高植物细菌病害生防菌株的防病效果（张力群等，2010）。转化了 aiiA 基因的荧光假单胞生防菌株 P3 获得了 AHL 降解能力，施用此菌株能显著减轻 Pcc 引起的马铃薯软腐病和根癌土壤杆菌引起的番茄冠瘿病的症状（Molina et al.，2003）。将 aiiA 基因转入生防溶杆菌 OH11，施用此菌株能显著减轻 Pcc 在大白菜和仙人掌上造成的软腐症状（Qian et al.，2010）。

苛养木杆菌可引起葡萄皮尔斯病等多种经济作物病害。病原菌利用合成酶 RpfF 产生一类新型 QS 信号 XfDSF，用于调控致病性和致病因子表达。转 rpfF 基因的葡萄品种对皮尔斯病抗性显著增强；在转基因葡萄中检测到 XfDSF 和其他几种结构类似物，推测在葡萄中产生的信号分子可能干扰了病原菌的 QS 机制或其与植物的互作，导致葡萄抗病性增强（Lindow et al.，2014）。

三、植物免疫诱导剂的发掘和利用

植物免疫诱导剂是指能够诱导植物产生免疫反应，使植物获得或提高对逆境、病菌或害虫抗性的一类物质。植物免疫诱导剂主要包括蛋白质、多肽、氨基酸、糖类、有机小分子、动植物和微生物代谢物等。该类物质自身没有直接的杀菌、杀虫或抗性功能，主要通过诱导植物自身免疫系统产生免疫抗性，这种免疫抗性反应涉及植物生理生化、形态反应、植保素积累，以及抗病基因表达等多方面（Montesano et al.，2003；邱德文，2016；Qiu et al.，2017）。

（一）植物免疫诱导剂的种类

1. 蛋白质类

蛋白质类免疫诱导剂是一类可以激活植物免疫系统、提高植物抗性、促进植物健康生长的蛋白质。它是基于"植物疫苗"理论提出的一种绿色植保理念，作用于植物本身的免疫系统，通过激活植物水杨酸（SA）、茉莉酸（JA）、乙烯（ET）和脱落酸（ABA）等信号通路，调控植物抗性相关基因的表达，合成苯丙氨酸氨裂合酶、β-1,3-葡聚糖酶、几丁质酶、过氧化物酶、植保素和病程相关蛋白等，以抵抗病原菌侵入，减轻和防止病害的发生（Farmer et al.，2003；Taguchi et al.，2010b；Mishra et al.，2012）。

基于现代植物免疫学理论，系统开展了微生物源蛋白质诱导筛选、分离纯化、基因克隆与表达、结构与功能研究，创建了"蛋白质-基因-蛋白质"的植物免疫诱导蛋白发掘技术平台，利用该平台分别从极细链格孢菌、稻瘟病菌、大丽轮枝菌、灰葡萄孢等病原真菌，以及侧孢短芽孢杆菌、解淀粉芽孢杆菌等生防细菌中获得了免疫诱导蛋白（PeaT1、Hrip1、MoHrip1、MoHrip2、PemG1、PevD1、BcGS1、PebC1、Pe-BL1 和 PeBA 等），为免疫诱导剂创制提供了丰富的蛋白质资源（Qiu et al.，2017）。

通过对蛋白质免疫诱导剂作用机理的研究，明确了蛋白质诱导植物抗病和促生长的分子基础及信号转导通路，确定了诱导蛋白在烟草细胞膜上的蛋白结合位点；明确了诱导蛋白通过诱导植物产生钙调蛋白和水杨酸甲酯激活 H_2O_2、NO 等早期防御信号产生，诱导蛋白激酶及防卫基因和蛋白上调表达，最终使植物产生系统抗性。基于作用机制的研究，创立了包括过敏性检测、TMV 抗性、活性氧爆发、防卫基因表达、NO 产生、细胞外液 pH 变化、植物促生长等多功能指标的诱导蛋白评价技术体系（Lindermayr et al.，2010；Thomma et al.，2011）。

2. 寡糖类

许多病原菌细胞壁上存在寡糖，在互作过程中，病原菌产生的糖类片段可诱导植物免疫，从而产生抗性。寡糖通过氨基与菌体细胞壁肽聚糖结合，导致细胞壁变性甚至破裂，或者通过吸附在菌体表面形成一层高分子膜，阻止营养物质向细胞内运输；壳聚糖与 EDTA 相似，可螯合细菌细胞壁中的 Mg^{2+}、Ca^{2+} 或与菌外膜中金属离子竞争，从而不可逆地破坏细胞壁结构，造成细胞壁缺失、破裂，细胞透性增加，最终导致细菌死亡。低分子量壳聚糖（<9.3kDa）可以进入细胞内，能够与 DNA 结合，影响核酸复制和蛋白质合成，从而抑制病菌生长和繁殖；壳聚糖处理菌体可以增加外膜对疏水探针苯基萘胺（NPN）的摄取、存在于质膜外碱性磷酸酶的渗漏（孙艳秋等，2005）。

3. 微生物类

（1）木霉

微生物免疫诱导剂是指本身或其代谢物能够激发植物自身免疫反应，从而使植物获得抗病及抗逆性能的微生物，属于生物源诱导剂。其中，木霉是国际上开发和应用历史悠久的生物防治微生物，分布极为广泛。木霉自身及其代谢物，包括丝氨酸蛋白酶、木聚糖酶、几丁质脱乙酰基酶、几丁质酶 Chit42、SnodPort1 蛋白（Sm1 和 Epl1）、脂肽、棒曲霉素类蛋白、无毒基因蛋白等，均具有诱导植物免疫、提高农作物抗性的作用（Kowsari et al.，2014；Salas-Marina et al.，2015）。木霉诱导剂主要来自 5 个木霉种：绿木霉、绿色木霉、哈茨木霉、棘孢木霉和深绿木霉。Sm1/Epl1 是木霉中的典型生物源诱导子，属于角蛋白家族成员，具有明显的增强植物免疫力和促进植物生长的功能（Gaderer et al.，2015；Salas-Marina et al.，2015）。

（2）芽孢杆菌

芽孢杆菌是一类具有广阔应用前景的生物源诱导剂，可分泌多种激发植物活性的物质，诱导植物免疫反应。芽孢杆菌能够诱导番茄顶端叶片中 PAL、PPO、POX、LOX 活性不同程度地持续增加，因此抗病信号通路节点 NPR1 基因和水杨酸信号通路激发的防卫基因 *PR1a* 得到了持续且显著的高表达；通过菌株处理能够引起植物过氧化物酶（POD）、多酚氧化酶（PPO）和苯丙氨酸氨裂合酶（PAL）等防御酶的活性显著增强（乔俊卿等，2017）。

（二）植物免疫诱导剂的应用

1. 蛋白质类免疫诱导剂

（1）规模化生产

蛋白质类免疫诱导剂产品的规模化生产工艺技术已取得突破，现在已创制了全球第一个抗植物病毒病的蛋白质类免疫诱导剂产品。针对极细链格孢菌天然菌株免疫蛋白特性，系统优化工厂化三级发酵、提取和制剂加工工艺，建立了高效低成本的生产流程，实现了规模化生产，产品具有生产周期短、成本低、货架期长、生产工艺创新、应用范围广和市场潜力大等诸多优势。

（2）应用技术规程的建立

基于免疫蛋白不直接作用于靶标病菌，而是通过诱导植物抗性来减轻病害的作用特点，在不同作物上进行应用研究，制定了蛋白质类免疫诱导剂应用技术规程。研究了蛋白质产品与其他生物农药的协调应用技术，建立了以诱导植物免疫、提高植物抗病性为基础的病害综合防控技术体系。

（3）在多种农作物上应用、示范和推广

蛋白质类免疫诱导剂可在多种农作物上使用，诱导抗性免疫作用具有广谱性。阿泰灵已在番茄、辣椒、黄瓜、大豆、水稻、玉米和葡萄等农作物上示范推广。阿泰灵可提高多种蔬菜、果树、水稻、小麦和玉米等的抗病性60%～70%，提高产量5%～10%，诱导抗性具有广谱性。阿泰灵获得了我国农药正式登记证（PD20171725）。美国爱利思达生命科学有限公司（Arysta Life Science）对阿泰灵产品进行了样品全组分分析，并在美洲、非洲和亚洲国家开展了试验，认为阿泰灵能有效提高植物免疫力，控制病害发生，促进植物根系生长，且安全环保无残留。阿泰灵获得海外独家代理，标志着我国第一个自主研制的蛋白质生物农药推向了全球市场。

2. 寡糖类植物免疫诱导剂

（1）规模化生产

壳聚糖具有原料广泛、易于降解等特点，目前已有大量以壳聚糖及其衍生物为原料的产品，已登录认证的壳聚糖及壳寡糖农业制剂产品共31件。通过对多种来源的产酶菌株进行筛选，再利用基因工程改造方法，已成功创制了高活性、高专一性的糖苷水解酶数十种，结合生物化工方法，成功实现了壳聚糖的可控降解及壳寡糖的大规模生产制备。

（2）推广应用

天然壳寡糖、海藻糖等具有很好的诱导植物免疫、提高农作物抗病性的作用，在农业生产中得到广泛应用。目前市面上主要是以壳寡糖为原料研制出的多个寡糖类植物免疫诱导剂及复配制剂，已获国家农药登记证的有11个，已实现产业化并已在农业生产中推广335万 hm²，在提高农作物产量和品质方面发挥了作用。

3. 微生物类免疫诱导剂

微生物类免疫诱导剂是广泛存在于土壤中的有益微生物，其在全球已有多年的研究与应用历史，在我国已经有很多个生产厂家登记注册产品得到推广应用。随着植物免疫诱导抗性研究的快速发展，微生物类免疫诱导剂应用推广逐年递增。微生物类免疫诱导剂目前主要应用在植物叶面喷施和根系土壤修复处理方面。微生物类免疫诱导剂叶面喷施能够激活植物抗病抗逆相关基因，从而激活植株自身免疫系统，可与相关杀虫剂、杀菌剂合用。微生物类免疫诱导剂作为根系诱导剂可增强植株根系活性，促进植株吸收营养元素，一般作为菌肥或土壤修复剂使用，起到改良土壤、增强植株根系活性的作用，从而达到抗病抗逆目的，市面上相关微生物菌肥或菌剂已大面积推广与应用。

（三）植物免疫诱导剂的研发趋势

近年来，植物免疫诱导剂的研发与应用使植物病虫害的绿色防控又有了新的突破。利用免疫诱导技术提高植物自身抗性，是有害生物绿色防控的新技术和新方法，能大幅度减轻病虫害发生，减少或免用化学农药，是解决环境污染、保障农产品安全、实现农药零增长的有效途径，成为作物健康问题解决方案的重要基础，在作物病虫害综合防治、增产增收计划中发挥越来越重要的作用。随着全民对食品安全、粮食安全和环境安全问题的逐渐重视及政府实施化学农药限制使用政策，免疫诱导剂不仅在粮食作物、果蔬等作物病虫害综合防控中的需求逐渐增大，而且广大用户的接受程度在不断增强，由此带动了免疫诱导剂产业的迅速发展。

植物免疫诱导剂能刺激植物自身系统获得抗病性能，其研发将是植物保护的新方向和新领域之一。商品化的植物免疫诱导剂有苯并噻二唑（BTH）、噻酰菌胺（TDL）、2,6-二氯异烟酸（INA）、N-氰甲基-2-氯异烟酰胺（NCI）、烯丙异噻唑（PBZ）、茉莉酸甲酯（MeJA）、异噻菌胺等（Yoshioka et al.，2001；Noguchi et al.，2006）。BTH 上的阳离子与阴离子结合形成了新的衍生物，改变了所得产物的物理性质和抗菌性能，同时保留了系统性获得抗性的诱导性能，该药剂由于生产成本高昂而未能在全球普及（Yoshioka et al.，2001）。TDL 是稻瘟病防治药剂，能诱导烟草植株抗病基因的表达，并能代谢产生具有抗病诱导活性的 4-甲基-1,2,3-噻二唑-5-甲酸。异噻菌胺可激发水稻天然防御机制，防治稻瘟病。这两个产品仅在日本应用较多，在其他国家和地区的应用受到种植结构等因素的限制。美国生物农药公司（Marrone Bio Innovation，MBI）的虎杖提取物也具有很好的抗病诱导活性，目前由先正达在全球销售（Qiu et al.，2017）。作为一类新型的多功能生物农药，已有部分植物免疫诱导剂产品（如蛋白诱导子、寡糖、脱落酸、枯草芽孢杆菌、木霉等）分别以蛋白质生物农药、壳寡糖生物农药、微生物诱抗剂等在国内管理部门登记注册，并得到大面积的推广应用。这些药物的共同突出特点是它们不同于传统的杀菌剂，并不直接杀死病原菌，而是通过调节植物新陈代谢、诱导植物自身的免疫系统和生长系统，促进植物产生广谱的抗病、抗逆能力。植物免疫诱导剂类农药的研发正在成为当今国际新型生物农药的重要发展方向，并将迅速成为具有巨大发展前景的新型战略产业。该领域的研究将对植物保护重大基础理论研究做出贡献，对于农业可持续发展、生态环境保护、粮食和食品安全具有重要的意义。

参 考 文 献

常桂娇, 王艾琳. 2007. 细菌生物膜及其与细菌耐药性关系的研究进展. 山东医药, 47(5): 81-82.

陈小强, 陈德局, 朱育菁, 等. 2018. 青枯雷尔氏菌胞外多糖合成缺失突变株构建及其生物学特性. 微生物学报, 58(5): 926-938.

陈涛, 钱国良, 杨小丽, 等. 2008. 瓜类细菌性果斑病菌群体感应信号分子的检测及其对致病性的影响. 农业生物技术学报, 16(4): 653-657.

丁莉莎, 王瑶. 2009. 鞭毛介导的运动性与细菌生物膜的相互关系. 微生物学报, 49(4): 417-422.

华晓雨, 陶爽, 孙盛楠, 等. 2017. 植物次生代谢产物: 酚类化合物的研究进展. 生物技术通报, 33(12): 22-29.

黄前川, 丁进亚. 2010. 细菌鞭毛的运动性在生物膜形成中的双重作用. 医学综述, 16(20): 23-25.

黄晓波, 赵良启. 2006. 细菌胞外多糖的研究和应用. 山西化工, 26(1): 10-13.

姜伟. 2009. 十字花科黑腐病菌新的Ⅲ型分泌效应物基因的鉴定. 南宁: 广西大学博士学位论文.

赖世龙, 侯浩, 姜伟. 2006. 细菌的运动性及其在致病初期过程中的作用. 微生物学杂志, 26(5): 72-74.

李建宇, 李波, 陈华民, 等. 2016. 水稻白叶枯病菌 c-di-GMP 受体 Clpxoo 关键结合功能位点的确定. 生物技术通报, 32(12): 124-129.

李江, 陈靠山, 郝林华, 等. 2006. 细菌胞外多糖的研究进展. 海洋科学, 30(4): 74-77.

李宁. 2015. 奥奈达希瓦氏菌中氧化胁迫的调控: OxyR 和 OhrR 调节子在应答过程中的交叉作用. 杭州: 浙江大学硕士学位论文.

李威, 任毓忠, 丁建军, 等. 2007. 新疆瓜类细菌性果斑病品种抗病性鉴定. 北方园艺, (3): 186-188.

李潇桐, 杨凤环, 梁士敏, 等. 2014. 水稻白叶枯病菌毒性表达的负调控因子 PXO_02944 的分子鉴定. 中国农业科学, 47(13): 2563-2570.

李欣, 李红玉. 2006. 病原中的活性氧释放研究进展. 生态学报, 26(7): 2382-2386.

李有志, 唐纪良, 马庆生. 1998. 胞外多糖对野油菜黄单胞菌野油菜致病变种气孔入侵能力的影响. 广西农业大学学报, 17(3): 8-13.

刘田田. 2011. 水稻白叶枯病菌转录调控因子 OxyRxoo 对细菌抗氧化系统的调控作用. 安徽农业科学, 39(24): 14542-14544.

刘晓东, 吴港, 杨智敏, 等. 2013. RpoN 和 RpoS 参与细菌鞭毛合成与趋化调控的研究进展. 江苏农业科学, 41(12): 11-16.

刘永升, 方泓, 唐斌擎, 等. 2014. 铜绿假单胞菌生物膜的研究进展. 北方药学, 11(4): 67-68.

戚韩英, 汪文斌, 郑昱, 等. 2013. 生物膜形成机理及影响因素探究. 微生物学通报, 40(4): 677-685.

钱珊珊, 杨凤环, 田芳, 等. 2017. 水稻白叶枯病菌 HD-GYP 结构域蛋白 PXO_03945 的功能鉴定. 植物病理学报, 47(5): 605-611.

乔俊卿, 张心宁, 梁雪杰, 等. 2017. 枯草芽孢杆菌 PTS-394 诱导番茄对灰霉病的系统抗性. 中国生物防治学报, 33(2): 219-225.

邱德文. 2016. 我国植物免疫诱导技术的研究现状与趋势分析. 植物保护, 42(5): 10-14.

孙艳秋, 李宝聚, 陈捷. 2005. 寡糖诱导植物防卫反应的信号转导. 植物保护, 31(1): 5-9.

孙艳伟, 文景芝, 吴茂森, 等. 2009. 水稻白叶枯病菌糖基化岛 GI 基因的分子鉴定. 东北农业大学学报, 40(8): 18-22.

王军, 赵晓辉, 孙思. 2008. 桉树青枯菌菌株致病性分化与其菌量增殖及胞外多糖产量的联系. 中国森林病虫, 27(3): 10-12.

王丽, 毛鑫, 谯天敏, 等. 2020. 黄单胞杆菌胞外多糖对核桃生理代谢的影响. 东北林业大学学报, 48(5): 107-138.

王玲平, 周生茂, 戴丹丽, 等. 2010. 植物酚类物质研究进展. 浙江农业学报, 22(5): 696-701.

武晓丽, 陈华民, 吴茂森, 等. 2011. 细菌鞭毛素对植物免疫防卫反应及其信号机制的激发. 植物保护, 37(3): 12-16.

杨凤环, 田芳, 陈华民, 等. 2017. 病原细菌受体介导的 c-di-GMP 信号传导及其调控机制. 植物保护, 47(13): 2563-2570.

杨俊, 吕东平. 2018. 植物 PTI 天然免疫信号转导研究进展. 中国生态农业学报, 26(10): 1585-1592.

杨姗姗, 马丽, 孙柏欣, 等. 2014. 细菌趋化性研究进展. 中国农学通报, 31(6): 121-127.

张建唐, 高洁, 吴茂森, 等. 2009. 转录调控因子 OxyRxoo 对水稻白叶枯病菌 H_2O_2 解毒途径的调控功能. 微生物学报, 49(7): 874-879.

张静, 许景升, 吴茂森, 等. 2008. 水稻白叶枯病菌转录调控基因 *fleQxoo* 和 σ^{54} 因子基因 *rpoNxoo* 的分子鉴定. 植物病理学报, 38(5): 449-455.

张力群, 田涛, 梅桂英. 2010. 群体感应淬灭: 防治植物细菌病害的新策略. 中国生物防治, 26(3): 241-247.

周丹, 邹丽芳, 邹华松, 等. 2011. 水稻条斑病菌胞外多糖相关基因的鉴定. 微生物学报, 51(10): 1334-1341.

周辉, 刘成国, 周红丽, 等. 2014. 细菌功能调控的重要转录因子 PerR. 生命的化学, 34(1): 80-85.

周建波. 2006. 侵染水稻过程中白叶枯病菌过氧化氢酶基因表达动态分析. 呼和浩特: 内蒙古农业大学硕士学位论文.

周莲, 王杏雨, 何亚文. 2013. 植物病原黄单胞菌 DSF 信号依赖的群体感应机制及调控网络. 中国农业科学, 46(14): 2910-2922.

Aakre CD, Phung TN, Huang D, et al. 2013. A bacterial toxin inhibits DNA replication elongation through a direct interaction with the β sliding clamp. Mol Cell, 52(5): 617-628.

Adonizio A, Downum K, Bennett BC, et al. 2006. Anti-quorum sensing activity of medicinal plants in southern Florida. J Ethnopharmacol, 105(3): 427-435.

Adonizio A, Kong KF, Mathee K. 2008. Inhibition of quorum sensing-controlled virulence factor production in *Pseudomonas aeruginosa* by South Florida plant extracts. Antimicrob Agents Chemother, 52(1): 198-203.

Ahn BE, Baker TA. 2016. Oxidization without substrate unfolding triggers proteolysis of the peroxide-sensor, PerR. Proc Natl Acad Sci USA, 113(1): E23-E31.

Alarcon-Chaidez FJ, Keith L, Zhao Y, et al. 2003. RpoN (sigma(54)) is required for plasmid-encoded coronatine biosynthesis in *Pseudomonas syringae*. Plasmid, 49(2): 106-117.

Alavi P, Müller H, Cardinale M, et al. 2013. The DSF quorum sensing system controls the positive influence of *Stenotrophomonas maltophilia* on plants. PLOS ONE, 8(7): e67103.

Albert I, Bohm H, Albert M, et al. 2015. An RLP23-SOBIR1-BAK1 complex mediates NLP-triggered immunity. Nature Plants, 1(10): 15140.

Almagor M, Kahane I, Yatziv S. 1984. Role of superoxide anion in host cell injury induced by *Mycoplasma pneumoniae* infection: a study of normal and trisomy 21 cells. J Clin Invest, 73(3): 842-847.

An SQ, Caly DL, McCarthy Y, et al. 2014. Novel cyclic di-GMP effectors of the YajQ protein family control bacterial virulence. PLOS Pathogens, 10(10): e1004429.

Anderson JC, Wan Y, Kim YM, et al. 2014. Decreased abundance of type III secretion system-inducing signals in *Arabidopsis mkp1* enhances resistance against *Pseudomonas syringae*. Proc Natl Acad Sci USA, 111(18): 6846-6851.

Andrade MO, Farah CS, Wang N. 2014. The post-transcriptional regulator *rsmA*/*csrA* activates T3SS by stabilizing the 5′ UTR of *hrpG*, the master regulator of *hrp*/*hrc* genes, in *Xanthomonas*. PLOS Pathogens, 10(2): e1003945.

Antony AR, Janani R, Kannan VR. 2017. Biofilm instigation of plant pathogenic bacteria and its control measures // Ahmad I, Husain FM. Biofilms in Plant and Soil Health. New York: John Wiley & Sons Ltd: 409-438.

Apel K, Hirt H. 2004. Reactive oxygen species: metabolism, oxidative stress, and signal transduction. Annu Rev Plant Biol, 55: 373-399.

Arora SK, Bangera M, Lory S, et al. 2001. A genomic island in *Pseudomonas aeruginosa* carries the determinants of flagellin glycosylation. Proc Natl Acad Sci USA, 98(16): 9342-9347.

Arora SK, Wolfgang MC, Lory S, et al. 2004. Sequence polymorphism in the glycosylation island and flagellins of *Pseudomonas aeruginosa*. J Bacteriol, 186(7): 2115-2122.

Arts IS, Gennaris A, Collet JF. 2015. Reducing systems protecting the bacterial cell envelope from oxidative damage. FEBS Letters, 589(14): 1559-1568.

Aslam SN, Newman MA, Erbs G, et al. 2008. Bacterial polysaccharides suppress induced innate immunity by calcium chelation. Current Biology, 18(14): 1078-1083.

Asselin JAE, Lin J, Perez-Quintero AL, et al. 2015. Perturbation of maize phenylpropanoid metabolism by an AvrE family type III effector from *Pantoea stewartii*. Plant Physiology, 167(3): 1117-1135.

Atichartpongkul S, Fuangthong M, Vattanaviboon P, et al. 2010. Analyses of the regulatory mechanism and physiological roles of *Pseudomonas aeruginosa* OhrR, a transcription regulator and a sensor of organic hydroperoxides. J Bacteriol, 192(8): 2093-2101.

Babitzke P, Romeo T. 2007. CsrB sRNA family: sequestration of RNA-binding regulatory proteins. Current Opinion in Microbiology, 10(2): 156-163.

Baggs E, Dagdas G, Krasileva KV. 2017. NLR diversity, helpers and integrated domains: making sense of the NLR identity. Current Opinion in Plant Biology, 38: 59-67.

Bai F, Li Z, Umezawa A, et al. 2018. Bacterial type III secretion system as a protein delivery tool for a broad range of biomedical applications. Biotechnol Adv, 36(2): 482-493.

Ban HF, Chai XL, Lin YJ, et al. 2009. Transgenic *Amorphophallus konjac* expressing synthesized acyl-homoserine lactonase (*aiiA*) gene exhibit enhanced resistance to soft rot disease. Plant Cell Rep, 28(12): 1847-1855.

Barrick JE, Sudarsan N, Weinberg Z, et al. 2005. 6S RNA is a widespread regulator of eubacterial RNA polymerase that resembles an open promoter. RNA, 11(5): 774-784.

Barrios H, Valderrama B, Morett E. 1999. Compilation and analysis of sigma(54)-dependent promoter sequences. Nucleic Acids Res, 27(22): 4305-4313.

Barth C, Moeder W, Klessig DF, et al. 2004. The timing of senescence and response to pathogens is altered in the ascorbate-deficient *Arabidopsis* mutant vitamin c-1. Plant Physiology, 134(4): 1784-1792.

Bernal P, Allsopp LP, Filloux A, et al. 2017. The *Pseudomonas putida* T6SS is a plant warden against phytopathogens. ISME J, 11(4): 972-987.

Bernal P, Llamas MA, Filloux A. 2018. Type VI secretion systems in plant-associated bacteria. Environ Microbiol, 20(1): 1-15.

Bhatty M, Laverde Gomez JA, Christie PJ. 2013. The expanding bacterial type IV secretion lexicon. Res Microbiol, 164(6): 620-639.

Bi G, Zhou JM. 2017. MAP kinase signaling pathways: a hub of plant-microbe interactions. Cell Host & Microbe, 21(3): 270-273.

Bi G, Zhou Z, Wang W. 2018. Receptor-like cytoplasmic kinases directly link diverse pattern recognition receptors to the activation of mitogen-activated protein kinase cascades in *Arabidopsis*. Plant Cell, 30(7): 1543-1561.

Bianco MI, Toum L, Yaryura PM, et al. 2016. Xanthan pyruvilation is essential for the virulence of *Xanthomonas campestris* pv. *campestris*. Molecular Plant-Microbe Interactions, 29(9): 688-699.

Blanvillain-Baufumé S, Reschke M, Solé M, et al. 2017. Targeted promoter editing for rice resistance to *Xanthomonas oryzae* pv. *oryzae* reveals differential activities for SWEET14-inducing TAL effectors. Plant Biotechnol J, 15(3): 306-317.

Block A, Alfano JR. 2011. Plant targets for *Pseudomonas syringae* type III effectors: virulence targets or guarded decoys? Current Opinion in Microbiology, 14(1): 39-46.

Bogdanove AJ, Schornack S, Lahaye T. 2010. TAL effectors: finding plant genes for disease and defense. Current Opinion in Plant Biology, 13(4): 394-401.

Borrelli VMG, Brambilla V, Rogowsky P, et al. 2018. The enhancement of plant disease resistance using CRISPR/Cas9 technology. Front Plant Sci, 9: 1245.

Boudsocq M, Willmann MR, McCormack M, et al. 2010. Differential innate immune signalling via Ca^{2+} sensor protein kinases. Nature, 464(7287): 418-422.

Boutrot F, Zipfel C. 2017. Function, discovery, and exploitation of plant pattern recognition receptors for broad-spectrum disease resistance. Annu Rev Phytopathol, 55: 257-286.

Brantl S. 2012a. Acting antisense: plasmid- and chromosome-encoded sRNAs from Gram-positive bacteria. Future Microbiol, 7(7): 853-871.

Brantl S. 2012b. Bacterial type I toxin-antitoxin systems. RNA Biol, 9(12): 1488-1490.

Brantl S, Natalie J. 2015. sRNAs in bacterial type I and type III toxin-antitoxin systems. FEMS Microbiol Rev, 39(3): 413-427.

Brown JM, Shaw KJ. 2003. A novel family of *Escherichia coli* toxin-antitoxin gene pairs. J Bacteriol, 185(22): 6600-6608.

Burkinshaw BJ, Strynadka NC. 2014. Assembly and structure of the T3SS. Biochim Biophys Acta, 1843(8): 1649-1663.

Büttner D. 2012. Protein export according to schedule: architecture, assembly, and regulation of type III secretion systems from plant- and animal-pathogenic bacteria. Microbiol Mol Biol Rev, 76(2): 262-310.

Büttner D, Bonas U. 2010. Regulation and secretion of *Xanthomonas* virulence factors. FEMS Microbiol Rev, 34(2): 107-133.

Büttner D, Gürlebeck D, Noël LD, et al. 2004. HpaB from *Xanthomonas campestris* pv. *vesicatoria* acts as an exit control protein in type III-dependent protein secretion. Mol Microbiol, 54(3): 755-768.

Byndloss MX, Rivera-Chávez F, Tsolis RM, et al. 2017. How bacterial pathogens use type III and type IV secretion systems to facilitate their transmission. Current Opinion in Microbiology, 35: 1-7.

Cai R, Lewis J, Yan S, et al. 2011. The plant pathogen *Pseudomonas syringae* pv. *tomato* is genetically monomorphic and under strong selection to evade tomato immunity. PLOS Pathogens, 7(8): e1002130.

Cai Z, Yuan ZH, Zhang H, et al. 2017. Fatty acid DSF binds and allosterically activates histidine kinase RpfC of phytopathogenic bacterium *Xanthomonas campestris* pv. *campestris* to regulate quorum-sensing and virulence. PLOS Pathogens, 13(4): e1006304.

Callegan MC, Kane ST, Cochran DC, et al. 2002. Molecular mechanisms of *Bacillus endophthalmitis* pathogenesis. DNA & Cell Biol, 21(5-6): 367.

Carmel-Harel O, Storz G. 2000. Roles of the glutathione- and thioredoxin-dependent reduction systems in the *Escherichia coli* and *Saccharomyces cerevisiae* responses to oxidative stress. Annu Rev Microbiol, 54: 439-461.

Casino P. 2010. The mechanism of signal transduction by two-component systems. Curr Opin Struct Biol, 20(6): 763-771.

Cenens W, Andrade MO, Llontop E, et al. 2020. Bactericidal type IV secretion system homeostasis in *Xanthomonas citri*. PLOS Pathogens, 16(5): e1008561.

Cesari S. 2018. Multiple strategies for pathogen perception by plant immune receptors. New Phytologist, 219(1): 17-24.

Chaban B, Hughes HV, Beeby M. 2015. The flagellum in bacterial pathogens: for motility and a whole lot more. Seminars in Cell & Developmental Biol, 46: 91-103.

Chambonnier G, Roux L, Redelberger D, et al. 2016. The hybrid histidine kinase LadS forms a multicomponent signal transduction system with the GacS/GacA two-component system in *Pseudomonas aeruginosa*. PLOS Genetics, 12(5): e1006032.

Chang JH, Desveaux D, Creason AL. 2014. The ABCs and 123s of bacterial secretion systems in plant pathogenesis. Annu Rev Phytopathol, 52: 317-345.

Chang JH, Urbach JM, Law TF, et al. 2005. A high-throughput, near-saturating screen for type III effector genes from *Pseudomonas syringae*. Proc Natl Acad Sci USA, 102(7): 2549-2554.

Chao NX, Wei K, Chen Q, et al. 2008. The rsmA-like gene *rsmA* (Xcc) of *Xanthomonas campestris* pv. *campestris* is involved in the control of various cellular processes, including pathogenesis. Molecular Plant-Microbe Interactions, 21(4): 411-423.

Charon NW, Goldstein SF. 2002. Genetics of motility and chemotaxis of a fascinating group of bacteria: the Spirochetes. Annu Rev Genet, 36(1): 47-73.

Chatterjee A, Cui Y, Chatterjee AK. 2002. Regulation of *Erwinia carotovora hrpL*$_{Ecc}$ (*sigma-L*$_{Ecc}$), which encodes an extracytoplasmic function subfamily of sigma factor required for expression of the HRP regulon. Molecular Plant-Microbe Interactions, 15(9): 971-980.

Chen JG, Willard FS, Huang J, et al. 2003. A seven-transmembrane RGS protein that modulates plant cell proliferation. Science, 301: 1728-1731.

Cheng ST, Wang FF, Qian W. 2019. Cyclic-di-GMP binds to histidine kinase RavS to control RavS-

RavR phosphotransfer and regulates the bacterial lifestyle transition between virulence and swimming. PLOS Pathogens, 15(8): e1007952.

Chin KH, Lee YC, Tu ZL, et al. 2010. The cAMP receptor-like protein CLP is a novel c-di-GMP receptor linking cell-cell signaling to virulence gene expression in *Xanthomonas campestris*. J Mol Biol, 396(3): 646-662.

Chinchilla D, Boller T, Robatzek S. 2007. Flagellin signaling in plant immunity. Adv Exp Med Biol, 598: 358-371.

Chisholm ST, Coaker G, Day B, et al. 2006. Host-microbe interactions: shaping the evolution of the plant immune response. Cell, 124(4): 803-814.

Choi YN, Kim N, Mannaa MY, et al. 2020. Characterization of type VI secretion system in *Xanthomonas oryzae* pv. *oryzae* and its role in virulence to rice. Plant Pathol J, 36(3): 289-296.

Chou SH, Galperin MY. 2016. Diversity of cyclic di-GMP-binding proteins and mechanisms. J Bacteriol, 198(1): 32-46.

Cianciotto NP, White RC. 2017. Expanding role of type II secretion in bacterial pathogenesis and beyond. Infect Immun, 85(5): pii: e00014-17.

Cianfanelli FR, Monlezun L, Coulthurst SJ. 2016. Aim, load, fire: the type VI secretion system, a bacterial nanoweapon. Trends Microbiol, 24(1): 51-62.

Corral-Lugo A, Daddaoua A, Ortega A, et al. 2016. Rosmarinic acid is a homoserine lactone mimic produced by plants that activates a bacterial quorum-sensing regulator. Sci Signal, 9(409): ra1.

Costerton JW, Irvin RT, Cheng KJ. 1981. The bacterial glycocalyx in nature and disease. Ann Rev Microbiol, 35: 299-305.

Couto D, Zipfel C. 2016. Regulation of pattern recognition receptor signalling in plants. Nat Rev Immunol, 16(9): 537-552.

Cuéllar-Cruz M, Briones-Martin-del-Campo M, Cañas-Villamar I, et al. 2008. High resistance to oxidative stress in the fungal pathogen *Candida glabrata* is mediated by a single catalase, Cta1p, and is controlled by the transcription factors Yap1p, Skn7p, Msn2p, and Msn4p. Eukaryotic Cell, 7(5): 814-825.

Cui F, Wu S, Sun W, et al. 2013. The *Pseudomonas syringae* type III effector AvrRpt2 promotes pathogen virulence via stimulating *Arabidopsis* auxin/indole acetic acid protein turnover. Plant Physiology, 162(2): 1018-1029.

Cui HT, Tsuda K, Parker JE. 2015. Effector-triggered immunity: from pathogen perception to robust defense. Ann Rev Plant Biol, 66: 487-511.

Cunnac S, Occhialini A, Barberis P, et al. 2004. Inventory and functional analysis of the large Hrp regulon in *Ralstoniasolanacearum*: identification of novel effector proteins translocated to plant host cells through the type III secretion system. Mol Microbiol, 53(1): 115-128.

Cussiol JR, Alves SV, Oliveira MA, et al. 2003. Organic hydroperoxide resistance gene encodes a thiol-dependent peroxidase. J Biol Chem, 278(13): 11570-11578.

Daglia M. 2012. Polyphenols as antimicrobial agents. Curr Opin Biotech, 23(2): 174-181.

Dalebroux ZD, Miller SI. 2014. Salmonellae PhoPQ regulation of the outer membrane to resist innate immunity. Current Opinion in Microbiology, 17: 106-113.

D'Angelo-Picard C, Chapelle E, Ratet P, et al. 2011. Transgenic plants expressing the quorum quenching lactonase AttM do not significantly alter root-associated bacterial populations. Res Microbiol, 162(9): 951-958.

Danhorn T, Fuqua C. 2007. Biofilm formation by plant-associated bacteria. Annu Rev Microbiol, 61(1): 401.

Darfeuille F, Unoson C, Vogel J, et al. 2007. An antisense RNA inhibits translation by competing with standby ribosomes. Mol Cell, 26(3): 381-392.

De Nisco NJ, Rivera-Cancel G, Orth K. 2018. The biochemistry of sensing: enteric pathogens regulate type III secretion in response to environmental and host cues. mBio, 9(1): pii: e02122-17.

De Torres Zabala M, Bennett MH, Truman WH, et al. 2009. Antagonism between salicylic and abscisic acid reflects early host-pathogen conflict and moulds plant defence responses. Plant Journal, 59(3): 375-386.

Defosse TA, Sharma A, Mondal AK, et al. 2015. Hybrid histidine kinase in pathogenic fungi. Mol Microbiol, 95(6): 914-924.

Demidchik V, Shabala SN, Coutts KB, et al. 2003. Free oxygen radicals regulate plasma membrane Ca^{2+}- and K^+-permeable channels in plant root cells. J Cell Sci, 116(Pt 1): 81-88.

Deng CY, Zhang H, Wu Y, et al. 2018. Proteolysis of histidine kinase VgrS inhibits its auto-phosphorylation and promotes osmostress resistance in *Xanthomonas campestris*. Nature Communications, 9(1): 4791.

Deng W, Marshall N, Rowland J, et al. 2017a. Assembly, structure, function and regulation of type III secretion systems. Nat Rev Microbiol, 15(6): 323-337.

Deng X, Xiao Y, Lan L, et al. 2009. *Pseudomonas syringae* pv. *phaseolicola* mutants compromised for type III secretion system gene induction. Molecular Plant-Microbe Interactions, 22(8): 964-976.

Deng Y, Wu J, Tao F, et al. 2011. Listening to a new language: DSF-based quorum sensing in Gram negative bacteria. Chem Rev, 111(1): 160-173.

Deng Y, Zhai K, Xie Z, et al. 2017b. Epigenetic regulation of antagonistic receptors confers rice blast resistance with yield balance. Science, 355(6328): 962-965.

Denny TP. 1995. Involvement of bacterial polysaccharides in plant pathogenesis. Annu Rev Phytopathol, 33: 173-197.

Djonović S, Vargas WA, Kolomiets MV, et al. 2006. Sm1, a proteinaceous elicitor secreted by the biocontrol fungus *Trichoderma virens* induces plant defense responses and systemic resistance. Molecular Plant-Microbe Interactions, 19(8): 838-853.

Dodds PN, Rathjen JP. 2010. Plant immunity: towards an integrated view of plant-pathogen interactions. Nat Rev Genet, 11(8): 539-548.

Dong TG, Ho BT, Yoder-Himes DR, et al. 2013. Identification of T6SS-dependent effector and immunity proteins by Tn-seq in *Vibrio cholerae*. Proc Natl Acad Sci USA, 110(7): 2623-2628.

Dong YH, Wang LH, Xu JL, et al. 2001. Quenching quorum-sensingdependent bacterial infection by an *N*-acyl homoserine lactonase. Nature, 411(6839): 813-817.

Dong YH, Xu JL, Li XZ, et al. 2000. AiiA, an enzyme that inactivates the acylhomoserine lactone quorum-sensing signal and attenuates the virulence of Erwinia carotovora. Proc Natl Acad Sci USA, 97(7): 3526-3531.

Dow MJ. 2017. Diffusible signal factor-dependent quorum sensing in pathogenic bacteria and its exploitation for disease control. J Appl Microbiol, 122(1): 2-11.

Dow MJ, Venturi V. 2015. Recent advances in understanding quorum sensing and regulation of virulence in plant-pathogenic bacteria // Wang E, Jones JB, Sundin GW, et al. Virulence Mechanisms of Plant-Pathogenic Bacteria. St Paul: APS Press: 3-20.

Du J, Verzaux E, Chaparro-Garcia A, et al. 2015. Elicitin recognition confers enhanced resistance to *Phytophthora infestans* in potato. Nature Plants, 1(4): 15034.

Dubiella U, Seybold H, Durian G, et al. 2013. Calcium-dependent protein kinase/NADPH oxidase activation circuit is required for rapid defense signal propagation. Proc Natl Acad Sci USA, 110(21): 8744-8749.

Dunger G, Relling VM, Tondo ML, et al. 2007. Xanthan is not essential for pathogenicity in citrus canker but contributes to *Xanthomonas* epiphytic survival. Arch Microbiol, 188(2): 127-135.

Eberl L. 1999. *N*-acyl homoserinelactone-mediated gene regulation in gram-negative bacteria. Syst Appl Microbiol, 22(4): 493-506.

Elmore JM, Lin ZJ, Coaker G. 2011. Plant NB-LRR signaling: upstreams and downstreams. Current Opinion in Plant Biology, 14(4): 365-371.

EngI C, Waite CJ, McKenna JF, et al. 2014. Chp8, a diguanylate cyclase from *Pseudomonas syringae* pv. *tomato* DC3000, suppresses the pathogen-associated molecular pattern flagellin, increases extracellular polysaccharides, and promotes plant immune evasion. mBio, 5(3): e01168-01114.

Erickson JL, Adlung N, Lampe C, et al. 2018. The *Xanthomonas* effector XopL uncovers the role of microtubules in stromule extension and dynamics in *Nicotiana benthamiana*. Plant Journal, 93(5): 856-870.

Ewing CP, Andreishcheva E, Guerry P. 2009. Functional characterization of flagellin glycosylation in *Campylobacter jejuni* 81-176. J Bacteriol, 191(22): 7086-7093.

Ezraty B, Aussel L, Barras F. 2005. Methionine sulfoxide reductases in prokaryotes. Biochim Biophys Acta, 1703(2): 221-229.

Fan S, Tian F, Li J, et al. 2017. Identification of phenolic compounds that suppress the virulence of *Xanthomonas oryzae* on rice via the type III secretion system. Mol Plant Pathol, 18(4): 555-568.

Farmer EE, Alméras E, Krishnamurthy V. 2003. Jasmonates and related oxylipins in plant responses to pathogenesis and herbivory. Current Opinion in Plant Biology, 6(4): 372-378.

Felisberto-Rodrigues C, Durand E, Aschtgen MS, et al. 2011. Towards a structural comprehension of bacterial type VI secretion systems: characterization of the TssJ-TssM complex of an *Escherichia coli* pathovar. PLOS Pathogens, 7(11): e1002386.

Felix G, Duran JD, Volko S, et al. 1999. Plants have a sensitive perception system for the most conserved domain of bacterial flagellin. Plant Journal, 18(3): 265-276.

Feng F, Yang F, Rong W, et al. 2012. A *Xanthomonas* uridine 5′-monophosphate transferase inhibits plant immune kinases. Nature, 485(7396): 114-118.

Feng F, Zhou JM. 2012. Plant-bacterial pathogen interactions mediated by type III effectors. Current Opinion in Plant Biology, 15(4): 469-476.

Filloux A. 2004. The underlying mechanisms of type II protein secretion. Biochim Biophys Acta, 1694 (1-3): 163-179.

Fishman MR, Zhang J, Bronstein PA, et al. 2018. Ca(2+)-induced two-component system CvsSR regulates the type III secretion system and the extracytoplasmic function sigma factor AlgU in Pse *udomonas syringae* pv. *tomato* DC3000. J Bacteriol, 200(5): e00538-17.

Flavier AB, Clough SJ, Schell MA, et al. 1997. Identification of 3-hydroxypalmitic acid methyl ester as a novel autoregulator controlling virulence in *Ralstonia solanacearum*. Mol Microbiol, 26(2): 251-259.

Freeman BC, Chen C, Yu X, et al. 2013. Physiological and transcriptional responses to osmotic stress of two *Pseudomonas syringae* strains that differ in epiphytic fitness and osmotolerance. J Bacteriol, 195(20): 4742-4752.

Fu ZQ, Dong X. 2013. Systemic acquired resistance: turning local infection into global defense. Annu Rev Plant Biol, 64(1): 839-863.

Fuangthong M, Atichartpongkul S, Mongkolsuk S, et al. 2001. OhrR is a repressor of *ohrA*, a key organic hydroperoxide resistance determinant in *Bacillus subtilis*. J Bacteriol, 183(14): 4134-4141.

Fuqua C, Parsek MR, Greenberg EP. 2001. Regulation of gene expression by cell-to-cell communication: acyl-homoserine lactone quorum sensing. Annu Rev Genet, 35: 439-468.

Fuqua WC, Winans SC, Greenberg EP. 1994. Quorum sensing in bacteria: the LuxR-LuxI family of cell density-responsive transcriptional regulators. J Bacteriol, 176(2): 269-275.

Furukawa T, Inagaki H, Takai R, et al. 2014. Two distinct EF-Tu epitopes induce immune responses in rice and *Arabidopsis*. Molecular Plant-Microbe Interactions, 27(2): 113-124.

Gaderer R, Lamdan NL, Frischmann A, et al. 2015. Sm2, a paralog of the *Trichoderma* ceratoplatanin elicitor Sm1, is also highly important for plant protection conferred by the fungal-root interaction of *Trichoderma* with maize. BMC Microbiol, 15(1): 2-9.

Galán JE, Lara-Tejero M, Marlovits TC, et al. 2014. Bacterial type III secretion systems: specialized nanomachines for protein delivery into target cells. Annu Rev Microbiol, 68: 415-438.

Galán JE, Waksman G. 2018. Protein-injection machines in bacteria. Cell, 172(6): 1306-1318.

Gallique M, Decoin V, Barbey C, et al. 2017. Contribution of the *Pseudomonas fluorescens* MFE01 type VI secretion system to biofilm formation. PLOS ONE, 12(1): e0170770.

Galperin MY. 2006. Structural classification of bacterial response regulators: diversity of output domains and domain combinations. J Bacteriol, 188(12): 4169-4182.

Galperin MY. 2018. What bacteria want. Environ Microbiol, 20(12): 4221-4229.

Gao C. 2021. Genome engineering for crop improvement and future agriculture. Cell, 184(6): 1621-1635.

Ge Y, Lee JH, Liu J, et al. 2019. Homologues of the RNA binding protein RsmA in *Pseudomonas syringae* pv. *tomato* DC3000 exhibit distinct binding affinities with non-coding small RNAs and have distinct roles in virulence. Mol Plant Pathol, 20(9): 1217-1236.

Genin S, Boucher C. 2002. *Ralstonia solanacearum*: secrets of a major pathogen unveiled by analysis of its genome. Mol Plant Pathol, 3(3): 111-118.

Genin S, Denny TP. 2012. Pathogenomics of the *Ralstonia solanacearum* species complex. Annu Rev Phytopathol, 50: 67-89.

Gerdes K, Molin PBR. 1986. Unique type of plasmid maintenance function: postsegregational killing of plasmid-free cells. Proc Natl Acad Sci USA, 83(10): 3116-3120.

Gimenez-Ibanez S, Boter M, Fernandez-Barbero G, et al. 2014. The bacterial effector HopX1 targets JAZ transcriptional repressors to activate jasmonate signaling and promote infection in *Arabidopsis*. PLOS Biol, 12(2): e1001792.

Gohlke J, Deeken R. 2014. Plant responses to *Agrobacterium tumefaciens* and crown gall development. Front Plant Sci, 5: 155.

Gomez-Gomez L, Boller T. 2000. FLS2: an LRR receptor-like kinase involved in the perception of the bacterial elicitor flagellin in *Arabidopsis*. Mol Cell, 5(6): 1003-1011.

González-Prieto C, Lesser CF. 2018. Rationale redesign of type III secretion systems: toward the development of non-pathogenic *E. coli* for *in vivo* delivery of therapeutic payloads. Current Opinion in Microbiology, 41: 1-7.

Goodner B, Hinkle G, Gattung S, et al. 2001. Genome sequence of the plant pathogen and biotechnology agent *Agrobacterium tumefaciens* C58. Science, 294(5550): 2323-2328.

Gotz-Rosch C, Sieper T, Fekete A, et al. 2015. Influence of bacterial *N*-acyl-homoserine lactones on growth parameters, pigments, antioxidative capacities and the xenobiotic phase II detoxification enzymes in barley and yam bean. Front Plant Sci, 6: 205.

Grandclément C, Tannières M, Moréra S, et al. 2016. Quorum quenching: role in nature and applied developments. FEMS Microbiol Rev, 40(1): 86-116.

Green ER, Mecsas J. 2016. Bacterial secretion systems: an overview. Microbiol Spectrum, 4(1): VMBF-0012-2015.

Grimaud R, Ezraty B, Mitchell JK, et al. 2001. Repair of oxidized proteins. Identification of a new methionine sulfoxide reductase. J Biol Chem, 276(52): 48915-48920.

Gudesblat GE, Torres PS, Vojnov AA. 2009. *Xanthomonas campestris* overcomes *Arabidopsis* stomatal innate immunity through a DSF cell-to-cell signal-regulated virulence factor. Plant Physiology, 149(2): 1017-1027.

Guo Q, Major IT, Howe GA. 2018. Resolution of growth-defense conflict: mechanistic insights from jasmonate signaling. Current Opinion in Plant Biology, 44: 72-81.

Gürlebeck D, Szurek B, Bonas U. 2005. Dimerization of the bacterial effector protein AvrBs3 in the plant cell cytoplasm prior to nuclear import. Plant Journal, 42(2): 175-187.

Gürlebeck D, Thieme F, Bonas U. 2006. Type III effector proteins from the plant pathogen *Xanthomonas* and their role in the interaction with the host plant. Journal of Plant Physiology, 163(3): 233-255.

Guttman DS, Vinatzer BA, Sarkar SF, et al. 2002. A functional screen for the type III (Hrp) secretome of the plant pathogen *Pseudomonas syringae*. Science, 295(5560): 1722-1726.

Guzzo CR, Dunger G, Salinas RK, et al. 2013. Structure of the PilZ-FimXEAL-c-di-GMP complex responsible for the regulation of bacterial type IV pilus biogenesis. J Mol Biol, 425(12): 2174-2197.

Haapalainen M, Mosorin H, Dorati F, et al. 2012. Hcp2, a secreted protein of the phytopathogen *Pseudomonas syringae* pv. *tomato* DC3000, is required for fitness for competition against bacteria and yeasts. J Bacteriol, 194(18): 4810-4822.

Hachani A, Allsopp LP, Oduko Y, et al. 2014. The VgrG proteins are "A la carte" delivery systems for bacterial type VI effectors. J Biol Chem, 289(25): 17872-17874.

Hall CL, Lee VT. 2018. Cyclic-di-GMP regulation of virulence in bacterial pathogens. Wiley Interdiscip Rev RNA, 9: e1454.

Ham JH. 2013. Intercellular and intracellular signalling systems that globally control the expression of virulence genes in plant pathogenic bacteria. Mol Plant Pathol, 14(3): 308-322.

Ham HJ, da Cunha VCL. 2015. Virulence mechanisms of soft-rot-causing plant pathogenic bacteria //

Wang E, Jones JB, Sundin GW, et al. Virulence Mechanisms of Plant-Pathogenic Bacteria. St Paul: APS Press: 419-443.

Harshey RM. 2003. Bacterial motility on a surface: many ways to a common goal. Annu Rev Microbiol, 57(1): 249-273.

Hartmann A, Rothballer M, Hense BA, et al. 2014. Bacterial quorum sensing compounds are important modulators of microbe-plant interactions. Front Plant Sci, 5: 131.

Haudecoeur E, Tannieres M, Cirou A, et al. 2009. Different regulation and roles of lactonases AiiB and AttM in *Agrobacterium tumefaciens* C58. Molecular Plant-Microbe Interactions, 22(5): 529-537.

Hayafune M, Berisio R, Marchetti R, et al. 2014. Chitin-induced activation of immune signaling by the rice receptor CEBiP relies on a unique sandwich-type dimerization. Proc Natl Acad Sci USA, 111(3): E404-E413.

He YQ, Zhang L, Jiang BL, et al. 2007a. Comparative and functional genomics reveals genetic diversity and determinants of host specificity among reference strains and a large collection of Chinese isolates of the phytopathogen *Xanthomonas campestris* pv. *campestris*. Genome Biol, 8(10): R218.

He YW, Boon C, Zhou L, et al. 2008. Co-regulation of *Xanthomonas campestris* virulence by quorum sensing and a novel two-component regulatory system RavS/RavR. Mol Microbiol, 71(6): 1464-1476.

He YW, Ng AYJ, Xu M, et al. 2007b. *Xanthomonas campestris* cell-cell communication involves a putative nucleotide receptor protein Clp and a hierarchical signalling network. Mol Microbiol, 64(2): 281-292.

He YW, Wu J, Cha JS, et al. 2010. Rice bacterial blight pathogen *Xanthomonas oryzae* pv. *oryzae* produces multiple DSF-family signals in regulation of virulence factor production. BMC Microbiol, 10: 187.

He YW, Zhang LH. 2008. Quorum sensing and virulence regulation in *Xanthomonas campestris*. FEMS Microbiol Rev, 32(5): 842-857.

Heil M, Bostock MR. 2002. Induced systemic resistance (ISR) against pathogens in the context of induced plant defences. Annals Bot, 89(5): 503-512.

Hendrickson EL, Guevera P, Ausubel FM. 2000a. The alternative sigma factor RpoN is required for *hrp* activity in *Pseudomonas syringae* pv. *maculicola* and acts at the level of *hrpL* transcription. J Bacteriol, 182: 3508-3516.

Hendrickson EL, Guevera P, Penaloza-Vazquez A, et al. 2000b. Virulence of the phytopathogen *Pseudomonas syringae* pv. *maculicola* is *rpoN* dependent. J Bacteriol, 182(12): 3498-3507.

Hengge R. 2009. Principles of c-di-GMP signalling in bacteria. Nat Rev Microbiol, 7(4): 263-273.

Hengge R, Grundling A, Jenal U, et al. 2016. Bacterial signal transduction by cyclic di-GMP and other nucleotide second messengers. J Bacteriol, 198(1): 15-26.

Hickman JW, Harwood CS. 2008. Identification of FleQ from *Pseudomonas aeruginosa* as a c-di-GMP-responsive transcription factor. Mol Microbiol, 69(2): 376-389.

Hikichi Y, Mori Y, Ishikawa S, et al. 2017. Regulation involved in colonization of intercellular spaces of host plants in *Ralstonia solanacearum*. Front Plant Sci, 8: 967.

Hind SR, Strickler SR, Boyle PC, et al. 2016. Tomato receptor FLAGELLINSENSING 3 binds flgII-28 and activates the plant immune system. Nature Plants, 2: 16128.

Ho B, Basler M, Mekalanos J. 2013. Type 6 secretion system-mediated immunity to type 4 secretion system-mediated gene transfer. Science, 342(6155): 250-253.

Hoch JA. 2000. Two-component and phosphorelay signal transduction. Current Opinion in Microbiology, 3: 165-170.

Hotson A, Chosed R, Shu H, et al. 2003. *Xanthomonas* type III effector XopD targets SUMO-conjugated proteins in planta. Mol Microbiol, 50(2): 377-389.

Huang DL, Tang DJ, Liao Q, et al. 2009. The Zur of *Xanthomonas campestris* is involved in hypersensitive response and positively regulates the expression of the *hrp* cluster via *hrpX* but not *hrpG*. Molecular Plant-Microbe Interactions, 22(3): 321-329.

Huang S, Van Aken O, Schwarzländer M, et al. 2016. The roles of mitochondrial reactive oxygen species in cellular signaling and stress response in plants. Plant Physiology, 171(3): 1551-1559.

Huang PY, Zimmerli L. 2014. Enhancing crop innate immunity: new promising trends. Front Plant Sci, 5: 624.

Hüdig M, Laibach N, Hein AC. 2022. Genome editing in crop plant research-alignment of expectations and current developments. Plants (Basel), 11(2): 212.

Hutcheson SW, Bretz J, Sussan T, et al. 2001. Enhancer-binding proteins HrpR and HrpS interact to regulate *hrp*-encoded type III protein secretion in *Pseudomonas syringae* strains. J Bacteriol, 183(19): 5589-5598.

Ikawa Y, Ohnishi S, Shoji A, et al. 2018. Concomitant regulation by a LacI-type transcriptional repressor XylR on genes involved in xylan and xylose metabolism and the type III secretion system in rice pathogen *Xanthomonas oryzae* pv. *oryzae*. Molecular Plant-Microbe Interactions, 31(6): 605-613.

Ikawa Y, Tsuge S. 2016. The quantitative regulation of the *hrp* regulator HrpX is involved in sugar-source-dependent *hrp* gene expression in *Xanthomonas oryzae* pv. *oryzae*. FEMS Microbiol Lett, 363(10): pii: fnw071.

Iwano M, Che FS, Goto K, et al. 2002. Electron microscopic analysis of the H_2O_2 accumulation preceding hypersensitive cell death induced by an incompatible strain of *Pseudomonas avenae* in cultured rice cells. Mol Plant Pathol, 3(1): 1-8.

Jackson RW, Johnson LJ, Clarke SR, et al. 2011. Bacterial pathogen evolution: breaking news. Trends Genet, 27(1): 32-40.

Jacobs MJ, Allen C. 2015. Virulence mechanisms of plant-pathogenic *Ralstonia* spp. // Wang E, Jones JB, Sundin GW, et al. Virulence Mechanisms of Plant-Pathogenic Bacteria. St Paul: APS Press: 365-380.

Jaffé A, Ogura T, Hiraga S. 1985. Effects of the ccd function of the F plasmid on bacterial growth. J Bacteriol, 163(3): 841-849.

Jani AJ, Cotter PA. 2010. Type VI secretion: not just for pathogenesis anymore. Cell Host & Microbe, 8(1): 2-6.

Janssen KH, Diaz MR, Gode CJ, et al. 2018. RsmV, a small noncoding regulatory RNA in *Pseudomonas aeruginosa* that sequesters RsmA and RsmF from target mRNAs. J Bacteriol, 200(16): e00277-18.

Jehle AK, Furst U, Lipschis M, et al. 2013. Perception of the novel MAMP eMax from different

Xanthomonas species requires the *Arabidopsis* receptor-like protein ReMAX and the receptor kinase SOBIR. Plant Signal Behav, 8(12): e27408.

Jenal U, Reinders A, Lori C. 2017. Cyclic di-GMP: second messenger extraordinaire. Nat Rev Microbiol, 15(5): 271-284.

Jha G, Rajeshwari R, Sonti RV. 2005. Bacterial type two secretion system secreted proteins: double-edged swords for plant pathogens. Molecular Plant-Microbe Interactions, 18(9): 891-898.

Ji ZY, Ji CH, Liu B, et al. 2016. Interfering TAL effectors of *Xanthomonas oryzae* neutralize *R*-gene-mediated plant disease resistance. Nature Communications, 7: 13435.

Jiang BL, He YQ, Cen WJ, et al. 2008. The type III secretion effector XopXccN of *Xanthomonas campestris* pv. *campestris* is required for full virulence. Res Microbiol, 159(3): 216-220.

Jiang BL, Jiang GF, Liu W, et al. 2018. RpfC regulates the expression of the key regulator *hrpX* of the *hrp*/T3SS system in *Xanthomonas campestris* pv. *campestris*. BMC Microbiol, 18(1): 103.

Jiang GF, Jiang BL, Yang M, et al. 2014a. Establishment of an inducing medium for type III effector secretion in *Xanthomonas campestris* pv. *campestris*. Braz J Microbiol, 44(3): 945-952.

Jiang GF, Wu Q, Liang X, et al. 2014b. Putative promoter region of type III effector gene $avrAC_{Xcc8004}$ in *Xanthomonas campestris* pv. *campestris*. Acta Microbiologica Sinica, 54(2): 159-166.

Jiang W, Jiang BL, Xu RQ, et al. 2009. Identification of six type III effector genes with the PIP box in *Xanthomonas campestris* pv. *campestris* and five of them contribute individually to full pathogenicity. Molecular Plant-Microbe Interactions, 22(11): 1401-1411.

Johnson TL, Abendroth J, Hol WGJ, et al. 2006. Type II secretion: from structure to function. FEMS Microbiol Lett, 255(2): 175-186.

Jones JD, Dangl JL. 2006. The plant immune system. Nature, 444(7117): 323-329.

Jones JD, Vance RE, Dangl JL. 2016. Intracellular innate immune surveillance devices in plants and animals. Science, 354(6316): aaf6395.

Josenhans C, Suerbaum S. 2002. The role of motility as a virulence factor in bacteria. Int J Med Microbiol, 291(8): 605-614.

Joshi A, Kostiuk B, Rogers A, et al. 2017. Rules of engagement: the type VI secretion system in *Vibrio cholerae*. Trends Microbiol, 25(4): 267-279.

Joshi JR, Burdman S, Lipsky A, et al. 2015. Effects of plant antimicrobial phenolic compounds on virulence of the genus *Pectobacterium*. Res Microbiol, 166(6): 535-545.

Jovanovic M, Waite C, James E, et al. 2017. Functional characterization of key residues in regulatory proteins HrpG and HrpV of *Pseudomonas syringae* pv. *tomato* DC3000. Molecular Plant-Microbe Interactions, 30(8): 656-665.

Kakkar A, Nizampatnam NR, Kondreddy A, et al. 2015. *Xanthomonas campestris* cell-cell signalling molecule DSF (diffusible signal factor) elicits innate immunity in plants and is suppressed by the exopolysaccharide xanthan. Journal of Experimental Botany, 66(21): 6697-6714.

Kalia D, Merey G, Nakayama S, et al. 2013. Nucleotide, c-di-GMP, c-di-AMP, cGMP, cAMP, (p) ppGpp signaling in bacteria and implications in pathogenesis. Chem Soc Rev, 42(1): 305-341.

Kanonenberg K, Schwarz CKW, Schmitt L. 2013. Type I secretion systems-a story of appendices. Res Microbiol, 164(6): 596-604.

Kapitein N, Bönemann G, Pietrosiuk A, et al. 2013. ClpV recycles VipA/VipB tubules and prevents non-productive tubule formation to ensure efficient type VI protein secretion. Mol Microbiol,

87(5): 1013-1028.

Kawaharada Y, Kelly S, Nielsen MW, et al. 2015. Receptor-mediated exopolysaccharide perception controls bacterial infection. Nature, 523(7560): 308-312.

Kay S, Hahn S, Marois E, et al. 2007. A bacterial effector acts as a plant transcription factor and induces a cell size regulator. Science, 318(5850): 648-651.

Kazan K, Lyons R. 2014. Intervention of phytohormone pathways by pathogen effectors. The Plant Cell, 26(6): 2285-2309.

Kazmierczak MJ, Wiedmann M, Boor KJ. 2005. Alternative sigma factors and their roles in bacterial virulence. Microbiol Mol Biol Rev, 69(4): 527-543.

Kernell Burke A, Duong DA, Jensen RV, et al. 2015. Analyzing the transcriptomes of two quorum-sensing controlled transcription factors, RcsA and LrhA, important for *Pantoea stewartii* virulence. PLOS ONE, 10(12): e0145358.

Khan M, Seto D, Subramaniam R, et al. 2018. Oh, the places they'll go! A survey of phytopathogen effectors and their host targets. Plant Journal, 93(4): 651-663.

Khan M, Subramaniam R, Desveaux D. 2016. Of guards, decoys, baits and traps: pathogen perception in plants by type III effector sensors. Current Opinion in Microbiology, 29: 49-55.

Khokhani D, Zhang C, Li Y, et al. 2013. Discovery of plant phenolic compounds that act as type III secretion system inhibitors or inducers of the fire blight pathogen, *Erwinia amylovora*. Appl Environ Microbiol, 79(18): 5424-5436.

Kim J, Kim JG, Kang Y, et al. 2004. Quorum sensing and the LysR-type transcriptional activator ToxR regulate toxoflavin biosynthesis and transport in *Burkholderia glumae*. Mol Microbiol, 54(4): 921-934.

Kim N, Kim JJ, Kim I, et al. 2010. *Burkholderia* type VI secretion systems have distinct roles in eukaryotic and bacterial cell interactions. PLOS Pathogens, 6(8): e1001068.

Kim SH, Qi D, Ashfield T, et al. 2016. Using decoys to expand the recognition specificity of a plant disease resistance protein. Science, 351(6274): 684-687.

Kim SY, Kim JG, Lee BM, et al. 2009. Mutational analysis of the *gum* gene cluster required for xanthan biosynthesis in *Xanthomonas oryzae* pv. *oryzae*. Biotechnol Lett, 31(2): 265-270.

Király Z, El-Zahaby HM, Klement Z. 1997. Role of extracellular polysaccharide (EPS) slime of plant pathogenic bacteria in protecting cells to reactive oxygen species. J Phytopathol, 145(2-3): 59-68.

Kjemtrup S, Nimchuk Z, Dangl JL. 2000. Effector proteins of phytopathogenic bacteria: bifunctional signals in virulence and host recognition. Current Opinion in Microbiology, 3(1): 73-78.

Koebnik R, Krüger A, Thieme F, et al. 2006. Specific binding of the *Xanthomonas campestris* pv. *vesicatoria* AraC-type transcriptional activator HrpX to plant-inducible promoter boxes. J Bacteriol, 188(21): 7652-7660.

Kong W, Li B, Wang Q, et al. 2018. Analysis of the DNA methylation patterns and transcriptional regulation of the NB-LRR-encoding gene family in *Arabidopsis thaliana*. Plant Mol Biol, 96(6): 563-575.

Korotkov KV, Sandkvist M. 2019. Architecture, function, and substrates of the type II secretion system. EcoSal Plus, 8(2): 10.1128.

Korotkov KV, Sandkvist M, Hol WGJ. 2012. The type II secretion system: biogenesis, molecular architecture and mechanism. Nat Rev Microbiol, 10(5): 336-351.

Koskiniemi S, Lamoureux JG, Nikolakakis KC, et al. 2013. Rhs proteins from diverse bacteria mediate intercellular competition. Proc Natl Acad Sci USA, 110(17): 7032-7037.

Kourelis J, van der Hoorn RAl. 2018. Defended to the nines: 25 years of resistance gene cloning identifies nine mechanisms for r protein function. The Plant Cell, 30(2): 285-299.

Kowsari M, Motallebi M, Zamani M. 2014. Protein engineering of chit42 towards improvement of chitinase and antifungal activities. Current Microbiology, 68(4): 495-502.

Krell T. 2010. Bacterial sensor kinases: diversity in the recognition of environmental signals. Annu Rev Microbiol, 64: 539-559.

Kudo M, Kidokoro S, Yoshida T, et al. 2019. A gene-stacking approach to overcome the trade-off between drought stress tolerance and growth in *Arabidopsis*. Plant Journal, 97(2): 240-256.

Kudryashev M, Wang RY, Brackmann M, et al. 2015. Structure of the type VI secretion system contractile sheath. Cell, 160(5): 952-962.

Kunze G, Zipfel C, Robatzek S, et al. 2004. The N terminus of bacterial elongation factor Tu elicits innate immunity in *Arabidopsis* plants. The Plant Cell, 16(12): 3496-3507.

Lacombe SEV, Rougon-Cardoso A, Sherwood E, et al. 2010. Interfamily transfer of a plant pattern-recognition receptor confers broad-spectrum bacterial resistance. Nature Biotechnology, 28(4): 365-369.

Lai Y, Eulgem T. 2018. Transcript-level expression control of plant NLR genes. Mol Plant Pathol, 19(5):1267-1281.

Lang J, Faure D. 2014. Functions and regulation of quorum-sensing in *Agrobacterium tumefaciens*. Front Plant Sci, 5: 14.

Larsen SH, Adler J, Hogg GRW. 1974. Chemomechanical coupling without ATP: the source of energy for motility and chemotaxis in bacteria. Proc Natl Acad Sci USA, 71(4): 1239-1243.

Laue H, Schenk A, Li H, et al. 2006. Contribution of alginate and levan production to biofilm formation by *Pseudomonas syringae*. Microbiology, 152(Pt 10): 2909-2918.

Lee D, Bourdais G, Yu G, et al. 2015. Phosphorylation of the plant immune regulator RPM1-INTERACTING PROTEIN4 enhances plant plasma membrane H$^+$-ATPase activity and inhibits flagellin-triggered immune responses in *Arabidopsis*. The Plant Cell, 27(7): 2042-2056.

Lee JW, Helmann JD. 2006. The PerR transcription factor senses H_2O_2 by metal-catalysed histidine oxidation. Nature, 440(7082): 363-367.

Lee KM, Kim WS, Lim J, et al. 2009. Antipathogenic properties of green tea polyphenol epigallocatechin gallate at concentrations below the MIC against enterohemorrhagic *Escherichia coli* O157:H7. J Food Prot, 72(2): 325-331.

Lee YW, Jin S, SimW S, et al. 1995. Genetic evidence for direct sensing of phenolic compounds by the VirA protein of *Agrobacterium tumefaciens*. Proc Natl Acad Sci USA, 92(26): 12245-12249.

Lehti-Shiu MD, Zou C, Hanada K, et al. 2009. Evolutionary history and stress regulation of plant receptor-like kinase/pelle genes. Plant Physiology, 150(1): 12-26.

Leiman PG, Basler M, Ramagopal UA, et al. 2009. Type VI secretion apparatus and phage tail-associated protein complexes share a common evolutionary origin. Proc Natl Acad Sci USA, 106(11): 4154-4159.

Lenders MH, Reimann S, Smits SH, et al. 2013. Molecular insights into type I secretion systems. Biol Chem, 394(11): 1371-1384.

Leonard S, Hommais F, Nasser W, et al. 2017. Plant-phytopathogen interactions: bacterial responses to environmental and plant stimuli. Environ Microbiol, 19(5): 1689-1716.

Lesniak J, Barton WA, Nikolov DB. 2002. Structural and functional characterization of the *Pseudomonas* hydroperoxide resistance protein Ohr. EMBO J, 21(24): 6649-6659.

Lewis K. 2007. Persister cells, dormancy and infectious disease. Nat Rev Microbiol, 5(1): 48-56.

Lewis K. 2008. Multidrug tolerance of biofilms and persister cells // Ahmed R, Akira S, Casadevall A, et al. Current Topics in Microbiology and Immunology. Berlin: Springer: 107-131.

Lewis K. 2010. Persister cells. Annu Rev Microbiol, 64: 357-372.

Li B, Meng X, Shan L, et al. 2016. Transcriptional regulation of pattern-triggered immunity in plants. Cell Host & Microbe, 19(5): 641-650.

Li HY, Wang JS. 1999. Release of active oxygen species from phytopathogenic bacteria and their regulation. Chinese Science Bulletin, 44(1): 71-75.

Li HY, Xue DR, Tian F, et al. 2019. *Xanthomonas oryzae* pv. *oryzae* response regulator TriP regulates virulence and exopolysaccharide production via interacting with c-di-GMP phosphodiesterase PdeR. Molecular Plant-Microbe Interactions, 32(6): 729-739.

Li L, Li M, Yu LP, et al. 2014a. The FLS2-associated kinase BIK1 directly phosphorylates the NADPH oxidase RbohD to control plant immunity. Cell Host & Microbe, 15(3): 329-338.

Li RF, Lu GT, Li L, et al. 2014b. Identification of a putative cognate sensor kinase for the two-component response regulator HrpG, a key regulator controlling the expression of the *hrp* genes in *Xanthomonas campestris* pv. *campestris*. Environ Microbiol, 16(7): 2053-2071.

Li T, Huang S, Zhou J, et al. 2013. Designer TAL effectors induce disease susceptibility and resistance to *Xanthomonas oryzae* pv. *oryzae* in rice. Molecular Plant, 6(3): 781-789.

Li X, Qiao JJ, Yang LP, et al. 2014c. Mutation of alkyl hydroperoxide reductase gene *ahpC* of *Xanthomonas oryzae* pv. *oryzae* affects hydrogen peroxide accumulation during the rice-pathogen interaction. Res Microbiol, 165(8): 605-611.

Li Y, Hutchins W, Wu X, et al. 2015. Derivative of plant phenolic compound inhibits the type III secretion system of *Dickeya dadantii* via HrpX/HrpY two-component signal transduction and Rsm systems. Mol Plant Pathol, 16(2): 150-163.

Li Y, Peng Q, Selimi D, et al. 2009. The plant phenolic compound *p*-coumaric acid represses gene expression in the *Dickeya dadantii* type III secretion system. Appl Environ Microbiol, 75(5): 1223-1228.

Liang X, Ding P, Lian K, et al. 2016. *Arabidopsis* heterotrimeric G proteins regulate immunity by directly coupling to the FLS2 receptor. eLife, 5: e13568.

Liang X, Ma M, Zhou Z, et al. 2018. Ligand-triggered de-repression of *Arabidopsis* heterotrimeric G proteins coupled to immune receptor kinases. Cell Research, 28: 529-543.

Liang X, Moore R, Wilton M, et al. 2015. Identification of divergent type VI secretion effectors using a conserved chaperone domain. Proc Natl Acad Sci USA, 112(29): 9106-9111.

Liang ZX. 2015. The expanding roles of c-di-GMP in the biosynthesis of exopolysaccharides and secondary metabolites. Nat Prod Rep, 32(5): 663-683.

Licciardello G, Bertani I, Steindler L, et al. 2007. *Pseudomonas corrugata* contains a conserved *N*-acyl homoserine lactone quorum sensing system; its role in tomato pathogenicity and tobacco hypersensitivity response. FEMS Microbiol Ecol, 61(2): 222-234.

Lindeberg M, Cunnac S, Collmer A. 2012. *Pseudomonas syringae* type III effector repertoires: last words in endless arguments. Trends Microbiol, 20(4): 199-208.

Lindermayr C, Sell S, Müller B, et al. 2010. Redox regulation of the NPR1-TGA1 system of *Arabidopsis thaliana* by nitric oxide. The Plant Cell, 22(8): 2894-2907.

Lindgren PB. 1997. The role of *hrp* genes during plant-bacterial interactions. Annu Rev Phytopathol, 35: 129-152.

Lindow S, Newman K, Chatterjee S, et al. 2014. Production of *Xylella fastidiosa* diffusible signal factor in transgenic grape causes pathogen confusion and reduction in severity of Pierce's disease. Molecular Plant-Microbe Interactions, 27(3): 244-254.

Liu B, Li J F, Ao Y, et al. 2012. Lysin motif-containing proteins LYP4 and LYP6 play dual roles in peptidoglycan and chitin perception in rice innate immunity. The Plant Cell, 24(8): 3406-3419.

Liu DL, Thomas PW, Momb J, et al. 2007. Structure and specificity of a quorum-quenching lactonase (AiiB) from *Agrobacterium tumefaciens*. Biochemistry, 46(42): 11789-11799.

Liu MY, Romeo T. 1997. The global regulator CsrA of *Escherichia coli* is a specific mRNA-binding protein. J Bacteriol, 179(14): 4639-4642.

Liu ZY, Zou LF, Xue XB, et al. 2014. HrcT is a key component of the type III secretion system in *Xanthomonas* spp. and also regulates the expression of the key *hrp* transcriptional activator HrpX. Appl Environ Microbiol, 80(13): 3908-3919.

Livny J, Waldor MK. 2007. Identification of small RNAs in diverse bacterial species. Current Opinion in Microbiology, 10: 96-101.

Lorenz C, Kirchner O, Egler M, et al. 2008a. HpaA from *Xanthomonas* is a regulator of type III secretion. Mol Microbiol, 69(2): 344-360.

Lorenz C, Schulz S, Wolsch T, et al. 2008b. HpaC controls substrate specificity of the *Xanthomonas* type III secretion system. PLOS Pathogens, 4(6): e1000094.

Lory S. 1998. Secretion of proteins and assembly of bacterial surface organelles: shared pathways of extracellular protein targeting. Current Opinion in Microbiology, 1(1): 27-35.

Lu D, Wu S, Gao X, et al. 2010. A receptor-like cytoplasmic kinase, BIK1, associates with a flagellin receptor complex to initiate plant innate immunity. Proc Natl Acad Sci USA, 107(1): 496-501.

Lundgren BR, Connolly MP, Choudhary P, et al. 2015. Defining the metabolic functions and roles in virulence of the *rpoN1* and *rpoN2* genes in *Ralstonia solanacearum* GMI1000. PLOS ONE, 10(12): e0144852.

Ma AT, Mekalanos JJ. 2010. *In vivo* actin crosslinking induced by *Vibrio cholerae* type VI secretion system is associated with intestinal inflammation. Proc Natl Acad Sci USA, 107(9): 4365-4370.

Ma B, Hibbing ME, Kim HS, et al. 2007. Host range and molecular phylogenies of the soft rot enterobacterial genera *Pectobacterium* and *Dickeya*. Phytopathol, 97(9): 1150-1163.

Ma LS, Hachani A, Lin JS, et al. 2014. *Agrobacterium tumefaciens* deploys a superfamily of type VI secretion DNase effectors as weapons for interbacterial competition in planta. Cell Host & Microbe, 16(1): 94-104.

Ma S, Lapin D, Liu L, et al. 2020. Direct pathogen-induced assembly of an NLR immune receptor complex to form a holoenzyme. Science, 370(6521): eabe3069.

Ma W, Guttman DS. 2008. Evolution of prokaryotic and eukaryotic virulence effectors. Current Opinion in Microbiology, 11: 412-419.

Macho AP. 2016. Subversion of plant cellular functions by bacterial type-III effectors: beyond suppression of immunity. New Phytologist, 210(1): 51-57.

Macho AP, Zipfel C. 2014. Plant PRRs and the activation of innate immune signaling. Mol Cell, 54(2): 263-272.

Macho AP, Zipfel C. 2015. Targeting of plant pattern recognition receptor-triggered immunity by bacterial type-III secretion system effectors. Current Opinion in Microbiology, 23: 14-22.

Macnab RM, Aizawa SI. 1984. Bacterial motility and the bacterial flagellar motor. Annu Rev Biophysics and Bioengineering, 13(1): 51-83.

Manefield M, Rasmussen TB, Henzter M, et al. 2002. Halogenated furanones inhibit quorum sensing through accelerated LuxR turnover. Microbiol, 148(Pt 4): 1119-1127.

Mao GZ, He LY. 1998. Relationship of wild type strain motility and interaction with host plants in *Ralstonia solanacearum* // Prior P, Allen C, Elphinstone J. Bacterial Wilt Disease: Molecular and Ecological Aspects. Heidelberg: Springer: 184-191.

Mariutto M, Ongena M. 2015. Molecular patterns of rhizobacteria involved in plant immunity elicitation. Adv Bot Res, 75: 21-56.

Martin R, Qi T, Zhang H, et al. 2020. Structure of the activated ROQ1 resistosome directly recognizing the pathogen effector XopQ. Science, 370(6521): eabd9993.

Martinez-Gil M, Ramos C. 2018. Role of cyclic di-GMP in the bacterial virulence and evasion of the plant immunity. Curr Issues Mol Biol, 25: 199-222.

Martins PM, Merfa MV, Takita MA, et al. 2018. Persistence in phytopathogenic bacteria: do we know enough? Front Microbiol, 9: 1099.

Mascher T. 2006. Stimulus perception in bacterial signal-transducing histidine kinases. Microbiol Mol Biol Rev, 70(4): 910-938.

Mathesius U, Mulders S, Gao MS, et al. 2003. Extensive and specific responses of a eukaryote to bacterial quorum-sensing signals. Proc Natl Acad Sci USA, 100(3): 1444-1449.

Mattiuzzo M, Bertani I, Ferluga S, et al. 2011. The plant pathogen *Pseudomonas fuscovaginae* contains two conserved quorum sensing systems involved in virulence and negatively regulated by RsaL and the novel regulator RsaM. Environ Microbiol, 13(1): 145-162.

McCarthy RR, Yu M, Eilers K, et al. 2019. Cyclic di-GMP inactivates T6SS and T4SS activity in *Agrobacterium tumefaciens*. Mol Microbiol, 112(2): 632-648.

Mcgarvey JA, Denny TP, Schell MA. 1999. Spatial-temporal and quantitative analysis of growth and EPS I production by *Ralstonia solanacearum* in resistant and susceptible tomato cultivars. Phytopathol, 89(12): 1233.

Mecsas JJ, Strauss EJ. 1996. Molecular mechanisms of bacterial virulence: type III secretion and pathogenicity islands. Emerg Infect Dis, 2(4): 270-288.

Mei GY, Yan XX, Turak A, et al. 2010. AidH, an alpha/beta-hydrolase fold family member from an *Ochrobactrum* sp. strain, is a novel *N*-acylhomoserine lactonase. Appl Environ Microbiol, 76(15): 4933-4942.

Melotto M, Kunkel BN. 2013. Virulence strategies of plant pathogenic bacteria // Rosenberg E. The Prokaryotes-Prokaryotic Physiology and Biochemistry. Heidelberg: Springer: 61-75.

Melotto M, Underwood W, Koczan J, et al. 2006. Plant stomata function in innate immunity against bacterial invasion. Cell, 126(5): 969-980.

Merfa MV, Niza B, Takita MA, et al. 2016. The MqsRA toxin-antitoxin system from *Xylella fastidiosa* plays a key role in bacterial fitness, pathogenicity, and persister cell formation. Front Microbiol, 7: 904.

Mishra AK, Sharma K, Misra RS. 2012. Elicitor recognition, signal transduction and induced resistance in plants. J Plant Interact, 7(2): 95-120.

Mittler R. 2017. ROS are good. Trends Plant Sci, 22(1): 11-19.

Mongkolsuk S, Praituan W, Loprasert S, et al. 1998. Identification and characterization of a new organic hydroperoxide resistance (*ohr*) gene with a novel pattern of oxidative stress regulation from *Xanthomonas campestris* pv. *phaseoli*. J Bacteriol, 180(10): 2636-2643.

Mongkolsuk S, Whangsuk W, Fuangthong M, et al. 2000. Mutations in *oxyR* resulting in peroxide resistance in *Xanthomonas campestris*. J Bacteriol, 182(13): 3846-3849.

Monier JM, Lindow SE. 2004. Frequency, size, and localization of bacterial aggregates on bean leaf surfaces. Appl Environ Microbiol, 70(1): 346-355.

Monier JM, Lindow SE. 2005. Spatial organization of dual-species bacterial aggregates on leaf surfaces. Appl Environ Microbiol, 71(9): 5484-5493.

Montesano M, Brader G, Palva ET. 2003. Pathogen derived elicitors: searching for receptors in plants. Mol Plant Pathol, 4(1): 73-79.

Mori Y, Inoue K, Ikeda K, et al. 2016. The vascular plant-pathogenic bacterium *Ralstonia solanacearum* produces biofilms required for its virulence on the surfaces of tomato cells adjacent to intercellular spaces. Mol Plant Pathol, 17(6): 890-902.

Molina L, Constantinescu F, Michel L, et al. 2003. Degradation of pathogen quorum-sensing molecules by soil bacteria: a preventive and curative biological control mechanism. FEMS Microbiol Ecol, 45(1): 71-81.

Moscoso JA, Mikkelsen H, Heeb S, et al. 2011. The *Pseudomonas aeruginosa* sensor RetS switches type III and type VI secretion via c-di-GMP signalling. Environ Microbiol, 13(12): 3128-3138.

Mott GA, Thakur S, Smakowska E, et al. 2016. Genomic screens identify a new phytobacterial microbe-associated molecular pattern and the cognate *Arabidopsis* receptor-like kinase that mediates its immune elicitation. Genome Biol, 17: 98.

Mougous JD, Cuff ME, Raunser S, et al. 2006. A virulence locus of *Pseudomonas aeruginosa* encodes a protein secretion apparatus. Science, 312(5779): 1526-1530.

Mudgett MB, Staskawicz BJ. 1999. Characterization of the *Pseudomonas syringae* pv. *tomato* AvrRpt2 protein: demonstration of secretion and processing during bacterial pathogenesis. Mol Microbiol, 32(5): 927-941.

Muthamilarasan M, Prasad M. 2013. Plant innate immunity: an updated insight into defense mechanism. J Biosciences, 38(2): 433-449.

Nguyen VS, Douzi B, Durand E, et al. 2018. Towards a complete structural deciphering of type VI secretion system. Curr Opin Struct Biol, 49: 77-84.

Nicaise V, Joe A, Jeong BR, et al. 2013. *Pseudomonas* HopU1 modulates plant immune receptor levels by blocking the interaction of their mRNAs with GRP7. EMBO J, 32(5): 701-712.

Ning Y, Liu W, Wang GL. 2017. Balancing immunity and yield in crop plants. Trends Plant Sci, 22(12): 1069-1079.

Niu D, Hamby R, Sanchez JN, et al. 2021. RNAs: a new frontier in crop protection. Curr Opin Biotechnol, 70: 204-212.

Noguchi MT, Yasuda N, Fujita Y. 2006. Evidence of genetic exchange by parasexual recombination and genetic analysis of pathogenicity and mating type of parasexual recombinants in rice blast fungus, *Magnaporthe oryzae*. Phytopathol, 96(7): 746-750.

Nomura K, He SY. 2005. Powerful screens for bacterial virulence proteins. Proc Natl Acad Sci USA, 102(10): 3527-3528.

Nothaft H, Szymanski CM. 2010. Protein glycosylation in bacteria: sweeter than ever. Nat Rev Microbiol, 8(11): 765-778.

Nykyri J, Niemi O, Koskinen P, et al. 2012. Revised phylogeny and novel horizontally acquired virulence determinants of the model soft rot phytopathogen *Pectobacterium wasabiae* SCC3193. PLOS Pathogens, 8(11): e1003013.

Oh SY, Shin JH, Roe JH. 2007. Dual role of OhrR as a repressor and an activator in response to organic hydroperoxides in *Streptomyces coelicolor*. J Bacteriol, 189(17): 6284-6292.

Oliva R, Ji C, Atienza-Grande G, et al. 2019. Broad-spectrum resistance to bacterial blight in rice using genome editing. Nature Biotechnology, 37(11): 1344-1350.

O'Malley MR, Chien CF, Peck SC, et al. 2020. A revised model for the role of GacS/GacA in regulating type III secretion by *Pseudomonas syringae* pv. *tomato* DC3000. Mol Plant Pathol, 21(1): 139-144.

Omar AA, Murata MM, El-Shamy HA, et al. 2018. Enhanced resistance to citrus canker in transgenic mandarin expressing Xa21 from rice. Transgenic Res, 27(2): 179-191.

Opdyke JA, Kang JG, Storz G. 2004. GadY, a small-RNA regulator of acid response genes in *Escherichia coli*. J Bacteriol, 186(20): 6698-6705.

Orth K, Xu Z, Mudgett MB, et al. 2000. Disruption of signaling by *Yersinia* effector YopJ, a ubiquitin-like protein protease. Science, 290(5496): 1594-1597.

Ortiz-Castro R, Martinez-Trujillo M, Lopez-Bucio J. 2008. *N*-acyl-L-homoserine lactones: a class of bacterial quorum-sensing signals alter post-embryonic root development in *Arabidopsis thaliana*. Plant, Cell & Environment, 31(10): 1497-1509.

Pandey DP, Gerdes K. 2005. Toxin-antitoxin loci are highly abundant in free-living but lost from host-associated prokaryotes. Nucleic Acids Res, 33(3): 966-976.

Panek HR, O'Brian MR. 2004. KatG is the primary detoxifier of hydrogen peroxide produced by aerobic metabolism in *Bradyrhizobium japonicum*. J Bacteriol, 186(23): 7874-7880.

Papenfort K, Vogel J. 2009. Multiple target regulation by small noncoding RNA srewires gene expression at the post-transcriptional level. Res Microbiol, 160(4): 278-287.

Pel MJ, van Dijken AJ, Bardoel BW, et al. 2014. *Pseudomonas syringae* evades host immunity by degrading flagellin monomers with alkaline protease AprA. Molecular Plant-Microbe Interactions, 27(7): 603-610.

Peng BY. 2017. An essential regulatory system originating from polygenic transcriptional rewiring of PhoP-PhoQ of *Xanthomonas campestris*. Genetics, 206(4): 2207-2223.

Peng Y, van Wersch R, Zhang Y. 2018. Convergent and divergent signaling in PAMP-triggered immunity and effector-triggered immunity. Molecular Plant-Microbe Interactions, 31(4): 403-409.

Pfeilmeier S, Caly DL, Malone JG. 2016a. Bacterial pathogenesis of plants: future challenges from a microbial perspective: challenges in bacterial molecular plant pathology. Mol Plant Pathol, 17(8): 1298-1313.

Pfeilmeier S, Saur IM, Rathjen JP, et al. 2016b. High levels of cyclic-di-GMP in plant-associated *Pseudomonas* correlate with evasion of plant immunity. Mol Plant Pathol, 17(4): 521-531.

Pfund C, Tans-Kersten J, Dunning FM, et al. 2004. Flagellin is not a major defense elicitor in *Ralstonia solanacearum* cells or extracts applied to *Arabidopsis thaliana*. Molecular Plant-Microbe Interactions, 17(6): 696-706.

Pique N, Minana-Galbis D, Merino S, et al. 2015. Virulence factors of *Erwinia amylovora*: a review. Int J Mol Sci, 16(6): 12836-12854.

Planamente S, Salih O, Manoli E, et al. 2016. TssA forms a gp6-like ring attached to the type VI secretion sheath. EMBO J, 35(15): 1613-1627.

Platt TG, Fuqua C. 2010. What's in a name? The semantics of quorum sensing. Trends Microbiol, 18(9): 383-387.

Portaliou AG, Tsolis KC, Loos MS, et al. 2016. Type III secretion: building and operating a remarkable nanomachine. Trends Biochem Science, 41(2): 175-189.

Postel S, Kemmerling B. 2009. Plant systems for recognition of pathogen-associated molecular patterns. Semin Cell Dev Biol, 20(9): 1025-1031.

Prevost K, Desnoyers G, Jacques JF, et al. 2011. Small RNA-induced mRNA degradation achieved through both translation block and activated cleavage. Genes Dev, 25(4): 385-396.

Pruitt RN, Schwessinger B, Joe A, et al. 2015. The rice immune receptor XA21 recognizes a tyrosine-sulfated protein from a Gram-negative bacterium. Sci Adv, 1(6): e1500245.

Pukatzki S, Ma AT, Sturtevant D, et al. 2006. Identification of a conserved bacterial protein secretion system in *Vibrio cholerae* using the *Dictyostelium* host model system. Proc Natl Acad Sci USA, 103(5): 1528-1533.

Pulliainen AT, Hytönen J, Haataja S, et al. 2008. Deficiency of the Rgg regulator promotes H_2O_2 resistance, AhpCF-mediated H_2O_2 decomposition, and virulence in *Streptococcus pyogenes*. J Bacteriol, 190(9): 3225-3235.

Qian GL, Fan JQ, Chen DF, et al. 2010. Reducing *Pectobacterium* virulence by expression of an *N*-acyl homoserine lactonase gene *Plpp-aiiA* in *Lysobacter enzymogenes* strain OH11. Biol Control, 52(1): 17-23.

Qian W. 2008. Two-component signal transduction systems of *Xanthomonas* spp.: a lesson from genomics. Molecular Plant-Microbe Interactions, 21(2): 151-161.

Qian W, Jia Y, Ren SX, et al. 2005. Comparative and functional genomic analyses of the pathogenicity of phytopathogen *Xanthomonas campestris* pv. *campestris*. Genome Res, 15(6): 757-767.

Qiu D, Dong Y, Zhang Y, et al. 2017. Plant immunity inducer development and application. Molecular Plant-Microbe Interactions, 30: 355.

Quiñones B, Pujol CJ, Lindow SE. 2004. Regulation of AHL production and its contribution to epiphytic fitness in *Pseudomonas syringae*. Molecular Plant-Microbe Interactions, 17(5): 521-531.

Rajamani S, Bauer WD, Robinson JB, et al. 2008. The vitamin riboflavin and its derivative lumichrome activate the LasR bacterial quorum-sensing receptor. Molecular Plant-Microbe Interactions, 21(9): 1184-1192.

Ramos LS, Lehman BL, Sinn JP, et al. 2013. The fire blight pathogen *Erwinia amylovora* requires the *rpoN* gene for pathogenicity in apple. Mol Plant Pathol,14(8): 838-843.

Ranf S, Gisch N, Schaffer M, et al. 2015 A lectin S-domain receptor kinase mediates lipopolysaccharide sensing in *Arabidopsis thaliana*. Nature Immunology, 16(4): 426-433.

Rapisarda C, Fronzes R. 2018. Secretion systems used by bacteria to subvert host functions. Curr Issues Mol Biol, 25: 1-42.

Rashid MM, Ikawa Y, Tsuge S. 2016. GamR, the LysR-type galactose metabolism regulator, regulates *hrp* gene expression via transcriptional activation of two key *hrp* regulators, HrpG and HrpX, in *Xanthomonas oryzae* pv. *oryzae*. Appl Environ Microbiol, 82(13): 3947-3958.

Ray SK, Kumar R, Peeters N, et al. 2015. *rpoN1*, but not *rpoN2*, is required for twitching motility, natural competence, growth on nitrate, and virulence of *Ralstonia solanacearum*. Front Microbiol, 6: 229.

Records AR, Gross DC. 2010. Sensor kinases RetS and LadS regulate *Pseudomonas syringae* type VI secretion and virulence factors. J Bacteriol, 192(14): 3584-3596.

Richard MMS, Gratias A, Meyers BC, et al. 2018. Molecular mechanisms that limit the costs of NLR-mediated resistance in plants. Mol Plant Pathol, 19(11): 2516-2523.

Richard MMS, Takken FLW. 2017. Plant autoimmunity: when good things go bad. Current Biology, 27(9): R361-R363.

Ritpitakphong U, Falquet L, Vimoltust A, et al. 2016. The microbiome of the leaf surface of *Arabidopsis* protects against a fungal pathogen. New Phytologist, 210(3): 1033-1043.

Robert-Seilaniantz A, Grant M, Jones JD. 2011. Hormone crosstalk in plant disease and defense: more than just jasmonate-salicylate antagonism. Annu Rev Phytopathol, 49: 317-343.

Rocker A, Meinhart A. 2016. Type II toxin: antitoxin systems. More than small selfish entities? Curr Genet, 62(2): 287-290.

Roden JA, Belt B, Ross JB, et al. 2004. A genetic screen to isolate type III effectors translocated into pepper cells during *Xanthomonas* infection. Proc Natl Acad Sci USA, 101(47): 16624-16629.

Romeo T, Vakulskas CA, Babitzke P. 2013. Post-transcriptional regulation on a global scale: form and function of Csr/Rsm systems. Environ Microbiol, 15(2): 313-324.

Römling U, Galperin MY, Gomelsky M. 2013. Cyclic di-GMP: the first 25 years of a universal bacterial second messenger. Microbiol Mol Biol Rev, 77(1): 1-52.

Ross P, Weinhouse H, Aloni Y, et al. 1987. Regulation of cellulose synthesis in *Acetobacter xylinum* by cyclic diguanylic acid. Nature, 325(6101): 279-281.

Russell AB, LeRoux M, Hathazi K, et al. 2013. Diverse type VI secretion phospholipases are functionally plastic antibacterial effectors. Nature, 496(7446): 508-512.

Ryu CM, Choi HK, Lee CH, et al. 2013. Modulation of quorum sensing in acyl-homoserine lactone-producing or -degrading tobacco plants leads to alteration of induced systemic resistance elicited by the rhizobacterium *Serratia marcescens* 90-166. Plant Pathol J, 29(2): 182-192.

Saijo Y, Loo EP, Yasuda S. 2018. Pattern recognition receptors and signaling in plant-microbe interactions. Plant Journal, 93(4): 592-613.

Saile E, McGarvey JA, Schell MA, et al. 1997. Role of extracellular polysaccharide and endoglucanase in root invasion and colonization of tomato plants by *Ralstonia solanacearum*. Phytopathol, 87(12): 1264-1271.

Salas-Marina MA, Isordia-Jasso MAI, Islas-Osuna MAA, et al. 2015. The Epl1 and Sm1 proteins from *Trichoderma atroviride* and *Trichoderma virens* differentially modulate systemic disease resistance against different life style pathogens in *Solanum lycopersicum*. Front Plant Sci, 6: 77.

Santiago AD, Mendes JS, Dos Santos CA, et al. 2016. The antitoxin protein of a toxin-antitoxin system from *Xylella fastidiosa* is secreted via outer membrane vesicles. Front Microbiol, 7: 2030.

Sarris PF, Duxbury Z, Huh SU, et al. 2015. A plant immune receptor detects pathogen effectors that target WRKY transcription factors. Cell, 161(5): 1089-1100.

Sasse-Dwight S, Gralla JD. 1988. Probing the *Escherichia coli* glnALG upstream activation mechanism *in vivo*. Proc Natl Acad Sci USA, 85(23): 8934-8938.

Saur IML, Kadota Y, Sklenar J, et al. 2016. NbCSPR underlies age-dependent immune responses to bacterial cold shock protein in *Nicotiana benthamiana*. Proc Natl Acad Sci USA, 113(12): 3389-3394.

Schaefer AL, Greenberg EP, Oliver CM, et al. 2008. A new class of homoserine lactone quorum-sensing signals. Nature, 454(7204): 595-599.

Schenk ST, Hernandez-Reyes C, Samans B, et al. 2014. *N*-acyl-homoserine lactone primes plants for cell wall reinforcement and induces resistance to bacterial pathogens via the salicylic acid/oxylipin pathway. The Plant Cell, 26(6): 2708-2723.

Schikora A, Schenk ST, Stein E, et al. 2011. *N*-acyl-homoserine lactone confers resistance toward biotrophic and hemibiotrophic pathogens via altered activation of AtMPK6. Plant Physiology, 157(3): 1407-1418.

Schirm M, Arora SK, Verma A, et al. 2004. Structural and genetic characterization of glycosylation of type a flagellin in *Pseudomonas aeruginosa*. J Bacteriol, 186(9): 2523-2531.

Schmidtke C, Abendroth U, Brock J, et al. 2013. Small RNA sX13: a multifaceted regulator of virulence in the plant pathogen *Xanthomonas*. PLOS Pathogens, 9(9): e1003626.

Schmidtke C, Findeiss S, Sharma CM, et al. 2012. Genome-wide transcriptome analysis of the plant pathogen *Xanthomonas* identifies sRNAs with putative virulence functions. Nucleic Acids Res, 40(5): 2020-2031.

Schornack S, Moscou MJ, Ward ER, et al. 2013. Engineering plant disease resistance based on TAL effectors. Annu Rev Phytopathol, 51: 383-406.

Schouten A, Tenberge KB, Vermeer J, et al. 2002. Functional analysis of an extracellular catalase of *Botrytis cinerea*. Mol Plant Pathol, 3(4): 227-238.

Schreiber KJ, Baudin M, Hassan JA, et al. 2016. Die another day: molecular mechanisms of effector-triggered immunity elicited by type III secreted effector proteins. Semin Cell Dev Biol, 56: 124-133.

Schuhegger R, Ihring A, Gantner S, et al. 2006. Induction of systemic resistance in tomato by *N*-acyl-L-homoserine lactone-producing rhizosphere bacteria. Plant, Cell & Environment, 29(5): 909-918.

Schulte R, Bonas U. 1992a. A *Xanthomonas* pathogenicity locus is induced by sucrose and sulfur-containing amino acids. The Plant Cell, 4(1): 79-86.

Schulte R, Bonas U. 1992b. Expression of the *Xanthomonas campestris* pv. *vesicatoria hrp* gene cluster, which determines pathogenicity and hypersensitivity on pepper and tomato, is plant inducible. J Bacteriol, 174(3): 815-823.

Schumacher J, Joly N, Rappas M, et al. 2006. Structures and organisation of AAA+ enhancer binding proteins in transcriptional activation. J Struct Biol, 156(1): 190-199.

Seixas AF, Quendera AP, Sousa JP, et al. 2022. Bacterial response to oxidative stress and RNA oxidation. Front Genet, 12: 821535.

Serra DO, Mika F, Richter AM, et al. 2016. The green tea polyphenol EGCG inhibits *E. coli* biofilm formation by impairing amyloid curli fibre assembly and downregulating the biofilm regulator CsgD via the sigma(E)-dependent sRNA RybB. Mol Microbiol, 101(1): 136-151.

Seto D, Koulena N, Lo T, et al. 2017. Expanded type III effector recognition by the ZAR1 NLR protein using ZED1-related kinases. Nature Plants, 3: 17027.

Shahbaz M, Qian S, Zhang J, et al. 2020. Identification of the regulatory components mediated by the cyclic di-GMP receptor Filp and its interactor PilZX3 and functioning in virulence of *Xanthomonas oryzae* pv. *oryzae*. Molecular Plant-Microbe Interactions, 33(10): 1196-1208.

Shangguan K, Wang M, Htwe NMPS, et al. 2018. Lipopolysaccharides trigger two successive bursts of reactive oxygen species at distinct cellular locations. Plant Physiology, 176(3): 2543-2556.

Shantharaj D, Römer P, Figueiredo JFL, et al. 2017. An engineered promoter driving expression of a microbial avirulence gene confers recognition of TAL effectors and reduces growth of diverse *Xanthomonas* strains in citrus. Mol Plant Pathol, 18(7): 976-989.

Shao F, Merritt PM, Bao Z, et al. 2002. A *Yersinia* effector and a *Pseudomonas* avirulence protein define a family of cysteine proteases functioning in bacterial pathogenesis. Cell, 109(5): 575-588.

Sharma CM, Darfeuille F, Plantinga TH, et al. 2007. A small RNA regulates multiple ABC transporter mRNAs by targeting C/A-rich elements inside and upstream of ribosome-binding sites. Genes Dev, 21(21): 2804-2817.

Sharma P, Jha AB, Dubey RS. 2012. Reactive oxygen species, oxidative damage, and antioxidative defense mechanism in plants under stressful conditions. J Bot, 2012: 1-26.

Shi H, Shen Q, Qi Y, et al. 2013. BR-SIGNALING KINASE1 physically associates with FLAGELLIN SENSING2 and regulates plant innate immunity in *Arabidopsis*. The Plant Cell, 25(3): 1143-1157.

Shidore T, Triplett LR. 2017. Toxin-antitoxin systems: implications for plant disease. Annu Rev Phytopathol, 55: 161-179.

Shimizu T, Nakano T, Takamizawa D, et al. 2010. Two LysM receptor molecules, CEBiP and OsCERK1, cooperatively regulate chitin elicitor signaling in rice. Plant Journal, 64(2): 204-214.

Shinya T, Yamaguchi K, Desaki Y, et al. 2014. Selective regulation of the chitin-induced defense response by the *Arabidopsis* receptor-like cytoplasmic kinase PBL_{27}. Plant Journal, 79(1): 56-66.

Shneider MM, Buth SA, Ho BT, et al. 2013. PAAR-repeat proteins sharpen and diversify the type VI secretion system spike. Nature, 500(7462): 350-353.

Shyntum DY, Theron J, Venter SNSN, et al. 2015. *Pantoea ananatis* utilizes a type VI secretion system for pathogenesis and bacterial competition. Molecular Plant-Microbe Interactions, 28(4): 420-431.

Sies H. 2017. Hydrogen peroxide as a central redox signaling molecule in physiological oxidative stress: oxidative eustress. Redox Biol, 11: 613-619.

Silvaggi JM, Perkins JB, Losick R. 2005. Small untranslated RNA antitoxin in *Bacillus subtilis*. J Bacteriol, 187(19): 6641-6650.

Silverman JM, Agnello DM, Zheng H, et al. 2013. Haemolysin coregulated protein is an exported receptor and chaperone of type VI secretion substrates. Mol Cell, 51(5): 584-593.

Singh RK, Prasad M. 2016. Advances in *Agrobacterium tumefaciens*-mediated genetic transformation of graminaceous crops. Protoplasma, 253(3): 691-707.

Song C, Yang B. 2010. Mutagenesis of 18 type III effectors reveals virulence function of XopZ$_{PXO99}$ in *Xanthomonas oryzae* pv. *oryzae*. Molecular Plant-Microbe Interactions, 23(7): 893-902.

Souza DP, Oka GU, Alvarez-Martinez CE, et al. 2015. Bacterial killing via a type IV secretion system. Nature Communications, 6: 6453.

Spaepen S, Vanderleyden J. 2011. Auxin and plant-microbe interactions. Cold Spring Harb Perspect Biol, 3(4): a001438.

Stateczny D, Oppenheimer J, Bommert P. 2016. G protein signaling in plants: minus times minus equals plus. Curr Opin Plant Biol, 34: 127-135.

Stock A M. 2000. Two-component signal transduction. Annu Rev Biochem, 69: 183-215.

Streubel J, Pesce C, Hutin M, et al. 2013. Five phylogenetically close rice *SWEET* genes confer TAL effector-mediated susceptibility to *Xanthomonas oryzae* pv. *oryzae*. New Phytologist, 200(3): 808-819.

Studholme DJ, Dixon R. 2003. Domain architectures of sigma54-dependent transcriptional activators. J Bacteriol, 185(6): 1757-1767.

Su HZ, Wu L, Qi YH, et al. 2016a . Characterization of the GntR family regulator HpaR1 of the crucifer black rot pathogen *Xanthomonas campestris* pathovar *campestris*. Sci Rep, 6: 19862.

Su J, Zou X, Huang L, et al. 2016b. DgcA, a diguanylate cyclase from *Xanthomonas oryzae* pv. *oryzae* regulates bacterial pathogenicity on rice. Sci Rep, 6: 25978.

Subramoni S, Nathoo N, Klimov E, et al. 2014. *Agrobacterium tumefaciens* responses to plant-derived signaling molecules. Front Plant Sci, 5: 322.

Sugio A, Hogenhout SA. 2012. The genome biology of phytoplasma: modulators of plants and insects. Current Opinion in Microbiology, 15: 247-254.

Sugio A, Yang B, White FF. 2005. Characterization of the *hrpF* pathogenicity peninsula of *Xanthomonas oryzae* pv. *oryzae*. Molecular Plant-Microbe Interactions, 18(6): 546-554.

Sukchawalit R, Loprasert S, Atichartpongkul S, et al. 2001. Complex regulation of the organic hydroperoxide resistance gene (*ohr*) from *Xanthomonas* involves OhrR, a novel organic peroxide-inducible negative regulator, and posttranscriptional modifications. J Bacteriol, 183(15): 4405-4412.

Sun Y, Li L, Macho AP, et al. 2013. Structural basis for flg22-induced activation of the *Arabidopsis* FLS2-BAK1 immune complex. Science, 342(6158): 624-628.

Sundin GW, Castiblanco LF, Yuan X, et al. 2016. Bacterial disease management: challenges, experience, innovation and future prospects: challenges in bacterial molecular plant pathology. Mol Plant Pathol, 17(9): 1506-1518.

Sutherland IW. 1988. Bacterial surface polysaccharides: structure and function. Int Rev Cytol, 113(6): 187.

Taguchi F, Shibata S, Suzuki T, et al. 2008. Effects of glycosylation on swimming ability and flagellar polymorphic transformation in *Pseudomonas syringae* pv. *tabaci* 6605. J Bacteriol, 190(2): 764-768.

Taguchi F, Shimizu R, Inagaki Y, et al. 2003a. Post-translational modification of flagellin determines the specificity of HR induction. Plant Cell Physiol, 44(3): 342-349.

Taguchi F, Shimizu R, Nakajima R, et al. 2003b. Differential effects of flagellins from *Pseudomonas syringae* pv. *tabaci*, *tomato* and *glycinea* on plant defense response. Plant Physiology and Biochemistry, 41(2): 165-174.

Taguchi F, Suzuki T, Takeuchi K, et al. 2009. Glycosylation of flagellin from *Pseudomonas syringae* pv. *tabaci* 6605 contributes to evasion of tobacco plant surveillance system. Physiol Mol Plant Pathol, 74(1): 11-17.

Taguchi F, Takeuchi K, Katoh E, et al. 2006. Identification of glycosylation genes and glycosylated amino acids of flagellin in *Pseudomonas syringae* pv. *tabaci*. Cell Microbiol, 8(6): 923-938.

Taguchi F, Yamamoto M, Ohnishi-Kameyama M, et al. 2010a. Defects in flagellin glycosylation affect the virulence of *Pseudomonas syringae* pv. *tabaci* 6605. Microbiol, 156(Pt 1): 72-80.

Taguchi G, Yazawa T, Hayashida N, et al. 2010b. Molecular cloning and heterologous expression of novel glucosyltransferases from tobacco cultured cells that have broad substrate specificity and are induced by salicylic acid and auxin. FEBS J, 268(14): 4086-4094.

Takai R, Isogai A, Takayama S, et al. 2008. Analysis of flagellin perception mediated by flg22 receptor OsFLS2 in rice. Molecular Plant-Microbe Interactions, 21(12): 1635-1642.

Takeuchi K, Taguchi F, Inagaki Y, et al. 2003. Flagellin glycosylation island in *Pseudomonas syringae* pv. *glycinea* and its role in host specificity. J Bacteriol, 185(22): 6658-6665.

Takeuchi K, Tsuchiya W, Noda N, et al. 2014. Lon protease negatively affects GacA protein stability and expression of the Gac/Rsm signal transduction pathway in *Pseudomonas protegens*. Environ Microbiol, 16(8): 2538-2549.

Tampakaki AP, Skandalis N, Gazi AD, et al. 2010. Playing the "Harp": evolution of our understanding of *hrp/hrc* genes. Annu Rev Phytopathol, 48: 347-370.

Tanaka N, Che FS, Watanabe N, et al. 2003. Flagellin from an incompatible strain of *Acidovorax avenae* mediates H_2O_2 generation accompanying hypersensitive cell death and expression of *PAL*, *Cht-1*, and *PBZ1*, but not of *Lox* in rice. Molecular Plant-Microbe Interactions, 16(5): 422-428.

Tang D, Wang G, Zhou JM. 2017. Receptor kinases in plant pathogen interactions: more than pattern recognition. The Plant Cell, 29(4): 618-637.

Tang X, Xiao Y, Zhou JM. 2006. Regulation of the type III secretion system in phytopathogenic bacteria. Molecular Plant-Microbe Interactions, 19(11): 1159-1166.

Tans-Kersten J, Brown D, Allen C. 2004. Swimming motility, a virulence trait of *Ralstonia solanacearum*, is regulated by FlhDC and the plant host environment. Molecular Plant-Microbe Interactions, 17(6): 686-695.

Tarkowski P, Vereecke D. 2014. Threats and opportunities of plant pathogenic bacteria. Biotechnol Adv, 32(1): 215-229.

Tay DM, Govindarajan KR, Khan AM, et al. 2010. T3SEdb: data warehousing of virulence effectors secreted by the bacterial type III secretion system. BMC Bioinformatics, 11 (Suppl 7): S4.

Taylor NM, Prokhorov NS, Guerrero-Ferreira RC, et al. 2016. Structure of the T4 baseplate and its function in triggering sheath contraction. Nature, 533(7603): 346-352.

Teplitski M, Chen HC, Rajamani S, et al. 2004. *Chlamydomonas reinhardtii* secretes compounds that mimic bacterial signals and interfere with quorum sensing regulation in bacteria. Plant Physiology, 134(1): 137-146.

Teplitski M, Robinson JB, Bauer WD. 2000. Plants secrete substances that mimic bacterial AHL signal activities and affect population density-dependent behaviors in associated bacteria. Molecular Plant-Microbe Interactions, 13(6): 637-648.

Terashima H, Kojima S, Homma M. 2008. Flagellar motility in bacteria. International Rev Cell and Mol Biol, 270: 39-85.

Thomason P, Kay R. 2000. Eukaryotic signal transduction via histidine-aspartate phosphorelay. J Cell Sci, 113(Pt 18): 3141-3150.

Thomassin JL, Santos Moreno J, Guilvout I, et al. 2017. The trans-envelope architecture and function of the type 2 secretion system: new insights raising new questions. Mol Microbiol, 105(2): 211-226.

Thomma BPHJ, Nurnberger T, Joosten MHAJ. 2011. Of PAMPs and effectors: the blurred PTI-ETI dichotomy. The Plant Cell, 23(1): 4-15.

Tian F, Yu C, Li HY, et al. 2015a. Alternative sigma factor RpoN2 is required for flagellar motility and full virulence of *Xanthomonas oryzae* pv. *oryzae*. Microbiol Res, 170: 177-183.

Tian YL, Zhao YQ, Wu XR, et al. 2015b. The type VI protein secretion system contributes to biofilm formation and seed-to-seedling transmission of *Acidovorax citrulli* on melon. Mol Plant Pathol, 16(1): 38-47.

Timilsina S, Potnis N, Newberry EA, et al. 2020. *Xanthomonas* diversity, virulence and plant-pathogen interactions. Nat Rev Microbiol, 18(8): 415-427.

Torres MA, Dangl JL. 2005. Functions of the respiratory burst oxidase in biotic interactions, abiotic stress and development. Current Opinion in Plant Biology, 8: 397-403.

Toth IK, Bell KS, Holeva MC, et al. 2003. Soft rot *Erwiniae*: from genes to genomes. Mol Plant Pathol, 4(1): 17-30.

Trampari E, Stevenson CE, Little RH, et al. 2015. Bacterial rotary export ATPases are allosterically regulated by the nucleotide second messenger cyclic-di-GMP. J Biol Chem, 290(40): 24470-24483.

Trda L, Fernandez O, Boutrot F, et al. 2014. The grapevine flagellin receptor VvFLS2 differentially recognizes flagellin-derived epitopes from the endophytic growth-promoting bacterium *Burkholderia phytofirmans* and plant pathogenic bacteria. New Phytologist, 201(4): 1371-1384.

Triplett LR, Shidore T, Long J, et al. 2016. AvrRxo1 is a bifunctional type III secreted effector and toxin-antitoxin system component with homologs in diverse environmental contexts. PLOS ONE, 11(7): e0158856.

Urban JH, Vogel J. 2008. Two seemingly homologous noncoding RNAs act hierarchically to activate *glmS* mRNA translation. PLOS Biol, 6(3): e64.

Üstün S, Börnke F. 2014. Interactions of *Xanthomonas* type-III effector proteins with the plant ubiquitin and ubiquitin-like pathways. Front Plant Sci, 5: 736.

Vakulskas CA, Potts AH, Babitzke P, et al. 2015. Regulation of bacterial virulence by Csr (Rsm) systems. Microbiol Mol Biol Rev, 79(2):193-224.

Valentini M, Filloux A. 2019. Multiple roles of c-di-GMP signaling in bacterial pathogenesis. Annu Rev Microbiol, 73: 387-406.

Van Loi V, Busche T, Fritsch VN, et al. 2021. The two-Cys-type TetR repressor GbaA confers resistance under disulfide and electrophile stress in *Staphylococcus aureus*. Free Radic Biol Med, 177: 120-131.

van Loon LC, Bakker P, van der Heijdt WHW, et al. 2008. Early responses of tobacco suspension cells to rhizobacterial elicitors of induced systemic resistance. Molecular Plant-Microbe Interactions, 21(12): 1609-1621.

Vanjildorj E, Song SY, Yang ZH, et al. 2009. Enhancement of tolerance to soft rot disease in the transgenic Chinese cabbage (*Brassica rapa* L. ssp. *pekinensis*) inbred line, Kenshin. Plant Cell Rep, 28(10): 1581-1591.

Vandeputte OM, Kiendrebeogo M, Rajaonson S, et al. 2010. Identification of catechin as one of the flavonoids from *Combretum albiflorum* bark extract that reduces the production of quorum-sensing-controlled virulence factors in *Pseudomonas aeruginosa* PAO1. Appl Environ Microbiol, 76(1): 243-253.

Varnier AL, Sanchez L, Vatsa P, et al. 2009. Bacterial rhamnolipids are novel MAMPs conferring resistance to *Botrytis cinerea* in grapevine. Plant, Cell & Environment, 32(2): 178-193.

Veliz-Vallejos DF, Van Noorden GE, Yuan M, et al. 2014. A *Sinorhizobium meliloti*-specific *N*-acyl homoserine lactone quorum-sensing signal increases nodule numbers in *Medicago truncatula* independent of autoregulation. Front Plant Sci, 5: 551.

Venieraki A, Tsalgatidou PC, Georgakopoulos DG, et al. 2016. Swarming motility in plant-associated bacteria. Hellenic Plant Protect J, 9(1): 16-27.

Venturi V, Fuqua C. 2013. Chemical signaling between plants and plant-pathogenic bacteria. Annu Rev Phytopathol, 51: 17-37.

Venturi V, Venuti C, Devescovi G, et al. 2004. The plant pathogen *Erwinia amylovora* produces acyl-homoserine lactone signal molecules *in vitro* and *in planta*. FEMS Microbiol Lett, 241(2): 179-183.

Von Bodman SB, Bauer WD, Coplin DL. 2003. Quorum sensing in plant-pathogenic bacteria. Annu Rev Phytopathol, 41: 455-482.

Wagner S, Grin I, Malmsheimer S, et al. 2018. Bacterial type III secretion systems: a complex device for the delivery of bacterial effector proteins into eukaryotic host cells. FEMS Microbiol Lett, 365(19): fny201.

Waite C, Schumacher J, Jovanovic M, et al. 2017. Negative autogenous control of the master type III secretion system regulator HrpL in *Pseudomonas syringae*. mBio, 8(1): e02273-16.

Wang DP, Qi MS, Calla B, et al. 2012. Genome-wide identification of genes regulated by the Rcs phosphorelay system in *Erwinia amylovora*. Molecular Plant-Microbe Interactions, 25(1): 6-17.

Wang FF, Cheng ST, Wu Y, et al. 2017. A bacterial receptor PcrK senses the plant hormone cytokinin to promote adaptation to oxidative stress. Cell Rep, 21(10): 2940-2951.

Wang J, Hu M, Wang J, et al. 2019b. Reconstitution and structure of a plant NLR resistosome conferring immunity. Science, 364(6435): eaav5870.

Wang J, Wang J, Hu M, et al. 2019a. Ligand-triggered allosteric ADP release primes a plant NLR complex. Science, 364(6435): eaav5868.

Wang J, Zhou L, Shi H, et al. 2018. A single transcription factor promotes both yield and immunity in rice. Science, 361(6406): 1026-1028.

Wang L, Albert M, Einig E, et al. 2016a. The pattern-recognition receptor CORE of Solanaceae detects bacterial cold-shock protein. Nature Plants, 2: 16185.

Wang L, Pan Y, Yuan ZH, et al. 2016b. Two-component signaling system VgrRS directly senses extracytoplasmic and intracellular iron to control bacterial adaptation under iron depleted stress.

PLOS Pathogens, 12(12): e1006133.

Wang LH, He YW, Gao YF, et al. 2004. A bacterial cell-cell communication signal with cross-kingdom structural analogues. Mol Microbiol, 51(3): 903-912.

Wang S, Sun Z, Wang H, et al. 2015. Rice OsFLS2-mediated perception of bacterial flagellins is evaded by *Xanthomonas oryzae* pv. *oryzicola*. Molecular Plant, 8(7): 1024-1037.

Wang T, Cai Z, Shao X, et al. 2019c. Pleiotropic effects of c-di-GMP Content in *Pseudomonas syringae*. Appl Environ Microbiol, 85(10): e00152-19.

Wang X, Lord DM, Hong SH, et al. 2013. Type II toxin/antitoxin MqsR/MqsA controls type V toxin/antitoxin GhoT/GhoS. Envir Microbiol, 15(6): 1734-1744.

Wang XX, Wood TK. 2011. Toxin-antitoxin systems influence biofilm and persister cell formation and the general stress response. Appl Environ Microbiol, 77(16): 5577-5583.

Wang Y, Li J, Hou S, et al. 2010. A *Pseudomonas syringae* ADP-ribosyltransferase inhibits *Arabidopsis* mitogen-activated protein kinase kinases. The Plant Cell, 22(6): 2033-2044.

Weber E, Koebnik R. 2006. Positive selection of the Hrp pilin HrpE of the plant pathogen *Xanthomonas*. J Bacteriol, 188(4): 1405-1410.

Wei HL, Chakravarthy S, Worley J, et al. 2013. Consequences of flagellin export through the type III secretion system of *Pseudomonas syringae* reveal a major difference in the innate immune systems of mammals and the model plant *Nicotiana benthamiana*. Cell Microbiol, 15(4): 601-618.

Wei K, Tang DJ, He YQ, et al. 2007. *hpaR*, a putative *marR* family transcriptional regulator, is positively controlled by HrpG and HrpX and involved in the pathogenesis, hypersensitive response, and extracellular protease production of *Xanthomonas campestris* pathovar *campestris*. J Bacteriol, 189(5): 2055-2062.

Wei Y, Balaceanu A, Rufian JS, et al. 2020. An immune receptor complex evolved in soybean to perceive a polymorphic bacterial flagellin. Nature Communications, 11(1): 3763.

Wei ZM, Laby RJ, Zumoff CH, et al. 1992. Harpin, elicitor of the hypersensitive response produced by the plant pathogen *Erwinia amylovora*. Science, 257(5066): 85-88.

Weilbacher T, Suzuki K, Dubey AK, et al. 2003. A novel sRNA component of the carbon storage regulatory system of *Escherichia coli*. Mol Microbiol, 48(3): 657-670.

Wengelnik K, Bonas U. 1996. HrpXv, an AraC-type regulator, activates expression of five of the six loci in the *hrp* cluster of *Xanthomonas campestris* pv. *vesicatoria*. J Bacteriol, 178(12): 3462-3469.

Wengelnik K, Van den Ackerveken G, Bonas U. 1996. HrpG, a key *hrp* regulatory protein of *Xanthomonas campestris* pv. *vesicatoria* is homologous to two-component response regulators. Molecular Plant-Microbe Interactions, 9(8): 704-712.

White FF, Yang B. 2009. Host and pathogen factors controlling the rice-*Xanthomonas oryzae* interaction. Plant Physiology, 150(4): 1677-1686.

Whitney JC, Beck CM, Goo YA, et al. 2014. Genetically distinct pathways guide effector export through the type VI secretion system. Mol Microbiol, 92(3): 529-542.

Wilf NM, Williamson NR, Ramsay JP, et al. 2011. The RNA chaperone, Hfq, controls two luxR-type regulators and plays a key role in pathogenesis and production of antibiotics in *Serratia* sp. ATCC 39006. Environ Microbiol, 13(10): 2649-2666.

Willmann R, Lajunen HM, Erbs G, et al. 2011. *Arabidopsis* lysin-motif proteins LYM1 LYM3 CERK1 mediate bacterial peptidoglycan sensing and immunity to bacterial infection. Proc Natl Acad Sci USA, 108(49): 19824-19829.

Wilms I, Moller P, Stock AM, et al. 2012. Hfq influences multiple transport systems and virulence in the plant pathogen *Agrobacterium tumefaciens*. J Bacteriol, 194(19): 5209-5217.

Win J, Chaparro-Garcia A, Belhaj K, et al. 2012. Effector biology of plant-associated organisms: concepts and perspectives. Cold Spring Harb Symp Quant Biol, 77: 235-247.

Wise AA, Binns AN. 2016. The receiver of the *Agrobacterium tumefaciens* VirA histidine kinase forms a stable interaction with VirG to activate virulence gene expression. Front Microbiol, 8(6): 1549.

Withers J, Dong X. 2017. Post-translational regulation of plant immunity. Current Opinion in Plant Biology, 38: 124-132.

Wojtaszek P. 1997. Oxidative burst: an early plant response to pathogen infection. Biochem J, 322(Pt3): 681-692.

Wu J, Reca IB, Spinelli F, et al. 2019. An EFR-Cf-9 chimera confers enhanced resistance to bacterial pathogens by SOBIR1- and BAK1-dependent recognition of elf18. Mol Plant Pathol, 20(6): 751-764.

Wu L, Chen H, Curtis C, et al. 2016. Go in for the kill: how plants deploy effector-triggered immunity to combat pathogens. Virulence, 5(7): 209.

Wu X, Zeng Q, Koestler BJ, et al. 2014. Deciphering the components that coordinately regulate virulence factors of the soft rot pathogen *Dickeya dadantii*. Molecular Plant-Microbe Interactions, 27(10): 1119-1131.

Wuichet K. 2010. Evolution and phyletic distribution of two-component signal transduction systems. Current Opinion in Microbiology, 13(2): 219-225.

Xie Y, Shao X, Deng X. 2019. Regulation of type III secretion system in *Pseudomonas syringae*. Environ Microbiol, 21(12): 4465-4477.

Xin XF, He SY. 2013. *Pseudomonas syringae* pv. *tomato* DC3000: a model pathogen for probing disease susceptibility and hormone signaling in plants. Annu Rev Phytopathol, 51: 473-498.

Xu G, Yuan M, Ai C, et al. 2017. uORF-mediated translation allows engineered plant disease resistance without fitness costs. Nature, 545(7655): 491-494.

Xu J, Zhou L, Venturi V, et al. 2015. Phytohormone-mediated interkingdom signaling shapes the outcome of rice-*Xanthomonas oryzae* pv. *oryzae* interactions. BMC Plant Biol, 15: 10.

Xu RQ, Blanvillain S, Feng JX, et al. 2008. AvrAC$_{Xcc8004}$, a type III effector with a leucine-rich repeat domain from *Xanthomonas campestris* pathovar *campestris* confers avirulence in vascular tissues of *Arabidopsis thaliana* ecotype Col-0. J Bacteriol, 190(1): 343-355.

Xu Z, Xu X, Gong Q, et al. 2019. Engineering broad-spectrum bacterial blight resistance by simultaneously disrupting variable TALE-binding elements of multiple susceptibility genes in rice. Molecular Plant, 12(11): 1434-1446.

Xue D, Tian F, Yang FH, et al. 2018. Phosphodiesterase EdpX1 promotes virulence, exopolysaccharide production and biofilm formation in *Xanthomonas oryzae* pv. *oryzae*. Appl Environ Microbiol, 84(22): e01717-18.

Xue XB, Zou LF, Ma WX, et al. 2014. Identification of 17 HrpX-regulated proteins including two novel type III effectors, *XOC_3956* and *XOC_1550*, in *Xanthomonas oryzae* pv. *oryzicola*. PLOS ONE, 9(3): e93205.

Yamada K, Yamaguchi K, Shirakawa T, et al. 2016. The Arabidopsis CERK1-associated kinase PBL27 connects chitin perception to MAPK activation. EMBO J, 35: 2468-2483.

Yamaguchi K, Yamada K, Ishikawa K, et al. 2013. A receptor-like cytoplasmic kinase targeted by a plant pathogen effector is directly phosphorylated by the chitin receptor and mediates rice immunity. Cell Host & Microbe, 13(3): 347-357.

Yamazaki A, Li J, Zeng Q, et al. 2012. Derivatives of plant phenolic compound affect the type III secretion system of *Pseudomonas aeruginosa* via a GacS-GacA two-component signal transduction system. Antimicrob Agents Chemother, 56(1): 36-43.

Yang B, Sugio A, White FF. 2006. Os8N3 is a host disease-susceptibility gene for bacterial blight of rice. Proc Natl Acad Sci USA, 103(27): 10503-10508.

Yang FH, Qian SS, Tian F, et al. 2016. The GGDEF-domain protein GdpX1 attenuates motility, exopolysaccharide production and virulence in *Xanthomonas oryzae* pv. *oryzae*. J Appl Microbiol, 120(6): 1646-1657.

Yang FH, Tian F, Chen HM, et al. 2015a. The *Xanthomonas oryzae* pv. *oryzae* PilZ domain proteins function differentially in cyclic di-GMP binding and regulation of virulence and motility. Appl Environ Microbiol, 81(13): 4358-4367.

Yang FH, Tian F, Li XT, et al. 2014. The degenerate EAL-GGDEF domain protein Filp functions as a cyclic di-GMP receptor and specifically interacts with the PilZ-domain protein PXO_02715 to regulate virulence in *Xanthomonas oryzae* pv. *oryzae*. Molecular Plant-Microbe Interactions, 27(6): 578-589.

Yang FH, Tian F, Sun L, et al. 2012. A novel two-component system PdeK/PdeR regulates c-di-GMP turnover and virulence of *Xanthomonas oryzae* pv. *oryzae*. Molecular Plant-Microbe Interactions, 25(10): 1561-1569.

Yang FH, Xue DR, Tian F, et al. 2019. Identification of c-di-GMP signaling components in *Xanthomonas oryzae* and their orthologs in xanthomonads involved in regulation of bacterial virulence expression. Front Microbiol, 10: 1402.

Yang L, Li S, Qin X, et al. 2017. Exposure to umbelliferone reduces *Ralstonia solanacearum* biofilm formation, transcription of type III secretion system regulators and effectors and virulence on tobacco. Front Microbiol, 8: 1234.

Yang L, Su H, Yang F, et al. 2015b. Identification of a new type III effector XC3176 in *Xanthomonas campestris* pv. *campestris*. Acta Microbiologica Sinica, 55(10): 1264-1272.

Yang S, Peng Q, San Francisco M, et al. 2008. Type III secretion system genes of *Dickeya dadantii* 3937 are induced by plant phenolic acids. PLOS ONE, 3(8): e2973.

Yang Y, Darbari VC, Zhang N, et al. 2015c. Structures of the RNA polymerase-sigma54 reveal new and conserved regulatory strategies. Science, 349(6250): 882-885.

Yi X, Yamazaki A, Biddle E, et al. 2010. Genetic analysis of two phosphodiesterases reveals cyclic diguanylate regulation of virulence factors in *Dickeya dadantii*. Mol Microbiol, 77(3): 787-800.

Yoshioka K, Nakashita H, Klessig DF, et al. 2001. Probenazole induces systemic acquired resistance in *Arabidopsis* with a novel type of action. Plant Journal, 25(2): 149-157.

Yu C, Chen HM, Tian F, et al. 2018. A ten gene-containing genomic island determines flagellin glycosylation: implication for its regulatory role in motility and virulence of *Xanthomonas oryzae* pv. *oryzae*. Mol Plant Pathol, 19(3): 579-592.

Yu J, Penaloza-Vazquez A, Chakrabarty AM, et al. 1999. Involvement of the exopolysaccharide alginate in the virulence and epiphytic fitness of *Pseudomonas syringae* pv. *syringae*. Mol Microbiol, 33(4): 712-720.

Yu X, Lund SP, Scott RA, et al. 2013. Transcriptional responses of *Pseudomonas syringae* to growth in epiphytic versus apoplastic leaf sites. Proc Natl Acad Sci USA, 110(5): E425-E434.

Yuan X, Khokhani D, Wu X, et al. 2015. Cross-talk between a regulatory small RNA, cyclic-di-GMP signalling and flagellar regulator FlhDC for virulence and bacterial behaviors. Environ Microbiol, 17(11): 4745-4763.

Yuan X, Tian F, He C, et al. 2018. The diguanylate cyclase GcpA inhibits the production of pectate lyases via the H-NS protein and RsmB regulatory RNA in *Dickeya dadantii*. Mol Plant Pathol, 19(8): 1873-1886.

Yuan X, Zeng Q, Khokhani D, et al. 2019. A feed-forward signaling circuit controls bacterial virulence through linking cyclic di-GMP and two mechanistically distinct sRNAs, ArcZ and RsmB. Environ Microbiol, 21(8): 2755-2771.

Yun MH, Torres PS, Eloirdi M, et al. 2006. Xanthan induces plant susceptibility by suppressing callose deposition. Plant Physiology, 141(1): 178-187.

Zeng Q, McNally RR, Sundin GW. 2013. Global small RNA chaperone Hfq and regulatory small RNAs are important virulence regulators in *Erwinia amylovora*. J Bacteriol, 195(8): 1706-1717.

Zeng W, He SY. 2010. A prominent role of the flagellin receptor FLAGELLINSENSING2 in mediating stomatal response to *Pseudomonas syringae* pv. *tomato* DC3000 in *Arabidopsis*. Plant Physiology, 153(3): 1188-1198.

Zhang J, Li W, Xiang T, et al. 2010. Receptor-like cytoplasmic kinases integrate signaling from multiple plant immune receptors and are targeted by a *Pseudomonas syringae* effector. Cell Host & Microbe, 7: 290-301.

Zhang J, Shao F, Li Y, et al. 2007. A *Pseudomonas syringae* effector inactivates MAPKs to suppress PAMP-induced immunity in plants. Cell Host & Microbe, 1(3): 175-185.

Zhang L, Xu JSJ, Xu JJ, et al. 2014. TssB is essential for virulence and required for type VI secretion system in *Ralstonia solanacearum*. Microbiol Pathog, 74: 1-7.

Zhang LH, Murphy PJ, Kerr A, et al. 1993. *Agrobacterium* conjugation and gene regulation by *N*-acyl-L-homoserine lactones. Nature, 362(6419): 446-448.

Zhang Y, Li J, Zhang W, et al. 2017. Ferulic acid, but not all hydroxycinnamic acids, is a novel T3SS inducer of *Ralstonia solanacearum* and promotes its infection process in host plants under hydroponic condition. Front Plant Sci, 8: 1595.

Zhao Q, Li M, Jia Z, et al. 2016. AtMYB44 positively regulates the enhanced elongation of primary roots induced by *N*-3-oxo-hexanoyl-homoserine lactone in *Arabidopsis thaliana*. Molecular Plant-Microbe Interactions, 29(10): 774-785.

Zhao Q, Zhang C, Jia ZH, et al. 2015. Involvement of calmodulin in regulation of primary root elongation by *N*-3-oxo-hexanoyl homoserine lactone in *Arabidopsis thaliana*. Front Plant Sci, 5: 807.

Zheng D, Yao X, Duan M, et al. 2016. Two overlapping two-component systems in *Xanthomonas oryzae* pv. *oryzae* contribute to full fitness in rice by regulating virulence factors expression. Sci Rep, 6: 22768.

Zhou L, Yu Y, Chen X, et al. 2015. The multiple DSF-family QS signals are synthesized from carbohydrate and branched-chain amino acids via the FAS elongation cycle. Sci Rep, 5: 13294.

Zhou L, Zhang LH, Cámara M, et al. 2017. The DSF family of quorum sensing signals: diversity, biosynthesis, and turnover. Trends Microbiol, 25(4): 293-303.

Zhu PC, Li YM, Yang X, et al. 2020. Type VI secretion system is not required for virulence on rice but for inter-bacterial competition in *Xanthomonas oryzae* pv. *oryzicola*. Res Microbiol, 171(2): 64-73.

Zschiedrich CP. 2016. Molecular mechanisms of two-component signal transduction. J Mol Biol, 428(19): 3752-3775.

第五章
植物与病毒相互作用

李　毅[1]，周　涛[2]，范在丰[2]，李方方[3]，刘玉乐[4]，魏太云[5]，
周雪平[3]，王晓伟[6]，李世访[3]，张志想[3]，李广垚[1]，赵　坤[1]

[1] 北京大学生命科学学院；[2] 中国农业大学植物保护学院；
[3] 中国农业科学院植物保护研究所；[4] 清华大学生命科学学院；
[5] 福建农林大学植物保护学院；[6] 浙江大学农业与生物技术学院

第一节　植物病毒概述

病毒是一类具有生命特征，但不具备细胞结构且必须依赖其寄主才能完成生命周期的遗传单位。目前已报道的植物病毒约 1100 种，多数植物病毒通过机械损伤或昆虫取食活动对植物造成的微伤口进入植物体。病毒进入寄主细胞后，进行复制和增殖，并在寄主细胞间和组织间移动，对寄主造成局部或系统侵染。带毒植物可通过传播媒介、有性生殖（如种子）或无性繁殖（如嫁接）等将病毒再次传给新的植株。

大约 80% 的植物病毒通过媒介昆虫传播，主要依赖昆虫实现在寄主植物间及媒介昆虫世代间的传播。携带病毒的昆虫在行为和生长发育等方面会发生改变，进而影响病毒的传播。此外，媒介昆虫体内的内共生菌也会对传毒产生影响（Wei and Li，2016）。因此，研究病毒-媒介昆虫-农作物及内共生菌之间的相互关系，了解四者间的物质与信号交流机制，对研究植物病害流行和防控具有重要作用。

多数情况下，病毒会对寄主植物的生长发育产生不利影响，主要通过表达致病因子和基因沉默抑制子、调控植物激素或产生小 RNA（small RNA，sRNA）等途径，使植物产生褪绿、花叶、植株矮化等明显症状。相应地，植物演化出了抗病基因、RNA 沉默、植物激素、蛋白质修饰和降解及细胞自噬等抗病毒途径，但这些防卫反应通常也会遭到病毒相应的反防御。本章第三节将详细介绍病毒与植物之间的致病性和抗病性。

有的病毒虽然能够持续侵染其寄主植物，并且可以通过花粉或种子高效传播，但是通常不对寄主造成可见的症状，或者造成的症状很轻，常常不会被观察到。如双分病毒科（*Partitiviridae*）的一些病毒，它们因此被称为潜隐病毒（cryptic virus 或 cryptovirus）（Nibert et al.，2014）。此外，其他科一些表现出潜伏侵染（latent infection）的病毒称为潜伏病毒（latent virus），如苹果茎沟病毒（*Apple stem grooving virus*，ASGV）等。潜隐病毒虽然在寄主中浓度很低，不造成明显症状，但是对寄主的生长发育可能

产生潜在影响，如白车轴草潜隐病毒 1（*White clover cryptic virus 1*，WCCV1）的外壳蛋白可以调节豆科寄主根瘤的形成，ASGV 会造成苹果减产等。

自 19 世纪末发现烟草花叶病毒（*Tobacco mosaic virus*，TMV）以来，病毒大多被认为是一种病原物。然而，有的病毒与寄主存在明显的互惠关系：有些可以使寄主在与其他个体的竞争中占据优势，有些则由于长期共生而对寄主的生存至关重要（Roossinck，2011）。例如，黄石国家公园的一种禾本科二型花属植物的内生弯孢菌中存在一种双链 RNA 病毒（命名为弯孢菌耐热病毒，*Curvularia thermal tolerance virus*，CThTV），其可以帮助植物在大于 50 ℃的高温土壤环境中生活，并且必不可少（Márquez et al.，2007）。有的病毒虽然致病，但可以通过增强植物的耐旱性或抗寒性，表现出有条件的共生（conditional mutualism）（Roossinck，2011）。

类病毒是一类比病毒结构更加简单的植物病原物，本章第六节对类病毒与植物的相互作用进行了简要介绍。

第二节　病毒的侵染与传播

病毒侵入适宜的寄主细胞后，与细胞内的蛋白质等组分相互作用，经过脱衣壳、复制、转录、翻译、装配而形成子代病毒粒子。成熟的病毒粒子通过细胞间移动和长距离移动，从而对寄主个体造成系统侵染。有些病毒可能有引起寄主表现出一定症状的过程。病毒还可以通过一定的方式在寄主个体间进行扩散和传播，导致寄主群体受到侵染，引起更为严重的病害和损失。

一、病毒的侵染

病毒的侵染指病毒从进入寄主细胞开始，经过复制和增殖（multiplication），在寄主细胞间和组织间移动，完成生命循环的过程。

植物病毒侵染通常引起寄主植物表现出一定特征症状。常见的症状类型有变色、畸形、坏死、萎蔫等。变色最为常见，是指植物被病毒侵染后，局部或全部失去正常的颜色或变为其他颜色，通常是叶片褪绿黄化，或表现为花叶、斑驳、明脉、条纹等症状。畸形主要表现为矮缩、线条状叶片、蕨叶及叶片卷曲、皱缩、耳突、小叶等症状。坏死是指病毒侵染造成植物的某些组织和细胞死亡，如坏死斑、坏死环、坏死条纹、沿脉坏死等症状。此外，一些潜隐病毒和无症类病毒侵染植株并不引起症状。

植物病毒侵染会引起寄主植物细胞的一些生理发生变化，如引起叶绿体产生空泡结构，严重时导致叶绿体解体，干扰叶绿体活性，降低叶绿体光合效率，增强呼吸作用；还会影响植物内源激素水平，导致植株生长发育不正常。有些植物病毒在细胞质或细胞核内会产生特征性的内含体结构，如马铃薯 Y 病毒科（*Potyviridae*）的病毒可在细胞质中产生柱状内含体结构，横切后显示为风轮状，可作为鉴定马铃薯 Y 病毒科成员的重要依据。

植物病毒均有一定的寄主范围，即各种病毒仅能侵染特定种类的植物。不同病毒的寄主范围差异很大。已知寄主范围最广的是黄瓜花叶病毒（*Cucumber mosaic virus*，CMV），其侵染超过 85 个科的 1000 多种植物。一些茄科、藜科、番杏科、豆科等植物，易于被多种病毒侵染，特别是昆诺藜（*Chenopodium quinoa*）和本氏烟（*Nicotiana benthamiana*），人工接种时，可以被许多种植物病毒侵染。这些植物常用于病毒寄主范围、病毒分离纯化及病毒分子生物学特性研究中。在病毒分离鉴定或生物学实验中最常用到的是指示植物（indicator plant）或鉴别寄主（differential host）。凡是接种病毒后能快速产生稳定且具有特征性症状的植物均可以作为鉴别寄主。病毒进行初步鉴定所组合使用的几种或一套鉴别寄主，称为鉴别寄主谱。鉴别寄主谱通常包括局部侵染寄主、系统侵染性寄主和不能侵染寄主，如烟草花叶病毒可以系统侵染普通烟、番茄等，产生系统花叶症状，但在心叶烟、曼陀罗和菜豆等寄主上则产生局部坏死枯斑。

二、病毒进入寄主

病毒进入寄主细胞是建立侵染的第一步。植物组织表面的特殊结构，如角质层和细胞壁等，能够抵抗病毒的侵染。植物病毒没有专门的结构帮助其直接侵入植物细胞，必须借助外部因素，如微伤口、昆虫刺吸等，以被动方式进入植物细胞。微伤口是指通过接触摩擦等外力造成的一些仅破损细胞壁但不会使细胞死亡的微小伤口。自然情况下，多数植物病毒通过机械损伤和昆虫取食活动对植物造成的微伤口进入植物细胞，该过程一般在几分钟到几十分钟内完成。

三、病毒的复制和增殖

植物病毒在进入寄主细胞后立即脱去部分或全部外壳蛋白，同时翻译复制子代基因组所需要的蛋白质及合成子代基因组，侵染后期合成病毒组装所需蛋白，新合成的外壳蛋白将复制产生的子代病毒基因组装配成子代病毒粒子实现增殖。病毒基因组复制是病毒增殖的中心环节，这个过程包括合成病毒 mRNA 和子代病毒基因组核酸，以完成遗传信息的传递。病毒核酸复制需要寄主细胞提供场所和原材料，大多数植物 RNA 病毒在细胞质内将细胞内膜改造成复制囊泡进行复制，部分 DNA 病毒在细胞核内复制。病毒基因组转录出的 mRNA 借助寄主细胞的蛋白质翻译系统合成病毒蛋白。植物病毒合成蛋白质需要寄主核糖体参与，主要是 80S 核糖体，还需要寄主提供氨基酸、tRNA 等。翻译后的蛋白质有些需要进一步加工形成成熟蛋白。

以植物正单链 RNA（+ssRNA）病毒为例，病毒的复制和增殖过程包括：+ssRNA 病毒以被动方式进入寄主细胞，脱壳释放基因组核酸；基因组核酸直接作为 mRNA，在寄主核糖体翻译系统的参与下合成依赖 RNA 的 RNA 聚合酶（RNA dependent RNA polymerase，RdRp）；RdRp 以正链 RNA 为模板，复制出少量负链 RNA，再以负链 RNA

为模板转录出亚基因组 RNA（sub-genomic RNA，sgRNA），并大量复制正链基因组 RNA；sgRNA 翻译产生蛋白质，包括外壳蛋白等。复制产生的正链 RNA 与外壳蛋白亚基进行装配，形成完整的子代病毒粒子。

四、病毒在寄主体内的扩散

由于植物对病毒的抗性不同，病毒在植物体内的扩散和分布也不同。病毒采用两种基本的路径在植株体内扩散：一种是病毒被局限在接种的叶片或组织中进行短距离移动，称为细胞间移动（cell-to-cell movement）；另一种是病毒在植物体内进行长距离移动（long-distance movement），最终造成系统侵染。

细胞间移动：植物病毒通常以病毒粒子或基因组核酸蛋白复合体的形式，通过连接相邻细胞的胞间连丝（plasmodesmata，PD）进行细胞间移动。由于病毒粒子或自由折叠的病毒核酸体积太大，不能通过未经修饰的胞间连丝，病毒通常会编码移动蛋白（movement protein，MP）促使胞间连丝的尺寸排阻（size exclusion）增加。多数植物病毒编码一个 MP，有些病毒编码 2～3 个参与病毒细胞间移动的蛋白质，如马铃薯 X 病毒属（*Potexvirus*）成员编码三基因盒蛋白 TGB1、TGB2、TGB3 共 3 个蛋白质参与细胞间移动。

病毒编码的移动蛋白识别病毒基因组核酸，然后将其从复制位点运送到胞间连丝，穿过细胞壁后完成病毒的细胞间移动。有的病毒以移动蛋白-核酸复合体形式进行细胞间移动，如 TMV；有的病毒编码的 MP 参与形成可以通过胞间连丝或细胞壁的管状结构（细管），使病毒粒子以完整的形式通过管状结构到达相邻细胞，如豇豆花叶病毒（*Cowpea mosaic virus*，CPMV）、番茄斑萎病毒（*Tomato spotted wilt virus*，TSWV）等（图 5-1）。

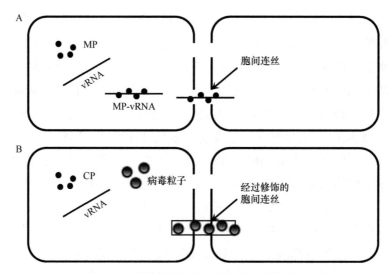

图 5-1　植物病毒细胞间移动的两种模型

A. 移动蛋白-核酸复合体形式；B. 完整病毒粒子通过管状结构。vRNA 表示病毒 RNA

长距离移动：病毒通过维管束鞘细胞、韧皮部薄壁细胞、伴胞细胞和筛分子进入维管束系统，在这些组织中被动地进行长距离移动，最终进入植物的顶端分生组织及根部，造成系统侵染。病毒的长距离移动主要依靠植物疏导组织中的营养流动力，可以进行上下双向移动。大多数病毒的长距离移动需要外壳蛋白。

植物病毒在寄主体内的分布受病毒本身、寄主和环境等因素的影响，一般是不均匀的。有些病毒局限在特定的组织，如一些大麦黄矮病毒（*Barley yellow dwarf virus*，BYDV）仅分布在寄主植物的韧皮部、薄壁细胞、伴胞和筛管细胞；一些双生病毒则局限在寄主植物的韧皮部。大多数引起花叶、斑驳等症状的病毒一般不受组织限制，可侵染植物叶片大部分细胞。植物顶端分生组织等生长旺盛的区域病毒含量低，甚至没有病毒，可以切取茎尖分生组织进行培养，获得无毒苗木。

五、病毒的传播

病毒的传播指病毒通过一定的方式在不同寄主或相同寄主不同个体间的扩散，是病毒病害扩散和流行的必要过程。了解病毒的传播方式和规律，有助于掌握病毒病害的发生规律，以便采取合理有效的防治措施。植物病毒在和寄主植物长期协同进化的过程中，进化出了特有的传播方式，植物病毒的传播方式分为非介体传播和介体传播。

非介体传播过程是机械性而非生物性的，一般没有特异性。常见的非介体传播是通过植物表面的微伤口进入：实验室常用的机械摩擦接种即人为地在叶片上造成微伤口，使病毒直接进入植物细胞而造成侵染；在自然界中，带毒植株与健康植株直接接触、强风暴雨等可造成微伤口；农业生产劳动过程中的农事操作如定植、整枝、打杈、摘果、修剪等，使用的工具都可造成病毒的传播。有些病毒粒子非常稳定，如TMV，在水和土壤中可存活数年，遇到适宜条件和寄主就可以侵染。另一种非介体传播是通过携带病毒的无性繁殖材料，如块根、块茎、扦插用的枝条、嫁接用的接穗和砧木等进行病毒传播。种子传播也属于非介体传播，但一般种子带毒率较低，主要因为高传毒率可能造成花和种子发育缺陷，所以种子不能正常发育和萌发。

介体传播是指病毒通过介体的取食、侵染等活动进行传播。传播植物病毒的介体包括昆虫、真菌、线虫、螨虫等，其中昆虫是植物病毒传播最常见和最重要的介体。主要的传毒昆虫有蚜虫、粉虱、飞虱、叶蝉、蓟马等。蚜虫种类多，生命史短，繁殖力强，几乎为害各种植物，是最重要的传毒介体，传播近一半种类的植物病毒，其中许多可侵染重要经济作物，如马铃薯Y病毒属（*Potyvirus*）、马铃薯卷叶病毒属（*Polerovirus*）的成员等。近年来，烟粉虱（*Bemisia tabaci*）在世界大部分地区活动猖獗，由其传播的双生病毒，如非洲木薯花叶病毒、番茄黄化曲叶病毒（*Tomato yellow leaf curl virus*，TYLCV）等，使许多经济作物损失惨重。已发现和证实的能够传播植物病毒的真菌介体主要是壶菌中的油壶菌属（*Olpidium*）和根肿菌中的多黏菌属（*Polymyxa*）、粉痂菌属（*Spongospora*）成员。传毒真菌的游动孢子带毒，当游动孢子侵染植物根组织时将病毒传播给植物。烟草脆裂病毒属（*Tobravirus*）和线虫传多面体病毒属（*Nepovirus*）的成员通过不同属的线虫传播，为害烟草、番茄、马铃薯、葡萄等经济作物。线虫从发病植物的根部取食获毒后，通过取食健康植株的根部传毒。

介体和所传病毒之间具有特异性，不同的病毒以不同的方式由不同的介体传播。介体传毒过程可分为以下 3 个阶段：获毒期（acquisition period），即介体在被侵染植物上取食并获得足够量病毒的时期；潜育期（latent period），指介体从获得病毒到能够传播病毒的一段时间；持毒期（retention period），即介体保持传毒能力的时间。

传毒介体获毒后，不同的病毒与介体有不同的传播关系。根据病毒是否需在虫体内循回后才能传播，分为循回型传毒和非循回型传毒。循回型传毒是指病毒经介体取食后，经消化道进入血液循环，后到达唾液腺，再经口针排出体外完成传播的过程。非循回型传毒是指病毒被介体取食后，病毒附着在口针或前肠，不在介体内循回。大多数介体的传毒属于非循回型，介体获毒和传毒时间短，且很快失去传毒能力。

根据介体持毒时间的长短可以分为非持久性传毒、半持久性传毒和持久性传毒。非持久性传毒也称口针传带型传毒，是指昆虫取食时很快获毒，获毒后很快便可传毒，但传毒时间较短。持久性传毒是指昆虫获毒后，需要在体内循回一定的时间后才能传毒。一些病毒可以在媒介昆虫体内复制，一旦开始传毒，则能长期保持传毒能力，甚至终身或经卵传毒。循回型或持久性传毒的重要特征是传毒过程需要潜育期。半持久性传毒介于上述两者之间。

第三节　病毒与寄主植物的相互作用

病毒经过扩散传播成功侵染植物后，会编码多种致病因子，影响植物的正常生理过程，引起植物病害。植物不能自由移动，并且自身缺乏移动的防卫细胞及后天免疫防御机制（Jones and Dangl，2006），但得益于植物细胞的构造和其所具有的精妙的免疫调节系统，植物能成功躲避多数病原菌的侵染。首先，植物细胞坚固的细胞壁构成了防御病原菌侵染的第一道防线。其次，植物先天免疫（innate immunity）机制及系统获得抗性（SAR）免疫机制所构成的植物免疫系统，对于植物成功躲避病原菌入侵起到十分重要的作用。其中，植物先天免疫可分为病原体相关分子模式（PAMP）触发的免疫（PTI）、效应子（effector）触发的免疫（ETI）。此外，植物 RNA 沉默系统、植物激素及蛋白质降解途径对于植物抗病亦至关重要。

植物病毒能够实现有效侵染，依赖其在与寄主植物互作的过程中突破寄主的防卫反应。在植物与病毒长期的共进化过程中，病毒不仅能够抑制甚至会操控寄主的防卫反应，以促进自身的侵染。由于病毒有着与其他病原不同的侵染方式和增殖方式，植物抗病毒机制又有其特殊性，对植物抗病毒机制研究不仅可加深我们对植物抗病毒的分子基础的理解，也有助于加深我们对整个植物抗病甚至整个生物系统的信号转导的理解，既具有重要的科学意义，也具有重要的应用价值。

本节首先介绍病毒的致病因子并列举一些因子的致病作用，然后从抗病基因、

RNA 沉默、植物激素、细胞自噬和泛素化等方面简要介绍植物抗病毒的机制，并介绍病毒针对不同机制的反防御作用。

一、致病因子

病毒侵染寄主后，编码的蛋白质影响植物正常的生理过程，促使病害症状的产生，这类蛋白质统称为致病因子。双生病毒编码的 C4 蛋白是主要的致病因子，通过影响植物不同的发育过程，促使病毒症状的形成。例如，云南番茄曲叶病毒（*Tomato leaf curl Yunnan virus*，TLCYnV）编码的 C4 蛋白与糖原合酶激酶 GSK3 蛋白 NbSKη 相互作用，降低 NbSKη 在细胞核中的积累，诱导细胞分裂，从而促进病毒的侵染和复制（Mei et al.，2018）。双生病毒编码的 C4 蛋白与 NbSKη 的结合能力决定了 C4 诱发症状的严重程度，结合能力越强，诱发的症状越重（Mei et al.，2020a）。TLCYnV 的 C4 蛋白还能够与 ERECTA 的负调控因子 BKI1 互作，由于 C4 蛋白 N 端能够发生豆蔻酰化修饰而使 C4 定位于细胞膜上，因此 C4 蛋白通过与 BKI1 互作而将 BKI1 锚定在细胞膜上，增强 BKI1 对 ERECTA 的抑制作用，阻止 ERECTA/BKI1 复合体的解聚，从而抑制 ERECTA 下游 MAPK 信号通路的激活，进而创造出有利于病毒侵染的细胞环境（Mei et al.，2021）。甜菜严重曲顶病毒（BSCTV）编码的 C4 蛋白诱导 RKP 基因表达，促进细胞分裂，从而造成 BSCTV 侵染和症状形成（Lai et al.，2009）。BSCTV 编码的 C4 蛋白棕榈酰化后可以和 CLAVATA1（CLV1）蛋白相互作用，影响了 CLAVATA 信号通路，促使症状形成（Li et al.，2018a）。TYLCV 编码的 C4 蛋白在植物感应到生物胁迫时，从细胞质膜移动到叶绿体中，通过与钙感应受体（calcium sensing receptor，CAS）相互作用抑制 SA 介导的抗病毒免疫反应（Medina-Puche et al.，2020）。双生病毒卫星分子编码的 βC1 蛋白作为一种致病因子，对于病毒症状的形成具有重要作用。例如，木尔坦棉花曲叶病毒（*Cotton leaf curl Multan virus*，CLCuMuV）卫星分子编码的 βC1 蛋白和烟草中 NbSKP1 相互作用，调控植物的泛素化途径，增强病毒的侵染性和症状（Jia et al.，2016）。萝卜曲叶病毒（*Radish leaf curl virus*，RaLCV）卫星分子编码的 βC1 蛋白可与光合系统 Ⅱ 的 PsbP 蛋白相互作用，减弱了 PsbP 结合病毒 DNA 的能力，促进了病毒侵染（Gnanasekaran et al.，2019）。中国番茄黄化曲叶病毒（TYLCCNV）卫星分子编码的 βC1 蛋白能够通过同时靶向植物 MAPK 信号通路中的 MKK2 和 MPK4 来抑制 MAPK 信号通路，从而有助于病毒侵染植物（Hu et al.，2019）。

其他病毒如水稻条纹病毒（*Rice stripe virus*，RSV）编码的非结构蛋白 SP 与植物体内光系统 Ⅱ 的 PsbP 蛋白相互作用，影响 PsbP 蛋白的定位，从而促使症状的形成（Kong et al.，2014）。大豆花叶病毒（*Soybean mosaic virus*，SMV）编码的 P3 蛋白和大豆中真核延伸因子 1A（eEF1A）相互作用，促进未折叠蛋白反应（UPR），从而提高病毒致病性（Luan et al.，2016）。

二、抗病基因

成功的病原菌会演化出多种策略来侵染植物，如躲避模式识别受体（PRR）的识别或者抑制下游的信号转导（Zipfel，2008）。为了成功侵染植物，病原菌会分泌多种效应子来抑制 PTI 反应。在植物与病原菌的共进化过程中，植物进化出了抗病蛋白，用于直接或者间接识别病原菌所分泌的效应子。抗病蛋白是由抗病基因编码产生的，一般具有核苷酸结合位点-亮氨酸富集重复（nucleotide binding site and leucine-rich repeat，NBS-LRR）结构域，所以抗病蛋白也称为 NBS-LRR 蛋白（Ausubel，2005）。抗病蛋白识别效应子的过程中会触发 ETI 反应。ETI 反应的强度和速度比 PTI 反应更强、更快，该过程会造成局部的过敏性坏死反应（HR）（Jones and Dangl，2006），以阻止病原菌进一步扩散。

植物 NBS-LRR 类型的抗性蛋白主要分两类：TIR-NBS-LRR 和 CC-NBS-LRR（Bonardi et al.，2012）。其中，TIR-NBS-LRR 蛋白 N 端具有 TIR 结构域，而 CC-NBS-LRR 蛋白 N 端具有 CC 结构域，两种结构域在免疫响应中都具有极其重要的作用。随着植物抗病毒机制研究的不断深入，鉴定到的植物抗病基因越来越多（Zvereva and Pooggin，2012）。例如，烟草抗 TMV 的基因 *N*，番茄抗番茄花叶病毒（*Tomato mosaic virus*，ToMV）和 TMV 的基因 *Tm-2²*、*Tm-2*，马铃薯抗马铃薯 X 病毒（*Potato virus X*，PVX）的基因 *Rx*、*Rx2* 及抗马铃薯 Y 病毒（*Potato virus Y*，PVY）的基因 *Y-1*，拟南芥抗 CMV 的基因 *RCY1* 及抗芜菁皱缩病毒（*Turnip crinkle virus*，TCV）的基因 *HRT*，番茄抗 TSWV 的基因 *Sw5*，大豆抗 SMV 的基因 *Rsv1*，以及从黑吉豆中分离的抗绿豆黄花叶病毒（*Mungbean yellow mosaic virus*）的基因 *CRY1*。

在上述基因中，*N* 基因介导的抗 TMV 病毒信号转导研究得最为深入。*N* 基因属于 TIR-NBS-LRR 类的病毒抗性蛋白基因，编码两个转录物 N_L 和 N_S，且两种转录物在烟草对 TMV 的完全抗性中都是必需的（Dinesh-Kumar and Baker，2000）。N 蛋白可通过 TIR 结构域间接识别 TMV 的 P50（50kDa 解旋酶）结构域，这种识别可能是通过叶绿体蛋白 NRIP1（N receptor-interacting protein）完成的，进而激活 N 蛋白并引起 N 蛋白进核，最终引起过敏性坏死反应（Caplan et al.，2008）。随着 *N* 基因研究的不断深入，研究者发现大量的基因涉及 *N* 基因介导的抗 TMV 信号转导通路，如 *NRG1*、*SGT1*、*RAR1*、*NPR1*、*EDS1*、*HSP90*、*MAPK*（*SIPK*、*WIPK*、*NTF6*）、*MAPKK*（*NtMEK1*、*NtMEK2*）、*MAPKKK*（*NPK1*）、*MIP1*，以及转录因子 *MYB1*、*WRKY1/2/3* 和 *SPL6* 等（Jin et al.，2002，2003；Liu et al.，2002，2004a，2004b；Peart et al.，2005；Du et al.，2013；Padmanabhan et al.，2013；Cui et al.，2018）。

2003 年，研究者从番茄中鉴定得到持久抗 TMV 的抗病基因 *Tm-2²*（Lanfermeijer et al.，2003）。该基因所编码的蛋白质属于 CC-NBS-LRR 类抗病蛋白，由 861 个氨基酸组成。ToMV 的移动蛋白是 *Tm-2²* 对应的无毒蛋白，由两者的识别触发植物的免疫反应（Weber and Pfitzner，1998）。其中，Tm-2² 的 LRR 结构域决定了其对病毒识别的特异性（Kobayashi et al.，2011）；Tm-2² 在激活过程中多聚体化，Tm-2² 的激活要求 NBS 结构域的多聚驱动 CC 结构域自我互作，CC 结构域单独在质膜上定位表达即可诱导植物细胞死亡，是 Tm-2² 的信号结构域（Wang et al.，2020）。虽然 Tm-2² 没有经典的跨膜结构域，但它定位于细胞质膜上发挥功能（Chen et al.，2017a）。此外，*Tm-2²* 的表达水平直接决定了其抗性强度，即高表达导致极端抗性，中表达导致典型的、伴随过敏性坏死反应（HR）的抗性，低表达导致植物系统性坏死抗性，这说明植物对病毒的极端抗性和经典的伴随过敏性坏死反应的抗性没有本质区别（Zhang et al.，2013）。在表达 *NahG* 基因的番茄中，*Tm-2²* 对 ToMV 的抗性表现为系统性坏死，说明水杨酸（SA）参与 *Tm-2²* 介导的病毒抗性（Brading et al.，2000）。此外，叶绿体蛋白参与 *Tm-2²* 介导的极端抗性过程，沉默叶绿体蛋白 Rubisco 小亚基基因会导致 *Tm-2²* 介导的极端抗性丧失，出现典型的过敏性坏死反应（Zhao et al.，2013）；*Tm-2²* 介导的极端抗性也依赖 SGT1 和 HSP90（Du et al.，2013；Qian et al.，2018）。研究发现，一组 J 蛋白 MIP1 不仅对于病毒侵染是必需的，而且对于 *Tm-2²* 介导的植物抗病毒反应也是必需的（Du et al.，2013）。该蛋白质既与 ToMV 的移动蛋白互作，又与抗病蛋白 Tm-2² 互作。尤为重要的是，MIP1 对于多种寄主抗性和非寄主抗性都是重要且必需的，这进一步说明了 MIP1 作为植物抗病信号分子的重要性。

马铃薯中研究较多的是抗 PVX 的 *Rx* 基因。*Rx* 属于 CC-NBS-LRR 类 R 抗病蛋白基因，Rx 各结构域间可发生互作，并且每种结构域各司其职。其中，CC 结构域涉及识别，而 NBS 结构域涉及信号发生，单独表达 NBS 即可诱导过敏性坏死反应（Rairdan et al.，2008）。本氏烟 RanGAP2（Ran GTPase-activating protein2）是 Rx 信号转导通路中很重要的组成部分。RanGAP2 可通过其 N 端与 Rx 发生特异性识别，参与 Rx 的核质穿梭，并与 Rx 介导的抗性有关（Tameling and Baulcombe，2007）。更为有意思的是，在马铃薯 Rx1 介导的抗 PVX 过程中并没有产生肉眼可见的过敏性坏死反应，且该抗性过程依赖 SGT1 和 HSP90，但不依赖 RAR1 和 EDS1（Lu et al.，2003；Botër et al.，2007；Komatsu et al.，2010）。其中，MAPKKKα 参与 Rx1 介导的过敏性坏死反应，但不参与 Rx1 介导的抗性（Komatsu et al.，2010）。

拟南芥 *HRT* 为 CC-NBS-LRR 类 R 抗病蛋白基因，可介导拟南芥对 TCV 的抗性，该抗性过程不依赖 NDR1 而依赖 EDS1（Venugopal et al.，2009）。*HRT* 参与过敏性坏死反应，但是病毒抗性过程必须有另一未知的隐性基因 *RRT* 参与（Chandra-Shekara et al.，2004）。研究发现，在 EDS1、EDS5、PAD4、SID2 功能缺失突变体中，SA 积累受影响，HRT 介导的 TCV 抗性丧失。此外，HRT 介导的抗性还依赖油酸（18:1）途径和光（Chandra-Shekara et al.，2006，2007）。研究还发现，拟南芥 ATPase 中 CRT1 蛋白可与 HTR 和 Rx 等多个抗病蛋白互作，并参与多种病害抗性过程（Kang et al.，2008，2012）。

番茄中 NB-ARC-LRR 蛋白 Sw-5b 可以识别病毒移动蛋白 NSm 中保守的含 21 个氨基酸的小肽，从而使寄主具有对番茄斑萎病毒的广谱抗性（Chen et al.，2016a）。

内质网膜转运系统对 NSm 在细胞内的转运起到重要作用（Feng et al.，2016）。Sw-5b 与传统的 CC-NBS-LRR 抗性蛋白不同，该蛋白质具有一个额外的 N 端结构域（N-terminal domain，NTD）。NTD、CC 及 NBS-LRR 结构域在 Sw-5b 的自我抑制和激活中具有不同的功能（Chen et al.，2016a）。基于对 Sw-5b 的研究，有研究者提出了植物检测病毒入侵的"两步识别机制"（two-step recognition mechanism），即 Sw-5b 的 N 端结构域作为额外的感受器（sensor）感知信号，NB-ARC-LRR 结构域则作为激活器（activator）起激活作用。Sw-5b 的 N 端结构域和 NSm 之间的特异性互作对于解除 CC 结构域对 NB-ARC-LRR 结构域的抑制作用是必需的（Li et al.，2019）。

植物与病毒之间的分子"军备竞赛"往往是"道高一尺魔高一丈"，一些病毒能够抑制或者逃逸上述抗病基因介导的抗性，实现有效的侵染。例如，TMV 的复制酶蛋白能够通过互作调控寄主一个防卫反应，并具有 NAC 结构的蛋白 ATAF2。ATAF2 蛋白能调控防御相关基因 *PR1*、*PR2* 和 *PDF1.2* 的表达，从而抑制病原物的侵染，复制酶蛋白与 ATAF2 蛋白的互作导致基础的免疫反应受到抑制，从而促进病毒的侵染（Wang et al.，2009）。TCV 的外壳蛋白能够通过结合 NAC 转录因子 TIP 抑制拟南芥的基础免疫反应，促进病毒的入侵（Wang and Culver，2012）。

三、RNA 沉默

RNA 沉默是生物界普遍存在的机制，并参与植物抗病毒、维持基因组稳定和调控生长发育等重要过程（Meister and Tuschl，2004；Yang and Li，2018）。小 RNA（sRNA）介导的 RNA 沉默，主要通过指导与其互补的 mRNA 或病毒 RNA 降解或抑制其翻译、DNA 或组蛋白修饰等过程，抑制靶基因的表达或翻译，从而沉默靶基因。正因如此，RNA 沉默成为植物抵抗病毒侵染的有效手段。与之相应，病毒进化出了RNA 沉默抑制子（VSR）用于抑制寄主 RNA 沉默系统，从而逃避寄主的免疫防御和增强自身的侵染。

sRNA 介导的 RNA 沉默机制的阐明，主要得益于"恢复现象"和"协生现象"的发现。1928 年，Wingard 发现了"恢复现象"：其观察到接种烟草环斑病毒（*Tobacco ringspot virus*，TRSV）的烟草接种叶片出现坏死斑，而未接种病毒的上部新生叶片则没有出现病变症状，并且对同种或相近病毒的二次侵染具有抗性（Wingard，1928；Baulcombe，2004）。研究发现，单独接种 PVX 或 PVY 的烟草都仅仅具有轻微的症状，而同时接种则产生非常严重的症状，共侵染时 PVX 的量比单独接种 PVX 时急剧增加，而 PVX 存在与否对 PVY 的量并没有显著影响，由此可知 PVY 增强了 PVX 的致病能力。这种植物同时感染两种病毒比分别感染产生更严重症状的现象称为植物病毒的"协生现象"（Zvereva and Pooggin，2012）。

此后的研究对"恢复现象"和"协生现象"进行了科学的解释。"恢复现象"的产生，是因为植物 RNA 沉默防御机制发挥了作用。植物针对病毒产生的 RNA 沉默防卫反应至少有两个层面的作用（Ratcliff et al.，1997；Baulcombe，2004；Voinnet et al.，

2016）。首先，植物通过加工病毒双链 RNA 所形成的 sRNA，利用 RNA 沉默降解病毒基因组 RNA 分子，从而限制病毒在侵染部位的积累。其次，沉默信号可以扩散至整个植物，从而激发植物系统性的病毒抗性。与"恢复现象"不同，"协生现象"则是病毒编码的蛋白质抑制了寄主的 RNA 沉默系统所造成的现象。病毒通过 RNA 沉默抑制子，抑制植物的 RNA 沉默系统，进而帮助另一种病毒更容易侵染植物，产生比各自单独侵染更为严重的症状（Anandalakshmi et al.，1998；Baulcombe，2004）。

与细菌和真菌不同，病毒基因组的复制在寄主细胞内进行，因此 RNA 沉默介导的植物抗病毒反应变得极其重要。RNA 沉默是植物抗病毒的保守机制，其核心组分包括 ARGONAUTE 蛋白（AGO）、Dicer-like 酶（DCL）及 RDR 蛋白等。AGO 蛋白可以与小干扰 RNA（siRNA）、miRNA 结合，形成有活性的沉默复合体，沉默相应的靶 RNA。主要包括以下过程（Ding，2010）：第一步，病毒来源双链 RNA（dsRNA）的产生。根据 dsRNA 产生方式的不同可将病毒来源的 sRNA 分为初级 sRNA、次级 sRNA 和发夹结构来源的 sRNA（Zvereva and Pooggin，2012）。初级 sRNA 的生成依赖病毒自身 RdRp 合成 dsRNA，而次级 sRNA 的产生则需要寄主 RDR 的参与。第二步，DCL 蛋白将 dsRNA 切割成 18～25 碱基的 sRNA。sRNA 的特异性决定了基因沉默的特异性（Ding，2010）。第三步，成熟 sRNA 与 AGO 蛋白结合形成 RNA 诱导沉默复合体（RNA-induced silencing complex，RISC）。第四步，在 RISC 的指导下，病毒基因组 RNA 被特异性切割，从而沉默靶基因。

AGO 蛋白在植物抗病毒过程中发挥重要的作用，拟南芥有 10 个 AGO 蛋白，其中 AGO1、AGO2 和 AGO4 在植物抗病毒免疫中发挥关键作用（Carbonell and Carrington，2015）。在沉默抑制子缺失突变体 CMV-Δ2b 中，AGO1 和 AGO2 协同发挥抗病毒功能（Wang et al.，2011a）。在 DNA 病毒侵染过程中，AGO4 介导的转录基因沉默（transcriptional gene silencing，TGS）通路具有抗病毒活性，*ago4* 突变体对 DNA 病毒，如甜菜曲顶病毒（*Beet curly top virus*，BCTV）和白菜曲叶病毒（*Cabbage leaf curl virus*，CaLCuV）的敏感性增加（Raja et al.，2008）。病毒侵染不仅会诱导 AGO 和 RDR 等的基因上调表达，也会对小 RNA 的产生和积累产生影响。研究发现 RDV 和 RSV 侵染水稻后显著诱导 AGO18 及 RDR1 等的基因表达，同时两种病毒诱导水稻产生的小 RNA 的谱图显著不同，RDV 侵染水稻产生丰富的 vsiRNA，但是对 miRNA 影响不大，而 RSV 侵染水稻产生很少的 vsiRNA，但是对 miRNA 和 miRNA[*] 具有显著的影响（Du et al.，2011）。水稻中有 19 个 OsAGO 蛋白，研究得比较清楚的是 OsAGO1 和 OsAGO18。水稻 OsAGO18 的基因在 RSV 侵染时被病毒诱导的茉莉酸信号通路激活而上调表达，无论是 RSV 侵染或过表达 RSV 外壳蛋白均能够激活茉莉酸信号通路，进一步激活 OsAGO18 的基因表达（Du et al.，2011；Yang et al.，2020）。AGO18 能够通过竞争性结合水稻中的 miR168 来保护 OsAGO1，OsAGO1 通过结合病毒来源的 vsiRNA 切割病毒基因组，从而增强水稻的抗病毒防卫反应（Wu et al.，2015）。OsAGO18 还可以竞争性结合单子叶植物特有的 miR528，从而释放其靶标基因即 L-抗坏血酸氧化酶（L-ascorbate oxidase，AO）的基因，促进植物体内活性氧（ROS）的积累，启动下游的抗病毒通路。关于水稻抗病毒的研究表明，OsAGO18 蛋白参与水稻抗多种病毒的过程（Wu et al.，2015，2017）。

研究发现，水稻 SPL9 转录因子特异性激活 miR528 的转录，降低其靶基因抗坏血酸氧化酶（AO）基因的表达，从而负调控水稻对 RSV 的抗病毒免疫反应（Yao et al.，2019）。更深入的研究发现，铜离子转运（COPT1 和 COPT5）和铜离子结合蛋白（HMA5）编码基因在病毒侵染水稻以后受到显著诱导，病毒侵染能够促进铜离子在水稻地上部分积累，在亚细胞结构中测定铜离子含量发现病毒侵染会导致水稻细胞间隙的铜离子含量降低，即更多的铜离子会进入细胞内发挥作用，降低 SPL9 对 miRNA528 的转录，从而使得 miR528 表达量降低，进而增加 AO 积累量和 ROS 水平。这一发现进一步证明了铜离子发挥抗病毒功能依赖于先前发现的 SPL9-miR528-AO-ROS 这一通路。一方面，铜离子能够抑制 SPL9 蛋白积累水平以及 SPL9 蛋白结合 miR528 启动子的能力；另一方面，铜离子能够直接影响 AO 的酶活性。铜离子介导的上述抗病毒通路对不同水稻病毒（RSV 和 RDV）具有广谱抗性，展示了铜离子的广阔应用前景（Yao et al.，2022）。

病毒也可以通过影响植物中 miRNA 的产生来达到成功侵染的目的。RSV 编码的 NS3 蛋白通过与 DRB1 互作并作为中间体介导 DRB1 与 pri-miRNA 的间接互作，将更多的 pri-miRNA 招募到加工复合体中，增强 miRNA 加工，诱导 miRNA 积累，进而抑制相应靶基因的表达，并促进 RSV 的侵染（Zheng et al.，2017a）。

DCL1 有助于 DNA 病毒降解产生 21nt siRNA，但是 DCL1 对 RNA 病毒降解产生 siRNA 却没有直接作用（Blevins et al.，2006）。研究表明，dcl1 突变体中 DCL4 和 DCL3 的表达发生上调，并伴随着病毒积累量的减少（Qu et al.，2008）。此外，DCL1 所产生的 miRNA 可以负调控 RISC 的主要成分 AGO1 和 AGO2 的表达，从而参与抗病毒过程（Varallyay et al.，2017）。在拟南芥中，DCL2、DCL3 和 DCL4 能够通过切割生成 vsiRNA，靶向病毒基因组，从而阻断病毒的复制。植物体对正链 RNA 病毒的抗性主要依赖 DCL2 和 DCL4 通路，DCL2 和 DCL4 功能冗余，dcl2 和 dcl4 双突变体对 TCV 的抗性减弱（Deleris et al.，2006）。当 DNA 病毒侵染寄主植物时，DCL3 负责产生病毒 24nt 的 vsiRNA，在抗病毒过程中发挥重要作用（Akbergenov et al.，2006）。

RDR 介导以 RNA 为模板合成双链 RNA。目前的研究揭示，在 RNA 沉默途径中，RDR1 和 RDR6 在植物抗病毒过程中起着重要作用。拟南芥中 rdr1 和 rdr6 突变体表现出对多种病毒侵染的敏感性增加，以及病毒小 RNA 的积累量减少（Seo et al.，2013）。水稻中 OsRDR6 对于 vsiRNA 的积累具有重要作用，OsRDR6 转基因沉默水稻对 RSV 和水稻矮缩病毒（Rice dwarf virus，RDV）侵染的敏感性增加（Jiang et al.，2012；Hong et al.，2015）。拟南芥和烟草中的 RDR1 蛋白均能够被病毒或者 SA 所诱导表达，且影响植物对病毒的抗性（Yu et al.，2003；Ying et al.，2010）。进一步的研究发现，RDR1 和 RDR6 对于 TMV 的 sRNA 生成具有重要作用，且 RDR1 可能抑制 RDR6 介导的抗病毒 RNA 沉默（Qi et al.，2009；Ying et al.，2010）。RSV 侵染水稻后，miR444 水平增加，降低了 OsMADS23、OsMADS27a 和 OsMADS57 转录因子对 OsRDR1 转录的抑制作用，从而激活 OsRDR1 介导的抗病毒 RNA 沉默通路（Wang et al.，2016a）。拟南芥的 RDR1 对于寄主 vasiRNA（virus-activated siRNA）的生成是至关重要的，病毒侵染后产生的大量 vasiRNA 能介导寄主目标基因的广泛沉默，这是植物对抗病毒侵染的一种保守应答，赋予了寄主广谱的抗病毒活性（Cao et al.，2014）。

病毒侵染植物通常会伴随昆虫叮咬或者机械损伤。研究发现，在本氏烟中昆虫叮咬或者机械损伤会激活植物强烈的钙流，螯合了钙离子的钙调蛋白（CaM）会进一步结合并激活钙调蛋白结合转录因子 CAMTA3，CAMTA3 促进 RNAi 通路关键蛋白 RDR6 和 BN2 基因的转录，BN2 能够作为核酸酶降解 miR168、miR403、miR162 等，进而上调 RNAi 通路关键蛋白 AGO1/2 和 DCL1 基因的 mRNA 水平。这些 RNAi 核心基因的表达上调增强了植物抗病毒防御的能力，可帮助植物更好地抵抗病毒侵染（Wang et al.，2021）。

此外，RNA 沉默对抗病基因同样具有调节作用（Li et al.，2012）。研究者鉴定到两个 miRNA 可以对 *N* 基因的转录物进行靶向沉默，从而削弱烟草对 TMV 的抗性。病毒可以通过抑制 TGS 及转录后基因沉默（post-transcriptional gene silencing，PTGS）促进病毒侵染。例如，中国番茄黄化曲叶病毒（TYLCCNV）βC1 蛋白可与 SAHH 互作抑制植物 TGS（Yang et al.，2011），通过 rgsCaM 抑制 RDR6 的表达从而促进病毒侵染（Li et al.，2014a）；一些双生病毒可通过与组蛋白甲基化转移酶互作抑制 TGS，从而增强病毒侵染（Castillo-González et al.，2015）；CLCuMuV 的 C4 蛋白可抑制 TGS 及 PTGS，进而促进病毒侵染（Ismayil et al.，2018）；CLCuMuV 的 C4 蛋白还可与植物甲基循环中的关键酶 *S*-腺苷甲硫氨酸合酶（SAMS）相互作用并抑制其活性；过表达 C4 蛋白可抑制植物 TGS 及 PTGS，而突变体 $C4_{R13A}$ 不能抑制 TGS 和 PTGS；$C4_{R13A}$ 的病毒突变体侵染植物后，病毒症状减轻，病毒 DNA 积累减少，病毒 DNA 甲基化水平明显增高；沉默 SAMS 基因能够抑制 TGS 及 PTGS 的发生，降低 CLCuMuV 的甲基化水平，同时增强病毒对植物的侵染性。水稻草状矮化病毒（*Rice grassy stunt virus*，RGSV）编码的 P3 蛋白通过诱导一个 U-box 类型 E3 泛素连接酶 P3IP1（P3-inducible protein 1）靶向 RNA 介导的 DNA 甲基化（RNA-directed DNA methylation，RdDM）途径中的关键因子——RNA 聚合酶 Ⅳ（Pol Ⅳ 或 NRPD1）并促进其降解来参与 RGSV 致病过程，进而导致水稻植株矮化、分蘖增多等病害症状的形成（Zhang et al.，2020a）。

此外，TYLCV 的 V2 蛋白可以通过与组蛋白去乙酰化酶互作抑制 TGS（Wang et al.，2018）；CLCuMuV 的 V2 蛋白可以直接与烟草的 AGO4 互作，从而抑制植物 RdDM 途径介导的 TGS（Wang et al.，2019a）。另外，CLCuMuV 和 TYLCCNV 的 V2

蛋白可以干扰CaM-CAMTA3互作，从而干扰CAMTA3介导的RDR6和BN2基因转录，抑制植物PTGS（Wang et al.，2021）。

　　病毒的遗传物质进入植物后，植物通过 PTGS 机制识别并降解病毒来源的 RNA。病毒只有对这个过程迅速响应，才有可能在寄主体内进行复制及扩散。实际上，许多植物病毒可以编码病毒 RNA 沉默抑制子（VSR），通过 VSR 中断 PTGS 的某个或某几个过程来抵御寄主的 RNA 沉默（图 5-2）。不同植物病毒所编码的沉默抑制子在序列上不具有同源性，结构上也没有相似性，因此它们的作用方式、作用机理也各不相同。病毒沉默抑制子结构和功能的多样性也反映了病毒在进化过程中为了适应不同的寄主，利用不同的蛋白质演化出有效的反防御系统。

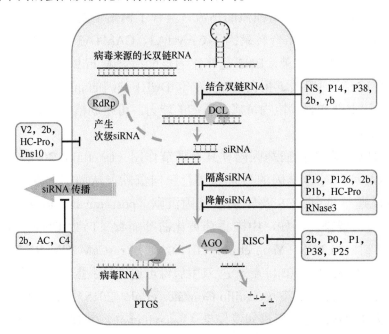

图 5-2　植物中病毒引起的 PTGS 和病毒编码的部分 RNA 沉默抑制子

（Wieczorek and Obrepalska-Steplowska，2015；Carluccio et al.，2018；Mei et al.，2018）

病毒侵染过程中，病毒基因组 RNA 分子内碱基配对或者复制中间物会产生 dsRNA。这些 dsRNA 被 DCL 蛋白识别，引发下游的 PTGS 途径（实线箭头指示的过程）。初级和次级 siRNA 产生后与 AGO 等蛋白结合，形成 RISC 复合体，消除病毒 RNA。同时，siRNA 还可以作为沉默信号转移到周围的细胞中（虚尾箭头）。病毒编码的 RNA 沉默抑制子可以在不同阶段干扰植物防御机制，从而使病毒的遗传物质在被侵染的植物组织中复制和表达。图两侧标注了部分已报道的 RNA 沉默抑制子及其干扰的 PTGS 阶段

　　根据病毒 RNA 沉默抑制子的作用途径及靶标，可将其作用方式归为以下三大类：①结合在长 dsRNA 上，使其不能进行后续的 DCL 加工，抑制 dsRNA 的识别和 siRNA 的产生。例如，石柑子潜隐病毒（*Pothos latent virus*，PoLV）编码的 P14 蛋白能够通过结合不同长度的 dsRNA，使其不能进入 DCL，进而不能被切割，导致 RNA 沉默的抑制（Mérai et al.，2005）；而芜菁皱缩病毒（TCV）编码的 P38 蛋白不仅能够结合不同长度的 dsRNA，还能特异性地抑制 DCL4 的活性，从而抑制 RNA 沉默（Deleris et al.，2006）。②影响 RISC 的组装，使功能性 RISC 失活。例如，CMV

的 2b 蛋白通过结合 AGO1 蛋白的 PAZ 结构域和部分 PIWI 结构域,从而抑制其切割活性;PVX 的 P25 蛋白过表达能够降低 AGO1 蛋白的积累,而 AGO1 的降解过程能够被 26S 蛋白酶体抑制剂 MG132 抑制,因此推测 P25 蛋白很可能是通过 26S 蛋白酶体途径降解 AGO1 的(Chiu et al.,2010)。此外,对 siRNA 进行长度特异性结合,从而阻断其形成有活性的 RISC 复合体,也是病毒编码的 RNA 沉默抑制子最常用的抑制策略(Lakatos et al.,2006)。③隔离或降解 siRNA,抑制依赖 RDR 的次级 siRNA 生成。例如,甘蔗花叶病毒(*Sugarcane mosaic potyvirus*,SCMV)的辅助组分-蛋白酶(helper component-proteinase,HC-Pro)和番茄不孕病毒(*Tomato aspermy virus*,TAV)的 2b 蛋白可以使 RDR6 基因的 mRNA 积累量下调,导致产生的 3′ 或 5′ 次级 siRNA 减少,从而抑制 RNA 沉默(Zhang et al.,2008)。RDV 的 Pns10 蛋白可以结合 3′ 端有 2nt 突出的双链 siRNA,还可以导致 RDR6 表达量下调、次级 vsiRNA 减少,以及抑制沉默信号的传输和接收(Ren et al.,2010)。TYLCCNV 能够通过上调内源的 RNA 沉默抑制子钙调素类似蛋白(rgs-CaM),抑制 RDR6/SGS3 依赖的次级 siRNA 产生,从而抑制 RNA 沉默介导的防卫反应(Li et al.,2014a,2017a)。此外,RNA 沉默抑制子还可能抑制沉默信号的短距离和长距离传播(Wieczorek and Obrepalska-Steplowska,2015),如 TYLCV 编码的 C4 蛋白可通过和受体类似激酶 BAM1(BARELY ANY MERISTEM 1)相互作用,干扰 siRNA 在细胞之间的传播(Rosas-Diaz et al.,2018)。

除了 RNA 沉默,RNA 降解途径(5′-3′ RNA 降解和 3′-5′ RNA 降解)和 RNA 质量控制途径也能参与调控植物病毒的侵染。RNA 降解一般用于降解细胞内冗余或者错误的 mRNA。研究发现,5′-3′ RNA 降解途径参与植物抵抗多个 RNA 病毒的侵染。突变拟南芥脱帽核心蛋白 DCP2,能够增强烟草脆裂病毒(*Tobacco rattle virus*,TRV)的侵染和增加病毒核酸的积累(Ma et al.,2015)。本氏烟中核酸外切酶 NbXRN4 能够负调控多个 RNA 病毒的侵染,如 TMV、番茄丛矮病毒(*Tomato bushy stunt virus*,TBSV)、RSV 等(Cheng et al.,2007;Jaag and Nagy,2009;Peng et al.,2011;Jiang et al.,2018)。5′-3′ RNA 降解与 RNA 沉默能够以一种等级和协调的方式合作抑制芜菁花叶病毒(*Turnip mosaic virus*,TuMV)的侵染,但是该病毒编码的 RNA 沉默抑制子能够对抗寄主的 RNA 降解系统。具体如下:RNA 沉默抑制子 VPg 能够与脱帽核心蛋白 DCP2 互作,将其从脱帽复合体中转移到细胞核中,从而抑制脱帽复合体的活性;另一个病毒编码的 RNA 沉默抑制子 HC-Pro 能够与核酸外切酶 XRN4 互作,并抑制其降解 RNA 的活性(Li and Wang,2018)。此外,植物 RNA 病毒能够通过其独特的基因组特征和二级结构阻碍无义介导的 mRNA 衰变(nonsense-mediated mRNA decay,NMD)和核酸外切酶介导的 RNA 降解途径对病毒 RNA 的降解。植物病毒为了有效利用其有限的基因组,通常会使用多种策略编码病毒自身的蛋白质,如亚基组策略、通读策略、移码策略和多聚蛋白编码策略等。PVX 使用亚基组策略编码病毒的蛋白质,但是无义介导的 mRNA 衰变能够识别 PVX 基因组内部的终止密码子和 3′ 非编码区，从而导致病毒的 RNA 降解。相比之下，马铃薯 Y 病毒科病毒通过使用多聚蛋白编码策略成功避免了 NMD（Garcia et al.，2014），因此马铃薯 Y 病毒科是植物 RNA 病毒中种类最多的，而且寄主范围广、田间危害重。TCV 也能通过基因组的特殊策略逃避 NMD，如 p28 终止密码子下游的核糖体通读结构使其不易被 NMD 降解；外壳蛋白基因终止密码子紧邻下游 3′ 非编码区具有 51nt 非结构化的 RNA 区域，这种非结构化的 RNA 区域可以保护 NMD 敏感模板不受 NMD 的影响（May et al.，2018）。这些结果表明，TCV 基因组具有固有的 NMD 抗性特征，并且这些特征可能存在于其他 RNA 病毒中。以上研究表明，植物病毒不仅能够利用自身基因组的结构特征抵抗 RNA 降解途径对病毒 RNA 的降解，还能通过自身编码的蛋白质抑制这些途径中的关键组分，从而对抗这些途径对病毒 RNA 的损伤。

四、植物激素

植物激素（phytohormone）是植物体产生的、微量的、对植物的生长发育起至关重要作用的信号分子。植物体内常见的激素有生长素（auxin）、乙烯、赤霉素（GA）、脱落酸（ABA）、油菜素内酯（BR）、水杨酸（SA）、茉莉酸（JA）等。植物激素作为信号分子，在病毒与植物相互作用方面发挥着重要功能。

病毒的侵染会扰乱生长素信号通路，导致生长素响应基因的重编程。例如，TMV 的复制酶蛋白可以与 AUX/IAA 相互作用，使 IAA26 定位于细胞质内，不能在细胞核内积累。由于 AUX/IAA 的定位和功能被破坏，生长素响应因子（auxin response factor，ARF）的活性发生改变，从而改变了生长素响应基因的转录，促进症状发展（Padmanabhan et al.，2005，2008）。RDV 编码的外壳蛋白 P2 与水稻 OsIAA10 蛋白互作，阻止 OsIAA10 蛋白通过 26S 蛋白酶体途径降解，抑制了下游基因对生长素水平变化的响应，导致水稻矮缩病毒病一些症状的形成（Jin et al.，2016）。有研究发现，OsIAA10 可与 OsARF11/12/16/19/21 等 5 个 OsARF 转录因子在植物体内相互作用，其中 OsARF12 通过调控 *OsWRKY13* 等防卫基因的表达发挥抗病毒功能（Qin et al.，2020）。研究表明：多种 RNA 病毒编码的蛋白质通过和水稻 OsARF17 转录因子相互作用，干扰 OsARF17 对生长素响应基因的调控，从而促进病毒的侵染（Zhang et al.，2020b）。

乙烯在植物与病毒互作过程中发挥着重要作用。拟南芥通过转录因子 WRKY8 介导乙烯信号通路，负调控其对 TMV-cg 的抗性（Chen et al.，2013）。RDV 编码的非结构蛋白 Pns11 和水稻的 *S*-腺苷-L-甲硫氨酸合酶 1（OsSAMS1）互作，可提高 OsSAMS1 的活性，导致乙烯合成增多，促进病毒的侵染和复制（Zhao et al.，2017）。南方水稻黑条矮缩病毒（*Southern rice black streaked dwarf virus*，SRBSDV）在侵染早期，通过编码的 P6 蛋白与植物细胞质中的 OsRTH2 蛋白相互作用，激活乙烯信号，增强 SRBSDV 增殖，排斥媒介昆虫以减少侵染；在侵染后期，P6 蛋白进入细胞核与乙烯信号转导的关键转录因子 OsEIL2 相互作用，通过阻止 OsEIL2 的二聚体化来调节乙烯信号转导，从而通过吸引媒介昆虫促进病毒传播（Zhao et al.，2022）。

GA 含量的高低对植物的株高具有显著的影响，RDV 编码的外壳蛋白 P2 与水稻的内根贝壳杉烯氧化酶互作，导致植物体内 GA 含量降低，使感染 RDV 的植株出现矮化症状，通过外源喷洒 GA，感染植株株高恢复正常（Zhu et al.，2005）。

ABA 在调控植物响应生物胁迫和非生物胁迫过程中具有关键的作用，拟南芥 *ABA2* 基因突变会导致病毒积累量增加，对竹花叶病毒（*Bamboo mosaic virus*，BaMV）更加敏感（Alazem et al.，2014）。当用 ABA 处理水稻叶片时，水稻对水稻黑条矮缩病毒（*Rice black-streaked dwarf virus*，RBSDV）更加敏感，说明 ABA 负调控水稻对 RBSDV 的抗性（Xie et al.，2018）。ABA 处理或 RSV 侵染均能显著诱导 ABA 信号通路中核心转录因子 NbABI5 的表达，NbABI5 通过抑制 NbFD1 的表达促进 RSV 的侵染（Cui et al.，2021）。

BR 信号通路在植物与病毒互作过程中发挥负调控作用。BR 可以通过抑制 ROS 的产生负调控水稻对 RBSDV 的抗性（Zhang et al.，2019）。BR 通过其信号通路的关键抑制因子 OsGSK2 和 JA 信号通路的关键抑制因子 OsJAZ4 相互作用，促进 OsJAZ4 磷酸化并通过 26S 蛋白酶体途径降解，从而拮抗 JA 对 RBSDV 的抗性（He et al.，2020）。

植物在病原菌侵染部位产生免疫反应以抵抗病原菌的侵染，同时在植物远端会产生系统抗性，从而使未被侵染的植物部分规避被病原菌侵染的风险。这种持久和广谱的系统抗性，称为系统获得抗性（SAR）。SAR 产生过程会使植物体内水杨酸含量增多，诱导特异的 *PR* 基因高表达，从而抵抗病原菌的进一步发展。SA 信号通路突变体或者转基因植株在受到病原菌侵染时并不能诱导 SAR 抗性与 *PR* 基因表达，说明 SA 对于 SAR 的建立是必需的（Durrant and Dong，2004）。在拟南芥中，过表达 *LSB1/GDU3* 基因可以激活 SA 信号通路相关基因，抑制 BSCTV 的侵染（Chen et al.，2010）。缺少水杨酸积累的马铃薯转基因植株，不能抑制 PVY 的侵染传播，导致马铃薯 Y 病毒病症状的形成（Baebler et al.，2014）。水稻抗条纹叶枯病基因 *STV11* 编码一个水稻磺基转移酶，抗性等位基因 *STV11-R* 编码的蛋白质具有磺基转移酶活性，可以催化水杨酸磺化生成磺化水杨酸（sulphonated SA，SSA），上调 SA 的生物合成。外施 SA 和 SSA 均可以显著增强水稻对 RSV 的抗性（Wang et al.，2014）。

JA 对于不同的病原系统发挥不同的作用。JA 负调控 Sumsun NN 烟草对 TMV 的抗性，当用外源 JA 处理 Sumsun NN 烟草时，会降低烟草对 TMV 的抗性；沉默 JA 的受体 COI1 会导致病毒的积累量减少（Oka et al.，2013）。同时，JA 会通过拮抗 BR 介导的水稻对 RBSDV 的易感性，从而增强水稻对 RBSDV 的抗性（He et al.，2017）。研究发现，RSV 侵染或者病毒外壳蛋白基因过表达能够诱导水稻中 JA 的显著积累，同时 JA 合成和信号通路相关基因也被显著诱导表达。JA 信号通路的关键转录因子 JAMYB 能够结合并激活 *AGO18* 的启动子，从而诱导 AGO18 的表达，抑制病毒的侵染（Yang et al.，2020）。为了抵抗 JA 介导的水稻抗病毒防御，病毒通过不同途径抑制茉莉酸合成及信号通路基因的表达。水稻齿叶矮缩病毒（*Rice ragged stunt virus*，RRSV）侵染可显著诱导 miR319 的高表达而抑制其靶基因 *TCP21* 的表达，从而抑制内源性茉莉酸的合成，进而促进病毒的侵染，进一步研究还发现该致病机制也参与了水稻黑条矮缩病毒的致病过程（Zhang et al.，2016）。几种不同属的 RNA 病毒编码的转录抑制子和 JA 信号通路的关键组分如 MYC 转录因子、共激活因子 OsMED25 和 OsJAZ 等相互作用，可抑制 JA 信号通路正常响应，促进病毒的侵染（Li et al.，2021）。

多种激素在抗病基因介导的抗病毒反应中具有重要作用。SA 参与 *N* 基因介导的抗病毒过程，JA 和乙烯信号通路中的关键蛋白 COI1、CTR1 在 *N* 基因介导的抗病毒信号转导中亦有作用（Liu et al.，2004b）。SA 涉及 *Tm-2²* 抗性，在表达可降解 SA 的 *NahG* 基因的番茄中，*Tm-2²* 对 ToMV 的抗性表现为系统性坏死（Brading et al.，2000）。不同抗病基因对不同的激素有不同程度的依赖，HRT 介导的抗性依赖 SA，但不依赖 JA 和乙烯（Chandra-Shekara et al.，2007）。RCY1 介导的 CMV 抗性仅部分依赖 SA 和 EDS5，也部分依赖乙烯，但不依赖 JA（Kachroo et al.，2000；Takahashi et al.，2002）。

总之，植物激素与其他信号通路相互影响，针对不同的病原系统发挥不同的作用（表 5-1），阐明激素在病毒–植物互作方面的功能机制对于植物病毒病的防治具有重要的指导意义。

表 5-1　几种常见的植物激素在不同病原系统中所发挥的调控作用

植物激素种类	病毒类型	植物激素对植物抗病毒的作用
生长素	TMV	正调控
	RDV	正调控
	RBSDV	正调控
	RSV	正调控
	SRBSDV	正调控
乙烯	TMV-cg	负调控
	RDV	负调控
	SRBSDV	负调控
赤霉素	RDV	正调控
脱落酸	BaMV	正调控
	RBSDV	负调控
	RSV	负调控
油菜素内酯	RBSDV	负调控
水杨酸	BSCTV	正调控
	RSV	正调控
	PVY	正调控

续表

植物激素种类	病毒类型	植物激素对植物抗病毒的作用
茉莉酸	TMV	负调控
	RBSDV	正调控
	RSV	正调控
	SRBSDV	正调控

五、细胞自噬和泛素化

细胞自噬途径和泛素-26S 蛋白酶体系统（UPS）是两个重要的蛋白质降解体系，它们参与清除病毒的蛋白质或者病毒粒子，也是重要的植物病毒防卫反应。

（一）细胞自噬

1960 年，比利时科学家 Christian de Duve 提出"自噬"的概念，用于描述囊泡运输细胞物质进入溶酶体进行降解的过程（Yang and Klionsky，2010）。哺乳动物领域的研究表明，细胞自噬在先天免疫和获得性免疫过程中均具有极其重要的作用（Levine and Deretic，2007；Lee et al.，2010）。植物中的研究发现，细胞自噬在植物"饥饿"（starvation）状态、发育、衰老及响应病原菌侵染等过程中发挥着重要的作用（Hayward and Dinesh-Kumar，2011）。总之，在真核生物中细胞自噬参与多种重要的生物学途径并发挥着重要功能，如维持蛋白质稳态（proteostasis）、响应胁迫和抑制衰老（Mizushima and Komatsu，2011）。

细胞自噬机制是免疫系统的固有组成成分，且对于限制免疫相关细胞死亡扩散是必需的（Liu et al.，2005；Deretic et al.，2013）。2005 年，刘玉乐等首次发现在植物免疫反应中，细胞自噬对限制病原菌诱导的过敏性细胞死亡扩散到侵染点起重要的作用。研究发现，在 N 基因背景下，限制 TMV 诱导的坏死扩散到病毒侵染点需要多个细胞自噬相关蛋白的参与（ATG6、PI3K/VPS34、ATG3、ATG7），且自噬途径对由病毒引发的程序性细胞死亡过程具有负调控作用，这也是第一次发现自噬在高等生物中保护细胞避免死亡（Liu et al.，2005）。随后在植物与其他活体营养型病原菌（biotrophic pathogen）及腐生病原菌（necrotrophic pathogen）互作的研究中也有相似的发现：自噬途径同样负调控程序性细胞死亡过程（Yoshimoto et al.，2009；Lai et al.，2011；Wang et al.，2011b）。自噬也可能对由病原诱导的过敏性坏死反应有促进作用（Hofius et al.，2009；Han et al.，2015）。

甘油醛-3-磷酸脱氢酶（GAPDH）是糖酵解反应中的关键酶，GAPDH 可与 ATG3 互相作用并负调控 ATG3 所引发的细胞自噬过程，同时负调控 N 基因介导的 TMV 抗性（Han et al.，2015）。Bax inhibitor-1（BI-1）在细胞死亡和内质网胁迫响应过程中发挥着重要作用。研究发现，BI-1 可与 ATG6 相互作用，并正向调节细胞自噬过程；沉默 BI-1 造成细胞自噬水平减弱的同时，减弱了 N 基因介导的 TMV 抗性。有意思的是，BI-1 抑制 N 基因介导的过敏性坏死反应、BI-1 过表达诱导的细胞死亡都需要细胞自噬参与，提示自噬对细胞死亡的双重作用：低水平的自噬保护细胞避免死亡，高水平的自噬导致细胞死亡（Xu et al.，2017）。

选择性自噬（selective autophagy）有助于提高植物对多种病毒的抗性。普通烟类钙调蛋白 rgs-CaM（tobacco calmodulin-like protein rgs-CaM，NtCAM）可能通过细胞自噬途径靶向黄瓜花叶病毒 RNA 的沉默抑制子 2b，并完成对其的降解过程（Nakahara et al.，2012）。细胞自噬介导植物抗病毒最早的确切证据来源于植物 DNA 病毒研究，CLCuMuV 所编码的 βC1 蛋白可与寄主的 ATG8 蛋白互作，并通过细胞自噬途径被降解（Haxim et al.，2017）；花椰菜花叶病毒（*Cauliflower mosaic virus*，CaMV）的外壳蛋白可以被 NBR1 识别并降解（Hafrén et al.，2017）。病毒也编码蛋白质抑制自噬，如大麦条纹花叶病毒（*Barley stripe mosaic virus*，BSMV）γb 是最先报道的抑制细胞自噬的植物病毒蛋白，它可与 ATG8 竞争性地结合 ATG7，从而干扰 ATG7-ATG8 的互作，并影响 ATG8 与 PE 分子的结合，从而抑制寄主自噬途径，促进病毒对植物的侵染（Yang et al.，2018）。此外，BSMV 的 γa 与液泡定位的 V-ATPase B2 亚基互作，干扰 B2 和 E 亚基间的互作，影响液泡的酸化，干扰自噬降解过程，进而促进病毒侵染（Yang et al.，2022）。有意思的是，植物病毒也编码蛋白质激活细胞自噬，如 CLCuMuV 的 βC1 是第一个报道的可激活细胞自噬的植物病毒蛋白，它可以通过干扰细胞自噬负调控因子 GAPC 与细胞自噬蛋白 ATG3 互作而激活自噬，避免病毒致病蛋白的过量积累（Ismayil et al.，2020）。

细胞自噬介导的蛋白质降解途径在降解病毒蛋白的过程中也能被病毒蛋白所利用。中国番茄黄化曲叶病毒（TYLCCNV）卫星分子编码的 βC1 蛋白，虽能够被自噬途径降解，但它的表达能够上调内源的 RNA 沉默抑制子钙调素类似蛋白（rgs-CaM），rgs-CaM 可能利用自噬途径介导抗病毒的 RNA 沉默组分 SGS3 降解（Li et al.，2017a，2018b）。类似地，TuMV 编码的 VPg 能够直接与 SGS3 互作，并介导它通过泛素-26S 蛋白酶体系统和细胞自噬两种途径进行降解，从而对抗植物的 RNA 沉默防卫反应（Cheng and Wang，2017）。本氏烟和水稻中的一类 remorin 蛋白能够调节胞间连丝通透性，负调控 RSV 在寄主植物细胞内的细胞间移动，但是 RSV 编码的移动蛋白 NSvc4 能够干扰 remorin 的棕榈酰化修饰，削弱 remorin 的细胞膜定位，促使 remorin 进入自噬体而降解，从而消除 remorin 对 RSV 细胞间移动的负调控作用，最终有利于 RSV 对本氏烟和水稻的侵染（Fu et al.，2018）。

（二）泛素化

泛素-26S 蛋白酶体系统作为植物体内一种广泛存在的调控细胞反应的机制，参与调控植物抗病反应。泛素化过程由 E1 泛素激活酶、E2 泛素结合酶和 E3 泛素连接酶 3 种酶进行级联反应来共同完成。泛素化修饰可改变靶蛋白的亚细胞定位、影响其活性或促使其被泛素-26S 蛋白酶体系统降解。一些具有 E3 泛素连接酶活性的植物

U-box 蛋白（plant U-box protein，PUB）已经被证明具有调控植物抗病毒免疫反应的功能。例如，烟草 U-box 型 E3 泛素连接酶 ACRE74（CMPG1）和 ACRE276（PUB17）蛋白是 Avr9-Cf9 介导的过敏性坏死反应所必需的（González-Lamothe et al.，2006；Yang et al.，2006）。越来越多的研究发现，通过 UPS 降解病毒或者细胞蛋白是非常重要的防御病毒侵染的机制。例如，RDV 编码的外壳蛋白 P2 可和水稻体内一个含有 C3H2C3 类型 RING finger 结构域的 OsRFPH2-10 蛋白相互作用，体外泛素化实验证明 OsRFPH2-10 具有 E3 连接酶活性，可以促进 P2 蛋白的泛素化降解，对于早期水稻抵抗病毒的侵染具有重要的作用（Liu et al.，2014）。此外，芜菁黄花叶病毒（*Turnip yellow mosaic virus*，TYMV）的 RdRp 也可以被 26S 蛋白酶体降解，从而影响病毒致病力（Camborde et al.，2010）。TYLCCNV 卫星分子编码的致病蛋白 βC1 可与烟草中的 RING finger 蛋白 NtRFP1 互作，进一步的实验证明 NtRFP1 是一个 E3 泛素连接酶，能够介导 βC1 的泛素化并促进 26S 蛋白酶体对 βC1 的降解，表明 NtRFP1 蛋白通过与 βC1 互作，介导 βC1 泛素化及 26S 蛋白酶体对 βC1 的降解，从而减弱病毒对植物的危害（Shen et al.，2016）。

相应地，许多病毒能够编码蛋白质抑制或者利用该途径，以维持一定水平的病毒蛋白，实现有效的侵染。双生病毒卫星分子编码的 βC1 蛋白能够与泛素-26S 蛋白酶体系统的不同蛋白质互作，从而抑制泛素化降解和促进病毒侵染。例如，CLCuMuV 卫星分子编码的 βC1 蛋白能够与番茄的一个泛素结合酶 SlUBC3 互作，还能与 E3 泛素连接酶复合体（SKP1、Cullin1、F-box）中的组分 SKP1 互作，从而抑制烟草中 SKP1 与 Cullin1 的互作，干扰 SCF 复合体（Skp1-Cul1-F-box 蛋白）的功能。SCF 能够结合 JA 受体 COI1 及 GA 抑制蛋白 GAI，从而调控激素信号通路。因此，βC1 的表达干扰了 JA 和 GA 信号通路，从而增加了病毒核酸的积累量，加重了病毒诱导的症状（Jia et al.，2016）。

六、甲基化

针对不同类型的植物病毒，植物还具有一些特异性的防卫反应。双生病毒在植物细胞核复制，病毒的基因组 DNA 会发生 DNA 甲基化修饰，从而抑制病毒的复制和转录。研究表明，双生病毒编码的蛋白质能够对抗寄主的 DNA 甲基化修饰。单组分双生病毒撒丁岛番茄黄化曲叶病毒（*Tomato yellow leaf curl Sadinia virus*，TYLCSV）或番茄黄化曲叶病毒弱毒株系（*Tomato yellow leaf curl virus-mild strain*，TYLCV-Mld），以及双组分双生病毒非洲木薯花叶病毒（*African cassava mosaic virus*，ACMV）或番茄金色花叶病毒（*Tomato golden mosaic virus*，TGMV）的侵染能够显著下调甲基化途径相关基因 *MET1* 与 *CMT3* 的表达。双生病毒通过其编码的 Rep 抑制寄主多个甲基化相关基因的表达，从而抵抗寄主的防卫反应（Rodríguez-Negrete et al.，2013）。多个双生病毒的 V2 蛋白和印度绿豆黄化花叶病毒（*Mungbean yellow mosaic India virus*，MYMIV）的 AC5 蛋白能够抑制 DNA 甲基化修饰（Li et al.，2015；Mubin et al.，2019；

Wang et al.，2018，2019a）。其中，TYLCV 的 V2 蛋白通过与 HDA6 互作减少 HDA6 与 MET1 的结合，进而使植物丧失对病毒 DNA 进行甲基化的能力，从而促进病毒突破植物对其的防御，提高病毒的侵染效率（Wang et al.，2018）。CLCuMuV 的 V2 蛋白通过与 AGO4 互作干扰病毒 DNA 甲基化（Wang et al.，2019a）。BSCTV 的 C2 蛋白能够与拟南芥中 SAMDC1 互作并减弱其甲基化，从而抑制甲基化介导的基因沉默对病毒的防卫反应（Zhang et al.，2011）。TLCYnV 的 C4 蛋白通过与 NbDRM2 互作抑制 NbDRM2 与病毒基因组 DNA 的结合，从而抑制 NbDRM2 介导的转录基因沉默，创造出有利于病毒侵染的细胞环境（Mei et al.，2020b）。双生病毒卫星分子编码的 βC1 蛋白能够与 DNA 糖基化酶 DME 发生相互作用并增强其活性，降低病毒基因组甲基化水平，从而促进病毒侵染（Gui et al.，2022）。

第四节　病毒与传毒媒介昆虫的相互作用

植物病毒与媒介昆虫在长期的进化过程中形成了复杂的互作关系，一方面植物病毒通过媒介昆虫实现在寄主植物间的水平和垂直传播，另一方面植物病毒对媒介昆虫的行为和生长发育等产生有利或不利的影响（Stout et al.，2006；Tu et al.，2013；Chen et al.，2016b）。

根据媒介昆虫对植物病毒的获毒、传毒特性，将虫传植物病毒分为非持久传播型（nonpersistent transmission）、持久传播型（persistent transmission）和半持久传播型（semipersistent transmission）（Whitfield et al.，2015）。持久传播型病毒经由昆虫口针进入肠道，然后穿过肠道释放至血腔，最后扩散到唾液腺被媒介昆虫水平传播（Hogenhout et al.，2008）。在此过程中，昆虫的中肠、免疫系统和唾液腺等组织构成病毒侵染的屏障（Ammar，1994；Ammar and Nault，2002；Ammar and Hogenhout，2008）。持久非增殖型病毒如黄症病毒和双生病毒以完整的病毒粒子突破中肠屏障（Medina et al.，2006；Brault et al.，2007）；黄症病毒编码的大外壳蛋白和由通读产生的较小外壳蛋白在侵染的不同阶段可以促进媒介昆虫的获毒与传毒（Peter et al.，2008；Gray et al.，2014）；TYLCV 借助内吞体和微管连接蛋白 Snx12 突破中肠屏障，实现在中肠的转运（Xia et al.，2018）。持久增殖型植物病毒侵入昆虫细胞或组织的过程是病毒与媒介昆虫亲和性识别的过程。例如，RDV 的外壳蛋白 P2 具有膜融合蛋白功能，通过与媒介黑尾叶蝉细胞的受体互作使 RDV 黏附在细胞表面，然后诱导细胞膜融合，通过由网格蛋白调节的内吞作用侵入昆虫细胞（Wei et al.，2007；Zhou et al.，2007）；RSV 的核衣壳蛋白可与灰飞虱中肠内高表达的糖转运蛋白 6 发生特异性互作，进而调控 RSV 侵入灰飞虱中肠上皮细胞（Qin et al.，2018）。持久增殖型病毒在昆虫体内增殖后，利用病毒复制诱导形成的内含体实现在昆虫体内的扩散（Wei and Li，2016）。例如，水稻呼肠孤病毒借助非结构蛋白形成的包裹病毒粒子的小管结构，穿过媒介昆虫的上皮细胞微绒毛到达肠腔，或穿过中肠基底膜到达肌肉组织（Chen et al.，2012；Jia et al.，2014）。在此过程中，由肌动蛋白和肌球蛋白组成的复合体为管状结构的扩散提供了必要的动力，推动病毒突破中肠组织和膜屏障（Wei and Li，2016）。持久增殖型植物病毒在媒介昆虫体内扩散至唾液腺后，病毒粒子随着唾液分泌侵染健康植物完成传毒过程，因此唾液腺屏障是植物病毒传播的最后关键屏障。已有的研究发现，植物病毒可借助血淋巴中的分子伴侣、神经系统或连接组织从中肠扩散到唾液腺（Ammar and Hogenhout，2008）；在蚜虫或粉虱的血淋巴中，昆虫的内共生菌编码的 GroEL 蛋白可与黄症病毒或双生病毒的外壳蛋白互作，从而帮助病毒侵入唾液腺（van den Heuvel et al.，1997；Morin et al.，2000）；而在水稻瘤矮病毒（*Rice gall dwarf virus*，RGDV）侵染的电光叶蝉体内，病毒诱导的丝状结构携带病毒粒子，以内吞作用突破唾液腺质膜屏障释放到唾液腔（Mao et al.，2017）。尽管目前对植物病毒突破媒介昆虫体内侵染屏障的途径的认识越来越多，但是对其深层次的分子机理尚不清楚。

植物病毒主要通过媒介昆虫水平传播，一些病毒也可在媒介昆虫世代间进行垂直传播（Hogenhout et al.，2008）。迄今为止，有关植物病毒垂直传播的机制还知之甚少。可垂直传播的植物病毒必须突破卵巢的滤泡细胞屏障进入卵母细胞，才能传播到子代昆虫。近年来的研究发现，一些植物病毒需要借助昆虫体内已存在的入卵途径如卵黄原蛋白（vitellogenin，Vg）或内共生菌的入卵途径传播至下一代。例如，RSV 和 TYLCV 通过其外壳蛋白与媒介昆虫 Vg 互作而黏附在 Vg 表面，再利用 Vg 的入卵通道侵入卵母细胞（Huo et al.，2014；Wei et al.，2017）。而 RDV 则通过外壳蛋白与媒介叶蝉体内的内共生菌 *Sulcia* 和 *Nasuia* 外膜蛋白互作而黏附在内共生菌表面，伴随着内共生菌一起进入卵母细胞，从而实现高效的垂直传播（Jia et al.，2017；Wu et al.，2019）。此外，研究发现 RGDV 不仅可以借助包裹病毒粒子的小管结构与滤泡细胞肌动蛋白间的互作侵入卵母细胞，而且可以通过病毒粒子附着在媒介电光叶蝉的精子表面，伴随受精过程侵入受精卵，从而传播到子代昆虫。这种经由精子的父系垂直传播效率显著高于经由卵巢的母系垂直传播效率，并且是造成 RGDV 在田间常态流行的重要原因（Liao et al.，2017；Mao et al.，2019）（图 5-3）。

植物病毒在媒介昆虫体内的增殖，必然诱发媒介昆虫抗病毒免疫系统对病毒的抵御或应激反应。昆虫的免疫系统包括 Toll、Imd、JAK-STAT、NF-κB 信号通路，RNA干扰（RNAi）及自噬和凋亡反应（Kingsolver et al.，2013；Wei et al.，2018）。Toll、Imd、JAK-STAT 和 NF-κB 等信号通路在果蝇体内发挥着重要的抗病毒免疫功能，其在非模式媒介昆虫抗病毒中作用的研究较少。研究发现 RSV 侵染媒介灰飞虱后，可激发 c-Jun 氨基末端激酶（Jun N-terminal kinase，JNK）信号通路并促进病毒的积累（Wang et al.，2017）。此外，RSV 非结构蛋白 NS3 通过与灰飞虱 26S 蛋白酶体的一个亚基直接互作并抑制其功能，进而削弱了媒介灰飞虱的抵御反应（Xu et al.，2015）。植物病毒侵染也可以诱发媒介昆虫的自噬或凋亡反应，如 TYLCV 侵染可激活烟粉虱体内自噬反应，从而增强昆虫的抗病毒能力（Wang et al.，2016b）。然而，自噬或凋

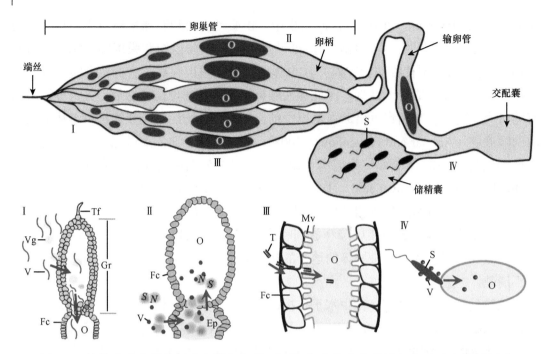

图 5-3　植物病毒在媒介昆虫卵巢组织的不同部位进化出多种途径突破垂直传播屏障
（Jia et al.，2018）

Ⅰ：卵黄原蛋白介导植物病毒从生殖区侵入卵巢组织；Ⅱ：内共生菌携带植物病毒侵入卵母细胞（O）；Ⅲ：包裹病毒粒子的小管结构（T）穿过滤泡细胞间隙侵入卵母细胞；Ⅳ：病毒黏附在精子（S）表面通过受精侵入受精卵。Ep：卵柄上皮鞘；Fc：滤泡细胞；Gr：生殖区；Mv：微绒毛；*N*：内共生菌 *Nasuia*；S：内共生菌 *Sulcia*；Tf：端丝；V：病毒粒子；Vg：卵黄原蛋白

亡是双刃剑，并非完全对病毒不利，其也可以被病毒所利用。例如，RRSV 在媒介褐飞虱唾液腺中诱导凋亡反应帮助自身传播（Huang et al.，2015）；RGDV 侵染能激活自噬反应并利用自噬体作为工具携带病毒粒子突破组织或膜屏障，表明病毒诱导的自噬反应有利于病毒的传播（Chen et al.，2017b）。通常植物病毒的侵染会激发昆虫体内保守的 siRNA 抗病毒免疫途径，如 SRBSDV 侵染诱导的非传播媒介灰飞虱体内 siRNA 抗病毒免疫途径，可以有效抵御病毒的增殖和积累，从而导致灰飞虱仅能低效带毒但无法传播 SRBSDV，而当该途径被抑制后，灰飞虱可以有效地传播 SRBSDV。然而，SRBSDV 在媒介白背飞虱体内的增殖受 siRNA 途径的调控，使其增殖水平被控制在一定阈值内，从而使媒介白背飞虱不因病毒的过度增殖而死亡（Lan et al.，2016）。因此，植物病毒的侵染能力与媒介昆虫的抗病毒免疫机制间存在平衡关系，既可以保证植物病毒的有效扩散，也不会过度影响媒介昆虫的生长发育（图 5-4）。

　　媒介昆虫作为植物病毒的主要传播媒介，其种群数量、迁飞习性和取食特点等直接关系到病毒病的发生与流行。例如，SRBSDV 在田间的流行受其媒介昆虫白背飞虱迁飞习性的影响，白背飞虱每年 3～4 月携带 SRBSDV 从越南迁飞到我国海南和广东雷州半岛，4～5 月在海南和雷州半岛繁殖后逐渐向北扩散进入我国南方稻区，致

图 5-4　水稻病毒与媒介昆虫之间的博弈（Wei et al.，2018）

水稻病毒激发昆虫体内的自噬、凋亡和 c-Jun 氨基末端激酶（JNK）途径等免疫途径促进病毒的复制，同时，昆虫的 siRNA 抗病毒免疫反应也被激活而抑制病毒的复制，如此一来，病毒诱导的免疫反应协同调控昆虫体内病毒积累与其致病性之间的平衡，从而导致病毒的持久传播和昆虫的存活

使早稻发病率较高，早稻上繁殖的白背飞虱种群逐渐增大且带毒率增高，导致当地晚稻感病率显著增加（Zhou et al.，2013）。此外，植物病毒可直接或通过调控寄主植物次级代谢间接影响媒介昆虫的生物学特性，如发育历期、寿命、繁殖力等，从而改变媒介昆虫的生态适应性。例如，黄瓜花叶病毒通过抑制寄主植物体内茉莉酸信号通路，进而对媒介蚜虫的取食行为产生积极影响（Carmo-Sousa et al.，2014；Wu et al.，2017b）；TuMV 通过其编码的 NIa-Pro 蛋白调控寄主植物乙烯合成，抑制胼胝质的沉积，吸引无毒蚜虫的取食并提高蚜虫的繁殖能力，进而促进病毒的传播（Casteel et al.，2015）；RDV 侵染水稻后，可以提高其媒介黑尾叶蝉的存活率和产卵量，促进其种群增长，进而促进病毒的传播（王前进等，2018）。一些植物病毒可对媒介昆虫产生不利影响，如寿命缩短、产卵力下降等。RGDV 侵染电光叶蝉后，显著降低若虫的存活率、延长若虫的发育历期、缩短成虫的寿命和降低雌虫的产卵量，不利于电光叶蝉越冬种群的繁衍（Chen et al.，2016b）。植物病毒的获取和传播往往发生在媒介昆虫的取食过程中，植物病毒可诱导媒介昆虫在寄主植物上的取食行为发生变化。例如，携带 TYLCV 的烟粉虱取食未感病的番茄时，取食次数比不带毒的个体更多，分泌唾液的时间更长；未携带病毒的烟粉虱在取食感病植株时，口针刺探次数比取食未感病植物时更多，分泌唾液的时间及取食的总时间变得更长，从而更有利于病毒的传播（Liu et al.，2013）。

因此，媒介昆虫与病毒形成的间接互惠现象普遍存在，是媒介昆虫种群动态和植物病毒病流行的关键决定因素，但三者互作关系发生的生理生化和分子机制仍需要更多的发现与总结，为制定高效阻断虫传病害的策略提供理论基础。

第五节 植物病毒-媒介昆虫-寄主植物的三者相互作用

在长期的协同进化过程中，植物病毒-媒介昆虫-寄主植物三者之间形成了复杂多样的关系。首先，植物病毒必须通过特定的媒介昆虫帮助其在寄主植物之间传播，从而促进病毒的流行和暴发；其次，作为病毒的传播媒介，昆虫被病毒侵染后会发生生理及行为改变，影响其取食植物和传播病毒的特性；最后，植物在受到病毒侵染或昆虫取食后会发生一系列的防卫反应，进而影响病毒和媒介昆虫的发生情况。因此，植物病毒-媒介昆虫-寄主植物三者之间的相互作用关系是决定媒介昆虫种群动态和植物病毒病流行的重要因子（叶健等，2017）。

研究表明，寄主植物对病毒的敏感性、对媒介昆虫的抗性，媒介昆虫传播不同病毒的能力，以及病毒对媒介昆虫的影响能力均会影响三者的互作关系。在本章第三节和第四节中，已经对"病毒与寄主植物的相互作用"和"病毒与传毒媒介昆虫的相互作用"等内容进行了深入的介绍。在本节中，我们将简要概述植物病毒-媒介昆虫-寄主植物三者的互作关系及其机制。当病毒侵染诱导作物抗虫性发生改变时，作为传播媒介的昆虫在作物上的适合度及种群动态也会随之变化，而媒介昆虫种群动态的变化不仅能显著影响昆虫本身，还能影响其所传播病毒的暴发流行（Stout et al.，2006）。已有的研究表明，多数植物病毒侵染会显著地改变作物的抗虫性，而且这种抗虫性的变化对媒介昆虫适合度的影响可随物种组合不同而表现出明显差异，既可以是有利的，也可以是有害的。例如，一些由粉虱、蚜虫、蓟马所传播的病毒在侵染作物后能显著提高作物对媒介昆虫的适合度，从而有利于媒介昆虫的种群增长，进而有利于病毒的进一步暴发流行（Colvin et al.，2006）。这种通过植物形成的间接互作主要表现在两个方面：一是病毒侵染植物后改变媒介昆虫的生存状态，包括生长历期、存活率、产卵量等；二是病毒侵染植物后改变媒介昆虫的行为，包括昆虫对寄主的选择、昆虫的取食和刺探行为等。其具体的调控机制主要包括以下几点。

1. 病毒通过改变寄主植物激素水平影响媒介昆虫

植物激素是植物体内可以调节植物生长和发育的一系列小分子物质，在植物应对外界生物胁迫和非生物胁迫的过程中发挥着重要作用，其中茉莉酸（JA）、水杨酸（SA）和乙烯（ET）主要参与植物对生物胁迫的防卫反应（Collum and Culver，2016）。目前发现的多数三者互作现象主要基于病毒侵染影响植物的 JA 和 SA 信号通路。例如，CMV 通过抑制植物 JA 信号通路来降低植物对蚜虫的抗性（Wu et al.，2017b）。作为 TYLCCNV 侵染植物时的致病因子，其卫星分子编码的 βC1 蛋白可以和植物 AS1 蛋白结合，进而抑制植物 JA 通路的响应（Yang et al.，2008）。Zhang 等（2012）也发现 TYLCCNV 编码的 βC1 蛋白可以抑制烟草的 JA 防御通路，从而促进烟粉虱在烟草上的增殖。这是因为 TYLCCNV 的 βC1 蛋白可以与植物 MYC2 转录因子互作，通过干扰其二聚体的形成抑制 MYC2 介导的植物抗虫反应，从而与其媒介昆虫烟粉虱形成互惠共生关系（Li et al.，2014b）。据研究报道，TYLCV 的 C2 蛋白可以与植物的泛素结合，抑制 JAZ 蛋白的降解，进而抑制了 JA 抗虫信号通路（Li et al.，2019）。另外，TuMV 通过抑制植物乙烯通路来负调控寄主植物对桃蚜（*Myzus persicae*）的抗性（Casteel et al.，2015）。

2. 病毒通过影响寄主植物挥发物及次生代谢物影响媒介昆虫

植物释放的挥发物是生态系统中影响昆虫-植物互作的关键信息化合物，会影响媒介昆虫的选择和取食行为。受病原物侵染的植物通常会改变其挥发物的组分，从而更容易吸引媒介昆虫（Belliure et al.，2005；Groen et al.，2016）。例如，CMV 侵染能诱导寄主植物西葫芦挥发物的大量释放，从而增加其对媒介昆虫的吸引度。蚜虫携带 BYDV 后更趋向于选择不带病毒的小麦，然而不携带病毒的蚜虫更趋向于选择感染 BYDV 的小麦。棉花感染南瓜蚜传黄化病毒（*Cucurbit aphid-borne yellows virus*，CABYV）后影响棉蚜对寄主的选择性和取食行为，健康棉蚜在感染 CABYV 的棉花上取食时间变长，而携带 CABYV 病毒的棉蚜在健康植株上的取食时间更长。萜类化合物在植物-烟粉虱互作中发挥着重要的作用（Bleeker et al.，2012）。研究发现，烟草植株感染双生病毒后，某些编码萜类化合物的基因转录水平下调，烟粉虱在感病烟草上的存活率、单雌产卵量和寿命都明显提高（Luan et al.，2013）。感染 TYLCV 的曼陀罗能够显著增加烟粉虱的偏好性及产卵量，而进一步研究发现，出现这种现象是由于感染 TYLCV 的曼陀罗产生了更多的吸引烟粉虱的苯酚（phenol）和 2-乙基己醇（2-ethyl-1-hexanol），而驱避烟粉虱的两种挥发物邻二甲苯（*o*-xylene）和 α-蒎烯（α-pinene）显著降低。有趣的是，TYLCCNV 会增加其媒介昆虫烟粉虱在感病植物上的适合度，而该病毒的非媒介昆虫——棉铃虫的适合度却显著降低。深入研究发现，TYLCCNV 通过 βC1 与植物关键免疫调控因子 WRKY20 互作，使维管组织中抗虫化合物芥子油苷等显著减少，但显著提高了非维管组织中抗虫化合物的含量，因此提高了其媒介昆虫烟粉虱在植物上的适合度，而不利于非媒介昆虫棉铃虫，使得病毒在多元生物互作模式下仍能够利于自身的传播扩散（Zhao et al.，2019）。

3. 病毒通过改变寄主植物其他因子影响媒介昆虫

除了调控激素通路和植物防御化合物，病毒还可以通过影响植物的物理防御和营养水平调控其对媒介昆虫的适合度。胼胝质在筛管内的沉积可以堵塞筛管，是植物防御刺吸式口器昆虫取食的重要抗性反应之一。研究表明，植物感染 TuMV 后，维管组织中胼胝质沉积量减少，从而有利于刺吸式昆虫桃蚜的取食（Casteel et al.，2015）。番木瓜环斑病毒（*Papaya ringspot virus*）侵染南瓜植株后，南瓜植株的营养物质如游离氨基酸、可溶性碳水化合物等得到富集，从而有利于棉蚜的长期取食且提高了南瓜对棉蚜的适合度。烟粉虱取食植物时，需要消耗能量来抵抗植物毒素，当它在 TYLCCNV 侵染的烟草上取食时，体内氧化磷酸化途径和解毒酶基因的表达量下调，降低了它的能量消耗，从而有利于种群的增长。而 TYLCV 的侵染增加了植物韧皮部汁液中游离氨基酸和糖类的含量，从而有利于烟粉虱的种群增长（Luan et al.，2014）。

上述很多研究表明，病毒侵染植物会诱导作物抗虫性发生改变；而媒介昆虫取食植物后也会导致植物对病毒的抗性发生改变。因为植物病毒都是在媒介昆虫取食植物的过程中传播的，所以昆虫取食诱导的植物抗性改变，也会显著影响病毒的复制和侵染。Li 等（2017b）研究了植物被媒介昆虫（烟粉虱）和非媒介昆虫（棉铃虫）取食后对双生病毒侵染与扩散的影响。结果表明，植物被不带病毒的媒介昆虫或非媒介昆虫取食后，都能降低后续烟粉虱对 TYLCV 的传播效率，但是机制不同。烟粉虱取食植物能够激发植物的水杨酸信号通路，通过降低病毒在细胞间的扩散增强了植物对病毒的抗性。棉铃虫取食能够激发植物的茉莉酸信号通路，对后续烟粉虱取食产生驱避作用，从而降低烟粉虱的传毒效率。

除了病毒操纵寄主实现的病虫间接互惠关系，研究发现病毒还可以通过调控媒介昆虫体内蛋白质或者多肽表达来实现病虫的间接互惠。例如，烟粉虱取食感染 TYLCCNV 的烟草后，其体内胰岛素样多肽增加，该多肽的增加可以显著提高烟粉虱的繁殖能力（Guo et al.，2014）。进一步研究发现，TYLCV 侵染引起烟粉虱唾液蛋白 Bsp9 表达增加，该蛋白质可以分泌到植物中并且靶向抗性相关转录因子 WRKY33，从而干扰 WRKY33 与 MPK6 的互作，最终抑制了 MPK6 通路所调控的植物抗病虫免疫（Wang et al.，2019b）。同时，病毒侵染会促使烟粉虱分泌一种小分子唾液蛋白 Bt56 进入植物，通过与烟草中的转录因子 NTH202 在韧皮部互作，激活植物的水杨酸信号通路，从而降低植物对烟粉虱的抗性（Xu et al.，2019）。

综上所述，在长期的协同进化过程中，植物病毒-媒介昆虫-寄主植物已经逐渐发展成为农业系统中相互依赖、缺一不可的组合。它们之间的相互作用关系在生物学上是十分复杂和多样的，目前的研究结果只能说是冰山一角，无论对其现象的探索，还是对具体机制的研究、理解都不够全面和深入。随着研究的不断拓展和深入，越来越多的植物病毒-媒介昆虫-寄主植物三者互作模式及相关作用机制将被揭示。除此之外，其他生物和非生物因素在植物病毒-媒介昆虫-寄主植物三者互作中的作用也应引起重视。这些研究工作的不断开展，将会为防控病毒病的暴发流行提供新的理论依据。

第六节　类病毒与植物的相互作用

类病毒是一类能够自我复制的环状非编码 RNA，其长度为 246～432 个核苷酸，无外壳蛋白包裹，是已知最小的植物病原物（Flores et al.，2005；Ding，2009）。已知的类病毒种类仍不足 40 种，分为 2 个科：在细胞核内复制、基因组二级结构呈棒状、无核酶活性的马铃薯纺锤形块茎类病毒科（*Pospiviroidae*）；在叶绿体内复制、基因组二级结构呈分支状、具有核酶活性的鳄梨日斑类病毒科（*Avsunviroidae*）。与植物病毒类似，类病毒具有侵染性和致病性，通过与寄主的相互作用，可以完成复制和移动等复杂的生物学过程，还可以影响寄主的基因表达，引起病害。

一、复制

类病毒侵入寄主细胞后，需要进行复制才能完成后续侵染过程。类病毒在寄主体内进行滚环复制（rolling-circle replication），其过程包括 RNA 合成、剪切和连接。不同科类病毒的复制位点、复制所需的酶及复制步骤略有不同。*Pospiviroidae* 类病毒在细胞核内进行非对称性（asymmetric）滚环复制，而 *Avsunviroidae* 类病毒在叶绿体内进行对称性（symmetric）滚环复制（Flores et al., 2011）。以下简要介绍这两种复制过程。

非对称性滚环复制：以类病毒环状 RNA 为模板，在寄主 RNA 聚合酶 Ⅱ（Pol Ⅱ）的作用下，合成负链线状多聚体，再以此为模板，合成正链多聚体，寄主的某种 RNA 酶将其剪切成线状单体，寄主 DNA 连接酶 I 将正链线状单体连接成环，得到类病毒环状 RNA。

对称性滚环复制：以类病毒环状 RNA 为模板，在寄主核编码的 RNA 聚合酶（nuclear-encoded RNA polymerase，NEP）作用下，合成负链线状多聚体，其经自我剪切，生成负链线状单体，利用 tRNA 连接酶，连接成负链环状 RNA，以此为模板，在 NEP 的作用下合成正链线状多聚体，经自我剪切，其生成正链线状单体，使用 tRNA 连接酶连接成环，得到类病毒环状 RNA。

类病毒的复制受自身基因组 RNA 的结构及一些寄主因子的精细调控。马铃薯纺锤形块茎类病毒（*Potato spindle tuber viroid*，PSTVd）二级结构中一些凸起（bulge）或环形（loop）的结构基序（motif）是其复制必需的（Zhong et al., 2008）。此外，研究表明本氏烟的转录因子 TFIIIA-7ZF 通过与 Pol Ⅱ 的相互作用会增强 PSTVd 的复制（Wang et al., 2016c）。然而，类病毒复制调控方面的研究仍处于起始阶段，更多的调控细节有待进一步揭示。

二、胞间移动与系统扩散

类病毒在初侵染的细胞内完成复制后，需移动到邻近细胞及更远距离的细胞或组织中才能完成系统侵染，这一过程涉及类病毒的胞间移动与系统扩散。胞间移动主要借助胞间连丝，长距离的系统扩散通过韧皮部进行（Ding and Wang, 2009）。无论是胞间移动还是系统扩散，都不是自由扩散的过程，而是受到类病毒自身基因组结构和寄主因子调控的过程。

（一）结构基序

研究已经证实，PSTVd 基因组二级结构中的结构基序（主要指 loop）对于其移动至关重要。在其基因组二级结构所包含的 27 个 loop 中，有 11 个是 PSTVd 在本氏烟中进行移动所必需的（Zhong et al.，2008）。例如，由第 43 位尿嘧啶（U43）和第 318 位胞嘧啶（C318）构成的 loop7 是 PSTVd 从本氏烟的维管束鞘细胞进入韧皮部所必需的结构基序（Zhong et al.，2007），而且该基序很有可能是一个寄主蛋白结合位点。有意思的是，同一属内其他类病毒的基因组二级结构中也存在类似的结构基序。这表明 loop7 是类病毒移动必需的保守性结构基序。类似地，与 loop7 相邻的 loop6 是 PSTVd 从叶肉的栅栏组织进入海绵组织所必需的结构基序（Takeda et al.，2011）。此外，发现多个结构基序可以同时发挥作用，共同决定类病毒的胞间移动（Qi et al.，2004）。

（二）寄主蛋白

类病毒基因组二级结构中一些特定的结构基序对类病毒胞间移动具有调控作用，说明这些结构基序应该是类病毒与寄主蛋白或其他因子的结合位点。因此，这些结构基序与寄主蛋白一起调控类病毒的移动。目前，已经鉴定出了一些能够与类病毒结合并且与移动相关的寄主蛋白，包括与啤酒花矮化类病毒（*Hop stunt viroid*，HSVd）结合的黄瓜韧皮部凝集素 CsPP2，与鳄梨日斑类病毒（*Avocado sunblotch viroid*，ASBVd）结合的甜瓜韧皮部凝集素 CmmLec17 和一种同样来自甜瓜韧皮部的大小为 14kDa 的未知功能蛋白。然而，这些蛋白质是否与类病毒的移动直接相关仍需进一步验证。

三、传播

机械传播是类病毒最主要的近距离传播方式。在田间，类病毒主要通过污染的农事操作工具及类似的方式进行传播。类病毒之所以在核糖核酸酶广泛存在的环境下仍然能够较容易地进行传播，可能有两方面的原因：一是类病毒的基因组 RNA 为环状，并且可以折叠成紧凑的二级或高级结构，降低了其对核酸酶的敏感性；二是在传播过程中，一些寄主因子可能与类病毒结合，起到保护的作用。

类病毒也可以通过花粉和种子进行传播。例如，PSTVd 可以在感染的种子内存活很长时间，并且能够通过花粉和种子传播。但是，这种传播方式对 PSTVd 在田间扩散所起的作用可能很小。此外，其他一些能够侵染番茄、葡萄和菊花的类病毒也已经被证实可以通过花粉与种子传播。

虽然有报道称一些类病毒可以通过蚜虫等媒介昆虫进行传播，但是到目前为止尚无定论。不过，无论是对于生产还是对于研究，类病毒能否通过媒介昆虫传播均是一个值得关注的问题。

四、对寄主的致病性

作为一类重要的植物病原微生物，类病毒对寄主的致病性自然是人们关注的重点。在一些作物尤其是园艺作物上，类病毒会引发严重的病害，如番茄褪绿矮缩病、苹果锈果病、桃潜隐花叶病、马铃薯纺锤形块茎病和椰子死亡病等。在外观上，感病植株通常表现出矮化、叶片和果实畸形或变色等症状（Flores et al.，2005）；在细胞病理方面，感病组织的细胞壁和叶绿体出现异常（Di Serio et al.，2012）；在转录组水平，感病植株许多与寄主防御/胁迫应答、细胞壁结构、叶绿体功能和蛋白质代谢等功能相关的基因表达受到显著影响（Itaya et al.，2002）。

类病毒的致病性与其基因组序列及结构有关，存在一些致病性决定区或结构基序。*Pospiviroidae* 类病毒基因组二级结构中的几个结构功能域，包括致病区，左、右末端区和可变区均与致病性有关（Sano et al.，1992）。*Avsunviroidae* 类病毒二级结构中的一些环形区与致病性有关。例如，可引起桃树叶片白化的桃潜隐花叶类病毒（*Peach latent mosaic viroid*，PLMVd）的一个变体，其基因组二级结构左末端组成发夹结构的 12 个或 13 个碱基决定着该症状的产生（Rodio et al.，2007）。

类病毒致病性决定区的碱基组成比较简单，甚至仅由一个碱基组成，那么这少数的几个甚至是一个碱基是通过什么方式影响类病毒的致病性的呢？关于类病毒的致病机制，目前主要有两种推测：RNA 沉默机制，类病毒与寄主蛋白的相互作用（Owens and Hammond，2009；Hull，2014；Flores et al.，2015，2016）。

类病毒可能通过 RNA 沉默作用在转录和转录后水平调控寄主的基因表达。转录水平的调控目前尚无直接证据的支持，但是发现类病毒侵染可以引起转入寄主基因组中与类病毒同源的基因的甲基化或核糖体基因的甲基化（Wassenegger et al.，1994；Martinez et al.，2014）。转录后水平的调控已经获得了较多证据的支持。可能的机制是，类病毒侵入寄主后，其基因组或双链的复制中间体会被寄主的 DCL 切割成 sRNA。这些来自类病毒的 sRNA（viroid-derived sRNA，vd-sRNA）与 AGO 结合形成 RISC，然后靶向与 vd-sRNA 相匹配的寄主基因，引起基因沉默。目前，已经证实 vd-sRNA 可以与寄主的 AGO 结合，并且具有生物学功能（Minoia et al.，2014）。直接证据最早来自 PLMVd，其致病性决定区的 sRNA 可以靶向桃树的热激蛋白 90（heat-shock protein 90，HSP90）基因，引起该基因的沉默，导致白化症状（Navarro et al.，2012）。有意思的是，来自 PLMVd 的另外一种 sRNA 则靶向编码叶绿体生物合成所必需的一个类囊体蛋白的基因，引起桃黄化花叶症状（Delgado et al.，2019）。*Pospiviroidae* 类病毒也具有类似的机制，如来自 PSTVd 致病区的 sRNA 与编码马铃薯转录因子 TCP23 的基因 *StTCP23* 互补配对，可引起该基因的沉默，导致病害发生（Bao et al.，2019）。

与 RNA 沉默机制相比，类病毒通过结合寄主蛋白引起病害的机制仍有待进一步的验证。目前，虽然已经鉴定出了一些与类病毒复制和移动相关的寄主蛋白，但是与致病性相关的寄主蛋白仍知之甚少。此外，研究发现类病毒侵染会诱导致病相关蛋白（PR）的表达，但是仍不能确定它们是否与致病性直接相关。因此，未来需要系统鉴定与类病毒致病性直接相关并且可以与类病毒 RNA 相结合的寄主蛋白。

五、寄主的抗病性

RNA 沉默不仅参与类病毒的致病过程，而且是植物防御类病毒侵染的重要机制。研究表明，RNA 沉默所需蛋白 DCL、AGO 和 RDR6 的编码基因在植物防御类病毒侵染中均具有重要的作用（Di Serio et al.，2010；Minoia et al.，2014；Katsarou et al.，2016）。此外，PSTVd 的侵染可以激活番茄的基础免疫反应（Zheng et al.，2017b），然而其具体的分子机制有待于进一步研究。到目前为止，仍未鉴定出寄主抗类病毒的相关基因。

参 考 文 献

王前进, 党聪, 方琦, 等. 2018. 水稻矮缩病毒对介体昆虫黑尾叶蝉生物学参数及种群增长的影响. 中国水稻科学, 32(1): 89-95.

叶健, 龚雨晴, 方荣祥. 2017. 病毒-昆虫-植物三者互作研究进展及展望. 中国科学院院刊, 32(8): 845-855.

Akbergenov R, Si-Ammour A, Blevins T, et al. 2006. Molecular characterization of geminivirus-derived small RNAs in different plant species. Nucleic Acids Res, 34: 462-471.

Alazem M, Lin KY, Lin NS. 2014. The abscisic acid pathway has multifaceted effects on the accumulation of *Bamboo mosaic virus*. Molecular Plant-Microbe Interactions, 27(2): 177-189.

Ammar ED. 1994. Propagative transmission of plant and animal viruses by insects: factors affecting vector specificity and competence // Harris KF. Advances in Disease Vector Research. New York: Springer: 289-331.

Ammar ED, Hogenhout SA. 2008. A neurotropic route for *Maize mosaic virus* (*Rhabdoviridae*) in its planthopper vector *Peregrinus maidis*. Virus Res, 131(1): 77-85.

Ammar ED, Nault LR. 2002. Virus transmission by leafhoppers, planthoppers and treehoppers (auchenorrhyncha, homoptera). Advances in Botanical Research, 36: 141-167.

Anandalakshmi R, Pruss GJ, Ge X, et al. 1998. A viral suppressor of gene silencing in plants. Proc Natl Acad Sci USA, 95(22): 13079-13084.

Ausubel FM. 2005. Are innate immune signaling pathways in plants and animals conserved? Nature Immunology, 6(10): 973-979.

Baebler Š, Witek K, Petek M, et al. 2014. Salicylic acid is an indispensable component of the *Ny-1* resistance-gene-mediated response against *Potato virus Y* infection in potato. Journal of Experimental Botany, 65(4): 1095-1109.

Bao S, Owens RA, Sun QH, et al. 2019. Silencing of transcription factor encoding gene *StTCP23* by small RNAs derived from the virulence modulating region of *Potato spindle tuber viroid* is associated with symptom development in potato. PLOS Pathogens, 15(12): e1008110.

Baulcombe D. 2004. RNA silencing in plants. Nature, 431(2): 356-363.

Belliure B, Janssen A, Maris P, et al. 2005. Herbivore arthropods benefit from vectoring plant viruses. Ecology Letters, 8(1): 70-79.

Bleeker PM, Mirabella R, Diergaarde PJ, et al. 2012. Improved herbivore resistance in cultivated tomato with the sesquiterpene biosynthetic pathway from a wild relative. Proc Natl Acad Sci USA,

109(49): 20124-20129.

Blevins T, Rajeswaran R, Shivaprasad PV, et al. 2006. Four plant Dicers mediate viral small RNA biogenesis and DNA virus induced silencing. Nucleic Acids Res, 34(21): 6233-6246.

Bonardi V, Cherkis K, Nishimura MT, et al. 2012. A new eye on NLR proteins: focused on clarity or diffused by complexity? Current Opinion in Immunology, 24(1): 41-50.

Botër M, Amigues B, Peart J, et al. 2007. Structural and functional analysis of SGT1 reveals that its interaction with HSP90 is required for the accumulation of Rx, an R protein involved in plant immunity. The Plant Cell, 19(11): 3791-3804.

Brading PA, Hammond-Kosack KE, Parr A, et al. 2000. Salicylic acid is not required for Cf-2- and Cf-9-dependent resistance of tomato to *Cladosporium fulvum*. Plant Journal, 23(3): 305-318.

Brault V, Herrbach E, Reinbold C. 2007. Electron microscopy studies on luteovirid transmission by aphids. Micron, 38(3): 302-312.

Camborde L, Planchais S, Tournier V, et al. 2010. The ubiquitin-proteasome system regulates the accumulation of *Turnip yellow mosaic virus* RNA-dependent RNA polymerase during viral infection. The Plant Cell, 22(9): 3142-3152.

Cao MJ, Du P, Wang X, et al. 2014. Virus infection triggers widespread silencing of host genes by a distinct class of endogenous siRNAs in *Arabidopsis*. Proc Natl Acad Sci USA, 111(40): 14613-14618.

Cao XS, Zhou P, Zhang XM, et al. 2005. Identification of an RNA silencing suppressor from a plant double-stranded RNA virus. Journal of Virology, 79(20): 13018-13027.

Caplan JL, Mamillapalli P, Burch-Smith TM, et al. 2008. Chloroplastic protein NRIP1 mediates innate immune receptor recognition of a viral effector. Cell, 132(3): 449-462.

Carbonell A, Carrington JC. 2015. Antiviral roles of plant ARGONAUTES. Current Opinion in Plant Biology, 27: 111-117.

Carluccio AV, Prigigallo MI, Rosas-Diaz T, et al. 2018. *S*-acylation mediates *Mungbean yellow mosaic virus* AC4 localization to the plasma membrane and in turns gene silencing suppression. PLOS Pathogens, 14(8): e1007207.

Carmo-Sousa M, Moreno A, Garzo E, et al. 2014. A non-persistently transmitted-virus induces a pull-push strategy in its aphid vector to optimize transmission and spread. Virus Res, 186: 38-46.

Casteel CL, De Alwis M, Bak A, et al. 2015. Disruption of ethylene responses by *Turnip mosaic virus* mediates suppression of plant defense against the green peach aphid vector. Plant Physiology, 169(1): 209-218.

Castillo-González C, Liu XY, Huang CJ, et al. 2015. Geminivirus-encoded TrAP suppressor inhibits the histone methyltransferase SUVH4/KYP to counter host defense. eLife, 4: e06671.

Chandra-Shekara AC, Gupte M, Navarre D, et al. 2006. Light-dependent hypersensitive response and resistance signaling against *Turnip crinkle virus* in *Arabidopsis*. Plant Journal, 45(3): 320-334.

Chandra-Shekara AC, Navarre D, Kachroo A, et al. 2004. Signaling requirements and role of salicylic acid in *HRT*- and *rrt*-mediated resistance to *Turnip crinkle virus* in *Arabidopsis*. Plant Journal, 40(5): 647-659.

Chandra-Shekara AC, Venugopal SC, Barman SR, et al. 2007. Plastidial fatty acid levels regulate resistance gene-dependent defense signaling in *Arabidopsis*. Proc Natl Acad Sci USA, 104(17): 7277-7282.

Chen H, Zhang ZH, Teng KL, et al. 2010. Up-regulation of LSB1/GDU3 affects geminivirus infection by activating the salicylic acid pathway. Plant Journal, 62(1): 12-23.

Chen LG, Zhang LP, Li DB, et al. 2013. WRKY8 transcription factor functions in the TMV-cg defense response by mediating both abscisic acid and ethylene signaling in *Arabidopsis*. Proc Natl Acad Sci USA, 110(21): E1963-E1971.

Chen Q, Chen HY, Mao QZ, et al. 2012. Tubular structure induced by a plant virus facilitates viral spread in its vector insect. PLOS Pathogens, 8(11): e1003032.

Chen TY, Liu D, Niu XL, et al. 2017a. Antiviral resistance protein Tm-2^2 functions on the plasma membrane. Plant Physiology, 173(4): 2399-2410.

Chen XJ, Zhu M, Jiang L, et al. 2016a. A multilayered regulatory mechanism for the autoinhibition and activation of a plant CC-NB-LRR resistance protein with an extra N-terminal domain. New Phytologist, 212(1): 161-175.

Chen Y, Chen Q, Li MM, et al. 2017b. Autophagy pathway induced by a plant virus facilitates viral spread and transmission by its insect vector. PLOS Pathogens, 13(11): e1006727.

Chen Y, Lu CC, Li MM, et al. 2016b. Adverse effects of *Rice gall dwarf virus* upon its insect vector *Recilia dorsalis* (Hemiptera: Cicadellidae). Plant Dis, 100(4): 784-790.

Cheng CP, Jaag HM, Jonczyk M, et al. 2007. Expression of the *Arabidopsis Xrn4p* 5'-3' exoribonuclease facilitates degradation of tombusvirus RNA and promotes rapid emergence of viral variants in plants. Virology, 368(2): 238-248.

Cheng XF, Wang AM. 2017. The potyvirus silencing suppressor protein VPg mediates degradation of SGS3 via ubiquitination and autophagy pathways. Journal of Virology, 91(1): e01478-16.

Chiu MH, Chen IH, Baulcombe DC, et al. 2010. The silencing suppressor P25 of *Potato virus X* interacts with Argonaute1 and mediates its degradation through the proteasome pathway. Mol Plant Pathol, 11(5): 641-649.

Collum TD, Culver JN. 2016. The impact of phytohormones on virus infection and disease. Current Opinion in Virology, 17: 25-31.

Colvin J, Omongo CA, Govindappa MR, et al. 2006. Host-plant viral infection effects on arthropod-vector population growth, development and behaviour: management and epidemiological implications. Adv Virus Res, 67(6): 419-452.

Cui WJ, Wang S, Han KL, et al. 2021. Ferredoxin 1 is downregulated by the accumulation of abscisic acid in an ABI5-dependent manner to facilitate *Rice stripe virus* infection in *Nicotiana benthamiana* and rice. Plant Journal, 107(4): 1183-1197.

Cui YN, Jiang JB, Yang HH, et al. 2018. Virus-induced gene silencing (VIGS) of the *NBS-LRR* gene *SLNLC1* compromises *Sm*-mediated disease resistance to *Stemphylium lycopersici* in tomato. Biochem Biophys Res Commun, 503(3): 1524-1529.

Deleris A, Gallego-Bartolome J, Bao JS, et al. 2006. Hierarchical action and inhibition of plant Dicer-like proteins in antiviral defense. Science, 313(5783): 68-71.

Delgado S, Navarro B, Serra P, et al. 2019. How sequence variants of a plastid-replicating viroid with one single nucleotide change initiate disease in its natural host. RNA Biol, 16(7): 906-917.

Deretic V, Saitoh T, Akira S. 2013. Autophagy in infection, inflammation and immunity. Nat Rev Immunol, 13: 722-737.

Di Serio F, De Stradis A, Delgado S, et al. 2012. Cytopathic effects incited by viroid RNAs and putative underlying mechanisms. Front Plant Sci, 3: 288. doi: 10. 3389/fpls. 2012. 00288.

Di Serio F, Martínez de Alba AE, Navarro B, et al. 2010. RNA-dependent RNA polymerase 6 delays accumulation and precludes meristem invasion of a viroid that replicates in the nucleus. Journal of Virology, 84(5): 2477-2489.

Dinesh-Kumar SP, Baker BJ. 2000. Alternatively spliced *N* resistance gene transcripts: their possible role in *Tobacco mosaic virus* resistance. Proc Natl Acad Sci USA, 97(4): 1908-1913.

Ding B. 2009. The biology of viroid-host interactions. Annu Rev Phytopathol, 47: 105-131.

Ding B, Wang Y. 2009. Viroids: uniquely simple and tractable models to elucidate regulation of cell-to-cell trafficking of RNA. DNA Cell Biol, 28(2): 51-56.

Ding SW. 2010. RNA-based antiviral immunity. Nat Rev Immunol, 10: 632-644.

Du P, Wu JG, Zhang JY, et al. 2011. Viral infection induces expression of novel phased microRNAs from conserved cellular microRNA precursors. PLOS Pathogens, 7(8): e1002176.

Du YM, Zhao JP, Chen TY, et al. 2013. Type Ⅰ J-domain NbMIP1 proteins are required for both *Tobacco mosaic virus* infection and plant innate immunity. PLOS Pathogens, 9(10): e1003659.

Durrant WE, Dong X. 2004. Systemic acquired resistance. Annu Rev Phytopathol, 42: 185-209.

Feng ZK, Xue F, Xu M, et al. 2016. The ER-membrane transport system is critical for intercellular trafficking of the NSm movement protein and *Tomato spotted wilt tospovirus*. PLOS Pathogens, 12(2): e1005443.

Flores R, Grubb D, Elleuch A, et al. 2011. Rolling-circle replication of viroids, viroid-like satellite RNAs and hepatitis delta virus: variations on a theme. RNA Biol, 8(2): 200-206.

Flores R, Hernández C, Martínez de Alba AE, et al. 2005. Viroids and viroid-host interactions. Annu Rev Phytopathol, 43: 117-139.

Flores R, Minoia S, Carbonell A, et al. 2015. Viroids, the simplest RNA replicons: how they manipulate their hosts for being propagated and how their hosts react for containing the infection. Virus Res, 209: 136-145.

Flores R, Owens RA, Taylor J. 2016. Pathogenesis by subviral agents: viroids and hepatitis delta virus. Current Opinion in Virology, 17: 87-94.

Fu S, Xu Y, Li CY, et al. 2018. *Rice stripe virus* interferes with *S*-acylation of Remorin and induces its autophagic degradation to facilitate virus infection. Molecular Plant, 11(2): 269-287.

Garcia D, Garcia S, Voinnet O. 2014. Nonsense-mediated decay serves as a general viral restriction mechanism in plants. Cell Host & Microbe, 16(3): 391-402.

Gnanasekaran P, Ponnusamy K, Chakraborty S. 2019. A geminivirus betasatellite encoded βC1 protein interacts with PsbP and subverts PsbP-mediated antiviral defence in plants. Mol Plant Pathol, 20(7): 943-960.

González-Lamothe R, Tsitsigiannis DI, Ludwig AA, et al. 2006. The U-box protein CMPG1 is required for efficient activation of defense mechanisms triggered by multiple resistance genes in tobacco and tomato. The Plant Cell, 18(4): 1067-1083.

Gray S, Cilia M, Ghanim M. 2014. Circulative, "nonpropagative" virus transmission: an orchestra of virus-, insect-, and plant-derived instruments. Adv Virus Res, 89: 141-199.

Groen SC, Jiang S, Murphy AM, et al. 2016. Virus infection of plants alters pollinator preference: a payback for susceptible hosts? PLOS Pathogens, 12(8): e1005790.

Gui XJ, Liu C, Qi YJ, et al. 2022. Geminiviruses hijack host DNA glycosylases to subvert DNA methylation-mediated defense. Nature Communications, 13(1): 575.

Guo JY, Cheng L, Ye GY, et al. 2014. Feeding on a *Begomovirus*-infected plant enhances fecundity via increased expression of an insulin-like peptide in the whitefly, MEAM1. Arch Insect Biochem Physiol, 85(3): 164-179.

Hafrén A, Macia JL, Love AJ, et al. 2017. Selective autophagy limits *Cauliflower mosaic virus* infection by NBR1-mediated targeting of viral capsid protein and particles. Proc Natl Acad Sci USA, 114(10): E2026-E2035.

Han SJ, Wang Y, Zheng XY, et al. 2015. Cytoplastic glyceraldehyde-3-phosphate dehydrogenases interact with ATG3 to negatively regulate autophagy and immunity in *Nicotiana benthamiana*. The Plant Cell, 27(4): 1316-1331.

Haxim Y, Ismayil A, Jia Q, et al. 2017. Autophagy functions as an antiviral mechanism against geminiviruses in plants. eLife, 6: e23897.

Hayward AP, Dinesh-Kumar SP. 2011. What can plant autophagy do for an innate immune response? Annu Rev Phytopathol, 49: 557-576.

He YQ, Hong GJ, Zhang HH, et al. 2020. The OsGSK2 kinase integrates brassinosteroid and jasmonic acid signaling by interacting with OsJAZ4. The Plant Cell, 32(9): 2806-2822.

He YQ, Zhang HH, Sun ZT, et al. 2017. Jasmonic acid-mediated defense suppresses brassinosteroid-mediated susceptibility to *Rice black streaked dwarf virus* infection in rice. New Phytologist, 214(1): 388-399.

Hofius D, Schultz-Larsen T, Joensen J, et al. 2009. Autophagic components contribute to hypersensitive cell death in *Arabidopsis*. Cell, 137(4): 773-783.

Hogenhout SA, Ammar el-D, Whitfield AE, et al. 2008. Insect vector interactions with persistently transmitted viruses. Annu Rev Phytopathol, 46: 327-359.

Hong W, Qian D, Sun RH, et al. 2015. OsRDR6 plays role in host defense against double-stranded RNA virus, *Rice dwarf phytoreovirus*. Sci Rep, 5: 11324.

Hu T, Huang CJ, He YT, et al. 2019. βC1 protein encoded in geminivirus satellite concertedly targets MKK2 and MPK4 to counter host defense. PLOS Pathogens, 15(4): e1007728.

Huang HJ, Bao YY, Lao SH, et al. 2015. *Rice ragged stunt virus*-induced apoptosis affects virus transmission from its insect vector, the brown planthopper to the rice plant. Sci Rep, 5: 11413.

Hull R. 2014. Plant Virology. 5th ed. Boston: Elsevier.

Huo Y, Liu WW, Zhang FJ, et al. 2014. Transovarial transmission of a plant virus is mediated by vitellogenin of its insect vector. PLOS Pathogens, 10(3): e1003949.

Ismayil A, Haxim Y, Wang YJ, et al. 2018. *Cotton leaf curl Multan virus* C4 protein suppresses both transcriptional and post-transcriptional gene silencing by interacting with SAM synthetase. PLOS Pathogens, 14(8): e1007282.

Ismayil A, Yang M, Haxim Y, et al. 2020. *Cotton leaf curl Multan virus* βC1 protein induces autophagy by disrupting the interaction of autophagy-related protein 3 with glyceraldehyde-3-phosphate dehydrogenases. The Plant Cell, 32(4): 1124-1135.

Itaya A, Matsuda Y, Gonzales RA, et al. 2002. *Potato spindle tuber viroid* strains of different pathogenicity induces and suppresses expression of common and unique genes in infected tomato. Molecular Plant-Microbe Interactions, 15(10): 990-999.

Jaag HM, Nagy PD. 2009. Silencing of *Nicotiana benthamiana* Xrn4p exoribonuclease promotes tombusvirus RNA accumulation and recombination. Virology, 386(2): 344-352.

Jia DS, Chen Q, Mao QZ, et al. 2018. Vector mediated transmission of persistently transmitted plant viruses. Current Opinion in Virology, 28: 127-132.

Jia DS, Mao QZ, Chen HY, et al. 2014. Virus-induced tubule: a vehicle for rapid spread of virions through basal lamina from midgut epithelium in the insect vector. Journal of Virology, 88(18): 10488-10500.

Jia DS, Mao QZ, Chen Y, et al. 2017. Insect symbiotic bacteria harbour viral pathogens for transovarial transmission. Nature Microbiology, 2: 17025.

Jia Q, Liu N, Xie K, et al. 2016. CLCuMuB βC1 subverts ubiquitination by interacting with NbSKP1s to enhance geminivirus infection in *Nicotiana benthamiana*. PLOS Pathogens, 12(6): e1005668.

Jiang L, Qian D, Zheng H, et al. 2012. RNA-dependent RNA polymerase 6 of rice (*Oryza sativa*) plays role in host defense against negative-strand RNA virus, *Rice stripe virus*. Virus Res, 163(2): 512-519.

Jiang SS, Jiang LL, Yang J, et al. 2018. Over-expression of *Oryza sativa Xrn4* confers plant resistance to virus infection. Gene, 639: 44-51.

Jin HL, Axtell MJ, Dahlbeck D, et al. 2002. NPK1, an MEKK1-like mitogen-activated protein kinase kinase kinase, regulates innate immunity and development in plants. Dev Cell, 3(2): 291-297.

Jin HL, Liu YD, Yang KY, et al. 2003. Function of a mitogen-activated protein kinase pathway in *N* gene-mediated resistance in tobacco. Plant Journal, 33(4): 719-731.

Jin L, Qin QQ, Wang Y, et al. 2016. *Rice dwarf virus* P2 protein hijacks auxin signaling by directly targeting the rice OsIAA10 protein, enhancing viral infection and disease development. PLOS Pathogens, 12(9): e1005847.

Jones JD, Dangl JL. 2006. The plant immune system. Nature, 444: 323-329.

Kachroo P, Yoshioka K, Shah J, et al. 2000. Resistance to *Turnip crinkle virus* in *Arabidopsis* is regulated by two host genes and is salicylic acid dependent but NPR1, ethylene, and jasmonate independent. The Plant Cell, 12(5): 677-690.

Kang HG, Hyong WC, von Einem S, et al. 2012. CRT1 is a nuclear-translocated MORC endonuclease that participates in multiple levels of plant immunity. Nature Communications, 3: 1297.

Kang HG, Kuhl JC, Kachroo P, et al. 2008. CRT1, an *Arabidopsis* ATPase that interacts with diverse resistance proteins and modulates disease resistance to *Turnip crinkle virus*. Cell Host & Microbe, 3(1): 48-57.

Katsarou K, Mavrothalassiti E, Dermauw W, et al. 2016. Combined activity of DCL2 and DCL3 is crucial in the defense against *Potato spindle tuber viroid*. PLOS Pathogens, 12(10): e1005936.

Kingsolver MB, Huang Z, Hardy RW. 2013. Insect antiviral innate immunity: pathways, effectors, and connections. J Mol Biol, 425(24): 4921-4936.

Kobayashi M, Yamamoto-Katou A, Katou S, et al. 2011. Identification of an amino acid residue required for differential recognition of a viral movement protein by the *Tomato mosaic virus* resistance gene *Tm-2²*. J Plant Physiology, 168(10): 1142-1145.

Komatsu K, Hashimoto M, Ozeki J, et al. 2010. Viral-induced systemic necrosis in plants involves both programmed cell death and the inhibition of viral multiplication, which are regulated by independent pathways. Molecular Plant-Microbe Interactions, 23(3): 283-293.

Kong LF, Wu JX, Lu LN, et al. 2014. Interaction between *Rice stripe virus* disease-specific protein and host PsbP enhances virus symptoms. Molecular Plant, 7(4): 691-708.

Lai JB, Chen H, Teng KL, et al. 2009. RKP, a RING finger E3 ligase induced by BSCTV C4 protein, affects geminivirus infection by regulation of the plant cell cycle. Plant Journal, 57(5): 905-917.

Lai ZB, Wang F, Zheng ZY, et al. 2011. A critical role of autophagy in plant resistance to necrotrophic fungal pathogens. Plant Journal, 66(6): 953-968.

Lakatos L, Csorba T, Pantaleo V, et al. 2006. Small RNA binding is a common strategy to suppress RNA silencing by several viral suppressors. EMBO J, 25(12): 2768-2780.

Lan HH, Chen HY, Liu YY, et al. 2016. Small interfering RNA pathway modulates initial viral infection in midgut epithelium of insect after ingestion of virus. Journal of Virology, 90(2): 917-929.

Lanfermeijer FC, Dijkhuis J, Sturre MJ, et al. 2003. Cloning and characterization of the durable *Tomato mosaic virus* resistance gene *Tm-2²* from *Lycopersicon esculentum*. Plant Mol Biol, 52(5): 1037-1049.

Lee HK, Mattei LM, Steinberg BE, et al. 2010. *In vivo* requirement for Atg5 in antigen presentation by dendritic cells. Immunity, 32(2): 227-239.

Levine B, Deretic V. 2007. Unveiling the roles of autophagy in innate and adaptive immunity. Nat Rev Immunol, 7(10): 767-777.

Li F, Pignatta D, Bendix C, et al. 2012. MicroRNA regulation of plant innate immune receptors. Proc Natl Acad Sci USA, 109(5): 1790-1795.

Li FF, Huang CJ, Li ZH, et al. 2014a. Suppression of RNA silencing by a plant DNA virus satellite requires a host calmodulin-like protein to repress *RDR6* expression. PLOS Pathogens, 10(2): e1003921.

Li FF, Wang AM. 2018. RNA decay is an antiviral defense in plants that is counteracted by viral RNA silencing suppressors. PLOS Pathogens, 14(8): e1007228.

Li FF, Xu XB, Huang CJ, et al. 2015. The AC5 protein encoded by *Mungbean yellow mosaic India virus* is a pathogenicity determinant that suppresses RNA silencing-based antiviral defenses. New Phytologist, 208(2): 555-569.

Li FF, Zhang CW, Li YZ, et al. 2018b. Beclin1 restricts RNA virus infection in plants through suppression and degradation of the viral polymerase. Nature Communications, 9(1): 1268.

Li FF, Zhao N, Li ZH, et al. 2017a. A calmodulin-like protein suppresses RNA silencing and promotes geminivirus infection by degrading SGS3 via the autophagy pathway in *Nicotiana benthamiana*. PLOS Pathogens, 13(2): e1006213.

Li HY, Zeng RX, Chen ZA, et al. 2018a. *S*-acylation of a geminivirus C4 protein is essential for regulating the CLAVATA pathway in symptom determination. Journal of Experimental Botany, 69(18): 4459-4468.

Li J, Huang HN, Zhu M, et al. 2019. A plant immune receptor adopts a two-step recognition mechanism to enhance viral effector perception. Molecular Plant, 12(2): 248-262.

Li LL, Zhang HH, Chen CH, et al. 2021. A class of independently evolved transcriptional repressors in plant RNA viruses facilitates viral infection and vector feeding. Proc Natl Acad Sci USA, 118(11): e2016673118.

Li P, Liu C, Deng WH, et al. 2019. Plant begomoviruses subvert ubiquitination to suppress plant defenses against insect vectors. PLOS Pathogens, 15(2): e1007607.

Li P, Shu YN, Fu S, et al. 2017b. Vector and nonvector insect feeding reduces subsequent plant susceptibility to virus transmission. New Phytologist, 215(2): 699-710.

Li R, Weldegergis BT, Li J, et al. 2014b. Virulence factors of geminivirus interact with MYC2 to subvert plant resistance and promote vector performance. The Plant Cell, 26(12): 4991-5008.

Liao ZF, Mao QZ, Li JJ, et al. 2017. Virus-induced tubules: a vehicle for spread of virions into ovary oocyte cells of an insect vector. Front Microbiol, 8: 475.

Liu BM, Preisser EL, Chu D, et al. 2013. Multiple forms of vector manipulation by a plant-infecting virus: *Bemisia tabaci* and *Tomato yellow leaf curl virus*. Journal of Virology, 87(9): 4929-4937.

Liu LF, Jin L, Huang XH, et al. 2014. OsRFPH2-10, a ring-H2 finger E3 ubiquitin ligase, is involved in rice antiviral defense in the early stages of *Rice dwarf virus* infection. Molecular Plant, 7(6): 1057-1060.

Liu YL, Burch-Smith T, Schiff M, et al. 2004a. Molecular chaperone Hsp90 associates with resistance protein N and its signaling proteins SGT1 and Rar1 to modulate an innate immune response in plants. J Biol Chem, 279(3): 2101-2108.

Liu YL, Schiff M, Czymmek K, et al. 2005. Autophagy regulates programmed cell death during the plant innate immune response. Cell, 121(4): 567-577.

Liu YL, Schiff M, Dinesh-Kumar SP. 2004b. Involvement of MEK1 MAPKK, NTF6 MAPK, WRKY/MYB transcription factors, *COI1* and *CTR1* in *N*-mediated resistance to *Tobacco mosaic virus*. Plant Journal, 38(5): 800-809.

Liu YL, Schiff M, Serino G, et al. 2002. Role of SCF ubiquitin-ligase and the COP9 signalosome in the *N* gene-mediated resistance response to *Tobacco mosaic virus*. The Plant Cell, 14(7): 1483-1496.

Lu R, Malcuit I, Moffett P, et al. 2003. High throughput virus-induced gene silencing implicates heat shock protein 90 in plant disease resistance. EMBO J, 22(21): 5690-5699.

Luan HX, Shine MB, Cui XY, et al. 2016. The potyviral P3 protein targets eukaryotic elongation factor 1A to promote the unfolded protein response and viral pathogenesis. Plant Physiology, 172(1): 221-234.

Luan JB, Wang XW, Colvin J, et al. 2014. Plant-mediated whitefly-*Begomovirus* interactions: research progress and future prospects. Bull Entomol Res, 104(3): 267-276.

Luan JB, Yao DM, Zhang T, et al. 2013. Suppression of terpenoid synthesis in plants by a virus promotes its mutualism with vectors. Ecology Letters, 16(3): 390-398.

Ma XF, Nicole MC, Meteignier LV, et al. 2015. Different roles for RNA silencing and RNA processing components in virus recovery and virus-induced gene silencing in plants. Journal of Experimental Botany, 66(3): 919-932.

Mao QZ, Liao Z, Li J, et al. 2017. Filamentous structures induced by a phytoreovirus mediate viral release from salivary glands in its insect vector. Journal of Virology, 91(12): e00265-17.

Mao QZ, Wu W, Liao ZF, et al. 2019. Viral pathogens hitchhike with insect sperm for paternal transmission. Nature Communications, 10(1): 955.

Márquez LM, Redman RS, Rodriguez RJ, et al. 2007. A virus in a fungus in a plant: three-way symbiosis required for thermal tolerance. Science, 315(5811): 513-515.

Martinez G, Castellano M, Tortosa M, et al. 2014. A pathogenic non-coding RNA induces changes in dynamic DNA methylation of ribosomal RNA genes in host plants. Nucleic Acids Res, 42(3): 1553-1562.

May JP, Yuan XF, Sawicki E, et al. 2018. RNA virus evasion of nonsense-mediated decay. PLOS Pathogens, 14(11): e1007459.

Medina-Puche L, Tan H, Dogra V, et al. 2020. A defense pathway linking plasma membrane and chloroplasts and co-opted by pathogens. Cell, 182(5): 1109-1124.e25.

Medina V, Pinner MS, Bedford ID, et al. 2006. Immunolocalization of *Tomato yellow leaf curl Sardinia virus* in natural host plants and its vector *Bemisia tabaci*. Journal of Plant Pathology, 88: 299-308.

Mei YZ, Wang YQ, Hu T, et al. 2021. The C4 protein encoded by *Tomato leaf curl Yunnan virus* interferes with MAPK cascade-related defense responses through inhibiting the dissociation of the ERECTA/BKI1 complex. New Phytologist, 231(2): 747-762.

Mei YZ, Wang YQ, Li FF, et al. 2020b. The C4 protein encoded by *Tomato leaf curl Yunnan virus* reverses transcriptional gene silencing by interacting with NbDRM2 and impairing its DNA-binding ability. PLOS Pathogens, 16(10): e1008829.

Mei YZ, Yang XL, Huang CJ, et al. 2018. *Tomato leaf curl Yunnan virus*-encoded C4 induces cell division through enhancing stability of Cyclin D 1.1 via impairing NbSKη-mediated phosphorylation in *Nicotiana benthamiana*. PLOS Pathogens, 14(1): e1006789.

Mei YZ, Zhang FF, Wang MY, et al. 2020a. Divergent symptoms caused by geminivirus-encoded C4 proteins correlate with their ability to bind NbSKη. Journal of Virology, 94(20): e01307-20.

Meister G, Tuschl T. 2004. Mechanisms of gene silencing by double-stranded RNA. Nature, 431(7006): 343-349.

Mérai Z, Kerényi Z, Molnár A, et al. 2005. Aureusvirus P14 is an efficient RNA silencing suppressor that binds double-stranded RNAs without size specificity. Journal of Virology, 79(11): 7217-7226.

Minoia S, Carbonell A, Di Serio F, et al. 2014. Specific argonautes selectively bind small RNAs derived from *Potato spindle tuber viroid* and attenuate viroid accumulation *in vivo*. Journal of Virology, 88(20): 11933-11945.

Mizushima N, Komatsu M. 2011. Autophagy: renovation of cells and tissues. Cell, 147(4): 728-741.

Morin S, Ghanim M, Sobol I, et al. 2000. The GroEL protein of the whitefly *Bemisia tabaci* interacts with the coat protein of transmissible and nontransmissible begomoviruses in the yeast two-hybrid system. Virology, 276(2): 404-416.

Mubin M, Briddon RW, Mansoor S. 2019. The V2 protein encoded by a monopartite begomovirus is a suppressor of both post-transcriptional and transcriptional gene silencing activity. Gene, 686: 43-48.

Nakahara KS, Masuta C, Yamada S, et al. 2012. Tobacco calmodulin-like protein provides secondary defense by binding to and directing degradation of virus RNA silencing suppressors. Proc Natl Acad Sci USA, 109(25): 10113-10118.

Navarro B, Gisel A, Rodio ME, et al. 2012. Small RNAs containing the pathogenic determinant of a chloroplast-replicating viroid guide the degradation of a host mRNA as predicted by RNA silencing. Plant Journal, 70(6): 991-1003.

Nibert ML, Ghabrial SA, Maiss E, et al. 2014. Taxonomic reorganization of family *Partitiviridae* and other recent progress in partitivirus research. Virus Res, 188: 128-141.

Oka K, Kobayashi M, Mitsuhara I, et al. 2013. Jasmonic acid negatively regulates resistance to *Tobacco mosaic virus* in tobacco. Plant Cell Physiol, 54(12): 1999-2010.

Owens RA, Hammond RW. 2009. Viroid pathogenicity: one process, many faces. Viruses, 1(2): 298-316.

Padmanabhan MS, Goregaoker SP, Golem S, et al. 2005. Interaction of the *Tobacco mosaic virus* replicase protein with the Aux/IAA protein PAP1/IAA26 is associated with disease development. Journal of Virology, 79(4): 2549-2558.

Padmanabhan MS, Kramer SR, Wang X, et al. 2008. *Tobacco mosaic virus* replicase-auxin/indole acetic acid protein interactions: reprogramming the auxin response pathway to enhance virus infection. Journal of Virology, 82(5): 2477-2485.

Padmanabhan MS, Ma S, Burch-Smith TM, et al. 2013. Novel positive regulatory role for the SPL6 transcription factor in the N TIR-NB-LRR receptor-mediated plant innate immunity. PLOS Pathogens, 9(3): e1003235.

Peart JR, Mestre P, Lu R, et al. 2005. NRG1, a CC-NB-LRR protein, together with N, a TIR-NB-LRR protein, mediates resistance against tobacco mosaic virus. Current Biology, 15(10): 968-973.

Peng JJ, Yang J, Yan F, et al. 2011. Silencing of *NbXrn4* facilitates the systemic infection of *Tobacco mosaic virus* in *Nicotiana benthamiana*. Virus Res, 158(1-2): 268-270.

Peter KA, Liang DL, Palukaitis P, et al. 2008. Small deletions in the *Potato leafroll virus* readthrough protein affect particle morphology, aphid transmission, virus movement and accumulation. J Gen Virol, 89(Pt 8): 2037-2045.

Qi XP, Bao FS, Xie ZX. 2009. Small RNA deep sequencing reveals role for *Arabidopsis thaliana* RNA-dependent RNA polymerases in viral siRNA biogenesis. PLOS ONE, 4(3): e4971.

Qi YJ, Pélissier T, Itaya A, et al. 2004. Direct role of a viroid RNA motif in mediating directional RNA trafficking across a specific cellular boundary. The Plant Cell, 16(7): 1741-1752.

Qian LC, Zhao JP, Du YM, et al. 2018. Hsp90 interacts with Tm-2^2 and is essential for *Tm-2^2*-mediated resistance to *Tobacco mosaic virus*. Front Plant Sci, 9: 411.

Qin FL, Liu WW, Wu N, et al. 2018. Invasion of midgut epithelial cells by a persistently transmitted virus is mediated by sugar transporter 6 in its insect vector. PLOS Pathogens, 14(7): e1007201.

Qin QQ, Li GY, Jin L, et al. 2020. Auxin response factors (ARFs) differentially regulate rice antiviral immune response against *Rice dwarf virus*. PLOS Pathogens, 16(12): e1009118.

Qu F, Ye XH, Morris TJ. 2008. *Arabidopsis* DRB4, AGO1, AGO7, and RDR6 participate in a DCL4-initiated antiviral RNA silencing pathway negatively regulated by DCL1. Proc Natl Acad Sci USA, 105(38): 14732-14737.

Rairdan GJ, Collier SM, Sacco MA, et al. 2008. The coiled-coil and nucleotide binding domains of the potato Rx disease resistance protein function in pathogen recognition and signaling. The Plant Cell, 20(3): 739-751.

Raja P, Sanville BC, Buchmann RC, et al. 2008. Viral genome methylation as an epigenetic defense against geminiviruses. Journal of Virology, 82(18): 8997-9007.

Ratcliff F, Harrison BD, Baulcombe DC. 1997. A similarity between viral defense and gene silencing in plants. Science, 276(5318): 1558-1560.

Ren B, Guo YY, Gao F, et al. 2010. Multiple functions of *Rice dwarf phytoreovirus* Pns10 in suppressing systemic RNA silencing. Journal of Virology, 84(24): 12914-12923.

Rodio ME, Delgado S, De Stradis A, et al. 2007. A viroid RNA with a specific structural motif inhibits chloroplast development. The Plant Cell, 19(11): 3610-3626.

Rodríguez-Negrete E, Lozano-Durán R, Piedra-Aguilera A, et al. 2013. Geminivirus Rep protein interferes with the plant DNA methylation machinery and suppresses transcriptional gene silencing. New Phytologist, 199(2): 464-475.

Roossinck MJ. 2011. The good viruses: viral mutualistic symbioses. Nat Rev Microbiol, 9(2): 99-108.

Rosas-Diaz T, Zhang D, Fan PF, et al. 2018. A virus-targeted plant receptor-like kinase promotes cell-to-cell spread of RNAi. Proc Natl Acad Sci USA, 115(6): 1388-1393.

Sano T, Candresse T, Hammond RW, et al. 1992. Identification of multiple structural domains regulating viroid pathogenicity. Proc Natl Acad Sci USA, 89(21): 10104-10108.

Seo JK, Wu JG, Lii YF, et al. 2013. Contribution of small RNA pathway components in plant immunity. Molecular Plant-Microbe Interactions, 26(6): 617-625.

Shen QT, Hu T, Bao M, et al. 2016. Tobacco RING E3 ligase NtRFP1 mediates ubiquitination and proteasomal degradation of a geminivirus-encoded βC1. Molecular Plant, 9(6): 911-925.

Stout MJ, Thaler JS, Thomma BP. 2006. Plant-mediated interactions between pathogenic microorganisms and herbivorous arthropods. Annu Rev Entomol, 51: 663-689.

Takahashi H, Miller J, Nozaki Y, et al. 2002. RCY1, an *Arabidopsis thaliana* RPP8/HRT family resistance gene, conferring resistance to *Cucumber mosaic virus* requires salicylic acid, ethylene and a novel signal transduction mechanism. Plant Journal, 32(5): 655-667.

Takeda R, Petrov AI, Leontis NB, et al. 2011. A three-dimensional RNA motif in *Potato spindle tuber viroid* mediates trafficking from palisade mesophyll to spongy mesophyll in *Nicotiana benthamiana*. The Plant Cell, 23(1): 258-272.

Tameling WI, Baulcombe DC. 2007. Physical association of the NB-LRR resistance protein Rx with a Ran GTPase-activating protein is required for extreme resistance to *Potato virus X*. The Plant Cell, 19(5): 1682-1694.

Tu Z, Ling B, Xu DL, et al. 2013. Effects of *Southern rice black-streaked dwarf virus* on the development and fecundity of its vector, *Sogatella furcifera*. Virol J, 10: 145.

van den Heuvel JF, Bruyère A, Hogenhout SA, et al. 1997. The N-terminal region of the luteovirus readthrough domain determines virus binding to *Buchnera* GroEL and is essential for virus persistence in the aphid. Journal of Virology, 71(10): 7258-7265.

Várallyay E, Válóczi A, Agyi A, et al. 2017. Plant virus-mediated induction of miR168 is associated with repression of ARGONAUTE1 accumulation. EMBO J, 36(11): 1641-1642.

Venugopal SC, Jeong RD, Mandal MK, et al. 2009. Enhanced disease susceptibility 1 and salicylic acid act redundantly to regulate resistance gene-mediated signaling. PLOS Genetics, 5(7): e1000545.

Voinnet O, Vain P, Angell S, et al. 2016. Systemic spread of sequence-specific transgene RNA degradation in plants is initiated by localized introduction of ectopic promoterless DNA. Cell, 166(3): 779.

Wang B, Yang XL, Wang YQ, et al. 2018. *Tomato yellow leaf curl virus* V2 interacts with host histone deacetylase 6 to suppress methylation-mediated transcriptional gene silencing in plants. Journal of Virology, 92(18): e00036-18.

Wang HC, Jiao XM, Kong XY, et al. 2016a. A signaling cascade from miR444 to RDR1 in rice antiviral RNA silencing pathway. Plant Physiology, 170(4): 2365-2377.

Wang JZ, Chen TY, Han M, et al. 2020. Plant NLR immune receptor Tm-2^2 activation requires NB-ARC domain-mediated self-association of CC domain. PLOS Pathogens, 16(4): e1008475.

Wang LL, Wang XR, Wei XM, et al. 2016b. The autophagy pathway participates in resistance to *Tomato yellow leaf curl virus* infection in whiteflies. Autophagy, 12(9): 1560-1574.

Wang N, Zhao PZ, Ma YH, et al. 2019b. A whitefly effector Bsp9 targets host immunity regulator WRKY33 to promote performance. Philos Trans R Soc Lond B Biol Sci, 374(1767): 20180313.

Wang Q, Liu YQ, He J, et al. 2014. STV11 encodes a sulphotransferase and confers durable resistance to rice stripe virus. Nature Communications, 5: 4768.

Wang W, Zhao W, Li J, et al. 2017. The c-Jun N-terminal kinase pathway of a vector insect is activated by virus capsid protein and promotes viral replication. eLife, 6: e26591.

Wang X, Culver JN. 2012. DNA binding specificity of ATAF2, a NAC domain transcription factor targeted for degradation by *Tobacco mosaic virus*. BMC Plant Biol, 12: 157.

Wang X, Goregaoker SP, Culver JN. 2009. Interaction of the *Tobacco mosaic virus* replicase protein with a NAC domain transcription factor is associated with the suppression of systemic host defenses. Journal of Virology, 83(19): 9720-9730.

Wang XB, Jovel J, Udomporn P, et al. 2011a. The 21-nucleotide, but not 22-nucleotide, viral secondary small interfering RNAs direct potent antiviral defense by two cooperative argonautes in *Arabidopsis thaliana*. The Plant Cell, 23(4): 1625-1638.

Wang Y, Qu J, Ji SY, et al. 2016c. A land plant-specific transcription factor directly enhances transcription of a pathogenic noncoding RNA template by DNA-dependent RNA polymerase II. The Plant Cell, 28(5): 1094-1107.

Wang YJ, Gong Q, Wu YY, et al. 2021. A calmodulin-binding transcription factor links calcium signaling to antiviral RNAi defense in plants. Cell Host & Microbe, 29(9): 1393-1406.

Wang YJ, Wu YY, Gong Q, et al. 2019a. Geminiviral V2 protein suppresses transcriptional gene silencing through interaction with AGO4. Journal of Virology, 93(6): e01675-18.

Wang YP, Nishimura MT, Zhao T, et al. 2011b. ATG2, an autophagy-related protein, negatively affects powdery mildew resistance and mildew-induced cell death in *Arabidopsis*. Plant Journal, 68(1): 74-87.

Wassenegger M, Heimes S, Riedel L, et al. 1994. RNA-directed de novo methylation of genomic sequences in plants. Cell, 76(3): 567-576.

Weber H, Pfitzner AJ. 1998. Tm-2(2) resistance in tomato requires recognition of the carboxy terminus of the movement protein of tomato mosaic virus. Molecular Plant-Microbe Interactions, 11(6): 498-503.

Wei J, He YZ, Guo Q, et al. 2017. Vector development and vitellogenin determine the transovarial transmission of begomoviruses. Proc Natl Acad Sci USA, 114(26): 6746-6751.

Wei J, Jia DS, Mao QZ, et al. 2018. Complex interactions between insect-borne rice viruses and their vectors. Current Opinion in Virology, 33: 18-23.

Wei TY, Chen HY, Ichiki-Uehara T, et al. 2007. Entry of rice dwarf virus into cultured cells of its insect vector involves clathrin-mediated endocytosis. Journal of Virology, 81(14): 7811-7815.

Wei TY, Li Y. 2016. Rice reoviruses in insect vectors. Annu Rev Phytopathol, 54: 99-120.

Whitfield AE, Falk BW, Rotenberg D. 2015. Insect vector-mediated transmission of plant viruses. Virology, 479-480: 278-289.

Wieczorek P, Obrepalska-Steplowska A. 2015. Suppress to survive-implication of plant viruses in PTGS. Plant Mol Biol Report, 33(3): 335-346.

Wingard SA. 1928. Hosts and symptoms of ring spot, a virus disease of plants. Journal of Agricultural Research, 37: 127-153.

Wu DW, Qi TC, Li WX, et al. 2017b. Viral effector protein manipulates host hormone signaling to attract insect vectors. Cell Res, 27(3): 402-415.

Wu JG, Yang RX, Yang ZR, et al. 2017a. ROS accumulation and antiviral defence control by microRNA528 in rice. Nature Plants, 3: 16203.

Wu JG, Yang ZR, Wang Y, et al. 2015. Viral-inducible Argonaute18 confers broad-spectrum virus resistance in rice by sequestering a host microRNA. eLife, 4: e05733.

Wu W, Huang LZ, Mao QZ, et al. 2019. Interaction of viral pathogen with porin channels on the outer membrane of insect bacterial symbionts mediates their joint transovarial transmission. Philos Trans R Soc Lond B Biol Sci, 374(1767): 20180320.

Xia WQ, Liang Y, Chi Y, et al. 2018. Intracellular trafficking of begomoviruses in the midgut cells of their insect vector. PLOS Pathogens, 14(1): e1006866.

Xie KL, Li LL, Zhang HH, et al. 2018. Abscisic acid negatively modulates plant defence against rice black-streaked dwarf virus infection by suppressing the jasmonate pathway and regulating reactive oxygen species levels in rice. Plant, Cell & Environment, 41(10): 2504-2514.

Xu GY, Wang SS, Han SJ, et al. 2017. Plant Bax inhibitor-1 interacts with ATG6 to regulate autophagy and programmed cell death. Autophagy, 13(7): 1161-1175.

Xu HX, Qian LX, Wang XW, et al. 2019. A salivary effector enables whitefly to feed on host plants by eliciting salicylic acid-signaling pathway. Proc Natl Acad Sci USA, 116(2): 490-495.

Xu Y, Wu JX, Fu S, et al. 2015. Rice stripe tenuivirus nonstructural protein 3 hijacks the 26S proteasome of the small brown planthopper via direct interaction with regulatory particle non-ATPase subunit 3. Journal of Virology, 89(8): 4296-4310.

Yang CW, González-Lamothe R, Ewan RA, et al. 2006. The E3 ubiquitin ligase activity of *Arabidopsis* PLANT U-BOX17 and its functional tobacco homolog ACRE276 are required for cell death and defense. The Plant Cell, 18(4): 1084-1098.

Yang JY, Iwasaki M, Machida C, et al. 2008. C1, the pathogenicity factor of TYLCCNV, interacts with AS1 to alter leaf development and suppress selective jasmonic acid responses. Genes Dev, 22(18): 2564-2577.

Yang M, Ismayil A, Jiang ZH, et al. 2022. A viral protein disrupts vacuolar acidification to facilitate virus infection in plants. EMBO J, 41(2): e108713.

Yang M, Zhang YL, Xie XL, et al. 2018. Barley stripe mosaic virus γb protein subverts autophagy to promote viral infection by disrupting the ATG7-ATG8 interaction. The Plant Cell, 30(7): 1582-1595.

Yang XL, Xie Y, Raja P, et al. 2011. Suppression of methylation-mediated transcriptional gene silencing by C1-SAHH protein interaction during geminivirus-betasatellite infection. PLOS Pathogens, 7(10): e1002329.

Yang ZF, Klionsky DJ. 2010. Eaten alive: a history of macroautophagy. Nat Cell Biol, 12(9): 814-822.

Yang ZR, Huang Y, Yang JL, et al. 2020. Jasmonate signaling enhances RNA silencing and antiviral defense in rice. Cell Host & Microbe, 28(1): 89-103.

Yang ZR, Li Y. 2018. Dessection of RNAi-based antiviral immunity in plants. Current Opinion in Virology, 32: 88-99.

Yao SZ, Kang JR, Guo G, et al. 2022. The key micronutrient copper orchestrates broad-spectrum virus resistance in rice. Sci Adv, 8(26): 1-15.

Yao SZ, Yang ZR, Yang RX, et al. 2019. Transcriptional regulation of miR528 by OsSPL9 orchestrates antiviral response in rice. Molecular Plant, 12(8): 1114-1122.

Ying XB, Dong L, Zhu H, et al. 2010. RNA-dependent RNA polymerase 1 from *Nicotiana tabacum* suppresses RNA silencing and enhances viral infection in *Nicotiana benthamiana*. The Plant Cell, 22(4): 1358-1372.

Yoshimoto K, Jikumaru Y, Kamiya Y, et al. 2009. Autophagy negatively regulates cell death by controlling NPR1-dependent salicylic acid signaling during senescence and the innate immune response in *Arabidopsis*. The Plant Cell, 21(9): 2914-2927.

Yu DQ, Fan BF, MacFarlane SA, et al. 2003. Analysis of the involvement of an inducible *Arabidopsis* RNA-dependent RNA polymerase in antiviral defense. Molecular Plant-Microbe Interactions, 16(3): 206-216.

Zhang C, Ding ZM, Wu KC, et al. 2016. Suppression of jasmonic acid-mediated defense by viral-inducible microRNA319 facilitates virus infection in rice. Molecular Plant, 9(9): 1372-1384.

Zhang C, Wei Y, Xu L, et al. 2020a. A bunyavirus-inducible ubiquitin ligase targets RNA polymerase Ⅳ for degradation during viral pathogenesis in rice. Molecular Plant, 13(6): 836-850.

Zhang HH, He YQ, Tan XX, et al. 2019. The dual effect of the brassinosteroid pathway on rice black-streaked dwarf virus infection by modulating the peroxidase-mediated oxidative burst and plant defense. Molecular Plant-Microbe Interactions, 32(6): 685-696.

Zhang HH, Li LL, He YQ, et al. 2020b. Distinct modes of manipulation of rice auxin response factor OsARF17 by different plant RNA viruses for infection. Proc Natl Acad Sci USA, 117(16): 9112-9121.

Zhang HL, Zhao JP, Liu SS, et al. 2013. *Tm-2²* confers different resistance responses against *Tobacco mosaic virus* dependent on its expression level. Molecular Plant, 6(3): 971-974.

Zhang T, Luan JB, Qi JF, et al. 2012. *Begomovirus*-whitefly mutualism is achieved through repression of plant defences by a virus pathogenicity factor. Mol Ecol, 21(5): 1294-1304.

Zhang XM, Du P, Lu L, et al. 2008. Contrasting effects of HC-Pro and 2b viral suppressors from sugarcane mosaic virus and tomato aspermy cucumovirus on the accumulation of siRNAs. Virology, 374(2): 351-360.

Zhang ZH, Chen H, Huang XH, et al. 2011. BSCTV C2 attenuates the degradation of SAMDC1 to suppress DNA methylation-mediated gene silencing in *Arabidopsis*. The Plant Cell, 23(1): 273-288.

Zhao JP, Liu Q, Zhang HL, et al. 2013. The rubisco small subunit is involved in tobamovirus movement and *Tm-2²*-mediated extreme resistance. Plant Physiology, 161(1): 374-383.

Zhao PZ, Yao XM, Cai CX, et al. 2019. Viruses mobilize plant immunity to deter nonvector insect herbivores. Sci Adv, 5(8): eaav9801.

Zhao SS, Hong W, Wu JG, et al. 2017. A viral protein promotes host SAMS1 activity and ethylene production for the benefit of virus infection. eLife, 6: e27529.

Zhao YL, Cao X, Zhong WH, et al. 2022. A viral protein orchestrates rice ethylene signaling to coordinate viral infection and insect vector-mediated transmission. Molecular Plant, 15(4): 17.

Zheng LJ, Zhang C, Shi CN, et al. 2017a. *Rice stripe virus* NS3 protein regulates primary miRNA processing through association with the miRNA biogenesis factor OsDRB1 and facilitates virus infection in rice. PLOS Pathogens, 13(10): e1006662.

Zheng Y, Wang Y, Ding B, et al. 2017b. Comprehensive transcriptome analyses reveal that potato spindle tuber viroid triggers genome-wide changes in alternative splicing, inducible trans-acting activity of phased secondary small interfering RNAs, and immune responses. Journal of Virology, 91(11): e00247-17.

Zhong XH, Archual AJ, Amin AA, et al. 2008. A genomic map of viroid RNA motifs critical for replication and systemic trafficking. The Plant Cell, 20(1): 35-47.

Zhong XH, Tao XR, Stombaugh J, et al. 2007. Tertiary structure and function of an RNA motif required for plant vascular entry to initiate systemic trafficking. EMBO J, 26(16): 3836-3846.

Zhou F, Pu YY, Wei TY, et al. 2007. The P2 capsid protein of the nonenveloped rice dwarf phytoreovirus induces membrane fusion in insect host cells. Proc Natl Acad Sci USA, 104(49): 19547-19552.

Zhou GH, Xu DL, Xu DG, et al. 2013. *Southern rice black-streaked dwarf virus*: a white-backed planthopper-transmitted fijivirus threatening rice production in Asia. Front Microbiol, 4: 270.

Zhu SF, Gao F, Cao XS, et al. 2005. The rice dwarf virus P2 protein interacts with ent-kaurene oxidases *in vivo*, leading to reduced biosynthesis of gibberellins and rice dwarf symptoms. Plant Physiology, 139(4): 1935-1945.

Zipfel C. 2008. Pattern-recognition receptors in plant innate immunity. Current Opinion in Immunology, 20(1): 10-16.

Zvereva AS, Pooggin MM. 2012. Silencing and innate immunity in plant defense against viral and non-viral pathogens. Viruses, 4(11): 2578-2597.

第六章

植物与线虫相互作用

彭德良[1]，彭　焕[1]，赵建龙[2]，张　鑫[3]，卓　侃[4]，
刘　敬[5]，龙海波[6]，刘世名[1]，韩少杰[7]

[1] 中国农业科学院植物保护研究所；[2] 中国农业科学院蔬菜花卉研究所；

[3] 河南大学省部共建作物逆境适应与改良国家重点实验室；

[4] 华南农业大学植物保护学院；[5] 湖南农业大学植物保护学院；

[6] 中国热带农业科学院环境与植物保护研究所；[7] 浙江大学农业与生物技术学院

第一节　植物病原线虫概述

一、植物线虫重要性

线虫是一类线条型的低等无脊椎动物，在动物界中，种类数仅次于昆虫，但数量是最多的，估计线虫有 50 多万种。它们在自然界分布很广，在高山、丘陵、峡谷、河流、湖泊、海洋、沼泽地带、沙漠、各类土壤和植物中均有分布。寄生植物能引起植物发生病害的称为植物寄生线虫。植物寄生线虫是侵染并引起农作物病害的重要病原一，具有存活时间长、传播途径多、环境适应性强、寄主范围广、危害严重等特点，它们广泛寄生在各种植物的根、块根、块茎、鳞茎、球茎、芽、叶、枝茎和种子，严重危害粮食和经济作物，造成巨大经济损失，严重威胁全球粮食和食品安全。随着全球对粮食可持续生产和食品安全的需求日益增加，农业面临的最大挑战之一是植物寄生线虫及其引起的农作物线虫病害。植物寄生线虫几乎寄生所有农作物，造成产量损失 20% 以上，据估计，全球每年因植物寄生线虫造成的经济损失高达 1570 亿美元（Abad et al.，2008）。目前已报道了 4100 多种植物寄生线虫（Jones et al.，2013），危害严重并造成重大经济损失的十大类植物寄生线虫主要包括根结线虫（*Meloidogyne*）、孢囊线虫（*Heterodera*、*Globodera*）、短体线虫（*Pratylenchus*）、香蕉穿孔线虫（*Radopholus similis*）、鳞球茎茎线虫（*Ditylenchus dipsaci*）、松材线虫（*Bursaphelenchus xylophilus*）、肾形肾状线虫（*Rotylenchulus reniformis*）、标准剑线虫（*Xiphinema index*）、异常珍珠线虫（*Nacobbus aberrans*）、水稻干尖线虫（*Aphelenchoides besseyi*），这十大类植物寄生线虫几乎能够寄生所有和人类活动密切相关的植物，对农林业生产造成重大损失，破坏生态环境，影响食品安全和人类生存质量。

植物寄生线虫是严重危及我国小麦、玉米、水稻、甘薯、马铃薯、大豆、蔬

菜、花生、中草药等粮食和经济作物安全生产的重要病原物。常见的孢囊线虫
（*Heterodera*）、根结线虫（*Meloidogyne*）、球孢囊线虫（*Globodera*）、肾形肾状线
虫（*Rotylencyhulus reniformis*）、半穿刺线虫（*Tylenchulus semipenetrans*）、腐烂茎线
虫（*Ditylenchus destructor*）、松材线虫等是重要的农作物病原线虫。尤以根结线虫和
孢囊线虫是危害最严重的、具有经济重要性的两类农作物重要病原线虫。小麦孢囊线
虫在我国河南、河北、山东、安徽、江苏等16个省市发生为害，发生面积6000余
万亩，一般引起产量损失15%～20%，严重时达30%～40%（Peng et al.，2009）。大
豆孢囊线虫病是世界大豆生产上的一种毁灭性病害，主要分布于中国、日本、韩国、
美国、巴西、阿根廷等国家。在我国，大豆孢囊线虫已在东北和黄淮海等22省（直
辖市、自治区）发生并造成严重危害，常年受害面积达3000万亩，一般发病田减产
10%～20%，严重时可达30%～50%，在开花前后发生可引致死苗甚至造成绝产（Peng
et al.，2021），因大豆孢囊线虫病所造成的损失达6亿元以上。我国蔬菜种植面积已
超过1.65亿亩，受根结线虫为害，蔬菜一般可减产30%以上，每年蔬菜因根结线虫
病造成的损失超过30亿元。玉米矮化线虫在东北造成2000余万亩的玉米发生矮化
病，水稻根结线虫及旱稻孢囊线虫在我国南方稻区也造成巨大危害，茎线虫在马铃薯、
甘薯等作物上为害的面积超过3000万亩。植物线虫病害为害大田作物一般造成减产
10%～20%，严重地块可达30%～50%，局部地区可造成80%以上的减产。随着全球
气候变化、种植制度改革及规模化、机械化和高值农业迅猛发展，植物线虫病害呈严
重发生趋势，将上升为我国第二大植物病害（彭德良，2021）。

二、植物线虫类型

植物寄生线虫利用其特有的可伸缩口针刺穿植物细胞，从中摄取营养物质，进
而与寄主建立特定的相互作用关系（Davis et al.，2008）。植物寄生线虫为专性活体
营养型，只能在寄主植物活的组织和细胞内或细胞外寄生，不能在人工培养基上培
养。植物寄生线虫通过口针取食植物细胞内含物，对植物造成各种伤害。根据寄生
方式和习性，植物寄生线虫可分为内寄生线虫（endoparasitic nematode）和外寄生线
虫（ectoparasitic nematode）两大类型（Bongers and Bongers，1998）。①内寄生线虫：
虫体全部进入寄主植物体内。根据线虫寄生后是否移动，又可分为定居型内寄生线
虫（sedentary endoparasitic nematode）和迁移型内寄生线虫（migratory endoparasitic
nematode）。定居型内寄生线虫包括根结线虫、孢囊线虫、球孢囊线虫、半穿刺线虫、
肾形肾状线虫等；迁移型内寄生线虫包括短体线虫、穿孔线虫、松材线虫、椰子红环
腐线虫、起绒草茎线虫、水稻茎线虫、菊花叶芽滑刃线虫、水稻干尖线虫、小麦粒线
虫等。②外寄生线虫：虫体不进入植物体内，只以口针刺破植物表皮吸取营养。包括
在表面组织寄生的线虫（如毛刺线虫、针线虫、矮化线虫等）和在次表面组织寄生的
线虫（如刺线虫、纽带线虫、盘旋线虫、螺旋线虫、盾线虫、长针线虫、毛刺线虫、
剑线虫等）。

三、线虫取食位点

定居型内寄生线虫侵染寄主植物时，利用口针将食道腺的分泌物（效应子）分泌到寄主植物细胞，并诱导寄主细胞形成专化性取食位点（feeding site）。在长期的进化过程中，定居型内寄生线虫与寄主植物形成了复杂的互作机制，能够诱导寄主根部形成特殊的取食细胞，根结线虫诱导形成多核的巨型细胞（giant cell），孢囊线虫诱导形成合胞体（syncytium），半穿刺线虫诱导皮层细胞形成单核营养细胞（uninucleate nurse cell），肾形肾状线虫在维管束鞘内诱导形成单个的单核巨型细胞（single uninucleate giant cell），取食位点细胞为线虫自身生长和发育提供营养。取食位点的建立使定居型内寄生线虫可从植物中吸收大量营养物质，从而促进线虫生长，并诱导光合产物的紊乱分配，使植物的生长和产量受到影响。

巨型细胞是根结线虫诱导出的一种特殊类型的营养细胞系统。根结线虫的侵染性二龄幼虫（J2）孵化出来后从幼嫩根系根尖和尖端后面的伸长区侵入（Wyss，1997），刺破表皮细胞，通过皮层进入正在分化的木质部区域，建立取食位点，取食位点口针周围的可分化木质部细胞膨大，经诱导变形而成为巨型细胞，在无胞质分裂的情况下，膨大的细胞通过重复的同步有丝分裂成为多核细胞，细胞核不断分裂，每个巨型细胞内一般有5～6个膨大的细胞核，中央液泡消失，但产生许多小液泡，细胞壁不发生大面积消解，细胞壁向内生长并与木质部接触。巨型细胞内具有非常密集的细胞质，并含有大量细胞器，包括线粒体、质体、核糖体、发育良好的高尔基体和光滑的内质网（Huang，1985）。成熟的巨型细胞起转运细胞的作用，代谢非常活跃，巨型细胞细胞核 DNA 含量比未感染植物根尖细胞核 DNA 多 14～16 倍。在巨型细胞的细胞质中储存了线虫发育所需的营养物质如蛋白质和脂类物质（Bird，1962）。根结线虫继续在巨型细胞上取食，线虫膨大成香肠状，刺激皮层和中柱鞘组织的细胞膨大与分裂，引起组织增殖，形成典型的根结。

合胞体（图 6-1 中 6C、6E、6F）是常见定居型内寄生孢囊线虫诱导形成的营养细胞系统。它是由几个细胞的膨胀，其原生质体在部分细胞壁溶解后融合而成的，中央液泡消失，没有有丝分裂，细胞核和核仁膨大但不分裂，核糖体、质体和线粒体含量丰富，导致合胞体内代谢异常活跃。合胞体细胞壁向内生长成手指状，紧贴有质膜，合胞体细胞壁具有柔韧性和渗透性，柔韧性有助于扩大取食位点和融合新细胞，渗透性有助于促进和维持合胞体对线虫所需营养素的吸收（Böckenhoff et al.，1994），从而增强了质外体（apoplast）和共质体（symplast）之间的短距离溶质输运。所有具有经济重要性的球孢囊线虫（*Globodera*）、孢囊线虫（*Heterodera*）、仙人掌孢囊线虫（*Cactodera*）和刻点孢囊线虫（*Punctodera*）都形成合胞体（Baldwin and Bell，1985；Suarez et al.，1985；Bleve-Zacheo et al.，1987，1995；Endo，1991；Magnusson et al.，1991）。孢囊线虫不刺激寄主产生根结，但可以产生侧根，所以病根的特点是有大量的须根。

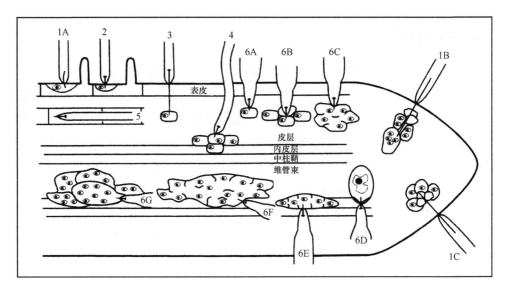

图 6-1　植物寄生线虫取食位点（Wyss，1997）

1A：毛刺线虫（*Trichodorus* spp.），1B：标准剑线虫（*Xiphinema index*），1C：长针线虫（*Longidorus elongatus*）；2：矮化线虫（*Tylenchorhynchus dubius*）；3：拟环线虫（*Criconemella xenoplax*）；4：螺旋线虫（*Helicotylenchus* spp.）；5：根腐线虫（*Pratylenchus* spp.）；6A：暗色小涨点线虫（*Trophotylenchus obscurus*），6B：半穿刺线虫（*Tylenchulus semipenetrans*），6C：大宫标矛线虫（*Verutus volvingentis*），6D：犹它隐皮线虫（*Cryphodera utahensis*），6E：肾形肾状线虫（*Rotylenchulus reniformis*），6F：孢囊线虫（*Heterodera* spp.），6G：根结线虫（*Meloidogyne* spp.）

四、线虫与植物的互作

在侵染过程中，植物寄生线虫通过食道腺细胞、头感器、尾感器、体表或肠细胞等向寄主体内分泌大量蛋白质，这些蛋白质在线虫入侵、建立和维持取食位点及抵御寄主防卫反应过程中发挥着关键作用，这类分泌蛋白称为效应子。效应子是一类具有操控寄主先天免疫反应、增强病原物在寄主内寄生侵染功能的效应蛋白。植物寄生线虫通过分泌效应子到植物细胞中破坏植物的防卫反应，进而完成自身的寄生生活史（Davis et al.，2008）。植物线虫效应子最初主要通过单克隆抗体、质谱、表达序列标签等方法进行鉴定，近年转录组学及基因组学被广泛用于线虫效应子的鉴定。大多数植物线虫效应子与抑制寄主的防卫反应有关，但有一些植物寄生线虫分泌的效应子能够触发植物的免疫反应，还有一部分效应子参与调控寄主的生长发育，诱导形成和维持取食位点（姚珂等，2020）。

根结线虫和孢囊线虫是两类最重要的植物特有的定居型内寄生线虫，也是近些年来线虫与植物互作研究的主要对象。近年来，植物寄生线虫效应子与寄主植物之间相互作用的研究越来越受到重视。为长期、有效地防控植物寄生线虫，以下主要概述了植物线虫基因组、植物寄生线虫效应子鉴定、功能及其与寄主植物相互作用等方面的研究进展，以期为更深入地揭示线虫的寄生及致病机制提供理论依据。

第二节 植物寄生线虫基因组研究进展

一、完成测序的植物线虫基因组

1998 年秀丽隐杆线虫（*Caenorhabditis elegans*）的基因组第一个被测序和破译，其对于人类发育、神经、衰老研究和疾病治疗具有重要意义（彭焕等，2021）。随着高通量测序技术和下一代测序（next generation sequencing，NGS）技术的不断进步，目前国内外已经完成南方根结线虫（*Meloidogyne incognita*）、北方根结线虫（*Meloidogyne hapla*）、松材线虫、拟松材线虫（*Bursaphelenchus mucronatus*）、马铃薯金线虫（*Globodera rostochiensis*）、马铃薯白线虫（*Globodera pallida*）、艾灵顿孢囊线虫（*Globodera ellingtonae*）、大豆孢囊线虫（*Heterodera glycines*）、象耳豆根结线虫（*Meloidogyne enterolobii*）、禾生根结线虫[①]（*Meloidogyne graminicola*）（Somvanshi et al.，2018）、佛罗里达根结线虫（*Meloidogyne floridensis*）（Lunt et al.，2014）、花生根结线虫（*Meloidogyne arenaria*）（Sato et al.，2018）、爪哇根结线虫（*Meloidogyne javanica*）（Blanc-Mathieu et al.，2017）、鲁克根结线虫（*Meloidogyne luci*）（Susič et al.，2020）、马铃薯腐烂茎线虫（*Ditylenchus destructor*）（Zheng et al.，2016）、鳞球茎茎线虫（Mimee et al.，2019）、咖啡短体线虫（*Pratylenchus coffeae*）（Schaff et al.，2015）、香蕉穿孔线虫（Mathew and Opperman，2019；Wram et al.，2019）和肾形肾状线虫（Kikuchi et al.，2017）19 种植物寄生线虫基因组的测序，随后进行的植物线虫比较基因组学研究将有助于从基因组水平解析植物线虫的寄生和致病机制、水平基因转移、基因家族扩展、与寄主互作关键基因的进化及寄生相关基因调控等过程，为植物线虫防控新策略的制定提供技术支撑（彭焕等，2021）。

二、植物线虫基因组的基本特征

南方根结线虫和北方根结线虫基因组是最先被测序与报道的植物病原线虫基因组，大小分别为 86.1Mb 和 53.0Mb，分别编码 19 212 个和 14 420个蛋白质（Abad et al.，2008；Opperman et al.，2008）。随后，Blanc-Mathieu 等（2017）测序分析的南方根结线虫、爪哇根结线虫和花生根结线虫基因组大小分别为 183Mb、235.8Mb 和 258Mb。Szitenberg 等（2017）测定的爪哇根结线虫、南方根结线虫、花生根结线虫、象耳豆根结线虫和佛罗里达根结线虫的全基因组大小分别为 142Mb、122Mb、163Mb、162.4Mb 和 74Mb，分别编码 26 917 个、24 714 个、30 308 个、31 051 个和 14 144个蛋白质。Koutsovoulos 等（2019）组装的象耳豆根结线虫基因组大小为 240Mb。禾生根结线虫基因组大小为 38.18Mb，编码 10 196 个蛋白质（Somvanshi et al.，

---

① *Meloidogyne graminicola* 原对应中文名为"拟禾本科根结线虫"，为准确表述，经查阅相关文献资料，笔者认为其中文名改为"禾生根结线虫"为宜。

2018）。鲁克根结线虫群体 SI-SmartnoV13 的高质量基因组序列大小为 209.16Mb
（Susič et al.，2020），由 327 个重叠群组成。

用高通量技术得到的马铃薯白线虫、马铃薯金线虫和艾灵顿孢囊线虫 3 种球孢囊
线虫基因组大小分别为 124.6Mb、95.9Mb 和 105.9Mb（Cotton et al.，2014；Eves-van
den Akker et al.，2016a；Phillips et al.，2017）。大豆孢囊线虫致病型 TN10（type1.2.6.7）
基因组大小为 123Mb，编码 29 769 个蛋白质（Masonbrink et al.，2019）。2021 年，
Masonbrink 等对大豆孢囊线虫 TN10 进行了再次的测序和组装，获得一个大小为
158Mb、编码 22 465 个蛋白质的高质量基因组。第一个染色体水平的大豆孢囊线虫
X12（type1.2.3.4.5.6.7）群体基因组大小为 141.01Mb（Lian et al.，2019）。中国农业
科学院植物保护研究所和河南农业大学联合开展了小麦菲利普孢囊线虫、禾谷孢囊
线虫、甜菜孢囊线虫的全基因组测序，组装的基因组大小分别为 122Mb、141Mb 和
102Mb（彭焕等，2021）。

目前，已经完成了多种迁移型内寄生线虫基因组的测序和分析。其中，松材线
虫基因组为 74.5Mb（Kikuchi et al.，2011）；拟松材线虫基因组为 73Mb（Wu et al.，
2020），与松材线虫的基因组具有高度相似性；马铃薯腐烂茎线虫基因组为 112Mb
（Zheng et al.，2016）；鳞球茎茎线虫基因组达 227.2Mb（Mimee et al.，2019）；咖啡
短体线虫基因组仅 19.7Mb，是目前已知最小的植物寄生线虫基因组（Schaff et al.，
2015）；香蕉穿孔线虫两个相似种群 Rv 和 RD 的基因组分别为 50.53Mb 和 50.09Mb
（Nyaku et al.，2021）；肾形肾状线虫基因组为 96Mb（Nyaku et al.，2021）。

三、植物线虫染色体组变异

大多数线虫的单倍体染色体数目 $n=4\sim12$，松材线虫（Kikuchi et al.，2011）与
秀丽隐杆线虫具有相同的核型（$2n=12$）；球孢囊属（*Globodera*）（$2n=18$）和咖啡短
体线虫（$2n=14$）的染色体数目略高。根结线虫的染色体组成变化程度很高，一般认
为根结线虫的单倍体染色体数为 18。Blanc-Mathieu 等（2017）对南方根结线虫、花
生根结线虫、爪哇根结线虫的基因组分析表明，这 3 种孤雌生殖的根结线虫基因组
比北方根结线虫的单倍体基因组大 $3\sim5$ 倍，因此这些根结线虫基因组很有可能是多
倍体的。另外，基因组数据分析表明，象耳豆根结线虫的基因组可能是一个三倍体
（Koutsovoulos et al.，2019）。根结线虫也表现出多种繁殖方式，象耳豆根结线虫与南
方根结线虫、花生根结线虫和爪哇根结线虫一样，都通过有丝分裂孤雌生殖来繁殖后
代，而北方根结线虫具有两种不同的繁殖方式，北方根结线虫 B 小种与上述根结线
虫一样，营专性有丝分裂孤雌生殖，而 A 小种是兼性减数分裂孤雌生殖（Castagnone-
Sereno et al.，2006）。因此，A 小种的繁殖方式更有利于遗传学分析，目前国外已经
构建了北方根结线虫 AFLP 遗传连锁图谱（Opperman et al.，2008）。松材线虫、马铃
薯白线虫和马铃薯金线虫是两性生殖的。

四、植物线虫基因的类型及水平基因转移

1998 年在马铃薯金线虫和大豆孢囊线虫中首次发现的 β-1,4-内葡聚糖酶基因与一些植物病原细菌的对应基因同源，首次提供了植物寄生线虫基因组中水平基因转移的证据（Haegeman et al.，2011a）。植物寄生线虫特有的降解细胞壁的碳水化合物活性酶（carbohydrate-active enzyme，CAZy）如糖基转移酶（GT）、糖苷水解酶（GH）、碳水化合物酯酶、多糖裂解酶以及糖基结合蛋白和细胞壁扩展蛋白的基因被认为是通过水平基因转移获得的，这类酶只在植物寄生线虫中存在，其他类型线虫没有（Mitchum et al.，2013）。北方根结线虫有 6 个纤维素酶基因，它们是通过水平基因转移和基因复制而来的，而咖啡短体线虫只有 2 种纤维素酶基因（Schaff et al.，2015），这些基因被证明参与线虫在根内的迁移、取食及在取食位点发育过程中对细胞壁的潜在修饰（Smant et al.，1998；Haegeman et al.，2011a）。肾形肾状线虫基因组序列主要编码了糖苷水解酶、糖基转移酶和细胞壁扩展蛋白，同时还编码了岩藻糖基转移酶、海藻糖合成酶、分支酸变位酶和纤维素酶。有 4 个重叠群编码了糖苷水解酶和 8 个重叠群编码了糖基转移酶，这些编码基因可能是通过水平基因转移获得的（Nyaku et al.，2014）。在植物寄生线虫每个分支中，其都通过水平基因转移获得了编码细胞壁降解酶的基因，如第 2 分支的外寄生线虫标准剑线虫含有一种可能来自细菌的 GHF12 纤维素酶（Danchin et al.，2010），处于第 10 分支的松材线虫含有 34 种可能的植物细胞壁修饰酶。目前，研究发现纤维素酶中糖苷水解酶 45（GH45）只存在于松材线虫中，可能来自真菌的基因水平转移后在松材线虫基因组内复制（Kikuchi et al.，2011）。

南方根结线虫具有 61 种植物细胞壁降解酶及修饰酶类基因，如糖苷水解酶（GH5、GH43、GH28、GH32）家族的基因可能是通过水平基因转移获得的（Abad et al.，2008）。北方根结线虫有许多通过水平基因转移的候选基因，编码一个由 22 个果胶裂合酶组成的家族，这种酶负责细胞壁果胶的解聚，主要在北方根结线虫的迁移中发挥作用，可能也在取食位点的形成和维持中发挥调节作用（Opperman et al.，2008）。在马铃薯金线虫和马铃薯白线虫中均发现了 GH32 家族基因，它们的编码产物能够将蔗糖转化为线虫容易利用的葡萄糖和果糖（Eves-van den Akker and Birch，2016）。

五、植物线虫基因组串联重复序列及其作用

串联重复（tandem duplication）是在植物病原线虫和寄主互作过程中，植物病原线虫进化出的避免或克服寄主抗性反应的一种手段（Niu et al.，2010），重复序列的增减都可能导致致病因子功能的变化，在植物寄生线虫基因组进化中有非常重要的作用。植物寄生线虫基因组中具有很多串联重复序列，在象耳豆根结线虫中，大约 94% 的蛋白质编码基因是重复的，5% 的基因是近端或串联重复的（Koutsovoulos et al.，

2019）。南方根结线虫 MAP-1 效应子含有串联重复序列，由 2 个长（58aa）和 4 个短（13aa）重复单位组成，这些串联重复序列在 MAP-1 中的直接功能尚不清楚，但较短的 13aa 重复序列与 CLAVATA/ESR（CLE）植物肽激素具相似性，可能编码类似植物肽激素（Castagnone-Sereno et al.，2009）。大豆孢囊线虫基因组共有 18.7Mb 重复序列，重复区的基因密度比非重复区的基因密度高，其中 38 个较大的重复基因簇包含大量的转座元件、效应子或 BTB/POZ 结构域基因（Masonbrink et al.，2019）。大豆孢囊线虫 GLAND18 基因每个外显子包含一个重复结构域，每个外显子的全部序列都是串联重复的（Eves-van den Akker et al.，2016b）。马铃薯金线虫的 CLE（Rutter et al.，2014）和肾形肾状线虫的 CEP（Eves-van den Akker and Birch，2016）均有相似的串联重复的类似植物肽激素的结构。马铃薯金线虫 HYP 的 3 个亚家族基因都有一系列数目可变、组织可变的特有串联重复序列，整个串联重复结构域可以翻译为单个可读框（Eves-van den Akker et al.，2014），这是拷贝数变异和串联重复序列的一种极端情况。

六、植物线虫效应子毒力岛效应

从全基因组水平分析和鉴定线虫效应子，对于植物线虫致病和寄生机制研究具有重要的推动作用。从植物线虫基因组中发现了大量、普遍存在的编码植物细胞壁降解酶的基因，从南方根结线虫、北方根结线虫基因组中分别鉴定出 61 个、35 个编码植物细胞壁降解酶的基因，包括纤维素酶（cellulase）、多聚半乳糖醛酸酶（polygalacturonase）、木聚糖酶（xylanase）、果胶酸裂合酶（pectate lyase）等，这些基因是植物寄生线虫侵染植物所需的关键因子（Jones et al.，2005）。

效应子基因位于基因组特定的区域，如马铃薯金线虫的部分效应子基因位于基因组中基因密度较高的区域，呈现出偏态分布（Chen et al.，2013）。此外，马铃薯金线虫和马铃薯白线虫效应子基因聚集在基因组中基因密度较低的区域内会形成毒力岛。超过 1/3 的效应子基因位于毒力岛上，这是马铃薯金线虫基因家族进化存在的一个普遍特征，功能相关的效应子基因家族倾向于聚集在毒力岛上，当每个毒力岛被视为一个单元时，它们与最近的外部转座子密切相关（Cotton et al.，2014；Eves-van den Akker and Birch，2016）。这表明毒力岛可以被视为一个单位，转座子可能是驱动植物寄生线虫毒力岛内效应子基因形成和进化的第二动力（Kikuchi et al.，2017）。

通过对植物线虫基因组效应子基因非编码区域分析发现，在孢囊线虫中存在控制背食道腺细胞的效应子表达的顺式调控元件，如在马铃薯金线虫和马铃薯白线虫背食道腺细胞的效应子基因上游启动子区域发现了一个由 6bp 基序 "ATGCCA" 组成的背腺基序（dorsal gland box，DOG box），该 DOG box 在背食道腺细胞的效应子基因起始密码子上游的 150bp 处富集。尽管这些效应子基因的序列没有相似性，但超过 77% 的已知背食道腺细胞的效应子基因启动子区域含有至少一个 DOG box（平均 2.5 个/500bp）（Eves-van den Akker and Birch，2016）。在大豆孢囊线虫基因组中也发现了 DOG box 的存在，其存在位置和频率与马铃薯金线虫完全一致，上述结果表明存在控制背食道腺细胞的效应子表达的顺式调控元件可能是孢囊线虫的保守特征（Masonbrink et al., 2019）。在松材线虫基因组中没有发现 DOG box，但在松材线虫背食道腺细胞的效应子基因启动子区域发现了另外一类"STATAWAARS"结构域（Mei et al., 2015）。不同类型植物线虫的效应子基因序列具有保守的启动子调控序列，推测植物线虫中存在一个能够识别 DOG box 的相关主调控因子，以协调 DOG 效应子的表达（Chen et al., 2013）。

第三节　南方根结线虫效应子研究进展

植物与寄生线虫始终处于持续的"军备竞赛"之中。植物寄生线虫通过口针分泌大量效应子，干预寄主植物的生长发育和免疫系统，促进线虫的寄生。南方根结线虫是致病力最强、危害最严重的根结线虫之一，是传统农业和设施农业最主要的有害线虫种类之一。南方根结线虫效应子主要由亚腹食道腺、背食道腺、头感器、尾感器及皮下组织等组织结构合成，协助线虫在植物根系侵染、迁移和寄生，在调控植物免疫反应、促进线虫寄生过程中发挥重要作用（彭德良，2021）。

一、南方根结线虫操控 RALF-FERONIA 信号通路促进寄生

位于细胞膜的信号感受蛋白 FERONIA（FER）是目前植物学领域研究得最为深入的受体蛋白激酶之一。FER 在植物中控制生长发育、逆境响应等多个环节，同时影响作物的产量与品质。快速碱化因子（rapid alkalinization factor，RALF）作为受体蛋白 FER 的一类配体分子，会激活下游信号通路，调节植物的生长发育和免疫应答。研究发现，FER 拟南芥、水稻和大豆敲除突变体均对南方根结线虫表现出显著的抗性（Zhang et al., 2020, 2021）。具体而言，利用生物信息学手段，从根结线虫基因组中发掘到 18 个新的类 RALF（RALF-like）编码基因。其中南方根结线虫可编码的 4 个线虫 RALF-like，在亚腹食道腺特异性表达，且在该线虫寄生阶段高度表达。南方根结线虫 RALF-like 具有与植物 RALF 相似的生物活性，即可抑制植物根伸长、促进植物胞外环境碱化，并具有与植物 RALF 一致的转录表达谱。同时，线虫 RALF-like 可通过结合受体蛋白 FER，促进 MYC2 磷酸化并破坏其稳定性，进而调控植物免疫反应（如茉莉酸信号通路）。此外，线虫 RALF-like 也可抑制免疫复合体 FLS2-BAK1 驱动的活性氧爆发，最终影响植物免疫反应。上述结果说明，受体蛋白 FER 作为植物信号通路交叉会话的关键节点，在南方根结线虫的寄生过程中十分重要。南方根结线虫编码的 RALF-like 通过结合寄主植物编码的受体蛋白 FER 促进寄生，将为研究寄主-病原线虫相互作用提供一个新的范式（Zhang et al., 2020）。

二、南方根结线虫调控氧化还原信号转导和防卫反应促进寄生

南方根结线虫亚腹食道腺表达的蛋白质二硫键异构酶 MiPDI1 在线虫寄生过程中

分泌到植物细胞组织，是线虫寄生所需的关键效应子。分子生物学和植物病理学实验结果表明，MiPDI1 与具有氧化还原调节作用的胁迫相关蛋白 SAP12 存在相互作用，该类蛋白质在植物对非生物和生物胁迫的响应中起重要作用。降低或敲除 SAP12 基因的表达，可显著增加植物对南方根结线虫的敏感性。因此，MiPDI1 作为线虫寄生期分泌的效应子，通过微调 SAP12 介导的植物细胞内氧化还原信号转导和防卫反应，从而帮助线虫寄生（Zhao et al.，2020b）。

三、南方根结线虫抑制植物免疫反应促进寄生

通过分析南方根结线虫 RNA-seq 数据，鉴定到 110 个含有核定位信号的预测分泌蛋白。锌指蛋白 MiISE5、含有两个核定位序列的 MiISE6 蛋白分别由 435 个、157 个氨基酸构成。Shi 等（2018a，2018b）在烟草叶片细胞中瞬时表达 *MiISE5* 和 *MiISE6* 后发现，MiISE5 定位在细胞质，而 MiISE6 定位在细胞核。*MiISE5* 和 *MiISE6* 在烟草中表达均能抑制由水稻细菌性谷枯病菌（*Burkholderia glumae*）诱导产生的坏死反应，同时能干扰寄主茉莉酸代谢通路基因的表达。MiISE5 可以通过稻瘟病菌的传染性菌丝分泌到大麦细胞中。拟南芥异位表达 *MiISE5* 可显著增加植物对南方根结线虫的敏感性。而烟草脆裂病毒介导的 *MiISE5* 基因沉默降低了线虫的寄生能力。对 *MiISE5* 转基因拟南芥和野生型拟南芥的转录组分析，结果表明 MiISE5 能够干扰多种代谢和信号通路，特别是茉莉酸信号通路，在烟草中表达 *MiISE5* 后，除了基础防卫基因 *NbBAK1*、*NbPAD4* 和 *NbWRKY29* 的表达受到影响，茉莉酸依赖的标记基因 *NbTP1* 的转录也显著下调（Shi et al.，2018a）。*MiISE6* 在南方根结线虫亚腹食道腺表达，在寄生二龄幼虫阶段表达量显著增加，推测其可能在线虫寄生初期发挥重要作用。拟南芥异位表达 *MiISE6* 可增加植物对南方根结线虫的敏感性，而植物介导的 RNAi 干扰 *MiISE6* 在线虫中表达，显著降低了南方根结线虫的致病力，表明 MiISE6 是南方根结线虫寄生所需的关键效应子。转录组数据表明，*MiISE6* 表达干扰植物的多种信号通路，包括细胞壁修饰系统、泛素-26S 蛋白酶体系统和茉莉酸信号转导通路。在 *MiISE6* 转基因拟南芥中，茉莉酸响应基因 *RP4* 和 *PDF1.2* 呈现低表达，而 *EDS1*、*PR1*、*PR2* 和 *PR5* 等水杨酸响应基因的表达不受影响（Shi et al.，2018b）。

2021 年，国内两个独立课题组分别以大豆和黄瓜为研究材料分析了南方根结线虫侵染前后寄主植物的转录组变化，为后续分子机制研究提供了基础。以黄瓜抗性材料 CM 和敏感材料 Q24 为寄主，分别接种南方根结线虫，经转录组分析发现，显著差异基因主要与钙信号、水杨酸/茉莉酸信号及生长素信号通路相关，特别是钙信号通路相关基因在根结线虫侵染早期显著变化（Li et al.，2021）；以大豆抗性材料 Gmlmm1 和野生型 Williams 82 为寄主，接种南方根结线虫 3 天后，进行转录组分析，发现南方根结线虫侵染引起的转录组变化主要与活性氧爆发、离子运输及丝苏氨酸激酶活性相关（Zhang et al.，2021）。

C 型凝集素（C-type lectin，CTL）是最早发现的动物凝集素，是先天免疫系统

的重要组成部分，作为一类糖结合蛋白与各类细胞发生作用，在维持机体稳态、免疫防御等重要生理病理过程中发挥着重要作用。通过分析南方根结线虫基因组和蛋白质组数据鉴定到 57 个含有凝集素结构域的蛋白质，其中 MiCTL1 蛋白含有分泌信号肽和一个凝集素结构域。MiCTL1 在南方根结线虫亚腹食道腺表达，在线虫寄生初期表达量显著增加并分泌到植物细胞中，推测其可能在诱导取食位点形成和巨型细胞发育过程中发挥重要作用。进一步研究发现，MiCTL1 可与植物细胞内的过氧化氢酶互作，过氧化氢酶基因敲除或过表达导致植物对南方根结线虫的敏感性增加或减少，表明植物过氧化氢酶对南方根结线虫的侵染起到调控作用。同时研究发现，MiCTL1 与过氧化氢酶互作并干扰其活性，以调节细胞内活性氧稳态，从而帮助线虫寄生（Zhao et al.，2021）。

四、南方根结线虫抑制植物 PTI 反应促进寄生

巨噬细胞移动抑制因子（macrophage migration inhibitory factor，MIF）是发现的第一个可溶性淋巴因子。MIF 作为一种潜在的促炎症细胞因子，是天然免疫和获得性免疫中的关键调节元件，通过多种途径促进免疫应答和炎性反应。此外，有研究表明动物寄生虫和昆虫通过分泌 MIF 类蛋白逃避寄主的免疫反应。通过分析南方根结线虫基因组和转录组数据鉴定到 4 个 MIF 类同源蛋白基因，在寄生期表达量显著升高。免疫组织化学实验结果表明，MIF 类蛋白主要在南方根结线虫皮下组织、角质层及口针周围的假体腔表达，在寄生过程中通过表皮分泌到植物细胞中，与植物的膜联蛋白互作，抑制植物由病原体相关分子模式（PAMP）触发的免疫（PTI）反应，如胼胝质沉积、MAPK 信号转导、防御相关基因表达和胞质内钙离子信号传递（Zhao et al.，2019）。

动物寄生虫通过分泌 MIF 类蛋白逃避宿主免疫系统，其异构酶和氧化还原酶发挥了重要作用。研究表明，南方根结线虫效应子 MiMIF-2 的原核表达重组蛋白具有互变异构酶活性，在细菌中表达能够增加其对有机过氧化物的抗性。此外，体外 RNAi 实验结果表明 MiMIF-2 具有保护线虫免受过氧化氢伤害的作用。MiMIF-2 在植物中表达不仅降低了线虫侵染过程中过氧化氢的产生，而且通过抑制活性氧爆发抑制 Bax 诱导的程序性细胞死亡。转录组数据分析发现，南方根结线虫效应子 MiMIF-2 在植物中表达主要影响植物激素信号转导、化合物代谢和植物防卫反应，其中 SA 相关标记基因表达量和 SA 含量均显著降低（Zhao et al.，2020a）。

第四节 禾生根结线虫效应子及其与水稻互作机制研究进展

水稻根结线虫病是水稻重要的线虫病害之一，分布于世界各主要水稻产区，已成为水稻可持续生产的重要影响因素。有多种根结线虫可为害水稻，其中为害较重的禾生根结线虫（*Meloidogyne graminicola*）广泛分布于热带和亚热带国家，包括中

国、美国、孟加拉国、缅甸、老挝、印度、泰国、越南和菲律宾等国（Pankaj et al.，2010；Mantelin et al.，2017）。在我国，该线虫最早在海南省发现，目前在各水稻产区均有发生（黄文坤等，2018）。禾生根结线虫在水田通常可造成 17%～32% 的水稻产量损失，而在旱地水稻田可引起更严重的损失，有时损失高达 80% 甚至造成水稻失收（Plowright and Bridge，1990；Kyndt et al.，2014）。由于该线虫生活史短，且相对于其他根结线虫更适应在水中生活，因此其防控相对较难，需要综合运用多种措施（Kyndt et al.，2014；黄文坤等，2018）。近年，人们开展了禾生根结线虫与水稻互作机制的研究，并鉴定了一些禾生根结线虫效应子及其在水稻中的互作蛋白（Chen et al.，2018；Naalden et al.，2018），这些研究为今后建立禾生根结线虫分子调控技术奠定了理论基础。

一、水稻对禾生根结线虫的抗性和防卫反应

不同水稻对禾生根结线虫的抗性相差很多。目前，植物线虫学家已经筛选到一些抗禾生根结线虫的水稻品种。在相对早期的时候，3 个非洲稻（*Oryza glaberrima*、*O. longistaminata* 和 *O. rufipogon*）中的一些品种被发现可以抗禾生根结线虫（Plowright et al.，1999；Soriano et al.，1999）。其后，在亚洲稻（*O. sativa*）中也发现几个抗病品种，如泰国的 Khao Pahk Maw、斯里兰卡的 LD24 及中国的中花 11 和荣优 368（黄文坤，2011；Dimkpa et al.，2015）。最近，人们发现一个野生稻（*O. glumaepatula*）品种高抗禾生根结线虫（Mattos et al.，2019）。组织病理学研究发现，4 个非洲稻（*O. glaberrima*）抗性品种（TOG5674、TOG5675、CG14 和 RAM131）在禾生根结线虫侵染早期阶段发生过敏性坏死反应，而且巨型细胞通常在幼虫发育成成虫前发生崩塌和退化（Cabasan et al.，2014）。过敏性坏死反应同样发生在受线虫侵染的高抗水稻品种中花 11 和野生稻中（Phan et al.，2018；Mattos et al.，2019）。此外，在中花 11 中，线虫侵染点邻近的根细胞中还积累了疑似酚类的化合物，在线虫侵染后期阶段，中花 11 中形成的巨型细胞很少，而且发育不好。Phan 等（2018）将高抗禾生根结线虫的亚洲稻品种中花 11 和一个高感亚洲稻品种 IR64 进行杂交，结果获得的 F_1 代也高抗禾生根结线虫，与中花 11 没有显著差异。研究表明该抗性属于质量性状，而不属于数量性状，因此中花 11 对禾生根结线虫的抗性可能是由主效基因控制的。

亚洲稻具有的抗禾生根结线虫主效基因有利于抗病品种的培育。近年，越来越多学者投入到禾生根结线虫抗病基因筛选的工作中。例如，Lahari 等（2019）利用两个亚洲稻抗病品种 LD24 和 KhaoPahk Maw 与一个亚洲稻中感品种 Vialone Nano 杂交，利用 QTL-seq 群体分离分析法鉴定出一段 23Mb 的抗禾生根结线虫基因座（locus），该基因座在两个抗病水稻品种中均位于 11 号染色体上。虽然针对禾生根结线虫的水稻抗病基因还未确定，但上述工作为进一步进行相关研究奠定了坚实的基础。

在一些感病水稻品种与禾生根结线虫亲和互作的研究中发现，水稻的某些防卫相关基因受到抑制。例如，茉莉酸信号通路在水稻抵抗禾生根结线虫的免疫反应中发挥

重要作用，然而在巨型细胞中，一些茉莉酸信号通路相关基因的表达受到抑制。在巨型细胞中，苯丙氨酸途径相关基因（如 *OsPAL*、*OsC4H*、*OsCOMT* 和 *OsCAD*）表达也受到强烈抑制（Kyndt et al.，2012；Ji et al.，2013，2015a）。此外，根结中的一些病程相关蛋白基因表达也受到抑制，如 PR13 家族的一些基因（Ji et al.，2015b）。这些研究表明，水稻中的一些防卫相关蛋白可能在抵抗禾生根结线虫寄生过程中发挥重要作用。

二、禾生根结线虫候选效应子的鉴定

在侵染和寄生水稻的过程中，禾生根结线虫会分泌效应子至寄主植物中。这些效应子在抑制植物防卫反应、改变植物信号通路、诱导和维持取食位点等方面发挥重要作用，有利于线虫侵染和寄生植物。目前，禾生根结线虫的候选效应子主要来自线虫的转录组。Haegeman 等（2013）对禾生根结线虫侵染前二龄幼虫进行转录组测序，通过与其他线虫基因进行相似性比对，并利用信号肽和跨膜结构域预测等生物信息学技术，鉴定了 499 个候选效应子。进一步用原位杂交技术研究其中 26 个候选效应子在线虫中的定位，发现几个候选效应子在线虫食道腺或侧器中表达，例如：在线虫亚腹食道腺表达的果胶酸裂合酶和 C 型凝集素（C-type lectin），以及 3 个在背食道腺表达和 1 个在侧器表达的新效应子，符合根结线虫效应子的特征。Petitot 等（2015）进一步对不同发育阶段的禾生根结线虫进行转录组测序，通过生物信息学分析、龄期表达和原位杂交技术预测与鉴定了一批候选效应子，这些候选效应子不仅包括一些未知功能的分泌蛋白，也包含一些已知功能的蛋白质，如谷胱甘肽过氧化物酶、谷胱甘肽 *S*-转移酶、硫氧还蛋白、过氧化物酶和金属硫蛋白等抗氧化蛋白，表明禾生根结线虫在寄生水稻的过程中可能需要降解活性氧。Tian 等（2019）从 Petitot 等（2015）的转录组数据库中克隆了一个二硫键异构酶 MgPDI，研究发现 MgPDI 在禾生根结线虫的食道腺表达，且在寄生二龄幼虫阶段表达上调。此外，MgPDI 具有氧化还原酶活性，H_2O_2 可诱导线虫 MgPDI 基因表达，沉默了 MgPDI 基因的线虫在 H_2O_2 中的死亡率提高，但在水稻中的繁殖力下降，表明 MgPDI 可能是一个保护线虫免受氧化损伤的效应子。

除了上述提到的两个转录组，我国学者还利用抑制差减杂交技术筛选禾生根结线虫在寄生阶段上调表达的效应子，结果获得 64 个在三龄/四龄幼虫阶段富集的候选效应子。进一步通过原位杂交技术鉴定出 6 个定位在线虫食道腺和 1 个定位在线虫侧器的候选效应子，这些候选效应子大多数是功能未知的蛋白质（孙龙华，2014；Chen et al.，2018）。

2018 年，禾生根结线虫基因组草图公布，相比于其他根结线虫，该线虫基因组相对较小，约 38.18Mb（Somvanshi et al.，2018）。2020 年和 2021 年，又有两个禾生根结线虫基因组被相继报道（Phan et al.，2020；Somvanshi et al.，2021）。目前，禾生根结线虫基因组序列已经释放在 GenBank 中，有助于今后更方便地筛选该线虫的候选效应子。

三、禾生根结线虫效应子抑制水稻防卫反应的机制

虽然禾生根结线虫的基因组和转录组均已完成测序，而且从中鉴定了一批候选效应子，然而对这些候选效应子的功能了解还很少。目前，仅 5 个效应子进行了相对较深入的功能研究，研究发现这些效应子均具有抑制植物防卫反应的功能，但抑制机制各不相同。在这 5 个效应子中，3 个来自 Haegeman 等（2013）建立的转录组数据库，2 个来自 Chen 等（2018）描述的抑制差减杂交文库。

Haegeman 等（2013）建立的转录组数据库中至少有 17 个重叠群（contig）包含 *map-1* 同源序列。MAP-1 通常被认为是根结线虫的无毒蛋白。基于这些 *map-1* 基因序列，Chen 等（2017）扩增获得禾生根结线虫的 *map-1* 全长序列。然而，将该全长序列与其他根结线虫的 MAP 基因进行比较，发现相似性不超过 41.1%，而且该 *map-1* 不具有 MAP 基因的 RlpA-like 保守结构域及基因内重复序列，因此该基因不是所谓的无毒蛋白基因 *map-1*，将其重新命名为 *MgGPP*。原位杂交表明 *MgGPP* 定位在线虫的亚腹食道腺，qPCR 分析发现 *MgGPP* 在寄生早期阶段表达上调，免疫组化研究确认 *MgGPP* 被分泌到巨型细胞的细胞核中，沉默了 MgGPP 的禾生根结线虫对水稻的侵染力明显下降，过表达 *MgGPP* 的水稻对禾生根结线虫的感病性显著上升，表明 MgGPP 是一个促进线虫寄生的效应子。有意思的是，进一步研究发现 MgGPP 首先被分泌到水稻细胞的质外体中，然后在效应子 C 端的帮助下进入水稻细胞内质网中，在内质网中其 N 端发生糖基化且 C 端水解，接着被输送到细胞核。而且，只有糖基化的 MgGPP 才具有抑制植物防卫反应的能力。该研究表明，禾生根结线虫具有利用植物翻译后修饰途径修饰自身效应子来激活效应子活性，从而抑制寄主植物防卫反应的机制。

Mg16820 和 Mg01965 是另两个克隆自 Haegeman 等（2013）转录组的具有抑制植物防卫反应能力的效应子。Mg16820 和 Mg01965 均在禾生根结线虫亚腹食道腺表达（Haegeman et al.，2013；Naalden et al.，2018）。免疫定位分析发现在二龄幼虫寄生早期阶段（即二龄幼虫在水稻细胞间迁移阶段），Mg16820 被分泌到水稻细胞质外体中；当线虫进入固着性寄生阶段时，Mg16820 则被分泌到水稻细胞内，定位于细胞质和细胞核（Naalden et al.，2018）；Mg01965 则一直被线虫分泌到水稻细胞质外体中（Zhuo et al.，2019）。免疫抑制实验表明 Mg16820 在质外体时抑制 PTI，而在细胞内时抑制效应子触发的免疫（ETI）（Naalden et al.，2018）；而 Mg01965 在质外体时抑制 PTI，但在细胞内时无抑制作用（Zhuo et al.，2019）。酵母双杂交和荧光双分子互补实验证明，Mg16820 与一个脱水应激诱导蛋白（dehydration-stress inducible protein 1，DIP1）相互作用。DIP1 是一个脱落酸响应蛋白，Mg16820 可能参与了植物的应激反应，具有在寄主植物不同细胞室抑制植物免疫反应的功能，而且在不同细胞室的抑制机制不同（Naalden et al.，2018）。此外，生物信息学分析表明 Mg01965 是一个 C 型凝集素。凝集素通常可以结合糖，而糖在植物体内可以激发其免疫反应，因此推

测 Mg01965 可能在植物细胞的质外体中结合糖，从而抑制了植物的免疫反应（Zhuo et al.，2019）。

Chen 等（2018）、Song 等（2021）从禾生根结线虫抑制差减杂交文库中分别克隆获得 MgMO237、MgMO289 的基因。这两个基因均在线虫背食道腺表达，且在寄生后期表达提高，可影响线虫的寄生。研究表明，MgMO237 与水稻的 3 个防卫相关蛋白相互作用，且 MgMO237 可抑制植物的 PTI 反应，表明根结线虫效应子可以同时干扰寄主植物不同的防卫通路。进一步研究发现，MgMO237 及其互作蛋白 OsCRRSP55 均能调控茉莉酸响应蛋白 OsERF87 的表达，推测 MgMO237 通过 OsCRRSP55 调控茉莉酸激素信号转导，抑制植物防卫反应，促进线虫寄生（李治文等，2021）。

另外，实验表明 MgMO289 能与水稻铜金属伴侣蛋白 OsHPP04 互作，而 OsHPP04 可与一个细胞质定位的水稻铜锌超氧化物歧化酶（cCu/Zn-SOD2）互作。与野生型水稻相比，过表达 OsHPP04 和 MgMO289 的水稻对禾生根结线虫的感病性显著提高，且根中 Cu/Zn-SOD 的酶活性更高，但超氧阴离子 $O_2^{\cdot}$ 的浓度下降。免疫抑制实验表明，MgMO289 能抑制植物的免疫反应。上述研究结果揭示了植物病原物制植物免疫反应的一个新途径，即植物病原物效应子利用寄主超氧阴离子清除系统清除 O_2^{-}，从而达到抑制植物免疫反应的目的（Song et al.，2021）。

四、禾生根结线虫效应子激活植物防卫反应的机制

目前关于植物线虫效应子的研究更多是集中在效应子抑制植物防卫反应方面，但也有少数研究发现植物线虫效应子可激发植物防卫反应。蛋白质二硫键异构酶（PDI）是一种可催化氧化、还原、异构化三种反应的多功能酶，有研究表明其参与寄主-病原线虫物的互作。来自植物病原真菌、卵菌和细菌的少数果胶酸裂合酶被发现既可降解植物细胞壁，又可诱导植物防卫反应。Tian 等（2020）、Chen 等（2021）分别发现禾生根结线虫的蛋白质二硫键异构酶 MgPDI2、果胶酸裂合酶 Mg-PEL1 会激活植物防卫反应。MgPDI2 和 Mg-PEL1 均在线虫的亚腹食道腺细胞特异性表达，而且均有利于线虫的寄生。然而，将 MgPDI2 在烟草叶片进行瞬时表达发现 MgPDI2 诱导了烟草的细胞坏死，其包含活性位点 CGHC（Cys-Gly-His-Cys）的完整 C 端区域、两个非活性结构域（b 和 b′）对诱导细胞死亡发挥重要作用。而 Mg-PEL1 定位在植物细胞壁时可激活植物一系列的防卫反应，包括植物细胞坏死、活性氧积累和防卫相关基因表达。这些研究表明，MgPDI2 和 Mg-PEL1 既可增强禾生根结线虫的致病性，又在线虫入侵植物或在植物内迁移过程中诱导植物免疫反应。这种看似矛盾的现象推动人们更深入地去探索植物线虫效应子在植物-寄生线虫相互作用中所扮演的角色。目前，主要有两种假说来解释这个矛盾：①在实验室条件下可诱导植物防卫反应的效应子，在自然条件下可能不足以诱导植物防卫反应；②在自然条件下，这些效应子诱导的植物防卫反应可能被病原物分泌的其他效应子抑制了。

水稻是我国主要的粮食作物，也是最重要的粮食作物之一。近年，禾生根结线虫

对我国水稻的危害日益严重（黄文坤等，2018），因此研究该病害的防治技术是我国水稻生产亟待解决的问题。研究禾生根结线虫效应子功能及其与水稻相互作用的分子机理，不仅可以了解禾生根结线虫的致病机制，也可为开发实用型根结线虫分子调控新技术奠定基础。例如，水稻中抗禾生根结线虫基因及一些关键的防卫基因可以用于抗病品种培育；通过植物体内 RNA 干扰（in planta RNAi）技术沉默禾生根结线虫与寄生相关的效应子可以获得抗线虫的水稻品种；利用 CRISPR/Cas9 基因编辑技术敲除水稻的感病基因，可能获得抗禾生根结线虫的水稻品种。分子生物学技术为禾生根结线虫的防控提供了良好的发展基础，但实用、安全的分子调控新技术开发仍任重道远。

第五节　我国重要孢囊线虫效应子研究进展

效应子主要由植物线虫的食道腺细胞分泌，并通过线虫口针注入植物体内，是在线虫侵入和寄生、抵御植物防卫反应、建立并维持取食位点的过程中起作用的蛋白质或小分子物质（Gheysen and Mitchum，2011）。目前，已知的植物寄生线虫效应子大多来自甜菜孢囊线虫、大豆孢囊线虫、马铃薯金线虫、马铃薯白线虫、南方根结线虫、北方根结线虫、禾生根结线虫和松材线虫等。禾谷孢囊线虫效应子的研究起步较晚，但是禾谷孢囊线虫转录组测序的完成，以及正在进行的基因组测序工作，为鉴定和研究禾谷孢囊线虫效应子提供了良好的基础。近几年，随着研究工作的深入，我国线虫工作者鉴定并研究了禾谷孢囊线虫和大豆孢囊线虫效应子。

一、修饰寄主植物细胞壁

细胞壁扩展蛋白（expansin）基因 *Ha-expb1* 在禾谷孢囊线虫基因组内均以多拷贝的形式存在，为多基因家族成员。*Ha-expb1* 在禾谷孢囊线虫二龄幼虫的两个亚腹食道腺细胞中特异性表达，在寄生早期阶段表达量较高，而在寄生后期表达量逐渐下降（Long et al.，2012）。*Ha-expb2* 编码的细胞壁扩展蛋白与 *Ha-expb1* 编码的同源性达到89%，含有信号肽、纤维素结合域（CBM Ⅱ）和细胞壁扩展蛋白结构域。HaEXPB2在二龄幼虫的食道腺合成，在各龄期均有表达，但在侵染后二龄幼虫阶段表达量最高。烟草叶片瞬时表达 HaEXPB2 可引起细胞死亡。在烟草叶片的亚细胞定位中发现 HaEXPB2 定位于细胞壁。原核表达的 HaEXPB2 融合蛋白具有纤维素结合特性，且 HaEXPB2 通过 CBM Ⅱ 结构域与纤维素底物结合。利用体外 RNAi 技术沉默 *Ha-expb2* 后，二龄幼虫的侵染率下降了53%。同时，研究发现 HaEXPB2 的同源蛋白 HaEXPB1 同样可以引起烟草叶片细胞死亡，而且定位于细胞壁，因此推测细胞壁扩展蛋白家族在小麦禾谷孢囊线虫寄生过程中发挥的功能相似，通过作用于细胞壁促进寄生，在线虫侵染前期发挥重要作用（Liu et al.，2016）。大豆孢囊线虫细胞壁扩展蛋白基因 *Hg-exp-1* 和 *Hg-exp-2* 分别编码长度为 288 个和 295 个氨基酸的多肽，N 端均含有信号肽，无跨膜结构域。序列比对发现，大豆孢囊线虫 Hg-EXP-1 序列与马铃薯金线虫 Gr-EXPB1、Gr-EXPB2 及非洲茎线虫 Da-EXPB1 等具有高度一致性。DNA 印迹法（Southern blotting）杂交实验表明，大豆孢囊线虫中细胞壁扩展蛋白基因可能以多拷贝方式或多基因家族存在。原位杂交显示，*Hg-exp-1* 和 *Hg-exp-2* 特异性地在大豆孢囊线虫亚腹食道腺表达。*Hg-exp-1* 被体外 RNA 干扰的二龄幼虫接种大豆后，根内线虫二龄幼虫数和雌虫数分别下降了 38.3% 和 43.4%，表明其在大豆孢囊线虫寄生早期过程中起重要作用（张瀛东等，2018）。

大豆孢囊线虫果胶酸裂合酶基因 *Hg-pel-5* 是通过 RACE-PCR 扩增到的全长为957 个碱基、编码 227 个氨基酸的基因。*Hg-pel-5* 在大豆孢囊线虫基因组中以多拷贝形式存在。研究表明，*Hg-pel-5* 在大豆孢囊线虫亚腹食道腺中表达，在侵染前和侵染后的二龄幼虫阶段大量表达，推测该基因在大豆孢囊线虫早期寄生过程中发挥重要作用（彭焕等，2012）。随后大豆孢囊线虫其他果胶酸裂合酶基因 *Hg-pel-3*、*Hg-pel-4*、*Hg-pel-6* 和 *Hg-pel-7* 被克隆，原位杂交显示 4 个基因均在亚腹食道腺中合成，且在侵染前和侵染后的二龄幼虫时期表达量高于其他时期。分析显示，*Hg-pel-3*、*Hg-pel-4* 和 *Hg-pel-6* 的氨基酸序列和基因组结构与 *Hg-pel-7* 差异明显，推测它们由不同的基因进化而来。通过体外 RNAi 技术沉默 *Hg-pel-6* 后，大豆孢囊线虫的侵染率减少了46.9%。因此，推测不同果胶酸裂合酶在大豆孢囊线虫侵染过程中发挥不同的作用（Peng et al.，2016a）。禾谷孢囊线虫果胶酸裂合酶基因 *Ha-pel-1* 编码具 521 个氨基酸的蛋白质。系统进化分析发现，*Ha-pel-1* 及其他已报道的线虫果胶酸裂合酶基因与细菌和真菌来源的 PEL 基因聚在一个大的分支中。原位杂交结果显示，*Ha-pel-1* 主要在禾谷孢囊线虫亚腹食道腺中表达；半定量 RT-PCR 确定，*Ha-pel-1* 在寄生前和寄生后的二龄幼虫阶段大量表达。以上研究结果揭示，*Ha-pel-1* 与禾谷孢囊线虫的侵染和寄生过程密切相关（李新等，2017）。

禾谷孢囊线虫 β-1,4- 内切葡聚糖酶 Ha-ENG-1A、Ha-ENG-2 和 Ha-ENG-3 均属于糖基水解酶第 5 家族，在催化域结构上具有高度相似性。原位杂交分析结果表明，*Ha-eng-1a*、*Ha-eng-2*、*Ha-eng-3* 在禾谷孢囊线虫二龄幼虫的两个亚腹食道腺细胞特异性表达。半定量 RT-PCR 分析表明，*Ha-eng-1a*、*Ha-eng-2* 和 *Ha-eng-3* 在禾谷孢囊线虫寄生阶段早期高丰度表达，而在寄生后期表达量降低。体外诱导表达的 β-1,4- 内切葡聚糖酶重组蛋白 Ha-ENG-1A、Ha-ENG-2 和 Ha-ENG-3 具有强烈的纤维素水解活性，均为功能蛋白。接种实验表明，*Ha-eng-2* 沉默后的禾谷孢囊线虫二龄幼虫侵染率相比对照下降了 40%。因此，推测禾谷孢囊线虫在寄生过程中，可能通过分泌 β-1,4- 内切葡聚糖酶来降解和软化植物细胞壁，从而协助二龄幼虫侵入寄主及在寄主体内迁移（Long et al.，2013）。

二、调控寄主免疫防卫反应

禾谷孢囊线虫分泌的钙网蛋白基因 *HaCRT1* 在食道腺中合成，qRT-PCR 检测表明，

HaCRT1 在各龄期均有表达，在侵染后二龄幼虫阶段最高，说明 *HaCRT1* 可能在早期寄生过程中发挥作用。*BAX* 表达可以引起烟草叶片的细胞死亡，但 *BAX* 和 *HaCRT1* 的共表达没有诱导细胞死亡，表明 *HaCRT1* 可以抑制烟草叶片中由 BAX 诱导的细胞死亡。利用体外 RNAi 技术沉默 *HaCRT1* 后，二龄幼虫的侵染率明显降低。与野生型相比，过表达 *HaCRT1* 转基因拟南芥接种丁香假单胞菌后，叶片上的病斑更加明显，繁殖量明显增加。在野生型拟南芥中，flg22 强烈诱导了 *PAD4*、*WRKY33*、*FRK1* 和 *WRKY29* 的表达，但是在过表达 *HaCRT1* 拟南芥中它们的表达量显著低于野生型植物；而且过表达 *HaCRT1* 拟南芥 flg22 诱导产生的活性氧（ROS）水平也低于野生型。以上结论说明，禾谷孢囊线虫 *HaCRT1* 抑制了植物的 PTI 反应。在野生型和过表达 *HaCRT1* 拟南芥中表达水母发光蛋白（aequorin），利用水母发光蛋白进行 Ca^{2+} 浓度测定。用 NaCl 处理幼苗，植物体内的 Ca^{2+} 浓度迅速上升形成峰值，过表达 *HaCRT1* 拟南芥的 Ca^{2+} 浓度峰值明显高于野生型。尽管研究表明 *HaCRT1* 可能通过影响 Ca^{2+} 信号转导来抑制植物免疫防御防御，但是 *HaCRT1* 是否具有与 Ca^{2+} 结合的特性，以及如何调节植物细胞内 Ca^{2+} 浓度还不清楚（Liu et al.，2020）。

类膜联蛋白基因 *Ha-annexin* 编码一个具 326 个氨基酸的蛋白质，与马铃薯白线虫的分泌蛋白 ANNEXIN 2 相似度最高。该基因表达于亚腹食道腺细胞，且侵染后二龄幼虫时期表达量最高。BSMV 介导 *Ha-annexin* 基因沉默使线虫在沉默该基因 7dpi 和 40dpi 时的侵染数目显著降低，说明该基因在禾谷孢囊线虫的侵染过程中具有重要作用。植物细胞亚细胞定位显示，*Ha-annexin* 表达于细胞膜和细胞质中。*Ha-annexin* 可抑制 PTI 通路上的 3 个标记基因表达，说明该基因可以抑制植物的 PTI 反应。随后发现该基因的作用靶标为丝裂原活化蛋白激酶（MAPK）级联途径中两个激酶 MKK1 和 NPK1 的下游反应（Chen et al.，2015）。

Ha-vap1 和 *Ha-vap2* 编码类毒素过敏原蛋白。HaVAP1 和 HaVAP2 均能抑制由 BAX 诱导的细胞死亡，且去除信号肽后抑制效果更明显。在烟草叶片中瞬时表达时，HaVAP1 和 HaVAP2 均聚集在胞外空间，当去除信号肽后，HaVAP1 定位在叶绿体，HaVAP2 定位在细胞核。*Ha-vap1* 在侵染后二龄幼虫阶段表达量最高，转录产物聚集在二龄幼虫亚腹食道腺；而 *Ha-vap2* 在侵染后四龄幼虫阶段表达量最高，转录产物聚集在侵染后二龄幼虫、三龄幼虫、四龄幼虫的背食道腺。*Ha-vap1* 基因沉默导致侵染幼虫的数量上升，而 *Ha-vap2* 基因沉默导致形成的孢囊和卵数量均下降。酵母双杂交发现，HaVAP2 与 HvCLP205-527 互作。HaVAP2 与 HvCLP 和 HvCLP205-527 的互作在双分子荧光互补实验中得到验证，并定位于细胞核中。HvCLP 转录水平在禾谷孢囊线虫侵染后 15d 时上升至约 1.7 倍，而到了 25d 时下降至约 50%（Luo et al.，2019）。

禾谷孢囊线虫中存在 G16B09 效应蛋白家族，如 HaGLAND5、Ha18764。稻瘟病菌与大麦的互作系统验证表明，Ha18764 蛋白具有分泌活性。Ha18764 蛋白可抑制植物的防卫反应，如活性氧爆发、胼胝质沉积及防卫相关基因表达。异源表达 Ha18764

或甜菜孢囊线虫同源蛋白 Hs18764 的拟南芥对甜菜孢囊线虫更加敏感。BSMV 介导寄主体内 Ha18764 基因沉默后，禾谷孢囊线虫在小麦体内的侵染率及孢囊形成量都显著下降，首次证明 G16B09 效应蛋白家族可抑制植物的防卫反应，促进禾谷孢囊线虫寄生（Yang et al., 2019a）。HaGLAND5 基因在禾谷孢囊线虫背食道腺特异性表达，且侵染后的二龄幼虫阶段表达量最高。异源表达 HaGLAND5 或甜菜孢囊线虫同源蛋白 HsGLAND5 的拟南芥对甜菜孢囊线虫敏感性增强。BSMV 介导寄主体内 HaGLAND5 基因沉默后，禾谷孢囊线虫在小麦体内的侵染率及孢囊形成量都显著下降。HaGLAND5 蛋白同样可抑制植物的防卫反应，如活性氧爆发、胼胝质沉积及防卫相关基因表达。利用免疫沉淀及质谱技术、Co-IP 及萤光素酶互补实验证明，HaGLAND5 与拟南芥中丙酮酸脱氢酶亚基 AtEMB3003 互作，说明禾谷孢囊线虫通过分泌 HaGLAND5 蛋白来调控丙酮酸脱氢酶介导的免疫反应，从而达到促进寄生的目的（Yang et al., 2019b）。

三、其他致病基因

禾谷孢囊线虫的脂肪酸和维生素 A 结合蛋白 Ha-FAR-1 与马铃薯白线虫的 Gp-FAR-1 蛋白同源性最高，Ha-FAR-2 与 Ha-FAR-1 蛋白的序列差异较大，与香蕉穿孔线虫的 FAR 蛋白同源性最高。基因 *Ha-far-1* 和 *Ha-far-2* 的表达部位都位于线虫的真皮中。纯化的 Ha-FAR-1 蛋白和 Ha-FAR-2 蛋白均可结合 11-(丹磺酰胺)十一酸（DAUDA）与维生素 A，但 Ha-FAR-2 蛋白的结合活性比 Ha-FAR-1 蛋白的弱。置换滴定实验表明，油酸可以将与 Ha-FAR-1 蛋白结合的 DAUDA 及维生素 A 置换出来。由此可推测，Ha-FAR-1 蛋白、Ha-FAR-2 蛋白可能在线虫真皮中表达后，通过体壁分泌到寄主体内，并与寄主中的脂肪酸和维生素 A 等营养物质进行结合，帮助线虫获取脂类营养（Qiao et al., 2016）。FMRF 酰胺样肽（FMRFamide-like peptide, FLP）作为神经递质或神经调节剂在神经系统中发挥重要作用，被认为是植物寄生线虫管理的重要靶标位点之一。禾谷孢囊线虫的神经肽基因 *flp-12* 有一个含 22 个残基的长信号肽，提示其与细胞外功能有关，而 *flp-16* 不含信号肽，但 *flp-12*、*flp-16* 分别具有高度保守的基序 KFEFIRF、RFGK（Thakur et al., 2012）。*flp-12* 和 *flp-16* 编码的分泌蛋白表达于背腹食道腺细胞，因此可能在早期寄生过程中发挥重要作用。*Ha-acp1* 基因编码酸性磷酸酶，*Ha-acp1* 的转录物特异性地积累在线虫的背腹食道腺细胞。利用 RNA 干扰技术沉默 *Ha-acp1* 可使线虫传染性降低 50%，并抑制孢囊的形成（Liu et al., 2014）。溶菌酶（lysozyme）在线虫先天防御系统中起着重要作用。大豆孢囊线虫溶菌酶基因 *Hg-lys1* 和 *Hg-lys2* 分别编码长度为 160 个和 205 个氨基酸的蛋白质。原位杂交表明，*Hg-lys1* 和 *Hg-lys2* 的转录物在大豆孢囊线虫的肠道中合成。革兰氏阳性细菌苏云金芽孢杆菌、枯草芽孢杆菌或金黄色葡萄球菌可以诱导大豆孢囊线虫 *Hg-lys1* 和 *Hg-lys2* 的上调表达。通过体外 RNA 干扰敲除 *Hg-lys1* 和 *Hg-lys2* 后显著降低了大豆孢囊线虫的存活率。以上结果表明，*Hg-lys1* 和 *Hg-lys2* 对于大豆孢囊线虫的防御系统与存活非常重要（Wang et al.，2019）。

尽管已经从各种植物寄生线虫中克隆出大量的效应蛋白基因，但是仅上述少数效应子的功能被深入研究，还有大量未知功能的效应子尚未挖掘，因此效应子的研究是了解植物线虫寄生和致病机制的关键，也是植物线虫学研究的热点之一。上述效应子的研究结果为了解孢囊线虫与寄主的互作机制提供了证据，为制定线虫防治策略、保障粮食安全提供了思路。

第六节　线虫抗性基因和防卫反应

寄主与植物寄生线虫的相互作用可以分为亲和性相互作用（compatible interactions）与非亲和性相互作用（incompatible interactions）两种类型：在亲和性相互作用中，植物寄生线虫侵染寄主植物时，利用口针将食道腺的分泌物（效应子）分泌到寄主植物细胞取食位点，并诱导寄主细胞形成合胞体或巨型细胞，线虫从寄主植物体内获取养分，完成正常的生长发育生活史；在非亲和性相互作用中，寄主植物在合胞体或巨型细胞及其附近发生快速细胞坏死反应，类似于植物-病原微生物相互作用过程中的过敏性坏死反应，合胞体或巨型细胞形成受阻或遭到破坏，线虫无法完成正常的生长发育。在取食位点形成及非亲和性相互作用中，线虫侵染寄主时分泌的效应子被寄主抗性蛋白识别，引发取食位点细胞发生了一系列细胞和亚细胞结构、生理生化及代谢与分子水平的变化，激活了一系列的寄主防卫反应，从而对线虫表现抗性。孢囊线虫（cyst nematode）和根结线虫（root knot nematode）是最重要的两类植物寄生线虫。针对这两类线虫的抗性基因及其作用机制已有不同研究阶段的综述（Williamson，1999；Kaloshian et al.，2011；Kandoth and Mitchum，2013；刘世名和彭德良，2016；韩少杰和郑经武，2021）。本节概述了目前上述两类线虫的抗性基因和在非亲和性相互作用中激发的寄主防卫反应、抗性机制等方面的主要研究进展。

一、线虫抗性基因

（一）LRR 类植物线虫抗性基因

甜菜（sugar beet）*Hs1^{pro-1}* 是第一个被克隆、鉴定的植物线虫抗性基因。将 *Hs1^{pro-1}* 经农杆菌介导转化进感病甜菜根后，感病甜菜对甜菜孢囊线虫（*Heterodera schachtii*）表现抗性。这个基因编码一个含 282 个氨基酸的蛋白质，其含有一个跨膜结构域（transmembrane domain）及在 N 端含有一个亮氨酸富集区域（leucine-rich region），这个亮氨酸富集区域结构与传统的亮氨酸富集重复（LRR）结构域有点类似（Cai et al.，1997）。

之后，大多数鉴定出来的线虫抗性基因含有 NBS-LRR 结构域。这些基因包括从茄科植物中鉴定的 *Mi-1.2*（Milligan et al.，1998）、*Mi9*（Jablonska et al.，2007）、*Hero A*（Ernst et al.，2002）、*Gpa2*（van der Vossen et al.，2000）、*Gro1-4*（Paal et al.，2004）

及从樱桃（*Prunus cerasifera*）中鉴定的 *Ma*（Claverie et al.，2011）。*Ma* 是第一个从二年生植物中鉴定到的植物线虫抗性基因。根据 LRR 的 N 端结构，这些基因编码的蛋白质可分为含有螺旋卷曲（CC）结构的 CC-NBS-LRR、含有 TIR 结构的 TIR-NBS-LRR 两种类型，其中，*Mi-1.2*、*Mi9*、*Hero A*、*Gpa2* 属于 CC-NBS-LRR 类型，而 *Gro1-4* 和 *Ma* 属于 TIR-NBS-LRR2 类型。*Mi-1.2*、*Mi9* 和 *Ma* 对植物根结线虫表现抗性，而 *Hs1^(pro-1)*、*Gpa2*、*Gro1-4* 及 *Hero A* 对植物孢囊线虫表现抗性。*Mi-1.2* 对 3 种根结线虫都表现抗性，包括南方根结线虫、花生根结线虫及爪哇根结线虫。当土壤温度高于 28℃ 时 *Mi-1.2* 则会丧失抗性，而 *Mi-9* 在土壤温度高达 32℃ 时仍保持抗性。*Hero A* 对马铃薯金线虫表现抗性，但对马铃薯白线虫 Pa2/3 致病型只表现部分抗性，而 *Gro1-4* 对马铃薯金线虫 Ro1 致病型表现抗性。另外，除了抗线虫，*Mi-1.2* 还对蚜虫（aphid）、木虱（psyllid）及粉虱（whitefly）产生抗性（Milligan et al.，1998），对番茄叶霉病菌（*Cladosporium fulvum*）具有抗性的番茄（*Solanum pimpinellifolium*）胞外免疫受体基因 *Cf-2* 对马铃薯金线虫 Ro1-Mierenbos 致病型也具有抗性作用（Lozano-Torres et al.，2012）。在 *Mi-1.2* 抗性研究中还发现了一些受其调控的抗性信号。*Mi-1.2* 可与 SGT1、RAR1 及 HSP90 形成复合体，*Mi-1.2* 在抗根结线虫和蚜虫时要求必须有 HSP90 的参与，但不一定需要 RAR1 的参与，在抗蚜虫时必须要求有 SGT1-1 的参与，但在抗根结线虫时则不需要 SGT1-1 的参与（Bhattarai et al.，2007）。在 Mi-1.2 抗根结线虫时还需要 SlWRKY70、SlWRKY72a 及 SlWRKY72b 的参与（Bhattarai et al.，2008，2010；Atamian et al.，2011）。SlSERK1[somatic embryogenesis receptor kinase 3 (SERK3)-associated kinase 1] 则是 Mi-1.2 对蚜虫表现抗性必需的，但不是 Mi-1.2 对根结线虫表现抗性必需的（Mantelin et al.，2011）。

（二）大豆抗孢囊线虫位点的 LRR 类基因

大豆（*Glycine max*）对大豆孢囊线虫（soybean cyst nematode，SCN；*Heterodera glycines*）的抗性受多基因控制。SCN 有 16 个生理小种，不同生理小种的致病性存在较大差异，并且 SCN 容易克服寄主大豆的抗性（Mitchum et al.，2007；Colgrove and Niblack，2008；Mitchum，2016）。这些因素导致大豆的 SCN 抗性反应非常复杂。自 20 世纪 60 年代鉴定出第一个抗 SCN 位点基因 *Rhg*（resistance to *Heterodera glycines*）以来，利用不同抗性大豆及不同 SCN 生理小种不断鉴定出新的抗性数量性状位点（quantitative trait loci，QTL）。迄今，已在大豆所有 20 条染色体上定位、鉴定了 278 个抗 SCN 的 QTL（http://www.soybase.org）。但是，仅有 18 号染色体上的 *rhg1* 和 8 号染色体上的 *Rhg4* 这 2 个位点在多种寄主大豆上得到了重复鉴定，是公认的 2 个主要的大豆抗 SCN 的 QTL（Meksem et al.，2001；Concibido et al.，2004）。

抗性位点 *rhg1* 可以是共显性也可以是显性基因。该位点是绝大多数大豆品种表现 SCN 抗性所必需的，对大豆的 SCN 抗性贡献最大。Brucker 等（2005）根据分别来自 PI437654（Peking 型）和 Bell（PI88788 型）的 *rhg1* 对 SCN 产生的不同反应将

rhg1 分为 2 种类型，分别为 *rhg1-a* 和 *rhg1-b*。之后的研究（Liu et al.，2017，2012）也证明了这一点。

Ruben 等（2006）利用 9 个分子标记分析 4 个近等基因系（near-isogenic line，NIL）群体发生的重组事件，并对位于 18 号染色体上的 SCN 抗性位点 *rhg1-a* 进行了基因组学分析。利用 Peking 型抗性大豆 Forrest 的 BAC 文库构建了 *rhg1-a* 位点的物理图谱，并克隆出了这个位点的一个抗 SCN 3 号生理小种的候选基因 *LRR-RLK*（*Glyma. 18G02680*），该基因含 2 个外显子、1 个内含子，cDNA 长 2568bp。这个 *LRR-RLK* 基因与它附近的另外 2 个分别编码漆酶（laccase）及 H$^+$-Na$^+$ 反向转运蛋白（hydrogen sodium ion antiporter）的基因总是连锁，之间不会发生任何重组事件（Afzal et al.，2012）。用人工 microRNA（artificial microRNA，amiRNA）方法沉默 *LRR-RLK* 基因，但 SCN 侵染表型并没有显著变化，说明 *rhg1* 基因 *LRR-RLK* 并没有 SCN 抗性功能（Melito et al.，2010）。但是，从 Peking 型大豆 Forrest 的 BAC 文库中筛选到一个 BAC 克隆 B73P06（约 82kb），包含 *rhg1-a/Rfs-2* 位点（Afzal et al.，2012，2013），与易感大豆基因组比较，该 BAC 克隆含有约 800 个单核苷酸多态性（single nucleotide polymorphism，SNP），其中 *rhg1-a* 基因 *LRR-RLK* 的基因组 DNA 与蛋白质序列表现出很复杂的多态性（Srour et al.，2012）。将从 BAC 克隆 B73P06 中亚克隆出的一段长 9.772kb、包含 *rhg1-a* 基因 *LRR-RLK* 的序列转化进 SCN 易感大豆品种 X5 或 Westag97，转基因大豆幼苗的根发育受到明显抑制，且 SCN 和大豆猝死综合征（sudden death syndrome，SDS）的侵染表型都发生了明显变化，没有 *Rhg4* 时能部分恢复 SCN 抗性［孢囊指数（female index，FI）降低 30%～50%］；当存在 *Rhg4* 时，则能基本完全恢复 SCN 抗性（FI=11%）（Srour et al.，2012）。

显性基因 *Rhg4* 是 Peking 型大豆表现 SCN 抗性除 *rhg1* 外的另外一个必需位点。*Rhg4* 抗性位点上也含有一个 *LRR-RLK* 基因（*Glyma. 08G107700*）（Hauge et al.，2001；Lightfoot and Meksem，2002；Liu et al.，2011）。该基因表现出很丰富的遗传多样性，从 104 份中国栽培大豆品种与野生大豆品种中检测到了 59 个 SNP 和 8 个插入缺失标记（insertion-deletion，InDel），其中 9 个位于该基因编码蛋白质的结构域上且引起氨基酸变化（Yuan et al.，2012）。

Liu 等（2011）开发了一个较大规模的、由甲磺酸乙酯（ethyl methanesulfonate，EMS）化学诱变大豆 SCN 抗性栽培品种 Forrest 产生的突变群体（Cooper et al.，2008），然后通过定向诱导基因组局部突变（targeting induced local lesions in genomes，TILLING）技术（Cooper et al.，2008；Meksem et al.，2008；Liu et al.，2011）筛选到了一株翻译提前终止的 *Rhg4* 基因 *LRR-RLK* 突变体（Q263*，突变位于第 4 个 LRR 结构域上），这株 Q263* 突变体翻译出一个不完整的 LRR-RLK 蛋白，但这株突变体在 *rhg1* 抗性位点仍为野生型 Forrest 基因型。所以，如果 *Rhg4* 基因 *LRR-RLK* 具备 SCN 抗性功能，这株 Q263* 突变体应该完全丧失或至少部分丧失 SCN 抗性。然而，在 Q263* 突变体 M$_3$ 代各植株中，不管是突变纯合子还是杂合子，都和野生型一样仍对 SCN 表现高抗性，所以 *Rhg4* 基因 *LRR-RLK* 不是直接的 SCN 抗性相关基因。

利用 Eco-TILLING 技术从 SCN 易感大豆品种 Essex 与抗性品种 Forrest 杂交产生的 F₂ 重组自交系（recombinant inbred line，RIL）[Essex×Forrest（E×F），共 98 个 RIL] 中鉴定到一株编号为 RIL E×F74 的株系，其 *Rhg4* 基因 *LRR-RLK* 表现为 SCN 抗性的 Forrest 基因型，但其表型对 SCN 易感（Liu et al.，2011）。另外，通过对上述大豆 E×F RIL F₂ 代重组体利用发根农杆菌介导的大豆毛状根转化系统进行转化实验，在将一个从 100B10 Forrest 基因型 BAC 文库中克隆到的含有 *Rhg4* 基因 *LRR-RLK* 完整序列（除基因组 DNA 序列外，还包含 5kb 5′-UTR 和 2.4kb 3′-UTR）的亚克隆 11F 转化到重组体 E×F63（基因型为 *Rhg4⁻Rhg4⁻rhg1⁺rhg1⁺*，但对 SCN 易感）的转基因发根根系中，能够检测到自然表达抗性 Forrest 基因型的 *Rhg4* 基因 *LRR-RLK*，但遗传互补转化根系仍表现和 E×F63 基本一致的 SCN 易感表型（Liu et al.，2011）。这些结果也证明 *Rhg4* 基因 *LRR-RLK* 不具有 SCN 抗性功能。

（三）大豆孢囊线虫抗性基因 *rhg1*

Kim 等（2010）利用 4 个分别由 SCN 抗性（PI88788 型）与易感品种杂交产生的 RIL 将 *rhg1-b* 的抗 SCN 基因精细定位在一段长 67kb、包含 11 个基因的基因组序列区域。经全基因组重测序发现，该基因组区域一段约 31kb 的序列在 PI88788 型大豆 Fayette 上存在多拷贝现象，并用荧光原位杂交（Fiber-FISH）证实这段序列在 PI88788 型抗性大豆及 Peking 型抗性大豆上分别含有 10 个和 3 个拷贝，而易感大豆 Williams 82 仅为单拷贝。这段 31kb 基因组序列包含 4 个全长基因及一个非全长基因，其中 3 个基因 [*Glyma. 18G022400*（amino acid transporter，*GmAAT*）、*Glyma. 18G022500*（soluble NSF attachment protein，*GmSNAP18*）及 *Glyma. 18G022700*（wound-induced protein，*GmWI12*）] 与 SCN 抗性关联，当这 3 个基因同时在感病大豆 Williams 82 中过量表达时，大豆转基因毛状根的 SCN 侵染表型则会发生显著变化，表明 *rhg1-b* 采取的是将一段含多基因的基因组序列多拷贝化而产生 SCN 抗性的机制。虽然 *GmAAT*、*GmSNAP18* 和 *GmWI12* 这 3 个基因中任何一个单独过表达均不能引起大豆转基因毛状根的 SCN 侵染表型发生显著变化，但每一个基因单独沉默后均可对 *rhg1-b* 介导的 SCN 抗性产生影响，说明 *GmAAT*、*GmSNAP18* 及 *GmWI12* 这 3 个基因共同控制这个位点的 SCN 抗性（Cook et al.，2012）。后来，通过分析 41 个大豆品种，根据这段 31kb 序列的拷贝数、基因组转录水平、脱氧核苷酸序列多态性及 DNA 甲基化区域的不同，可将抗性大豆分成两大类：一类是 PI88788 型抗性大豆，包括 PI88788，这段 31kb 序列呈高拷贝数（7～10 个）；另一类为 Peking 型抗性大豆，包括 Peking 和 PI437654，这段 31kb 序列为低拷贝数（3 个），这两种类型抗性大豆可能起源同一祖先，最后分开进化（Cook et al.，2014）。而且，这段 31kb 序列共含有 4 种截然不同的序列，有些品种的 *rhg1* 位点含有其中的 3 种序列，如 PI88788（Cook et al.，2014）。之后的研究（Lee et al.，2015；Yu et al.，2016）进一步验证了这些结果和结论。

Liu 等（2017）通过开发的 Eco-TILLING 分子标记，利用 3 个 RIL 群体（Essex×Forrest、Forrest×Williams 82 及 Williams 82×Forrest）建立了 *rhg1-a* 位点的高密度遗传图谱，通过筛选重组体、分析染色体断点及进行基因组序列分析，鉴定到一个候选基因 *GmSNAP18*；同时，利用 RSE-seq 方法，以感病品种 Essex、Peking 型抗性大豆 Peking 和 Forrest 及 PI88788 型抗性大豆 PI88788 为材料，对 *rhg1* 位点（300kb）进行深度基因组测序，通过比较不同类型 *rhg1* 位点基因组序列鉴定出 *GmSNAP18* 为唯一的候选基因；然后，将 *GmSNAP18* 在大豆毛状根中过表达，结果表明 Forrest 的 *GmSNAP18* 可以恢复感病大豆（*rhg1⁻rhg1⁻Rhg4⁺Rhg4⁺*）的抗性，而 PI88788 的 *GmSNAP18* 和 Essex 的 *GmSNAP18* 过表达均不能恢复感病大豆（*rhg1⁻rhg1⁻Rhg4⁺Rhg4⁺*）的抗性。证明，*GmSNAP18* 就是 Peking 型大豆的 *rhg1-a* 基因，与 *Rhg4* 基因 *GmSHMT08* 一起控制 Peking 型大豆的孢囊线虫抗性，从而证实 *GmSNAP18* 基因在不同大豆孢囊线虫抗性类型大豆（Peking 型和 PI88788 型）中采取两种不同的抗性机制。

（四）大豆孢囊线虫抗性基因 *Rhg4*

Liu 等（2012）利用 Eco-TILLING 分子标记建立了大豆 *Rhg4* 位点的高密度遗传图谱（约 300kb）；同时，以 SCN 易感大豆品种 Essex 或 Williams 82 与抗性大豆品种 Forrest 杂交开发了 3 个大规模 RIL 群体 [Essex×Forrest（E×F）、Forrest×Williams 82（F×W）及 Williams 82×Forrest（W×F）]，共 3913 株 RIL。从这些 RIL 中筛选到了 2 株重要的 *Rhg4* 重组体（E×F74 与 F×W5093），这 2 株重组体都对 SCN 高抗，且在 *rhg1* 位点都为 SCN 抗性的 Forrest 基因型。根据它们的高密度遗传图谱与染色体断点分析结果，确切地定位了 SCN 抗性区域位于一段由 3 个 DNA 分子标记组成（SHMT、8K.GA 和 SUB1）的长约 8kb 的序列上，这个区域包含 2 个基因：*GmSHMT08*（丝氨酸羟甲基转移酶）和 *GmSUB1*。在 SCN 易感与抗性品种之间，基因 *GmSUB1* 的启动子序列（1766bp）完全一致，尽管基因组 DNA 与 cDNA 序列存在脱氧核苷酸的差别，但并没有引起蛋白质序列发生变化，说明 *GmSUB1* 与 SCN 抗性无关；然而，*GmSHMT08* 不但启动子序列存在 3 个脱氧核苷酸的差别，而且基因组 DNA 序列中存在 5 个脱氧核苷酸的序列多态性，其中 2 个位于外显子序列上，并导致 2 个氨基酸变化（R130P 和 Y358N）。因此，*GmSHMT08* 是 *Rhg4* 位点唯一的 SCN 抗性候选基因（Liu et al.，2012）。

Liu 等（2012）进一步对 *GmSHMT08* 的 SCN 抗性功能进行了不同层面的鉴定。首先，较大规模高通量筛选到了 2 株发生错义突变（missense mutation）的 TILLING 突变体 [F6266（E61K）及 F6756（M125I）]，它们的 SCN 侵染表型都发生了较明显的变化，由高抗变得中感。其次，用构建的 *GmSHMT08* 病毒诱导的基因沉默（virus-induced gene silencing，VIGS）及 RNAi 表达质粒分别侵染/转化 RIL E×F67（基因型为 *Rhg4⁺Rhg4⁺rhg1⁺rhg1⁺*，对 SCN 高抗）的幼苗叶片/毛状根后，*GmSHMT08* 的表达量显著降低，SCN 侵染表型发生较显著变化，变得中感；而且用 Forrest 的

GmSHMT08 遗传互补 RIL E×F63（基因型为 *Rhg4⁻Rhg4⁻rhg1⁺rhg1⁺*，对 SCN 易感），转化株能部分恢复对 SCN 的抗性。再次，对 81 个大豆资源/品种的 SCN 侵染表型进行了测定，并分析了其中 28 个品种 *Rhg4* 与 *rhg1* 位点的基因型及 *GmSHMT08* 的单体型（haplotype），可将大豆 *GmSHMT08* 分为 8 个类型的单体型，其中，Peking 型大豆 *GmSHMT08* 的单体型均为 SCN 抗性基因型，且 *rhg1* 位点为 SCN 抗性基因型，与 Meksem 等（2001）的遗传分析结果完全一致。上述研究结果均表明，*GmSHMT08* 具有 SCN 抗性功能，就是 *Rhg4* 基因（Liu et al.，2012）。

　　在大肠杆菌 GS245（DE3）pLysS 诱导表达后，SCN 易感大豆 Essex、抗性大豆 Forrest 及突变体 F6266 或 F6756 的 GmSHMT08 酶动力学差别非常大，易感大豆 GmSHMT08 活性维持在相对高水平，抗性大豆 GmSHMT08 活性维持在相对较高水平，而突变体的 GmSHMT08 活性始终非常低，不管底物浓度有多高或低；另外，易感大豆 GmSHMT08 首先随着底物四氢乙酸浓度提高而活性提高，达到顶点后又随四氢乙酸浓度提高而活性下降；然而，抗性大豆 GmSHMT08 首先随着底物四氢乙酸浓度提高而活性迅速提高，达到顶点后一直维持在高活性水平，并不再随四氢乙酸浓度提高而活性下降或上升，说明 SCN 易感和抗性大豆 GmSHMT08 采取不同的机制对侵染的 SCN 产生作用（易感或抗性）（Liu et al.，2012）。已有报道称 SHMT 突变及乙酸缺乏与人类多种疾病有关（Heil et al.，2001；Skibola et al.，2002；Kim et al.，2003；Lim et al.，2005；Wernimont et al.，2011）。SHMT 是一种在整个生物界普遍存在且保守的酶，主要转化丝氨酸为甘氨酸，并提供一碳单位，在 DNA 合成及细胞甲基化反应等方面起着重要作用。因此，*Rhg4* 基因 *GmSHMT08* 采取的可能是一种通过调控一碳代谢而参与植物抗病反应的新机制（Liu et al.，2012）。Kandoth 等（2017）又从另外 2 个 Forrest 基因型的 TILLING 突变群体中筛选到了 13 个新的 SCN 侵染表型发生变化的 *GmSHMT08* 突变体，并获得了 *GmSHMT08* 的大豆转基因全植株，进一步验证了 *GmSHMT08* 具有抗 SCN 的功能。

（五）大豆孢囊线虫抗性基因 *GmSNAP11*

　　Lakhssassi 等（2017）分析了大豆中 4 个主要的 *SNAP* 基因（分别是 18 号、11 号、14 号及 2 号染色体上的 *GmSNAP18*、*GmSNAP11*、*GmSNAP14* 及 *GmSNAP02*）在 SCN 侵染前后的表达水平，并利用 1 个 Essex×Forrest 的 RIL 群体，分析了各 RIL 的 *GmSNAP18*、*GmSNAP11* 及 *GmSNAP14* 基因型与 SCN 侵染表型的关系，证实 *GmSNAP11* 基因也具有一定的大豆孢囊线虫抗性功能。

二、非亲和性相互作用中的防卫反应

　　线虫侵染寄主植物及植物与线虫的非亲和相互作用激发了一系列的寄主防卫反应。孵化的大豆孢囊线虫二龄幼虫（J2）侵染大豆根部并到达维管束附近，诱导取食位点周围的细胞壁融合形成合胞体。在感病大豆与 SCN 的亲和性相互作用过程当中，孵化的 J2 通过合胞体从大豆吸取营养完成生活史各个阶段。然而，抗性大豆与大豆孢囊线虫表现出非亲和性相互作用，在整个侵染过程当中，大豆产生一系列的防卫反应（defense response），SCN 的生长发育受到抑制/终止。这些防卫反应可分为两种类型。Klink 等（2007a，2007b，2009）比较了 Peking 与 SCN 3 号生理小种（抗性）及 SCN 14 号生理小种（感病）两个生理小种分别相互作用条件下合胞体的基因转录水平。SCN 侵染时，Peking 型抗性大豆产生一种快速的强力防卫反应，SCN 一般在 J2 阶段就死亡；PI88788 型抗性大豆则表现出另外一种慢性但持久的防卫反应，SCN 一般要发育到 J3、J4 阶段才死亡。

采用激光捕获显微切割（laser capture microdissection，LCM）的方法从 SCN 侵染后的大豆根系组织中分离到合胞体细胞，用商业化的大豆基因组学芯片（Affymetrix Soybean GeneChip）对分离的合胞体细胞进行了基因转录水平的微列阵组学分析（microarray）（Klink et al.，2011）。在 SCN 易感与抗性品种当中，3 个 *rhg1-b* 基因中的 *GmAAT*（*Glyma. 18G022400*）和 *GmWI12*（*Glyma. 18G022700*）编码的蛋白质序列没有差别（Shi et al.，2015），但 *GmSNAP18* 基因特别是其 3′ 端表现出丰富的脱氧核苷酸序列多态性，并导致几个氨基酸变化，且在 PI88788 型大豆 10 个拷贝中存在 3 种类型（Cook et al.，2012，2014；Lee et al.，2015；Shi et al.，2015；Liu et al.，2017）。通过比较表现出不同防卫反应的 2 种抗性大豆 Peking 和 PI88788 在 SCN 侵染过程中的基因转录水平，发现上述 2 个基因（*GmAAT* 和 *GmSNAP18*）在大豆防御 SCN 反应中特异性表达（Matsye et al.，2011）。比较 SCN 感病品种 Evans 和抗性品种 PI209332（PI88788 型）杂交得到的 2 个近等基因系 NIL-S 和 NIL-R（NIL-S 和 NIL-R 分别对 SCN 3 号生理小种感病和抗性，且二者在基因组水平只有 *rhg1* 位点存在差异）的基因组转录水平时，在 NIL-S 和 NIL-R 之间有 1447 个基因的表达水平有差异，其中 241 个基因，包括上述 *GmAAT* 和 *GmSNAP18*，在 SCN 侵染过程中表达水平提高，与抗逆和防御关联，说明 *rhg1* 调控着一系列非常复杂的大豆防御 SCN 反应（Kandoth et al.，2011）。Matsye 等（2012）报道了一个比一般 *α-SNAP* 较短的大豆 *α-SNAP* 在 Williams 82 中过表达后能引起大豆 SCN 侵染表型发生显著变化。综上所述，*GmSNAP18* 可能在 *rhg1* 抗 SCN 中起较重要的作用。

在植物与线虫相互作用过程中，在蛋白质水平寄主植物也发生了系列变化。Afzal 等（2009）比较了在有 SCN 侵染和没有 SCN 侵染 2 种不同条件下 2 个 NIL［NIL34-23（SCN 抗性）及 NIL-3（SCN 感病）］的蛋白质水平，鉴定了 28 个表达水平有显著差异的蛋白质；代谢分析结果则表明由于 SCN 的侵染，*rhg1* 位点改变了 17 条代谢途径，这些代谢途径与系统获得抗性（SAR）反应关联。

而在生理生化水平，在番茄防御根结线虫反应中 NO 和 H_2O_2 起到了非常重要的作用。接种 12h、24h 及 48h 后，非亲和性相互作用中 NO 的活性和 H_2O_2 的积累量都比亲和性相互作用中的高。在接种 12h 时，H_2O_2 沿着线虫侵染及迁移的路径积累，到接种 24h 和 48h 时，H_2O_2 则在正在呈现过敏性坏死反应的取食位点积累（Melillo et al., 2006; Leonetti et al., 2011)。

三、植物线虫抗性机制

在植物与线虫非亲和性互作中，寄主植物取食位点及周边出现细胞过敏性坏死反应甚至组织坏死，从而切断线虫的营养供应，线虫不能完成其生活史。在植物与线虫亲和性和非亲和性相互作用中，植物根结线虫和孢囊线虫刺穿植物根后移动至维管束附近，通过口针刺穿植物根细胞取食，并分泌食道腺分泌物（效应子）进细胞后被寄主植物识别，进而使寄主取食位点细胞发生系列生理生化及代谢水平的变化，多个细胞融合，启动合胞体或巨型细胞的形成，这个过程通常基本一致（Cai et al., 1997; Melillo et al., 2006; Das et al., 2008; Dhandaydham et al., 2008）。接下来，在非亲和性相互作用中，携带 *Mi-1.2* 基因的番茄快速激发细胞的防卫反应，在接种根结线虫 24h 就出现过敏性坏死反应，在取食位点及周边形成坏死细胞区，从而使线虫得不到充足的营养供应（Riggs and Winstead, 1959; Paulson and Webster, 1972; Dropkin 1996）。在亲和性相互作用中，建立取食位点后，有些寄主激发的抗性反应发生比较慢或者没那么剧烈。马铃薯金线虫侵染携带有 *Hero A* 的番茄（Ernst et al., 2002）、马铃薯白线虫侵染携带有 *Gpa2* 的马铃薯（van der Vossen et al., 2000），以及甜菜孢囊线虫侵染携带有 *Hs1^{pro-1}* 的甜菜（Cai et al., 1997）至合胞体形成、线虫固定下来的过程在亲和性和非亲和性相互作用中没有明显差别。然而，在非亲和性相互作用中，合胞体会被慢慢分解或破坏，以致合胞体最终坏死，导致线虫不能完成生活史。与上述 *Mi-1.2* 介导的防卫反应相比，这种由抗性蛋白基因激发的防卫反应比较慢，可能抗性蛋白识别特定的效应子比较弱，或者线虫效应子仅在与寄主植物相互作用后期才会或根本没有被抗性蛋白识别（Sacco et al., 2009）。但是，有些线虫抗性植物如 *Medicago truncatula* ZDA045 受线虫侵染后可能并不表现出细胞过敏性坏死反应或组织坏死，线虫侵染后很快死亡或发育成成虫（Dhandaydham et al., 2008）。携带 *Rk* 抗性基因的豇豆（cowpea）在与南方根结线虫相互作用的过程中，根结线虫正常生长发育，但不发育成成虫。这种抗性豇豆受根结线虫侵染后取食位点只是被缓慢分解、破坏且不产生活性氧，采取的是一种不表现出过敏性坏死反应的抗性机制（Das et al., 2008）。

近年，在大豆孢囊线虫抗性机理研究方面取得了较大进展。一方面，在 PI88788 型抗性大豆中，*rhg1-b* 位点一段 31kb 长的基因组序列的 3 个基因（*GmAAT*、*GmSNAP18* 及 *GmWI12*）采取多拷贝的方式共同控制着大豆孢囊线虫抗性（Cook et al., 2012），而在 Peking 型抗性大豆中，*GmSNAP18* 就是 *rhg1-a* 基因，可见，*GmSNAP18* 在不同类型大豆中采取两种不同的抗大豆孢囊线虫机制（Liu et al., 2017）。另一方面，*Rhg4* 基因 *GmSHMT08* 编码一种代谢酶，转化丝氨酸成甘氨酸，并提供一碳单位，所以，*Rhg4* 的抗性可能与一碳代谢有关（Liu et al., 2012）。在这些工作的基础上，Bayless 等（2016, 2018）报道了 *rhg1* 位点基因 *GmSNAP18* 通过在线虫取食位点大量聚集，

破坏了其与对 *N*-乙基顺丁烯二酰亚胺敏感的融合蛋白（*N*-ethylmaleimide-sensitive fusion protein，NSF）的相互作用，影响参与 SNARE 蛋白回收的相关 20S 复合体的稳定性和阻碍囊泡运输，从而产生细胞毒性，以实现对大豆孢囊线虫的抗性；相反，基因 *Glyma.07G195900* 编码的 NSF_{RAN07} 具有很强的结合 GmSNAP18 的能力，又可抑制 GmSNAP18 的细胞毒性。有报道表明多拷贝的 *Rhg4* 基因 *GmSHMT08* 对多种 SCN 生理小种具有广谱抗性，并证明含 5～6 个及以上 PI88788 型 *rhg1-b* 拷贝品种的 SCN 抗性与 *Rhg4* 基因 *GmSHMT08* 的基因型无关，含 5～6 个以下 *GmSNAP18* 拷贝品种的 SCN 抗性则必须要求含有 Peking 型 *Rhg4* 基因 *GmSHMT08*（Patil et al.，2019）。

根结线虫病是葫芦科作物面临的巨大挑战。然而，刺角瓜对南方根结线虫表现出很高的抗性。因此，分析刺角瓜的差异表达基因有助于挖掘新的抗根结线虫基因。利用 RNA-seq 分析南方根结线虫侵染刺角瓜不同时间点的转录组数据，在刺角瓜根中检测到 17 万多个转录物，其中 2430 个基因在南方根结线虫侵染过程中存在差异表达。通过功能注释和基因同源性比对，在转录水平评估了转录因子、细胞骨架、病原相关基因和植物激素的潜在机制。通过比较南方根结线虫侵染刺角瓜和黄瓜的基因表达水平，发现细胞骨架相关基因是刺角瓜抗南方根结线虫的关键调控因子，研究结果有助于阐明葫芦科作物对根结线虫的抗性机制（Lin et al.，2017）。

四、展望

植物寄生线虫是植物生产上的重大病原线虫，每年造成巨大的产量与经济损失。栽培抗性品种是最有效、经济又环保的防治措施，鉴定抗性基因，解析寄主被激发的防卫反应及其作用机制是鉴定及培育抗性品种的前提，非常重要。近年，在鉴定寄主的线虫抗性基因及抗性机理等方面都取得了重要进展，克隆了很多抗线虫基因并鉴定了其功能，如 *Hs1^{pro-1}*（Cai et al.，1997）、*Mi-1.2*（Milligan et al.，1998）、*Gpa2*（van der Vossen et al.，2000）、*Hero A*（Ernst et al.，2002）、*Gro1-4*（Paal et al.，2004）、*Mi9*（Jablonska et al.，2007）、*Ma*（Claverie et al.，2011）、*rhg1-b*（Cook et al.，2012）、*Rhg4 GmSHMT08*（Liu et al.，2012）、*rhg1-a GmSNAP18*（Liu et al.，2017）及 *GmSNAP11*（Lakhssassi et al.，2017），这些基因可以在抗性鉴定、抗性育种及作用机理研究等方面直接加以利用，为病原线虫的有效、长期防治提供了坚实的理论基础。但是，迄今鉴定出来的抗性基因还非常有限，作用机理研究还很不明确，并且在与寄主长期的相互作用及驯化过程当中，线虫容易克服寄主的抗性，例如，已在绝大多数大豆抗性资源/品种中检测到能够侵染的 SCN 新生理小种（Mitchum et al.，2007；Colgrove and Niblack，2008；Mitchum，2016）。大豆孢囊线虫是大豆生产上危害最为严重的病原物之一，每年造成美国大豆损失超过 10 亿美元（Koenning and Wrather，2010）；在中国，大豆孢囊线虫经常大规模暴发为害，给大豆产业造成巨大损失（Peng et al.，2016b，2021；Lian et al.，2022）。所以，必须不断地克隆和鉴定新的线虫抗性基因，培育和栽培新的抗性品种，加强抗性机理的研究。

随着现代生物技术的高速发展，下一代测序技术的广泛应用，测序成本不断降低，大大促进了性状基因的定位与鉴定、线虫抗性基因的克隆及线虫抗性资源的挖掘。CRISPR 基因编辑技术给生物技术的发展带来了一场革命，无疑会加速线虫抗性基因的功能鉴定及作用机理研究。

参 考 文 献

韩少杰, 郑经武. 2021. 寄主对大豆孢囊线虫抗性相关基因功能研究进展. 生物技术通报, 37(7): 14-24.

黄坤. 2011. 不同水稻品种对拟禾本科根结线虫的抗性及病原线虫生物学研究. 广州: 华南农业大学硕士学位论文.

黄文坤, 向超, 刘莹, 等. 2018. 水稻拟禾本科根结线虫发生与防治. 植物病理学报, 48(3): 289-296.

李新, 顾晓川, 龙海波, 等. 2017. 禾谷孢囊线虫果胶酸裂解酶新基因 *Ha-pel-1* 的鉴定与表达特征分析. 中国农业科学, 50(19): 3723-3732.

李治文, 刘培燕, 陈建松, 等. 2021. 线虫效应子 MgMO237 及互作蛋白 OsCRRSP55 在水稻中的共响应基因鉴定. 生物技术通报, 37(7): 88-97.

刘世名, 彭德良. 2016. 大豆的孢囊线虫抗性研究新进展. 中国科学: 生命科学, 46(5): 535-547.

彭德良. 2021. 植物线虫病害: 我国粮食安全面临的重大挑战. 生物技术通报, 37(7): 1-2.

彭焕, 彭德良, 黄文坤, 等. 2012. 大豆孢囊线虫果胶酸裂解酶基因 *Hg-pel-5* 的克隆与分析. 中国农业科学, 45(5): 854-866.

彭焕, 赵薇, 姚珂, 等. 2021. 植物寄生线虫基因组学研究进展. 生物技术通报, 37(7): 3-13.

孙龙华. 2014. 拟禾本科根结线虫效应子的挖掘及其线粒体基因组分析. 广州: 华南农业大学博士学位论文.

谢辉. 2000. 植物线虫分类学. 合肥: 安徽科学技术出版社.

姚珂, 郑经武, 黄文坤, 等. 2020. 植物寄生线虫效应蛋白调控寄主防卫反应分子机制研究进展. 植物病理学报, 50(5): 517-530.

张瀛东, 孔详超, 黄文坤, 等. 2018. 大豆孢囊线虫扩展蛋白新基因（*Hg-exp-1*、*Hg-exp-2*）的鉴定及功能分析. 中国农业科学, 51(17): 3302-3314.

Abad P, Gouzy J, Aury JM, et al. 2008. Genome sequence of the metazoan plant-parasitic nematode *Meloidogyne incognita*. Nature Biotechnology, 26(8): 909-915.

Afzal AJ, Natarajan A, Saini N, et al. 2009. The nematode resistance allele at the rhg1 locus alters the proteome and primary metabolism of soybean roots. Plant Physiology, 151(3): 1264-1280.

Afzal AJ, Srour A, Goil A, et al. 2013. Homo-dimerization and ligand binding by the leucine-rich repeat domain at RHG1/RFS2 underlying resistance to two soybean pathogens. BMC Plant Biol, 13(1): 43.

Afzal AJ, Srour A, Saini N, et al. 2012. Recombination suppression at the dominant Rhg1/Rfs2 locus underlying soybean resistance to the cyst nematode. Theor Appl Genet, 124(6): 1027-1039.

Atamian HS, Eulgem T, Kaloshian I. 2011. SlWRKY70 is required for Mi-1-mediated resistance to aphids and nematodes in tomato. Planta, 235(2): 299-309.

Baldwin JG, Bell AH. 1985. *Cactodera eremica* n. sp., *Afenestrata africana* (Luc et al., 1973) n. gen.,

n. comb., and an emended diagnosis of *Sarisodera* Wouts and Sher, 1971 (Heteroderidae). Journal of Nematology, 17(2): 187-201.

Bayless AM, Smith JM, Song Q, et al. 2016. Disease resistance through impairment of α-SNAP-NSF interaction and vesicular trafficking by soybean Rhg1. Proc Natl Acad Sci USA, 113(47): E7375-E7382.

Bayless AM, Zapotocny RW, Grunwald DJ, et al. 2018. An atypical *N*-ethylmaleimide sensitive factor enables the viability of nematode-resistant Rhg1 soybeans. Proc Natl Acad Sci USA, 115(19): E4512-E4521.

Bhattarai KK, Atamian HS, Kaloshian I, et al. 2010. WRKY72-type transcription factors contribute to basal immunity in tomato and *Arabidopsis* as well as gene-for-gene resistance mediated by the tomato *R* gene *Mi-1*. Plant Journal, 63(2): 229-240.

Bhattarai KK, Li Q, Liu Y, et al. 2007. The *Mi-1*-mediated pest resistance requires *Hsp90* and *Sgt1*. Plant Physiology, 144(1): 312-323.

Bhattarai KK, Xie QG, Mantelin S, et al. 2008. Tomato susceptibility to root-knot nematodes requires an intact jasmonic acid signaling pathway. Molecular Plant-Microbe Interactions, 21(9): 1205-1214.

Bird AF. 1962. The inducement of giant cells by *Meloidogyne javanica*. Nematologica, 8(1): 1-10.

Bird AF, Bird J. 1991. The egg // Bird AF, Jean B. The Structure of Nematodes. 2nd ed. San Diego: Academic Press: 7-43.

Blanc-Mathieu R, Perfus-Barbeoch L, Aury JM, et al. 2017. Hybridization and polyploidy enable genomic plasticity without sex in the most devastating plant-parasitic nematodes. PLOS Genetics, 13: e1006777.

Bleve-Zacheo T, Melillo MT, Andres M, et al. 1995. Ultrastructure of initial response of graminaceous roots to infection by *Heterodera avenae*. Nematologica, 41: 80-97.

Bleve-Zacheo T, Zacheo G. 1987. Cytological studies of the susceptible reaction of sugarbeet roots to *Heterodera schachtii*. Physiol Mol Plant Pathol, 30(1): 13-25.

Böckenhoff A, Grundler FMW. 1994. Studies on the nutrient uptake by the beet cyst nematode *Heterodera schachtii* by *in situ* microinjection of fluorescent probes into the feeding structures in *Arabidopsis thaliana*. Parasitology, 109(2): 249-255.

Bongers T, Bongers M. 1998. Functional diversity of nematodes. Appl Soil Ecol, 10(3): 239-251.

Brucker E, Carlson S, Wright E, et al. 2005. Rhg1 alleles from soybean PI437654 and PI88788 respond differentially to isolates of *Heterodera glycines* in the greenhouse. Theor Appl Genet, 111: 44-49.

Burgwyn B, Nagel B, Ryerse J, et al. 2003. *Heterodera glycines*: eggshell ultrastructure and histochemical location of chitinous components. Expt Parasit, 104: 47-53.

Cabasan MTN, Kumar A, Bellafiore S, et al. 2014. Histopathology of the rice root-knot nematode, *Meloidogyne graminicola*, on *Oryza sativa* and *O. glaberrima*. Nematology, 16: 73-81.

Cai D, Kleine M, Kifle S, et al. 1997. Positional cloning of a gene for nematode resistance in sugar beet. Science, 275: 832-834.

Castagnone-Sereno P. 2006. Genetic variability and adaptive evolution in parthenogenetic root-knot nematodes. Heredity, 96(4): 282-289.

Castagnone-Sereno P, Semblat JP, Castagnone C. 2009. Modular architecture and evolution of the *map-1* gene family in the root-knot nematode *Meloidogyne incognita*. Mol Genet Genom, 282: 547-554.

Chen C, Liu S, Liu Q, et al. 2015. An ANNEXIN-like protein from the cereal cyst nematode *Heterodera avenae* suppresses plant defense. PLOS ONE, 10(4): e0122256.

Chen JS, Hu LL, Sun LH, et al. 2018. A novel *Meloidogyne graminicola* effector, MgMO237, interacts with multiple host defence-related proteins to manipulate plant basal immunity and promote parasitism. Mol Plant Pathol, 19: 1942-1955.

Chen JS, Li ZW, Lin BR, et al. 2021. A *Meloidogyne graminicola* pectate lyase is involved in virulence and activation of host defense responses. Front Plant Sci, 12: 651627.

Chen JS, Lin BR, Huang QL, et al. 2017. A novel *Meloidogyne graminicola* effector, MgGPP, is secreted into host cells and undergoes glycosylation in concert with proteolysis to suppress plant defenses and promote parasitism. PLOS Pathogens, 13: e1006301.

Chen S, Chronis D, Wang X. 2013. The novel GrCEP12 peptide from the plant-parasitic nematode *Globodera rostochiensis* suppresses flg22-mediated PTI. Plant Signal Behav, 8(9): e25359.

Claverie M, Dirlewanger E, Bosselut N, et al. 2011. The *Ma* gene for complete-spectrum resistance to *Meloidogyne* species in *Prunus* is a TNL with a huge repeated C-terminal post-LRR region. Plant Physiology, 156(2): 779-792.

Colgrove AL, Niblack TL. 2008. Correlation of female indices from virulence assays on inbred lines and field populations of *Heterodera glycines*. Journal of Nematology, 40(1): 39-45.

Concibido VC, Diers BW, Arelli PR. 2004. A decade of QTL mapping for cyst nematode resistance in soybean. Crop Sci, 44(4): 1121-1131.

Cook DE, Bayless AM, Wang K, et al. 2014. Distinct copy number, coding sequence, and locus methylation patterns underlie rhg1-mediated soybean resistance to soybean cyst nematode. Plant Physiology, 165(2): 630-647.

Cook DE, Lee TG, Guo XL, et al. 2012. Copy number variation of multiple genes at Rhg1 mediates cyst nematode resistance in soybean. Science, 338(6111): 1206-1209.

Cooper JL, Till BJ, Laport RG, et al. 2008. TILLING to detect induced mutations in soybean. BMC Plant Biol, 8: 9.

Cotton JA, Lilley CJ, Jones LM, et al. 2014. The genome and life-stage specific transcriptomes of *Globodera pallida* elucidate key aspects of plant parasitism by a cyst nematode. Genome Biol, 15(3): R43.

Danchin EG, Rosso MN, Vieira P, et al. 2010. Multiple lateral gene transfers and duplications have promoted plant parasitism ability in nematodes. Proc Natl Acad Sci USA, 107(41): 17651-17656.

Das S, Demason DA, Ehlers JD, et al. 2008. Histological characterization of root-knot nematode resistance in cowpea and relation to reactive oxygen species modulation. Journal of Experimental Botany, 59(6): 1305-1313.

Davies LJ, Lilley CJ, Paul Knox J, et al. 2012. Syncytia formed by adult female *Heterodera schachtii* in *Arabidopsis thaliana* roots have a distinct cell wall molecular architecture. New Phytologist, 196(1): 238-246.

Davis EL. 2009. Parasitism genes: what they reveal about parasitism // Berg RH, Taylor CG. Plant Cell Monographs: Cell Biology of Plant Nematode Parasitism. Heidelberg: Springer Berlin: 15-44.

Davis EL, Hussey RS, Mitchum MG, et al. 2008. Parasitism proteins in nematode-plant interactions.

Current Opinion in Plant Biology, 11(4): 360-366.

Dhandaydham M, Charles L, Zhu H, et al. 2008. Characterization of root-knot nematode resistance in *Medicago truncatula*. Journal of Nematology, 40(1): 46-54.

Dimkpa SON, Lahari Z, Shrestha R, et al. 2015. A genome-wide association study of a global rice panel reveals resistance in *Oryza sativa* to root-knot nematodes. Journal of Experimental Botany, 37(4): 1191-1200.

Dropkin VH. 1996. Cellular responses of plants to nematode infections. Annu Rev Phytopathol, 7: 101-122.

Endo BY. 1991. Ultrastructure of initial responses of susceptible and resistant soybean roots to infection by *Heterodera glycines*. Revue Nematol, 14(1): 73-94.

Ernst K, Kumar A, Kriseleit D, et al. 2002. The broad-spectrum potato cyst nematode resistance gene (*Hero*) from tomato is the only member of a large gene family of NBS-LRR genes with an unusual amino acid repeat in the LRR region. Plant Journal, 31(2): 127-136.

Eves-van den Akker S, Birch PR. 2016. Opening the effector protein toolbox for plant-parasitic cyst nematode interactions. Mol Plant, 9(11): 1451-1453.

Eves-van den Akker S, Laetsch DR, Thorpe P, et al. 2016a. The genome of the yellow potato cyst nematode, *Globodera rostochiensis*, reveals insights into the basis of parasitism and virulence. Genome Biol, 17: 124.

Eves-van den Akker S, Lilley CJ, Jones JT, et al. 2014. Identification and characterisation of a hyper-variable apoplastic effector gene family of the potato cyst nematodes. PLOS Pathogens, 10(9): e1004391.

Eves-van den Akker S, Lilley CJ, Yusup HB, et al. 2016b. Functional C-TERMINALLY ENCODED PEPTIDE (CEP) plant hormone domains evolved *de novo* in the plant parasite *Rotylenchulus reniformis*. Mol Plant Pathol, 17(8): 1265-1275.

Gao B, Allen R, Maier T, et al. 2003. The parasitome of the phytonematode *Heterodera glycines*. Molecular Plant-Microbe Interactions, 16(8): 720-726.

Gheysen G, Mitchum MG. 2009. Molecular insights in the susceptible plant response to nematode infection // Berg RH, Taylor CG. Plant Cell Monographs: Cell Biology of Plant Nematode Parasitism. Heidelberg: Springer Berlin: 45-81.

Gheysen G, Mitchum MG. 2011. How nematodes manipulate plant development pathways for infection. Current Opinion in Plant Biology, 14(4): 415-421.

Gray LJ, Curtis RH, Jones JT. 2001. Characterisation of a collagen gen subfamily from the potato cyst nematode *Globodera pallida*. Gene, 263: 67-75.

Haegeman A, Bauters L, Kyndt T, et al. 2013. Identification of candidate effector genes in the transcriptome of the rice root knot nematode *Meloidogyne graminicola*. Mol Plant Pathol, 14: 379-390.

Haegeman A, Jones JT, Danchin EGJ. 2011a. Horizontal gene transfer in nematodes: a catalyst for plant parasitism? Molecular Plant-Microbe Interactions, 24(8): 879-887.

Haegeman A, Joseph S, Gheysen G. 2011b. Analysis of the transcriptome of the root lesion nematode *Pratylenchus coffeae* generated by 454 sequencing technology. Mol Biochem Parasitol, 178(1-2): 7-14.

Hauge BM, Wang ML, Parsons JD, et al. 2001. Nucleic acid molecules and other molecules associated with soybean cyst nematode resistance. US Patent, App Pub No.: 20030005491.

Heil SG, van der Put NM, Waas ED, et al. 2001. Is mutated serine hydroxy methyl transferase (SHMT) involved in the etiology of neural tube defects? Mol Genet Metab, 73: 164-172.

Huang CS. 1985. Formation, anatomy and physiology of giant-cells induced by root-knot nematodes // Sasser JN, Carter CC. An Advanced Treatise on *Meloidogyne*. vol. 1. Biology & Control. Raleigh: North Carolina State University Graphics, 155-164.

Huang GZ, Gao BL, Maier T, et al. 2003. A profile of putative parasitism genes expressed in the esophageal gland cells of the root-knot nematode *Meloidogyne incognita*. Molecular Plant-Microbe Interactions, 16(5): 376-381.

Jablonska B, Ammiraju JS, Bhattarai KK, et al. 2007. The *Mi-9* gene from *Solanum arcanum* conferring heat-stable resistance to root knot nematodes is a homolog of Mi-1. Plant Physiology, 143(2): 1044-1054.

Ji H, Gheysen G, Denil S, et al. 2013. Transcriptional analysis through RNA sequencing of giant cells induced by *Meloidogyne graminicola* in rice roots. Journal of Experimental Botany, 64(12): 3885-3898.

Ji H, Gheysen G, Ullah C, et al. 2015b. The role of thionins in rice defence against root pathogens. Mol Plant Pathol, 16(8): 870-881.

Ji H, Kyndt T, He W, et al. 2015a. β-aminobutyric acid-induced resistance against root-knot nematodes in rice is based on increased basal defense. Molecular Plant-Microbe Interactions, 28(5): 519-533.

Jones JT, Furlanetto C, Kikuchi T. 2005. Horizontal gene transfer from bacteria and fungi as a driving force in the evolution of plant parasitism in nematodes. Nematology, 7(5): 641-646.

Jones JT, Haegeman A, Danchin EGJ, et al. 2013. Top 10 plant-parasitic nematodes in molecular plant pathology. Mol Plant Pathol, 14(9): 946-961.

Kaloshian I, Desmond OJ, Atamian HS. 2011. Disease resistance-genes and defense responses during incompatible interactions // Jones J, Gheysen G, Fenoll C. Genomics and Molecular Genetics of Plant-Nematode Interactions. Dordrecht: Springer: 309-324.

Kandoth PK, Ithal N, Recknor J, et al. 2011. The soybean Rhg1 locus for resistance to the soybean cyst nematode *Heterdera glycines* regulates the expression of a large number of stress- and defense-related genes in degenerating feeding cells. Plant Physiology, 155(4): 1960-1975.

Kandoth PK, Liu S, Prenger E, et al. 2017. Systematic mutagenesis of serine hydroxy methyl transferase reveals an essential role in nematode resistance. Plant Physiology, 175(3): 1370-1380.

Kandoth PK, Mitchum MG. 2013. War of the worms: how plants fight underground attacks. Current Opinion in Plant Biology, 16(4): 457-463.

Kikuchi T, Cotton JA, Dalzell JJ, et al. 2011. Genomic insights into the origin of parasitism in the emerging plant pathogen *Bursaphelenchus xylophilus*. PLOS Pathogens, 7(9): e1002219.

Kikuchi T, Sebastian EVDA, Jones JT. 2017. Genome evolution of plant-parasitic nematodes. Annu Rev Phytopathol, 55: 333-354.

Kim M, Hyten DL, Bent AF, et al. 2010. Fine mapping of the SCN resistance locus rhg1-b from PI88788. Plant Genome, 3(2): 81-89.

Kim YI. 2003. Role of folate in colon cancer development and progression. The Journal of Nutrition, 133(11): 3731S-3739S.

Kingston IB. 1991. Nematode collagen genes. Parasitol Today, 7(1): 11-15.

Klink VP, Hosseini P, Matsye PD, et al. 2009. A gene expression analysis of syncytia laser microdissected from the roots of the *Glycine max* (soybean) genotype PI 548402 (Peking) undergoing a resistant reaction after infection by *Heterodera glycines* (soybean cyst nematode). Plant Mol Biol, 71(6): 525-567.

Klink VP, Hosseini P, Matsye PD, et al. 2011. Differences in gene expression amplitude overlie a conserved transcriptomic program occurring between the rapid and potent localized resistant reaction at the syncytium of the *Glycine max* genotype Peking (PI 548402) as compared to the prolonged and potent resistant reaction of PI 88788. Plant Mol Biol, 75(1-2): 141-165.

Klink VP, Overall CC, Alkharouf NW, et al. 2007a. Laser capture microdissection (LCM) and comparative microarray expression analysis of syncytial cells isolated from incompatible and compatible soybean (*Glycine max*) roots infected by the soybean cyst nematode (*Heterodera glycines*). Planta, 226(6): 1389-1409.

Klink VP, Overall CC, Alkharouf NW, et al. 2007b. A time-course comparative microarray analysis of an incompatible and compatible response by *Glycine max* (soybean) to *Heterodera glycines* (soybean cyst nematode) infection. Planta, 226(6): 1423-1447.

Koenning SR, Wrather JA. 2010. Suppression of soybean yield potential in the continental United States from plant diseases estimated from 2006 to 2009. Plant Health Progress, doi: 10.1094/PHP-2010-1122-01-RS.

Koutsovoulos GD, Poullet M, El Ashry A, et al. 2019. The polyploid genome of the mitotic parthenogenetic root-knot nematode *Meloidogyne enterolobii*. Bio Rxiv, 2019: 586818.

Kyndt T, Denil S, Haegeman A, et al. 2012. Transcriptional reprogramming by root knot and migratory nematode infection in rice. New Phytologist, 196(3): 887-900.

Kyndt T, Fernandez D, Gheysen G. 2014. Plant-parasitic nematode infections in rice: molecular and cellular insights. Annu Rev Phytopathol, 52: 135-153.

Lahari Z, Ribeiro A, Talukdar P, et al. 2019. QTL-seq reveals a major root-knot nematode resistance locus on chromosome 11 in rice (*Oryza sativa* L.). Euphytica, 215: 117.

Lakhssassi N, Liu S, Bekal S, et al. 2017. Characterization of the soluble NSF attachment protein gene family identifies two members involved in additive resistance to a plant pathogen. Sci Rep, 7: 45226.

Lee TG, Kumar I, Diers BW, et al. 2015. Evolution and selection of Rhg1, a copy-number variant nematode-resistance locus. Mol Ecol, 24(8): 1774-1791.

Leonetti P, Melillo MT, Bleve-Zacheo T. 2011. Nitric oxide and hydrogen peroxide: two players in the defense response of tomato plants to root-knot nematodes. Commun Agric Appl Biol Sci, 76(3): 371-381.

Leroy S, Duperray C, Morand S. 2003. Flow cytometry for parasite nematode genome size measurement. Mol Biochem Parasitol, 128(1): 91-93.

Li X, Sun Y, Yang Y, et al. 2021. Transcriptomic and histological analysis of the response of susceptible and resistant cucumber to *Meloidogyne incognita* infection revealing complex resistance via multiple signaling pathways. Front Plant Sci, 12: 675429.

Lian Y, Koch G, Bo D, et al. 2022. The spatial distribution and genetic diversity of the soybean cyst nematode, *Heterodera glycines*, in China: it is time to take measures to control soybean cyst nematode. Front Plant Sci, 13: 927773.

Lian Y, Wei H, Wang J, et al. 2019. Chromosome-level reference genome of X12, a highly virulent race of the soybean cyst nematode *Heterodera glycines*. Mol Ecol Resour, 19(6): 1-10.

Lightfoot DA, Meksem K. 2002. Isolated polynucleotides and polypeptides relating to loci underlying resistance to soybean cyst nematode and soybean sudden death syndrome and methods employing same. US Patent, App Pub No.: 2002144310.

Lim U, Peng K, Shane B, et al. 2005. Polymorphisms in cytoplasmic serine hydroxymethyltransferase and methylenetetrahydrofolate reductase affect the risk of cardiovascular disease in men. Journal of Nutrition, 135(8): 1989-1994.

Lin J, Mao Z, Zhai M, et al. 2017. Transcriptome profiling of *Cucumis metuliferus* infected by *Meloidogyne incognita* provides new insights into putative defense regulatory network in Cucurbitaceae. Scientific Repoters, 7: 3544.

Liu J, Peng H, Cui J, et al. 2016. Molecular characterization of a novel effector expansin-like protein from *Heterodera avenae* that induces cell death in *Nicotiana benthamiana*. Sci Rep, 6: 35677.

Liu J, Peng H, Su W, et al, 2020. HaCRT1 of *Heterodera avenae* is required for the pathogenicity of the cereal cyst nematode. Front Plant Sci, 11: 583584.

Liu S, Kandoth PK, Lakhssassi N, et al. 2017. The soybean GmSNAP18 underlies two types of resistance to soybean cyst nematode. Nature Communications, 8: 14822.

Liu S, Kandoth PK, Warren SD, et al. 2012. A soybean cyst nematode resistance gene points to a new mechanism of plant resistance to pathogens. Nature, 492(7428): 256-260.

Liu XH, Liu SM, Jamai A, et al. 2011. Soybean cyst nematode resistance in soybean is independent of the *Rhg4* locus *LRR-RLK* gene. Funct Integr Genom, 11(4): 539-549.

Liu YK, Huang WK, Long HB, et al. 2014. Molecular characterization and functional analysis of a new acid phosphatase gene (*Ha-acp1*) from *Heterodera avenae*. Journal of Integrative Agriculture, 13(6): 1303-1310.

Long HB, Peng DL, Huang WK, et al. 2012. Identification of a putative expansin gene expressed in the subventral glands of the cereal cyst nematode *Heterodera avenae*. Nematology, 14(5): 571-577.

Long HB, Peng DL, Huang WK, et al. 2013. Molecular characterization and functional analysis of two new β-1,4-endoglucanase genes (*Ha-eng-2*, *Ha-eng-3*) from the cereal cyst nematode *Heterodera avenae*. Plant Pathology, 62(4): 953-960.

Lozano-Torres JL, Wilbers RH, Gawronski P, et al. 2012. Dual disease resistance mediated by the immune receptor Cf-2 in tomato requires a common virulence target of a fungus and a nematode. Proc Natl Acad Sci USA, 109(25): 10119-10124.

Lunt DH, Kumar S, Koutsovoulos G, et al. 2014. The complex hybrid origins of the root knot nematodes revealed through comparative genomics. Peer J, 2: e356.

Luo S, Liu S, Kong L, et al. 2019. Two venom allergen-like proteins, HaVAP1 and HaVAP2, are involved in the parasitism of *Heterodera avenae*. Mol Plant Pathol, 20(4): 471-484.

Maggenti AR. 1981. General Nematology. New York: Springer-Verlag.

Magnusson C, Golinowski W. 1991. Ultrastructural relationships of the developing syncytium induced by *Heterodera schachtii* (Nematoda) in root tissues of rape. Can J Bot, 69(1): 44-52.

Mansfield LS, Gamble HR, Fetterer RH. 1992. Characterization of the eggshell of *Haemonchus contortus*: I. Structure components. Comp Biochem Physiol, 103(3): 681-686.

Mantelin S, Bellafiore S, Kyndt T. 2017. *Meloidogyne graminicola*: a major threat to rice agriculture. Mol Plant Pathol, 18(1): 3-15.

Mantelin S, Peng HC, Li B, et al. 2011. The receptor-like kinase SlSERK1 is required for Mi-1-mediated resistance to potato aphids in tomato. Plant Journal, 67(3): 459-471.

Margarida E, Sebastian EVDA, Tom M, et al. 2018. STATAWAARS: a promoter motif associated with spatial expression in the major effector-producing tissues of the plant-parasitic nematode *Bursaphelenchus xylophilus*. BMC Genomics, 19: 553.

Masonbrink RE, Maier TR, Hudson M, et al. 2021. A chromosomal assembly of the soybean cyst nematode genome. Mol Ecol Resour, 21: 2407-2422.

Masonbrink RE, Maier TR, Muppirala U, et al. 2019. The genome of the soybean cyst nematode (*Heterodera glycines*) reveals complex patterns of duplications involved in the evolution of parasitism genes. BMC Genomics, 20: 119.

Mathew R, Opperman CH. 2019. The genome of the migratory nematode, *Radopholus similis*, reveals signatures of close association to the sedentary cyst nematodes. PLOS ONE, 14(10): e0224391.

Matsye PD, Kumar R, Hosseini P, et al. 2011. Mapping cell fate decisions that occur during soybean defense responses. Plant Mol Biol, 77(4-5): 513-528.

Matsye PD, Lawrence GW, Youssef RM, et al. 2012. The expression of a naturally occurring, truncated allele of an α-SNAP gene suppresses plant parasitic nematode infection. Plant Mol Biol, 80(2): 131-155.

Mattos VS, Leite RR, Cares JE, et al. 2019. *Oryza glumaepatula*, a new source of resistance to *Meloidogyne graminicola* and histological characterization of its defense mechanisms. Phytopathology, 109(1): 1941-1948.

Mei Y, Thorpe P, Guzha A, et al. 2015. Only a small subset of the SPRY domain gene family in *Globodera pallida* is likely to encode effectors, two of which suppress host defences induced by the potato resistance gene *Gpa2*. Nematology, 17: 409-424.

Meksem K, Liu S, Liu X, et al. 2008. TILLING: a reverse genetics and a functional genomics tool in soybean // Kahl G, Meksem K. The Handbook of Plant Functional Genomics: Concepts and Protocols. Weinheim: Wiley: 251-265.

Meksem K, Pantazopoulos P, Njiti VN, et al. 2001. 'Forrest' resistance to the soybean cyst nematode is bigenic: saturation mapping of the Rhg1 and Rhg4 loci. Theor Appl Genet, 103(5): 710-717.

Melillo MT, Leonetti P, Bongiovanni M, et al. 2006. Modulation of reactive oxygen species activities and H_2O_2 accumulation during compatible and incompatible tomato-root-knot nematode interactions. New Phytologist, 170(3): 501-512.

Melito S, Heuberger AL, Cook D, et al. 2010. A nematode demographics assay in transgenic roots reveals no significant impacts of the Rhg1 locus LRR-Kinase on soybean cyst nematode resistance. BMC Plant Biol, 10: 104.

Milligan SB, Bodeau J, Yaghoobi J, et al. 1998. The root knot nematode resistance gene *Mi* from tomato is a member of the leucine zipper, nucleotide binding, leucine-rich repeat family of plant genes. The Plant Cell, 10(8): 1307-1319.

Mimee B, Lord E, Véronneau PY, et al. 2019. The draft genome of *Ditylenchus dipsaci*. Journal of Nematology, 51: 1-3.

Mitchum MG. 2016. Soybean resistance to the soybean cyst nematode *Heterodera glycines*: an update. Phytopathol, 106(12): 1444-1450.

Mitchum MG, Hussey RS, Baum TJ, et al. 2013. Nematode effector proteins: an emerging paradigm of parasitism. New Phytologist, 199(4): 879-894.

Mitchum MG, Wrather JA, Heinz RD, et al. 2007. Variability in distribution and virulence phenotypes of *Heterodera glycines* in Missouri during 2005. Plant Disease, 91(11): 1473-1476.

Molinari S. 1999. Changes of catalase and SOD activities in the early response of tomato to *Meloidogyne* attack. Nematologia Mediterranea, 27(1): 167-172.

Naalden D, Haegeman A, de Almeida-Engler J, et al. 2018. The *Meloidogyne graminicola* effector Mg16820 is secreted in the apoplast and cytoplasm to suppress plant host defense responses. Mol Plant Pathol, 19(11): 2416-2430.

Nicol JM, Turner SJ, Coyne DL, et al. 2011. Current nematode threats to world agriculture // Jones J, Gheysen G, Fenoll C. Genomics and Molecular Genetics of Plant-Nematode Interaction. Dordrecht: Springer: 21-44.

Niu JH, Pu XX, Xue H. 2010. Research progress in genomics of root-knot nematodes. Plant Pathology, 40(3): 225-234.

Noon JB, Hewezi TAF, Maier TR, et al. 2015. Eighteen new candidate effectors of the phytonematode *Heterodera glycines* produced specifically in the secretory esophageal gland cells during parasitism. Phytopathology, 105(10): 1362-1372.

Nyaku ST, Sripathi VR, Kantety RV, et al. 2014. Characterization of the reniform nematode genome by shotgun sequencing. Genome, 57(4): 209-221.

Nyaku ST, Sripathi VR, Lawrence K, et al. 2021. Characterizing repeats in two whole-genome amplification methods in the reniform nematode genome. International Journal of Genomics, 2021: 5532885.

Opperman CH, Bird DM, Williamson VM, et al. 2008. Sequence and genetic map of *Meloidogyne hapla*: a compact nematode genome for plant parasitism. Proc Natl Acad Sci USA, 105(39): 14802-14807.

Paal J, Henselewski H, Muth J, et al. 2004. Molecular cloning of the potato *Gro1-4* gene conferring resistance to pathotype Ro1 of the root cyst nematode *Globodera rostochiensis*, based on a candidate gene approach. Plant Journal, 38(2): 285-297.

Pableo EC, Triantaphyllou AC. 1989. DNA complexity of the root-knot nematode (*Meloidogyne* spp.) genome. Journal of Nematology, 21(2): 260-263.

Page AP, Winter AD. 2003. Enzymes involved in the biogenesis of nematode cuticle. Adv Parasit, 53: 85-148.

Pankaj, Sharma HK, Prasad JS. 2010. The rice root-knot nematode, *Meloidogyne graminicola*: an emerging problem in rice-wheat cropping system. Indian Journal of Nematology, 40(1): 1-11.

Patil GB, Lakhssassi N, Wan J, et al. 2019. Whole genome re-sequencing reveals the impact of the interaction of copy number variants of the *rhg1* and *Rhg4* genes on broad-based resistance to soybean cyst nematode. Plant Biotechnol J, 17(8): 1595-1611.

Paulson RE, Webster JM. 1972. Ultrastructure of the hypersensitive reaction in roots of tomato, *Lycopersicone sculentum* L. to infection by the root-knot nematode, *Meloidgyne incognita*. Physiol Plant Pathol, 2(3): 227-234.

Peng DL, Jiang R, Peng H, et al. 2021. Soybean cyst nematodes: a destructive threat to soybean production in China. Phytopathol Res, 3: 19.

Peng DL, Nicol JM, Li HM, et al. 2009. Current knowledge of cereal cyst nematode (*Heterodera avenae*) on wheat in China // Riley IT, Nicol JM, Dababat AA. Cereal Cyst Nematodes: Status, Research and Outlook. Antalya: Proceedings of the First Workshop of the International Cereal Cyst Nematode Initiative, 29-34.

Peng DL, Peng H, Wu DQ, et al. 2016a. First report of soybean cyst nematode (*Heterodera glycines*) on soybean from Gansu and Ningxia, China. Plant Disease, 100(1): 229.

Peng H, Cui JK, Long HB, et al. 2016b. Novel pectate lyase genes of *Heterodera glycines* play key roles in the early stage of parasitism. PLOS ONE, 11: e0149959.

Petitot AS, Dereeper A, Agbessi M, et al. 2015. RNA-seq reveals *Meloidogyne graminicola* transcriptome and candidate effectors during the interaction with rice plants. Mol Plant Pathol, 17(6): 860-874.

Phan NT, Orjuela J, Danchin EG, et al. 2020. Genome structure and content of the rice root-knot nematode (*Meloidogyne graminicola*). Ecology and Evolution, 10(20): 11006-11021.

Phan NT, Waele DD, Lorieux M, et al. 2018. A hypersensitivity-like response to *Meloidogyne graminicola* in rice (*Oryza Sativa*). Phytopathology, 108(4): 521-528.

Phillips WS, Howe DK, Brown AMV, et al. 2017. The draft genome of *Globodera ellingtonae*. Journal of Nematology, 49(2): 127-128.

Plowright RA, Bridge J. 1990. Effect of *Meloidogyne graminicola* (nematoda) on the establishment, growth and yield of rice CV IR36. Nematologica, 36(1): 81-89.

Plowright RA, Coyne DL, Nash P, et al. 1999. Resistance to the rice nematodes *Heterodera sacchari*, *Meloidogyne graminicola* and *M. incognita* in *Oryza glaberrima* and *O. glaberrima* × *O. sativa* interspecific hybrids. Nematology, 1(6): 745-751.

Qiao F, Luo L, Peng H, et al. 2016. Characterization of three novel fatty acid-and retinoid-binding protein genes (*Ha-far-1*, *Ha-far-2* and *Hf-far-1*) from the cereal cyst nematodes *Heterodera avenae* and *H. filipjevi*. PLOS ONE, 11(8): e0160003.

Rhee SG, Kang SW, Jeong W, et al. 2005. Intracellular messenger function of hydrogen peroxide and its regulation by peroxiredoxins. Current Opinion in Cell Biology, 17(2): 183-189.

Riggs RD, Winstead NN. 1959. Studies on resistance in tomato to root-knot nematodes and on occurrence of pathogenic biotypes. Phytopathology, 49(11): 716-724.

Ruben E, Jamai A, Afzal J, et al. 2006. Genomic analysis of the rhg1 locus: candidate genes that underlie soybean resistance to the cyst nematode. Mol Genet Genom, 276(6): 503-516.

Rutter WB, Hewezi T, Maier TR, et al. 2014. Members of the *Meloidogyne* avirulence protein family contain multiple plant ligand-like motifs. Phytopathology, 104(8): 879-885.

Sacco MA, Koropacka K, Grenier E, et al. 2009. The cyst nematode SPRYSEC protein RBP-1 elicits Gpa2- and RanGAP2-dependent plant cell death. PLOS Pathogens, 5(8): e1000564.

Sato K, Kadota Y, Gan P, et al. 2018. Highquality genome sequence of the root-knot nematode *Meloidogyne arenaria* genotype A2-O. Genome Announc, 6(26): e00519-18.

Schaff JE, Windham E, Graham S, et al. 2015. The plant parasite *Pratylenchus coffeae* carries a minimal nematode genome. Nematology, 17(6): 621-637.

Schoch CL, Sung GH, Lopez-Giraldez F, et al. 2009. The Ascomycota tree of life: a phylum-wide phylogeny clarifies the origin and evolution of fundamental reproductive and ecological traits. Syst Biol, 58(2): 224-239.

Shi Q, Mao Z, Zhang X, et al. 2018a. The novel secreted *Meloidogyne incognita* effector MiISE6 targets the host nucleus and facilitates parasitism in *Arabidopsis*. Front Plant Sci, 9: 252.

Shi Q, Mao Z, Zhang X, et al. 2018b. A *Meloidogyne incognita* effector MiISE5 suppresses programmed cell death to promote parasitism in host plant. Sci Rep, 8: 7256.

Shi Z, Liu S, Noe J, et al. 2015. SNP identification and marker assay development for high-throughput selection of soybean cyst nematode resistance. BMC Genom, 16: 314.

Siddiqi MR. 1986. Tylenchida: Parasites of Plants and Insects. Farnham Royal: Commonwealth Agricultural Bureaux.

Skibola CF, Smith MT, Hubbard A, et al. 2002. Polymorphisms in the thymidylate synthase and serine hydroxymethyltransferase genes and risk of adult acute lymphocytic leukemia. Blood, 99(100): 3786-3791.

Smant G, Stokkermans JP, Yan Y, et al. 1998. Endogenous cellulases in animals: isolation of beta-1,4-en-doglucanase genes from two species of plant-parasitic cyst nematodes. Proc Natl Acad Sci USA, 95(9): 4906-4911.

Somvanshi VS, Dash M, Bhat CG, et al. 2021. An improved draft genome assembly of *Meloidogyne graminicola* IARI strain using long-read sequencing. Gene, 793: 145748.

Somvanshi VS, Tathode M, Shukla RN, et al. 2018. Nematode genome announcement: a draft genome for rice root-knot nematode, *Meloidogyne graminicola*. Journal of Nematology, 50(2): 111-116.

Song HD, Lin BR, Huang QL, et al. 2021. The *Meloidogyne graminicola* effector MgMO289 targets a novel copper metallochaperone to suppress immunity in rice. Journal of Experimental Botany, 72(15): 5638-5655.

Soriano IRS, Schmit V, Brar DS, et al. 1999. Resistance to rice root-knot nematode *Meloidogyne graminicola* identified in *Oryza longistaminata* and *O. glaberrima*. Nematology, 1: 395-398.

Srour A, Afzal AJ, Blahut-Beatty L, et al. 2012. The receptor like kinase at Rhg1-a/Rfs2 caused pleiotropic resistance to sudden death syndrome and soybean cyst nematode as a transgene by altering signaling responses. BMC Genom, 13: 368.

Suarez Z, Sosa Moss C, Inserra RN. 1985. Anatomical changes induced by *Punctodera chalcoensis* in com roots. Journal of Nematology, 17(3): 242-244.

Susič N, Koutsovoulos GD, Riccio C, et al. 2020. Genome sequence of the root-knot nematode *Meloidogyne luci*. Journal of Nematology, 52: e2020-25.

Szitenberg A, Salazar-Jaramillo L, Blok VC, et al. 2017. Comparative genomics of apomictic root-knot nematodes: hybridization, ploidy, and dynamic genome change. Genome Biol Evol, 9(10): 2844-2861.

Thakur P, Sharma A, Rao SB, et al. 2012. Cloning and characterization of two neuropeptide genes from cereal cyst nematode, *Heterodera avanae* from India. Bioinformation, 8(13): 617-621.

Thorpe P, Mantelin S, Cock PJ, et al. 2014. Genomic characterisation of the effector complement of the potato cyst nematode *Globodera pallida*. BMC Genom, 15: 923.

Tian ZL, Wang ZH, Maria M, et al. 2019. *Meloidogyne graminicola* protein disulfide isomerase may be a nematode effector and is involved in protection against oxidative damage. Sci Rep, 9: 11949.

Tian ZL, Wang ZH, Munawar M, et al. 2020. Identification and characterization of a novel protein disulfide isomerase gene (*MgPDI2*) from *Meloidogyne graminicola*. Int J Mol Sci, 21(24): 9586.

van der Vossen EA, van der Voort JN, Kanyuka K, et al. 2000. Homologues of a single resistance-gene cluster in potato confer resistance to distinct pathogens: a virus and a nematode. Plant Journal, 23(5): 567-576.

Wang N, Peng H, Liu S, et al. 2019. Molecular characterization and functional analysis of two new lysozyme genes from soybean cyst nematode (*Heterodera glycines*). Journal of Integrative Agriculture, 18(12): 2806-2813.

Wernimont SM, Raizadeh F, Stover PJ, et al. 2011. Polymorphisms in serine hydroxymethyltransferase 1 and methylenetetrahydrofolate reductase interact to increase cardiovascular disease risk in humans. J Nutr, 141(2): 255-260.

Wharton D. 1980. Nematode egg-shells. Parasitology, 81(2): 447-463.

Williamson VM. 1999. Plant nematode resistance genes. Current Opinion in Plant Biology, 2(4): 327-331.

Wram CL, Hesse CN, Wasala SK, et al. 2019. Genome announcement: the draft genomes of two *Radopholus similis* populations from Costa Rica. Journal of Nematology, 51: e2019-52.

Wu S, Gao S, Wang S, et al. 2020. A reference genome of *Bursaphelenchus mucronatus* provides new resources for revealing its displacement by pinewood nematode. Genes, 11(5): 570.

Wyss U. 1992. Observations on the feeding behaviour of *Heterodera schachtii* throughout development, including events during moulting. Fundam Appl Nematol, 15(1): 75-89.

Wyss U. 1997. Root parasitic nematodes: an overview // Fenoll C, Grundler FMW, Ohl SA. Cellular and Molecular Aspects of Plant-Nematode Interactions. Dordrecht: Springer: 5-22.

Yang S, Dai Y, Chen Y, et al. 2019a. A novel G16B09-like effector from *Heterodera avenae* suppresses plant defenses and promotes parasitism. Front Plant Sci, 10: 66.

Yang S, Pan L, Chen Y, et al. 2019b. *Heterodera avenae* GLAND5 effector interacts with pyruvate dehydrogenase subunit of plant to promote nematode parasitism. Front Microbiol, 10: 1241.

Yu N, Lee TG, Rosa DP, et al. 2016. Impact of *Rhg1* copy number, type, and interaction with *Rhg4* on resistance to *Heterodera glycines* in soybean. Theor Appl Genet, 129(12): 2403-2412.

Yuan CP, Li YH, Liu ZX, et al. 2012. DNA sequence polymorphism of the *Rhg4* candidate gene conferring resistance to soybean cyst nematode in Chinese domesticated and wild soybeans. Mol Breed, 30(2): 1155-1162.

Zhang X, Peng H, Zhu S, et al. 2020. Nematode-encoded RALF peptide mimics facilitate parasitism of plants through the FERONIA receptor kinase. Molecular Plant, 13(10): 1434-1454.

Zhang X, Wang D, Chen J, et al. 2021. Nematode RALF-like 1 targets soybean malectin-like receptor kinase to facilitate parasitism. Front Plant Sci, 12: 775508.

Zhao J, Li L, Liu Q, et al. 2019. A MIF-like effector suppresses plant immunity and facilitates nematode parasitism by interacting with plant annexins. Journal of Experimental Botany, 70(20): 5943-5958.

Zhao J, Mao Z, Sun Q, et al. 2020a. MiMIF-2 effector of *Meloidogyne incognita* exhibited enzyme activities and potential roles in plant salicylic acid synthesis. Int J Mol Sci, 21(10): 3507.

Zhao J, Mejias J, Quentin M, et al. 2020b. The root-knot nematode effector MiPDI1 targets a stress-associated protein (SAP) to establish disease in Solanaceae and *Arabidopsis*. New Phytologist, 228(4): 1417-1430.

Zhao J, Sun Q, Quentin M, et al. 2021. A *Meloidogyne incognita* C-type lectin effector targets plant catalases to promote parasitism. New Phytologist, 232(5): 2124-2137.

Zheng JW, Peng DL, Chen L, et al. 2016. The *Ditylenchus destructor* genome provides new insights into the evolution of plant parasitic nematodes. Proceedings of the Royal Society B: Biological Sciences, 283(1835): 20160942.

Zhuo K, Naalden D, Nowak S, et al. 2019. A *Meloidogyne graminicola* C-type lectin, Mg01965, is secreted into the host apoplast to suppress plant defence and promote parasitism. Mol Plant Pathol, 20(3): 346-355.

第七章

植物与昆虫相互作用

王琛柱[1]，李传友[2]

[1] 中国科学院动物研究所；[2] 中国科学院遗传与发育生物学研究所

在陆地生态系统中，植物拥有最大的生物量，已命名的物种数估计有 26.5 万种，约占已知物种总数的 15.4%（Price，2011）。它们居于生态食物链的基础营养层，能通过光合作用把水和二氧化碳变成碳水化合物，并释放出氧气和能量，为植物自身和动物所利用。昆虫则拥有最大的物种多样性，已命名的物种数估计有 99 万种，约占地球物种总数的 57.5%，其中至少有 60 万种是取食植物的昆虫（Strong et al.，1984；Wiens et al.，2015；Douglas，2018）。可见，平均计算的话每种植物至少被两种昆虫取食。但是，实际情况并不是这样，有的植食性昆虫可以取食多个科的植物，称为多食性昆虫，有的取食一个科的多种植物，称为寡食性昆虫，也有的只取食一个属的几种甚至一种植物，称为单食性昆虫。多食性昆虫又称为广食性昆虫，而寡食性和单食性昆虫统称为专食性昆虫。昆虫以植物为寄主，不仅从植物中获取营养，而且占领植物形成的小生境作为它们的生活场所（钦俊德，1987）。有的昆虫终生寄生在植物的表面或内部的器官组织中，成为寄生物，如小蠹寄生于松树；而有的昆虫则在生活史的一定阶段寄生在植物上，以后自由生活，如很多鳞翅目和双翅目的种类。这种生态关系是一种最基本的寄生关系，属于对抗的关系。有少数植物可捕食昆虫，如捕蝇草、茅膏菜、猪笼草等，昆虫成为植物的捕获物，这也属于对抗的关系。

除了对抗的关系，植物与昆虫间还有互惠的关系，包括昆虫为植物传粉，植物为昆虫提供食物；昆虫携带或搬运植物种子，帮助扩散，植物为昆虫提供食物；昆虫帮助植物战胜与其竞争的其他植物，或抵御植物的采食者或寄生者，植物为昆虫提供食物和住所；昆虫为植物收集营养成分；植物对昆虫的天敌起招引或指示作用等（钦俊德，1987）。本章将集中阐述植物与植食性昆虫的相互作用。

第一节　植物与植食性昆虫的演化历史

现存的植食性昆虫分布在昆虫纲的 8 个目，包括鞘翅目、双翅目、半翅目、膜翅目、鳞翅目、直翅目、竹节虫目和缨翅目（Strong et al.，1984）。每个目中植食性昆虫物种所占比例不同，在鳞翅目和竹节虫目中大于 95% 的种类取食植物，直翅目、缨翅目和半翅目中植食者占 80% 以上，鞘翅目中占 35%，双翅目中占 30%，膜翅目中占 15%（Price et al.，2011）。由于各个目昆虫种类的数目差异很大，植食性昆虫的种数以全变态的鞘翅目和鳞翅目中最多，均超过 10 万种。

植食性昆虫取食植物有多种方式，最常见的两种是咀嚼式和刺吸式（Gullan and Cranston，2014）。咀嚼式昆虫如直翅目的蝗虫，简单地撕咬并吞咽植物的叶组织。也有一些咀嚼式昆虫，见于鳞翅目和鞘翅目甚至双翅目幼虫，生活在叶表皮的上下层之间，或钻蛀茎秆、树干和根部形成通道。显然后者隐蔽的取食方式在很大程度上可减轻来自捕食性天敌的威胁。刺吸式昆虫通常取食植物维管束中韧皮部和木质部的汁液。韧皮部中多是植物光合作用的产物碳水化合物，而木质部中多是从根系吸收的水分和矿质营养物。这类昆虫主要集中在半翅目，如蚜虫和粉虱等。有的昆虫还可驾驭植物的激素系统，诱导植物发生非正常生长而产生虫瘿，为其提供一个安全和营养丰富的取食、生活场所，这类昆虫称为造瘿昆虫，如某些蓟马、蚜虫、象甲、蛾、寄生蜂和蝇。也有的昆虫只取食富含营养的果实和种子，对植物的危害很大。

植物与昆虫的演化要追溯到 4 亿年前，植物开始演化为陆生的种类，伴随着陆生植物出现的还有陆生的节肢动物，包括昆虫的祖先，从海里发展到陆地。志留纪有多足类、泥盆纪有弹尾类出现，因此昆虫纲的起源可能与这两纪间的裸蕨植物发展相平行。有翅昆虫在泥盆纪出现。在 3 亿年前的石炭纪，陆地上已有高大的森林，主要是热带的羊齿植物，而在昆虫方面，植食性的直翅目昆虫最先出现，随后除鳞翅目之外的其他主要植食性昆虫得到演化，推测其中很多以羊角蕨等植物的孢子为食，也可能有在韧皮部取食的，因为那时植物已演化出维管组织（图 7-1）（Labandeira and Phillips，1996；Labandeira，2013；Misof et al.，2014）。由于在石炭纪空气中氧气的浓度约是现今的两倍，这些昆虫比现在的同类可能要大出许多。昆虫口器的适应性演化在取食植物、占领生态位中非常关键。昆虫的咀嚼式口器由 3 个原始头节上的附肢演化而来，这可能与植物片状叶的演化相关。植物的片状叶出现于石炭纪，被昆虫咬食的叶片化石发现于早二叠纪。在二叠纪，虽然在早期因地球气候恶化大量生物灭绝，但是植物和昆虫仍保持了其连续性，植被由羊齿植物优势转化为裸子植物优势，除了已有的昆虫目，鳞翅目昆虫开始出现。在三叠纪，原始的两性花出现，植食性的咀嚼式和刺吸式昆虫已存在。在白垩纪，昆虫与植物的关系更为紧密，甲虫很多，有传粉的作用，尤其到晚白垩纪，被子植物成为主要植被，昆虫与植物的相互作用加剧，植食性昆虫得到暴发性演化。被子植物的演化促进了植食性昆虫的多样化，而白垩纪的传粉昆虫也加速了被子植物的演化，从而造成当今多数被子植物由昆虫传粉。在中国辽宁义县组地层中发现的双翅目昆虫网翅虻化石是最早的专性传粉昆虫记录（Ren，1998）。胡蜂和蜜蜂在新生代早第三纪出现，因此它们不会是被子植物的早期授粉者。关于昆虫食性的演化，由于植物中营养贫乏，有学者认为早期的昆虫可能混合取食，如取食植物繁殖器官、孢子、动植物尸体等，这意味着昆虫的食性开始是杂食性的。有研究表明，植食性昆虫的多样性显著比其非植食性姊妹群的多样性高，这说明植物在增加昆虫多样性的过程中起到了关键作用（Mitter et al.，1991）。

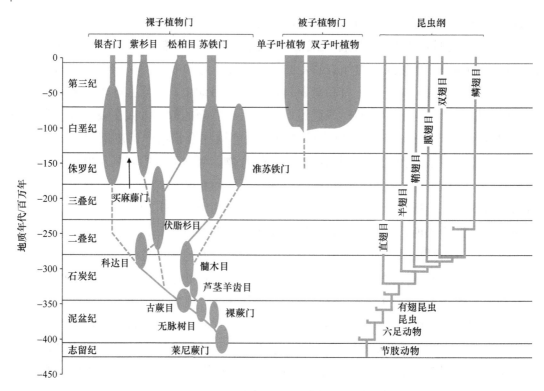

图 7-1　陆生植物和昆虫出现与演化的地质年代

根据 Bernays（1998）、Labandeira 和 Phillips（1996）、Mauseth（1991）改绘

现存的植食性昆虫中，多数是专食性种类。那么，是什么决定植食性昆虫的寄主范围呢？为什么现存植食性昆虫的食物广度是相对专化的呢？为寻找这些问题的答案，需要了解昆虫选择寄主的机制、植物的防御机制、昆虫与植物对彼此的相互适应。

第二节　昆虫对寄主植物的选择

昆虫与植物寄生关系的建立，表现为两个相联系的方面：①昆虫对寄主植物的行为选择，②昆虫对植物的消耗和利用。行为选择涉及感觉和神经活动，包括由遗传决定的本能和内源性行为及反射与学习，消耗和利用则着重于昆虫的营养吸收和代谢作用。昆虫行为的"决策"机制就像一个支点可以调节的杠杆，昆虫的生理状态如饥饱等在一定的限度内可改变杠杆的支点（滚轴模型），而反映植物理化特性的刺激信号，大体可分为兴奋性的外部刺激和遏制性的外部刺激作用于杠杆的两臂，通过昆虫的视觉、嗅觉、味觉、触觉等感官传入昆虫的中枢神经系统，信息经处理和整合决定杠杆的偏向，在行为上表现为对寄主的接受或排斥（Millar and Strickler，1984）。对于昆虫，接受一种植物作为寄主是一个非常重要的决定。所接受的植物体内需含有昆虫生长、发育和繁殖所需的营养物质，同时这些营养物质还能被昆虫摄取、吸收、转化为能量和结构物质，后者主要取决于植物的次生代谢物（次生物质）。把上述两个阶段整合起来，就是一个完整的昆虫与植物建立寄生关系的过程（图 7-2）。

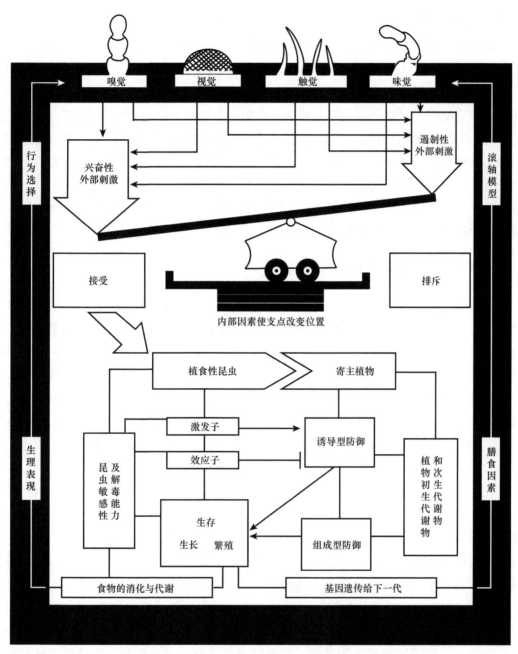

图 7-2　昆虫与植物建立寄生关系的决定因素
根据 Millar 和 Strickler（1984）、王琛柱和黄玲巧（2010）改绘

　　昆虫对寄主植物的行为选择是程序化的一系列步骤组成的反应链，大体可分为前后两个相连续的阶段，即搜寻阶段和接触试探阶段。搜寻阶段因发现潜在寄主而完成，接触试探阶段因拒绝或接受寄主而结束。在这一过程中，昆虫的视觉、嗅觉、味觉和触觉系统起重要的作用（Schoonhoven et al.，2005）。在寄主搜寻阶段主要利用视觉与嗅觉信号，而在寄主接触试探阶段主要利用味觉和触觉信号。植食性昆虫的主要视觉器官是复眼，可感知植物的形状和色彩。复眼一般具有 3 种不同的视色素，一种在波

长约为 340nm 的紫外光区具有最大敏感性，另一种在波长约为 450nm 的蓝光区具有最大敏感性，第三种在波长约为 540nm 的绿光区具有最大敏感性，因而昆虫一般对紫外光、蓝光和绿光敏感，而对红光不敏感（Chapman，1998）。全变态昆虫的幼虫没有复眼，通常只有单眼，如鳞翅目昆虫幼虫在头部的每边一般有 6 个侧单眼，只对亮和暗产生反应，对物体形状的分辨率很有限，可能只在决定何时搜索等行为节律上起作用，对植物的结构没有感知能力。植食性昆虫的触觉是通过机械感器来实现的，毛状的机械感器广泛分布在昆虫的整个身体上，其内神经元的轴突投射到相应体节的神经节上，使得昆虫随时感知身体哪个部位与外界有机械接触。鉴于昆虫的化学感觉系统在昆虫选择寄主植物的过程中起关键作用，因此，下面将重点阐述嗅觉和味觉分别在寄主的搜寻、寄主的接触和试探中的作用。

一、寄主的搜寻：嗅觉的作用

植食性昆虫能嗅到植物散发的许多不同的气味。分析植物顶空收集的气味物质，会发现有的有几十种，有的有上百种。玉米（*Zea mays*）顶空收集的气味物质有 30 余种，向日葵的有 40 余种（Bernays and Chapman，1994），曼陀罗（*Datura wrightii*）花的气味物质多于 60 种（Riffell et al.，2009b）。不过，植食性昆虫并非能够感受所有的气味化合物。烟草天蛾搜寻曼陀罗花采集花蜜，只对其的 9 种化合物有神经反应，而且只有这 9 种化合物同时出现，这种气味混合物才对烟草天蛾有吸引力（Riffell et al.，2009a，2009b）。研究植食性昆虫搜寻寄主植物的重要刺激物质及其混合物，室内常用嗅觉仪和风洞来测试。

在空气中，植物散发的气味物质在气味源附近形成一定的浓度梯度。那么昆虫是否依靠逆浓度梯度找到气味源呢？答案是否定的。实际上，飞行昆虫借植物散发的气味搜寻寄主植物的行为与雄蛾借性信息素寻找雌蛾的行为非常相似（Baker，1988）。空气一般是流动的，气味源散发的气味形成一个半椭圆形的活性空间，其长轴沿着顺风方向，在这个空间内气味物质的浓度可以引起昆虫的行为反应，但并不均匀一致。飞行昆虫一旦进入这个活性空间，一段时间内感受到很低浓度的气味物质，而过一段时间则可能感受到高浓度的气味物质。当感受到高浓度的气味物质时，昆虫保持原有飞行方向；当感受不到气味物质时，昆虫则改变飞行方向，直到重新遇到气味物质，这样表现出一种侧逆风"之"字形飞行运动（David et al.，1982）。爬行昆虫寻找气味源的行为与此类似。

绿色植物都能散发主要包含 6 个碳原子的醇、醛和酯的挥发物，是绿叶中脂类化合物氧化降解的产物，称作绿叶挥发物（green leaf volatile）。尽管所有植食性昆虫都能感受到这类化合物，但它们为很多植物所共有，没有种属特异性，一般认为至多导致昆虫趋向于绿色植物，可能更多地被多食性昆虫所利用。不过，有研究表明，马铃薯特别的绿叶挥发物组成可吸引马铃薯甲虫，其主要组分是反-2-己烯醛、顺-3-乙酸叶醇酯、顺-3-己烯醇和反-2-己烯醇（Visser and Ave，1978；Hollister et al.，2001）。

植物产生的另一些特征性气味物质，如类萜、脂肪族、芳香族等，对于植食性昆虫识别寄主显得十分重要。十字花科（Brassicaceae）植物含有硫代葡萄糖苷，该类化合物分解后产生挥发性的异硫氰酸盐酯，能招引粉蝶等专食十字花科植物的昆虫（Hopkins et al.，2009）。洋葱拥有一种特异的气味物质——二丙基二硫化物，作为葱蝇寻找寄主的线索。但是，对于更多的昆虫，单一挥发物的作用并不明显，而是多种物质按一定比例组成混合物才有引诱效果。红色种子象（*Smicronyx fulvus*）只趋向于其寄主植物向日葵的气味混合物，这种气味混合物主要由 5 种萜烯类化合物组成，缺少其中的某些化合物或改变它们的比例，都会导致引诱效果大幅降低（Roseland et al.，1992）。

二氧化碳在昆虫与植物相互作用中也发挥重要的作用。植物在白天进行光合作用，在夜间通过同化作用释放出二氧化碳。植食性昆虫能灵敏地检测环境中二氧化碳的浓度，从而引发昆虫的忌避或吸引反应。一些蛾类昆虫会根据植物花和果实释放的二氧化碳的浓度梯度来评估花的质量，在健康植物上产下更多的卵（Guerenstein and Hildebrand，2008）。

（一）嗅觉系统

触角是昆虫主要的嗅觉器官，其上分布有数目众多的嗅觉感器。感受植物气味物质的嗅觉感器有毛形、锥形、耳形、板形、腔锥形等，但共同的特征是在感器表皮上有很多直径大小为 10～50nm 的微孔（Keil，1999）。每个感器内一般有 2～3 个两极的嗅觉感觉神经元（olfactory sensory neuron，OSN），由多个辅助细胞包围。例如，在蝗虫中有形态上不同的两种毛形感器，一种有 3 个神经元，一种多达 30 个；也有腔锥形感器，包含 3 个神经元。神经元的树突部分有时候会在感觉毛的基部分叉。值得一提的是，触角上除了有嗅觉感器，还有感受机械刺激、热刺激、湿度刺激和味觉刺激等的感器。

在生理学层面，植食性昆虫的嗅觉能力常常通过记录触角电位图（electroantennogram，EAG）来反映（Boeckh et al.，1965；Kaissling，1986）。具体做法如下：把两个电极分别加持在触角的两端，触角可以是刚刚剪切的离体的，也可是活体的；两个电极间的电位差可被记录，当载有气味物质的气流吹过时，整个触角的电位会产生变化。一般认为所测量到的为触角上所有对该种物质有反应的 OSN 的电压总和，因此 EAG 幅度大小与相关感器的数量是成正比的。更为精确的电生理记录方法是单感器记录（single sensillum recording，SSR）（Olsson and Hansson，2013）。利用该技术研究发现，OSN 在没有刺激的条件下也会产生自发的动作电位，当有合适并足量的化合物刺激时则引起神经元发生去极化，表现为在放电频率上发生变化，一般放电频率会升高，但也有放电频率降低的情况。

OSN 产生的电脉冲由轴突传入脑内嗅觉第一级中枢——触角叶（antennal lobe）的神经纤维球（glomerulus）（Anton and Homberg，1999）。表达相同受体的神经元投射到同一个神经纤维球，因此触角叶中神经纤维球的数量一定程度上代表昆虫经触角感受到的气味物质种类的多少。气味信息经过触角叶的神经网络，进一步传到更高的脑处理中心——蕈体和侧角。在嗅觉系统的各个环节中，对植物气味信号编码的逻辑一般都是组合式的，即由一群神经元的总体活性模式来决定，而非单个神经元的活性。由于不同类型的神经元投射于触角叶的不同位置，因此编码在形式上也表现为具有空间性。这可以采用在体光学成像（*in vivo* optical imaging）技术来对信号的神经编码方式进行研究（Galizia and Szyszka，2008）。

（二）嗅觉受体

外周嗅觉编码的分子机制是当前昆虫嗅觉研究的热点。一般认为，气味物质通过感器上的微孔扩散到感器的亲水性淋巴液中，与其中的气味结合蛋白（odorant binding protein）结合，被运载到 OSN 的树突（Vosshall and Stocker，2007）。OSN 树突表达特定的化学感觉受体蛋白，可与气味物质结合形成复合体，引发动作电位。外周 OSN 只感受一定范围内的气味物质，其树突上的化学感觉受体蛋白在气味物质感受中起关键作用。与嗅觉感受相关的化学感觉受体蛋白主要有 3 种：①气味受体（odorant receptor，OR）；②味觉受体（gustatory receptor，GR）；③亲离子受体（ionotropic receptor，IR）。到目前研究最多的是气味受体。

昆虫的气味受体（OR）与脊椎动物的 G 蛋白偶联受体（G protein coupled receptor，GPCR）缺乏序列的相似性，具有相反的拓扑结构，C 端在胞内而 N 端在胞外，种间的序列相似性也很低。OR 实现嗅觉感受的功能，需要另一个种间高度保守的非典型辅助气味受体 ORco 的共同参与，二者组成异源多聚体复合物，前者与气味物质结合，而后者则负责将前者定位于 OSN 的树突膜上，形成气味门控的非选择性阳离子通道（Fleischer et al.，2018）。OR 的功能可通过几种异源表达系统进行鉴定，主要包括爪蛙卵母细胞（Sakurai et al.，2004）、HEK293 细胞（Großewilde et al.，2006）、果蝇"空神经元"（Dobritsa et al.，2003；Kurtovic et al.，2007）。

鉴于昆虫对寄主植物气味的嗅觉反应特点，一般来说调谐植物气味物质的 OR 比调谐信息素的 OR 的调谐谱较宽。对棉铃虫（*Helicoverpa armigera*）幼虫的 OR 进行功能鉴定表明，多数 OR 对多种化合物有反应，如 OR60 可对 25 种化合物产生反应，这些化合物分属绿叶挥发物、类萜、脂肪族、芳香族（Di et al.，2017）。一个 OR 可调谐多种化合物，而一种化合物可被多个 OR 调谐，这种组合编码（combinatorial coding）方式是植食性昆虫对植物气味混合物进行嗅觉编码的主要模式。尽管如此，有的 OR 对植物气味物质的调谐谱很窄，如烟青虫（*Helicoverpa assulta*）对类萜化合物法尼烯及其类似物以专用路线（labelled line）方式由单个气味受体 HassOR23 调谐，在触角叶中只有一个神经纤维球对其反应（Wu et al.，2018）。

昆虫针对二氧化碳有专门的感受器官，可见二氧化碳之于昆虫的重要性。在蛾类成虫的下唇须上，有一个特化的下唇须陷窝器（labial palp-pit organ），专门感受二氧化碳。感受二氧化碳的受体为味觉受体（GR）。一般认为，昆虫 OR 是从 GR 演化而来的，但是在昆虫嗅觉编码中，只有面对二氧化碳时才采用 GR 来调谐。二氧化碳受体基因在昆虫中比较保守，一般存在 3 个假定的 GR 基因。在棉铃虫中 3 个受体基因分别为 *HarmGR1*、*HarmGR2*、*HarmGR3*，它们表达于同一个感受细胞，其中 *HarmGR1* 和 *HarmGR3* 的组合表达是棉铃虫感受二氧化碳的充要条件（Ning et al.，2016）。

亲离子受体（IR）则是近年来报道的一类化学感觉受体蛋白，已有的结果多见于果蝇和蚊虫的研究中。它们的多样性较低，表达在一部分 OSN 中，用来探测胺、醛、酮、酸类等化合物，其中的许多化合物不是 OR 所调谐的范围，因此 IR 的功能是对 OR 功能的补充（Raji et al.，2019）。IR 在植食性昆虫中也有表达，但其在昆虫与植物相互作用中的嗅觉功能尚待研究。

二、寄主的接触和试探：味觉的作用

植食性昆虫在选择寄主过程中，当与植物近距离接触后，味觉起着非常重要的作用。很多昆虫的口器上有灵敏的味觉感器，用来甄别食物的味道。有的昆虫会先咬一小口来做尝试，而另一些如蝗虫则通过振动口器上的下颚须和下唇须来充分地感受食物的味道。除了口器，昆虫的味觉感器还在足、翅、触角、产卵器等多种不同的身体部位有分布，反映出味觉对于昆虫的重要性。味觉感器的结构特征是端部有一个顶孔，这是感器与外界唯一接触感受的地方。每个味觉感器内一般有 4 个味觉感觉神经元（gustatory sensory neuron，GSN），通常分别感受糖、无机盐、行为遏制性化合物（多为植物次生物质）、水或氨基酸，其感受特性主要由味觉受体（GR）的性质决定。GSN 编码的信号以脉冲的方式到达味觉中枢中心，主要是咽下神经节（sub-oesophageal ganglion，SOG）对正反输入信号做进一步处理和整合（Chapman，2003）。没有两种昆虫的味觉感受谱完全相同，这种物种特异性的味觉特征是构成昆虫食性的要素。

根据植食性昆虫对植物化合物的行为反应，可把 GSN 分为两大类：第一类称作兴奋素细胞（stimulant cell），能感受刺激昆虫取食或产卵的化合物；第二类称作遏制素细胞（deterrent cell），在果蝇中称为苦味细胞（bitter cell），能感受遏制昆虫取食或产卵的化合物。兴奋素细胞可再分为两种：一种为普通兴奋素细胞（general stimulant cell），用来感受植物中普遍存在的糖、氨基酸等；另一种是标志兴奋素细胞（sign stimulant cell），所感受的化合物多为寄主植物中特有的次生物质（Schoonhoven et al.，2005）。

糖分是植物光合作用的主要产物，在绿叶中的含量通常占干重的 2%～10%，在花蜜和果实中的含量会更高，对植食性昆虫的取食有显著的刺激作用，特别是蔗糖、果糖和葡萄糖。已被研究的植食性昆虫都具有感受糖的细胞。此外，某些氨基酸、糖醇、核苷酸、淀粉、磷酸酯、矿物质、维生素等对有些昆虫的味觉系统也有刺激作用。

不过奇怪的是，到目前尚未发现感受蛋白质的味觉感器，尽管蛋白质的含量对于昆虫的生长发育非常重要。植物营养物质对昆虫很重要，但由于存在的普遍性及其浓度受植物的发育状况、生理条件和环境因素等影响，不能解释多数昆虫对寄主植物的专化现象（Schoonhoven et al.，1998）。

植物中含有种类多样的次生物质，其主要是起防御作用，构成植物特有的苦涩味道，在一定程度上可解释昆虫对植物的专化现象。植物次生物质多对昆虫取食和产卵有遏制作用，由遏制素细胞感受。一般认为，专食性昆虫比广食性昆虫对遏制素更加敏感。一些专食性昆虫对次生物质产生特别的适应，把寄主植物中特有的次生物质作为标志兴奋素来感受。例如，黑芥子苷是十字花科植物特有的次生物质，对于多数广食性昆虫，包括粉纹夜蛾（*Trichoplusia ni*）、披肩黏虫（*Mamestra configurata*）、黑凤蝶（*Papilio polyxenes*）、棉铃虫等都是遏制素，但是可刺激专食性昆虫菜粉蝶（*Pieris rapae*）和暗脉粉蝶（*Pieris napi*）在十字花科植物上产卵、取食，这些专食性昆虫的味觉系统具有专门感受黑芥子苷的细胞（Huang and Renwick，1994）。相似的，烟草天蛾（*Manduca sexta*）通过味觉系统来感受茄科植物中的紫花茄皂苷D（indioside D）以识别寄主（del Campo et al.，2001）。一种叶甲 *Chrysolina brunsvicensis* 则在跗节上有标志兴奋素细胞，用于感受其寄主金丝桃科植物的金丝桃素（hypericin）（Rees，1969）。

植物常常既含有兴奋素也含有遏制素。与前面提到的滚轴模型类似，兴奋素和遏制素之间效应的平衡决定了昆虫是否拒绝寄主或者接受的程度（Chapman，2003）。这种平衡一般分为以下几种情况：对于多食性昆虫，少数的营养物质可能是其取食大多数植物的兴奋素，遏制素的作用较弱，只有当植物中存在特异的遏制素且其含量足够高时才能阻碍昆虫的取食；对于一些寡食性昆虫，如取食禾本科的蝗虫，与多食性昆虫类似，虽然不会取食其他科的植物，但是在禾本科植物内并没有发现标志兴奋素，取食禾本科植物的原因可能主要是这些植物不存在遏制素；对于部分寡食性昆虫和所有的单食性昆虫，它们对植物的取食则需要植物特异的次生物质作为标志兴奋素，昆虫的味觉系统能够识别这些次生物质并激发昆虫的取食行为（Bernays and Chapman，1994）。

GSN 的感受特性主要取决于在其树突表达的味觉受体。在昆虫中，黑腹果蝇（*Drosophila melanogaster*）的 GR 研究最为深入。黑腹果蝇共有 68 个 GR，以不同的组合方式表达在成虫和幼虫阶段的 GSN 中（Kwon et al.，2011；Weiss et al.，2011），GR 分为以下四类：二氧化碳受体、果糖受体、糖受体、苦味受体。*DmGR5a*、*DmGR66a* 分别参与甜味、苦味物质的感受，研究也最多。通过基因敲除、挽救等遗传操作结合行为与生理学实验，证实 *DmGR5a* 是一个海藻糖受体基因（Dahanukar et al.，2007）。*DmGR43a* 是果蝇的果糖受体基因，表达在 GSN 中，同时作为营养物质的感应器表达在脑的神经元中（Miyamoto et al.，2012）。这个基因在昆虫不同种间很保守，其直系同源基因 *HarmGR4* 在棉铃虫中也是调谐果糖的受体基因（Jiang et al.，2015）。*DmGR66a* 与 *DmGR32a*、*DmGR47a* 等在苦味细胞中共同表达，能识别多种不同苦味刺激（Thorne et al.，2004；Wang et al.，2004；Harris et al.，2015）。缺失 *DmGR66a* 的突变果蝇对咖啡因失去特异性反应，但仍然能够识别奎宁；单独表达 *DmGR66a* 的异源细胞不能产生对咖啡因的特异性识别反应，表明 *DmGR66a* 可能需要与其他味觉受体配合才能发挥作用（Moon et al.，2006）。通过基因组和转录组分析，植食性昆虫的苦味受体基因已经鉴定了很多，但得到功能鉴定的很少。柑橘凤蝶（*Papilio xuthus*）通过感受脱氧肾上腺素（synephrine）来识别寄主植物并产卵，苦味受体 PxutGr1 特异性调谐这种寄主植物特有的化合物（Ozaki et al. 2011）。家蚕的 BmGr16 和 BmGr18 均可调谐香豆素（coumarin）、咖啡因（caffeine），BmGr53 可以调谐香豆素、咖啡因和毛果芸香碱（pilocarpine）（Kasubuchi et al.，2018）。小菜蛾（*Plutella xylostella*）的苦味受体 PxylGr34 可调谐油菜素内酯（brassinolide）和 24-表油菜素内酯（24-epibrassinolide）（Yang et al.，2020）。菜粉蝶的苦味受体 PrapGr28 可调谐黑芥子苷（sinigrin）（Yang et al.，2021）。HarmGr180 是棉铃虫幼虫下颚外颚叶中表达量最高的味觉受体，调谐植物次生物质香豆素（coumarin），还参与幼虫对黑芥子苷（sinigrin）和马钱子碱（strychnine）的感受（Chen et al.，2022）。

三、寄主的取食和利用

植食性昆虫在行为上接受寄主植物后，就会进一步取食或产卵。对于全变态昆虫，成虫的产卵选择性对后代的影响很大，因为孵化后的幼虫对植物的选择范围比较有限。不过，通常成虫的产卵选择性与幼虫的寄主嗜好性是相吻合的。

取食方式不同的昆虫，口器发生特化是必不可少的（Gullan and Cranston，2014）。咀嚼式昆虫如蝗虫的口器基本构造包括上唇、上颚、下颚和下唇，其中上颚一般有齿和臼，用来切割、撕咬、磨碎植物组织。刺吸式昆虫如蚜虫的口器则很特化，由一个分节的喙和包藏其中的口针组成，在昆虫不取食的时候通常位于前足的后方。上唇没有多少变化，用来支持喙的前基部，喙由下唇变成，其前面中央的鞘内藏有上颚和下颚特化成的两对口针。下颚口针合拢后，中间的凹沟形成唾液管和食物管，前者泵出唾液，后者泵入植物汁液。鳞翅目昆虫在幼虫期口器为咀嚼式，但成虫期吸食花蜜，口器特化为虹吸式，喙管长且可卷曲，由下颚特化而成。与半翅目昆虫一样，蝶和蛾在头部有一组肌肉形成食窦泵，可吸入液体。植食性昆虫蓟马的口器介于咀嚼式和刺吸式之间，形成圆锥状的锉吸式口器，左上颚和一对下颚骨化为口针，右上颚退化，这样在取食时，上颚口针穿刺叶表面，左右下颚口针相合成临时凹槽伸入伤口，吸入植物细胞内容物。

食物被昆虫摄取后，就会进入昆虫的消化系统。咀嚼式昆虫的消化道分为三部分：前肠、中肠、后肠（Chapman，1998）。大部分昆虫的前肠通常由咽喉、食道、嗉囊和前胃四部分组成。食物经咽喉、食道进入嗉囊，与来自唾液腺的分泌物混合，部分中肠消化液也可倒流到嗉囊，因此嗉囊具有初步消化食物的功能，一些昆虫还可把其前肠内容物从口中反吐出来。前胃是前肠最后端区域，内壁特化成齿或刺，具有磨碎食物和调节食物进入中肠的作用。中肠则是食物消化吸收的主要部位，其表皮结构不同于前肠和后肠，肠壁细胞层经常处于分泌和吸收状态，分泌大量的消化酶来降解脂肪、碳水化合物和蛋白质，也分泌解毒酶来降解植物中的有毒次生物质；在肠壁细胞的下面有一层包裹食物的围食膜，它可选择性地使溶解的营养物透过，同时保护中肠细胞免受食物中固体颗粒的擦伤或微生物的侵染。后肠的主要功能是排除食物残渣和代谢废物。后肠的前端有马氏管，可从体内淋巴液中吸取水分、无机盐和废物，送入后肠。后肠也有水分和无机盐再吸收的功能。昆虫从后肠排出粪便，其中含氮的废物一般以尿酸的形式存在。尿酸与氨水相比，相对毒性较低并且干燥，很少污染昆虫的生活环境。

刺吸式昆虫的消化系统发生了很大程度的特化。它们所吸食的植物韧皮部和木质部中的汁液，含有大量的水分和碳水化合物，而蛋白质和氨基酸浓度却很低，含氮量大概分别为 1% 和 0.05%。为解决这一问题，它们不得不吸食大量的汁液来获取足够的蛋白质，而多余的水分和碳水化合物需要高效地排出体外。由此，半翅目昆虫的中肠和后肠的前部与马氏管组合成一个类似于膀胱的构造，称为滤室（Gullan and Cranston，2014）。植物汁液内大量的水分直接从滤室通过渗透作用进入后肠，与未加利用的糖分和废物等一起通过肛门排出昆虫体外，这就是在植物表面常见到的黏性的有甜味的蜜露，为蚂蚁等昆虫所喜好。

植食性昆虫的取食、消化和利用所遇到的最大障碍是植物的防御性化合物，特别是次生物质。植物次生物质丰富多样，显花植物中至少有 10 万种化合物的结构已被鉴定，构成了植物的主要防御体系。它们有的作为遏制素阻碍昆虫的取食，有的干扰昆虫从植物中吸取营养物质，影响昆虫的生长和发育，更多的化合物有毒，昆虫摄取足够的量后就会死亡（Rosenthal and Berenbaum，1991a，1991b）。尽管如此，每种植物都有取食它们的植食性昆虫。这些昆虫具有非凡的能力来克服植物的营养和化学障碍。

第三节　植物对植食性昆虫的防御

植物固着的生长方式使其在与植食性昆虫互作中常常处于被动地位。但在长期的协同进化过程中，植物形成了一套精密、复杂且更为主动的防御机制来对抗植食性昆虫的侵害（Howe and Jander，2008）。根据防御物质的基础理化特性，植物防御可分为物理防御（physical defense）和化学防御（chemical defense）。

一、植物的物理防御

植物的物理防御是指植物利用固有的物理屏障抵御昆虫为害。这些物理屏障主要包括对昆虫取食有负面影响的形态、结构及生长特征，如表皮毛、蜡质、叶片韧性、乳汁管和树脂道等。它们或为植物提供机械保护，或干扰昆虫的正常活动，从而削弱昆虫的取食能力。一般而言，植物的物理防御是组成型的，是植物在长期系统发育过程中形成的一种固有的、在昆虫侵害前就存在的机制。但也有研究表明，昆虫侵害对有些物理防御有增强作用。

（一）表皮毛

表皮毛是植物表皮细胞延伸出的毛发状附属物，其广泛存在于叶、茎、花、种子等组织表面，大小从几微米到几厘米不等，形态各异，有针状、星状、螺旋状和钩状等。表皮毛可通过干扰昆虫在植物表面的运动发挥物理防御作用。研究表明，植物叶片的表皮毛密度与其对昆虫的抗性呈正相关（Valverde et al.，2001），表皮毛少或没有表皮毛的植物更易受昆虫取食（Fordyce and Agrawal，2001）。此外，表皮毛还可干扰昆虫产卵。银叶粉虱在棉花叶片上的产卵数与叶片表皮毛密度呈负相关（Chu et al.，2000）。除进行物理防御外，一些表皮毛还具有腺体，可分泌黏性、排斥性或毒性物质进行化学防御（Valverde et al.，2001）。

（二）蜡质

蜡质是覆盖于植物各器官和组织表面的一层疏水性保护屏障，主要由疏水的超长链脂肪酸及其衍生物组成。除参与限制水分散失和抵抗紫外辐射等非生物胁迫适应过程，蜡质还在抵御病虫侵害等生物胁迫适应过程中发挥重要。蜡质一方面可提高植物组织和器官的机械强度，另一方面可提高其表面光滑度以降低昆虫及虫卵的附着能力。在马利筋属植物中，叶表蜡质的含量与蚜虫到特定取食位置花费的时间呈正相关（Agrawal et al.，2009）。在十字花科植物中，跳甲在叶表有蜡质覆盖的物种上的取食速率远远低于没有蜡质覆盖的物种（Bodnaryk，1992）。此外还有研究表明，大菜粉蝶产卵后，甘蓝可通过改变叶表蜡质的组分，诱引寄生蜂寄生虫卵（Fatouros et al.，2005）。

（三）叶片韧性

坚韧的叶片会降低刺吸式昆虫的口器穿透能力，增加咀嚼式昆虫颚的磨损度（Raupp，1985）。相较于幼嫩叶片，成熟叶片的韧性更高，因此更不容易被昆虫取食（Read and Stokes，2006）。此外还有研究表明，昆虫取食会诱导植物合成木质素、纤维素和二氧化硅等物质，从而增强叶片细胞壁的机械强度（McNaughton and Tarrants，1983）。

（四）乳汁管和树脂道

一些植物还可以分泌乳汁（如藤本植物）或树脂（如松柏类植物）等物质干扰昆

虫运动。乳汁、树脂分别储存于乳汁管、树脂道中，当昆虫取食造成管道破坏后，它们会在内部压力的作用下释放出来，将昆虫黏住或包裹，并在空气中凝固阻止其进一步取食（Phillips and Croteau，1999；Dussourd and Hoyle，2000）。

二、植物的化学防御

除物理防御外，植物还进行化学防御，即通过合成一系列对昆虫的行为、生长发育和繁殖或生态环境有影响的化学物质抵抗昆虫为害。参与该过程的化学物质统称为防御性化合物。根据防御性化合物存在的时效性，化学防御有组成型、诱导型之分（图 7-2）。组成型防御性化合物的存在不依赖昆虫取食，诱导型防御性化合物只在受到昆虫侵害后才大量合成。由于防御性化合物的合成是极为耗能的过程，因此相较于组成型防御，诱导型防御是一种更为主动、更为经济有效的防御方式（Furstenberg-Hagg et al.，2013）。而按照其作用方式的不同，化学防御又分为直接防御和间接防御。

（一）直接防御

参与直接防御的化合物通常对昆虫具有排斥性、抗营养性或毒性（Chen，2008）。它们或造成昆虫忌避以减少其取食和产卵，或影响昆虫对食物的消化和利用，或造成昆虫中毒甚至死亡。这些防御性化合物可大致分为对昆虫有害的次生物质和防御蛋白两大类。次生物质主要包括萜类化合物、含氮化合物和酚类化合物等。有些植物次生物质的合成是组成型的，在组成型防御中发挥作用；而有些则受到昆虫取食的诱导，在诱导型防御中发挥作用。防御蛋白主要包括蛋白酶抑制素、淀粉酶抑制素、凝集素、蛋白酶、氨基酸酶和氧化酶等，它们的编码基因在植物中广泛分布，且大多受到昆虫取食诱导表达，在诱导型防御中发挥重要作用。

1. 萜类化合物

萜类化合物是植物次生物质中最丰富的一类，包括半萜、单萜、倍半萜、二萜、三萜、四萜和高聚萜等，其中单萜和倍半萜是植物挥发性物质的重要组分。它们或作为种内和种间的信号分子在植物"防御警备"、间接防御中发挥重要作用，或发挥直接抗虫作用。例如，多毛番茄（*Solanum habrochaites*）所释放的倍半萜化合物 7-表姜烯对鳞翅目、鞘翅目和半翅目害虫均具有驱避与毒杀作用（Bleeker et al.，2012）。

2. 含氮化合物

参与植物防卫反应的含氮化合物主要包括芥子油苷、异羟肟酸及其衍生物、生氰糖苷、生物碱等（Chen，2008）。其中，芥子油苷主要分布于十字花科植物中，异羟肟酸及其衍生物主要分布于禾本科植物中，而生氰糖苷和生物碱在植物界广泛存在。在正常情况下，芥子油苷、生氰糖苷（如蜀黍苷）和异羟肟酸及其衍生物（如玉米丁布）一般不具备毒性或具备较低毒性。但当植物受到昆虫侵害时，细胞损伤后会促使其与某些酶相接触，进而生成对昆虫有毒或毒性更强的化合物（Furstenberg-

Hagg et al.，2013）。生物碱是一类含氮杂环碱性化合物。很多生物碱（如番茄碱、茄碱、烟碱等）对昆虫具有直接毒性。但也有一些生物碱是以非毒性形式储存的，如吡咯里西啶类生物碱，它们在昆虫碱性肠道环境中会被快速还原为有毒性的疏水性物质（Furstenberg-Hagg et al.，2013）。

3. 酚类化合物

参与植物防卫反应的酚类化合物主要包括单宁、黄酮类和醌类等。其中，单宁通过共价结合抑制昆虫体内消化酶活性（Barbehenn and Constabel，2011）。黄酮类物质可抑制昆虫侵害所引起的氧化胁迫（Treutter，2006）。而醌类物质则通过与蛋白质或氨基酸亲核侧链交联干扰昆虫对养分的吸收，其由多酚氧化酶或过氧化物酶氧化酚类物质生成（Bhonwong et al.，2009）。

4. 蛋白酶抑制素

蛋白酶抑制素是一类能抑制蛋白酶水解活性的蛋白质分子。根据其活性反应中心的不同及氨基酸序列的同源性，可分为丝氨酸蛋白酶抑制素、半胱氨酸蛋白酶抑制素、天冬氨酸蛋白酶抑制素和金属蛋白酶抑制素。其中，丝氨酸蛋白酶抑制素、半胱氨酸蛋白酶抑制素可分别靶向丝氨酸蛋白酶、半胱氨酸蛋白酶这两类在植食性昆虫消化系统中占主导地位的蛋白酶，并通过形成酶抑制复合体阻断或抑制这些消化酶的活性，进而削弱昆虫的消化能力。早在20世纪70年代，Ryan教授领导的研究小组就发现，当番茄植株受到昆虫侵害后会大量合成蛋白酶抑制素等防御物质，而且其不只在受伤部位大量合成（称为局部反应），还在植物全身包括未受伤的部位大量合成（称为系统反应），这一结果标志着植物系统性防卫反应的发现（Green and Ryan，1972）。迄今，蛋白酶抑制素含量已被作为衡量植物抗性反应强弱最常用的生化标记，并广泛应用于作物抗虫性状改良中。

5. 淀粉酶抑制素

淀粉酶抑制素也是植物重要的防御物质。其广泛存在于植物的种子中，可靶向昆虫的重要消化酶α-淀粉酶，以形成酶抑制复合体的方式抑制α-淀粉酶的活性（Morton et al.，2000）。此外，淀粉酶抑制素还可以刺激昆虫生理反馈调节系统，引起昆虫体内消化酶过量分泌，诱发厌食反应。

6. 凝集素

凝集素是一类具有特异性糖结合活性的蛋白质，一般含有一个或多个可与单糖或寡糖可逆性结合的非催化结构域。目前，已证实凝集素对鳞翅目、鞘翅目和半翅目昆虫均具有毒性或抗营养性，但确切的作用机理尚不清楚，推测其可以靶向结合昆虫肠道内的碳水化合物组分，进而阻碍昆虫对营养物质的吸收而对昆虫产生抗性（Peumans and Vandamme，1995）。有些植物凝集素（如雪花莲凝集素、豌豆凝集素等）

对哺乳动物无毒或低毒，因此已广泛应用于植物转基因抗虫领域。

7. 其他防御蛋白

植物还可以合成蛋白酶、氨基酸酶和氧化酶等其他防御蛋白。其中，植物蛋白酶通过诱发肠道损伤发挥作用。例如，半胱氨酸蛋白酶可消化昆虫肠道蛋白质，破坏对中肠上皮细胞起保护作用的围食膜，从而干扰昆虫的消化和免疫能力（Pechan et al.，2002）。氨基酸酶则通过降低必需氨基酸水平发挥作用。例如，精氨酸酶、苏氨酸脱氨酶可分别水解昆虫中肠中的精氨酸、苏氨酸，造成昆虫营养缺陷（Chen et al.，2005；Chen et al.，2007）。而多酚氧化酶、脂氧合酶则分别通过催化醌类物质、脂过氧化物的合成发挥作用（Felton et al.，1994；Constabel et al.，1995）。这些物质可共价修饰中肠内的蛋白质和氨基酸，从而减少昆虫对营养的摄取。

（二）间接防御

参与间接防御的化合物一般通过影响昆虫的生态处境发挥作用。在自然界长期协同进化中，植物、植食性昆虫和昆虫天敌构成了一个非常微妙的三营养级结构。一些植物可以通过产生挥发性物质吸引昆虫天敌或寄生生物来减少昆虫危害。这种基于"植物-昆虫-天敌"三营养级互作的防御方式称为植物的间接防御（Aljbory and Chen，2018）。

植物挥发性物质主要包括萜类化合物、含氮挥发物、挥发性吲哚和绿叶挥发物等。在正常状态下，植物会释放一些挥发性物质。但当植物受到昆虫取食后，其所释放的挥发性物质无论在种类上还是在含量上都会发生明显改变。有些挥发性物质能直接作用于昆虫，抑制其取食或产卵（Chen，2008）；有些则作为互利素为昆虫天敌提供植食性昆虫的位置信息（Dicke et al.，2009）。例如，利马豆受二斑叶螨取食后，可释放萜类挥发物吸引天敌捕食性螨前来捕食（Dicke et al.，1990a）；玉米受甜菜夜蛾幼虫取食后，可释放萜类、吲哚类和绿叶挥发物等物质吸引茧蜂在幼虫体内产卵等（Turlings et al.，1990）。此外，植物的地下部分也可进行间接防御。例如，玉米根部在受玉米根萤叶甲侵害时，可释放倍半萜物质石竹烯吸引以玉米根萤叶甲为食的异小杆线虫（Rasmann et al.，2005）。

除了通过释放挥发物吸引昆虫天敌取食，有些植物还直接为昆虫天敌提供食物和住所，如富含糖类、氨基酸或脂类物质的花外蜜（Gonzalez-Teuber and Heil，2009）和食物体（Risch and Rickson，1981），以及特化的洞穴结构（Romero and Benson，2005）等。这些物质和结构特征可吸引蚂蚁、螨虫等节肢动物到植物易受昆虫攻击的部位进行捕食。

三、植物化学防御的信号通路

植物对植食性昆虫的有效防御依赖其对昆虫取食的精准识别和快速响应。越来越多的研究表明，植物可感知识别昆虫取食所引起的组织损伤、昆虫口腔分泌物和卵黏附液中的信号分子（激发子），并通过钙离子流、磷酸化级联反应、活性氧、植物激素等一系列信号通路启动和调节防御相关基因的表达（Chen，2008；Howe and Jander，2008；War et al.，2012；Furstenberg-Hagg et al.，2013）。其中，植物激素在植物的诱导型防御中起核心调控作用。由于诱导型防御一旦启动，就需要消耗大量资源和能量，为了有效防御，植物往往针对特定的昆虫侵害启动特定的、最有效的防卫反应（Howe and Jander，2008）。一般认为，咀嚼式昆虫取食时造成大面积组织伤害，可诱导植物产生伤害反应，植物利用茉莉酸（JA）信号通路进行防御；而刺吸式昆虫以其特殊的口针取食，可诱导植物激活病原体相关免疫反应，植物利用水杨酸（SA）信号通路进行防御。茉莉酸介导的防御通路和水杨酸介导的防御通路总体上呈现相互拮抗的关系（Howe and Jander，2008；Pieterse et al.，2012）。此外，还有研究表明乙烯（ethylene，ET）参与调控植物对植食性昆虫的防卫反应。

（一）茉莉酸信号通路

茉莉酸在直接防御和间接防御中均发挥重要作用，很多毒性次生物质、防御蛋白、对天敌有吸引作用的挥发性物质的合成都受到茉莉酸信号通路的调控。此外，茉莉酸还参与协调植物防御和生长发育之间的关系。

茉莉酸调控植物防卫反应最早发现于 20 世纪 90 年代初期（Farmer and Ryan，1990）。早在 1972 年，Ryan 教授就提出了一个假说来解释植物系统防卫反应的产生：针对受伤刺激，植物会合成一类信号分子，这种信号分子可以长距离运输到植物全身的各个部位，从而诱导防御相关基因的表达（Green and Ryan，1972）。目前，所鉴定到的信号分子主要包括多肽信号分子系统素（systemin）（McGurl et al.，1992），以及来源于不饱和脂肪酸的植物激素茉莉酸（Farmer and Ryan，1990，1992；Farmer et al.，1992）。与日俱增的证据表明，系统素和茉莉酸通过一个共同的信号通路调控防御相关基因的局部与系统表达（Li et al.，2003；Ryan and Pearce，2003）。Ryan 教授的模型表明：系统素是可进行长距离运输的信号分子，在系统防卫反应中起主导作用；而茉莉酸不进行长距离运输，主要在局部区域起作用，诱导防御相关基因的表达（Ryan，2000）。以茉莉酸合成突变体 *spr2* 和茉莉酸信号转导突变体 *jai1* 为遗传工具所进行的嫁接实验表明，系统防御中可以进行长距离运输的信号分子是茉莉酸或者是茉莉酸调控的某种物质而不是系统素（Li et al.，2002）；系统素的功能在于调控茉莉酸的生物合成，它对防卫反应的作用依赖茉莉酸（Lee and Howe，2003；Li et al.，2003，2004；Ryan and Pearce，2003）。这一结论从根本上改变了长期以来认为的系统素是长距离运输信号分子的观点，并确立了茉莉酸调控植物对昆虫防卫反应的核心地位，这是对该领域工作模型的重大修正（Li et al.，2002；Ryan and Moura，2002）。

茉莉酸信号通路的实质是核心转录因子所介导的转录调控过程，包括 4 个在众多植物中保守的重要信号转导元件：COI1、JAZ 蛋白、转录因子 bHLH 蛋白 MYC2 和转录中介体（mediator）亚基 MED25。其中，F-box 蛋白 COI1 是活性茉莉酸（JA-Ile）的受体（Yan et al.，2009；Sheard et al.，2010），COI1 的底物 JAZ（jasmonate ZIM-domain）蛋白是茉莉酸响应基因表达的转录抑制子（Chini et al.，2007；Thines et al.，2007），MYC2 作为一个核心转录因子调控茉莉酸响应基因的表达（Dombrecht et al.，2007），而 MED25 蛋白是核心转录因子 MYC2 与通用转录机器 RNA 聚合酶Ⅱ沟通的"桥梁"（Chen et al.，2012）。

据研究报道（An et al.，2017；Zhai and Li，2019），茉莉酸所介导的防御途径可分为抑制、去抑制、激活和终止 4 个阶段（图 7-3）。①在正常情况下，植物体内活性茉莉酸水平较低，受体 COI1 与转录抑制子 JAZ 蛋白不能互作，JAZ 蛋白相对稳定，通过与 MYC2 相互作用从而抑制 MYC2 的转录活性；由于 JAZ 蛋白与 MED25 竞争结合 MYC2，这时 MED25 与 MYC2 的互作相对较弱，MED25 与 COI1 通过直接相互作用将 COI1 招募到核心转录因子 MYC2 靶基因的启动子区域。②当植物受到机械损伤或昆虫侵害后，活性茉莉酸会在数分钟内大量诱导合成，MED25 促进依赖活性茉莉酸的 COI1-JAZ 受体复合体的形成及 JAZ 蛋白的降解，实现 MYC2 转录功能的去抑制。③随后，MED25 与 MYC2 的互作增强，并将 RNA 聚合酶Ⅱ和组蛋白乙酰基转移酶 HAC1 招募到 MYC2 靶基因的启动子区域，协同激活 MYC2 靶基因的转录表达。研究发现，MYC2 一般不直接调控最下游起直接作用的防卫基因（如蛋白酶抑制素基因、多酚氧化酶基因、苏氨酸脱氨酶基因等），其通过靶向调控次级转录因子并与之形成一系列的转录级联调控模块激活和放大茉莉酸信号，并最终诱导最下游直接防卫基因的大量表达（Du et al.，2017）。④ MYC2 在激活茉莉酸信号的同时，也直接激活 JAZ 蛋白及一类受茉莉酸诱导的转录因子 bHLH 蛋白 MTB1（MYC2-

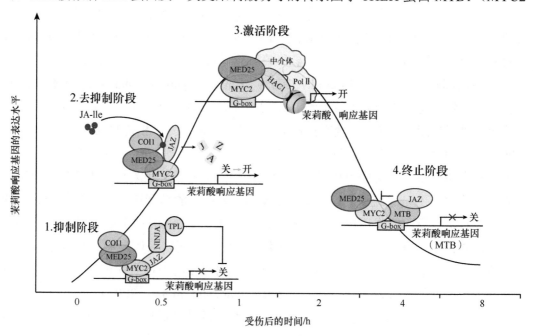

图 7-3　茉莉酸介导的防御途径的激活与终止

TARGETED BHLH 1）、MTB2 和 MTB3 的表达。一方面，MTB1、MTB2、MTB3 与
MYC2 竞争结合靶基因的启动子，削弱 MYC2 的 DNA 结合能力；另一方面，MTB1、
MTB2、MTB3 与 MED25 竞争性地结合 MYC2，干扰 MYC2-MED25 功能复合体的
形成，从而抑制 MYC2 的转录激活活性。这样，MYC2 与 MTB1、MTB2、MTB3 形
成一个精细的负反馈调控回路，实现茉莉酸信号的终止（Liu et al., 2019）。

　　MYC2 靶基因的表达一般在植物受到伤害刺激后 0.5～1h 达到峰值。这种快速响
应能力很大程度上依赖 MED25 的功能，其将参与茉莉酸信号通路的遗传因子（受体
蛋白 COI1 和核心转录因子 MYC2）与表观遗传因子（HAC1）整合至一个协调一致
的转录调控过程中，从而使茉莉酸的识别和响应基因的转录调控直接连接起来（An
et al., 2017）。这种类似于高等动物"核受体"的作用机制使植物在面临昆虫取食时，
可以快速做出响应，激活防卫基因的表达。

（二）水杨酸信号通路

　　目前，植物水杨酸信号通路的研究主要集中在抗病方面，对其在抗虫方面的功
能了解得并不十分清楚。很多刺吸式昆虫（如蚜虫、粉虱和褐飞虱等）在侵害植物
后，会诱导水杨酸的大量积累（Aljbory and Chen，2018）。有研究认为，水杨酸可以
诱发活性氧爆发以破坏昆虫的消化系统，进而抑制昆虫的生长和发育（Maffei et al.,
2007）。此外，还有研究表明水杨酸参与植物的间接防御。番茄、利马豆等植物在受
到叶螨取食后，体内的活性水杨酸可在水杨酸甲基转移酶的作用下生成无活性的挥
发性甲基水杨酸（Dicke et al.，1990b；Ozawa et al.，2000），后者可以吸引叶螨天敌
来捕食。需要强调的是，番茄水杨酸甲基转移酶的编码基因受茉莉酸诱导而上调表达
（Du et al.，2014），这表明植物可以通过操控茉莉酸和水杨酸之间的拮抗关系来实现
"最佳防御"。

（三）乙烯信号通路

　　在很多植物中，昆虫取食会诱导乙烯的生物合成（Aljbory and Chen，2018）。一
般认为乙烯在防卫反应中不直接发挥作用，而是协同茉莉酸调控防御相关基因的表达
（Kunkel and Brooks，2002）。在番茄中，单独使用乙烯不能激活蛋白酶抑制素基因的
表达，但使用乙烯抑制剂会削弱茉莉酸对蛋白酶抑制素基因的诱导表达，表明乙烯发
挥协同作用（O'Donnell et al.，1996）。此外，乙烯对茉莉酸诱导的挥发性物质的释放
也起增强作用（Ruther and Kleier，2005）。

四、植物的防御假说

　　从 20 世纪 50 年代，科学家开始认识到植物的次生物质在植物对昆虫防卫反应中
的重要作用。对于植物在与昆虫互作过程中防御物质形成和诱导的机制，科学家从资
源分配角度提出了多种假说，包括"最佳防御"（optimal defense）假说、"碳素-营养

平衡"（carbon-nutrient balance）假说、"资源可得性"（resource availability）假说和"生长-分化平衡"（growth-differentiation balance）假说，这些假说被作为研究植物对昆虫防御，特别是组成型防御模式的框架。

（一）"最佳防御"假说

"最佳防御"假说是在"植物显现度"（plant apparency）假说（Feeny，1975，1976）基础上，为解释植物体内物质分配与防御关系而发展起来的（Mckey，1974，1979）。该假说认为：植物的能量需要同时满足自身重要功能和防御的需求，在植物防御过程中，防御性代谢物的生物合成需要耗费相当的能量。然而，由于能量供给的有限性，为获得最大的回报，植物根据特定部位受伤害的风险及该部位的价值按比例进行能量分配（Mckey，1974；Rhoades，1979）。有价值部位和易受攻击部位中防御物质的分配较多，最具价值的部位是植物体重点防御的部位。例如，野生防风草的生殖部位具有很高的被攻击概率和最大的价值，因此该部位组成型表达最高水平有毒的呋喃香豆素，并且该部分的呋喃香豆素是不被诱导的（Zangerl and Rutledge，1996）；而对于野生防风草的根，由于根组织是最不可能受到攻击的植物组织，因此在该组织中呋喃香豆素的组成型表达水平最低，但可诱导能力很强；对于叶片，由于其具有较高的被攻击概率，但价值相对较低，因此呋喃香豆素具有中等的本底水平和一定的诱导表达能力。

植物的"最佳防御"假说需考量以下 3 个因素：植物组织的价值、植物防御所能带来的好处、植物组织被攻击的概率（Zangerl and Bazzaz，1992；Hamilton et al.，2001），但这三者的精确考量目前仍是一个难点。第一，虽然部分植物组织的价值可以并且已经被测量，但研究通常建立在生殖部分比非生殖部分对植物适应度具有更高贡献这一基础之上，从而推断出不同植物部分的价值，具有一定的局限性（Zangerl and Bazzaz，1992；Hamilton et al.，2001）。第二，针对防御的好处，需要利用无防御能力的植物暴露于食草动物作为对照（Hamilton et al.，2001），这通常是不可行的（除非通过遗传操作去除植物的防御系统）。第三，因为需要测量数个不同食草动物水平的种群，因此非常难以估计植物组织被攻击的概率（Zangerl and Rutledge，1996）。虽然植物"最佳防御"假说在逻辑上是合理的，但事实上由于我们实际可以测量的数据及经验证据都十分有限，因此仍需大量深入研究。

（二）"碳素-营养平衡"假说

"碳素-营养平衡"假说又称"环境约束"假说，是研究环境中碳素和营养物质的供应如何影响植物防御物质表达的假说（Bryant et al.，1983；Tuomi et al.，1988，1991）。该假说认为：植物组织内以碳链为基础结构的次生物质，如萜类、酚类等物质含量与植物体内的碳氮比呈正相关，而以氮链为基础结构的次生物质，如生物碱含量与植物体内的碳氮比呈负相关；建立这种假设的理由是植物营养对其自身生长的影响大于其对光合作用的影响，即植物受营养胁迫时，其生长减慢，而光合作用的变化不大，植物体就会积累较多的碳素和氢素，使得碳氮比增大，所以以碳链为基础结构的次生物质，如酚类、萜烯类就会增多；相反，如果在遮阴条件下，光合作用就会减弱，植物碳氮比随之减小，结果是酚类、萜烯类等次生物质减少。

"碳素-营养平衡"假说认为植物防御表型的可塑性变化与植物的生长条件密切相关，部分解释了土壤养分和遮阴对植物防御的影响。但该假说无法解释为什么特定的化学防御在受到侵害后会被快速诱导，因而颇受争议（Stamp，2003）。

（三）"资源可得性"假说

"资源可得性"假说也称为"生长速度"假说，最初是由 Coley 于 1985 年提出的。该假说认为：植物产生防御物质的数量和类型取决于可供利用的资源，而植物固有的生长生理特性、光合作用及可获取的营养决定了植物所利用的防御物质种类和数量，植物必须平衡有限资源在生长或防御方面的投入。基于上述假说，由于自然选择的结果，在环境恶劣、营养匮乏自然条件下生长的植物，具有生长慢而次生物质多的特点，表现出较强的防御功能；而在营养丰富、良好自然条件下生长的植物，其生长较快且次生物质较少，防御能力则较弱。因此，该假说认为，当植物潜在生长速度降低时，植物产生用于防御的物质的数量就会增加。这是因为在环境胁迫条件下，植物生长的潜在速度较慢，受到损伤时，其损失的相对成本较低，必然会产生较多的防御物质用于防御。而在适宜环境条件下生长的植物，其潜在生长速度较快，较为容易补偿受损伤的植物组织，因此一般采用较低水平的防御，以减少对潜在生长速度的影响。

"资源可得性"假说得到了一些实证支持。例如，生长迅速的蓝桉种源通常比生长缓慢的同种种源更容易受到食草动物的影响。然而，一些针叶树物种表现出与该假说相反的模式。例如，松树表现出高组成型防御和快速生长，而冷杉则表现出低组成型防御和较慢生长。因此，该假说也未得到充分支持，因为即使在不同的环境中，相关物种也可能比不相关的物种表现出更相似的防御策略（Baldwin and Schultz，1988）。

（四）"生长-分化平衡"假说

"生长-分化平衡"假说综合了"碳素-营养平衡"假说和"资源可得性"假说（Loomis，1932，1953；Herms and Mattson，1992）。该假说认为：在细胞水平，植物的生长发育分为生长和分化两个过程，其中生长指的是细胞的分裂，分化则包括细胞的特化和成熟，而植物的次生物质是在细胞的分化（即细胞特化和成熟）过程中形成的。资源在分配给生长（新的茎、根、叶）和分化（包括化学防御物质）之间存在着一种平衡，所以该假说认为在资源充足时植物以生长为主，而在资源受限时植物以分化为主。因此，该假说认为外界的环境胁迫如营养受限、低温等，只要对植物生长所产生的影响超过了对光合作用的影响，植物体内的次生物质便会增多。"生长-分化平衡"假说不同于其他假说的一个关键预测是，防御资源分配应沿资源梯度呈钟形分布。但是，检测这样一个钟形曲线需要许多不同资源水平的实验，迄今为止大多数实验只考虑了几个资源水平。因此，"生长-分化平衡"假说的这个主要预测目前尚未得到充分验证。

综上所述，由于种种原因，这些假说的预测和检验一直存在问题，并导致人们对植物防御理论的现状产生了一些困惑。然而，与所有的建模研究一样，所得到的结论只有建立在模型中的假设成立时才是有效的，因此基于资源的植物应对昆虫的防御物质分配理论还有很大的实证研究空间。

第四节　植食性昆虫对寄主植物的适应

一、行为适应机制

植食性昆虫躲避植物防御的行为普遍存在。咀嚼式口器的棉铃虫幼虫采取钻蛀的方式，绕开次生物质含量高的棉铃皮，取食内部的组织。马利筋属植物的叶内含有大量的乳液，一般的植食性昆虫很少取食，而专食这类植物的马利筋叶甲（*Labidomera clivicollis*）在取食这种植物的叶之前，首先要切断叶的主脉，使得乳液不能输入昆虫要取食的叶部位。实验还证实，人为切断主脉后，自然情况下不取食这类植物叶的昆虫也可开始食用（Dussourd and Eisner，1987）。刺吸式口器的蚜虫在穿刺植物组织时，有韧性的口针会尽量从植物细胞的间隙穿过，避免使细胞受到伤害而诱导植物的防卫反应（Tjallingii and Esch，1993）。

二、生理适应机制

（一）口腔分泌物

植食性昆虫取食寄主植物的过程，是二者交互作用最剧烈的阶段。取食一般会激发植物可诱导的防御系统，但高度适应的昆虫能削弱寄主植物的防卫反应。植食性昆虫除了造成植物损伤，在伤口上还留有昆虫的口腔分泌物。植食性昆虫的口腔分泌物成分很复杂，可来自昆虫消化系统，也可来自唾液腺等。越来越多的研究表明，同植物病原菌一样，昆虫口腔分泌物中也含有能削弱植物防卫反应的因子，称为效应子。

昆虫的效应子多见于刺吸式昆虫。蚜虫在韧皮部取食时，除了口针很有韧性可以在细胞间和周围迂回，还会向植物韧皮部注入唾液。其唾液腺由一对主唾液腺和一对副唾液腺组成，二者合并形成共同的唾液通道。一般认为唾液蛋白来自主唾液腺，副唾液腺的功能尚不是很清楚，可能与传毒有关。这类昆虫对植物取食的特化表现在产生两种不同的唾液：一种为鞘质唾液，在口针穿刺时产生，能快速凝固，可硬化成鞘，但口针可在其中活动；另一种为水质唾液，就像普通的唾液腺分泌物，含有唾液酶和代谢物，释放于韧皮部筛分子，可降解淀粉和细胞壁，以方便吸食。从豌豆蚜

（*Acyrthosiphon pisum*）的主唾液腺鉴定到一种 C002 蛋白，为蚜科昆虫所特有，对于蚜虫取食寄生十分重要，当利用 RNAi 沉默掉该蛋白质的编码基因，蚜虫在植物韧皮部吸食汁液的时间会大大减少（Mutti et al.，2008）。豌豆蚜唾液中还有一类巨噬细胞移动抑制因子（macrophage migration inhibitory factor），对于蚜虫的存活、繁殖和在寄主植物上取食也十分重要，当植物叶中异位表达这类蛋白质，会显著抑制植物主要的免疫反应，包括降低防御相关基因的表达，减少胼胝质的积累和过敏性细胞死亡（Naessens et al.，2015）。烟粉虱在主唾液腺中高表达一种低分子量的唾液蛋白 Bt56，在烟草中表达这种蛋白质可增强植物对烟粉虱的感虫性，并激活水杨酸信号路径；而沉默编码该蛋白质的基因，烟粉虱在植物韧皮部的取食被打断，水杨酸信号路径也不能激活（Xu et al.，2019）。

咀嚼式昆虫口腔分泌物中的效应子也在陆续报道。在美洲棉铃虫和棉铃虫幼虫唾液中存在的葡萄糖氧化酶起效应子的作用，可抑制烟草中烟碱的合成（Musser et al.，2002；Zong and Wang，2004），减弱损伤诱导的茉莉酸和乙烯信号通路，但激活水杨酸信号通路（Diezel et al.，2009）。在棉铃虫的口腔分泌物中鉴定到一种称为 HARP1 的效应子，可与植物中茉莉酸信号的阻遏蛋白 JAZ 相互作用，从而稳定 JAZ 蛋白的水平，抑制茉莉酸调节的植物防卫反应（Chen et al.，2019）。不过，在鳞翅目幼虫的唾液中鉴定到相反功能激发子的存在。volicitin［*N*-(17-羟基亚麻基)-L-谷氨酰胺］是从甜菜夜蛾幼虫的反吐液中分离的化合物，可诱导寄主植物产生气味物质，以吸引该种幼虫的寄生蜂而增强植物的间接防御（Alborn et al.，1997）。在蝗虫的口腔分泌物中也鉴定到一种称为 caeliferin 的硫酸化脂肪酸，可诱导玉米苗产生萜类挥发物（Alborn et al.，2007）。此外，一些昆虫的卵黏附液和排泄物中也可能有类似因子的存在。

（二）消化和排泄

对于植物中以组成型存在的次生物质，昆虫在消化和排泄系统方面也具有适应性。单宁是一种普遍存在的酚类化合物，其对蛋白质的鞣化作用是使食物质量降低的一个重要方面。鳞翅目昆虫则利用碱性的中肠环境使得鞣化反应不能发生（Berenbaum，1980）。烟草中的烟碱对很多昆虫有毒副作用，而专食烟草的烟草天蛾（*Manduca sexta*）则通过马氏管从体液中高效吸收烟碱，然后把烟碱转移到后肠随粪便排出体外（Self et al.，1964）。

有的昆虫可利用共生微生物来适应寄主植物中难以降解的物质。多聚糖是植物细胞壁的主要成分，其中的果胶保证了细胞壁的整体性和黏性，并可抵御寄生者和病原物的侵害。一种龟叶甲 *Cassida rubiginosa* 可通过其前肠特有的一个器官来降解植物的果胶，在这个器官内存在一种基因组大小仅有 0.27Mb 的共生细菌 *Stammera* sp.。该细菌能产生果胶酶，降解寄主植物中两种主要的果胶。当这种共生细菌被清除后，这种龟叶甲的成活力显著降低，降解果胶的活性也大大削弱（Salem et al.，2017）。

三、解毒和封存

昆虫对付植物次生物质的一个重要机制是解毒，利用解毒酶把高毒化合物转变为低毒化合物（Heckel，2014）。解毒酶通常由昆虫自己产生，也可能由昆虫的共生微生物产生。很多植物毒素是憎水性的，因此解毒的过程多是把它们变成水溶性物质，以利于被昆虫排出。这个过程一般分两步：第一步由高毒的结构变成低毒的结构，第二步与糖、氨基酸或其他水溶性化合物共轭结合，生成利于排泄的形式。

细胞色素 P450 往往在第一步发挥主导作用（Feyereisen，2011）。这种含铁的蛋白质是一种氧化酶，普遍存在于真核生物中，具有广泛的底物，可催化生物碱、萜类和萜烯类化合物、香豆素等大量植物次生物质的代谢，但是有的底物很专一。在第二步则涉及一系列的转移酶，如谷胱甘肽转移酶等。呋喃香豆素是伞形科植物的一类次生物质，其基本结构包含一个呋喃环和与之相连的香豆素，根据呋喃环的方向把这类化合物分为线型香豆素（如 xanthotoxin）和角型香豆素（如 angelicin）。这种芳香族性质的分子受到紫外线照射时会与核苷酸结合，导致 DNA 突变和干扰转录过程。乌凤蝶（*Papilio polyxenes*）专食伞形科和芸香科植物，其之所以能忍耐含量高达 1% 的线型呋喃香豆素，是因为体内有两种细胞色素 P450：CYP6B1 和 CYP6B3，可分别高效代谢不同类型的香豆素（Wen et al.，2003，2006）。利用棉铃虫细胞色素 P450 对棉花次生物质棉酚的解毒功能，把相关基因的 dsRNA 转入棉花后，获得的转基因棉花可有效抑制棉铃虫的取食和为害（Mao et al.，2007）。

封存（sequestration）是与解毒密切相关的另一种昆虫的适应机制（Heckel，2014）。有的昆虫针对摄入体内的有毒植物次生物质，将其进行不同程度的代谢改变后有选择地存贮起来。封存的部位可在脂肪体、体壁、外分泌腺、血淋巴等。封存的过程是先从消化道吸收，进入血淋巴，然后存贮在特定的组织。这些物质对昆虫自身不会再造成毒害，有的反被昆虫用来对抗捕食性天敌或用作合成自身信息素的原料（Zhang et al.，2016）。

四、靶标不敏感性

有的有毒植物次生物质就像杀虫剂一样，其作用靶标很专一。与抗药性昆虫一样，专食性昆虫对这些毒素可产生靶标不敏感性。例如，君主斑蝶（*Danaus plexippus*）有忍受寄主植物中强心苷的能力。乌苯苷是一种强心苷，其作用靶标为细胞膜上的钠-钾 ATP 酶。君主斑蝶的这种酶与其他昆虫的有一个位点的氨基酸不同，组氨酸取代了天冬酰胺，这导致君主斑蝶的酶不再与这种毒素结合，因而能忍受含高浓度强心苷的寄主植物（Holzinger and Wink，1996；Dobler et al.，2012；Aardema and Andolfatto，2016）。

第五节　昆虫与植物关系演化的几个重要科学问题

一、决定昆虫寄主植物范围的因素：营养物质或次生物质

这是昆虫与植物相互作用研究早期争议的一个问题。对昆虫与植物关系的观察可以溯源到 19 世纪法布尔的《昆虫记》，那时已经认识到植食性昆虫具有一定的寄主植物范围，但是对昆虫具有这种植物本性的基础并不了解。一个重要的进展是 Kossel（1891）对植物中化学物质按功能划分为两类，即主要代谢物（营养物质）和次生代谢物（次生物质）。尽管那时对植物次生物质可能的生态学功能并不了解，但是次生物质概念随后被证明是理解昆虫与植物关系的基石。首次发现植物次生物质可影响昆虫取食行为的是荷兰阿姆斯特丹大学的植物学家 Verschaffelt。他在 1910 年的论文中指出，有些植物中的次生物质可以诱导某些昆虫取食这些植物，并以芥子油苷可促进粉蝶属（*Pieris*）幼虫的取食为例，说明这类化合物可能是导致这类昆虫具有一定食物广度的原因（Verschaffelt，1910），但这篇论文在发表后很长一段时间内并未引起学者的重视。20 世纪上半叶，昆虫与植物关系的研究学者认为植食性昆虫食性不同是由于其寄主植物体内营养物质的成分和比例不同。昆虫不选择某些植物作为寄主，可能是其某些营养物质如维生素、氨基酸、甾醇缺乏或含量不足，或者有效营养物质如糖类和蛋白质或脂肪的含量不均衡，甚至认为次生物质可能对一些特别的昆虫有营养价值（Thorsteinson，1960；Beck，1965）。在研究方法上，昆虫对食物的摄取和利用等营养指标测定方法的建立，为昆虫营养生态学研究奠定了重要基础（Waldbauer，1968）。植物特性的变异及其与昆虫相互作用的强度也反映在作物抗虫性的种类上。Painter（1951）的重要论著提出了作物抗虫机制的 3 个主要类型，即不选择性（nonpreference）、抗生性（antibiosis）和耐害性（tolerance），但并未引用 Verschaffelt 的工作。

Fraenkel（1959）发表了一篇关于植物次生物质存在理由的论文，探讨了植物次生物质在决定昆虫寄主植物范围中所起重要作用的证据。他的观点开始备受争议，但研究技术的突破往往引发更深入的研究，为这一观点提供了确凿的证据。Hodgson 等（1955）发展了记录昆虫味觉感器内神经元反应的电生理技术，即顶端记录（tip-recording），并首次用于对马铃薯甲虫的研究。Ishikawa（1966）利用该技术发现家蚕的一个 GSN 对一些植物次生物质和植物提取物有电生理反应，表明昆虫也有类似人类的感受苦味的神经元。几乎与此同时，Schoonhoven（1967，1968）在欧洲粉蝶（*Pieris brassicae*）幼虫下颚叶的感器上发现有对黑芥子苷专一反应的 GSN，为早前 Verschaffelt（1910）所观察到的现象提供了神经基础。在此期间，Ehrlich 和 Raven（1964）基于对蝴蝶与寄主植物关系的研究得出了相似的结论，即植物次生物质在决定某些蝴蝶对植物的利用上起到关键的作用，并创造出一个词 "coevolution"，提出了昆虫与植物协同演化的构想。

二、植食性昆虫与植物的演化关系：协同演化或顺序演化

Ehrlich 和 Raven 于 1964 年发表的论文"Butterflies and plants: a study in coevolution"是一篇具有里程碑式意义的论文。他们通过对蝴蝶与其寄主植物关系的研究，提出了"协同演化"（coevolution）假说。他们认为，种子植物通过偶然的遗传突变与基因重组，产生一系列的次生物质，使植物不为昆虫所嗜食，因此进入新的适应域；相应地，昆虫种群通过基因突变或基因重组，产生新的适应性而进入新的适应域，并开始种系分化；成对的交互作用造成昆虫食性的专化、形成动植物生态关系的多样性（图 7-4）。这种逐步的军备竞赛式的演化方式，强调植物次生物质在植食性昆虫与植物相互作用关系中的重要性，得到学术界的广泛关注，并大大促进了昆虫与植物关系领域研究的进展（钦俊德和王琛柱，2001）。"协同演化"随后被定义为"一个种群中某些个体的某一特性为回应另一个种群中一些个体的某一特性而发生演化，接着是后者的该特性同样由于回应前者的特性改变而发生演化"（Janzen，1980）。"协同演化"概念的提出影响深远，并渗透到生物学的其他各个领域。

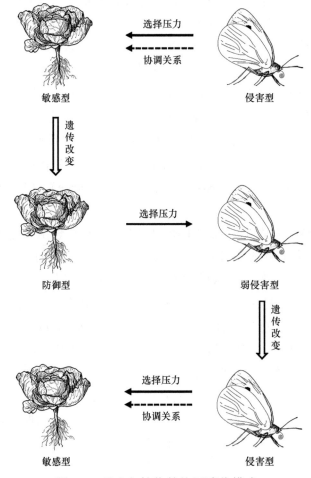

图 7-4　昆虫与植物的协同演化模式

Ehrlich 和 Raven 的"协同演化"假说，后来被称为"经典的协同演化"。植食性昆虫与植物都影响着对方的演化，学术界多数人能接受这一观点。但是在一个给定的系统中，这种影响是否为交互适应从而形成成对的演化关系？到目前为止，从严格意义上支持这种成对协同演化的例证并不多。在物种水平，单食性的叶甲科 *Phyllobrotica* 属昆虫与它们的寄主植物之间的进化分支图相吻合，近缘种昆虫生活在近缘的植物种上（Farrell and Mitter，1990）。*Blepharida* 属的跳甲与其寄主橄榄科植物之间的联系已经超过一亿年，这些植物含有防御性的萜烯类树脂，而跳甲的寄主范围与植物的化学性质相匹配，表明新的甲虫物种更容易适应那些化学性质上与其原始寄主植物相似的新寄主（Becerra，2003）。在种群水平，欧防风（*Pastinaca sativa*）因体内所含的呋喃香豆素不同而主要分为 4 种生态型，取食这种植物的防风草织叶蛾（*Depressaria pastinacella*）也有多种生态型，能分别代谢植物体内不同的呋喃香豆素（Berenbaum and Zangerl，1998）。

随着昆虫与植物关系研究的拓展和深入，"协同演化"假说得到不断发展和补充。van Valen（1973）和 Fox（1988）提出的"弥散协同演化"（diffuse coevolution）假说是基于这样一种认识，即一种昆虫与其寄主植物成对的相互作用会波及群落中其他的昆虫和植物，由此产生弥散性的影响，而不限于某些昆虫与其寄主植物成对的关系。该假说认为群落中不同种间的相互作用非常密切，其中之一发生变化必然会影响其他种类。在自然界，弥散协同演化似乎更为常见，如不同植物演化出了相同的防御系统（如单宁），很多昆虫种间也产生相似的适应机制。Thompson 等（1994）提出"协同演化的地理镶嵌理论"（geographic mosaic theory of coevolution），认为多数昆虫与植物的相互作用在种群水平表现为一种进化的、动态的地理镶嵌模式，有协同演化的热区，那里有交互选择，也有冷区，那里没有交互选择。

对于植食性昆虫与其寄主植物之间的协同演化，也有人持反对的观点。匈牙利著名昆虫学家 Jermy 在从事多年叶甲与茄科植物关系的研究后，认为昆虫和植物向对方进化施加的影响并不对等，植物的进化是包括昆虫、微生物在内的很多生物胁迫和非生物胁迫共同作用的结果，单就植食性昆虫，对植物进化的影响似乎不明显，相反昆虫的进化是跟随着植物的进化而进行的，由此他提出了"顺序演化"（sequential evolution）假说（图 7-5）（Jermy，1976，1984，1991，1993）。这一假说强调昆虫对寄主植物行为选择机制的重要性。Jermy 认为，昆虫与新的植物建立寄生关系，很可能首先从昆虫化学感觉系统的进化改变开始，其次才对新寄主植物的营养质量加以适应。

值得指出的是，影响昆虫行为的因素有很多，不单单是化学信号。通过联系学习可修饰昆虫的行为模式，甚至一些原先是吸引昆虫的化学线索，可能在经过联系学习后变为排斥线索。在这一过程中，植物体内的次生物质和营养物质通过一种反馈的机制来影响昆虫对寄主植物的行为选择，因此，我们常常会发现在全变态昆虫中，成虫对寄主的选择等级与幼虫在寄主上的营养表现呈正相关的关系。可见，植物的营养质量是影响昆虫行为选择演化的一个重要因素。

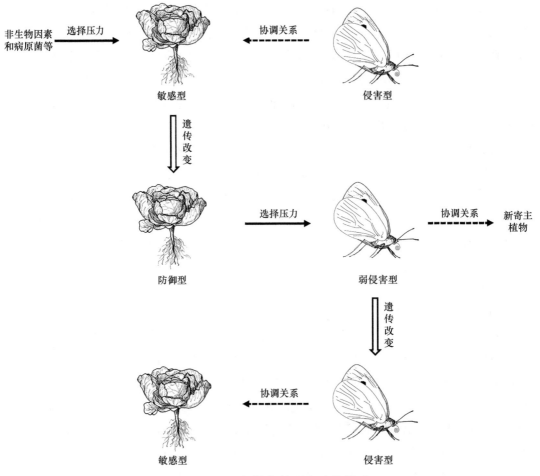

图 7-5　昆虫与植物的顺序演化模式

三、植食性昆虫寄主范围的演化：从广到专或从专到广

　　如前所述，植食性昆虫根据其寄主范围分为多食性、寡食性、单食性，但在不同的科目中食性的分化并不平均。直翅目昆虫绝大多数食性很广，多数是多食性种类，而且蝗虫有混合取食的习性，这样可能有助于营养的平衡。不过，在其他昆虫目中，植食性昆虫的寄主范围却比较有限，超过 70% 的种类是寡食性或单食性。由于直翅目昆虫的祖先是相对较原始的种类（图 7-1）（Bernays，1998），因此有理由认为，昆虫寄主范围是按由广到专演化的。如前所述，由于植物的蛋白质含量很低，植食性昆虫原始有可能是杂食性的，混合取食植物的器官、孢子及动植物的死组织和真菌，接着演化为广食性，进一步演化为专食性（Dethier，1954）。

　　在资源不短缺的情况下，植食性昆虫对寄主的专一性通常被认为是一种较好的选择。专食性昆虫在形态、生理和代谢等方面对寄主植物的适应，表现为在有限植物上能高效取食，对特有的次生物质能高效解毒，同时可缓和昆虫种间的竞争（McClure，1980；Cornell and Hawkin，2003）。但最有说服力的论点是基于昆虫神经的局限性

（Bernays，2001）。昆虫作为一类小型的动物，其脑容量很小，神经系统对信息的处理能力十分有限，因此它们的决策应遵循简单的原则。一般认为，专食性昆虫在选择寄主植物时，其准确性和效率超过广食性昆虫。专食性昆虫能通过寄主植物的信号刺激，更快更准确地找到适宜的寄主植物，而广食性昆虫因寄主植物的信号不够专一和明确，需花费较多时间寻找寄主因而效率降低，增加了被捕食和寄生的风险。不过，这方面的例证还比较有限。烟芽夜蛾（*Heliothis virescens*）是一种广食性昆虫，而其近缘种 *Heliothis subflexa* 是一种专食性昆虫，只被其单一的寄主植物灯笼草吸引，后者在寄主识别上显得更为出众（Tingle et al.，1989）。

　　然而，在资源比较有限的情况下，昆虫寄主范围的扩展也不失为一种正确的演化策略。这样，广食性昆虫不必依赖专一的寄主植物，从而在自身生存和演化过程中占得有利位置。棉铃虫（*Helicoverpa armigera*）是一种典型的广食性昆虫，取食棉花、玉米、番茄、烟草等多达 68 个科 300 余种植物，而同属的烟青虫（*Helicoverpa assulta*）是一种寡食性昆虫，只取食茄科的烟草和辣椒等少数几种植物。两种昆虫的亲缘关系很近，种间杂交可以产生部分可育的后代（Wang and Dong，2001；Zhao et al.，2005）。通过分析棉铃虫、烟青虫、杂交一代及回交代末龄幼虫对棉花和辣椒叶片的取食选择行为发现，常染色体上的单个主效基因影响幼虫对棉和辣椒的取食选择行为，并且棉铃虫对烟青虫的等位基因有部分的显性作用（Tang et al.，2006）。那么，广食性棉铃虫与专食性烟青虫的祖先哪个更为原始？在研究棉铃虫和烟青虫及其反交代雌蛾的性信息素生物合成途径时发现，Δ9 脱饱和酶是烟青虫性信息素生物合成系统中主要的脱饱和酶，而 Δ11 脱饱和酶则是棉铃虫中主要的脱饱和酶（Wang et al.，2005；Li et al.，2017）；从脱饱和酶基因进化的规律看，Δ9 脱饱和酶应较 Δ11 脱饱和酶更原始（Roelofs and Rooney，2003），由此推论烟青虫较棉铃虫的祖先更为原始，这在铃夜蛾类昆虫的线粒体 DNA 分子系统发生树上也得到验证（Behere et al.，2007）。

第六节　总结与展望

　　植食性昆虫和植物在种类与生活史方面的多样性，特别是两类生物间相互作用的复杂性，为研究植物与昆虫关系及其演化提供了取之不尽的素材。从植物的角度，植物的化学防御和防御物质的生物合成与代谢及其信号通路一直是研究重点，分子生物学、组学、基因编辑等技术和方法使得精确调控植物的抗虫性状变得更加容易。从昆虫的角度，昆虫对寄主植物选择的神经生物学机制日益明朗，越来越多感受植物挥发物的嗅觉受体的功能得到鉴定，而感受非挥发性次生物质的味觉受体的研究相信在不久的将来会有突破性进展，昆虫对寄主植物防御物质的解毒和分子适应机制为揭示生物间协同演化机制提供了很好的素材。昆虫与植物相互作用的交界面始终是昆虫学家和植物学家共同关注的地方，昆虫口腔分泌物中的激发子和效应子成为这个交界面上的关键因素，两个领域科学家的合作将使新的成果层出不穷。昆虫与植物的关系是协同演化还是顺序演化的争论将会持续下去，分子、细胞、个体、种群、物种及更高水平的证据将深入全面地揭示两类生物的演化方式。在自然生态系统中，生物组成并不只有植物和植食性昆虫两类，植物和植食性昆虫还会受到众多生物因素的选择压力，特别是二者的共生微生物、病原物及植食性昆虫的天敌，对抗与互惠的关系交织于其中。因此，昆虫与植物相互作用的研究将涉及多个营养级的相互作用，相信更为复杂微妙的生物关系将会被揭示出来。

参 考 文 献

钦俊德. 1987. 昆虫与植物的关系：论昆虫与植物的相互作用及其演化. 北京: 科学出版社.

钦俊德, 王琛柱. 2001. 论昆虫与植物的相互作用和进化的关系. 昆虫学报, 44(3): 360-365.

王琛柱, 黄玲巧. 2010. 植食性昆虫对寄主植物的选择 // 孔垂华, 娄永根. 化学生态学前沿. 北京: 高等教育出版社.

Aardema ML, Andolfatto P. 2016. Phylogenetic incongruence and the evolutionary origins of cardenolide-resistant forms of Na(+), K(+) -ATPase in *Danaus* butterflies. Evolution, 70(8): 1913-1921.

Agrawal AA, Fishbein M, Jetter R, et al. 2009. Phylogenetic ecology of leaf surface traits in the milkweeds (*Asclepias* spp.): chemistry, ecophysiology, and insect behavior. New Phytologist, 183(3): 848-867.

Alborn HT, Hansen TV, Jones TH, et al. 2007. Disulfooxy fatty acids from the American bird grasshopper *Schistocerca americana*, elicitors of plant volatiles. Proc Natl Acad Sci USA, 104(32): 12976-12981.

Alborn HT, Turlings TCJ, Jones TH, et al. 1997. An elicitor of plant volatiles from beet armyworm oral secretion. Science, 276(5314): 945-949.

Aljbory Z, Chen MS. 2018. Indirect plant defense against insect herbivores: a review. Insect Sci, 25(1): 2-23.

An C, Li L, Zhai Q, et al. 2017. Mediator subunit MED25 links the jasmonate receptor to transcriptionally active chromatin. Proc Natl Acad Sci USA, 114(42): E8930-E8939.

Anton S, Homberg U. 1999. Antennal lobe structure // Hansson B. Insect Olfaction. Berlin: Springer: 97-124.

Baker TC. 1988. Pheromone and flight behavior // Goldsworthy G, Wheeler C. Insect Flight. Boca Raton: CRC Press: 231-255.

Baldwin IT, Schultz JC. 1988. Phylogeny and the patterns of leaf phenolics in gap-adapted and forest-adapted piper and miconia understory shrubs. Oecologia, 75(1): 105-109.

Barbehenn RV, Constabel CP. 2011. Tannins in plant-herbivore interactions. Phytochemistry, 72(13): 1551-1565.

Becerra JX. 2003. Synchronous coadaptation in an ancient case of herbivory. Proc Natl Acad Sci USA, 100(22): 12804-12807.

Beck SD. 1965. Resistance of plants to insects. Annu Rev Entomol, 10: 207-232.

Behere GT, Tay WT, Russell DA, et al. 2007. Mitochondrial DNA analysis of field populations of

Helicoverpa armigera (Lepidoptera: Noctuidae) and of its relationship to *H. zea*. BMC Evol Biol, 7: 117.

Berenbaum MR. 1980. Adaptive significance of midgut pH in larval Lepidoptera. Am Nat, 115(1): 138-146.

Berenbaum MR, Zangerl AR. 1998. Chemical phenotype matching between a plant and its insect herbivore. Proc Natl Acad Sci USA, 95(23): 13743-13748.

Bernays EA.1998. Evolution of feeding behavior in insect herbivores: success seen as different ways to eat without being eaten. Bioscience, 48(1): 35-44.

Bernays EA. 2001. Neural limitations in phytophagous insects: implications for diet breadth and evolution of host affiliation. Annu Rev Entomol, 46: 703-727.

Bernays EA, Chapman RF. 1994. Host-Plant Selection by Phytophagous Insects. New York: Chapman & Hall.

Bhonwong A, Stout MJ, Attajarusit J, et al. 2009. Defensive role of tomato polyphenol oxidases against cotton bollworm (*Helicoverpa armigera*) and beet armyworm (*Spodoptera exigua*). J Chem Ecol, 35(1): 28-38.

Bleeker PM, Mirabella R, Diergaarde PJ, et al. 2012. Improved herbivore resistance in cultivated tomato with the sesquiterpene biosynthetic pathway from a wild relative. Proc Natl Acad Sci USA, 109(49): 20124-20129.

Bodnaryk RP. 1992. Leaf epicuticular wax, an antixenotic factor in Brassicaceae that affects the rate and pattern of feeding of flea beetles, *Phyllotreta*-Cruciferae (Goeze). Can J Plant Sci, 72(4): 1295-1303.

Boeckh J, Kaissling KE, Schneider D. 1965. Insect olfactory receptors. Cold Spring Harbor Symposia on Quantitative Biology, 30: 263-280.

Bryant JP, Chapin FS, Klein DR. 1983. Carbon nutrient balance of boreal plants in relation to vertebrate herbivory. Oikos, 40(3): 357-368.

Chapman RF. 1998. The Insects: Structure and Function. Cambridge: Cambridge University Press.

Chapman RF. 2003. Contact chemoreception infeeding by phytophagous insects. Annu Rev Entomol, 48: 455-484.

Chen CY, Liu YQ, Song WM, et al. 2019. An effector from cotton bollworm oral secretion impairs host plant defense signaling. Proc Natl Acad Sci USA, 116(28): 14331-14338.

Chen H, Gonzales-Vigil E, Wilkerson CG, et al. 2007. Stability of plant defense proteins in the gut of insect herbivores. Plant Physiology, 143(4): 1954-1967.

Chen H, Wilkerson CG, Kuchar JA, et al. 2005. Jasmonate-inducible plant enzymes degrade essential amino acids in the herbivore midgut. Proc Natl Acad Sci USA, 102(52): 19237-19242.

Chen MS. 2008. Inducible direct plant defense against insect herbivores: a review. Insect Sci, 15(2): 101-114.

Chen R, Jiang H, Li L, et al. 2012. The *Arabidopsis* mediator subunit MED25 differentially regulates jasmonate and abscisic acid signaling through interacting with the MYC2 and ABI5 transcription factors. Plant Cell, 24(7): 2898-2916.

Chen Y, Wang PC, Zhang SS, et al. 2022. Functional analysis of a bitter gustatory receptor highly expressed in the larval maxillary galea of *Helicoverpa armigera*. PLOS Genetics, 18: e1010455.

Chini A, Fonseca S, Fernandez G, et al. 2007. The JAZ family of repressors is the missing link in jasmonate signalling. Nature, 448(7154): 666-671.

Chu CC, Freeman TP, Buckner JS, et al. 2000. Silverleaf whitefly colonization and trichome density relationship on upland cotton cultivars. Southwest Entomol, 25(4): 237-242.

Coley PD, Bryant JP, Chapin FS. 1985. Resource availability and plant antiherbivore defense. Science, 230(4728): 895-899.

Constabel CP, Bergey DR, Ryan CA. 1995. Systemin activates synthesis of wound-inducible tomato leaf polyphenol oxidase via the octadecanoid defense signaling pathway. Proc Natl Acad Sci USA, 92(2): 407-411.

Cornell HV, Hawkins BA. 2003. Herbivore responses to plant secondary compounds: a test of phytochemical coevolution theory. American Naturalist, 161(4): 507-522.

Dahanukar A, Lei YT, Kwon JY, et al. 2007. Two Gr genes underlie sugar reception in *Drosophila*. Neuron, 56(3): 503-516.

David CT, Kennedy JS, Ludlow AR, et al. 1982. A reappraisal of insect flight towards a distant point source of wind-borne odor. J Chem Ecol, 8(9): 1207-1215.

del Campo ML, Miles CI, Schroeder FC, et al. 2001. Host recognition by the tobacco hornworm is mediated by a host plant compound. Nature, 411(6834): 186-189.

Dethier VG. 1954. Evolution of feeding preferences in phytophagous insects. Evolution, 8: 33-54.

Di C, Ning C, Huang LQ, et al. 2017. Design of larval chemical attractants based on odorant response spectra of odorant receptors in the cotton bollworm. Insect Biochem Mol Biol, 84: 48-62.

Dicke M, Sabelis MW, Takabayashi J, et al. 1990a. Plant strategies of manipulating predator-prey interactions through allelochemicals: prospects for application in pest-control. J Chem Ecol, 16(11): 3091-3118.

Dicke M, van Loon JJA, Soler R. 2009. Chemical complexity of volatiles from plants induced by multiple attack. Nat Chem Biol, 5(5): 317-324.

Dicke M, Vanbeek TA, Posthumus MA, et al. 1990b. Isolation and identification of volatile kairomone that affects acarine predator-prey interactions: involvement of host plant in its production. J Chem Ecol, 16(2): 381-396.

Diezel C, von Dahl CC, Gaquerel E, et al. 2009. Different lepidopteran elicitors account for cross-talk in herbivory-induced phytohormone signaling. Plant Physiology, 150(3): 1576-1586.

Dobler S, Dalla S, Wagschal V, et al. 2012. Community-wide convergent evolution in insect adaptation to toxic cardenolides by substitutions in the Na, K-ATPase. Proc Natl Acad Sci USA, 109(32): 13040-13045.

Dobritsa AA, van der Goes van Naters W, Warr CG, et al. 2003. Integrating the molecular and cellular basis of odor coding in the *Drosophila* antenna. Neuron, 37(5): 827-841.

Dombrecht B, Xue GP, Sprague SJ, et al. 2007. MYC2 differentially modulates diverse jasmonate-dependent functions in *Arabidopsis*. Plant Cell, 19(7): 2225-2245.

Douglas AE. 2018. Strategies for enhanced crop resistance to insect pests. Annu Rev Plant Biol, 69: 637-660.

Du M, Zhai Q, Deng L, et al. 2014. Closely related NAC transcription factors of tomato differentially regulate stomatal closure and reopening during pathogen attack. Plant Cell, 26(7): 3167-3184.

Du M, Zhao J, Tzeng DTW, et al. 2017. MYC2 orchestrates a hierarchical transcriptional cascade that regulates jasmonate-mediated plant immunity in tomato. Plant Cell, 29(8): 1883-1906.

Dussourd DE, Eisner T. 1987. Vein-cutting behavior: insect counterploy to the latex defense of plants. Science, 237(4817): 898-901.

Dussourd DE, Hoyle AM. 2000. Poisoned plusiines: toxicity of milkweed latex and cardenolides to some generalist caterpillars. Chemoecology, 10(1): 11-16.

Ehrlich PR, Raven PH. 1964. Butterflies and plants: a study in coevolution. Evolution, 18: 586-608.

Farmer EE, Johnson RR, Ryan CA. 1992. Regulation of expression of proteinase-inhibitor genes by methyl jasmonate and jasmonic acid. Plant Physiology, 98(3): 995-1002.

Farmer EE, Ryan CA. 1990. Interplant communication: airborne methyl jasmonate induces synthesis of proteinase-inhibitors in plant-leaves. Proc Natl Acad Sci USA, 87(19): 7713-7716.

Farmer EE, Ryan CA. 1992. Octadecanoid precursors of jasmonic acid activate the synthesis of wound-inducible proteinase inhibitors. The Plant Cell, 4(2): 129-134.

Farrell B, Mitter C. 1990. Phylogenesis of insect plant interactions: have phyllobrotica leaf beetles (Chrysomelidae) and the lamiales diversified in parallel. Evolution, 44(6): 1389-1403.

Fatouros NE, Bukovinszkine'Kiss G, Kalkers LA, et al. 2005. Oviposition-induced plant cues: do they arrest *Trichogramma* wasps during host location? Entomol Exp Appl, 115(1): 207-215.

Feeny P. 1975. Biochemical coevolution between plants and their insect herbivores // Gilbert LE, Raven PH. Coevolution of Animals and Plants. Austin: University of Texas Press: 3-19.

Feeny P. 1976. Plant apparency and chemical defense // Wallace JW, Mansell RL. Recent Advances in Phytochemistry. New York: Plenum Press: 1-40.

Felton GW, Bi JL, Summers CB, et al. 1994. Potential role of lipoxygenases in defense against insect herbivory. J Chem Ecol, 20(3): 651-666.

Feyereisen R. 2011. Arthropod CYPomes illustrate the tempo and mode in P450 evolution. Biochim Biophys Acta, 1814(1): 19-28.

Fleischer J, Pregitzer P, Breer H, et al. 2018. Access to the odor world: olfactory receptors and their role for signal transduction in insects. Cell Mol Life Sci, 75(3): 485-508.

Fordyce JA, Agrawal AA. 2001. The role of plant trichomes and caterpillar group size on growth and defence of the pipevine swallowtail *Battus philenor*. J Anim Ecol, 70(6): 997-1005.

Fox LR. 1988. Diffuse coevolution within complex communities. Ecology, 69(4): 906-907.

Fraenkel GS. 1959. The raison d'être of secondary plant substances: these odd chemicals arose as a means of protecting plants from insects and now guide insects to food. Science, 129(3361): 1466-1470.

Furstenberg-Hagg J, Zagrobelny M, Bak S. 2013. Plant defense against insect herbivores. Int J Mol Sci, 14(5): 10242-10297.

Galizia CG, Szyszka P. 2008. Olfactory coding in the insect brain: molecular receptive ranges, spatial and temporal coding. Entomol Exp Appl, 128(1): 81-92.

Gonzalez-Teuber M, Heil M. 2009. Nectar chemistry is tailored for both attraction of mutualists and protection from exploiters. Plant Signal Behav, 4(9): 809-813.

Green TR, Ryan CA. 1972. Wound-induced proteinase inhibitor in plant leaves: a possible defense mechanism against insects. Science, 175(4023): 776-777.

Großewilde E, Svatoš A, Krieger J. 2006. A pheromone-binding protein mediates the bombykol-induced activation of a pheromone receptor *in vitro*. Chemical Senses, 31(6): 547-555.

Guerenstein PG, Hildebrand JG. 2008. Roles and effects of environmental carbon dioxide in insect life. Annu Rev Entomol, 53: 161-178.

Gullan PJ, Cranston PS. 2014. The Insects: An Outline of Entomology. Oxford: John Wiley & Sons, Ltd.

Hamilton JG, Zangerl AR, DeLucia EH, et al. 2001. The carbon-nutrient balance hypothesis: its rise and fall. Ecology Letters, 4(1): 86-95.

Harris DT, Kallman BR, Mullaney BC, et al. 2015. Representations of taste modality in the *Drosophila* brain. Neuron, 86(6): 1449-1460.

Heckel DG. 2014. Insect detoxification and sequestration strategies // Voelckel C, Jander G. Annual Plant Reviews Volume 47: Insect-Plant Interactions. Oxford: John Wiley & Sons: 77-114.

Herms DA, Mattson WJ. 1992. The dilemma of plants: to grow or defend. Q Rev Biol, 67(3): 283-335.

Hodgson ES, Lettvin JY, Roeder KD. 1955. Physiology of a primary chemoreceptor unit. Science, 122(3166): 417-418.

Hollister B, Dickens JC, Perez F, et al. 2001. Differential neurosensory responses of adult Colorado potato beetle, *Leptinotarsa decemlineata*, to glycoalkaloids. J Chem Ecol, 27(6): 1105-1118.

Holzinger F, Wink M. 1996. Mediation of cardiac glycoside insensitivity in the monarch butterfly (*Danaus plexippus*): role of an amino acid substitution in the ouabain binding site of Na(+), K(+)-ATPase. J Chem Ecol, 22(10): 1921-1937.

Hopkins RJ, van Dam NM, van Loon JJ. 2009. Role of glucosinolates in insect-plant relationships and multitrophic interactions. Annu Rev Entomol, 54: 57-83.

Howe GA, Jander G. 2008. Plant immunity to insect herbivores. Annu Rev Plant Biol, 59: 41-66.

Huang X, Renwick JAA. 1994. Relative activities of glucosinolates as oviposition stimulants for *Pieris rapae* and *P. napi oleracea*. J Chem Ecol, 20(5): 1025-1037.

Ishikawa S. 1966. Electrical response and function of a bitter substance receptor associated with the maxillary sensilla of the larva of the silkworm, *Bombyx mori* L. J Cell Physiol, 67(1): 1-11.

Janzen DH. 1980. When is it coevolution. Evolution, 34(3): 611-612.

Jermy T. 1976. Insect-host-plant relationship: co-evolution or sequential evolution? // Jermy T. The Host-Plant in Relation to Insect Behaviour and Reproduction. Boston: Springer.

Jermy T. 1984. Evolution of insect host plant relationships. Am Nat, 124(5): 609-630.

Jermy T. 1991. Evolutionary interpretations of insect-plant relationships: a closer look. Symp Biol Hung, 39: 301-311.

Jermy T. 1993. Evolution of insect-plant relationships: a devils advocate approach. Entomol Exp Appl, 66(1): 3-12.

Jiang XJ, Ning C, Guo H, et al. 2015. A gustatory receptor tuned to d-fructose in antennal sensilla chaetica of *Helicoverpa armigera*. Insect Biochem Mol Biol, 60: 39-46.

Kaissling KE. 1986. Chemo-electrical transduction in insect olfactory receptors. Annu Rev Neurosci, 9: 121-145.

Kasubuchi M, Shii F, Tsuneto K, et al. 2018. Insect taste receptors relevant to host identification by recognition of secondary metabolite patterns of non-host plants. Biochem Biophys Res Commun, 499(4): 901-906.

Keil TA. 1999. Morphology and development of the peripheral olfactroy organs // Hansson BS. Insect Olfaction. Berlin: Springer: 5-47.

Kossel A. 1891. Uber die chemische Zusammensetzung der Zelle. Arch Anat Physiol Physiol Abt, 1891: 181-186.

Kunkel BN, Brooks DM. 2002. Cross talk between signaling pathways in pathogen defense. Current Opinion in Plant Biology, 5(4): 325-331.

Kurtovic A, Widmer A, Dickson BJ. 2007. A single class of olfactory neurons mediates behavioural responses to a *Drosophila* sex pheromone. Nature, 446(7135): 542-546.

Kwon JY, Dahanukar A, Weiss LA, et al. 2011. Molecular and cellular organization of the taste system in the *Drosophila* larva. J Neurosci, 31(43): 15300-15309.

Labandeira CC. 2013. A paleobiologic perspective on plant-insect interactions. Current Opinion in Plant Biology, 16(4): 414-421.

Labandeira CC, Phillips TL. 1996. A carboniferous insect gall: insight into early ecologic history of the holometabola. Proc Natl Acad Sci USA, 93(16): 8470-8474.

Lee GI, Howe GA. 2003. The tomato mutant spr1 is defective in systemin perception and the production of a systemic wound signal for defense gene expression. Plant Journal, 33(3): 567-576.

Li CY, Liu GH, Xu CC, et al. 2003. The tomato suppressor of prosystemin-mediated responses 2 gene encodes a fatty acid desaturase required for the biosynthesis of jasmonic acid and the production of a systemic wound signal for defense gene expression. The Plant Cell, 15: 1646-1661.

Li L, Li C, Lee GI, et al. 2002. Distinct roles for jasmonate synthesis and action in the systemic wound response of tomato. Proc Natl Acad Sci USA, 99(9): 6416-6421.

Li L, Zhao YF, McCaig BC, et al. 2004. The tomato homolog of coronatine-insensitive 1 is required for the maternal control of seed maturation, jasmonate-signaled defense responses, and glandular trichome development. The Plant Cell, 16(1): 126-143.

Li RT, Ning C, Huang LQ, et al. 2017. Expressional divergences of two desaturase genes determine the opposite ratios of two sex pheromone components in *Helicoverpa armigera* and *Helicoverpa assulta*. Insect Biochem Mol Biol, 90: 90-100.

Liu YY, Du MM, Deng L, et al. 2019. MYC2 regulates the termination of jasmonate signaling via an autoregulatory negative feedback loop. The Plant Cell, 31(1): 106-127.

Loomis WE. 1932. Growth-differentiation balance vs carbohydrate-nitrogen ratio. Proceedings of the American Society for Horticultural Science, 29: 240-245.

Loomis WE. 1953. Growth and differentiation: an introduction and summary // Loomis WE. Growth and Differentiation in Plants. Ames (IA): Iowa State College Press: 1-17.

Maffei ME, Mithofer A, Boland W. 2007. Insects feeding on plants: rapid signals and responses preceding the induction of phytochemical release. Phytochemistry, 68(22-24): 2946-2959.

Mao YB, Cai WJ, Wang JW, et al. 2007. Silencing a cotton bollworm P450 monooxygenase gene by plant-mediated RNAi impairs larval tolerance of gossypol. Nature Biotechnology, 25(11): 1307-1313.

Mauseth JD. 1991. Botany. Philadelphia: Sanders College Publishing.

McClure MS. 1980. Competition between exotic species: scale insects on hemlock. Ecology, 61(6): 1391-1401.

McGurl B, Pearce G, Orozco-Cardenas M, et al. 1992. Structure, expression, and antisense inhibition of the systemin precursor gene. Science, 255(5051): 1570-1573.

McKey D. 1974. Adaptive patterns in alkaloid physiology. Am Nat, 108(961): 305-320.

McKey D. 1979. The distribution of secondary compounds within plants // Rosenthal GA, Janzen DH. Herbivores: Their Interactions with Secondary Plant Metabolites. New York: Academic Press: 55-133.

McNaughton SJ, Tarrants JL. 1983. Grass leaf silicification: natural selection for an inducible defense against herbivores. Proc Natl Acad Sci USA, 80(3): 790-791.

Millar JR, Strickler KL. 1984. Finding and accepting host plants // Bell WJ, Carde RT. Chemical Ecology of Insects. London: Chapman and Hall: 127-204.

Misof B, Liu S, Meusemann K, et al. 2014. Phylogenomics resolves the timing and pattern of insect evolution. Science, 346(6210): 763-767.

Mitter C, Farrell B, Futuyma DJ. 1991. Phylogenetic studies of insect-plant interactions: insights into the genesis of diversity. Trends Ecol Evol, 6(9): 290-293.

Miyamoto T, Slone J, Song X, et al. 2012. A fructose receptor functions as a nutrient sensor in the *Drosophila* brain. Cell, 151(5): 1113-1125.

Moon SJ, Kottgen M, Jiao Y, et al. 2006. A taste receptor required for the caffeine response *in vivo*. Current Biology, 16(18): 1812-1817.

Morton RL, Schroeder HE, Bateman KS, et al. 2000. Bean alpha-amylase inhibitor 1 in transgenic peas (*Pisum sativum*) provides complete protection from pea weevil (*Bruchus pisorum*) under field conditions. Proc Natl Acad Sci USA, 97(8): 3820-3825.

Musser RO, Hum-Musser SM, Eichenseer H, et al. 2002. Herbivory: caterpillar saliva beats plant defences. Nature, 416(6881): 599-600.

Mutti NS, Louis J, Pappan LK, et al. 2008. A protein from the salivary glands of the pea aphid, *Acyrthosiphon pisum*, is essential in feeding on a host plant. Proc Natl Acad Sci USA, 105(29): 9965-9969.

Naessens E, Dubreuil G, Giordanengo P, et al. 2015. A secreted MIF cytokine enables aphid feeding and represses plant immune responses. Current Biology, 25(14): 1898-1903.

Ning C, Yang K, Xu M, et al. 2016. Functional validation of the carbon dioxide receptor in labial palps of *Helicoverpa armigera* moths. Insect Biochem Mol Biol, 73: 12-19.

O'Donnell PJ, Calvert C, Atzorn R, et al. 1996. Ethylene as a signal mediating the wound response of tomato plants. Science, 274(5294): 1914-1917.

Olsson SB, Hansson BS. 2013. Electroantennogram and single sensillum recording in insect antennae. Methods in Molecular Biology, 1068: 157.

Ozaki K, Ryuda M, Yamada A, et al. 2011. A gustatory receptor involved in host plant recognition for oviposition of a swallowtail butterfly. Nature Communications, 2: 542.

Ozawa R, Arimura G, Takabayashi J, et al. 2000. Involvement of jasmonate- and salicylate-related signaling pathways for the production of specific herbivore-induced volatiles in plants. Plant Cell Physiol, 41(4): 391-398.

Painter RH. 1951. Insect Resistance in Crop Plants. New York: Macmillian.

Pechan T, Cohen A, Williams WP, et al. 2002. Insect feeding mobilizes a unique plant defense protease that disrupts the peritrophic matrix of caterpillars. Proc Natl Acad Sci USA, 99(20): 13319-13323.

Peumans WJ, Vandamme EJM. 1995. Lectins as plant defense proteins. Plant Physiology, 109(2): 347-352.

Phillips MA, Croteau RB. 1999. Resin-based defenses in conifers. Trends Plant Sci, 4(5): 184-190.

Pieterse CMJ, van der Does D, Zamioudis C, et al. 2012. Hormonal modulation of plant immunity. Annu Rev Cell Dev Bi, 28: 489-521.

Price PW, Denno RF, Eubanks MD, et al. 2011. Insect Ecology: Behavior, Populations and Communities. Cambridge: Cambridge University Press.

Raji JI, Melo N, Castillo JS, et al. 2019. *Aedes aegypti* mosquitoes detect acidic volatiles found in human odor using the IR8a pathway. Current Biology, 29(8): 1253-1262.

Rasmann S, Kollner TG, Degenhardt J, et al. 2005. Recruitment of entomopathogenic nematodes by insect-damaged maize roots. Nature, 434(7034): 732-737.

Raupp MJ. 1985. Effects of leaf toughness on mandibular wear of the leaf beetle, *Plagiodera versicolora*. Ecol Entomol, 10(1): 73-79.

Read J, Stokes A. 2006. Plant biomechanics in an ecological context. Am J Bot, 93(10): 1546-1565.

Rees CJC. 1969. Chemoreceptor specificity associated with choice of feeding site by the beetle, *Chrysolina brunsvicensis* on its foodplant, *Hypericum hirsutum*. Entomol Exp Appl, 12(5): 565-583.

Ren D. 1998. Flower-associated *Brachycera* flies as fossil evidence for Jurassic angiosperm origins. Science, 280(5360): 85-88.

Rhoades DF. 1979. Evolution of plant chemical defense against herbivores // Rosenthal GA, Janzen DH. Herbivores: Their Interaction with Secondary Plant Metabolites. New York: Academic Press: 1-55.

Riffell JA, Lei H, Christensen TA, et al. 2009a. Characterization and coding of behaviorally significant odor mixtures. Current Biology, 19(4): 335-340.

Riffell JA, Lei H, Hildebrand JG. 2009b. Neural correlates of behavior in the moth *Manduca sexta* in response to complex odors. Proc Natl Acad Sci USA, 106(46): 19219-19226.

Risch SJ, Rickson FR. 1981. Mutualism in which ants must be present before plants produce food bodies. Nature, 291(5811): 149-150.

Roelofs WL, Rooney AP. 2003. Molecular genetics and evolution of pheromone biosynthesis in Lepidoptera. Proc Natl Acad Sci USA, 100(16): 9179-9184 .

Romero GQ, Benson WW. 2005. Biotic interactions of mites, plants and leaf domatia. Current Opinion in Plant Biology, 8(4): 436-440.

Roseland CR, Bates MB, Carlson RB, et al. 1992. Discrimination of sunflower volatiles by the red sunflower seed weevil. Entomol Exp Appl, 62(2): 99-106.

Rosenthal GA, Berenbaum MR. 1991a. Herbivores: Their Interactions with Secondary Plant Metabolites. Volume 1. The Chemical Participants. San Diego: Academic Press.

Rosenthal GA, Berenbaum MR. 1991b. Herbivores: Their Interactions with Secondary Plant Metabolites. Volume 2. Ecological and Evolutionary Processes. San Diego: Academic Press.

Ruther J, Kleier S. 2005. Plant-plant signaling: ethylene synergizes volatile emission in *Zea mays* induced by exposure to (*Z*)-3-Hexen-1-ol. J Chem Ecol, 31(9): 2217-2222.

Ryan CA. 2000. The systemin signaling pathway: differential activation of plant defensive genes. Biochim Biophys Acta, 1477(1-2): 112-121.

Ryan CA, Moura DS. 2002. Systemic wound signaling in plants: a new perception. Proc Natl Acad Sci USA, 99(10): 6519-6520.

Ryan CA, Pearce G. 2003. Systemins: a functionally defined family of peptide signal that regulate defensive genes in Solanaceae species. Proc Natl Acad Sci USA, 100: 14577-14580.

Sakurai T, Nakagawa T, Mitsuno H, et al. 2004. Identification and functional characterization of a sex pheromone receptor in the silkmoth *Bombyx mori*. Proc Natl Acad Sci USA, 101(47): 16653-16658.

Salem H, Bauer E, Kirsch R, et al. 2017. Drastic genome reduction in an herbivore's pectinolytic symbiont. Cell, 171(7): 1520-1531.

Schoonhoven LM. 1967. Chemoreception of mustard oil glucosides in larvae of *Pieris brassicae*. P K Ned Akad C Biol, 70(5): 556-558.

Schoonhoven LM. 1968. Chemosensory bases of host plant selection. Annu Rev Entomol, 13: 115-136.

Schoonhoven LM, Jermy T, van Loon JJA. 1998. Insect-Plant Biology: from Physiology to Evolution. London: Chapman & Hall.

Schoonhoven LM, van Loon JJA, Dicke M. 2005. Insect-Plant Biology. Oxford: Oxford University Press.

Self LS, Guthrie FE, Hodgson E. 1964. Metabolism of nicotine by tobacco-feeding insects. Nature, 204: 300-301.

Sheard LB, Tan X, Mao H, et al. 2010. Jasmonate perception by inositol-phosphate-potentiated COI1-JAZ co-receptor. Nature, 468(7322): 400-405.

Stamp N. 2003. Out of the quagmire of plant defense hypotheses. Q Rev Biol, 78(1): 23-55.

Strong DR, Lawton JH, Southwood TRE. 1984. Insects on Plants. Oxford: Belackwell Scientific Publications.

Tang QB, Jiang JW, Yan YH, et al. 2006. Genetic analysis of larval host-plant preference in two sibling species of *Helicoverpa*. Entomol Exp Appl, 118(3): 221-228.

Thines B, Katsir L, Melotto M, et al. 2007. JAZ repressor proteins are targets of the SCFCOI1 complex during jasmonate signalling. Nature, 448(7154): 661-665.

Thompson JN. 1994. The Coevolutionary Process. Chicago: University of Chicago Press.

Thorne N, Chromey C, Bray S, et al. 2004. Taste perception and coding in *Drosophila*. Current Biology, 14(12): 1065-1079.

Thorsteinson AJ. 1960. Host selection in phytophagous insects. Annu Rev Entomol, 5: 193-218.

Tingle FC, Heath RR, Mitchell ER. 1989. Flight response of *Heliothis subflexa* (Gn.) females (Lepidoptera: Noctuidae) to an attractant from groundcherry, *Physalis angulata* L. J Chem Ecol, 15(1): 221-231.

Tjallingii WF, Esch TH. 1993. Fine-structure of aphid stylet routes in plant-tissues in correlation with EPG signals. Physiol Entomol, 18(3): 317-328.

Treutter D. 2006. Significance of flavonoids in plant resistance: a review. Environ Chem Lett, 4(3): 147-157.

Tuomi J, Fagerstrom T, Niemelä P. 1991. Carbon allocation, phenotypic plasticity, and induced defenses // Tallamy DW, Raupp MJ. Phytochemical Induction by Herbivores. New York: Wiley: 85-104.

Tuomi J, Niemelä P, Chapin FS, et al. 1988. Defensive responses of trees in relation to their carbon/ nutrient balance // Mattson WJ. Mechanisms of Woody Plant Defenses Against Insects: Search for Pattern. New York: Springer: 57-72.

Turlings TCJ, Tumlinson JH, Lewis WJ. 1990. Exploitation of herbivore-induced plant odors by host-seeking parasitic wasps. Science, 250(4985): 1251-1253.

Valverde PL, Fornoni J, Nunez-Farfan J. 2001. Defensive role of leaf trichomes in resistance to herbivorous insects in *Datura stramonium*. J Evolution Biol, 14(3): 424-432.

Van Valen L. 1973. A new evolutionary law. Evol Theory, 1: 1-30.

Verschaffelt E. 1910. The cause determining the selection of food in some herbivorous insects. Proc K Ned Akad Wet, 13: 536-542.

Visser JH, Ave DA. 1978. General green leaf volatiles in the olfactroy orientation of the Colorado beetle, *Leptinotarsa decemlineata*. Entomol Exp Appl, 24(3): 738-749.

Vosshall LB, Stocker RF. 2007. Molecular architecture of smell and taste in *Drosophila*. Annu Rev Neurosci, 30: 505-533.

Waldbauer GP. 1968. The consumption and utilization of food by insects // Beament JWL, Treherne JE, Wigglesworth VB. Advances in Insect Physiology. London: Academic Press: 229-288.

Wang CZ, Dong JF. 2001. Interspecific hybridization of *Helicoverpa armigera* and *H. assulta* (Lepidoptera : Noctuidae). Chin Sci Bull, 46(6): 489-491.

Wang HL, Zhao CH, Wang CZ. 2005. Comparative study of sex pheromone composition and biosynthesis in *Helicoverpa armigera*, *H. assulta* and their hybrid. Insect Biochem Mol Biol, 35(6): 575-583.

Wang Z, Singhvi A, Kong P, et al. 2004. Taste representations in the *Drosophila* brain. Cell, 117(7): 981-991.

War AR, Paulraj MG, Ahmad T, et al. 2012. Mechanisms of plant defense against insect herbivores. Plant Signal Behav, 7(10): 1306-1320.

Weiss LA, Dahanukar A, Kwon JY, et al. 2011. The molecular and cellular basis of bitter taste in *Drosophila*. Neuron, 69(2): 258-272.

Wen Z, Pan L, Berenbaum MR, et al. 2003. Metabolism of linear and angular furanocoumarins by *Papilio polyxenes* CYP6B1 co-expressed with NADPH cytochrome P450 reductase. Insect Biochem Mol Biol, 33(9): 937-947.

Wen Z, Rupasinghe S, Niu G, et al. 2006. CYP6B1 and CYP6B3 of the black swallowtail (*Papilio polyxenes*): adaptive evolution through subfunctionalization. Mol Biol Evol, 23(12): 2434-2443.

Wiens JJ, Lapoint RT, Whiteman NK. 2015. Herbivory increases diversification across insect clades. Nature Communications, 6: 8370.

Wu H, Li RT, Dong JF, et al. 2018. An odorant receptor and glomerulus responding to farnesene in *Helicoverpa assulta* (Lepidoptera: Noctuidae). Insect Biochem Mol Biol, 115: 103106.

Xu HX, Qian LX, Wang XW, et al. 2019. A salivary effector enables whitefly to feed on host plants by eliciting salicylic acid-signaling pathway. Proc Natl Acad Sci USA, 116(2): 490-495.

Yan J, Zhang C, Gu M, et al. 2009. The *Arabidopsis* coronatine insensitive 1 protein is a jasmonate receptor. The Plant Cell, 21(8): 2220-2236.

Yang J, Guo H, Jiang NJ, et al. 2021. Identification of a gustatory receptor tuned to sinigrin in the cabbage butterfly *Pieris rapae*. PLOS Genetics, 17(7): e1009527.

Yang K, Gong XL, Li GC, et al. 2020. A gustatory receptor tuned to the steroid plant hormone brassinolide in *Plutella xylostella* (Lepidoptera: Plutellidae). eLife, 9: e64114.

Zangerl AR, Bazzaz FA. 1992. Theory and pattern in plant defense allocation // Fritz RS, Simms EL. Plant Resistance to Herbivores and Pathogens: Ecology, Evolution, and Genetics. Chicago: University of Chicago Press: 363-391.

Zangerl AR, Rutledge CE. 1996. The probability of attack and patterns of constitutive and induced defense: a test of optimal defense theory. Am Nat, 147(4): 599-608.

Zhai Q, Li C. 2019. The plant mediator complex and its role in jasmonate signaling. Journal of

Experimental Botany, 70(13): 3415-3424.

Zhang Y, Wang XX, Zhang ZF, et al. 2016. Pea aphid *Acyrthosiphon pisum* sequesters plant-derived secondary metabolite L-DOPA for wound healing and UVA resistance. Sci Rep, 6: 23618.

Zhao XC, Dong JF, Tang QB, et al. 2005. Hybridization between *Helicoverpa armigera* and *Helicoverpa assulta* (Lepidoptera: Noctuidae): development and morphological characterization of F$_1$ hybrids. Bull Entomol Res, 95(5): 409-416.

Zong N, Wang CZ. 2004. Induction of nicotine in tobacco by herbivory and its relation to glucose oxidase activity in the labial gland of three noctuid caterpillars. Chinese Sci Bull, 49(15): 1596-1601.

第八章
植物与植物相互作用

吴建强，齐金峰，王　蕾，申国境

中国科学院昆明植物研究所

　　植物与植物间存在复杂多样的相互作用，这种相互作用可以通过地上部分的挥发物、地下部分的根际分泌物或者丛枝菌根真菌，抑或是与之连接的寄生植物传递的信号来实现。例如，很多植物的根部能够分泌次生代谢物，而这些代谢物对邻近土壤中种子的萌发、植物的生长发育都可能产生抑制或者促进作用，这种植物间的相互作用称为化感作用，是植物与植物相互作用关系中发现得比较早的一种。另外，有些植物在受到昆虫取食后，能够释放挥发物，引诱昆虫的天敌对植食性昆虫进行捕食或者寄生，而且某些挥发物能够引起邻近植物生理变化，诱导其生理响应，提前预诱导邻近植物的抗虫性。再如，有研究发现丛枝菌根真菌（arbuscular mycorrhizal fungi，AMF）形成的菌丝网络能够在不同的寄主植物间传递昆虫取食诱导的系统性信号。当一株植物被昆虫取食后，它能够通过菌根真菌网络将信号转导至其他植物，从而增强其抗虫性。此外，一种常见的寄生植物菟丝子可通过维管束的融合将自己嫁接至多个邻近的寄主植物形成寄生网络，而菟丝子的维管束能够转导寄主产生的抗虫系统性信号，从而将昆虫取食诱导的系统性信号从一个寄主转导至其他菟丝子连接的寄主，并且诱导其他寄主的抗虫相关基因表达和抗虫代谢物积累，增强这些寄主的抗虫性。

第一节　植物化感物质在植物–植物互作中的功能

　　植物根部都能够合成和积累较大量的次生代谢物，其中部分次生代谢物能够通过某些机制分泌到根系外部，如酚类、萜烯类和含氮类物质。这些被分泌至根系外部的代谢物是植物化感物质，它们能够对邻近的植物产生某些生理作用，如抑制或者促进种子萌发、抑制植物生长等。本节将重点介绍植物化感物质的种类及其生物合成途径，以及植物化感物质作用于其他植物的分子机制及其生态学效应。

一、植物化感物质的种类及其生物合成

　　什么是化感？自从 1974 年美国科学家 Elroy L. Rice 发表植物化感专著 *Allelopathy* 以来，经过 40 多年的学科发展，人们对植物化感的概念有了越来越清晰的认识，即植物生物合成的相关活性物质，通过雨雾淋溶、自然挥发、根系分泌或残株降解等过程释放到环境中，以有效浓度影响与其共生或者伴生的植物或微生物等（孔垂华和娄

永根，2010）（图8-1）。近年来的研究也表明，微生物在部分化感过程中发挥着一定的作用，下文将进行介绍。

图 8-1   化感作用模式图

植物有些化感物质通过根际分泌到土壤中（如水稻的稻壳酮、玉米的丁布类物质），而有些化感物质通过叶片挥发到空气中（如单萜、倍半萜）或通过雨雾淋溶到土壤中，进而影响邻近植物的生长

植物虽然不能移动，但是它们会合成复杂多样的次生代谢物，以此为媒介维持自身与环境及其他生物的相互作用。目前，结构已经得到鉴定的次生代谢物达 20 万多种。根据性质、来源及生物合成途径，次生代谢物主要分为萜类、酚类、含氮类等。这些次生代谢物也是植物化感作用的物质基础。由于化感作用的发生，必须通过雨雾淋溶或者自然挥发等途径使得化感物质释放到环境中，因此水溶性好或挥发性强的物质是植物化感物质研究关注的重点，包括酚类和萜类物质。

（一）酚类化感物质

芳香族环上的氢原子被羟基或者功能衍生物取代后生成的化合物即为酚类物质。对酚类化感物质的研究，早期主要集中在酚酸上。水稻合成和释放多种酚酸，如肉桂酸、阿魏酸、对羟基苯甲酸等，均具有化感活性，具有抑制杂草生长的作用（Berendji，2008）。酚类物质中的黄酮类化合物，是化感物质中的重要成员之一，目前已发现的黄酮类化合物有 1000 多种，广泛分布于被子植物、裸子植物和蕨类植物中（孔垂华等，2016）。部分黄酮类化合物具有化感作用。例如，欧洲矢车菊通过释放黄酮类化感物质——儿茶素（catechin），抑制其他植物的生长，进而有助于其在北美大肆入侵和扩张（Blair，2009）。醌类物质也是酚类化合物中的一类，研究较为清晰的醌类化感物质有高粱属植物合成释放的高粱素（sorgoleone）、胡桃树产生释放的胡桃醌（juglone）等。

（二）萜类化感物质

萜类（terpenoid）是自然界中广泛存在的以异戊二烯为基本结构骨架的聚合物，其中单萜和倍半萜挥发性强，其含氧衍生物为酮、醇和内酯等。常见的植物挥发物α-蒎烯和樟脑为单萜，石竹烯、芳樟醇则为倍半萜或其衍生物，而二萜、三萜和多萜则无挥发性。研究得较为深入的水稻中的稻壳酮（momilactone）是具有明确化感活性的二萜类化合物，具有较强的抑制杂草的活性（Chung et al.，2006）。但是，含氧多萜类化合物由于水溶性适中，既不容易被雨水快速冲走，又可以缓慢释放，进而更容易发挥其化感活性。例如，我国北方入侵杂草三裂叶豚草（*Ambrosia trifida*）抑制其他植物生长的化感物质就是其合成并释放的含氧多萜，通过根系抑制邻近其他植物的生长。

（三）含氮类化感物质

生物碱是含氮类化合物中重要的一类，目前已发现的生物碱超过 6000 种，但是其中有化感活性的很少。研究较为清晰的有茄碱，又名马铃薯素、龙葵碱或龙葵素，其以糖苷形式存在于茄科植物中。在某些抗病、抗杂草活性强的植物品种中，茄碱含量高于活性低的品种。而其他生物碱类化合物如咖啡因、茶碱等，也都被报道有化感潜力（孔垂华等，2016）。非蛋白氨基酸也是一类重要的含氮类化感物质。例如，水稻中 (S)-α-酪氨酸的同分异构体 (R)-β-酪氨酸在很低浓度下（1μmol/L）即可以抑制拟南芥种子萌发，预示了其化感活性（Yan et al.，2015）。再如，禾本科紫羊茅（*Festuca rubra*）根际分泌的 *meta*-酪氨酸对竞争性植物具有较强的抑制作用（Bertin et al.，2007）。另外一类研究得较为清楚的含氮类化感物质，是广泛存在于黑麦、玉米等禾本科植物中的苯并噁嗪酮类（benzoxazinoid）和其降解产生的苯并噁唑啉酮（benzoxazinone）类化合物，俗称丁布类化合物，已经在生产上被广泛用于控制生态杂草。例如，大麦残株释放的丁布类物质可达 $0.5 \sim 5kg/hm^2$，其中的 BOA[benzoxazolin-2(3*H*)-one] 化合物对杂草和作物生长都有抑制作用，不仅仅抑制种子萌发和幼苗生长，甚至对敏感植物具有致死作用（Schulz，2013）。类似地，玉米根部合成和释放的化合物 MBOA（6-methoxy-benzoxazolin-2-one）对下一代玉米苗的生长发育有明显抑制作用（Hu，2018）。其中，BOA 和 MBOA 都是丁布类物质降解后产生的稳定化合物。

二、化感物质的生物合成机制

现代分子生物学、质谱技术及测序技术等的发展，为研究植物化感物质的合成机制提供了新的有力工具。基因组学和转录组学及基于质谱的分析化学的发展，都大大推动了化感物质生物合成机制的研究。在众多植物化感物质合成机制的研究中，对禾本科农作物玉米、水稻、高粱等研究得较为深入，本节将以它们为例进行相关介绍。

（一）玉米丁布类物质的生物合成机制

大量研究表明，禾本科作物（如玉米、黑麦、小麦等）合成的丁布类化合物具有抑制杂草的化感活性（Schulz，2013）。有关丁布的合成与调控研究是近年来国内外的热点，而且以玉米中丁布类物质的合成研究最为深入。丁布是由苯并噁嗪酮、苯并噁唑啉酮及其糖基化衍生物等构成的一类化合物。在干燥的玉米种子中检测不到丁布，但是伴随着种子萌发过程丁布含量快速上升，且在萌发后约 2 周的幼苗中含量最高，随后含量逐步降低（Zhou，2018）。已有研究表明，玉米中丁布的合成起始于莽草酸途径，经 BX1（色氨酸合成酶 α 亚基的同源蛋白）催化吲哚-3-甘油磷酸（indole-3-glycerol phosphate）形成吲哚。后者经 BX2～BX5 四个细胞色素 P450 酶的催化形成 DIBOA（2,4-dihydroxy-1,4-benzoxazin-3-one）。DIBOA 经由 2 个葡萄糖转移酶（UDP-glucosyltransferase）BX8 和 BX9 的催化变成糖基化的 DIBOA-Glc，后者由微粒体（microsome）转移到细胞质。DIBOA-Glc 进一步在双加氧酶（BX6）和甲氧基转移酶（BX7）的催化下，经羟基化形成最为研究者熟知的具有抗虫、抗杂草活性的 DIMBOA-Glc（2,4-dihydroxy-7-methoxy-1,4-benzoxazin-3-one glucoside）（Meihls，2013）。随着研究的深入，近几年对丁布的合成调控有了新的发现。例如，通过图位克隆研究不同品系的玉米发现，CACTA 家族转座子的插入，造成甲氧基转移酶 BX10 活性发生变化，而 BX10 可将 DIMBOA-Glc 甲基化后变为对鳞翅目害虫抗性更强的 HDMBOA-Glc（2-hydroxy-4,7-dimethoxy-1,4-benzoxazin-3-one glucoside）（Meihls，2013）。HDM_2BOA-Glc[2-(2-hydroxy-4,7,8-trimethoxy-1,4-benzoxazin-3-one)-β-D-glucopyranose] 在不同玉米中含量存在较大差异，通过图位克隆结合测序技术发现，此化合物的合成并不是 HDMBOA-Glc 通过添加甲氧基实现的，而是由 BX13（2-酮戊二酸依赖性双加氧酶，2-oxoglutarate-dependent dioxygenase）催化 HDMBOA-Glc 形成新的中间体 TRIMBOA-Glc[2-(2,4,7-trihydroxy-8-methoxy-1,4-benzoxazin-3-one)-β-D-glucopyranose]，进一步通过 BX14（2-酮戊二酸依赖性双加氧酶）催化中间体形成 DIM_2BOA-Glc（2,4-dihydroxy-7,8-dimethoxy-1,4-benzoxazin-3-one），并在此基础上催化形成 HDM_2BOA-Glc（Handrick，2016）。玉米中丁布类化合物的详细合成步骤模式见图 8-2。

玉米丁布合成的核心基因 *BX1*～*BX5* 及 *BX8* 位于 4 号染色体短臂上的 264kb 区域，形成一个基因簇，且此基因簇的中间位置，有调控 *BX1* 表达的增强元件。系统进化分析表明，*BX1* 和 *BX2* 的协同进化对于促进丁布的合成至关重要，而且二者在玉米基因组上仅有 2.5kb 距离（Frey et al.，1997）。二者在小麦、大麦的基因组上也是紧密连锁的。*BX6* 和 *BX7* 虽然也位于 4 号染色体的短臂上，但是距离上述基因簇有几个摩尔根的距离。*BX10*～*BX12* 是同源基因，位于 1 号染色体，*BX13* 和 *BX14* 位于 2 号染色体（Niculaes et al.，2018）。不同丁布合成酶的亚细胞定位也有差异，BX1 定位于质体的基质中，BX2～BX5 定位于内质网膜，双加氧酶 BX6 和 BX13 以

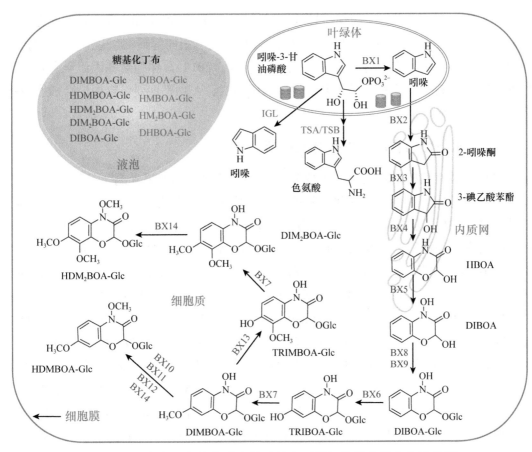

图 8-2 玉米中丁布的合成路径及其在不同细胞器中的分布示意图

丁布类物质的合成首先为 BX1 在叶绿体内催化吲哚-3-甘油磷酸形成吲哚，后者经 BX2～BX5 的催化形成 DIBOA，再经 BX8 和 BX9 的催化形成糖基化的 DIBOA-Glc，DIBOA-Glc 进一步在 BX6 和 BX7 的催化下经羟基化形成 DIMBOA-Glc，随后 BX10 等将 DIMBOA-Glc 甲基化后形成 HDMBOA-Glc。DIM₂BOA-Glc 和 HDM₂BOA-Glc 是在 DIMBOA-Glc 的基础上经过 BX13、BX7 及 BX14 等催化形成的

及甲氧基转移酶（BX7、BX10～BX12、BX14）都以可溶性蛋白形式定位于细胞液内（Niculaes et al.，2018）（图 8-2）。虽然已发现丁布合成基因 14 个，但是通过丁布含量不同的玉米自交系（B73 含量低，而 Mo17 含量高）及其重组自交系研究发现，*BX1* 基因上游约 140kb 处调控 *BX1* 高表达的一个顺式作用元件对丁布含量影响较大（Zheng，2015）。而且，Mo17 较 B73 含量高，与 4 个转录因子的高表达模式是关联一致的，也预示了某些转录因子调控着 *BX1* 的表达及丁布的含量（Song，2017）。研究表明，沉默玉米中的 MPK6 基因后，丁布类化合物含量会升高，与之相伴的是模拟虫害诱导的乙烯在沉默 MPK6 后下降。为 MPK6 沉默的植物回补乙烯，丁布类化合物含量恢复至野生型水平，表明 MPK6 通过正调控乙烯的合成，进而负调控丁布类化合物的积累（Zhang，2021a）。

受限于小麦基因组的复杂性（六倍体），小麦基因组序列解析工作开展较晚，由此导致小麦生物学相关研究也发展较慢。将玉米的 *BX12* 基因（*BX10*、*BX11*、*BX12*

为同源基因）过表达于小麦中，同样可以执行催化 DIMBOA-Glc 的功能，使之添加甲氧基成为 HDMBOA-Glc。但是经序列比对及转录组测序等研究发现，小麦中执行此功能的基因和玉米 *BX7* 序列更为接近（Li et al.，2018）。伴随着基因组学、转基因技术及质谱检测技术等的发展，丁布类物质在小麦、大麦等重要作物中的合成和调控途径将会被相继解析。

（二）水稻化感物质的生物合成机制

水稻中具有化感活性的物质主要为黄酮类、环己烯酮和稻壳酮（又称二萜内酯）及非蛋白氨基酸等。但是这些化合物的分子合成机制一直缺乏深入研究。近些年来，随着 QTL 定位、基因编辑等分子生物学技术的发展，水稻化感物质稻壳酮的合成调控机制研究已经取得突破性的进展。稻壳酮包括 A、B、C、D、E 五种分子，其中以稻壳酮 B 活性最强，某些化感水稻品种每天可以释放 2～3mg，其浓度仅为 3μmol/L 即能抑制水芹和莴苣的根与胚轴生长，其抑制能力可达到脱落酸的抑制效果，且活性随浓度的增大而增强（Kato-Noguchi and Peters，2013）。在水稻 4 号染色体的一段 170kb 区域内分布着 *OsCPS4*、细胞色素 450（P450）基因 *CYP99A2* 和 *CYP99A3*、*OsMAS*、*OsKSL4* 等二萜合酶基因，经过基因敲除、体外酶活性验证等方法证实了这些基因调控着稻壳酮的生物合成（Shimura，2007；Xu，2012）。稻壳酮生物合成的基本途径：前体物质 (*E,E,E*)-牻牛儿基牻牛儿基二磷酸经水稻柯巴基二磷酸合酶 OsCPS4 催化形成柯巴基二磷酸（copalyl diphosphate，CPP），CPP 进一步由水稻贝壳杉烯合酶（kaurene synthase-like 4，OsKSL4）催化形成海松二烯（pimaradiene）。在稻壳酮的合成过程中，*OsCPS4* 和 *OsKSL4* 及与其在染色体上距离较近的 *CYP99A2*、*CYP99A3* 都起着至关重要的作用。通过基因敲除获得 *OsCPS4* 的突变体 *cps4* 后发现，相较于野生型水稻，*cps4* 突变体根际分泌物中检测不到稻壳酮 A，且突变体水稻对莴苣和水稻伴生杂草稗草的化感活性均明显降低（Xu，2012）。

温带粳稻品种的种子、根及根分泌物中存在一种被茉莉酸诱导的非蛋白氨基酸——(*R*)-β-酪氨酸，其合成基因定位于 12 号染色体上。(*R*)-β-酪氨酸在较低浓度（1μmol/L）时即能够显著地抑制烟草、拟南芥、番茄及其他所测试的双子叶植物根的生长，而对单子叶植物的抑制浓度却需要提高百倍，预示了 (*R*)-β-酪氨酸是水稻在进化过程中特异性用于化感抑制双子叶伴生杂草的化学武器（Yan，2015）。

需要注意的是，植物化感特性的进化是与其生长环境密切相关的。例如，水稻通过分泌稻壳酮 B 来抑制伴生杂草稗草，而最新的研究也表明，稗草也可以通过化感作用抑制水稻。稗草被认为是全球危害最严重的稻田杂草之一，其与水稻的生长期、株型等生物学特性极为相似，是水稻田中最难防除的伴生性杂草。基因组测序表明，稗草可以合成丁布类物质（水稻不能合成丁布类物质），且此物质具有抑制水稻生长的作用。同样，稗草还有合成稻壳酮 A 的基因簇，预示了其对其他伴生杂草有化感能力（Guo，2017）。因此，稗草会利用基因簇合成化感物质而与水稻竞争。水稻-稗草相互伴生与其利用化感物质相互竞争的研究，为研究其他植物的化感机理提供了理论参考。

（三）高粱化感物质的生物合成机制

除了玉米中丁布类物质、水稻内稻壳酮的生物合成机制研究较为清晰，高粱中化感物质高粱醌的生物合成相关研究也备受关注（Cook，2010）。高粱醌是高粱属植物最为典型的化感物质，属于酚醌长链多烯类次生代谢物，主要包括烷基酚、烷基间苯二酚及烷基邻苯二酚，其中烷基间苯二酚最为常见。基因敲除等遗传学证据表明，当烷基间苯二酚合酶（alkylresorcinol synthase）基因 *ARS1*、*ARS2* 功能缺失后，高粱醌的生物积累大大降低，且这两个基因主要在根毛中表达，其在水稻中的同源基因也参与抗性相关烷基间苯二酚的生物合成（Cook，2010）。根是分泌高粱醌的主要部位，通过分析根部的转录组，科研人员克隆了可能参与调控高粱醌合成的相关基因全长后，经酵母表达、烟草瞬时转化及 RNA 干扰等生化方法验证了一个细胞色素 P450 相关基因也参与调控高粱醌的生物合成（Pan，2018）。

三、化感物质作用于其他植物的分子机制

研究植物化感物质作用机制的最大难点之一，是化感物质本身具有复杂的化学结构及多样的植物靶标位点。化感物质多数通过土壤传输作用于受体植物，影响受体植物的生理生化，进而表现为影响受体植物的生长发育。然而，化感物质的合成和释放水平通常受环境影响，如玉米合成的丁布水平可以受紫外线诱导而增加（Qi，2018）。植物释放的化感物质通常含量很低，且释放的化合物不止一种，具体是哪种起作用尚不清楚，再加上这些化合物稳定性不一致，因而作用于受体植物的化感物质种类和浓度往往难以测定（Weir，2004）。任何化感物质影响植物代谢和生长的时候，都不只影响单一的生理表型，还有次要表型。因此，区分主要起作用的化感物质、明确主要表型对于界定化感物质的作用机理很重要。此外，还需要留意化感物质对植物的作用机制与其浓度有关，大多数呈现低浓度促进、高浓度抑制的现象。化感物质对受体植物生理和生化的影响，与受体植物所处的生长环境相关。因此，采用正确的生物测定方法分析化感物质如何影响受体植物的生长发育就显得尤为重要。目前的研究表明，化感物质的作用机制涉及植物细胞膜通透性、水分和营养吸收、呼吸代谢、光合作用、蛋白质和核酸代谢等很多方面。

（一）化感物质调节植物细胞膜的通透性

细胞膜是植物根部营养吸收和运输的重要通道，若细胞膜通透性改变，则植物根部对矿物元素的吸收受到影响。化感作用及常见的植物自毒作用，往往抑制根部对氮、磷、钾等元素的吸收，且这种抑制作用不能通过增加营养元素的投放量而改善，这从侧面说明化感及自毒作用是通过作用于细胞膜抑制了营养元素的吸收。多数化感物质

在合适浓度下会对植物细胞膜的通透性和功能产生一定的影响。例如，化感物质通过增加细胞膜的通透性引起细胞液的渗漏，进而造成程序性细胞死亡。此过程会进一步引起组织的死亡及生理功能的紊乱或者缺失。例如，一些酚类化合物很容易通过扩散或者协助运输等途径进入细胞膜内，破坏钾离子通道的功能，引起细胞内离子失衡。萜类挥发物如 α-蒎烯，通过氧化细胞膜引起细胞膜结构的损坏，进而造成细胞死亡（Singh，2006）。ATP 酶活性及 ATP 含量与细胞膜的膜势及能量的利用密切相关。水杨酸不仅可以使大麦根部细胞膜迅速去极化，而且可以导致很多植物线粒体的膜势崩溃，这种功能很可能是通过减少根部 ATP 的含量来实现的。而胡桃醌及某些黄酮类化合物则通过影响 ATP 酶的活性发挥化感作用。因此，化感物质可以通过干扰 ATP 的产生及 ATP 酶的活性，改变细胞膜膜势或者功能、结构，进而影响细胞膜对营养元素的吸收等功能（孔垂华等，2016）。

（二）化感物质对植物呼吸作用的影响

呼吸作用中的不同过程，如电子转移、氧气吸收及二氧化碳产生等都可能会被化感物质影响。多萜及倍半萜内酯多通过提高植物的呼吸作用实现其化感功能，且活性明显强于单萜类物质。酚类物质如醌、黄酮和小分子酸，通过减缓电子向氧的运动来抑制呼吸作用。例如，胡桃醌和高粱醌在 0.5μmol/L 浓度下即可明显抑制线粒体的氧吸收功能，而黄酮类抑制线粒体的氧吸收活性是通过抑制 ATP 的产生实现的，微小结构的差异都可以明显影响这类抑制效果，且多数黄酮类物质在 100μmol/L 浓度下可以显著降低线粒体中 ATP 的产生。但是一些小分子酚酸类化合物如对羟基苯甲酸，在低浓度下对植物呼吸作用的影响很小，需要在很高浓度下才有明显作用，表明其对植物产生的化感作用不是通过作用于呼吸过程。小分子单萜如樟脑通过引发线粒体的偶联作用来促进大豆的根呼吸；柠檬烯则通过作用于 ATP 合成酶来影响氧吸收；而 α-蒎烯则通过抑制电子传递等多种机制来影响玉米苗的呼吸作用（Abrahim，2003）。

（三）化感物质对植物光合作用的影响

植物的生长离不开光合作用，光合固碳、干物质增加等几乎所有生命过程都是与光合作用紧密相连的，因此光合速率的改变会影响植物的生长发育。

低浓度（1μmol/L）的化感物质莨菪灵（scopoline）处理烟草后，明显抑制其光合速率，直到处理后近 10d 才可以恢复到处理前的状态。同样的效果也在莨菪灵处理的向日葵中发现（孔垂华等，2016）。其他一些酚酸类物质处理不同植物，如阿魏酸处理苘麻、香豆酸和咖啡酸分别处理高粱、大豆，处理后植株的二氧化碳同化速率降低，植株生长受到明显抑制（Stiles，1994）。化感物质可以通过打破光系统 I 和光系统 II 的电子传递、抑制光合色素的合成或者加速光合色素的降解等多种途径影响植物的光合作用。因此，幼嫩植物中光合色素的减少直接降低 ATP 的合成，此过程主要发生在光系统 II 中（Cheng and Cheng，2015）。高粱醌的化感作用就是通过作用于光系统Ⅱ中的 D1 蛋白结合位点来抑制电子传递，在 0.2μmol/L 浓度下就可以有效抑制叶绿体中二氧化碳转化氧气的释放，而反枝苋（*Amaranthus retroflexus*，一种杂草）D1 蛋白结合位点发生了突变，进而对高粱醌及作用于此位点的其他除草剂都不敏感（Poonpaiboonpipat，2013）。

　　而其他酚类化合物，如苯甲酸、肉桂酸则需要在 0.5～1mmol/L 浓度下才可以起到相似作用。因此，高粱醌抑制光合作用的活性很强，有望作为除草剂开发。除了上述作用方式，高粱醌还可以抑制对羟苯基丙酮酸双氧化酶的活性，阻断类胡萝卜烷的合成，导致叶片因缺乏胡萝卜素而白化。从香茅草（*Cymbopogon citratus*）中分离的精油可以明显降低稗草叶绿素的合成，进而降低稗草的光合能力，抑制其生长发育（Poonpaiboonpipat，2013），预示了一些精油类物质是通过抑制叶绿素形成实现其化感功能的。采用一些酚酸类化感物质，如阿魏酸、香豆酸等处理大豆都可以降低其植株叶绿体含量，进而抑制生长，降低植株干重。但是，同样的酚酸类物质处理高粱没有类似的作用。这是因为豆科植物中的镁卟啉合成过程容易受到化感物质的干扰，也说明酚酸类物质对植物光合作用的影响取决于不同植物种类（孔垂华等，2016）。

（四）化感物质对植物基因表达、核酸代谢及蛋白质合成的影响

　　化感物质对植物生长发育产生影响，很多时候是通过调控特定基因表达及蛋白质合成来实现的。例如，当水稻和稗草伴生时，水稻会感受到稗草释放的化感物质，启动酚类化合物、稻壳酮合成基因的表达，合成释放酚类及稻壳酮（He，2012）。阿魏酸在 1μmol/L 浓度下就可以抑制悬浮细胞蛋白质的合成过程，50μmol/L 的阿魏酸和肉桂酸则可以显著抑制莴苣幼苗蛋白质的合成（Mersie，1993）。生物碱，如乌头碱、咖啡因、奎宁等都可以影响 DNA 聚合酶Ⅰ的活性及植物蛋白质的合成。通过同位素标记发现，常见的酚酸类物质如苯甲酸、阿魏酸、肉桂酸等都可以抑制 ^{32}P 结合到 DNA 和 RNA 的过程，表明酚酸类及生物碱都可以通过影响核酸代谢及蛋白质合成发挥化感活性。生物信息技术的发展同样推动了化感相关研究。例如，通过基因芯片分析胡桃醌诱导后的水稻根部基因表达，发现大量基因表达发生变化，其中包括抗性相关转录因子（如 ERF、WRKY、MYB 等），而茉莉酸合成相关基因及 CDPK 和 MAPK 类蛋白激酶基因的表达被上调，但是生长相关基因的表达被抑制，如赤霉素合成相关基因（Chi，2011）。同样，通过基因芯片技术研究水稻自毒作用时发现，阿魏酸通过调节茉莉酸和乙烯信号通路的平衡进而抑制水稻根的伸长，在 50μg/L 浓度下对根长抑制率就达到 50% 左右。在阿魏酸处理之后，活性氧通路基因有 51 个表达上调，1 个表达下调；而在 25 个激素相关基因中，7 个上调基因是茉莉酸合成或者信号转导相关基因。同时，ERF、WRKY、MYB 相关转录因子表达也被上调（Chi，2013）。伴随着蛋白组学及质谱技术如 iTRAQ 蛋白质组的发展和应用，可以发现更多在响应化感过程中的蛋白质变化。然而，单一的化感物质的靶标蛋白是什么，二者是如何互作的，仍是未来化感相关研究的方向。

（五）化感物质对植物根际微生物的影响反馈调节植物生长发育

植物通过根部分泌的化学物质与根际微生物互作是近年来的研究热点，也有重要的发现。我们主要以农作物玉米和药用植物三七为例进行简要介绍。

前文中我们介绍了玉米中丁布类物质的合成及其对伴生植物的化感作用，除此之外，研究表明丁布类物质的分解产物 MBOA 在经玉米根系分泌到土壤后，可以改变土壤中细菌和真菌的菌落结构，菌落结构的改变可以进一步抑制下一代玉米的营养生长，但是 MBOA 可激活下一代玉米的茉莉酸信号通路，使其对鳞翅目害虫的抗性增强。MBOA 发挥的作用必须通过其与土壤微生物的互作来实现，此作用已通过丁布化合物合成缺失突变体、土壤灭菌及微生物回补等实验手段得到证实（Hu，2018）。此发现对于研究根际化感作用介导的农作物抗性有一定参考意义。

长期以来，化感效应带来的连作障碍一直制约着三七等中药材的种植。在三七主产区——云南文山自治州，为了避免连作障碍带来的根腐病等问题，三七种植区已经深入到交通极为不便的山地。为了减轻连作带来的损失，一些企业多采用对连作土壤进行高温蒸汽处理或者氯化苦（硝基三氯甲烷）密封熏蒸处理。这些措施在原理上基本是杀灭土壤中所有的微生物，但是也有明显的缺陷和不足，要么成本高难以普及，要么污染危害大不宜推广。三七连作障碍的主要威胁之一就是由致病真菌引发的根腐病。植物的生长环境中遍布各种微生物，如各种真菌、细菌等，其中不乏对植物生长发育有利或者有害的种类，如引起马铃薯晚疫病、烟草赤星病的病原分别为致病卵菌和真菌，而豆科植物固氮所必需的固氮菌则为细菌类。植物健康生长是各种微生物达到动态平衡的结果。而在三七种植过程中，随着种植年限的增加，土壤中人参皂苷 Re 和 Rb2 含量逐年增加，与之对应的是，土壤中细菌多样性降低，而真菌微生物群落多样性增加。例如，种植 3 年三七后的土壤中，细菌数量减少了 30%，而霉菌数量增加了 60%，土壤中的病原真菌随种植时间的增长而明显增加，同时其分泌的毒素不断增加（刘英，2014）。在连作三七土地中施加由枯草芽孢杆菌、地衣芽孢杆菌、粪肠球菌、嗜酸乳杆菌、植物乳杆菌和热带假丝酵母等组成的菌剂，既可以降解霉菌毒素，也可以降解人参皂苷（对人参皂苷 Re 和 Rb2 的降解率均超过 50%），同时细菌的多样性指数普遍增大，而真菌的多样性指数普遍减小。上述研究表明，三七的连作障碍一定程度上是由化感物质引发的微生物群落失调导致的，而通过调节土壤微生物群落的多样性，可以修复存在连作障碍的三七土壤，进而解决三七连作障碍等难题（刘英，2014）。

伴随着相关研究的深入，植物化感作用的应用潜力也逐渐被挖掘出来。如上文所述，相关研究成果有望为提高农作物抗逆反应、降低中药材连作障碍等提供理论参考和技术指导。

第二节　植物挥发物在植物-植物互作中的作用

植物同化的碳元素中至少有 36% 转化为多种多样的有机挥发物释放回大气中（Kesselmeier，2002），这些挥发物在植物与环境及其他生物互作的过程中发挥着非常重要的作用，如对食草动物的驱避作用、对传粉者及种子传播者的吸引作用、对食草动物天敌的吸引作用（Dicke and Loreto，2010；Bruce and Pickett，2011）。因此，植物挥发物对于其防御及生殖均有着重要的意义（Raguso，2008；Kessler and Halitschke，2009；Dicke and Baldwin，2010；Lucas-Barbosa，2011）。挥发物的释放在维管植物中非常普遍，但是近年的研究表明，苔藓植物也能释放挥发物，这些挥发物还能传递信号（Vicherova，2020）。

30 多年前，科学家偶然发现某些植物被昆虫取食后，未被取食的邻近植物中发生了抗虫性及抗虫次生代谢物的变化，说明植物挥发物很可能作为信号物质在植物内部及植物间传递，甚至可以在不同种植物间传递，这种现象被形象地称为"会说话的植物"。此后研究发现，挥发物不但能够传递抗虫信号，还能够传递抗病信号，甚至一些非生物胁迫信号和生长发育信号。从自然选择的角度来看，感受挥发物信号对接收者有利，对释放者却没有任何好处，因此人们常用"偷听"来形容接收植物获取挥发物信号。

植物间传递信号物质需经历 4 个步骤：释放、传递、吸收、被感受，因此能作为信号物质的挥发物需要具备特定的生物学特征，如合适的分子量。高挥发性的小分子量化合物如乙烯、甲醇、异戊二烯、丙烯醛、异丙烯醛及一些单萜能很快扩散到空气中，这类挥发物可能作为系统性信号在植物内发挥作用；而一些分子量较大的低挥发性化合物如萜醇、茉莉酸甲酯、水杨酸甲酯及绿叶挥发物，因其低扩散性更可能发生较高浓度聚集而长距离运输到邻近植物。许多研究挥发物信号的实验是在封闭的植物培养室中进行的，在这种环境下，有机挥发物的浓度升高而 CO_2 的浓度降低，导致更多的气孔开放，加强了叶肉细胞与有机挥发物的接触。因此，在封闭培养室中得到的实验结果可能放大了有机挥发物的生态学效应，在自然环境下结合使用有机挥发物缺失或感受缺陷的转基因植物可以解决此问题。现在除了乙烯、茉莉酸甲酯、水杨酸甲酯，其他众多有机挥发物的感受机制还有待研究。

此外，在较早的研究中，检测植物感受到挥发物信号局限于抗性物质含量的变化，或是抗性基因表达的变化，这可能忽略或低估了某些挥发物信号的实际作用。现在随着下一代测序技术的发展，甲基化测序、组蛋白 ChIP-seq 及蛋白质组、磷酸化组等多种修饰组学技术检测灵敏度的提高，将可能发现更多的挥发物信号物质并明确其功能。

近年来的研究表明，暴露于邻近植物产生的挥发物中，不仅仅可以使植物直接产生防御物质，更重要的是，挥发物可以使邻近的植物进入警备状态，准备抵御随时可能来袭的"敌人"，当"敌人"真地袭来时，可以更快更强地产生抗性（Yi，2009；

Kim and Felton，2013；Pieterse，2013；王杰等，2018）。植物产生防御警备可能是进化上更有利的一种选择，因为如果仅仅是暴露于有机挥发物就直接诱导防御物质的生成，那么受体植物即使没有被昆虫取食或病原菌侵染，也要付出适应性代价，因为在资源供应有限的情况下，如果消耗大量资源用于产生防御物质，分配给植物生长的资源势必减少。人们普遍推测植物挥发物的警备抗性可能通过表观遗传调控，即调控基因表达的 DNA 甲基化状态及组蛋白修饰，但是目前关于这方面的研究还非常有限。

在本节，我们将重点介绍能够介导植物-植物相互作用的植物挥发物种类及其生物合成途径和调控通路，以及植物挥发物的化学生态学功能。

一、植物挥发物的合成及感受

植物产生的挥发物主要包括绿叶挥发物（green leaf volatile，GLV）、芳香族化合物、萜烯类化合物等多种化合物。但是，目前发现的能够作为信号物质引起接收植物产生响应的并不多。下面我们将逐个介绍这些挥发物的生物合成、感受机理及作用机制。

（一）绿叶挥发物

绿叶挥发物是一类含有 6 个碳原子的小分子醛、醇、酯等化合物的总称，几乎所有的植物都可以释放。GLV 由十八碳脂肪酸亚麻酸及亚油酸降解而来，当这两种脂肪酸被脂氧合酶转变为过氧化氢脂肪酸后，进一步被过氧化物裂解酶切割为含有 12 个或 6 个碳原子的化合物。根据十八碳底物的不同，经过氧化物裂解酶切割能够产生己烯醇或己醛，并进一步被乙醇脱氢酶加工或被乙酰化、异构化产生其他六碳化合物。GLV 通常在机械损伤及昆虫取食后数分钟甚至数秒内在受伤部位本地产生（Matsui，1993），或在没有受伤的组织系统性产生（Pare and Tumlinson，1999）。

尽管有很多研究表明植物能感受到邻近植物释放的 GLV，但是 GLV 是如何被感受的还很不清楚。植物挥发物很可能通过气孔被吸收（Matsui，2016），而且在到达叶肉细胞质膜之前要首先穿过表皮及细胞壁。由于 GLV 具有亲脂性，可能"溶解"于质膜中（Heil，2014），也可能到达胞质后继续被植物细胞所代谢（Farag and Pare，2002；Matsui，2012）。植物感受到 GLV 后，质膜电位很快去极化：将番茄暴露于多种 GLV 后均能刺激叶肉细胞在数秒内去极化，数分钟后胞内钙离子浓度上升（Zebelo，2012）。进入细胞后，GLV 可能发生谷胱甘肽化或糖基化，如 Davoine（2006）、Mirabella（2008）均发现 GLV 可与谷胱甘肽结合；Sugimoto（2014）发现预先用斜纹夜蛾取食后收集的 GLV 处理番茄幼苗后能增强其抗虫性，进一步分析代谢物发现 GLV 处理使顺-3-邻苯二甲酸己烯酯的含量增加，该化合物是顺-3-己烯酯与糖基结合后生成的，具有抗虫性；当单独加入人工饲料后，斜纹夜蛾的生长受到了抑制。在小麦中的研究表明，Z-3-乙酸己烯酯（Z-3-HAC）在植物体内可能发生糖基化形成己烯基二糖苷（Ameye and Allmann，2018）。对玉米叶片暴露于顺-3-己烯酯后的转录组研究表明，GLV 可能通过钙离子、蛋白质磷酸化、脂类信号分子及转录因子传递信号（Engelberth，2013）。

（二）芳香族化合物

1. 茉莉酸甲酯

茉莉酸甲酯（MeJA）是较早被确定可能介导植物-植物相互作用的信号物质。茉莉酸的生物合成起始于叶绿体，叶绿体质膜上的某些磷脂经磷脂酶催化后形成亚麻酸，再经过脂氧合酶、丙二烯氧化物合酶、丙二烯氧化物环化酶等几个酶的作用后生成 12-氧-植物二烯酸（12-oxo-phytodienoic acid，12-OPDA），随后 12-OPDA 被转运到过氧化物酶体，再经过 3 次 β 氧化后就生成了茉莉酸（Wasternack，2013）。茉莉酸甲酯由茉莉酸甲基转移酶催化合成（Seo，2001）。

茉莉酸甲酯可能先水解为茉莉酸，再被植物感受。当研究者在茉莉酸缺乏的 *aslox3* 转基因植物品系中沉默了茉莉酸甲酯的水解酶后，再施加茉莉酸甲酯就不能恢复野生烟草对烟草天蛾的抗性、尼古丁的合成，同时受茉莉酸甲酯诱导的苏氨酸脱氨酶及苯丙氨酸氨裂合酶基因的表达大大降低（Wu，2008）。研究发现，茉莉酸衍生物之一的茉莉酸-异亮氨酸（JA-Ile）而非茉莉酸才是启动茉莉酸所诱导的响应的有效信号分子（Thines，2007；Katsir，2008a）。茉莉酸-异亮氨酸能结合茉莉酸信号受体 COI1，从而使之识别一类抑制蛋白 JAZ，并将其通过 26S 蛋白酶体途径降解，使被 JAZ 蛋白抑制的转录因子得到释放，这样各种茉莉酸下游基因开始转录（Katsir，2008b；Yan，2009；Howe，2010；Sheard，2010）。

2. 水杨酸甲酯

水杨酸甲酯被发现在植物间能传递抗病信号。在植物中，水杨酸的合成主要有两条路径：异分支酸途径和苯丙氨酸途径。分支酸是两条途径的共用底物，是质体中莽草酸途径的最终产物（Poulsen and Verpoorte，1991；Schmid and Amrhein，1995）。异分支酸途径分为两步：首先分支酸在异分支酸合成酶 1 的作用下形成异分支酸（Strawn，2007），接下来通过一个目前未知的机制转变为水杨酸。在拟南芥中，本底水平的水杨酸多是由苯丙氨酸途径产生的（Huang，2010），而大约 90% 由病原菌及紫外线（UV-C）诱导的水杨酸是经异分支酸途径产生的（Wildermuth，2001；Garcion et al.，2008）。但是也有研究发现，在大豆病原菌诱导的水杨酸合成中，两条途径同等重要（Shine，2016）。水杨酸进一步在水杨酸羧基甲基转移酶的作用下形成挥发性的水杨酸甲酯。

目前很多证据支持水杨酸受体是 NPR1（non-expressor of PR gene 1）蛋白。NPR1 蛋白是通过正向遗传学方法得到的，C 端含有 SA 结合域，中部的锚蛋白重复序列（ankyrin-repeat）可与 TGA（TGACG motif-binding factor）转录因子互作。当 SA 与

NPR1 蛋白结合后，与其结合的 TGA 转录因子进一步激活下游抗病相关基因的表达（Zhang，2019）。

3. 吲哚

吲哚是近年来在玉米和水稻中发现的一种由植食性动物取食诱导释放的芳香族化合物。在玉米中，挥发性的吲哚是以吲哚-3-甘油磷酸为底物，经吲哚-3-甘油磷酸裂合酶（indole-3-glycerol phosphate lyase，IGL）催化形成的。IGL 基因的表达可以被昆虫取食、昆虫特异的激发子 volicitin 及茉莉酸处理诱导（Frey et al.，2000，2004）。玉米和水稻被昆虫取食后释放吲哚，使没有被昆虫取食的植物其他组织甚至邻近植物中的 MPK3 活性增强，进而引起下游转录因子 WRKY70 转录增强及抗虫信号物质茉莉酸合成增加，提高防御物质的合成并提高植物的抗虫性。但是，吲哚是如何被植物感受的目前仍然不清楚。

（三）萜烯类化合物

萜烯类化合物是由 5 碳的异戊二烯单元以各种方式聚合而成的一类天然化合物，根据碳数量的不同，分为单萜（C10）、倍半萜（C15）、二萜（C20）、三萜（C30）、四萜（C40）及多萜（>C40）。其中，单萜及倍半萜能以挥发物的形式释放。萜烯类化合物可以在细胞质中以乙酰辅酶 A 为底物通过甲羟戊酸途径形成倍半萜和三萜；或在叶绿体中以丙酮酸和 3-磷酸甘油醛为底物经磷酸甲基赤藓糖醇形成单萜、倍半萜和二萜，这条途径也称作 1-脱氧-D-木酮糖-5-磷酸途径（Lange et al.，2000；Vranova et al.，2013）。这两条代谢途径相对独立，但也存在着以甲羟戊酸途径为主导的代谢中间产物交流（Laule et al.，2003）。

萜烯类合酶广泛存在于细菌（Yamada et al.，2015）、真菌（Quin et al.，2014）、植物（Chen et al.，2011；Jia et al.，2018）及昆虫（Beran et al.，2016）等原核及真核生物中。萜烯类骨架合成后，再由细胞色素 P450 单加氧酶（CYP）、乙酰转移酶、糖基转移酶等进行进一步的结构修饰。植物中第一个萜烯类合酶基因是从烟草中克隆的，其表达产物催化马兜铃烯的生物合成（Facchini and Chappell，1992）。目前针对植物萜烯类合酶从基因克隆、酶活性鉴定到功能分析的研究线路已经较为成熟。常见的植物萜烯类挥发物有单萜的蒎烯、月桂烯、蛇麻烯、罗勒烯，倍半萜的石竹烯，由倍半萜前体法尼基二磷酸经橙花叔醇形成的 4,8-二甲基-1,3,7-壬三烯和由二萜前体牻牛儿基牻牛儿基二磷酸形成的 4,8,12-三甲基-1,3,7,11-十三碳四烯等。在萜烯类合酶中，有些催化单一产物的形成，而另一些则催化合成多种产物：拟南芥的 *AtTPS03* 编码单萜合酶，产物为 94% 的 (*E*)-β-罗勒烯、4% 的 (*Z*)-β-罗勒烯和 2% 的月桂烯（Faldt et al.，2003）。从火炬松中克隆的一个萜烯类合酶可以催化海松二烯、冷杉二烯等多种二萜的化学合成（Ro and Bohlmann，2006）。玉米中的萜烯类合酶 TPS10 可以控制 9 种不同的挥发性萜烯类物质，包括(*E*)-β-法尼烯、(*E*)-α-佛手柑油烯等的合成（Schnee et al.，2006）。

　　萜烯类挥发物的合成多数受茉莉酸信号的正向调控。例如，在野生烟草茉莉酸缺失的 *aslox3* 及茉莉酸感受缺陷的 *ircoi1* 转基因烟草中，(*E*)-α-佛手柑油烯的合成显著降低（Halitschke and Baldwin，2003；Paschold et al.，2007）。此外，激酶信号系统也参与了植物萜烯类挥发物信号分子的合成与释放。当野生烟草中水杨酸诱导激酶和机械损伤诱导激酶下调时，松油醇和月桂烯等单萜与一些倍半萜在烟草天蛾侵害后释放明显降低，表明其合成与释放受到以上两个激酶的调控；进一步的研究表明，参与单萜与倍半萜生物合成的脱氧磷酸木酮糖合酶和 3-羟基-3-甲基-戊二酰-乙酰辅酶 A 还原酶编码基因的表达都有所下降（Meldau，2009）。

　　据研究报道，萜烯类挥发物可能在植物中被进一步糖苷化（Zhao et al.，2020a），但是萜烯类挥发物的感受是否需要特殊的受体还很不清楚。

二、植物挥发物在植物间传递的抗虫信号

　　昆虫取食后诱导多种植物挥发物释放，主要包括一些单萜和倍半萜、绿叶挥发物、茉莉酸甲酯及吲哚等。昆虫取食不但可诱导叶片释放挥发物，也能诱导根部释放挥发物（Gfeller et al.，2019）。

　　最先被发现能传递抗虫信号的挥发物是茉莉酸甲酯（图 8-3）。Farmer 和 Ryan（1990）发现，当直接在番茄叶片表面施加茉莉酸甲酯后，邻近植物中抗虫物质蛋白酶抑制剂的合成也能被诱导，类似结果在烟草及紫花苜蓿中也能重复。山艾的叶片能释放大量茉莉酸甲酯，将其与番茄一起放置在一个密闭空间中时，番茄中的蛋白酶抑

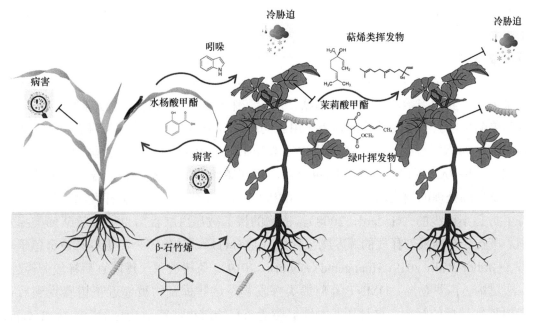

图 8-3　挥发物在植物间传递信号

当遭受昆虫或病害侵袭，或是受到冷胁迫时，植物便释放绿叶挥发物、茉莉酸甲酯、吲哚、水杨酸甲酯、萜烯类挥发物。此外，植物的根部也能释放挥发物，这些挥发物能够被邻近植物感受到并使其防御加强，或是使邻近植物处于警备状态，即当遭受侵袭时能更快更强地进行防御

制剂同样可以被诱导合成。这些研究表明，茉莉酸甲酯不但能在同种植物间传递抗虫信号，还能在不同科属植物间传递抗虫信号。研究者在野生烟草中进一步发现，暴露于茉莉酸甲酯气体后，野生烟草的抗虫性提高，抗虫物质蛋白酶抑制剂、尼古丁的合成增加；此外，多种抗虫相关信号通路的基因表达发生了变化，其中很多是人们熟知的对茉莉酸诱导响应的基因，包括尼古丁、酚类、黄酮类、酚类腐胺共轭物、蛋白酶抑制剂、二萜糖酯合成的相关基因，以及单萜、倍半萜挥发物和 GLV 释放的相关基因（Hermsmeier，2001）。之后，研究者又研究了茉莉酸甲酯在自然环境下是否有类似作用，当按照山艾释放的浓度将茉莉酸甲酯施加于自然条件下生长的野生烟草时，并不能诱导抗虫物质的合成（Preston，2004）。但是进一步的研究发现，当曾经暴露于山艾释放的挥发物的野生烟草被烟草天蛾取食后，蛋白酶抑制剂的合成加速了，说明茉莉酸甲酯能够预警植物的抗虫性（Kessler et al.，2006）。

　　萜烯类挥发物在植物-植物通讯中所起的信号功能较早得到了证实（图 8-3）。将未受损伤的利马豆叶片暴露于二斑叶螨取食后释放的挥发性气体或人工合成的上述萜烯类挥发物都能够诱导 β-1,3-葡聚糖酶、几丁质酶、脂氧合酶、苯丙氨酸氨裂合酶和法尼基二磷酸合酶等防御应答基因的表达，人工合成的 β-罗勒烯也能诱导除脂氧合酶外的其他相关基因表达。细胞外 Ca^{2+} 的螯合剂或丝/苏氨酸蛋白激酶的抑制剂星形孢菌素可以抑制萜烯类挥发物诱导下利马豆防卫基因的表达，说明萜烯类挥发物产生的抗虫信号的传递需要钙离子和蛋白质磷酸化参与（Arimura，2000）。Godard（2008）的研究也表明单萜挥发物能诱导拟南芥中茉莉酸甲酯的积累及多种基因表达的变化，他使用一个对机械损伤、昆虫取食和茉莉酸诱导响应的 PINII 基因的启动子来驱动 GUS 报告基因，发现单萜挥发物罗勒烯、月桂烯、柠檬烯、α-蒎烯、β-蒎烯、芳樟醇均可以诱导 GUS 报告基因表达，而且其作用浓度远低于茉莉酸甲酯；在拟南芥上施加罗勒烯和月桂烯后，通过基因芯片检测发现在所有受调控的基因中有 83 个转录因子，其中多数转录因子对单萜、乙烯、茉莉酸甲酯或脱落酸处理的响应不同，表明单萜可能具有较为独特的调控作用。同时，多个参与茉莉酸和茉莉酸甲酯合成步骤的酶，如脂氧合酶、丙二烯氧化物合酶和 12-氧-植物二烯酸还原酶的编码基因都上调，一些 JAZ 蛋白的编码基因也上调，而在茉莉酸的合成或信号转导突变体中植物对罗勒烯处理的响应消失，表明茉莉酸信号通路在植物对萜烯类挥发物信号分子应答中是必不可少的（Godard，2008）。植物的根部被昆虫取食后也能释放萜烯类挥发物，斑点矢车菊根部释放的挥发物主要成分是石竹烯，能使蒲公英更容易被金龟子攻击（Gfeller et al.，2019；Huang and Osbourn，2019）。茶树被茶尺蠖取食后释放芳樟醇、α-法尼烯、β-罗勒烯、DMNT 等萜烯类挥发物，这些挥发物被邻近茶树感受到后将增加 β-罗勒烯的释放，这种挥发物能够驱避茶尺蠖雌虫，特别是交配后的雌虫（Jing et al.，2021a）。进一步研究发现，DMNT 能使邻近茶树 JA 水平升高，从而增强其对茶尺蠖的抗性，现已克隆到将 DMNT 从其前体橙花叔醇氧化而来的细胞色素 P450 酶 CsCYP82D47 的基因（Jing et al.，2021b）。

随后，GLV 也被发现可以在植物间传递抗虫信号（图 8-3）。Engelberth（2004）的工作证明了 GLV 不但能够在玉米间传递抗虫信号，而且能够特异性地预警昆虫取食而诱导植物进行茉莉酸和挥发物的合成。笔者将玉米幼苗暴露在甜菜夜蛾取食后产生的 GLV 中，再让甜菜夜蛾取食玉米幼苗，茉莉酸及有机挥发物的产生比对照组（没有提前暴露在 GLV 的玉米）增加了；当玉米幼苗暴露于人工合成的 GLV 后，也能产生同样的效果。更有趣的是，笔者还发现用 GLV 提前处理玉米幼苗后，当再次用GLV+甜菜夜蛾取食处理后，比单独用甜菜夜蛾取食处理产生的茉莉酸更多。在其他植物如杨树、利马豆和番茄中，人们也观察到昆虫取食后产生的 GLV 能够诱导植物抗虫性（Kost and Heil，2006；Frost，2008；Sugimoto，2014）。

近年来，人们发现吲哚也能在植物间传递抗虫信号（图 8-3）。Erb 等（2015）将玉米幼苗的叶片用棉叶虫进行取食处理后，发现吲哚的释放要早于萜烯类挥发物的释放。吲哚的释放起始于处理后 45min，在 180min 时达到峰值；而萜烯类挥发物的释放起始于处理后 180min，比吲哚的释放晚了 2 个多小时。吲哚在昆虫取食后快速释放说明其很可能作为一种信号物质诱导抗虫性。的确，吲哚的释放增强了机械损伤处理造成的多种 GLV 及萜烯类挥发物的释放。Erb 等（2015）进一步利用不能释放吲哚的吲哚-3-甘油磷酸水解酶缺失突变体及人工施加吲哚气体，证明吲哚既可以诱导玉米体内又能诱导邻近植物挥发物的释放，同时发现吲哚可以增加激素茉莉酸-异亮氨酸及脱落酸的合成。

在水稻中的研究进一步发现，提前暴露于吲哚气体可以提高水稻对草地贪夜蛾的抗性，许多参与抗虫防御的早期信号基因的表达也增强了，如编码类受体激酶、蛋白激酶 MPK3、转录因子 WRKY70 的基因和参与茉莉酸合成的基因；吲哚气体的预诱导还增强了 MPK3 的激酶活性，以及昆虫取食造成的 12-氧-植物二烯酸（茉莉酸前体化合物之一）及茉莉酸积累增加。而在 MPK3 沉默水稻中，提前暴露于吲哚气体后造成的水稻抗性提高及茉莉酸积累增加等效应都消失了，说明 MPK3 调控吲哚诱导的水稻抗虫性（Ye et al.，2019）。

三、植物挥发物在植物间传递的抗病信号

植物被细菌、真菌或病毒等微生物病原侵染后也能产生挥发物，称作微生物诱导的植物挥发物。不同的病原菌诱导的挥发物成分很不相同。黄瓜花叶病毒侵染番茄后，番茄植株减少了 α-蒎烯及 β-水芹烯的释放，这两种挥发物具有驱避传粉者的作用（Groen，2016）。感染大麦黄矮病毒后，小麦释放更多的顺-3-乙酸己烯酯（Jimenez-Martinez，2004）。烟草感染丁香假单胞菌后释放出更多的水杨酸甲酯（Huang，2003）。拟南芥感染无毒的丁香假单胞菌后释放更多的水杨酸甲酯，而感染另一种具毒的丁香假单胞菌后释放出萜烯类挥发物 β-紫罗兰酮及 α-法尼烯（Attaran，2008）。丁香假单胞菌侵染菜豆后诱导反-2-己烯醛及顺-3-己烯醇的释放（Croft，1993）。真菌病害条锈病菌侵染小麦后，植物释放出多种倍半萜类挥发物（Castelyn，2015）。即使

是同一物种，不同的品系、品种或者生态型植物受到病菌侵染后，挥发物的成分也不同。例如，对真菌病害豇豆炭疽病具有抗性的菜豆品种主要释放柠檬烯和芳樟醇，而不抗该病的菜豆品种主要释放壬醛及癸醛（Quintana-Rodriguez，2015）。

从目前的研究结果看，能作为信号物质在植物内部及植物间传递抗病信号的主要有水杨酸甲酯及单萜挥发物（图8-3）。虽然昆虫取食也能使植物释放水杨酸甲酯（Dicke，1990；Kessler and Baldwin，2001；Kant，2004），但是水杨酸甲酯目前只被发现在植物间传递抗病信号。

水杨酸甲酯在植物间传递抗病信号早在1997年就被发现，研究者发现烟草花叶病毒侵染能刺激植物释放大量水杨酸甲酯，当用水杨酸甲酯处理未感染病毒的健康烟草叶片时，植物对烟草花叶病毒的抗性提高，抗病基因 *PR1* 的表达也上调；同样，用烟草花叶病毒侵染植物释放的挥发物处理也能取得类似的效果，同位素示踪实验显示水杨酸甲酯被植物吸收后脱去甲基转化回水杨酸（Shulaev，1997）。之后，水杨酸甲酯又被证明是植物内系统获得抗性的可移动信号。研究者利用能将水杨酸甲酯水解为水杨酸的水杨酸结合蛋白2（SABP2）的沉默植物，通过嫁接实验发现，烟草花叶病毒侵染后，砧木无论是野生型或沉默植物，系统获得抗性在野生型接穗上都可以被观察到，而当接穗为 SABP2 沉默植物时，系统获得抗性就消失了。后来，研究者利用分别丧失了水杨酸结合活性和反馈抑制活性、水杨酸甲酯酯酶活性、水杨酸结合活性、水杨酸甲酯酯酶活性的 SABP2 蛋白互补 SABP2 沉默植物，再分别用这三种转基因植物进行嫁接实验，结果发现只要是没有水杨酸甲酯酯酶活性就不能恢复接穗的系统获得抗性，而水杨酸结合活性及水杨酸反馈抑制活性都不是系统获得抗性必需的。这些证据强有力地说明水杨酸甲酯就是在植物内部传递系统获得抗性的系统性信号（Park，2007）。

挥发性萜类也可能在植物间传递抗病信号。早就有研究发现，拟南芥在罗勒烯处理下能够提高一系列抗病基因的表达水平，其对灰葡萄孢的抗性也得到增强（Kishimoto，2005）。近年的研究更明确地显示，单萜挥发物能够作为信号物质在植物间传递抗病信号，暴露于单萜 α-蒎烯及 β-蒎烯的混合挥发物后，诱导了活性氧及水杨酸的积累，以及系统获得抗性相关基因的表达，蒎烯诱导的抗性依赖水杨酸的生物合成及信号传递（Kishimoto，2005）。顺-2-己烯醛能诱导棉铃产生植保素卡达烯和东莨菪素（Zeringue，1992），也能刺激拟南芥幼苗中多种防卫基因包括丙二烯氧化物合酶、查耳酮合酶、脂氧合酶、咖啡酸-*O*-甲基转移酶、谷胱甘肽 *S*-转移酶基因的表达，并能增强植物对灰霉病菌的抗性（Bate and Rothstein，1998）。反-2-己烯醛、顺-3-己烯醛及罗勒烯都可以诱导拟南芥对灰霉病菌的抗性，但是在拟南芥茉莉酸信号通路缺失突变体 *jar1-1* 及乙烯信号通路缺失突变体 *etr1* 中，这些 GLV 的诱导效果降低了，说明茉莉酸和乙烯信号通路参与了这个过程；同时，蛋白质磷酸化可能也参与了 GLV 诱导的植物抗性产生，因为当用磷酸化抑制剂处理植物后，GLV 诱导植物抗病的能力被抑制了（Kishimoto，2005）。

四、植物挥发物在植物间传递的其他信号

植物挥发物除了能在植物间传递生物胁迫信号，还能传递非生物胁迫信号（图 8-3）。盐胁迫使番茄的挥发物成分发生改变（Zhang，2018）。此外，盐胁迫处理后拟南芥释放的挥发物能增加邻近拟南芥的抗盐性，挥发物诱导的抗盐性不依赖脱落酸信号通路及之前鉴定到的抗盐信号通路（Lee and Seo，2014）。据研究报道，当茶树受到冷胁迫后释放橙花叔醇、香叶醇、芳樟醇、水杨酸甲酯等挥发物，这些挥发物能使邻近茶树的抗冷性提高（Zhao et al.，2020b）。进一步的研究发现，橙花叔醇被邻近茶树吸收后在糖苷转移酶 UGT91Q2 的作用下进一步糖苷化，茶树的抗冷性也随之提高（Zhao et al.，2020a）。

此外，植物挥发物还能传递生长发育信号。金鱼草花释放的苯甲酸甲酯可使相邻的拟南芥根生长受到抑制（Horiuchi et al.，2007）。2006 年，有科学家报道了五角菟丝子（*Cuscuta pentagona*）利用挥发物定位寄主（Runyon，2006）。当附近存在番茄（*Solanum lycopersicum*）、凤仙花（*Impatiens wallerana*）或小麦（*Triticum aestivum*）时，五角菟丝子幼苗生长方向直接指向旁边的植物；将植物换成番茄的挥发物时，也能获得同样的效果。此外，菟丝子还能辨认出不同寄主的挥发物，当周围同时存在小麦和番茄的挥发物时，菟丝子更多地朝向番茄挥发物生长；番茄和小麦中的多种挥发物成分如 α-蒎烯、β-月桂烯、β-水芹烯都对菟丝子有吸引作用，但是小麦中的一种挥发物成分反-3-己烯醛对菟丝子有排斥作用。

第三节　寄生植物与丛枝菌根真菌介导的植物–植物相互作用

植物在生长发育过程中，并不是孤立存在的，总是伴随着与附近"邻居"之间的交流。植物地上部分可以通过释放挥发物或者通过寄生植物的连接等来实现植物之间的通讯；而植物地下部分可以通过根部分泌化学物质或者与根际微生物互作等来实现植物之间的化学通讯。有研究发现，寄生植物菟丝子或者丛枝菌根真菌可以将不同的植物连接起来，当某个植物受到昆虫取食时，菟丝子或丛枝菌根真菌可以通过某种方式将此信号传递到邻近的健康植物，从而使健康植物提前做好防御，实现在植物间传递有生态学意义的信号。

一、寄生植物菟丝子介导的植物–植物相互作用

（一）抗虫系统性信号

植物受到昆虫取食后，能在受损伤组织产生一系列的生理变化和抗虫防卫反应，从而提高植物的抗虫能力。在 20 世纪 70 年代科学家就发现，除了被取食的叶

片或组织，未被损伤的叶片或组织也能够发生抗虫响应，称为系统性响应（systemic response）（Green and Ryan，1972），说明有一种或多种信号从被昆虫取食的叶片或者组织移动到植物的其他部位，诱导抗虫响应。

植物识别和响应昆虫取食是一个既复杂又有组织的过程。当植物的一个叶片受到昆虫取食或机械损伤时，植物体内就会快速诱导一系列的信号反应，如激活丝裂原活化蛋白激酶（MAPK）、打开 Ca^{2+} 通道，以及启动茉莉酸（JA）的生物合成，从而诱导植物体内积累更多次生代谢物，进而增强抗性。昆虫取食不仅能够激活被取食位点的防卫反应，而且能够诱导一些目前仍然未知的可移动信号通过维管束系统传递到受损伤叶片的其他部位，甚至能够传递到未受损伤的叶片和根部，从而启动系统性防卫反应（Green and Ryan，1972；Wu，2007；Fragoso，2014）。系统性防卫反应首先是在栽培番茄（*Solanum lycopersicum*）中发现的。研究者发现，当番茄叶片受到损伤时，番茄体内一种重要的抗虫次生代谢物蛋白酶抑制剂（PI-Ⅰ）不仅在受损伤叶片中的含量显著升高，在未受损伤叶片中的含量也显著升高，说明有系统性信号移动至这些未受损伤叶片并诱导了 PI-Ⅰ 的合成（Green and Ryan，1972）。此后，有一系列的研究报道了当叶片受到机械损伤或昆虫取食后系统性信号在未受损伤叶片或其他组织的防卫反应中发挥着非常重要的作用，但是这种可移动的系统性信号是什么，至今还没有明确。2002 年，研究者利用野生型番茄和茉莉酸（JA）合成与信号转导缺失突变体植物进行人工嫁接实验，发现诱导未受损伤叶片中蛋白酶抑制剂 PI-Ⅱ 含量上升依赖于受损伤叶片中 JA 的生物合成能力及未受损伤叶片对 JA 的感知能力，这表明 JA 参与了损伤诱导的系统性信号传递（Li，2002）。之后在拟南芥中发现，拟南芥叶片受损伤后能够在 5min 内诱导未受损伤叶片中的 JA、茉莉酸-异亮氨酸（JA-Ile）含量上升，大大超出了 JA 合成的速度，说明 JA 自身并非移动信号（Koo，2009）。不仅 JA 参与系统性信号传递，活性氧及电信号也参与抗虫系统性信号的产生或者传递（Miller，2009；Zimmermann，2009，2016；Toyota，2018）。

（二）抗病系统性信号

植物不仅受到昆虫取食的侵害，也受到病原菌的侵害。当植物受到病原菌侵害时，植物会做出防卫反应，在某些情况下，受侵害部位的细胞会主动死亡，即发生过敏性坏死反应，从而切断病原菌的营养供给，使病原菌侵染不再扩散（Dixon，1994）。除了在感染叶片中产生抗性，植株其他部位也能对病原菌产生响应，最终表现为未感染的部位甚至整个植株对病原菌再次侵染产生抗性，这种现象通常称为系统获得抗性（SAR）（Sticher，1996）。系统获得抗性是一种植物的防御机制，此过程需要系统性信号从感染部位移动至植株的其他部位，并诱导整个植株的生理变化。植物抗病系统性信号是否可以在植物之间传递呢？研究者利用丛枝菌根真菌形成的菌根网络体系，系统地研究了植物间抗病系统性信号的传递，首先研究者设计了 A、B、C、D 四组实验：A 组是两株番茄通过 AMF 连接，其中第一株植物接种番茄早疫病菌（*Alterbaria solani*)(作为供体),而第二株为健康番茄(作为信号受体);B 组是两株番茄之间没有由 AMF 连接,供体番茄接种番茄早疫病菌,受体番茄为健康植物;C 组实验基本和 A 组实验设计相似,但供体与受体之间用水溶性膜隔开;D 组受体与供体番茄之间用 AMF 连接,但两株植物均为健康植物(Song,2010)。研究者分别检测了以上 4 组中受体番茄体内抗病相关酶如过氧化物酶(POD)、多酚氧化酶(PPO)、几丁质酶、β-1,3-葡聚糖酶、苯丙氨酸氨裂合酶(PAL)、脂氧合酶的活性,结果表明 A 组中受体番茄体内这些酶的活性都显著高于其他 3 组;通过 qPCR 检测抗病相关基因如 *PR1*、*PR2*、*PR3*、*PAL*、*LOX* 及 *AOC* 基因的表达水平,结果表明 A 组中受体番茄体内以上基因的表达也显著高于其他 3 组(Song,2010)。这项研究表明抗病系统性信号可以通过 AM 真菌网络在植物与植物间传递,实现植物间的通讯。除了由丛枝菌根介导的植物间地下部分传递抗病系统性信号,植物地上部分是否也可以通过植物挥发物或者通过寄生植物(菟丝子)连接传递抗病系统性信号,值得进一步研究。

(三)寄生植物及其与寄主之间的互作

在被子植物中,寄生植物(parasitic plant)约占1%,有4000～5000种(Westwood,2010)。寄生植物可以分为 16 个科,约有 278 属,主要分布在檀香科(Santalaceae)、列当科(Orobanchaceae)、蛇菰科(Balanophoraceae)、旋花科(Convolvulaceae)、樟科(Lauraceae)、槲寄生科(Viscaceae)、桑寄生科(Loranthaceae)等(Parker,1993)。所以在植物界中,寄生现象是相对普遍存在的。与自养植物相比,寄生植物具有独特的生理、生态及进化特性。

寄生植物都是维管植物,它们形成特殊的器官——吸器,寄生植物利用吸器穿透寄主的组织并与其维管束融合,这样它们就可以从寄主中吸取水分和营养物质。寄生植物根据寄生的部位,可以分为根寄生和茎寄生;根据它们对寄主的依赖程度,可以分为专性寄生和兼性寄生,前者离开寄主不能存活,而后者能够独立存活;根据是否有光合能力,可以分为全寄生和半寄生,前者没有或者只有非常微弱的光合能力,而后者仍然保留了较强的光合能力。常见的寄生植物列当和菟丝子几乎不能进行光合作用,即为全寄生植物。

菟丝子是非常常见的寄生植物,它没有根和叶片,属于旋花科(Convolvulaceae)菟丝子属(*Cuscuta*),该属植物是茎全寄生植物,包含约 200 种,分布于世界各地(Alakonya,2012)。菟丝子的寄主包括豆科、菊科、茄科、蓼科等植物,它们也能够寄生某些栽培作物、树木及灌木,是全球最具破坏性的寄生植物之一(Khanh et al.,2008;Furuhashi et al.,2011)。菟丝子没有根和叶片,仅靠类似茎的组织寄生在其他植物的地上部分(Furuhashi et al.,2011;Alakonya,2012)。菟丝子缠绕在寄主上后形成一个特殊的器官——吸器,通过吸器可以穿透寄主细胞组织,最终与寄主的维管束融合,这样菟丝子的维管束与寄主植物的维管束相连接,从而吸取更充足的水分和营养物质(图 8-4A)(Birschwilks,2006;Furuhashi et al.,2011)。菟丝子一旦形成吸器并寄生在寄主上，就会快速生长。当附近有其他植物存在时，菟丝子经常可以通过产生侧枝缠绕并寄生周围的植物，这样不同的寄主通过菟丝子连接在一起，形成植物微群体（图8-4B）。

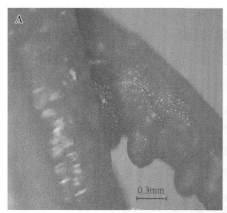

图 8-4　由菟丝子连接的植物微群体示意图
A. 菟丝子寄生在寄主上形成的吸器；B. 菟丝子在野外将不同植物连接起来形成植物微群体；
C. 实验室条件下，人工将野生番茄和黄瓜幼苗通过菟丝子连接

　　近来有研究表明，除了水分和营养，很多物质都能够在菟丝子和寄主之间运输，包括蛋白质、mRNA 及次生代谢物等。前期的研究报道表明，菟丝子不仅从寄主上获取小分子如糖和氨基酸，也能够获取一些大分子物质。例如，烟草中表达绿色荧光蛋白（green fluorescent protein，GFP）后，能够在寄生在其上的菟丝子吸器和韧皮部中检测到 GFP，说明菟丝子能够利用吸器转运寄主的 GFP 蛋白（Haupt，2001）。研究者利用蛋白质组学等手段研究发现，菟丝子与寄主植物及由菟丝子连接的不同寄主间存在大规模的蛋白质交流（Liu，2020）。研究表明，mRNA 可以从寄主通过吸器在菟丝子的茎中转运 20cm 远的距离。在南瓜、拟南芥、烟草和黄瓜中也发现寄主与菟丝子间有 mRNA 的转运（Roney，2007；Kim，2014；Zhang，2021b）。而最新的研究表明，桃蚜取食菟丝子后能够诱导蚜虫-菟丝子-黄瓜三者之间的信息交流。该研究解析了昆虫、寄生植物和寄主植物三个物种之间的跨界 mRNA 交流（Song，2022）。除

此之外，菟丝子还可以从寄主中转运病原物，如病毒（Hosford，1967；Birschwilks，2007）、类病毒（Dorst and Peters，1974）和植原体（Maria，1999）。

目前，植物与植物之间的相互作用，特别是寄生植物与寄主之间的互作研究仍然非常匮乏。因此，寄生植物与寄主之间的互作是农业和林业生态学中有待研究的重要问题，同时寄生植物与寄主这一特殊的互作方式为研究植物与植物之间的互作提供了很好的模式。

（四）菟丝子介导的抗虫系统性信号传递

寄生植物不但能从寄主中获取营养物质供自己生长，还能够从寄主中转运次生代谢物，从而可能改变其与昆虫的相互作用。例如，从生长在含有丰富松醇（pinitol）的寄主植物葛根（*Pueraria thunbergiana*）上的菟丝子中能够检测到较高含量的松醇（Furuhashi et al.，2012）。从寄主获得次生代谢物对于菟丝子可能有生态学意义。例如，菟丝子能够从拟南芥中转运抗虫次生代谢物芥子油苷（glucosinolate），从而提高其对蚜虫的抗性（Smith，2016）。研究者发现，寄生在拟南芥上的菟丝子中芥子油苷含量甚至超过了寄主，而在芥子油苷缺失突变体 *cyp79B2*、*cyp79B3*、*myb28*、*myb29* 及芥子油苷含量升高突变体 *atr1D* 等研究材料上分别接种菟丝子后，发现当菟丝子寄生在 *cyp79B2*、*cyp79B3*、*myb28*、*myb29* 四种芥子油苷缺失突变体上时，菟丝子对蚜虫的抗性大大减弱；而寄生在 *atr1D* 植物上时，其蚜虫的存活率大幅度降低（Smith，2016）。类似的现象在别的寄生植物中也有报道。半寄生植物火焰草（*Castilleja indivisa*，玄参科）可以从寄主羽扇豆（*Lupinus texensis*）中转运生物碱［主要是羽扇豆碱（lupanine）］，从而提高其对昆虫取食的防御能力，同时能吸引传粉者，进而增加种子的产量（Adler，2000），说明寄生植物会利用寄主体内的次生代谢物来减少昆虫的攻击，同时吸引传粉者来增强适应性。

菟丝子在生长过程中经常能够同时寄生多个邻近的植物，多个寄主植物通过菟丝子"嫁接"到一起，形成"菟丝子连接的植物微群体"（dodder-connected plant cluster）（图 8-4B）。研究发现在这种植物微群体中，菟丝子能在不同寄主植物间传递有生态学效应的抗虫系统性信号（Hettenhausen，2017）。研究人员利用菟丝子将不同寄主植物进行了连接，当对其中一株寄主植物进行昆虫取食处理后发现，被取食叶片产生了某种系统性抗虫信号，这些信号能够被运输到被处理植物的其他部分并诱导抗虫响应；更重要的是，系统性信号能够通过菟丝子传递到微群体中的其他寄主植物，从而诱导转录组和代谢物组响应并提高其抗虫性（Hettenhausen，2017）。研究者用菟丝子将一对大豆连接，对其中一株大豆进行斜纹夜蛾取食处理，通过转录组分析发现第二株没有受到任何处理的大豆中有 566 个差异表达基因，而且重要的抗虫次生代谢物胰蛋白酶抑制剂的活性比对照组升高了约 40%，而且通过斜纹夜蛾的生物测定实验表明，生长在第二株大豆上的斜纹夜蛾体重与对照组相比下降了约 16%；同时研究者用菟丝子将一对栽培烟草连接，重复以上实验，得到了类似的结果（Hettenhausen，

2017)。将拟南芥和烟草用菟丝子连接起来，当只对拟南芥进行斜纹夜蛾虫咬处理时，烟草中的胰蛋白酶抑制剂含量比对照组上升了 8 倍，同时斜纹夜蛾的体重较对照组下降了约 32%。说明该抗虫系统性信号在不同物种间非常保守，甚至可以在不同科的寄主植物间传递并诱导抗虫性（Hettenhausen，2017）。研究者分别将拟南芥的茉莉酸合成缺失突变体 *dde2-2* 与烟草用菟丝子连接，另外一组将野生型拟南芥与烟草用菟丝子相连，并分别用斜纹夜蛾处理野生型拟南芥和突变体 *dde2-2*，然后通过转录组测序检测两组烟草中被诱导的差异表达基因数目，结果表明：与突变体 *dde2-2* 相连接的烟草中差异表达基因只有 404 个，而与野生型拟南芥连接的处理组烟草中差异表达基因达到 1342 个，而且将斜纹夜蛾喂养在 *dd2-2* 突变体植物上时，并不能诱导与其用菟丝子相连烟草的抗虫响应。以上结果初步表明茉莉酸在系统性信号的产生或传递过程中扮演着重要的角色。他们的研究还指出，菟丝子转导的抗虫系统性信号产生和传播速度非常快（大约 1cm/min），而且可以远距离传递（超过 100cm）（Hettenhausen，2017）。

研究人员以菟丝子与大豆组成的寄生体系为研究对象，以蚜虫为昆虫胁迫因子，系统地分析了菟丝子受到蚜虫侵害之后，菟丝子与寄主在植物激素和转录组水平的响应（Zhuang，2018）。结果显示，蚜虫取食菟丝子后，菟丝子和寄主大豆植物激素与基因表达都发生显著变化；后续的生物测定结果表明，蚜虫胁迫菟丝子后产生的系统性信号能够诱导寄主大豆的抗虫性，使其抵御豌豆蚜虫（*Aphis glycines*）和斜纹夜蛾（*Spodoptera litura*）胁迫的抗性显著增强（Zhuang，2018）。据报道，研究人员利用菟丝子将亲缘关系较远的不同维管植物连接，如拟南芥-菟丝子-玉米、青葱-菟丝子-玉米、烟草-菟丝子-肾蕨等组合，探讨了昆虫取食诱导的植物系统性信号的进化保守性。结果表明：昆虫取食诱导的系统性信号可以通过菟丝子在单子叶植物和双子叶植物之间，甚至在蕨类植物和双子叶植物之间传递，并且可以增强信号接收植物的防御能力。因此，本研究推断昆虫取食诱导的系统性信号可能在维管植物中十分保守（Lei，2021）。以上研究表明，由于菟丝子利用吸器与寄主的维管束融合，因此菟丝子与寄主形成了一个完整的系统性信号转导通路。当昆虫取食菟丝子后，会诱导整个寄生体系产生系统性的抗虫响应。这些发现为丰富人们对寄生植物的认知，了解寄生植物与寄主的物质和信号交流机制提供了新的启示。

尽管寄生植物一向被视为对寄主"有害无益"，但以上研究表明，菟丝子在某些条件下可以帮助不同寄主之间建立起抗虫的"防御联盟"。这是首次从分子水平揭示了菟丝子连接的微植物群体中菟丝子与寄主、寄主与寄主间复杂的相互作用关系，此研究对于了解抗虫系统性信号也有较重要的意义，也为农业上治理寄生植物危害提供了新的启示。然而，菟丝子介导的在不同寄主植物之间传递的抗虫系统性信号物质到底是什么，还需要进一步探讨。其他寄生植物如列当，是否存在与寄主间的系统性信号交流，也有待探索。

二、丛枝菌根真菌介导的植物-植物相互作用

　　植物为了适应复杂的环境，经过长期的协同进化形成了多种形式的植物-微生物共生体系统，尤其是植物与内生真菌或内生细菌形成的互惠互利共生体（David-Schwartz et al.，2008），其中菌根真菌更为普遍，与超过 80% 的陆生植物建立了共生关系。菌根可以分为两大类，即内生菌根（endomycorrhiza）或丛枝菌根（arbuscular mycorrhiza，AM）和外生菌根（ectomycorrhiza）。而丛枝菌根共生体是最古老的植物和微生物共生关系（Remy et al.，1994）。丛枝菌根（AM）真菌是球囊菌门真菌，AM 真菌分布非常广泛，其可与大多陆生植物形成共生体。AM 真菌为寄主植物提供 N、P 等矿物元素，并且提高植物对生物胁迫和非生物胁迫的耐性与抗性（Hao，2012；Li，2013；Porcel，2016）；而寄主植物为 AM 真菌输送碳元素，维持互作系统的稳定和平衡（雷垚等，2013）。AM 真菌的菌丝能够连接同种和不同种的寄主植物，形成一个大的网络体系，具有重要的生态学意义。

　　有证据表明，菌丝网络具有传递某些化合物的能力。当在种植万寿菊（*Tagetes tenuifolia*）的土壤中接种 AM 真菌后，其周围的化感物质积累约是对照组（不接种 AM 真菌）的 2 倍；研究者将一对中间间距 12cm 的万寿菊通过 30μm 滤膜（植物的根不能穿过，AM 真菌可以通过）隔开，为了研究万寿菊所释放的化感物质是否能够通过 AM 真菌传递到邻近植物，研究者首先选取了一种万寿菊栽培品种 Lemon Gem，其根部能够释放大量的化感物质 α-三噻吩（α-T）和植物毒性噻吩（BBT），然后通过对万寿菊 Lemon Gem 接种 AM 真菌与第二株普通的万寿菊（所释放的化感物质比 Lemon Gem 释放的化感物质要少很多）相连；对照组是仅接种 AM 真菌的普通万寿菊。结果发现，通过 AM 真菌与 Lemon Gem 相连的普通万寿菊附近土壤中所富集的化感物质 α-三噻吩的含量约是对照组含量的 2.5 倍，植物毒性噻吩（BBT）的含量约是对照组含量的 4 倍，其生物量比对照组的万寿菊减少了约 25%。以上结果表明万寿菊释放的化感物质可以通过 AM 真菌菌丝网络介导来抑制邻近植物的生长（Barto，2011）。

　　如果菌根真菌菌丝网络能够作为次生代谢物的通道，那么 AM 真菌也有可能具有传递植物响应昆虫取食的系统性信号的能力。前期有科学家提出假设：常见的 AM 真菌菌丝网络有助于在昆虫取食后植物释放的信号化合物在植物间传递，而且这种信号可能诱导植物抗虫相关的响应（Dicke and Bruin，2001；Barto，2012）。的确，有研究表明，AM 真菌菌丝网络能够转导昆虫取食寄主植物后产生的系统性信号，使被菌丝连接的多个寄主植物产生抗性相关响应，并导致其抗虫性增强（Babikova，2013）。研究者以蚕豆（*Vicia faba*）和蚜虫（*Acyrthosiphon pisum*）为研究对象，设计了 5 组不同的实验组，分析 AM 真菌是否参加植物抗虫系统性信号的传递。研究者将一株蚕豆接种蚜虫同时接种 AM 真菌作为 1 号植株；2 号植株接种 AM 真菌并通过菌丝与 1 号植株相连，且 2 号植株与 1 号植株根部相互接触；3 号植株接种 AM 真菌同时仅通

过菌丝与1号植株连接；4号植株接种AM真菌并通过菌丝与1号植株相连，但之后将相连接的菌丝切断；5号植株接种AM真菌，但是与1号植株完全隔离。研究者仅对1号植株接种蚜虫4天，发现1号植株被蚜虫取食诱导了挥发物的释放，这些挥发物对蚜虫具有强烈的排斥，但对寄生蜂有吸引作用；有趣的是，2号和3号植株的挥发物也同样表现出排斥蚜虫、吸引寄生蜂的能力；而从4号和5号植株收集的挥发物对蚜虫并没有排斥作用（Babikova，2013）。以上结果表明，蚜虫取食诱导的系统性信号可以通过AM真菌菌丝网络从被蚜虫取食的蚕豆植株移动至未被蚜虫取食的蚕豆植株，并且诱导抗虫挥发物的释放，从而提高蚕豆对蚜虫的抗性（Babikova，2013）。这种地下的AM真菌菌丝网络可以在邻近植物间传递抗虫信号，使这些植物在受到昆虫取食之前做出防卫反应。当AM真菌将两株番茄连接在一起时，选取第一株番茄作为供体，并对其进行接种斜纹夜蛾处理，作为受体的第二株番茄体内的抗虫相关酶LOX、PPO、SOD和POD的活性显著升高，而一些防御相关基因及茉莉酸信号通路相关基因如 *LOXD*、*PI-I*、*PI-II*、*AOC* 的表达水平上升，从而提高了受体番茄的抗虫能力；然而，当供体番茄为茉莉酸合成缺失突变体 *spr2* 时，对受体番茄进行斜纹夜蛾处理后，受体番茄体内抗虫相关酶的活性及抗虫相关基因的表达不能被诱导，说明茉莉酸信号在AM真菌介导的抗虫系统性信号传递过程中发挥了重要作用（Song，2014）。

有研究表明，AM真菌介导的植物间抗虫信号传递，能够提高邻近健康植物的抗虫防卫反应（Song，2015）。北美花旗松（*Pseudotsuga menziesii* var. *glauca*）森林的广泛区域受到西云杉卷蛾（*Choristoneura occidentalis*）的侵害，当北美花旗松受到西云杉卷蛾侵害时，是否能够将此信号传递到邻近的黄松，从而提高黄松的抗虫能力？研究者将北美花旗松作为信号供体，黄松作为信号受体，设计了3组实验：第一组，北美花旗松与黄松之间是网孔35μm的滤网（AM真菌可以通过，植物的根部不能通过）；第二组，两者之间是网孔0.5μm的滤网（AM真菌和根部都被阻断，一些溶质可以通过）；第三组，两者之间没有滤网，受体和供体可以通过植物根与AM真菌连接，然后对3组植物中的信号供体北美花旗松进行西云杉卷蛾取食处理（Song，2015）。结果表明，经过昆虫取食后3组中供体北美花旗松的3种酶，即过氧化物酶（POD）、多酚氧化酶（PPO）、超氧化物歧化酶（SOD）的活性均比对照组的活性高很多，而3组中受体黄松的3种酶活性也有不同程度的升高，但是35μm滤网处理组中受体黄松的酶活性升高最为显著，而0.5μm滤网处理组中受体黄松的酶活性与对照组相差不大或者差异不显著。以上结果表明，供体北美花旗松经过西云杉卷蛾取食后产生的抗虫信号可以通过AM真菌菌丝网络传递到受体黄松体内，从而使受体黄松体内的POD、PPO和SOD大量积累，增强其抗虫防卫反应（Song，2015）。此研究说明菌根真菌菌丝网络可以作为种间通讯的媒介，促进被干扰后森林的恢复和演替。

目前，丛枝菌根真菌转导寄主植物抗虫信号的机制还不清楚。丛枝菌根真菌不仅能够诱导番茄产生抗虫系统性信号，有研究表明番茄所产生的抗虫系统性信号还能够通过菌根真菌菌丝网络传递给其他植物。林熠斌等（2018）利用丛枝菌根真菌摩西管柄囊霉（*Funneliformis mosseae*）在两株番茄的根系间建立菌根真菌菌丝网络，将其中一株番茄叶片进行斜纹夜蛾（*Spodoptera litura*）取食诱导，分析产生的抗虫系统性信号是否可以通过菌根真菌菌丝网络传递到受体番茄根系，并诱导受体植株根系产生防卫反应。qPCR 分析表明，预先接种菌根真菌的供体植株被斜纹夜蛾取食后，其根系中茉莉酸合成相关基因——丙二烯氧化物环化酶基因（*AOC*）和脂氧合酶基因（*LOX*），以及编码抗虫功能的蛋白酶抑制剂 I 和 II 基因（*PI-I* 和 *PI-II*）转录水平显著高于仅被害虫取食或仅接种菌根真菌的处理、既未接种菌根真菌又未被害虫取食的对照。更重要的是，与供体通过菌根真菌菌丝网络连接的受体番茄植株根系中 *AOC*、*LOXD*、*PI-I* 和 *PI-II* 转录水平显著高于未通过菌根真菌菌丝网络连接、菌根真菌菌丝网络连接被阻断、通过菌根真菌菌丝网络连接但供体植物叶片未被昆虫取食的几组植物，这 4 个基因最高转录水平甚至达到了未通过菌丝网络连接对照受体植物水平的 19.5 倍、11.7 倍、9.0 倍、19.0 倍。可见，斜纹夜蛾取食叶片可引起植物产生系统性防御信号，诱导被取食植物的根系产生抗虫防卫反应，并且这些防御信号可以通过菌根真菌菌丝网络传递到邻近健康受体番茄根系，并诱导其抗虫性（Song，2014；林熠斌等，2018）。

AM 真菌如何在不同植物间传递系统性信号，以及传递的是哪些系统性信号，都值得进一步深入研究。

参 考 文 献

孔垂华, 胡飞, 王朋. 2016. 植物化感（相生相克）作用. 北京: 高等教育出版社: 117-180.
孔垂华, 娄永根. 2010. 化学生态学前沿. 北京: 高等教育出版社: 265.
雷垚, 伍松林, 郝志鹏, 等. 2013. 丛枝菌根根外菌丝网络形成过程中的时间效应及植物介导作用. 西北植物学报, 33(1): 154-161.
林熠斌, 刘婷婷, 薛蓉蓉, 等. 2018. 丛枝菌根菌丝网络介导的番茄植株根系间抗虫系统性信号的传递. 福建农林大学学报（自然科学版）, 47(5): 37574-43533.
刘英. 2014. 三七皂苷对三七的化感作用及土壤生态修复技术研究. 天津: 南开大学硕士学位论文: 27-45.
王杰, 宋圆圆, 胡林, 等. 2018. 植物抗虫"防御警备": 概念、机理与应用. 应用生态学报, 29(6): 2068-2078.
Abrahim D. 2003. Effects of alpha-pinene on the mitochondrial respiration of maize seedlings. Plant Physiology and Biochemistry, 41(11-12): 985-991.
Adler LS. 2000. Alkaloid uptake increases fitness in a hemiparasitic plant via reduced herbivory and increased pollination. Am Nat, 156(1): 92-99.
Alakonya A. 2012. Interspecific RNA interference of shoot meristemless-like disrupts *Cuscuta pentagona* plant parasitism. The Plant Cell, 24(7): 3153-3166.
Ameye M, Allmann S, Verwaeren J, et al. 2018. Green leaf volatile production by plants: a meta-analysis. New Phytologist, 220(3): 666-683.

Arimura G. 2000. Herbivory-induced volatiles elicit defence genes in lima bean leaves. Nature, 406(6759): 512-515.

Attaran E. 2008. *Pseudomonas syringae* elicits emission of the terpenoid (*E,E*)-4,8,12-trimethyl-1,3,7,11-tridecatetraene in *Arabidopsis* leaves via jasmonate signaling and expression of the terpene synthase TPS4. Molecular Plant-Microbe Interactions, 21(11): 1482-1497.

Babikova Z. 2013. Underground signals carried through common mycelial networks warn neighbouring plants of aphid attack. Ecology Letters, 16(7): 835-843.

Barto EK. 2011. The fungal fast lane: common mycorrhizal networks extend bioactive zones of allelochemicals in soils. PLOS ONE, 6(11): e27195.

Barto EK. 2012. Fungal superhighways: do common mycorrhizal networks enhance below ground communication? Trends Plant Sci, 17(11): 633-637.

Bate NJ, Rothstein SJ. 1998. C-6-volatiles derived from the lipoxygenase pathway induce a subset of defense-related genes. Plant Journal, 16(5): 561-569.

Beran F. 2016. Novel family of terpene synthases evolved from *trans*-isoprenyl diphosphate synthases in a flea beetle. Proc Natl Acad Sci USA, 113(11): 2922-2927.

Berendji S. 2008. Allelopathic potential of rice (*Oryza sativa*) varieties on seedling growth of barnyardgrass (*Echinochloa crus-galli*). Journal of Plant Interactions, 3(3): 175-180.

Bertin C. 2007. Grass roots chemistry: *meta*-tyrosine, an herbicidal nonprotein amino acid. Proc Natl Acad Sci USA, 104(43): 16964-16969.

Birschwilks M. 2006. Transfer of phloem-mobile substances from the host plants to the holoparasite *Cuscuta* sp. Journal of Experimental Botany, 57(4): 911-921.

Birschwilks M. 2007. *Arabidopsis thaliana* is a susceptible host plant for the holoparasite *Cuscuta* spec. Planta, 226(5): 1231-1241.

Blair AC. 2009. The importance of analytical techniques in allelopathy studies with the reported allelochemical catechin as an example. Biol Invasions, 11(2): 325-332.

Bruce TJA, Pickett JA. 2011. Perception of plant volatile blends by herbivorous insects: finding the right mix. Phytochemistry, 72(13): 1605-1611.

Castelyn HD. 2015. Volatiles emitted by leaf rust infected wheat induce a defence response in exposed uninfected wheat seedlings. Australas Plant Pathol, 44(2): 245-254.

Chen F. 2011. The family of terpene synthases in plants: a mid-size family of genes for specialized metabolism that is highly diversified throughout the kingdom. Plant Journal, 66(1): 212-229.

Cheng F. 2015. Research progress on the use of plant allelopathy in agriculture and the physiological and ecological mechanisms of allelopathy. Front Plant Sci, 6: 1020.

Chi WC. 2011. Identification of transcriptome profiles and signaling pathways for the allelochemical juglone in rice roots. Plant Mol Biol, 77(6): 591-607.

Chi WC. 2013. Autotoxicity mechanism of *Oryza sativa*: transcriptome response in rice roots exposed to ferulic acid. BMC Genomics, 14(1): 351.

Chung IM. 2006. Evaluation of allelopathic potential and quantification of momilactone A, B from rice hull extracts and assessment of inhibitory bioactivity on paddy field weeds. J Agric Food Chem, 54(7): 2527-2536.

Cook D. 2010. Alkylresorcinol synthases expressed in *Sorghum bicolor* root hairs play an essential role in the biosynthesis of the allelopathic benzoquinone sorgoleone. The Plant Cell, 22(3): 867-887.

Croft K. 1993. Volatile products of the lipoxygenase pathway evolved from *Phaseolus vulgaris* (L.) leaves inoculated with *Pseudomonas syringae* pv. *phaseolicola*. Plant Physiology, 101(1): 13-24.

David-Schwartz R, Runo S, Townsley B, et al. 2008. Long-distance transport of mRNA via parenchyma cells and phloem across the host-parasite junction in *Cuscuta*. New Phytologist, 179(4): 1133-1141.

Davoine C. 2006. Adducts of oxylipin electrophiles to glutathione reflect a 13 specificity of the downstream lipoxygenase pathway in the tobacco hypersensitive response. Plant Physiology, 140(4): 1484-1493.

Dicke M. 1990. Isolation and identification of volatile kairomone that affects acarine predatorprey interactions involvement of host plant in its production. J Chem Ecol, 16(2): 381-396.

Dicke M, Baldwin IT. 2010. The evolutionary context for herbivore-induced plant volatiles: beyond the 'cry for help'. Trends Plant Sci, 15(3): 167-175.

Dicke M, Bruin J. 2001. Chemical information transfer between plants: back to the future. Biochem Syst Ecol, 29(10): 981-994.

Dicke M, Loreto F. 2010. Induced plant volatiles: from genes to climate change. Trends Plant Sci, 15(3): 115-117.

Dixon RA. 1994. Early events in the activation of plant defense responses. Annu Rev Phytopathol, 32: 479-501.

Dorst HJM, Peters D. 1974. Some biological observations on pale fruit, a viroid-incited disease of cucumber. Neth J Plant Pathol, 80(3): 85-96.

Engelberth J. 2004. Airborne signals prime plants against insect herbivore attack. Proc Natl Acad Sci USA, 101(6): 1781-1785.

Engelberth J. 2013. Early transcriptome analyses of Z-3-hexenol-treated *Zea mays* revealed distinct transcriptional networks and anti-herbivore defense potential of green leaf volatiles. PLOS ONE, 8(10): e77465.

Erb M. 2015. Indole is an essential herbivore-induced volatile priming signal in maize. Nature Communications, 6(1): 1-10.

Facchini PJ, Chappell J. 1992. Gene family for an elicitor-induced sesquiterpene cyclase in tobacco. Proc Natl Acad Sci USA, 89(22): 11088-11092.

Faldt J. 2003. Functional identification of *AtTPS03* as (*E*)-β-ocimene synthase: a monoterpene synthase catalyzing jasmonate- and wound-induced volatile formation in *Arabidopsis thaliana*. Planta, 216(5): 745-751.

Farag MA, Pare PW. 2002. C_6-green leaf volatiles trigger local and systemic VOC emissions in tomato. Phytochemistry, 61(5): 545-554.

Farmer EE. 1990. Interplant communication: airborne methyl jasmonate induces synthesis of proteinase inhibitors in plant leaves. Proc Natl Acad Sci USA, 87(19): 7713-7716.

Fragoso V. 2014. Root jasmonic acid synthesis and perception regulate folivore-induced shoot metabolites and increase *Nicotiana attenuata* resistance. New Phytologist, 202(4): 1335-1345.

Frey M. 1997. Analysis of a chemical plant defense mechanism in grasses. Science, 277(5326): 696-699.

Frey M. 2000. An herbivore elicitor activates the gene for indole emission in maize. Proc Natl Acad Sci USA, 97(26): 14801-14806.

Frey M. 2004. Transcriptional activation of *Igl*, the gene for indole formation in *Zea mays*: a structure-activity study with elicitor-active *N*-acyl glutamines from insects. Phytochemistry, 65(8): 1047-1055.

Frost CJ. 2008. Priming defense genes and metabolites in hybrid poplar by the green leaf volatile *cis*-3-hexenyl acetate. New Phytologist, 180(3): 722-734.

Furuhashi T, Fragner L, Furuhashi K, et al. 2012. Metabolite changes with induction of *Cuscuta haustorium* and translocation from host plants. Journal of Plant Interactions, 7(1): 84-93.

Furuhashi T, Furuhashi K, Weckwerth W. 2011. The parasitic mechanism of the holostemparasitic plant *Cuscuta*. Journal of Plant Interactions, 6(4): 207-219.

Garcion C. 2008. Characterization and biological function of the *ISOCHORISMATE SYNTHASE2* gene of *Arabidopsis*. Plant Physiology, 147(3): 1279-1287.

Gfeller V, Huber M, Frster C, et al. 2019. Root volatiles in plant-plant interactions I: high root sesquiterpene release is associated with increased germination and growth of plant neighbours. Plant, Cell & Environment, 42(6): 1950-1963.

Godard KA. 2008. Monoterpene-induced molecular responses in *Arabidopsis thaliana*. Phytochemistry, 69(9): 1838-1849.

Green TR, Ryan CA. 1972. Wound-induced proteinase inhibitor in plant leaves: a possible defense mechanism against insects. Science, 175(4023): 776-777.

Groen SC. 2016. Virus infection of plants alters pollinator preference: a payback for susceptible hosts? PLOS Pathogens, 12(8): e1005790.

Guo L. 2017. *Echinochloa crus-galli* genome analysis provides insight into its adaptation and invasiveness as a weed. Nature Communications, 8(1): 1-10.

Halitschke R, Baldwin I. 2003. Antisense LOX expression increases herbivore performance by decreasing defense responses and inhibiting growth-related transcriptional reorganization in *Nicotiana attenuata*. Plant Journal, 36(6): 794-807.

Handrick V. 2016. Biosynthesis of 8-*O*-methylated benzoxazinoid defense compounds in maize. The Plant Cell, 28(7): 1682-1700.

Hao YB. 2012. Verification of a threshold concept of ecologically effective precipitation pulse: from plant individuals to ecosystem. Ecol Inform, 12: 23-30.

Haupt S. 2001. Macromolecular trafficking between *Nicotiana tabacum* and the holoparasite *Cuscuta reflexa*. Journal of Experimental Botany, 52(354): 173-177.

He HB. 2012. Barnyard grass stress up regulates the biosynthesis of phenolic compounds in allelopathic rice. Journal of Plant Physiology, 169(17): 1747-1753.

Heil M. 2014. Herbivore-induced plant volatiles: targets, perception and unanswered questions. New Phytologist, 204(2): 297-306.

Hermsmeier D. 2001. Molecular interactions between the specialist herbivore *Manduca sexta* (Lepidoptera, Sphingidae) and its natural host *Nicotiana attenuata*. I. Large-scale changes in the accumulation of growth- and defense-related plant mRNAs. Plant Physiology, 125(2): 683-700.

Hettenhausen C. 2017. Stem parasitic plant *Cuscuta australis* (dodder) transfers herbivory-induced signals among plants. Proc Natl Acad Sci USA, 114(32): 6703-6709.

Horiuchi JI, Badri DV, Kimball BA, et al. 2007. The floral volatile, methyl benzoate, from snapdragon (*Antirrhinum majus*) triggers phytotoxic effects in *Arabidopsis thaliana*. Planta, 226: 1-10.

Hosford RM. 1967. Transmission of plant viruses by dodder. Bot Rev, 33(4): 387-406.

Howe GA. 2010. Ubiquitin ligase-coupled receptors extend their reach to jasmonate. Plant Physiology, 154(2): 471-474.

Hu LF. 2018. Root exudate metabolites drive plant-soil feedbacks on growth and defense by shaping the rhizosphere microbiota. Nature Communications, 9(1): 2738.

Huang AC, Osbourn A. 2019. Plant terpenes that mediate below-ground interactions: prospects for bioengineering terpenoids for plant protection. Pest Management Science, 75(9): 2368-2377.

Huang J. 2003. Differential volatile emissions and salicylic acid levels from tobacco plants in response to different strains of *Pseudomonas syringae*. Planta, 217(5): 767-775.

Huang J. 2010. Functional analysis of the *Arabidopsis PAL* gene family in plant growth, development, and response to environmental stress. Plant Physiology, 153(4): 1526-1538.

Jia Q. 2018. MTPSLs: new terpene synthases in nonseed plants. Trends Plant Sci, 23(2): 121-128.

Jimenez-Martinez ES. 2004. Volatile cues influence the response of *Rhopalosiphum padi* (Homoptera: Aphididae) to barley yellow dwarf virus-infected transgenic and untransformed wheat. Environ Entomol, 3(5): 1207-1216.

Jing TT, Du WK, Gao T, et al. 2021a. Herbivore-induced DMNT catalyzed by CYP82D47 plays an important role in the induction of JA-dependent herbivore resistance of neighboring tea plants. Plant, Cell & Environment, 44(4): 1178-1191.

Jing TT, Qian XN, Du WK, et al. 2021b. Herbivore-induced volatiles influence moth preference by increasing the beta-Ocimene emission of neighbouring tea plants. Plant, Cell & Environment, 44(11): 3667-3680.

Kant MR. 2004. Differential timing of spider mite-induced direct and indirect defenses in tomato plants. Plant Physiology, 135(1): 483-495.

Kato-Noguchi H, Peters RJ. 2013. The role of momilactones in rice allelopathy. J Chem Ecol, 39(2): 175-185.

Katsir L. 2008a. Jasmonate signaling: a conserved mechanism of hormone sensing. Curr Opin Plant Biol, 11(4): 428-435.

Katsir L. 2008b. COI1 is a critical component of a receptor for jasmonate and the bacterial virulence factor coronatine. Proc Natl Acad Sci USA, 105(19): 7100-7105.

Kesselmeier J. 2002. Volatile organic compound emissions in relation to plant carbon fixation and the terrestrial carbon budget. Global Biogeochem Cycles, 16(4): 73-1-73-9.

Kessler A, Baldwin IT. 2001. Defensive function of herbivore-induced plant volatile emissions in nature. Science, 291(5511): 2141-2144.

Kessler A, Halitschke R. 2009. Testing the potential for conflicting selection on floral chemical traits by pollinators and herbivores: predictions and case study. Funct Ecol, 23(5): 901-912.

Kessler A, Halitschke R, Diezel C, et al. 2006. Priming of plant defense responses in nature by airborne signaling between *Artemisia tridentata* and *Nicotiana attenuata*. Oecologia, 148(2): 280-292.

Khanh TD. 2008. Weed-suppressing potential of dodder (*Cuscuta hygrophilae*) and its phytotoxic constituents. Weed Sci, 56(1): 119-127.

Kim J, Felton GW. 2013. Priming of antiherbivore defensive responses in plants. Insect Sci, 20(3): 273-285.

Kim TH. 2014. Mechanism of ABA signal transduction: agricultural highlights for improving drought tolerance. J Plant Biol, 57(1): 1-8.

Kishimoto K. 2005. Volatile C6-aldehydes and allo-ocimene activate defense genes and induce resistance against *Botrytis cinerea* in *Arabidopsis thaliana*. Plant Cell Physiol, 46(7): 1093-1102.

Koo AJ. 2009. A rapid wound signal activates the systemic synthesis of bioactive jasmonates in *Arabidopsis*. Plant Journal, 59(6): 974-986.

Kost C, Heil M. 2006. Herbivore-induced plant volatiles induce an indirect defence in neighbouring plants. Journal of Ecology, 94(3): 619-628.

Lange BM. 2000. Isoprenoid biosynthesis: the evolution of two ancient and distinct pathways across genomes. Proc Natl Acad Sci USA, 97(24): 13172-13177.

Laule O. 2003. Crosstalk between cytosolic and plastidial pathways of isoprenoid biosynthesis in *Arabidopsis thaliana*. Proc Natl Acad Sci USA, 100(11): 6866-6871.

Lee K, Seo PJ. 2014. Airborne signals from salt-stressed *Arabidopsis* plants trigger salinity tolerance in neighboring plants. Plant Signaling & Behavior, 9: e28392.

Lei YT. 2021. Herbivory-induced systemic signals are likely evolutionarily conserved in euphyllophytes. Journal of Experimental Botany, 72(20): 7274-7284.

Li B. 2018. Convergent evolution of a metabolic switch between aphid and caterpillar resistance in cereals. Sci Adv, 4(12): eaat6797.

Li L. 2002. Distinct roles for jasmonate synthesis and action in the systemic wound response of tomato. Proc Natl Acad Sci USA, 99(9): 6416-6421.

Li T. 2013. First cloning and characterization of two functional aquaporin genes from an arbuscular mycorrhizal fungus *Glomus intraradices*. New Phytologist, 197(2): 617-630.

Liu N. 2020. Extensive inter-plant protein transfer between *Cuscuta* parasites and their host plants. Molecular Plant, 13(4): 573-585.

Lucas-Barbosa D. 2011. The effects of herbivore-induced plant volatiles on interactions between plants and flower-visiting insects. Phytochemistry, 72(13): 1647-1654.

Maria K. 1999. Graft and dodder transmission of phytoplasma affecting lily to experimental. Acta Physiol Plant, 21(1): 21-26.

Matsui K. 1993. Rapid degradation of cucumber cotyledon lipoxygenase. Phytochemistry, 32(6): 1387-1391.

Matsui K. 2012. Differential metabolisms of green leaf volatiles in injured and intact parts of a wounded leaf meet distinct ecophysiological requirements. PLOS ONE, 7(4): e36433.

Matsui K. 2016. A portion of plant airborne communication is endorsed by uptake and metabolism of volatile organic compounds. Curr Opin Plant Biol, 32: 24-30.

Meihls LN. 2013. Natural variation in maize aphid resistance is associated with 2,4-dihydroxy-7-methoxy-1,4-benzoxazin-3-one glucoside methyltransferase activity. The Plant Cell, 25(6): 2341-2355.

Meldau S. 2009. Silencing two herbivory-activated MAP kinases, SIPK and WIPK, does not increase *Nicotiana attenuata*'s susceptibility to herbivores in the glasshouse and in nature. New Phytologist, 181(1): 161-173.

Mersie W, Singh M. 1993. Phenolic-acids affect photosynthesis and protein-synthesis by isolated leaf-cells of velvet-leaf. J Chem Ecol, 19(7): 1293-1301.

Miller G. 2009. The plant NADPH oxidase RBOHD mediates rapid systemic signaling in response to diverse stimuli. Sci Signal, 2(84): ra45.

Mirabella R. 2008. The *Arabidopsis her1* mutant implicates GABA in *E*-2-hexenal responsiveness. Plant Journal, 53(2): 197-213.

Niculaes C. 2018. Plant protection by benzoxazinoids: recent insights into biosynthesis and function. Agronomy, 8(8): 143.

Pan ZQ. 2018. A cytochrome P450 CYP71 enzyme expressed in *Sorghum bicolor* root hair cells participates in the biosynthesis of the benzoquinone allelochemical sorgoleone. New Phytologist, 218(2): 616-629.

Pare PW, Tumlinson JH. 1999. Plant volatiles as a defense against insect herbivores. Plant Physiology, 121(2): 325-332.

Park SW. 2007. Methyl salicylate is a critical mobile signal for plant systemic acquired resistance. Science, 318(5847): 113-116.

Parker C. 1993. Orobanche species: the broomrapes // Park C, Riches CR. Parasitic Weeds of the World Biology and Control. Wallingford: CAB International: 111-164.

Paschold A. 2006. Using 'mute' plants to translate volatile signals. Plant Journal, 45(2): 275-291.

Paschold A, Halitschke R, Baldwin IT. 2007. Co(i)-ordinating defenses: NaCOI1 mediates herbivore-induced resistance in *Nicotiana attenuata* and reveals the role of herbivore movement in avoiding defenses. Plant Journal, 51(1): 79-91.

Pieterse CM. 2013. Induced plant responses to microbes and insects. Front Plant Sci, 4: 475.

Poonpaiboonpipat T. 2013. Phytotoxic effects of essential oil from *Cymbopogon citratus* and its physiological mechanisms on barnyardgrass (*Echinochloa crus-galli*). Ind Crop Prod, 41: 403-407.

Porcel R. 2016. Regulation of cation transporter genes by the arbuscular mycorrhizal symbiosis in rice plants subjected to salinity suggests improved salt tolerance due to reduced Na^+ root-to-shoot distribution. Mycorrhiza, 26(7): 673-684.

Poulsen C, Verpoorte R. 1991. Roles of chorismate mutase, isochorismate synthase and anthranilate synthase in plants. Phytochemistry, 30(2): 377-386.

Preston CA. 2004. Plant-plant signaling: application of *trans*- or *cis*-methyl jasmonate equivalent to sagebrush releases does not elicit direct defenses in native tobacco. J Chem Ecol, 30(11): 2193-2214.

Qi JF. 2018. Ultraviolet-B enhances the resistance of multiple plant species to lepidopteran insect herbivory through the jasmonic acid pathway. Sci Rep, 8(1): 1-9.

Quin MB. 2014. Traversing the fungal terpenome. Nat Prod Rep, 31(10): 1449-1473.

Quintana-Rodriguez E. 2015. Plant volatiles cause direct, induced and associational resistance in common bean to the fungal pathogen *Colletotrichum lindemuthianum*. Journal of Ecology, 103(1): 250-260.

Raguso RA. 2008. Wake up and smell the roses: the ecology and evolution of floral scent. Annu Rev Ecol Evol Syst, 39: 549-569.

Remy W. 1994. four hundred-million-year old vesicular mycorrhizae. Proc Natl Acad Sci USA, 91(25): 11841-11843.

Ro DK, Bohlmann J. 2006. Diterpene resin acid biosynthesis in loblolly pine (*Pinus taeda*): functional characterization of abietadiene/levopimaradiene synthase (*PtTPS-LAS*) cDNA and subcellular targeting of PtTPS-LAS and abietadienol/abietadienal oxidase (PtAO, CYP720B1).

Phytochemistry, 67(15): 1572-1578.

Roney JK 2007. Cross-species translocation of mRNA from host plants into the parasitic plant dodder. Plant Physiology, 143(2): 1037-1043.

Runyon JB. 2006. Volatile chemical cues guide host location and host selection by parasitic plants. Science, 313(5759): 1964-1967.

Schmid J, Amrhein N. 1995. Molecular-organization of the shikimate pathway in higher-plants. Phytochemistry, 39(4): 737-749.

Schnee C. 2006. The products of a single maize sesquiterpene synthase form a volatile defense signal that attracts natural enemies of maize herbivores. Proc Natl Acad Sci USA, 103(4): 1129-1134.

Schulz M. 2013. Benzoxazinoids in rye allelopathy-from discovery to application in sustainable weed control and organic farming. J Chem Ecol, 39(2): 154-174.

Seo HS. 2001. Jasmonic acid carboxyl methyltransferase: a key enzyme for jasmonate-regulated plant responses. Proc Natl Acad Sci USA, 98(8): 4788-4793.

Sheard LB. 2010. Jasmonate perception by inositol-phosphate-potentiated COI1-JAZ co-receptor. Nature, 468(7322): 400-405.

Shimura K. 2007. Identification of a biosynthetic gene cluster in rice for momilactones. J Biol Chem, 282(47): 34013-34018.

Shine MB. 2016. Cooperative functioning between phenylalanine ammonia lyase and isochorismate synthase activities contributes to salicylic acid biosynthesis in soybean. New Phytologist, 212(3): 627-636.

Shulaev V. 1997. Airborne signalling by methyl salicylate in plant pathogen resistance. Nature, 385(6618): 718-721.

Singh HP. 2006. Alpha-pinene inhibits growth and induces oxidative stress in roots. Ann Bot, 98(6): 1261-1269.

Smith JD. 2016. Glucosinolates from host plants influence growth of the parasitic plant *Cuscuta gronovii* and its susceptibility to aphid feeding. Plant Physiology, 172(1): 181-197.

Song J. 2017. Transcriptomics and alternative splicing analyses reveal large differences between maize lines B73 and Mo17 in response to aphid *Rhopalosiphum padi* infestation. Front Plant Sci, 8: 1738.

Song J. 2022. Inter-species mRNA transfer among green peach aphids, dodder parasites, and cucumber host plants. Plant Diversity, 44(1): 1-10.

Song YY. 2010. Interplant communication of tomato plants through underground common mycorrhizal networks. PLOS ONE, 5(10): e13324.

Song YY. 2014. Hijacking common mycorrhizal networks for herbivore-induced defence signal transfer between tomato plants. Sci Rep, 4(1): 1-8.

Song YY. 2015. Defoliation of interior Douglas-fir elicits carbon transfer and stress signalling to ponderosa pine neighbors through ectomycorrhizal networks. Sci Rep, 5(1): 1-9.

Sticher L, Mauch-Mani B, Métraux J. 1996. Systemic acquired resistance. The Plant Cell, 124(1): 1809-1819.

Stiles LH. 1994. Effects of 2 sesquiterpene lactones isolated from *Artemisia annua* on physiology of *Lemna minor*. J Chem Ecol, 20(4): 969-978.

Strawn MA. 2007. *Arabidopsis* isochorismate synthase functional in pathogen-induced salicylate biosynthesis exhibits properties consistent with a role in diverse stress responses. J Biol Chem, 282(8): 5919-5933.

Sugimoto K. 2014. Intake and transformation to a glycoside of (Z)-3-hexenol from infested neighbors reveals a mode of plant odor reception and defense. Proc Natl Acad Sci USA, 111(19): 7144-7149.

Thines B. 2007. JAZ repressor proteins are targets of the SCF^{COI1} complex during jasmonate signalling. Nature, 448(7154): 661-665.

Toyota M. 2018. Glutamate triggers long-distance, calcium-based plant defense signaling. Science, 361(6407): 1112-1115.

Vicherova E. 2020. Bryophytes can recognize their neighbours through volatile organic compounds. Sci Rep, 10(1): 7405.

Vranova E. 2013. Network analysis of the MVA and MEP pathways for isoprenoid synthesis. Annu Rev Plant Biol, 64: 665-700.

Wasternack C. 2013. Jasmonates: biosynthesis, perception, signal transduction and action in plant stress response, growth and development. Annals of Botany, 111(6): 1021-1058.

Weir TL. 2004. Biochemical and physiological mechanisms mediated by allelochemicals. Curr Opin Plant Biol, 7(4): 472-479.

Westwood JH. 2010. The evolution of parasitism in plants. Trends Plant Sci, 15(4): 227-235.

Wildermuth MC. 2001. Isochorismate synthase is required to synthesize salicylic acid for plant defence. Nature, 414(6863): 562-565.

Wu JQ, Hettenhausen C, Meldau S, et al. 2007. Herbivory rapidly activates MAPK signaling in attacked and unattacked leaf regions but not between leaves of *Nicotiana attenuata*. The Plant Cell, 19(3): 1096-1122.

Wu JS, Wang L, Baldwin IT. 2008. Methyl jasmonate-elicited herbivore resistance: does MeJA function as a signal without being hydrolyzed to JA? Planta, 227(5): 1161-1168.

Xu M. 2012. Genetic evidence for natural product-mediated plant-plant allelopathy in rice (*Oryza sativa*). New Phytologist, 193(3): 570-575.

Yamada Y. 2015. Terpene synthases are widely distributed in bacteria. Proc Natl Acad Sci USA, 112(3): 857-862.

Yan J. 2015. The tyrosine aminomutase TAM1 is required for beta-tyrosine biosynthesis in rice. The Plant Cell, 27(4): 1265-1278.

Yan JB. 2009. The *Arabidopsis* coronatine insensitive1 protein is a jasmonate receptor. The Plant Cell, 21(8): 2220-2236.

Ye M. 2019. Molecular dissection of early defense signaling underlying volatile-mediated defense regulation and herbivore resistance in rice. The Plant Cell, 31(3): 687-698.

Yi HS. 2009. Airborne induction and priming of plant defenses against a bacterial pathogen. Plant Physiology, 151(4): 2152-2161.

Zebelo SA. 2012. Plasma membrane potential depolarization and cytosolic calcium flux are early events involved in tomato (*Solanum lycopersicon*) plant-to-plant communication. Plant Sci, 196: 93-100.

Zeringue HJ. 1992. Effects of C_6 C_{10} alkenals and alkanals on eliciting a defense response in the developing cotton boll. Phytochemistry, 31(7): 2305-2308.

Zhang CP. 2021a. ZmMPK6 and ethylene signalling negatively regulate the accumulation of antiinsect metabolites DIMBOA and DIMBOA-Glc in maize inbred line A188. New Phytologist, 229(4): 2273-2287.

Zhang J. 2018. Transcription profile analysis of *Lycopersicum esculentum* leaves, unravels volatile emissions and gene expression under salinity stress. Plant Physiology and Biochemistry, 126: 11-21.

Zhang JX. 2021b. Parasite dodder enables transfer of bidirectional systemic nitrogen signals between host plants. Plant Physiology, 185(4): 1395-1410.

Zhang Y. 2019. Salicylic acid: biosynthesis, perception, and contributions to plant immunity. Curr Opin Plant Biol, 50: 29-36.

Zhao MY, Thane N, Gao T, et al. 2020a. Sesquiterpene glucosylation mediated by glucosyltransferase UGT91Q2 is involved in the modulation of cold stress tolerance in tea plants. New Phytologist, 226(2): 362-372.

Zhao MY, Lu W, Wang JM, et al. 2020b. Induction of priming by cold stress via inducible volatile cues in neighboring tea plants. J Integr Plant Biol, 62(10): 1461-1468.

Zheng LL. 2015. Prolonged expression of the BX1 signature enzyme is associated with a recombination hotspot in the benzoxazinoid gene cluster in *Zea mays*. Journal of Experimental Botany, 66(13): 3917-3930.

Zhou S. 2018. Beyond defense: multiple functions of benzoxazinoids in maize metabolism. Plant Cell Physiol, 59(8): 1528-1537.

Zhuang H. 2018. Aphid (*Myzus persicae*) feeding on the parasitic plant dodder (*Cuscuta australis*) activates defense responses in both the parasite and soybean host. New Phytologist, 218(4): 1586-1596.

Zimmermann MR. 2009. System potentials, a novel electrical long-distance apoplastic signal in plants, induced by wounding. Plant Physiology, 149(3): 1593-1600.

Zimmermann MR. 2016. Herbivore-triggered electrophysiological reactions: candidates for systemic signals in higher plants and the challenge of their identification. Plant Physiology, 170(4): 2407-2419.

第九章

植物与入侵生物相互作用

王晓伟[1]，万方浩[2]，窦道龙[3]，冯玉龙[4]，蒋明星[1]，卢新民[5]，赵莉蔺[6]

[1] 浙江大学农业与生物技术学院；[2] 中国农业科学院植物保护研究所；
[3] 南京农业大学植物保护学院；[4] 沈阳农业大学植物保护学院；
[5] 华中农业大学植物科学技术学院；[6] 中国科学院动物研究所

第一节　植物与入侵生物相互作用概述

入侵生物是指在传入地暴发并对当地生态和社会等造成危害，甚至威胁人类健康的外来物种。随着全球化的发展，生物入侵在世界范围内严重威胁生物安全、生态安全、粮食安全，并造成巨大经济损失。植物与入侵生物互作是指外来生物传入新的地区后，与当地植物形成的相互作用，从研究层次可划分为分子互作、个体互作、种群互作、食物链/网互作，这些互作对外来物种入侵过程和生态影响、本地植物群落和生态系统功能等均具重要影响。本章的主要内容是阐述植物与入侵生物互作的类型、机制和相关理论，并介绍一些典型案例。

我国是遭受生物入侵危害最严重的国家之一。根据生态环境部 2021 年 5 月发布的《2020 中国生态环境状况公报》，全国已发现 660 多种外来入侵物种。其中，71 种对自然生态系统已造成或具有潜在威胁。2022 年 12 月，根据《中华人民共和国生物安全法》，农业农村部会同自然资源部、生态环境部、住房和城乡建设部、海关总署及国家林业和草原局组织制定了《重点管理外来入侵物种名录》，包含植物、昆虫、植物病原微生物、植物病原线虫、软体动物、鱼类、两栖动物、爬行动物 8 个类群 59 种，有苹果蠹蛾（*Cydia pomonella*）、草地贪夜蛾（*Spodoptera frugiperda*）、番茄潜叶蛾（*Tuta absoluta*）、美洲斑潜蝇（*Liriomyza sativae*）、稻水象甲（*Lissorhoptrus oryzophilus*）、红火蚁（*Solenopsis invicta*）、非洲大蜗牛（*Achatina fulica*）、福寿螺（*Pomacea canaliculata*）、松材线虫（*Bursaphelenchus xylophilus*）、红脂大小蠹（*Dendroctonus valens*）、美国白蛾（*Hyphantria cunea*）、豚草（*Ambrosia artemisiifolia*）、空心莲子草（*Alternanthera philoxeroides*）、紫茎泽兰（*Ageratina adenophora*）、微甘菊（*Mikania micrantha*）、凤眼蓝（*Eichhornia crassipes*）、互花米草（*Spartina alterniflora*）、长芒苋（*Amaranthus palmeri*）、假高粱（*Sorghum halepense*）、鳄雀鳝（*Atractosteus spatula*）等。

外来物种传入途径主要有以下 3 种：①有意识地引进，被人为引进用于农林牧渔生产、生态环境改造与恢复、景观美化、观赏等；②无意识地引进，伴随国际贸易、运输、旅游等活动而传入；③自然传入，通过自身的扩散传播力或借助自然力量传入。现代交通、旅游等蓬勃发展为物种的长距离迁移、传播与扩散创造了条件，使得生物入侵变得更加容易，而高山、大海等自然屏障的作用已变得越来越小。随着全球经济一体化的飞速发展，生物入侵已成为一个与国家的经济发展、生态安全、国际贸易及政治利益紧密关联的重大科学问题，也是国际社会、各国政府、科学家与民众共同关心的社会热点。为了遏制生物入侵，减轻其影响，人们借助各种技术对生物入侵的生态过程、成灾机制及其与植物的相互作用进行了积极研究和探索。经过多方努力，人们不仅提出了丰富的理论体系，而且极大地提高了对生物入侵的认识和管理水平，为经济和社会的可持续发展提供了有力支持。

第二节 植物与入侵生物互作机制

入侵生物可对入侵地的植物产生显著影响。例如，外来植物入侵可降低当地植物群落的多样性，很多入侵性害虫和病原生物给当地作物的生长发育与产量带来严重危害。研究植物与入侵生物互作机制是揭示外来生物入侵机制的关键，也是研发入侵生物防控策略与技术、减少其对本地植物影响、保障农林生产安全的重要基础。目前，人们对植物与入侵生物互作机制已经有了一些了解，主要可以分为以下几个类型。

一、互利/偏利

互利共生（又称互惠共生）指不同物种间形成的且对彼此均有利的一种共生关系，分为专性和兼性互利共生。专性互利共生指两种生物若离开对方，双方或其中一方不能独立生活，甚至死亡。例如，无花果（*Ficus carica*）为榕小蜂（Agaonidae）提供产卵和繁衍后代的场所，榕小蜂帮助无花果传粉，二者彼此依赖。美国佛罗里达曾引进 60 多种无花果，但当地榕小蜂无法在外来无花果上繁衍生息，导致外来的无花果无法繁殖。兼性互利共生者对对方的依赖程度较小。例如，入侵种黑喉红臀鹎（*Pycnonotus cafer*）原产于巴基斯坦、印度、斯里兰卡、缅甸和中国西南部，现已在中东和诸多太平洋岛屿建立种群而成为入侵种，该鸟可以取食多种水果和花卉，同时可以传播多种杂草的种子，在夏威夷等地，黑喉红臀鹎可促进米氏野牡丹（*Miconia calvescens*）、马缨丹等入侵植物种子的扩散，形成互利关系。又如，传入日本的红松（*Pinus koraiensis*）可由当地的松鼠进行传播；由澳大利亚传入南非卡鲁的一种滨藜（*Atriplex semibaccata*）可由豹斑象龟（*Geochelone pardalis*）传播。

偏利共生亦称共栖，是指两种都能独立生存的物种以一定的关系生活在一起的现象，对其中一方有利，对另一方适应性无影响。例如，一些具有固氮能力的入侵植物传入后，会显著增加土壤中可利用氮的含量，改善氮循环，为另外一些外来植物的入侵提供可用资源。

二、竞争/干扰

竞争是生物间最普遍的互作方式之一，指同营养级的两个物种间争夺相同生态位，对双方适应性产生不利影响，主要包括资源利用竞争、相互干扰竞争、表观竞争等。资源利用竞争主要体现在对资源的搜寻、抢夺和获取等方面。例如，入侵北美洲的柔枝莠竹（*Microstegium vimineum*）为一年生草本植物，原产于东南亚，能适应多种生境，在光资源较差的环境下也能较好地生长，可以竞争抑制土著植物的生长和繁殖。有趣的是，这种对资源的竞争很多时候是非对称的，如较大的植物占据大于相应生物量比例的资源，较小的植物占据小于相应生物量比例的资源。这种不均衡分配，导致较大植物在下一阶段生长中占有更多资源，而较小植物占有更少资源。

相互干扰竞争主要包括格斗干涉和生殖干涉，格斗干涉主要是通过直接的体力较量，胜者获得竞争资源控制权的一种干涉形式，生殖干涉指一些入侵种可对本地种的求偶和交配过程产生干涉。浙江大学刘树生教授发表在 *Science* 上的一项研究表明，不同烟粉虱隐存种之间的求偶互作是对一方有利而对另一方有害的，称为"非对称交配互作"。当入侵种烟粉虱到达新的地域与土著烟粉虱共存后，虽然它们之间并不能完成交配，但相互间发生一系列的求偶行为及相互作用，干扰土著烟粉虱雌雄之间的交配，使后者交配频率下降，抑制其种群增长（Liu et al.，2007）。

表观竞争是一种新型的种间关系，是指受共同的自然天敌影响，不同物种之间在种群数量上表现出明显负效应的现象，主要包括寄生蜂中介的表观竞争，捕食者中介的表观竞争和病原寄生物中介的表观竞争。例如，美国加利福尼亚本地的西部葡萄斑叶蝉可以被一种多食性的卵寄生蜂寄生，由于西部葡萄斑叶蝉比入侵种杂色斑叶蝉更易受寄生蜂的寄生，本地的西部葡萄斑叶蝉种群数量显著下降。原产于东亚和中亚的异色瓢虫（*Harmonia axyridis*）在许多国家被认为是一种入侵种，异色瓢虫在入侵地不但能够通过竞争或捕食作用抑制土著瓢虫，还可以通过携带一些病原菌导致其他瓢虫死亡，有利于自己的存活。

生态学中的干扰是指生物群落外部不连续存在（间断发生）因子的突然作用或连续存在因子的超"正常"范围作用，这种作用能引起生物个体、种群或群落发生明显变化，使其结构和功能发生移位。干扰的类型，一般分为人为干扰和自然干扰。人为干扰是指由人类生产、生活和其他社会活动形成的干扰作用，如放牧、农艺措施和环境污染等；自然干扰是指不可抗拒的自然力的作用，包括气候变化、地质干扰和生物干扰等。干扰会打乱物种间的相互作用，形成新的空缺生态位，从而降低本地群落对入侵生物的抗性，促进生物入侵。

三、掠夺/瓜分

掠夺是指外来物种入侵到新地区后，会掠夺本地资源，同时通过排斥和竞争形成大面积优势群落冲击当地生态系统。例如，腺牧豆树（*Prosopis glandulosa*）是多年生落叶灌木或小乔木，原产于美国西南部、墨西哥北部，该植物生长快速，易形成牲畜难以穿越的灌木丛，并与土著植物竞争土壤、水分等资源，抑制草本植物的生长，减少植物多样性。裙带菜是一种大型、低等的海洋孢子植物，原产于日本，目前已扩散至新西兰、美国、法国、英国、西班牙、意大利、阿根廷及澳大利亚等地，与其他海洋生物竞争光照、空间等资源，通过发生种间杂交而威胁本地土著群落基因库的稳定性，对当地群落结构、生物多样性产生不利影响。羽绒狼尾草（*Pennisetum setaceum*）原产于中东干旱地区，由于株型端正、花序优美且具有生长快、耐干旱等优良特质，被世界许多地区引进用于观赏或者景观改造，然而其具有很强的入侵性，易通过竞争排挤其他植物而形成单优群落，大量生长时还会增加当地野火的隐患。

外来物种入侵到新地区后对原有生态系统进行物质、能量的分割和占领称为瓜分。例如，五脉白千层（*Melaleuca quinquenervia*）是一种高大的常绿乔木（高15～20m），原产于澳大利亚东部沿海湿地，20世纪被多国引进后，由于适应性强、生长快、繁殖力高且能强烈排挤其他植物，已成为许多湿地、牧场或林地的优势种或单优群落，从而产生严重的生态影响。

四、协同/组合

协同是指入侵种之间或入侵种与本地种之间发生协同作用，由此产生有利于对方的可用资源，促进入侵。例如，红脂大小蠹是一种原产于北美的重大林业蛀干害虫，为害松树，但很少致死树木，为次期性害虫。通过对红脂大小蠹-共生微生物体系的系统研究，证明了红脂大小蠹与其伴生真菌长梗细帚霉（*Leptographium procerum*）是一共生入侵复合体，长梗细帚霉由红脂大小蠹携带从美国入侵到中国，在中国形成了独特单倍型，这些中国独特单倍型相对于美国独特单倍型和中美共有单倍型具有在中国寄主油松上竞争能力较强的特点，还能够显著诱导寄主油松产生红脂大小蠹聚集信息素三蒈烯（3-carene）来协助红脂大小蠹在中国的入侵（Lu et al., 2011）。

在入侵地如果有大量适合入侵种取食的植物，两者形成合适的组合将十分有利于外来物种的入侵。我国新疆等地有大量适合入侵害虫苹果蠹蛾取食的植物，如野生苹果、本地苹果、沙果和香梨等，造成了苹果蠹蛾的大规模发生和为害。美国东部的稻水象甲原以沼泽地禾本科植物为食，而随着美国水稻种植面积的增加，该虫沿密西西比河流域逐步扩散，为害范围进一步加重。原产于欧洲的浅黄根瘤象（*Sitona lepidus*）入侵新西兰后，由于当地广泛存在一种十分适宜的寄主植物白车轴草（*Trifolium repens*），以致短短数年内该虫的密度即达到英国本地的10倍。相反，没有合适的寄主，入侵生物则很难生存。例如，同样是由欧洲入侵到新西兰的平圆根瘤象（*Sitona discoideus*），它主要以紫花苜蓿为食，而在新西兰南部岛屿苜蓿种植区相互隔离并且面积小，只占整个生境植被覆盖率的0.3%，导致该害虫在入侵扩散中绝大多数个体死亡。

第三节　植物与入侵生物互作的典型案例

入侵种的种类繁多，可以和本地植物发生复杂的相互作用，显著影响本地植物的群落结构、物种多样性和生长发育。下面将从入侵昆虫、入侵病原菌、入侵线虫、入侵植物和土壤微生物的角度，分享一些植物与入侵生物互作的典型案例。

一、植物与入侵昆虫互作

入侵昆虫可在个体、种群和群落水平对本地植物的许多方面产生影响，包括植物个体生长发育、种群适应性和增长潜力、植物多样性等（Kenis et al.，2009；Cameron et al.，2016）。就两者的互作而言，由于入侵昆虫本来具有入侵性，且通常逃脱了原有天敌的制约，在两者互作中往往处于"主动"。研究表明，入侵昆虫可通过多种途径作用于植物。例如，它们可通过取食、产卵改变植食性昆虫诱导的植物挥发物（herbivore-induced plant volatile，HIPV）组分，由此通过化学生态学途径影响本地其他植食者、授粉者、捕食/寄生性天敌等，扰乱不同营养层间的原有关系，削弱植物通过 HIPV 引诱天敌的能力（Desurmont et al.，2014）。入侵昆虫还可通过与微生物（昆虫伴生真菌或共生细菌、植物病毒等病原物）互作、与本地昆虫互作（如入侵蚂蚁和本地产蜜露昆虫间的互作、入侵粉蚧与本地蚂蚁间的互作）、表观竞争、干扰本地昆虫的授粉等途径，间接对植物产生上述影响（Kenis et al.，2009）。相比之下，植物在两者互作中往往处于"被动"，即便其与入侵昆虫原发生地的寄主植物系统发育关系较近（甚至是同一种寄主）而具有一定的防御能力，但由于先前缺乏被取食的经历而未曾发生适应性进化，防御能力比较有限，易被取食；如果是新寄主，则防御能力更加有限，对取食可能更为敏感。当然，从长远来看，经过足够时间的进化后，植物有可能获得某些防御性状（Stireman and Singer，2018）。

入侵昆虫与植物的关系受到人类活动、气候变化的影响。例如，大气 CO_2、臭氧浓度上升，有可能直接引起植物体的营养成分和防御相关物质发生改变，从而改变其对植食性入侵昆虫的适宜程度（Zavala et al.，2008）。又如，CO_2 浓度上升、全球变暖有可能影响入侵昆虫的生活史性状、繁殖体压力及其寄主植物的种类、丰度、生物量，甚至是入侵昆虫的生境条件，由此改变两者原有的互作关系（Ward and Masters，2007）。

因此，植物与入侵昆虫既可通过生理生化途径（体内营养和防御物质、挥发物等）直接互作，又可在生态系统中其他生物、非生物因子的参与下间接互作，彼此影响、协同进化，呈现出某些有别于植物与非入侵昆虫互作的生物学、生态学现象。研究其互作途径及相关机制，是外来昆虫入侵和暴发机制研究的重要内容，可为制定入侵昆虫科学防控策略、研究可持续治理技术提供科学依据。下文提供一些具体研究案例，以说明该领域的代表性进展。

（一）利马豆被烟粉虱取食后对捕食螨的引诱力降低

Zhang 等（2009）研究发现，利马豆（*Phaseolus lunatus*）植株被二斑叶螨（*Tetranychus urticae*）取食诱导后，会释放一种单萜类挥发物反-β-罗勒烯以引诱捕食性天敌智利小植绥螨（*Phytoseiulus persimilis*），从而提高其对二斑叶螨的间接防御水平。但是，当利马豆植株同时被二斑叶螨和入侵害虫烟粉虱取食时，对智利小植绥螨的引诱水平明显下降。究其原因，主要是被二斑叶螨和烟粉虱同时取食时，植株中原由二斑叶螨诱导的茉莉酸合成被抑制，继而降低由茉莉酸介导的罗勒烯合成酶基因的表达水平，由此减少反-β-罗勒烯的合成。

（二）烟粉虱唾液效应子调控植物抗虫性的机制

Xu 等（2019）发现，烟粉虱在刺吸烟草汁液的过程中会分泌一种小分子量的唾液蛋白 Bt56 进入植物，激活植物的水杨酸信号通路，降低植物对其的抗性。若 Bt56 的基因被沉默，烟粉虱不能正常取食，存活率和繁殖力显著下降，并丧失激活植物水杨酸信号通路的能力。进一步研究发现，Bt56 蛋白与烟草中的转录因子 NTH202 在韧皮部互作，诱导水杨酸积累。与土著烟粉虱相比，入侵型烟粉虱唾液腺中 Bt56 的表达量更高，因而更有利于其在植物上的存活。该研究首次揭示了入侵昆虫通过分泌唾液效应因子激活植物水杨酸信号通路来调控寄主抗虫性，进而促进自身存活和繁殖的机制。

（三）双生病毒调控烟粉虱与寄主植物的互作

昆虫共生微生物可在宿主与其寄主植物的互作过程中起重要作用（Frago et al.，2012）。其中，烟粉虱体内的双生病毒是一个非常典型的例子（Luan et al.，2014）。我国科学家研究发现，与健康烟草植株相比，烟粉虱 MEAM1 隐种（入侵种，以往称"B 型烟粉虱"）在感染中国番茄黄化曲叶病毒（TYLCCNV）的烟草植株上的生殖力、寿命分别提高 18 倍、7 倍，在感染烟草曲茎病毒（TbCSV）的烟草植株上两者分别提高 12 倍、6 倍，在这两类感染病毒的植株上饲养 56 天后，种群密度分别达到健康植株上的 13 倍、2 倍。但是，我国烟粉虱本地种 ZHJ1 在健康和感染番茄植株上的表现相似；在 TYLCCNV 和 TbCSV 的非寄主棉花上，MEAM1 和 ZHJ1 的表现与虫体是否携带这两种病毒均无明显关系（Jiu et al.，2007）。在番茄植株上，MEAM1 和另一烟粉虱隐种 MED（以前称"Q 型烟粉虱"）的发育、存活、生殖、种群增长与植株是否感染 TYLCCNV 或番茄黄化曲叶病毒（TYLCV）无明显关系，本地种 ZHJ1、ZHJ2 在感染病毒植株上的生命参数与健康植株上的相比显著降低，或变化不明显（Li et al.，2011）。因此，双生病毒在烟粉虱与植物互作中的具体作用取决于植物、病毒和烟粉虱三者的种类。

在机理上，MEAM1 在感染 TYLCCNV 的烟草植株上之所以种群增长较快，是因为其在此类植株上摄食汁液的速度加快，摄食效率也提高，吸收的营养也更为均衡，从而使生殖力提高，寿命延长。进一步研究发现，TYLCCNV 编码的致病因子 βC1 能直接作用于植物转录因子 MYC2，由此抑制 MYC2 调控的萜烯合成基因表达，阻止萜烯合成，削弱植物防御水平（Zhang et al.，2012；Li et al.，2014）。此外，对烟粉虱另一隐种 MED 的研究发现，TYLCV 能抑制植物在被 MED 取食时合成防御相关酶，并减少胼胝质（其功能是阻止韧皮部被取食）的沉积（Su et al.，2015）。因此，双生病毒能从营养、防御等水平调控植物，使其更适宜烟粉虱取食和为害。

（四）微生物在红脂大小蠹和寄主互作过程中起重要作用

红脂大小蠹是一种源自美国的重大林业外来入侵害虫，于 20 世纪 80 年代早期入侵我国，已在山西、河北、河南、陕西等省暴发成灾，对松树造成严重危害（Sun et al.，2013）。但是，红脂大小蠹在原发生地并不造成严重危害，究其原因，主要是传到我国后其与寄主的关系发生了变化，导致其入侵性提高，同时寄主防御体系一定程度上被破坏，对该害虫变得敏感。研究发现，在两者互作时众多微生物参与其中，包括红脂大小蠹伴生真菌 *Leptographium procerum*（松树的一种致病菌，和红脂大小蠹一起入侵到我国）、肠道细菌及本土真菌和细菌等，它们组成一个复杂的调控网络，在红脂大小蠹入侵和抵抗植物防御的过程中扮演着重要角色（Lu et al.，2016a）。

一方面，红脂大小蠹可依靠伴生真菌 *L. procerum*、肠道细菌提高其对松树的入侵能力。红脂大小蠹入侵我国后，获得一些 *L. procerum* 的新株系，这些株系不仅对油松（*Pinus tabuliformis*，我国特有树种）的致病力强于原发生地株系，还能诱导油松释放一种对红脂大小蠹具引诱作用的物质即 3-蒈烯（Lu et al.，2011）。红脂大小蠹肠道细菌则能将顺式马鞭草烯醇（*cis*-verbenol）转化为马鞭草烯酮（verbenone），后者为红脂大小蠹信息素的成分之一。由于 3-蒈烯、马鞭草烯酮有助于红脂大小蠹发现寄主并促进个体聚集，伴生真菌和肠道细菌在该虫定殖和种群发展的过程中显然起着相当重要的作用。

另一方面，松树可依靠一些本土真菌（如 *Hyalorhinocladiella pinicola*、*Leptographium truncatum* 和 *L. sinoprocerum*）提高其对红脂大小蠹的防御能力。这些真菌不仅诱导松树产生对红脂大小蠹成虫具驱避作用的防御物质柚皮素（naringenin），而且消耗植株中的葡萄糖，在营养水平与红脂大小蠹幼虫形成竞争（Wang et al.，2013）。十分有趣的是，本土存在的一些其他细菌、伴生真菌 *L. procerum* 可削弱松树的防御：存在于红脂大小蠹坑道环境中的某些革兰氏阴性细菌（如 *Novosphingobium* sp.）可降解柚皮素，并提高该虫在柚皮素存在情况下的存活率，而伴生真菌 *L. procerum* 可间接促进这些细菌增殖而强化其功能（Cheng et al.，2018）。

（五）荚蒾属植物对毛萤叶甲防御水平的地理差异及与其系统发育的关系

荚蒾属（*Viburnum*）植物为常绿灌木或小乔木，其中一些种在不同时间被引入北美。在欧亚大陆，一些毛萤叶甲属昆虫如 *Pyrrhalta viburni* 专性取食荚蒾属植物如 *V. opulus*、*V. lantana*、*V. tinus* 等；作为防御，这些植物可在产卵部位（树皮下和枝条末梢髓心内）形成愈伤组织（wound tissue），压破或挤掉卵粒。

在北美，*P. viburni* 是一种外来昆虫，自 20 世纪 70 年代始逐渐成为当地的重要入侵性害虫。研究发现，当地荚蒾属植物（其中部分种类引自 *P. viburni* 的原发生地即欧亚大陆）对该害虫的防御水平较低，并不能像 *P. viburni* 原发生地的同类（或同种）植物那样在产卵部位形成愈伤组织。针对防御水平地区间差异的形成原因，康奈尔大学、耶鲁大学的科学家从进化角度进行了解释。他们认为，这主要是由于北美的荚蒾属植物可能先前未曾遭受 *P. viburni* 为害，故尚未进化形成有效的防卫反应；或者，这些植物先前虽经历过此虫为害而获得防御能力，但被引入北美后，由于长期生长在无 *P. viburni* 胁迫的环境中，防御水平逐渐下降（Desurmont et al.，2011）。他们还认为，此类植物的防御水平与其系统发育有关，即荚蒾属不同植物与 *P. viburni* 长期互作后表现出"趋同"现象，在产卵部位表现出相似的防卫反应，而若两者互作时间不够长或停止，则会像上述入侵地观察到的那样，该属不同植物均会失去防御能力。总之，北美荚蒾属植物防御水平低下被认为是当地 *P. viburni* 成灾的重要原因。

（六）大气 CO_2 浓度上升可降低大豆对入侵性鞘翅目害虫的防御能力

美国科学家研究发现，大气 CO_2 浓度上升后，大豆对入侵害虫日本弧丽金龟（*Popillia japonica*）和玉米根萤叶甲（*Diabrotica virgifera virgifera*）的适合度上升，两者在大豆上的生殖力提高，种群增长潜力增大。其重要原因之一是，大气 CO_2 浓度提高后，大豆的防御能力出现下降：植株中与防御信号相关的一些基因（脂氧合酶基因 *lox7*、*lox8* 和 1-氨基环丙烷-1-羧酸酯合酶基因 *acc-s*）表达出现下调，由此减少植株中半胱氨酸蛋白酶抑制剂（对鞘翅目昆虫具特异性驱避作用）的合成，并降低其活性；与此相对应，取食在 CO_2 浓度升高条件下生长的大豆植株后，两种入侵害虫肠道中半胱氨酸蛋白酶的活性增强（Zavala et al.，2008）。因此，人类活动引起的大气 CO_2 浓度上升有可能影响某些植物–入侵昆虫互作系统，包括降低植物的防御能力。

二、植物与入侵病原菌互作

入侵病原菌种类繁多，可以侵染本地植物，造成多种病害，影响巨大。限于篇幅，在本节我们仅以大豆疫霉根腐病（大豆疫病）为例分析植物与入侵病原菌的互作机制。大豆疫病是由大豆疫霉（*Phytophthora sojae*）引起的一种毁灭性病害。该病首先在 1948 年发现于美国印第安纳，目前已传播到亚洲、非洲、澳洲、欧洲、美洲的20 多个国家，每年造成的经济损失达几十亿美元。20 世纪 80 年代后期，在我国东北地区首次发现该病的发生，由于我国大豆品种大多对此病原菌没有明显抗性，病害扩展速度很快，目前在我国黑龙江、安徽、福建等十几个省份均有发现，在东北、黄淮海和东南沿海地区危害严重，成为我国大豆生产上的一种主要病害。在过去的十余年里，寄主与大豆疫霉互作研究取得了飞速发展，为解析外来入侵病原菌与寄主互作机制、开发新的抗病策略提供了重要的科学理论基础和实践依据。

（一）大豆疫霉环境适应性和致病力强

大豆疫霉利用菌丝或者游动孢子侵入寄主大豆。在侵染早期病原菌在寄主表面形成附着胞，随后入侵菌丝在大豆细胞间扩展，并形成大量吸器结构便于病原菌从寄主细胞中获取营养物质和抑制寄主的免疫反应；在侵染后期引起寄主细胞和组织死亡，并在寄主植物中形成大量孢子囊，孢子囊在条件适宜的情况下分化出游动孢子，游动孢子具有游动性，可随雨水或灌溉水进行中长距离传播。大豆疫霉在侵染寄主后期除了可以产生无性孢子囊，还可以进行有性生殖产生卵孢子。卵孢子在土壤中长年存活，条件和寄主适合即可启动新一轮侵染。大豆种子亦可带菌进行远距离传播。除了传播形式多样，大豆疫霉还在土壤中存在，以侵染植物的根部为主，利用药剂防治较难。综上所述，该菌生活史复杂、传播形式多样、传播距离远、药剂防控困难，使其环境适应性强，易于在新环境中发生入侵、定植和成灾。

病原菌在与植物互作过程中，除了要突破植物表面的物理屏障，还要突破植物的免疫反应屏障，才能够成功地实现侵染。成功的病原菌会分泌效应子促进其侵染。大豆疫霉的一个显著特征是会分泌千余种效应子干扰植物的免疫反应，毒性较强。按照在寄主植物中的亚细胞定位，大豆疫霉效应子可以分为两类：胞外效应子和胞内效应子（Kamoun，2006）。胞外效应子包括细胞壁降解酶、酶抑制子和小半胱氨酸富集蛋白等。在众多的胞外效应子中，中国科学家鉴定了一个关键分子 PsXEG1，发现它具有降解寄主细胞壁、促进侵染的功能（Ma et al.，2015）；为了对抗该分子的毒性，大豆分泌一种蛋白酶与 PsXEG1 结合来解除其毒性功能；但大豆疫霉编码了一个 PsXEG1 的类似物 PsXLP1，后者自己虽然不能降解寄主细胞壁，但能和抑制 PsXEG1 的蛋白酶互作，为植物防卫分子提供一个"假靶子"，帮助 PsXEG1 逃脱寄主的防卫反应来实现毒性，因此提出了病原菌致病的"诱饵"模式（Ma et al.，2017），受到广泛关注。

大豆疫霉的胞内效应子主要包括 RXLR（R 代表精氨酸，X 代表任意氨基酸，L 代表亮氨酸）和 CRN（crinkling and necrosis inducing protein）两大类（Kamoun，2006），有 600 余种。它们靶标各异，从不同层次与角度共同攻击寄主的免疫反应，使得植物感病。例如，大豆疫霉 RXLR 效应子 PsAvr3b 含有一个 Nudix 结构域，并具有 ADP 核糖/NADH 焦磷酸酶的活性，可以通过影响植物的活性氧来抑制植物的免疫反应（Dong et al.，2011）。效应子 PSR1 和 PSR2 可以抑制植物的基因沉默途径，干扰植物的防卫反应（Qiao et al.，2013），其中 PSR1 靶向一个含有 RNA 解旋酶结构域的 PINP1 蛋白，PINP1 蛋白可能是小 RNA 途径中 Dicer 蛋白复合体的组分之一，也就是说 PSR1 抑制了植物中 Dicer 蛋白复合体的正常功能（Qiao et al.，2015）。大豆疫霉 PsAvh262 能通过结合并稳定寄主内质网中的重要分子伴侣 BiP 蛋白，从而抑制由病原菌侵染寄主细胞诱导的内质网压力信号产生，进而阻断一系列植物免疫反应。两个 CRN 效应子 PsCRN63 和 PsCRN115 能与寄主植物的过氧化氢酶互作，通过干扰其亚细胞定位和蛋白质稳定性影响植物过氧化氢的正常代谢（Jing et al.，2016）。PsAvh52 通过劫持寄主乙酰转移酶 GmTAP1 来促进"感病基因"的转录，从而帮助大豆疫霉侵染（Li et al.，2018）。我国科学家发现大豆疫霉还分泌一类非典型效应子，其中 PsIsc1 具有异分支酸水解酶活性，可以通过降解水杨酸的前体物质抑制水杨酸的积累水平，促进病原菌致病（Liu et al.，2014）。另外，这些胞内效应子的靶标除了寄主蛋白质，还能直接作用于寄主的 DNA，如 PsCRN108 通过影响防卫基因的表达来促进致病（Song et al.，2015）。总之，大豆疫霉利用上述效应子分别作用于植物不同层面的免疫反应，干扰植物细胞的正常生理生化反应，破坏寄主的抗性，是其在本地大豆品种上致病力较强的主要原因。

（二）大豆疫霉通过多样的无毒基因变异克服入侵区大豆品种的抗性

寄主与大豆疫霉互作符合"基因对基因"假说，即大豆的主效抗病基因和病原菌的无毒基因共同决定着寄主的抗性。以美国为主的北美地区为大豆疫霉的来源地，抗病品种的培育和利用是当地控制病害的主要手段，已知有 10 余个大豆抗 *P. sojae*（*Rps*）基因被广泛应用，其中 *Rps1k* 基因已经在 20 世纪末有效利用了 20 余年。但我国作为入侵地，一直没有重视针对此菌的抗病育种工作，大豆品种多为感病品种，病原菌侵入扩散后易于定植和扩散，病害发生连年加重。为了明确大豆疫霉在我国的无毒基因组成，为抗病育种及其利用提供指导，在前期克隆了第一个无毒基因 *PsAvr1b* 的基础上（Shan et al.，2004），我国科学家连续克隆了大豆疫霉的 *PsAvr1k*、*PsAvr1a*、*PsAvr1d*、*PsAvr3b*、*PsAvr4/6*、*PsAvr3a/5* 等多个无毒基因（Dong et al.，2011；Song et al.，2013）。通过全基因组重测序发现，疫霉在我国进化速度较快，已经出现了和起源地完全不一样的分支类群。尽管大多菌株都能克服已知的 10 余个 *Rps* 基因，但是 *PsAvr1k* 和 *PsAvr1a* 两个无毒基因出现频率依然较高，说明其相对应的抗病基因（*Rps1k* 和 *Rps1a*）在生产上仍然有较大应用潜力，为我国大豆疫病抗病育种指明了方向。已知大豆疫霉可以通过多种途径逃逸寄主抗病基因的识别（Arsenault-Labrecque et al.，2018），通过对我国代表性菌株的分析发现，无毒基因出现了新的进化方式，如 *PsAvr1c* 和 *PsAvr3c* 有拷贝数增多这种变异方式，而 *PsAvr1k* 只有一种突变方式，也从理论上解释了该基因不易突变，抗病基因依然有效的分子机制。

（三）基于分子互作的新型抗病策略探索

大豆疫病防控传统上依赖抗病品种和化学药剂。我国科学家在大豆抗病育种方面取得了突出的成绩，近些年鉴定了多个新的抗病种质资源和 *Rps* 基因，并开发了相应的分子标记，在了解大豆疫霉无毒基因多态性和变异规律的基础上，相信未来将会出现更多的大豆抗疫病品种。在化学药剂方面，由于该菌为土传病原，常规药剂防治技术难以有效发挥作用，随着病害逐年加重，以种衣剂开发为主的病害防治技术飞速发展，这必将显著提高我国的大豆疫病防治水平。另外，我国科学家也在积极探索和开发其他新型的大豆疫病防控策略。例如，大豆疫霉等疫霉属病原菌菌丝表面含有大量致病必需的磷脂分子，将其作为分子抗病育种的靶标，在寄主植物中表达可以结合这些磷脂的分泌多肽，可以显著提高植物对疫霉的抗性（Lu et al.，2013），该策略为今后疫病的防控提供了新的思路，有望成为一种新型的疫病防控技术。

大豆疫霉是一个重要的植物入侵病原物，也是疫霉病害研究的模式物种，其致病机理、环境适应性、群体变异、与寄主大豆互作、病害防控技术等研究逐步深入，将提高入侵微生物大豆疫霉的防治水平，也为认识其他病原菌和植物互作提供了重要参考。

三、植物与入侵线虫互作

松材线虫病是一种多生物因子参与的复合病害系统，涉及松材线虫本身、寄主植物、伴生微生物、媒介天牛及环境条件，它们相互作用共同导致松材线虫病的发生（Zhao et al.，2007），目前尚无有效的控制措施。松材线虫病的病原松材线虫是一种重要的外来入侵生物，造成了松材线虫病在亚洲和欧洲的流行，引起了毁灭性森林病害，现已成为世界性检疫对象（Mamiya，1983）。松材线虫原来广泛分布于北美地区，但在原产地并未造成严重危害。20 世纪初松材线虫病传入日本，随后传入中国、韩国等亚洲国家和地区，导致当地松树林遭受了毁灭性破坏。1982 年松材线虫病在我国南京中山陵首次发现，迄今成为我国危害最为严重的林业外来有害生物之一，造成了严重的经济损失和生态环境压力（张星耀和骆有庆，2003）。

松材线虫入侵新的环境后会发生快速的适应性进化，否则将会被新环境淘汰。松材线虫具有特有的化感机制，可以感受寄主松树的化合物比例，从而完成生活史（Zhao et al.，2007）。松材线虫与寄主松树之间潜在的相互作用，是松材线虫定植和扩散的最基本推动力。以下从松材线虫对寄主的致病机理、寄主防御物质对松材线虫的影响这两方面阐述松材线虫与松树的互作。

（一）松材线虫对寄主松树的致病机理

松材线虫病是多元复杂的病害系统，其致病机理一直存在争议。目前，松材线虫的致病机理有以下几种学说：①植物毒素学说认为松材线虫侵染松树后，会产生代谢物质如苯甲酸等对寄主产生毒害作用；②酶学说认为松材线虫侵染松树后产生纤维素酶，用于分解植物的细胞壁，堵塞导管，杀死松树；③空洞化学学说认为松材线虫入侵进入松树后可引起松树内单萜烯的增加，其渗入管胞中会引起管胞空洞而无法吸水，从而引起水分运输通道的阻塞（Myers，1986）。分析松材线虫入侵过程中如何快速致死松树，以及松材线虫入侵后寄主松树相关病理学响应的分子机制，已经成为攻克松材线虫致病机理和寄主松树抗病研究难关的重要途径。

1. 松材线虫的成功入侵促进松树的快速致死

入侵地中国的松材线虫种群多样性高于原产地美国（谢丙炎等，2009）。松材线虫的入侵地种群繁殖能力和入侵能力显著高于原产地种群，入侵地种群的年龄组成更偏向于较多的低龄幼虫，更加有利于种群的繁殖。致病松材线虫（日本、中国、欧洲种群）比非致病松材线虫（美国种群）的繁殖力和致病性高，高繁殖力导致高致病性，反之亦然。在相同的松树苗中，日本、中国、欧洲种群的松材线虫数量是美国松材线虫的 5～80 倍，松树幼苗的死亡率为 70%～100%；无毒美国松材线虫不对松树苗造成任何危害。

H_2O_2 对松材线虫和寄主松树都具有毒性，而入侵地松材线虫种群繁殖力的提高可以补偿 H_2O_2 对自身的毒性，增强其对松树的伤害，促进松树死亡。松材线虫超氧化物歧化酶（SOD）基因表达及 SOD 基因敲除实验证明，SOD 可通过调节胰岛素信号通路基因，促进松材线虫的繁殖和提高其侵染松树的能力（Zhang et al.，2019）。对 SOD 基因核苷酸序列分析发现，入侵地种群的基因序列比原产地种群长，而基因序列的差异存在于内含子，含有内含子基因的表达量比不含内含子基因的更高（Moabbi et al.，2012）。因此，入侵地松材线虫中 SOD 的高表达可能是由内含子的延长造成的。当松材线虫进入一个新的地理环境后，它会分化为有毒力和无毒力的种群。推测内含子差异可能是一个入侵特征，有毒力的种群将会在新的环境中快速地入侵和繁殖，而无毒力的种群缺乏这种特征，最终入侵失败（张伟，2017）。

2. 松材线虫的化学感受及致病基因协同致病

松材线虫通过化学通讯定位寄主。在繁殖周期，松材线虫能够通过萜烯比例（α-蒎烯∶β-蒎烯∶长叶烯＝1∶0.1∶0.01）来识别适宜寄主马尾松并进行取食，增加种群数量；当环境恶化、低温胁迫时，繁殖型松材线虫能够感受到温度的降低等寄主环境的变化，自身分泌小分子信息物质，从而影响内部代谢，抑制 1-十二烷醇参与的发育代谢，促进形成抗性的次生代谢，提高抗性，形成分散型三龄线虫，进入扩散周期。

松材线虫的多种致病基因协同致病。细胞色素 P450 基因及其调控途径可能在松材线虫应对蒎烯类物质胁迫过程中起重要作用。CYP33C9 和 CYP33C4 基因可能参与了松材线虫蒎烯类物质代谢过程，能提高松材线虫在寄主体内的适应性，从而增强松材线虫繁殖率和致病性（王璇，2016）。目前，国际上公认植物寄生线虫食道腺细胞分泌物在线虫与寄主植物互作过程早期起到关键作用，因此编码这类分泌物的基因被认为是线虫的致病相关基因。其中，在食道腺细胞特异性表达的类毒液过敏原蛋白 QBx-vap-1 在松材线虫寄生寄主的早期阶段发挥了重要作用，该蛋白质可以诱导马尾松细胞发生质壁分离、细胞核降解等现象，属于典型的程序性细胞死亡（王颖，2014）。

（二）寄主松树防御物质对松材线虫的影响

植物的防御系统包括原生性防御系统和诱导性防御系统（Franceschi et al.，

2005）。许多研究表明，松属中的不同松树品种对松材线虫的抗性有差别（Hirao et al., 2012）。在美国松材线虫并未对松林造成危害，美国的本土松树树种都比较抗病，目前在美国发病较多的树种是欧洲赤松（*Pinus sylvestris*）、欧洲黑松（*P. nigra*）、黑松（*P. thunbergii*）、赤松（*P. densiflora*）、湿地松（*P. elliottii*）。除湿地松外，其他 4 个树种均非美国的原产树种。日本的松树树种主要是黑松、赤松和琉球松（*P. luchuensis*），这 3 种松树对松材线虫病均高度易感。我国松属植物中许多种类均易感病，如东北地区的红松和樟子松，西北地区的油松，东南沿海地区的黑松、赤松，中西部及西南地区的华山松、云南松等均在寄主范围之内。

寄主松树中的萜烯类化学物质可以被松材线虫直接识别利用进行生境定位。在松材线虫病发生时，松树中单萜类物质浓度增加，单萜可抑制松材线虫繁殖。然而，松材线虫对高浓度的萜烯类物质具有较高的适应能力。松材线虫在侵染松树中（α-蒎烯和 β-蒎烯浓度比为 1 : 0.1）通过增加繁殖数量克服寄主抗性，实现成功入侵。在北美，当感病赤松被完全破坏后，树体内具有高浓度萜烯类化合物的高抗火炬松（*P. taeda*）也能被松材线虫为害（Mamiya，1983）。在松材线虫病发生时，松材线虫的数量最大，从而进一步说明松材线虫具有利用高浓度的萜烯类化合物进行繁殖的特性，这一特性可能是长期进化的结果，有利于生物适应新的栖息环境，进而成功入侵（Wiens et al., 2010）。

四、植物与入侵植物互作

很多外来入侵植物为杂草，如入侵我国的空心莲子草、加拿大一枝黄花（*Solidago canadensis*）、微甘菊等是重要的农林杂草。入侵杂草给自然生态系统和农业生态系统带来严重危害，其威胁本土植物多样性，甚至威胁人类健康。明确入侵杂草与本土植物互作关系，是科学治理入侵杂草、保护本土生物多样性的重要理论基础。研究发现，外来入侵杂草能够通过直接竞争光、水、肥和共生生物（如传粉者和共生菌），聚集有害生物（包括病原菌和害虫等），分泌化感物质等抑制本土植物生长；部分本土植物能够快速适应外来入侵物种，降低入侵生物对其不利影响。本节主要介绍几个入侵杂草和本地植物的互作案例。

（一）入侵杂草和本土植物直接竞争无机资源

光、水、肥等自然资源对于本土植物和入侵植物的生长均具重要作用，外来植物在新的地域成功建群时，必然和本土植物竞争各种资源。相对于本土植物，一些外来植物具有以下特征。

1）由于逃逸了天敌调控，入侵植物在入侵地将更多资源分配给生长，如光合作用器官，因而具有更高的资源利用效率（"进化竞争力增强"假说和"氮资源分配"假说）（Blossey and Notzold，1995）。例如，原产于墨西哥的紫茎泽兰入侵中国后将更多氮元素分配给光合作用器官，显著提高植株对光的利用效率（Feng et al., 2009）。

2）在环境变化条件下，入侵植物表现出较高的表型可塑性（Richards et al.，2006）。例如，原产于南美洲的空心莲子草可响应水资源的波动，在入侵地发生表观遗传学变化，以提高其在水淹和干旱等条件下与本土植物的相对竞争力（Geng et al.，2007）。

3）大量入侵植物为克隆植物，而克隆整合（clonal integration）能够显著提高资源异质条件下克隆植物的适应性（Liu et al.，2016）。研究发现，一些入侵克隆植物克隆整合对植株适应性的促进作用显著高于本土同属或同科克隆植物（Wang et al.，2017）。例如，入侵我国的南美蟛蜞菊（*Wedelia trilobata*）、欧洲天胡荽（*Hydrocotyle vulgaris*）、空心莲子草、百喜草（*Paspalum notatum*）、粗秆雀稗（*Paspalum virgatum*）等克隆植物与本土同科植物比较，在光、水、氮资源水平异质的环境下克隆整合对植物适应性的促进作用更高（Wang et al.，2017）。

4）物候在植物竞争中发挥重要作用，相对于本土植物，一些入侵植物春季发生时间较早或整个生长季较长，因而取得物候优势（seasonal priority），能够占据空白生态位（Wolkovich and Cleland，2011）。例如，在北纬32°以南区域，空心莲子草相对于本土莲子草的物候优势随纬度升高而提高，从而在华中地区取得较大竞争优势（Lu et al.，2016b）。

由于上述特性，一些外来物种取得相对于本土植物的竞争优势，常形成大面积单一优势群落，降低本土植物对光、水、肥等资源的获取能力，导致本土植物种群降低。例如，我国入侵植物空心莲子草、加拿大一枝黄花、紫茎泽兰、飞机草、微甘菊等在广泛区域形成大面积单一优势群落，形成郁闭空间，严重降低本土植物获取光、水、肥等资源的能力，导致本土植物种群在入侵群落中消亡。

（二）入侵杂草与本土植物间接竞争共生生物

植物的生长不仅依赖非生物资源，还依赖一些共生生物，如大量本土和入侵开花植物的繁殖依赖传粉昆虫。研究发现，一些外来入侵物种与本土植物竞争有限的传粉者，且总体而言入侵植物能够降低本土植物的传粉者访问频率，从而降低本土植物结实率（Morales and Traveset，2009）。入侵植物对本土植物传粉频率的抑制作用受到入侵与本土植物系统进化关系、花型和花色相似性程度等影响（Morales and Traveset，2009）。例如，千屈菜（*Lythrum salicaria*）在美国东部的入侵提高了入侵群落的开花数和传粉昆虫的总量，但导致36种同域分布的本土植物单朵花的受访频率平均降低20%以上，且具有两侧对称花的植物受影响较大（Goodell and Parker，2017）。入侵植物也可以改变入侵植物群落-传粉者互作网络，从而抑制或促进本土植物繁育。例如，*Carpobrotus affine acinaciformis* 和仙人掌（*Opuntia stricta*）入侵改变了地中海地域植物传粉网络，提高了传粉昆虫数量，并成为传粉网络中关键物种。*Carpobrotus affine acinaciformis* 入侵提高了本土植物的受访频率，而 *Opuntia stricta* 降低了本土植物的受访频率（Bartomeus et al.，2008）。

土壤共生微生物，包括丛枝菌根真菌和外生菌根菌，在植物生长和种间竞争中同样发挥重要作用。研究发现，一些外来植物高度依赖共生菌。例如，由于缺乏共生菌，豆科植物往往难以入侵岛屿生态系统，大量外来松科植物在阿根廷维多利亚岛未能形成入侵态势（Nunez et al.，2009）。土壤反馈实验发现，土壤生物可显著促进加拿大一枝黄花生长，而对中国本土长芒草（*Stipa bungeana*）无显著促进作用，表明土壤共生菌可促进加拿大一枝黄花在中国的入侵（Sun and He，2010）。一些外来植物与菌根真菌不能形成共生关系，其在入侵过程中对土壤共生菌的依赖程度逐渐降低（Seifert et al.，2009），或其根际分泌化感物质抑制共生菌发生。这些植物入侵导致本土土壤共生菌数量和种类下降，间接降低依赖共生菌的本土植物适应性。例如，美国加利福尼亚草原的草本入侵植物显著降低土壤丛枝菌根真菌发生量，促进外来植物 *Carduus pycnocephalus* 生长，而抑制本土虎耳草（*Gnaphalium californicum*）生长（Vogelsang and Bever，2009）。入侵美国的葱芥（*Alliaria petiolata*）根际分泌的黄酮类物质显著抑制入侵地菌根真菌的发生，从而抑制依赖菌根真菌的本土植物生长（Callaway et al.，2008）。

（三）入侵杂草聚集病虫害抑制本土植物生长

有害生物（包括植食性昆虫和病原菌等）是植物个体生长和种群增长的重要调控因子。研究发现，一些外来入侵植物能够集聚土壤病原真菌或细菌，促进外来物种入侵（"本地病原菌聚集"假说）。例如，原产于欧洲的滨草（*Ammophila arenaria*）入侵美国后根际土壤含有大量本土病原微生物，且病原菌对本土植物的抑制作用较强，因而间接赋予入侵植物相对于本土植物的竞争优势。入侵亚洲的飞机草原产于中南美洲，其根际土壤中病原镰刀菌（*Fusarium semitectum*）孢子数量较邻近本土植物根际土壤中孢子数量多 25 倍以上（Mangla et al.，2008）。有研究发现，一些入侵植物对土壤病原菌的耐受能力显著高于本土植物，因而病原菌的聚集可促进外来物种的入侵。例如，入侵我国的空心莲子草根系主要由主根组成，对土壤病原菌的抗性水平显著高于本土同属植物莲子草（*Alternanthera sessilis*），因此土壤病原菌可促进空心莲子草入侵（Lu et al.，2015b，2018）。伴随入侵时间延长，一些入侵植物逐渐集聚本土病原菌，在扩散过程中可能加速病原菌扩散。入侵美国的柔枝莠竹原产于亚洲，在其叶片上发现多种病原真菌，其中以平脐蠕孢属（*Bipolaris*）真菌为主，而平脐蠕孢属同样可危害本土植物，因而柔枝莠竹的扩散传播可能加剧这些植物病原菌的扩散，威胁本土植物生长（Stricker et al.，2016）。

外来植物在入侵地常形成高密度群落，为一些本土植食性昆虫提供了适宜的栖息场所或越冬场地，导致植食性昆虫种群增大。由于本土植食性昆虫和本土植物具备长期协同进化历史，多数本土植食性昆虫偏好取食本土植物，因而外来植物入侵可能间接增加了本土植物遭受昆虫为害的风险（Enge et al.，2013；Bhattarai et al.，2017）。例如，美国有入侵和本土两种基因型芦苇（*Phragmites australis*），同一地域入侵性芦苇的发生会提高本土植被上蚜虫发生量达 296%、蛀茎昆虫发生量达 34%、潜叶昆虫发生量达 221%（Bhattarai et al.，2017）。为控制原产于欧洲的麝香飞廉（*Carduus nutans*），美国引入一种象甲 *Rhinocyllus conicus* 对麝香飞廉进行生物防治，但 *R. conicus* 也为害本土蓟属植物 *Cirsium undulatum*。研究发现，麝香飞廉入侵群落中 *C. undulatum* 被 *R. conicus* 为害的程度较本土 *C. undulatum* 单独存在时高 3～5 倍（Rand and Louda，2004）。为控制空心莲子草，我国于 1986 年引入专一性天敌莲草直胸跳甲（*Agasicles hygrophila*），但该虫也为害我国本土莲子草。研究发现，空心莲子草为莲草直胸跳甲的越冬寄主植物，其存在显著提高春季莲子草被莲草直胸跳甲为害的风险（Lu et al.，2015a）。

（四）入侵杂草分泌化感物质直接抑制本土植物

化感物质指一种植物分泌的、能够抑制其他植株生长的化学物质（主要是次生代谢物）。由于在入侵初期，本土植物与入侵植物缺乏协同进化关系，一些入侵植物分泌的化感物质能够显著高效抑制本土植物生长（"新式武器"假说）（Callaway and Ridenour，2004）。例如，原产于欧洲的斑点矢车菊（*Centaurea maculosa*）入侵北美后根际分泌的儿茶酚能够导致本土植物根系分生组织细胞死亡，从而抑制本土植物生长（Bais et al.，2003）。化感作用也是外来植物入侵我国的一个重要生态学机制。研究发现，紫茎泽兰、互花米草、飞机草、凤眼蓝、加拿大一枝黄花、空心莲子草、豚草、三裂叶豚草（*Ambrosia trifida*）、马缨丹（*Lantana camara*）、南美蟛蜞菊、鬼针草（*Bidens pliosa*）、微甘菊等植物根际分泌物均具有化感作用，能够抑制本土植物种子萌发或生长。

（五）本土植物对入侵植物的快速适应

为应对外来植物入侵，一些本土植物逐渐适应，降低了入侵植物对它们的危害。荟萃分析 53 项研究结果表明，来自入侵群落的本土植物种群较来自非入侵群落的本土植物种群在入侵植物存在时适应性更高，表明一些本土物种能够快速适应外来入侵物种（Oduor，2013）。例如，入侵美国的葱芥根际分泌的化感物质能够显著抑制本土植物生长，但研究发现受到本土植物较大竞争压力的葱芥种群根际化感物质含量较高，且来源于入侵群落的本土植物较来源于非入侵种群的本土植物对葱芥化感作用的耐受能力更强（Lankau，2012）。入侵群落中本土透茎冷水花（*Pilea pumila*）对葱芥化感物质的耐受能力随入侵时间延长而提高（Huang et al.，2018），且长期与葱芥共生的种群植株根际共生真菌群落多样性增高（Lankau and Nodurft，2013）。目前有关本土植物快速适应外来入侵植物的生态学机制尚缺乏深入研究。

五、外来入侵植物与土壤微生物互作

土壤微生物种类众多、功能多样，绝大部分不能人工培养，增大了研究难度，限制了相关工作进展。根据对植物的影响，土壤微生物大致可分为三类：有益微生物、有害微生物和中性微生物。中性土壤微生物对植物的影响小，或对植物的有益和有害作用相当。有益微生物种类很多，包括共生固氮菌、联合固氮菌、菌根真菌、分解转化微生物、促生菌等，能帮助植物吸收养分和碳水化合物、分解毒素、提高其抗病能力或减少发病概率，并为其提供可利用的养分等。有害微生物主要是病原菌，种类相对少，但对植物危害大，有些有害微生物通过释放毒素影响植物，有的通过影响有益微生物间接影响植物。此外，土壤微生物还可通过与植物竞争养分来影响植物，从这个意义上说，就没有绝对意义上的中性土壤微生物。例如，土壤添加蔗糖、锯末等碳源，土壤微生物总量增多，竞争抑制植物对氮素的吸收。

不同植物种类甚至同种植物不同基因型的根系特性、根系分泌物所含化合物的种类和数量不同，加之地上淋溶物和凋落物等存在种间差异，必将导致土壤微生物群落结构与功能产生种间差异。外来植物到达新的环境之后，必然要改变土壤微生物的群落结构与功能，影响外来植物自身及周围本地植物与土壤微生物的互作关系，影响生态系统的地下土壤生态过程，进而影响外来植物的入侵性。

（一）外来入侵植物对土壤微生物的影响

植物可以通过多种方式影响土壤微生物。与本地植物相比，入侵美国西部的盐生草（*Halogeton glomeratus*）使土壤细菌功能多样性显著提高。Yang 等（2019）研究发现，与裸露光滩相比，入侵我国东部沿海湿地的互花米草显著提高了本土土壤细菌的丰度和多样性。Zhu 等（2017）研究了紫茎泽兰叶片沥出液对 3 个生境土壤细菌群落的影响发现，无论是短期（3d）还是长期（180d）处理，土壤细菌丰富度和多样性均显著降低。Zhang 等（2018）比较了 42 种入侵植物和 46 种本地植物对土壤生物的影响，通过凋落物的影响，入侵植物使土壤细菌生物量增加了 16%，食碎屑生物丰度增加了 119%，食微生物动物丰度增加了 89%；通过根际效应的影响，入侵植物使细菌生物量降低了 12%，食草动物丰度降低了 55%，捕食者丰度降低了 52%，但丛枝菌根真菌生物量增加了 36%。

外来植物还可与其他全球变化组分共同作用影响土壤微生物，进而影响外来植物入侵性。大气 CO_2 浓度升高通常促进光合产物向地下部分配，根系增大，根系分泌物增多，这既能增加土壤微生物总量，也能提高土壤微生物活性，改变土壤微生物群落结构和功能（Montealegre et al.，2002）。Kao-Kniffin 和 Balser（2007）研究发现，大气 CO_2 浓度升高促进入侵植物虉草（*Phalaris arundinacea*）根系分泌易分解的含碳化合物，刺激土壤微生物生长，改变土壤生态系统功能，进而反馈影响入侵。

（二）外来入侵植物与土壤微生物的相互作用

Callaway 等（2004）研究发现，外来入侵植物斑点矢车菊的生长受其原产地欧洲土壤生物的抑制，但入侵地北美的土壤生物能促进其生长。上述结果表明，原产地土壤中对斑点矢车菊有害的微生物起主导作用，入侵地土壤中对斑点矢车菊有益的微生物起主导作用。另外，来自原产地美国的土壤微生物显著抑制我国恶性外来入侵植物三裂叶豚草的种子萌发和幼苗生长，但我国土壤微生物对三裂叶豚草的反馈作用为中性，在有些地点甚至表现出正反馈作用。不仅如此，三裂叶豚草驯化的土壤还能抑制入侵地本地植物种子萌发和幼苗生长，间接促进三裂叶豚草入侵。

菌根真菌是影响外来入侵植物–土壤反馈的重要因素。入侵北美的葱芥通过根系分泌和凋落物分解释放的黄酮类物质硫代葡萄糖苷，抑制丛枝菌根真菌（AMF）的生长，从而促进自身入侵，因为 AMF 对本地植物生长有利，但葱芥不需要 AMF（Callaway et al.，2008）。Seifert 等（2009）比较研究了在相同环境下，接种 AMF 对金丝桃（*Hypericum perforatum*）北美入侵地种群和欧洲原产地种群影响的差异，发现金丝桃入侵地种群对接种 AMF 的响应显著低于原产地种群，这可能与入侵地种群根更细有关，细根能保证入侵地种群在降低根生物量分配的同时保证水肥吸收，并把更多的生物量分配到生殖。该研究首次证明，外来植物通过改变根系形态和降低对菌根真菌的依赖性来促进自身成功入侵。在入侵地，外来植物对土壤微生物的依赖性降低，加之逃离了原产地的地下天敌（尤其是病原菌），可使根系形态发生转变（如提高比根长和分枝强度），提高外来植物相对本地种群和原产地种群的资源吸收与竞争能力。菌根侵染率与一级根直径正相关，细根植物对土壤资源的利用表现为"机会主义"策略，而粗根植物则依赖共生菌根真菌获取土壤养分，表现为"保守"的养分利用策略。然而，菌根真菌的特异性并不强，一种菌根真菌可以和多种植物共生，一种植物也可以有多种共生菌根真菌，外来植物可以和入侵地原有的菌根真菌建立共生关系。

外来植物还可以通过多种土壤微生物促进其入侵。Zou 等（2006）研究发现，入侵美国的乌桕（*Sapium sebiferum*）改变了入侵地土壤细菌的丰富度和群落组成，促进了土壤硝化作用。我国恶性外来入侵植物紫茎泽兰入侵也能提高土壤氮转化微生物活性，碱性磷酸酶和脲酶活性，有机质、全氮、全磷、全钙、水解氮和有效磷含量，表现出正的土壤反馈作用。据研究报道，高养分下外来入侵植物瘤突苍耳（*Xanthium strumarium*）的土壤矿化速率、硝化速率和脲酶活性与本地苍耳（*X. sibiricum*）差异不显著，甚至更低，但低养分下瘤突苍耳的土壤氮转化速率高于本地苍耳，相对本地苍耳的生长优势也更明显。Zhang 等（2018）对已发表数据进行荟萃分析的结果也表明，外来入侵植物根际土的氮矿化速率和酶活性均高于本地植物根际土。Mangla 等（2008）研究发现，外来入侵植物飞机草可以积累病原微生物镰刀菌，这对飞机草自身影响不大，但可显著抑制本地植物生长，促进飞机草在印度的入侵。

（三）入侵时间对外来入侵植物–土壤反馈作用的影响

"天敌逃逸"假说及与之相关的"进化竞争力增强"假说、"氮资源分配"假说均认为，入侵地天敌尤其是专性天敌的缺乏是外来植物成功入侵的重要原因。外来植物逃逸的天敌包括地下病原微生物。但是，随着入侵时间的延长，外来植物的地上和地下天敌都会逐渐增加，以降低其入侵性。Sheppard 和 Schurr（2019）的宏生态学研究表明，入侵时间延长（6～18 000 年）限制了入侵菊科植物在德国的适应性和地理分布。Bardgett 等（2014）认为，在入侵起始期，外来植物丰度低，对入侵生境地下、地上生物多样性影响较小；在入侵期，外来植物丰度高，导致包括专性寄主植物在内的本地植物减少或丧失，加之外来入侵植物用"新武器"抑制专性生物类群，土壤和地上生物多样性通常都降低；在归化期，土壤微生物可针对外来植物发生快速适应性进化，导致本地病原微生物和分解者逐渐适应外来植物。专性病原微生物对外来植物的负面影响通常强于专性分解者的正面影响，所以长时间定植后外来植物受到控制，加速归化。如果土壤生物多样性影响病原微生物进化，那么洲际外来植物引起上述进化的机会要高于洲内外来植物，因后者更容易受到其原产地土壤生物群的危害（距离近易传播）。而且，随着入侵时间的延长，原产地土壤病原微生物到达入侵地的概率也会增加，也将进一步加剧入侵地土壤生物群对外来植物的反馈抑制。

Dostál 等（2013）研究发现，随着入侵捷克西部的大猪草（*Heracleum mante-gazzianum*）的入侵时间延长，地下土壤微生物对其存活、生长及竞争能力的抑制逐渐加剧，大猪草野外种群盖度逐渐下降；本地植物丰度和生产力在大猪草入侵的起始阶段降低，而在入侵约 30 年后往往恢复至未被入侵群落的水平。上述结果表明，在入侵地大猪草的起始生长优势及其对本地植物的不利影响慢慢被植物-土壤负反馈作用削弱。相对于原产地欧亚大陆，入侵地阿根廷（约 1870 年）、美国加利福尼亚（约 1850 年）和智利（更早）的土壤会明显抑制全球恶性入侵杂草黄矢车菊（*C. solstitialis*）的生长，延长其种子萌发时间，表现为明显的土壤负反馈。Flory 等（2018）呼吁生态学家、植物病理学家和土地管理者合作研究，揭示地下和地上病原物积累在控制入侵群落长期动态中的作用。

随着入侵时间的延长，外来植物不仅能通过积累有害土壤微生物抑制自身入侵，也能通过影响土壤微生物来降低自身化感效应，进而影响自身入侵性。Li 等（2015）研究发现，随着入侵时间延长，土壤微生物对紫茎泽兰化感物质的降解加快，降解微生物活性升高，使紫茎泽兰对本地植物的化感效应降低。Li 等（2017）进一步研究了紫茎泽兰丰度不同的 42 个地点土壤对其化感效应的影响，发现在未被入侵过的土壤中紫茎泽兰化感物质降解慢、降解微生物活性低，其对本地植物的化感效应强，随着紫茎泽兰入侵加剧（地上生物量和盖度升高），紫茎泽兰化感物质降解加快、降解微生物活性升高，其对本地植物的化感效应降低。他们分离得到 2 株细菌，其中来自紫茎泽兰入侵地土壤的节杆菌属（*Arthrobacter*）菌株能显著提高紫茎泽兰化感物质的降解速率，降低其化感活性。这些研究表明，随着入侵时间的延长或入侵程度的加剧，土壤微生物很可能对紫茎泽兰产生了适应性进化，产生并积累分解其化感物质的土壤微生物。

（四）展望

植物–土壤反馈作用的方向和强度与植物–土壤微生物间的相互作用密切相关。很多研究表明，在入侵地外来植物–土壤微生物反馈作用表现为正反馈或中性反馈，在原产地表现为负反馈或中性反馈，这为一些外来植物的成功入侵提供了解释。但是，与地上生态系统和生态过程相比，我们对地下生态系统和生态过程的了解还很不够，地下土壤仍是生态系统的"黑箱"，还需从以下几个方面加强外来入侵植物–土壤微生物互作研究。

一是外来入侵植物影响土壤微生物的机制。植物可以通过根系分泌物、地上淋溶物、凋落物等影响土壤微生物，根系形态结构等也能发挥作用，我们应在确定上述因素中主效影响因子的基础上，进一步研究影响土壤微生物的关键因子，如关键化合物等，深入研究它们的合成、释放、在土壤中的代谢、对土壤微生物的影响及其机制等。

二是被改变的土壤微生物影响外来植物入侵的机制。目前相关研究多停留在外来入侵植物影响土壤细菌和真菌的生物量、多样性等较宏观层面，少有研究确定起主要作用的具体微生物种类。不难知道外来入侵植物是否能提高根围土壤硝化速率、是否影响硝化细菌的物种组成和多样性，但较难确定到底是哪种或哪几种硝化细菌帮助外来入侵植物提高根围土壤硝化速率，也难以弄清具体什么因素导致这些硝化细菌变化。现代技术（如稳定性同位素核酸探针技术）的应用，已经使这些研究成为可能。

三是扩大研究的时间和空间尺度。野外环境复杂多变，且异质性大，环境温度、水分、养分、pH，以及本地植物、动物和微生物等不可避免地会影响外来入侵植物与土壤微生物的互作关系。随着定植时间的延长，外来入侵植物与土壤微生物发生相互适应性进化的可能性增大，影响二者互作方向与互作强度。在多个地点从群落水平研究入侵时间不同群落中植物与土壤微生物的互作，能更好地揭示外来入侵植物与土壤微生物的关系。

随着现代生物技术的发展，外来入侵植物–土壤微生物互作研究已经取得了巨大进展。随着后基因组学时代的到来，各种宏组学技术的应用，如宏基因组学、宏转录组学、宏蛋白质组学和宏代谢组学，将进一步加快外来入侵植物与土壤微生物互作机制的研究进展，为外来入侵植物风险评估、管理和控制提供科学依据。

参 考 文 献

王璇. 2016. 松材线虫 CYP450 基因致病机理研究. 北京: 中国林业科学研究院博士学位论文.

王颖. 2014. 松材线虫 *Bx-vap-1* 基因在昆虫细胞中的表达及功能分析. 哈尔滨: 东北林业大学博士学位论文.

谢丙炎, 成新跃, 石娟, 等. 2009. 松材线虫入侵种群形成与扩张机制：国家重点基础研究发展计划"农林危险生物入侵机理与控制基础研究"进展. 中国科学：生命科学, 29(4): 333-341.

张伟. 2017. 遗传信息变异对松材线虫和棉铃虫的影响. 北京: 中国科学院动物研究所博士学位论文.

张星耀, 骆有庆. 2003. 中国森林重大生物灾害. 北京: 中国林业出版社.

Arsenault-Labrecque G, Sonah H, Lebreton A, et al. 2018. Stable predictive markers for *Phytophthora sojae* avirulence genes that impair infection of soybean uncovered by whole genome sequencing of 31 isolates. BMC Biol, 16(1): 80.

Bais HP, Vepachedu R, Gilroy D, et al. 2003. Allelopathy and exotic plant invasion: from molecules and genes to species interactions. Science, 301(5638): 1377-1380.

Bardgett RD, van der Putten WH. 2014. Belowground biodiversity and ecosystem functioning. Nature, 515(7528): 505-511.

Bartomeus I, Vilà M, Santamaría L. 2008. Contrasting effects of invasive plants in plant-pollinator networks. Oecologia, 155(4): 761-770.

Bhattarai GP, Meyerson LA, Cronin JT. 2017. Geographic variation in apparent competition between native and invasive *Phragmites australis*. Ecology, 98(2): 349-358.

Blossey B, Notzold R. 1995. Evolution of increased competitive ability in invasive nonindigenous plants: a hypothesis. Journal of Ecology, 83(5): 887-889.

Callaway RM, Cipollini D, Barto K, et al. 2008. Novel weapons: invasive plant suppresses fungal mutualists in America but not in its native Europe. Ecology, 89(4): 1043-1055.

Callaway RM, Ridenour WM. 2004. Novel weapons: invasive success and the evolution of increased competitive ability. Front Ecol Environ, 2(8): 436-443.

Cameron EK, Vila M, Cabeza M. 2016. Global meta-analysis of the impacts of terrestrial invertebrate invaders on species, communities and ecosystems. Global Ecol Biogeogr, 25(5): 596-606.

Cheng CH, Wickham JD, Chen L, et al. 2018. Bacterial microbiota protects an invasive bark beetle from a pine defensive compound. Microbiome, 6(1): 132.

Desurmont GA, Donoghue MJ, Clement WL, et al. 2011. Evolutionary history predicts plant defense against an invasive pest. Proc Natl Acad Sci USA, 108(17): 7070-7074.

Desurmont GA, Harvey J, van Dam NM, et al. 2014. Alien interference: disruption of infochemical networks by invasive insect herbivores. Plant, Cell & Environment, 37(8): 1854-1865.

Dong S, Yin W, Kong G, et al. 2011. *Phytophthora sojae* avirulence effector Avr3b is a secreted NADH and ADP-ribose pyrophosphorylase that modulates plant immunity. PLOS Pathogens, 7(11): e1002353.

Dostál P, Müllerová J, Pyšek P, et al. 2013. The impact of an invasive plant changes over time. Ecology Letters, 16(10): 1277-1284.

Dou D, Zhou JM. 2012. Phytopathogen effectors subverting host immunity: different foes, similar battleground. Cell Host & Microbe, 12(4): 484-495.

Enge S, Nylund GM, Pavia H. 2013. Native generalist herbivores promote invasion of a chemically defended seaweed via refuge-mediated apparent competition. Ecology Letters, 16(4): 487-492.

Feng YL, Lei YB, Wang RF, et al. 2009. Evolutionary tradeoffs for nitrogen allocation to photosynthesis versus cell walls in an invasive plant. Proc Natl Acad Sci USA, 106(6): 1853-1856.

Flory SL, Alba C, Clay K, et al. 2018. Long-term studies are needed to reveal the effects of pathogen accumulation on invaded plant communities. Biol Invasions, 20(1): 11-12.

Frago E, Dicke M, Godfray HCJ. 2012. Insect symbionts as hidden players in insect-plant interactions. Trends Ecol Evol, 27(12): 705-711.

Franceschi VR, Krokene P, Christiansen E, et al. 2005. Anatomical and chemical defenses of conifer bark against bark beetles and other pests. New Phytologist, 167(2): 353-376.

Geng YP, Pan XY, Xu CY, et al. 2007. Phenotypic plasticity rather than locally adapted ecotypes allows the invasive alligator weed to colonize a wide range of habitats. Biol Invasions, 9(3): 245-256.

Goodell K, Parker IM. 2017. Invasion of a dominant floral resource: effects on the floral community and pollination of native plants. Ecology, 98(1): 57-69.

Hirao T, Fukatsu E, Watanabe A. 2012. Characterization of resistance to pine wood nematode infection in *Pinus thunbergii* using suppression subtractive hybridization. BMC Plant Biol, 12: 13.

Huang FF, Lankau R, Peng SL. 2018. Coexistence via coevolution driven by reduced allelochemical effects and increased tolerance to competition between invasive and native plants. New Phytologist, 218(1): 357-369.

Jing M, Guo B, Li H, et al. 2016. A *Phytophthora sojae* effector suppresses endoplasmic reticulum stress-mediated immunity by stabilizing plant binding immunoglobulin proteins. Nature Communications, 7: 11685.

Jiu M, Zhou XP, Tong L, et al. 2007. Vector-virus mutualism accelerates population increase of an invasive whitefly. PLOS ONE, 2(1): e182.

Kamoun S. 2006. A catalogue of the effector secretome of plant pathogenic oomycetes. Annu Rev Phytopathol, 44: 41-60.

Kao-Kniffin J, Balser TC. 2007. Elevated CO_2 differentially alters belowground plant and soil microbial community structure in reed canary grass-invaded experimental wetlands. Soil Biol & Biochem, 39(2): 517-525.

Kenis M, Auger-Rozenberg MA, Roques A, et al. 2009. Ecological effects of invasive alien insects. Biol Invasions, 11(1): 21-45.

Kuroda K. 2012. Monitoring of xylem embolism and dysfunction by the acoustic emission technique in *Pinus thunbergii* inoculated with the pine wood nematode *Bursaphelenchus xylophilus*. J Forest Res, 17(1): 58-64.

Lankau RA. 2012. Coevolution between invasive and native plants driven by chemical competition and soil biota. Proc Natl Acad Sci USA, 109(28): 11240-11245.

Lankau RA, Nodurft RN. 2013. An exotic invader drives the evolution of plant traits that determine mycorrhizal fungal diversity in a native competitor. Molecular Ecology, 22(21): 5472-5485.

Li H, Wang H, Jing M, et al. 2018. A *Phytophthora* effector recruits a host cytoplasmic transacetylase into nuclear speckles to enhance plant susceptibility. eLife, 7: e40039.

Li M, Liu JA, Liu SS. 2011. Tomato yellow leaf curl virus infection of tomato does not affect the performance of the Q and ZHJ2 biotypes of the viral vector *Bemisia tabaci*. Insect Sci, 18(1): 40-49.

Li R, Weldegergis BT, Li J, et al. 2014. Virulence factors of geminivirus interact with MYC2 to subvert plant resistance and promote vector performance. The Plant Cell, 26(12): 4991-5008.

Li YP, Feng YL, Chen YJ, et al. 2015. Soil microbes alleviate allelopathy of invasive plants. Sci Bull, 60(12): 1083-1091.

Li YP, Feng YL, Kang ZL, et al. 2017. Changes in soil microbial communities due to biological invasions can reduce allelopathic effects. J Appl Ecol, 54(5): 1281-1290.

Liu F, Liu J, Dong M. 2016. Ecological consequences of clonal integration in plants. Front Plant Sci, 7: 770.

Liu SS, De Barro PJ, Xu J, et al. 2007. Asymmetric mating interactions drive widespread invasion and displacement in a whitefly. Science, 318(5857): 1769-1772.

Liu T, Song T, Zhang X, et al. 2014. Unconventionally secreted effectors of two filamentous pathogens target plant salicylate biosynthesis. Nature Communications, 5: 4686.

Lu M, Hulcr J, Sun JH. 2016b. The role of symbiotic microbes in insect invasions. Annu Rev Ecol Evol Syst, 47: 487-505.

Lu M, Wingfield MJ, Gillette NE, et al. 2011. Do novel genotypes drive the success of an invasive bark beetle-fungus complex? Implications for potential reinvasion. Ecology, 92(11): 2013-2019.

Lu S, Chen L, Tao K, et al. 2013. Intracellular and extracellular phosphatidylinositol 3-phosphate produced by *Phytophthora* species is important for infection. Molecular Plant, 6(5): 1592-1604.

Lu X, He M, Ding J, et al. 2018. Latitudinal variation in soil biota: testing the biotic interaction hypothesis with an invasive plant and a native congener. ISME J, 12(12): 2811-2822.

Lu X, Siemann E, He M, et al. 2015a. Climate warming increases biological control agent impact on a non-target species. Ecology Letters, 18(1): 48-56.

Lu X, Siemann E, He M, et al. 2016a. Warming benefits a native species competing with an invasive congener in the presence of a biocontrol beetle. New Phytologist, 211(4): 1371-1381.

Lu X, Siemann E, Wei H, et al. 2015b. Effects of warming and nitrogen on above- and below-ground herbivory of an exotic invasive plant and its native congener. Biol Invasions, 17(10): 2881-2892.

Luan JB, Wang XW, Colvin J, et al. 2014. Plant-mediated whitefly-*Begomovirus* interactions: research progress and future prospects. Bull Entomol Res, 104(3): 267-276.

Ma Z, Song T, Zhu L, et al. 2015. A *Phytophthora sojae* glycoside hydrolase 12 protein is a major virulence factor during soybean infection and is recognized as a PAMP. The Plant Cell, 27(7): 2057-2072.

Ma Z, Zhu L, Song T, et al. 2017. A paralogous decoy protects *Phytophthora sojae* apoplastic effector PsXEG1 from a host inhibitor. Science, 355(6326): 710-714.

Mamiya Y. 1983. Pathology of the pine wilt disease caused by *Bursaphelenchus xylophilus*. Annu Rev of Phytopathol, 21: 201-220.

Mangla S, Callaway RM. 2008. Exotic invasive plant accumulates native soil pathogens which inhibit native plants. Journal of Ecology, 96(1): 58-67.

Moabbi AM, Agarwal N, El Kaderi B, et al. 2012. Role for gene looping in intron-mediated enhancement of transcription. Proc Natl Acad Sci USA, 109(22): 8505-8510.

Montealegre CM, van Kessel C, Russelle MP, et al. 2002. Changes in microbial activity and composition in a pasture ecosystem exposed to elevated atmospheric carbon dioxide. Plant Soil, 243(2): 197-207.

Morales CL, Traveset A. 2009. A meta-analysis of impacts of alien vs. native plants on pollinator visitation and reproductive success of co-flowering native plants. Ecology Letters, 12(7): 716-728.

Myers RF. 1986. Cambium destruction in conifers caused by pinewood nematodes. Journal of Nematology, 18(3): 398-402.

Nunez MA, Horton TR, Simberloff D. 2009. Lack of belowground mutualisms hinders Pinaceae invasions. Ecology, 90(9): 2352-2359.

Oduor AMO. 2013. Evolutionary responses of native plant species to invasive plants: a review. New Phytologist, 200(4): 986-992.

Qiao Y, Liu L, Xiong Q, et al. 2013. Oomycete pathogens encode RNA silencing suppressors. Nature Genetics, 45(3): 330-333.

Qiao Y, Shi J, Zhai Y, et al. 2015. *Phytophthora* effector targets a novel component of small RNA pathway in plants to promote infection. Proc Natl Acad Sci USA, 112(18): 5850-5855.

Rand TA, Louda SM. 2004. Exotic weed invasion increases the susceptibility of native plants to attack by a biocontrol herbivore. Ecology, 85(6): 1548-1554.

Richards CL, Bossdorf O, Muth NZ, et al. 2006. Jack of all trades, master of some? On the role of phenotypic plasticity in plant invasions. Ecology Letters, 9(8): 981-993.

Seifert EK, Bever JD, Maron JL. 2009. Evidence for the evolution of reduced mycorrhizal dependence during plant invasion. Ecology, 90(4): 1055-1062.

Shan W, Cao M, Dan L, et al. 2004. The *Avr1b* locus of *Phytophthora sojae* encodes an elicitor and a regulator required for avirulence on soybean plants carrying resistance gene *Rps1b*. Molecular Plant-Microbe Interactions, 17(4): 394-403.

Sheppard CS, Schurr FM. 2019. Biotic resistance or introduction bias? Immigrant plant performance decreases with residence times over millennia. Glob Ecol & Biogeogr, 28(2): 222-237.

Song TQ, Kale SD, Arredondo FD, et al. 2013. Two RxLR avirulence genes in *Phytophthora sojae* determine soybean *Rps1k*-mediated disease resistance. Molecular Plant-Microbe Interactions, 26(7): 711-720.

Song TQ, Ma ZC, Shen DY, et al. 2015. An oomycete CRN effector reprograms expression of plant *HSP* genes by targeting their promoters. PLOS Pathogens, 11(12): e1005348.

Stireman JO, Singer MS. 2018. Tritrophic niches of insect herbivores in an era of rapid environmental change. Curr Opin Insect Sci, 29: 117-125.

Stricker KB, Harmon PF, Goss EM, et al. 2016. Emergence and accumulation of novel pathogens suppress an invasive species. Ecology Letters, 19(4): 469-477.

Su Q, Preisser EL, Zhou XM, et al. 2015. Manipulation of host quality and defense by a plant virus improves performance of whitefly vectors. J Econ Entomol, 108(1): 11-19.

Sun JH, Lu M, Gillette NE, et al. 2013. Red turpentine beetle: innocuous native becomes invasive tree killer in China. Annu Rev Entomol, 58: 293-311.

Sun ZK, He WM. 2010. Evidence for enhanced mutualism hypothesis: *Solidago canadensis* plants from regular soils perform better. PLOS ONE, 5(11): e15418.

Vogelsang KM, Bever JD. 2009. Mycorrhizal densities decline in association with nonnative plants and contribute to plant invasion. Ecology, 90(2): 399-407.

Wang B, Lu M, Cheng C, et al. 2013. Saccharide-mediated antagonistic effects of bark beetle fungal associates on larvae. Biology Letters, 9(1): 20120787.

Wang YJ, Müller-Schärer H, van Kleunen M, et al. 2017. Invasive alien plants benefit more from clonal integration in heterogeneous environments than natives. New Phytologist, 216(4): 1072-1078.

Ward NL, Masters GJ. 2007. Linking climate change and species invasion: an illustration using insect herbivores. Global Change Biol, 13(8): 1605-1615.

Wiens JJ, Ackerly DD, Allen AP, et al. 2010. Niche conservatism as an emerging principle in ecology and conservation biology. Ecology Letters, 13(10): 1310-1324.

Wolkovich EM, Cleland EE. 2011. The phenology of plant invasions: a community ecology perspective.

Front Ecol Environ, 9(5): 287-294.

Xu HX, Qian LX, Wang XW, et al. 2019. A salivary effector enables whitefly to feed on host plants by eliciting salicylic acid-signaling pathway. Proc Natl Acad Sci USA, 116(2): 490-495.

Yang W, Jeelani N, Zhu Z, et al. 2019. Alterations in soil bacterial community in relation to *Spartina alterniflora* Loisel. invasion chronosequence in the eastern Chinese coastal wetlands. Appl Soil Ecol, 135(1): 38-43.

Zavala JA, Casteel CL, DeLucia EH, et al. 2008. Anthropogenic increase in carbon dioxide compromises plant defense against invasive insects. Proc Natl Acad Sci USA, 105(13): 5129-5133.

Zhang P, Li B, Wu J, et al. 2018. Invasive plants differentially affect soil biota through litter and rhizosphere pathways: a meta-analysis. Ecology Letters, 22(1): 200-210.

Zhang PJ, Zheng SJ, van Loon JJA, et al. 2009. Whiteflies interfere with indirect plant defense against spider mites in Lima bean. Proc Natl Acad Sci USA, 106(50): 21202-21207.

Zhang T, Luan JB, Qi JF, et al. 2012. *Begomovirus*-whitefly mutualism is achieved through repression of plant defences by a virus pathogenicity factor. Molecular Ecology, 21(5): 1294-1304.

Zhang W, Zhao LL, Zhou J, et al. 2019. Enhancement of oxidative stress contributes to increased pathogenicity of the invasive pine wood nematode. Philos Trans R Soc Lond B Biol Sci, 374(1767): 20180323.

Zhao LL, Wei W, Kang L, et al. 2007. Chemotaxis of the pinewood nematode, *Bursaphelenchus xylophilus*, to volatiles associated with host pine, *Pinus massoniana*, and its vector *Monochamus alternatus*. J Chem Ecol, 33(6): 1207-1216.

Zhu XZ, Li YP, Feng YL, et al. 2017. Response of soil bacterial communities to secondary compounds released from *Eupatorium adenophorum*. Biol Invasions, 19(5): 1471-1481.

Zou JW, Rogers WE, DeWalt SJ, et al. 2006. The effect of Chinese tallow tree (*Sapium sebiferum*) ecotype on soil-plant system carbon and nitrogen processes. Oecologia, 150(2): 272-281.

第十章

植物–微生物共生

王二涛[1]，白　洋[2]

[1] 中国科学院分子植物科学卓越创新中心；
[2] 中国科学院遗传与发育生物学研究所

　　土壤微生物种群是地球上最为复杂的系统之一，不仅包括能够侵染植物造成产量损失的病原菌，也包括能够直接或间接促进植物生长的益生菌，具有极高的多样性（Lakshmanan et al.，2014；Tkacz and Poole，2015）。作为与土壤直接接触的部分，根系是植物与环境进行营养交换的主要器官（Hodge et al.，2009）。土壤中的营养物质被根系吸收后，通过主动或者被动运输传送到地上部，供植物生长发育（Hodge et al.，2009）；而植物地上部通过光合作用固定二氧化碳，超过20%的碳源会以根系分泌物（root exudate）的形式释放到土壤中，对土壤生态特别是其中的微生物群落产生影响，形成特异的根系微生物组（root microbiome）（Berendsen et al.，2012；Sasse et al.，2018；Zhalnina et al.，2018）。根系微生物组的结构与功能对植物免疫与发育具有重要的调节作用，与植物健康和营养吸收息息相关（Berendsen et al.，2012；Lakshmanan et al.，2014；Tkacz and Poole，2015）。植物会通过改变自身代谢来抵御在生长过程中遭遇的逆境胁迫，代谢的改变能够导致根系分泌物的含量和组成变化，进一步影响根系微生物组（Selmar et al.，2013；Sasse et al.，2018）。许多研究发现，根系微生物组的变化会对植物营养吸收和健康产生正向或反向的影响。本章从植物与根系微生物群落的共生关系出发，重点介绍丛枝菌根共生和豆科植物–根瘤菌共生。

　　1879年德国微生物学家、现代真菌学奠基人海因里希·艾顿·德贝里（Heinrich Anton De Bary）提出"symbiosis"（共生）一词，用来描述两种不同的生物体长时间地生长在一起。广义的"共生"分为以下3种形式：①共生的生物体彼此获得好处，即互惠互利共生；②对其中一方受益，却对另一方没有影响的偏利共生；③一种生物寄附于另一种生物，利用被寄附生物的养分，即寄生。目前一般认为，"共生"是指第一种互惠互利的共生。生物界中，共生类型多样，而在植物界，有两种我们较为熟知的共生：一种是植物丛枝菌根共生［arbuscular mycorrhizal（AM）symbiosis］，菌根真菌从土壤中富集磷、氮等营养元素，并把这些营养物质和水分一起传递给植物，供植物生长，菌根真菌相应地从植物获得脂肪酸形式的碳源营养促进自身生长（Parniske，2008；Jiang et al.，2017）。另一种是根瘤共生（root nodule symbiosis），在这种共生中，根瘤菌在植物根瘤内形成类菌体，利用植物传递的碳水化合物、能量把氮气转化为豆科植物可以利用的氮营养形式，促进植物的生长（Oldroyd et al.，2011）。

在自然界中，80%～90% 的陆生植物，包括主要农作物水稻、小麦、玉米和大豆均能通过与菌根真菌共生高效利用营养。在众多能和菌根真菌形成菌根共生的植物中，豆科植物还能与根瘤菌共生固氮。研究发现，菌根真菌分泌的以几丁质为骨架的菌根因子（Myc factor）可以激活植物的菌根共生反应，并且该分子与根瘤菌分泌的结瘤因子（Nod factor）结构相似（Maillet et al.，2011）。另有研究表明，豆科植物利用极其相似的通用共生信号通路（common symbiosis signaling pathway，CSSP）响应根瘤菌的结瘤因子和菌根真菌的菌根因子。植物参与响应菌根因子的信号通路在多数植物中高度保守，是非豆科作物进行生物固氮改造的遗传基础。

近些年，随着测序技术和培养组学的高速发展，伴随植物整个生活史的广义共生微生物——植物微生物组也渐入人们的视野。这些生活在植物组织内部、表面及周围，和植物形成紧密共存关系的微生物群落与植物之间产生了复杂的相互作用，并在植物的生长发育过程中行使着帮助植物吸收营养、抵抗生物和非生物胁迫等重要功能。从共生的模式菌丛枝菌根真菌和根瘤菌与植物的相互作用研究出发，拓展到阐明微生物组内部、微生物组与寄主植物的相互作用，对于我们认识自然、了解自然有着重要意义。更进一步，可以利用这些复杂的互作关系改善生产实践，实现高产、优质、无污染的绿色农业。

第一节　菌　根　共　生

80%～90% 的陆生植物均可与菌根真菌形成共生关系（Parniske，2008）。植物与丛枝菌根真菌共生的形成被认为是植物由海洋向陆地进化所必需的。有学者认为，在早期陆生植物如地钱和苔藓中，共生的菌根真菌行使植物根的功能，能帮助植物从土壤中获得营养（Bonfante and Genre，2010）。

丛枝菌根真菌属于独立的一个门（Glomeromycota），能在植物的皮层（cortex）细胞中形成一种树状的分支结构，称为丛枝结构（arbuscule），这种结构是植物和菌根真菌营养交换的场所（Parniske，2008；Bonfante and Genre，2010；Wang et al.，2017）。与植物建立共生的菌根真菌一部分菌丝生长在植物体内，另外一部分庞大的菌丝生长在土壤中，最长可以达 100m，这种菌丝从土壤中富集营养并传递给植物，供植物生长；相应地，植物把碳源以脂肪酸的形式传递给菌根真菌供其生长（Jiang et al.，2017；Luginbuehl et al.，2017）。据统计，每年大约有 50 亿 t 的碳源通过菌根真菌固定在土壤中，这对整个生态系统有着巨大的影响（Parniske，2008）。在实验室条件下，不同的丛枝菌根真菌小种对寄主植物的特异性很小，即同一植物的根能够被不同种的菌根真菌侵染。而在自然界中，不同的菌根真菌和不同的植物群落存在相关性，表明丛枝菌根真菌侵染植物有一定的小种特异性。

当前，只有很少数丛枝菌根真菌小种成功被人工培养。其中，具有广泛寄主的丛枝菌根真菌包括 *Glomus mossae* 和 *Glomus intraradices*，这两种丛枝菌根真菌是研究菌根共生的常用小种（Parniske，2008）。与拟南芥不同，水稻、蒺藜苜蓿、百脉根等能够与丛枝菌根真菌形成共生，是研究菌根共生分子机理的模式植物。

一、菌根真菌的侵染和丛枝结构的发育

丛枝菌根共生起始于植物与真菌之间的信号交换，当菌根真菌的菌丝和植物根表面发生接触，真菌在根表面形成侵染垫（Wang et al.，2012），随后在植物细胞内形成预侵染结构（pre-penetration apparatus，PPA）。预侵染结构是一个以细胞核的移动为导向，由细胞骨架和内质网构成的桥状结构（Genre et al.，2008）。菌丝在 PPA 的引导下进入皮层细胞，高度分支形成树状结构，并由植物细胞膜（plasma membrane）包围，丛枝结构是植物与菌根真菌营养交换的重要场所。研究发现，菌根真菌的磷和氮转运蛋白定位在丛枝结构的真菌细胞膜上，参与磷、氮营养元素由真菌向植物的转运（Maldonado-Mendoza et al.，2001；Fellbaum et al.，2012）。另外，其他微量营养元素和水等也能够被菌根真菌富集，并传递给植物供其生长（Parniske，2008）。高度分支的丛枝结构使植物和菌根真菌的邻接面积最大化，促进高效营养交换。植物的磷转运蛋白 MtPT4 定位在丛枝结构的环丛枝结构周膜（periarbuscular membrane）上，该蛋白质能够把磷营养元素从环丛枝结构周膜的间隙转运到寄主植物（Javot et al.，2007）。研究人员在观察 MtPT4 蛋白的定位时发现，丛枝结构中存在一种微结构域（microdomain），该结构有别于植物的细胞膜，对于丛枝菌根共生具有重要意义，但其形成的分子机制需要进一步研究（Pumplin et al.，2012）。研究还发现两个定位于环丛枝结构周膜上的 ATP 结合盒转运蛋白（ATP-binding cassette transporter）STR 和 STR2 参与调控菌根共生（Zhang et al.，2010；Gutjahr et al.，2012）。在 *str* 突变体中，丛枝结构发育异常，菌根共生受到严重的抑制。Jiang 等（2017）发现，蒺藜苜蓿中 STR 和 STR2 负责转运脂肪酸到环丛枝结构周膜的间隙（periarbuscular space），并且 STR 的表达受 AP2 类的转录因子 WRI5a 特异性调控（Jiang et al.，2018）。

二、植物和菌根真菌间的早期信号交换

植物和菌根真菌之间早期的分子信号交换对于共生关系的建立至关重要（Parniske，2008；Bonfante and Genre，2010）。植物根系分泌的独脚金内酯（strigolactone）可以促进菌根真菌孢子的萌发、菌丝的分枝和伸长（Akiyama et al.，2005；Besserer et al.，2006，2009），诱导菌根真菌释放包括脂壳寡糖（lipochitooligosaccharide，LCO）和短链几丁质寡聚物（short-chain chitin oligomer，CO）在内的菌根因子（Maillet et al.，2011；Genre et al.，2013），从而激活植物根系菌根共生信号通路（Oldroyd，2013；Gutjahr et al.，2015）。另外，也有证据显示其他类型的分子不同程度地参与了植物菌根共生的信号交流，如脂肪酸分子、类黄酮化合物等（Becard et al.，1992；Wang et al.，2012）。分离和鉴定新的信号分子不仅对于揭示共生机制非常重要，还具有潜在应用价值，是该领域研究的一个重点。

1. 独脚金内酯信号及其合成

独脚金内酯是丛枝菌根共生建立的早期信号分子。独脚金内酯诱导丛枝菌根真菌线粒体相关基因的表达，增强其活性，促进菌根真菌孢子萌发和菌丝分枝（Besserer et al.，2006，2009），是寄主植物释放的一种重要信号分子（Akiyama et al.，2005；Gomez-Roldan et al.，2008）。目前，菌根真菌如何感受独脚金内酯尚不清楚，需要进一步研究。

Gomez-Roldan 等研究发现，在豌豆独脚金内酯合成缺失突变体 *ccd8* 中菌根共生不能正常建立，同时作者发现独脚金内酯对于植物侧枝发育有着重要的作用，并首次提出独脚金内酯是一种新型的植物激素，调控植物侧枝的发育（Gomez-Roldan et al.，2008）。由此可见，对菌根共生的研究也推动了激素信号转导领域的研究进程，是一个多学科交叉研究的成功范例。

2. 菌根因子

2003 年开始，研究人员发现萌发的丛枝菌根真菌孢子能够释放一种可以扩散的信号分子，诱导植物中 *ENDO11* 等共生相关基因的表达，同时诱导植物侧根的形成（Kosuta et al.，2003；Olah et al.，2005）。直到 2011 年，法国的研究组才从丛枝菌根真菌中分离到这种可扩散信号分子（diffusible signal）（Maillet et al.，2011），并将其命名为"Myc factor"（菌根因子）。该信号以几丁质为骨架，由 4 个 β-1,4-*N*-乙酰葡糖胺分子相连而成，包括两种脂壳寡糖（LCO），其中的一种包含 C_{16} 脂肪链和一个硫化键（S-LCO），另一种只含有 $C_{18:1}$ 脂肪链（NS-LCO）（图 10-1）。这两种 LCO 的结构和结瘤因子（Nod factor）的结构非常相似，表明菌根共生与根瘤共生进化上的相关性（Oldroyd et al.，2011）。目前，人们对菌根真菌如何合成和运输这些信号分子还不了解，但是基于菌根因子和结瘤因子结构的相似性（图 10-1），推断这两种信号分子合成的机制比较类似。未来，对菌根真菌基因组分析和功能研究将为我们解答这个问题提供强有力的线索。

A. *Sinorhizobium meliloti* 结瘤因子

B. *Glomus intraradices*菌根因子S-LCO

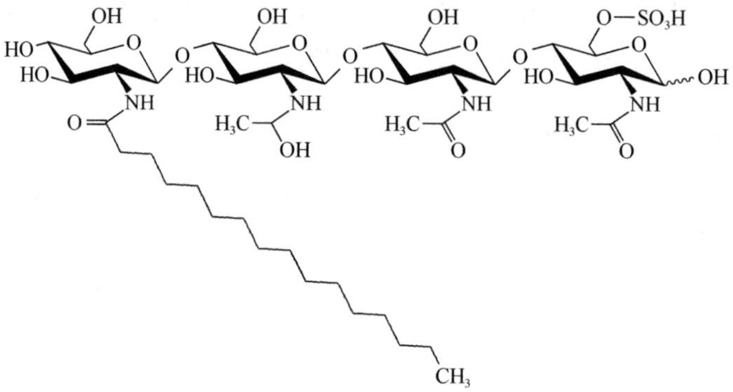

C. *G. intraradices*菌根因子NS-LCO

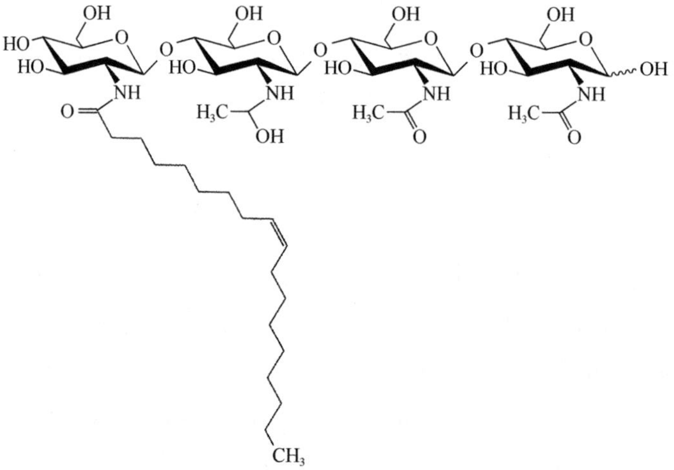

图 10-1　丛枝菌根真菌分泌的菌根因子（B，C）与根瘤菌分泌的结瘤因子（A）
的结构高度相似（Maillet et al.，2011）

3. 角质信号和效应子

植物根表面的角质类脂类分子，其中最重要的是 C_{16} 脂肪酸单体，可作为植物来源信号激活菌根真菌侵染垫的形成。有意思的是，这种角质信号也是其他病原真菌和卵菌侵染植物必需的，说明了菌根共生和病原菌早期侵染植物机制的相似性（Wang et al.，2012）。因此，将来对角质信号的研究不仅能够加深我们对真菌共生的理解，还可能为作物抗病提供一种新的思路。

另外，共生真菌也能像病原菌一样分泌效应子到寄主植物中，促进植物和菌根真菌的共生（Kloppholz et al.，2011；Plett et al.，2011）。这种效应子和病原菌分泌的效应子作用类似，可参与抑制植物的防卫反应，这种现象在豆科植物和根瘤菌相互作用中也有报道。这些研究极大地推动了人们对菌根共生的认识，同时可能开辟菌根共生和植物病原菌相互作用的交叉研究领域。

第二节 根瘤共生

空气中游离态的氮气约占空气成分的 80%。然而，绝大多数的植物只能从土壤中吸收结合态氮，用于合成自身的含氮化合物（如蛋白质等）。土壤中的含氮化合物是通过生命活动过程积累起来的，其中很大一部分来自微生物的生物固氮。据估计，地球表面每年生物固氮的总量约为 1 亿 t，其中豆科植物通过根瘤菌的固氮量约为 0.55 亿 t，占生物固氮量的 55% 左右。

自然界中，一些植物能够和固氮微生物形成共生关系，如根乃拉草属（*Gunnera*）和蓝细菌中的念珠藻属（*Nostoc*）（*Gunnera-Nostoc* symbiosises）（Parniske，2000），还有许多草类植物和固氮弧菌属（*Azoarcus*）、草螺菌属（*Herbaspirillum*）（Reinhold-Hurek and Hurek，1998）。只有 Eurosid I 中豆目（Fabales）、壳斗目（Fagales）、葫芦目（Cucurbitales）和蔷薇目（Rosales）的部分植物可通过形成根瘤共生进行固氮（Kistner and Parniske，2002；Markmann and Parniske，2009）。根瘤共生主要分两种类型：①豆科植物-根瘤菌共生（legume-Rhizobium），主要存在于豆目；②放线菌结瘤植物-弗兰克氏菌共生（actinorhizal-Frankia），主要存在于壳斗目、葫芦目和蔷薇目（Gualtieri and Bisseling，2000；Sprent，2007）。这两种类型的根瘤共生，无论是微生物侵染植物的策略，还是根瘤的发育都具有相似性。

豆科植物（legume）是开花植物中的第三大家族，有 700 个属 2 万多个种（Doyle and Luckow，2003），其中的蒺藜苜蓿（*Medicago truncatula*）、大豆和百脉根（*Lotus japonicus*）是研究豆科植物-根瘤菌共生固氮的两种模式植物。有意思的是，研究还发现能够侵染豆科植物的根瘤菌，也能够侵染榆科（Ulmaceae）山豆麻属（*Parasponia*）的非豆科植物，并且山豆麻属植物的根瘤共生和豆科植物具有相似的信号通路（Op den Camp et al.，2011；Streng et al.，2011）。

一、根瘤菌侵染植物和根瘤形成

豆科植物与根瘤菌共生的建立受植物和根瘤菌严格调控。根瘤菌通过表面的多糖（polysaccharide）附着在植物的凝集素（lectin）上后，植物根的表面形成生物被膜（biofilm），为根瘤菌侵染植物提供便利。受植物分泌的类黄酮诱导，根瘤菌分泌结瘤因子。植物识别结瘤因子后，根毛开始弯曲，并把单个根瘤菌包裹在一个"牧羊拐"（shepher's crook）结构中，根瘤菌在其中经过分裂，形成侵染集中点。同时，由植物主导形成预侵染线（preinfection thread）结构，根瘤菌在预侵染线的引导下进入植物根皮层细胞形成侵染线（infection thread）。结瘤因子能够诱导植物根皮层细胞分裂，发育成根瘤。根瘤菌沿侵染线进入发育的根瘤后，从侵染线中释放到根瘤细胞中，进一步分化成为类菌体（bacteriod），行使固氮功能（Oldroyd and Murray，2011）。

二、豆科植物和根瘤菌间的早期信号交换

植物和根瘤菌早期的信号交换，对于共生的建立至关重要。植物根际分泌一种特异性类黄酮分子作为信号，被根瘤菌识别后，激活自身的结瘤因子合成基因表达，产生结瘤因子。寄主植物则识别根瘤菌释放的结瘤因子，激活共生相关基因的表达。

结瘤因子是一类脂壳寡糖（LCO）（Lerouge et al.，1990），以几丁质为骨架，通常由 3～5 个 β-1,4-*N*-乙酰葡糖胺分子相连而成，其头部和尾部有不同的脂肪酸与硫键等修饰。不同根瘤菌分泌的结瘤因子具有不同的修饰，并且同一个根瘤菌小种能够分泌几种有不同修饰的结瘤因子，如 *Rhizobium tropici* CIAT899 在酸性条件下能产生 52 种不同 LCO，而在中性条件下能够产生 29 种 LCO，即使在正常生长环境中也能产生 15 种 LCO（Moron et al.，2005）。根瘤菌还能够分泌很多其他分子，包括一些效应子、胞外多糖和生长素等，在根瘤共生中也具有重要的作用。

豆科植物-根瘤菌的共生具有很强的寄主特异性，植物通过分泌物种特异性的类黄酮化合物激活相应根瘤菌分泌结瘤因子，而物种特异性的类黄酮化合物不能被其他不与之共生的根瘤菌识别。根瘤菌释放的结瘤因子也特异性地激活其寄主植物的反应（Oldroyd and Downie，2006，2008；Oldroyd et al.，2011）。这种植物和根瘤菌高度特异性的分子对话，在一定程度上决定根瘤共生的特异性。另外，还发现大豆中的 *TIR* 类抗病基因决定大豆品种和根瘤菌共生的特异性（Yang et al.，2010）。这些研究成果不仅丰富了人们对豆科植物和根瘤菌共生特异性的理解，也为扩大根瘤菌寄主范围，创建非豆科植物与根瘤菌共生固氮体系提供了理论基础。

第三节　植物识别来源于菌根真菌和根瘤菌的脂壳寡糖

豆科植物既能与丛枝菌根真菌共生，也能与根瘤菌共生，表明豆科植物能够识别菌根因子和结瘤因子（图 10-1），并且二者结构相似。豆科植物通过感受不同的脂壳寡糖（LCO），激活细胞核中特异性钙信号，诱导不同基因表达。

在豆科植物-根瘤菌互作中，植物通过结瘤因子受体蛋白 NFR1/LYK3 和 NFR5/NFP 识别根瘤菌分泌的结瘤因子。NFR1 和 NFR5 为一类含有 LysM 结构域的膜蛋白（Madsen et al.，2003；Radutoiu et al.，2003）。2012 年，研究者发现 NFR1 和 NFR5 受体蛋白直接与结瘤因子结合，其解离常数 K_d 值达 nmol 级，与共生过程中植物感受结瘤因子的浓度相一致（Broghammer et al.，2012）。对 NFR1 胞外 3 个 LysM 结构域的分析发现，第一个 LysM 结构域中的区域Ⅱ（region Ⅱ）和区域Ⅳ（region Ⅳ）是特异性识别结瘤因子的关键区域（Bozsoki et al.，2020）。

令人激动的是法国研究人员的报道，丛枝菌根真菌能够分泌和结瘤因子相似的小分子来激活植物的反应。该研究小组用 *pENOD11:GUS* 作报告基因，分离出菌根真菌分泌的能够诱导 *ENOD11* 基因表达的两种 LCO 分子。在蒺藜苜蓿和胡萝卜

中，这两种 LCO 能够提高真菌共生效率，并且诱导植物侧根的形成（Maillet et al.，2011）。2013 年，研究人员又发现用植物激素独脚金内酯处理菌根真菌（*Rhizophagus irregularis*），显著促进真菌分泌物短链的氮乙酰葡糖胺聚合物 CO4 和 CO5。在蒺藜苜蓿中，CO4 和 CO5 可以激活植物根部表皮细胞的共生信号（Genre et al.，2013）。

2011 年，研究人员发现在非豆科植物 *Parasponia andersonii* 中，结瘤因子受体 NFP 的同源基因参与菌根共生（Op den Camp et al.，2011）。在非豆科植物水稻（*Oryza sativa*）中，与 NFR1/LYK3 同源的蛋白激酶 OsCERK1 参与水稻对菌根因子 CO4 的响应，是调控菌根共生的共受体（Zhang et al.，2015）。2019 年，研究者发现水稻类受体蛋白激酶 OsMYR1（Myc factor receptor 1）的胞外域直接结合菌根因子 CO4，与 OsCERK1 形成蛋白复合体，识别菌根因子，激活菌根共生信号（He et al.，2019；Zhang et al.，2021）。

第四节　菌根和根瘤通用共生信号通路

早期，研究人员发现一部分根瘤共生缺陷突变体也呈现菌根共生缺陷的表型，说明相关基因同时参与调控菌根与根瘤两种共生，由这部分基因构成的信号转导通路称作菌根和根瘤通用共生信号通路（CSSP）（图 10-2）。在该通路中，钙信号是重要的第二信使。下面围绕钙信号的产生、钙信号的解析来介绍通用共生信号通路。另外，研究显示植物激素乙烯、茉莉酸和脱落酸负向调控植物共生的钙信号，表明植物可以根据环境的不同，调整自身对共生微生物的响应。但是这些植物激素如何调控植物的钙信号还有待进一步的研究。

一、钙信号的产生

通过对通用共生信号通路缺失突变体的研究发现，部分突变体中的细胞核钙信号不能被结瘤因子和菌根因子激活，这些基因主要编码细胞膜蛋白激酶、离子通道蛋白、细胞核核孔蛋白等（图 10-2）。

1. DMI2 细胞膜蛋白激酶

豆科植物的 DMI2/NORK/SYMRK 参与根瘤共生和菌根共生（Gherbi et al.，2008；Holsters，2008）。蒺藜苜蓿 DMI2 是结瘤因子信号转导所必需的，突变体表现为根瘤共生缺失。在田菁（*Sesbania rostrata*）和蒺藜苜蓿中，*DMI2* RNAi 植株中共生体（symbiosome）不能完整地发育，表明通用共生信号通路在共生体形成中发挥重要作用。

通过酵母双杂交实验，多个与 DMI2 相互作用的蛋白质被分离。SIP1（SYMRK interacting protein 1，富含 AT 结构域的 DNA 结合蛋白）能结合 *NIN*（*NODULE INCEPTION*）基因启动子富含 AT 的结构域，以调控早期结瘤因子信号和基因表达

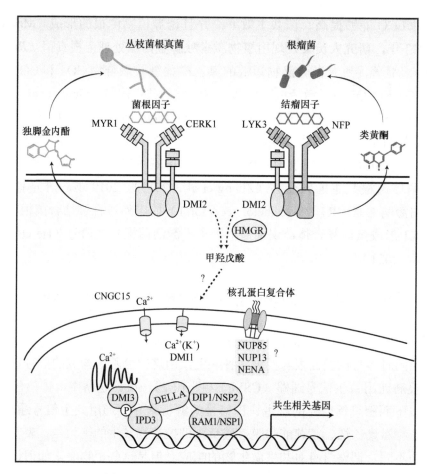

图 10-2　菌根和根瘤通用共生信号通路

（Zhu et al.，2008）。SIP2 是一个 MAPKK 磷酸激酶，DMI2/SYMRK 能够微弱地抑制 SIP2 的磷酸激酶活性，而且 SIP2 和 DMI2/SYMRK 不能相互磷酸化。*SIP2* RNAi 植物表现出较明显的根瘤共生缺失表型。有趣的是，作者在 *SIP2* RNAi 植物中并没有发现菌根共生缺失的表型，这与 DMI2/SYMRK 作为一个共生通用信号组分不一致，因此进一步详细研究 SIP2 在根瘤共生和菌根共生中的作用机制有利于加深对 SIP2 的理解（Chen et al.，2012）。SINA 是一个 E3 泛素化连接酶，与 DMI2/SYMRK 相互作用，影响 DMI2/SYMRK 蛋白的稳定性，从而调控结瘤因子信号通路（Den Herder et al.，2012）。另外，E3 泛素化连接酶 SIE3 也能和 DMI2/SYMRK 相互作用，并且在其 RNAi 植物中，根瘤共生表型受到抑制（Yuan et al.，2012）。

HMGR1 参与甲羟戊酸（mevalonate）合成，甲羟戊酸代谢可以产生很多类异戊二烯（isoprenoid），对于植物的细胞膜、激素和甾醇合成非常重要（Kevei et al.，2007）。*HMGR1* RNAi 植物的根瘤减少，表明 HMGR1 在根瘤共生中具有重要的作用。另外，SYMREM1 能够与 DMI2、NFP、LYK3 相互作用，表明 SYMREM1 可能作为一个支架蛋白介导细胞膜上的受体相互作用（Lefebvre et al.，2010；Toth et al.，2012）。经过十多年的研究，很多与 DMI2/SYMRK 相互作用的蛋白质被分离，人们对 DMI2/SYMRK 的作用机制有了进一步的了解，但是结瘤因子信号如何从细胞膜受体传递到细胞核中还不清楚。值得注意的是，HMGR1 参与合成甲羟戊酸，是一个潜在的重要小信号分子。

2. 离子通道蛋白

每个钙振荡周期包含一个钙浓度快速增加的过程，随后钙浓度相对较慢地降低，最终恢复到正常水平，之后新一轮钙振荡开始（Oldroyd and Downie，2006）。基于此，研究人员推断：钙浓度的快速升高代表 Ca^{2+} 通道打开，钙库中的钙被释放到细胞核中。MtMCA8 参与根瘤共生过程中钙振荡的产生，其 RNAi 植物的菌根共生和根瘤共生效率均受抑制（Capoen et al.，2011）。通过正向遗传，MtDMI1/LjPOLLUX 及其同系物 LjCASTOR 曾被认为是 K^+ 通道蛋白（Peiter et al.，2007；Charpentier et al.，2008），定位于细胞核膜上，更多集中在细胞核膜的内层（Capoen et al.，2011）。但 Kim 等（2019）结合结构生物学和生化分析，证明 MtDMI1/LjPOLLUX 和 LjCASTOR 是 Ca^{2+} 通道蛋白，对 Ca^{2+} 的选择性强于 K^+ 和 Na^+。另外，MtCNGC15 作为 Ca^{2+} 通道蛋白与 DMI1 形成复合体调控钙振荡周期，参与共生信号转导（Charpentier et al.，2016）。

3. 细胞核核孔蛋白

三个细胞核核孔蛋白（nucleoporin）在钙信号的产生中具有重要的作用：NUP85、NUP133（Kanamori et al.，2006；Miwa et al.，2006）和 NENA（Groth et al.，2010）（图 10-2）。这些核孔蛋白基因的突变体都表现出非常严重的根瘤共生和菌根共生缺失表型，并表现出温度依赖性（Kanamori et al.，2006；Saito et al.，2007；Groth et al.，2010）。当前核孔蛋白介导钙信号产生的机制还不清楚，有待进一步的研究。

二、钙信号的解析

在通用共生信号通路中，CCaMK[Ca^{2+}/calmodulin (CaM)-dependent protein kinase]/DMI3（DOES NOT MAKE INFECTIONS 3）是一个钙和钙调素依赖的蛋白激酶，含有一个钙调素蛋白结合域和具 3 个钙离子结合位点的 EF 结构域，遗传上位于钙信号的下游，被认为是感知根瘤共生和菌根共生钙信号所必需的（Levy et al.，2004；Mitra et al.，2004）。MtIPD3/CYCLOPS 是一个含有 α-螺旋卷曲螺旋结构域的转录调控因子，能被 CCaMK/DMI3 直接磷酸化（Messinese et al.，2007；Yano et al.，2008）。钙离子信号被细胞核的 CCaMK 感知后，磷酸化 MtIPD3/CYCLOPS，促进 MtIPD3 与 DELLA 蛋白相互作用，通过菌根与根瘤共生特异转录因子诱导根瘤或菌根共生相关基因的特异性表达（Yu et al.，2014；Jin et al.，2016）（图 10-2）。

有意思的是，功能获得型（gain of function）的突变 CCaMK 蛋白或去掉 CCaMK 蛋白的抑制域，能够使植物在没有根瘤菌侵染的条件下激活根瘤发育，说明 CCaMK 蛋白自身足以激活豆科植物根瘤的发育（Gleason et al.，2006；Tirichine et al.，2006）。

CYCLOPS 第 50 位和 154 位丝氨酸的磷酸化是其转录激活所必需的，将这两个氨基酸转变成持续磷酸化形式的天冬氨酸，就可以在不接种根瘤菌的情况下激活 *NIN* 基因的表达，从而诱导根瘤的发育（Soyano et al.，2014）。

第五节　植物-微生物共生的转录因子

一、根瘤共生相关转录因子

在菌根共生和根瘤共生建立过程中，多个位于钙信号下游的转录因子被分离（图 10-2）。*NIN* 是第一个被克隆的豆科植物-根瘤共生相关基因，编码一个植物特有的 RWP 转录因子（Schauser et al.，1999）。*nin* 突变体不能被根瘤菌正常侵染，根毛过度卷曲，只有极少数的卷曲根毛能包裹住根瘤菌，不能形成根瘤原基，表明 *NIN* 是侵染线形成和根瘤器官发生所必需的（Marsh et al.，2007）。IPD3/CYCLOPS 可以通过直接结合在 *NIN* 的启动子区来调控 *NIN* 的表达（Singh et al.，2014），进而诱导 *NF(NUCLEAR FACTOR)-Y* 基因的转录（Soyano et al.，2013），而 NF-YA1 可以和 NF-YA2 一起共同直接调控 *ERN1* 基因的表达来诱导根瘤的发育（Laloum et al.，2014）。固氮分支中非固氮植物丢失固氮性状多与 *NIN* 基因的丢失有关，表明 *NIN* 在根瘤共生进化过程中的关键作用（Griesmann et al.，2018）。

ASL18/LBD16（ASYMMETRIC LEAVES 2-LIKE 18/LATERAL ORGAN BOUNDARIES DOMAIN 16）是生长素诱导的转录因子，通过调节细胞分裂参与侧根形成（Goh et al.，2012）。研究发现，NIN 通过结合百脉根中 *ASL18* 内含子的 NBS 调控其表达，而非豆科植物的 *LBD16/ASL18* 同源基因内含子中没有 NBS，表明 *LBD16/ASL18* 内含子获得 NBS 顺式作用元件是豆科植物根瘤发育的关键事件（Schiessl et al.，2019；Soyano et al.，2019）。

SHR-SCR 是植物发育的干细胞程序关键模块，在植物干细胞区域和内皮层表达。研究人员发现豆科植物干细胞关键转录因子 SCR 在皮层细胞表达，另一个干细胞关键转录因子 SHR 在维管束表达后移动到皮层细胞，皮层细胞的 SHR-SCR 干细胞分子模块赋予豆科植物皮层细胞分裂能力，使豆科植物的皮层细胞命运与非豆科植物不同，具有结瘤固氮的潜力（Dong et al.，2021）。SHR-SCR、NIN 和 ASL18/LBD16 形成一个调控环，是豆科植物在进化过程中获得共生固氮能力的关键（Dong et al.，2021）。

NSP1 和 NSP2（nodule signaling protein 1 and 2）是一类 GRAS 转录因子，参与侵染线形成及根瘤发育。在蒺藜苜蓿的研究中发现，NSP1 和 NSP2 能够形成异源二聚体，并直接激活下游基因的表达，包括 *NIN* 和 *ENOD11*（Hirsch et al.，2009）。除了 NIN、NSP1 和 NSP2，在蒺藜苜蓿中还分离到 ERF 类转录因子 ERN（ERF for nodulation）（Andriankaja et al.，2007；Middleton et al.，2007）。研究表明，ERN 可以直接结合到 *ENOD11* 基因的启动子上，以调控共生相关基因的表达。

二、菌根共生相关转录因子

多个转录因子在菌根共生中发挥作用，RAM1 是其中的一个重要转录因子（Gobbato et al.，2012）。RAM1 为一个 GRAS 类转录因子，*ram1* 突变体不能和菌根真菌形成共生，但是根瘤共生正常，说明这是一个特异性的菌根共生转录因子。进一步的研究发现，RAM1 能够结合 RAM2 基因的启动子，调控植物脂肪酸的合成，进而调控菌根共生（Wang et al.，2012）。另外一个 GRAS 类转录因子 DIP1（DELLA interacting protein 1）可以与 RAM1 直接相互作用，调节植物中菌根共生下游基因的表达（Yu et al.，2014）。RAD1（REQUIRED FOR ARBUSCULE DEVELOPMENT1）和 MIG1（MYCORRHIZA-INDUCED GRAS1）也特异性参与调控菌根共生（Park et al.，2015；Xue et al.，2015；Heck et al.，2016）。

PHR（PHOSPHATE STARVATION RESPONSE）是调控植物通过根吸收磷元素的核心转录因子。研究发现，PHR 通过结合菌根共生相关基因启动子的 P1BS 元件直接调控菌根共生相关基因的表达。PHR 直接调控磷和氮转运蛋白基因及 RAM1 基因等的表达，表明植物根系直接磷营养吸收途径（根途径）和菌根共生磷营养吸收途径（共生途径）受到植物的磷响应网络统一调控，说明丛枝菌根共生可能是植物适应低磷环境而演化出获取磷营养的新策略（Shi et al.，2021）。

AP2 类型的转录因子 WRI5a、WRI5b/Erf1、WRI5c 受菌根真菌共生诱导，其中 WRI5a 和 WRI5b/Erf1 可以直接调控脂肪酸的合成。WRI5a 直接结合脂肪酸转运蛋白 STR、磷酸盐转运蛋白 MtPT4 基因启动子区域的 AW-box 结构域，使其在环丛枝结构周膜上特异性表达（Devers et al.，2013；Jiang et al.，2017，2018；Luginbuehl et al.，2017）。考虑到菌根共生的复杂性，尽管 RAM1 和 WRI5a、WRI5b/Erf1 和 WRI5c 基因的分离使我们对菌根共生的转录调控有了一定的认识，但是对菌根共生的调控机制还有待进一步研究。当前植物-微生物共生调控网络总结如图 10-2 所示。

第六节　植物广义共生微生物——微生物组

土壤环境以每克土壤 $10^6 \sim 10^9$ 个微生物为生长在其中的植物和微生物提供了产生直接接触、复杂互作的生态环境（Schloss and Handelsman，2006；Wang et al.，2022）。同时，植物的生长代谢活动又为这些土壤微生物提供了多种不同的微生境，使得植物的各类器官内部、表面和周围形成了与土壤微生物群落结构完全不同的新群落，这些包含有细菌、真菌、卵菌、病毒、藻类和原生动物等类群的生物群落称为植物微生物组（Muller et al.，2016）。植物微生物组共享植物提供的特定生态位，并协同植物完成包括营养吸收、病虫害拮抗、非生物胁迫抵抗等众多生理过程（Bakker et al.，2018），被认为与植物存在广义的共生关系。

一、微生物组的形成过程

时间维度上，植物微生物组的形成是一个快速响应，并随着植物的生长发育周期性稳定变化的过程。在无菌植物接触土壤的一天时间内，就可以形成和土壤微生物组完全不同的根系微生物组，并且随着植物生长发育不断变化，在植物进入生殖生长阶段后趋于稳定（Edwards et al.，2018；Zhang et al.，2018）。

空间维度上，植物微生物组的形成是一个从土壤到根内相对于植物由远及近的微生物富集过程。植物根系通过向根际代谢释放种类繁多的有机物（如糖类、氨基酸、有机酸、维生素、嘌呤、核苷等）、无机离子和植物细胞（如根帽边缘细胞），使得大部分土壤微生物类群在根际周围扩增（Wang et al.，2020），其中部分特定的土壤微生物类群在根际周围高度富集（van Dam and Bouwmeester，2016；Sasse et al.，2018）。然后，不同的植物基因型会对根际微生物进行更为特异的筛选，诸如免疫相关基因、植物激素相关基因等的表达会进一步筛选特异的微生物至植物根系表面或根系内部定植，形成稳定的共生关系。这种植物-微生物组共生的形成模型称为两步选择模型（Bulgarelli et al.，2013）和扩增-选择组装模型（Wang et al.，2020）。

二、微生物组的结构特点

诸如本章前部分内容所述，传统植物-共生微生物组的研究往往集中在单一种类益生菌和植物共生的机制研究上。而随着适用复杂模板的下一代高通量 DNA 测序的快速发展，结合 DNA 条形码（Barcode DNA，如细菌 16S DNA、真菌 ITS DNA）数据和宏基因组、宏转录组等组学数据表征整个微生物组成员和功能基因结构变得方便快捷，可以站在更为复杂的组学角度宏观地研究植物-共生微生物组的结构特点和共生机制（Bulgarelli et al.，2013）。

从物种组成来看，微生物组的成员包含了细菌、真菌、卵菌、病毒、藻类和原生动物等类群，其中细菌因其更为完备的已测序数据库支撑和大量已分离的纯培养菌株资源支撑成为目前研究最为广泛的根系微生物组类群（Bai et al.，2015）。通过对重要粮食作物（水稻、玉米、小麦、大豆等）、重要蔬菜作物（番茄、白菜等）、重要经济作物（棉花、甘蔗等）、重要模式植物（拟南芥等）大量植物微生物组的广泛测序，发现根系细菌微生物组虽然在不同植物间存在显著的结构差异，但都由少数几个细菌门主导，包括放线菌门（Actinobacteria）、变形菌门（Proteobacteria）和厚壁菌门（Firmicutes）（Lundberg et al.，2012）。同时，基于对全球多种不同土壤种植的同一作物不同品种的微生物组研究，以拟南芥、柑橘为代表植物的核心细菌微生物组被陆续定义（Xu et al.，2018a）。这些核心细菌成员稳定存在于不同生境下生长的不同生态型的同种植物中，与植物高度共生，具有在植物生长发育过程中发挥重要作用的潜在可能。

从功能基因组成来看，从大量已测序的植物-微生物组宏基因组样本鉴定出了微生物组中富集的功能基因。这些基因包括了介导微生物感知植物信号的基因，如编码鞭毛蛋白和细菌趋化性等的基因帮助细菌向共生植物富集（Millet et al.，2010）；介导微生物定植的基因，如编码对植物抗菌代谢物抗性（Stringlis et al.，2018）、影响植物免疫的毒力因子等的基因帮助微生物定植共生植物；介导微生物获取植物代谢物的基因，如编码碳水化合物代谢运输等的基因（Levy et al.，2018）帮助微生物更好地利用共生植物提供的营养；介导共生植物促生的基因，如编码营养供应（固氮、溶解矿质元素）、植物生长激素代谢等的基因促进共生植物生长发育（Asaf et al.，2018）；介导微生物间相互作用的共生或竞争关系的基因，包括益生菌帮助植物拮抗病原菌的生物防治剂合成基因、影响微生物种群密度和与植物互作关系的群体感应相关基因等（Sessitsch et al.，2012）。现有测序技术的读长短、不能过滤植物基因污染等弊端限制了对微生物组功能基因组成的进一步解读和应用，一些新兴技术如读长更长的第三代DNA测序技术和单细胞测序技术的发展可以逐步打破现有的技术壁垒，推动对"植物第二基因组"的深入研究。

第七节　植物与共生微生物组的相互作用

土壤-植物系统中植物与微生物组中大量成员间高度复杂的共生关系维系着植物的生长发育和微生物组结构功能的稳定。这些共生关系包含了植物对微生物组的调控作用以及微生物组对植物的有益影响两方面的相互作用。

一、植物对微生物组的调控作用

植物通过光合作用同化二氧化碳，这些被固定的碳除了满足了植物自身生长发育的需求，还有约20%的光合产物代谢到了植物根际土壤。这些代谢物包括糖、氨基酸、有机酸、脂肪酸和次生代谢物，调控着植物微生物组的组成结构（Bulgarelli et al.，2013）。

一方面，这些代谢物包含了微生物生长发育的必要营养物质，如糖类和氨基酸类物质，微生物可以直接获取和利用供自身使用。组学研究发现，微生物组内部富集碳水化合物代谢运输相关基因，相对缺失碳固定、氨基酸生物合成途径相关基因，从侧面证明了微生物对植物来源碳的摄取和利用（Xu et al.，2018b）。植物根际代谢产生的营养物质受到不同植物种类、植物发育阶段、根系特征、植物对胁迫环境响应的影响。因此，微生物组的结构也随着植物种类、植物发育阶段、植物节律、根系区域、环境条件的变化而被调控（Sasse et al.，2018）。

另一方面，这些代谢物包含了拮抗植物病原菌的生防因子，它们的存在形成了植物根系屏障，为耐受这些代谢物的微生物组成员提供了特有的生态位。例如，抑制土壤病原菌的香豆素对根际有益细菌没有拮抗作用，而这些有益细菌的定植可以反向诱导植物产生香豆素以稳定其生态位，使其与植物稳定共生（Stringlis et al.，2018）。含硫吲哚防御化合物卡马毒素（植保素）可以控制植物根内微生物的相互作用，对于保证根际硫酸盐酶活性、假单胞菌（*Pseudomonas* sp. CH267）等益生菌对植物生长的促进作用至关重要（Koprivova et al.，2019）。对植物特异代谢物三萜类化合物的研究也表明，这类化合物对根系微生物组成员的活性可以产生影响（Huang et al.，2019）。

除根系代谢物对微生物组的调控外，一些关键的植物基因和基因通路也可以调控微生物组的结构，如与植物免疫相关的水杨酸、茉莉酸合成基因（Lebeis et al.，2015），与植物营养获取相关的氮转运基因（Zhang et al.，2019），与植物激素代谢相关的独角金内酯合成基因等（Nasir et al.，2019）。

二、微生物组对植物的有益影响

在长期的协同进化过程中，植物形成了通过根系代谢物和基因、基因通路主动调控根系微生物组的稳定机制。同样，这些被调控的微生物组也在植物吸收营养、抵御病虫害和非生物胁迫方面发挥着重要作用。

植物吸收营养方面。微生物组可以促进植物对矿质元素诸如氮、磷、铁的吸收利用和储存。对营养的利用方面，水稻微生物组的研究发现，籼稻富集的微生物菌群可以帮助植物利用有机氮营养（Zhang et al.，2019）；植物根系代谢物香豆素的研究发现，植物根系微生物组能够缓解植物铁饥饿反应，这个过程依赖香豆素分泌及植物铁输入途径，转录分析结果显示香豆素分泌和根系菌群对植物缺铁的转录反应都有深刻的影响（Harbort et al.，2020）。对营养的储存方面，菌根真菌可以促进植物吸收氮，更好地利用土壤微生物组矿化形成的营养（Hestrin et al.，2019）。

植物抵抗病虫害方面。微生物组可以帮助植物抵抗病原菌、害虫的侵袭。微生物组作为一个稳定包裹在植物根系周围的群体，形成了天然的抗病屏障。通过对有无微生物组情况下拟南芥抵抗真菌、卵菌侵害的情况对比，发现根系细菌可以保护植物应对潜在真菌和卵菌的侵染（Durán et al.，2018）。番茄叶际微生物的研究也有类似的微生物组有助于番茄抵抗病原细菌侵染的结果（Besserer and Koskella，2018）。在抗虫方面，玉米可以通过代谢苯并噁嗪类物质（benzoxazinoids）改变自身根系微生物组的组成，这些被富集的微生物可以减少植物被食草动物取食的程度（Hu et al.，2018）。另外，植物微生物组的组成结构紊乱也与植物病害的发生息息相关，对多种植物病害样本的相关微生物组分析发现，革兰氏阴性细菌和革兰氏阳性细菌稳态失衡是伴随植物病害发生的一种普遍现象（Chen et al.，2020；Wang et al.，2022）。

植物抵御非生物胁迫方面。在遭遇胁迫后，植物会通过改变自身的转录代谢状态招募有益微生物，这些微生物可以帮助植物抵御或缓解胁迫。对干旱胁迫的研究表明，干旱下水稻可以在根系大量富集放线菌，其中的链霉菌被验证可以促进水稻根系的生长，使水稻有机会获取更多水分（Santos-Medellín et al.，2021），这种放线菌在干旱时富集在高粱根系也有报道，这可能是一种广泛的植物"cry for help"机制（Xu et al.，2018b）。对营养胁迫的研究表明，在低磷条件下微生物组的真菌成员

Colletotrichum tofieldiae 可以促进拟南芥根系伸长以获取更多潜在营养（Hiruma et al.，2016），丛枝菌根真菌可以促进根瘤菌在豆科植物根际富集以促进豆科植物结瘤固氮（Wang et al.，2021）。对盐胁迫的研究表明，大麦、番茄的根系微生物组可以提高这些作物的耐盐性（Nacer et al.，2022；Schmitz et al.，2022）。

除此之外，一些微生物组成员还可以通过产生植物激素或前体物质调控植物生长发育，如贪噬菌属（*Variovorax*）通过代谢生长素影响植物根系表型构建（Finkel et al.，2020）。*Pseudomonas* putida UW4 可以通过减少乙烯促进植物生长（Ravanbakhsh et al.，2019）。拟南芥的根系细菌可以将色氨酸转化为植物激素吲哚乙酸（IAA）来延缓开花（Lu et al.，2018）。

随着对植物-微生物组共生关系研究的不断深入，植物对微生物组的调控作用和微生物组对植物的有益功能不断见诸报道，但受制于植物-微生物组系统的复杂性，其互作机制还未被完全解读，还需要综合培养组学、宏基因组学等多组学数据进行深入研究，以求完整地阐释植物-微生物组共生互作关系，并利用这些知识改进田间植物生产过程。

第八节　小　　结

自从发现豆科植物与根瘤菌共生固氮的现象以来，对生物固氮的研究已持续了130多年，一直以来都是生物学研究的一个重点。随着菌根共生研究的深入，人们发现菌根共生信号通路在水稻、玉米和小麦中高度保守，并且该信号通路在豆科植物中可以用来进行共生固氮（He et al.，2019）。未来，研究人员希望通过适当的方式将共生固氮机制引入非豆科农作物，建立非豆科农作物固氮新体系，以减少农业化肥的使用。同时，伴随着微生物组学研究的深入，在传统模式共生菌根瘤菌和丛枝菌根真菌共生机制研究的基础上，阐明广义的植物共生微生物——微生物组和植物的复杂互作关系，理清微生物组在植物健康生长、抵抗逆境过程中的功能与机理及植物调控自身微生物组的机制，对于改善现有的农业生产环境具有巨大应用前景。

参 考 文 献

Akiyama K, Matsuzaki K, Hayashi H. 2005. Plant sesquiterpenes induce hyphal branching in arbuscular mycorrhizal fungi. Nature, 435(7043): 824-827.

Alboresi A, Gestin C, Leydecker MT, et al. 2005. Nitrate, a signal relieving seed dormancy in *Arabidopsis*. Plant, Cell & Environment, 28(4): 500-512.

Andriankaja A, Boisson-Dernier A, Frances L, et al. 2007. AP2-ERF transcription factors mediate Nod factor dependent MtENOD11 activation in root hairs via a novel *cis*-regulatory motif. The Plant Cell, 19(9): 2866-2885.

Asaf L, Jonathan MC, Jeffery LD, et al. 2018. Elucidating bacterial gene functions in the plant microbiome. Cell Host & Microbe, 24(4): 475-485.

Bachmann M, Shiraishi N, Campbell WH, et al. 1996. Identification of Ser-543 as the major regulatory phosphorylation site in spinach leaf nitrate reductase. The Plant Cell, 8(3): 505-517.

Bai Y, Muller DB, Srinivas G, et al. 2015. Functional overlap of the *Arabidopsis* leaf and root microbiota. Nature, 528: 364-369.

Bakker PAHM, Pieterse CMJ, de Jonge R, et al. 2018. The soil-borne legacy. Cell, 172: 1178-1180.

Becard G, Douds DD, Preffer PE. 1992. Extensive *in vitro* hyphal growth of vesicular-arbuscular mycorrhizal fungi in the presence of CO_2 and flavonols. Appl Environ Microbiol, 58(3): 821-825.

Berendsen RL, Pieterse CM, Bakker PA. 2012. The rhizosphere microbiome and plant health. Trends Plant Sci, 17(8): 478-486.

Besserer A, Becard G, Roux C, et al. 2009. Role of mitochondria in the response of arbuscular mycorrhizal fungi to strigolactones. Plant Signaling & Behavior, 4(1): 75-77.

Besserer A, Puech-Pages V, Kiefer P, et al. 2006. Strigolactones stimulate arbuscular mycorrhizal fungi by activating mitochondria. PLOS Biology, 4(7): e226.

Besserer BM, Koskella B. 2018. Nutrient- and dose-dependent microbiome-mediated protection against a plant pathogen. Curr Biol, 28: 2487-2492.

Bonfante P, Genre A. 2010. Mechanisms underlying beneficial plant-fungus interactions in mycorrhizal symbiosis. Nature Communications, 1: 48.

Bozsoki Z, Gysel K, Hansen SB, et al. 2020. Ligand-recognizing motifs in plant LysM receptors are major determinants of specificity. Science, 369(6504): 663-670.

Broghammer A, Krusell L, Blaise M, et al. 2012. Legume receptors perceive the rhizobial lipochitin oligosaccharide signal molecules by direct binding. Proc Natl Acad Sci USA, 109(34): 13859-13864.

Buee M, Rossignol M, Jauneau A, et al. 2000. The pre-symbiotic growth of arbuscular mycorrhizal fungi is induced by a branching factor partially purified from plant root exudates. Molecular Plant-Microbe Interactions, 13(6): 693-698.

Bulgarelli D, Schlaeppi K, Spaepen S, et al. 2013. Structure and functions of the bacterial microbiota of plants. Annu Rev Plant Biol, 64: 807-838.

Capoen W, Sun J, Wysham D, et al. 2011. Nuclear membranes control symbiotic calcium signaling of legumes. Proc Natl Acad Sci USA, 108(34): 14348-14353.

Cerri MR, Wang QH, Stolz P, et al. 2017. The *ERN1* transcription factor gene is a target of the CCaMK/CYCLOPS complex and controls rhizobial infection in *Lotus japonicus*. New Phytologist, 215(1): 323-337.

Charpentier M, Bredemeier R, Wanner G, et al. 2008. *Lotus japonicus* CASTOR and POLLUX are ion channels essential for perinuclear calcium spiking in legume root endosymbiosis. The Plant Cell, 20(12): 3467-3479.

Charpentier M, Sun J, Vaz Martins T, et al. 2016. Nuclear-localized cyclic nucleotide-gated channels mediate symbiotic calcium oscillations. Science, 352(6289): 1102-1105.

Chen T, Zhu H, Ke D, et al. 2012. A MAP kinase kinase interacts with SymRK and regulates nodule organogenesis in *Lotus japonicus*. The Plant Cell, 24(2): 823-838.

Chiu CC, Lin CS, Hsia AP, et al. 2004. Mutation of a nitrate transporter, AtNRT1:4, results in a reduced petiole nitrate content and altered leaf development. Plant & Cell Physiology, 45(9): 1139-1148.

Chopin F, Orsel M, Dorbe MF, et al. 2007. The *Arabidopsis* ATNRT2.7 nitrate transporter controls nitrate content in seeds. The Plant Cell, 19(5): 1590-1602.

Cousins AB, Bloom AJ. 2004. Oxygen consumption during leaf nitrate assimilation in a C-3 and C-4 plant: the role of mitochondrial respiration. Plant, Cell & Environment, 27(12): 1537-1545.

Crawford NM. 1995. Nitrate-nutrient and signal for plant-growth. The Plant Cell, 7(7): 859-868.

De Angeli A, Monachello D, Ephritikhine G, et al. 2006. The nitrate/proton antiporter AtCLCa mediates nitrate accumulation in plant vacuoles. Nature, 442(7105): 939-942.

De Bary HA. 1879. Die Erscheinung der Symbiose. Strasbourg, France.

Den Herder G, Yoshida S, Antolin-Llovera M, et al. 2012. *Lotus japonicus* E3 ligase SEVEN IN ABSENTIA4 destabilizes the symbiosis receptor-like kinase SYMRK and negatively regulates rhizobial infection. The Plant Cell, 24(4): 1691-1707.

Devers EA, Teply J, Reinert A, et al. 2013. An endogenous artificial microRNA system for unraveling the function of root endosymbioses related genes in *Medicago truncatula*. BMC Plant Biol, 13: 82.

Dong W, Zhu Y, Chang H, et al. 2021. An SHR-SCR module specifies legume cortical cell fate to enable nodulation. Nature, 589(7843): 586-590.

Doyle JJ, Luckow MA. 2003. The rest of the iceberg. Legume diversity and evolution in a phylogenetic context. Plant Physiology, 131(3): 900-910.

Durán P, Thiergart T, Garrido-Oter R, et al. 2018. Microbial interkingdom interactions in roots promote *Arabidopsis* survival. Cell, 175: 973-983.

Edwards JA, Santos-Medellín CM, Liechty ZS, et al. 2018. Compositional shifts in root-associated bacterial and archaeal microbiota track the plant life cycle in field-grown rice. PLOS Biology, 16: e2003862.

Fan SC, Lin CS, Hsu PK, et al. 2009. The *Arabidopsis* nitrate transporter NRT1.7, expressed in phloem, is responsible for source-to-sink remobilization of nitrate. The Plant Cell, 21(9): 2750-2761.

Fellbaum CR, Gachomo EW, Beesetty Y, et al. 2012. Carbon availability triggers fungal nitrogen uptake and transport in arbuscular mycorrhizal symbiosis. Proc Natl Acad Sci USA, 109(7): 2666-2671.

Finkel OM, Salas-González I, Castrillo G, et al. 2020. A single bacterial genus maintains root growth in a complex microbiome. Nature, 587: 103-108.

Fritz C, Mueller C, Matt P, et al. 2006. Impact of the C-N status on the amino acid profile in tobacco source leaves. Plant, Cell & Environment, 29(11): 2055-2076.

Galvan A, Quesada A, Fernandez E. 1996. Nitrate and nitrite are transported by different specific transport systems and by a bispecific transporter in *Chlamydomonas reinhardtii*. J Biolog Chem, 271(4): 2088-2092.

Genre A, Chabaud M, Balzergue C, et al. 2013. Short-chain chitin oligomers from arbuscular mycorrhizal fungi trigger nuclear Ca^{2+} spiking in *Medicago truncatula* roots and their production is enhanced by strigolactone. New Phytologist, 198(1): 179-189.

Genre A, Chabaud M, Faccio A, et al. 2008. Prepenetration apparatus assembly precedes and predicts the colonization patterns of arbuscular mycorrhizal fungi within the root cortex of both *Medicago truncatula* and *Daucus carota*. The Plant Cell, 20(5): 1407-1420.

Gherbi H, Markmann K, Svistoonoff S, et al. 2008. SymRK defines a common genetic basis for plant root endosymbioses with arbuscular mycorrhiza fungi, rhizobia, and Frankiabacteria. Proc Natl Acad Sci USA, 105(12): 4928-4932.

Gibon Y, Usadel B, Blaesing OE, et al. 2006. Integration of metabolite with transcript and enzyme activity profiling during diurnal cycles in *Arabidopsis* rosettes. Genome Biol, 7(8): R76.

Glaab J, Kaiser WM. 1993. Rapid modulation of nitrate reductase in pea roots. Planta, 191(2): 173-179.

Gleason C, Chaudhuri S, Yang T, et al. 2006. Nodulation independent of rhizobia induced by a calcium-activated kinase lacking autoinhibition. Nature, 441(7097): 1149-1152.

Gobbato E, Marsh JF, Vernié T, et al. 2012. A GRAS-type transcription factor with a specific function in mycorrhizal signaling. Current Biology, 22(23): 2236-2241.

Goh T, Joi S, Mimura T, et al. 2012. The establishment of asymmetry in *Arabidopsis* lateral root founder cells is regulated by LBD16/ASL18 and related LBD/ASL proteins. Development, 139(5): 883-893.

Gomez-Roldan V, Fermas S, Brewer PB, et al. 2008. Strigolactone inhibition of shoot branching. Nature, 455(7210): 189-194.

Griesmann M, Chang Y, Liu X, et al. 2018. Phylogenomics reveals multiple losses of nitrogen-fixing root nodule symbiosis. Science, 361(6398): eaat1743.

Groth M, Takeda N, Perry J, et al. 2010. NENA, a *Lotus japonicus* homolog of Sec13, is required for rhizodermal infection by arbuscular mycorrhiza fungi and rhizobia but dispensable for cortical endosymbiotic development. The Plant Cell, 22(7): 2509-2526.

Gualtieri G, Bisseling T. 2000. The evolution of nodulation. Plant Mol Biol, 42(1): 181-194.

Guo S, Schinner K, Sattelmacher B, et al. 2005. Different apparent CO_2 compensation points in nitrate- and ammonium-grown Phaseolus vulgaris and the relationship to non-photorespiratory CO_2 evolution. Physiol Plantar, 123(3): 288-301.

Gutjahr C, Radovanovic D, Geoffroy J, et al. 2012. The half-size ABC transporters STR1 and STR2 are indispensable for mycorrhizal arbuscule formation in rice. Plant Journal, 69(5): 906-920.

Harbort CJ, Hashimoto M, Inoue H, et al. 2020. Root-secreted coumarins and the microbiota interact to improve iron mutrition in *Arabidopsis*. Cell Host & Microbe, 28: 825-837.

He J, Zhang C, Dai H, et al. 2019. A LysM receptor heteromer mediates perception of arbuscular mycorrhizal symbiotic signal in rice. Molecular Plant, 12(12): 1561-1576.

Heck C, Kuhn H, Heidt S, et al. 2016. Symbiotic fungi control plant root cortex development through the novel GRAS transcription factor MIG1. Current Biology, 26(20): 2770-2778.

Hestrin R, Hammer EC, Mueller CW, et al. 2019. Synergies between mycorrhizal fungi and soil microbial communities increase plant nitrogen acquisition. Commun Biol, 2: 233.

Himelblau E, Amasino RM. 2001. Nutrients mobilized from leaves of *Arabidopsis thaliana* during leaf senescence. Journal of Plant Physiology, 158(10): 1317-1323.

Hirner B, Fischer WN, Rentsch D, et al. 1998. Developmental control of H^+/amino acid permease gene expression during seed development of *Arabidopsis*. Plant Journal, 14(5): 535-544.

Hirsch S, Kim J, Muñoz A, et al. 2009. GRAS proteins form a DNA binding complex to induce gene expression during nodulation signaling in *Medicago truncatula*. The Plant Cell, 21(2): 545-557.

Hiruma K, Gerlach N, Sacristán S, et al. 2016. Root endophyte *Colletotrichum tofieldiae* confers plant fitness benefits that are phosphate status dependent. Cell, 165(2): 464-474.

Ho CH, Lin SH, Hu HC, et al. 2009. CHL1 functions as a nitrate sensor in plants. Cell, 138(6): 1184-1194.

Hodge A, Berta G, Doussan C, et al. 2009. Plant root growth, architecture and function. Plant Soil, 321: 153-187.

Holsters M. 2008. SYMRK, an enigmatic receptor guarding and guiding microbial endosymbioses with plant roots. Proc Natl Acad Sci USA, 105(12): 4537-4538.

Hu L, Robert CAM, Cadot S, et al. 2018. Root exudate metabolites drive plant-soil feedbacks on growth and defense by shaping the rhizosphere microbiota. Nature Communications, 9: 2738.

Huang AC, Jiang T, Liu YX, et al. 2019. A specialized metabolic network selectively modulates *Arabidopsis* root microbiota. Science, 364: 6440.

Huang NC, Liu KH, Lo HJ, et al. 1999. Cloning and functional characterization of an *Arabidopsis* nitrate transporter gene that encodes a constitutive component of low-affinity uptake. The Plant Cell, 11(8): 1381-1392.

Hunt E, Gattolin S, Newbury HJ, et al. 2010. A mutation in amino acid permease AAP6 reduces the amino acid content of the *Arabidopsis* sieve elements but leaves aphid herbivores unaffected. Journal of Experimental Botany, 61(1): 55-64.

Huppe HC, Turpin DH. 1994. Integration of carbon and nitrogen-metabolism in plant and algal cells. Ann Rev Plant Physiol Plant Mol Biol, 45: 577-607.

Javot H, Penmetsa RV, Terzaghi N, et al. 2007. A *Medicago truncatula* phosphate transporter indispensable for the arbuscular mycorrhizal symbiosis. Proc Natl Acad Sci USA, 104(5): 1720-1725.

Jiang Y, Wang W, Xie Q, et al. 2017. Plants transfer lipids to sustain colonization by mutualistic mycorrhizal and parasitic fungi. Science, 356(6343): 1172-1175.

Jiang Y, Xie Q, Wang W, et al. 2018. *Medicago* AP2-Domain transcription factor WRI5a is a master regulator of lipid biosynthesis and transfer during mycorrhizal symbiosis. Molecular Plant, 11(11): 1344-1359.

Jin Y, Liu H, Luo D, et al. 2016. DELLA proteins are common components of symbiotic rhizobial and mycorrhizal signalling pathways. Nature Communications, 7: 12433.

Kaiser WM, Forster J. 1989. Low CO_2 prevents nitrate reduction in leaves. Plant Physiology, 91(3): 970-974.

Kanamori N, Madsen LH, Radutoiu S, et al. 2006. A nucleoporin is required for induction of Ca^{2+} spiking in legume nodule development and essential for rhizobial and fungal symbiosis. Proc Natl Acad Sci USA, 103(2): 359-364.

Kevei Z, Lougnon G, Mergaert P, et al. 2007. 3-hydroxy-3-methylglutaryl coenzyme a reductase 1 interacts with NORK and is crucial for nodulation in *Medicago truncatula*. The Plant Cell, 19(12): 3974-3989.

Kim S, Zeng W, Bernard S, et al. 2019. Ca^{2+}-regulated Ca^{2+} channels with an RCK gating ring control plant symbiotic associations. Nature Communications, 10: 3703.

Kistner C, Parniske M. 2002. Evolution of signal transduction in intracellular symbiosis. Trends Plant Sci, 7(11): 511-518.

Kloppholz S, Kuhn H, Requena N. 2011. A secreted fungal effector of *Glomus intraradices* promotes symbiotic biotrophy. Current Biology, 21(14): 1204-1209.

Koprivova A, Schuck S, Jacoby RP, et al. 2019. Root-specific camalexin biosynthesis controls the plant growth-promoting effects of multiple bacterial strains. Proc Natl Acad Sci USA, 116: 15735-15744.

Kosuta S, Chabaud M, Lougnon G, et al. 2003. A diffusible factor from arbuscular mycorrhizal fungi induces symbiosis-specific MtENOD11 expression in roots of *Medicago truncatula*. Plant Physiology, 131(3): 952-962.

Lakshmanan V, Selvaraj G, Bais HP. 2014. Functional soil microbiome: belowground solutions to an aboveground problem. Plant Physiology, 166(2): 689-700.

Laloum T, Baudin M, Frances L, et al. 2014. Two CCAAT-box-binding transcription factors redundantly regulate early steps of the legume-rhizobia endosymbiosis. Plant Journal, 79(5): 757-768.

Lebeis SL, Paredes SH, Lundberg DS, et al. 2015. PLANT MICROBIOME. Salicylic acid modulates colonization of the root microbiome by specific bacterial taxa. Science, 349: 860-864.

Lefebvre B, Timmers T, Mbengue M, et al. 2010. A remorin protein interacts with symbiotic receptors and regulates bacterial infection. Proc Natl Acad Sci USA, 107(5): 2343-2348.

Lerouge P, Roche P, Faucher C, et al. 1990. Symbiotic host-specificity of *Rhizobium meliloti* is determined by a sulphated and acylated glucosamine oligosaccharide signal. Nature, 344(6268): 781-784.

Levy A, Salas Gonzalez I, Mittelviefhaus M, et al. 2018. Genomic features of bacterial adaptation to plants. Nature Genetics, 50: 138-150.

Levy J, Bres C, Geurts R, et al. 2004. A putative Ca^{2+} and calmodulin-dependent protein kinase required for bacterial and fungal symbioses. Science, 303(5662): 1361-1364.

Li JY, Fu YL, Pike SM, et al. 2010. The *Arabidopsis* nitrate transporter NRT1.8 functions in nitrate removal from the xylem sap and mediates cadmium tolerance. The Plant Cell, 22(5): 1633-1646.

Li WB, Wang Y, Okamoto M, et al. 2007. Dissection of the *AtNRT2.1:AtNRT2.2* inducible high-affinity nitrate transporter gene cluster. Plant Physiology, 143(1): 425-433.

Lin SH, Kuo HF, Canivenc G, et al. 2008. Mutation of the *Arabidopsis* NRT1.5 nitrate transporter causes defective root-to-shoot nitrate transport. The Plant Cell, 20(9): 2514-2528.

Liu KH, Huang CY, Tsay YF. 1999. CHL1 is a dual-affinity nitrate transporter of *Arabidopsis* involved in multiple phases of nitrate uptake. The Plant Cell, 11(5): 865-874.

Liu KH, Tsay YF. 2003. Switching between the two action modes of the dual-affinity nitrate transporter CHL1 by phosphorylation. EMBO J, 22(5): 1005-1013.

Loque D, Lalonde S, Looger LL, et al. 2007. A cytosolic trans-activation domain essential for ammonium uptake. Nature, 446(7132): 195-198.

Loque D, Ludewig U, Yuan L, et al. 2005. Tonoplast intrinsic proteins AtTIP2;1 and AtTIP2;3 facilitate NH_3 transport into the vacuole. Plant Physiology, 137(2): 671-680.

Loque D, von Wiren N. 2004. Regulatory levels for the transport of ammonium in plant roots. Journal of Experimental Botany, 55(401): 1293-1305.

Lu T, Ke M, Lavoie M, et al. 2018. Rhizosphere microorganisms can influence the timing of plant flowering. Microbiome, 6: 231.

Luginbuehl LH, Menard GN, Kurup S, et al. 2017. Fatty acids in arbuscular mycorrhizal fungi are synthesized by the host plant. Science, 356(6343): 1175-1178.

Lundberg DS, Lebeis SL, Paredes SH, et al. 2012. Defining the core *Arabidopsis thaliana* root microbiome. Nature, 488: 86-90.

Madsen EB, Madsen LH, Radutoiu S, et al. 2003. A receptor kinase gene of the LysM type is involved in legume perception of rhizobial signals. Nature, 425(6958): 637-640.

Maillet F, Poinsot V, Andre O, et al. 2011. Fungal lipochitooligosaccharide symbiotic signals in arbuscular mycorrhiza. Nature, 469(7328): 58-63.

Maldonado-Mendoza IE, Dewbre GR, Harrison MJ. 2001. A phosphate transporter gene from the extra-radical mycelium of an arbuscular mycorrhizal fungus *Glomus intraradices* is regulated in response to phosphate in the environment. Molecular Plant-Microbe Interactions, 14(10): 1140-1148.

Markmann K, Parniske M. 2009. Evolution of root endosymbiosis with bacteria: how novel are nodules? Trends Plant Sci, 14(2): 77-86.

Marmagne A, Vinauger-Douard M, Monachello D, et al. 2007. Two members of the *Arabidopsis* CLC (chloride channel) family, AtCLCe and AtCLCf, are associated with thylakoid and Golgi membranes, respectively. Journal of Experimental Botany, 58(12): 3385-3393.

Marsh JF, Rakocevic A, Mitra RM, et al. 2007. *Medicago truncatula* NIN is essential for rhizobial-independent nodule organogenesis induced by autoactive calcium/calmodulin-dependent protein kinase. Plant Physiology, 144(1): 324-335.

Martinoia E, Heck U, Wiemken A. 1981. Vacuoles as storage compartments for nitrate in barley leaves. Nature, 289(5795): 292-294.

Matt P, Geiger M, Walch-Liu P, et al. 2001. The immediate cause of the diurnal changes of nitrogen metabolism in leaves of nitrate-replete tobacco: a major imbalance between the rate of nitrate reduction and the rates of nitrate uptake and ammonium metabolism during the first part of the light period. Plant, Cell & Environment, 24(2): 177-190.

Messinese E, Mun JH, Yeun LH, et al. 2007. A novel nuclear protein interacts with the symbiotic DMI3 calcium- and calmodulin-dependent protein kinase of *Medicago truncatula*. Molecular Plant-Microbe Interactions, 20(8): 912-921.

Middleton PH, Jakab J, Penmetsa RV, et al. 2007. An ERF transcription factor in *Medicago truncatula* that is essential for Nod factor signal transduction. The Plant Cell, 19(4): 1221-1234.

Millet YA, Danna CH, Clay NK, et al. 2010. Innate immune responses activated in *Arabidopsis* roots by microbe-associated molecular patterns. The Plant Cell, 22: 973-990.

Mitra RM, Gleason CA, Edwards A, et al. 2004. A Ca^{2+}/calmodulin-dependent protein kinase required for symbiotic nodule development: gene identification by transcript-based cloning. Proc Natl Acad Sci USA, 101(13): 4701-4705.

Miwa H, Sun J, Oldroyd GE, et al. 2006. Analysis of Nod-factor-induced calcium signaling in root hairs of symbiotically defective mutants of *Lotus japonicus*. Molecular Plant-Microbe Interactions, 19(8): 914-923.

Moron B, Soria-Diaz ME, Ault J, et al. 2005. Low pH changes the profile of nodulation factors produced by *Rhizobium tropici* CIAT899. Chem Biol, 12(9): 1029-1040.

Muller DB, Vogel C, Bai Y, et al. 2016. The plant microbiota: systems-level insights and perspectives. Annu Rev Genet, 50: 211-234.

Munos S, Cazettes C, Fizames C, et al. 2004. Transcript profiling in the *chl1-5* mutant of *Arabidopsis* reveals a role of the nitrate transporter NRT1.1 in the regulation of another nitrate transporter, NRT2.1. The Plant Cell, 16(9): 2433-2447.

Nasir F, Shi S, Tian L, et al. 2019. Strigolactones shape the rhizomicrobiome in rice (*Oryza sativa*). Plant Sci, 286: 118-133.

Okumoto S, Schmidt R, Tegeder M, et al. 2002. High affinity amino acid transporters specifically expressed in xylem parenchyma and developing seeds of *Arabidopsis*. J Biol Chem, 277(47): 45338-45346.

Olah B, Briere C, Bécard G, et al. 2005. Nod factors and a diffusible factor from arbuscular mycorrhizal fungi stimulate lateral root formation in *Medicago truncatula* via the DMI1/DMI2 signalling pathway. Plant Journal, 44(2): 195-207.

Oldroyd GE. 2013. Speak, friend, and enter: signalling systems that promote beneficial symbiotic associations in plants. Nat Rev Microbiol, 11(4): 252-263.

Oldroyd GE, Downie JA. 2006. Nuclear calcium changes at the core of symbiosis signalling. Current Opinion in Plant Biology, 9(4): 351-357.

Oldroyd GE, Downie JA. 2008. Coordinating nodule morphogenesis with rhizobial infection in legumes. Annu Rev Plant Biol, 59: 519-546.

Oldroyd GE, Murray JD, Poole PS, et al. 2011. The rules of engagement in the legume-rhizobial symbiosis. Annu Rev Genet, 45: 119-144.

Op den Camp R, Streng A, De Mita S, et al. 2011. LysM-type mycorrhizal receptor recruited for rhizobium symbiosis in nonlegume *Parasponia*. Science, 331(6019): 909-912.

Park BS, Song JT, Seo HS. 2011. *Arabidopsis* nitrate reductase activity is stimulated by the E3 SUMO ligase AtSIZ1. Nature Communications, 2: 400

Park HJ, Floss DS, Levesque-Tremblay V, et al. 2015. Hyphal branching during arbuscule development requires *Reduced Arbuscular Mycorrhizal*. Plant Physiology, 169(4): 2774-2788.

Parniske M. 2000. Intracellular accommodation of microbes by plants: a common developmental program for symbiosis and disease? Current Opinion in Plant Biology, 3(4): 320-328.

Parniske M. 2008. Arbuscular mycorrhiza: the mother of plant root endosymbioses. Nat Rev Microbiol, 6(10): 763-775.

Peiter E, Sun J, Heckmann AB, et al. 2007. The *Medicago truncatula* DMI1 protein modulates cytosolic calcium signaling. Plant Physiology, 145(1): 192-203.

Piques M, Schulze WX, Hohne M, et al. 2009. Ribosome and transcript copy numbers, polysome occupancy and enzyme dynamics in *Arabidopsis*. Mol System Biol, 5: 314.

Plett J M, Kemppainen M, Kale SD, et al. 2011. A secreted effector protein of *Laccaria bicolor* is required for symbiosis development. Current Biology, 21(14): 1197-1203.

Pumplin N, Zhang X, Noar RD, et al. 2012. Polar localization of a symbiosis-specific phosphate transporter is mediated by a transient reorientation of secretion. Proc Natl Acad Sci USA, 109(11): E665-E672.

Quesada A, Galvan A, Fernandez E. 1994. Identification of nitrate transporter genes in *Chlamydomonas reinhardtii*. Plant Journal, 5(3): 407-419.

Radutoiu S, Madsen LH, Madsen EB, et al. 2003. Plant recognition of symbiotic bacteria requires two LysM receptor-like kinases. Nature, 425(6958): 585-592.

Ravanbakhsh M, Kowalchuk GA, Jousset A. 2019. Root-associated microorganisms reprogram plant life history along the growth-stress resistance tradeoff. ISME J, 13: 3093-3101.

Redinbaugh MG, Campbell WH. 1991. Higher-plant responses to environmental nitrate. Physiol Plantar, 82(4): 640-650.

Reinhold-Hurek B, Hurek T. 1998. Life in grasses: diazotrophic endophytes. Trends Microbiol, 6(4): 139-144.

Remans T, Nacry P, Pervent M, et al. 2006. The *Arabidopsis* NRT1.1 transporter participates in the signaling pathway triggering root colonization of nitrate-rich patches. Proc Natl Acad Sci USA, 103(50): 19206-19211.

Robertson GP, Vitousek PM. 2009. Nitrogen in agriculture: balancing the cost of an essential resource. Ann Rev Environ Res, 34: 97-125.

Saito K, Yoshikawa M, Yano K, et al. 2007. NUCLEOPORIN85 is required for calcium spiking, fungal and bacterial symbioses, and seed production in *Lotus japonicus*. The Plant Cell, 19(2): 610-624.

Sanders A, Collier R, Trethewy A, et al. 2009. AAP1 regulates import of amino acids into developing *Arabidopsis* embryos. Plant Journal, 59(4): 540-552.

Santos-Medellín C, Liechty Z, Edwards J, et al. 2021. Prolonged drought imparts lasting compositional changes to the rice root microbiome. Nature Plants, 7: 1065-1077.

Sasse J, Martinoia E, Northen T. 2018. Feed your friends: do plant exudates shape the root microbiome? Trends Plant Sci, 23: 25-41.

Schauser L, Roussis A, Stiller J, et al. 1999. A plant regulator controlling development of symbiotic root nodules. Nature, 402(6758): 191-195.

Schiessl K, Lilley JL, Lee T, et al. 2019. NODULE INCEPTION recruits the lateral root developmental program for symbiotic nodule organogenesis in *Medicago truncatula*. Current Biology, 29(21): 3657-3668.

Schloss PD, Handelsman J. 2006. Toward a census of bacteria in soil. PLOS Computational Biology, 2: 786-793.

Schmitz L, Yan Z, Schneijderberg M, et al. 2022. Synthetic bacterial community derived from a desert rhizosphere confers salt stress resilience to tomato in the presence of a soil microbiome. ISME J, 364: 6440.

Selmar D, Kleinwachter M. 2013. Stress enhances the synthesis of secondary plant products: the impact of stress-related over-reduction on the accumulation of natural products. Plant & Cell Physiology, 54(6): 817-826.

Sessitsch A, Hardoim P, Döring J, et al. 2012. Functional characteristics of an endophyte community colonizing rice roots as revealed by metagenomic analysis. Molecular Plant-Microbe Interactions, 25: 28-36.

Shi J, Zhao B, Zheng S, et al. 2021. A phosphate starvation response-centered network regulates mycorrhizal symbiosis. Cell, 184(22): 5527-5540.

Singh S, Katzer K, Lambert J, et al. 2014. CYCLOPS, a DNA-binding transcriptional activator, orchestrates symbiotic root nodule development. Cell Host & Microbe, 15(2): 139-152.

Soyano T, Hirakawa H, Sato S, et al. 2014. NODULE INCEPTION creates a long-distance negative feedback loop involved in homeostatic regulation of nodule organ production. Proc Natl Acad Sci USA, 111(40): 14607-14612.

Soyano T, Kouchi H, Hirota A, et al. 2013. Nodule inception directly targets NF-Y subunit genes to regulate essential processes of root nodule development in *Lotus japonicus*. PLOS Genetics, 9(3): e1003352.

Soyano T, Shimoda Y, Kawaguchi M, et al. 2019. A shared gene drives lateral root development and root nodule symbiosis pathways in Lotus. Science, 366(6468): 1021-1023.

Sprent JI. 2007. Evolving ideas of legume evolution and diversity: a taxonomic perspective on the occurrence of nodulation. New Phytologist, 174(1): 11-25.

Stitt M, Muller C, Matt P, et al. 2002. Steps towards an integrated view of nitrogen metabolism. Journal of Experimental Botany, 53(370): 959-970.

Streng A, Op den Camp R, Bisseling T, et al. 2011. Evolutionary origin of rhizobium Nod factor signaling. Plant Signaling & Behavior, 6(10): 1510-1514.

Stringlis IA, Yu K, Feussner K, et al. 2018. MYB72-dependent coumarin exudation shapes root microbiome assembly to promote plant health. Proc Natl Acad Sci USA, 115(22): E5213-E5222.

Tamasloukht M, Sejalon-Delmas N, Kluever A, et al. 2003. Root factors induce mitochondrial-related gene expression and fungal respiration during the developmental switch from asymbiosis to presymbiosis in the arbuscular mycorrhizal fungus *Gigaspora rosea*. Plant Physiology, 131(3): 1468-1478.

Tirichine L, Imaizumi-Anraku H, Yoshida S, et al. 2006. Deregulation of a Ca^{2+}/calmodulin-dependent kinase leads to spontaneous nodule development. Nature, 441(7097): 1153-1156.

Tkacz A, Poole P. 2015. Role of root microbiota in plant productivity. Journal of Experimental Botany, 66(8): 2167-2175.

Toth K, Stratil TF, Madsen EB, et al. 2012. Functional domain analysis of the remorin protein LjSYMREM1 in *Lotus japonicus*. PLOS ONE, 7(1): e30817.

Tsay YF, Chiu CC, Tsai CB, et al. 2007. Nitrate transporters and peptide transporters. Febs Letters, 581(12): 2290-2300.

Tsay YF, Schroeder JI, Feldmann KA, et al. 1993. The herbicide sensitivity gene *Chl1* of *Arabidopsis* encodes a nitrate-inducible nitrate transporter. Cell, 72(5): 705-713.

van Dam NM, Bouwmeester HJ. 2016. Metabolomics in the rhizosphere: tapping into belowground chemical communication. Trends Plant Sci, 21: 256-265.

Walch-Liu P, Filleur S, Gan Y, et al. 2005. Signaling mechanisms integrating root and shoot responses to changes in the nitrogen supply. Photosyn Res, 83(2): 239-250.

Walch-Liu P, Forde BG. 2008. Nitrate signalling mediated by the NRT1.1 nitrate transporter antagonises L-glutamate-induced changes in root architecture. Plant Journal, 54(5): 820-828.

Wang E, Schornack S, Marsh JF, et al. 2012. A common signaling process that promotes mycorrhizal and oomycete colonization of plants. Current Biology, 22(23): 2242-2246.

Wang W, Shi J, Xie Q, et al. 2017. Nutrient exchange and regulation in arbuscular mycorrhizal symbiosis. Molecular Plant, 10: 1147-1158.

Wang XL, Feng H, Wang YY, et al. 2021. Mycorrhizal symbiosis modulates the rhizosphere microbiota to promote rhizobia-legume symbiosis. Molecular Plant, 14: 503-516.

Wang XL, Wang MX, Wang LK, et al. 2022. Whole-plant microbiome profiling reveals a novel geminivirus associated with soybean stay-green disease. Plant Biotechnology Journal, 20: 2159-2173.

Wang XL, Wang MX, Xie XG, et al. 2020. An amplification-selection model for quantified rhizosphere microbiota assembly. Science Bulletin, 65(12): 983-986.

Wang YY, Tsay YF. 2011. *Arabidopsis* nitrate transporter NRT1.9 is important in phloem nitrate transport. The Plant Cell, 23(5): 1945-1957.

Weiner H, Kaiser WM. 1999. 14-3-3 proteins control proteolysis of nitrate reductase in spinach leaves. Febs Letters, 455(1-2): 75-78.

Xu J, Zhang Y, Zhang PF, et al. 2018a. The structure and function of the global citrus rhizosphere microbiome. Nature Communications, 9: 4894.

Xu L, Naylor D, Dong Z, et al. 2018b. Drought delays development of the sorghum root microbiome and enriches for monoderm bacteria. Proc Natl Acad Sci USA, 115(18): E4284-E4293.

Xue L, Cui H, Buer B, et al. 2015. Network of GRAS transcription factors involved in the control of arbuscule development in *Lotus japonicus*. Plant Physiology, 167(3): 854-871.

Yang S, Tang F, Gao M, et al. 2010. *R* gene-controlled host specificity in the legume-rhizobia symbiosis. Proc Natl Acad Sci USA, 107(43): 18735-18740.

Yano K, Yoshida S, Muller J, et al. 2008. CYCLOPS, a mediator of symbiotic intracellular accommodation. Proc Natl Acad Sci USA, 105(51): 20540-20545.

Yu N, Luo D, Zhang X, et al. 2014. A DELLA protein complex controls the arbuscular mycorrhizal symbiosis in plants. Cell Res, 24(1): 130-133.

Yuan LX, Loque D, Kojima S, et al. 2007. The organization of high-affinity ammonium uptake in *Arabidopsis* roots depends on the spatial arrangement and biochemical properties of AMT1-type transporters. The Plant Cell, 19(8): 2636-2652.

Yuan S, Zhu H, Gou H, et al. 2012. A ubiquitin ligase of symbiosis receptor kinase involved in nodule organogenesis. Plant Physiology, 160(1): 106-117.

Zhalnina K, Louie KB, Hao Z, et al. 2018. Dynamic root exudate chemistry and microbial substrate preferences drive patterns in rhizosphere microbial community assembly. Nat Microbiology, 3(4): 470-480.

Zhang C, He J, Dai H, et al. 2021. Discriminating symbiosis and immunity signals by receptor competition in rice. Proc Natl Acad Sci USA, 118(16): e2023738118.

Zhang JY, Yong-Xin L, Na Z, et al. 2019. *NRT1.1B* is associated with root microbiota composition and nitrogen use in field-grown rice. Nature Biotechnology, 37: 676-684.

Zhang JY, Zhang N, Liu YX, et al. 2018. Root microbiota shift in rice correlates with resident time in the field and developmental stage. Science in China Series C: Life Sciences, 61: 613-621.

Zhang Q, Blaylock LA, Harrison MJ. 2010. Two *Medicago truncatula* half-ABC transporters are essential for arbuscule development in arbuscular mycorrhizal symbiosis. The Plant Cell, 22(5): 1483-1497.

Zhang XW, Dong WT, Sun J, et al. 2015. The receptor kinase CERK1 has dual functions in symbiosis and immunity signalling. Plant Journal, 81(2): 258-267.

Zhu H, Chen T, Zhu M, et al. 2008. A novel ARID DNA-binding protein interacts with SymRK and is expressed during early nodule development in *Lotus japonicus*. Plant Physiology, 148(1): 337-347.

第十一章
植物与生物相互作用的农业应用

何祖华[1]，何光存[2]，邱德文[3]，邓一文[1]

[1] 中国科学院分子植物科学卓越创新中心；[2] 武汉大学生命科学学院；
[3] 中国农业科学院植物保护研究所

植物病虫害一直是全世界作物生产的主要威胁。此外，随着全球气候变化、农业产业结构调整、病虫害适应性变异和国际贸易增加等，病虫害危害范围扩大、危害期变长，新病虫害的发生发展也将严重威胁农业及生态环境的安全（Savary et al.，2019）。我国是农作物病虫害发生较重的国家，农作物病虫害对农业生产和国家粮食安全构成了严重威胁。为控制病虫害，全国每年防治面积达 5.6112 亿 hm^2 次，为耕地面积的 4.16 倍，即每年每一块耕地上实施防治 4 次以上（钱韦等，2016）。农药的长期高量使用对我国的食品与环境安全造成了巨大的威胁。因此，培育抗病虫品种是作物改良的重要目标，也是保障我国农业生产、食品安全和环境安全的关键技术。作物抗病虫育种的基础是有重要育种价值的抗病虫主效基因和抗性数量遗传位点（quantitative trait locus，QTL）。抗病虫基因的育种应用可大幅度抑制病虫害的发生与流行，从而减少或消除其对农业生产的毁灭性威胁（Dangl et al.，2013；Nelson et al.，2018）。同时，多样化的生物农药研制与生产应用，也在一定程度上减少了化学农药对食品安全与环境的危害。本章将围绕植物抗病分子育种应用、植物抗虫分子育种应用、植物生物农药、抗病虫与高产协调的分子育种等方面，归纳国内外的研究进展与发展趋势，并展望今后作物绿色生产的途径。

第一节　植物抗病分子育种应用

一、作物抗病基因发掘

农作物病虫害对全球作物生产造成了巨大损失，根据 FAO 报告，作物病虫害每年可导致全球粮食损失高达 40%，仅以经济价值衡量，植物病害、入侵性害虫分别导致全球经济每年损失约 2200 亿美元、700 亿美元（Savary et al.，2019）。植物病虫害严重威胁我国粮食安全。近年来，由于气候变化、耕作制度改变、品种结构单一等，农作物病虫害发生、发展趋势发生了变化。虽然部分病虫害得到有效控制，但一些新近表现严重的病虫害，如水稻稻曲病、水稻穗腐病、小麦链格孢叶枯病、玉米灰斑病、水稻绿蝽、棉花绿盲蝽、小麦黏虫等，呈现频发和暴发趋势，甚至可能出现新的病害变种，如麦瘟。随着国际贸易及经济全球化的加速发展，外来入侵病虫害正在或将严重威胁我国粮食及生态环境的安全，如马铃薯叶甲、美国白蛾和烟粉虱等。目前我国重大病害出现的频率和面积显著增加。以稻瘟病为例，每年全国发病面积近 8000 万亩，有的产区甚至颗粒无收，因此目前水稻新品种的推广实行稻瘟病抗性"一票否决"制。一些重大病害，如水稻稻曲病和纹枯病、小麦赤霉病等尚缺乏有效抗源与技术来进行防控。这些都对作物抗病育种提出了新要求，需要广泛挖掘新抗病资源，制定并部署新的抗病虫育种策略（张杰等，2019）。

自从 1905 年初英国科学家 Biffen 首次发现植物具有抗病基因，人类已经进行了 100 多年的植物抗病理论研究和育种实践。1914 年，美国植物病理学家 Stakman 提出了病原真菌具有"生理小种"的概念，揭示了病原菌的变异现象和植物抗病品种的专化性。至 1946 年，美国植物病理学家 Harold H. Flor 通过对亚麻锈病研究提出了植物-病原菌"基因对基因"假说，并被后续的抗病性遗传与分子生物学研究证实（Flor，1971）。从 20 世纪 90 年代开始，植物抗病基因就陆续得到分离，迄今已从多种植物中分离到超过 200 个抗真菌、细菌、病毒和线虫的抗病基因并进行了功能鉴定。大部分抗病蛋白属于包含核苷酸结合位点-亮氨酸富集重复结构域受体（NLR）的类受体激酶（RLK）和类受体蛋白（RLP）（Kourelis and van der Hoorn，2018）（表 11-1）。这些 NLR 受体绝大部分可控制小种的专化性抗病性，并主要介导针对活体营养型和半活体营养型病原菌的抗病反应。而针对通过杀死寄主细胞获取营养的腐生型/死体营养型病原菌的抗病基因至今较少有成功的报道，主要是一些抗性程度比较低的抗病基因。

表 11-1　克隆的主要作物抗病基因

抗病基因	作物	病原菌	抗病蛋白	参考文献
Pto	番茄	*Pseudomonas syringae* pv. *tomato*	RLK	Martin et al.，1993
Rpg1	大麦	*Puccinia graminis* f. sp. *tritici*	RLK	Brueggeman et al.，2002
R1	马铃薯	*Phytophthora infestans*	NLR	Ballvora et al.，2002
Rx	马铃薯	*Potato virus X*	NLR	Bendahmane et al.，1999
SW-5	番茄	*Tospovirus*	NLR	Brommonschenkel et al.，2000
Hero	番茄	*Globodera rostochiensis*	NLR	Ernst et al.，2002
Dm3	莴苣	*Bremia lactucae*	NLR	Shen et al.，2002
Bs2	辣椒	*Xanthomonas campestris* pv. *vesicatoria*	NLR	Tai et al.，1999
Mi	番茄	*Meloidogyne incognita*	NLR	Milligan et al.，1998
Prf	番茄	*Pseudomonas syringae*	NLR	Salmeron et al.，1996
I2	番茄	*Fusarium oxysporum* f. sp. *lycopersici*	NLR	Ori et al.，1997

续表

抗病基因	作物	病原菌	抗病蛋白	参考文献
Rp1-D	玉米	*Puccinia sorghi*	NLR	Collins et al.，1999
Mla1	大麦	*Blumeria graminis* f. sp. *hordei*	NLR	Zhou et al.，2001
Mla6	大麦	*Blumeria graminis*	NLR	Halterman et al.，2001
MLA12	大麦	*Blumeria graminis*	NLR	Shen et al.，2003
Lr10	小麦	*Puccinia triticina*	NLR	Loutre et al.，2009
Lr21	小麦	*Puccinia triticina*	NLR	Huang et al.，2003
Pm3	小麦	*Blumeria graminis* f. sp. *tritici*	NLR	Yahiaoui et al.，2004
Gpa2/Rx1	马铃薯	*Potato virus X*	NLR	van der Vossen et al.，2000
L6	亚麻	*Melampsora lini*	NLR	Lawrence et al.，1995
M	亚麻	*Melampsora lini*	NLR	Anderson et al.，1997
P	亚麻	*Melampsora lini*	NLR	Dodds et al.，2001
Gro1-4	马铃薯	*Globodera rostochiensis*	NLR	Paal et al.，2004
Cf2	番茄	*Cladosporium fulvum*	RLP	Dixon et al.，1996
Cf4	番茄	*Cladosporium fulvum*	RLP	Thomas et al.，1997
Cf5	番茄	*Cladosporium fulvum*	RLP	Dixon et al.，1998
Cf9	番茄	*Cladosporium fulvum*	RLP	Jones et al.，1994
Hcr9-4E	番茄	*Cladosporium fulvum*	RLP	Westerink et al.，2004
Hm1	玉米	*Cochliobolus carbonum*	毒素还原酶	Johal et al.，1992
Ve1	番茄	*Verticillium alboatrum*	RLP	Kawchuk et al.，2001
Ve2	番茄	*Verticillium alboatrum*	RLP	Kawchuk et al.，2001
ASC-1	番茄	*Alternaria alternata* f. sp. *lycopersici*	LAG1p 基序跨膜蛋白	Spassieva et al.，2002
mlo	大麦	*Blumeria graminis*	跨膜蛋白	Buschges et al.，1997
Hs1[pro-1]	甜菜	*Heterodera schachtii*	富含亮氨酸重复跨膜蛋白	Cai et al.，1997
Pib	水稻	*Magnaporthe oryzae*	NLR	Wang et al.，1999
Pita	水稻	*Magnaporthe oryzae*	NLR	Bryan et al.，2000
Pia/Pico39	水稻	*Magnaporthe oryzae*	NLR	Okuyama et al.，2011
Pit	水稻	*Magnaporthe oryzae*	NLR	Hayashi et al.，2009
Pi56	水稻	*Magnaporthe oryzae*	NLR	Liu et al.，2013
Pi63	水稻	*Magnaporthe oryzae*	NLR	Xu et al.，2014
Pi36	水稻	*Magnaporthe oryzae*	NLR	Liu et al.，2007
Pi37	水稻	*Magnaporthe oryzae*	NLR	Lin et al.，2007

续表

抗病基因	作物	病原菌	抗病蛋白	参考文献
Pish	水稻	*Magnaporthe oryzae*	NLR	Takahashi et al.，2010
Pik/Pi1	水稻	*Magnaporthe oryzae*	NLR	Zhai et al.，2011
Pikm	水稻	*Magnaporthe oryzae*	NLR	Ashikawa et al.，2008
Pikp	水稻	*Magnaporthe oryzae*	NLR	Yuan et al.，2011
Pi54/Pikh	水稻	*Magnaporthe oryzae*	NLR	Rai et al.，2011
Pi2	水稻	*Magnaporthe oryzae*	NLR	Zhou et al.，2006
Pi9	水稻	*Magnaporthe oryzae*	NLR	Qu et al.，2006
Pigm	水稻	*Magnaporthe oryzae*	NLR	Deng et al.，2017
Pizt	水稻	*Magnaporthe oryzae*	NLR	Zhou et al.，2006
Pizh	水稻	*Magnaporthe oryzae*	NLR	Xie et al.，2019
Pi3/Pi5	水稻	*Magnaporthe oryzae*	NLR	Lee et al.，2009
Pii	水稻	*Magnaporthe oryzae*	NLR	Takagi et al.，2017
Pi50	水稻	*Magnaporthe oryzae*	NLR	Su et al.，2015
PTR	水稻	*Magnaporthe oryzae*	非典型蛋白	Zhao et al.，2018
Pb1	水稻	*Magnaporthe oryzae*	NLR	Hayashi et al.，2010
Pi35	水稻	*Magnaporthe oryzae*	NLR	Fukuoka et al.，2014
pi21	水稻	*Magnaporthe oryzae*	富含脯氨酸蛋白	Fukuoka et al.，2009
bsr-d1	水稻	*Magnaporthe oryzae*	C2H2 型锌指蛋白	Li et al.，2017
Pid2	水稻	*Magnaporthe oryzae*	凝集素受体激酶	Chen et al.，2006
Pid3/Pi25	水稻	*Magnaporthe oryzae*	NLR	Shang et al.，2009
Pid4	水稻	*Magnaporthe oryzae*	NLR	Chen et al.，2018
Xa21	水稻	*Xanthomonas oryzae* pv. *oryzae*	RLK	Song et al.，1995
Xa26/Xa3	水稻	*Xanthomonas oryzae*	RLK	Sun et al.，2004
xa5	水稻	*Xanthomonas oryzae*	转录因子 IIAγ 亚基	Jiang et al.，2006
Xa27	水稻	*Xanthomonas oryzae*	新型抗病蛋白	Gu et al.，2005
xa13	水稻	*Xanthomonas oryzae*	蔗糖转运子	Chu et al.，2006
Xa4	水稻	*Xanthomonas oryzae*	细胞壁相关激酶	Hu et al.，2017a
Xa23	水稻	*Xanthomonas oryzae*	新型抗病蛋白	Wang et al.，2015a
xa25	水稻	*Xanthomonas oryzae*	蔗糖转运子	Liu et al.，2011
Xa1	水稻	*Xanthomonas oryzae*	NLR	Yoshimura et al.，1998
Xa2/Xa31/ Xa14/Xa45	水稻	*Xanthomonas oryzae*	NLR	Ji et al.，2020；Zhang et al.，2020
STV11	水稻	*Rice stripe virus*	磺基转移酶	Wang et al.，2014
qHSR1	玉米	*Sporisorium reilianum*	细胞壁相关激酶	Zuo et al.，2015

续表

抗病基因	作物	病原菌	抗病蛋白	参考文献
qMdr9.02	玉米	*Cochliobolus heterostrophus*，*Cercospora zeae-maydis*，*Setosphaeria turcica*	咖啡酰辅酶 A-O-甲基转移酶	Yang et al.，2017
Sr35	小麦	*Puccinia graminis* f. sp. *tritici*	NLR	Saintenac et al.，2013
Sr33	小麦	*Puccinia graminis*	NLR	Periyannan et al.，2013
Sr50	小麦	*Puccinia graminis*	NLR	Mago et al.，2015
Lr34	小麦	*Puccinia triticina*	ABC 转运子	Krattinger et al.，2009
Yr36	小麦	*Puccinia striiformis*	START 激酶	Fu et al.，2009
Lr67	小麦	*Puccinia striiformis*，*Puccinia triticina*	己糖转运子	Moore et al.，2015
Pm21	小麦	*Blumeria graminis*	NLR	He et al.，2018；Xing et al.，2018
Pm8	黑麦	*Blumeria graminis*	NLR	Hurni et al.，2013
Pm60	小麦	*Blumeria graminis*	NLR	Zou et al.，2018
Fhb1	小麦	*Fusarium graminearum*	富含组氨酸蛋白	Li et al.，2019；Su et al.，2019
Fhb7	小麦	*Fusarium graminearum*	谷胱甘肽 S-转移酶	Wang et al.，2020
Rhg1	大豆	*Heterodera glycines*	氨基酸转运子，α-SNAP 蛋白，WI12 蛋白	Cook et al.，2012
Rhg4	大豆	*Heterodera glycines*	丝氨酸羟甲基转移酶	Liu et al.，2012

　　作物抗病育种的关键是获得有重要育种价值的抗病基因和主效抗病 QTL。在过去近 30 年间，利用模式植物拟南芥及其病害互作体系作为主要研究对象，在植物抗病基因发掘及其机制研究方面取得了重要突破，成为植物生物学的前沿热点领域之一，也为作物的抗病基因克隆及功能解析、抗病信号转导机制解析提供了重要的参考与研究范例（Li et al.，2020b）。目前作物抗病基因发掘及其育种应用主要集中在水稻、玉米、小麦、番茄等作物，表 11-1 总结了国内外克隆的主要作物抗病基因。由于分类与篇幅的限制，本书没有将其他一些抗病调控基因包括下游防卫反应功能基因纳入，也没有包括通过转基因技术提高作物抗病性的研究成果。

　　在水稻抗病基因方面，主要集中在水稻抗瘟性和抗白叶枯病基因的克隆及其功能机制研究。截至目前，已有 30 多个抗稻瘟病基因被克隆和进行功能鉴定，包括 *Pigm*、*Pizh*、*Pib*、*Pita*、*Pi9*、*Pi2*、*Pizt*、*pi21*、*Pikm*、*Pit*、*Pish*、*Pb1*、*Pia*、*Pik*、*Pii*、*Pi5*、*Pi35*、*Pi50*、*Pi56*、*Pi63*、*Pid2*、*Pid3* 和 *Pid4* 等（Zhang et al.，2019）。抗白叶枯病基因主要有 *Xa1/Xa2/Xa14/Xa31/Xa45*、*Xa4*、*xa5*、*Xa10*、*xa13*（*Os8N3* 或 *OsSWEET11*）、*Xa21*、*Xa23*、*xa25*、*Xa26* 和 *Xa27* 等（Zhang et al.，2019）。

　　在小麦抗病方面，主要集中在锈病、白粉病和赤霉病抗病基因克隆及其抗病育种应用。目前已经发现并正式命名 70 多个小麦抗叶锈病基因（*Lr*），其中 *Lr1*、*Lr10*、*Lr21*、*Lr34* 和 *Lr67* 等抗叶锈病基因已经被成功克隆（Keller et al.，2018）。正式命名的条锈病抗性基因（*Yr*）有 60 多个，已成功克隆的抗条锈病基因有 *Yr17*、*Yr18/Lr34/Pm38* 和 *Yr36* 等（Keller et al.，2018）。此外，小麦抗秆锈病基因（*Sr*）至少已有 58 个被定位，国际上主要集中于超级致病小种 Ug99 抗病基因的挖掘和育种，其中 *Sr33*、*Sr35* 和 *Sr50* 已被克隆（Periyannan et al.，2013；Saintenac et al.，2013；Mago et al.，2015）。国际上正式命名了 65 个小麦抗白粉病基因（*Pm*），现已被克隆的有 *Pm3*、*Pm21*、*Pm38*、*Pm46* 和 *mlo* 等（Keller et al.，2018）。小麦抗病育种的瓶颈问题是赤霉病抗性，赤霉病是由多种镰刀菌共同侵染引起的真菌病害，其中禾谷镰刀菌（*Fusarium graminearum*）是主要致病菌。赤霉病抗性属于多基因控制的数量性状，尚未发现真正高抗（免疫）赤霉病的抗源。小麦抗赤霉病研究报道了 100 余个 QTL，但目前明确的抗赤霉病 QTL 只有 7 个，即 *Fhb1*～*Fhb7*（张爱民等，2018）。*Fhb1* 来自知名的抗赤霉病品种苏麦 3 号，在育种中已被广泛应用，目前国内外育成的抗赤霉病品种大多携带 *Fhb1* 基因。*Fhb1* 已被克隆，编码一个富含组氨酸的钙结合蛋白（histidine-rich calcium-binding-protein）。另一个来自小麦近缘种二倍体长穗偃麦草的 *Fhb7* 也被克隆，它编码一种谷胱甘肽 *S*-转移酶（GST），通过脱环氧化作用去除禾谷镰刀菌侵染产生的毒素，从而赋予长穗偃麦草对赤霉病的抗性。这些基因的克隆将大大促进小麦抗赤霉病育种（Wang et al.，2020）。

在其他主要作物如玉米、大豆、番茄等抗病基因克隆与应用上也取得了重大的进展，克隆了大批抗病基因和主效抗病 QTL，包括一些已经成为经典研究系统的抗病基因，如玉米抗圆斑病基因 *Hm1*、玉米抗大斑病基因 *Ht1*～*Ht3* 和 *HtN*、玉米抗丝黑穗病主效 QTL *ZmWAK*、番茄抗叶霉病基因 *Cf*、大豆抗孢囊线虫基因 *Rhg1* 和 *Rhg4* 等（Johal and Briggs，1992；Jones et al.，1994；Dixon et al.，1996，1998；Thomas et al.，1997；Cook et al.，2012；Liu et al.，2012；Zuo et al.，2015），很多基因已经在育种中长期应用。

目前，鉴定的大部分抗病蛋白属于经典的 NLR 家族，大部分 NLR 蛋白定位于细胞质，部分在细胞质膜上分布。虽然分离了许多抗病蛋白，但其具体的抗病信号激发机制尚不清楚，目前发表的拟南芥 NLR 受体 ZAR1 全长结构及其复合体的解析为 NLR 的激活与抗病性调控提供了新的信息（Wang et al.，2019a，2019b）。

二、作物抗病基因育种应用

作物的抗病性是育种的主要目标之一，尤其我国作物育种一直强调高产稳产（多抗）的育种目标，实际上作物抗性也是大田生产的必要前提。目前在育种上应用的抗病资源主要是经典的抗病基因，并且往往通过抗病基因的聚合育种（gene pyramiding）获得广谱抗病性。抗病分子育种应用的主要抗病基因见表 11-2。

表 11-2　目前国内外生产上应用的主要抗病基因（不完全统计）

抗病基因	作物	用途	改良品种	参考文献
Xa21	水稻	抗 *Xanthomonas oryzae*	Mianhui725，9311	Luo et al.，2012；He et al.，2019
Xa23	水稻	抗 *Xanthomonas oryzae*	GZ63-4S	Jiang et al.，2015
Xa4	水稻	抗 *Xanthomonas oryzae*	Mianhui725，9311	Luo et al.，2012
Xa27	水稻	抗 *Xanthomonas oryzae*	Mianhui725，9311	Luo et al.，2012
Xa26/Xa3	水稻	抗 *Xanthomonas oryzae*	Minghui63	Sun et al.，2004
xa5	水稻	抗 *Xanthomonas oryzae*	Mangeumbyeo	Suh et al.，2013
Pi9	水稻	抗 *Magnaporthe oryzae*	Yangdao6	Wu et al.，2016
Pi2	水稻	抗 *Magnaporthe oryzae*	GZ63-4S	Jiang et al.，2015
Pigm	水稻	抗 *Magnaporthe oryzae*	Yangdao6	Wu et al.，2016
Pi1	水稻	抗 *Magnaporthe oryzae*	JIN23B	Jiang et al.，2012
Pita	水稻	抗 *Magnaporthe oryzae*	JIN23B	Wu et al.，2016
pi21	水稻	抗 *Magnaporthe oryzae*	Aichiasahi	Fukuoka et al.，2015
Pi35	水稻	抗 *Magnaporthe oryzae*	Aichiasahi	Fukuoka et al.，2015
Pb1	水稻	抗 *Magnaporthe oryzae*	Koshihikari	Hayashi et al.，2010
Sr35	小麦	抗 *Puccinia graminis*	KS05HW14-1	Bernardo et al.，2013
Lr34	小麦	抗 *Puccinia triticina*	Glenlea	McCallum et al.，2012
Yr36	小麦	抗 *Puccinia striiformis*	Farnum	Gupta et al.，2010
Lr67	小麦	抗 *Puccinia striiformis*	Thatcher	Moore et al.，2015
		抗 *Puccinia triticina*		

　　从主粮作物抗病育种来说，水稻抗病基因如抗稻瘟病的 *Pigm*、*Pizh*、*Pizt*、*Pi2*、*Pi9*、*Pita* 等已经被广泛应用于抗病育种，其中利用 *Pigm* 育成的抗病新品种已经大面积推广（Wu et al.，2016）。在抗白叶枯病方面，*Xa21* 和 *Xa23* 等已被广泛应用于抗病育种（Luo et al.，2012；Jiang et al.，2015；He et al.，2019）。抗条纹叶枯病基因 *STV11* 也已得到大面积育种应用（Wang et al.，2014）。小麦育种应用的抗病基因主要包括抗锈病基因 *Sr35*、*Sr55*、*Lr34*、*Yr18*、*Yr36*、*Lr67*，抗白粉病基因 *Pm2*、*Pm3*、*Pm38*、*Pm46*，抗赤霉病基因 *Fhb1* 等（Gupta et al.，2010；McCallum et al.，2012；Bernardo et al.，2013；Moore et al.，2015；Li et al.，2019；Su et al.，2019）。玉米抗圆斑病基因 *Hm1*、抗大斑病基因 *Ht1* 等已经应用于抗病育种。

　　由于绝大多数抗病基因是小种专化性抗病，抗谱窄，以单个抗病基因培育的抗病品种在生产上推广种植 3～5 年后，往往丧失抗病性。因此，国内外的育种家往往聚合不同的抗病基因，力求在不影响产量的前提下，获得广谱、持久的抗病性，或者抗不同病害的多抗性，这方面已有大量的成功例子。例如，国际水稻研究所（IRRI）创制了聚合抗白叶枯病基因 *Xa4*、*xa5*、*xa13* 和 *Xa21* 的广谱抗病品种 IRBB60，其具有重要的育种推广价值，已被广泛应用于新品种选育（Luo et al.，2012；He et al.，2019）。此外，我国育种家还创制了聚合 *Pi1*、*Pi2* 和 *Pita* 的抗瘟性新品种（Jiang et al.，2012），以及聚合 *xa5* 与 *Xa23* 的抗白叶枯病等新品种（Jiang et al.，2015），还获得了 *Pigm* 与 *Xa23*、*Xa21* 聚合的双抗稻瘟病和白叶枯病的新品系（Fan，2017）。这些育种实践表明，不同抗病基因的聚合育种可以获得广谱抗病的目标性状。将不同类型的抗锈病基因聚合可以获得广谱多抗品种，如国际玉米小麦改良中心（CIMMYT）通过分子标记辅助选择（MAS）聚合 *Yr18/Lr34/Pm38/Sr57*、*Yr29/Lr46/Pm39/Sr58*、*Yr46/Lr67/Pm46/Sr55* 等，成功选育出一批兼抗型小麦品种，已在全球不同小麦产区的育种中广泛应用（Gupta et al.，2010；McCallum et al.，2012；Moore et al.，2015）。我国育种家筛选出来的抗性强而稳的知名抗源包括苏麦 3 号、望水白和荆州 1 号/苏麦 2 号的高代选系繁 60085 等，其中苏麦 3 号是国际上最好的小麦赤霉病抗源之一，也是研究和利用最广泛的抗源。我国科学家利用二倍体长穗偃麦草的高抗赤霉病基因进行小麦易位系改良，获得 27 份稳定的抗性新材料，赤霉病抗性达到和超过苏麦 3 号的新品系，有望在我国及全世界小麦育种中发挥重要作用。

第二节　植物抗虫分子育种应用

一、作物抗虫基因发掘

虫害是影响世界作物产量和品质的关键因素。国内外的研究和生产实践证明，提高作物品种的抗虫性是农业害虫综合治理中最为经济、有效、环境友好的方式。自 1987 年首次报道表达 Bt 毒蛋白的转基因植物以来，全世界开展了各种农作物 Bt 转基因研究，发现并证实了 Bt 对鳞翅目、双翅目、鞘翅目、膜翅目昆虫有显著的毒杀效果。目前，全世界种植了 3000 多万公顷的 Bt 转基因棉花和玉米。然而，至今尚未鉴定到对同翅目/刺吸式害虫（如稻飞虱、粉虱、蚜虫）有毒杀作用的 Cry 蛋白。另外，作物的野生近缘种在自然状态下生存需要有强的抗虫能力，传统的农家品种没有化学农药保护，其抗性资源较多。发掘作物自身的抗虫基因、研究作物的抗虫机制，可为作物抗虫分子育种奠定基础。本节主要总结了作物本身的抗虫基因及其育种应用。

国际上已开展作物抗虫基因研究 50 多年并取得了一系列突破性进展，目前已经从水稻、小麦、大豆等作物中筛选到一批抗虫的种质资源，定位了多个抗虫基因位点，主要集中在水稻抗虫和其他植物抗蚜虫方面，尤以水稻抗稻飞虱（包括褐飞虱、白背飞虱和灰飞虱）的抗虫基因定位克隆进展最快，到目前为止，国际上已报道了 30 个抗褐飞虱主效基因、9 个抗白背飞虱和灰飞虱主效基因。此外，还发掘了 14 个抗水稻叶蝉基因（*Glh1* ～ *Glh14*）。国际水稻研究所（IRRI）于 1969 年首次报道栽培稻中抗褐飞虱材料 Mudgo，并在 1970 年通过遗传分析确定其抗虫性由主效基因 *Bph1* 控制，揭开了国际上水稻抗飞虱基因研究的序幕。近十年来，水稻抗飞虱基因克隆方面取得了突破性进展，在第一个抗褐飞虱基因 *Bph14* 被克隆后（Du et al.，2009），从水稻中又相继成功克隆了多个抗褐飞虱基因，分别是 *Bph15*、*Bph3*、*Bph29*、*Bph9* 及其等位基因（*Bph1*、*Bph2*、*Bph7*、*Bph10*、*Bph21*、*Bph26*）（Zhao et al.，2016）、*Bph32*（Ren et al.，2016）和 *Bph6*（Guo et al.，2018）。*Bph14* 是第一个应用图位克隆法分离的抗褐飞虱基因，属于典型的 NLR 基因家族（表 11-3）。其后克隆的 *Bph9* 及其等位基因编码含有两个 NBS 的 NLR 蛋白。*Bph15* 编码凝集素受体激酶 OsLecRK（Cheng et al.，2013）。*Bph3* 则由 3 个 LecRK 基因组成，其累加作用使 Bph3 蛋白对褐飞虱有高抗性（Liu et al.，2015）。*Bph29* 编码一个含有 B3 DNA 结合结构域的蛋白质，在维管束组织中特异性表达（Wang et al.，2015b）。*Bph32* 编码一种有短共有重复序列（short consensus repeat，SCR）结构域的蛋白质（Ren et al.，2016）。*Bph6* 则编码一类新的蛋白质（Guo et al.，2018）。在已克隆的抗褐飞虱基因中，*Bph14*、*Bph3* 和 *Bph6* 已经证实同时抗白背飞虱。

表 11-3 克隆的主要作物抗虫基因

抗虫基因	作物	昆虫	抗虫蛋白	参考文献
Bph14	水稻	*Nilaparvata lugens*	NLR	Du et al.，2009
Bph15	水稻	*Nilaparvata lugens*	凝集素受体激酶	Cheng et al.，2013a
Bph3	水稻	*Nilaparvata lugens*	凝集素受体激酶	Liu et al.，2015
Bph29	水稻	*Nilaparvata lugens*	B3 DNA 结合蛋白	Cao et al.，2015
Bph1/Bph10	水稻	*Nilaparvata lugens*	NLR	Zhao et al.，2016
Bph18	水稻	*Nilaparvata lugens*	NLR	Ji et al.，2016
Bph7	水稻	*Nilaparvata lugens*	NLR	Zhao et al.，2016
Bph9	水稻	*Nilaparvata lugens*	NLR	Zhao et al.，2016
Bph26/Bph2	水稻	*Nilaparvata lugens*	含有 SCR 结构域蛋白	Tamura et al.，2014
Bph32	水稻	*Nilaparvata lugens*	Exocyst 定位蛋白	Ren et al.，2016
Bph6	水稻	*Nilaparvata lugens*	NLR	Guo et al.，2018
Mi-1.2	番茄	*Meloidogyne* spp.	NLR	Milligan et al.，1998
Mi-1.2	番茄	*Meloidogyne euphorbiae*	NLR	Rossi et al.，1998
Vat	西瓜	*Aphis gossypii*	NLR	Dogimont et al.，2014

其他已克隆的抗虫基因有番茄的抗蚜虫和线虫基因 *Mi-1.2*，甜瓜的抗蚜虫基因 *Vat*，这些基因也都编码 NLR 蛋白（Milligan et al.，1998；Rossi et al.，1998；Dogimont et al.，2014）。小麦和大豆抗蚜虫方面也通过品种鉴定与分子标记分析检测出了多个抗性位点，大豆中预测的抗蚜虫基因也多为 NLR 类型。

目前所克隆的作物抗虫基因（表 11-3）中大部分为 NLR 和 LecRK 类型，揭示了植物免疫受体在抗虫中的作用。对 Bph14 蛋白的研究揭示，其 CC 和 NBS 结构域能够激活水稻防御信号通路。Bph14 蛋白能够形成同源复合体，与转录因子 WRKY46

和 WRKY72 相互作用，增强转录因子的稳定性，调控防卫基因的转录，从而产生抗虫性（Hu et al.，2017b）。植物激素也参与抗虫反应，主要是水杨酸和茉莉酸的信号通路。在水稻抗褐飞虱反应中，*Bph14* 和 *Bph9* 均激活了水杨酸和茉莉酸信号通路。但有关水杨酸和茉莉酸在抗刺吸式口器昆虫与抗咀嚼式口器昆虫反应中的作用，研究结论不尽一致。有报道称乙烯、脱落酸、生长素等激素也都参与植物抗虫反应，它们有的通过与其他激素信号如水杨酸或茉莉酸交互作用参与对昆虫的防卫（Zarate et al.，2007；Schmelz et al.，2009；Tooker and De Moraes，2011）。对抗褐飞虱基因 *Bph6* 的研究表明，细胞分裂素在抗虫反应中也有很重要的作用，且这种作用是不依赖水杨酸和茉莉酸的（Guo et al.，2018）。作物抗虫反应还涉及 MAPK 级联信号、Ca^{2+} 信号等（Kandoth et al.，2007；Hu et al.，2011）。堵塞筛管是植物抵抗刺吸式口器害虫取食的重要机制，通常通过筛板上蛋白质形态变化和胼胝质沉积实现（Will et al.，2007；Hao et al.，2008）。在水稻中，抗褐飞虱基因诱导筛管中胼胝质沉积，从而抑制褐飞虱的取食（Hao et al.，2008；Du et al.，2009）。*Vat* 基因能引发活性氧爆发和过敏性坏死反应，诱导取食位点胼胝质和木质素的沉积（Dogimont et al.，2014）。Bph6 蛋白与胞泌复合体亚基 EXO70E1 互作，可调控水稻细胞分泌，加厚细胞壁，阻碍褐飞虱取食。研究发现，细胞分裂素可能通过转录因子上调水稻抗毒素的合成，从而产生对褐飞虱的抗性（Guo et al.，2018）。

二、作物抗虫基因育种应用

在利用抗虫基因进行作物抗虫育种方面，国际水稻研究所较早取得了突破（Khush and Virk，2005）。褐飞虱是世界水稻生产中发生为害面积最大的害虫。20 世纪 60 年代，水稻遗传育种家和昆虫学家合作从种质资源库中筛选出抗褐飞虱的资源，然后共同开展抗虫育种。国际水稻研究所在抗褐飞虱育种方面先后利用了 *Bph1*、*Bph2* 和 *Bph3* 三个抗褐飞虱基因。1973 年释放了第一个抗虫品种 IR26，带有抗褐飞虱基因 *Bph1*。其后释放的所有品种都具有褐飞虱抗性。我国水稻抗虫育种起步阶段注重引进和利用国外抗虫研究成果。我国杂交水稻育种早期阶段测交筛选出的优良恢复系如 IR26 和 IR36（带有 *Bph2*）来源于国际水稻研究所，如汕优 6 号和威优 6 号就是用 IR26 直接作为恢复系配置育成。同时，利用国际水稻研究所抗虫品种作为杂交亲本进行品种改良，使 *Bph1* 等抗褐飞虱基因在我国水稻中发挥了较好的作用。谢华安院士于 1978 年采用带有 *Bph1* 的 IR30 与圭 630 杂交，从后代选育出了新恢复系明恢 63。配置的汕优 63 除了产量高、米质好、适应性广，还中抗稻飞虱（任光俊等，2016）。

抗虫基因定位和克隆成果对作物抗虫育种产生了较大影响。作物抗虫育种的困难之处在于如何从育种群体中将抗虫材料选择出来。进行抗虫性筛选鉴定必须大规模饲养、繁殖害虫群体，需要专门的养虫和接虫鉴定技术，费时费力，育种单位难以开展，是限制作物抗虫育种发展的技术瓶颈。利用作物抗虫基因开展分子育种的优点之一，是可以应用分子标记对育种后代材料的抗虫基因进行筛查。在水稻抗褐飞虱育种中，基于连锁的分子标记或基因序列信息开发功能性分子标记，在杂交后代中及早开展基因的检测；提取育种材料 DNA 经 PCR 扩增后进行凝胶电泳，根据条带大小准确分辨出育种材料是否带有抗褐飞虱基因，简单易行；经分子检测带有抗虫基因的材料再进行人工抗虫鉴定予以确认，提高了抗褐飞虱育种选择的效率和准确性，并大大降低了工作量，缩短了育种周期。在水稻抗虫育种中，我国通过分子标记辅助选择成功培育了一批抗褐飞虱的水稻新品种（表 11-4）。例如，湖北省农业科学院选育出含 *Bph14* 的恢复系 R476，组配出高产优质杂交中籼新品种广两优 476，被列为水稻主导品种。南京农业大学将 *Bph3* 导入品种宁粳 3 号中，获得的新品系无论苗期还是成株期均高抗褐飞虱。同时，国际上利用知名的大豆抗孢囊线虫基因 *Rhg1* 和 *Rhg4* 改良提高大豆抗性也取得重要进展（Cook et al.，2012；Liu et al.，2012）。

表 11-4　目前国内外生产上应用的主要抗虫基因（不完全统计）

抗虫基因	作物	用途	改良品种	参考文献
Bph14	水稻	抗 *Nilaparvata lugens*	Yuehui 9113	Hu et al.，2016；He et al.，2019
Bph15	水稻	抗 *Nilaparvata lugens*	Yuehui 9113	Hu et al.，2016；He et al.，2019
Bph3	水稻	抗 *Nilaparvata lugens*	Ningjing 3，9311	Liu et al.，2016
Bph1/Bph10	水稻	抗 *Nilaparvata lugens*	9311	Xiao et al.，2016
Bph18	水稻	抗 *Nilaparvata lugens*	9311，JIN23B	Xiao et al.，2016；Jiang et al.，2018
Bph9	水稻	抗 *Nilaparvata lugens*	9311	Xiao et al.，2016
Bph26/Bph2	水稻	抗 *Nilaparvata lugens*	9311	Xiao et al.，2016
Bph6	水稻	抗 *Nilaparvata lugens*	9311	Xiao et al.，2016
Rhg1	大豆	抗 *Heterodera glycines*	Williams 82	Cook et al.，2012
Rhg4	大豆	抗 *Heterodera glycines*	Williams 82	Liu et al.，2012

抗虫基因分子育种的另一优点是可实现不同抗虫基因的聚合，以及抗虫基因与产量、品质和抗病基因的聚合（Hu et al.，2016；Liu et al.，2016；Xiao et al.，2016；Jiang et al.，2018；He et al.，2019）。在水稻抗褐飞虱基因利用中，单个抗虫基因对褐飞虱的生长、发育、交配、产卵等都有抑制作用，双基因聚合时产生更强的抗生性和抗趋性，还可以实现持久抗性。在实际田间鉴定中，单基因的抗虫性可以达到抗性级别，而双基因聚合则达到高抗水平。武汉大学通过聚合基因 *Bph14* 和 *Bph15* 选育出了抗褐飞虱的光温敏核不育系 Bph68S、红莲型雄性不育系珞红 4A，并育成了多个抗虫杂交水稻新品种。广西农业科学院借助分子标记辅助选择将 *Bph14* 和 *Bph15* 聚合到恢复系桂 339 中，培育出抗褐飞虱的改良恢复系 R339 和 R838。褐飞虱孵化高峰期的田间调查结果显示，抗虫品种 R339 和 R838 的田间虫口密度比对照恢复系降低了85% 以上（黄所生等，2014）。通过分子标记辅助选择还将水稻抗虫基因与抗病基因聚合到高产优质品种中，育成了多抗新品种。随着多种作物中抗虫基因的发掘和抗虫分子机理的深入研究，作物抗虫育种将在害虫的持续控制和农业的绿色发展中起到越来越重要的作用。

三、*Bt* 转基因抗虫作物研发与推广

对于咀嚼式口器害虫，从作物种质资源中一直难以找到理想的抗虫基因，但杀虫微生物苏云金芽孢杆菌（*Bacillus thuringiensis*）的 Bt 毒蛋白基因则有非常好的效果。苏云金芽孢杆菌是一种分布十分广泛的革兰氏阳性土壤杆菌。从 20 世纪 20 年代起，就通过大规模生产苏云金芽孢杆菌来防治农业害虫。苏云金芽孢杆菌的主要杀虫活性成分是杀虫晶体蛋白（insecticidal crystal protein，Cry）。Bt 杀虫晶体蛋白分子质量为 130～160kDa，在昆虫中肠碱性和还原性的环境下，被降解成 60kDa 左右的活性小肽，这些活性小肽与中肠上皮微绒毛上的受体结合并插入细胞膜形成穿孔，引起细胞肿胀甚至裂解，从而导致昆虫幼虫停止进食而最终死亡（朱新生等，1997）。到目前为止发现的杀虫晶体蛋白达 800 多种（http://www.lifesci.sussex.ac.uk/home/Neil_Crickmore/Bt/toxins2.html）。

在植物中表达外源 *Bt* 基因是培育抗虫作物的一条卓有成效的途径。1987 年第一个转 *Bt* 基因植物——转 *Bt* 烟草诞生，随后 *Bt* 基因被导入各类作物中。迄今已经研制了 50 多种 *Bt* 转基因抗虫植物。我国已获得的 *Bt* 转基因作物有棉花、玉米、水稻、番茄、花椰菜、马铃薯、烟草等。*Bt* 基因是世界范围内使用最广泛的抗虫基因，目前获得商业许可的转基因作物有 5 个，即玉米、棉花、水稻、马铃薯和茄子（李晨和刘博林，2015）。2013 年全球转 *Bt* 基因作物种植面积达 7000 万 hm² 以上，转 *Bt* 基因作物的种植使得虫害面积和程度大幅度降低。

Bt 转基因抗虫棉是中国唯一大规模应用的转基因农作物（郭三堆，2015）。我国早期种植的转基因抗虫棉品种主要由美国引进，我国 1997 年审定的第一个转基因抗虫棉品种是美国岱字棉公司的新棉 33B，至 2003 年无论是品种数量还是种植面积美国抗虫棉均占统治地位。我国于 1994 年研制成功国产单价抗虫棉，1997 年自主研发的拥有自主知识产权的转 *Cry1A* 和 *CpTI* 基因抗虫棉获得安全证书；1998 年审定了第一批国产转基因抗虫棉品种，从此开始了国产转基因棉花品种的生产推广。1999 年国产转基因棉花所占市场份额不到 5%，2009 年已上升到 95% 以上。2013 年的种植面积达到了 420 万 hm²，农户对 *Bt* 转基因棉花的采用率达到 90%。

在 *Bt* 转基因玉米方面，1996 年美国批准 *Bt* 转基因抗虫玉米应用于商业生产，至今已有 40 余种转 *Bt* 基因抗虫玉米被 26 个国家批准投入商业化生产或饲料与食品加工。我国于 1993 年获得 *Bt* 转基因玉米植株，目前已有一些 *Bt* 转基因抗虫玉米进入生物安全评价的生产性或环境释放试验阶段，但我国不允许转基因玉米进行商业化种植。我国从国外进口的转基因抗虫玉米主要用于饲料和食品加工（吕霞，2013）。

在水稻方面，我国于 1995 年开始 *Bt* 转基因抗虫水稻的研发工作。转 *cry1Ab/1Ac* 基因抗虫水稻华恢 1 号及杂交组合 Bt 汕优 63 均于 2009 年首次获得了农业部颁发的安全证书。但在实际生产中，我国尚不允许 *Bt* 转基因抗虫水稻种植。

在 *Bt* 转基因抗虫作物研发过程中，研究者一直注重提高 Bt 蛋白杀虫活力，主要

通过对 *Bt* 基因改造，包括密码子优化、蛋白修饰等途径实现。例如，*Bt* 转基因抗虫水稻华恢 1 号的抗虫基因是 *cry1Ab/1Ac*，实现了 *cry1Ab* 和 *cry1Ac* 结构域间的重新组合，产生的新蛋白同时具有高结合力和高毒性，杀虫活力显著增强。针对害虫对 *Bt* 转基因作物产生抗性的问题，开展了基因聚合策略的研究，将两个不同的抗虫基因转入同一作物品种中，害虫同时对两种不同杀虫蛋白产生抗性的概率大大降低（Brévault et al.，2013）。近年来，安全遗传转化技术不断发展，主要包括叶绿体转化技术、无选择标记技术、基因删除技术等。未来，Bt 蛋白的不断发现及其作用机理和昆虫抗性机理的深入探究将有助于 *Bt* 转基因抗虫作物新品种研发，从而在农业害虫长效控制中发挥更大的作用。

第三节 植物免疫诱导剂的发掘与应用

植物免疫诱导剂是指能够诱导植物免疫系统使植物获得或提高其对病害虫或逆境抗性的一类物质，该类物质自身没有直接的杀菌、杀虫或抗性功能，其主要作用是通过诱导植物自身免疫系统使其产生免疫抗性，主要包括蛋白质、多肽、氨基酸、糖类、有机小分子等。此外，还有一些生防微生物具有直接抑制病虫害的功效，作为生物农药已经有长期的开发与应用历史。

一、植物免疫诱导剂的研究进展

（一）蛋白类植物免疫诱导剂——"植物疫苗"

蛋白类植物免疫诱导剂——"植物疫苗"的理念基于植物本身的免疫系统，病原侵染植物后，在植物体内产生适于长距离传输的蛋白质分子，这类蛋白质分子从植物的感染病原体部位经切皮部转移到其他非感染部位，继而诱导植物自我防卫基因的表达，其表达产物再直接或间接杀死病原物，抑制病原物生长。在此基础上，科学家逐步开展了蛋白类植物免疫诱导剂的研究。目前鉴定的蛋白类免疫诱导剂主要有微生物产生的能激发植物抗性反应的激发子，包括病原体相关分子模式（PAMP）、效应子等。美国康奈尔大学是最早进行此项研究的，其研究成果为超敏蛋白（Wei et al.，1992）。关于超敏蛋白，目前全世界仅有 2 项这方面的技术成功应用于生产，一项为美国 Eden 生命科技公司所有的 Messenger-HarpinEa，另一项为以色列 Galilee-Green（嘉利利–绿色）实验室所拥有的 HarpinEcc/HarpinEac。经过他们多年田间试验发现，超敏蛋白可以诱导 90 多种作物对 70 余种病害及 20 多种虫害产生抗性，对病虫害的防治效果达到 40%～80%，并且可以使作物增产 10% 以上。使用后能减少最高 50% 的农药施用量和肥料施用量，同时不影响作物产量和质量的提高。

近年来，我国科学家从植物病原菌和生防菌中分离鉴定了 PeaT1、Hrip1、MoHrip1、MoHrip2、PB90 和 XEG1 等多个蛋白类植物免疫诱导剂，其结构多样（Rui et al.，2005；Zhang et al.，2011；Chen et al.，2012，2014；Kulye et al.，2012；Ma et al.，2015；Li et al.，2020a）。这类植物免疫诱导剂具有诱导植物过敏性坏死反应、活性氧爆发、NO 产生、防卫基因上调表达、细胞外液 pH 变化和促进植物生长等功能。中国农业科学院植物保护研究所基于对植物免疫蛋白的深入研究，2009 年首次登记了"3% 极细链格孢激活蛋白可湿性粉剂"。通过进一步优化生产工艺，2014 年 4 月蛋白类植物免疫诱导剂"阿泰灵"获得农业部农药登记证，并已在生产中广泛使用。

（二）寡糖类植物免疫诱导剂

多糖类物质存在于某些病原菌的细胞壁上，在植物与病原菌互作过程中，其降解产生的寡糖类片段可诱导植物的免疫反应，产生抗病性（王文霞等，2015；杨波和王源超，2019）。寡糖通过氨基与菌体细胞壁肽聚糖结合，导致细胞壁变性甚至破裂，或者通过吸附在菌体表面形成一层高分子膜，阻止营养物质向细胞内运输。壳聚糖与 EDTA 相似，通过螯合细菌细胞壁中的 Mg^{2+}、Ca^{2+} 或与菌外膜中金属离子竞争，影响几丁质生物合成，破坏细胞壁的结构，造成细胞壁缺失、破裂，细胞透性增加，最终导致病原菌死亡。低分子量的壳聚糖可以进入细胞内，能够与 DNA 结合，影响核酸复制和蛋白质合成，从而抑制菌的生长和繁殖。此外，很多寡糖类包括壳聚糖及壳寡糖分子可以直接诱导植物产生强烈的免疫反应，从而激活其抗病性。

（三）微生物类植物免疫诱导剂

木霉是国内外开发和应用历史最悠久的生防微生物，主要有 5 个木霉菌种：绿木霉（*Trichoderma virens*）、绿色木霉（*T. viride*）、哈茨木霉（*T. harzianum*）、棘孢木霉（*T. asperellum*）和深绿木霉（*T. aureoviride*）。其中哈茨木霉的防病效果最好，应用最广（Lieckfeldt et al.，2001；Yedidia et al.，2003；Abdel-Fattah et al.，2007；Contreras-Cornejo et al.，2009；Awad et al.，2018）。木霉自身及其代谢物均具有诱导植物免疫、提高农作物抗性的作用，其生长过程中分泌的丝氨酸蛋白酶、22kDa 木聚糖酶、几丁质脱乙酰基酶、几丁质酶、脂肽、棒曲霉素类蛋白等，具有明显的增强植物免疫和促进植物生长的功能。

芽孢杆菌（*Bacillus*）也是一类具有广泛应用前景的生防菌，其可分泌多种诱导植物抗性的物质，菌株处理能够引起过氧化物酶（POD）、多酚氧化酶（PPO）和苯丙氨酸氨裂合酶（PAL）等防御酶的活性显著增强。尤其苏云金芽孢杆菌（*B. thuringiensis*）是长期应用的生防、低毒杀虫剂，其主要活性成分是杀虫晶体蛋白（Cry），又称 Bt 毒素，具有很多变异结构，对鳞翅目、鞘翅目、双翅目、膜翅目、同翅目等昆虫有特异性的毒杀活性，而对非目标生物安全（Kunst et al.，1997）。因此，Bt 杀虫剂具有专一、高效和对人畜安全等优点。尤其 *Bt* 转基因抗虫棉、抗虫玉米已经大面积生产，*Bt* 转基因抗虫水稻也已取得商业生产许可（详见第二节"*Bt* 转基因抗虫作物研发与推广"）。

二、植物免疫诱导剂的应用进展

（一）蛋白类植物免疫诱导剂应用

蛋白类植物免疫诱导剂如"阿泰灵"不同于传统杀菌剂，主要功能是诱导植物免疫、促进植物生长发育（邱德文，2014）。中国农业科学院植物保护研究所联合北京中保绿农科技集团有限公司和北京绿色农华植保科技有限责任公司共同构建了以作物健康需求为导向的植物免疫生物农药创新推广体系，在国内取得了良好的推广效果。2014～2015 年推广面积 2700 万亩次，并入围全球最佳生物农药新品奖，为我国第一个推向国际市场、自主研制的蛋白质生物农药。

除了蛋白类植物免疫诱导剂，其他非蛋白类并已经商品化的植物诱导剂有苯并噻二唑（BTH）、噻酰菌胺（TDL）、2,6-二氯异烟酸（INA）、N-氰甲基-2-氯异烟酰胺（NCI）、烯丙异噻唑（probenazole）、茉莉酸甲酯（MeJA）、异噻菌胺（isotianil）等。噻酰菌胺和异噻菌胺可激发水稻的天然防御机制防治稻瘟病，在日本应用较多。此外，美国生物农药公司（MBI）的虎杖提取物也具有很好的诱导抗病活性的功能，该药剂目前由先正达在全球销售。

（二）寡糖类植物免疫诱导剂应用

寡糖对植物的调控作用不同于传统的生物农药与化学农药，不但可以提高植物的抗逆性，还可以促进作物的生长，提高作物的品质（王文霞等，2015）。近年来，壳寡糖因其独特的作用机理已经成为一类全新的绿色生态农药，在俄罗斯、法国甚至整个欧洲等很多国外国家得到了快速的发展。在国内壳寡糖产品的研发属于中国科学院"九五"重大项目、农业部"948"计划项目。壳聚糖具有原料广泛、易于降解等特点，目前已有大量以壳聚糖及其衍生物为原料的产品出现，如我国研发了壳聚糖生物制剂及其与免疫蛋白的复配农药制剂（杨普云等，2013）。到目前为止，我国已登记的寡糖类免疫诱导剂生物农药有 80 余项，已登录认证的壳聚糖及壳寡糖农业制剂产品共 31 种。其中大连中科格莱克生物科技有限公司、海南正业中农高科股份有限公司和大连凯飞化学工分股份有限公司实现产业化，分别建成了年产百吨的壳寡糖原料生产线、年产 5000t 的寡糖农用制剂生产线两条。共获得农药登记证 11 个，肥料证 3 个。寡糖类植物免疫诱导剂已在 30 多种粮食作物、经济作物上得到推广应用，推广面积达 7000 余万亩，在提高产量、提高农作物抗逆性、防控植物病害、改善品质 4 个方面得到了全面开发和推广应用，是生物农药的重要产品之一。

（三）微生物生防菌应用

微生物生防菌是广泛存在于土壤中的有益微生物，其在全球已有多年的研究与应用历史，在我国已经有很多个生产厂家登记注册和进行产品推广应用。近年来，随着植物免疫诱导抗性研究的快速发展，微生物类免疫诱导剂应用推广逐年递增。微生物制剂目前主要应用在植物叶面喷施和根系土壤修复处理方面，起到防病除虫、改良土壤、增强植株根系活力的作用，从而达到抗病、抗逆、增产的目的（邱德文，2016）。截至 2018 年 10 月底，我国已有微生物肥料企业 2050 家，微生物肥料登记证数量增加为 3508 个，产能达到 3000 万 t，用于根治各种土传病害及修复土壤，在新型肥料中年产量占比为 70%，产值达 400 亿元。其中，上海大井生物工程有限公司研发推广的木霉及哈茨木霉在木霉制剂与应用中达到国际先进水平；重庆聚立信生物工程有限公司以金龟子绿僵菌系列产品为主，生产的安全高效、无公害、无残留、无抗药性绿色环保真菌杀虫剂广泛适用于多种农、林害虫的生物防治。

三、植物免疫诱导剂的发展趋势和前景分析

近年来，除了发现不同的蛋白激发子及其可能的信号通路，国内植物免疫诱导剂的研究大都集中于应用层面（杨波和王源超，2019）。此外，植物免疫诱抗剂的研发与应用使植物病虫害的绿色防控又有了新的突破。作为新型的多功能生物农药，已有部分产品（如蛋白诱导子、寡糖、脱落酸、枯草芽孢杆菌及木霉等）分别以植物免疫诱导剂蛋白质生物农药、壳寡糖生物农药及微生物诱抗剂等类型在国内管理部门登记注册，并得到大面积的推广应用。生物农药的研发正在成为当今国际新型生物农药的重要发展方向，并将迅速成为具有巨大发展前景的新型战略产业（邱德文，2014；2016）。

目前，国内外无公害食品、绿色食品和有机食品的发展已经显现出巨大的潜力，生物农药作为生产绿色食品的重要保障显现出巨大的市场前景。植物免疫诱导剂是近年绿色生态农药研究中新的增长点。利用免疫诱导技术提高植物自身抗性，是有害生物绿色防控的新技术和新方法，能大幅减少使用或免用化学农药，是解决环境污染、保障农产品安全、实现农药零增长的有效途径，成为作物健康问题解决方案的重要基础，在作物病虫害综合防治及增产增收计划中发挥越来越重要的作用。随着全民对食品安全、粮食安全和环境安全问题的逐渐重视，以及政府限制化学农药使用政策的颁布，免疫诱导剂不仅在粮食、果蔬等作物病虫害综合防控中的需求逐渐增大，而且广大用户的接受程度也在不断增强。有关植物免疫诱抗剂的研究与利用，目前已经得到了政府有关管理和推广部门及广大农户的认可，其在保护植物健康生长、保障食品和生态安全方面发挥着越来越重要的作用。

第四节　抗病虫与高产协调分子育种

一、植物抗病虫与生长发育交互作用机制

在农业生产上，提高抗性往往影响植物生长发育（产量性状），即存在抗性代价（defense cost/trade-off）问题，尤其在经过长期驯化的农作物上，这种代价尤为明显，

是作物抗病新品种能否改良成功或推广的关键。在育种过程中如果单单注重抗性，通过聚合不同抗病基因，或者利用感病基因（抗病负调控基因）突变体，虽然可以显著提高抗病性，但往往会影响作物生长发育，导致开花、育性、株型、衰老等农艺性状发生改变，降低作物的产量和品质，无法在生产上推广应用。

作物抗病虫性状受分子网络调控，也与产量性状有密切的交互影响。植物激素信号通路在抗病虫与生长发育、产量等性状之间的相互影响过程中发挥着重要的功能。这是因为抗性信号最终通过防卫激素水杨酸（SA）、茉莉酸（JA）和乙烯（ET）信号通路放大与传递，同时传递和放大植物的抗性反应，从而使植物对不同类型、不同状态的病原菌侵染做出适当的应答，并能将生物来源的胁迫与非生物来源的胁迫整合，最终影响植物生长发育，包括株高、分蘖、育性和开花时间等过程，进而对产量等重要农艺性状产生影响，因为这些防卫激素信号通路往往与生长发育激素如赤霉素（GA）、生长素（AU）、油菜素内酯（BR）、脱落酸（ABA）等信号通路发生交互作用（crosstalk）而影响生长发育性状。另外，这些生长发育激素也通过交互作用影响植物抗病性。例如，生长素和赤霉素均是植物抗病的负调控因子，如果植物体内这两个激素含量高（如高秆水稻），将有利于病原菌侵染与蔓延（Yang et al.，2008，2012）。这也可以部分解释为什么高产的超级杂交稻田间抗病性往往下降。然而，这些激素免疫信号通路主要是在双子叶模式植物拟南芥中建立的，在单子叶禾本科作物如水稻和麦类中是否存在相同的信号通路一直是重要的育种基础问题。受这些生物学问题的限制，高产高抗育种应用受到很大的制约。

在抗病育种理论与育种应用领域，我国科学家在国际上较早提出协调植物抗病性与其他生理性状的研究理念（Yang et al.，2012，2013；钱韦，2016；毕国志，2017；唐威华，2017），并从防卫激素与生长发育激素交互作用的角度出发研究抗性与其他生理性状互作的机制，为高抗高产协调育种奠定了理论与技术基础。例如，在水稻中发现，GA 作为一个负调控因子，调控了水稻对不同病害的田间抗病性（Yang et al.，2008，2013），JA 诱导的抗病性通过抑制 GA 信号通路的负调控因子 DELLA 蛋白实现（Yang et al.，2013）。另外，如果激发水稻 SA 和 JA 的组成型广谱抗病虫性，往往严重影响水稻的产量性状（Li et al.，2016；You et al.，2016）。从抗病育种的实际出发，我国科学家长期研究并解析了来源于我国水稻农家品种中的一个广谱持久、高抗瘟性基因位点 *Pigm*，发现 *Pigm* 是一个包含多个 NLR 的抗病基因簇，编码 2 个功能拮抗的受体蛋白：PigmR 和 PigmS。PigmR 基因在水稻的叶、茎秆、穗等器官组成型表达，发挥广谱抗病功能，但不足之处是导致产量下降。与 PigmR 基因相反，PigmS 基因受到表观遗传的调控，仅在水稻的花粉中特异性高表达，在叶片、茎秆等病原菌侵染的组织部位表达量很低，但可以提高产量，从而抵消 PigmR 基因对产量的负面影响。另外，由于 PigmS 基因低水平表达，可能为病原菌提供了一个"避难所"，病原菌的进化选择压力变小，减缓了病原菌针对 PigmR 的致病性进化，使 PigmR 与稻瘟病菌之间的"军备竞赛"有利于其不被病原菌攻破，从而使 *Pigm* 位点控制的抗病性状具有持久性。在破解 PigmR 控制广谱抗病性状的机制方面，首次发现植物中存在一类新的转录因子家族 RRM 可以与抗病受体 PigmR、Pizt 等互作，进入细胞核激活下游的防卫基因，从而使水稻产生广谱抗病性。有意思的是，如果让 RRM 蛋白直接进入细胞核，即使水稻没有抗病基因，也可以产生广谱抗病性，这样利用 RRM 基因就有可能改良不同作物的抗病性，为作物抗病性改良提供新的理论依据和技术支持（Zhai et al.，2019）。利用 *Pigm* 改良的品种既有广谱持久的抗病性，又不影响最终产量，实现了高抗高产的育种目标，已经被国内包括袁隆平农业高科技股份有限公司、安徽荃银高科种业股份有限公司、合肥丰乐种业股份有限公司等在内的 40 多家种子公司和育种单位应用于水稻抗病分子育种，抗病新品种推广面积累计已经超过 2000 万亩，取得了重大的社会与经济效益。也有课题组发现水稻 C2H2 转录因子基因 *Bsr-d1* 的自然变异作为一个抗病 QTL，可以通过调控过氧化物酶基因的表达来调控水稻的广谱抗瘟性（Li et al.，2017）。两个课题组分别发现，通过调控水稻理想株型基因 *IPA1* 的组织特异性表达，可以在产生高产性状的同时，部分提高水稻对稻瘟病和白叶枯病的抗性（Wang et al.，2018；Liu et al.，2019）。我国科学家还发现，水稻抗病负调控基因 *ebr1* 突变体对真菌和细菌病害产生了高且广谱的抗病性，但产量受影响严重（You et al.，2016）。据国外研究组报道，水稻隐性抗瘟基因 *pi21* 源于一个富脯氨酸蛋白基因的功能缺失突变，使水稻具有部分但广谱的抗瘟性，并与劣质性状可以分离，具有重要的育种应用价值（Fukuoka et al.，2009）。而通过嵌合基因转基因技术，利用 NPR1 基因可以使水稻具有广谱抗病性且产量也不受影响（Xu et al.，2017）。

这些研究说明随着研究技术的进步与新研究体系的建立，从激素调控途径出发，系统分析相关激素在病原菌侵染时如何参与作物抗病性和发育的双向调节，不但可以阐明激素在植物免疫调控中的功能，而且对作物的抗病高产分子设计有重要的指导意义。由于该领域对作物抗病性的育种应用有重要的理论指导作用，近年来，这个问题越来越受到国际上相关领域专家的关注，有许多科学问题需要解析。从抗病育种的实际需求出发，抗病与产量协调的分子机制解析和育种策略设计也是必须值得重视的发展方向，这就必须对上述农艺性状之间的交互作用进行深入研究，包括植物激素调控抗病性与产量性状的关键节点和机制、植物抗病虫的多抗育种。作物抗病-抗虫-产量性状有交互影响，且往往存在一定程度的相互拮抗，主要由激素信号通路的交互作用控制。目前，国际上以水稻作为模式作物的抗病、抗虫与产量性状交互作用的激素调控网络已初步建立，建立与完善这些分子网络将可以使作物获得高抗与高产的育种性状。

二、抗病虫与高产耦合育种

国内外作物抗病虫育种已经取得重大的进展，主要病虫害的暴发频率与面积呈下降趋势。如上所述，利用定位的抗病虫基因信息，将不同的抗病、抗虫基因聚合，获得对病虫害的多抗是现代作物育种的主要目标。目前很多推广的水稻、小麦和玉米等作物新品种，往往具有对几个主要病害的抗病性，从而得以在生产上推广。与模式植物拟南芥不同，高度驯化的禾本科作物如水稻在抗病与抗虫的激素信号通路（如水杨酸、茉莉酸）上往往具有协同的特性，故将抗病与抗虫进行聚合育种具有机制的保障。因此，很多现代水稻品种往往聚合了对不同病害（如稻瘟病、白叶枯病、病毒病）的抗性，同时具有对稻飞虱的生物型专化性抗性。但非禾本科作物如十字花科抗病虫的水杨酸信号与茉莉酸信号，很多情况下可能存在拮抗作用，影响抗病与抗虫聚合育种。

对于抗病虫与高产的耦合育种，尤其是超级杂交稻要耦合对病虫害的高抗所遇到的瓶颈可能会较多。一方面，很多病虫害高抗性状（往往由 NLR 基因介导）会在某种程度上影响产量性状；另一方面，很多高产品种尤其在高氮种植条件下田间抗性可能受到抑制，但尚无相关研究报道。因此，高抗多抗与高产性状的耦合育种目标需要更多的育种理论支持。主要需要解析在强化作物抗病虫性状的同时如何避免或弥补其对某些产量性状产生的负效应。例如，提高抗病虫性可能影响穗或籽粒大小，可以找到相应的产量性状基因进行设计育种，实现高产与高抗平衡的育种目标。利用全基因组分析技术，对控制这些农艺性状的基因网络进行系统的耦合效应解析与预测，将是作物多抗与高产耦合育种的技术关键，并可用于建立新的育种选育与评价体系。目前，我国绿色超级稻项目在这方面已经取得重大突破。另外，国家重点研发计划试点专项也已经开展了有关高抗与高产耦合的育种理论研究。这些研究将为主要农作物高产与多抗耦合育种建立理论与技术体系奠定良好的基础。

第五节　生物互作与作物抗性育种的展望

随着全球气候变暖及生态环境恶化，植物将面对更为恶劣的生长环境，包括病虫害的发生发展，进一步限制了产量的突破。此外，我们长期大量使用化肥农药，已经对食品和环境安全造成了巨大的破坏，农业的绿色生产势在必行。传统的杂交育种选择已经无法满足人们对众多作物抗病虫目标性状的育种要求，必须借助现代生物技术，发掘新的育种资源，建立新的高效育种选择技术，在基因和基因组水平对作物的抗性性状进行选择与改良，以满足作物育种和农业生产的重大需求。预计今后将在以下领域获得突破。

生物互作的重大原创性突破。生物互作尤其是植物抗病虫害机制方面目前还是以模式植物为主。随着作物基因组学的普遍发展，作物-病原菌、作物-害虫之间分子识别与免疫激发的机制研究将获得长足进步，尤其将在 NLR 受体的新作用机制、NLR 蛋白的结构和作用机理解析、禾本科与十字花科植物免疫识别和激发的保守性及差别性、作物免疫调控模式等方面获得原创性突破，这将为人工重建植物广谱抗病的免疫体系奠定基础。

作物高抗与广谱抗病基因的发掘和育种应用。目前能应用于实际育种工作的作物高抗与广谱抗病基因资源尚非常缺乏。随着新资源包括野生资源的发掘，新的高抗与广谱抗病基因的分离鉴定、育种应用将获得更多的突破，尤其是针对一些持续发生的重大作物病害如纹枯病、稻曲病、小麦赤霉病等的有效抗病基因的发掘与育种应用将加快。

作物抗虫基因资源的发掘与育种应用。近年来已经克隆的作物抗刺吸式害虫包括稻飞虱、蚜虫等的基因已经在作物育种中发挥重要作用，但类型较少。除了 *Bt* 转基因抗虫技术，抗咀嚼式害虫的基因资源很少见诸报道，尤其是针对广食性害虫如螟虫、菜粉蝶等的基因。进一步挖掘作物抗虫基因是下一步研究的重点，将为作物抗虫分子育种提供更多的、可供选择的基因。

新病虫害的发生和预防。随着全球气候变暖及耕作制度变化，一些新的作物病虫害呈多发趋势，如水稻穗腐病、稻绿蝽等。此外，由稻瘟病菌进化而来的病原菌已经侵染小麦并引发小麦瘟病，最早在南美州发生，近年来已经在孟加拉国大面积发生。随着春季温度提高，该病在我国小麦产区大暴发的可能性日益增加。对这些新病虫害的抗性进行研究将为作物抗病虫育种提供新的基因资源。

多抗与高产耦合的育种理论和技术。实现绿色农业生产需要培育高产且多抗（抗病虫和抗逆）的作物新品种。传统的杂交育种选择已经无法满足人们对众多作物高产与多抗的育种要求，必须借助现代组学技术，发掘新的育种资源，利用全基因组分析技术，对控制这些农艺性状的基因网络进行系统的耦合效应解析与预测，在基因和基因组水平对作物的抗性及高产性状进行选择、编辑与耦合。目前，国际上以水稻作为模式作物的抗病虫与产量性状交互作用的激素调控网络已初步建立，建立并完善这些调控网络将为作物多抗与高产耦合育种奠定理论和技术基础，进而实现作物抗性育种在目标性状与重大产品上的突破。我国科学家在植物-微生物互作、抗病虫与分子育种、植物生物农药/肥料等领域长期耕耘，逐渐在一些领域形成了优势。尤其是近十年来，通过 973 项目、转基因重大专项、"七大农作物育种"等项目的资助，我国在作物抗病虫基因克隆和分子育种应用方面均取得了重大的进展。尤其是率先阐释了新的广谱抗病 NLR 免疫受体、NLR 免疫激活的分子机理及其复合体晶体结构。在水稻广谱抗稻瘟病、白叶枯病、条纹叶枯病和褐飞虱，小麦抗白粉病和条锈病，玉米抗丝黑穗病和茎腐病等抗病虫基因的克隆及功能研究方面处于国际领先地位，并成功应用于抗病虫分子育种，为保障我国主粮生产安全做出了重要贡献。

参 考 文 献

毕国志, 周俭民. 2017. 厚积薄发：我国植物-微生物互作研究取得突破. 植物学报, 52(6): 685-688.
郭三堆, 王远, 孙国清, 等. 2015. 中国转基因棉花研发应用二十年. 中国农业科学, 48(17): 3372-3387.
黄所生, 黄凤宽, 吴碧球, 等. 2014. 水稻新品种（组合）对褐飞虱的抗性评价. 西南农业学报, 27(5): 1919-1923.
李晨, 刘博林. 2015. 转 Bt 基因抗虫作物培育现状及 Bt 蛋白的改造和聚合策略的利用. 生物工程学报, 31(1): 53-64.

吕霞, 王慧, 曾兴, 等. 2013. 转基因抗虫玉米研究及应用. 作物杂志, (2): 7-12.

钱韦, 方荣祥, 何祖华. 2016. 植物免疫与作物抗病分子育种的重大理论基础: 进展与设想. 中国基础科学−植物科学专刊, (2): 38-45.

邱德文. 2014. 植物免疫诱抗剂的研究进展与应用前景. 中国农业科技导报, 16(1): 39-45.

邱德文. 2016. 我国植物免疫诱导技术的研究现状与趋势分析. 植物保护, 42(5): 10-14.

任光俊, 颜龙安, 谢华安. 2016. 三系杂交水稻育种研究的回顾与展望. 科学通报, 61(35): 3748-3760.

唐威华, 冷冰, 何祖华. 2017. 植物抗病虫与抗逆. 植物生理学报, 53(8): 1333-1336.

王文霞, 赵小明, 杜昱光, 等. 2015. 寡糖生物防治应用及机理研究进展. 中国生物防治学报, 31(5): 757-769.

杨波, 王源超. 2019. 植物免疫诱抗剂的应用研究进展. 中国植保导刊, 39(2): 24-32.

杨普云, 李萍, 王战鄂, 等. 2013. 植物免疫诱抗剂氨基寡糖素的应用效果与前景分析. 中国植保导刊, 33(3): 20-21.

张爱民, 阳文龙, 李欣, 等. 2018. 小麦抗赤霉病研究现状与展望. 遗传, 40(10): 858-873.

张杰, 董莎萌, 王伟, 等. 2019. 植物免疫研究与抗病虫绿色防控: 进展、机遇与挑战. 中国科学: 生命科学, 49(11): 1479-1507.

朱新生, 朱玉贤. 1997. 抗虫植物基因工程研究进展. 植物学报, 39(3): 282-288.

Abdel-Fattah GM, Shabana YM, Ismail AE, et al. 2007. *Trichoderma harzianum*: a biocontrol agent against *Bipolaris oryzae*. Mycopathologia, 164(2): 81-89.

Anderson PA, Lawrence GJ, Morrish BC, et al. 1997. Inactivation of the flax rust resistance gene *M* associated with loss of a repeated unit within the leucine-rich repeat coding region. The Plant Cell, 9(4): 641-651.

Ashikawa I, Hayashi N, Yamane H, et al. 2008. Two adjacent nucleotide-binding site-leucine-rich repeat class genes are required to confer *Pikm*-specific rice blast resistance. Genetics, 180(4): 2267-2276.

Awad NE, Kassem HA, Hamed MA, et al. 2018. Isolation and characterization of the bioactive metabolites from the soil derived fungus *Trichoderma viride*. Mycology, 9(1): 70-80.

Ballvora A, Ercolano MR, Weiss J, et al. 2002. The *R1* gene for potato resistance to late blight (*Phytophthora infestans*) belongs to the leucine zipper/NBS/LRR class of plant resistance genes. Plant Journal, 30(3): 361-371.

Bendahmane A, Kanyuka K, Baulcombe DC. 1999. The *Rx* gene from potato controls separate virus resistance and cell death responses. The Plant Cell, 11(5): 781-791.

Bernardo A, Bowden RL, Rouse MN, et al. 2013. Validation of molecular markers for new stem rust resistance genes in U.S. hard winter wheat. Crop Science, 53(3): 755-764.

Brévault T, Heuberger S, Zhang M, et al. 2013 Potential shortfall of pyramided transgenic cotton for insect resistance management. Proc Natl Acad Sci USA, 110(15): 5806-5811.

Brommonschenkel SH, Frary A, Tanksley SD. 2000. The broad-spectrum tospovirus resistance gene *Sw-5* of tomato is a homolog of the root-knot nematode resistance gene *Mi*. Molecular Plant-Microbe Interactions, 13(10): 1130-1138.

Brueggeman R, Rostoks N, Kudrna D, et al. 2002. The barley stem rust-resistance gene *Rpg1* is a novel disease-resistance gene with homology to receptor kinases. Proc Natl Acad Sci USA, 99(14): 9328-9333.

Bryan GT, Wu KS, Farrall L, et al. 2000. tA single amino acid difference distinguishes resistant and susceptible alleles of the rice blast resistance gene *Pi-ta*. The Plant Cell, 12(3): 2033-2046.

Buschges R, Hollricher K, Panstruga R, et al. 1997. The barley *mlo* gene: a novel control element of plant pathogen resistance. Cell, 88(3): 695-705.

Cai D, Kleine M, Kifle S, et al. 1997. Positional cloning of a gene for nematode resistance in sugar beet. Science, 275(5301): 832-834.

Chen M, Zeng H, Qiu D, et al. 2012. Purification and characterization of a novel hypersensitive response-inducing elicitor from *Magnaporthe oryzae* that triggers defense response in rice. PLOS ONE, 7(5): e37654.

Chen M, Zhang C, Zi Q, et al. 2014. A novel elicitor identified from *Magnaporthe oryzae* triggers defense responses in tobacco and rice. Plant Cell Reports, 33(11): 1865-1879.

Chen X, Shang J, Chen D, et al. 2006. A B-lectin receptor kinase gene conferring rice blast resistance. Plant Journal, 46(5): 794-804.

Chen Z, Zhao W, Zhu X, et al. 2018. Identification and characterization of rice blast resistance gene *Pid4* by a combination of transcriptomic profiling and genome analysis. Journal of Genetics and Genomics, 45(12): 663-672.

Cheng X, Wu Y, Guo J, et al. 2013. A rice lectin receptor-like kinase that is involved in innate immune responses also contributes to seed germination. Plant Journal, 76(4): 687-698.

Chu Z, Yuan M, Yao L, et al. 2006. Promoter mutations of an essential gene for pollen development result in disease resistance in rice. Genes & Development, 20(10): 1250-1255.

Collins N, Drake J, Ayliffe M, et al. 1999. Molecular characterization of the maize Rp1-D rust resistance haplotype and its mutants. The Plant Cell, 11(7): 1365-1376.

Contreras-Cornejo HA, Macías-Rodríguez L, Cortés-Penagos C, et al. 2009. *Trichoderma virens*, a plant beneficial fungus, enhances biomass production and promotes lateral root growth through an auxin-dependent mechanism in *Arabidopsis*. Plant Physiology, 149(3): 1579-1592.

Cook DE, Lee TG, Guo X, et al. 2012. Copy number variation of multiple genes at *rhg1* mediates nematode resistance in soybean. Science, 338(6111): 1206-1209.

Dangl JL, Horvath DM, Staskawicz BJ. 2013. Pivoting the plant immune system from dissection to deployment. Science, 341(6147): 746-751.

Deng Y, Zhai K, Xie Z, et al. 2017. Epigenetic regulation of antagonistic receptors confers rice blast resistance with yield balance. Science, 355(6328): 962-965.

Dixon MS, Hatzixanthis K, Jones DA, et al. 1998. The tomato *Cf-5* disease resistance gene and six homologs show pronounced allelic variation in leucine-rich repeat copy number. The Plant Cell, 10(11): 1915-1925.

Dixon MS, Jones DA, Keddie JS, et al. 1996. The tomato *Cf-2* disease resistance locus comprises two functional genes encoding leucine-rich repeat proteins. Cell, 84(3): 451-459.

Dodds PN, Lawrence GJ, Ellis JG. 2001. Six amino acid changes confined to the leucine-rich repeat β-strand/β-turn motif determine the difference between the *P* and *P2* rust resistance specificities in flax. The Plant Cell, 13(1): 163-178.

Dogimont C, Chovelon V, Pauquet J, et al. 2014. The Vat locus encodes for a CC-NBS-LRR protein that confers resistance to *Aphis gossypii* infestation and *A. gossypii*-mediated virus resistance. Plant Journal, 80(6): 993-1004.

Du B, Zhang W, Liu B, et al. 2009. Identification and characterization of *Bph14*, a gene conferring resistance to brown planthopper in rice. Proc Natl Acad Sci USA, 106(52): 22163-22168.

Ernst K, Kumar A, Kriseleit D, et al. 2002. The broad-spectrum potato cyst nematode resistance gene (*Hero*) from tomato is the only member of a large gene family of NBS-LRR genes with an unusual amino acid repeat in the LRR region. Plant Journal, 31(2): 127-136.

Fan H, Qi Y, Zhang L, et al. 2017. Marker-assisted introgression of broad-spectrum disease resistance genes of *Pigm* and *Xa23* into rice restorer. International Journal of Agriculture and Biology, 19(5): 976-982.

Flor HH. 1971. Current status of the gene-for-gene concept. Annu Rev Phytopathol, 9: 275-296.

Fu D, Uauy C, Distelfeld A, et al. 2009. A kinase-START gene confers temperature-dependent resistance to wheat stripe rust. Science, 323(5919): 1357-1360.

Fukuoka S, Saka N, Koga H, et al. 2009. Loss of function of a proline-containing protein confers durable disease resistance in rice. Science, 325(5943): 998-1001.

Fukuoka S, Saka N, Mizukami Y, et al. 2015. Gene pyramiding enhances durable blast disease resistance in rice. Sci Rep, 5(1): 7773.

Fukuoka S, Yamamoto SI, Mizobuchi R, et al. 2014. Multiple functional polymorphisms in a single disease resistance gene in rice enhance durable resistance to blast. Sci Rep, 4(1): 4550.

Gu K, Yang B, Tian D, et al. 2005. *R* gene expression induced by a type-III effector triggers disease resistance in rice. Nature, 435(7045): 1122-1125.

Guo J, Xu C, Wu D, et al. 2018. *Bph6* encodes an exocyst-localized protein and confers broad resistance to plant hoppers in rice. Nature Genetics, 50(2): 297-306.

Gupta PK, Langridge P, Mir RR. 2010. Marker-assisted wheat breeding: present status and future possibilities. Molecular Breeding, 26(2): 145-161.

Halterman D, Zhou F, Wei F, et al. 2001. The MLA6 coiled-coil, NBS-LRR protein confers AvrMla6-dependent resistance specificity to *Blumeria graminis* f. sp. *hordei* in barley and wheat. Plant Journal, 25(3): 335-348.

Hao P, Liu C, Wang Y, et al. 2008. Herbivore-induced callose deposition on the sieve plates of rice: an important mechanism for host resistance. Plant Physiology, 146(4): 1810-1820.

Hayashi K, Yoshida H. 2009. Refunctionalization of the ancient rice blast disease resistance gene *Pit* by the recruitment of a retrotransposon as a promoter. Plant Journal, 57(3): 413-425.

Hayashi N, Inoue H, Kato T, et al. 2010. Durable panicle blast-resistance gene *Pb1* encodes an atypical CC-NBS-LRR protein and was generated by acquiring a promoter through local genome duplication. Plant Journal, 64(3): 498-510.

He C, Xiao Y, Yu J, et al. 2019. Pyramiding *Xa21*, *Bph14*, and *Bph15* genes into the elite restorer line Yuehui9113 increases resistance to bacterial blight and the brown planthopper in rice. Crop Protection, 115: 31-39.

He H, Zhu S, Zhao R, et al. 2018. *Pm21*, encoding a typical CC-NBS-LRR protein, confers broad-spectrum resistance to wheat powdery mildew disease. Molecular Plant, 11(6): 879-882.

Hu J, Xiao C, He Y. 2016. Recent progress on the genetics and molecular breeding of brown planthopper resistance in rice. Rice, 9: 30.

Hu J, Zhou J, Peng X, et al. 2011. The *Bphi008a* gene interacts with the ethylene pathway and transcriptionally regulates MAPK genes in the response of rice to brown planthopper feeding.

Plant Physiology, 156(2): 856-872.

Hu K, Cao J, Zhang J, et al. 2017a. Improvement of multiple agronomic traits by a disease resistance gene via cell wall reinforcement. Nature Plants, 3: 17009.

Hu L, Wu Y, Wu D, et al. 2017b. The coiled-coil and nucleotide binding domains of brown planthopper resistance14 function in signaling and resistance against planthopper in rice. The Plant Cell, 29(12): 3157-3185.

Huang L, Brooks SA, Li W, et al. 2003. Map-based cloning of leaf rust resistance gene *Lr21* from the large and polyploid genome of bread wheat. Genetics, 164(2): 655-664.

Hurni S, Brunner S, Buchmann G, et al. 2013. Rye *Pm8* and wheat *Pm3* are orthologous genes and show evolutionary conservation of resistance function against powdery mildew. Plant Journal, 76(6): 957-969.

Ji C, Ji Z, Liu B, et al. 2020. *Xa1* allelic *R* genes activate rice blight resistance suppressed by interfering TAL effectors. Plant Communications, 1(4): 100087.

Jiang GH, Xia ZH, Zhou YL, et al. 2006. Testifying the rice bacterial blight resistance gene *xa5* by genetic complementation and further analyzing *xa5* (*Xa5*) in comparison with its homolog *TFIIAγ1*. Molecular Genetics and Genomics, 275(4): 354-366.

Jiang H, Feng Y, Bao L, et al. 2012. Improving blast resistance of Jin 23B and its hybrid rice by marker-assisted gene pyramiding. Molecular Breeding, 30(4): 1679-1688.

Jiang H, Hu J, Li Z, et al. 2018. Evaluation and breeding application of six brown planthopper resistance genes in rice maintainer line Jin 23B. Rice, 11: 22.

Jiang J, Yang D, Ali J, et al. 2015. Molecular marker-assisted pyramiding of broad-spectrum disease resistance genes, *Pi2* and *Xa23*, into GZ63-4S, an elite thermo-sensitive genic male-sterile line in rice. Molecular Breeding, 35(3): 83.

Johal G, Briggs S. 1992. Reductase activity encoded by the *Hm1* disease resistance gene in maize. Science, 258(5084): 985-987.

Jones D, Thomas C, Hammond-Kosack K, et al. 1994. Isolation of the tomato *Cf-9* gene for resistance to *Cladosporium fulvum* by transposon tagging. Science, 266(5186): 789-793.

Kandoth PK, Ranf S, Pancholi SS, et al. 2007. Tomato MAPKs LeMPK1, LeMPK2, and LeMPK3 function in the systemin-mediated defense response against herbivorous insects. Proc Natl Acad Sci USA, 104(29): 12205-12210.

Kawchuk LM, Hachey J, Lynch DR, et al. 2001. Tomato *Ve* disease resistance genes encode cell surface-like receptors. Proc Natl Acad Sci USA, 98(11): 6511-6515.

Keller B, Wicker T, Krattinger SG. 2018. Advances in wheat and pathogen genomics: implications for disease control. Annu Rev Phytopathol, 56: 67-87.

Khush GS, Virk PS. 2005. IR Varieties and Their Impact. Los Baños: International Rice Research Institute.

Kourelis J, van der Hoorn RAL. 2018. Defended to the nines: 25 years of resistance gene cloning identifies nine mechanisms for R protein function. The Plant Cell, 30(3): 285-299.

Krattinger SG, Lagudah ES, Spielmeyer W, et al. 2009. A putative ABC transporter confers durable resistance to multiple fungal pathogens in wheat. Science, 323(5919): 1360-1363.

Kulye M, Liu H, Zhang Y, et al. 2012. Hrip1, a novel protein elicitor from necrotrophic fungus, *Alternaria tenuissima*, elicits cell death, expression of defence-related genes and systemic acquired resistance in tobacco. Plant, Cell & Environment, 35(12): 2104-2120.

Kunst F, Ogasawara N, Moszer I, et al. 1997. The complete genome sequence of the Gram-positive bacterium *Bacillus subtilis*. Nature, 390(6657): 249-256.

Lawrence GJ, Finnegan EJ, Ayliffe MA, et al. 1995. The *L6* gene for flax rust resistance is related to the *Arabidopsis* bacterial resistance gene *RPS2* and the tobacco viral resistance gene *N*. The Plant Cell, 7(8): 1195-1206.

Lee SK, Song MY, Seo YS, et al. 2009. Rice Pi5-mediated resistance to *Magnaporthe oryzae* requires the presence of two coiled-coil-nucleotide-binding-leucine-rich repeat genes. Genetics, 181(4): 1627-1638.

Li G, Zhou J, Jia H, et al. 2019. Mutation of a histidine-rich calcium-binding-protein gene in wheat confers resistance to *Fusarium* head blight. Nature Genetics, 51(7): 1106-1112.

Li L, Wang S, Yang X, et al. 2020a. Protein elicitor PeaT1 enhanced resistance against aphid (*Sitobion avenae*) in wheat. Pest Management Science, 76(1): 236-243.

Li W, Deng Y, Ning Y, et al. 2020b. Exploiting broad-spectrum disease resistance in crops: from molecular dissection to breeding. Annual Review of Plant Biology, 71(1): 575-603.

Li W, Zhu Z, Chern M, et al. 2017. A natural allele of a transcription factor in rice confers broad-spectrum blast resistance. Cell, 170(1): 114-126.

Li X, Yang DL, Sun L, et al. 2016. The systemic acquired resistance regulator OsNPR1 attenuates growth by repressing auxin signaling through promoting IAA-amido synthase expression. Plant Physiology, 172(1): 546-558.

Lieckfeldt E, Kullnig CM, Kubicek CP, et al. 2001. *Trichoderma aureoviride*: phylogenetic position and characterization. Mycological Research, 105(3): 313-322.

Lin F, Chen S, Que Z, et al. 2007. The blast resistance gene *Pi37* encodes a nucleotide binding site leucine-rich repeat protein and is a member of a resistance gene cluster on rice chromosome 1. Genetics, 177(3): 1871-1880.

Liu M, Shi Z, Zhang X, et al. 2019. Inducible overexpression of ideal plant architecture1 improves both yield and disease resistance in rice. Nature Plants, 5(4): 389-400.

Liu SM, Kandoth PK, Warren SD, et al. 2012. A soybean cyst nematode resistance gene points to a new mechanism of plant resistance to pathogens. Nature, 492(7428): 256-260.

Liu X, Lin F, Wang L, et al. 2007. The in silico map-based cloning of *Pi36*, a rice coiled-coil nucleotide-binding site leucine-rich repeat gene that confers race-specific resistance to the blast fungus. Genetics, 176(4): 2541-2549.

Liu Y, Chen L, Liu Y, et al. 2016. Marker assisted pyramiding of two brown planthopper resistance genes, *Bph3* and *Bph27(t)*, into elite rice cultivars. Rice, 9: 27.

Liu Y, Liu B, Zhu X, et al. 2013. Fine-mapping and molecular marker development for *Pi56(t)*, a NBS-LRR gene conferring broad-spectrum resistance to *Magnaporthe oryzae* in rice. Theor Appl Genet, 126(4): 985-998.

Liu Y, Wu H, Chen H, et al. 2015. A gene cluster encoding lectin receptor kinases confers broad-spectrum and durable insect resistance in rice. Nature Biotechnology, 33(3): 301-305.

Loutre C, Wicker T, Travella S, et al. 2009. Two different CC-NBS-LRR genes are required for *Lr10*-mediated leaf rust resistance in tetraploid and hexaploid wheat. Plant Journal, 60(6): 1043-1054.

Luo Y, Sangha JS, Wang S, et al. 2012. Marker-assisted breeding of *Xa4*, *Xa21* and *Xa27* in the restorer lines of hybrid rice for broad-spectrum and enhanced disease resistance to bacterial blight. Molecular Breeding, 30(4): 1601-1610.

Ma Z, Song T, Zhu L, et al. 2015. A *Phytophthora sojae* glycoside hydrolase 12 protein is a major virulence factor during soybean infection and is recognized as a PAMP. The Plant Cell, 27(7): 2057-2072.

Mago R, Zhang P, Vautrin S, et al. 2015. The wheat *Sr50* gene reveals rich diversity at a cereal disease resistance locus. Nature Plants, 1: 15186.

Martin GB, Brommonschenkel SH, Chunwongse J, et al. 1993. Map-based cloning of a protein kinase gene conferring disease resistance in tomato. Science, 262(5138): 1432-1436.

McCallum BD, Humphreys DG, Somers DJ, et al. 2012. Allelic variation for the rust resistance gene *Lr34/Yr18* in Canadian wheat cultivars. Euphytica, 183(2): 261-274.

Milligan SB, Bodeau J, Yaghoobi J, et al. 1998. The root knot nematode resistance gene *Mi* from tomato is a member of the leucine zipper, nucleotide binding, leucine-rich repeat family of plant genes. The Plant Cell, 10(8): 1307-1319.

Moore JW, Herrera-Foessel S, Lan C, et al. 2015. A recently evolved hexose transporter variant confers resistance to multiple pathogens in wheat. Nature Genetics, 47(12): 1494-1498.

Nelson R, Wiesner Hanks T, Wisser R, et al. 2018. Navigating complexity to breed disease-resistant crops. Nat Rev Genet, 19(1): 21-33.

Okuyama Y, Kanzaki H, Abe A, et al. 2011. A multifaceted genomics approach allows the isolation of the rice *Pia*-blast resistance gene consisting of two adjacent NBS-LRR protein genes. Plant Journal, 66(3): 467-479.

Ori N, Eshed Y, Paran I, et al. 1997. The *I2C* family from the wilt disease resistance locus *I2* belongs to the nucleotide binding, leucine-rich repeat superfamily of plant resistance genes. The Plant Cell, 9(4): 521-532.

Paal J, Henselewski H, Muth J, et al. 2004. Molecular cloning of the potato *Gro1-4* gene conferring resistance to pathotype Ro1 of the root cyst nematode *Globodera rostochiensis*, based on a candidate gene approach. Plant Journal, 38(2): 285-297.

Periyannan S, Moore J, Ayliffe M, et al. 2013. The Gene *Sr33*, an ortholog of barley *Mla* genes, encodes resistance to wheat stem rust race Ug99. Science, 341(6147): 786-788.

Qu S, Liu G, Zhou B, et al. 2006. The broad-spectrum blast resistance gene *Pi9* encodes a nucleotide-binding site-leucine-rich repeat protein and is a member of a multigene family in rice. Genetics, 172(3): 1901-1914.

Rai AK, Kumar SP, Gupta SK, et al. 2011. Functional complementation of rice blast resistance gene *Pi-k^h(Pi54)* conferring resistance to diverse strains of *Magnaporthe oryzae*. Journal of Plant Biochemistry and Biotechnology, 20(1): 55-65.

Ren J, Gao F, Wu X, et al. 2016. *Bph32*, a novel gene encoding an unknown SCR domain-containing protein, confers resistance against the brown planthopper in rice. Sci Rep, 6: 37645.

Rui JI, Zhang ZG, Wang YC, et al. 2005. *Phytophthora* elicitor PB90 induced apoptosis in suspension cultures of tobacco. Chinese Science Bulletin, 50(5): 435.

Saintenac C, Zhang W, Salcedo A, et al. 2013. Identification of wheat gene *Sr35* that confers resistance to Ug99 stem rust race group. Science, 341(6147): 783-786.

Salmeron JM, Oldroyd GED, Rommens CMT, et al. 1996. Tomato *Prf* is a member of the leucine-rich repeat class of plant disease resistance genes and lies embedded within the *Pto* kinase gene cluster. Cell, 86(1): 123-133.

Savary S, Willocquet L, Pethybridge SJ, et al. 2019. The global burden of pathogens and pests on major food crops. Nature Ecology & Evolution, 3(3): 430-439.

Schmelz EA, Engelberth J, Alborn HT, et al. 2009. Phytohormone-based activity mapping of insect herbivore-produced elicitors. Proc Natl Acad Sci USA, 106(2): 653-657.

Shang J, Tao Y, Chen X, et al. 2009. Identification of a new rice blast resistance gene, *Pid3*, by genomewide comparison of paired nucleotide-binding site-leucine-rich repeat genes and their pseudogene alleles between the two sequenced rice genomes. Genetics, 182(4): 1303-1311.

Shen KA, Chin DB, Arroyo-Garcia R, et al. 2002. *Dm3* is one member of a large constitutively expressed family of nucleotide binding site-leucine-rich repeat encoding genes. Molecular Plant-Microbe Interactions, 15(3): 251-261.

Shen QH, Zhou F, Bieri S, et al. 2003. Recognition specificity and RAR1/SGT1 dependence in barley *Mla* disease resistance genes to the powdery mildew fungus. The Plant Cell, 15(3): 732-744.

Song WY, Wang GL, Chen LL, et al. 1995. A receptor kinase-like protein encoded by the rice disease resistance gene, *XA21*. Science, 270(5243): 1804-1806.

Spassieva SD, Markham JE, Hille J. 2002. The plant disease resistance gene *Asc-1* prevents disruption of sphingolipid metabolism during AAL-toxin-induced programmed cell death. Plant Journal, 32(4): 561-572.

Su J, Wang W, Han J, et al. 2015. Functional divergence of duplicated genes results in a novel blast resistance gene *Pi50* at the *Pi2/9* locus. Theor Appl Genet, 128(11): 2213-2225.

Su Z, Bernardo A, Tian B, et al. 2019. A deletion mutation in TaHRC confers *Fhb1* resistance to *Fusarium* head blight in wheat. Nature Genetics, 51(7): 1099-1105.

Suh JP, Jeung JU, Noh TH, et al. 2013. Development of breeding lines with three pyramided resistance genes that confer broad-spectrum bacterial blight resistance and their molecular analysis in rice. Rice, 6: 5.

Sun X, Cao Y, Yang Z, et al. 2004. *Xa26*, a gene conferring resistance to *Xanthomonas oryzae* pv. *oryzae* in rice, encodes an LRR receptor kinase-like protein. Plant Journal, 37(4): 517-527.

Tai TH, Dahlbeck D, Clark ET, et al. 1999. Expression of the *Bs2* pepper gene confers resistance to bacterial spot disease in tomato. Proc Natl Acad Sci USA, 96(24): 14153-14158.

Takagi H, Abe A, Uemura A, et al. 2017. Rice blast resistance gene *Pii* is controlled by a pair of NBS-LRR genes *Pii-1* and *Pii-2*. BioRxiv, doi: 10.1101/227132.

Takahashi A, Hayashi N, Miyao A, et al. 2010. Unique features of the rice blast resistance *Pish* locus revealed by large scale retrotransposon-tagging. BMC Plant Biol, 10: 175.

Tamura Y, Hattori M, Yoshioka H, et al. 2014. Map-based cloning and characterization of a brown planthopper resistance gene *BPH26* from *Oryza sativa* L. ssp. *indica* cultivar ADR52. Sci Rep, 4: 5872.

Thomas CM, Jones DA, Parniske M, et al. 1997. Characterization of the tomato *Cf-4* gene for resistance to *Cladosporium fulvum* identifies sequences that determine recognitional specificity in Cf-4 and Cf-9. The Plant Cell, 9(12): 2209-2224.

Tooker JF, De Moraes CM. 2007. Feeding by Hessian fly [*Mayetiola destructor* (Say)] larvae does not induce plant indirect defences. Ecological Entomology, 32(2): 153-161.

van der Vossen EAG, van der Voort JNAMR, Kanyuka K, et al. 2000. Homologues of a single resistance-gene cluster in potato confer resistance to distinct pathogens: a virus and a nematode. Plant Journal, 23(5): 567-576.

Wang CL, Zhang XP, Fan YL, et al. 2015a. XA23 is an executor R protein and confers broad-spectrum disease resistance in rice. Molecular Plant, 8(2): 290-302.

Wang GL, Valent B. 2017. Durable resistance to rice blast. Science, 355(6328): 906-907.

Wang H, Sun S, Ge W, et al. 2020. Horizontal gene transfer of *Fhb7* from fungus underlies *Fusarium* head blight resistance in wheat. Science, 368(6493): eaba5435.

Wang J, Hu M, Wang J, et al. 2019a. Reconstitution and structure of a plant NLR resistosome conferring immunity. Science, 364(6435): eaav5870.

Wang J, Wang J, Hu M, et al. 2019b. Ligand-triggered allosteric ADP release primes a plant NLR complex. Science, 364(6435): eaav5868.

Wang J, Zhou L, Shi H, et al. 2018. A single transcription factor promotes both yield and immunity in rice. Science, 361(6406): 1026-1028.

Wang Q, Liu Y, He J, et al. 2014. STV11 encodes a sulphotransferase and confers durable resistance to rice stripe virus. Nature Communications, 5: 4768.

Wang Y, Cao LM, Zhang YX, et al. 2015b. Map-based cloning and characterization of *BPH29*, a B3 domain-containing recessive gene conferring brown planthopper resistance in rice. Journal of Experimental Botany, 66(19): 6035-6045.

Wang ZX, Yano M, Yamanouchi U, et al. 1999. The *Pib* gene for rice blast resistance belongs to the nucleotide binding and leucine-rich repeat class of plant disease resistance genes. Plant Journal, 19(1): 55-64.

Wei Z, Laby RJ, Zumoff CH, et al. 1992. Harpin, elicitor of the hypersensitive response produced by the plant pathogen *Erwinia amylovora*. Science, 257(5066): 85-88.

Westerink N, Brandwagt BF, De Wit PJGM, et al. 2004. *Cladosporium fulvum* circumvents the second functional resistance gene homologue at the *Cf-4* locus (*Hcr9-4E*) by secretion of a stable avr4E isoform. Molecular Microbiology, 54(2): 533-545.

Will T, Tjallingii WF, Thönnessen A, et al. 2007. Molecular sabotage of plant defense by *Aphid saliva*. Proc Natl Acad Sci USA, 104(25): 10536-10541.

Wu Y, Yu L, Pan C, et al. 2016. Development of near-isogenic lines with different alleles of *Piz* locus and analysis of their breeding effect under Yangdao 6 background. Molecular Breeding, 36(2): 12.

Xiao C, Hu J, Ao YT, et al. 2016. Development and evaluation of near-isogenic lines for brown planthopper resistance in rice cv. 9311. Sci Rep, 6: 38159.

Xie Z, Yan BX, Shou JY, et al. 2019. A nucleotide-binding site-leucine-rich repeat receptor pair confers broad-spectrum disease resistance through physical association in rice. Philos Trans R Soc Lond B Biol Sci, 374(1767): 20180308.

Xing L, Hu P, Liu J, et al. 2018. *Pm21* from *Haynaldia villosa* encodes a CC-NBS-LRR protein conferring powdery mildew resistance in wheat. Molecular Plant, 11(6): 874-878.

Xu G, Yuan M, Ai C, et al. 2017. uORF-mediated translation allows engineered plant disease resistance without fitness costs. Nature, 545(7655): 491-494.

Xu X, Hayashi N, Wang CT, et al. 2014. Rice blast resistance gene *Pikahei-1(t)*, a member of a resistance gene cluster on chromosome 4, encodes a nucleotide-binding site and leucine-rich repeat protein. Molecular Breeding, 34(2): 691-700.

Yahiaoui N, Srichumpa P, Dudler R, et al. 2004. Genome analysis at different ploidy levels allows cloning of the powdery mildew resistance gene *Pm3b* from hexaploid wheat. Plant Journal, 37(4): 528-538.

Yang B, Sugio A, White FF. 2006. *Os8N3* is a host disease-susceptibility gene for bacterial blight of rice. Proc Natl Acad Sci USA, 103(27): 10503-10508.

Yang DL, Li Q, Deng YW, et al. 2008. Altered disease development in the *eui* mutants and *Eui* overexpressors indicates that gibberellins negatively regulate rice basal disease resistance. Molecular Plant, 1(3): 528-537.

Yang DL, Yang Y, He Z. 2013. Roles of plant hormones and their interplay in rice immunity. Molecular Plant, 6(3): 675-685.

Yang DL, Yao J, Mei CS, et al. 2012. Plant hormone jasmonate prioritizes defense over growth by interfering with gibberellin signaling cascade. Proc Natl Acad Sci USA, 109(19): E1192-E1200.

Yang Q, He YJ, Kabahuma M, et al. 2017. A gene encoding maize caffeoyl-CoA *O*-methyltransferase confers quantitative resistance to multiple pathogens. Nature Genetics, 49(9): 1364-1372.

Yedidia I, Shoresh M, Kerem Z, et al. 2003. Concomitant induction of systemic resistance to *Pseudomonas syringae* pv. *lachrymans* in cucumber by *Trichoderma asperellum* (T-203) and accumulation of phytoalexins. Applied and Environmental Microbiology, 69(12): 7343-7353.

Yoshimura S, Yamanouchi U, Katayose Y, et al. 1998. Expression of *Xa1*, a bacterial blight-resistance gene in rice, is induced by bacterial inoculation. Proc Natl Acad Sci USA, 95(4): 1663-1668.

You Q, Zhai K, Yang D, et al. 2016. An E3 ubiquitin ligase-BAG protein module controls plant innate immunity and broad-spectrum disease resistance. Cell Host & Microbe, 20(6): 758-769.

Yuan B, Zhai C, Wang W, et al. 2011. The *Pik-p* resistance to *Magnaporthe oryzae* in rice is mediated by a pair of closely linked CC-NBS-LRR genes. Theor Appl Genet, 122(5): 1017-1028.

Zarate SI, Kempema LA, Walling LL. 2007. Silverleaf whitefly induces salicylic acid defenses and suppresses effectual jasmonic acid defenses. Plant Physiology, 143(2): 866-875.

Zhai C, Lin F, Dong Z, et al. 2011. The isolation and characterization of *Pik*, a rice blast resistance gene which emerged after rice domestication. New Phytologist, 189(1): 321-334.

Zhai K, Deng Y, Liang D, et al. 2019. RRM transcription factors interact with NLRs and regulate broad-spectrum blast resistance in rice. Molecular Cell, 74(5): 996-1009.

Zhang B, Zhang H, Li F, et al. 2020. Multiple alleles encoding atypical NLRs with unique central tandem repeats in rice confer resistance to *Xanthomonas oryzae* pv. *oryzae*. Plant Communications, 1(4): 100088.

Zhang M, Wang S, Yuan M. 2019. An update on molecular mechanism of disease resistance genes and their application for genetic improvement of rice. Molecular Breeding, 39(10): 154.

Zhang W, Yang X, Qiu D, et al. 2011. PeaT1-induced systemic acquired resistance in tobacco follows salicylic acid-dependent pathway. Mol Biol Rep, 38(4): 2549-2556.

Zhao H, Wang X, Jia Y, et al. 2018. The rice blast resistance gene *Ptr* encodes an atypical protein required for broad-spectrum disease resistance. Nature Communications, 9(1): 2039.

Zhao Y, Huang J, Wang Z, et al. 2016. Allelic diversity in an NLR gene *BPH9* enables rice to combat planthopper variation. Proc Natl Acad Sci USA, 113(45): 12850-12855.

Zhou B, Qu S, Liu G, et al. 2006. The eight amino-acid differences within three leucine-rich repeats between Pi2 and Piz-t resistance proteins determine the resistance specificity to *Magnaporthe grisea*. Molecular Plant-Microbe Interactions, 19(11): 1216-1228.

Zhou F, Kurth J, Wei F, et al. 2001. Cell-autonomous expression of barley *Mla1* confers race-specific resistance to the powdery mildew fungus via a *Rar1*-independent signaling pathway. The Plant Cell, 13(2): 337-350.

Zou SH, Wang H, Li YW, et al. 2018. The NB-LRR gene *Pm60* confers powdery mildew resistance in wheat. New Phytologist, 218(1): 298-309.

Zuo W, Chao Q, Zhang N, et al. 2015. A maize wall-associated kinase confers quantitative resistance to head smut. Nature Genetics, 47(2): 151-157.